塔里木叠合盆地构造沉积演化与油气勘探

漆立新　李宗杰　吕海涛 等　著

科学出版社

北京

内 容 简 介

本书以地层划分、对比为基础，以构造演化、古断裂分布、古隆起演化、古构造编图为重点，以沉积相、古地理演化、沉积充填模式建立为关键，以源储演化、成藏条件分析为过程，以远景区带预测为目的，开展了系统、深入、综合的研究和编图。本书主要内容包括大地构造格局及地层格架、盆地构造特征及演化、盆地不同构造期古地理特征及演化、油气地质条件、重点油气富集区带特征、富集规律与勘探方向。

本书适合广大基础地质工作者、油气地质工作者、矿产地质工作者及相关人员阅读。

图书在版编目（CIP）数据

塔里木叠合盆地构造沉积演化与油气勘探/漆立新等著. —北京：科学出版社，2020.12

ISBN 978-7-03-065661-2

Ⅰ. ①塔… Ⅱ. ①漆… Ⅲ. ①塔里木盆地－叠加褶皱－含油气盆地－地质构造－沉积演化②塔里木盆地－叠加褶皱－含油气盆地－油气勘探 Ⅳ. ①P618.130.2

中国版本图书馆 CIP 数据核字（2020）第 119011 号

责任编辑：冯 铂 刘 琳／责任校对：彭 映
责任印制：罗 科／封面设计：蓝创世界

科 学 出 版 社出版
北京东黄城根北街 16 号
邮政编码：100717
http://www.sciencep.com
四川煤田地质制图印刷厂 印刷
科学出版社发行 各地新华书店经销
*
2020 年 12 月第 一 版 开本：889×1194 1/16
2020 年 12 月第一次印刷 印张：22 3/4
字数：770 000

定价：399.00 元

（如有印装质量问题，我社负责调换）

序

塔里木盆地作为我国第一大含油气盆地，盆地内油气资源丰富，勘探领域众多。目前，塔里木盆地已经成为我国油气增储上产最为重要的盆地之一。

《塔里木叠合盆地构造沉积演化与油气勘探》专著和图集是依托中石化西北油田分公司“十一五”和“十二五”期间油气勘探最新成果，利用最新资料，采用最新方法撰写和编绘形成的，是一套全面反映塔里木盆地油气地质研究的基础性、系统性、整体性和全面性的最新专著和图集。

该专著和图集体现了新的学术思想和相关学科新的理论体系在油气勘探实际中的具体应用。例如，对于陆源碎屑岩沉积，采用“源渠貌汇”学术思想开展研究；对于碎屑岩沉积采用“构造控盆、地貌控坡、坡折控相、源渠控砂”的岩相古地理编图思路进行编图；对于碳酸盐岩沉积主要采用“构造控盆、地貌控缘、水深控界、气候控性”的学术思想开展研究；对于碳酸盐岩编图采用“井点标定、井间对比、地震约束、平面展开、关注岩相、重视相序”的程序进行编图。

该专著以地层划分、对比为基础，以构造演化、古断裂分布、古隆起演化、古构造编图为重点，以沉积相、古地理演化、沉积充填模式建立为关键，以源储演化、成藏条件分析为过程，以远景区带预测为目的，开展了系统、深入、综合的研究和编图。通过研究和编图取得了系列创新成果和认识，如首次系统描述了走滑断裂特征，详细阐述了其成因机制。为深入阐明走滑断裂的油气地质意义奠定了重要基础。首次在古地貌、古水深恢复的基础上，系统编绘了塔里木盆地寒武纪—新近纪沉积演化过程中不同岩石地层单元沉积期岩相古地理图；进而首次构建了塔里木盆地海相碳酸盐岩沉积演化及充填模式、海相碎屑岩沉积演化及充填模式、海陆过渡相混积岩沉积演化及充填模式、陆相碎屑岩沉积演化及充填模式。在烃源岩识别的基础上，详细描述了塔里木盆地中下寒武统—中下奥陶统和上奥陶统两套主力烃源岩发育相带和空间展布。通过典型钻井烃源岩热演化模拟，建立了寒武系—奥陶系烃源岩热演化与油气分布的耦合关系。通过对四个区带大中型油气田的油气分布特征、油气成藏期、油气运移与输导特征、油气成藏过程等进行系统解剖，进一步明确了大中型油气田形成的储集条件、疏导条件和保存条件。通过成藏条件对比，明晰了4 个区带油气成藏的差异性。在成藏条件分析的基础上，明确了塔里木盆地未来油气勘探的三大领域，该成果具有重大的战略意义。

与专著配套的图集，首次系统、整体、全面地编绘了关键期的古构造图和寒武纪—新近纪沉积演化过程中不同岩石地层单元沉积期的岩相古地理图，全面体现了 6 个方面的结合：露头调查与腹地钻井相结合、地质研究与地球物理相结合、理论研究与生产实践相结合、高等院校与国有企业相结合、科研机构与中石化相结合、基础编图与生产应用相结合。这套图集具有重要的实际应用价值。

总之，该专著和图集是近年来塔里木盆地油气地质理论、勘探技术和勘探实践的最新进展和创新成果荟萃的好图书，进一步丰富和完善了塔里木盆地基础油气地质理论和系列基础图件。它们的出版不仅为塔里木盆地进一步的油气勘探提供了最新的可参考的图书，也为从事基础地质、矿产地质、油气地质研究的科研人员提供了重要的参考书籍。在该专著和图集出版之际，特为其作序以示祝贺，并希望专著和图集成果能在塔里木盆地未来油气勘探生产实践中发挥重要的指导作用。

中国科学院院士：刘宝珺

2019 年 11 月

前　言

位于青藏高原北侧、新疆维吾尔自治区南部的塔里木盆地，是一个夹持于天山、昆仑山和阿尔金山之间的大型叠合盆地，地理坐标为东经 74°00′～91°00′，北纬 36°00′～42°00′，盆地面积为 $56\times10^4km^2$。

塔里木盆地作为中亚地区大型含油气盆地和我国陆上最大的含油气盆地，是由前震旦系的基底、古生代克拉通原型盆地与中、新生代前陆盆地叠置而成。盆地内油气资源丰富，勘探领域众多。塔里木盆地油气勘探自 1952 年的中苏石油股份公司开始至今已有近 70 年的历史，在这个过程中伴随着油气勘探理论的不断完善、勘探技术的不断提高和油气勘探领域的不断扩大（勘探领域从戈壁进入沙漠、从盆地腹部到山前、从陆相中新生界到海相古生界、从前陆盆地到克拉通盆地，目前已经遍及整个塔里木盆地）。目前，塔里木盆地已经成为我国油气增储上产最为重要的盆地之一。

近年来，中国石油化工股份有限公司（以下简称中石化）西北油田分公司不断加大勘探力度，在油气勘探方面取得了一系列重大突破。特别是“十二五”以来，在盆地整体评价的基础上，不断向塔河深层、顺北、顺托—顺南展开，落实了顺北、顺托—顺南、塔河深层 3 个亿吨级增储上产区带。系统总结中石化西北油田分公司“十一五”和“十二五”期间油气勘探所取得的重大成果，形成一套“理论结合实际、科研联系生产、技术应用实践、现实指导未来”的，能够全面、系统地反映中石化西北油田分公司最新油气勘探成果的专著和图集，具有重要的理论意义和重大的实践价值。

因此，依托中石化西北油田分公司“十一五”和“十二五”期间最新油气勘探成果，作者和团队撰写了《塔里木叠合盆地构造沉积演化与油气勘探》专著，并配套出版了反映古构造演化、古地理演化的图集。在专著和图集编撰过程中力图体现“四新”：①新资料，充分利用新的钻井资料、新的测试资料、新的地震资料；②新方案，建立新的地层划分方案、新的沉积体系划分方案等；③新图件，编绘新的构造图、新的古地貌图、新的岩相古地理图等；④新成果，总结新的成果，如前寒武系地层系统的建立、连续沉积充填模式、走滑断裂控藏等。

专著和图集编撰过程中贯穿的主线是“四演化”及其耦合关系，即构造演化（古断裂、古隆起、古构造的形成演化）→沉积演化（海相碳酸盐岩→海相碎屑岩→海陆过渡混积岩→陆相碎屑岩的演化）→源储演化（烃源岩、储集岩的形成演化与分布）→成藏演化（成藏过程、成藏机理等），以及上述“四演化”之间的耦合关系。

同时，在专著和图集编撰过程中力图体现新的学术思想和相关学科新的理论体系，主要包括：①对于陆源碎屑岩沉积，采用“源渠貌汇”学术思想展开研究；②对于碎屑岩沉积采用“构造控盆、地貌控坡、坡折控相、源渠控砂”的岩相古地理编图思路进行编图；③对于碳酸盐岩沉积主要采用“构造控盆、地貌控缘、水深控界、气候控性”的学术思想展开研究；④对于碳酸盐岩编图采用“井点标定、井间对比、地震约束、平面展开、关注岩相、重视相序”的程序进行编图。

此外，与专著配套的图集首次系统地编制了加里东中期Ⅰ幕、加里东中期Ⅲ幕、海西早期、海西晚期及喜马拉雅早期 5 个构造演化关键期的古构造图和寒武纪—新近纪沉积演化过程中不同岩石地层单元沉积期的岩相古地理图。该图集体现了 6 个方面的结合：露头调查与腹地钻井相结合、地质研究与地球物理相结合、理论研究与生产实践相结合、高等院校与国有企业相结合、科研机构与中石化相结合、基础编图与生产应用相结合。该图集具有重要的实际应用价值。

通过《塔里木叠合盆地构造沉积演化与油气勘探》专著的撰写及图集的编绘，最终实现了“六性”目标：①基础性，即系统编绘不同构造演化阶段关键时期古构造图和岩相古地理图；②整体性，即把盆地作为一个整体，研究盆地不同构造演化阶段及盆内沉积演化特征；③系统性，即研究时代的系统性、编绘图件的系统性、油气成藏条件分析的系统性；④交叉性，即多学科交叉、多资料交叉、多方法交叉开展综合研究和系统编图；⑤新颖性，即专著撰写所用资料的新颖性、所编绘图件的新颖性、所取得的成果的新颖性；⑥实用性，即专著和图集将指导未来的基础地质和油气地质研究，指导未来塔里木盆地的进一步油气勘探实践。

总之，本专著以地层划分、对比为基础，以构造演化、古断裂分布、古隆起演化、古构造编图为重点，以沉积相和古地理演化、沉积充填模式建立为关键，以源储演化、成藏条件分析为过程，以远景区带预测为目的，开展了系统、深入、综合的研究和编图。通过研究和编图取得了如下主要创新成果和认识：

（1）在众多前人研究成果的基础上，从全球大地构造格局和区域大地构造格局方面阐述了塔里木盆地大地构造位置，进而描述了塔里木盆地构造特征和盆地周边三大造山带（天山构造域、昆仑山构造域和阿尔金山构造域）的构造特征，为进一步深化研究盆地构造演化阶段、盆地内不同构造演化阶段的沉积演化特征、源储演化、成藏特征奠定了基础。

（2）根据《中国地层指南》（2001）“地层发育的沉积类型、生物区系、层序特征和构造关系”等地层区划原则，首次将塔里木盆地划分为库车、塔北—阿瓦提、塔东—满加尔、塔中、巴楚、柯坪、塔西南、东南断阶和库鲁克塔格 9 个地层分区，系统建立了不同地层分区的地层划分方案，详细描述了各地层单元的地层特征。其中，前寒武系地层系统的进一步清理具有重要的应用价值。

（3）建立了塔里木盆地构造单元新的划分方案，划分为 13 个一级构造单元、31 个二级构造单元，详细描述了各构造单元的特征，首次将盆地构造演化划分为 7 个阶段，明晰了关键构造期盆地类型及其演化特征。

（4）在系统整理塔里木盆地资料的基础上，对盆地断裂进行了系统识别和解释，依据断裂的规模及其在盆地中的作用将盆地内的断裂分为三级，系统地编绘了加里东中期Ⅰ幕、加里东中期Ⅲ幕、加里东晚期-海西早期、海西晚期、印支期、燕山晚期、喜马拉雅期 7 幅断裂展布图，并对不同时期的断裂展布特征进行了描述分析，首次系统地描述了走滑断裂的特征，详细阐述了其成因机制，为深入阐明走滑断裂的油气地质意义奠定了重要基础。

（5）在对盆地主要不整合识别、划分的基础上，详细描述了前震旦系顶界面、中-下奥陶统界顶面、前志留系顶界面、前上泥盆统-石炭系顶界面、前中生界顶界面、前侏罗系顶界面和前古近系-新近系顶界面 7 个关键不整合面特征，进而采用定性和半定量相结合的方法对盆地 7 个关键构造期剥蚀特征进行了定量恢复。

（6）首次系统地编制了加里东中期Ⅰ幕、加里东中期Ⅲ幕、海西早期、海西晚期及喜马拉雅早期 5 个构造演化关键期的古构造图，进而恢复了盆地各关键构造期的隆、拗格局及迁移演化；重点阐述了柯坪运动侵蚀面（T_9^0 界面）、加里东中期Ⅰ幕运动侵蚀面（T_7^4 界面）、海西早期运动侵蚀面（T_6^0 界面）、海西晚期运动侵蚀面（T_5^0 界面）在各关键构造期的隆拗格局及古构造演化特征；明晰了沙雅隆起、卡塔克隆起、塔西南隆起、巴楚隆起四大古隆起的差异演化特征。

（7）依据沉积学、古生物学、测井、地震相标志，系统地建立了塔里木盆地海相碳酸盐岩沉积→海相碎屑岩沉积→海陆过渡沉积→陆相沉积演化过程中沉积体系类型划分方案；在塔里木盆地寒武纪-新近纪沉积演化过程中识别出 3 个沉积体系组，进一步划分并识别出 13 个沉积体系；详细描述了不同沉积体系的特征，为古地理恢复和重塑奠定了重要基础。

（8）以新的学术思想为指导，首次系统地编绘了塔里木盆地寒武纪-新近纪沉积演化过程中不同岩石地层单元沉积期的岩相古地理图，详细描述了各时期古构造格局、古地貌背景、古环境特征及其演化；首次构建了塔里木盆地海相碳酸盐岩沉积演化及充填模式、海相碎屑岩沉积演化及充填模式、海陆过渡相混积岩沉积演化及充填模式、陆相碎屑岩沉积演化及充填模式。该成果很好地揭示了不同沉积期板块的构造格局及沉积相带展布，有利于更客观地认识塔里木盆地的沉积作用对成烃、成储、成藏的控制作用，有利于更好地揭示烃源岩、储层和盖层的平面分布及时空演化规律。

（9）在烃源岩识别的基础上，详细描述了塔里木盆地中下寒武统-中下奥陶统和上奥陶统两套主力烃源岩的发育相带和空间展布，通过典型钻井烃源岩热演化模拟，系统描述了不同区带烃源岩的热演化特征，建立了寒武系-奥陶系烃源岩热演化与油气分布的耦合关系。

（10）通过对 4 个区带大中型油气田的油气分布特征、油气成藏期、油气运移与输导特征、油气成藏过程等的系统解析，进一步明确了大中型油气田形成的储集条件、疏导条件和保存条件，并通过成藏条件对比，明晰了 4 个区带油气成藏的差异性，为确定未来油气勘探领域和方向提供了基础资料和科学依据。

（11）明确了塔里木盆地未来油气勘探方向，主要包括三大方向：①海相碳酸盐岩油气勘探方向，进一步包括中央隆起带寒武系盐下白云岩领域、顺托果勒低隆中下奥陶统走滑断裂领域和寒武系-奥陶系台地边缘领域；②塔里木盆地海相碎屑岩油气勘探方向，进一步包括志留系地层岩性隐蔽油气藏勘探领域、泥盆系地层超覆尖灭型勘探领域和卡拉沙依断控型砂体群勘探领域；③塔里木盆地陆相碎屑岩油气勘探方向，主要为沙雅隆起中生界三叠系断-砂型油气勘探领域。该成果具有重大的战略意义。

总之，本书是在众多学者和单位几十年来艰苦奋斗、勇于实践、不断创新及油气勘探开发不断取得突破的基础上，进一步结合中石化西北油田分公司“十一五”和“十二五”期间油气勘探所取得的重大成果，按照新的学术思想、采用新的基础资料通过全面总结、系统编图、综合升华形成的，全面反映了塔里木盆地基础地质和油气地质的最新研究成果。

本专著共分为6章：第一章由漆立新、杨素举、张翔等编写；第二章由李宗杰、马庆佑、李曰俊、傅恒、沈向存、兰明杰等编写；第三章由漆立新、陆永潮、傅恒、杨素举、朱振道、杨玉芳等编写；第四章由吕海涛、田景春、杨素举、丁勇、黄继文、尚凯、韩俊、潘泉涌等编写；第五章由吕海涛、孟万斌、洪才均、韩强、刘永立、岳勇、沙旭光、石媛媛等编写；第六章由漆立新、杨伟利、吕海涛、王明、彭守涛等编写。全书第一章到第三章由李宗杰负责统稿，第四章到第六章由吕海涛负责统稿，最终由漆立新负责定稿。

成都理工大学的田景春教授对本书的初稿做了详细审阅，并提出了许多宝贵的修改意见和建议，在此深表感谢。此外，在专著完成过程中，得到了中石化西北油田分公司、中国地质大学（武汉）、成都理工大学、中国科学院地质与地球物理研究所等有关领导和专家的关心、支持和帮助，在此表示衷心的感谢。

同时，在专著完成过程中，参考和引用了大量相关学者、专家的研究成果，对所引用参考文献的作者表示诚挚的感谢。专著后所列出的参考文献可能挂一漏万，敬请谅解。

最后，还要特别感谢刘宝珺院士在百忙之中审阅本专著并为之作序。

作　者

2019 年 11 月于乌鲁木齐

目　录

第一章　大地构造格局及地层格架

第一节　大地构造格局

位于中国西部的塔里木盆地介于天山山脉和青藏高原之间，南北最宽约550km，东西最长约1400km，面积约$56\times10^4km^2$。该盆地作为中亚地区的一个大型含油气盆地，受边界断裂控制，整个盆地呈不规则菱形。它是在前寒武系结晶基底之上发育起来的一个大型叠合盆地，又被称为叠合复合盆地或多旋回盆地。塔里木盆地是塔里木板块的主体，具有前南华系结晶基底和南华系-显生宙沉积盖层；在不同地质演化阶段具有不同的盆地构造类型和不同的沉积建造。

一、区域构造位置

在全球大地构造格局中，塔里木板块北靠中亚构造域、南邻特提斯构造域、东接华北板块、西隔帕米尔突刺与卡拉库姆板块相望。华北、塔里木和卡拉库姆板块相连，呈条带状东西向展布，构成了分隔南、北两大巨型构造域的过渡/中间构造单元。

塔里木板块与华南板块、华北板块并称为中国的三大板块，又被称为中国的三大克拉通。虽然它们都具有古老结晶基底，但是从全球大地构造尺度看，它们都是很小的陆块，在小比例尺的全球古大陆恢复时往往被忽略。现今的塔里木板块被南天山、昆仑山和阿尔金山三大造山带所包围（图1-1），在地貌上显示出一个大型山间盆地的特点。

南天山造山带位于塔里木板块北侧，是中亚构造域的南缘，限定了塔里木盆地的北界。它是一条古生代增生-碰撞造山带，并在新生代复活，发生陆内造山。昆仑造山带属于青藏高原的北部边缘，位于塔里木板块的西南侧，限定了塔里木盆地的西南边界。它是一条早古生代增生-碰撞造山带，是古特提斯造山带的组成部分；新生代与青藏高原一起大规模隆升，陆内造山。阿尔金造山带位于塔里木板块的东南缘，限定了塔里木盆地的东南边界，是在早古生代增生-碰撞造山带的基础上发育起来的一条新生代巨型走滑断裂带。

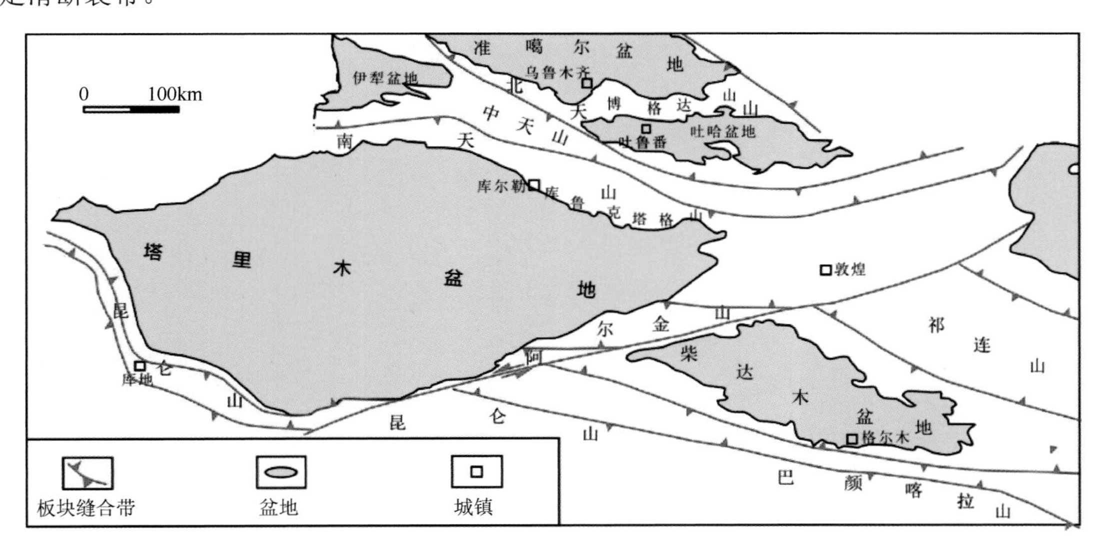

图1-1　塔里木盆地及邻区构造简图

二、塔里木板块构造特征

塔里木板块具有古老结晶基底和巨厚的沉积盖层，是我国的三大克拉通之一。与华北和华南克拉通一样，规模较小、稳定性也远不及典型的克拉通（如北美、东欧、西伯利亚、非洲等）。

塔里木板块古老的结晶基底，在不同部位形成的时代和属性可能有明显差异（Xu et al.，2013）。其中，最老的结晶基底，早期普遍认为是上太古界。随着同位素年代学工作的深入，塔东2井测得1908.2Ma的角闪花岗岩U-Pb锆石年龄（邬光辉等，2012）；塔参1井花岗闪长岩测得932～892Ma的Ar-Ar年龄（李曰俊等，2003，2005）；阿克苏蓝片岩的形成年龄峰值为800Ma，其中还有大量1940Ma左右的锆石（Zhu，2011）；库尔勒东片麻岩LA-ICP-MS锆石年龄为1042Ma；阿尔金和库鲁克塔格太古宙TTG质岩石（英云闪长岩-奥长花岗岩-花岗闪长岩为主体的岩石组合）形成时间为28亿～26亿年；兴地格群和阿尔金山群的变质年龄集中在20亿～18亿年（张传林等，2012）。而且，还在库鲁克塔格地区、阿尔金地区获得了一些古-中太古代的同位素年龄（胡霭琴等，1992，2001）。目前的同位素年代学资料说明，塔里木板块的结晶基底由太古代到元古代中期不同类型的岩石组成。不过，作为统一的塔里木陆块和统一的塔里木陆壳基底，形成时代比较晚。塔里木板块统一的结晶基底形成于10亿～9.5亿年前。此前，南、北塔里木为相互独立的两个小型陆块，它们于10亿～9.5亿年前大致沿塔里木盆地中央高磁异常带一带发生碰撞，拼接到一起，从而形成了统一的塔里木陆壳基底，统一的塔里木板块也由此形成。南、北塔里木地块的差异在磁异常上也很明显：南塔里木以条带状磁异常为特征，北塔里木以宽缓负磁异常为特征。南、北塔里木地块拼合的过程，与罗迪尼亚超大陆的形成时间基本吻合，是罗迪尼亚超大陆增生过程的一部分。塔里木盆地西北缘的阿克苏蓝片岩，是古洋壳俯冲和古大陆活动大陆边缘弧前增生的重要记录，代表统一的塔里木板块形成之后持续的增生作用。阿克苏蓝片岩之上不整合覆以南华系-震旦系沉积盖层，被认为是世界上保存最好的前寒武纪蓝片岩（肖序常等，1990）。

结晶基底之上接受了晚前寒武纪-显生宙的盖层沉积。长城系杨吉布拉克群、蓟县系爱尔基干群、青白口系帕尔刚塔格群属于初始盖层。自南华系开始进入稳定盖层沉积。南华系为具有裂谷性质的碎屑岩建造，震旦系-寒武系-奥陶系以海相碳酸盐岩建造为主，志留系-泥盆系几乎全为海相-海陆交互相碎屑岩建造，石炭系为海陆交互相的碳酸盐岩-碎屑岩建造，二叠系以大陆裂谷型火山岩-碎屑岩建造为特征。中-新生代是狭义塔里木盆地形成期，以前陆盆地为特征（包括二叠纪末-三叠纪的周缘前陆盆地和晚新生代的陆内/再生前陆盆地），基本上都是陆相碎屑岩建造，局部偶夹少量海相夹层。三叠系-侏罗系为含煤碎屑岩建造；白垩系为陆相碎屑岩建造；古近系以膏盐层为特征，并夹海相夹层；新近系-第四系为陆内前陆盆地陆相碎屑岩建造，在库车地区新近系下部的吉迪克组发育有膏盐层。山前新生界向造山带迅速加厚的巨厚粗碎屑岩建造及其中的生长地层、不整合和冲断构造，均显示出盆地周围山系新生代快速隆升的过程，塔里木盆地也由此成为一大型陆内山间盆地。现今的塔里木盆地主体为沙漠、戈壁所覆盖。

三、周缘造山带构造特征

塔里木盆地为造山带所环绕，北侧为南天山造山带，西南侧为昆仑造山带，东南侧为阿尔金造山带。其中，阿尔金造山带接受了晚新生代阿尔金大型走滑断裂的强烈改造，地质体的构造复位是一个难度极大的地质构造任务，增加了研究的难度。周缘造山带的研究对于正确认识塔里木盆地在不同地质历史时期所处的大地构造环境，具有十分重要的意义，并有助于合理分析盆地隆拗格局、构造变形和沉积充填过程。

（一）南天山造山带

天山是横亘于东亚和中亚地区的一条重要的造山带，它向东收敛，向西散开，全长3000多千米（图1-2）。中国的天山山脉位于新疆中部，将新疆分为南疆和北疆；地质上将天山划分为南天山、中天山和北天山。伊犁—中天山地块（即中天山）将南天山和北天山分隔开。

南天山造山带位于中亚造山带（阿尔泰造山带）的南缘，塔里木盆地的北侧。造山带内发育多处蛇绿岩（汤高俊等，1995），包括长阿吾子蛇绿岩、秦布拉克蛇绿岩、古洛沟蛇绿岩、乌瓦门蛇绿岩、库米什/榆树沟蛇绿岩、库勒湖蛇绿岩、色日克牙依拉克蛇绿岩、独库公路965km处蛇绿岩等。许多蛇绿岩都伴生有作为洋壳俯冲证据的蓝片岩，最知名的有汗腾格里峰—科克苏河兰片岩带和库米什蓝片岩。南天山造山带发现多个放射虫化石点，包括齐齐尔加纳克苏河、科克别勒达坂、哈拉道克、库尔干、黑英山、库勒湖、欧西达坂（独库公路965km处）、

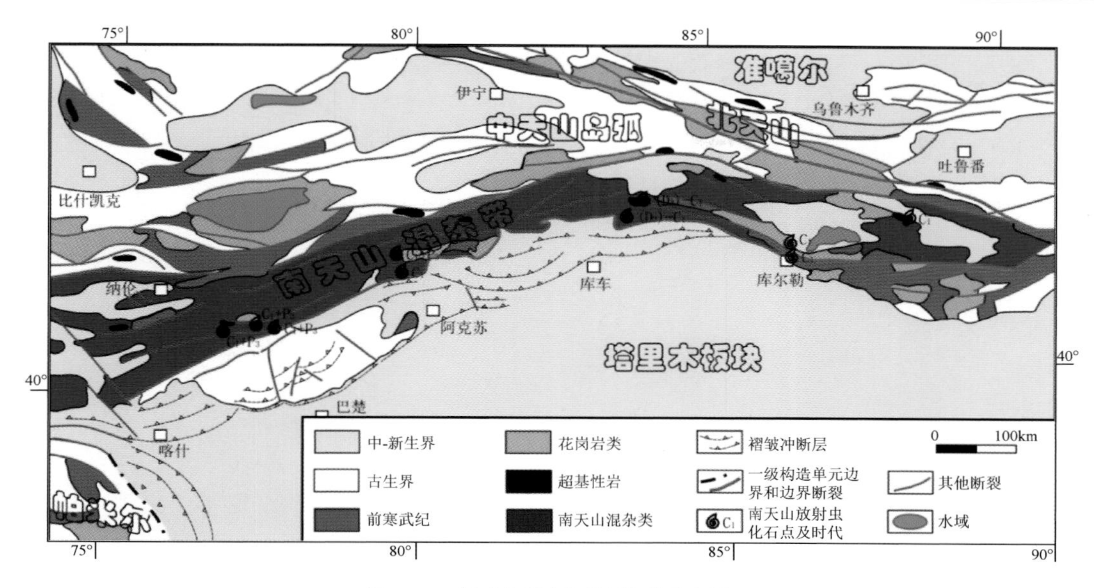

图 1-2　南天山及邻区构造单元划分

古洛沟、库尔勒等（Liu，2001；Liu and Hao，2006；Li et al.，2001，2002，2005）。其中，库尔干化石点的放射虫化石产出于三叠系砾岩中的硅岩砾石。另外，库米什、塔什店、神木园等地也已经发现放射虫化石。它们都是南天山古洋盆存在的直接证据。以这些蛇绿岩、蓝片岩和放射虫化石（放射虫硅质岩）为核心依据，可以在南天山圈定出一条宽大的（蛇绿）混杂带，称为南天山（蛇绿）混杂带（图 1-3）（李曰俊等，2009，2010）。这条（蛇绿）混杂带的南界在托什罕河—库尔干—野云沟—库尔勒一带，北界在汗腾格里峰—科克苏河—巴轮台—库米什一带（大致相当于中天山南缘深断裂的位置）。（蛇绿）混杂带的北侧是中天山岛弧，南侧是塔里木克拉通。该（蛇绿）混杂带主要是古南天山洋的洋壳消减过程中形成的弧前增生楔（增生杂岩），部分为伊犁—中天山岛弧与塔里木古陆碰撞造山过程中形成的构造混杂岩，可能还有古南天山洋中的洋岛、海山等的残留体。（蛇绿）混杂带内的岩石总体是无序的，是非史密斯地层；仅在其中的一些大型地块上，可以在小范围内建立有限的沉积地层序列，即有限史密斯地层。

南天山（蛇绿）混杂带所代表的古南天山洋为一广阔大洋，而不是有限洋盆。卢华复等（1999）曾经估算，南天山古洋盆在奥陶纪就已经达到约 6000km 宽。南天山蛇绿岩的地球化学分析结果表明，既有洋中脊成因的蛇绿岩，又有岛弧成因的蛇绿岩，显示出成熟大洋盆地的特征。古南天山洋还是一个大的古生物地理分界，分隔安加拉植物群和华夏植物群。

南天山造山带是古南天山洋盆消减-闭合的结果，即中天山岛弧与塔里木板块碰撞过程中所形成的一条造山带。其古生代属于南天山洋演化阶段，二叠纪末-三叠纪初开始碰撞造山，中生代-新生代早期属于碰撞造山-周缘前陆盆地演化阶段，新生代晚期为陆内造山-陆内前陆盆地阶段（图 1-3）。

晚前寒武纪，罗迪尼亚超大陆发生裂解作用，塔里木古陆和伊宁地块在此过程中被逐渐分离出来；几乎同时，两者之间也发生裂解作用，它们之间的南天山古洋盆是在这一裂解作用过程中形成的。

南天山古洋盆自晚前寒武纪末开始形成，由早古生代早期的有限洋盆演变为早古生代晚期-晚古生代早期的广阔大洋（奥陶纪，南天山洋就已经扩张为一宽约 6000km 的广阔大洋）。志留纪之前，南天山洋南、北边缘为被动大陆边缘，古南天山洋的洋壳没有发生俯冲作用。

志留纪-二叠纪期间，南天山古洋盆开始向伊犁—中天山岛弧之下俯冲消减，形成了汗腾格里峰—科克苏河蓝片岩带。洋壳俯冲消减的高峰发生于泥盆纪-石炭纪，伊犁—中天山岛弧上发育有典型的岛弧型火山-沉积建造。洋壳俯冲消减过程中，在伊犁—中天山岛弧南缘形成了哈尔克山增生楔（增生弧）。南天山古洋盆的南缘（塔里木古陆北缘）则属于被动大陆边缘性质。库车地区上二叠统比尤包谷孜群中安加拉植物群的出现，合理的解释如下：①该地区的比尤包谷孜群沉积于南天山增生楔之上；②晚二叠世南天山洋已经是闭合前规模不大的残余洋盆，中天山和塔里木已经很靠近，南天山洋已经不能起到大的古生物地理分隔作用。

二叠纪末-三叠纪初，南天山古洋盆闭合，中天山与塔里木碰撞造山。这是南天山碰撞造山带及其南缘（塔里木北部）的周缘前陆盆地形成和演化的起始时间。由于古陆块边缘轮廓并非直线状，而且即使

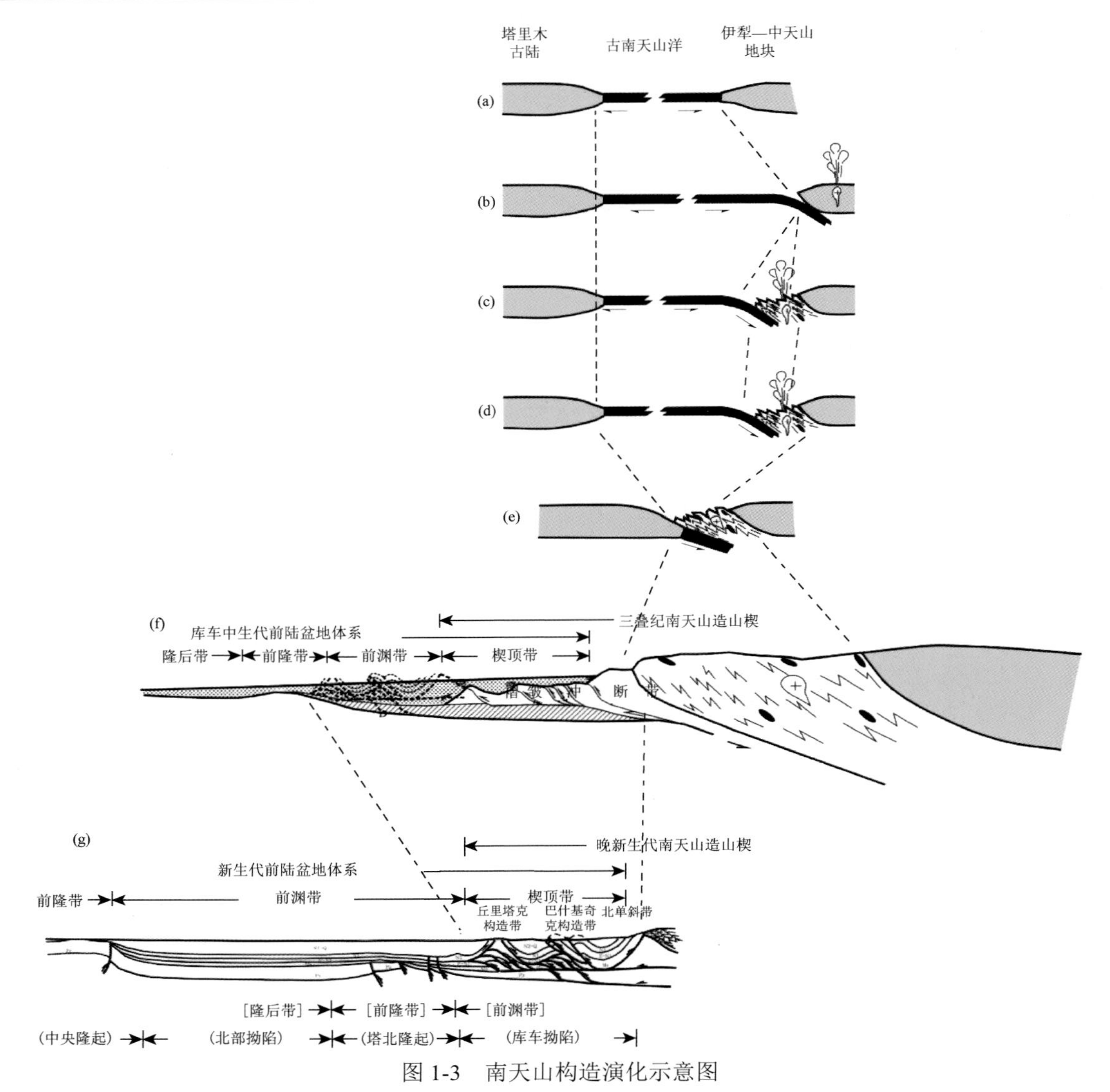

图 1-3　南天山构造演化示意图

(a) 寒武纪—奥陶纪，南天山洋扩张，无洋壳俯冲；(b) 志留纪，南天山洋壳开始向伊犁—中天山岛弧之下俯冲；(c) 志留纪-早石炭世，南天山洋中脊扩张，同时洋壳向伊犁—中天山岛弧下俯冲；(d) 晚石炭世—二叠纪，洋中脊停止扩张，新的洋壳不再形成，但是洋壳继续向伊犁—中天山岛弧下俯冲，洋盆规模逐渐缩小；(e) 二叠纪末—三叠纪初，南天山洋闭合，伊犁—中天山岛弧与塔里木古陆之间发生碰撞造山作用；(f) 三叠纪，南天山碰撞造山带和库车周缘前陆盆地；(g) 晚新生代，南天山陆内俯冲和北塔里木新前陆盆地，图的上方是北塔里木新前陆盆地构造带划分，图的下方是三叠纪库车周缘前陆盆地构造带划分（上）和塔里木盆地构造单元划分

两个陆块都存在直线状边缘，两个边缘也不可能完全平行碰撞，因此，陆块-陆块拼接的起始时间在整个南天山造山带自东到西可能不完全一致，东段的碰撞造山可能略早一些。

中天山岛弧与塔里木古陆开始碰撞造山，塔里木板块北缘由被动大陆边缘演化阶段进入周缘前陆盆地发育阶段，接受了中生代前陆盆地沉积。这是一套陆相含煤磨拉石建造。露头主要出露在北部单斜带，向西延伸至库尔干地区。当时，塔北隆起处于该前陆盆地的前隆位置，岩石圈的挠曲隆升，致使这里的前寒武纪基底和古-中生代沉积盖层一起抬升，因此大部分地区中生代地层缺失，核心部位甚至前中生代地层也遭到强烈剥蚀（李曰俊等，2001；孙龙德等，2002）。

库车周缘前陆盆地前渊带沉积中心位于库车拗陷的北部边缘，接受河湖相沉积。其北迅速进入楔顶沉积带，主要接受山麓冲积扇-辫状河-河流三角洲沉积。前渊带沉积向前隆方向逐渐尖灭，整个沉积体在剖面上呈北厚南薄的楔形体。

侏罗纪-早白垩世是南天山碰撞造山后应力松弛阶段，在塔北地区形成一系列的正断层。不过，侏罗纪仍然继承了三叠纪的古地理格局。晚白垩世-古近纪，构造稳定，库车地区发育古近系大套的膏-盐组合沉积层，与下伏的白垩系碎屑岩构成南天山山前最重要的一套储盖组合。

新近纪-第四纪，喜马拉雅造山作用的远程效应，导致亚洲大陆发生陆内挤压和侧向构造逃逸作用。天山造山带在此过程中重新活动，发生陆内造山作用。伴随该陆内造山作用，塔里木盆地北部在中生代周缘前陆盆地的基础上发育新生代新/再生/陆内前陆盆地。天山造山带的造山楔在陆内造山过程中向塔里木克拉通方向发展，同时，中生代周缘前陆盆地的楔顶带和前渊带的很大一部分被破坏，新生代再生前陆盆地的各沉积带相对南移。库车地区在新近纪沉降速率显著增加，至库车期，沉积速率达到最大。库车组沉积速率可达 1200m/Ma 以上，康村组达 350m/Ma 以上，反映自新近纪以来库车地区快速隆、拗，地形差加大，快速沉积、快速充填。

（二）昆仑造山带

昆仑造山带位于塔里木盆地—柴达木盆地南缘，被阿尔金大型左行走滑断裂带错断，分为东昆仑和西昆仑两段（图 1-4）。

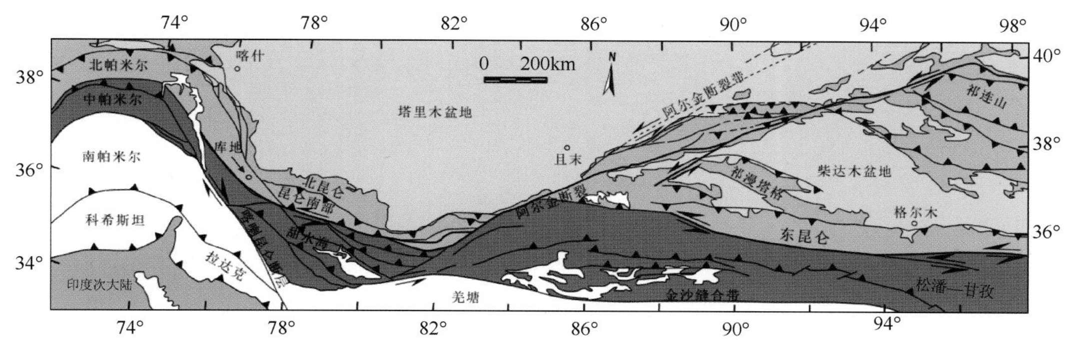

图 1-4　昆仑—阿尔金区域构造格局

大地构造相解剖表明，西昆仑造山带北部由一系列的岛弧花岗岩带和增生杂岩组成，其大地构造相自北向南大致包括塔里木地块、库地北岩浆岛弧、库地混杂带、库地微陆块、主剪切带；南部主体为峡南桥钙碱性岩浆杂岩带，山麻扎—康西瓦混杂带-增生楔和甜水海前陆褶皱冲断带等组成部分。

库地蛇绿岩是昆仑造山带最著名的蛇绿岩之一，也是昆仑造山带保存最好的蛇绿岩之一。它位于青藏高原北缘，出露于青藏公路及附近，主要由变质橄榄岩、堆晶辉长岩、拉斑玄武岩、枕状熔岩和放射虫硅质岩组成。青藏公路 142km 处的玄武岩是库地蛇绿岩的重要组成部分。它是青藏高原已知的最老的蛇绿岩，其代表的板块缝合带被誉为青藏高原的第五缝合带（潘裕生，1994，1996，1999；李丕龙，2010），有人根据这里的超镁铁岩年龄（525±2.9Ma）老于玄武岩（428±19Ma），认为两者形成于不同时代（张传林等，2004）。

库地蛇绿岩已有的同位素年代学资料跨越很长的地质时代，从晚前寒武纪到晚古生代的年龄值都有。岩石学和岩石地球化学研究结果表明，库地蛇绿岩是古洋壳残余，是典型的蛇绿岩，但是形成于不同的构造环境，包括洋中脊、大洋板内的洋岛、岛弧、弧前、弧后等（李丕龙，2010），显示出复杂的成熟广阔大洋的特征。

同位素年代学、古生物学和岩石学、岩石地球化学研究结果显示出昆仑造山带复杂的构造历史，符合从晚前寒武纪裂解→早古生代晚期碰撞→晚古生代弧后拉张→晚古生代末期碰撞的多旋回构造演化特征，显示出与南天山构造演化的明显差异（图 1-5）。

晚前寒武纪是罗迪尼亚超大陆裂解阶段，塔里木陆块从罗迪尼亚超大陆中裂解出来（Li et al.，1996，2008）。当时裂解发生于塔里木陆块南缘（现今方位）与罗迪尼亚超大陆之间，也就是现今昆仑造山带的位置。裂解过程也是新大洋打开的过程，形成了晚前寒武纪的蛇绿岩。寒武纪-中奥陶世是罗迪尼亚超大陆裂解后稳定演化阶段，塔里木陆块游离于原始特提斯洋中，古大洋持续扩张，形成早古生代的蛇绿岩[图 1-5（a）]。发生于晚奥陶世的昆仑加里东碰撞造山作用，在塔里木地质演化过程中具有革命性的意义［图 1-5（b）］。它结束了塔里木长期的伸展构造状态，进入区域性挤压构造环境，并形成了塔里木台盆区基本的隆拗格局。这次碰撞造山事件发生于塔里木陆块与中昆仑地块之间，闭合的洋盆称为阿卡孜洋。伴随着昆仑加里东碰撞造山作用，中昆仑地块南侧的库地洋发生向欧亚大陆之下的俯冲作用，中昆仑地块逐渐演化为欧亚大陆南缘的一个岛弧。持续的洋壳俯冲-弧前增生作用，形成库地俯冲-增生杂岩。

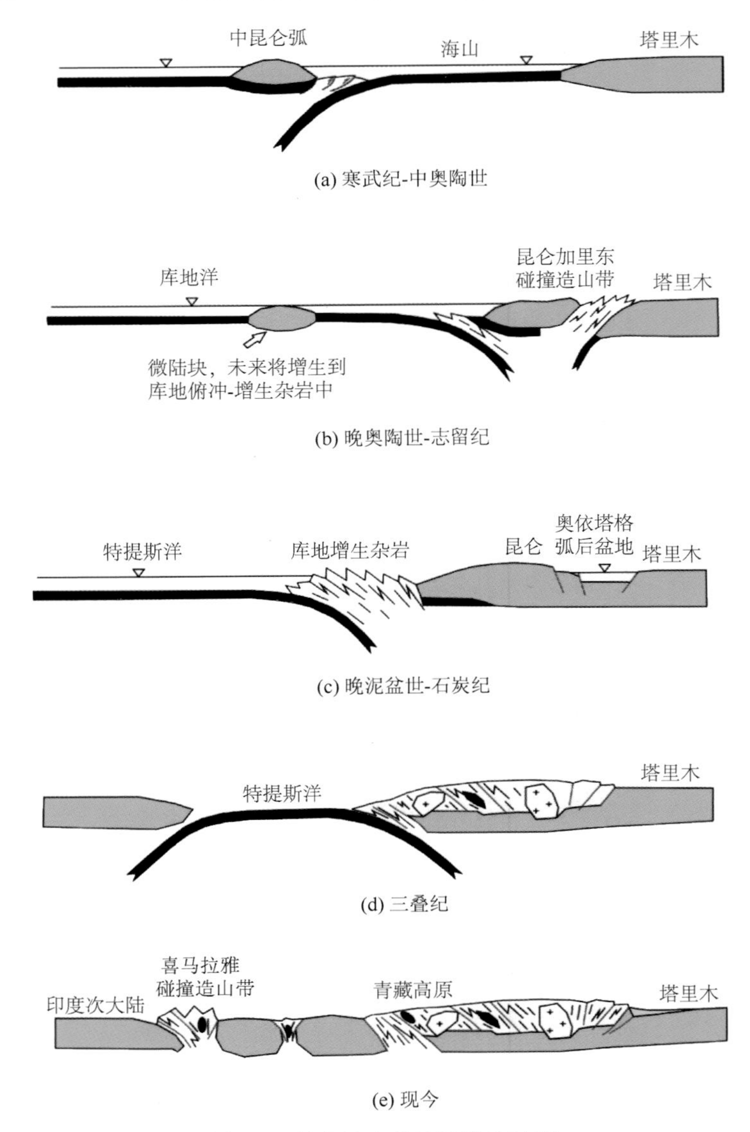

图 1-5　昆仑造山带构造演化过程

造山作用一直持续到中泥盆世，自晚泥盆世进入造山后应力松弛阶段。

晚古生代以来（D_3—C_1 期间），昆仑南侧洋盆进一步消减，海沟可能不断向南后退。弧后拉张，早古生代的增生楔杂岩发生裂解，形成奥依塔格弧后盆地，沉积了复理石、放射虫硅质岩和玄武岩。可能在更晚的时期，形成弧背前陆盆地，将晚古生代复理石推覆于早古生代复理石之上并最终形成类似于北美西部的弧背前陆褶皱冲断带［图 1-5（c）］。

古生代末-中生代初，欧亚大陆南缘的弧前增生不断向南扩展，俯冲带迁移至麻扎—康西瓦一带。麻扎-康西瓦增生杂岩形成，同时一些克沟—奥依塔格弧后盆地闭合［图 1-5（d）］。这也与卡拉库姆盆地基底（图兰地台基底）的形成时代基本一致。此后，欧亚大陆南缘进入新特提斯构造演化阶段，昆仑造山带逐渐远离活动大陆边缘，构造渐趋稳定。

新近纪-第四纪，伴随新特提斯洋闭合-印度-亚洲碰撞，青藏高原崛起，昆仑造山带再次复活，大规模隆升，塔西南陆内前陆盆地形成。这一阶段为陆内造山-陆内前陆盆地演化阶段［图 1-5（e）］。

（三）阿尔金造山带

阿尔金造山带位于塔里木盆地东南缘，阿尔金断隆是其组成部分。这里前寒武纪地层大面积出露，被认为是研究塔里木盆地基底的窗口之一（郭召杰等，2003）。实际上，阿尔金造山带是一条巨型走滑断裂带与多个不同构造单元的叠加。古老变质岩代表古陆块，奥陶纪蛇绿岩代表古洋盆和古造山带。因此，阿尔金不是一条典型意义的造山带。古生代造山带与陆块交替，中生代裂谷盆地，新生代大型陆内走滑断裂带。阿尔金新生代可以归属为陆内造山带的范畴。

阿尔金断隆出露的太古宇地层称为米兰群，属于新太古界，分布于阿尔金山北坡红柳沟—安南坝一线。为一套深变质岩石，曾获 U-Pb 年龄 2462.5Ma。该群以高角闪岩相-麻粒岩相为特征，岩性主要为变粒岩、片麻岩、斜长角闪岩、紫苏辉石麻粒岩、角闪紫苏麻粒岩、条带状混合岩、条纹状浅粒岩等。原岩可能为中基性、中酸性火山岩夹碎屑岩建造。

古元古界地层称为阿尔金山群，主要分布于红柳沟东—牙曼雀普布拉克西，沿阿尔金山北坡呈东西向带状展布。另在阿尔金山南缘大断裂南侧青新界山以东亦有分布。岩性为变质砂岩、粉砂岩，夹泥质灰岩、绿泥石片岩、钠长绿泥石变质砾岩、石英砂岩、细砂岩等。原岩为一套浅海相碳酸盐岩建造，与下伏米兰群及上覆木孜萨依组均为断层接触。震旦系不发育。

古生界零星分布，多见于山前地区，主要由海相碳酸盐岩和碎屑岩组成，局部见一定的变质作用，奥陶系拉配泉群中部火山岩段见玄武岩、各类凝灰岩及少量中性熔岩。

中生界仅见侏罗系和白垩系，缺失三叠系，具有断陷盆地或裂谷盆地沉积的特征。

侏罗系见于肃拉穆宁小区和安南坝小区。在肃拉穆宁小区主要分布于小区西端江尕勒萨依，小面积出露于小区南缘克若克布拉克南，为含煤碎屑岩建造。与下伏地层不整合或断层接触，与上覆克孜勒苏群(K_1)整合接触。在安南坝小区，小面积出露于黑山河地区及小区东端。岩性单一，为一套灰色、黄灰色中层状为主的细-中粒钙质长石石英砂岩、含砾不等粒长石石英砂岩、不等粒钙质长石砂岩与同色中-薄层状泥质粉砂岩、粉砂质泥岩互层。中上部夹砂质泥灰岩条带或透镜体，泥质岩中常见钙质砂岩结核或团块。

白垩系仅见克孜勒苏群（K_1），分布于江尕勒萨依—安西小区中段南缘且末以东的江尕勒萨依中游地段。岩性为灰绿色、褐红色、紫红色砾岩、砂岩、粉砂岩、泥质粉砂岩，夹薄层石膏。

阿尔金断裂带发育于西藏、新疆、青海、甘肃交界处，形成阿尔金山脉，是中国西部一条著名的北东东向左行走滑断裂带。它是青藏高原东北缘的边界断裂带之一，同时也是新生代塔里木盆地东南缘的边界断裂。它西起新疆与西藏交界处的拉竹龙、向北东方向斜切昆仑山及祁连山，东北端隐没于巴丹吉林沙漠之下，全长达 1600km 以上。该断裂带自西南向东北可分为拉竹龙—苦牙克断层、苦牙克—且末河口断层、且末河口—党金山口断层和党金山口—金塔断层。其中，苦牙克—且末河口—党金山口断层是狭义的阿尔金断裂，又称阿尔金南断裂。卫星影像图上阿尔金主干断裂具有舒缓波状的线性特征，地面上以狭窄断层谷、断层崖断续分布为特点。对该断裂带的走滑规模的研究，不同学者的结论相差很大，少则 250km 左右，多则达 1200km，一般认为其位移量在 400km 左右。

中生代以前阿尔金地区经历了复杂的构造演化历史。现今阿尔金断裂带的形成和印度次大陆与欧亚大陆的碰撞、持续推挤以及青藏高原的隆升有关。喜马拉雅期变形样式在断裂两侧明显不同。断裂西北的塔里木区，仅发育微弱变形，且集中在靠近断裂的地区。断裂西南地区，新生界地层强烈变形、形成线形构造。航遥结果显示断裂线性展布。两侧水系、洪积扇的迁移和现代冰川的错移及反“S”形牵引构造证明该断层具有明显的左行走滑性质。在索尔库里以南，前寒武系逆掩到上新世红色砂岩之上，表明该断层兼具逆冲性质。地震 P 波层析成像图则进一步显示，阿尔金断层为切割岩石圈达软流圈的深大断裂。

阿尔金断裂带在 MT 综合解释剖面上显示出典型的巨型正花状构造，具有典型的走滑断裂带特征。天然地震探测结果也表明其具有明显的走滑断裂构造特征，在层析图像构造解释图上，塔里木地壳以约南倾 30°的倾角下插约 80km 与阿尔金断裂带交汇，说明塔里木地块存在向南东方向的大规模俯冲作用。

已有的研究表明，阿尔金山脉和祁连山脉的早古生代的高压-超高压变质带、蛇绿岩带等构造带可以相互进行对比，它们可能属于同一早古生代造山带，后被阿尔金断裂错开了。阿尔金早古生代造山带的构造演化过程（图 1-6）与昆仑加里东造山作用有一定的相似性。

阿尔金早古生代洋盆形成于罗迪尼亚大陆裂解的过程中。南阿尔金变质带榴辉岩围岩的原岩时代为 900～750Ma，形成于新元古代的大陆裂谷环境，代表柴达木和塔里木板块之间的裂解和阿尔金古洋盆的形成［图 1-6（a）］。

早古生代阿尔金地区形成了板块边缘的沟-弧-盆构造体系［图 1-6（b）］。沟-弧-盆构造体系的认定主要是根据阿尔金山地区现存的岩相组合特征和有关花岗岩类、火山岩类和沉积岩（硅质岩）的特征确立的。阿尔金山西南地区的江尕勒萨依—瓦石峡蛇绿岩带应该是阿尔金洋存在的遗迹，伴有远洋硅质岩沉积。具有 MORB 拉斑玄武岩特征基性火山岩 Sm-Nd 等时线年龄为 481.3±53Ma。岛弧带由阿尔金地块构成。在南阿尔金俯冲碰撞杂岩

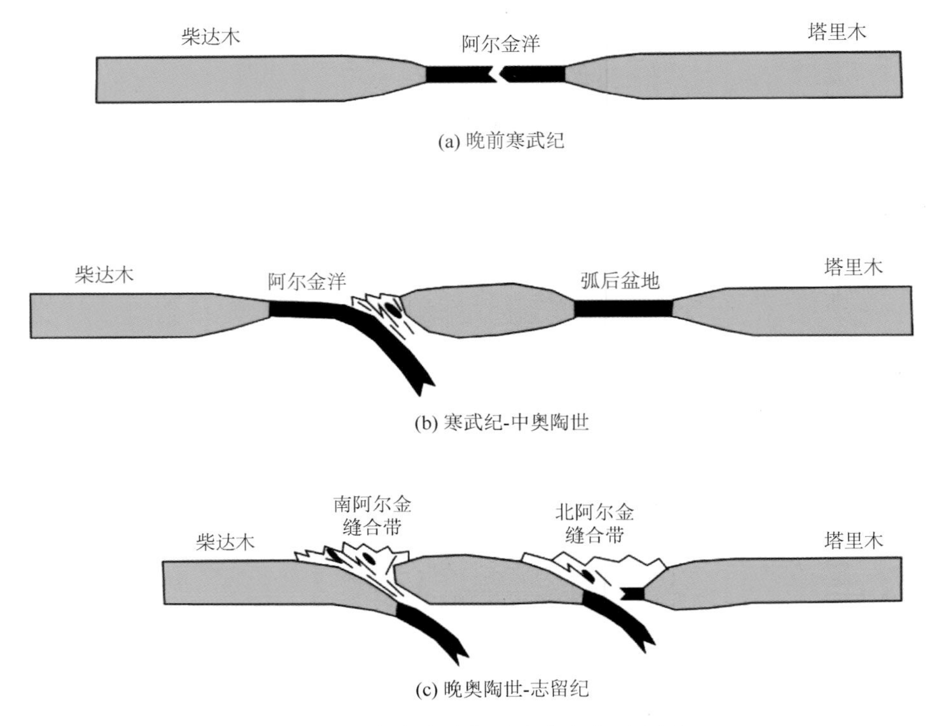

图 1-6　阿尔金古生代造山带演化示意图

带相邻地带发育 UHP 变质带，由片麻岩和少量榴辉岩、石榴橄榄岩和高压麻粒岩组成。此外，在阿尔金地区还出露有与俯冲和碰撞有关的早古生代“I”型和“S”型花岗岩，但未发现与洋壳俯冲作用有关的早古生代岛弧火山岩，这可能与阿尔金山脉后期强烈的隆升、地壳上部构造层遭受剥蚀殆尽有关。

早古生代晚期，在强烈的碰撞造山作用下，洋盆闭合消失、成陆，分别在阿尔金南北两侧的造山带中留下两条不同性质和构造背景的蛇绿岩带和变质带的遗迹，从而完成了阿尔金地区的早古生代洋陆转化过程［图 1-6（c）］。

阿尔金晚古生代的构造演化不同于昆仑造山带。由于柴达木地块的存在，晚古生代的活动大陆边缘远离阿尔金早古生代造山带，所以构造相对稳定。

中生代阿尔金进入一个全新的构造演化阶段。露头未见三叠系的发育，侏罗系-白垩系直接覆盖在古老地层之上，或与古老地层断层接触。相邻的塔里木盆地东南缘同样缺失三叠系。柴达木盆地西北缘侏罗系之下仅有厚度很小的存疑的三叠系碎屑岩。中生界（侏罗系-白垩系）的分布，平面展布明显受阿尔金断裂控制，剖面上也受断裂控制呈断陷盆地/裂谷盆地特征，表明阿尔金断裂带在中生代可能呈现为一条裂谷带，新生代的大规模左行走滑是在中生代拉张断裂系的基础上发展起来的。晚新生代的阿尔金断裂带具有明显的压扭性，整个断裂带的剖面结构呈一巨型正花状构造。

第二节　地层分区及地层格架

一、地层分区

地层分区的作用是能正确反映各区地层发育的总体特征，便于概括各地质时期地层沉积类型的空间分布以及在时间上的发展变化，以服务于区域地质研究和矿产资源的调查和勘探。塔里木盆地地层发育齐全，根据《中国地层指南》（2001）“地层发育的沉积类型、生物区系、层序特征和构造关系”等地层区划原则，将塔里木盆地分为库车、塔北—阿瓦提、塔东—满加尔、塔中、巴楚、柯坪、塔西南、东南断阶和库鲁克塔格 9 个地层分区（图 1-7）。其中，塔北—阿瓦提、塔中、巴楚和塔东—满加尔 4 个地层分区位于塔里木盆地主体区，库车、柯坪、塔西南、东南断阶和库鲁克塔格 5 个地层分区分别位于塔里木盆地北缘、西北缘、西南缘、东南缘和东北缘。不同地层分区各岩石地层单元命名及岩性构成、空间发育特征不同（表 1-1）。

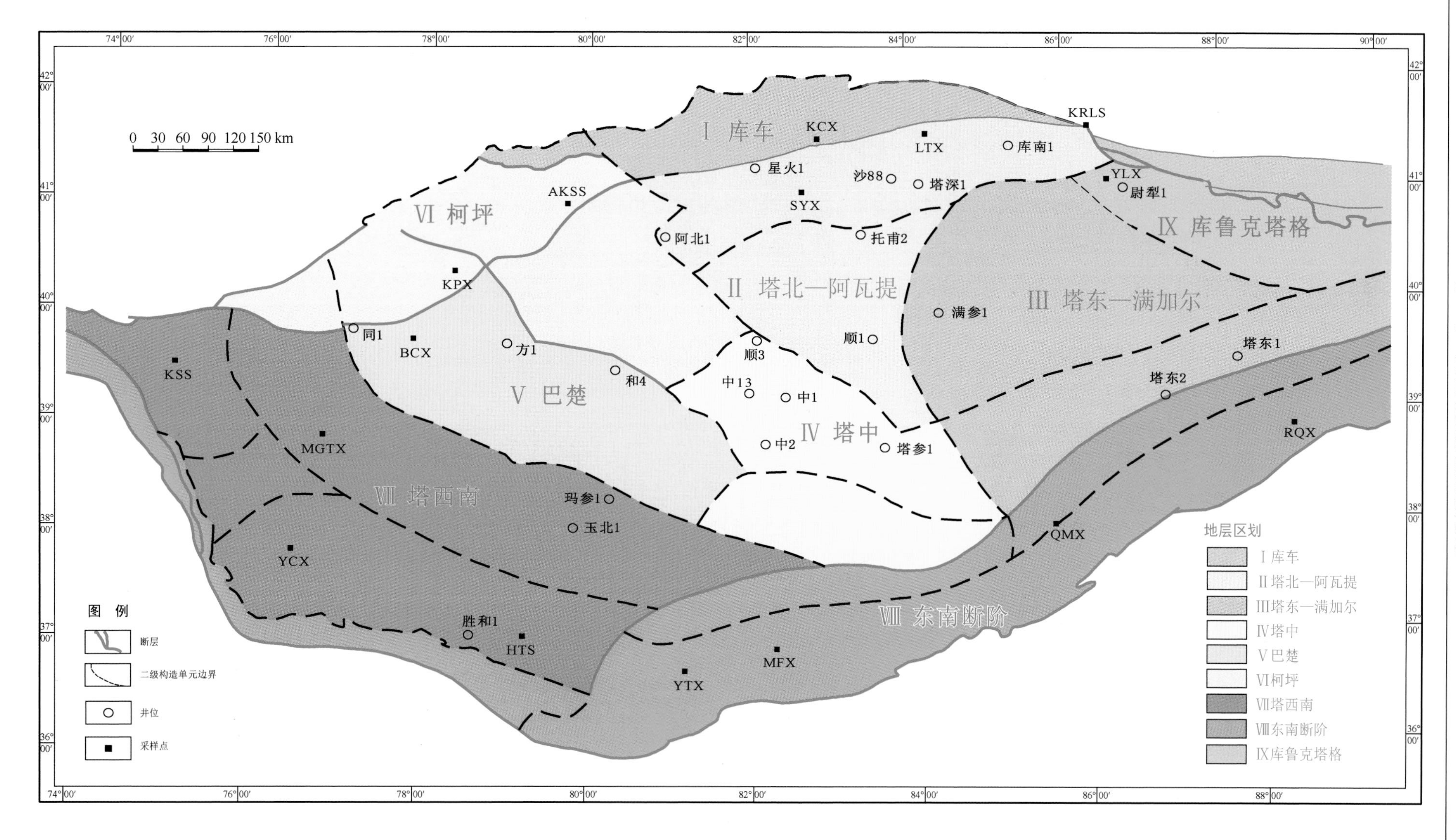

图 1-7　塔里木盆地地层分区图

表 1-1　塔里木盆地地层系统

界	系	统	群	组	代号	年龄/Ma	地震界面	库车 组（群）	塔北—阿瓦提 组（群）	塔东—满加尔 组（群）	塔中 组（群）	巴楚 组（群）	柯坪 组（群）	塔西南 组（群）	东南断阶 组（群）	库鲁克塔格 组（群）	构造运动	盆地构造类型
新生界	第四系	全新统			Q_h			Q_h	Q_h	Q_h	Q_h	Q_h	Q_h	Q_h	Q_h	Q_h		陆内前陆盆地
		更新统	新疆群		Q_pxj			新疆群Q_pxj	新疆群Q_pxj	新疆群Q_pxj	新疆群Q_pxj	新疆群Q_pxj	新疆群Q_pxj	新疆群Q_pxj	新疆群Q_pxj	新疆群Q_pxj		
			乌苏群		Q_pws			乌苏群Q_pws	乌苏群Q_pws	乌苏群Q_pws	乌苏群Q_pws	乌苏群Q_pws	乌苏群Q_pws	乌苏群Q_pws	乌苏群Q_pws	乌苏群Q_pws		
				西域组	Q_px	1.80	T_1^0	西域组Q_px	西域组Q_px	西域组Q_px	西域组Q_px	西域组Q_px	西域组Q_px	西域组Q_px	西域组Q_px	西域组Q_px	喜山晚期Ⅲ幕	
	新近系	上新统		库车组	N_2k	5.333	T_2^0	库车组N_2k	库车组N_2k	库车组N_2k	库车组N_2k	阿图什组N_2a	阿图什组N_2a	阿图什组N_2a	阿图什组N_2a	库车组N_2k	喜山晚期Ⅱ幕	
		中新统		康村组	N_1k	11.63	T_2^1	康村组N_1k	康村组N_1k	康村组N_1k	康村组N_1k	帕卡布拉克组N_1p	帕卡布拉克组N_1p	乌恰群：帕卡布拉克组N_1p	帕卡布拉克组N_1p	康村组N_1k	喜山晚期Ⅰ幕	
				吉迪克组	N_1j	23.03	T_2^2	吉迪克组N_1j	吉迪克组N_1j	吉迪克组N_1j	吉迪克组N_1j		安居安组N_1a	安居安组N_1a / 克孜洛依组N_1kz	安居安组N_1a / 克孜洛依组N_1kz	吉迪克组N_1j		
	古近系	渐新统		苏维依组	E_3s	33.9	T_2^4	苏维依组E_3s	苏维依组E_3s	苏维依组E_3s	苏维依组E_3s			喀什群$E_{1-3}ks$：巴什布拉克组$E_{2-3}b$		苏维依组E_3s	喜山中期	
		始新统	库姆格列木群		$E_{1-2}km$		T_2^5	库姆格列木群$E_{1-2}km$	库姆格列木群$E_{1-2}km$					乌拉根组E_2w / 卡拉塔尔组E_2k / 齐姆根组$E_{1-2}q$	库姆格列木群$E_{1-2}km$	库姆格列木群$E_{1-2}km$		
		古新统				66	T_3^0						阿尔塔什组E_1a	阿尔塔什组E_1a / 吐依洛克组E_1t				
中生界	白垩系	上统		于奇组	K_2y	100.5	T_3^1		于奇组K_2y	于奇组K_2y	于奇组K_2y			英吉沙群K_2yj：依格孜牙组K_2y / 乌依塔克组K_2w / 库克拜组K_2k			喜山早期	
		下统		巴什基奇克组	K_1bs		T_3^2	巴什基奇克组K_1bs	巴什基奇克组K_1bs	巴什基奇克组K_1bs	巴什基奇克组K_1bs			克孜勒苏群K_1kz	克孜勒苏群K_1kz	巴什基奇克组K_1bs	燕山晚期	陆内断陷-拗陷盆地
			卡普沙良群	巴西盖组	K_1b		T_3^3	巴西盖组K_1b	巴西盖组K_1b	巴西盖组K_1b	巴西盖组K_1b					巴西盖组K_1b		
				舒善河组	K_1s		T_3^4	舒善河组K_1s	舒善河组K_1s	舒善河组K_1s	舒善河组K_1s					舒善河组K_1s		
				亚格列木组	K_1y	145.0	T_4^0	亚格列木组K_1y	亚格列木组K_1y	亚格列木组K_1y						亚格列木组K_1y		
	侏罗系	上统		喀拉扎组	J_3k		T_4^1	喀拉扎组J_3k						库孜贡苏组J_3kz	库孜贡苏组J_3kz	喀拉扎组J_3k	燕山中期	
				齐古组	J_3q	163.5	T_4^2	齐古组J_3q		齐古组J_3q						齐古组J_3q		
		中统		恰克马克组	J_2q		T_4^3	恰克马克组J_2q		恰克马克组J_2q				塔尔尕组J_2t	塔尔尕组J_2t	恰克马克组J_2q		
				克孜勒努尔组	J_2k	174.1	T_4^4	克孜勒努尔组J_2k	克孜勒努尔组J_2k	克孜勒努尔组J_2k				扬叶组J_2y	扬叶组J_2y	克孜勒努尔组J_2k		
		下统		阳霞组	J_1y		T_4^5	阳霞组J_1y	阳霞组J_1y	阳霞组J_1y				康苏组J_1k	康苏组J_1k	阳霞组J_1y		
				阿合组	J_1a	199.3	T_4^6	阿合组J_1a		阿合组J_1a				莎里塔什组J_1s	莎里塔什组J_1s	阿合组J_1a		
	三叠系	上统		哈拉哈塘组	T_3h	227	T_4^{6A}	塔里奇克组T_3t / 黄山街组T_3h	哈拉哈塘组T_3h	哈拉哈塘组T_3h				乔洛克萨依组T_3q	乔洛克萨依组T_3q		印支末期	周缘前陆盆地-陆内拗陷盆地
		中统		阿克库勒组	T_2a	247.2	T_4^7	克拉玛依组T_2k	阿克库勒组T_2a	阿克库勒组T_2a	阿克库勒组T_2a							
		下统		柯吐尔组	T_1k	251.2	T_5^0	俄霍布拉克组T_1e	柯吐尔组T_1k	柯吐尔组T_1k	柯吐尔组T_1k			乌尊萨依组T_1w				
古生界	二叠系	上统		沙井子组	P_3s	259.8	T_5^1	比尤勒包谷孜群P_3b / 未出露	沙井子组P_3s		沙井子组P_3s	沙井子组P_3s	沙井子组P_3s	杜瓦组P_3d			海西晚期Ⅱ幕	大陆裂谷盆地
		中统		开派兹雷克组	P_2k		T_5^2		开派兹雷克组P_2k				开派兹雷克组P_2k	普司格组$P_{1-2}p$	普司格组$P_{1-2}p$		海西晚期Ⅰ幕	
				库普库兹满组	$P_{1-2}k$	272.3	T_5^3		库普库兹满组$P_{1-2}k$		库普库兹满组$P_{1-2}k$	库普库兹满组$P_{1-2}k$	库普库兹满组$P_{1-2}k$					
		下统		南闸组	P_1n	298.9	T_5^4				南闸组P_1n	南闸组P_1n	康克林组P_1k	克孜里奇曼组P_1kz				
	石炭系	上统		小海子组	C_2x	323.2	T_5^5		小海子组C_2x		小海子组C_2x	小海子组C_2x	四石厂组C_2s	塔哈奇组C_2t / 阿孜干组C_2a	塔哈奇组C_2t / 阿孜干组C_2a	小海子组C_2x	海西中期Ⅱ幕	克拉通内拗陷盆地
		下统		卡拉沙依组	C_1kl		T_5^6		卡拉沙依组C_1kl	卡拉沙依组C_1kl	卡拉沙依组C_1kl	卡拉沙依组C_1kl		卡拉乌依组C_1kw / 和什拉甫组C_1h / 克里塔克组C_1k	卡拉乌依组C_1kw	卡拉沙依组C_1kl	海西中期Ⅰ幕	
				巴楚组	C_1b	358.9	T_5^7		巴楚组C_1b	巴楚组C_1b	巴楚组C_1b	巴楚组C_1b		卡拉巴西塔克组C_1kb		巴楚组C_1b		
	泥盆系	上统		东河塘组	D_3d	382.7	T_6^0		东河塘组D_3d	东河塘组D_3d	东河塘组D_3d	东河塘组D_3d		奇自拉夫组D_3q		东河塘组D_3d	海西早期Ⅱ幕	
		下中统		克孜尔塔格组	$D_{1-2}k$	419.2	T_6^1		克孜尔塔格组$D_{1-2}k$	克孜尔塔格组$D_{1-2}k$	克孜尔塔格组$D_{1-2}k$	克孜尔塔格组$D_{1-2}k$	克孜尔塔格组$D_{1-2}k$			克孜尔塔格组$D_{1-2}k$	海西早期Ⅰ幕	
	志留系	中统		依木干他乌组	S_2y	427.4	T_6^2		依木干他乌组S_2y	依木干他乌组S_2y	依木干他乌组S_2y	依木干他乌组S_2y	依木干他乌组S_2y			依木干他乌组S_2y	加里东晚期	陆内拗陷盆地-周缘前陆盆地
		下统		塔塔埃尔塔格组	S_1t	440.8	T_6^3		塔塔埃尔塔格组S_1t	吐什布拉克组S_1ts	塔塔埃尔塔格组S_1t	塔塔埃尔塔格组S_1t	塔塔埃尔塔格组S_1t			吐什布拉克组S_1ts		
				柯坪塔格组	S_1k	443.8	T_7^0		柯坪塔格组S_1k		柯坪塔格组S_1k	柯坪塔格组S_1k	柯坪塔格组S_1k					
	奥陶系	上统	却尔却克群	桑塔木组	O_3s		T_7^1		桑塔木组O_3s	却尔却克群O_3qe：却尔却克组O_3q	桑塔木组O_3s	桑塔木组O_3s	印干组O_3y			却尔却克群O_3qe：却尔却克组O_3q	加里东中期Ⅲ幕	
				良里塔格组	O_3l		T_7^3		良里塔格组O_3l	良里塔格组O_3l	良里塔格组O_3l	良里塔格组O_3l	其浪组O_3ql / 坎岭组O_3k			良里塔格组O_3l	加里东中期Ⅱ幕	
				恰尔巴克组	O_3q	458.4	T_7^4		恰尔巴克组O_3q	恰尔巴克组O_3q	恰尔巴克组O_3q	恰尔巴克组O_3q	萨尔干组$O_{2-3}s$			恰尔巴克组O_3q		
		中统	上丘里塔格群	一间房组	O_2yj	470.0	T_7^5		一间房组O_2yj	黑土凹组$O_{1-2}h$	一间房组O_2yj	一间房组O_2yj	大湾沟组O_2d			黑土凹组$O_{1-2}h$	加里东中期Ⅰ幕	
		下统		鹰山组	$O_{1-2}y$		T_7^8		鹰山组$O_{1-2}y$		鹰山组$O_{1-2}y$	鹰山组$O_{1-2}y$	鹰山组$O_{1-2}y$					
				蓬莱坝组	O_1p	485.4	T_8^0		蓬莱坝组O_1p	突尔沙克塔格组	蓬莱坝组O_1p	蓬莱坝组O_1p	蓬莱坝组O_1p			突尔沙克塔格组		
	寒武系	上统		下丘里塔格群	Є_3xq	500.5	T_8^1		下丘里塔格群Є_3xq	$(\text{Є}_3\text{-}O_1)t$	下丘里塔格群Є_3xq	下丘里塔格群Є_3xq	下丘里塔格群Є_3xq			$(\text{Є}_3\text{-}O_1)t$	加里东早期Ⅱ幕	克拉通盆地
		中统		阿瓦塔格组	Є_2a		T_8^2		阿瓦塔格组Є_2a	莫合尔山组Є_2m	阿瓦塔格组Є_2a	阿瓦塔格组Є_2a	阿瓦塔格组Є_2a			莫合尔山组Є_2m		
				沙依里克组	Є_2s	514.0	T_8^3		沙依里克组Є_2s		沙依里克组Є_2s	沙依里克组Є_2s	沙依里克组Є_2s					
		下统		吾松格尔组	Є_1w		T_8^4		吾松格尔组Є_1w	西大山组Є_1xd	吾松格尔组Є_1w	吾松格尔组Є_1w	吾松格尔组Є_1w			西大山组Є_1xd		
				肖尔布拉克组	Є_1x		T_8^5		肖尔布拉克组Є_1x	西山布拉克组Є_1xs	肖尔布拉克组Є_1x	肖尔布拉克组Є_1x	肖尔布拉克组Є_1x			西山布拉克组Є_1xs		
				玉尔吐斯组	Є_1y	541.0	T_9^0		玉尔吐斯组Є_1y		玉尔吐斯组Є_1y	玉尔吐斯组Є_1y	玉尔吐斯组Є_1y					
新元古界	震旦系（埃迪卡拉系）	上统		奇格布拉克组	Z_2q	542	T_9^1		奇格布拉克组Z_2q	汉格尔乔克组Z_2h / 水泉组Z_2sh	奇格布拉克组Z_2q	奇格布拉克组Z_2q	奇格布拉克组Z_2q	克孜苏胡木组Z_2k		汉格尔乔克组Z_2h / 水泉组Z_2sh	加里东早期Ⅰ幕	
		下统		苏盖特布拉克组	Z_1s	635	T_{10}^0		苏盖特布拉克组Z_1s	育肯沟组Z_1y / 扎摩克提组Z_1z	苏盖特布拉克组Z_1s	苏盖特布拉克组Z_1s	苏盖特布拉克组Z_1s	库尔卡克组Z_1k / 雨塘组Z_1yt		育肯沟组Z_1y / 扎摩克提组Z_1z		
	南华系（成冰系）	上统		尤尔美那克组	Nh_2y	636			尤尔美那克组Nh_2y	特瑞艾肯组Nh_2t / 阿勒统沟组Nh_2a	尤尔美那克组Nh_2y	尤尔美那克组Nh_2y	尤尔美那克组Nh_2y	恰克马克力克组Nh_2q		特瑞艾肯组Nh_2t / 阿勒统沟组Nh_2a		
		下统			Nh_1q	720	T_D			照壁山组Nh_1z / 贝义西组Nh_1b				克里西组Nh_1k		照壁山组Nh_1z / 贝义西组Nh_1b		
	青白口系（拉伸系）			巧恩布拉克组	Qbq	1000.0			巧恩布拉克组Qbq	帕尔岗塔格群Qbpe	巧恩布拉克组Qbq	巧恩布拉克组Qbq	巧恩布拉克组Qbq	苏库罗克群Qbsk	硝尔库里群Qbxe	帕尔岗塔格群Qbpe	塔里木运动	
中元古界	狭代系 / 延展系（蓟县系）		阿克苏群		Pt_2ak	1200.0 / 1400.0			阿克苏群Pt_2ak	爱尔基干群Jxar	阿克苏群Pt_2ak	阿克苏群Pt_2ak	阿克苏群Pt_2ak	博查特塔格群Jxbc	塔什达坂群Jxts	爱尔基干群Jxar		
	盖层系（长城系）					1600.0				杨吉布拉格群Chyj				上塞拉加兹塔格群Chss	巴什库尔干群Chbs	杨吉布拉格群Chyj		
古元古界	固结系 / 造山系 / 层侵系 / 成铁系（滹沱系）					1800.0 / 2050.0 / 2300.0 / 2500.0				兴地塔格群Pt_1xd				下塞拉加兹塔格群Pt_1xs / 埃连卡特群Pt_1al	阿尔金群Pt_1ae	兴地塔格群Pt_1xd		
太古界										达格拉克布拉克群Ardg					米兰群Arml	达格拉克布拉克群Ardg		

补充说明：

（1）年龄及填色根据国际地层委员会《国际年代地层表》（2017）；

（2）塔里木晚白垩世沉积发育问题：2011年西北分公司在于奇地区多口钻井中，在原划分的早白垩世巴什基奇克组中上部层位发现晚白垩世典型的轮藻化石，经区域对比将该段地层定名为于奇组，时代为晚白垩世。从化石产出层位看，该套地层可能直接与古近系渐新统苏维依组呈上下叠置接触关系，缺失古新统—始新统库姆格列木群沉积。考虑与已有方案一致，暂将上部划分界限置于原巴什基奇克顶。层位实际位置与中石油塔里木油田分公司所命名的晚白垩世古城组基本相当，地震波组界面介于T_3^0与T_3^1之间。

（3）T_5^0界面的标定：该界面是塔里木地区海陆沉积转换面。沙井子组及在库车河剖面的比尤勒包谷孜群均为一套由东向西逐渐海退沉积环境过程中的退积充填沉积。因此，T_5^0界面位于二叠系上统沙井子组顶面。

（4）石炭系下统巴楚组在全盆地的区域对比：经生物地层专题研究成果，巴楚—塔中地区巴楚组顶面界限位于生屑灰岩段顶面，而塔北地区巴楚组顶面界限位于双峰灰岩段顶面，造成目前岩石地层划分与生物地层划分相矛盾。从塔里木地区石炭纪的区域上由西部向东部的不断海侵的沉积-构造发展演化过程分析，巴楚—塔中地区生屑灰岩与塔北地区双峰灰岩时代相当，均作为巴楚组顶界，地震波组统一命名为T_5^6。

（5）克孜尔塔格组的地质时代归属问题：克孜尔塔格组在早期创组时，其地质时代定义为晚泥盆世。2004年至今，该组的地质时代变更为晚志留世-早中泥盆世，由于缺乏有力的古生物化石证据进行明确的分解定位，因此地质延续时间存在跨纪跨世问题。目前从该组的沉积序列、岩石组构特征，地震波组特征上可进行区域追踪对比，因此将克孜尔塔格组地质时代归属处理为早-中泥盆世，T_6^1界面亦为泥盆纪与志留纪沉积的地震波组划分界面。

二、地层特征及地层格架

（一）前寒武系

塔里木盆地前寒武系据贾承造（2004）资料整理。塔里木盆地西北缘柯坪、西南缘铁克里克、东南缘阿尔金、东北缘库鲁克塔格出露的前寒武系包括太古宇和元古宇，元古宇又分为古元古界、中元古界长城系-蓟县系和新元古界青白口系-南华系-震旦系（表 1-2）。

表 1-2　塔里木盆地前寒武系地层简表

<table>
<tr><th colspan="6">年代地层</th><th colspan="5">塔里木盆地及周边岩石地层①</th></tr>
<tr><th colspan="3">国际</th><th colspan="2">国内</th><th>年龄/Ma</th><th>柯坪</th><th colspan="2">铁克里克</th><th>阿尔金</th><th>库鲁克塔格</th></tr>
<tr><td colspan="5">寒武系Є</td><td>542</td><td>玉尔吐斯组</td><td colspan="2"></td><td rowspan="9"></td><td>西山布拉克组</td></tr>
<tr><td rowspan="19">元古宇 PT</td><td rowspan="10">新元古界 Pt_3</td><td rowspan="4">埃迪卡拉系</td><td rowspan="4">震旦系 Z</td><td rowspan="2">上统</td><td rowspan="2">630</td><td rowspan="2">奇格布拉克组</td><td colspan="2" rowspan="2">克孜苏胡木组</td><td>汉格尔乔克组▲</td></tr>
<tr><td>水泉组</td></tr>
<tr><td rowspan="2">下统</td><td rowspan="2">680</td><td rowspan="2">苏盖特布拉克组</td><td colspan="2">库尔卡克组</td><td>育肯沟组</td></tr>
<tr><td colspan="2">雨塘组▲</td><td>扎摩克提组</td></tr>
<tr><td rowspan="4">成冰系</td><td rowspan="4">南华系 Nh</td><td rowspan="2">上统</td><td rowspan="2">740</td><td>尤尔美那克组▲</td><td colspan="2" rowspan="2">恰克马克力克组▲</td><td>特瑞艾肯组▲</td></tr>
<tr><td rowspan="3"></td><td>阿勒统沟组▲</td></tr>
<tr><td rowspan="2">下统</td><td rowspan="2">850</td><td colspan="2">克里西组</td><td>照壁山组</td></tr>
<tr><td colspan="2"></td><td>贝义西组▲</td></tr>
<tr><td rowspan="2">拉伸系</td><td colspan="2" rowspan="2">青白口系 Qb</td><td rowspan="2">1000</td><td rowspan="2">巧恩布拉克组</td><td rowspan="2">苏库罗克群</td><td>阿其克巴什组</td><td rowspan="2">硝尔库里群</td><td rowspan="2">帕尔岗塔格群</td></tr>
<tr><td>玉沙斯组</td></tr>
<tr><td rowspan="5">中元古界 Pt_2</td><td rowspan="2">狭代系</td><td colspan="2" rowspan="3">待建系</td><td rowspan="2">1200</td><td rowspan="5">阿克苏群△</td><td rowspan="3">博查特塔格群</td><td>苏玛兰组</td><td rowspan="3">塔什达坂群</td><td rowspan="3">爱尔基干群</td></tr>
<tr><td>博查特塔格组</td></tr>
<tr><td>延展系</td><td>1400</td><td>布卡吐维组</td></tr>
<tr><td rowspan="2">盖层系</td><td colspan="2" rowspan="2">蓟县系 Jx</td><td rowspan="2">1600</td><td rowspan="2">上塞拉加兹塔格群</td><td>拉伊勒克组</td><td rowspan="2">巴什库尔干群</td><td rowspan="2">杨吉布拉格群</td></tr>
<tr><td>卡拉克尔组</td></tr>
<tr><td rowspan="4">古元古界 Pt_1</td><td>固结系</td><td colspan="2">长城系 Ch</td><td>1800</td><td rowspan="8">未出露</td><td colspan="2" rowspan="2">下塞拉加兹塔格群</td><td rowspan="4">阿尔金群</td><td rowspan="4">兴地塔格群</td></tr>
<tr><td>造山系</td><td colspan="2" rowspan="2">滹沱系 Ht</td><td>2050</td></tr>
<tr><td>层侵系</td><td>2300</td><td colspan="2" rowspan="2">埃连卡特群△</td></tr>
<tr><td>成铁系</td><td colspan="2"></td><td>2500</td></tr>
<tr><td rowspan="4">太古宇 AR</td><td colspan="4">新太古界 Ar_3</td><td>2800</td><td colspan="2" rowspan="4">未出露</td><td rowspan="4">米兰群△</td><td rowspan="4">达格拉克布拉克群△</td></tr>
<tr><td colspan="4">中太古界 Ar_2</td><td>3200</td></tr>
<tr><td colspan="4">古太古界 Ar_1</td><td>3600</td></tr>
<tr><td colspan="4">始太古界 Ar_0</td><td>4000</td></tr>
<tr><td colspan="5">冥古宇 HD</td><td>4600</td><td colspan="5"></td></tr>
</table>

说明：①据贾承造（2004）修编；②△最老地层；③▲冰碛。

1. 太古宇（AR）

太古宇在柯坪和铁克里克未出露。

太古宇在阿尔金称米兰群。米兰群（AR*ml*）岩性主要为二长变粒岩、片麻岩、斜长角闪岩、紫苏辉石麻粒岩、角闪紫苏麻粒岩、二辉麻粒岩、混合岩及浅粒岩等，原岩为中基性、中酸性火山岩、火山碎屑岩夹碎屑岩，厚度大于 2000m。

太古宇在库鲁克塔格称达格拉克布拉克群。达格拉克布拉克群（AR*dg*）主要为石榴黑云片岩、花岗片麻岩、斜长角闪片岩、混合片麻岩等高角闪岩相的深变质岩，厚 800～1000m。

2. 古元古界（Pt_1）

古元古界在柯坪未出露。

古元古界在铁克里克称埃连卡特群和下塞拉加兹塔格群。埃连卡特群（Pt_1al）为中等变质的碎屑岩夹少量火山岩、火山碎屑岩，厚数公里。下塞拉加兹塔格群（Pt_1xs）主要为细碧岩、石英斑岩、石英角斑岩、霏细岩等组成的“双峰式火山岩”，厚度大于 492m。

古元古界在阿尔金称阿尔金群。阿尔金群（Pt_1ae）下部为斜长片麻岩夹斜长角闪岩、角闪片岩、云母石英片岩、大理岩、石英岩；中部为云母石英片岩夹片麻岩、石英岩和大理岩；上部为大理岩、白云质大理岩夹云母石英片岩、角闪片岩、混合岩，原岩可能为火山复理石-碳酸盐岩建造，最大厚度大于 10000m。

古元古界在库鲁克塔格称兴地塔格群。兴地塔格群（Pt_1xd）底部为石英砾岩及含磁铁石英岩；下部为白色石英岩、黑云母石英片岩夹大理岩；中部为浅黄色大理岩；上部为绿泥石片岩、二云母石英片岩夹大理岩，厚度大于 1000m。

3. 中元古界（Pt_2）长城系（Ch）-蓟县系（Jx）

塔里木盆地主体区在中元古界长城系-蓟县系已经出现了东西分异。西部地层分区包括塔北—阿瓦提、塔中、巴楚和柯坪，东部地层分区包括塔东—满加尔和库鲁克塔格。在铁克里克也有出露，在库车和东南断阶未出露。

中元古界长城系-蓟县系在柯坪统称阿克苏群。阿克苏群（Pt_2ak 或 Jx-Ch*ak*）为含蓝闪石的变质岩系，主要由蓝闪片岩、（蓝闪）阳起片岩、绿帘阳起片岩、钠长石英片岩、变粒岩及少量浅粒岩组成，在奇格布拉克厚 2464m。

中元古界长城系-蓟县系在铁克里克分长城系上塞拉加兹塔格群和蓟县系博查特塔格群。上塞拉加兹塔格群（Ch*ss*）自下而上可分出卡拉克尔组和拉伊勒克组，主要为砂岩、泥岩、板岩和灰岩，厚约 1500m。博查特塔格群（Jx*bc*）自下而上可分出布卡吐维组、博查特塔格组和苏玛兰组，主要为碳酸盐岩夹碎屑岩、中基性火山岩及其凝灰岩，厚约 2000m。

中元古界长城系-蓟县系在阿尔金分长城系巴什库尔干群和蓟县系塔什达坂群。长城系巴什库尔干群（Ch*bs*）以浅变质碎屑岩为主夹碳酸盐岩及少量基性或酸性火山岩，厚度大于 6000m。蓟县系塔什达坂群（Jx*ts*）为低绿片岩相变质的富含叠层石的碳酸盐岩，厚度大于 1000m。

中元古界长城系-蓟县系在库鲁克塔格为长城系杨吉布拉格群和蓟县系爱尔基干群。长城系杨吉布拉格群（Ch*yj*）为中-浅变质浅海相碎屑岩夹大理岩，见少量砾岩，厚 329～2550m。蓟县系爱尔基干群（Jx*ae*）为含燧石条带或团块的大理岩，顶部夹厚层石英岩，厚 917m。

4. 新元古界（Pt_3）青白口系（Qb）

新元古界青白口系在柯坪称巧恩布拉克组。巧恩布拉克组（Qb*q*）主要由灰绿色细砂岩、粉砂岩组成，为鲍马层序发育的浊流沉积，在苏盖特布拉克厚 1882m。

新元古界青白口系在铁克里克称苏库罗克群。苏库罗克群（Qb*sk*）分玉沙斯组和阿其克巴什组，为泥质粉砂岩、硅质岩、硅质页岩夹粉砂岩、砂岩和薄层灰岩，厚约 2000m。

新元古界青白口系在阿尔金称硝尔库里群。硝尔库里群（Qb*xe*）下部为碎屑岩夹碳酸盐岩，上部为碳酸盐岩，厚度大于 1000m。

新元古界青白口系在库鲁克塔格称帕尔岗塔格群。帕尔岗塔格群（Qb*pe*）下部为碎屑岩，上部为云质灰岩、微晶灰岩及大理岩，厚 754m。

5. 新元古界（Pt_3）南华系（Nh）

新元古界南华系（成冰系）在塔里木具两个显著特点：一是继承了中元古界出现的东西分异；二是与全球同步（同期）发育 3 期冰碛，可与国内外同期冰碛对比（表 1-3）。

表 1-3 塔里木盆地南华系冰碛沉积与国内外对比

<table>
<tr><th colspan="3">地层系统</th><th colspan="3">塔里木盆地</th><th rowspan="2">湖北宜昌</th><th rowspan="2">哈萨克斯坦卡拉套</th><th rowspan="2">挪威</th><th rowspan="2">澳大利亚</th></tr>
<tr><th>系</th><th>统</th><th>年龄/Ma</th><th>柯坪</th><th>铁克里克</th><th>库鲁克塔格</th></tr>
<tr><td colspan="2">震旦系</td><td>680</td><td>苏盖特布拉克组</td><td>雨塘组</td><td>扎摩克提组</td><td>陡山沱组</td><td>科斯绍金组</td><td>斯普格依德姆组</td><td></td></tr>
<tr><td rowspan="4">南华系</td><td rowspan="2">上统</td><td rowspan="2">740</td><td>尤尔美那克组▲</td><td rowspan="2">恰克马克力克组▲▲</td><td>特瑞艾肯组▲</td><td>南沱组▲</td><td>兰格组▲</td><td>莫尔里斯涅斯组▲</td><td>马临诺组▲</td></tr>
<tr><td rowspan="3"></td><td>阿勒统沟组▲</td><td>莲沱组▲</td><td rowspan="3"></td><td></td><td></td></tr>
<tr><td rowspan="2">下统</td><td rowspan="2">850</td><td>克里西组</td><td>照壁山组</td><td rowspan="2">马槽园组▲</td><td>纽鲍尔格组</td><td>费林那群</td></tr>
<tr><td></td><td>贝义西组▲</td><td>斯马里菲尔德组▲</td><td>斯图特组▲</td></tr>
<tr><td colspan="3">青白口系</td><td>巧恩布拉克组</td><td>苏库罗克群</td><td>帕尔岗塔格群</td><td>神农架群</td><td>克奇克塔雷苏群</td><td>塔纳亚群</td><td>巴拉群</td></tr>
</table>

注：①据贾承造（2004）修编；②▲冰碛。

新元古界南华系在柯坪只残留上统上部尤尔美那克组，在塔中、巴楚残留上统瓦基里塔格组。尤尔美那克组（Nh_2y）主要为冰碛岩及冰水沉积砂岩，残厚约 10m。瓦基里塔格组（Nh_2w）为硅化泥岩夹细砂岩及少量石英岩、硅质岩薄层、粉砂岩条带，厚度不大（具体不详）。

新元古界南华系在塔西南铁克里克分为下统克里西组和上统恰克马克力克组。克里西组（Nh_1k）下部为碎屑岩夹浊积砂岩和泥岩，中-上部为厚层状粉砂质硅质泥岩、硅质粉砂岩，具鲍马序列，厚 347m。恰克马克力克组（Nh_2q）主要为冰成混积岩夹硅质泥岩、粉砂岩、页岩和浊积岩，见两套冰碛岩，厚 1228m。

新元古界南华系在阿尔金缺失。

新元古界南华系在库鲁克塔格分为下统贝义西组和照壁山组，上统阿勒统沟组和特瑞艾肯组。贝义西组（Nh_1b）主要为砂岩、粉砂岩、泥岩夹冰碛砾岩及含砾泥岩，厚 1487m。照壁山组（Nh_1z）为浅海相陆源碎屑岩，粉砂质泥板岩夹细砂岩，厚 544m。阿勒统沟组（Nh_2a）为间冰期冰水沉积粉砂岩、泥岩、砂岩及砾纹泥岩，厚 504m。特瑞艾肯组（Nh_2t）主要为冰碛砾岩，厚 1845m。

6. 新元古界（Pt_3）震旦系（Z）

塔里木主体区震旦系继承了前期的东西分异，晚期开始出现西台东盆的沉积格局（表 1-4）。西部地层分区震旦系出露在柯坪，铁克里克、南天山哈尔克山南坡也有出露，盆地内仅有同 1 井、方 1 井、和 4 井、塔参 1 井钻遇。东部地层分区震旦系出露在库鲁克塔格，分布在塔东—满加尔，塔东 1 井钻遇。

1）西部地层分区震旦系

西部地层分区主要包括塔北—阿瓦提、塔中、巴楚和柯坪，震旦系发育下统苏盖特布拉克组（Z_1s），上统奇格布拉克组（Z_2q）。此外，在铁克里克，震旦系发育下统雨塘组（Z_1y）和库尔卡克组（Z_1k），上统克孜苏胡木组（Z_2k）。属西部地层分区的同 1 井、方 1 井、和 4 井和塔参 1 井钻遇震旦系或前震旦系。

（1）柯坪震旦系。

柯坪震旦系发育下统苏盖特布拉克组（Z_1s），上统奇格布拉克组（Z_2q）。

苏盖特布拉克组（Z_1s）岩性单一，为紫红、紫灰色中层-块状细粒石英砂岩和紫红色泥质细粒石英砂岩，斜层理和波痕发育，厚 300～350m。底部见砾岩，以角度不整合覆于下伏不同地层，风化壳上常见 5～20cm 赤铁矿、鲕状赤铁矿透镜体。含疑源类 *Trachysphaeridium* sp.、*T.cultum* sp.、*Baltispheridium* sp.（塔东 1 井）。

奇格布拉克组（Z_2q）岩性为富含镁质、含泥砂的碳酸盐岩建造，以厚层-块状白云岩、白云质灰岩及薄层灰岩为主，夹石英砂岩及薄层钙质砂岩、粉砂岩，白云岩中常见硅质及燧石条带，厚 350m。含疑源类 *Trachysphaeridium hyalinum*、*T. rude*、*T.simplex*、*T.cultum.*、*M.asperum*、*Quadratimorpha simplisis*。

（2）铁克里克震旦系。

铁克里克震旦系发育下统雨塘组（Z_1y）和库尔卡克组（Z_1k），上统克孜苏胡木组（Z_2k）。

雨塘组（Z_1y）为灰绿、紫红色粉砂质泥岩、泥岩、砂岩，上部夹厚约 10m 的冰水沉积的块状混积冰碛岩，厚 741m。含疑源类及微古植物。

2）东部地层分区震旦系

东部地层分区震旦系出露在库鲁克塔格，包括塔东—满加尔，塔东 1 井钻遇。震旦系发育下统扎摩克提组（Z_1z）、育肯沟组（Z_1y），上统水泉组（Z_2s）、汉格尔乔克组（Z_2h）。

扎摩克提组（Z_1z）为灰绿、褐色砂岩与紫红、灰绿色粉砂岩不均匀互层夹粗砂岩或细砾岩透镜体，厚 240～769m。育肯沟组（Z_1y）为灰绿、黄绿色粉砂岩与粉砂质泥岩不均匀互层夹细砂岩，厚 200～587m。水泉组（Z_2s）碳酸盐岩普遍增加，在照壁山为深灰、浅灰色薄层状砂质灰岩，在西山口为灰岩、白云岩夹粉砂岩及杂色页岩，在大草湖为碳酸盐岩，在南雅尔当山为灰绿色薄层粉砂岩及黄褐色瘤状灰岩、泥灰岩互层，厚 13～307m。汉格尔乔克组（Z_2h）以混积岩为特征，在孔雀河以北为灰、杂色巨砾、冰成砾岩（？或为浊积）及泥砾岩，厚 24～467m。

表 1-4　塔里木盆地下古生界地层划分

<table>
<tr><th colspan="5">年代地层</th><th colspan="3">岩石地层</th><th rowspan="3">地震界面</th><th rowspan="3">构造运动</th></tr>
<tr><th rowspan="2">系</th><th rowspan="2">统</th><th colspan="2">阶</th><th rowspan="2">年龄/Ma</th><th colspan="2" rowspan="2">塔北—塔中</th><th rowspan="2">塔东北</th></tr>
<tr><th>国际阶</th><th>国内阶</th></tr>
<tr><td>志留系</td><td>下统</td><td>鲁丹阶</td><td>鲁丹阶</td><td>443.7</td><td colspan="2" rowspan="2">柯坪塔格组 S_1k</td><td rowspan="2">吐什布拉克组 S_1ts</td><td>T_6^5（Tg5）</td><td></td></tr>
<tr><td rowspan="8">奥陶系</td><td rowspan="4">上统</td><td rowspan="2">赫南特阶</td><td rowspan="2">钱塘江阶</td><td rowspan="2">445.6</td><td>T_7^0（Tg5-0）</td><td>加里东中期Ⅱ幕</td></tr>
<tr><td colspan="2">桑塔木组 O_3s</td><td rowspan="3">却尔却克群（组）$O_{2-3}qe$</td><td>T_7^2（Tg5′）</td><td rowspan="3">加里东中期Ⅰ幕</td></tr>
<tr><td>凯迪阶</td><td rowspan="2">艾家山阶</td><td>455.8</td><td colspan="2">良里塔格组 O_3l</td><td rowspan="2">T_7^4（Tg5"）</td></tr>
<tr><td>桑比阶</td><td>460.9</td><td colspan="2">恰尔巴克组 O_3q</td></tr>
<tr><td rowspan="2">中统</td><td>达瑞威尔阶</td><td>达瑞威尔阶</td><td>468.1</td><td rowspan="4">上丘里塔格群 $O_{1-2}sq$</td><td>一间房组 O_2yj</td><td rowspan="3">黑土凹组 $O_{1-2}h$</td><td rowspan="4">T_8^0（Tg6）</td><td rowspan="4">加里东早期Ⅱ幕</td></tr>
<tr><td>大坪阶</td><td>大湾阶</td><td>471.8</td><td rowspan="2">鹰山组 $O_{1-2}y$</td></tr>
<tr><td rowspan="2">下统</td><td>弗洛阶</td><td>道保湾阶</td><td>478.6</td></tr>
<tr><td>特马豆克阶</td><td>新厂阶</td><td>488.3</td><td>蓬莱坝组 O_1p</td><td rowspan="4">突尔沙克塔格组 $Є_3$-O_1t</td></tr>
<tr><td rowspan="10">寒武系</td><td rowspan="3">上统</td><td>第十阶</td><td>凤山阶</td><td>488.3～492</td><td colspan="2" rowspan="3">下丘里塔格群 $Є_3xq$</td><td rowspan="3">T_8^1</td><td rowspan="3">?</td></tr>
<tr><td>第九阶</td><td>长山阶</td><td>492～496</td></tr>
<tr><td>排碧阶</td><td>崮山阶</td><td>499</td></tr>
<tr><td rowspan="3">中统</td><td>古丈阶</td><td>张夏阶</td><td>499～503</td><td colspan="2" rowspan="2">阿瓦塔格组 $Є_2a$</td><td rowspan="3">莫合尔山组 $Є_2m$</td><td rowspan="2">T_8^2</td><td rowspan="3">?</td></tr>
<tr><td>鼓山阶</td><td>徐庄阶</td><td>503～506</td></tr>
<tr><td>第五阶</td><td>毛庄阶</td><td>510</td><td colspan="2">沙依里克组 $Є_2s$</td><td>T_8^3</td></tr>
<tr><td rowspan="4">下统</td><td>第四阶</td><td>龙王庙阶</td><td>510～515</td><td colspan="2">吾松格尔组 $Є_1w$</td><td rowspan="2">西大山组 $Є_1xd$</td><td>T_8^4</td><td rowspan="4">加里东早期Ⅰ幕柯坪运动</td></tr>
<tr><td>第三阶</td><td>沧浪铺阶</td><td>515～521</td><td colspan="2" rowspan="2">肖尔布拉克组 $Є_1x$</td><td rowspan="2">T_8^5</td></tr>
<tr><td>第二阶</td><td>筇竹寺阶</td><td>521～528</td><td rowspan="2">西山布拉克组 $Є_1x$</td></tr>
<tr><td>幸运阶</td><td>梅树村阶</td><td>542.0</td><td colspan="2">玉尔吐斯组 $Є_1y$</td><td>T_9^0（Tg8）</td></tr>
<tr><td rowspan="4">震旦系</td><td rowspan="2">上统</td><td rowspan="2"></td><td rowspan="2">灯影阶</td><td rowspan="2">635.0</td><td colspan="2" rowspan="2">奇格布拉克组 Z_2q</td><td>汉格尔乔克组 Z_2h▲？</td><td rowspan="4">Td（Tg9）</td><td rowspan="4">塔里木运动</td></tr>
<tr><td>水泉组 Z_2s</td></tr>
<tr><td rowspan="2">下统</td><td rowspan="2"></td><td rowspan="2">陡山沱阶</td><td rowspan="2">680.0</td><td colspan="2" rowspan="2">苏盖特布拉克组 Z_1s</td><td>育肯沟组 Z_1y</td></tr>
<tr><td>扎摩克提组 Z_1z</td></tr>
<tr><td>南华系</td><td>上统</td><td></td><td></td><td></td><td colspan="2">尤尔美那克组 Nh_2y▲</td><td>特瑞艾肯组 Nh_2t▲</td><td></td><td></td></tr>
</table>

说明：▲冰碛。

（二）寒武系（€）

塔里木寒武系继承了震旦系晚期西台东盆的沉积格局，西部地层分区台地相区与东部地层分区盆地相区岩石地层存在极大差异（表1-4、图1-9、图1-10）。

1. 西部地层分区台地相区寒武系

西部地层分区台地相区寒武系发育下统玉尔吐斯组（€$_1y$）、肖尔布拉克组（€$_1x$）、吾松格尔组（€$_1w$），中统沙依里克组（€$_2s$）、阿瓦塔格组（€$_2a$），上统下丘里塔格群（€$_3xq$）。

玉尔吐斯组（€$_1y$）底部为土黄色泥质灰岩，含磷块岩碎屑及磷质结核；下部为黑色碳质页岩、硅质岩夹薄层白云质灰岩和细晶白云岩；上部主要为灰色泥质白云岩、白云质灰岩和沥青质灰岩，厚13.1～30m。富含小壳化石，下部含软舌螺 *Anabarites trisulcatus*、*Paragloborilus* sp.、*Sulcagloborilus gracilis*，分类未定化石 *Cambroclavus soleiformis*、*Deserties cavus*、*Aurisella tarimensis* 等；上部含软舌螺 *Persicitheca* sp.、*Adyshevitheca sinica*、*Cupitheca breuituva*、*Suleaglaborilus gracilis* 等，高肌虫 *Wushiella lyuntropu*、*Xinjiangella venustais*、*X. renifouris*，单板类 *Protastenotheca xinjiangensis*，分类未定化石 *Archiasteralla pentactian*、*Actinostes universalis*、*Allonnia tripodophora*、*Hertzina* aff. *elogata* 等。该组在柯坪肖尔布拉克、塔北星火1井、塔东北库南1井主要为灰黑色硅质页岩及泥岩，厚14～34m。在巴楚同1井、方1井为紫、褐红色泥岩和砂岩，和4井为泥晶云岩及硅藻岩，厚3～34m；在巴楚巴探5井、玛北1井，卡塔克隆起塔参1井、中深1井以及古城墟隆起塔东2井等缺失玉尔吐斯组。在塔东尉犁1井及库鲁克塔格乌里格孜塔格剖面，主要为灰色泥岩、硅质页岩，厚26～32m（图1-8）。

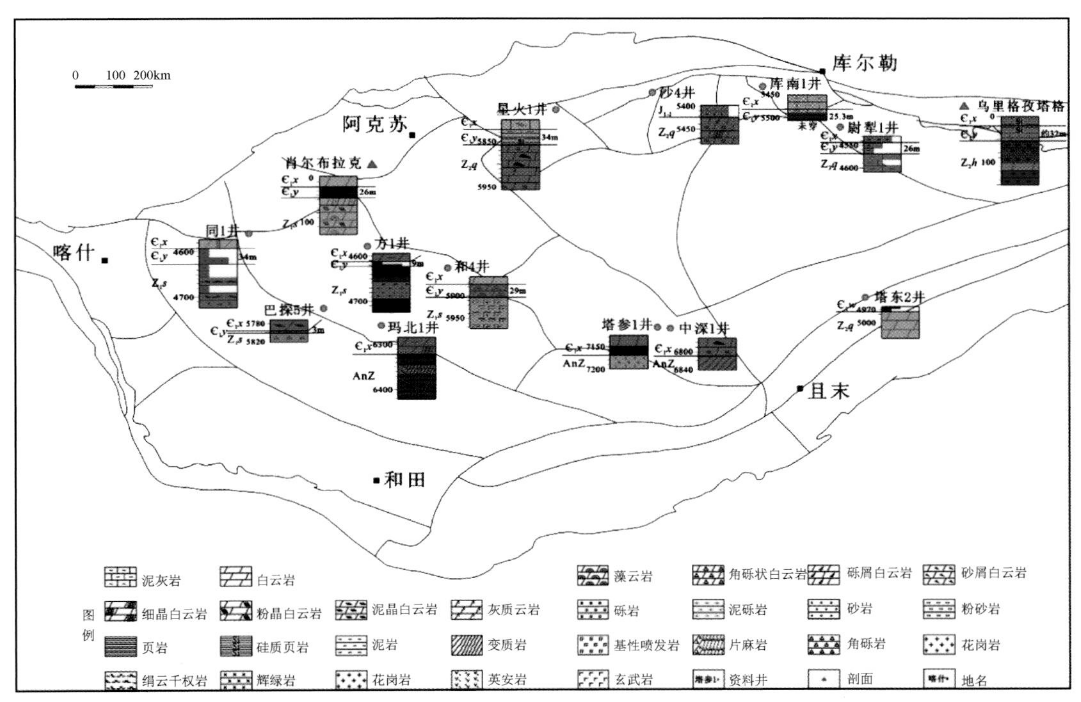

图1-8　塔里木盆地寒武系底界及玉尔吐斯组（€$_1y$）分布图

肖尔布拉克组（€$_1x$）主要为白云岩，位于膏盐段之下，因此称盐下云岩段。在乌什苏盖特布拉克为灰、灰黑色中厚层状灰岩、白云岩、白云质灰岩夹碳质泥质灰岩及紫色泥质粉砂岩，厚86m。富含三叶虫 *Kepingas tarimensis*、*K. kepingensis*、*Tianshanocephlus tianshanensis*、*Sinopalaeofossus xinjiangensis*、*Metaedlichiodes kalpingensis*、*Shizhdiscus sugaitensis* 及腕足、软舌螺、古介形虫、海绵骨针等化石。该组在方1井、同1井、巴探5井均钻穿，厚5（同1井断层缺失）～250m。同1井底部为灰色泥质灰岩与浅灰色泥质白云岩互层夹浅灰色细砂岩及深灰色泥岩、硅质岩，白云岩含磷；中上部主要为灰、灰褐色泥-粉晶白云岩。塔参1井为深灰色白云岩夹有薄层状针孔状白云岩，厚50～85m。塔深1井未钻穿，为浅灰色泥-粉晶白云岩夹含泥灰岩薄层。星火1井为灰色泥质灰岩和泥晶灰岩，厚60m。

吾松格尔组（€$_1w$）以含膏盐为特征，称下膏盐段。乌什苏盖特布拉克剖面该组上部以灰、灰褐色薄状灰岩、瘤状团块状泥质灰岩为主，夹燧石灰岩、钙质砂岩，下部为灰白色白云岩，厚 195m。含三叶虫 *Paokannia* sp.、*Redlichia* sp.、*Drepanopyge*? *dsitincta*。该组在同 1 井、方 1 井、康 2 井、巴探 5 井、玛北 1 井、和 4 井为灰、灰白、褐色盐岩、石膏岩、膏质云岩、白云岩、泥质膏岩、泥质云岩、云质泥岩等略呈不等厚互层，局部见深灰色辉绿岩和辉石岩侵入，厚 199～302m。塔参 1 井主要为深灰、灰色石膏层、白云岩夹黑色页岩，中深 1 井为灰色膏质、含泥、砾屑白云岩及藻云岩，厚 68～120m。中 4 井未穿，为灰色白云质石膏岩、膏质白云岩与褐色石膏岩。塔北地区不发育膏盐岩，塔深 1 井岩性为灰色细晶白云岩、泥晶白云岩与粉晶白云岩呈不等厚互层，厚 103m。

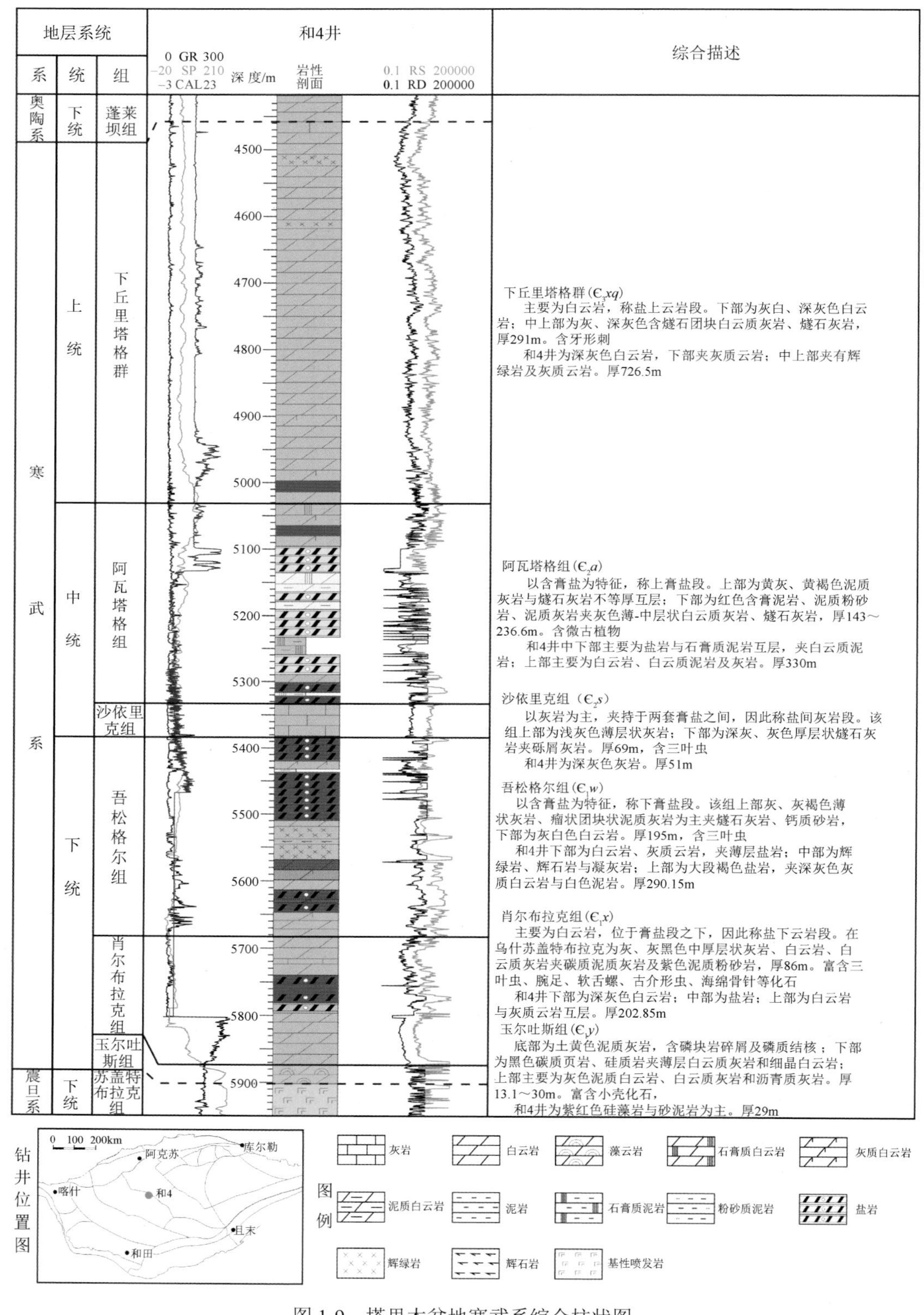

图 1-9　塔里木盆地寒武系综合柱状图

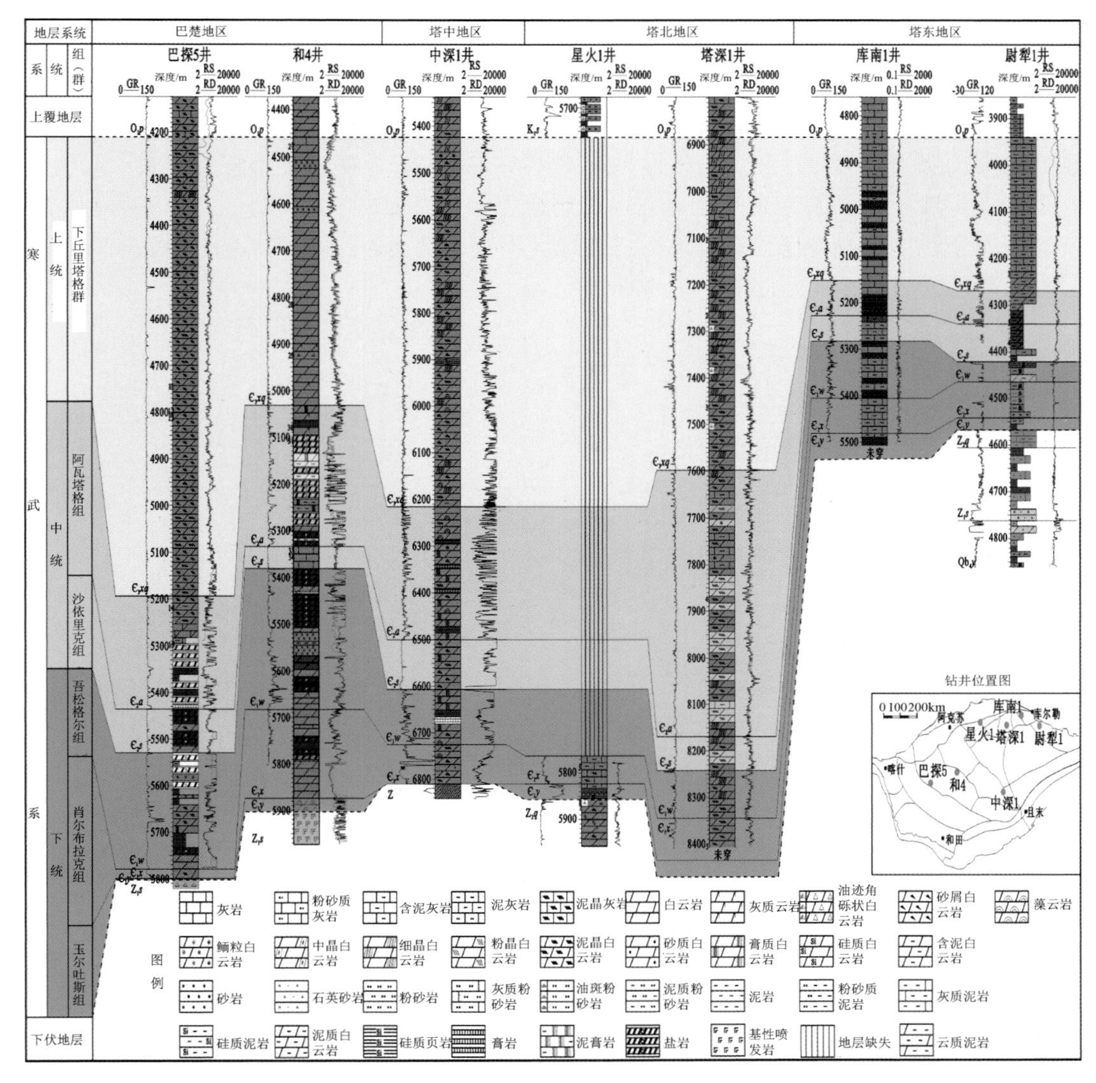

图 1-10　塔里木盆地寒武系地层对比图

沙依里克组（$\epsilon_2 s$）以灰岩为主，夹持于两套膏盐之间，因此称盐间灰岩段。在乌什苏盖特布拉克该组下部为深灰、灰色厚层状燧石灰岩夹砾屑灰岩，上部为浅灰色薄层状灰岩，厚 69m。含三叶虫 *Kunmingaspis divergens*、*Chittidilla nanjingensis*、*Paragraulos yunshancumensis*、*Bathynotus nanjiangensis* 等。该组在盆地内白云岩含量有变化，厚度不大（40～107m）。巴楚主要为灰色灰岩、云质灰岩、泥灰岩夹粉晶白云岩，仅巴探 5 井云质含量明显大于灰质含量，以灰色泥晶白云岩、灰质白云岩与褐色盐岩为主。塔中地区白云岩含量增加，塔参 1 井、中 4 井以灰、深灰色白云岩为主并夹石膏，中深 1 井主要是砂屑白云岩。塔深 1 井主要为浅灰、灰白色粉晶白云岩、细晶白云岩与泥晶白云岩不等厚互层夹砂屑白云岩薄层。

阿瓦塔格组（$\epsilon_2 a$）以含膏盐为特征，称上膏盐段。上部为黄灰、黄褐色泥质灰岩与燧石灰岩不等厚互层；下部为红色含膏泥岩、泥质粉砂岩、泥质灰岩夹灰色薄-中层状白云质灰岩、燧石灰岩，厚 143～236.6m。含微古植物 *Trachysphaeridium simplex*、*T.* sp.、*Lophosphaeridium* sp.、*Lophominuscula* sp.、*Margominuscula* sp.、*Leiosphaeridia* sp.、*Nucellosphaeridium* sp.、*Quadratimorpha* sp.、*Polyedryxium* sp.、*Veryhachium trispinosum*、*Micrihystridium* sp.、*Baltisphaeridium* sp.、*Taeniatun punctatosum*、*T.* sp.。该组在巴楚发育膏岩、盐岩、膏质云岩、云质膏岩、泥质云岩，夹紫红色含膏云岩、云质泥岩等，厚 242～382m。塔中塔参 1 井主要为深灰、褐色白云岩、膏质白云岩夹石膏层及黑色页岩，见燧石结核白云岩；中深 1 井发育灰色膏质白云岩、膏岩、藻云岩、砂屑白云岩夹鲕粒白云岩；中 4 井主要为灰白色膏岩、深灰色及褐色膏质云岩，厚 155～300m。塔北地区不发育蒸发岩，塔深 1 井主要为浅灰、灰白色细晶白云岩、粉晶白云岩与泥晶白云岩不等厚互层夹鲕粒云岩及含泥灰岩，厚 571m。

下丘里塔格群（$\epsilon_3 xq$）主要为白云岩，称盐上云岩段。下部为灰白、深灰色白云岩；中上部为灰、深灰色含燧石团块白云质灰岩、燧石灰岩，厚 291m。含牙形刺 *Teridontus nakamurai*、*T. reclinatus*、*T. erectus*；塔深 1 井含牙形刺 *Semiacontiodus nogamii*、*Teridontus gracilis*、*T. huanghuachangensis*、*T.nakamurai*。该组在巴楚主要为灰、深灰色（砂屑）白云岩、细晶白云岩及燧石结核白云岩，厚 433～983m。塔中主要为灰色细晶-粗晶白云岩、泥晶云岩及砂屑白云岩，厚 791～1514m。塔北塔深 1 井主要为灰、浅灰、灰白色泥晶白云岩、粉晶白云岩、细晶白云岩与中晶白云岩不等厚互层夹砂屑云岩及含泥灰岩，厚 714m；于奇 6 井未钻穿，主要是灰色细晶-粉晶白云岩，中部夹有浅黄灰色含泥灰岩，上部为浅灰色中晶白云岩。

2. 东部地层分区盆地相区寒武系

东部地层分区盆地相区寒武系发育下统西山布拉克组（$Є_1xs$）、西大山组（$Є_1xd$），中统莫合尔山组（$Є_2m$），上统突尔沙克塔格组（$Є_3$-O_1t）。

西山布拉克组（$Є_1xs$）对应台地相区玉尔吐斯组和肖尔布拉克组下部。该组在辛格尔地区下部为黑色薄-厚层状硅质岩、云岩，中部为灰绿色玄武岩，上部为黑色薄-中层状硅质岩、硅质泥岩夹含磷层，厚 94～652.4m；含少量腕足 *Lingulella* sp.、海绵骨针 *Protospongia* sp.。在雅尔当山下部为黄灰色厚层状含砾不等粒云质岩屑砂岩；中部为灰、深灰色厚层状粉-泥晶白云岩夹硅质砾岩；上部为黑色硅质岩、含磷硅质岩，厚 18～140m；含少量海绵骨针 *Protospongia* sp.、藻类 *Eomycatopsis* sp.及三叶虫碎片。在塔东库南 1 井钻遇该组（未穿），下部（玉尔吐斯组）为黑色页岩与灰色泥灰岩互层，厚 25.3m（未穿）；上部（肖尔布拉克组下部）为深灰色泥灰岩，厚约 10m。尉犁 1 井钻穿该组，下部（玉尔吐斯组）为灰色泥岩、粉砂质泥岩、泥质粉砂岩，厚 26m；上部（肖尔布拉克组下部）为深灰色硅质泥岩、灰绿色粉砂岩、灰色泥质粉砂岩，厚约 30m。塔东 1 井未钻遇该组。塔东 2 井缺失该组。

西大山组（$Є_1xd$）对应台地相区肖尔布拉克组上部和吾松格尔组。该组在辛格尔地区为灰、灰黑色薄层灰岩夹页岩、云岩，厚 50～80m，含三叶虫 *Metaredlichioides-Chengkouia* 带、*Tianshanocephalus* 带和 *Arthricocephalus-Chngaspis* 带。在雅尔当山下部为黑色中层状泥岩夹灰黑色中层状灰质云岩及粉晶灰岩；上部为黑色中层状泥、粉晶灰质云岩夹泥岩及硅质岩，含小壳化石 *Allonnia erromenosa*、*Kuruktagetubelis* sp.、*Archiasterella pentactina*、*Onychia* sp.，腕足 *Latouchella* sp.，海绵骨针 *Protospongia* sp.、*Kiwetinokia* sp.。在塔东库南 1 井该组下部（肖尔布拉克组上部）为深灰色泥灰岩夹少量灰岩条带，厚约 65m；上部（吾松格尔组）为黑色页岩与深灰色泥灰岩互层，厚 123m。尉犁 1 井该组下部（肖尔布拉克组上部）为深灰色硅质泥岩、灰绿色粉砂岩、灰色泥质粉砂岩，厚约 48m；上部（吾松格尔组）为黄灰色泥质白云岩与浅灰色硅质泥岩不等厚互层，顶为薄层灰色硅质岩，厚 43m。塔东 1 井未钻穿该组，钻遇上部（吾松格尔组）灰质泥岩、泥灰岩，钻厚 91.3m（未穿）。塔东 2 井该组不全，上部（吾松格尔组）为含泥灰岩，残厚 24m；该组上部（吾松格尔组）直接覆盖于震旦系上统奇格布拉克组之上，缺失西大山组下部和西山布拉克组，相当于缺失肖尔布拉克组和玉尔吐斯组。

莫合尔山组（$Є_2m$）对应台地相区沙依里克组和阿瓦塔格组。该组在辛格尔地区为灰黑、灰紫色薄层状灰岩夹少量棕褐色钙质页岩及中厚层灰岩，下部砂、泥质灰岩增多，厚 80～300m；含三叶虫 *Ptychagnostus atavus* 带、*Ptychagnostus punctuosus* 带、*Pseudophalacroma triangularis* 带、*Lejopyge armata* 带、*Lejopyge sinensis* 带等以及腕足、海绵骨针、牙形类。在雅尔当山下部为浅灰色厚层状灰岩夹紫红色薄层状灰岩；上部为灰色薄-中厚层状灰岩、泥质灰岩与泥岩韵律式互层，厚 126～191m；含三叶虫 *Ptychagnostus atavus*、*Lejopyge armata*、*L. laevigata*、*Ptychagnostus dubium* 以及海绵骨针、小壳、牙形类。在塔东库南 1 井该组下部（沙依里克组）为灰、黑色泥灰岩夹黑色页岩条带，厚 55m；上部（阿瓦塔格组）为黑色页岩夹黑色泥灰岩条带，厚 76m。尉犁 1 井该组下部（沙依里克组）为黑色泥岩与灰色泥灰岩不等厚互层夹黑色白云质泥岩，厚 81m；上部（阿瓦塔格组）为黑灰色白云质灰岩、白云质泥岩、泥质白云岩，深灰色泥质白云岩与灰色灰质泥岩互层，厚 72m。塔东 1 井该组下部（沙依里克组）为黑色硅质泥岩、黑色灰质泥岩，厚 60m；上部（阿瓦塔格组）为黑色灰质泥岩夹黑色泥灰岩，厚 90m。塔东 2 井该组为一套含泥灰岩，下部（沙依里克组）厚 16m，上部（阿瓦塔格组）厚 62m。

突尔沙克塔格组（$Є_3$-O_1t）年代地层归属上寒武统-下奥陶统，该群下部对应台地相区上寒武统下丘里塔格群（$Є_3xq$）。该群在辛格尔地区上部为浅灰、深灰色厚层-块状夹薄层状灰岩，下部为深灰色薄层状灰岩夹钙质页岩，厚 232.6～660m。在雅尔当山为灰黑色薄层状灰岩、瘤状灰岩与钙质页岩互层，厚 98.8～

114.6m，含笔石 *Dictyonema* sp.及几丁石。在塔东库南1井该群（下丘里塔格群）下部为灰黑色碳质泥岩、钙质泥岩夹灰色泥晶灰岩；中部为灰黑色碳质泥岩与泥质灰岩互层；上部为灰色灰岩、深灰色泥质灰岩与灰黑色含碳质泥岩、灰质泥岩互层，厚306m。尉犁1井该群（下丘里塔格群）下部为深灰色泥质白云岩与深灰色泥灰岩不等厚互层；中上部为深灰色、灰色泥质灰岩、泥灰岩，厚328m。塔东1井该群（下丘里塔格群）为黑色粉晶灰岩，上部夹灰色泥岩，厚90m。塔东2井该群（下丘里塔格群）底部为泥质灰岩和灰岩互层；中部为含泥灰岩；上部为泥质灰岩，厚305m。

（三）奥陶系（O）

塔里木奥陶系延续了寒武系西台东盆的沉积格局，西部地层分区台地相区与东部地层分区盆地相区地层系统也存在极大差异（表1-4、图1-11、图1-12）。

1. 西部地层分区台地相区奥陶系

西部地层分区台地相区奥陶系发育蓬莱坝组（O_1p）、鹰山组（$O_{1-2}y$）、一间房组（O_2yj）、恰尔巴克组（O_3q）、良里塔格组（O_3l）、桑塔木组（O_3s）。

蓬莱坝组（O_1p）以黄灰、灰色结晶云岩为主，夹薄层灰质云岩、云质灰岩，厚211～599m。麦盖提斜坡仅玉北5、玉北7和玉北1-2井钻遇蓬莱坝组，岩性以灰、浅灰、黄灰色灰质白云岩、白云质泥晶灰岩、细晶及中-粗晶白云岩为主，夹灰色硅质白云岩、砂屑白云岩，生物较少，偶见三叶虫，溶蚀孔洞较发育；钻厚211～387m，均未钻穿。巴楚隆起有多口井钻穿蓬莱坝组，岩性为灰、浅灰、深灰色结晶云岩，含灰云岩、云质灰岩，局部夹薄层含泥灰岩、含泥云岩，见少量灰色硅质白云岩；厚405～556m；含牙形刺 *Monocostodus sevierensis* 带、*Chosonodina herfurthi-Rossondus manitouensis* 带。塔中仅中13井、中4井、古隆1井钻遇蓬莱坝组，岩性为灰、灰白色白云岩，向上灰质含量逐渐升高渐变为灰色含灰质云岩、灰质云岩、白云质灰岩；厚240～574m；含牙形刺 *Glyptoconus unicostatus* 带、*Tripodus proteus*/*Paltodus deltifer* 带、*Glyptoconus floweri* 带、*Scolopodus quadraplicatus* 带、*Rossodus manitouensis-cordylodus rotundatus-Chosonodina herfurhi* 带、*Variabiloconus* aff. *Bassleri* 带。沙雅隆起该组下部为褐灰色灰岩夹浅灰色云质灰岩、灰质云岩、云岩；中部为灰、褐灰色灰岩局部夹浅灰色云岩，偶见燧石团块；上部为灰、褐灰色云质灰岩局部夹灰岩、砂屑灰岩；在塔深1井厚313m，于奇6井厚599m。

鹰山组（$O_{1-2}y$）分为下段云灰岩段和上段灰岩段，厚331～809m。云灰岩段以浅灰色结晶云岩、灰质云岩为主；灰岩段以灰褐色泥-粉晶灰岩及浅、深灰色厚层微晶灰岩、藻砂屑灰岩、生屑灰岩为主夹含泥灰岩、灰质云岩，局部发育亮晶颗粒灰岩、骨屑微晶灰岩。在麦盖提斜坡云灰岩段中下部以灰色中-粗晶灰质白云岩、细-中粗晶白云岩为主，上部见薄层白云质灰岩；灰岩段由下至上岩性由灰、浅灰、黄灰色灰质云岩渐变为生屑微晶灰岩、微晶灰岩、亮晶藻砾砂屑灰岩；厚383～478m，皮山北2井、玉北1和玉北1-1x井仅钻遇灰岩段，胜和2井缺失鹰山组灰岩段；含牙形刺 *Paroistodus proteus*、*Scolopodus bicostatus*、*Drepanodus arcuatus*、*Scolopodus* cf. *filosus*、*Acontiodus* sp.、*S. tarimensis*、*Scolopodus rex oistodiform*、*Acontiodus* aff. *latus Pander*、*Ptracontiodus exilis Harris* et *Harris*、*Scolopodus nogamii* Lee、*S. tarimensis* Gao、*Tripodus* sp.、*Drepanoistodus* cf. *nowlani* Ji et *Barnes*。该组在巴楚隆起云灰岩段以浅灰色中-粗晶灰质白云岩、粉-细晶白云岩为主，上部见薄层白云质灰岩；灰岩段主要为灰、浅灰、黄灰色微晶灰岩、亮晶藻砾砂屑灰岩、云质藻砂屑、生屑灰岩；厚331～809m，构造高点灰岩段遭受剥蚀（如和4井）；见牙形刺 *Paroistodus proteus* 带。该组在塔中云灰岩段为灰色结晶云岩、灰质白云岩、泥微晶灰岩、颗粒灰岩不等厚互层；灰岩段以灰褐色厚层泥-粉晶灰岩、浅-深灰色厚层微晶灰岩为主，夹含泥灰岩、灰质云岩、砂屑灰岩，局部发育颗粒灰岩、骨屑微晶灰岩，厚418～453m；牙形刺自下而上分为 *Serratognathus diversus*/*paroistodus proteus* 带、*Serratognathoides-Chuxianensis-scolopodus-Espinus-Erraticodon tarimensis* 带。该组在沙雅隆起云灰岩段岩石较强烈白云石化，以细晶为主，含少量粉-中晶；灰岩段发育亮晶或微晶砂屑灰岩，顶部局部见亮晶砾屑灰岩；厚600～800m。

一间房组（O_2yj）以藻球粒、藻砂屑灰岩为主，藻类多为褐藻和葛万藻，骨屑含量丰富，可见大量广盐性生物，如棘屑、介屑和腕足等。在麦盖提斜坡、巴楚隆起和卡塔克隆起剥蚀缺失，发育在塔中Ⅰ号坡折带以南的顺南—古城地区以及塘古巴斯拗陷，如塔中 88 井、中 41 井、古隆 1 井、古隆 2 井、古隆 3 井、顺南 1 井、中 2 井、塘参 1 井，厚 68～155m；含牙形刺 *Pygodus serra* 带，主要成分有 *Pygodus serrus*、*Eoplacognathus suecicus* 等。该组在沙雅隆起主要为灰、黄灰色亮晶砂屑灰岩、砂屑微晶灰岩、微晶灰岩，夹鲕粒灰岩、藻黏结灰岩和海绵礁灰岩，厚 50～112m，局部缺失。

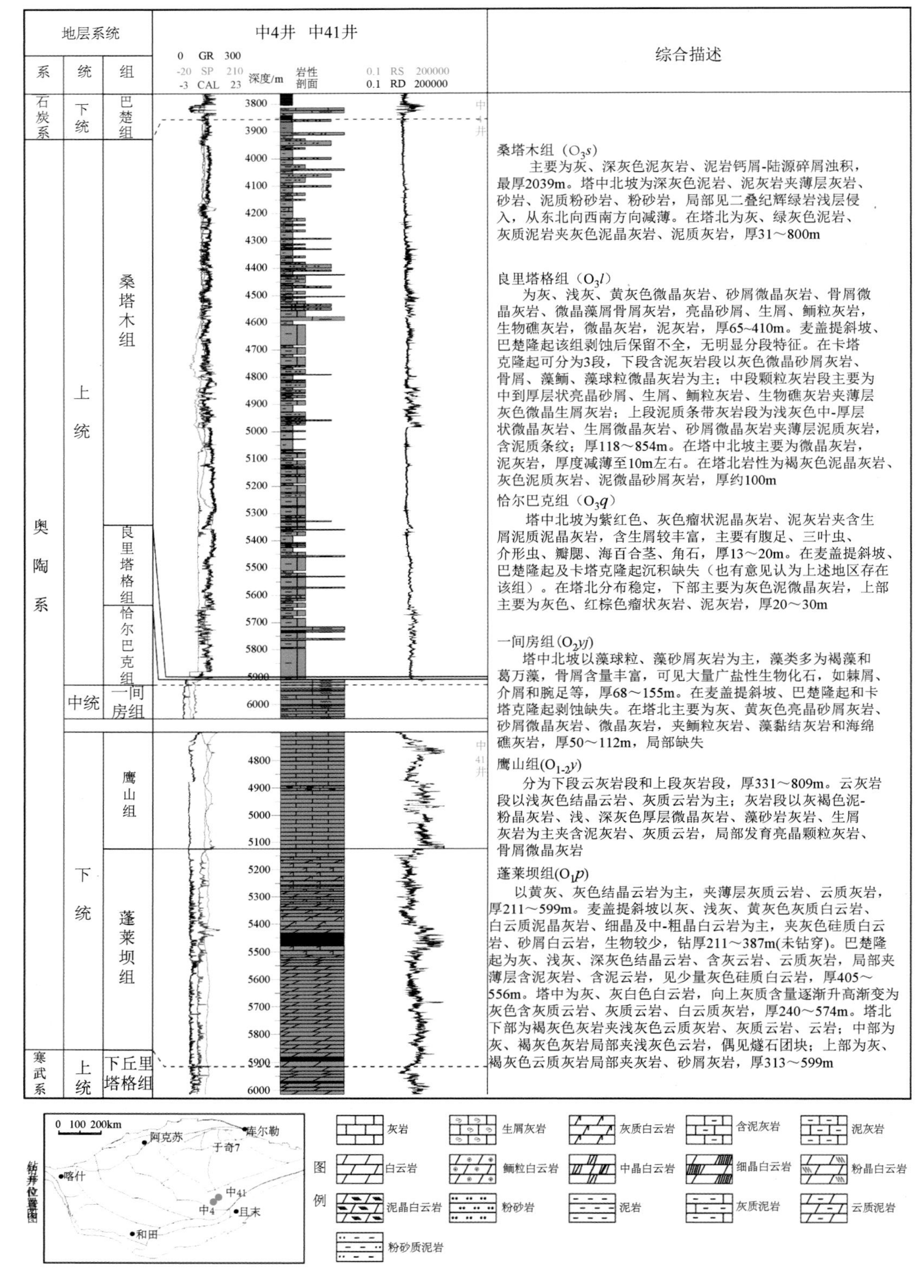

图 1-11　塔里木盆地奥陶系综合柱状图

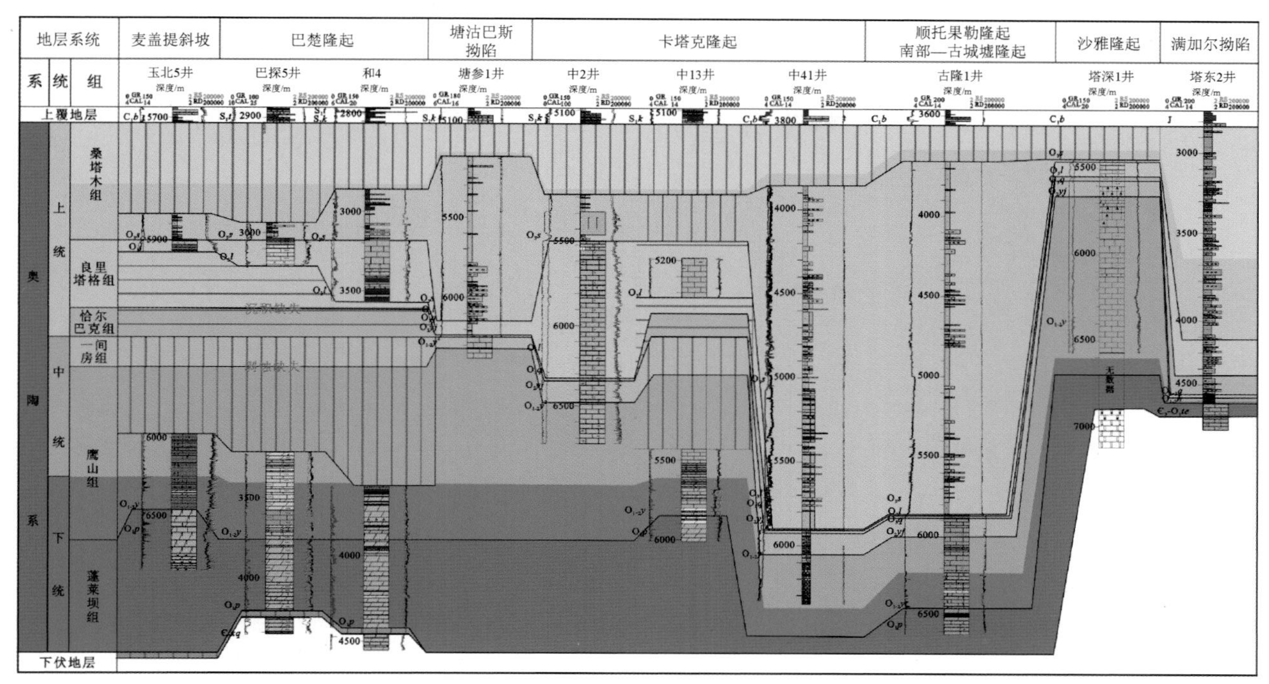

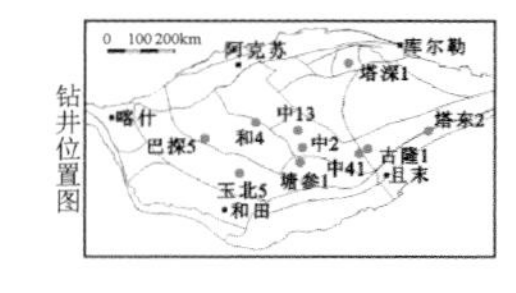

图例：灰岩、砂屑灰岩、亮晶颗粒灰岩、泥晶砂屑灰岩、亮晶砂屑灰岩、鲕状灰岩、生屑灰岩、瘤状灰岩、生物灰岩、溶洞状灰岩、泥晶灰岩、砂屑泥晶灰岩、泥质灰岩、含云灰岩、凝灰岩、白云岩、白云岩Ⅱ、溶洞状云灰岩、燧石结核云岩、云灰岩、含灰白云岩、灰质白云岩、砂岩、沥青质细砂岩、含砾细砂岩、细砂岩、凝灰质粉砂岩、粉砂岩、泥质粉砂岩、石英砂岩、粉砂质泥岩、辉绿岩、玄武岩、白云质泥岩

图 1-12 塔里木盆地奥陶系地层对比图

恰尔巴克组（O_3q）为紫红色、灰色瘤状泥晶灰岩、泥灰岩夹含生屑泥质泥晶灰岩，含生屑较丰富，主要有腹足、三叶虫、介形虫、瓣腮、海百合茎、角石，厚 13～20m。在麦盖提斜坡、巴楚隆起及卡塔克隆起沉积缺失（也有意见认为上述地区存在该组），主要分布在塔中Ⅰ号坡折带以下的斜坡及盆地区，如塔中 88 井、顺南—古城地区，古隆 1 井含牙形刺 *Pygodus anserinus*；塔中 88 井 7205～7235m（岩屑）见牙形刺 *Dapsilodus mutatus*、*Pygodus anserinus* 等。该组在沙雅隆起分布稳定，下部主要为灰色泥微晶灰岩，上部主要为灰色、红棕色瘤状灰岩、泥灰岩，厚 20～30m，是奥陶系上统底部的标志层。

良里塔格组（O_3l）岩性为灰、浅灰、黄灰色微晶灰岩、砂屑微晶灰岩、骨屑微晶灰岩、微晶藻屑骨屑灰岩，亮晶砂屑、生屑、鲕粒灰岩，生物礁灰岩，微晶灰岩，泥灰岩，厚 65～410m。麦盖提斜坡、巴楚隆起该组剥蚀后保留不全，无明显分段特征。麦盖提斜坡仅在皮山北 2 井、玉北 5 井和玉北 9 井等构造低部位发育该组，岩性以灰、浅灰、黄灰色微晶灰岩、砂屑微晶灰岩、骨屑微晶灰岩、微晶藻屑骨屑灰岩为主，偶见微亮晶藻砂屑灰岩，厚 65m 左右；含生物（屑）较丰富，主要有介形虫、有孔虫、三叶虫、棘屑、介屑、葛万藻屑，玉北 5 井见牙形刺 *Panderodus gracilis* 和 *Oenonites* sp. *Indet*，玉北 9 井见牙形刺 *Belodella fenxiangensis*、*Drepanoistodus venustus*、*Oistodus* sp. *indet*、*Panderodus gracilis*、*Protopanderodus cooperi*、*Protopanderodus liripipus Kennedy*、*Protopanderodus* sp.*indet* 和 *Scabbardella simalaris*。巴楚隆起该组以灰、浅灰、黄灰色微晶灰岩、砂屑微晶灰岩、生屑微晶灰岩、含泥灰岩为主，夹少量灰色、深灰色白云质灰岩，巴探 5 井见白云质玄武质沉凝灰岩，厚 158～410m；见头足类 *Sinoceras* cf. *chinensis*、*Mysteroceras*.、*Dideroceras tibetanum* 及牙形刺 *Pygodus anserinus*。卡塔克隆起该组由下而上可分为 3 段，下段含泥灰岩段（O_3l^1）以灰色微晶砂屑灰岩、骨屑、藻鲕、藻球粒微晶灰岩为主，夹中-薄层亮晶砂屑灰岩，底部见中-薄层深灰色、褐色灰岩夹黑色泥质条带，泥质含量较颗粒灰岩段高；颗粒灰岩段（O_3l^2）隆起边缘区与隆起区岩性差别较大，隆起边缘区（如顺 2、顺 7）岩性主要为中到厚层状亮晶砂屑、生屑、鲕粒灰岩、生物礁灰岩夹薄层灰色微晶生屑灰岩，隆起区颗粒含量并不高，卡 1 区多为灰色中厚层微晶灰岩夹薄层灰色生屑、砂屑微晶灰岩；泥质条带灰岩段（O_3l^3）岩性为浅灰色中-厚层状微晶灰岩、生屑微晶灰岩、砂屑微晶灰岩夹薄层泥质灰岩，含泥质条纹，局部见藻黏结结构、发育核形石灰岩，以泥质条带发育为特征，厚 118～854m；含牙形刺 *Belodina confluens* 带、*Phragmodus undatus* 带，三叶虫 *calymenesun yinganensis* 带，珊瑚 *Eofletcheriella*、*Amsassia*，几丁石 *Belonechitina senta* 带、*Conochitina* sp.带。该组在顺南—古城地区沉积水体较深，岩性主要为微晶灰岩，泥灰岩，厚度减薄至 10m 左右。该组在沙雅隆起岩性为褐灰色泥晶灰岩、灰色泥质灰岩、泥微晶砂屑灰岩，厚约 100m。

桑塔木组（O_3s）主要为灰、深灰色泥灰岩、泥岩钙屑-陆源碎屑浊积，最厚 2039m。该组在麦盖提斜坡下部为红棕色泥岩、灰质泥岩夹粉砂质泥岩，玉北 9 井钻厚 200m，见介壳、海百合等生物碎屑；上部为灰、绿灰色泥岩、含灰/灰质泥岩和粉砂质泥岩。该组在巴楚隆起为红褐、灰褐色泥岩与灰色粉砂质泥岩、灰质泥岩、粉砂质泥岩互层，厚 108～399m；和 4 井见 *Yaoxianognathus lijiapoensis*。塔中—顺南—古城地区为深灰色泥岩、泥灰岩夹薄层灰岩、砂岩、泥质粉砂岩、粉砂岩，局部见二叠纪辉绿岩浅层侵入，从东北向西南方向减薄，最厚 2039m；见牙形刺 *Aphelognathus pyramidalis* 带、*Yaoxianognathus yaoxianensis* 带、*Yaoxianognathus neimengguensis* 带，几丁石 *Plectochitina* sp.带、*Tanuchitina* sp.带、*Tanuchitina anticostiensis* 带、*Cyathochitina vaurealensis* 带。该组在沙雅隆起岩性为灰、绿灰色泥岩、灰质泥岩夹灰色泥晶灰岩、泥质灰岩，厚 31～800m。

2. 东部地层分区盆地相区奥陶系

东部地层分区盆地相区奥陶系主要发育在满加尔拗陷—孔雀河斜坡，自下而上分为突尔沙克塔格群上部（$Є_3$-O_1t）、黑土凹组（$O_{1\text{-}2}h$）和却尔却克群（$O_{2\text{-}3}qe$）。

突尔沙克塔格群上部（$Є_3$-O_1t）在库鲁克塔格孔雀河小区下部为灰色泥质灰岩；上部为灰色灰质泥岩夹薄层灰色泥质粉砂岩、灰色泥灰岩，厚 64m。在塔东地区只有塔东 1 井钻遇，下部为深灰、灰黑色结晶灰岩，含少量白云质；上部为灰色泥晶-粉晶灰岩、灰-灰黑色瘤状泥晶-粉晶灰岩夹灰黑色钙质泥岩，钻厚 147m。含牙形类 *Drepanodus arcuatus*、*D.*cf.*forceps*、*Scolopodus apterus*、*S. barbatus*、*S.* sp.、*Paroistodus proteus*、*Paracordylodus gracilis*、*Drepanoistodus suberectus*、*Acontiodus staufferi*、*Oneotodus variabilis*、*Eoncoprioniopus brevibasis*、*Tripodus proteus*、*Acodus deltatus*、*Pollonodus* sp.、*Cordylodus angulatus*、*C.rotundotus*、*C. lindstromi*、*C. proavus*、*Albiconus posteostatus*、*Proconodontus* sp.、*Cordylodus proavus*、*C. intermedius*、*C.* sp.、*Proconodontus tricarintus*、*P. rodundatus*、*P.* sp.、*Furnishina funishi*、*Sagittodontus dehlmani*、*Teridonntus nakamurai*、*Semiacontiodus nogamii*、*Hirsutodontus* sp.、*Nogamiconus* sp.、*Proconodotus notchpeakensi*。

黑土凹组（$O_{1\text{-}2}h$）在库鲁克塔格下部以黑色页岩和凝灰质页岩为主，夹硅质条带及团块；上部为黑色硅质岩和硅质泥岩，厚 27m。塔东地区为黑灰、深灰、灰色粉-细砂岩、泥质细砂岩、不等粒粉砂岩与粉砂质泥岩、泥岩呈正韵律层，塔东 1 井钻厚 48m。含牙形类 *Paltodus deltifer*、*Panderodus gracilis*、*Belodella* sp.、*Protopanderodus varicostatus*、*Scabbardella altipes*、*Periodon aculeatus*、*P. cooperi*、*Scolopodus euspinus*。

却尔却克群（$O_{2\text{-}3}qe$）在库鲁克塔格为一套巨厚的陆源碎屑浊积岩组成，岩性主要为深灰色薄-中厚层状泥岩、粉砂质泥岩、泥质粉砂岩频繁互层，厚 2000～3000m。该组在塔东主要由灰绿、黄绿、紫红、黑或灰色砂岩、粉砂岩、页岩及砂屑灰岩形成韵律层，塔东 1 井钻厚 1377m，含牙形类 *Ozarkodina* sp.。

（四）志留系（S）

塔里木盆地志留系划分为下统柯坪塔格组（S_1k）、塔塔埃尔塔格组（S_1t），中统依木干他乌组（S_2y），缺失上统（图 1-13、图 1-14）。

柯坪塔格组（O_3-S_1k）分 3 个岩性段，纵向上呈现粗（下砂岩段）-细（灰泥岩段）-粗（上砂岩段）的沉积序列。柯坪塔格组下段（S_1k^1）为砂岩段（粗段），为灰绿、深灰色中-厚层状粉砂岩、细砂岩与泥页岩互层；含几丁石（胞石）、疑源类和少量腕足类、腹足类、双壳类化石，几丁石包括 *Belonechitina postrobusta* 下中带、*Spinochitina taugourdeaui* 带、*Belonechitina gamachiana* 带、*Hercochitina crickmayi* 带、*Tanuchitina anticostiensis* 带、*Belonechitina senta* 带、*Conochitina* sp.带（S_1k），顺 1 井 5480～5500m 柯坪塔格组下段含几丁石 *Spinachitina* cf. *fragilis Nestor*、*Spinachitina verniersi Vendenbroucke*（S_1），顺 9 井 5588.65～6202.00m 柯坪塔格组下段含几丁石 *Belonechitina* sp.、*H. Duplicitas*（O_3）；在柯坪厚 257～

275m，巴开1井厚度最大（279m）。柯坪塔格组中段（S_1k^2）为灰泥岩段（细段），为灰绿色泥页岩、粉砂质泥岩、夹粉-细砂岩和泥质粉砂岩；含丰富的疑源类、笔石、鲎类和少量三叶虫、腕足类、双壳类、几丁石及介形类，其中有笔石 *Climacograptus alternis*-*Glyptograptus elegans*-*G. incertus* 组合（S_1），三叶虫 *Encrinuroides*-*Rhaphiophorus*-*Latiproetus*-*Astroprortus* 组合（S_1），几丁石 *Conochitina iklaensis* 带、

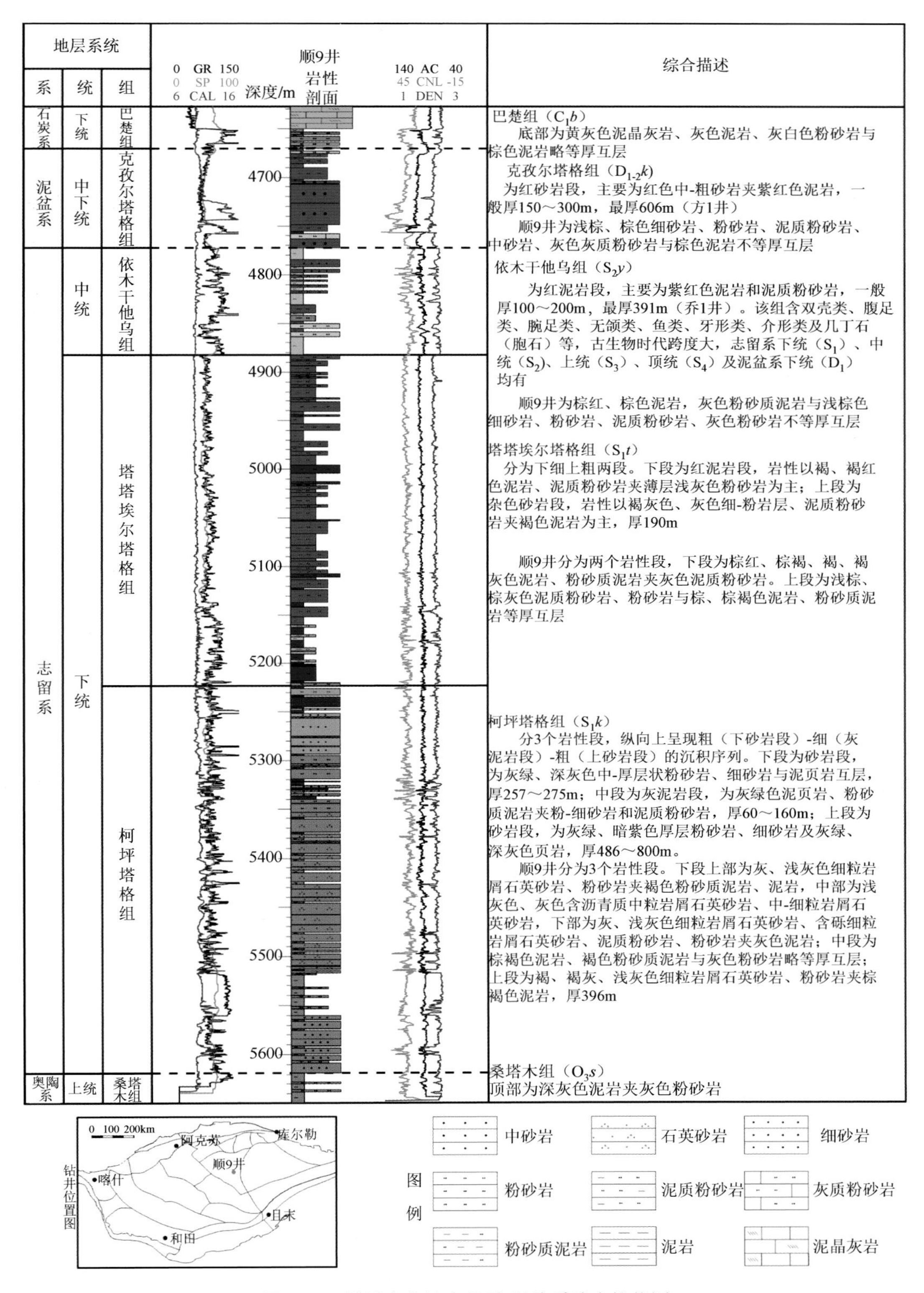

图1-13　塔里木盆地志留系-泥盆系综合柱状图

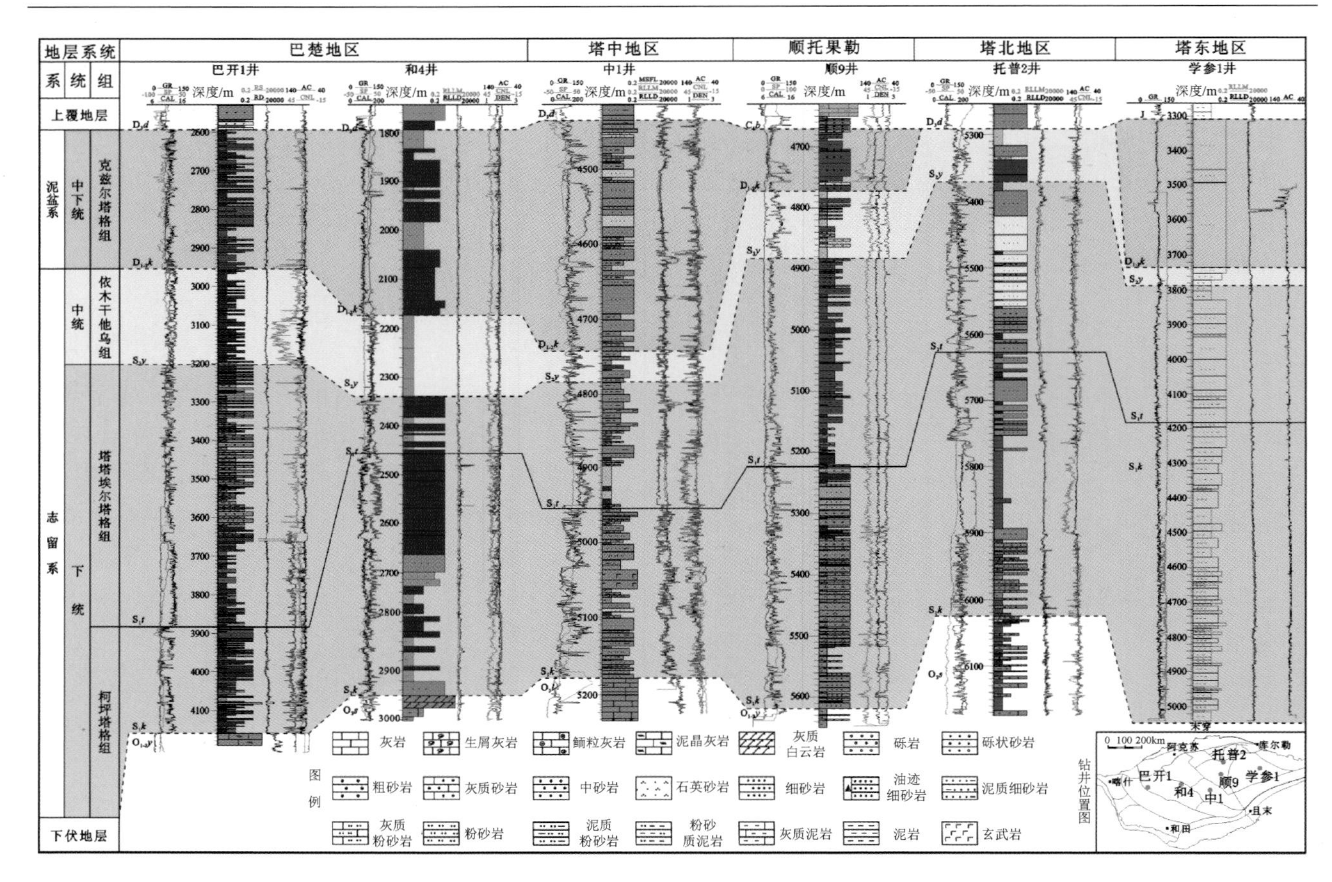

图 1-14　塔里木盆地志留系-泥盆系地层对比图

Belonechitina postrobusta 带（S_1），双壳类 *Praectenodonta-Nuculites* 组合（S_1），腕足类 *Eospirifer sinensis-Levenea* cf. *qianbeiensis* 组合（S_1），顺 1 井 5473.18～5477.85m 柯坪塔格组中段下部含几丁石 *Conochitina* sp.2 带、*Belonechitina micracantha*、*B.uter*、*B. tarimensis*、*B.* cf. *armifera*、*B. schopfi*、*B.* spp.、*Spinachitinabulmani* 等（O_3），TP2 井柯坪塔格组中段含笔石 *Normalog Jerini*、*N. premedius*，几丁石 *B.* cf. *postrobusta*、*C. campanulaeformis*、*S.* sp. *nov.*；柯坪厚 60～160m，同 1 井最厚（225m）。柯坪塔格组上段（S_1k^3）为砂岩段（粗段），灰绿、暗紫色厚层粉砂岩、细砂岩及灰绿、深灰色页岩；含疑源类、腹足类、少量介形类、腕足类、几丁石（胞石）等，其中疑源类 *Trachysphaeridium simplex*、*T. minor* 及 *Leiospheridia minor* 等组合（S_1），腹足类 *Liopsira kuluketageensis-Cyclonema* 组合（S_1）和疑源类 *Trachysphaeridum* 高含量组合代表整个柯坪塔格组组合特征，顺 1 井 5329m 柯坪塔格组上段含几丁石 *Conochitia. electa* 带（S_1）；柯坪厚 486～800m，顺 9 井最厚（297m）。

塔塔埃尔塔格组（S_1t）分为下细上粗两段，厚 190m。下段为红泥岩段，岩性以褐、褐红色泥岩、泥质粉砂岩夹薄层浅灰色粉砂岩为主；上段为杂色砂岩段，岩性以褐灰色、灰色细-粉砂岩、泥质粉砂岩夹褐色泥岩为主。塔塔埃尔塔格组含疑源类 *Dactilofusa cabottii-Leiosphaeridia* 组合（S_1 晚期），孢子 *Ambitisporites imperfectus-Rugosphaera ruscarorensis–Tetrahedraletes medinesis-Nodospora burnhamensis* 组合（S_1 中晚期），腕足类 *Lingula*，双壳类 *Modiolopsis-Taneodon* 组合（S_1 晚期），腹足类 *Horiostomella-Ptychomphalus-Angiesella* 组合（S_1 晚期），鱼类 *Hanyanyangaspis guodingshanensis*、*Pseudoduyunaspis bachuensis*、*Asiacathus tulacanthus*、*A.* sp、*Xinjiangacanthus*、*Sinacanthus* cf. *fancunensis*、*Chondrichthyes*（S_1 晚期-S_2）、*Nanjiangaspis kalpinensis* sp. nov.、*Microphymaspis pani* sp. nov. 及 *Platycaraspis tianshanensis* sp. nov.。

依木干他乌组（S_2y）又称红泥岩段，主要为紫红色泥岩和泥质粉砂岩，一般厚 100～200m，最厚 391m（乔 1 井）。该组含双壳类、腹足类、腕足类、无颌类、鱼类、牙形类、介形类及几丁石（胞石）等，古生物所属时代跨度大，志留系下统（S_1）、中统（S_2）、上统（S_3）、顶统（S_4）及泥盆系下统（D_1）均有。其中，含几丁石 *Conochitina* cf. *tuba* 带（S_2），牙形类 *Ozarkodina denckmanni*、*Neoprioniodus* sp.、*Ligonodina* sp.、*Trichonodella inconstans*、*T. symmetrica*、*T.* sp.、*Prioniodina* sp.、*Lonchodina greilingi*（D_1）、*Ozarkodina* cf. *edithae* 带（S_2-D_1），腕足类 *Lingula planomarginanta*（sp.nov.）、*Lingula longissima*（sp.nov.）、*Eospirifer*

（S-D_2）；双壳类 *Modiomorpha speciosa*（sp. nov.）、*Cypricardinia* sp.、*Modiolopsis* sp.、*Bachunio glabratus*（gen. et sp. nov.）、*Glossites*（*glossites*）*daiguensis*（D_1）及 *Modiomorpha-Eurymyella-Edmondia* 组合（S-D）；腹足类 *Discordichilus globrous*、*Pychomphalus crytispirus*、*Streptotrochus* sp.、*Naticonema costellata*（S_2-S_4）及 *Streptotrochus incisus-Craspedostoma brevispira-Umbotropis* 组合（S_2）；鱼类 *Xinjiangacanthus ainidus*（gen. et sp. nov.）、*Asiacanthus thlacanthus*（sp. nov.）（D_1）、*Hanyangaspis* sp.、*H. guodingshanensis*、*Kalpinolepis tarimensis*、*Sinacanthus wuchangensis*、*S. triangulates*、*Neoasiacanthus* sp.（S_1 晚期—S_2）。

（五）泥盆系（D）

塔里木盆地泥盆系残留下统-中统克兹尔塔格组（$D_{1\text{-}2}k$）及上统东河塘组（D_3d）。塔西南泥盆系只残留上统奇自拉夫组（D_3q）（图 1-15、图 1-16）。

克兹尔塔格组（$D_{1\text{-}2}k$）为红砂岩段，主要为红色中-粗砂岩夹紫红色泥岩，一般厚 150～300m，最厚 606m（方 1 井）。含疑源类 *Leiosphaeridia* 组合（S-D），孢子 *Ambitisporites-Symorisporites- Apiculiretusispora* 组合（S_4），几丁石 *Cingulochitina wronai* 带（S_3），鱼类 *Arthrodira*（出现于 S_3，$D_{1\text{-}2}$ 繁盛，D_3 灭绝）。方 1 井 623～624m 克兹尔塔格组含孢粉 *Leotriletes* sp.、*Floriniles spumicosus*、*Potonieisporites turpanensis*、*P.* sp.、*Crucisnccites* sp.。

东河塘组（D_3d）岩性为灰、褐色细粒岩屑石英砂岩，东河 1 井滨海相石英砂岩厚 257m，TP2 井厚 50 余米。草 2 井 5991.25～6021.16m 东河砂岩段见孢子 *Apiculiretusispora hunanensis-A cyrospora furcula*（HF）组合带及胴甲鱼类-沟鳞鱼科 *Bothriolepidae*。

（六）石炭系（C）

塔里木盆地塔北—阿瓦提石炭系分为下统巴楚组（C_1b）、卡拉沙依组（C_1kl），上统小海子组（C_2x）（图 1-15）。塔西南石炭系分为下统卡拉巴西塔克组（C_1kb）、克里塔克组（C_1k）、和什拉甫组（C_1h）及卡拉乌依组（C_1kw），上统阿孜干组（C_2a）和塔哈奇组（C_2t）。

巴楚组（C_1b）自下而上分砂砾岩段、下泥岩段（含生屑灰岩段）和双峰灰岩段。巴楚组砂砾岩段（C_1b^1）碎屑成分以陆源碎屑岩（以中砾岩及砂岩）为主，粉砂岩及泥质岩次之，碳酸盐岩类主要是灰岩类，偶见云岩类，见玻屑凝灰岩，剖面上常见单层砂、砾岩及藻灰岩组合，YQ2 井厚 208m；巴楚组下泥岩段（C_1b^2）在塔北底部为一套覆盖全区的盐渍化泥质岩、粉砂岩（最厚 109m），之上为膏岩、盐岩或灰岩（含生屑灰岩段，最厚 200m）；巴楚组双峰灰岩段（又称标准灰岩段，C_1b^3）主要为微晶灰岩夹泥岩及膏岩。厚 10～20m。下泥岩段发现了较为丰富的牙形刺和孢粉化石，牙形刺见 *Polygnathus communis-Clydagnathus cavusformis-C. gilwernensis* 组合、*Polygnathus inornatus* 带和 *Siphonodella isosticha-S. obsoleta* 组合，孢子见 *Cymbosporites* spp. *-Retusotriletes incohatus*（SI）组台带及 *Verrucosisporites nitidus-Dibolisporites distinctus*（ND）组台带。

卡拉沙依组（C_1kl）下部为泥灰岩与含膏泥岩和膏泥岩互层夹薄层粉砂质泥岩，上部以薄层泥岩和膏泥岩为主与泥晶灰岩互层，夹粉砂岩和砂质泥岩。在巴楚小海子厚约 300m。

小海子组（C_2x）主要为薄-中层灰岩夹细砂岩和粉砂质泥岩，下部夹薄层石膏，上部夹薄层石英砂岩。中、上部含蜓类、有孔虫类、腕足类、四射珊瑚、双壳类和腹足类等化石。在巴楚小海子厚约 20m。

（七）二叠系（P）

库车二叠系只残留上统比尤勒包谷孜群（P_3by）。塔里木盆地二叠系以柯坪发育最全，分为下统南闸组（P_1n），中下统库普库兹满组（$P_{1\text{-}2}k$），中统开派兹雷克组（P_2k）和上统沙井子组（P_3s）（图 1-15、图 1-16）。

1. 库车二叠系

比尤勒包谷孜群（P_3by）分布在库车北部。为紫红、灰绿色含砾粗砂岩、砂岩、泥岩夹砾岩，厚 20～320m。含孢粉 *Piceaepollennites-Gardenasporites* 组合，植物“*Callipteris*”*-Comia-Iniopteris* 组合、“*Callipteris*”*-Shizoneura* 组合，双壳类 *Anthraconauta duwaensis* 组合。

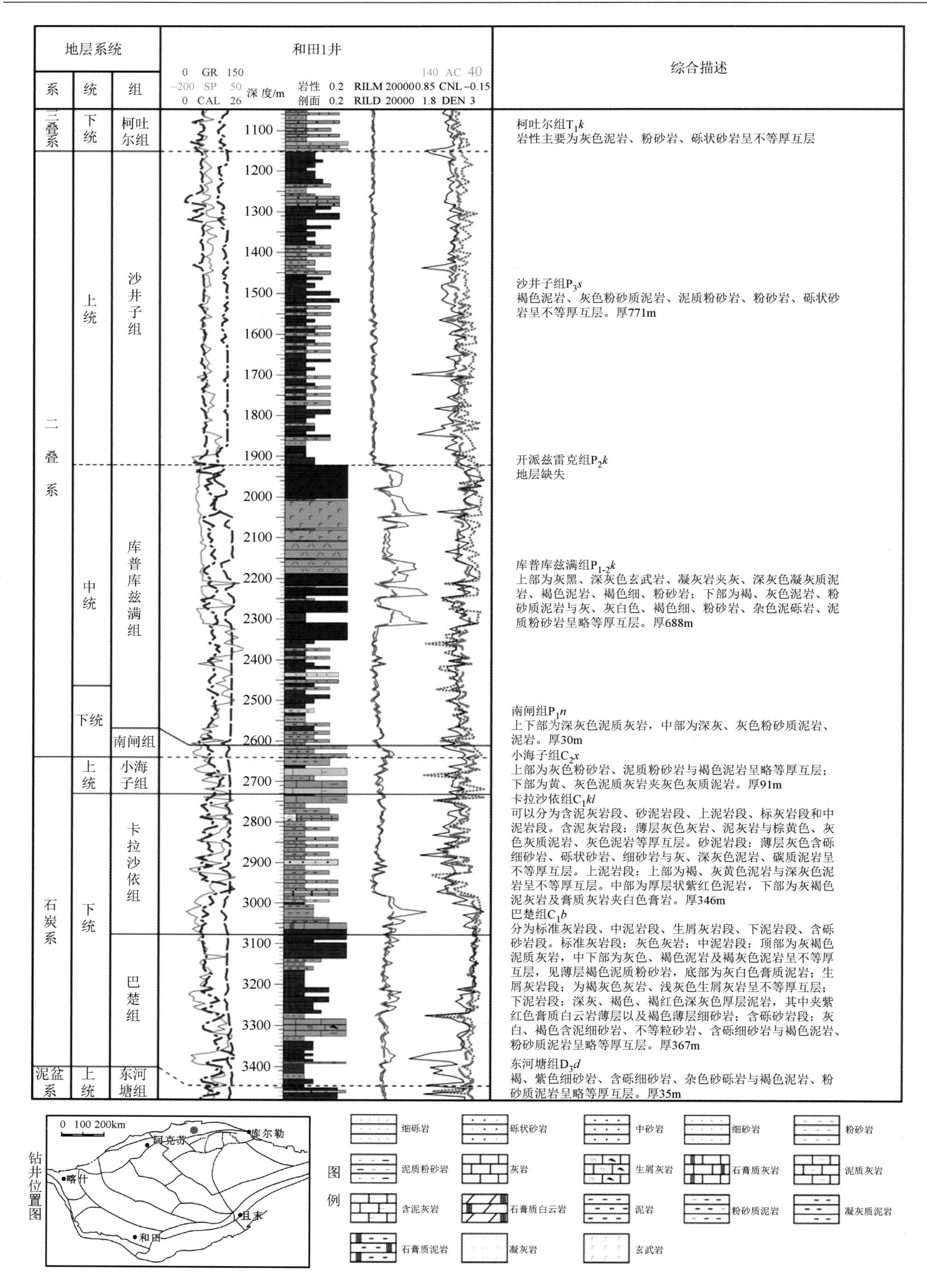

图 1-15　塔里木盆地石炭系—二叠系综合柱状图

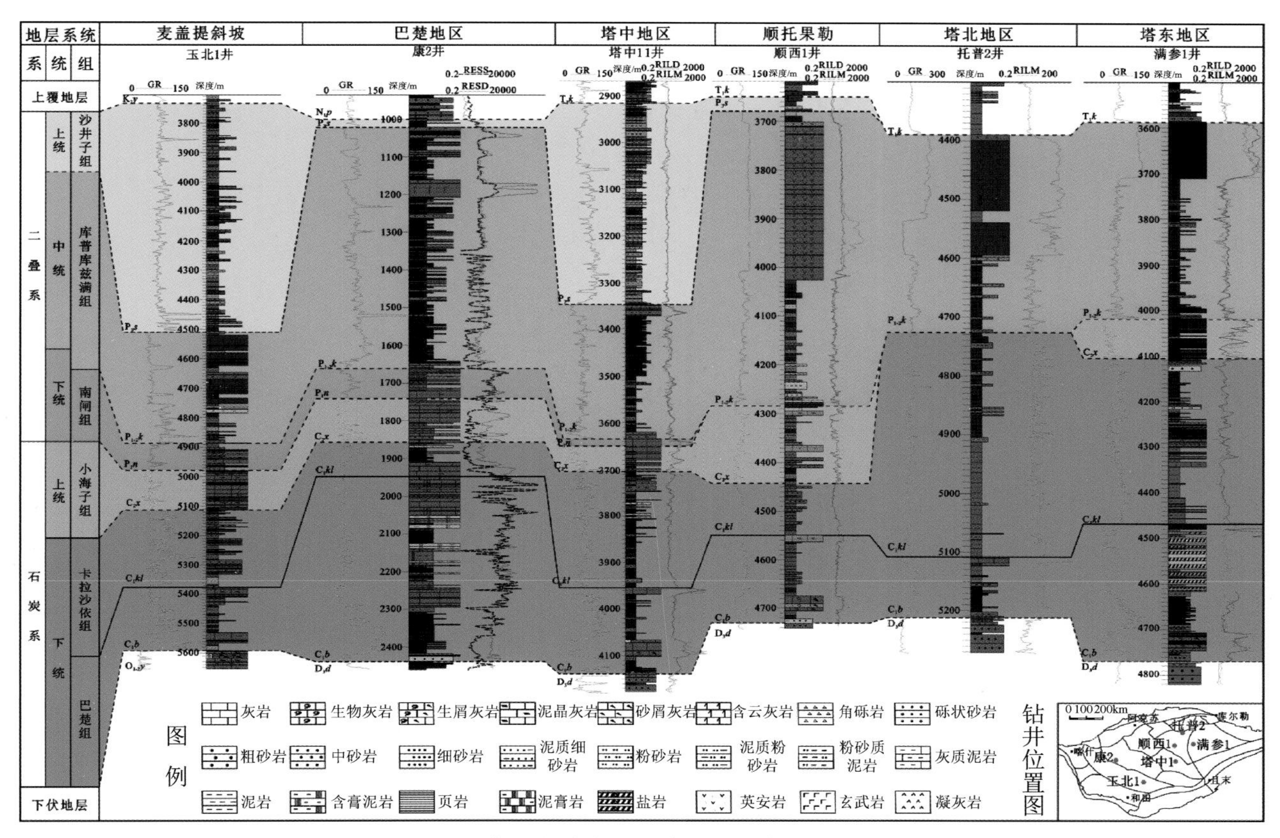

图 1-16　塔里木盆地石炭系—二叠系地层对比图

2. 柯坪二叠系

南闸组（P_1n）为薄至厚层生物碎屑灰岩夹钙质粉砂岩、泥灰岩和泥岩。含丰富的有孔虫类、牙形类、腕足类、双壳类等化石，其中䗴类见 *Sphaeroschwagerina* 带和 *Eoparafusulina* 带，有孔虫见 *Nodosaria neitchajaewi-Pachyphloia lancellata* 组合。在巴楚小海子厚 83m。

库普库兹满组（$P_{1\text{-}2}k$）分为两个亚组。下亚组为紫红、杂色砂岩、粉砂质泥岩、粉砂岩夹薄层灰岩，厚 130～270m，化石稀少。上亚组为玄武岩及凝灰岩夹砂岩、粉砂岩、泥灰岩和薄煤层，厚 120～195m，含孢粉 *Potonieisporites-Vestigisporites* 组合、*Palaeonodonta sophiae-Microdontella tarimensis* 组合及 *Pecopteris-Autunia conferia* 组合，见双壳类。

开派兹雷克组（P_2k）也分为两个亚组。下亚组为杂色砂岩、粉砂质泥岩夹薄煤层；上亚组主要为玄武岩及杂色碎屑岩。厚 900 余米。富含植物 *Pecopteris-Autunia conferta* 组合、介形类 *Darwinula* 及少量双壳类 *Palaeonodonta sophiae-Microdontella tarimensis* 组合。

沙井子组（P_3s）主要为杂色粉砂质泥岩夹砂岩、钙质泥岩和砾岩，下部夹数层石膏岩。见孢粉 *Apiculatisporites-Verrucosisporites* 组合。在印干厚 476m。

（八）三叠系（T）

塔里木盆地三叠系在库车发育较全，分下统俄霍布拉克组（T_1e），中统克拉玛依组（T_2k），上统黄山街组（T_3h）和塔里奇克组（T_3t）。在塔北—塔中分为下统柯吐尔组（T_1k）、中统阿克库勒组（T_2a）、上统哈拉哈塘组（T_3h）（图 1-17）。塔中只残留下统柯吐尔组（T_1k）、中统阿克库勒组（T_2a）。巴楚、柯坪缺失三叠系。塔西南和东南断阶残留下统乌尊萨依组（T_1w）和上统乔洛克萨依组（T_3q）（图 1-18）。

1. 库车三叠系

俄霍布拉克组（T_1e）主要为棕灰色块状砂岩、砂砾岩、砾岩与红棕、灰绿色粉砂质泥岩、泥岩互层。克拉苏河岩性最粗，厚度最大（545m）。含轮藻 *Auerbachichara xinjiangensis-Vladimiriella* 及孢粉

Punctatisporites-Limatulasporites-Protohaploxypinus 组合。

克拉玛依组（T_2k）主要为灰绿色粗碎屑，顶部见叠锥构造的黑色碳质泥岩（厚 40～90m，是区域对比的标志层），纵向上具下粗上细、下红上绿的特征，厚 412～535m。含孢粉 *Puntatisporites-Asseretospora-Alisporites-Chordasporites* 组合及轮藻 *Stenochara ovata-Stellatochara wensuensis* 组合。

黄山街组（T_3h）发育两套下粗上细的沉积旋回，每个旋回底部为块状砂、砾岩，中及上部为灰绿、灰黑色泥岩、碳质泥岩夹薄层灰岩，厚 78～838m。

塔里奇克组（T_3t）发育 3 个下粗上细的沉积旋回，主要由灰白色砾岩、中至粗粒岩屑砂岩、灰色砂质泥岩、泥质砂岩及黑色碳质页岩夹煤层（线），厚 150～300m。

2. 塔北—阿瓦提三叠系

柯吐尔组（T_1k）主要为灰绿、深灰色泥岩，局部为褐色泥岩，偶夹灰色粉砂岩、砂岩，厚 26～133m。含孢粉 *Limatulasporites-Lundbladispora-Taeniaesporites* 组合及少量海相疑源类化石角刺藻 *Veryhachium*。

阿克库勒组（T_2a）发育两套下粗上细的正旋回，每一旋回下部为灰色、浅灰色中-细砂岩，偶见含砾砂岩、细砾岩；上部为灰色、深灰色泥岩，偶夹浅灰色粉砂岩薄层，厚 133～334m。含孢粉 *Punctatisporites-Aratrisporites* 组合。

哈拉哈塘组（T_3h）发育一套下粗上细的正旋回，旋回下部为灰色、浅灰色中-细砂岩，偶见含砾砂岩、细砾岩；上部为灰色、深灰色泥岩，偶夹浅灰色薄层粉砂岩，部分井靠近顶部处见含砾砂岩、细砂岩层，厚 149～249m。含孢粉 *Dictyophyllidites-Cyclogranisporites-Alisporites* 组合及疑源类光面球藻 *Leiosphaeridia*（多）、粒面球藻 *Granodiscus*（多）、微刺藻 *Micrhystridium*（少量）、角刺藻 *Veryhachium*（少量）、对裂藻 *Schizosporis*（较多）、褶皱藻 *Campenia*（少量）。该组在塔中缺失。

（九）侏罗系（J）

塔里木盆地侏罗系在库车、塔东—满加尔和库鲁克塔格发育较全，分下统阿合组（J_1a）和阳霞组（J_1y），中统克孜勒努尔组（J_2k）和恰克马克组（J_2q），上统齐古组（J_3q）和喀拉扎组（J_3k）。塔北—阿瓦提只残留下统阳霞组（J_1y）和中统克孜勒努尔组（J_2k）（图 1-17）。塔中、巴楚、柯坪缺失侏罗系。塔西南和东南断阶发育下统莎里塔什组（J_1s）和康苏组（J_1k），中统扬叶组（J_2y）和塔尔尕组（J_2t），上统库孜贡苏组（J_3kz）（图 1-18）。

1. 库车侏罗系

库车发育较全，分下统阿合组（J_1a）和阳霞组（J_1y），中统克孜勒努尔组（J_2k）和恰克马克组（J_2q），上统齐古组（J_3q）和喀拉扎组（J_3k）。

阿合组（J_1a）为浅灰色细-中砾岩、含砾粗砂岩及粗砂岩夹灰-绿灰色中-细砂岩、灰黑色泥岩及煤线，厚 97～359m。含植物 *Cladophlebis* sp.及孢粉 *Osmundacidites-Cycadopites-Quadraeculina* 组合。

阳霞组（J_1y）主要为灰、灰白色砂、砾岩，灰色泥质粉砂岩，深灰、灰黑色粉砂质泥岩、泥岩及煤线（层）组成多个正韵律，厚 461～570m。下段含双壳类 *Yananoconcha hengshanensis*、*Y. zaoyuanensis*、*Sibireconcha* sp.等，底部含植物 *Coniopteris hymenophylloides*、*Equisetites* sp.等。

克孜勒努尔组（J_2k）为灰白、绿灰色细砾岩、含砾砂岩、砂岩与绿灰、灰黑色粉砂岩、泥质粉砂岩、泥岩及煤层（线）组成多个正韵律，下部含煤层，厚 450～774m。含较丰富的植物、孢粉以及介形类、叶肢介、双壳类，双壳类以 *Pseudocardinia* 为主，含介形类 *Darwinula sarytimenesis*、*D. impudica*、*Bisulcocypris xiajiangensis* 等。

恰克马克组（J_2q）为灰绿及灰紫色泥岩、砂质泥岩、粉砂岩夹砂岩，局部有深灰、灰黑色油页岩，底部为灰色中薄层或透镜状泥灰岩，厚 66～160m。含叶肢介 *Euestheria-aidamestheria* 组合和 *Trigzypta-Sinokontikia-Qaidamestheria* 组合，介形类 *Darwinula sarytirmenensis* Sharapova、*D. impudica* Sharapova、*Timiriasevia mackerrowi* Bata 等。

齐古组（J_3q）为一套红色泥岩沉积，下部夹灰绿、灰白色泥灰岩、钙质粉砂岩条带，厚 106～349m。含轮藻 *Aclistochara major-A. brevis-Porochara tarimensis* 组合。

喀拉扎组（J_3k）为褐红色薄至厚层状含钙质岩屑长石石英砂岩与黄红、紫红色中、厚层状泥质粉砂岩、粉砂质泥岩互层，上部夹同色细砾岩及含砾粗砂岩，厚 12～60m。

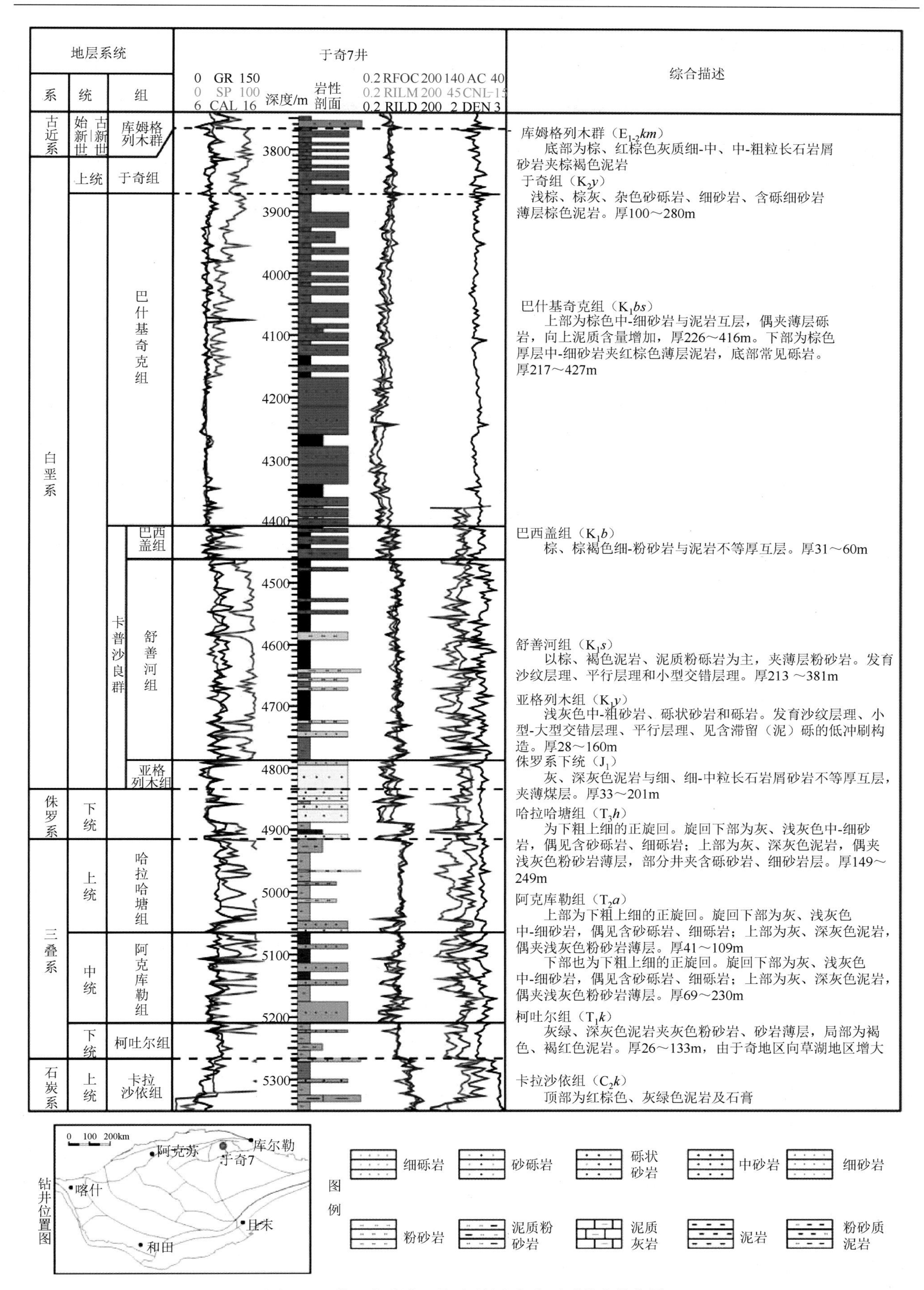

图 1-17　塔里木盆地三叠系-侏罗系-白垩系综合柱状图

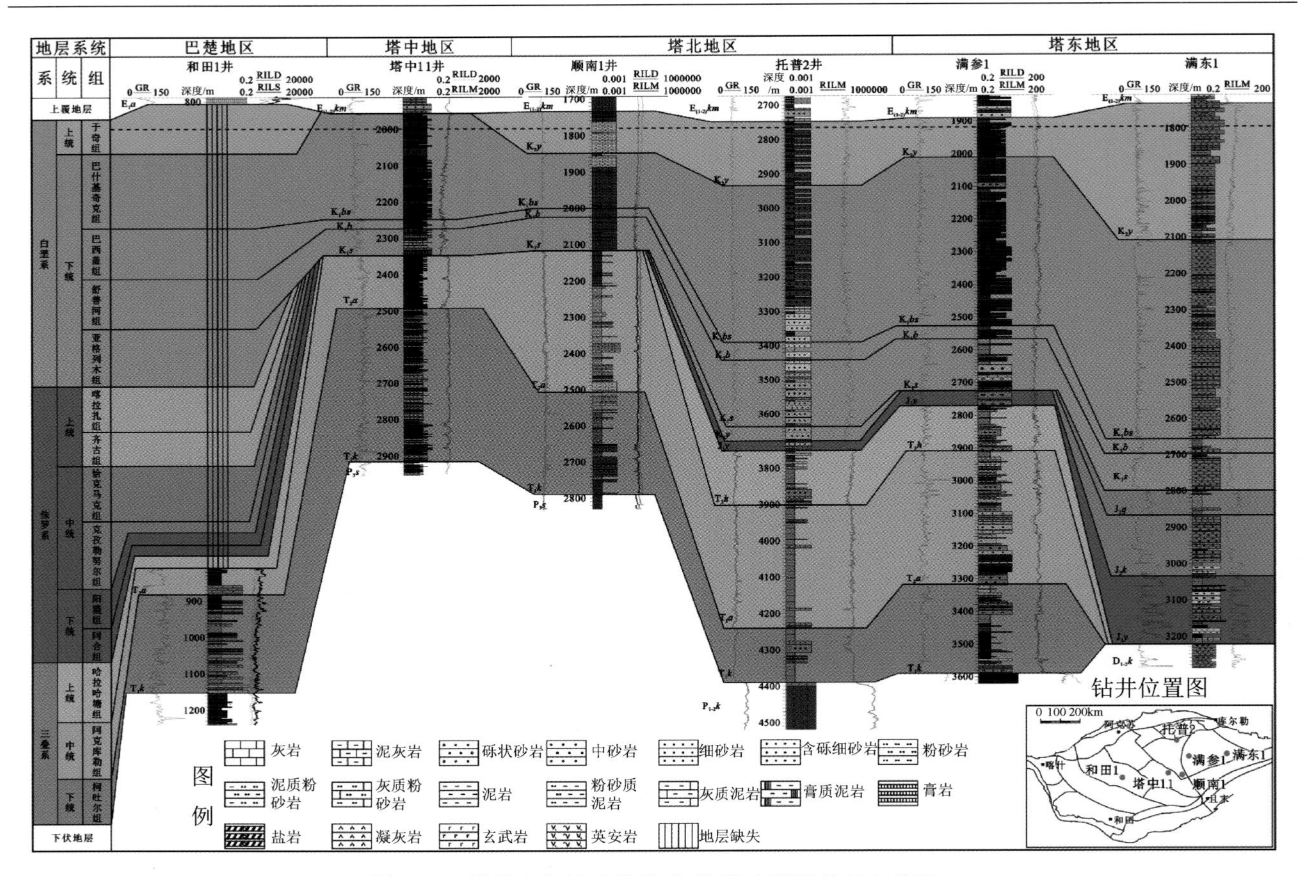

图 1-18　塔里木盆地三叠系-侏罗系-白垩系地层对比图

2. 塔北—阿瓦提侏罗系

塔北侏罗系只残留下统阳霞组（J_1y）和中统克孜勒努尔组（J_2k），岩性主要为灰色砂砾岩夹深灰色泥岩，含煤层、煤线，厚 33～201m。含孢子 *Deltoidospora*、*Cyathidites*、*Dictyophyllidites*、*Osmundacidites*、*Cyclogranisporites*、*Lycopodiacidites*、*Lycopodiumsporites*、*Asseretospora*，花粉 *Piceaepollenites*、*Piceites*、*Podocarpidites*、*Quadraeculina*、*Pinuspollenites*、*Pseudopicea*、*Colpectopollis*、*Chordasporites*、*Taeniaesporites* 及少量 *Chasmatosporites*、*Cycadopites*、*Classopollis*。

（十）白垩系（K）

塔里木盆地白垩系下统在库车、塔北—阿瓦提、塔东—满加尔、塔中和库鲁克塔格发育较全，称卡普沙良群（K_1kp，包括亚格列木组、舒善河组和巴西盖组）和巴什基奇克组（K_1bs）；白垩系上统在库车和库鲁克塔格缺失，在塔北—阿瓦提称于奇组（K_2y）。白垩系在巴楚、柯坪缺失。白垩系下统在塔西南和东南断阶称克孜勒苏群（K_1kz）；白垩系上统在塔西南称英吉沙群（K_2yj），含库克拜组（K_2k）、乌依塔克组（K_2w）和依格孜牙组（K_2y）；白垩系上统在东南断阶缺失。

1. 塔北—阿瓦提白垩系

塔北—阿瓦提白垩系下统称卡普沙良群（K_1kp，包括亚格列木组、舒善河组和巴西盖组）和巴什基奇克组（K_1bs）（图 1-17）。卡普沙良群呈明显的粗-细-粗三段式特征，下部亚格列木组（K_1y）为厚层灰色中-粗砂岩，中部舒善河组（K_1s）以棕褐色泥岩、粉砂质泥岩为主，上部巴西盖组（K_1b）为浅棕色细-粉砂岩和泥岩不等厚互层；上、下部岩性粗、颜色浅、厚度薄，中部岩性细、颜色深、厚度大。塔北—阿瓦提白垩系上统称于奇组（K_2y）。

亚格列木组（K_1y）为浅灰色中-粗砂岩、砾状砂岩、砾岩，厚 28～106m。含轮藻 *Aclistochara jiangoiensis*、*Aclistochara* sp.，介形类 *Darwinula* sp.，叶肢介 *Yanjiestheria-Orthestheria* 组合。

舒善河组（K_1s）以棕色、褐色泥岩和泥质粉砂岩为主，夹薄层粉砂岩，厚 213～381m。含轮藻

Clypeator zongjiangensis-Mesochara kapushaliangensis 组合，孢粉 *Classopollis-Schizaeoisporites* 组合、*Dicheiropollis-Classopollis-Cicatricosis-porites* 组合，叶肢介 *Yanjiestheria-Orthestheria* 组合（普遍见于我国下白垩统）。

巴西盖组（K_1b）为浅棕色、棕褐色细-粉砂岩和泥岩不等厚互层，厚 31～60m。含轮藻 *Mesochara stipitata*、*Mesochara* sp.、*Porochara* sp.，介形类 *Jingguella minheensis*、*Damonella subovata*、*Prolimnocythere* sp.等。

巴什基奇克组（K_1bs）下部为厚层中-细砂岩和砾岩，夹薄层泥岩，厚 217～427m；上部为中-细砂岩和泥岩互层，偶夹薄层砾岩，向上泥质含量逐渐增加，厚 226～416m。含轮藻 *Latochara columelaria*、*Aclistochara huihuioaensis*、*Mesochara volutai*，孢粉 *Clcatricosisporites-Lygodiumsporites- Classopollis* 组合，介形类 *Latonia-Cypridea-Damonella* 组合。含轮藻 *Latochara columelaria*、*Aclistochara huihuioaensis*、*Mesochara volutai*，孢粉 *Clcatricosisporites-Lygodiumsporites-Classopollis* 组合，介形类 *Latonia-Cypridea-Damonella* 组合。

于奇组（K_2y）为浅棕、棕灰、杂色砂砾岩、细砂岩、含砾细砂岩夹薄层棕色泥岩，与下白垩统巴什基奇克组以高自然伽马、低视电阻率的泥岩凹值点为分界线，厚 100～280m，与塔中古城组相当。塔中 32 井见介形虫 *Talycypridea ventricosa-Cypridea covernosa* 组合，轮藻 *Latochara longiformis-Mesochara biacuta-Grovesichara agathae* 组合；沙 50 井（2892～2950m）见以 *Mesochara* 和 *Retusochara* 为主体（95%）的较丰富的轮藻化石；于奇 1 井见以 *Retusochara* 和 *Mesochara* 为主，并伴有少数 *Porochara* 分子的轮藻化石组合。

2. 塔西南白垩系

塔西南白垩系下统称克孜勒苏群（K_1kz），主要发育陆相沉积。白垩系上统称英吉沙群（K_2yj），自下而上分为库克拜组（K_2k）、乌依塔格组（K_2w）和依格孜牙组（K_2y），厚 150～736m，主要发育海相沉积。

克孜勒苏群（K_1kz）主要为粗碎屑岩沉积。南天山山前克孜勒苏群下部为紫红、砖红色砾岩、砂岩夹粉砂岩，上部为紫红、砖红、灰浅绿色含海绿石石英砂岩、岩屑石英砂岩。昆仑山山前底部为砾岩，之上为细砂岩夹粉砂质泥岩、粉砂岩。在南天山露头区厚 536～1101m，在昆仑山露头区厚 232～1665m。克孜勒苏群下亚旋回含介形类 *Cetacell-a-Jingguella*（*Minheella*）*-Damonella* 组合，轮藻 *Clypeator zongjianensis-Mesochara kapushaliangensis* 组合、*Aclistochara huihuibaoensis-Mesochara-Sphaerochara* 组合，孢粉 *Dicheiropollis-Classopollis-Cicatricosis* 组合；克孜勒苏群上亚旋回见孢粉 *Lygodiumsporites-Jieohelollis-Clavatipollenites* 组合，轮藻 *Flabellochasa*，遗迹化石 *Ophiomorpha nodosa*、*O. tuberosa*、*Thalassinoides* sp.，脊椎动物鹦鹉嘴龙 *Psittacosaurus*。

英吉沙群（K_2yj）以发育海相碳酸盐岩为特征，见双壳类、菊石、腹足类、有孔虫、棘皮类、沟鞭藻类、颗石藻类、钙藻类、介形类、孢粉、腕足类等丰富的海相化石。英吉沙群自下而上分为库克拜组（K_2k）、乌依塔格组（K_2w）和依格孜牙组（K_2y）。

库克拜组（K_2k）主要为薄层状深灰色、灰绿色泥岩、粉砂质泥岩及黄色、黄灰色灰岩、含生物碎屑灰岩，局部地区发育薄层状膏岩、隐晶白云岩及含骨屑隐晶白云岩。厚 47～117m。富含海相藻类、牡蛎、海扇、固着蛤、腹足类、菊石、海胆、有孔虫、介形类、苔藓虫、龙介虫、钙藻、颗石藻类、沟鞭藻、疑源类及孢粉化石。

乌依塔克组（K_2w）在南天山和昆仑山山前有较大差异，生物面貌也有明显差异。南天山山前为棕红、杂色砂质泥岩与膏泥岩互层夹石膏；昆仑山山前主要为棕红色、红褐色（含膏）泥岩、泥质粉砂岩夹砂岩。厚 30～121m。见有孔虫、沟鞭藻类、绿藻类、孢粉。

依格孜牙组（K_2y）以颜色突变红色为特征。南天山山前为褐红色砂质膏泥岩和泥质粉砂岩不规则互层夹石膏、白云岩和泥质灰岩等；昆仑山山前为褐红色砾屑灰岩、灰白色灰岩、粗砾屑灰岩，以及灰红、粉红、灰色厚层-块状生物灰岩、泥灰岩夹少量红色泥质砂岩、膏泥岩，其中含固着蛤生物灰岩在昆仑山山前具可比性。厚 4～140m。含有孔虫、介形类、双壳类、腹足类和孢粉。

（十一）古近系（E）

塔里木盆地古近系古新统-始新统在库车、塔北—阿瓦提、塔东—满加尔、塔中、东南断阶和库鲁克塔格通称库姆格列木群（$E_{1-2}km$），渐新统通称苏维依组（E_3s）。古近系在巴楚缺失。古近系在塔西南发育齐全，统称喀什群（$E_{1-2}ks$），含古新统吐依洛克组（E_1t）和阿尔塔什组（E_1a），古新统-始新统齐姆根组（$E_{1-2}q$），始新统卡拉塔尔组（E_2k）和乌拉根组（E_2w），始新统-渐新统巴什布拉克组（$E_{2-3}b$）。古近系在柯坪仅残留阿尔塔什组（E_1a）（图 1-19、图 1-20）。

1. 库车、塔北—阿瓦提古近系

库车、塔北—阿瓦提古近系古新统-始新统称库姆格列木群（$E_{1-2}km$），渐新统称苏维依组（E_3s）。

库姆格列木群（$E_{1-2}km$）底部为灰白、浅灰色泥灰岩，下部为紫红色砂砾岩与同色泥岩、粉砂岩、石膏互层，上部为紫红色泥岩。厚 130～500m。

苏维依组（E_3s）主要为褐红色砂岩与泥岩互层夹砾岩。厚 200～400m。含轮藻 *Gyrogna xindianensis*、*Lamprothamnium jianglingensis*、*L.nanoconica*、*Tolypella rugulosa*、*Hornichara lagenalis*、*Turbochara zhanjuheensis*。

2. 塔西南古近系

塔西南古近系称喀什群（$E_{1-2}ks$），含古新统吐依洛克组（E_1t）和阿尔塔什组（E_1a），古新统-始新统齐姆根组（$E_{1-2}q$），始新统卡拉塔尔组（E_2k）和乌拉根组（E_2w），始新统-渐新统巴什布拉克组（$E_{2-3}b$）。古近系在柯坪仅残留阿尔塔什组（E_1a）。厚数十米到上千米，除巴什布拉克组外主要发育海相潮坪-潟湖相沉积，巴什布拉克组为海陆过渡相沉积。

吐依洛克组（E_1t）主要为棕褐色、褐灰色石膏质泥岩、泥岩，有时夹薄层白色石膏或棕红色泥质粉砂岩或粗砂岩和细砾岩。厚 14～89m。含有孔虫 *Cibicides-Cibicidoides* 组合，介形类 *Paracypris contracta*、*Paractpridea similis*、*Eopaijenborchella* sp.、*Loxoconcha jabbia*、*L.* sp.、*Novectpris* cf. *whitecliffensis* 等，孢粉 *Quercoidites asper-Sapindaceidites asper* 组合。

阿尔塔什组（E_1a）主要为白、灰白色中厚-厚层块状石膏夹少量白云岩，其顶部发育厚度相对较薄但相当稳定的白云质灰岩。厚 23～370m。含孢粉 *Schizaeoisporites-Classopollis-Quercoidites* 组合，有孔虫 *Quinqueloculina-Discorbis* 组合，双壳类 *Brachidontes jeremejewi-Corbula*（*Cuneocorbula*）*asiatica* 组合，腹足类 *Niso angusta-Turritella edita* 组合。

齐姆根组（$E_{1-2}q$）主要为绿、灰绿、红色、紫红色泥岩夹膏泥岩和石膏，总的特点是“下绿上红”。厚 16～450m。含孢粉 *Ephedripites-Quercoidites-Normapolles* 组合、*Ephedripites-Parcisporites- Quercoidites- Tricolporopollenites* 组合，沟鞭藻类 *Ceratiopsis taenialis* 组合、*Ceratiopsis dibelii-Deflandrea dissolute-Phelodinium spinocapitatum* 组合、*Deflandrea oebisfeldensis-Alterbia xinjiangensis* 组合、*Apectodinium homomorphum* 组合、*Wilsonidium lineidentatum-Cordosphaeridium*（*C.*）*inodes* 组合及 *Muratodinium-Thalassiphora* 组合，颗石藻类 *Heliolithus kleinpellii* 组合、*Heliolithus riedelii* 组合及 *Discoaster multiradiatus* 组合，介形类 *Cytheridea ruginosaformis-Echinocythereis*“*isabenana*”*-Eocytheropteron kalickyi* 组合、*Neocyprideis galba-Cytheridea fucosa-Echinocythereis alaiensis* 组合，有孔虫 *Spiroplectammina-Textularia* 组合、*Globigerina-Globorotalia* 组合及 *Nonionellina-Anomalina* 组合，双壳类 *Pycnodonte*（*P.*）*camelus-Ostrea*（*O.*）*bellovacina* 组合，腹足类 *Niso angusta-Turritella edita* 组合。

卡拉塔尔组（E_2k）主要为灰、灰黄色微晶灰岩、牡蛎礁灰岩。厚 10～144m。卡拉塔尔组以富含牡蛎化石为特征，包括突厥牡蛎群落[*Ostrea*（*Turkostrea*）sp.]、索氏牡蛎和可干牡蛎群落（*Sokolowia* 和 *Kokanostrea*）两个群落。突厥牡蛎群落主要分布在南天山山前，伴生腹足类 *Ficus crassistria*（*Koenen*），介形类 *Eocytheropteron sphaeroidale Mandelstam*，有孔虫 *Quinqueloculina* sp.、*Nonion laevis*、*N. anulatum*、*Cibicides aetemi*，藻类 *Wetzeliella* sp.、*Cordosphaeridium* sp.，以及少量棘皮类海胆。索氏牡蛎和可干牡蛎群落主要分布在昆仑山山前，伴生双壳类 *Venericardia simplex*、*Lithophaga* sp.，腹足类 *Amauropsis ivanowi*、*Potamides* cf. *constricta*、*Batillaria* sp.、*Cerithium tristichum*，介形类 *Ostracoda indet.*、*Pontocypris elongatissima Mandelstam*、*Cytherella retrorsa Mandelstam*、*Haplocytheridea montgomeryensis*（*Howe* et *Chambers*），藻类 *Wetzeliella* sp.、*Cleistosphaeridium* sp.、*Deflandrea* sp.、*Pterospermella* sp.，以及少量有孔虫和费尔干苔藓虫。

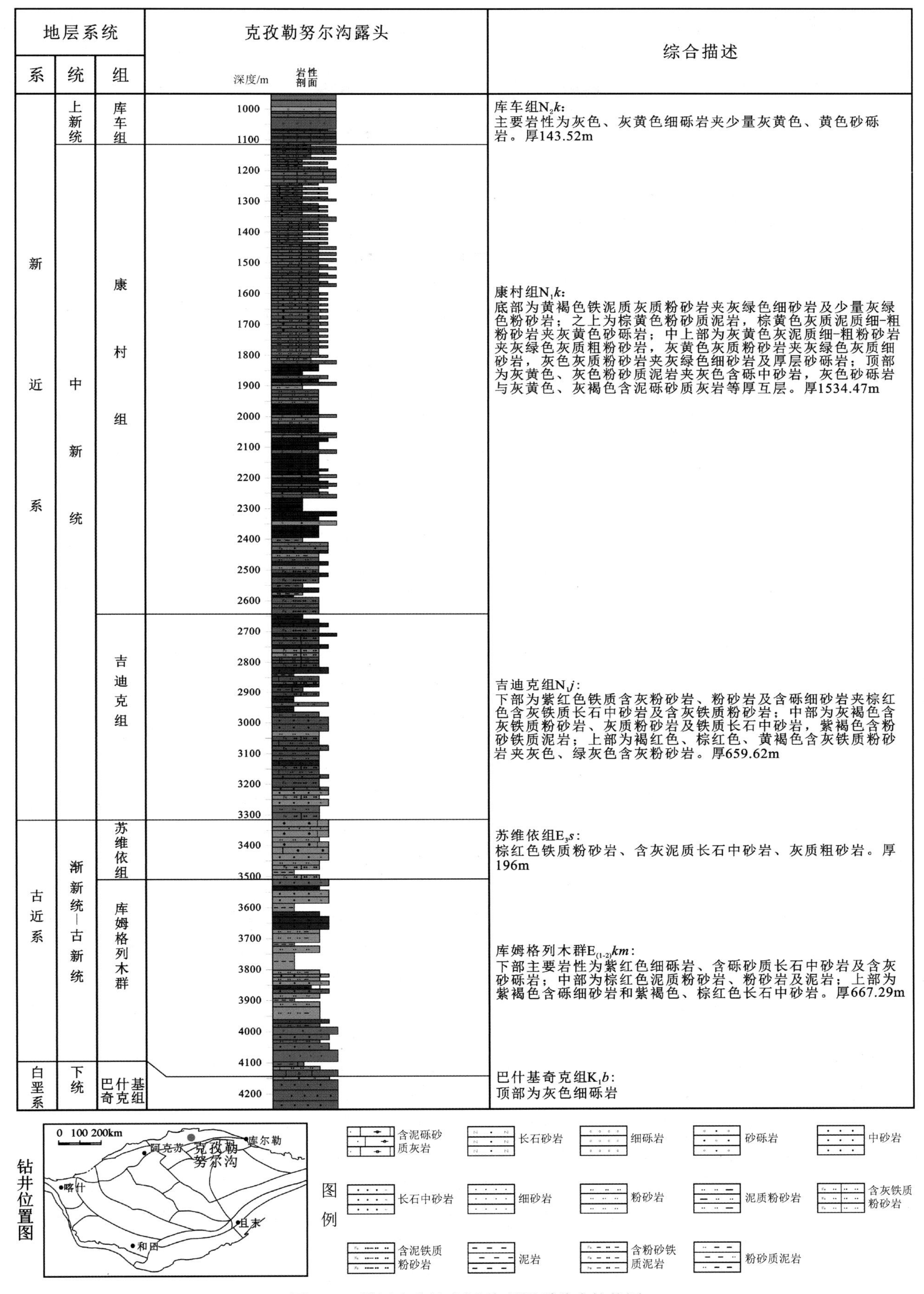

图1-19 塔里木盆地古近系-新近系综合柱状图

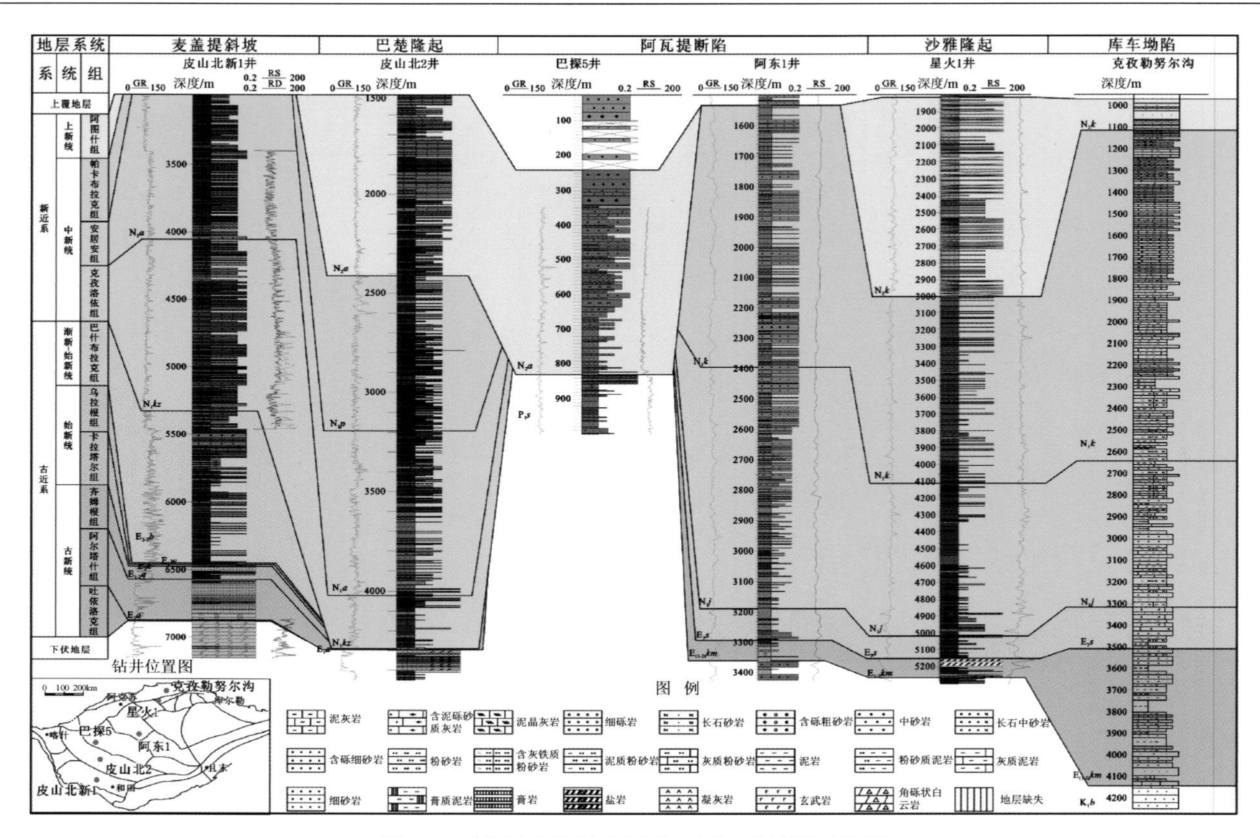

图 1-20　塔里木盆地古近系—新近系地层对比图

乌拉根组（E_2w）主要为灰绿色泥岩、钙质砂岩、粉砂质泥岩夹薄层灰岩，下部灰岩夹层较多，顶部多为薄层石膏，含丰富的海相化石，厚 18～188m。含双壳 *Sokolovia buhsii*、*Panopea gastaldi*、*Venericardia simplex*、*Nuculana futterri* 等，双壳类 *Sokolowia buhsii-Kokanostrea kokanensis-Chlamys*（*Hilberia*）*-radiatus* 组合，孢粉 *Ephedripites-Quercoidites-Meliaceoidites-Ulmoideipites* 组合；沟鞭藻类 *Wetzeliella-Kisselovia* 组合，颗石藻类 *Reticulofenestra umbilica-Chiasmolithus solitus* 组合；有孔虫 *Nonion-Anomalinoides-Cibicides* 组合；腹足类 *Turritella ferganensis-Stenorhytis decalamiatis* 组合，海胆 *Coelopleurus-Schizaster-Scutellina* 组合。

巴什布拉克组（$E_{2\text{-}3}b$）为海陆交互相-陆相碎屑岩沉积，主要岩性为棕红色、暗紫色泥岩、粉砂质泥岩、砂岩夹薄层石膏岩、膏泥岩、泥灰岩，局地见中砾岩、粗砾岩，生物种类较之其下乌拉根组明显减少，产牡蛎、孢粉、腹足类、疑源类及藻类等化石。在南天山山前厚 329～482m，在昆仑山山前残厚 15～1617m，在麦盖提斜坡厚 340～1400m。含孢粉 *Ephedripites-Quercoidites-Meliaceoidites-Rutaceoipollis* 组合，沟鞭藻类 *Rhombodinium draco-Dracodinium rhomboideum* 组合），颗石藻类 *Chiasmolithus oamaruensis-Isthmolithus recurvus* 组合，介形类 *Haplocytheridea schirabadensis-Ruggieris rishchtanensis-Haplocytheridea innae* 组合、*Haplocytheridea reticulate-Ranocythereis mikluchai-Paijenborchella*（*Eopaijen-borchella*）*villosa* 组合，有孔虫 *Nonion-Cibicides* 组合、*Cibicidoides-Spiroplectammina* 组合、*Cibicidoides-Baggina* 组合、*Cibicidodes ovaliformis-Cibicides borislavensis* 组合，双壳类 *Platygena asiatica* 组合、*Ferganea ferganensis-Cubitosrea plicata* 组合，腹足类 *Turritella ferganensis-Clavilithes conjunctus* 组合。

（十二）新近系（N）

塔里木盆地新近系在库车、塔北—阿瓦提、塔东—满加尔、塔中和库鲁克塔格统称中新统吉迪克组（N_1j）和康村组（N_1k），上新统库车组（N_2k）。新近系在塔西南、东南断阶统称中新统乌恰群（N_1wq）[包括克孜洛依组（N_1kz）、安居安组（N_1a）、帕卡布拉克组（N_1p）和上新统阿图什组（N_2a）]。新近系在巴楚仅残留中新统帕卡布拉克组（N_1p）和上新统阿图什组（N_2a）。新近系柯坪残留中新统安居安组（N_1a）、帕卡布拉克组（N_1p）以及上新统阿图什组（N_2a）。

1. 库车、塔北—阿瓦提新近系

库车、塔北—阿瓦提新近系称中新统吉迪克组（N_1j）和康村组（N_1k），上新统库车组（N_2k）。

吉迪克组（N_1j）为灰绿、紫红色薄至厚层状泥质粉砂岩、粉砂岩、细-中粒砂岩、细砾岩与紫红色夹灰绿、灰色泥岩、膏岩、含钙粉砂质、砂质泥岩互层，厚600～800m。含介形类 *Cyprinotus baturini* 亚组合，轮藻 *Nitellopsis* 大量出现。

康村组（N_1k）为灰色砂岩和褐色泥岩互层夹灰绿色泥质条带，厚300～800m。含丰富的介形类及轮藻。

库车组（N_2q）为灰、灰棕色砂岩、粉砂岩夹砾岩，厚300～700m。含介形类 *Lineocypris*、*Subulacypris*、*Baturinella*，以及轮藻 *Chara*。

2. 塔西南新近系

新近系在塔西南称中新统乌恰群（N_1wq），上新统阿图什组（N_2a）。乌恰群包括克孜洛依组（N_1kz）、安居安组（N_1a）和帕卡布拉克组（N_1p）。

克孜洛依组（N_1kz）下部为褐、黄红色泥岩夹多层石膏薄层，上部为褐红色泥岩夹灰绿色厚层-块状砂岩，厚280～450m。含介形类、有孔虫、轮藻、孢粉。

安居安组（N_1a）为灰绿色泥岩、砂岩夹红色泥岩条带，厚486～993m。含介形类、有孔虫、轮藻、孢粉。

帕卡布拉克组（N_1p）为褐红、灰色泥岩、砂质泥岩与灰、浅灰绿色砂岩互层，厚1100～2168m。含介形类、有孔虫、轮藻、孢粉。

阿图什组（N_2a）为黄褐、土黄色泥岩、砂质泥岩与黄灰、黄绿色泥质砂岩、粉砂岩、砂岩、砂砾岩互层，上部夹块状砂岩和砾岩，到山前砾岩增多，厚度增大，厚757～4500m。含介形类、轮藻、孢粉。

（十三）第四系（Q）

塔里木盆地第四系统称更新统西域组（Q_px）、乌苏群（Q_pws）和新疆群（Q_pxj），全新统未建群或组。以塔北轮南为例（贾承造，2004）。

西域组（Q_px）为浅灰、灰褐色巨厚层砾岩夹砂砾岩、砂岩透镜体，厚364～1367m。

乌苏群（Q_pws）冲积层沿各河流两侧分布形成阶地，为灰褐色砾石、砂砾石及砂、亚砂土，泥砂质半胶结，厚1～50m。洪积层分布于残留高台地，为砂砾石及砂土，砾石为次棱角状，分选差，厚20～50m。

新疆群（Q_pxj）冲积层分布在各河流两侧形成2～3级阶地，下部为砂砾石及砂，上部为浅黄色亚砂土，厚度大于15m。洪积层分布在山前平原，为灰白色砂砾石、砂及亚砂土，向下游粒径变小、厚度增大，厚10～135m。

全新统（Qh）冲积层分布在各河流两侧形成河漫滩及低阶地，由砾石、砂砾石、砂及亚砂土组成，厚5～10m。洪积层分布在现代冲沟及小型洪积堆，为浅灰色砂砾石、砂及亚砂土混杂松散堆积，厚3～6m。风积层呈带状分布于沙漠边缘及塔里木河两侧形成沙丘、沙垄地貌，为浅黄色中细砂，松散、分选好、磨圆一般。

第三节　地层划分、对比进展

近年来，伴随着新资料（钻井岩心资料、地震剖面资料、测试分析资料等）的不断获取，在塔里木盆地相关层位地层划分方面不断取得新认识和新成果，主要包括下寒武统玉尔吐斯组与西山布拉克组对比、上奥陶统却尔却克组三分方案确定、塔中—塔北下志留统柯坪塔格组调整、巴楚西段上泥盆统东河塘组调整、上石炭统小海子组调整以及塔北上白垩统于奇组建组等方面。具体新成果和认识如下。

一、下寒武统玉尔吐斯组与西山布拉克组对比

玉尔吐斯组在柯坪塔格剖面为深灰、灰色中薄层粉晶灰岩、瘤状灰岩、白云岩，夹灰黑色、黄绿色、浅紫红色页岩，底部为浅紫红色中薄层泥岩与灰黑色中薄层磷质硅质互层，厚17～35m。含丰富的小壳化石 *Cambroclavus fangxianensis*、*Cambroclavus soleiformis*、*Sachites mirus*、*Sachites longus*，自下而上分

为 3 个带，即 *Anabarites* 带、*Cambroclavus-Aurisella* 带和 *Adyshevitheca-Xingjiangella* 带，构成了小壳动物群连续完整的演化序列。与下伏震旦系奇格布拉克组白云质灰岩（顶部多处见溶塌角砾岩）为平行不整合接触。玉尔吐斯组在南天山哈尔克山为含磷硅质岩、碳质页岩，含磷层位与柯坪玉尔吐斯组相当，厚 20m。玉尔吐斯组在同 1 井 4643～4677m 为褐红色砂泥岩，见小壳化石 *Anabarites* sp.、*Chancellorida frag*、*Rostroconchia frag*、*Zhijinites* cf. *intermedius*。玉尔吐斯组在和 4 井（5874～5903m，钻厚 29m）为浅紫红色硅质砂岩，底部含小壳化石，与下伏震旦系为不整合接触。

西山布拉克组仅出露于雅尔当山，下部为黄灰色厚层状含砾不等粒白云质岩屑砂岩；中部为灰-深灰色厚层状粉-泥晶白云岩夹硅质砾岩；上部为黑色硅质岩、含磷硅质岩，顶部夹辉绿岩（厚约 3.2m）。厚 18～140m。在硅质岩及含磷层夹少量海绵骨针 *Protospongia* sp.、藻类 *Eomycatopsis* sp.及三叶虫碎片。与下伏震旦系汉格尔乔克组存在明显侵蚀面，与上覆西大山组为整合接触。西山布拉克组在尉犁 1 井（4421.0～4536.0m）主要为含硅泥岩夹泥质白云岩及少量硅质岩、灰岩。西山布拉克组在孔探 1 井底部为黑色硅质泥岩含磷（自然伽马异常高），下伏震旦系顶部发育白云质角砾岩。

玉尔吐斯组与西山布拉克组均为含磷层，都与下伏地层呈平行不整合接触，两者层位大致相当，同属寒武纪早期沉积，可与扬子区梅树村组对比。

二、上奥陶统却尔却克群三分方案确定

塔里木盆地上奥陶统台地相区与盆地相区的岩石类型、岩石组合和沉积序列存在较大差异性，岩石地层单元命名不同。台地相区称恰尔巴克组（O_3q）、良里塔格组（O_3l）、桑塔木组（O_3s），盆地相区统称却尔却克群（O_3qe）。新方案以台地相区地层系统及名称为统一劈分对比基线，分解了盆地相区层位跨度较大的却尔却克群，经钻井-地震剖面标定追踪解释，分别对应于恰尔巴克组、良里塔格组、桑塔木组。原却尔却克群名称不再保留，盆地相区相当于桑塔木组的地层称为却尔却克组。

恰尔巴克组在古隆 1 井（5852.0～5875m，钻厚 23m）自上而下为紫红色灰质泥岩、含泥灰岩、瘤状灰岩与灰色瘤状灰岩。在 5865.2～5873.93m 见大量保存完好的牙形石 *Pygodus anserinus*、*P. serra*、*P.* sp.、*Dapsilodus utatus*、*Panderodus gracilis*、*Periodon aculeatus*、*Protopan-derodus rectus*、*P.* sp.、*Walliserodus thingtoni*、*W. iniquus* 等，在 5875.03m 见大量 *Pygodus serrus*。孔探 1 井 2887～2975m（钻厚 88m）与恰尔巴克组相当，岩性为黑灰、灰色泥岩。

良里塔格组在塔中台地相区序列最全，自上而下第一段为泥质条带灰岩，第二段为颗粒灰岩，第三段为含泥灰岩，钻厚 800m 以上。良里塔格组在盆地相区古隆 1 井（5771～5850m，钻厚 79m）为含灰质泥岩，见 *Belonechitina hirsute-Lagenochitina* sp.A.组合。孔探 1 井（2705～2887m，钻厚 182m）与良里塔格组相当，岩性为深灰色泥岩夹灰色泥质粉砂岩。

却尔却克组（与桑塔木组相当）在孔探 1 井（2444～2705m，钻厚 261m）也含有较厚的黑色页岩，其中见丰富的 Sa4 笔石带，可与却尔却克山的却尔却克群进行对比。

三、塔中—塔北下志留统柯坪塔格组调整

1. 柯坪塔格组时代确定

为解决柯坪塔格组的时代问题（即志留系与奥陶系的界线问题），对托甫 2 井柯坪塔格组进行了精细分析，柯坪塔格组可分为 3 段，上段包括高自然伽马砂岩与低自然伽马砂岩两个亚段；中段为灰、深灰、灰黑色泥岩段，为区域地层对比标志层；下段由 3 个向上变细的正韵律沉积旋回构成。在其中获得了丰富的笔石、几丁石与疑源类化石，其分别归属于 3 个化石组合（带），即 *Parakidograptusacuminatus*、*Belonechitina* cf. *postrobusta-Spinachitina* sp. nov. 与 *Dactylofusa cabottii-Cymatiosphaera densisepta-Leiosphaeridia* 组合。有少量的微体植物碎片与虫牙化石。通过对比，确定柯坪塔格组下段主要为早志留世鲁丹早期，依据有以下 3 点。

（1）笔石。柯坪塔格组中段底部深灰色泥岩含丰富的保存完好的笔石，但属种仅有 *Normalograptus jerini* 与 *N. premedius* 两种。其中，*Normalograptus jerini* 是志留系底部的 *Akidograptus ascensus* 带的常见分子，*Normalograptus premedius* 为 *Parakidograptus acuminatus* 带的重要分子。这两个笔石带对应于扬子区湖北宜

昌、四川长宁、云南巧家以及贵州桐梓下志留统马溪组下部，江苏南京下志留统高家边组下部，江南区浙西淳安下志留统安吉组、江西武宁下志留统梨树窝组下部，广西钦州下志留统连滩组下部（Zhan and Jin，2007；Zhang et al.，2007）。两种笔石分子在托甫2井柯坪塔格组中段底部联袂出现，表明其产出井段属 *Parakidograptus acuminatus* 带，位于志留系兰多维列统鲁丹阶下部。

（2）几丁石。柯坪塔格组中段底部深灰色泥岩岩心见大量几丁石 *Belonechitina* cf. *postrobusta*、*Cyathochitina campanulaeformis*、*Cyathochitina* sp.、*Spinachitinasp.* nov. 等3属4种，可建立 *Belonechitina* cf. *postrobusta-Spinachitina* sp. nov. 组合。本组合还见于顺1井及柯坪地区大湾沟剖面柯坪塔格组下段顶部。*Belonechitina postrobusta* 在波罗的海及爱沙尼亚见于下志留统近底部（Nestor，1980），在扬子区产自下志留统龙马溪组底部；*Spinachitina* sp. nov. 在美国伊利诺伊州东北部见于兰多维列统下部（Butcher et al.，2010），在浙江淳安见于下志留统安吉组底部。因此，该组合应属早志留世早期。

（3）疑源类。托甫2井柯坪塔格组的岩心与岩屑样品及桑塔木组岩屑样品均获得丰富的疑源类，可建立一个疑源类组合，即 *Dactylofusa cabottii-Tetrahedraletes-Dyadospora* 组合。该组合产于柯坪塔格组中下段，以 *Dactylofusa cabottii* 高含量频繁出现为特征，计有16属25种（含未定种），主要分子有 *Dactylofusa cabottii*、*Strophomorpha ovata*、*Strictosphaeridium hunjiangensis*、*Buedingiisphaeridium balticum*、*Leiosphaeridia crassa*、*L. volynica*、*Trachysphaeridium laufeldi*、*Cymatiosphaera densisepta*、*Cymatiogalea*、*Synsphaeridium*、*Solisphaeridium*、*Vermiculatisphaera obscura*、*Multiplicisphaeridium* 等，隐孢子类型主要有 *Tetrahedraletes*、*Dyadospora*、*Nodospora*、*Hispanaediscus* 等。*Dactylofusa cabottii* 产自北美兰多维列统（Cramer，1970），该种在美国、比利时、英国等地少数见于上奥陶统 *Caradocian-Ashgillian*，多见于产自北美、欧洲和中东志留系（主要是兰多维列统）；该种常见于浙江上奥陶统长坞组及下志留统（或上奥陶统）文昌组、河沥溪组，重庆綦江观音桥下志留统韩家店组，鄂尔多斯西南缘陕西礼泉下志留统东庄组（颜铁增等，2011）；在柯坪及轮南46井、草1井见于上奥陶统其浪组、柯坪塔格组中下段及下志留统塔塔埃尔塔格组（李军和王怿，1999；王怿，2010）；大量见于塔河沙102井、沙98井柯坪塔格组中下段及（范春花等，2007）。*Leiosphaeridia* 广泛见于北美中部（Loeblich and Tappan，1978；Wicander et al.，1999）及北欧瑞典哥特兰岛（Leherisse，1984）下志留统；也见于陕西南部礼泉下志留统东庄页岩及柯坪与覆盖区钻井柯坪塔格组。*Cymatiosphaera densisepta* 多见于下志留统（Fensome et al.，1990）。*Tetrahedraletes* 见于美国宾夕法尼亚志留系兰多维列统—温洛克统，广泛见于北美、西欧及北非下、中志留统；在塔里木盆地柯坪塔格组与塔塔埃尔塔格组亦较丰富。*Tetrahedraletes*、*Dyadospora*、*Nodospora* 等在浙江淳安、富阳与安吉自文昌组始现，可上延至河沥溪组（颜铁增等，2011）。总之，该组合面貌与美国宾夕法尼亚下志留统（Strother and Traverse，1979）、纽约州下志留统（Miller and Eames，1982）及巴西 Parana 盆地下志留统（Gray et al.，1992）疑源类组合较接近，与我国浙西下志留统、鄂尔多斯西南缘下志留统相似，同时考虑到其不含晚奥陶世的重要分子 *Dictyosphaera dlicata*、*Gorgonisphaeridium pusillum* 等，认为该组合为早志留世早期较合适。

2. 柯坪塔格组上界调整

原柯坪塔格组上段仅由反“弓”字形自然伽马曲线砂岩段构成，本次上移至高自然伽马、低视电阻率灰色砂岩结束，塔塔埃尔塔格组下部以大套紫色、褐色中砂岩出现为标志。地震剖面显示，柯坪塔格组下段与桑塔木组的界面为重大构造界面（T_7^0），下削上超特征明显。柯坪塔格组下段仅为该不整合面之上的第一套沉积体（楔形体）；中段下部为大套块状深灰、灰黑色泥岩，上部为灰、深灰色泥岩偶夹粉砂质泥岩，前者反映快速海侵，后者显示快速海退，电性特征呈大幅“坎值”突变，在南北向上逐渐减薄的特征十分明显。柯坪塔格组上段为滨岸潮坪相低自然伽马砂岩（灰色细砂岩夹褐色泥岩、粉砂质泥岩）及高自然伽马砂岩（灰色细砂岩、粉砂岩夹少量褐色泥岩），顶界（柯坪塔格组上砂岩段顶与塔塔埃尔塔格组的界面，T_6^3）为岩性、岩相突变面，电性特征呈大幅“坎值”突变。

3. 塔中—塔北柯坪塔格组对比

依据顺1井、顺9井、顺6井及中2井柯坪塔格组具定年意义的生物化石，柯坪塔格组分为特征明显的粗-细-粗3段，可与塔河地区对比。柯坪塔格组向卡塔克隆起超覆，卡塔克隆起高部位缺失中下段。这样，原奥陶系顶界（T_7^0）在顺托果勒隆起下移。

顺 1 井柯坪塔格组下段（5480～5500m）见下志留统几丁石标准化石 *Spinachitina* cf. *fragilis* Nestor、*Spinachitina verniersi* Vendenbroucke et al.。柯坪塔格组中段下部（5473.18～5477.85m）见下志留统几丁石标准化石 *Conochitina* sp. 2 带，还发现上奥陶统几丁石 *Belonechitina micracantha*、*B. uter*、*B. tarimensis*、*B.* cf. *armifera*、*B. schopfi*、*B.* sp.、*Spinachitinabulmani* 等，疑为化石再沉积。柯坪塔格组上段（5329m）见下志留统下部几丁石标准化石 *Conochitia.electa* 带。

顺 9 井（5588.65～6202.00m）柯坪塔格组下段发现上奥陶统几丁石 *Belonechitina* sp.与 *H. Duplicitas*。顺 6 井（5900～5950m）见上奥陶统孢粉 *Punctatisporites* sp.、*P.minor*、*Raistrickia* sp.、*Verrucosisporites* sp.、*K.* sp.、*Lycospora* sp.、*Densosporites* sp.。

中 2 井（5088～5140m）见下志留统孢粉 *Vittatina* sp.、*Striatoabieites* sp.。

四、巴楚西段上泥盆统东河塘组调整

东河塘组指东河 1 井巨厚滨海相石英砂岩（贾承造，1990），又称东河砂岩。据草 2 井东河砂岩段泥岩夹层所含孢子，将东河砂岩划归上泥盆统（朱怀诚，1998）。

主要依据孢粉，将巴楚、塔中、塔河地区钻井东河塘组划分为 3 段，即上部砂岩段，中部泥岩段，下部砂泥岩互层段。

巴开 8 井（4989～4992m、4932～4934m、4918～4932m）东河塘组东河砂岩段巴楚组含砾砂岩段，巴探 4 井（4911～4913m）东河砂岩段，产 *Apiculiretusispora hunanensis-Aneurospora tarimensis*（HT）孢子组合带，为盆地内迄今发现的最老孢子组合，时代为晚泥盆世法门期（Tn1a）。该组合以孢子 *Leiotriletes*、*Punctatisporites*、*Retusotriletes*、*Aneurospora* 和 *Apiculirtusispora* 占优势为特征，其他还有 *Auroraspora*、*Latosporites*、*Grandispora* 等。典型分子有 *Aneurospora tarimensis* Zhu、*A. asthenolabrata*（Hou）Lu、*Apiculirtusispora hunanensis*（Hou）Ouyang et Chen、*Apiculirtusispora rarissima* Wen et Lu、*A. fructicosa* Higgs、*A. microrugosa* Zhu、*Punctatisporites debilis* Hacquebard、*P. minutus* Kosanke、*P. planus* Hacquebard、*Retusotriletes planus* Dolby et Neves、*R. incohatus* Sullivan、*Auroraspora corporiga* Higgs、*Clayton* et Keegan、*A. hyaline*（Naum）Streel in B.B.S.T、*Latosporites* sp.、*Crassisporites* sp.等，零星见 *Crassisporites* sp.、*Corbulispora* cancellata、*Chomotriletes* sp.。

中 1 井（4490～4892m）、和田 1 井（3432～3490m）东河塘组东河砂岩段巴楚组含砾砂岩段，产 *Apiculiretusispora hunanensis-Knoxisporites literatus*（HL）孢子组合带，时代为晚泥盆世法门期（Tn1a）。该组合以孢子 *Apiculirtusispora hunanensis*（Hou）Ouyang et Chen、*Apiculirtusispora rarissima* Wen et Lu 和 *Knoxisporites literatus*（Waltz）Playford 高含量为特征，典型属种有 *Knoxisporites literatus*（Waltz）Playford、*Apiculirtusispora hunanensis*、*Apiculirtusispora rarissima*、*Apiculirtusispora fructicosa* Higgs、*Aneurospora tarimensis* Zhu、*A. asthenolabrata*、*Retusotriletes incohatus* Sullivan、*Cymbosporites tarimensis* Zhu、*Cymbosporites magnificus*（Mcgregor）Mcgregor et Camfieid、*Cymbosporites bellus* Zhu、*Verrucosisporites papulosus* Hacquebard、*Convolutispora caliginasa* Clay et Keegan、*Foveosporites distinctus* Zhu、*Corbulispora cancellata*（Waltz）Bharadwaj et Venkatachala、*Grandispora echinata* Hacqebard、*Grandispora cornuta* Higgs、*Grandispora gracilis*（Kedo）、*Rugospora flexuosa*（Jusch）Streel in B. B. S. T、*Tumuilispora ordinaria* Staplin et Jansonius、*Crassisporites trychera* Neves and Ioannides、*Remysporites magnificus*（Endosporites magnificus）（Horst）Butterwoeth and Williams 等。

Ancyrospora 是泥盆纪重要孢子属，迄今在国内外的地层分布仅限于泥盆纪，具有很强的地质时代指示意义。在云南沾益（卢礼昌，1988）、塔里木盆地（朱怀诚等，1999a）、加拿大、俄罗斯地台和西欧泥盆系均有分布。这类孢子在泥盆纪末全部消失，未能穿越泥盆纪-石炭纪界线，该属还见于草 2 井东河砂岩段。

Retispora lepidophyta（Kedo）Playford 也是泥盆纪重要的孢子属，地理分布广，在欧洲、亚洲、北非、美洲和大洋洲均有报道，已知的地质时代仅限于晚泥盆世法门期，该孢子在爱尔兰上泥盆统沉积顶部 *Retispora lepidophyta-Verrucosisporites* nitidus（LN）孢子带底界消失，在西欧限于上泥盆统 *Grandispora gracilis-Endosporites minutus*（GM）带至 *Vallatisporites pusillites-Retispora lepidophyta*（PL）带（Fa2d—Tn1b）。顶界与牙形刺 *Siphonodella sulcata* 带顶界接近，同时含有 *Protognathodus kuehni* 和 *Siphonodella sulcata* 的上 *Protognathodus* 带被认为是石炭系的底界，因此，*Retispora lepidophyta* 可以作为晚泥盆世晚期孢子组合

的重要分子，以其消失作为石炭纪的开始。这种孢子在国内外上泥盆统中均不丰富，仅在BC1井见1粒，草2井仅有数量极少的*Retispora cassicula*，但在和布克赛尔上泥盆统洪古勒楞组以及莎车上泥盆统奇自拉夫组含量丰富。

Apiculirtusispora hunanensis（Hou）Ouyang et Chen 见于湖南锡矿山马牯脑段和欧家冲段，至邵东段下部减少，为江苏五通群擂鼓台段含鱼化石层孢子组合（欧阳舒和陈永祥，1987）、浙西西湖组下段LH孢子组合（上泥盆统斯图年阶）（何圣策和欧阳舒，1993）和塔西南莎车上泥盆统奇自拉夫组孢子组合（朱怀诚等，1999a）中均有发现，亦见于江西全南上泥盆统（文子才和卢礼昌，1993）。其分布仅限于我国上泥盆统世法门期。

Apiculirtusispora rarissima Wen et Lu 为法门期地区性标志分子，常与*A. hunanensis*一起以高百分含量值出现于上泥盆统。在江西全南上泥盆统（文子才和卢礼昌，1993）和塔西南莎车奇自拉夫组（朱怀诚等，1999）均以较高含量值出现，草2井东河砂岩段孢子组合亦如此。

Apiculirtusispora fructicosa Higgs 在爱尔兰上泥盆统法门阶-上石炭统杜内阶有分布。该孢子亦见于塔里木西南上泥盆统（朱怀诚等，1996，1999）。

Aneurospora tarimensis Zhu、*Cymbosporites tarimensis* Zhu 见于莎车奇自拉夫组（朱怀诚，1999，2000），常见于草2井东河塘组，且数量较多。

Grandispora. gracilis（Kedo）Streel 见于俄罗斯法门阶，在欧洲法门阶也多次发现。在江苏五通群擂鼓台段下部（欧阳舒和陈永祥，1987）、西藏聂拉木（高联达，1983）、江西翻下组（文子才和卢礼昌，1993）和莎车奇自拉夫组（朱怀诚，1999a）均有发现，都限于上泥盆统。因此，其时代为晚泥盆世法门期。

Tumulispora ordinaria Staplin et Jansonius 见于波兰、爱尔兰上泥盆统-下石炭统。江苏龙潭下石炭统（卢礼昌，1994）也有分布，其时代为晚泥盆世-早石炭世。

Grandispora echinata Hacqebard 见于加拿大东部密西西比系最早期 Horton Group，也见于熊岛上法门阶（Fa2c）（Kaiser，1971.S.153，Abb.33）。见于西藏聂拉木上泥盆统的波曲群（高联达，1983）。

Knoxisporites literatus（Waltz）Playford 见于德国 Hangenberg 页岩（相当于 Tn1a 艾特隆层顶部和 Tn1b 底部）中，可从晚泥盆世延至早石炭世。

五、上石炭统小海子组调整

原方案将巴楚—塔中—塔河—满加尔地区石炭系分为9个岩性段，自上而下依次为小海子组顶灰岩段，卡拉沙依组含灰泥岩段、砂泥岩段和上泥岩段，巴楚组标准灰岩段、中泥岩段、生屑灰岩段、下泥岩段和含砾砂岩段。此前井下古生物资料较少，未建立完善的区域石炭系生物地层格架，石炭系主要根据以上9个标志性岩性段划分对比。但井下岩性段与地表剖面既有相似性又不完全相同，以岩石地层组合为主进行地层的划分对比存在分歧。依托区内30口钻井的古生物资料建立的生物地层为基准，重新厘定了小海子组的岩性段及其含义，构建了新的划分方案。

1. 顶灰岩段时代归属

塔中、满加尔地区小海子组顶灰岩段产蜓*Fusulina-Fusulinella*带；满西1井、满参1井小海子组顶灰岩段产孔虫*Hemigoudius yuxianensis-Bradyina simplicissima*组合；塔中4井、塔中401井小海子组顶灰岩段产牙形刺*Streptognathodus parvus-S. suberectus-Gondolella bella*组合；塔中401井小海子组顶灰岩段产孢粉*Calamospora-Laevigetosporites*（CL）组合。各门类化石显示的时代为晚石炭世达拉期，据此将顶灰岩段时代归属于达拉期。

2. 含灰岩段时代归属

国际公认的石炭系下统与上统界线为纳缪尔A期菊石E2带与H1带分界，在西欧对应的孢子组合带是*Lycospora subtriquetra-Kraeuselisporites ornatus*（SO）带与*Stenozonotriletes triangulus-Rotaspora knoxi*（TK）带之间，在塔里木盆地对应的是*Lycospora subtriquetra-Kraeuselisporites ornatus*（SO）带与*Ahrensisporites querickei-Rotaspors knoxi*（QK）带，和田1井（2910～2955m）孢子SO带与QK带呈现连

续过渡性，下石炭统-上石炭统界线应从该井段穿过，对应层位为砂泥岩段。

巴探5井（1979～2048m）含灰岩段产孢粉 *Raistrickia fulva-Triquitrites bransonii*（FB）带；和田1井（2753～3764m）含灰岩段、中41井（3326m）含灰岩段及S32井（4652.10～4652.50m）含灰岩段产孢粉 *Limitisporites-Potonieisporites*（LP）带；满西1井（4422～4424m）含灰岩段产孢粉 *Lycospora orbicular-Rugospora minuta*（OM）带；塔中401井含灰岩段下部—砂泥岩段顶部产孢粉 *Limitisporites-Cordaitina*（LC）带。其中，FB带为晚石炭世纳缪尔C期沉积（NaC），LP带、OM带为晚石炭世纳缪尔B期至C期沉积（NaB-NaC），LC带为晚石炭世纳缪尔B期沉积（NaB）。据此，含灰岩段时代为晚石炭世纳缪尔B期至C期（NaB-NaC）。

根据顶灰岩段及含灰岩段时代归属的厘定，新方案将原属卡拉沙依组的含灰岩段划归小海子组，即小海子组包括含灰岩段和顶灰岩段两个岩性段（为上石炭统），卡拉沙依组仅包括上泥岩段和砂砾岩段两个岩性段（为下石炭统）。

六、塔北上白垩统于奇组建组

王智等（1999）在塔中32井发现了晚白垩世晚期介形虫 *Talycypridea ventricosa-Cypridea covernosa* 组合，轮藻 *Latochara longiformis-Mesochara biacuta-Grovesichara agathae* 组合，并新建古城组，该组岩性为棕红、棕黄、灰白色细-中砂岩、泥岩、泥质粉砂岩。通过井震对比，认为塔东南存在较厚的上白垩统，下白垩统—上白垩统为不整合接触。

杨国栋（2001）在沙50井（2892～2950m）发现了以 *Mesochara* 和 *Retusochara* 为主体（95%）的较丰富的轮藻化石，证实该井存在上白垩统（约58m）。陈静（2005）在于奇1井发现了以 *Retusochara* 和 *Mesochara* 为主，并伴有少数 *Porochara* 分子的轮藻化石组合。据此认为，在塔里木盆地东北部覆盖区广泛存在上白垩统陆相沉积。

郭宪璞等（2008）在库车坳陷巴什基奇克组上部先后发现了晚白垩世的钙质超微化石，认为其与塔西南地区的海相化石完全可比，故将原巴什基奇克组上部划归上白垩统。

依据上述剖面及钻井资料，建立了上白垩统于奇组，岩性为浅棕、棕灰、杂色砂砾岩、细砂岩、含砾细砂岩夹薄层棕色泥岩，与下白垩统巴什基奇克组以高自然伽马、低视电阻率的泥岩凹值点为分界线，厚100～280m，与塔中古城组相当。通过全盆上白垩统新一轮井震划分对比，于奇组主要分布于塔东—塔北—顺托果勒地区。

第二章　盆地构造特征及演化

第一节　盆地构造演化阶段

塔里木盆地的构造演化历史可以划分为多个构造旋回，每个构造旋回又可以划分出不同的构造演化阶段。每个旋回、每个构造演化阶段都有自己的地质构造特色；同一构造旋回的构造演化阶段的不同构造部位也存在明显差异，从而形成了塔里木盆地丰富而复杂的构造特征。

中石化西北油田分公司根据长期的塔里木油气勘探实践，将塔里木盆地显生宙构造演化历史划分为5个构造旋回：加里东旋回、海西旋回、印支旋回、燕山旋回、喜马拉雅旋回，7个构造演化阶段：寒武纪-中奥陶世克拉通盆地演化阶段、晚奥陶世-中泥盆世周缘前陆盆地-陆内拗陷盆地阶段、晚泥盆世-早二叠世克拉通内拗陷盆地阶段、早-晚二叠世大陆裂谷盆地阶段、三叠纪周缘前陆盆地-陆内拗陷盆地阶段、侏罗纪-白垩纪陆内断陷-拗陷盆地阶段、新生代陆内前陆盆地阶段（表2-1）。

表2-1　塔里木盆地构造演化阶段及特征简表

旋回	阶段	年代	地区	盆地构造类型	不整合特征	沉降特征	综述
喜马拉雅旋回	7	E—Q	库车	陆内前陆盆地	底部为一级不整合面（T_3^0地震反射波）	快速挠曲沉降	受喜马拉雅造山作用远程效应影响，昆仑山、南天山陆内造山，山前形成陆内前陆盆地
			阿瓦提—满加尔			均匀沉降	
			巴楚—塔中			巴楚快速隆升塔中均匀沉降	
			塔西南			快速挠曲沉降	
燕山旋回	6	J—K	库车	陆内断陷-拗陷盆地	底部为一级不整合面（T_4^6地震反射波）	均匀拗陷沉降	造山后应力松弛阶段，构造稳定，有来自西南部的海侵
			阿瓦提—满加尔				
			巴楚—塔中			隆起剥蚀	
			塔西南			均匀拗陷沉降	
印支旋回	5	T	库车	周缘前陆盆地-陆内拗陷盆地	底部为一级不整合面（T_5^0地震反射波）	快速挠曲沉降	南天山碰撞造山作用，形成库车周缘前陆盆地
			阿瓦提—满加尔			均匀拗陷沉降	
			巴楚—塔中			剥蚀-均匀沉降	
			塔西南			快速挠曲沉降	
海西旋回	4	$P_{2\text{-}3}$	库车	大陆裂谷盆地	底部为二级不整合面（T_5^3地震反射波）	快速裂陷沉降	大陆裂谷作用及其相关的岩浆活动，火山岩和火山碎屑岩沉积
			阿瓦提—满加尔				
			巴楚—塔中				
			塔西南				
	3	D_3—P_1	库车	克拉通内拗陷盆地	底部为一级不整合面（T_6^0地震反射波）	均匀拗陷沉降	造山后应力松弛，主体为稳定克拉通内拗陷盆地，北缘为被动大陆边缘拗陷盆地
			阿瓦提—满加尔				
			巴楚—塔中				
			塔西南				
加里东旋回	2	O_3—$D_{1\text{-}2}$	库车	周缘前陆盆地-陆内拗陷盆地	底部为一级不整合面（T_7^4地震反射波）	剥蚀-均匀沉降	昆仑碰撞造山，前陆盆地系统为特色，盆地主体为隆后拗陷带
			阿瓦提—满加尔			均匀拗陷沉降	
			巴楚—塔中			隆升剥蚀-挠曲沉降	
			塔西南				
	1	Є—O_2	库车	克拉通盆地	底部为一级不整合面（T_9^0地震反射波）	均匀拗陷沉降	塔里木陆块主体为稳定克拉通盆地，周缘为被动大陆边缘盆地
			阿瓦提—满加尔				
			巴楚—塔中				
			塔西南				

第二节　构造演化特征与构造运动

塔里木盆地显生宙构造演化历史与构造运动紧密结合，不同的构造演化阶段是由不同的构造运动所限定的。构造运动是一个改变岩石组构的幕式过程，最明显的证据就是不整合（何治亮等，2000），每一个构造运动都有一个具体的不整合来命名，塔里木盆地的各个构造运动也都是用不整合来命名的。中石化西北油田分公司常用的构造运动名称有加里东中期Ⅰ幕运动、加里东中期Ⅲ幕运动、海西早期运动、海西晚期运动、印支运动、燕山早期运动、燕山晚期运动、喜马拉雅（早期）运动等。

本书主要讨论塔里木盆地的显生宙构造演化特征，考虑到构造演化历史的完整性，这里对晚前寒武纪的塔里木运动和库鲁克塔格运动做简单介绍。

一、晚前寒武纪

塔里木板块的基底为古老陆壳，形成于前南华纪。经过以南华系-前南华系不整合为标志的塔里木运动，塔里木板块的基底固结定型，形成统一的结晶基底，开始相对稳定的塔里木克拉通演化历史（何治亮等，2000）。塔里木运动所形成的不整合在地震波组上对应的 T_{10}^0 反射面，又称 T_D 反射面。南华纪-震旦纪沉积是塔里木板块最早的稳定盖层沉积。这一阶段在全球大地构造中对应的是罗迪尼亚超大陆的裂解（Li et al.，1996，2008）。南华纪末-震旦纪初发生过一次升降构造运动——库鲁克塔格运动，造成震旦系-南华系之间的平行不整合（贾承造等，1992）。库鲁克塔格运动之后的塔里木地块，构造属性渐趋稳定，稳定克拉通的特征更加明显。

二、加里东旋回

加里东一词来自欧洲的加里东造山带（Caledonides orogen）。该造山带位于不列颠群岛、西斯堪的纳维亚、斯瓦尔巴、东格陵兰的北部以及欧洲的中北部。加里东旋回在地质年代上大致相当于早古生代。有人认为晚前寒武纪的南华纪-震旦纪也属于加里东旋回，并将加里东旋回的上限置于中泥盆世-晚泥盆世的分界，即东河砂岩沉积前（何治亮等，2000；李丕龙，2010）。因为中石化西北油田分公司称东河砂岩-前东河砂岩不整合所代表的构造运动为海西早期运动，所以，本书将泥盆纪归属海西旋回。

加里东中期Ⅰ幕运动是中奥陶世末发生的一次构造运动，形成中奥陶统-上奥陶统之间的不整合，地震反射波组上对应的是 T_7^4 反射层。这一构造运动代表的是昆仑加里东碰撞造山作用的开始。

加里东中期Ⅲ幕运动发生于奥陶纪末，形成志留系-奥陶系之间的不整合，在地震上对应的是 T_7^0 反射层。该构造运动代表的是昆仑加里东碰撞造山作用的一个阶段。

三、海西旋回

海西一词源自欧洲的海西造山带（Variscan orogen）。该造山带从南爱尔兰和威尔士延伸到法国北部、比利时和德国北部，向南到西班牙、葡萄牙几乎涵盖了伊比利亚半岛全部，形成于泥盆纪-石炭纪。海西造山运动在全球大地构造的意义是，使劳亚古陆和冈瓦纳大陆碰撞形成了潘基亚泛大陆。

海西旋回在地质年代上大致相当于晚古生代。塔里木盆地在海西旋回整体处于伸展构造背景，这是该旋回塔里木盆地的一大构造特征，包括两个大的伸展构造演化阶段，分别是晚泥盆世-早二叠世昆仑造山后应力松弛阶段和中晚二叠世大陆裂谷演化阶段。另外，海西旋回初期（早中泥盆世）属于昆仑碰撞造山作用末期，为一挤压构造演化阶段。海西旋回中，海西早期运动和海西晚期运动是西北油田常用的两个构造运动。

海西早期运动是以东河砂岩-前东河砂岩之间的不整合命名的一个构造运动。该不整合在地震波组上对应的是 T_6^0 反射层。这是塔里木盆地最著名的不整合之一，在盆地内及周边都广泛发育。该不整合在地质构造上的意义是昆仑碰撞造山作用的结束和造山后应力松弛阶段的开始。这是塔里木盆地古应力场转换的一个重要的时间节点。

海西晚期运动在西北油田分公司指的是三叠系-二叠系不整合所代表的构造运动，地震上对应的是 T_5^0

反射层。这一不整合也是塔里木盆地广泛发育的一个不整合，特别是在盆地北部发育良好。这一不整合的形成主要受控于两个大的地质构造事件：一个是二叠纪的大陆裂谷作用，另一个是南天山的碰撞造山作用。简单地说，海西晚期运动代表的是二叠纪大陆裂谷作用的结束，同时标志着南天山碰撞造山作用的开始（孙龙德等，2002；李曰俊等，2009，2010）。有人认为上二叠统-下二叠统之间的不整合代表海西晚期运动（何治亮等，2000）。上二叠统-下二叠统之间的不整合见于南天山山前，是比尤勒包谷孜组与下伏地层之间的不整合（李曰俊等，2001）。盆地内部不发育。

四、印支-燕山旋回

印支旋回的时代大致相当于三叠纪，燕山旋回包括侏罗纪和白垩纪。在塔里木盆地，这两个旋回密切相关，经常合称为印支-燕山构造旋回（李丕龙，2010）或印支-燕山运动（何治亮等，2000）。

印支运动发生于三叠纪末，形成侏罗系-三叠系之间的不整合。该不整合对应的是 T_4^6 反射界面。以侏罗系-三叠系不整合为标志，塔里木盆地的区域构造应力场由三叠纪的区域性挤压转变为侏罗纪-白垩纪的区域性伸展；代表的构造事件是南天山碰撞造山阶段向造山后应力松弛阶段的转变（Li et al.，2013）。

燕山早期运动发生于侏罗纪末，形成白垩系-侏罗系之间的不整合，地震上对应的是 T_4^0 反射层。白垩系底部广泛发育的底砾岩（城墙砾岩）表明燕山早期运动的广泛存在。

燕山晚期运动发生于白垩纪末，形成古近系-白垩系之间的不整合，地震上对应的是 T_3^0 反射层。这一不整合在塔里木盆地及周边露头区都广泛分布，代表着燕山旋回的结束和喜马拉雅旋回的开始。

五、喜马拉雅旋回

喜马拉雅旋回在地质时代上相当于新生代，包括古近纪、新近纪和第四纪。其中，新近系-古近系之间的不整合代表的构造运动称为喜马拉雅早期运动；第四系-新近系之间的不整合代表的构造运动称为喜马拉雅晚期运动（李丕龙，2010）。喜马拉雅旋回受控于印度-亚洲碰撞造山的远程效应。这一构造旋回中，塔里木盆地周边山系快速隆升，陆内造山；山前形成陆内前陆盆地。塔里木盆地在喜马拉雅旋回以陆内前陆盆地为特色。

第三节 关键构造期盆地类型及演化分析

一、盆地类型划分方案

盆地类型的划分是基础石油地质研究的重要内容，也是油气资源评价的重要依据之一。不同类型的沉积盆地具有不同石油地质条件和油气富集规律，因此，石油地质工作者为了系统研究和对比各沉积盆地的勘探前景及远景储量，需要将它们的主要地质构造条件进行类比，对盆地进行归纳、总结和分类，用以指导油气勘探的战略部署和长远规划。

（一）盆地构造类型划分原则

沉积盆地是地壳演化过程中形成的一种与山脉相对应的、复杂的地质构造单元。不同时期的不同学者，从不同的出发点、依据不同的观点，对沉积盆地提出了不同的划分方案。20 世纪 70 年代到 20 世纪 80 年代是盆地分析学科发展的黄金时代。在对过去和现在的构造事件进行系统分析的过程中形成的一些学术突破，促进了与盆地分析相关的理论不断取得突破和进步。

地质学家在划分盆地类型时所考虑的因素主要包括：①盆地所处的大地构造位置；②盆地的基底性质；③盆地形成时的古应力场；④盆地形成的时代；⑤沉积环境和沉积相/建造；⑥构造变形等。从不同的视角出发，形成了不同的盆地分类。可以按盆地的构造属性划分，也可以按盆地的时代属性划分，还可以按盆地的地理环境属性划分。本书依据盆地的构造属性进行盆地类型划分。

板块构造运动强调的是岩石圈的水平运动，由于地壳厚度的变化，以及热流量、地壳均衡等因素，水平运动又进一步引发了垂直方向的运动。这些垂向的运动就会导致沉积盆地的形成。盆地发育的主要控制因素有以下几个方面：①盆地基底的类型；②是否接近板块边界；③最接近的板块边界的类型。其中，盆地基底类型包括陆壳、洋壳以及过渡性的地壳和异常的地壳。造成沉积盆地的地壳下降往往有下列几个原因：①由于水平伸展运动或者地表侵蚀作用导致地壳减薄；②岩石圈在冷凝过程中的收缩作用；③构造或沉积事件的发生导致地壳和岩石圈变薄。区域均衡补偿导致岩石圈出现弯曲，进而导致远离该地的局部产生下沉和抬升。在大多数的离散板块边界中，前两个因素占主导作用，而第三个因素则在多数的聚敛板块边界中占主导作用。而那些板块内部过渡型的以及混合型的一些构造背景要经历多个作用过程的叠加。控制盆地形成的构造是多样的，因此，盆地分析必须吸收、借鉴多方面的资料。原型盆地构造类型划分的原则和依据可以简单概括为如下几个方面。

（1）板块构造背景：离散背景・聚敛背景・转换背景。

（2）基底性质：大陆地壳・大洋地壳・过渡性地壳。

（3）古应力场：拉张・挤压・剪切。

（4）沉降机制：地壳减薄・地幔-岩石圈增厚・沉积和火山物质载荷・构造载荷・地壳下载荷・软流圈流动。

（5）变形样式：地堑-半地堑・褶皱冲断构造・花状构造。

（6）盆地结构：断陷＋热沉降・冲断带＋前渊凹陷＋隆起・拉分盆地。

（二）本书采用的盆地构造类型划分方案

立足于塔里木盆地显生宙地质构造特征和西北油田分公司的油气勘探实践，为了方便不同地质历史时期原型盆地分析，利于学术交流，本书将盆地构造类型简化为大陆裂谷盆地、被动大陆边缘盆地、前陆盆地、克拉通盆地、弧前盆地和弧后盆地 6 种类型（图 2-1）。

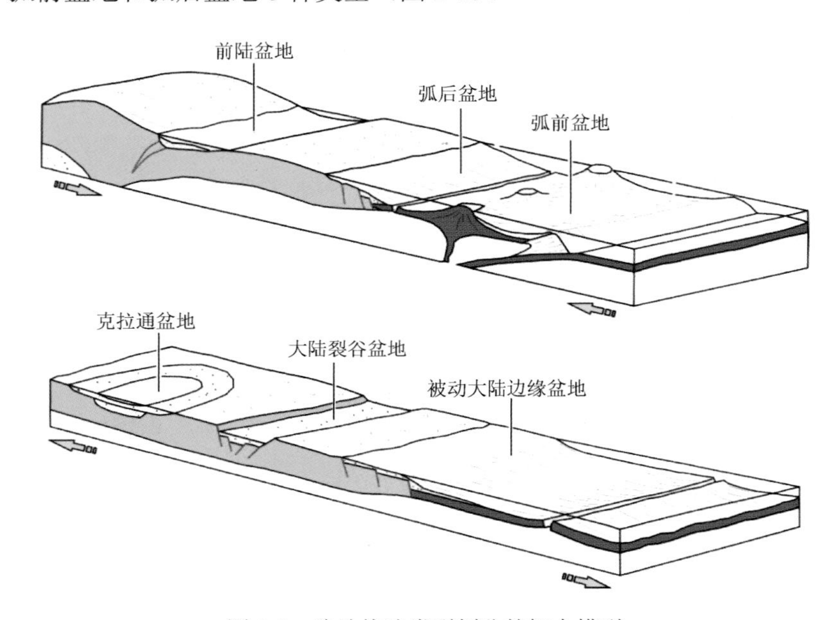

图 2-1　盆地构造类型划分的概念模型

1. 大陆裂谷盆地（continental rift basin）

裂谷为上覆于伸展岩石圈破裂带的沉积物充填的伸长的洼地。裂谷可以在岩石圈拉伸的各种大地构造环境下出现。最普遍的裂谷出现环境是大西洋型边缘有关的大陆断裂带。相比大陆裂解型的裂谷，还有一些发现更小的不广泛分布的裂谷，如碰撞造山过程中形成的走向与大陆碰撞带呈高角度的碰撞谷、走滑带中形成的拉分盆地等。关于早期裂谷的形成有两种类型。一种类型的裂谷是由穹窿顶部发育的正断层形成的，因此，穹拱作用一定在盆地形成之前。这一机制可能适用于利比亚的 Sirte 裂谷。另一种类型的裂谷在开始形成之前表现出广泛的沉降阶段，如在苏伊士湾。

一旦裂谷形成，不论它们起源的大地构造环境如何，它们都倾向以相似的方式演变。裂谷的历史一般来说具有两个主要阶段：①断层限定的沉降时期，产生狭长的裂谷；②伴随的是大范围的热沉降时期，产生上覆凹陷盆地。

2. 被动大陆边缘盆地（passive continental margin basin）

被动大陆边缘盆地，顾名思义就是发育于被动大陆边缘之上的沉积盆地，其典型代表是大西洋两岸的沉积盆地。人们早就注意到被动陆缘构造环境下裂谷和局部裂谷盆地的重要性。被动陆缘是裂谷作用的产物，早期的裂谷作用往往为被动陆缘背景所覆盖，以至于地震解析和钻孔检验都是困难的。

3. 前陆盆地（foreland basin）

前陆盆地为一造山带前缘与相邻克拉通之间的沉积盆地。它是由位于向前推进中的造山楔之下的下伏板块向下挠曲变形所引起的，形成于发展中造山带周边的长形凹槽。一个完整的前陆盆地体系包括楔顶、前渊、前隆和隆后4个沉积带。前陆盆地可以划分为两种最基本的成因类型：周缘前陆盆地和弧背前陆盆地。周缘前陆盆地是紧靠陆-陆碰撞造山带的外弧，在俯冲壳楔之上形成的前陆盆地。弧背前陆盆地位于一挤压岩浆弧之后，与大洋岩石圈的俯冲有关。中国西部造山带与沉积盆地研究，提出了陆内造山带和陆内前陆盆地的概念。陆内前陆盆地又称再生前陆盆地或新前陆盆地（Lu et al.，1994；李曰俊等，2000，2001）。

4. 克拉通盆地（intracratonic basin）

克拉通盆地是指形成于稳定克拉通之上的沉积盆地。从形成于克拉通边缘或附近的克拉通边缘盆地，到克拉通内部的盆地，都属于克拉通盆地的范畴。不过，不同学者对克拉通盆地的理解不同，进一步分类也有差异。

5. 弧前盆地（fore-arc basin）

弧前盆地是岩浆弧与俯冲带/海沟之间的沉积盆地。控制弧前盆地几何构型的因素包括：①初始的构造背景；②在俯冲板块上沉积物的厚度；③沉积物供给到海沟的速率；④沉积物供给到弧前地区的速率；⑤俯冲的速率和方向；⑥俯冲开始的时间。

6. 弧后盆地（back-arc basin）

大洋岩石圈俯冲形成岩浆弧，岩浆弧的后方拉张形成弧后盆地。这里需要对back-arc basin和retro-arc basin做一特别的说明。retro-arc这个词用来描述形成在挤压性岩浆弧的后面的前陆盆地，以区别于大陆碰撞期间形成的周缘前陆盆地。因此，back-arc与retro-arc两个词在字面意思上是一致的，但前者是用来描述扩张性的或中性的情况，而后者是用来描述挤压性的情况。可以说，retro-arc basin是back-arc basin的组成部分。

二、关键构造期盆地类型及形成演化

虽然塔里木板块作为一个小型大陆克拉通，陆壳基底性质是不变的，但由于不同地质历史时期，其所处的板块构造背景不同、盆地所处的古构造应力场不同、盆地结构不同、沉降机制不同、构造变形样式不同，因此盆地的构造类型也不同。将塔里木盆地的发育历史与周边相邻造山带的构造演化过程相结合，将构造地质学研究和沉积学分析相结合，可以合理恢复盆地关键构造期盆地构造类型和形成演化过程。

南华系沉积之前，南、北塔里木地块拼合之后，开始了统一的塔里木板块的演化历史。南华纪及其以后的地质历史，也是塔里木盆地沉积盖层的形成演化历史，与油气形成、演化、成藏直接相关。本书从南华纪开始讨论塔里木盆地关键地质历史时期的原型盆地构造类型及形成演化。

（一）南华纪-震旦纪为裂谷盆地演化阶段

南华纪处于罗迪尼亚超大陆裂解阶段，塔里木陆块逐步从罗迪尼亚超大陆裂解出来，塔里木盆地以裂谷盆地为特征。这一裂谷作用可能持续到震旦纪早期（苏盖特布拉克组沉积时期）。南华纪裂谷作用的证据主要见于塔里木盆地东北缘的库鲁克塔格地区，发育典型的裂谷型双峰式火山岩，岩石地球化学分析结果证明该期的岩浆岩是大陆裂谷型的（高振家等，1984；姜常义等，2000；高长林等，2004，2005；张传林等，2012；何景文，2012）。该期裂谷作用在塔里木盆地西北缘的阿克苏地区也有记录（杨云坤等，2014）。盆地内部覆盖区多是依据塔里木盆地周边露头资料推测塔里木板块存在南华纪裂谷作用的可能。谢晓安等（1996）认为塔里木的航磁异常特征反映南华纪裂谷发育特征。近年来，显生宙岩心碎屑测年工作也获得了一些塔里木板块及其周缘存在南华纪大规模裂解作用的证据（邬光辉等，2010，2012）。迄今为止，确凿的南华纪裂谷作用的证据基本上都见于塔里木盆地的周缘；盆地内部的证据多存疑。李勇等（2016）通过地震解释圈定的塔里木盆地内部的南华纪裂谷，尚有待进一步勘探和研究的证实。根据已有的资料分析，南华纪裂谷作用主要发生于塔里木地块的周缘，如库鲁克塔格地区和阿克苏地区；盆地内部的裂解可能很弱，甚至不发育裂谷盆地，也就是说，塔里木盆地内部可能仍然属于克拉通盆地的范畴。

震旦纪是晚前寒武纪裂谷期的组成部分，属于裂谷作用的后半旋回，即热沉降阶段。该阶段沉积了构造属性相对稳定的沉积，属于裂谷上覆凹陷盆地的沉积。

（二）寒武纪-中奥陶世为克拉通盆地演化阶段

寒武纪-中奥陶世沉积期，塔里木盆地的主体为克拉通盆地，周缘为被动大陆边缘盆地。当时，塔里木陆块已经从罗迪尼亚超大陆中裂解出来，游离于原始特提斯洋之中。这一超大陆裂解过程也就是塔里木陆块周边古洋盆打开的过程。天山、昆仑山、阿尔金山都有寒武纪-奥陶纪古洋盆的证据。游离于原始特提斯洋中的塔里木陆块，其周缘在寒武纪-中奥陶世没有发生洋壳的俯冲作用，整个陆块长期处于弱伸展的构造背景。陆块之上发育克拉通盆地，接受了大套碳酸盐岩占主导地位的稳定的克拉通盆地沉积（张光亚等，2015）。古陆周缘的构造属性为被动大陆边缘，盆地构造类型为被动大陆边缘盆地，其接受了被动大陆边缘沉积。其中，满加尔拗陷作为库车-满加尔拗拉槽的组成部分，沉积了大套含火山碎屑岩的欠补偿深水盆地沉积，盆地构造类型为裂谷盆地。另外，塔西南的和田一带可能存在一古隆起，早寒武世短时间出露地表，中-晚寒武世大部分时间为水下古隆起。该古隆起属于克拉通边缘古隆起，在早期裂谷的肩部，后期均衡倾翘而成。地震剖面上，自北向南，上寒武统向和田古隆起方向超覆减薄。和田古隆起演化至寒武纪末-奥陶纪初消失。

（三）晚奥陶世-中泥盆世为周缘前陆盆地-陆内拗陷盆地演化阶段

晚奥陶世是塔里木盆地的一个重要的构造-沉积演化变革期，构造变革的动力来源是昆仑加里东碰撞造山作用。这一碰撞造山作用发生于塔里木古陆与中昆仑地块之间，造山作用向东可能一直延伸至阿尔金地区。

早古生代晚期-晚古生代初期是塔里木地块及其周缘地质历史上的一个重要的构造演化阶段，控制这一构造演化阶段的构造事件是中昆仑与塔里木之间的碰撞造山作用。关于中昆仑与塔里木之间的碰撞造山作用的起始时间，即碰撞事件发生的时间，一般认为是晚奥陶世-志留纪，并将该碰撞造山作用形成的缝合带称为青藏高原的第五缝合带（潘裕生，1994；潘裕生等，1996，2000）。这次碰撞造山作用，使塔里木地块从晚前寒武纪罗迪尼亚超大陆裂解以来长期的区域性伸展构造应力状态，转变为区域性挤压构造应力状态，盆地的性质也从克拉通盆地为主转变为周缘前陆盆地（系统）为特色，盆地沉积建造从碳酸盐岩占主导地位转变为以碎屑岩为主。

当时，塔里木盆地南部为昆仑加里东碰撞造山带的周缘前陆盆地系统。塔东南—塔中—塔西南古隆起（带）是该前陆盆地系统的前隆带，楔顶带和前缘带位于塔东南—塔中—塔西南古隆起（带）以南。目前，楔顶带和前缘带的主体部位已经被后期的构造作用所破坏，不复存在。塔东南—塔中—塔西南古隆起（带）

以北属于该周缘前陆盆地系统的隆后带，已经是通常所说的克拉通盆地的范畴，这里称为陆内拗陷盆地。这一地质历史时期，塔里木古陆北缘没有发生新的构造事件，被动大陆边缘持续演化，盆地的构造类型也继续为被动大陆边缘盆地。昆仑加里东碰撞造山作用一直持续到中泥盆世，这一前陆盆地-陆内拗陷盆地-被动大陆边缘盆地（自南向北）的沉积-构造格局，也一直持续到中泥盆世。

（四）晚泥盆世-早二叠世为克拉通内拗陷盆地构造-沉积演化阶段

昆仑加里东碰撞造山作用时间为晚奥陶世-中泥盆世，自晚泥盆世进入造山后应力松弛阶段。晚泥盆世-早石炭世期间，自塔西南向东北方向的海侵，东河砂岩的超覆沉积，东河砂岩与下伏地层之间不整合的形成，标志着造山后应力松弛阶段的开始，同时也限定了昆仑碰撞造山作用的时间上限。晚泥盆世-早二叠世期间，塔里木盆地处于区域性弱伸展的构造应力状态，构造稳定，主体为克拉通内拗陷盆地；塔里木古陆北缘的被动大陆边缘盆地持续演化；南缘的活动大陆边缘，即欧亚大陆南缘的活动大陆边缘向南迁移至昆仑造山带以南，弧后拉张作用在奥依塔格-一些克沟一带形成弧后盆地。

（五）中-晚二叠世为大陆裂谷盆地构造-沉积演化阶段

这一演化阶段以大陆裂谷盆地为特色，塔里木盆地北缘发育被动大陆边缘盆地。

二叠纪是塔里木盆地地质演化历史上的一个非常引人注目的阶段，大陆裂谷作用伴随着强烈的大陆裂谷型岩浆作用。二叠纪的大陆裂谷型岩浆岩以玄武岩最发育，中-酸性火山岩主要分布于塔北地区；侵入岩主要是辉绿岩，地表见于巴楚—柯坪地区，钻井也经常钻遇。平面上，二叠纪火山岩集中分布于塔里木盆地中-西部，东部发育较少。岩石地球化学研究认为，塔里木盆地二叠纪岩浆岩形成于拉张构造背景，是大陆裂谷型岩浆岩（陈汉林等，1997；罗志立等，2004；）。塔里木盆地发育二叠纪正断层，二叠系巨厚的火山岩-火山碎屑岩建造代表着二叠纪大陆裂谷沉积。

需要进一步说明的是：①晚泥盆世-石炭纪虽然与二叠纪均为伸展构造背景，但两者成因不同，前者是造山后应力松弛作用造成的，二叠纪的伸展构造背景则是大陆裂谷作用的结果，伸展/拉张程度不同，前者弱伸展，二叠纪则为强烈拉张并伴随强烈的大陆裂谷型岩浆作用；②二叠纪大陆裂谷确切的空间展布，即二叠纪堑垒构造格局的刻画尚需大量工作；③塔里木盆地主体在二叠纪为大陆裂谷环境，其北缘可能仍处于被动大陆边缘构造背景，盆地构造类型属于被动大陆边缘盆地；④塔里木盆地东部二叠纪岩浆岩不发育，二叠纪断裂也很少，构造稳定，可能仍属于克拉通盆地；⑤塔里木盆地东部二叠系的大面积缺失主要是后期构造抬升，风化剥蚀所致。二叠纪隆起剥蚀区的范围可能比二叠系尖灭线圈定的范围小得多。

（六）三叠纪为周缘前陆盆地-陆内拗陷盆地构造-沉积演化阶段

二叠纪末-三叠纪初的南天山碰撞造山作用，是塔里木盆地构造演化历史上的又一次重要的变革。塔里木盆地从区域伸展构造状态再次进入区域性挤压构造状态。伴随着南天山碰撞造山作用，塔里木盆地北部形成了库车三叠纪周缘前陆盆地系统。现今的库车拗陷属于该周缘前陆盆地系统的前渊带，沙雅隆起是其前隆带，沙雅隆起以南属于库车周缘前陆盆地系统的隆后带。隆后带属于克拉通盆地的范畴。本书将沙雅隆起以南的三叠纪沉积盆地归为陆内拗陷盆地。

（七）侏罗纪-白垩纪为陆内断陷-拗陷盆地构造-沉积演化阶段

南天山碰撞造山作用持续到三叠纪末，自三叠纪末-侏罗纪初进入造山后构造应力松弛阶段。塔里木盆地的区域构造应力场由三叠纪的区域性挤压转变为侏罗纪-白垩纪的区域性（弱）伸展。其间，虽然古构造应力场有一定的轻微波动，但是没有明显的构造运动，整个塔里木盆地一直处于稳定的构造状态，盆地的类型也没有发生本质的变化。

侏罗纪期间，塔里木盆地北部虽然继承了三叠纪的沉积-古地理格局，但是，构造状态和构造变形样式完全不同。三叠纪为区域性挤压构造背景，挤压冲断构造发育；侏罗纪则是区域性弱伸展构造背景，构造稳定，仅形成一系列规模不大的正断层。

白垩纪期间，稳定构造背景下的长期沉降和风化夷平作用，结束了三叠纪-侏罗纪的沉积-古地理格局。沙雅隆起作为一个隆起剥蚀区的演化历史结束，最终沉降消失，接受白垩系-新生界沉积，逐步成为一个埋藏古隆起。

（八）新生代为陆内前陆盆地演化阶段

受控于喜马拉雅碰撞造山作用的远程效应，亚洲大陆内部发生陆内挤压和侧向构造逃逸作用。塔里木盆地周围的昆仑、阿尔金和天山造山带在此过程中重新活动，发生陆内造山作用。伴随该陆内造山作用，塔里木盆地北部和西南部分别形成一个陆内前陆盆地，北塔里木陆内前陆盆地和塔西南陆内前陆盆地（图 2-2）。

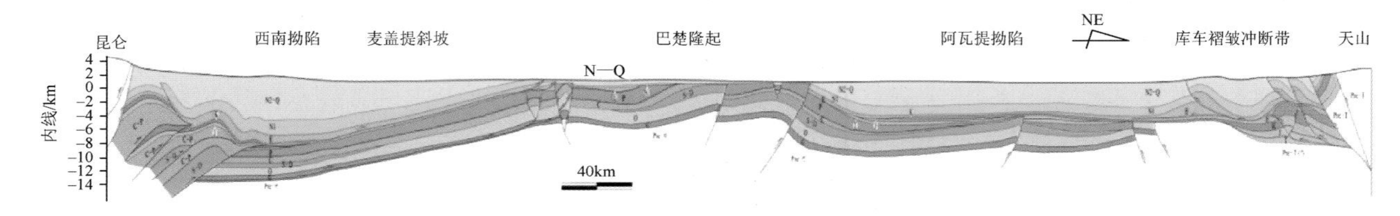

图 2-2　塔里木盆地晚新生代陆内前陆盆地构造剖面图

北塔里木陆内前陆盆地是在中生代库车周缘前陆盆地的基础上形成的。南天山新生代陆内造山带的造山楔，在陆内造山过程中向塔里木克拉通方向推进，改造/破坏了中生代库车周缘前陆盆地的楔顶带和前渊带的一部分。北塔里木新生代陆内前陆盆地的各沉积带相对库车中生代周缘前陆盆地普遍南移：前隆沉积带的位置由沙雅隆起移到巴楚隆起—卡塔克隆起一带；前渊沉积带由沙雅隆起以北的库车凹陷，向南迁移至沙雅隆起、阿瓦提拗陷、顺托果勒低隆起和满加尔拗陷。新生代地层向南天山方向增厚，向盆地方向减薄，为典型的前陆盆地剖面结构。

塔西南陆内前陆盆地是昆仑陆内造山带的前陆盆地，是在塔西南古隆起的基础上发展起来的。中生代地层大面积缺失，新生界直接不整合于古生界之上。西南拗陷包括塔西南陆内前陆盆地的楔顶带和前缘带，巴楚隆起是其前隆带，麦盖提斜坡处于前渊带向楔顶带过渡的部位。新生界向昆仑山前迅速增厚，向巴楚隆起方向快速减薄，构成典型的前陆盆地箕状剖面结构。

第四节　盆地构造单元划分

构造单元划分是含油气盆地基础石油地质研究的重要内容（贾承造等，2002；潘正中，2007；李曰俊等，2012）。一个正确、合理的构造单元划分应以现今盆地隆拗格局为基础，同时，要求研究者对盆地基本地质条件有清晰、系统的认识。通过构造单元划分，可以直观地了解生油沉积中心和聚油隆起带所处的部位，指导油气勘探战略部署。

一、构造单元划分原则

含油气盆地构造单元划分的关键依据是基底的相对起伏状态，以及主要勘探目的层的起伏状态。还需要考虑如下因素：①构造变形特征；②构造属性；③地层和沉积建造；④岩浆作用；⑤形成演化过程。

这里需要进一步说明的是，基底有板块基底和盆地基底两种不同的含义。板块基底是指板块最终形成之前的所有岩石，以结晶岩系为特征。以塔里木板块为例，南华纪之前，在罗迪尼亚超大陆增生的过程中，南、北塔里木地块拼接到一起，形成了统一的塔里木板块，因此南华纪以前的所有岩石都是塔里木板块的基底。沉积盆地形成前的所有岩石都属于盆地的基底。以库车周缘前陆盆地为例。南天山地块与塔里木古陆于二叠纪末-三叠纪初碰撞造山，在南天山山前形成库车周缘前陆盆地，因此前中生代的所有岩石都是库车周缘前陆盆地基底的组成部分。两者对含油气盆地构造单元的划分都非常重要。

含油气盆地的一级构造单元有隆起（断隆）、拗陷、斜坡。二级构造单元有凸起（低凸、鼻凸）、凹陷、冲断带（表 2-2）。它们是含油气盆地构造单元划分的基本单元。其中，褶皱冲断带是挤压型含油气盆地所特有的构造单元，一般发育于盆地周缘，即盆-山过渡地带。根据油气勘探开发的需要，在一级、二级构造单元划分的基础上，还可以进一步划分三级构造单元（区带/构造带）甚至四级构造单元（构造）。

构造单元的边界可以是较大规模的断裂带、重要的地层尖灭线或特定地层界面的某一埋深等值线（表 2-3）。断裂是最具体、最直观的构造边界，当它与基底和/或主要勘探目的层起伏状态一致或基本一致，能够反映地质构造特征的变化和差异时，断裂带可以说是构造单元边界的首选。选定一个具体的构造单元边界线时，应该尽可能地反映出基底和/或主要勘探目的层的起伏状态，也就是说，当断裂、地层尖灭线等界线与基底和/或主要勘探目的层的起伏状态严重失调时，应该放弃此界线，服从基底和/或主要勘探目的层的起伏状态。次级构造单元边界还应考虑构造变形特征、沉积地层发育特征和岩浆作用等因素。

表 2-2　含油气盆地构造单元划分体系

构造单元		定义
一级	隆起（断隆）	含油气盆地的区域性正向构造单元，基底和/或主要勘探目的层明显高于邻区。属于同一隆起的地区，一般有相同或相似的地质剖面结构、构造属性和构造演化过程。隆起是相对于拗陷而言的，往往起着分割或围限拗陷的作用。隆起往往是大型（复式）背斜或穹隆。边界多为断裂，形成演化受断裂控制的隆起，又称断隆
	拗陷	含油气盆地的区域性负向构造单元，基底和/或主要勘探目的层明显低于邻区。属于同一拗陷的地区，一般有相同或相似的地质剖面结构、构造属性和构造演化过程。拗陷是相对于隆起而言的，往往为隆起所分割或围限。拗陷往往是大型（复式）向斜
	斜坡	隆起/断隆和拗陷之间的过渡单元，为一单斜构造单元，规模较大（达到隆起、拗陷的规模）
二级	凸起	含油气盆地的次一级区域性正向构造单元，同一个凸起有相同或相似的地质构造演化过程，具有相同或相似的构造属性。凸起通常是由隆起进一步划分而来的；有时拗陷内的相对高部位（拗中隆）也可以称为凸起
	凹陷	含油气盆地的次一级区域性负向构造单元，同一个凹陷应当有相同或相似的地质构造演化过程，具有相同或相似的构造属性。凹陷通常是由拗陷进一步划分而来，有时隆起上的相对低部位也可以称为凹陷
	冲断带	冲断带又称褶皱冲断带，由一系列成排成带的冲断构造组成，为一特殊的构造变形带。冲断带是挤压型沉积盆地所特有的构造单元，一般形成于盆地边缘的前陆区，构造属性多为前陆褶皱冲断带

表 2-3　构造单元边界划分依据

盆地	划分定名依据	台盆区	前陆冲断区
塔里木盆地	参考面	中下奥陶统顶面（T_7^4界面）现今构造形态	白垩系顶面（T_3^0界面）现今构造形态
	主要参数（重要程度由上至下依次降低）	大断裂及走向趋势线 基底形态 现今剖面特征 坡折带转折端线 勘探目的层系的构造等深线（局部微调） 构造体系包络线	大断裂及走向趋势线 勘探目的层或烃源岩 现今剖面特征 基底形态 构造体系包络线

二、构造单元划分新方案

塔里木盆地作为一个叠合盆地，经历了长期复杂的多旋回构造作用的叠加改造，使得盆地整体构造格局变得十分复杂。不同的研究者因依据的基础资料不同、关注层系不同、视角不同，提出的塔里木构造单元划分方案也不同（图 2-3）。

本书在全面参考前人有关构造单元划分方案的基础上，综合考虑盆地原型和构造演化研究成果，并依据上文所列含油气盆地划分的原则，注重于勘探实践和生产认识结合，充分依据中石化西北油田分公司新编的全盆构造图和残余地层厚度图，形成塔里木盆地最新的构造单元划分方案。

新的划分方案将塔里木盆地划分为 13 个一级构造单元、31 个二级构造单元。

（1）库车拗陷（①乌什凹陷、②温宿鼻凸、③拜城凹陷、④阳霞凹陷、⑤天山山前冲断带）。

（2）沙雅隆起（①沙西凸起、②哈拉哈塘凹陷、③阿克库勒凸起、④草湖凹陷、⑤库尔勒鼻凸、⑥雅克拉断凸）。

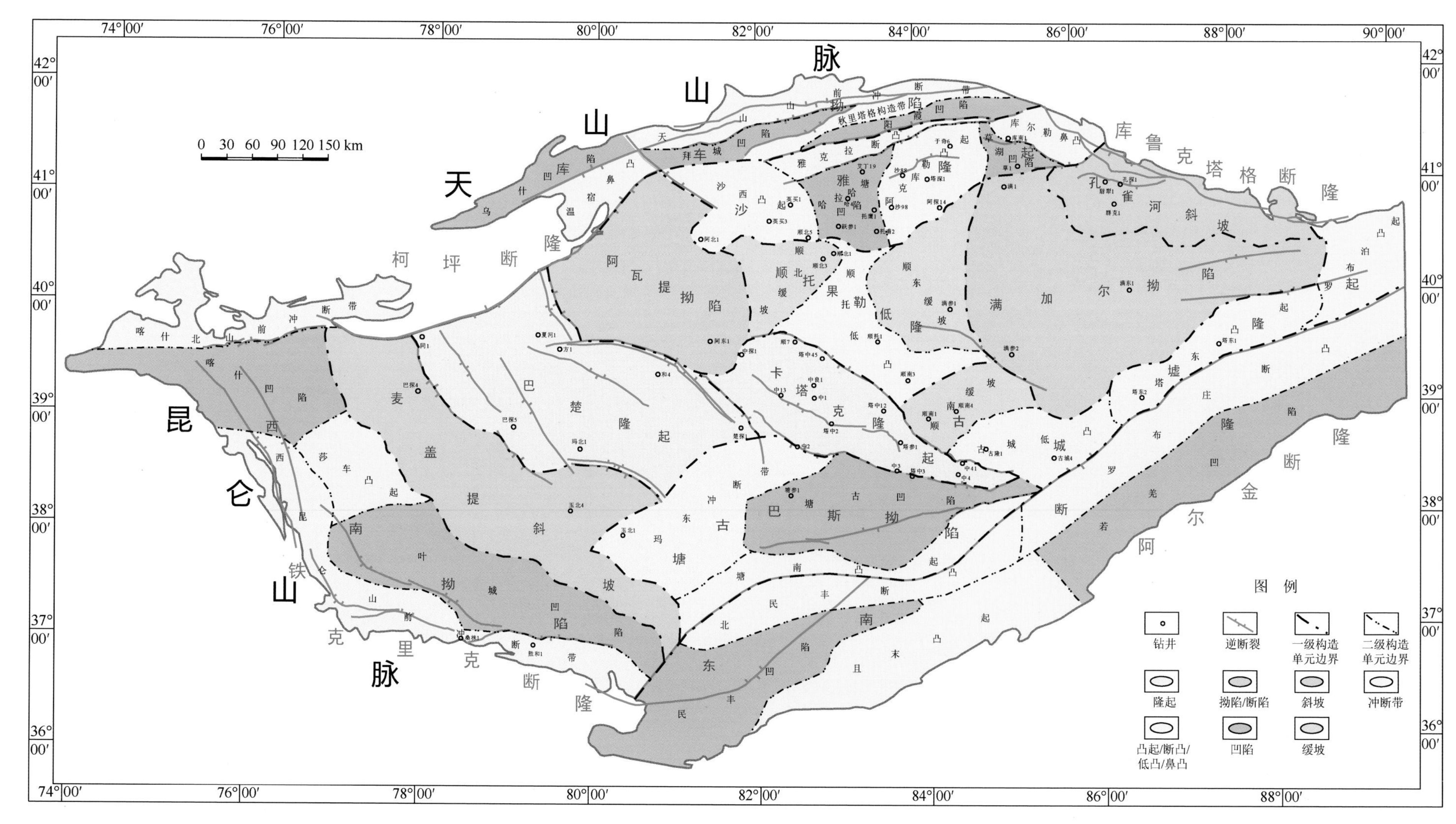

图2-3　塔里木盆地早期的构造单元划分方案

（3）阿瓦提拗陷。
（4）顺托果勒低隆（①顺北缓坡、②顺托低凸、③顺东缓坡）。
（5）满加尔拗陷。
（6）孔雀河斜坡。
（7）巴楚隆起。
（8）卡塔克隆起。
（9）古城墟隆起（①顺南缓坡、②古城低凸、③塔东凸起、④罗布泊凸起）。
（10）麦盖提斜坡。
（11）西南拗陷（①喀什凹陷、②莎车凸起、③叶城凹陷、④喀什北山前冲断带、⑤西昆仑山前冲断带）。
（12）塘古巴斯拗陷（①玛东冲断带、②塘古凹陷、③塘南凸起）。
（13）东南断隆（①北民丰断凸、②罗布庄断凸、③民丰凹陷、④且末凸起、⑤若羌凹陷）。

台盆区的构造单元划分重点参考中-下奥陶统顶面（T_7^4 地震反射波）构造图，前陆区重点参考白垩系顶面（T_3^0 地震反射波）构造图。

三、主要构造单元特征

（一）库车拗陷

库车拗陷位于塔里木盆地北缘，南天山山前。它是一个中-新生代沉积拗陷区，称为拗陷是从中新生界地面起伏状态角度来看的。从构造变形的角度看，其主体为库车褶皱冲断带（图 2-4）。从构造属性上讲，它是中生代周缘前陆盆地前缘带与新生代陆内前陆盆地楔顶带的叠合（苏劲等，2010；Li et al.，2016a）。

库车拗陷内出露的地层主要是新生界，中生界主要见于天山山前冲断带。三叠系-侏罗系为含煤碎屑岩建造，构成库车拗陷最重要的烃源岩；白垩系为干旱气候下形成的陆相碎屑岩建造，是库车拗陷重要的储集层；古近系库姆格列木群和新近系吉迪克组以膏盐层为特征，构成库车拗陷的两套重要的区域性盖层，同时也是库车褶皱冲断带的两个重要的区域性主滑脱面；新近系中-上部和第四系以巨厚的陆相粗碎屑岩为特征，反映了南天山快速隆升的过程。

中生代地层向南天山方向加厚，向沙雅隆起方向减薄、尖灭，反映的是中生代周缘前陆盆地前缘带的剖面结构特征。成排成带的褶皱冲断构造，是晚新生代陆内前陆盆地楔顶带的构造变形特征。天山山前冲断带是库车拗陷冲断构造最发育的次级构造单元；拜城凹陷和乌什凹陷都具有背驮盆地的性质；阳霞凹陷是一个中-新生代凹陷，冲断构造不发育；温宿鼻凸是一个向东北方向倾伏的鼻状基底隆起，中生界和古近系缺失，新近系-第四系直接不整合于古生界甚至前寒武系之上。

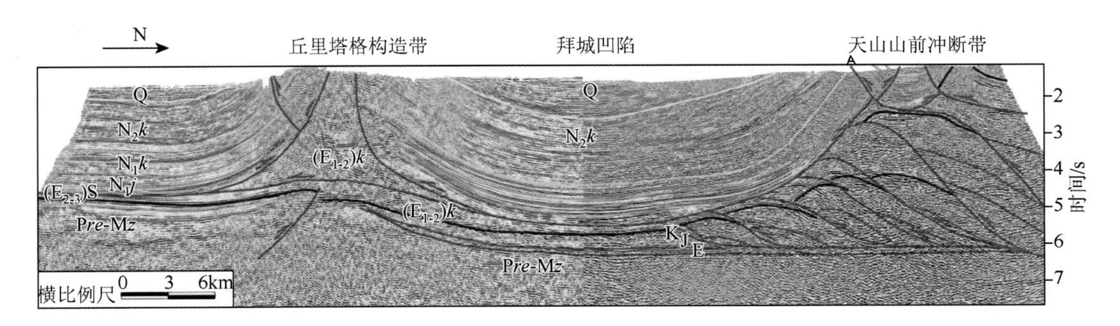

图 2-4　过库车拗陷的代表性地震剖面

（二）沙雅隆起

沙雅隆起是一个深埋于巨厚的新生代地层之下的古隆起（图 2-5）。它是一个叠合古隆起，加里东期克拉通内古隆起之上叠加了印支期周缘前陆盆地的前缘隆起（孙龙德等，2002，2004）。新生代迅速沉降，接受了巨厚的陆相碎屑岩沉积，成为陆内前陆盆地的前渊带的重要组成部分，古隆起被深埋于新生界之下。

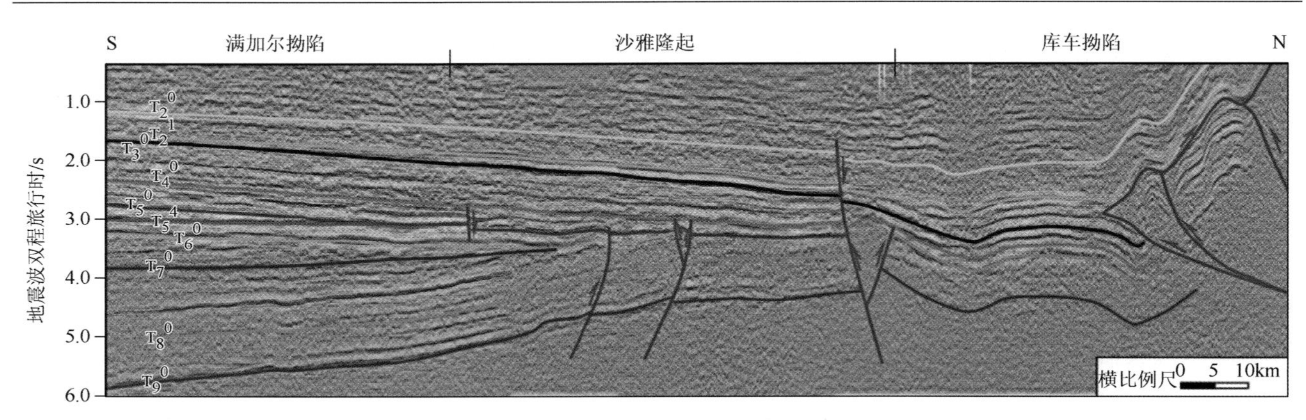

图 2-5　过沙雅隆起的代表性地震剖面

雅克拉断凸起夹持于亚南断裂和轮台断裂之间。受这两条基底卷入型冲断层的控制，雅克拉断凸大幅度隆升，遭受强烈的剥蚀，缺失大套地层，白垩系-新生界直接不整合于寒武系甚至前寒武系之上。阿克库勒凸起是一个向西南方向倾伏的大型古生界倾伏背斜，具有鼻状凸起的特征。沙西凸起发育二叠系岩浆岩和以中寒武统膏-盐层为主滑脱面的滑脱褶皱，是其有别于沙雅隆起其他构造单元的两个明显的特征。库尔勒鼻凸是向盆地倾伏的一个鼻状凸起，是沙雅隆起较高的一个二级构造单元，古生界上部-中生界-新生界下部大面积缺失，新近系-第四系直接不整合于下古生界甚至前寒武系之上。哈拉哈塘凹陷和草湖凹陷是沙雅隆起上的两个古生界凹陷，是沙雅隆起上地层发育最全的两个次级构造单元。

（三）阿瓦提拗陷、顺托果勒低隆、满加尔拗陷和孔雀河斜坡

阿瓦提拗陷、顺托果勒低隆、满加尔拗陷和孔雀河斜坡在塔里木盆地中-北部，呈东西向展布。它们具有密切的成生关系，中石油塔里木油田将它们归为塔里木盆地的一个一级构造单元，称为北部拗陷。它们可能是同时形成的，是晚加里东期塔里木盆地台盆区基本隆拗格局形成的过程中形成的，当时是作为沙雅古隆起和卡塔克—古城墟隆起之间的一个大型的拗陷带。其中，顺托果勒低隆起为分隔阿瓦提拗陷和满加尔拗陷的一个低梁带。东、西两端的孔雀河斜坡和阿瓦提拗陷遭受了喜马拉雅期较强烈的改造。

阿瓦提拗陷面积约为 3×10^4 km^2，地层发育较全，震旦系和下古生界厚约 3300m，上古生界厚约 2300m，中生界厚约 1100m，新生界厚 4000～6000m。显示喜马拉雅旋回有大幅度的快速沉降，该期沉降受沙井子断裂、阿恰断裂和吐木休克断裂共同控制，断层下盘的中新统-上新统厚度最大，向顺托果勒低隆起方向逐渐减薄，呈现箕状盆地剖面特征。

满加尔拗陷面积约为 5×10^4km^2，为一个由沙雅隆起、顺托果勒低隆起、卡塔克隆起、古城墟隆起和孔雀河斜坡围限的大型负向构造单元。下古生界为一宽缓巨型向斜，上古生界-中生界-新生界为向北缓倾的单斜构造。满加尔拗陷显生宙残余地层厚度为 12000～16000m，是塔里木盆地沉积岩残余总厚度最大的构造单元之一，具有继承性拗陷的特征。其中，中-上奥陶统为厚约 8500m 的深水槽盆相浊积岩，夹火山碎屑岩，是库车-满加尔拗拉槽的重要组成部分；志留系-泥盆系厚约 3700m；石炭系-二叠系在满加尔拗陷北部东剥蚀，西部厚约 1300m；中生界厚约 1800m；新生界厚约 1800m。显然，满加尔拗陷的主沉降期为中-晚奥陶世，为一大型继承性拗陷。

顺托果勒低隆起是分隔阿瓦提拗陷和满加尔拗陷的低梁带，雏形形成于中-晚奥陶世，定型于晚新生代，即晚新生代阿瓦提拗陷大规模沉降的过程中，阿瓦提拗陷—顺托果勒低隆起—满加尔拗陷的隆拗格局最终定型。顺托果勒低隆起与满加尔拗陷之间的分界取中-下奥陶统台缘坡折带；与古城墟隆起的分界取基底形态转折线，即构造转折端线。该转折线大致为 T_7^4 反射层–6200m 等深线（海拔 0m）。与卡塔克隆起的界线为塔中Ⅰ号断裂。本轮构造单元划分，将顺托果勒低隆内部进一步划分为 3 个二级构造单元：顺托低凸、顺北斜坡和顺东斜坡。取 T_7^4 反射层–6600m 等深线作为三者之间的分界。

孔雀河斜坡位于塔里木盆地东北缘、满加尔拗陷与库鲁克塔格断隆之间，是满加尔拗陷与库鲁克塔格断隆之间的过渡构造单元，面积约为 2×10^4km^2。雏形形成于加里东期，印支期和喜马拉雅期进一步加强

并最终定型。孔雀河斜坡的古生界向西南倾伏，向东北抬升并被剥蚀-尖灭。中-新生界（侏罗系及以上地层）向库鲁克塔格断隆方向超覆减薄，直至尖灭。晚前寒武系、寒武系-奥陶系-志留系的沉积地层特征与满加尔拗陷及库鲁克塔格断隆相同，仅厚度向东北减薄；泥盆系至三叠系几乎全部缺失；侏罗系及以上地层厚度，在西南部为2500m左右，向东北逐渐减薄。

（四）巴楚隆起、卡塔克隆起和古城墟隆起

巴楚隆起、卡塔克隆起（中石油的塔中隆起）和古城墟隆起（中石油的塔东隆起）首尾相接，呈东西向展布，横亘于塔里木盆地中部。它们在塔里木石油勘探历史上是相互之间很有渊源的3个构造单元。早期，中石化和中石油都将它们划归塔里木盆地的一个一级构造单元。中石化称为中央隆起带，中石油称为中央隆起。近期，中石化和中石油均将它们提升为3个一级构造单元。

巴楚隆起面积超过 $4\times10^4km^2$，是由阿恰断裂—吐木休克断裂—巴东断裂和色力布亚断裂—海米罗斯断裂—玛扎塔格断裂夹持的大型断隆型一级正向构造单元，总体呈 NW-SE 向延伸。巴楚隆起由古生界和不厚的新生界组成，中生界-古近系仅见于隆起的东南部。它是在古生代和中生代古隆起的基础上形成的一个晚新生代活动性较强的隆起。巴楚隆起定型于新生代晚期，构造属性为塔西南晚新生代陆内前陆盆地的前隆带（Li et al.，2016b）。巴楚隆起北以阿恰断裂—吐木休克断裂为界与阿瓦提凹陷相接；南以色力布亚断裂—海米罗斯断裂—麻扎塔格断裂为界与麦盖提斜坡相邻。

卡塔克隆起位于塔里木盆地中央，北东与顺托果勒低隆起和古城墟隆起以塔中Ⅰ号断裂带为界分隔，南以塔中南缘断裂与塘古孜巴斯拗陷相邻，西以巴东断裂（或称吐木休克Ⅱ号断裂）与巴楚断隆相接。卡塔克隆起向西北与阿瓦提凹陷自然过渡，取阿东地区良里塔格组台缘坡折带转折端线作为两者之间的分界。卡塔克隆起平面上向东南收敛，向西北撒开；剖面上为一向西北倾伏的大型复式基底卷入型背斜构造，构造形态在寒武系-奥陶系表现清晰。

卡塔克隆起是一个大型稳定性古隆起，经历了多旋回构造演化，雏形形成于中-晚奥陶世，定型于志留纪-中泥盆世。形成时间与沙雅隆起基本一致。其地质结构可分为四大构造层：前南华系基底隆起构造层、南华系-奥陶系古隆起构造层、志留系-白垩系调整构造层、新生界稳定构造层。隆起轴部石炭系呈角度不整合覆盖在奥陶系风化壳上，向两翼地层依次变为志留系-泥盆系。奥陶系构成一系列断块高潜山，断裂具有斜冲走滑性质。石炭系及以上地层构成平缓的单斜，表明后期该隆起比较稳定。卡塔克隆起是塔里木盆地重要的油气聚集区（孙龙德等，2007），主要产油气层系是石炭系下部海相砂岩层和奥陶系碳酸盐岩，在寒武系盐下和盐间也有油气显示。

古城墟隆起位于卡塔克隆起东侧，车尔臣断裂下降盘，是一个大型不对称基底卷入型复式背斜构造。背斜长轴走向为NEE-SWW，与车尔臣断裂构造带的走向基本一致，说明两者之间可能存在密切的成生关系。古城墟隆起进一步划分为顺南缓坡、古城低凸、塔东凸起和罗布泊凸起。顺南缓坡和古城低凸总体构成一个向北倾伏的鼻状隆起构造，地层发育较全，与卡塔克隆起的地层系统基本一致。塔东凸起和罗布泊凸起地层缺失较多，主要发育寒武系、奥陶系、侏罗系、白垩系及新生界，局部地区残存震旦系；缺失志留系、泥盆系、石炭系、二叠系及三叠系。侏罗系-白垩系不整合于奥陶系之上，新生界与白垩系之间为平行不整合-低角度不整合。

古城墟隆起形成于早古生代，是昆仑加里东碰撞造山带前缘隆起的重要组成部分。晚海西-印支期，古城墟隆起向东北方向抬升，造成塔东凸起和罗布泊凸起上古生界、下古生界上部和中生界下部大套地层缺失。侏罗纪区域性构造伸展作用，古城墟隆起与塔里木主体一起缓慢沉降，侏罗系-白垩系向隆起高部位超覆，不整合于奥陶系之上。

（五）西南拗陷、麦盖提斜坡和塘古巴斯拗陷

西南拗陷、麦盖提斜坡和塘古巴斯拗陷在早期的塔里木盆地构造单元划分方案中，是一个一级负向构造单元，统一称为西南拗陷或西南拗陷区；麦盖提斜坡和塘古巴斯拗陷是其两个次级构造单元。随着勘探和研究的深入，研究者认识到，塘古巴斯拗陷与西南拗陷主体在构造属性和构造演化上存在着本质的区别，

于是将塘古巴斯拗陷从西南拗陷中分离出来，升级为塔里木盆地的一级构造单元。本书又将麦盖提斜坡从西南拗陷划分出来，升级为盆地的一级构造单元。

西南拗陷、麦盖提斜坡和巴楚隆起共同构成了塔西南晚新生代陆内前陆盆地系统。其中，西南拗陷的山前褶皱冲断带为该陆内前陆盆地系统的楔顶带；西南拗陷的主体和麦盖提斜坡的南部构造前缘带；巴楚隆起和麦盖提斜坡的北部为前隆带。这一陆内前陆盆地系统是新生代伴随昆仑陆内造山作用形成的。剖面上，新生界向昆仑造山带方向急剧加厚，向巴楚隆起方向迅速减薄，呈现典型的前陆盆地楔状剖面结构。阿瓦提拗陷晚新生代本该构成该陆内前陆盆地系统的隆后带，但是，因阿恰-吐木休克断裂和沙井子断裂大幅度冲断作用，阿瓦提拗陷在晚新生代大幅度沉降，呈大型箕状断陷特征，与典型的隆后带显著差异。

西南拗陷进一步划分为喀什凹陷、莎车凸起、叶城凹陷、西昆仑山前冲断带和喀什北山前冲断带。喀什凹陷和叶城凹陷之间由莎车凸起分隔，属于塔西南晚新生代陆内前陆盆地前缘带最深部位。西昆仑山前冲断带是陆内前陆盆地的楔顶带。喀什北山前冲断带是南天山山前褶皱冲断带的一部分，显示塔西南陆内前陆盆地的西北段具有复合前陆盆地的特征。

麦盖提斜坡是西南拗陷向巴楚隆起的过渡部位，在前陆盆地系统中跨前渊沉积带和前隆沉积带。

塘古巴斯拗陷形成于加里东期-海西期。从构造属性上，属于昆仑加里东碰撞造山带前陆褶皱冲断带；海西晚期稳定沉降，后期构造稳定。新生代昆仑陆内造山作用对塘古巴斯拗陷影响很小，所以，它不属于塔西南陆内前陆盆地，应当从西南拗陷分离出来。

（六）东南断隆

东南断隆即早期构造单元划分中的东南隆起带，主要经历加里东期-早海西期、印支期两次大规模的隆升，喜马拉雅期有一定的复活。大部分情况下，中-新生界直接不整合于古老变质岩之上；偶见石炭系不整合于古老地层之上，并被中-新生界不整合覆盖。根据中-新生界底面的起伏情况，进一步划分为北民丰断凸、罗布庄断凸、民丰凹陷、且末凸起和若羌凹陷 5 个次一级的构造单元。

第五节　盆地断裂特征及演化

塔里木盆地在漫长的地质演化历史中，经历了多期次构造运动的改造，发育了大量不同期次、不同性质、不同规模和不同级别的断裂。已经识别出的一、二、三级断裂达数百条。这些断裂既分布在盆地周缘，又分布在盆地内部，既有基底卷入型断裂，又有盖层滑脱冲断构造。它们在控制盆地沉积沉降、隆拗格局、区带和局部构造形成以及油气运移聚集方面起着重要作用，是盆地演化发展中的主要构造变形形迹之一。

一、塔里木盆地断裂构造研究的“四定法”

根据中石化西北油田分公司在塔里木盆地长年油气勘探实践，针对塔里木盆地构造演化过程中断裂的研究首次系统总结出了断裂研究的“四定法”，即定样式、定级别、定期次、定规模。“四定法”的基础是精细地震解释，对这 4 个方面的研究成果进行系统地总结，建立了塔里木盆地断裂的时空体系。

二、塔里木盆地断裂构造变形样式

构造变形样式是具有成生关系的一组同生构造变形的组合。塔里木盆地漫长的构造演化过程中，每一个构造演化阶段都形成复杂多样的构造变形，也就组合成了不同的构造变形样式。在多年地震解释的基础上，经过系统研究和综合分析，对塔里木盆地的构造变形样式进行了认真的总结，形成了塔里木盆地断裂构造变形样式及分布图（图 2-6）。根据变形层次，划分为基底卷入型和盖层滑脱型两大类；根据构造变形样式形成的应力机制，划分为挤压作用、走滑作用和拉伸-反转作用三大类。

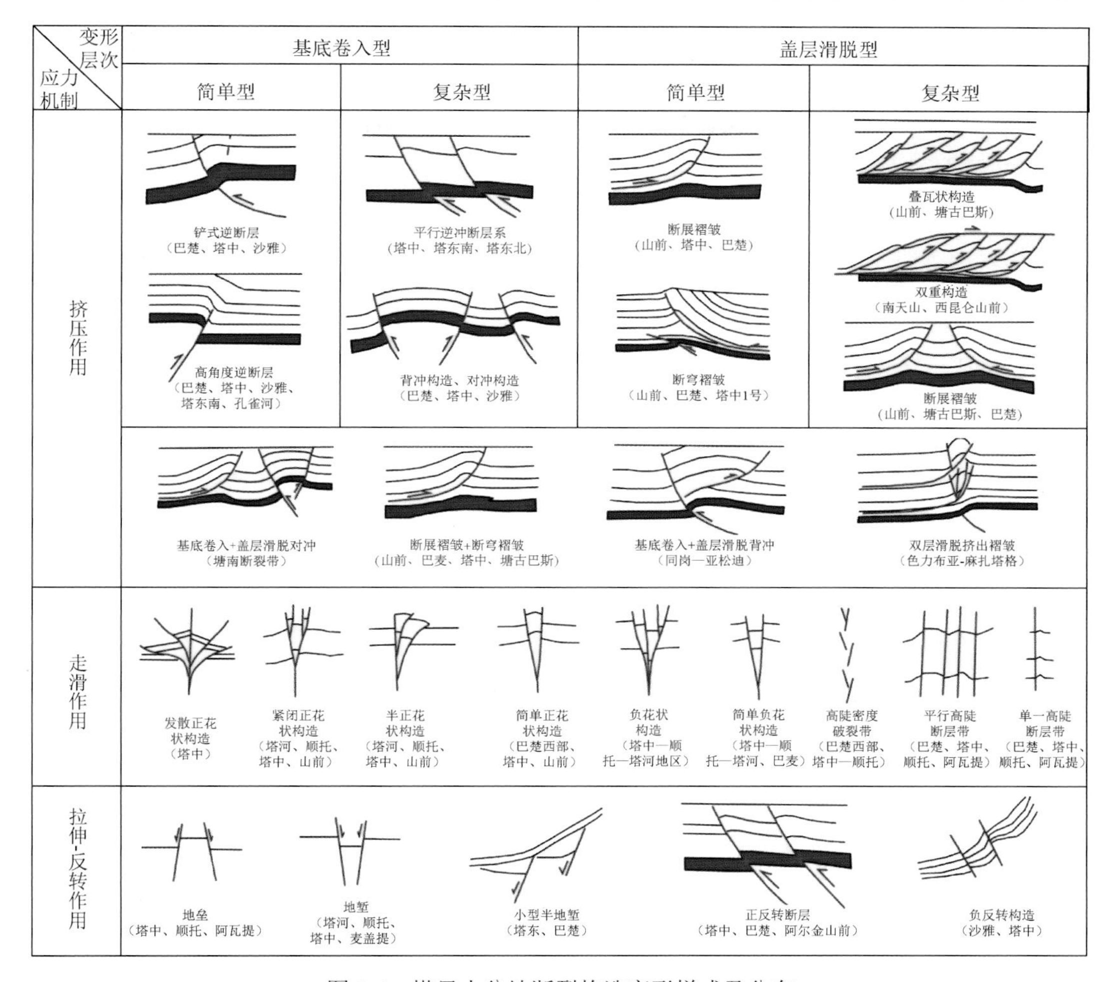

图 2-6　塔里木盆地断裂构造变形样式及分布

（一）挤压作用形成的构造变形样式

挤压作用下形成的构造变形样式包括基底卷入型和盖层滑脱型两类。另外，还有基底卷入 + 盖层滑脱的混合型。这类构造变形样式在我国西部挤压型含油气盆地中广泛发育。塔里木盆地作为中亚地区的一个大型中-新生代挤压型含油气盆地，这类构造变形样式也随处可见。

基底卷入型构造变形样式分为简单型和复杂型。简单型基底卷入型构造变形样式有犁式逆断层和高角度逆断层两种构造变形样式，经常见于沙雅隆起、卡塔克隆起、巴楚隆起和塔东南地区。其中，塔东南的车尔臣断裂和巴楚地区的康塔库木断裂是两条典型的高角度基底卷入型逆冲断层；巴楚地区的色力布亚断裂、吐木休克断裂及塔中地区的塔中Ⅰ号断裂都具有犁式逆断层的特征。复杂基底卷入型挤压构造变形样式包括平行逆冲断层系和背冲-对冲构造。前者又称基底卷入型叠瓦状冲断构造，常见于盆地周缘新生代褶皱冲断带的根带；盆地内部见于塔中、巴楚地区，偶见于塔北地区。背冲-对冲构造变形样式中，以背冲构造最发育，对冲构造仅见于多排基底卷入型冲断构造发育区，而且要求冲断方向交替变化。巴楚、塔北、塔中等地区都可以见到基底卷入型背冲构造和基底卷入型对冲构造，塘古巴斯拗陷亦见此类构造变形样式。

挤压作用形成的盖层滑脱型构造变形样式中，简单型由盖层滑脱断展褶皱和盖层滑脱断弯褶皱组成；复杂型包括盖层滑脱型叠瓦状构造、盖层滑脱双重构造和盖层滑脱对冲断展褶皱。盖层滑脱断展褶皱在南天山山前的柯坪褶皱冲断带最发育，但是保存不好。这种构造变形样式在库车褶皱冲断带、喀什北褶皱冲断带、昆仑山前褶皱冲断带都有发育，也见于塔中、巴楚南缘及塘古巴斯地区。盖层滑脱断弯褶皱发育于库车褶皱冲断带，以迪那 2 号构造最为典型。褶皱构造变形样式亦见于塔中和巴楚地区。盖层滑脱型叠瓦状构造发育最好的地区是柯坪褶皱冲断带，山前其他地区也有发育。盆地内见于玛东褶皱冲断带。盖层滑脱双重构造在库车褶皱冲断带发育最好，昆仑山前亦可见，盆地内部少见。盖层滑脱对冲断展褶皱需要有多排冲断构造，并出现反冲作用，发育于山前褶皱冲断带，特别是褶皱冲断带的前部。盆地内仅塘古巴斯地区和巴楚地区可以见到。

挤压作用形成的混合型构造变形样式有基底卷入-盖层滑脱对冲构造、断展褶皱＋断弯褶皱、基底卷入＋盖层滑脱背冲构造和双层滑脱挤出褶皱。基底卷入-盖层滑脱对冲构造见于塘南褶皱冲断带，理论上可以发育于山前褶皱冲断带的基底卷入型向盖层滑脱型构造变形过渡的部位。断展褶皱＋断弯褶皱见于巴楚南缘、塔中地区，也发育于山前褶皱冲断带的前锋部位。基底卷入＋盖层滑脱背冲构造往往是两次挤压构造变形的叠加，见于色力布亚构造带的西北段（同岗段）和中段（亚松迪段）。双层滑脱挤出褶皱形成的必要条件是有两个主滑脱层，见于巴楚南缘的色力布亚构造带和玛扎塔格构造带。理论上分析，这类构造变形组合可以见于库车褶皱冲断带的中段，喀什北褶皱冲断带也有发育的可能。塔里木盆地其他地区基本上不太可能出现此类构造组合。

（二）走滑作用形成的构造变形样式

走滑作用形成的构造，以往多关注盆地周缘的大型断裂以及盆地周缘褶皱冲断带的调节构造。其中，阿尔金晚新生代走滑断裂最引人注目。喀拉吐尔滚断裂和皮羌断裂是塔里木盆地周缘褶皱冲断带中发育的两条规模较大而且比较知名的调节断层。近年来，中石化西北油田分公司的油气勘探实践证明，塔里木盆地台盆区也发育走滑作用；其形成的构造变形-走滑断裂具有重要的油气勘探价值。

塔里木盆地走滑作用形成的构造变形样式是中石化西北油田分公司在塔河—顺托地区的油气勘探实践过程中研究总结出来的，包括发散正花状构造、紧闭正花状构造、半正花状构造、简单正花状构造、负花状构造、简单负花状构造、高陡密集破裂带、平行高陡断层带和单一高陡断层。发散正花状构造的形成往往伴随有滑脱构造的存在，这类构造变形样式目前见于塔中地区。紧闭正花状构造是挤压走滑构造变形形成的典型的构造变形样式，见于塔河、顺托和塔中地区；山前褶皱冲断带的调节带也可以形成这类构造变形样式。半正花状构造实际上是花状构造样式的一种表现形式，见于塔河、顺托和塔中地区，亦可以见于山前的调节带。简单正花状构造是断层较少的正花状构造，剖面上往往只有两条呈背冲状态的断层。这类构造见于巴楚西部和山前地区，塔中地区也有发育。负花状构造是张扭性构造应力场下形成的构造变形样式，目前主要见于塔河—顺托—塔中地区。简单负花状构造是断层较少的负花状构造，成因上并没有区别，见于塔河—顺托—塔中地区，在巴麦地区也有发育。高陡密集破碎带往往是多期断裂活动的叠加，或多种构造作用的叠加，见于巴楚西部和塔中—顺托地区。平行高陡断层带和单一高陡断层本质上属于同一类型，区别在于断层的多少。这类构造见于塔河—顺托—塔中地区，在巴楚和阿瓦提地区也有发育。

（三）拉伸-反转作用形成的构造变形样式

拉伸-反转作用形成的构造变形样式包括地垒、地堑、小型半地堑、正反转断层和负反转构造（图 2-6）。它们的共同点是都经历了拉张构造变形。地垒和地堑统称为堑垒构造，是典型的伸展构造变形，见于塔河—顺托—塔中地区，在麦盖提和阿瓦提地区也有发育。半地堑是地堑的一种变异，见于塔东和巴楚地区，塔中偶见。正反转断层和负反转构造都是经历了拉张和挤压构造变形后形成的叠合构造变形样式，前者见于塔中、巴楚和阿尔金山前地区，后者见于塔北和塔中地区，尤其以塔北地区的轮台断裂和亚南断裂最典型，相关研究最早，研究者和研究成果也最多（张鹏德等，1999；汤良杰等，1999；魏国齐等，2001；赵岩等，2012；Li et al.，2013）。

三、塔里木盆地断裂级别划分依据及划分结果

（一）含油气盆地断裂级别划分依据

断裂级别的划分有助于了解断裂对盆地的形成演化所起的控制作用，对于寻找与断裂相关的油气富集带有着十分重要的作用。依据野外地质调查、地震资料解释和非地震物探资料分析成果，根据多年油气勘探研究实践，制定了如下断裂级别划分的主要依据：①断裂规模（包括断裂长度、断距、断开地层层系的

数量)；②对盆地隆拗格局的控制作用；③断裂是否断达基底（是基底卷入型还是盖层滑脱型)；④断层活动时间和期次；⑤对岩浆活动的控制作用；⑥是否控制沉积。同时，兼顾以下两个方面的因素：断裂派生的次级断裂是否发育及断裂带破碎的宽度。

（二）含油气盆地断裂级别划分结果

根据上述断裂级别划分依据，将塔里木盆地断裂级别划分为3级，厘定出一级断裂19条，二级断裂21条，并对它们进行了系统命名和断裂要素统计。把一、二级断裂外的已知断裂均归为三级断裂。

1. 一级断裂

一级断裂一般表现为区域大断裂，延伸数百甚至上千千米，断裂带宽度可达数千米，断距至数十千米，并控制两侧地层厚度、沉积岩相与构造格局的差异；长期发育，往往贯穿数个构造旋回（穿层多)；沿断裂带往往有岩浆活动，两侧构造线方向及变形样式往往差异明显，断裂上升盘的地层往往不完整，有较大的间断。此类断裂主要发育于盆地边缘及盆内古隆起边缘，往往控制着盆地内一级隆拗构造单元的边界，如控制柯坪断隆的柯坪塔格断裂、控制一级构造单元巴楚隆起的色力布亚断裂、吐木休克断裂等共19条断裂。塔河—顺托地区发育的一级断裂主要为控制卡塔克隆起的塔中Ⅰ号断裂、控制沙雅隆起的轮台断裂和亚南断裂。

2. 二级断裂

二级断裂控制着二级构造单元内部大中型构造带的形成和分布，一般表现为中型断裂，延伸数十至上百千米，断裂带宽度为数百米，断距为数十至上百米，常位于一级断裂的两侧并与之平行展布；多期活动，贯穿数个构造旋回或占一个旋回的很大部分，切穿层系较多；断裂两侧地层厚度、沉积相及构造格局差异不大，断点较清晰、可靠。此类断裂主要发育于山前冲断带、盆地内大中型构造带的边界，如控制秋里塔格构造带的秋里塔格断裂、巴楚隆起内部的古董山断裂等共 21 条断裂。塔河—顺托地区发育的代表性二级断裂为控制卡塔克中央主垒带的塔中Ⅱ号断裂和控制阿克库勒凸起内盐边的近EW向断裂。

3. 三级断裂

三级断裂控制区带或单个较大型局部构造的形成和展布的断裂，多表现为较一、二级断裂规模相对较小的中、小型断裂，延伸数十至数百千米，断裂带宽度为数十米，断距为数米至数十米；活动期主要在一个构造旋回内，切穿层系较少；断裂两侧地层厚度、沉积相及构造格局无明显变化，经常调节不同区段的构造变形。

塔河—顺托地区，三级断裂在数量明显比一、二级断裂发育，如塔河地区控制盐边界的近EW向断裂、TP39井区NE向与NW向共轭走滑断裂、顺北1号断裂带、顺托1号断裂带等，共有30余条。根据断裂规模、活动期次、破碎程度及次级断裂发育数量等依据，厘定其为三级断裂。三级断裂夹持、派生的次级断裂为四级或五级断裂。下面以轮台断裂和巴楚—古董山断裂为例，简单介绍本书断裂级别划分的分析过程。

轮台断裂虽然位于塔里木盆地一级构造单元沙雅隆起的内部，构成二级构造单元雅克拉凸起的南界，但是，该断裂构造带对于沙雅隆起的形成演化具有很重要的控制作用，且延伸长、断距大、长期活动、切割地层层系多。它是一条基底卷入型断裂，断层向上断至新生界，向下断达前南华系结晶基底。轮台断裂符合一级断裂的划分标准，所以，将其归属塔里木盆地的一级断裂。

巴楚—古董山断裂位于巴楚隆起/断隆的内部，对于巴楚隆起的形成和演化具有一定的贡献，但是作用不大，够不上一级断裂构造的标准。不过，该断裂构造带具有相当的规模，多期活动，多种构造样式叠加，断裂构造带自前南华系结晶基底一直断至地表或近地表，直接控制着小海子—瓦基里塔格岩浆活动带的形成演化和空间展布，其后期构造演化对该岩浆岩带有明显的改造作用。由于巴楚隆起尚未划分次级构造单元，所以无法讨论其对盆地二级构造单元的控制作用。鉴于以上分析，将巴楚—古董山断裂带归属塔里木盆地的二级断裂构造。

四、典型断裂发育特征

（一）色力布亚断裂和同岗断裂

色力布亚断裂是巴楚隆起西南缘的一条边界断裂，分隔麦盖提斜坡和巴楚隆起，是塔里木盆地的一条著名的一级断裂。同岗断裂是其派生断裂（图 2-7）。

图 2-7　过色力布亚断裂和同岗断裂的代表性地震剖面

色力布亚断裂主断层面倾向北东（倾向巴楚隆起），向下断达基底，向上断至上新统的底面。上新统由麦盖提斜坡向巴楚隆起超覆减薄，甚至尖灭。至在巴楚隆起上，往往第四系直接不整合于古生界之上。

色力布亚断裂主断层上盘派生有一次级的冲断层——同岗断裂，是沿中寒武统膏盐层滑脱-冲断的断层。该派生断层的根部，断层面平行于地层，沿中寒武统膏盐层由西向东滑脱 4～5km 后，开始向上冲断，切穿中-上寒武统及其以上的古生代地层，向上一直断至第四系底界；向下止于色力布亚断裂主断裂。同岗断裂的主干断裂倾向南西，上陡下缓。其还派生一规模更小的逆冲断层，与之构成 Y 形剖面组合，形成同岗构造带。

（二）轮台断裂和亚南断裂

轮台断裂与亚南断裂是塔里木盆地北部沙雅隆起上的两条著名的断裂。它们构成一大型断裂构造带，由北向南冲断的轮台断裂是主控断裂，亚南断裂是其派生的背冲断裂，两者在剖面上构成 Y 形组合关系（图 2-8）。整个断裂构造带以由北向南的冲断作用为主，平面上，向东收敛，向西撒开，呈喇叭状。两条断裂剖面上都有“上正下逆”的特点，显示出负反转构造的特点。冲断作用发生于古生代，新生代发生构造负反转，形成正断层。

轮台断裂东起提尔根（甚至还可能向东延伸），经轮台、东河塘油田，向南延伸至沙雅西。断裂构造带走向为 NEE-NE，总体呈向北凸出的宽缓弧形展布，延伸长度约为 150km，主断层面北倾。沿断裂构造带的走向，轮台断裂早期的冲断作用和后期的伸展作用都是由东向西渐弱。亚南断裂则相反，早期的冲断作用和晚期的构造（负）反转都是由东向西加强。轮台断裂沿走向的另一个明显的变化是，冲断作用由东边的显露式冲断，向西逐渐转化为楔状盲冲。轮台断裂西南段的楔状冲断构造，主冲断层断层面北倾，由北向南冲断至中寒武统；反冲断层沿着中寒武统膏岩层向北滑脱冲断到三叠系的底面。在冲断前锋的后面，还有自前南华系变质岩中开始反冲断层。反冲断层与主冲断层共同构成了一个复杂的构造楔。构造楔的楔入，造成了轮台断裂北侧的地层向雅克拉凸起方向急剧抬升。

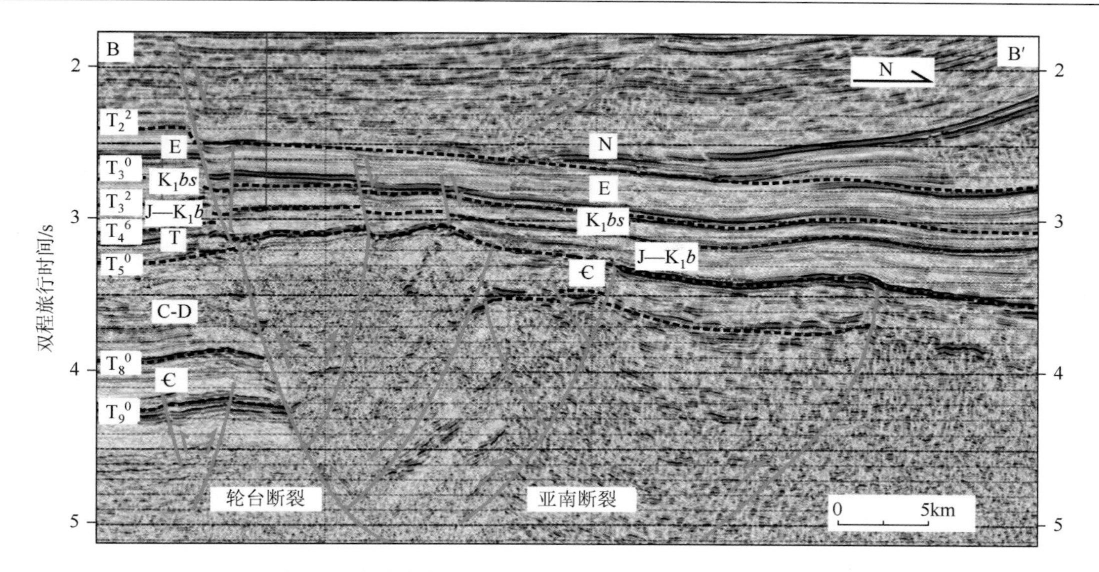

图 2-8　沙雅隆起过轮台断裂和亚南断裂中段地震剖面

亚南断裂走向为近 EW，断面南倾，向下断达前南华系变质基底，向上断至库车组，延伸长达 100km 左右，断距在东西两端较小，中间较大。断裂带上，寒武系-南华系不整合于前南华系变质岩之上；白垩系不整合于寒武系和前寒武系之上。不整合造成了大量地层的缺失，前南华系变质岩之上仅保留了厚度不大的寒武系-南华系，许多地方，中-新生界甚至直接不整合于变质岩之上。前中生界冲断的断距很大，最大断距可达 2000m 以上，但是因为前南华纪变质岩缺乏明确的标志层而难以准确确定。亚南断裂的形成演化，使其上升盘的构造得到发育，并沿断裂延伸方向呈串珠状排列。

亚南断裂在中-新生界是一条确凿无疑的正断层，正断距以白垩系底面最大，向上逐渐减小，最终消失于库车组当中。显然，亚南断裂构造带为一典型的负反转构造。

总之，轮南断裂和亚南断裂是一个统一的断裂体系，轮南断裂是主断层，亚南断裂是派生断层。基底卷入型冲断作用发生于古生代-中生代，晚新生代构造反转。轮南断裂是塔里木盆地的一条一级断裂。

（三）阿克库木断裂和阿克库勒断裂

阿克库木断裂和阿克库勒断裂是阿克库勒凸起上的两条断裂带。中石油塔里木油田分别称其为轮南断裂和桑塔木断裂（图 2-9）。

阿克库木断裂走向为近 EW-NEE，由南、北两条断裂组合而成。南、北断裂之间的垒带上，三叠系直接不整合覆盖于奥陶系之上，志留系-二叠系被剥蚀殆尽。北断裂是阿克库木断裂带的主干断裂，断层面南倾，倾角约为 60°，为基底卷入型逆断裂，向下断入基底，向上断至中生界的底，断距在 400m 以上。轮南断垒南断裂是北断裂派生的分支断裂，断层面北倾，断距约为 120m。两条断裂组合成 Y 字形组合样式。在北断裂的下盘，还有一条较小规模的正断裂，断层面北倾，仅仅断开中-下寒武统，断距约为 300m，可能是早期（寒武纪-中奥陶世）构造伸展阶段的产物。三叠系与下伏地层呈角度不整合关系，垒带上部三叠系-侏罗系地层形成披覆背斜，具有生长地层的性质。到白垩系，地层平整，不受阿克库木断裂带影响，说明阿克库木断裂带主活动期为二叠纪末-三叠纪初，定型于侏罗纪末-白垩纪初。

阿克库勒断裂位于阿克库勒凸起的中部，近东西向展布，延伸 25km 左右。断裂带上，石炭系-二叠系不整合于奥陶系之上，又被三叠系削蚀不整合。阿克库勒断裂也由南、北两条断裂组成。北断裂为主断裂，断层面南倾，向上断至三叠系底界，向下断入基底；南断裂作为派生的分支断裂，断层面北倾，向上断开层位与北断裂一致，向下断入基底。两者具有背冲断裂的性质。两条断层在剖面上组合而形成 Y 字形构造，其间夹持断块为一斜歪褶皱，褶皱轴面南倾，断块受挤压，向上方逃逸，断块两侧地层作为下盘，相对运动方向向下。三叠系地层不整合覆盖于此背斜断块之上，指示断裂的主活动期为二叠纪末-三叠纪初。

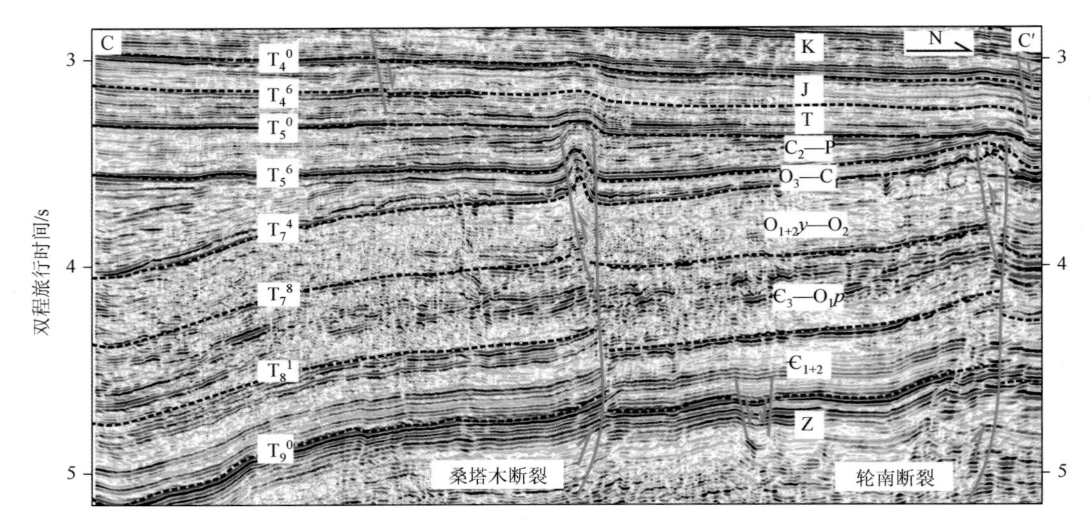

图 2-9　塔北隆起过轮南断裂及桑塔木断裂地震剖面

（四）塔中Ⅰ号断裂

塔中Ⅰ号断裂是卡塔克隆起与古城墟隆起—顺托果勒低隆起之间的分界断裂（图 2-10），长约 260km，平面上呈北西向的反 S 形展布，走向为 NW—SE，倾向为 SW。它是卡塔克隆起发育的主要控边断裂，也是塔里木盆地的一条著名的一级断裂。断裂主活动时期为加里东期，海西期的断裂活动对其有一定的改造作用，明显控制了下降盘的沉积厚度，对卡塔克隆起的形成与发展起了重要的控制作用。断距大小不等，最大落差可达 1980m。塔中Ⅰ号断裂带沿走向上的构造样式、演化模式与成因机制不尽相同，可以划分为明显不同的 4 段。

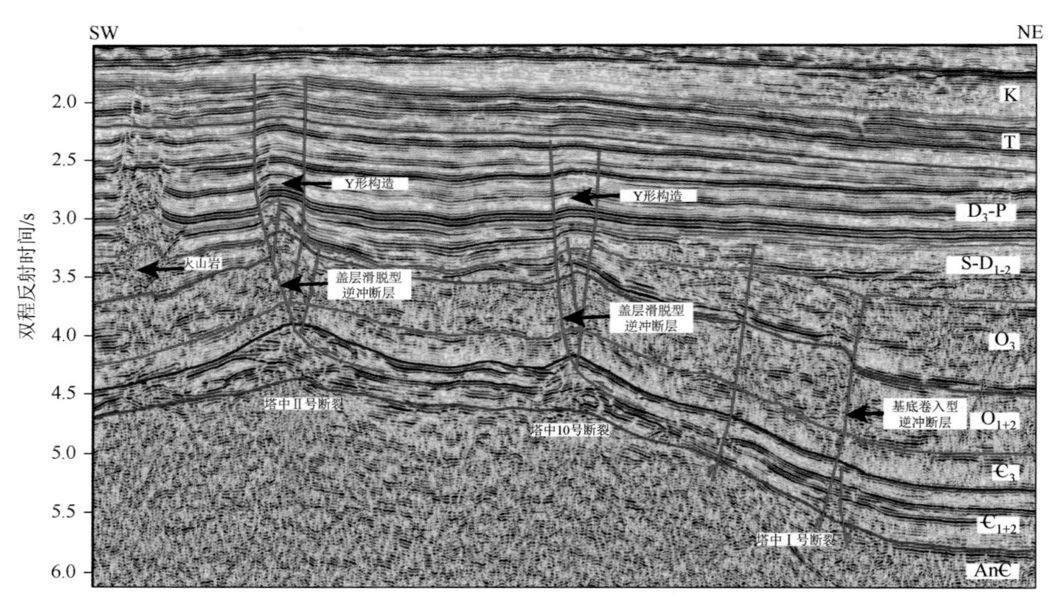

图 2-10　过塔中Ⅰ号断裂的代表性地震剖面

（五）沙井子断裂和沙南断裂

沙井子断裂和沙南断裂位于塔里木盆地西北缘，是阿瓦提拗陷与柯坪断隆之间的边界断裂，也是塔里木盆地的一条一级断裂。它是一条基底卷入型断裂，NE-SW 向延伸，长约 160km。断裂雏形形成于晚加里东期，经历了海西末期、燕山期和喜马拉雅期等，多期活动，最后定型。浅层晚新生代正断层是近年来地震解释的新发现，显示沙井子断裂具有负反转构造的性质。沙南断裂是沙井子断裂的一条派生断裂，属于三级断裂的范畴。

（六）孔雀河断裂

孔雀河断裂是塔里木盆地东北缘的一条一级断裂，构成孔雀河斜坡与库鲁克塔格断隆的分界，是塔里木盆地规模最大、最引人注目的断裂构造带之一。它是一条大型高角度基底卷入型断裂，断面北倾。孔雀河断裂的雏形形成于加里东晚期-海西早期，后经海西末期-印支期、燕山期和喜马拉雅期多期活动，最终定型。断裂下盘前南华系基底中可能存在一个由北向南冲断的构造楔，是孔雀河斜坡地层向北抬升的重要原因。构造楔形成于孔雀河断裂之前，为孔雀河断裂所切断和破坏。这与沙井子断裂带深部的构造楔很相似，形成时间也基本一致。

（七）车尔臣断裂

车尔臣断裂位于塔里木盆地东南边缘，是塔里木盆地覆盖区规模最大的断裂构造带。因与阿尔金走滑断裂走向一致，往往被归入阿尔金走滑断裂系。车尔臣断裂自塔南隆起的西南端，经古城、罗布庄至罗布泊，全长超过1000km。仅塔中Ⅰ号断裂构造带以东部分就达约640km。断裂走向为NEE，倾向为SE，沿走向具有明显的分段性。车尔臣断裂上盘缺失几乎全部古生界和中生界中-下部的沉积地层；侏罗系-白垩系与下伏前震旦变质基底呈角度不整合接触。其形成演化过程可以分为3个大的阶段：①晚加里东期，车尔臣断裂构造带形成期；②海西末期-印支期，车尔臣断裂构造带复活，强烈压扭性构造应力，造成大规模走滑和冲断作用；③喜马拉雅期，陆内造山作用过程中，发生一定规模的冲断，并可能伴随一定程度的剪切作用。

五、走滑断裂特征及成因机制分析

塔里木盆地及周缘发育不同级别的走滑断裂。规模最大的走滑断裂是塔里木板块东南边界断裂，即阿尔金断裂。这也是塔里木盆地及邻区最著名的走滑断裂。盆地内部，车尔臣断裂、塔中断裂系、喀拉玉尔滚断裂、色力布亚断裂、麻扎塔格断裂等，在特定的构造演化阶段都具有一定的走滑分量，可以归入走滑断裂的范畴。近年来，伴随着中石化西北油田分公司在塔河—顺托地区的油气勘探，发现了一系列走滑断裂（图2-11）。这些走滑断裂与油气运聚成藏关系密切，在塔里木油气勘探中具有重要的意义，成为西北油田近期断裂构造分析的焦点，并取得了丰硕的研究成果，有效地指导了西北油田在塔河—顺托地区的油气勘探。顺北油田和顺9等油气藏就是在塔里木盆地走滑断裂研究成果的指导下发现的。

（一）塔河—顺托地区走滑断裂特征

塔河—顺托地区发育的多期断裂，以走滑断裂为特征，在剖面上常表现为花状，断距小（数米至数十米），在平面上常表现为线状、马尾状等样式，由于走滑断裂主要受剪切应力作用影响，造成其主、次断裂交织在一起，同时其活动强度、活动期次均有较大的分段性和地区性差异。

塔河—顺托地区下古生界规模较大的岩溶缝洞带的形成和展布受断裂走滑断裂控制。在塔河地区各层系顶面地震相干图上可以清楚看到，该地区走滑断裂体系具有X共轭和雁列状两种平面组合。走滑断裂断裂带主要有NNE和NNW两种走向，其中NNE向走滑断裂最发育、延伸长度大。

塔河地区地震剖面显示（图2-12），奥陶系碳酸盐岩断层以直立走滑断层为主，大部分断层断穿基底，垂直断距较小，且兼有逆冲性质，根据断裂切穿层位及构造样式分析，加里东晚期-海西早期为其主要形成期。塔河地区上古生界石炭系、三叠系及中生界白垩系、古近系均发育一系列小规模的呈堑-垒构造和阶梯式正断层组合的雁列式走滑断裂，主要表现为张扭性质，其形成原因可能主要受控于南天山碰撞造山后的应力松弛作用和喜马拉雅碰撞造山作用远程效应引起的块体逃逸旋转作用。

顺托—顺南地区位于塔中Ⅰ号断裂带下盘顺托果勒低凸、顺南缓坡构造单元，该区主要发育卡塔克隆起区延伸过来的多条NE向走滑断裂带。这些单排NE向类似多米诺的断裂，分析认为具有单剪走滑特征，该断裂较塔河地区的断裂走滑位移大，延伸长度长。其中，顺托1号断裂是该地区的一条代表性走滑断裂。平面上，顺托1号断裂在志留系-泥盆系由一系列近南北走向的小断层组成，这些小断层呈雁列状展布，组合成一条张扭性断层带，在寒武系-奥陶系呈 NE 向线状延展（图 2-13）。剖面上断裂带主断面高陡直立，向下断穿寒武系或至寒武系内部，向上大部分断至 T_6^0 面附近，少数向上断至 T_5^0 面附近。寒武系—奥陶系单条高陡直立断层，向上（志留系-泥盆系）撒开，构成典型的负花状构造。断裂在寒武系—奥陶系局部显示正花状构造特征，可能是早期构造变形，表明断裂具有多期活动、多期走滑叠加的特征。

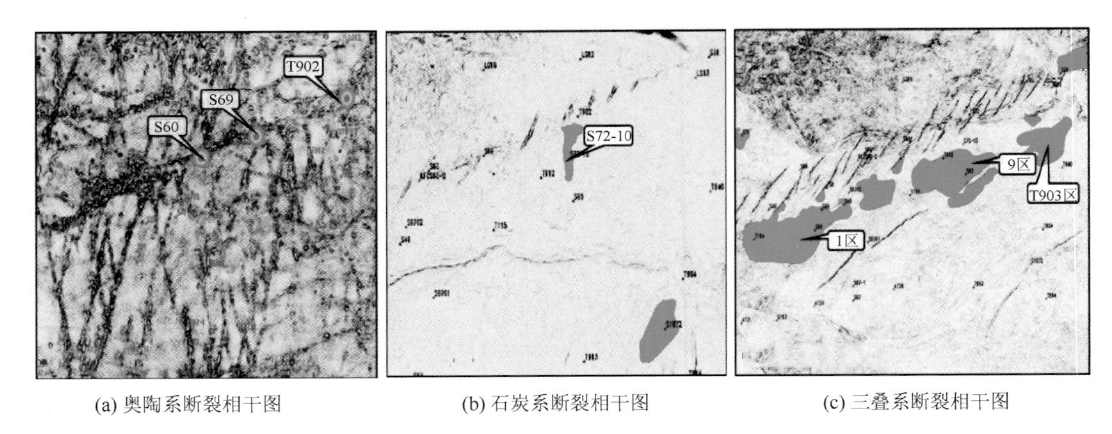

(a) 奥陶系断裂相干图　(b) 石炭系断裂相干图　(c) 三叠系断裂相干图

图 2-11　塔河地区走滑断裂不同层系地震相干图

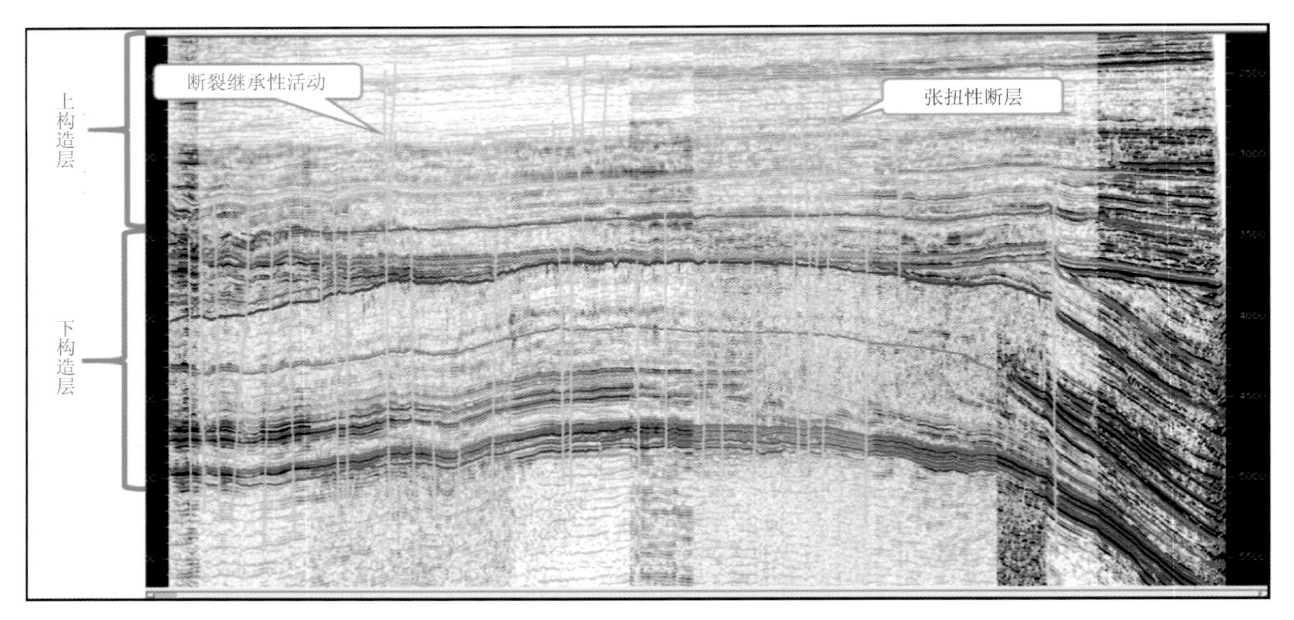

图 2-12　塔河地区典型走滑断裂地震剖面

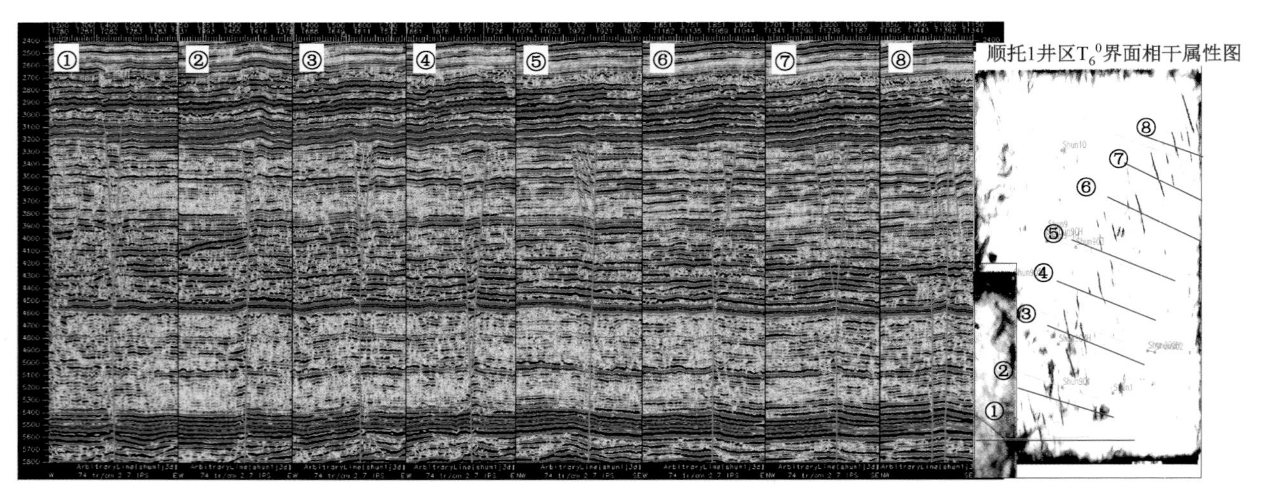

图 2-13　顺托地区顺托 1 号走滑断裂带地震剖面

加里东中期压扭性走滑断裂主要在寒武系-中下奥陶统发育，向下断穿寒武系或至寒武系内部。断裂的活动强度沿走向有明显的变化，部分断裂可能向上继承性活动至加里东晚期。海西早期张扭性走滑断裂发育，在志留系-泥盆系发育的是一系列 NW 向雁列式排列的正断层，向上断至 T_6^0 面附近。主要表现为早期断裂的继承性活动，在加里东中期压扭性走滑断层的基础上叠加了张扭性走滑断层，形成负花状构造。由于局部应力和变形的强弱不同，顺托 1 号断裂具有一定的分段性。二叠系末的挤压作用可能使断裂继承性发育，并对早期形成的断裂进行了改造。断裂一直活动至印支期-燕山期；喜马拉雅期断裂基本不活动，地层以轻微褶皱变形为主。

顺北位于塔河和顺托的过渡区域，从断裂平面特征分析，断裂既具有剪切交错特征，也具有单排多米诺式的特征。断裂走向主要是 NE 向，延伸长度较顺托地区短，比塔河地区长。断裂在剖面上的特征以走滑断裂为主（图 2-14），构造样式包括直线型高陡走滑断裂、花状构造等，具有压扭性构造变形特征。断裂活动从加里东中晚期开始，持续到印支期。从地震剖面上可以看出三叠系地层明显错断或变形，但三叠系以上识别困难。

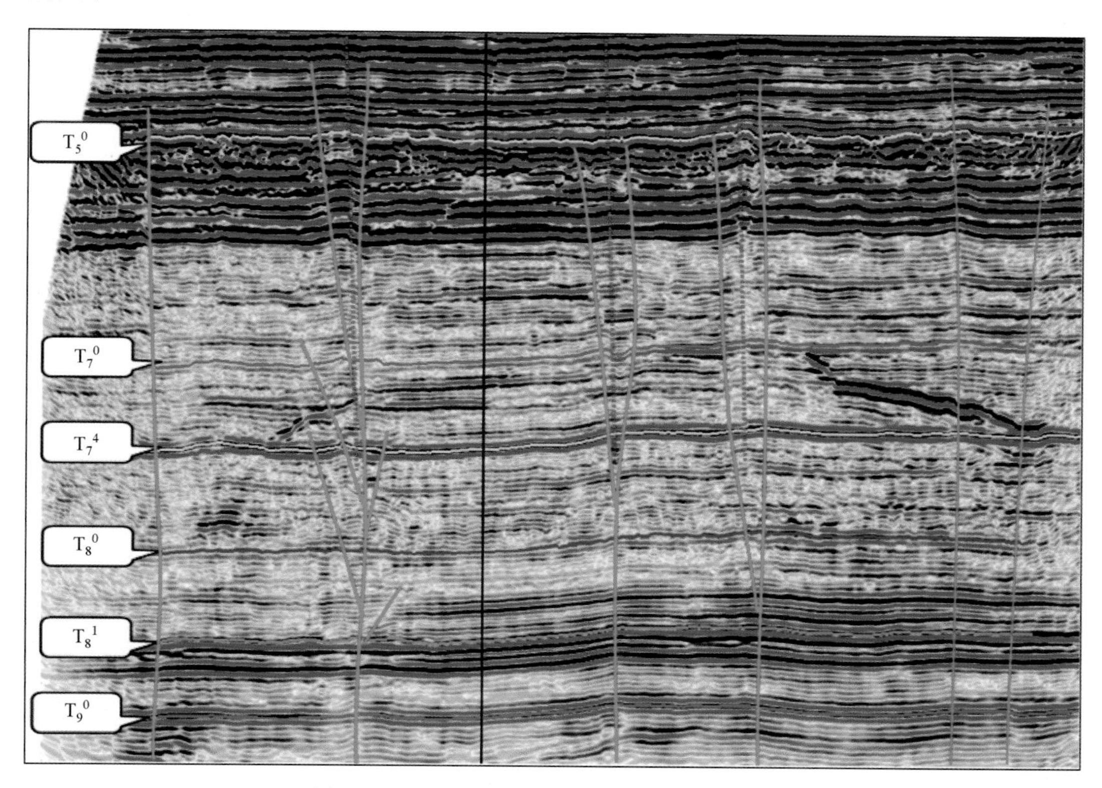

图 2-14　顺北地区走滑断裂的代表性地震剖面

（二）走滑断裂分段性特征

走滑断裂带结构模型表明，在增压弯曲部位造成挤压应力，走滑断块发生汇聚，造成两侧地层挤压而隆升形成断鼻；而在释拉张部位发生离散，地层因拉张而下掉形成小的断洼，断裂表现为正断层特征。因此，走滑断裂的分段性特征明显，且对碳酸盐岩储集体具有不同的控制作用，下面以顺北 1 井走滑断裂带为例来阐述分段性特征。

在顺北 1 三维工区中奥陶统顶面一间房组顶面相干属性上，可以清晰识别出顺北 1 井近 NE 向走滑断裂带的分段性特征，沿顺北 1-2H 井、顺北 1-1H 井和顺北 1 井断裂走向表现为明显断鼻、断洼交替变化的特征（图 2-15）。

根据垂向断距沿断裂带的变化以及断裂带平面解释几何特征，可对顺北 1 井走滑断裂带在各界面进行分段（图 2-16）。根据垂向活动的类型（隆升或下凹）、垂向活动幅度大小以及平面几何特征，可将顺北 1 井走滑断裂带总体分为 3 种类型的分段变形，即直立线状走滑段（垂向活动幅度小于 5ms）、负花瓣状或负花拉分段（下凹幅度最大超过 20ms）、正花羽状或正花压隆段（隆升幅度最大值可超过 10ms）。3 种分段变形在横切断裂带地震剖面上表现为隆升幅度不一的负花状和正花状构造。

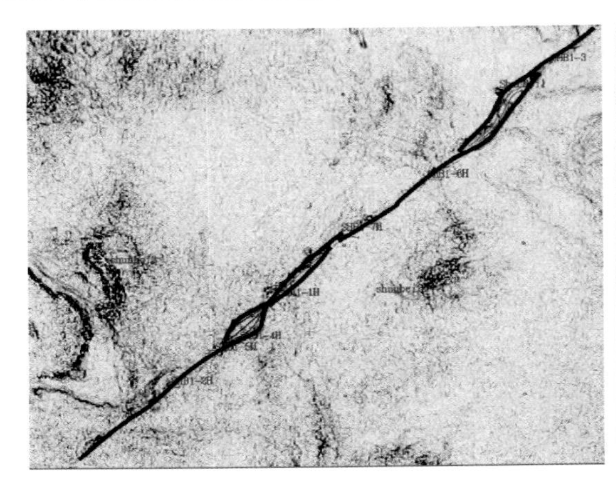

(a) 相干

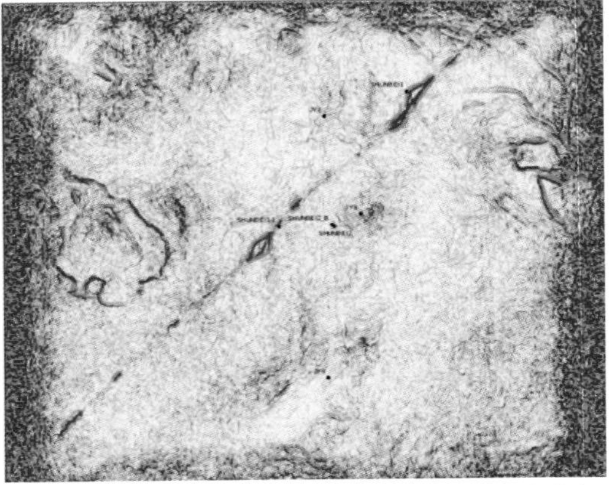

T74(s×20ms)最大曲率属性　　红色正曲率、蓝色负曲率

(b) 最大曲率

图 2-15　顺北 1 井走滑断裂沿走向属性图

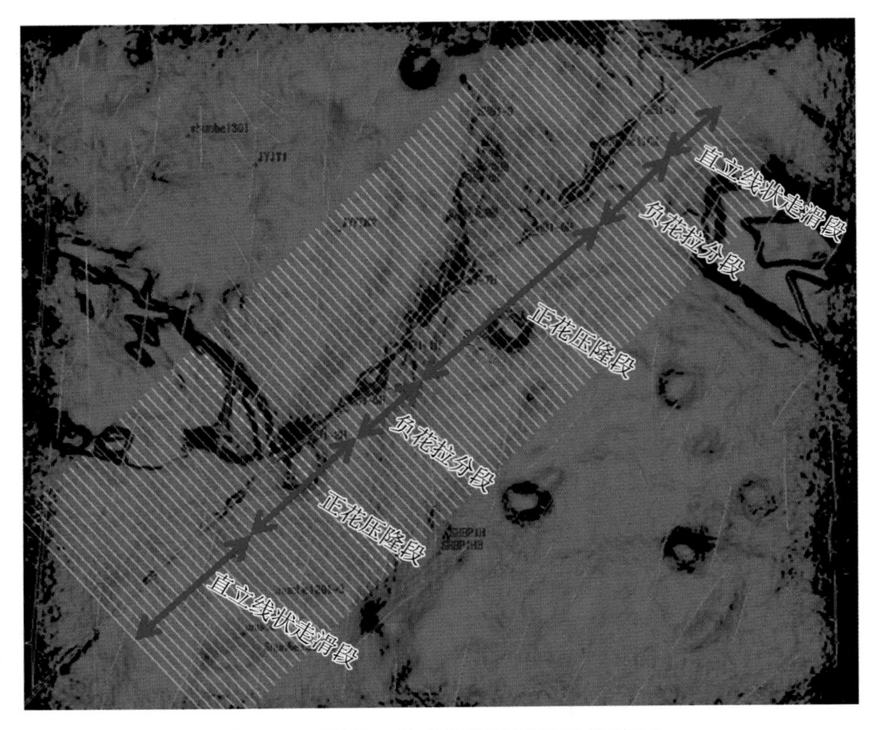

图 2-16　顺北 1 井走滑断裂带分段性特征

从垂向断距与断裂带破碎宽度对应关系分析（图 2-17），直立走滑段的垂向断距小，断裂带的破碎程度也较小，正花羽状或正花压隆段的垂向断距比直立线状走滑段大，平均破碎带宽度较直立线状略大，负花拉分段的断裂垂向断距（平均值约为 15ms）最大，其破碎带宽度（平均宽度约为 350m）也最宽。

（三）走滑断裂成因机制分析

1. 塔河地区 X 共轭走滑断裂体系的成因

共轭断裂（体系）是指在平面上呈 X 形组合关系的两组同期、同地区形成的走向不同的断裂构成的断裂体系。共轭的两组断裂多为剪切性质，其主要是由于断块两端受压后不易滑动而形成的。根据共轭的两组断裂的夹角可以判定古应力场方向。锐角平分线方向代表古应力场的平面最大主压应力方向，钝角平分线方向代表古应力场的平面最小主应力方向。共轭断裂体系有不同的规模，大的可以达到地壳、板块尺度，小的可以见于手标本。塔河地区的共轭断裂体系是通过地震解释识别出来的，规模介于两者之间。

塔河地区的 X 形共轭断裂体系由走向 NNE-SSW 和 NNW-SSE 两组断裂组成。根据共轭断裂体系古应力场方向判别原则，两组断裂相交形成的锐角平分线方向近 NS，代表了共轭断裂体系形成时古应力场的平面最大主压应力方向；两组断裂相交形成的钝角平分线方向近 EW，代表了共轭断裂体系形成时古应力场的平面最小主压应力方向，即平面最大张应力方向。这一判别结果，与沙雅古隆起复背斜长轴近 EW 向延伸的地质事实相吻合。在加里东中-晚期近 NS 向挤压作用下，沙雅地块两端受挤压后不易滑动而形成纯剪切的受力机制，形成 NNE-SSW 和 NNW-SSE 走向的两组压扭性走滑断裂，组合成 X 形共轭走滑断裂体系（图 2-18）。

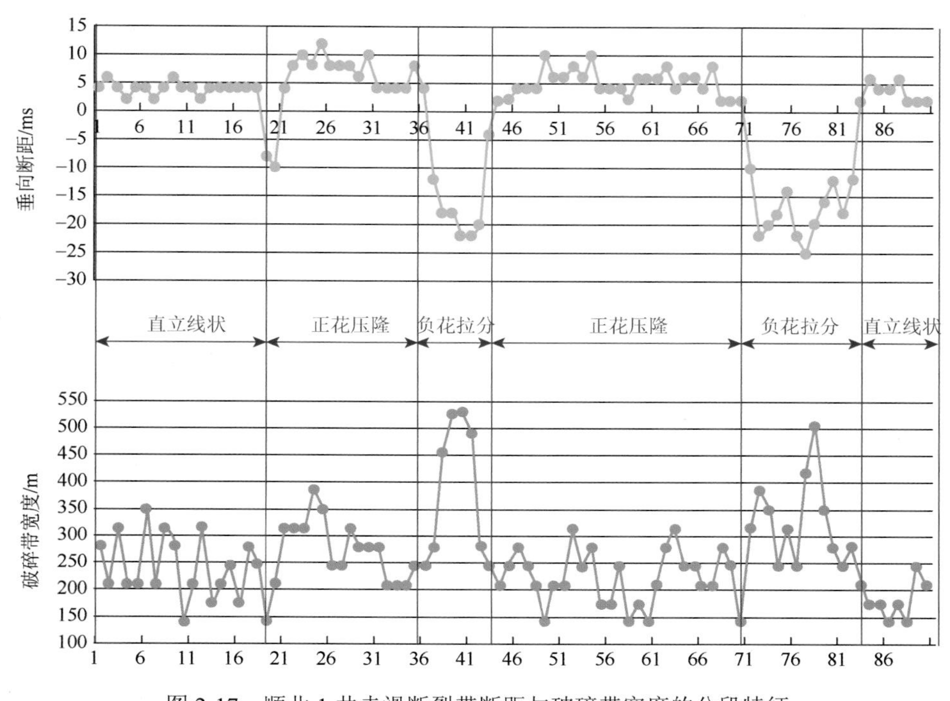

图 2-17　顺北 1 井走滑断裂带断距与破碎带宽度的分段特征

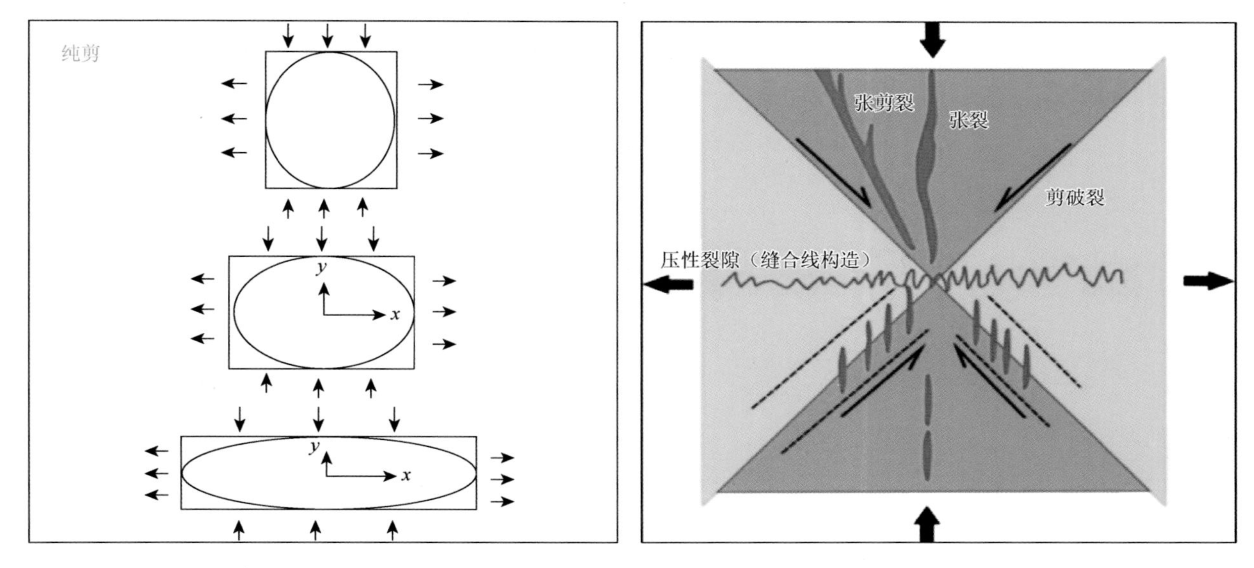

图 2-18　X 形断裂形成的纯剪切应力模式图

2. 塔中地区单排走滑断裂体系成因

已有资料表明，世界上的大型走滑断层都位于单剪域中，其地球动力学背景是岩石圈板块间的相对水平运动，以及它们之间的斜向会聚或离散。单剪是一种旋转应变，属单斜对称。里德尔模式是目前广泛被接受和应用的单剪模式。根据室内实验和野外观察，脆性剪切带中的次级破裂面和剪切带在方位和旋转方向的关系符合里德尔模式。这些次级破裂面包括 R 面（里德尔剪切或称同向或羽状的走滑断层），R′面（共轭的里德尔剪切或称反向的走滑断层），T 面（与主位移带呈 45°的张性断裂或正断层），P 面（次生的同向走滑断层，角度与实际剪切方向呈负半个内摩擦角），以及X面（反旋向剪面）（图2-19）。

在塔中地区，由断裂限定的地块呈多米诺形排列。限定这些地块的断裂是单剪走滑模式中由塔中走滑块体旋转派生的次级R/R′面走滑断裂。塔中地区的走滑断裂走滑位移量比塔河地区X形共轭纯剪模式大，断裂延伸长度也较塔河地区的长。

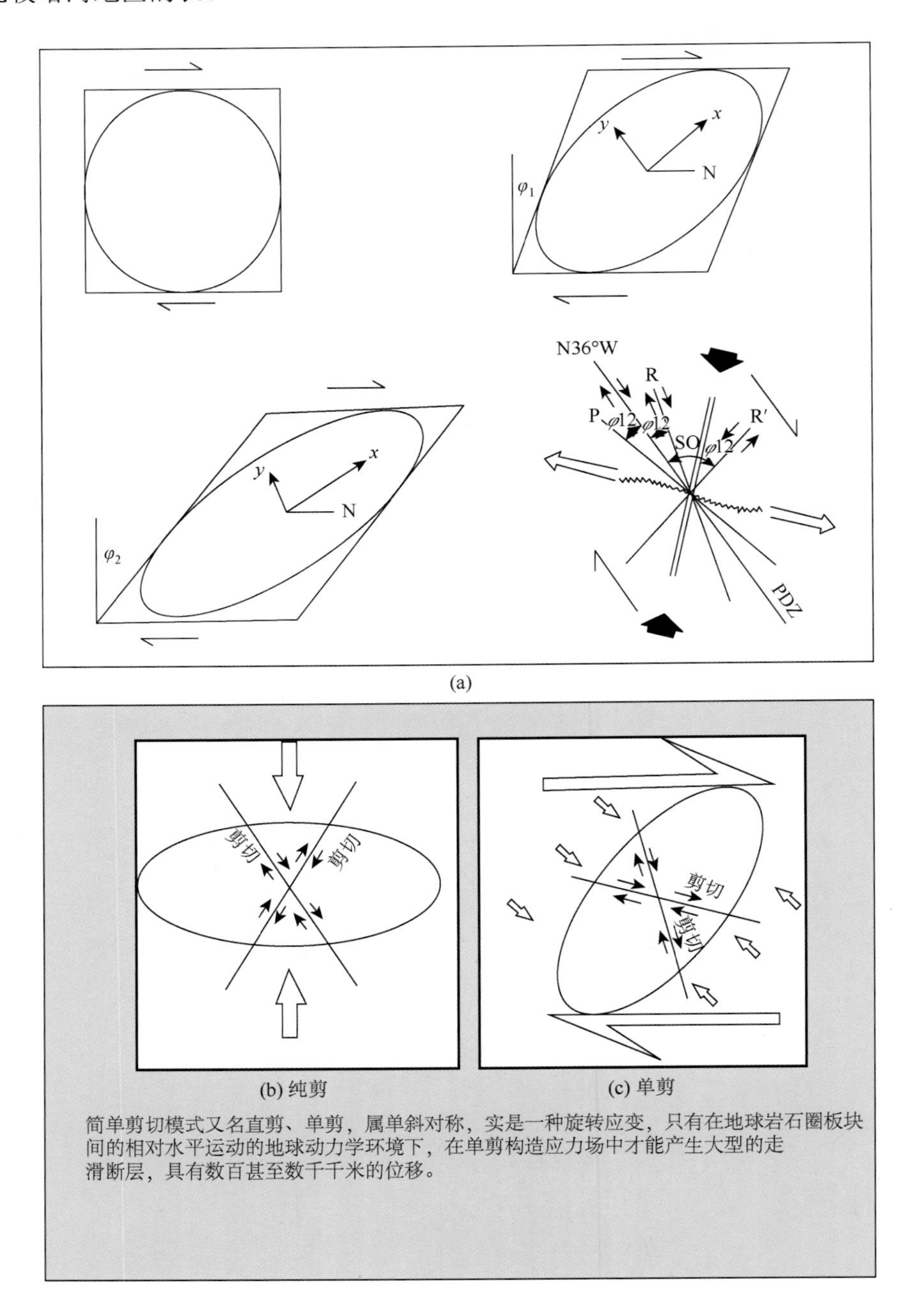

图2-19　单剪切应力模式图

六、关键构造期断裂活动特征

（一）断裂期次划分原则和依据

断层（断裂）活动时间的判断主要根据断层（断裂）断开的地层系统，断层（断裂）断距的变化，与断层（断裂）密切相关的不整合，断层（断裂）上、下盘的地层厚度差异，与断层（断裂）活动具有成生关系的生长地层。另外，还可以借助同位素年代学的方法，如断层泥同位素定年等方法，判定断层活动时间；根据不同方向断裂之间的相互切割关系，可以判定它们形成的先后次序。最后，在区域构造背景制约下划分断裂期次。根据中石化西北油田分公司多年地震断裂解释的经验，断裂期次的划分依据有以下 4 点：①断层断穿的层位，其与不整合面相关；②上、下构造样式变化，即构造变形差异；③断裂活动的强度，即断裂在不同层位断距的变化和变形程度的差异等；④断层两侧的沉积特征，即断层活动对沉积的控制作用。

在二维和三维地震资料的综合解释的基础上，依据上述断裂活动期次划分依据，结合该区的应力场背景，将阿满地区的断裂活动期次进行了划分，包括加里东中期Ⅰ幕、加里东中期Ⅲ幕、加里东晚期-海西早期、海西晚期、印支期-燕山期和喜马拉雅期。

（二）盆地关键构造期断裂活动特征

1. 加里东中期Ⅰ幕

塔里木盆地加里东中期Ⅰ幕断裂主要集中于盆地内部。车尔臣断裂可能形成于加里东中期Ⅰ幕，但是由于大量地层的缺失以及后期构造叠加改造，难以确定其确切的形成时间。孔雀河斜坡的断裂也存在同样的情况，其加里东中期Ⅰ幕的断裂活动也有一定的推测性。

塔里木盆地的加里东中期Ⅰ幕断裂以基底卷入型冲断构造为特色。盖层滑脱构造主要见于塘古巴斯拗陷，以玛东褶皱冲断带为代表。顺托地区的加里东中期Ⅰ幕断裂多为基底卷入型走滑断裂，剖面上主要表现为直立断层和正花状构造。断裂向下断入前南华系基底，向上断穿中奥陶统顶面，消失在上奥陶统厚层泥岩中。断层走向主要有 NE-SW 和 NW-SE 两个方向。这两个方向的断裂在顺托地区都有发育，以 NE-SW 走向的走滑断裂为主。

卡塔克隆起上加里东中期Ⅰ幕断裂，平面上表现为由塔中Ⅰ号、塔中南缘、塔中 10 号、塔中Ⅱ号等 NWW 向断裂和塔中 60 井断裂带等近 EW 向断裂组成的向西撒开、向东收敛的扫帚状构造。剖面上表现为以塔中Ⅰ号断裂带和塔中南缘断裂带为界的大型冲起构造。塔中 NWW 向断裂带活动强度自东向西减弱，并由不同的断裂组合样式而显示出区段性活动特点。隆起东段高陡、西段变低变宽缓，并逐渐向 NWW 方向倾没过渡为阿瓦提拗陷。根据断裂断穿层位、断裂与不整合面的关系和地层的上超结构等标志判断，这套 NWW-近 EW 向延伸、控制卡塔克隆起复式背斜的断裂带主要形成于中奥陶世末（加里东中期Ⅰ幕运动）的逆冲活动。同时卡塔克隆起还发育 NE 向展布的多排走滑断裂，切割 NWW 向逆冲断裂，根据走滑断裂控制的地层及平面切割关系判断，这套 NE 向走滑断裂受控于先存基底薄弱带与构造应力的不均衡作用，属于典型的被动型走滑断裂，与 NWW 向逆冲断裂形成期基本一致，但后期有继承性活动。

沙雅隆起发育轮台断裂和亚南断裂，以及哈拉哈塘凹陷、阿克库勒凸起之上密集发育的中小型逆断裂。亚南断裂走向近 EW，断面倾向南，呈三段式分布。沙雅—轮台断裂呈两段式分布，西段沙雅断裂长 86km，东段轮台断裂长 172km，断面倾向北。哈拉哈塘凹陷、阿克库勒凸起发育 NNW 走向的断裂，断裂最长为 37km，最短为 4km。此外，库尔勒鼻凸之上的巴里英断裂发生逆冲反转。顺北地区发育的多条 NWW 向逆冲断裂，满加尔拗陷西缘的满参 1 井断裂等均可能是在加里东中期Ⅰ幕运动中形成的。

巴楚隆起仅发育了吐木休克断裂、巴东断裂和色力布亚断裂西段。吐木休克断裂和巴东断裂均为 NWW 走向，呈向北凸出的弧形。前者倾向 NE，长约 205km；后者倾向 SW，长约 115km。色力布亚断裂西段长约 27km，倾向 NE。

2. 加里东中期Ⅲ幕

加里东中期Ⅲ幕断裂多是加里东中期Ⅰ幕断裂的继承性活动，因此它们的分布范围基本一致，区别在于沙雅地区该期断裂异常发育，而塘古巴斯拗陷的该期断裂活动明显减弱。车尔臣断裂东北段停止活动，西南段继承性活动，但是，车尔臣断裂和孔雀河地区的断裂由于不整合造成巨大的地层缺失，因此加里东中期Ⅲ幕的断裂活动有一定的推测性。由于塘古巴斯拗陷的盖层滑脱冲断构造活动减弱，加里东中期Ⅲ幕的断裂基本上都是基底卷入型的，盖层滑脱型断裂非常少见。断裂走向仍然以 NE-SW 和 NW-SE 两个方向为主，近 EW 向的断裂见于沙雅隆起北部、麦盖提斜坡以及车尔臣断裂西南段。沙雅隆起南部（塔河—哈拉哈塘地区）的加里东中期Ⅲ幕断裂以直立走滑断层为主，向下断达基底，具有压扭性力学性质；NNE-SSW 和 NNW-SSE 走向的两组走滑断裂呈共轭组合关系，指示当时的古应力场的平面主压应力方向近 NS。

塔中地区在晚奥陶世末期，塔中Ⅰ号断裂、10 号断裂、南缘断裂进入定型期，大部分主干断裂上盘发育反冲次级断裂，造成地层抬升并遭受剥蚀，形成 T_7^0 不整合面。桑塔木组沉积期伴随大陆远源碎屑沉积充填，反映周边造山作用。推测东南部阿尔金山系活动造成塔东南地区强烈隆升，塘北断裂、东南部潜山断裂形成。此时整个卡塔克隆起冲断构造逐步加强，特别是东南部地区发生多期冲断作用而整体翘倾抬升。

塘古巴斯拗陷在晚奥陶世末，受东南方向阿尔金碰撞造山挤压应力的叠加，中央隆起带南部产生 NW 向挤压构造应力场，在塘古巴斯拗陷发育 NEE 走向的玛东冲断带。断裂持续活动导致该构造带奥陶系地层剥蚀严重。

3. 加里东晚期-海西早期

加里东晚期-海西早期的断裂是加里东中期断裂的继承性活动。这期断裂是昆仑—阿尔金碰撞造山作用最后一幕形成的，与之伴生的是前东河砂岩顶面的不整合。该期断裂在塔河—顺托地区较发育。整体表现出向下断入前南华系基底，向上断至泥盆系。该期断裂与加里东中期断裂的最大区别是反映伸展构造背景的正断层。加里东晚期-海西早期的断裂平面以 NE-SW 走向雁列状正断层带为特色；剖面上以负花状构造和堑垒构造为特征。平面和剖面上都显示出张扭性断裂带的特征。

沙雅隆起该期断裂活动较强烈，除轮台断裂、亚南断裂继续活动外，隆起西部和阿克库勒凸起上发育了大量的逆断层。持续的昆仑—阿尔金造山作用也使隆起带内压扭性构造进一步加强，共轭走滑断裂系统在隆起带普遍发育。阿克库勒凸起与哈拉哈塘凹陷新发育了 NNE 向的断裂，与 NNW 向断裂交叉分布。

顺托果勒低隆发育多条由 NWW 向小断层组合成的 NE 向雁列式走滑断裂带，是深部 NE 向走滑断裂向上发散而成的，如顺 9 井区的走滑断裂带等。另外，顺西 2 井区还发育多条逆冲兼走滑性质的 NNE 向断裂，向南北可能延伸到卡塔克隆起与沙雅隆起区。它们可能是同一区域构造背景下的产物。

卡塔克隆起 NWW 向的塔中Ⅱ号断裂带持续活动，东南部断裂带强烈活动形成东南潜山带，同时新生了一系列 NE 走向的走滑断裂，主要为左行走滑断裂，局部有右行走滑，切割先存的 NWW 向大断裂，使卡塔克隆起断裂系统更加复杂。塔中地区 NE 向走滑断裂由于块体旋转，压扭应力转向张扭，在加里东中期发育的 NE 向压扭性走滑断裂的基础上，继承性发育一系列张扭性走滑断裂，同时伴生了一系列 NW 向雁列式正断层，表现为负花状构造，分布于卡塔克隆起和塔中北坡，伴生断裂与主走滑断裂的锐夹角指示断裂具有左行右阶的特征。

在早中泥盆世末，受东南方向阿尔金碰撞造山的持续挤压应力，塘古巴斯拗陷早先发育的 NEE 走向的玛东冲断带持续活动，导致该构造带志留系-奥陶系地层剥蚀严重。

孔雀河地区发育以孔雀河断裂为代表的一系列 NW 走向的逆冲断裂，包括孔雀河断裂、龙口断裂、群克断裂、尉犁断裂，多倾向 NE。此外，还有 NE 走向的普惠断裂。孔雀河断裂规模最大，长达 480km 左右。

巴楚隆起可能主要发育海米罗斯断裂和玛扎塔格断裂，控制着巴楚隆起东南部地层抬升剥蚀。古城墟隆起断裂继承加里东中期构造格局继续活动，并在西侧新生了几条平行排列的逆断层，走向 NE，倾向 SE，长度为 30～17km。

4. 海西晚期

海西晚期的断裂活动主要与二叠纪大陆裂谷作用和二叠纪末期南天山碰撞造山作用有关，形成前三叠系顶面不整合。海西晚期，顺托—顺南地区的部分断裂在加里东中期和海西早期的基础上继续活动；平面分布上，巴楚隆起—阿瓦提拗陷—沙西凸起比较发育；剖面上，向下断达基底，向上断入石炭系-二叠系，以堑垒构造为特征。海西晚期的断裂是塔里木盆地二叠纪大陆裂谷作用的产物，往往伴随强烈的大陆裂谷型岩浆活动，特别是火山作用。由于所伴随的岩浆作用的破坏，增加了该期断裂研究的难度，塔里木盆地晚海西期断裂研究较薄弱。

巴楚隆起上的吐木休克断裂、色力布亚断裂、海米罗斯断裂和玛扎塔格断裂，形成于海西晚期或在海西晚期继承性活动。这些 NW 向边界断裂控制着巴楚隆起雏形的形成。此外，在巴楚隆起内部还形成了巴探 5 井断裂带等次级 NW 向断裂。

沙雅隆起的轮台断裂和亚南断裂进一步活动，沙雅隆起西部、哈拉哈塘凹陷、英买力低凸起上的断裂继承海西早期的活动特征，同时库尔勒凸起上又新生了一批长6～68km的NW走向的逆断层。

孔雀河地区在该期断裂活动强烈，NW向断裂持续逆冲活动，新发育了NW向的维马克断裂带，带内断裂平行展布，长度为9～46km。龙口断裂南侧也形成NW向的断裂带，长度为13～42km。群克断裂北侧新生两条小断裂，走向NW，一条长38km，倾向SW；一条长11km，倾向NE。

麦盖提斜坡形成了近EW向展布的玉代里克断层，以及玉北地区西部等多条挤压断层，并伴随断层产生了断层传播褶皱；同时在早二叠世末，随着大规模火山活动，形成了与火成岩相关的断裂，如皮山北新1井断裂。

顺托果勒低隆形成了张扭性走滑断裂，呈直立状或者正花状构造，可能与塔中北坡西部地区侵入岩体相关。

5. 印支期-燕山期

印支期-燕山期断裂集中发育在南天山山前和沙雅地区，在巴楚隆起上主要是边界断裂的复活。印支期以冲断构造为主，燕山期以伸展构造为特色。塔河地区上古生界石炭系、三叠系及中新生界白垩系、第三系均发育一系列小规模的呈堑垒构造和阶梯式正断层组合的雁列式走滑断裂，主要表现为张扭性质。

印支期断裂活动主要分布在沙雅隆起、孔雀河斜坡，其次分布在巴楚隆起等地区。沙雅隆起上轮台和亚南断裂，南天山造山作用过程中强烈挤压-冲断；南天山造山后均发生了负反转，同时还形成了一系列正断层。阿克库勒凸起受到NE-SW向持续性的稳定挤压，区域挤压导致局部张扭与压扭作用以及南部下石炭统盐丘的盐拱作用，在三叠系中形成NE向右扭动的正断裂组合。隆起西部新和地区发育多条呈雁行式展布的断裂带。库尔勒鼻凸上NW向断裂强烈冲断。

白垩纪末的燕山晚期构造运动，使塔里木盆地由侏罗纪的区域性张性构造环境转变为区域性挤压构造环境，造成盆地西南部的平缓抬升和隆升剥蚀，形成古近系与白垩系及下伏地层的不整合，即T_3^0不整合。燕山晚期断裂活动主要集中在沙雅隆起、库车拗陷，其次分布在巴楚隆起等地区。

沙雅隆起上轮台和亚南断裂继承性活动，在英买力、哈拉哈塘地区发育与轮台断裂走向相同的逆冲断裂带。同时，南天山造山后的应力松弛作用在塔里木盆地北部形成了一系列雁列式正断层组带。这些小型正断层往往构成左阶或右阶式雁列束，平面上组成多条张扭性正断层带，剖面组合形态则是小型堑垒构造或阶梯状正断层束。

库车拗陷NEE向逆冲断裂带发育，乌什凹陷南缘断裂由南向北冲断，走向NE，长162km，断裂平面上弯弯曲曲，控制乌什凹陷中生界的沉积。乌什断裂长139km，走向NE，倾向NW，与乌什凹陷南缘断裂一起控制温宿凸起的形成。

巴楚隆起NNW向的色力布亚断裂、海米罗斯断裂、玛扎塔格断裂、阿恰断裂带和吐木休克断裂等断裂带持续逆冲。

6. 喜马拉雅期

塔里木盆地喜马拉雅期断裂集中发育于南天山、昆仑山和阿尔金山的山前地带，盆地内部主要见于巴楚隆起及其周缘，沙雅隆起上也有该期断裂的发育。喜马拉雅期的断裂活动以挤压冲断构造为特色，在南天山山前和昆仑山前形成前陆褶皱冲断带，如库车褶皱冲断带、柯坪褶皱冲断带、喀什北褶皱冲断带、昆仑山前褶皱冲断带。盆地内部主要是先存断裂的复活。该期断裂既有盖层滑脱冲断构造，也有基底卷入型断裂，同时还有走滑断裂，如喀拉玉尔滚断裂。断裂走向主要有3个方向，分别是NE-SW、NW-NE和近ES。

塔河地区的一系列雁列式正断层组在喜马拉雅早期继承性活动。这些小型正断层往往构成左阶或右阶式雁列束，平面上组成多条张扭性正断层带剖面组合形态则是小型堑垒构造或阶梯状正断层束。

第六节　盆地不整合与剥蚀量恢复

一、盆地主要不整合识别及特征

不整合是指地层剖面上，因地层缺失所造成的一种上、下地层不协调的接触关系。不整合的存在，指示上、下两套地层间有明显的沉积间断，即先、后沉积的上、下两套地层之间明显缺失了一部分地层，这种地层接触关系称为不整合，上、下地层间的沉积间断面称为不整合面。这种沉积间断可能代表当时没有沉积作用，称为“缺”，也可能代表先前沉积的地层被侵蚀，称为“失”，统称“缺失”。

不整合的存在反映了一次地壳的构造上升或海（水）平面的一次下降。不整合形成过程中，沉积作用停止，早期沉积的地层可能遭受不同程度的变形和剥蚀，直至新的沉陷幕出现。不整合面以下地层的破坏程度不同，不整合面以上地层的分布特性不同，使同一不整合面在不同地方的表现形式和规模不同，反映构造作用海（水）平面变化的性质、强弱程度和影响范围。

塔里木盆地显生宙地层系统中发育多个不同级别的不整合面，其中前南华系顶面、中-下奥陶统顶面、前志留系顶面、前上泥盆统-石炭系顶面、前三叠系顶面、前侏罗系顶面、前白垩系顶面和前古近系顶面是塔里木盆地 8 个最重要的不整合。它们分布广泛、缺失的地层延续时间长，反映出盆地构造演化历史发展中的一个质变阶段以及应力场格局的一次重大改变，代表着盆地构造运动体制转变的重要时期，分开了塔里木盆地不同地质演化阶段。

（一）前南华系顶面不整合

塔里木运动形成了南华系与前南华系基底变质岩系间的不整合。南华系是塔里木盆地的初始沉积盖层，震旦系是塔里木盆地第一个统一的稳定的沉积盖层。

塔里木盆地中西部，前南华系顶部侵蚀作用强烈，发育较大规模的下切谷。塔里木盆地东北部，该界面之上发育巨厚的南华系低水位体系域，南华系由东向西大规模上超及由西向东下超前积，这是一个规模巨大、区域性分布的侵蚀-上超型不整合面。在盆地中、西部大部分地区地震剖面上，南华系底界反射 T_D 为最深的沉积盖层底面，具平行密集反射特征，T_D 以下大部分地区为杂乱反射或空白反射，是盆地基底变质岩系的反映。根据地震剖面分析，盆地东部发育南华系和震旦系，西部及南部仅有震旦系分布，南华系由北向南、由东向西逐渐减薄和尖灭。

在盆地周边露头区也可以见到明显的前南华系顶面不整合侵蚀面。在库鲁克塔格地区，南华系贝义西组不整合在青白口系帕尔岗塔格群之上；柯坪地区南华系巧恩布拉克组-苏盖特布拉克组不整合在下元古界阿克苏片岩之上；铁克力克地区南华系恰克马克力克组不整合在青白口系苏库罗克群之上；阿尔金地区缺失南华系-震旦系。

（二）中-下奥陶统顶面不整合

加里东中期Ⅰ幕运动造成上奥陶统与中-下奥陶统间的不整合（图 2-20）。该不整合面在塔里木油气勘探开发中的重要作用，进一步提升了它的研究意义。地震反射剖面上较清楚地表现出上奥陶统与中-下奥陶统间存在明显的不协调现象，且在台地边缘发育 T_7^4 反射层削截下伏地层的现象。在塔里木盆地内部大部分钻遇奥陶系钻井中，该界面上、下地层陆缘碎屑含量差别显著，一般表现为中-下奥陶统碳酸盐岩沉积为主、突变为上奥陶统以陆源碎屑岩沉积为主的特征，整个盆地沉积环境发生重大改变。自晚奥陶世开始，塔里木盆地区由长期的碳酸盐台地转变为碎屑岩与碳酸盐岩混积的陆棚沉积。测井资料亦显示该界面为明显的视电阻率和放射性阶跃面。地层抬升剥蚀特征上，反映出这次构造运动形成的不整合，在塔中、塔北、和田河等加里东期古隆起发育最清晰。

在柯坪隆起露头区也发育这一不整合，上奥陶统铁热克阿瓦提组（柯坪塔格组下段）不整合于中-下奥陶统之上。T_7^4 不整合是塔里木盆地地质演化历史上的一个重要的不整合，代表昆仑—阿尔金加里东碰撞造山作用的开始，是塔里木盆地地质演化过程中的一个重要的构造反转期。

（三）前志留系顶面不整合

塔里木盆地志留系与下伏地层之间为一侵蚀-上超型不整合面（图 2-21）。形成该不整合的构造运动是加里东中期Ⅲ幕运动。这一不整合在盆地内部主要分布于中央隆起及其以南和塔北隆起地区，以塔中隆起北翼表现最为明显。在卡塔克隆起的地震剖面上，奥陶系反射波组顶部明显被志留系削截，且志留系反射层序由拗陷向隆起区明显具上超尖灭的反射特征。在沙雅隆起上可见志留系上超尖灭现象。阿瓦提拗陷—顺托果勒低隆—满加尔拗陷，志留系反射波组与下伏奥陶系普遍显示为整合接触关系。以上现象都说明前志留系顶面的不整合代表塔里木盆地台盆区基本隆拗格局的定型。

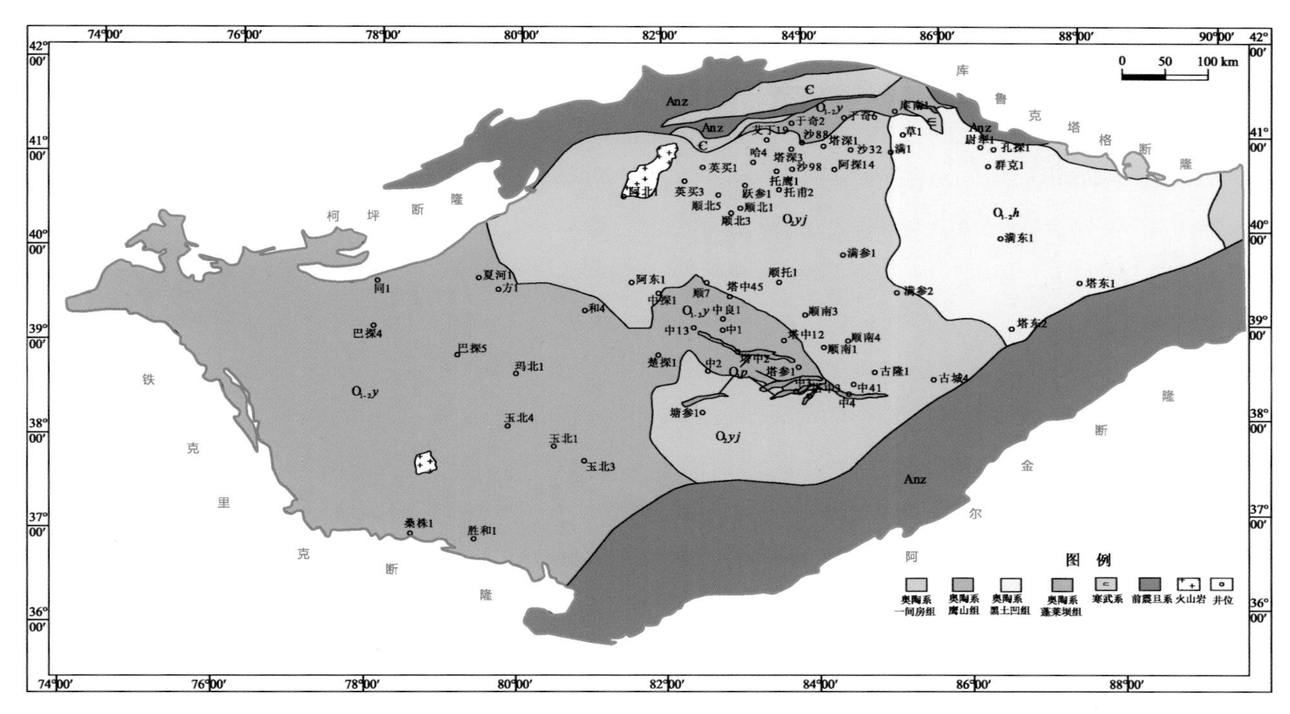

图 2-20　塔里木盆地加里东中期Ⅰ幕运动不整合面俯视图

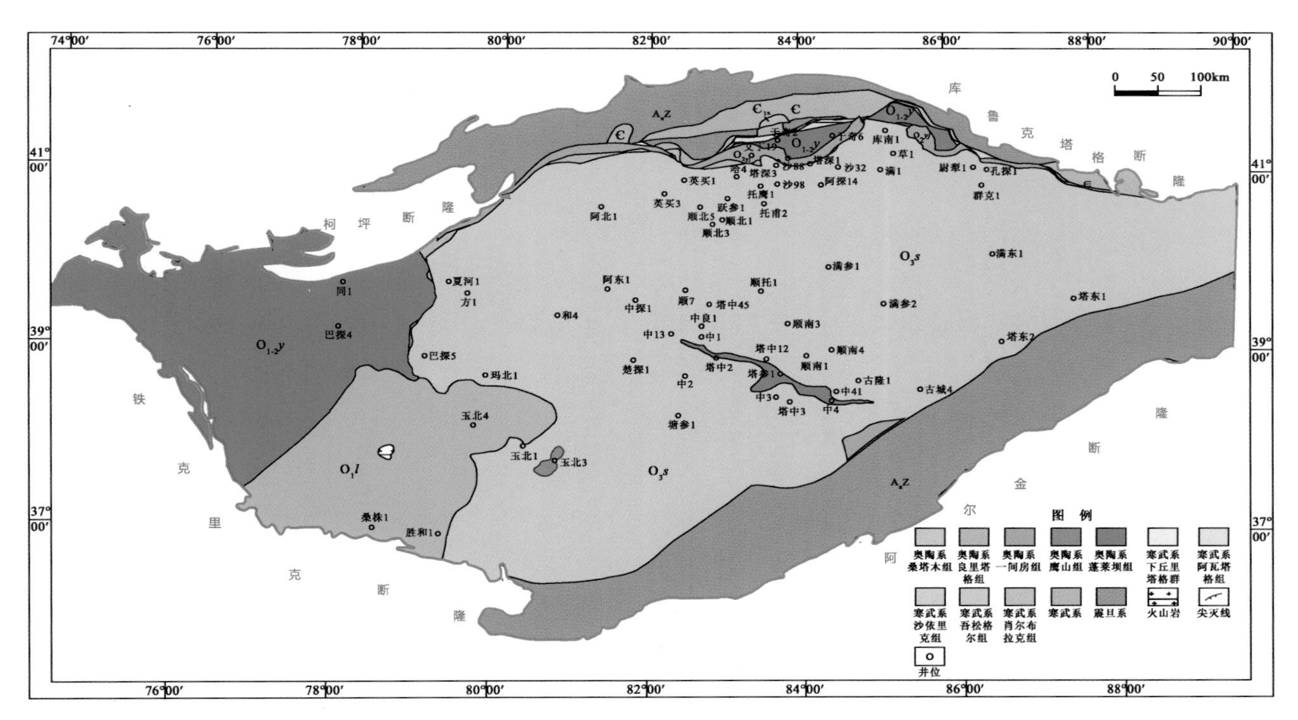

图 2-21　塔里木盆地加里东中期Ⅲ幕运动不整合面俯视图

（四）前上泥盆统-石炭系顶面不整合

前上泥盆统-石炭系顶界面不整合也就是前东河砂岩不整合（图 2-22），其代表海西早期运动。东河砂岩与下伏地层间的不整合是塔里木盆地油气勘探开发最早发现的不整合面之一，也是塔里木盆地最引人注目的不整合面之一。下伏地层明显遭受剥蚀，上泥盆统-石炭系西南向东北超覆在不同时代地层之上，隆起顶部往往表现为石炭系直接覆盖在下奥陶统之上。此不整合面形成期间，在卡塔克隆起和沙雅隆起都表现出明显的风化剥蚀，最大剥蚀厚度达 1200m 以上。

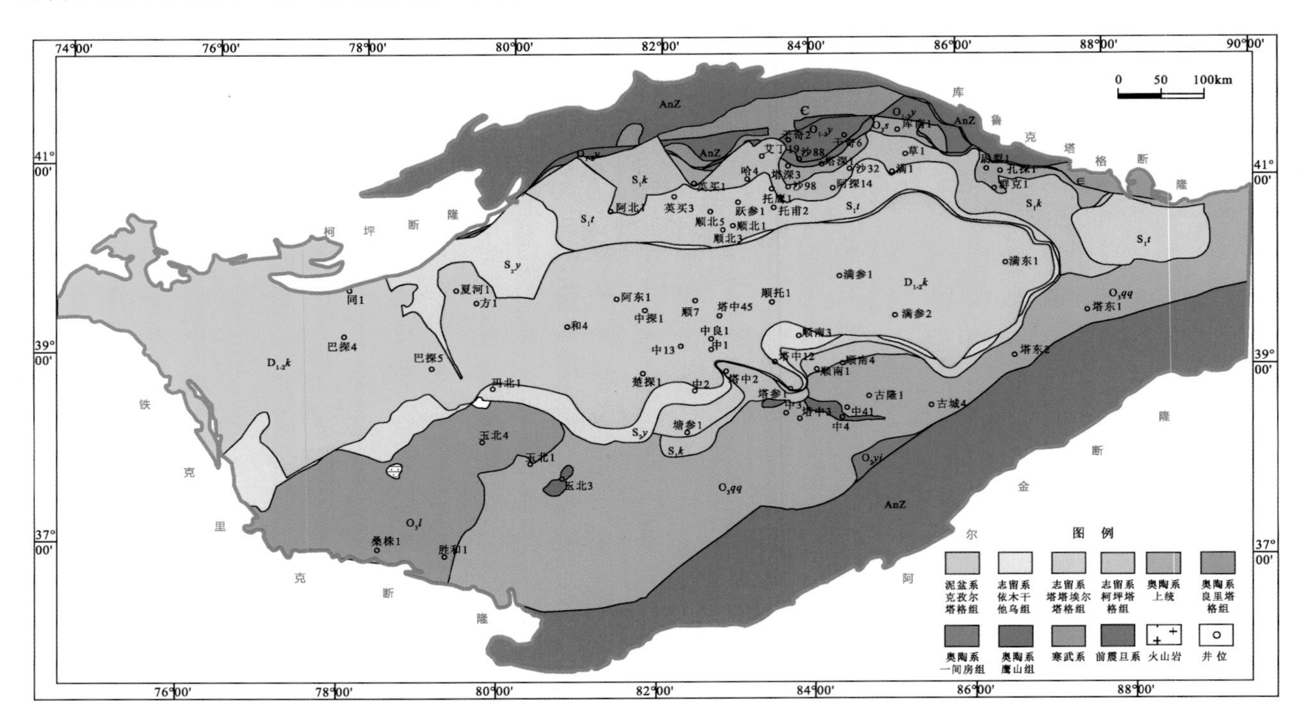

图 2-22 塔里木盆地海西早期运动不整合面俯视图

在盆地周缘露头区，也广泛发育上泥盆统-石炭系与下伏地层的不整合。在库鲁克塔格断隆，下石炭统努古斯土布拉克组紫红色碎屑岩和碳酸盐岩不整合于下伏中奥陶统地层之上。柯坪断隆东北部的乌什地区，下石炭统蒙达勒克组砾岩不整合于柯坪塔格组之上；柯坪断隆主体（柯坪褶皱冲断带）几乎缺失全部石炭系，上石炭统-下二叠统康克林组不整合于志留系-泥盆系红色碎屑岩（依木干他乌组-克孜尔塔格组）之上。巴楚隆起可见石炭系平行不整合于志留系之上。在铁克力克断隆，可见上泥盆统上部奇自拉夫群紫红色粗碎屑建造角度不整合于下伏地层之上，上石炭统卡拉乌依组、阿孜干组等则超覆于上泥盆统和元古界地层之上。

前东河砂岩不整合是一个持续时间长、分布范围广的区域性的大型侵蚀-上超型不整合面。它代表着昆仑-阿尔金加里东期-早海西期碰撞造山作用的结束，随后进入造山后应力松弛阶段，塔里木盆地自此由区域性挤压构造背景重新转入区域性拉张构造背景。这是一次重要的盆地构造负反转事件。自晚泥盆世起，塔里木盆地开始了以新的拉张体制为主的盆地沉陷幕，塔里木盆地的构造面貌和沉积格局发生了重大变化。

（五）前三叠系顶面不整合

海西晚期运动形成了三叠系与下伏地层的不整合面（图 2-23）。这一区域性不整合面在塔里木盆地北部发育最好，与南天山的碰撞造山作用有直接的成生关系。它所代表的南天山碰撞造山作用改变了塔里木盆地的古构造应力场，再次由区域性伸展拉张构造背景转变为区域性挤压构造背景。在南天山山前，下三叠统俄霍布拉克组平行或微角度不整合在上二叠统比尤勒包谷孜群之上。盆地内部由于古生代地层遭受强烈剥蚀，在塔里木北部和东部地区可见三叠系地层角度不整合于前中生界不同层位地层之上。地震剖面上该期构造运动由于上二叠统的大面积剥蚀表现明显，所反映的地层层序的变化均表明此次构造运动的存在。盆地中部南北向地震剖面上可以清晰地看到三叠纪地层超覆不整合于下伏地层之上。沙雅隆起上，三叠系超覆不整合于古生界不同时代地层之上，且表现出自南而北的地层超覆尖灭，显示出明显的角度不整合接触关系；在塔中地区，三叠系覆于二叠系之上，大多表现为平行不整合或微角度不整合的接触关系。

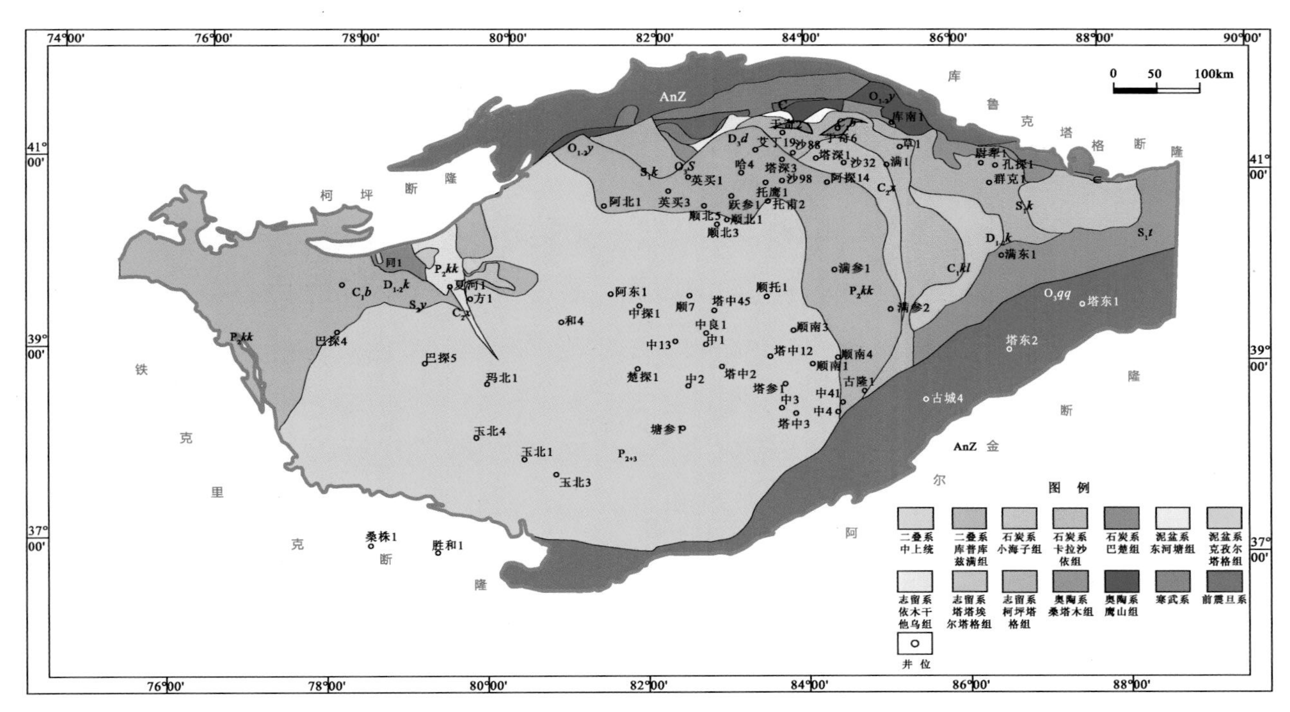

图 2-23　塔里木盆地海西晚期运动不整合面俯视图

前三叠系顶面不整合面是一个区域性侵蚀-上超型不整合面。它所代表的构造事件是南天山的碰撞造山作用，因此在塔里木盆地北部更发育。理论上分析，不整合的形成要滞后于碰撞造山作用的起始事件，因此，南天山的碰撞造山作用的起始事件可能发生在二叠纪末期。南天山的碰撞造山作用，结束了塔里木盆地自晚泥盆世以来长期的区域性伸展构造状态，再次进入区域性挤压构造状态。这一不整合代表了塔里木盆地的一次构造反转过程。

（六）前侏罗系顶面不整合

侏罗系与下伏三叠系及以下地层的不整合代表印支运动。自此，南天山碰撞造山作用进入造山后应力松弛阶段。该不整合面为一大型侵蚀-上超型不整合面，代表塔里木盆地演化过程中一次负反转构造事件。

在库车拗陷，侏罗系平行不整合于三叠系之上，接触面起伏不平，前三叠系顶面常见剥蚀现象，侏罗系亦常见不稳定产出的底砾岩。在满加尔凹陷东部和沙雅隆起东部，下侏罗统分别不整合于下伏三叠系、石炭系、志留系-泥盆系和奥陶系不同时代地层之上。地震剖面上，塔东地区清晰地表现出侏罗系反射波组削截下伏不同时代地层反射的特征，以及侏罗系自东向西和自北而南的上超特征。

（七）前白垩系顶面不整合

燕山早期运动形成了前白垩系顶面不整合。该不整合以超覆不整合为特色，是一个Ⅱ级的不整合面（图 2-24）。在塔里木盆地北部邻近南天山造山带的库车拗陷，侏罗系发育齐全，下白垩统与侏罗系之间为平行不整合或微角度不整合接触，甚至整合接触；在西南地区，侏罗系和下白垩统分布局限于山前地区，下白垩统克孜勒苏群以平行或微角度不整合或整合接触关系覆于侏罗系之上。盆地内部大部分地区缺失中、上侏罗统，下白垩统平行不整合于下侏罗统煤系地层之上，是一个侵蚀-上超型不整合。

（八）前古近系顶面不整合

发生于白垩纪末的燕山晚期运动形成了古近系与下伏地层之间的不整合面。该不整合反映的是一种平缓抬升和隆起剥蚀作用（图 2-25）。前古近系顶面不整合为一大型区域侵蚀-上超型不整合面，主要分布在塔里木盆地中西部地区。在南北向地震剖面上，古近系反射波组削截白垩系反射波组极为清晰。塔里木盆地广大区域内缺失上白垩统，表明不整合的广泛分布。

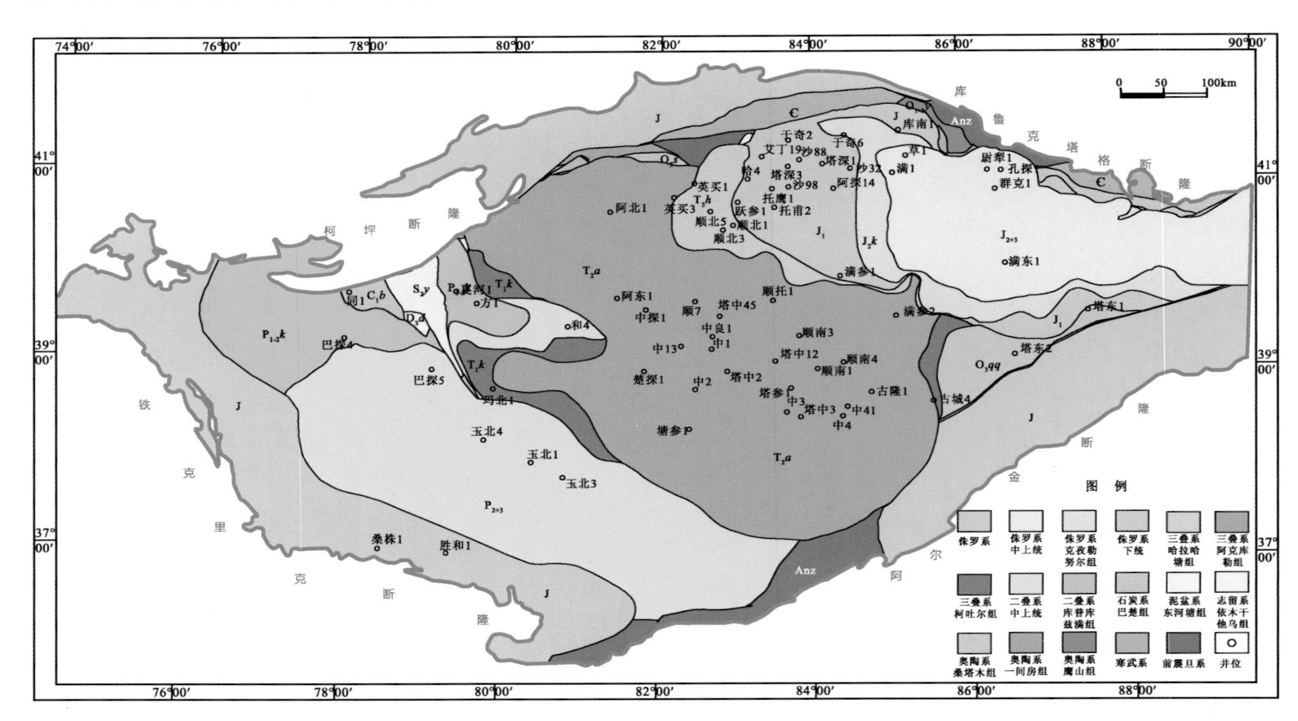

图 2-24　塔里木盆地燕山早期运动不整合面俯视图

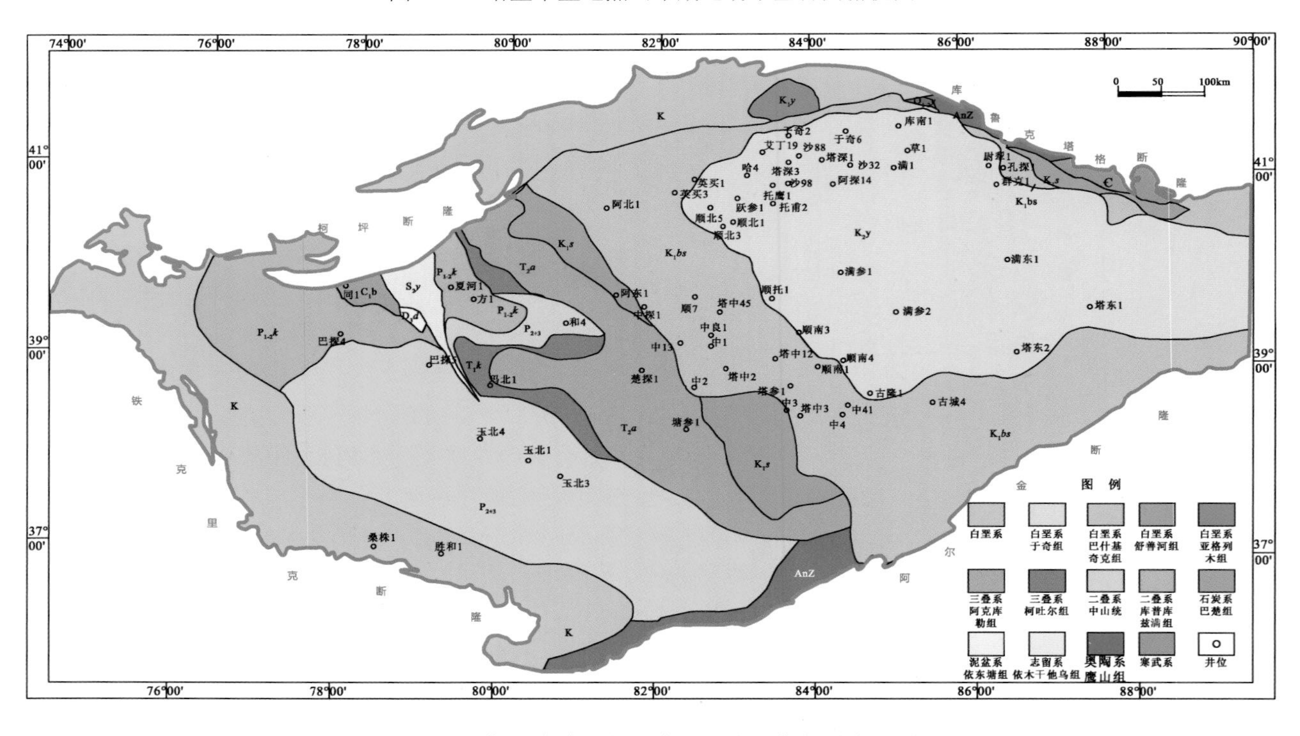

图 2-25　塔里木盆地燕山晚期运动不整合面俯视图

二、剥蚀量恢复方法及估算

塔里木叠合盆地经历了多期复杂的构造运动，早期沉积地层在后期构造演化过程中遭受强烈的改造，形成多个不整合。对于发生多期风化剥蚀作用的不整合，要客观地反映不整合剥蚀厚度在后期不同构造运动中的剥蚀量（即关键期的剥蚀厚度分配）非常困难。本节主要采用定性和半定量相结合的方式来开展此项工作。

（一）定性分配法

定性分配主要是基于盆地构造演化、关键变革期次及构造活动强度分析等来展开，具体是结合前人研究成果确定出塔里木盆地关键变革期（分别是加里东中期Ⅰ幕、中期Ⅲ幕、海西早期、海西晚期、印支期、燕山晚期），通过现今地震解释方案进行各隆起区关键构造不整合面特征及剥蚀强度分析，然后对各关键不整合面由新至老地震虚拟解释，在此基础上对各构造层序分期剥蚀厚度进行解析。

针对剥蚀叠合隆起区，由于构造运动是由老至新，最后一期运动对前期所有地层或许都有改造，因此在恢复关键不整合面时应该是由新至老的虚拟解释过程。此外，在恢复过程中，由于这些界面代表了构造层序的初始，它与上覆地层的产状应该具有较好的继承性，因此虚拟解释时应该考虑上覆地层的地层结构、沉积相等方面的信息。下面以塔中隆起为例（图 2-26），示意上奥陶统总剥蚀厚度如何分解到各构造期次中，上奥陶统的总剥蚀厚度为 T_7^0-TOP 界面（关键界面下伏地层未被剥蚀的顶界面）和现今 T_7^0 界面之间的厚度加上在 T_7^0 被剥蚀地区 T_7^0-TOP 界面和 T_6^0 现今界面之间的厚度［图 2-26（a)］；而在形成 T_7^0 界面的构造期对上奥陶统的剥蚀主要为 T_7^0-TOP 界面和现今 T_7^0 界面加上 T_7^0 被剥蚀地区 T_7^0-TOP 界面和 T_7^0-虚拟面的总量［图 2-26（b)］。此外，剩余的剥蚀量为形成 T_6^0 界面的构造运动所有［图 2-26（c)］。

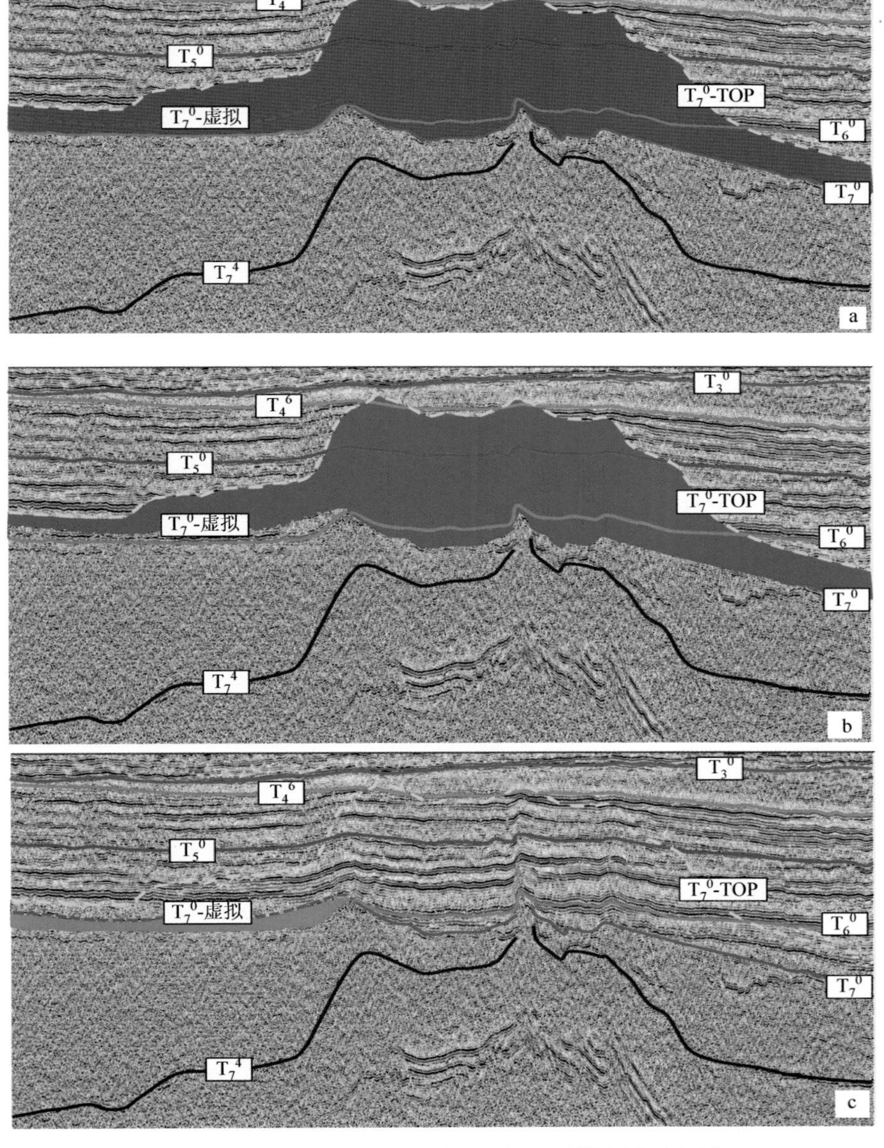

图 2-26　定性剥蚀厚度分解过程图解（以塔中地区为例）

（二）半定量分配的剥蚀面积法

剥蚀面积法是以划分的构造层为基本单元，后期不同的构造期次对某个构造层的剥蚀强度与剥蚀面积存在一定的比例关系，理论上来说某个构造期的剥蚀强度大，对应的隆升面积大，剥蚀面积也就大。对某个构造层来说，后期不同的构造期对其的剥蚀量就可以通过它们剥蚀面积的比例来确定，从而半定性地分配剥蚀厚度。剥蚀面积法以构造层为基本单元，结合前面地震关键构造界面虚拟恢复解释成果，确定了塔里木盆地 7 个关键构造变革期对应的地震反射界面 T_7^4（加里东中期Ⅰ幕）、T_7^0（加里东中期Ⅲ幕）、T_6^0（海西早期）、T_5^0（海西晚期）、T_4^6（印支晚期）、T_4^0（燕山早期）、T_3^0（燕山晚期），划分了 7 个构造层，分别是 TD-T_7^4、T_7^4-T_7^0、T_7^0-T_6^0、T_6^0-T_5^0、T_5^0-T_4^6、T_4^6-T_4^0、T_4^0-T_3^0。结合定性分配方案结果，对各构造期对某构造层的剥蚀起剥点进行详细的刻画，确定后期各构造期对某构造层的剥蚀面积，从而确定分配的剥蚀厚度比例。

以 T_7^4-T_7^0 构造层为例说明剥蚀面积法分期的流程。这个构造层处在奥陶系中晚期，塔里木克拉通主体处于挤压聚敛构造环境，形成克拉通内挠曲拗陷盆地及其周围的克拉通边缘隆起。整体的大地构造背景决定了剥蚀所在的范围和大体强度，分期过程中我们必须要以构造背景为前提，再结合具体情况进行分期。

第一步：确定盆地的叠合不整合发育地区，主要分为塔西南叠合区、塔北叠合区、塔东叠合区、塔中叠合区和塔东南叠合区。

第二步：通过地震剖面可以确定 T_3^0、T_4^0、T_4^6、T_5^0、T_6^0、T_7^0 关键构造界面在盆地不同的隆起区与 T_7^0-T_7^4 构造层的地层接触关系，确定后期各个构造期对 T_7^0-T_7^4 构造层的剥蚀起点，确定剥蚀范围。因为 T_3^0、T_4^0 两个关键构造界面对 T_7^0-T_7^4 构造层没有影响，所有可以不用考虑这两个构造期的影响。同时塔北隆起北部和阿尔金断裂南部持续隆升，地层全部缺失，多期叠合，剥蚀面积法不太适用于其剥蚀厚度的分配，因此剥蚀面积法分配方案中不考虑它的剥蚀面积，以免造成误差。

第三步：以叠合不整合区域为单元，按剥蚀面积比例，分别进行构造层序剥蚀厚度的分期配分。可以确定在某个叠合不整合区 T_7^0 对 T_7^0-T_7^4 构造层的剥蚀比例为 T_7^0 的剥蚀面积除以该叠合不整合所有构造期占的面积，即 T_7^0 的比例为 $S_{T_7^0}/(S_{T_7^0}+S_{T_6^0}+S_{T_5^0}+\cdots)$。在某个叠合区 T_6^0 对 T_7^0-T_7^4 构造层的剥蚀比例为 $S_{T_6^0}/(S_{T_7^0}+S_{T_6^0}+S_{T_5^0}+\cdots)$。在某个叠合不整合区 T_5^0 对 T_7^0-T_7^4 构造层的剥蚀比例为 $S_{T_5^0}/(S_{T_7^0}+S_{T_6^0}+S_{T_5^0}+\cdots)$，其中 $S_{T_6^0}$ 代表 T_6^0 所占的剥蚀面积。以此类推，得到各关键变革期的分配比例。

综上所述，运用剥蚀面积法得到 T_7^4-T_7^0 构造层在其后各关键构造变革期的半定量剥蚀厚度分配。

三、盆地各关键构造期剥蚀特征

（一）加里东中期Ⅰ幕剥蚀特征

加里东中期Ⅰ幕构造运动是由昆仑—阿尔金碰撞造山作用引起的，代表着昆仑—阿尔金加里东碰撞造山作用的起始时间。T_7^4 代表了昆仑—阿尔金加里东碰撞造山作用的初始阶段。在这一构造演化阶段，塔西南隆起、沙雅隆起、卡塔克隆起形成雏形，NWW 向逆冲断裂、NE 和 SW 共轭走滑断裂在隆起带开始发育。

加里东中期Ⅰ幕剥蚀量主要集中在塔北、塔西南、塔中及塔东南几个隆起区，剥蚀厚度为 100～700m。受控于昆仑—阿尔金昆仑碰撞造山作用，古隆起剥蚀带的分布具有 NW 向与 NE 向叠加的特点，在塔西南、塔中形成 NW 向剥蚀带，塔北形成近 EW 向剥蚀带，塔东南形成 NE 向剥蚀带。

沙雅隆起在加里东中期Ⅰ幕运动后呈近 EW 向展布，剥蚀厚度最大可达 680m，剥蚀中心位于拜城附近，向南剥蚀厚度逐渐减小；塔西南隆起分布于现今塔西南拗陷西段及相邻的巴楚隆起西段，呈 NW 向分布，面积较大，与塔东南隆起连通，塔西南隆起最大剥蚀厚度为 400m；塔东南隆起呈 NE 向展布，分布于现今车尔臣河断裂以南，剥蚀厚度为 600m；其余在满加尔地区分布有剥蚀厚度为 0 的未遭受剥蚀区，塘古巴斯地区和塔中地区分布有剥蚀厚度小于 100m 的区域。

（二）加里东中期Ⅲ幕剥蚀特征

加里东中期Ⅲ幕运动形成盆地内志留系与上奥陶统之间明显的角度不整合（对应 T_7^0 反射界面）。在盆地东部的二维地震 TLM-Z70 南北向剖面可以看到，上奥陶统地震反射波组由南向北遭受削截和志留系地震反射波组上超的特征。该时期盆地除满加尔拗陷未遭受剥蚀外，其余地区均遭受了不同程度的剥蚀，剥蚀厚度大小范围与不整合发育地区一致，如在塔北地区、塔西南和塔东南造成了强烈的隆升和剥蚀作用。T_7^0 不整合面所代表的构造事件是昆仑—阿尔金碰撞造山作用的一幕，也可以说是昆仑—阿尔金碰撞造山作用的持续。

该时期盆地内发育的几个古隆起仍然是剥蚀中心，塔西南隆起仍然发育在现今的塔西南拗陷西段—麦盖提斜坡—巴楚隆起，剥蚀厚度为1000～1200m，剥蚀中心位于麦盖提斜坡，与塔东南古隆起连为一体，呈 NW 方向展布。塔东南古隆起仍然呈 NE 向展布，最大剥蚀厚度为 2117m，分布在民丰—且末一线，是加里东中期Ⅲ幕时期的最大剥蚀厚度地区，与车尔臣断裂系统的活动相关。塔中古隆起最大剥蚀量为1000m，与塔中Ⅰ号断裂带和塔中中央主垒带的强烈活动有关。塔北隆起前缘轮台断裂逆冲，塔北地区整体抬升，形成明显的高隆起区，遭受强烈剥蚀作用，剥蚀带沿东西向展布，剥蚀带位于塔里木北部地区，剥蚀厚度最大为 800m。

（三）加里东晚期-海西早期剥蚀特征

加里东晚期-海西早期构造运动发生于志留纪末-中泥盆世，形成 T_6^0 不整合，即前东河砂岩不整合。T_6^0 不整合的地质意义是昆仑—阿尔金碰撞造山作用的结束，或者说是昆仑—阿尔金碰撞造山作用的最后一幕，此后进入造山后应力松弛阶段。在这一构造演化阶段，沙雅隆起、卡塔克隆起进一步抬升，同时，构造挤压、块体调整和构造逃逸作用，致使隆起带内压扭性构造变形进一步加强，NE 和 SW 共轭走滑断裂在隆起带普遍发育。

塔里木盆地在这一构造演化阶段大面积隆升剥蚀，仅在阿瓦提地区及满加尔地区有范围很小的两个零剥蚀区。塔东南隆起、塔西南隆起及卡塔克隆起东南部连成大范围的塔南隆起，致使大面积晚泥盆世前的地层被剥蚀，塔里木克拉通以陆缘碎屑沉积为主。塔西南隆起核部位于捷得 1-胜和 2 井附近，剥蚀量最大可达 1400m；卡塔克隆起仍然呈现为一个 NW 向展布的古隆起，东南部剥蚀量为 600～800m；塔东南古隆起剥蚀强度较大，剥蚀量最大可达 2000m。沙雅隆起范围广，隆升剥蚀作用强，剥蚀量最大为 1500～2000m，并向东延伸至孔雀河斜坡。

（四）海西晚期剥蚀特征

海西晚期构造运动发生在二叠纪末-三叠纪初，形成 T_5^0 不整合。导致这次构造运动的是塔里木盆地北缘南天山洋盆闭合，南天山碰撞造山作用的开始。这一构造事件使塔里木板块内部重新进入区域性挤压构造环境，盆地南北缘以强烈的抬升剥蚀和断裂活动为特征。

在区域南北向挤压构造应力的作用下，盆地内巴楚隆起 NW 向断裂继承性活动，活动强度比海西早期要大得多。此外，沙雅隆起、孔雀河斜坡及塔东南断隆上断裂持续活动。盆地内部及周缘也发生了强烈的隆升剥蚀，南天山山前的下三叠统俄霍布拉克组平行或微角度不整合在上二叠统比尤勒包谷孜群之上，在塔里木盆地北部和东部地区可见三叠系地层角度不整合于前中生界不同层位地层之上；在沙雅隆起南坡和东南隆起北坡的三叠系分别由北向南和由南向北超覆，与前三叠系不同时代的地层呈角度不整合接触；在满加尔及卡塔克地区，与下伏上二叠统地层呈低角度不整合-侵蚀不整合接触。

海西早期运动以后，和田古隆起与卡塔克古隆起已经逐渐沉降并接受石炭系-二叠系沉积。到海西晚期运动时，和田古隆起与卡塔克古隆起已经淹没消失，而塔东南古隆起和沙雅隆起继续发育并连为一体，沙雅古隆起剥蚀量最大可达 1500～1800m。在南天山洋关闭后南天山造山带向盆地内持续逆冲的挤压作用下，巴楚隆起雏形逐渐形成，巴楚隆起西段剥蚀量最大可达 1500m。

海西晚期塔里木盆地古隆起剥蚀带以 NE 和 NNE 向展布为主。海西晚期和田古隆起与卡塔克古隆起已经沉降消失不再发育，沙雅古隆起在加里东中期以来持续发育，持续遭受风化剥蚀，到海西晚期运动时基本定型。这一构造演化阶段可能还形成了巴楚隆起的雏形。

（五）印支期剥蚀特征

印支期构造运动发生在三叠纪末，对应的是 T_4^6 不整合面，即侏罗系与三叠系之间的不整合。它代表的是南天山碰撞造山作用的结束。自此，南天山碰撞造山带进入造山后构造演化阶段。在这一构造演化阶段，塔里木盆地内部，特别是东部地区发生大面积隆升剥蚀和局部断块活动，形成了侏罗系与三叠系及下伏地层广泛的区域不整合。

塔里木盆地印支期剥蚀强度，东部明显强于西部。盆地东部大面积隆升，沙雅古隆起、塔东北古隆起和塔东南古隆起连为一体，沙雅隆起的雅克拉断凸剥蚀量最大可达 1200m，在孔雀河斜坡剥蚀量一般为 400～600m，在塔东南隆起东部剥蚀量为 600～900m，塔东南西段剥蚀量较小，为 200～300m。巴楚隆起持续隆升，剥蚀量为 300～600m。盆地中部及塔西南山前几乎未遭受剥蚀。

（六）燕山晚期剥蚀特征

燕山晚期构造运动主要发生在白垩纪末，形成 T_3^0 不整合面，即古近系与下伏地层之间的不整合面。早白垩世期，塔西南拗陷再次呈现断陷盆地性质，并伴随有岩浆活动，库车拗陷、沙雅隆起、东北拗陷几近连片，沙雅隆起沉降成为水下隆起，拗陷和隆起的展布则与塔西南断陷一致，呈 NW-SE 向。晚白垩世期，除塔西南断陷仍发育外，塔里木克拉通大部地区都处于抬升状态并遭受剥蚀。盆地内部发生明显的褶皱和冲断，上白垩统大面积缺失，形成古近系与白垩系及下伏地层的较广泛不整合。

燕山晚期构造隆升和剥蚀作用主要发生在沙雅隆起、孔雀河斜坡山前带、塔东南山前带、塔西南山前带及巴楚隆起。沙雅地区剥蚀量为 800～1200m，剥蚀主要受轮台—亚南断裂控制，孔雀河斜坡山前带剥蚀量为 400～800m，主要受山前带一系列活动断层控制，塔东南山前带剥蚀量最大可达 600m，塔西南山前带剥蚀量普遍为 200～400m，巴楚隆起持续隆升，剥蚀量为 400～800m。

（七）喜马拉雅晚期剥蚀特征

喜马拉雅晚期构造运动主要发生在新近纪至今。这期构造运动是由印度板块—欧亚板块碰撞的远程效应引起的。塔里木盆地及周边造山带进入陆内造山和陆内前陆盆地演化阶段。塔里木板块及其南、北广大地区发生强烈的陆内变形及地壳的增厚和缩短。天山构造带强烈抬升，阿尔金大型左旋走滑以及西昆仑和喀拉昆仑大型右旋压扭活动都自渐新世开始发生。在边界构造作用的控制下，塔里木盆地也开始了大规模的挤压沉降并接受沉积，沉降和沉积中心主要位于盆地边缘地带，如库车前陆盆地和塔西南前陆盆地等。

喜马拉雅晚期构造隆升和剥蚀作用主要发生在巴楚隆起、塔西南山前带、塔东南山前带及孔雀河斜坡山前带。巴楚隆起强烈隆升，剥蚀量为 300～1200m，剥蚀主要受巴楚隆起 NW 向逆冲断裂控制，塔西南山前带剥蚀量普遍为 200～400m，孔雀河斜坡山前带剥蚀量 400～800m，塔东南山前带剥蚀量最大可达 600m，主要受山前带一系列活动断层控制。

第七节　盆地关键构造期古构造特征

一、震旦系顶面（T_9^0 地震反射波）古构造演化特征

整个震旦系沉积期，塔里木盆地处于弱伸展环境，至震旦系沉积期末发生柯坪运动，寒武系与震旦系之间形成角度不整合，震旦系减薄甚至尖灭，中央隆起带震旦系普遍缺失严重。整个震旦系顶面（T_9^0 地震反射波）在后期构造运动中的形态变化简介如下。

（1）加里东中期Ⅰ幕运动。加里东中期Ⅰ幕运动前后，整个震旦系顶面（T_9^0 地震反射波）呈现出“西

台东盆”的构造格局。满参1井—古城4近南北向连线以东主要为斜坡-深盆相拗陷。早寒武世时期由于南天山洋持续稳定扩张，使得塔里木古克拉通东部库满坳拉槽为稳定的碳酸盐岩建造为主的沉积盆地。中-晚寒武世与早寒武世古地理格局基本一致，由于库满坳拉槽的逐步充填，其斜坡相带的位置有所改变。早奥陶世库满坳拉槽在早期断陷盆地奠定的基地斜坡的基础上，发育台缘斜坡-深海-半深海相碳酸盐岩、碎屑岩。西部广大地区发育碳酸盐岩台地，由局限台地-半局限台地-开阔台地组成；塔西南的和田古隆起平面呈NW-SE向，已经开始发育雏形，而在塔中、塔北大部分地区为平缓稳定的碳酸盐岩台地。

（2）加里东中期III幕运动。加里东中期III幕运动前后，震旦系顶面（T_9^0地震反射波）构造形态与前期相比发生一些改变，“西台东盆”的古地理格局未发生明显的变化。塘古巴斯地区已经形成明显的沉积拗陷，表明该拗陷主要为加里东中期III幕运动中形成的构造挤压型拗陷，与满加尔沉积拗陷具有较大差异。塔西南地区整体隆升较强，古隆起此时处于发育巅峰期，方向仍以NW为主；塔中卡塔克地区古隆起雏形已经较明显，表现为NW向的大型穹状隆起，闭合幅度近2000m；塔北沙雅地区形成近EW向的隆起，沙西、阿克库勒、哈拉哈塘基本为整体隆起形态，未出现隆拗相间的格局；顺北—阿东—阿瓦提地区，此时整体处于斜坡位置，向东往满加尔拗陷倾伏。塔东古城墟地区形成隆起的雏形，而满加尔拗陷的沉积范围及沉降幅度变大。

（3）海西早期运动。海西早期运动前后，震旦系顶面（T_9^0地震反射波）整体继承前期的构造形态，但局部地区仍发生了一些较大改变，如满加尔拗陷的沉积范围及规模变大，而塘古巴斯拗陷的沉积范围及规模相比前期缩小。塔西南和田古隆起的形态、范围及幅度均发生了重大变化，首先隆起高部位往南偏移，隆起幅度变小，隆起方向由NW转向于NE向。沙雅隆起隆起向北抬升，范围也相比前期扩大。卡塔克古隆起相对前期变化不大，整体仍呈NWW向隆起展布。阿瓦提地区开始形成较浅的拗陷，并显示出顺托果勒低隆的形态。

（4）海西晚期运动。海西晚期运动前后，震旦系顶面（T_9^0地震反射波）与前期的构造形态发生较大改变，主要表现为“拗扩隆缩”。满加尔拗陷、塘古巴斯拗陷范围及沉积幅度较海西早期明显变大，同时阿瓦提拗陷基本成型。塔西南和田古隆起范围及隆升幅度大幅度减小，叶城—喀什地区处于隆起围斜部位。卡塔克隆起西北部基本已经沉没，仅中央主垒带表现为窄条状的构造高，且主要集中在东部地区。沙雅隆起范围向北大幅度收缩，沙雅隆起主体已经演变为斜坡，且EW方向上出现隆拗相间的格局，表明受到EW向构造挤压应力的作用。巴楚隆起构造范围变大，构造幅度升高；塔东古城墟隆起范围及隆升幅度变化不大。

（5）印支运动。印支运动前后，震旦系顶面（T_9^0地震反射波）基本继承前期的构造形态，主要变化是塔西南和田古隆起大部分沉没，仅桑株1井—玉北1井连线仍表现出低缓的隆起，巴楚地区西北部仍处于隆升状态，且范围有所扩大；塔北沙雅隆起范围进一步向北收缩，隆起主要集中在雅克拉断凸一线，其余大部分地区为缓坡。塔中卡塔克隆起形态基本沉没，古城墟地区隆起范围及幅度也大幅缩小；满加尔—阿瓦提拗陷范围扩大，基本连为一体。

（6）燕马拉雅晚期运动。燕马拉雅晚期运动前后，震旦系顶面（T_9^0地震反射波）基本继承前期的构造形态，同时前期的和田残余隆起基本淹没，整个塔西南处于平缓台地形态，其余几个古隆起也均表现为平缓台地形态。满加尔、塘古巴斯、阿瓦提三大拗陷形态明显。

（7）喜马拉雅早期运动。喜马拉雅早期运动前后，震旦系顶面（T_9^0地震反射波）整体仍继承前期的构造形态，但局部地区也发生了一些改变，主要是塔西南和田古隆起、塔北沙雅隆起及塔东古城墟隆起范围较前期扩大，且隆升幅度也较明显，表明受构造挤压作用古隆起重新活化。此外，巴楚隆起范围和隆升幅度快速增大，表现出明显的隆起形态。满加尔拗陷、塘古巴斯拗陷形态仍较明显，而阿瓦提拗陷沉降幅度减小。

塔里木盆地震旦系顶面（T_9^0地震反射波）的古构造特征总体上具有如下演化特征：塔西南和田、塔北沙雅、塔中卡塔克三大古隆起在加里东中期处于鼎盛发育期，隆起范围和幅度较其余时期明显扩大，而从海西晚期开始逐渐萎缩淹没，至燕山期基本沉没，而到喜马拉雅期又开始重新复活，为喜马拉雅期油气聚集提供了较好条件。而满加尔、塘古巴斯与阿瓦提3个拗陷形成时期与成因机制均有差异。满加尔拗陷为继承性发展的沉积拗陷；塘古巴斯拗陷为加里东中期III幕构造挤压形成的拗陷，后期一直处于继承性拗陷状态；阿瓦提拗陷是海西期形成的沉积拗陷，之后一直为继承性拗陷。

二、中-下奥陶统顶面（T_7^4地震反射波）古构造演化特征

中奥陶世末，昆仑—阿尔金碰撞造山作用产生的挤压构造应力改变了塔里木盆地寒武纪-中奥陶世的古隆拗格局和构造古地理面貌。受加里东中期Ⅰ幕构造运动影响，塔里木盆地下古生界呈现隆拗相间的构造格局，形成塔西南和田古隆起、塔中卡塔克隆起、塔北沙雅隆起等古隆起雏形。在塔里木盆地加里东中期Ⅰ幕不整合（T_7^4界面）俯视地质图上，盆地南北两侧出露地层老、中部出露地层新。以轮台—亚南断裂和车尔臣断裂为界，中部台盆区内主要出露中-下奥陶统，南北两侧库车和塔东南地区则缺失寒武系-中奥陶统，出露地层为前震旦系。台盆区和田古隆起、中央隆起、沙雅隆起北部主要出露鹰山组及局部潜山部位的蓬莱坝组；阿瓦提—顺托果勒斜坡、塘古巴斯拗陷主要出露一间房组碳酸盐岩地层；塔东北拗陷为黑土凹组泥灰岩、泥岩地层；盆地中西部奥陶系广泛发育的台地相碳酸盐岩，为加里东中期Ⅰ幕及后期岩溶缝洞储层以及内幕白云岩储层的形成提供了有利的物质基础。

（1）加里东中期Ⅰ幕运动。加里东中期Ⅰ幕运动后，中-下奥陶统顶面（T_7^4地震反射波）呈现出“西高东低、三隆两拗”的构造格局。隆起有塔西南和田古隆起、塔中卡塔克古隆起和塔北沙雅古隆起。其中，和田古隆起规模最大，范围包括现今的麦盖提斜坡及巴楚西南部地区，平面近SE-NW向展布，隆起幅度可达700m左右；塔中卡塔克古隆起位于克拉通中部形成孤立的古隆起，平面呈NW-SE向、西部宽缓东部陡窄的扫帚状展布，往东北有一缓坡（顺南缓坡），平面呈近SN向；塔北沙雅古隆起平面呈近EW向展布，闭合高度可达500m，隆起北翼较陡，南翼宽缓，为两翼不对称的边缘隆起；塔北与塔中古隆起之间由宽缓的顺托果勒低隆起连接。满加尔是这一阶段一较大规模的拗陷。

（2）加里东中期Ⅲ幕运动。上奥陶统沉积后发生了加里东中期Ⅲ幕运动，中-下奥陶统顶面（T_7^4地震反射波）“西高东低、三隆两拗”的整体构造格局未发生重大变化，仅局部有所分异。塔西南古隆起此时处于发育巅峰期，演化为南翼较陡、北翼宽缓的隆起，古隆起也开始不断向NE方向旋转；塔中卡塔克古隆起于该期定型，表现为NW向的大型穹状隆起，闭合幅度近2000m；塔北沙雅古隆起为不规则的长轴状，呈NEE走向，沙西、阿克库勒、库尔勒、雅克拉凸起与哈拉哈塘、草湖凹陷形成“四凸两凹”的构造雏形；此时塔东古城墟地区形成隆起的雏形，而阿瓦提地区开始形成低凹的雏形，满加尔与塘古巴斯拗陷的范围及沉降幅度变大。

（3）海西早期运动。志留系-中泥盆统沉积后发生海西早期运动，中-下奥陶统顶面（T_7^4地震反射波）古隆起的范围及规模变小，而古拗陷的范围及规模变大。塔西南和田古隆起的形态、范围及幅度均发生了重大变化，首先隆起高部位往南偏移，隆起幅度变小，隆起方向由NW转向NE向；塔北沙雅隆起延伸方向、幅度变化不大，“四凸两凹”的构造格局更明显；塔中卡塔克古隆起相对前期隆起范围大幅度减小，主要集中在东南潜山及中央主垒带部位；塔东古城墟隆起加剧，范围也变大，呈NE向展布。阿瓦提与满加尔拗陷范围扩大，与顺托果勒地区整体呈近EW向拗陷状态，塔北沙雅古隆起变得更为宽缓，并与塔中卡塔克古隆起完全分隔开。

（4）海西晚期运动。石炭系-二叠系沉积后发生了海西晚期运动，中-下奥陶统顶面（T_7^4地震反射波）构造格局较前期发生了重大变化。塔西南和田古隆起延伸方向仍然为NE向，但构造范围明显减小、隆起幅度明显降低，主要萎缩至和田一带；而巴楚隆起构造范围明显变大，构造幅度明显增高，特别是巴楚西北部地区可能开始强烈隆升；塔东古城墟隆起范围及隆升幅度变大，塔中卡塔克古隆起的隆起幅度减小，东端延伸并与古城墟隆起西端相连；塔北沙雅隆起演化为低缓的隆起，范围明显缩小。此时期的主要负向构造单元为满加尔拗陷、阿瓦提拗陷及喀什凹陷，塘古巴斯拗陷范围及幅度减小。

（5）印支运动。三叠系沉积后发生了印支运动，中-下奥陶统顶面（T_7^4地震反射波）构造形态变化主要在西部。巴楚地区强烈隆起，隆起幅度高、范围大，并向和田方向延伸；塔北沙雅隆起为NE向的鼻状凸起，塔中、塔东古城墟地区处于低平的古地理环境；满加尔—阿瓦提拗陷范围扩大。

（6）燕山晚期运动。白垩系沉积后发生了燕山晚期运动，盆地处于近SN（SSE-NNW）向的构造挤压中，盆地东北部隆升明显剥蚀强烈，而塔西南、巴楚等地上升为陆，这种背景对中-下奥陶统顶面（T_7^4地震反射波）形态产生着重要影响。满加尔和阿瓦提拗陷的范围扩大，致使塔北隆起范围不断减小。满加尔

坳陷北部演化为斜坡区。巴楚隆起形态变化不大，但由于西南抬升而使其南翼变陡。

塔里木盆地中-下奥陶统顶面（T_7^4 地震反射波）的古构造特征总体上具有如下演化特征：塔北沙雅、塔中卡塔克古隆起继承性发展，规模逐渐减小；塔西南和田古隆起加里东早期形成，往后期规模逐渐减小；塔东古城墟隆起在加里东晚期形成雏形，海西早期发育成型；而巴楚隆起在海西早期形成雏形，海西晚期发育成型，后期印支期-喜马拉雅期发育扩大。

三、中-下泥盆统顶面（T_6^0 地震反射波）古构造演化特征

海西早期构造运动形成的 T_6^0 不整合面，代表着昆仑-阿尔金碰撞造山作用的结束。东河砂岩的超覆沉积，拉开了造山后构造演化阶段的序幕。在这一构造运动过程中，和田古隆起、卡塔克古隆起和塔东南古隆起逐渐连为一体。塔里木盆地海西早期运动侵蚀面（T_6^0 界面）俯视图上，(S-D)$_{1\text{-}2}k$ 主要分布于盆地中部呈 EW 向展布，志留系由盆内向两侧逐渐削截甚至尖灭，构成一个近 EW 向展布的大型的复式向斜构造。车尔臣断裂以南主要出露前震旦系，轮台-亚南断裂以北及断裂带内部主要出露寒武系及前震旦系，轮台-亚南断裂以南、车尔臣断裂以北、孔雀河斜坡山前带及和田古隆起东南部有奥陶系不同层位地层出露。该地层展布特征可以初步确定海西早期古隆起的分布范围。

塔里木盆地海西早期运动侵蚀面（T_6^0 界面）仰视图上，和田古隆起及卡塔克古隆起在经历了海西早期运动后就基本定型，逐渐沉降被 $D_3d\text{-}C_1b$ 覆盖。而沙雅隆起、塔东南隆起的前寒武系则被中新生代不同层位的地层所覆盖，反映出沙雅隆起和塔东南古隆起多期活动的特征。孔雀河地区则表现为 J-K 覆盖在上奥陶统之上。中-下泥盆统顶面（T_6^0 地震反射波）在各关键期的隆坳格局及古构造演化特征如下。

（1）海西早期运动。海西早期运动使地层遭受强烈剥蚀后，中-下泥盆统顶面（T_6^0 地震反射波）整体呈“东高西低、南北高中间低”的构造格局。盆地东部、南部大范围抬升剥蚀，塔东古城墟隆起、孔雀河地区、塔中地区隆升范围和幅度均较大；而塔北沙雅隆起、巴楚地区发育鼻状凸起。

（2）海西晚期运动。二叠系沉积期末发生海西晚期运动，中-下泥盆统顶面（T_6^0 地震反射波）整体形态继承海西早期隆坳格局。盆地东南、东北部进一步抬升剥蚀并大范围隆升，而西部地区坳陷范围扩大，高点主要在巴楚隆起西北部，巴楚隆起形成雏形。其他如和田、卡塔克及满东地区存在规模较小的一些高点，平面分布较为分散。

（3）印支运动。三叠纪末印支运动期间，中-下泥盆统顶面（T_6^0 地震反射波）整体形态展现为“中间低两边高”的特征，这与三叠系主要沉积在盆地中部有直接关系。此时，阿瓦提坳陷与塘古巴斯坳陷相连成一条 NW-SE 向深沟，把塔里木盆地分隔成东西两部分：东侧的古城墟隆起与塔北沙雅隆起相连成一高台阶，西侧的巴楚隆起抬升幅度更高，范围扩大，并往西南呈一大斜坡。

（4）燕山运动晚期。中-下泥盆统顶面（T_6^0 地震反射波）在白垩纪末（燕山运动晚期），整体形态展现为“西高东低、南北高中间低”的特征。西部巴楚隆起幅度和范围扩大，此时期阿瓦提、塘古巴斯和满加尔三大坳陷基本相连。由于东部坳陷范围加大，前期形成的高台阶断开，保留古城墟鼻凸。

（5）喜马拉雅运动早期。中-下泥盆统顶面（T_6^0 地震反射波）在古近纪末（喜马拉雅运动早期），整体形态展现为“西高东低”的特征。西部巴楚隆起幅度和范围进一步扩大，而沙雅隆起范围及幅度大大缩小，盆地周缘塔西南、塔东南及库车坳陷形成，盆地内部阿瓦提、塘古巴斯和满加尔三大坳陷相连。

第八节　塔里木盆地四大古隆起差异演化特征

塔里木盆地不同的构造演化阶段有不同的隆坳格局，形成了一系列的隆起和坳陷。古隆起作为油气富集区的关键控制因素，决定着区域性油气运聚方向，因此古隆起的研究一直是石油地质研究的重要课题。沙雅古隆起、卡塔克古隆起、巴楚古隆起和塔西南（和田）古隆起与油气关系密切，是塔里木盆地最重要的 4 个古隆起。沙雅古隆起的形成演化控制着塔河、英买力和牙哈 3 个油气富集区的形成（孙龙德，2004），卡塔克古隆起的形成演化控制着塔中油气富集区的形成（孙龙德等，2006），巴楚和塔西南古隆起的形成演化控

制着巴麦地区的油气运聚成藏过程。这四大古隆起一直是塔里木石油人所关注的重点对象。

一、四大古隆起的基本特征

沙雅古隆起、卡塔克古隆起、巴楚古隆起和塔西南（和田）古隆起是塔里木盆地经过漫长的地质演化历史形成的，它们具有不同形成演化历史，构造特征也有明显差异（图 2-27，表 2-4 和表 2-5）。

（1）沙雅古隆起。沙雅古隆起位于塔里木盆地北部，北靠库车褶皱冲断带，南邻阿瓦提拗陷—顺托果勒低隆—满加尔拗陷，近东西向延伸。它是一个多旋回演化的古隆起，形成于加里东期，后经过海西期、印支期-燕山期两期隆升改造，定型为库车周缘前陆盆地的前缘隆起。喜马拉雅期快速沉降，深埋在巨厚的新生界碎屑岩之下，成为北塔里木陆内前陆盆地前渊带的组成部分，演变为一深埋古隆起。沙雅古隆起是塔里木盆地台盆区油气最富集的一级构造单元，在塔里木油气勘探开发中起着举足轻重的作用。因油气富集，塔北沙雅古隆起一直为塔里木人所青睐，勘探、研究程度较高。

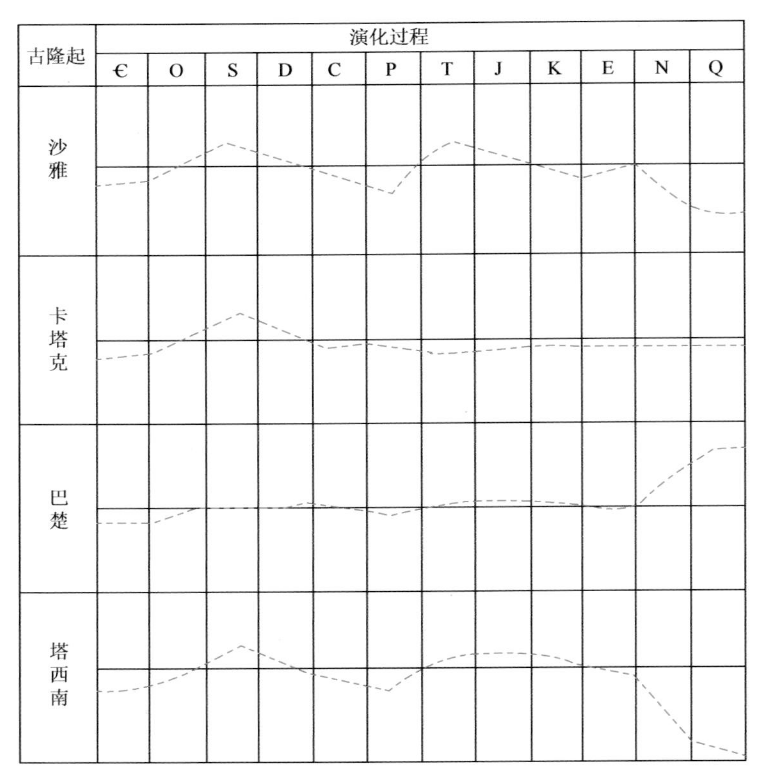

图 2-27　沙雅、卡塔克、巴楚、塔西南古隆起差异演化对比图

（2）卡塔克古隆起。卡塔克古隆起位于塔里木盆地的腹地，为一个大型基底卷入型复式断背斜。该古隆起长轴呈 NW—SE 向延伸，向 NW 向倾伏，向 SE 向抬升，向 NW 向撒开，向 SE 向收敛。卡塔克古隆起是一个塔里木古生代克拉通盆地内长期发育的古隆起，形成演化历史可以追溯到早古生代，加里东期形成、早海西期定型、晚海西期调整改造、中-新生代均匀沉降。卡塔克古隆起总体表现出早期构造活动强烈，多伴生断裂、褶皱构造；晚期构造活动稳定，缓慢升降的演化特点。该古隆起因塔中 4 井等油气田的发现而闻名，控制着塔中复式油气聚集区的形成（孙龙德等，2006），是塔里木盆地油气勘探开发的重要基地之一。

表 2-4　塔里木盆地中奥陶世末古隆起特征

隆起名称	划分依据	隆起要素				几何形态	隆起性质	成因机制
		轴向	长/km	宽/km	面积/km²			
塔西南古隆起	上奥陶统向古隆起高部位超覆，T_7^4 不整合	NW	280	70	18000	向南凸出的椭圆形；两翼基本对称的宽缓隆起	周缘前陆盆地前缘隆起	昆仑—阿尔金碰撞造山作用

续表

隆起名称	划分依据	隆起名称				几何形态	隆起性质	成因机制
		轴向	长/km	宽/km	面积/km²			
塔北卡塔克古隆起	上奥陶统向古隆起高部位超覆，T_7^4不整合	NW	210	88	11300	椭圆形；向东收敛、北陡南缓的低缓水下隆起	周缘前陆盆地前缘隆起	昆仑—阿尔金碰撞造山作用
塔北沙雅古隆起	上奥陶统向古隆起高部位超覆，T_7^4不整合，上奥陶统生长地层	NE	330	50	10100	两翼基本对称的长轴状低缓水下隆起	克拉通边缘隆起	昆仑—阿尔金碰撞造山作用

表 2-5　塔里木盆地奥陶纪末古隆起特征

隆起名称	划分依据	隆起要素				几何形态	隆起性质	形成机制
		轴向	长/km	宽/km	面积/km²			
塔西南古隆起	志留系向古隆起高部位超覆-尖灭，T_7^0不整合	NW	320	70	19400	两翼基本对称的南凸椭圆形宽缓短轴状隆起	周缘前陆盆地前缘隆起	昆仑—阿尔金碰撞造山-造山后
塔中卡塔克古隆起	志留系向古隆起高部位超覆-尖灭，T_7^0不整合	NW	185	45	6800	纺锤形向东倾伏收敛、北陡南缓的低缓水下隆起	周缘前陆盆地前缘隆起	昆仑—阿尔金碰撞造山-造山后
塔北沙雅古隆起	志留系向古隆起高部位超覆-尖灭，T_7^0不整合。上奥陶统—志留系生长地层	NE	300	65	16000	两翼基本对称长轴状低缓水下隆起	克拉通边缘隆起	昆仑—阿尔金碰撞造山-造山后

（3）巴楚古隆起。巴楚古隆起位于塔里木盆地西部，受断裂控制形成，是具有断隆性质的活动性隆起。它是在古生代和中生代塔西南古隆起的基础上形成的，是塔里木盆地台盆区最新的一个隆起构造单元。现今的巴楚古隆起是塔西南晚新生代陆内前陆盆地的前缘隆起带。巴楚古隆起的形成演化控制着巴麦地区的油气成藏。

（4）塔西南古隆起又称和田古隆起，位于塔里木盆地西南坳陷。它与沙雅古隆起、卡塔克古隆起的形成时间基本一致，均为加里东期，经历了后期多次构造叠加。目前，该古隆起深埋于西南坳陷巨厚的新生代沉积之下，构造部位处于塔西南新生代陆内前陆盆地的前渊带，为一深埋古隆起。塔西南古隆起与沙雅古隆起类似，但是塔西南古隆起的埋藏深度要大得多，隆起幅度却较小。塔西南古隆起的形成演化对巴麦地区的油气运聚成藏有直接的影响。

二、四大古隆起的形成演化过程

晚前寒武纪罗迪尼亚超大陆裂解，塔里木地块从超大陆中裂解出来。寒武纪-中奥陶世，塔里木地块游离于古特提斯洋，整体处于区域性构造伸展状态，东西分异，塔里木盆地的四大古隆起均未形成。四大古隆起中，沙雅、卡塔克和塔西南古隆起自中奥陶世开始演化，巴楚古隆起在塔西南古隆起的基础上，形成于新生代，因此，本书从加里东中期Ⅰ幕开始讨论它们的形成演化。

（一）加里东中期Ⅰ幕

中奥陶世末-晚奥陶世初，加里东中期Ⅰ幕构造运动结束了塔里木盆地此前长期的区域性伸展构造背景，盆地的构造应力状态由区域性伸展转变为区域性挤压。受控于昆仑—阿尔金碰撞造山作用所产生的强大的区域性挤压构造应力场，沙雅、卡塔克和塔西南拉开了古隆起演化的帷幕。NW-SE 向延伸的卡塔克古隆起和塔西南古隆起，主要反映了昆仑碰撞造山作用由 SW 向 NE 的挤压构造应力；长轴近 EW 向展布的沙雅古隆起，显示昆仑碰撞造山作用产生的由 SW 向 NE 的挤压构造应力和阿尔金碰撞造山作用产生的由 SE 向 NW 的挤压构造应力，在塔北地区交汇形成的近 NS 向合应力。

中奥陶世末-晚奥陶世初，昆仑—阿尔金碰撞造山作用在塔中地区所产生的挤压构造应力，形成塔中Ⅰ号断裂和塔中南缘断裂。受塔中Ⅰ号断裂和塔中南缘断裂的控制，卡塔克隆起的雏形开始形成。卡塔克古隆起与东侧的古城墟隆起及西侧的和田河（塔西南）古隆起，可能同属于昆仑—阿尔金碰撞造山带周缘前陆盆地的前隆带。当时，巴楚隆起位于该前隆带的北部斜坡部位。

加里东中期Ⅰ幕，塔北沙雅古隆起为以大型基底卷入型复式背斜，以挠曲变形为主，断裂构造不甚发育，仅形成了为数不多的冲断构造。同时，沉积建造中碎屑物质也显著增多，结束了碳酸盐岩的主导地位。T_7^4 不整合形成的时间大致相当于沙雅古隆起形成演化的起始时间。古隆起的高部位（背斜核部）位于秋里塔格一带，现今的沙雅隆起的主体为古隆起的南翼。

（二）加里东中期Ⅲ幕

晚奥陶世末-志留纪初的加里东中期Ⅲ幕构造运动中，西部的昆仑碰撞造山作用逐渐减弱，东部的阿尔金碰撞造山作用明显加强。塔西南古隆起隆升速度明显减慢，古隆起范围向东逐渐萎缩。现今巴楚古隆起的主体几乎全部沦为沉积区。

卡塔克古隆起的隆升速率也衰退，古隆起范围缩小，成为一向西北倾伏的鼻状隆起。隆起高部位的中-上奥陶统碎屑岩遭受强烈剥蚀，部分下奥陶统灰岩也遭受到剥蚀，形成志留系与下伏地层之间的不整合。这也是古潜山圈闭的重要形成期。奥陶纪末，塔中Ⅰ号断裂、中央主垒带断裂等再次活动，并导致大量次级派生断裂生成。它们控制了卡塔克古隆起的持续演化。

沙雅古隆起持续隆升，晚奥陶世-志留纪地层显示出明显的生长地层特征，是塔北沙雅古隆起持续隆升的重要证据。在这个隆升过程中，古隆起的高部位会发生部分暴露，遭受风化剥蚀，从而形成了志留系与下伏地层之间的不整合，即 T_7^0 不整合。

东部阿尔金碰撞造山作用产生的强大的构造挤压应力，造成了塔东南地区的大面积隆升，形成塔东南古隆起。由于塔东南地区大面积缺失古生代地层，中-新生界直接不整合于前南华系结晶基底之上，因此塔东南古隆起的确切形态和隆升过程难以准确刻画。

（三）海西早期

以东河砂岩与下伏地层之间的不整合为标志，昆仑—阿尔金碰撞造山作用结束，进入造山后应力松弛阶段，卡塔克古隆起定型；沙雅古隆起基本定型；塔西南古隆起继承加里东中期Ⅲ幕的构造格局，塔东南和塔东连为一片，构成大型塔东古隆起。

东河砂岩沉积之前，沙雅古隆起进一步隆升。雅克拉凸起和阿克库勒低凸起继续一体演化，没有分异；塔河—轮南向西南方向倾伏的大型鼻状背斜基本定型，为轮南—塔河特大型油田的形成提供了有利的区域构造背景。在这一地质历史阶段，英买力地区可能仍然没有成为沙雅古隆起的一部分，或者仅处于沙雅古隆起的边坡部位。这一地质历史阶段的断裂构造主要是一些压扭性断层，以轮东走滑断裂构造带和羊屋 2 号走滑断裂构造带为代表。同时，还存在大量常规地震解释无法识别的断裂。

海西早期运动对卡塔克古隆起的构造演化具有重要意义，它形成 T_6^0 不整合，同时也标志着卡塔克古隆起的定型。晚泥盆世-石炭纪，海水从西南向东北侵入，卡塔克古隆起大面积沉降，接受了沉积，成为埋藏古隆起。东河砂岩以“填平补齐”方式沉积，在地貌较高地方沉积减薄或超覆尖灭，为地层超覆圈闭的形成创造了条件。

巨型塔东古隆起的形成，可能反映了阿尔金造山作用的加强。塔东古隆起最直接的证据是上古生界的大面积缺失。

（四）海西晚期

海西晚期古隆起受二叠纪大陆裂谷作用和二叠纪末发生的南天山碰撞造山作用的双重控制。受二叠纪大陆裂谷作用控制，塔里木盆地大面积沉降，接受火山岩-火山碎屑沉积，卡塔克古隆起、塔西南古隆起、巴楚古隆起均沉降，成为盆地沉积区。塔东南古隆起也严重萎缩，呈 NE-SW 向的条带状分布于阿尔金山前。南天山碰撞造山作用维持了沙雅地区的古隆起状态，并在库鲁克塔格山前地区形成孔雀河古隆起。

塔北地区二叠纪强烈的岩浆活动及其相关的断裂构造见于英买力地区，其他地区的岩浆活动都比较弱。总体趋势是由东向西逐渐加强：在轮南—塔河油田及其以东，二叠纪岩浆作用不明显；在哈拉哈塘地区，二叠纪的断裂构造已经很明显，而且可能也有较多的岩浆活动；到英买力地区，二叠纪岩浆作用异常强烈，致使古生代地层受到强烈破坏，造成地震解释的困难。这期岩浆作用极大地增加了英买力地区地质构造情况的复杂性，也进一步加剧了英买力低凸起与沙雅隆起其他构造单元之间的差异。

二叠纪大陆裂谷作用及其伴生的大陆裂谷型岩浆活动，对卡塔克古隆起起到了一定的改造作用。古隆起西部岩浆活动较明显。中基性火山岩喷发及辉绿岩侵入，同时地幔上拱也造成石炭系地层的向上拱曲及下二叠统地层在构造高部位的"顶薄翼厚"现象，形成大量的披覆背斜构造。在这一阶段，卡塔克的隆起地貌形态已不明显。

巴楚隆起和塔西南古隆起在二叠纪大陆裂谷作用过程中，全部沉降接受火山岩-火山碎屑岩为代表的沉积建造，是古隆起演化的持续沉降期。其中，巴楚地区是塔里木盆地二叠纪岩浆活动最强烈的地区之一。

（五）印支期-燕山期

印支期-燕山期是南天山从碰撞造山到造山后的一个完整的构造旋回。中天山与塔里木发生的碰撞造山作用形成了南天山造山带。造山带南缘进入库车周缘前陆盆地演化阶段。塔北沙雅隆起受轮台和亚南断裂大规模冲断作用的控制，再次大规模隆升，成为库车周缘前陆盆地的前缘隆起。这一地质构造演化阶段，塔北沙雅隆起各构造单元结束了"各自为政"的差异演化的历史，整体隆升、统一演化，最终成为一个统一的古隆起。海西晚期-印支期也是沙雅古隆起的定型期。沙雅隆起的主干断裂基本上都形成于这一构造演化阶段或者在这一构造演化阶段复活，包括轮台断裂、亚南断裂、英买 1-英买 8 断裂、轮南断垒、桑塔木断垒、轮西断裂等。另外，还有英买力地区沿中寒武统膏盐层发育的滑脱断层，以及阿克库勒低凸起沿石炭系膏盐层小规模的滑脱断层。轮台断裂的大规模冲断，将此前一直一体演化的雅克拉凸起和阿克库勒凸起一分为二。轮台断裂由北向南的大幅度冲断作用，使位于断层上盘的雅克拉凸起的隆升幅度明显大于阿克库勒凸起；轮台断裂西段的冲断作用，使断裂北盘的沙西低凸起和雅克拉凸起，相对于哈拉哈塘地区有较大幅度的抬升，从而造成了哈拉哈塘地区的相对沉降。英买 10-羊塔 8 断裂的楔状冲断作用，致使沙西低凸起和雅克拉凸起之间形成了一个明显的落差，构成了两个次级构造单元的分界。

三叠纪末-侏罗纪初，南天山造山带进入造山后应力松弛阶段，塔里木盆地再次处于区域性伸展构造背景。在此区域性伸展构造背景下，形成了一系列正断层。虽然构造背景由三叠纪的区域性挤压转变为侏罗纪的区域性伸展，但是侏罗纪仍继承三叠纪的古地理格局，沙雅古隆起继续存在，侏罗系逐渐向隆起高部位超覆。至白垩纪，沙雅古隆起最终完全沉降于水下；白垩系广泛分布，掩覆于沙雅古隆起之上；沙雅古隆起成为埋藏古隆起。这一构造-古地理状态一直持续到古近纪。

中-新生代为卡塔克古隆起均匀沉降阶段，构造变动微弱，表现为整体的缓慢沉降或降升，对石炭系之下隆起的形态影响不大。但是，微弱的构造调整，对油气成藏仍有重要意义。

巴楚隆起西南部与西南拗陷主体、柯坪断隆一同构成了塔西南中生代古隆起。塔西南古隆起整体隆升，大面积缺失几乎全部中生代地层，直至古近纪短暂沉降，巴麦地区接受厚度不大的古近纪沉积，形成古近系与下伏地层之间的不整合。

（六）喜马拉雅早期

新生代，喜马拉雅造山作用的远程效应，引起南天山、昆仑和阿尔金造山带的复活，发生陆内造山作用。造山楔向塔里木盆地推进，在南天山山前形成库车褶皱冲断带、柯坪褶皱冲断带和北塔里木前陆盆地；在昆仑山前形成昆仑山前褶皱冲断带和塔西南陆内前陆盆地。塔里木盆地进入陆内前陆盆地演化阶段。

在陆内造山-陆内前陆盆地演化过程中，随着岩石圈的挠曲沉降，塔北和塔西南地区大幅度快速沉降，沙雅古隆起和塔西南古隆起的主体部位分别演变为北塔里木和塔西南陆内前陆盆地的前渊带，被巨厚的新生代地层覆盖，成为深埋古隆起。受控于色力布亚、麻扎塔格、阿恰、吐木休克等边界断裂的大规模冲断作用和塔西南陆内前陆盆地形成过程中的岩石圈挠曲变形，巴楚隆起大规模快速隆升，成为塔西南陆内前陆盆地的前隆。

在新生代陆内造山-陆内前陆盆地演化的早期阶段（喜马拉雅早期），陆内造山作用和陆内前陆盆地演化刚刚拉开序幕，卡塔克古隆起、沙雅古隆起和塔西南古隆起已经沉降为盆地沉积区；巴楚隆起的隆升刚刚开始，仅西北部呈现古隆起状态。这一构造演化阶段，塔里木盆地的隆起构造单元还有阿克苏鼻隆和孔雀河斜坡。

第三章　塔里木盆地不同构造期古地理特征及演化

第一节　沉积体系划分及特征

一、沉积体系的划分方案

塔里木盆地在寒武纪-新近纪沉积演化过程中，经历了由海相到陆相、由碳酸盐岩到碎屑岩转化，沉积体系类型多样，依据沉积学、古生物学、测井学、地震相等识别标志开展沉积体系（沉积相）的识别和划分。在陆相相组识别出冲积扇、河流（辫状河、曲流河）、湖泊三角洲（扇三角洲、辫状河三角洲）、湖泊（碎屑岩型、碳酸盐岩或盐湖型）及沙漠相，在海陆过渡相相组识别出滨岸三角洲（河控、浪控、潮控-河口湾），在海相相组识别出无障壁碎屑海岸（浪控滨岸）、有障壁碎屑海岸（潮控滨岸）、蒸发台地、碳酸盐台地（局限台地、开阔台地、台地边缘、缓坡）、台缘斜坡、浅海陆架及深海盆地，共计 13 个沉积相（表 3-1）。

表 3-1　塔里木盆地寒武系-新近系沉积相划分方案

相组	相	亚相	微相	代表井和/或层位
陆相相组	冲积扇	扇根	主水道、辫状水道、泥石流	塔西南白垩系克孜勒苏群、库克拜组
		扇中	辫状水道、筛积、漫流、泥石流	塔西南白垩系克孜勒苏群、库克拜组
		扇端	分流辫状水道、洪泛（粉砂-泥）、泥石流	塔西南白垩系克孜勒苏群、库克拜组
	河流（辫状河、曲流河）	河道	河道滞留、点砂坝（心滩或边滩）、废弃河道	阿瓦提拗陷 A2 井阿克库勒祖
		洪泛平原	天然堤、决口扇、泛滥平原（粉砂-泥、席状砂、泥炭沼泽）	草 2 井阳霞组
	湖泊三角洲（扇三角洲、辫状河三角洲）	三角洲平原（扇三角洲或辫状河三角洲平原）	分流河道、水道滞留、泥石流、分流间泛滥平原、决口扇、泥炭沼泽	巴楚隆起南部—塔中柯吐尔组，塔东北—塔东南苏维依组
		三角洲前缘（扇三角洲或辫状河三角洲前缘）	水下分流河道、河口坝、前缘席状砂、分流间湾	
		前三角洲（前扇三角洲或辫状河三角洲）	水下重力流、前三角洲泥	顺北苏维依组群克 1 井古城组
	湖泊（碎屑岩型、碳酸盐岩或盐湖型）	冲（洪）积平原	冲积、洪积	顺北沙井子组
		滨浅湖	滨湖、浅湖、滩坝、湖湾	麦盖提斜坡沙井子组
		深湖-半深湖	半深湖、深湖、盐湖、重力流	顺托果勒隆起阿克库勒组
	沙漠相			塔东—塔东南吉迪克组
海陆过渡相相组	滨岸三角洲（河控、浪控、潮控-河口湾）	三角洲平原	分流河道、水道滞留、泥石流、分流间泛滥平原、决口扇、泥炭沼泽	塔东柯坪塔格组、塔东南卡拉沙依组
		三角洲前缘	水下分流河道、河口坝、前缘席状砂、分流间湾	
		前三角洲	前三角洲泥、水下重力流	
海相相组	无障壁碎屑海岸（浪控滨岸）	滨海	滨海平原、砂丘、前滨及后滨	巴楚—塔中东河塘组
		临滨	上临滨、中临滨、下临滨、远滨	巴楚—塔中东河塘组
	有障壁碎屑海岸（潮控滨岸）	潮坪	潮下带、潮间带、潮上带、萨布哈	顺托果勒隆起-卡长克隆起柯坪塔格组
		混积坪	砂-泥-灰泥坪、泥-灰泥坪	
		潮道	砂质潮道、砂泥质混合潮道、泥质潮道	
		潟湖	潟湖泥、涨潮和退潮三角洲	
		障壁岛（外海一侧浪控，潟湖一侧潮控）	临滨带、前滨带、后滨带和风成沙丘带、冲溢扇、潮道充填	

续表

相组	相	亚相		微相	代表井及层位
海相相组	蒸发台地	蒸发台坪（潮上坪）		盐坪、膏坪、膏盐坪、膏云坪、云坪、膏泥坪、云泥坪、泥坪	同1井、方1井、和4井寒武系阿瓦塔格组、吾松格尔组
	碳酸盐台地	局限台地	局限台坪（潟湖）	藻席、膏云坪、云坪、灰云坪、含砂云坪	和4井、塔参1井寒武系下丘里塔格群、肖尔布拉克组，塔深1井、S88井奥陶系蓬莱坝组
			台内滩	砾屑滩、砂屑滩、生屑滩、鲕粒滩	
		开阔台地	台坪（潟湖、滩间）	灰坪、云灰坪	同1井、方1井、和4井寒武系沙依里克组，塔河奥陶系鹰山组、一间房组、良里塔格组
			台内滩	砂屑滩、砾屑滩、生屑滩	塔河奥陶系鹰山组、一间房组、良里塔格组
			台内礁（点礁）	黏结岩、障积岩、骨架岩	塔河奥陶系一间房组、良里塔格组
			台间盆地	泥质灰泥	顺托果勒奥陶系一间房组、恰尔巴克组、良里塔格组
			淹没台地	泥质灰泥、灰质泥	塔河、巴楚—塔中奥陶系恰尔巴克组
		台地边缘	台缘滩	砾屑滩、砂屑滩、生屑滩（藻屑滩）、鲕粒滩、核形石滩	塔河、巴楚—塔中奥陶系一间房组、良里塔格组
			台缘生物丘或礁	黏结岩、障积岩、骨架岩	塔河、巴楚—塔中奥陶系一间房组、良里塔格组
		缓坡	浅水缓坡	砾屑滩、砂屑滩、生屑滩（藻屑滩）	麦盖提斜坡奥陶系蓬莱坝组、鹰山组
			深水缓坡	缓坡泥、缓坡灰泥	麦盖提斜坡奥陶系蓬莱坝组、鹰山组
	台缘斜坡	上斜坡		滑塌、斜坡泥、斜坡灰泥	塔河奥陶系桑塔木组
		下斜坡		浊流、斜坡泥、斜坡灰泥	库南1井寒武系西大山组、西山布拉克组、莫合尔山组、突尔沙克塔格组
	浅海陆架（棚）（潮控陆架、浪控陆架、底流控陆架）	内陆架（棚）		沙垄、沙波、潮流沙脊和潮流沙席、潮流冲刷槽、风暴岩	库鲁克塔格寒武系西大山组、西山布拉克组、莫合尔山组、突尔沙克塔格组；柯坪寒武系玉尔吐斯组、塔河南奥陶系桑塔木组
		外陆架（棚）		风暴岩、外陆架泥、等深流	
		混积陆架（棚）		灰泥、陆棚泥	
	深海盆地	浊积盆地		内扇、中扇、外扇	塔东、库鲁克塔格奥陶系却尔却克群（组）
		欠补偿盆地		盆地泥、盆地灰泥、硅泥	塔东1井、塔东2井、库鲁克塔格寒武系西大山组、西山布拉克组、莫合尔山组，奥陶系黑土凹组

二、沉积体系特征

（一）海相碳酸盐岩沉积体系特征

海相碳酸盐岩沉积体系主要包括蒸发台地、局限台地、开阔台地、台地边缘、缓坡、台缘斜坡、浅海陆架、深海盆地，下面对蒸发台地进行介绍。

1. 蒸发台地

蒸发台地发育在干热气候条件下的潮上带，如潮上盐沼（萨布哈），长期暴露于水面之上，只有风暴潮和大潮期才被海水淹没，海水蒸发量大于淡水补给量，含盐度高，水体循环差。以发育化学沉积为特征，岩石类型主要为云岩、膏岩及盐岩等蒸发岩，常与红层（风成卤泥）共生。

塔里木蒸发台地主要发育在巴麦—塔中地区寒武系上统下丘里塔格组及中统阿瓦塔格组，岩性以厚层状盐岩、膏盐岩、石膏岩和含膏或膏质白云岩夹薄层红色泥岩、膏泥岩沉积为主（图 3-1）。

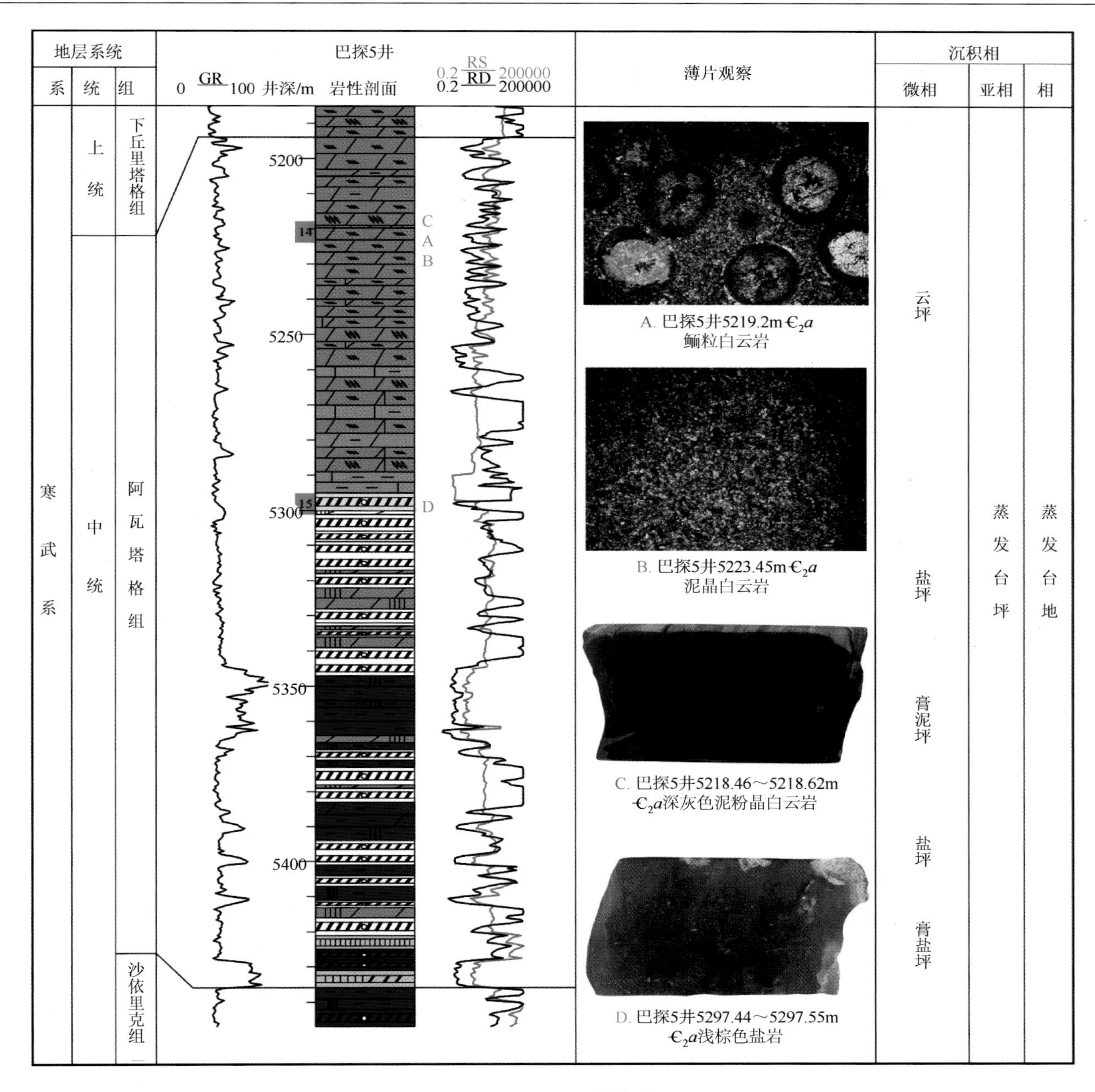

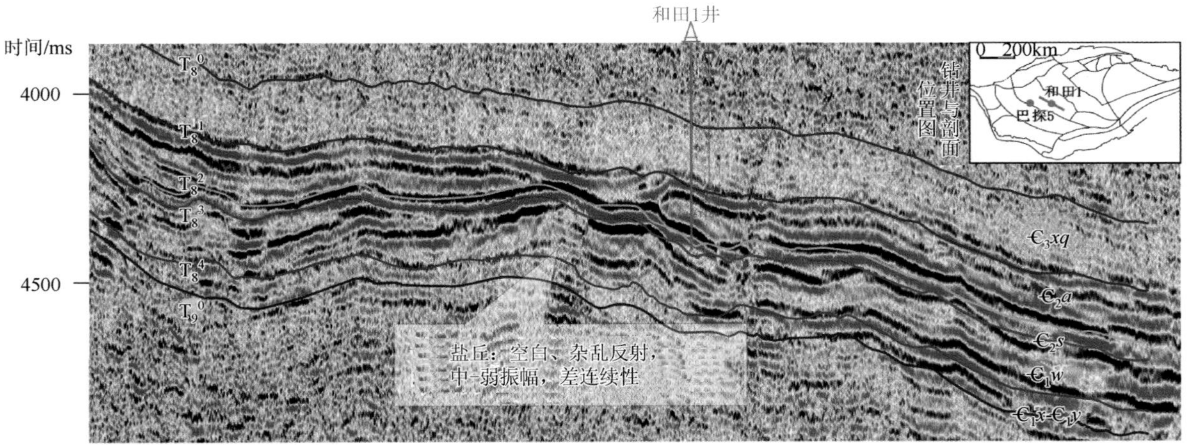

图 3-1　塔里木盆地巴探 5 井寒武系阿瓦塔格组（ϵ_2a）蒸发台地沉积相及地震相特征

根据岩性可进一步识别出蒸发台坪（潮上坪）亚相的各种微相，如盐坪、膏坪、膏盐坪、膏云坪、云坪、膏泥坪、云泥坪、泥坪微相。盐坪岩性以厚-巨厚层状碳酸盐岩为主，常见纹层状构造及共生石膏、硬石膏互层，多位于石膏和硬石膏层上部，反映一轮较完整的蒸发旋回。膏坪岩性以厚-巨厚层状膏岩为主，纹层状、结核状构造常见。膏云坪岩性以中厚-厚层状含膏或膏质泥晶云岩为主，为准同生白云石化作用形成。膏泥坪、云泥坪、泥坪岩性分别以薄层状含膏质泥岩、云质泥岩及泥岩为主，泥质主要为风成红色卤泥，由风将泥质带入膏坪、云坪中与膏质、云质混积。

2. 局限台地

局限台地受地势和沉积物的局部阻隔，海水循环受到一定的限制，与外海交换不畅，水体能量弱。以发育原生白云岩为特征，常与灰岩、膏岩共生。

塔里木局限台地主要发育在巴麦—塔中及塔北地区寒武系肖尔布拉克组、沙依里克组、阿瓦塔格组、下丘里塔格组及奥陶系蓬莱坝组，以灰、浅灰色云岩及灰质云岩为主（图 3-2、图 3-3）。

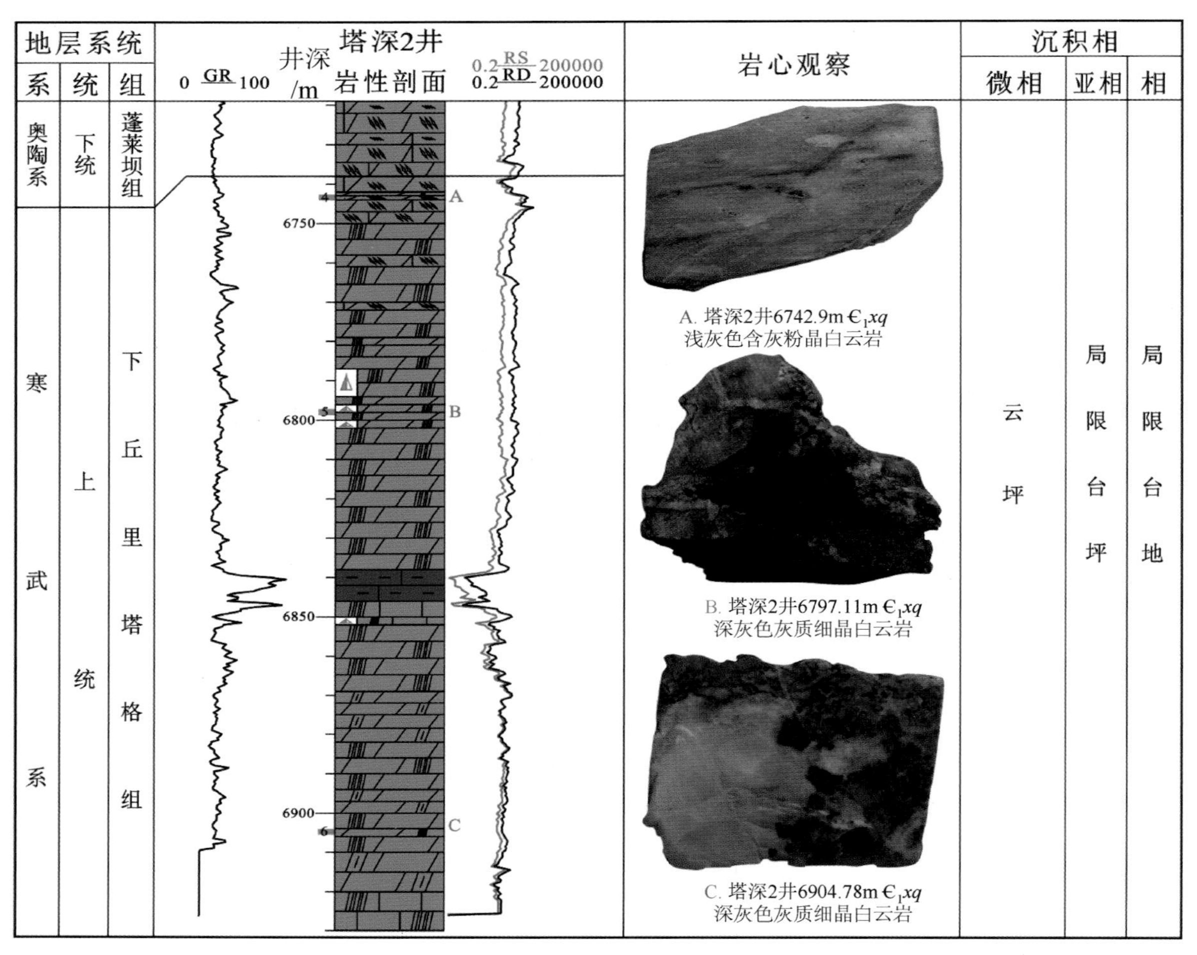

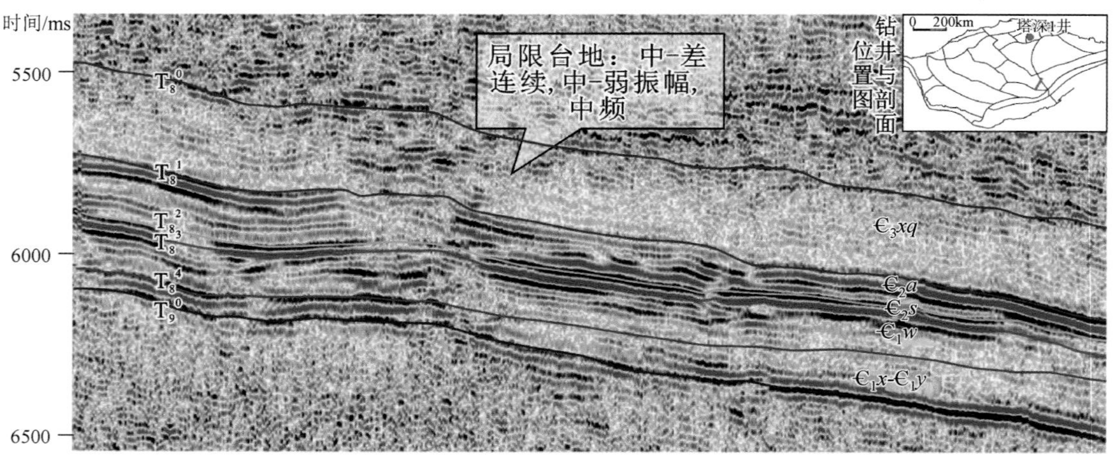

图 3-2 塔里木盆地塔深 2 井寒武系下丘里塔格组（ϵ_3xq）局限台地沉积相及地震相特征

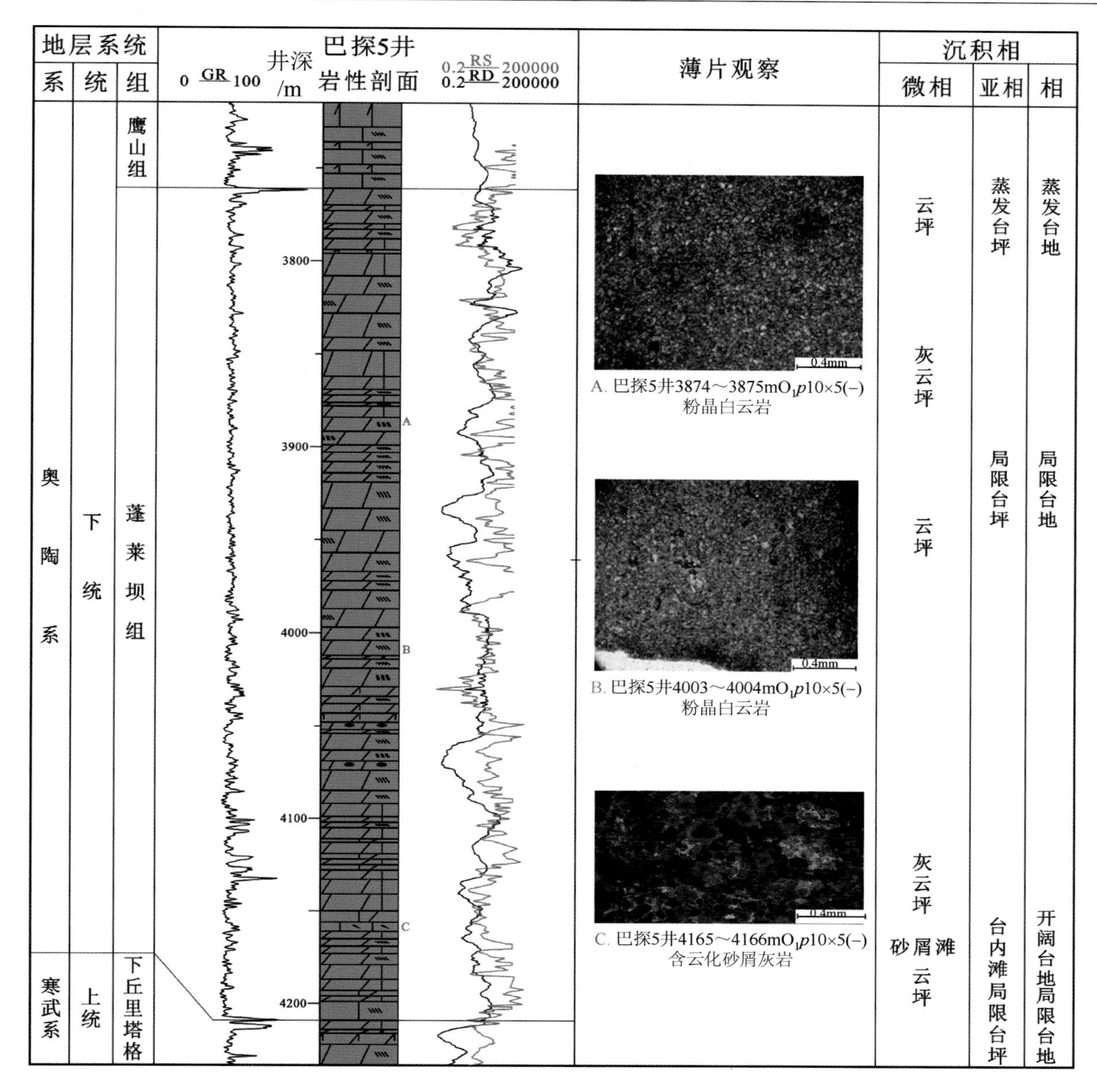

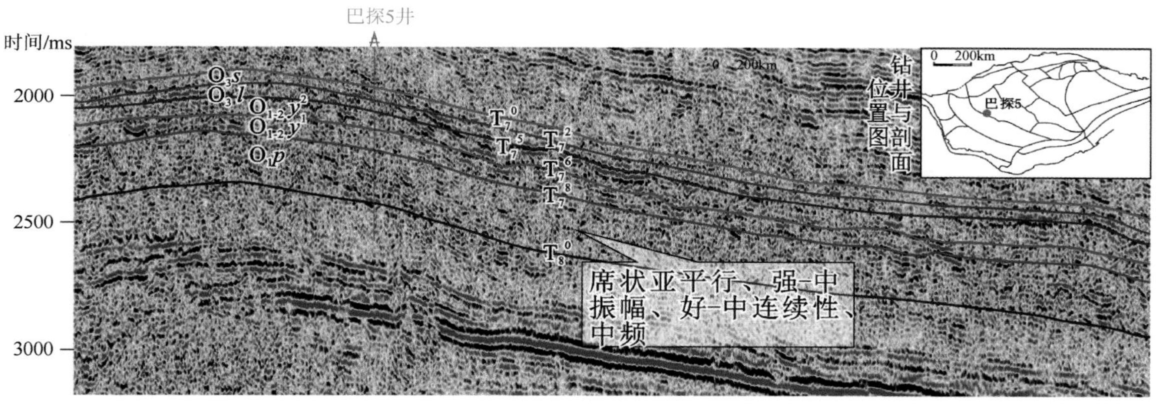

图 3-3　塔里木盆地巴探 5 井奥陶系蓬莱坝组（O_1p）局限台地沉积相及地震相特征

根据岩性可识别出局限台坪（咸化潟湖）及台内滩亚相。

局限台坪（咸化潟湖）为局限台地浪基面之下的低能沉积。岩性以微晶云岩、灰质云岩为主，据此可细分出云坪和灰云坪微相。云坪为中厚-巨厚层的准同生泥粉晶云岩、泥晶云岩等，泥晶云岩由潮间-潮上带下部准同生白云石化形成，粉晶白云岩多为泥晶云岩早期成岩进一步云化（如混合云化）形成；除藻叠层很少见其他生物，常见干裂、鸟眼构造。灰云坪为深灰、灰色灰质云岩，是局限台地与开阔台地的过渡产物。

台内滩是局限台地内水下凸起（浪基面之上）的中-高能沉积。根据滩体粒屑性质不同，可细分为砂屑滩、生屑滩及鲕粒滩微相。砂屑滩岩性为砂屑云岩，发育在塔参 1 井沙依里克组，厚度很薄。生屑滩岩性为生屑云岩，发育在柯坪露头沙依里克组，厚度较薄。鲕粒滩岩性为浅灰色鲕粒云岩，发育在塔深 1 井阿瓦塔格组，厚度仅几十米。

3. 开阔台地

开阔台地环境位于台地边缘与局限台地之间的开阔浅水环境，沉积水深几米至几十米，水体循环中等，盐度一般正常，海水循环中等，沉积作用主要发生在浪基面之下，可受到波浪和风暴浪的改造。这种环境适合各种生物生长，但无窄盐度生物。沉积物中含有相当数量的灰泥，结构变化不大。

巴麦—塔中地区开阔台地相主要发育在中寒武统沙依里克组，奥陶系蓬莱坝组、鹰山组上段、良里塔格组，以及塔中部分地区的一间房组。塔北地区开阔台地相主要发育在奥陶系蓬莱坝组、鹰山组、一间房组及良里塔格组。开阔台地以灰色、浅灰色灰岩为主。自然伽马曲线较为平直光滑，偶夹小锯齿，为中低值，视电阻率曲线为低值，微齿状，起伏微小（图 3-4、图 3-5）。

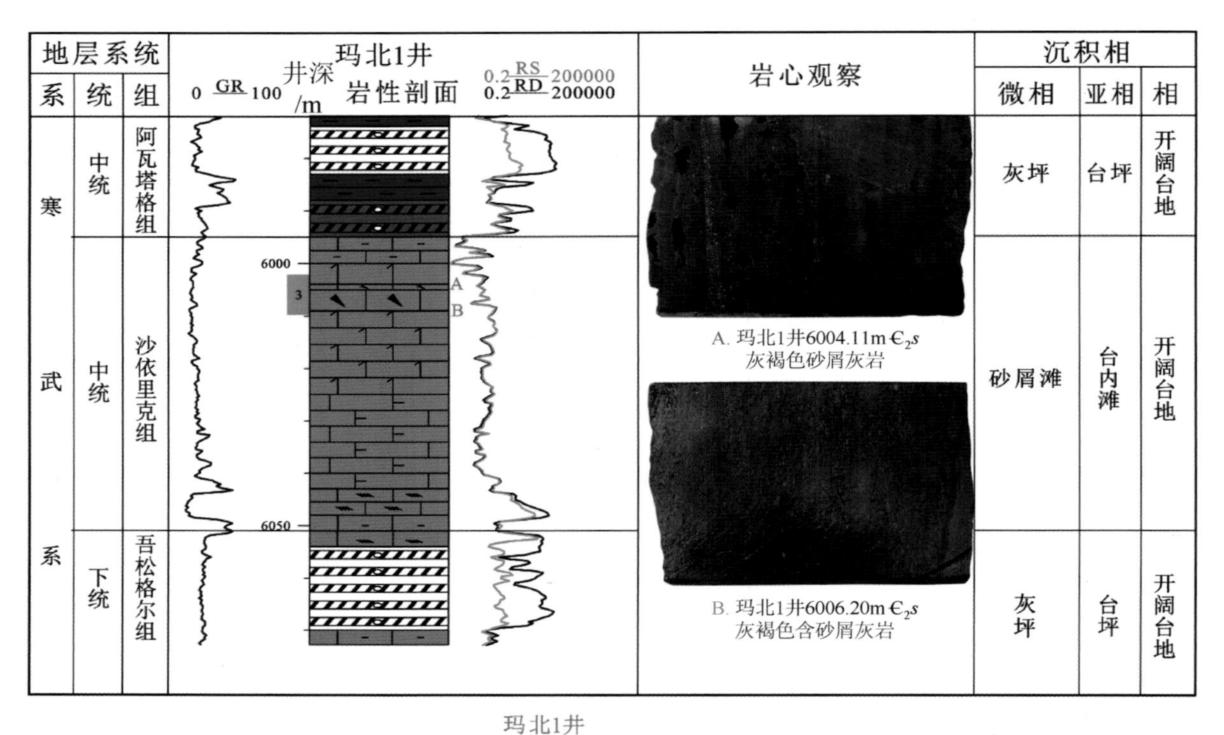

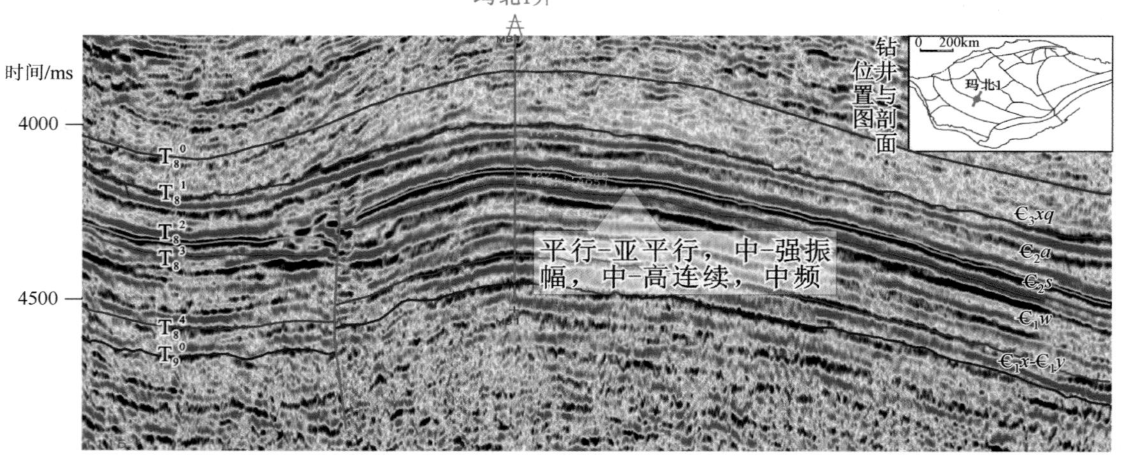

图 3-4　塔里木盆地玛北 1 井寒武系系沙依里克组（ϵ_2s）开阔台地沉积相及地震相特征

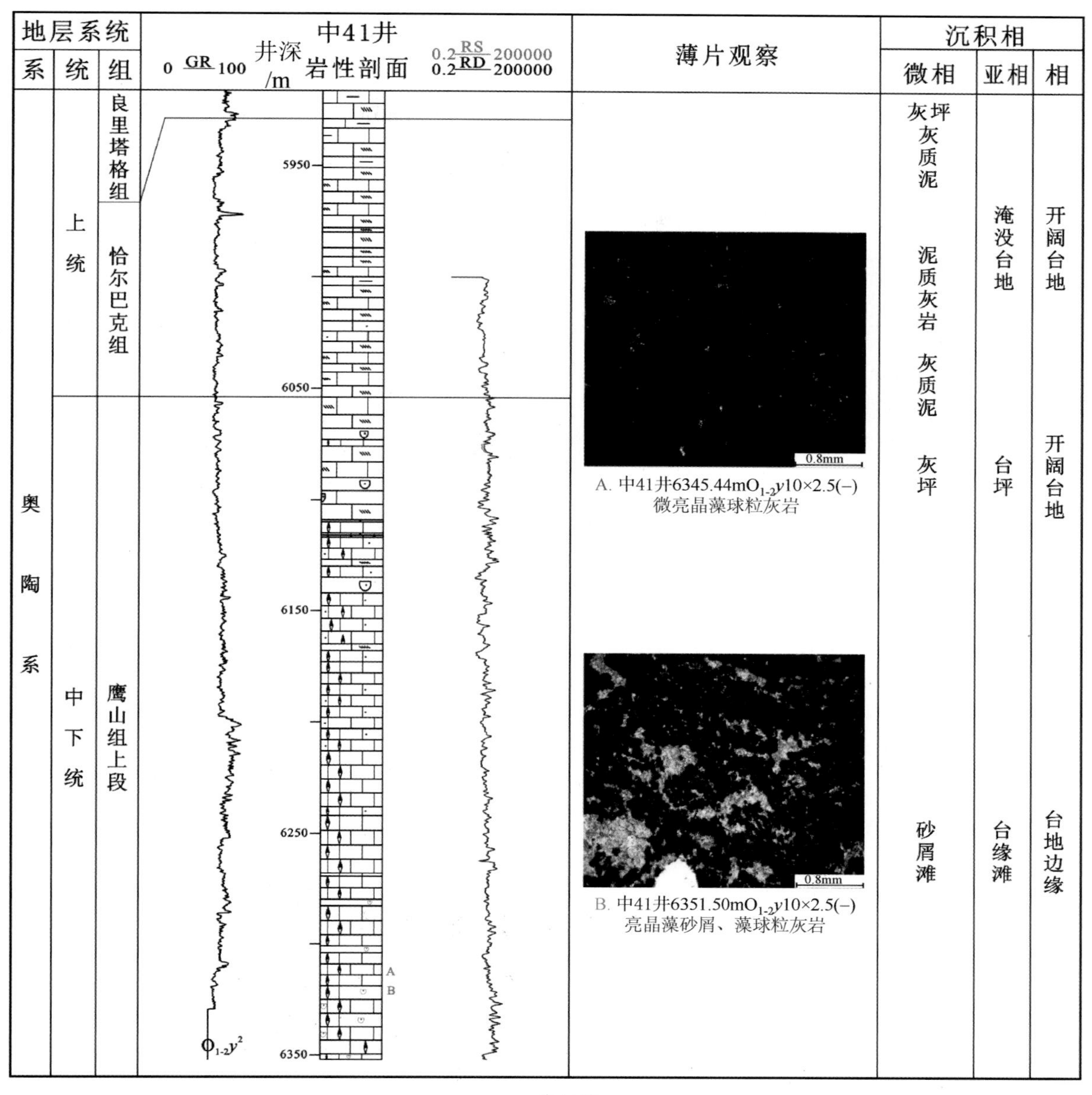

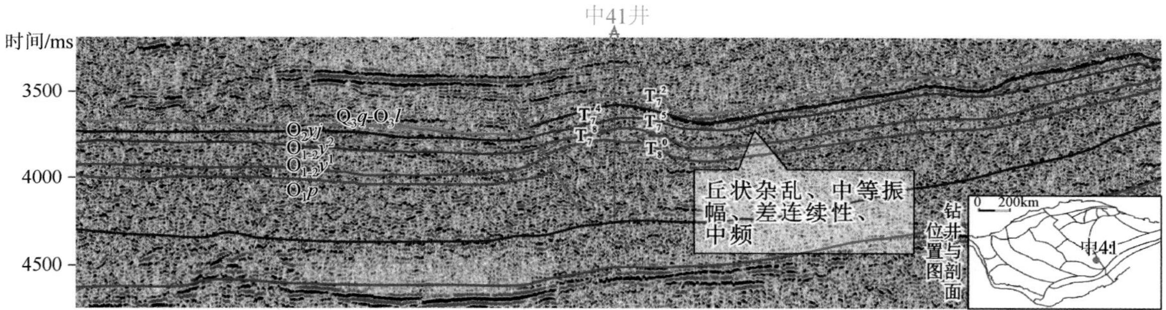

图 3-5　塔里木盆地中 41 井奥陶系鹰山组（O_1y）开阔台地沉积相及地震相特征

开阔台地可识别出台坪、台内滩、台内礁、台间盆地和淹没台地亚相。

台坪为开阔台地内部中-低能环境沉积区。岩性以微晶灰岩、云质灰岩为主，由于四周遮挡，水动力弱，水体循环差。在巴麦—塔中及塔北地区主要发育灰坪和云灰坪。灰坪主要发育在巴楚地区中寒武统沙依里克组、奥陶系鹰山组，塔中地区奥陶系鹰山组、良里塔格组，以及及塔北地区蓬莱坝组、鹰山组、一间房组，岩性以灰色及浅灰色泥微晶灰岩为主。云灰坪主要发育在巴楚地区中寒武统沙依里克组，下奥陶统蓬莱坝组、鹰山组，以及及塔中地区鹰山组，主要发育灰色及浅灰色云质微晶灰岩。

台内滩为开阔台地环境中的浅水或静水环境相对高能地带，沉积时能量相对较高，由于波浪、潮汐的作用，使原来沉积的灰岩及生物碎屑破碎，经簸选沉积而形成的粒屑滩，主要发育砂屑滩和生屑滩（藻屑滩）。砂屑滩岩性以砂屑灰岩为主。生屑滩（藻屑滩）颗粒类型主要为各种生物碎屑，生屑中主要为藻屑，岩性以泥晶生物碎屑灰岩为主（图 3-6）。

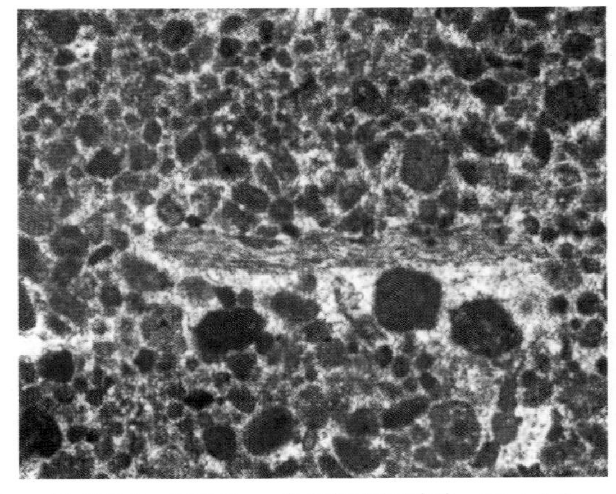

(a) 中13井，5722.50m，亮晶生屑砂屑灰岩，10×4（−）

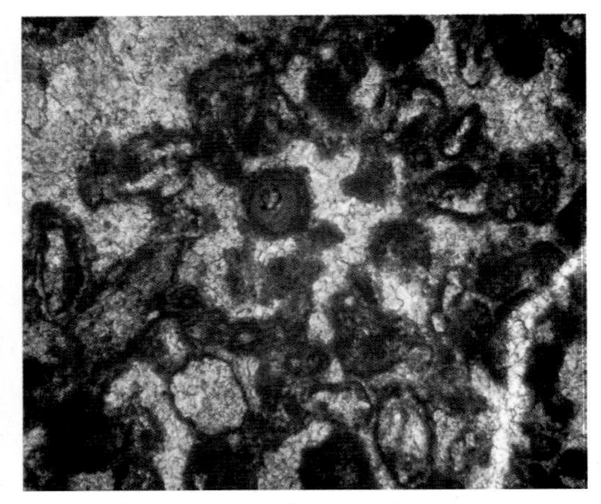

(b) 中2井，5752.85m亮晶藻屑灰岩，10×4（−）

图 3-6　开阔台地台内滩岩性特征

台内礁是发育于开阔台地内的生物建隆，又称点礁（补丁礁）或斑礁，沉积环境在开阔台地整体低能的沉积背景下相对高能，面积不大。可进一步分出骨架岩、黏结岩及障积岩微相。骨架岩由原地生长的造架生物，相互联结、黏结搭建，形成具有坚固骨架的岩石，发育生物骨架结构（图 3-7、图 3-8）。黏结岩以发育结核状藻团的藻黏结灰岩为主，但藻团直径明显较台地边缘黏结岩藻团直径小。发育在中 2 井、T901 井的良里塔格组（图 3-9）。障积岩以枝状和瘤状珊瑚藻为主，但有孔虫、腹足、腕足、棘皮等居礁生物含量增加，生物体腔孔或粒间多充填灰泥。

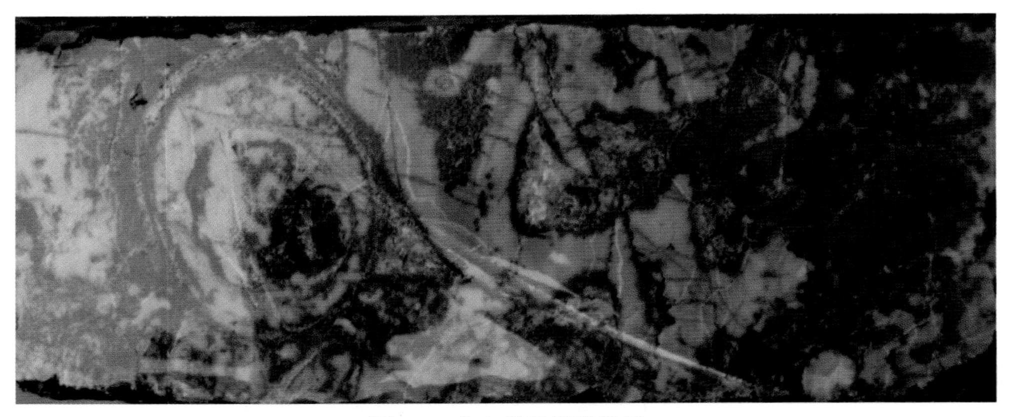

图 3-7　台内礁骨架岩特征

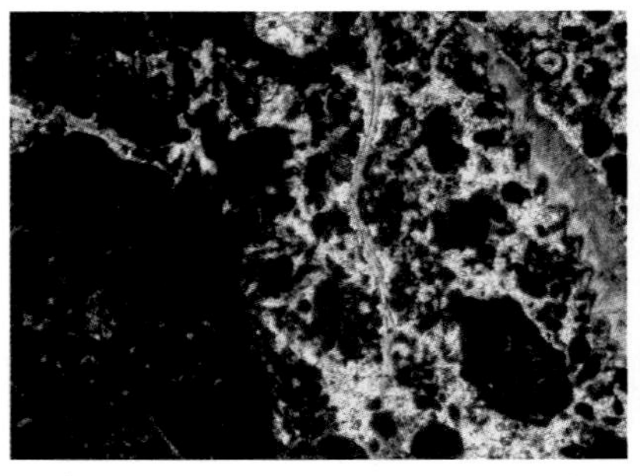

(a) 沙114井，6410.84m，微晶骨屑砾砂屑灰岩：①砾屑中富含骨针，为富骨针微晶灰岩砾屑②云化，沥青化，对角线长8mm(−)

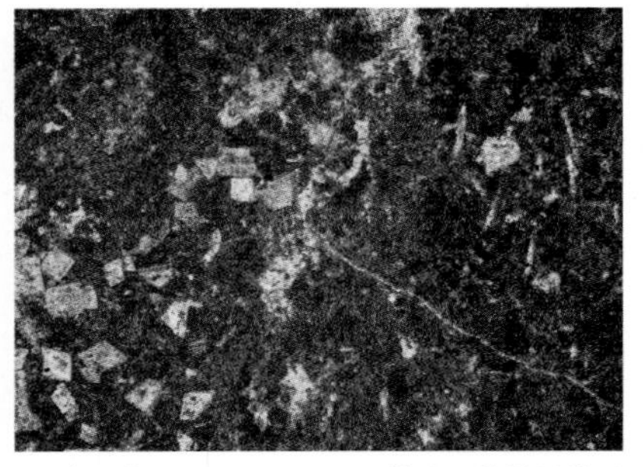

(b) 沙87井，5816～5818m，粉晶云化骨屑微晶灰岩，骨针砾屑类型有介形虫，对角线长3.2mm(−)

图 3-8　台内礁骨架岩微观结构

(a) 沙108井，6007m，藻黏细砂屑灰岩：粒屑类型有介形虫，对角线长3.2mm(−)

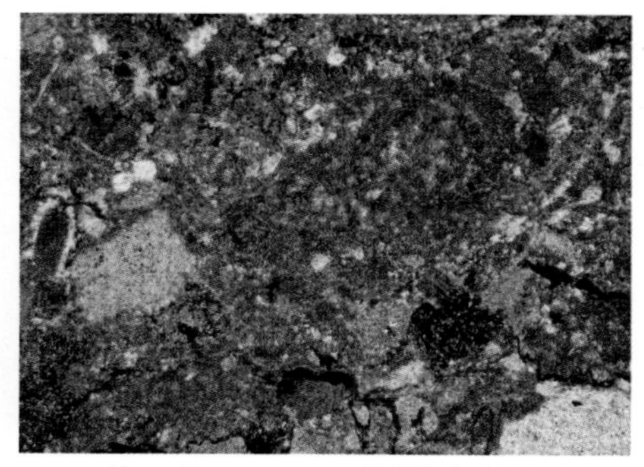
(b) 沙105井，5875.9m，藻黏结骨砂屑灰岩：粒屑类型有介形虫，棘屑，蓝绿藻，葛万藻黏结，油浸强，对角线长3.2mm(+)

图 3-9　台内礁黏结岩微观结构

台间盆地位于开阔台地内部，台坪之间内为较深水沉积区域。水深因地而异，总体显示较深水的环境。沉积以泥质灰泥为主，发育在顺托果勒地区恰尔巴克组。

淹没台地实为海侵淹没的开阔台地，整体显示较深水沉积环境。沉积以泥质灰泥为主，岩性为瘤状灰岩、泥灰岩［图 3-10（a）］，岩石中生物组合特征以薄壳介形虫屑为主，少量棘屑及介屑，不同程度含有完整无损的介形虫骨粒，无藻屑，无藻类活动形迹是该瘤状灰岩中生物组合的最大特点，生物群落显示为不利于藻类生活的深水环境，薄壳介形虫是深水环境的生物属种之一［图 3-10（b）、图 3-10（c）］。自然伽马值通常表现为高值（图 3-11）。主要分布在塔河地区、巴楚—塔中地区恰尔巴克组。

(a) 古隆1井，5863.26～5871.85m，第3回次紫红色瘤状灰岩全景

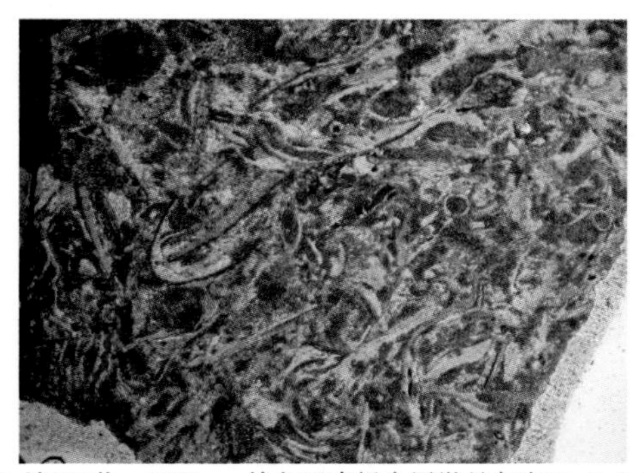
(b) 沙107井，6295m，恰尔巴克组介屑微晶灰岩10×4（−）

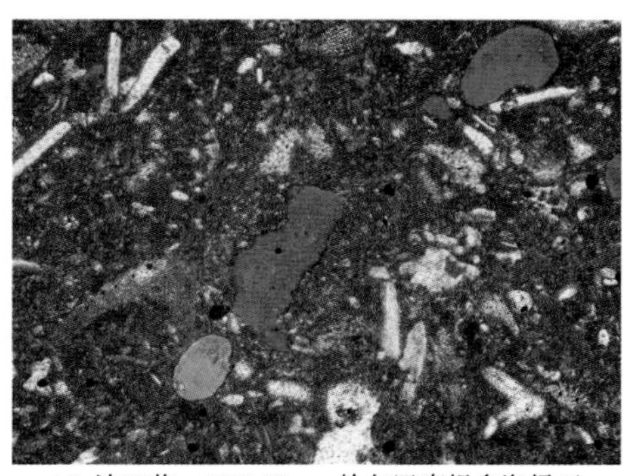
(c) 沙87井，5621.53m，恰尔巴克组含海绿石介屑微晶灰岩10×4（−）

图 3-10　淹没台地岩性特征

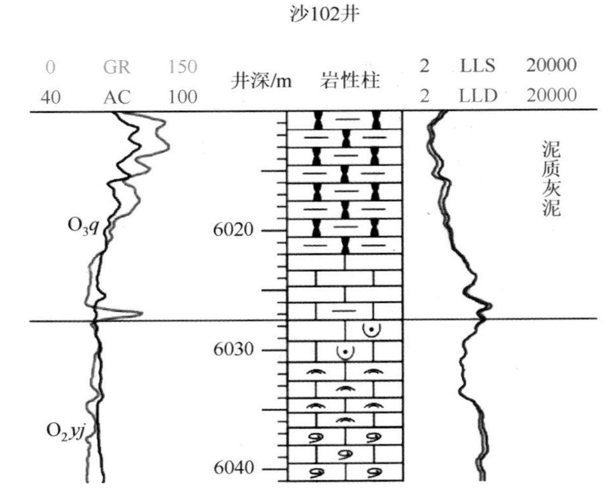

图 3-11　淹没台地沉积相特征

4. 台地边缘

台地边缘位于浪基面以上，属高能带，构成开阔台地向海一侧相对陡峭的镶边陆棚边缘，以发育碳酸盐礁、滩为特征，在塔里木盆地主要发育不同类型的碳酸盐滩（图 3-12）。

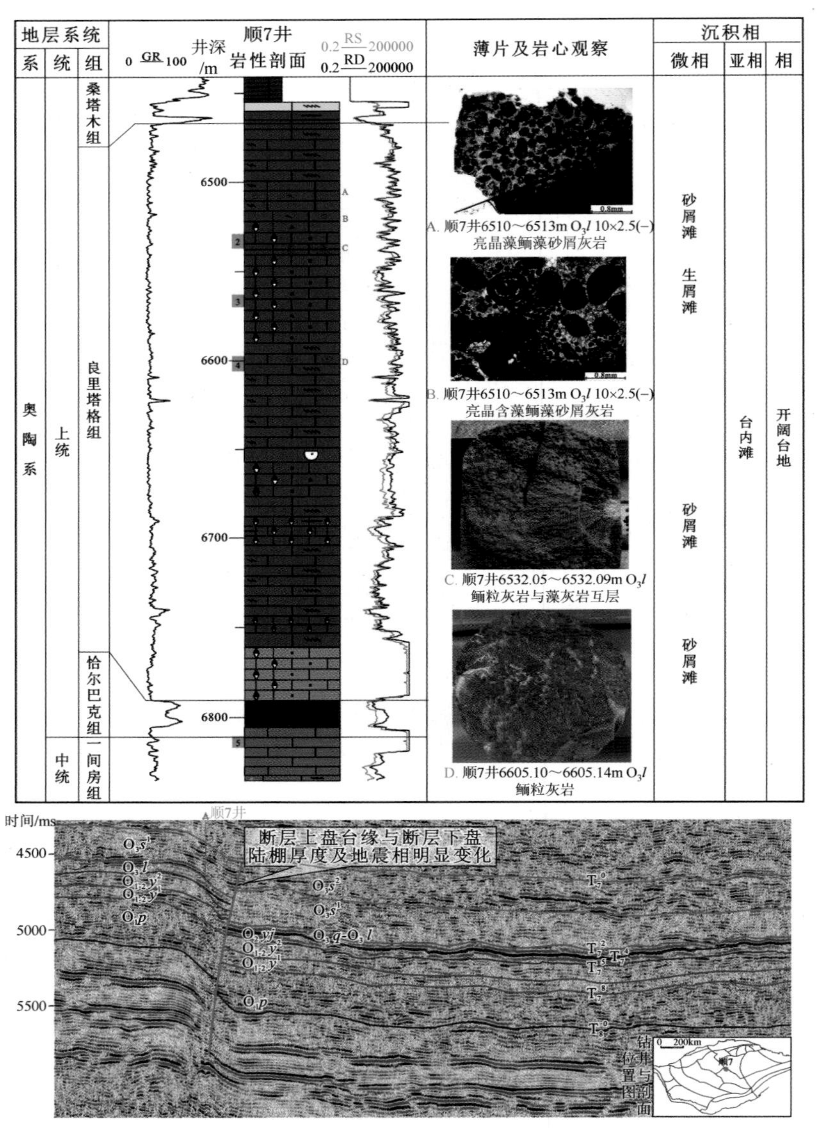

图 3-12　塔里木盆地顺 7 井奥陶系良里塔格组（O_3l）台地边缘沉积相及地震相特征

台地边缘可细分为台地边缘礁和台地边缘浅滩两个亚相。

台地边缘礁是发育在台地边缘高能环境的生物建隆，沿台地边缘呈带状分布，又称堡礁或堤礁，可进一步分出骨架岩、黏结岩及障积岩微相。纵向上常与台缘浅滩组成交替出现的沉积序列（图 3-13）。

沙109井，6247.99～6254.43m，一间房组，鲕粒滩-生屑滩-海绵礁沉积序列

图 3-13　台地边缘礁岩性特征

台地边缘浅滩位于浪基面之上到平均低潮线左右，台地边缘礁后的浅水中-高能环境，盐度正常。岩性主要为亮晶颗粒灰岩，颗粒类型主要有鲕粒、生屑（图 3-14）。塔中地区中 2 井奥陶统良里塔格组发育台地边缘浅滩，岩性主要为鲕粒灰岩等（图 3-15）。

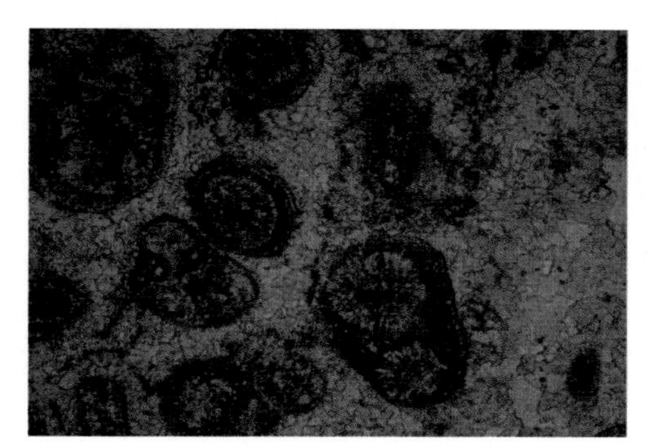

(a) 塔深1井，7970m，亮晶放射状鲕白云岩(藻鲕) 10×4（–）

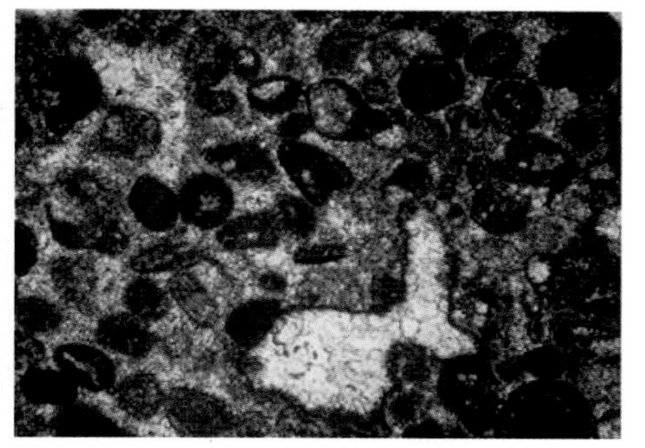

(b) 塔深1井，7930m，亮晶砂屑鲕粒白云岩10×4（–）

图 3-14　台地边缘滩岩性特征

中2井

组　0 GR 150 / –100 SP 200　井深/m　岩性柱　2 LLS 20000 / 2 LLD 20000

O_3l　5600　5800　6000　6200　薄片位置　砂屑滩 黏结岩　颗粒滩　黏结岩 颗粒滩

中2井, 5751.18m，藻屑结构，填隙物为亮晶方解石，10×4（–）

中2井, 5751.68m，生物壳屑和鲕粒，10×4（–）

中2井, 6191.13m，颗粒灰岩，粒屑结构，中部黑色为黄铁矿，10×4（–）

中2井, 6199.15m，粒屑结构，粒屑为砂屑和藻屑、藻团等，填隙物为亮晶方解石，10×4（–）

图 3-15　台地边缘礁滩沉积特征

5. 缓坡

碳酸盐缓坡相对于镶边陆棚台地边缘坡度较缓，以浪基面为界可分出浅水缓坡和深水缓坡。

浅水缓坡位于浪基面以上，属高能带，以发育碳酸盐滩为特征。

深水缓坡位于浪基面以下，属低能带，发育碳酸盐灰泥，向浅海陆棚过渡。

塔里木盆地寒武系、奥陶系碳酸盐缓坡发育在西部碳酸盐台地西南，大致位于麦盖提斜坡，向南西过渡为浅海陆棚并与北昆仑洋相接。

6. 台地前缘斜坡

台地前缘斜坡位于碳酸盐台地的向海斜坡带，发育于浪基面以下，但一般不超过氧化界面，海底地形坡度较大。沉积物不稳定，基质为灰泥，含较多碳酸盐台地滑塌的各种碎屑，如塌积体、滑塌堆积物等。陆源碎屑一般很少，但也有一些黏土、粉砂等陆源悬移质与碳酸盐灰泥或碎屑混积（图 3-16）。

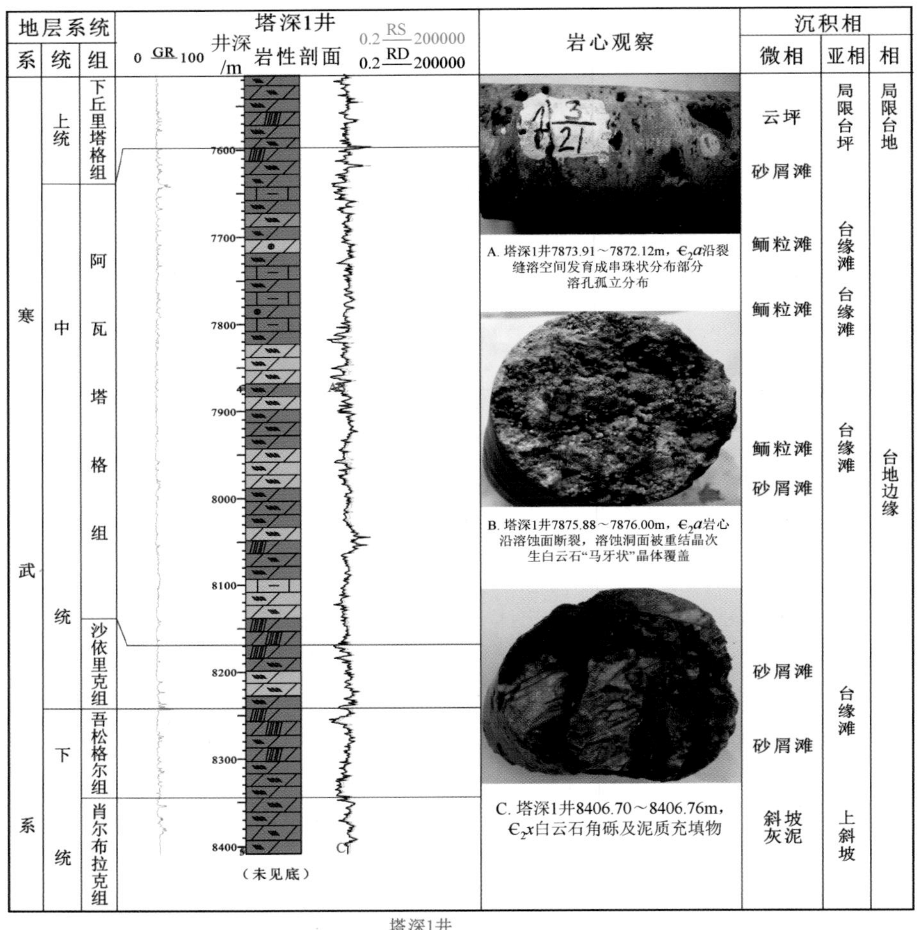

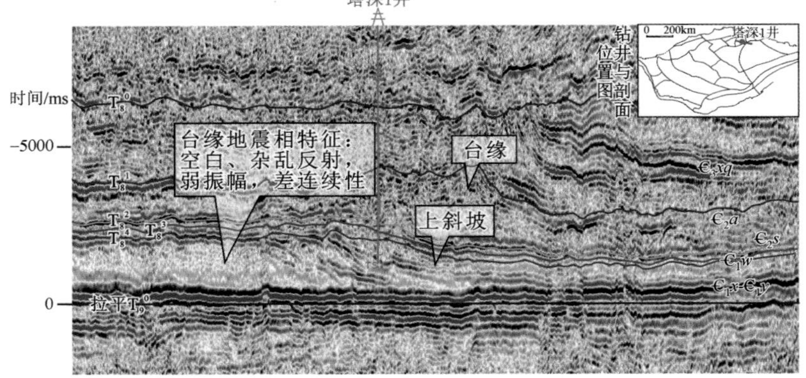

图 3-16　塔里木盆地塔深 1 井寒武系台地边缘-台缘斜坡沉积相及地震相特征

台地前缘斜坡分为上斜坡和下斜坡，可识别出斜坡泥、斜坡灰泥及塌积微相。斜坡泥岩性为灰、深灰、灰黑色灰质泥岩、泥灰岩及黑色泥页岩。斜坡灰泥岩性主要为灰色灰岩、泥质灰岩。塌积是碳酸盐台地滑落至斜坡的各种碳酸盐碎屑物，可见塌积角砾等。

7. 陆棚

浅海陆棚位于浪基面之下，包括滨外侧至大陆坡内边缘这一宽阔的陆架区，地形较平坦。水深为几十米至一百米，常位于氧化界面以上，盐度正常，循环性良好。岩性主要由含丰富浅海相化石的灰岩、含生物碎屑和完整化石的颗粒泥晶灰岩与泥灰岩或页岩。

塔东—库鲁克塔格地区陆棚主要发育在上寒武统突尔沙克塔格组、中寒武统莫合尔山组及下奥陶统黑土凹组，在巴麦—塔中—塔北地区主要发育在桑塔木组，岩性主要为薄-中层灰色灰质泥岩、泥质灰岩、含泥灰岩，灰色、深灰色、灰黑色含泥白云岩（图 3-17）。

地层系统			尉犁1井（-50 GR 150；井深/m；岩性剖面；0.1 MSFL 10000，0.2 LLS 20000，0.2 LLD 20000）	综合描述	沉积相		
系	统	组			微相	亚相	相
奥陶系	上统	恰尔巴克组	3300–3800	恰尔巴克组O_3q：紫红色、灰色瘤状泥晶灰岩、泥灰岩夹含生屑泥质泥晶灰岩，该组在沙雅隆起分布稳定，下部主要为灰色泥微晶灰岩，上部主要为灰色、红棕色瘤状灰岩、泥灰岩	外扇	浊积盆地	深海盆地
	中下统	黑土凹组	3800–3900	黑土凹组$O_{1-2}h$：以黑色页岩为主，夹硅质条带及团块；上部为黑色硅质岩和硅质泥岩	盆地泥	欠补偿盆地	
		突尔沙克塔格组	3900–4100	突尔沙克塔格群(ϵ_3-O_1)t：下部为深灰色泥质白云岩与深灰色泥灰岩不等厚互层；中上部为深灰色、灰色泥质灰岩、泥灰岩	灰泥	混积陆棚	浅海陆棚
寒武系	中统	莫哈尔山组	4100–4200	莫哈尔山组ϵ_2m：下部为黑色泥岩与灰色泥灰岩不等厚互层，夹黑色白云质泥岩，上部为黑灰色白云质灰岩、白云质泥岩、泥质白云岩、深灰色泥质白云岩与灰色灰质泥岩互层；上部为黑灰色白云质灰岩、白云质泥岩、泥质白云岩，深灰色泥质白云岩与灰色灰质泥岩互层	盆地灰泥	欠补偿盆地	深海盆地
	下统	西大山组	4200–4300	西大山组ϵ_1xd：下部为深灰色硅质泥岩、灰绿色粉砂岩、灰色泥质粉砂岩；上部为黄灰色泥质白云岩，与浅灰色硅质泥岩不等厚互层，顶为薄层灰色硅质岩			
		西山布拉克组	4300–4500	西山布拉克组ϵ_1xs：下部为灰色泥岩、粉砂质泥岩、泥质粉砂岩；上部为深灰色硅质泥岩、灰绿色粉砂岩、灰色泥质粉砂岩	盆地泥		

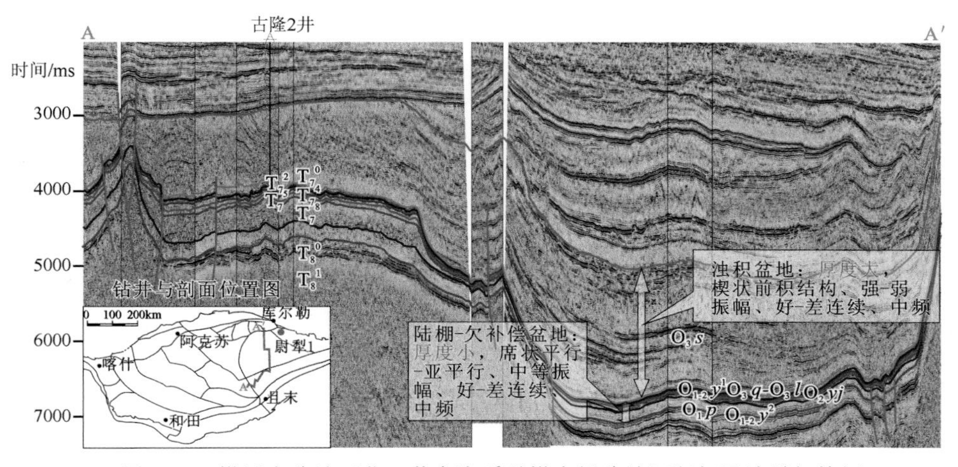

图 3-17　塔里木盆地玉北 9 井奥陶系桑塔木组盆地沉积相及地震相特征

陆棚分为混积陆棚、内陆棚及外陆棚亚相。混积陆棚以陆棚泥与陆棚灰泥混合沉积为特征。外陆棚更靠近盆地一侧，沉积水体更深，主要发育陆棚泥。内陆棚通称陆棚，发育陆棚泥、陆棚灰泥及云化灰泥微相。陆棚泥岩性主要为灰色泥岩、灰质泥岩与互层。陆棚灰泥岩性主要为灰色、深灰色含泥灰岩、泥质灰岩。云化灰泥岩性主要为灰色、深灰色泥质白云岩、含泥白云岩。推测这些白云岩并不是原始沉积的，为前期沉积的灰泥后期白云石化形成的，或是来自局限台地的云泥悬移形成的。

8. 盆地

盆地位于远离岸线的半深海-深海区域，水深往往在数百米以下，多位于 CCD 面之下。可识别出盆地泥、盆地灰泥及硅泥微相。

盆地泥主要发育在下寒武统西山布拉克组，岩性以黑、灰黑色泥岩为主，泥质来源于陆源。盆地灰泥主要发育在下寒武统西大山组，岩性以深灰、黑色泥灰岩、灰岩、含灰泥岩为主，灰泥来源于碳酸盐台地。硅泥主要发育在下寒武统西山布拉克组，岩性为薄-中层黑色硅质泥岩、硅质页岩，硅质主要来源于硅藻等浮游生物（图 3-17）。

根据沉积物源补给充分与否，又可分为浊积盆地和欠补偿盆地。

浊积盆地沉积物源补给充分，沉积速率快，沉积厚度大。主要发育浊积扇沉积，根据物源由近到远可细分出内扇、中扇、外扇，岩性相对由粗变细，以鲍马层序为特征，主要发育在塔东—库鲁克塔格地区中上奥陶统却尔却克组。

欠补偿盆地沉积物源补给欠充分，沉积速率慢，沉积厚度小，因此又称饥饿盆地。主要发育在塔东—库鲁克塔格地区下寒武统西大山组、西山布拉克组中下，奥陶统突尔沙克塔格组、黑土凹组。岩性主要为黑色泥岩、硅质及碳质泥页岩夹灰、灰黑色灰岩。

寒武系纵向沉积演化。自晚震旦世到寒武纪末，塔里木陆块西台东盆的沉积格局一直未变，西部碳酸盐台地发育在麦盖提斜坡—巴楚隆起—卡塔克隆起—顺托果勒隆起—古城墟隆起，东部盆地相区主要发育在满加尔拗陷。纵向上，西部碳酸盐台地的沉积序列有较大变化，经历了早寒武世潮坪-局限台地-蒸发台地、中寒武世开阔台地-蒸发台地、晚寒武世局限台地的演化，反映了 3 次全球海平面的显著变化（图 3-18）。

（二）海相碎屑岩沉积体系特征

1. 滨岸三角洲沉积体系

滨岸三角洲沉积体系是海陆过渡环境中最重要的沉积相组成之一。目前一般认为三角洲是在河流流入稳定水体（海或者湖）时，坡度减缓、水流扩散、流速降低，河流携带的沉积物沉积于海（湖）陆过渡区域而形成的。三角洲的形成、发育和形态特征主要受到河流作用和稳定水体能量的相对强弱控制。根据河流、波浪和潮汐作用的相对强弱，可将三角洲分为河控三角洲、潮控三角洲和浪控三角洲 3 种类型，其中以河控三角洲最为重要，可形成厚度大、面积广的大型三角洲。

不同类型的三角洲由于形成过程中主要营力的差异，导致其平面形态上差异性比较大。一般而言，河控三角洲的形成背景的最大特点为沉积物输送通量大，同时携带沉积物的河流能量比海（湖）水能量大得多，因此一般会形成厚度大和面积广的三角洲。河控三角洲在平面形态上一般有鸟足状（砂泥比相对较低）和朵状（砂泥比相对较高）两种。在塔里木盆地，主要发育朵状河控三角洲，典型的如塔塔埃尔塔格组和克孜尔塔格组沉积时期在塔里木盆地东部发育的朵叶状轴向河控三角洲。浪控三角洲和潮控三角洲平面形态与河控三角洲相比存在较大差异。由于这两种三角洲形成时期波浪和潮汐作用大于河流作用，因此河流携带的沉积物很快就在波浪或者潮汐的作用下再分配，将砂质沉积物带入离河口更远的水体中，形成与岸线近乎平行、朵体不发育的浪控三角洲和喇叭形的潮控三角洲。在塔里木盆地，这两种三角洲类型相对而言发育较少。

一般而言，一个典型的三角洲沉积相包括 3 个沉积亚相带，由陆向海（湖）依次为三角洲平原亚相、三角洲前缘亚相和前三角洲亚相。

1）三角洲平原

三角洲平原是三角洲的陆上部分，其位于河流开始大量分叉处和海（湖）岸线之间的广大区域之间，主要由发育良好的粗粒辫状分流河道、决口扇、分流间洼地等微相组成。三角洲上发育的分流河道是三角洲平原亚相的主要特征，岩性一般以分选和磨圆较差的砂砾夹泥质沉积为主。一般而言，三角洲平原亚相上岩性为灰色、浅灰色或者红色、红棕色的巨砾岩、中砾岩、含砾砂岩、泥质粉砂岩和灰色、紫红色泥岩等。在柯坪大湾沟剖面，可以见到分流河道中典型的大型槽状交错层理和板状交错层理（图 3-18）。

塔里木盆地多个钻井在多个层位均钻遇了典型的河道沉积，如 T707 井和 S72 井钻遇单期河道底部滞留沉积的杂色砾岩；T706 井钻遇河道充填微相，粗粒砂岩中发育板状交错层理和楔状交错层理等典型河道充填微相沉积构造；塔中 28 井发育多个分流河道充填旋回，底部以河道充填微相的含砾砂岩为主，自然伽马曲线表现为典型的箱状（图 3-19）。

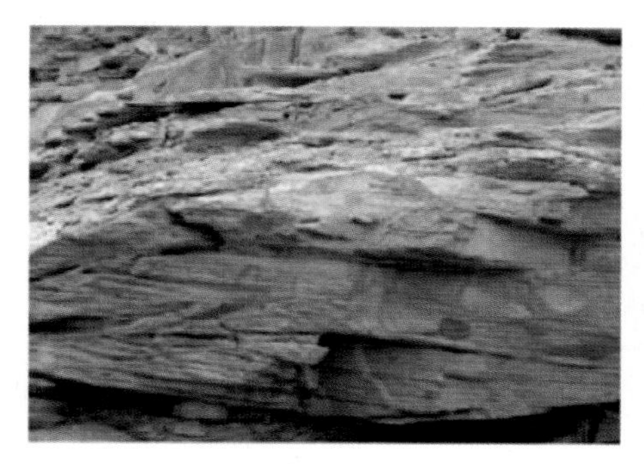

(a) 大型交错层理

(b) 板状交错层理

图 3-18　柯坪地区柯坪塔格组三角洲平原亚相分流河道典型沉积构造

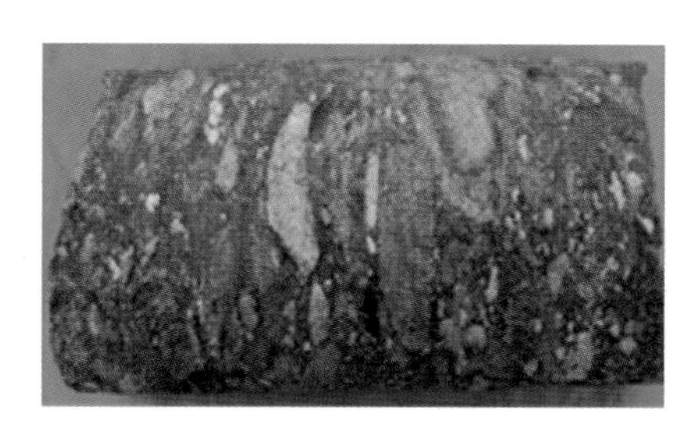

(a) 同707井，5623.5m，河道沉积

(b) 杂色细砾岩，河道滞留沉积，
沙72井，4815m

(c) 板状交错层理，三角洲相，
同706井，5091.3m

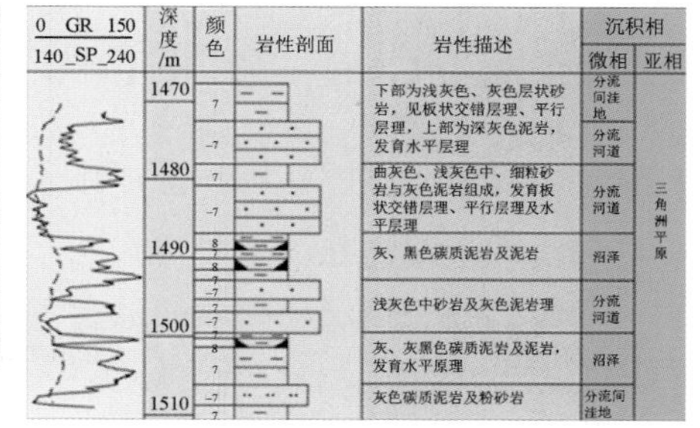

(d) 玛401井卡拉沙依组砂泥岩段三角洲平原沉积剖面序列

图 3-19　塔里木盆地典型钻井分流河道相岩性和沉积构造特征

2）三角洲前缘

辫状三角洲前缘亚相是辫状三角洲沉积的主体之一，可分为水下分流河道、分流间湾、河口坝等微相。主要由中粒砂岩、细砂岩、粉砂岩等组成。典型的沉积构造有浪成波痕、楔状交错层理、逆粒序层理等。

在三角洲前缘亚相带，水下分流河道和河口坝是最为典型的沉积微相类型。对于水下分流河道而言，由于河流入海（湖）后流速降低、能量较低，携带的粗粒沉积物比三角洲平原上分流河道沉积物更细。一般而言，水下分流河道微相岩性以中-细粒砂岩、粉砂岩为主，底部可发育含细砾的粗砂岩，分选、磨圆较好，垂向上具下粗上细的间断性正韵律，多数剖面中，分流河道砂体的厚度一般为 5～10m。发育冲刷面，板状斜层理、平行层理、砂纹层理和交错层理（图 3-20～图 3-21）。

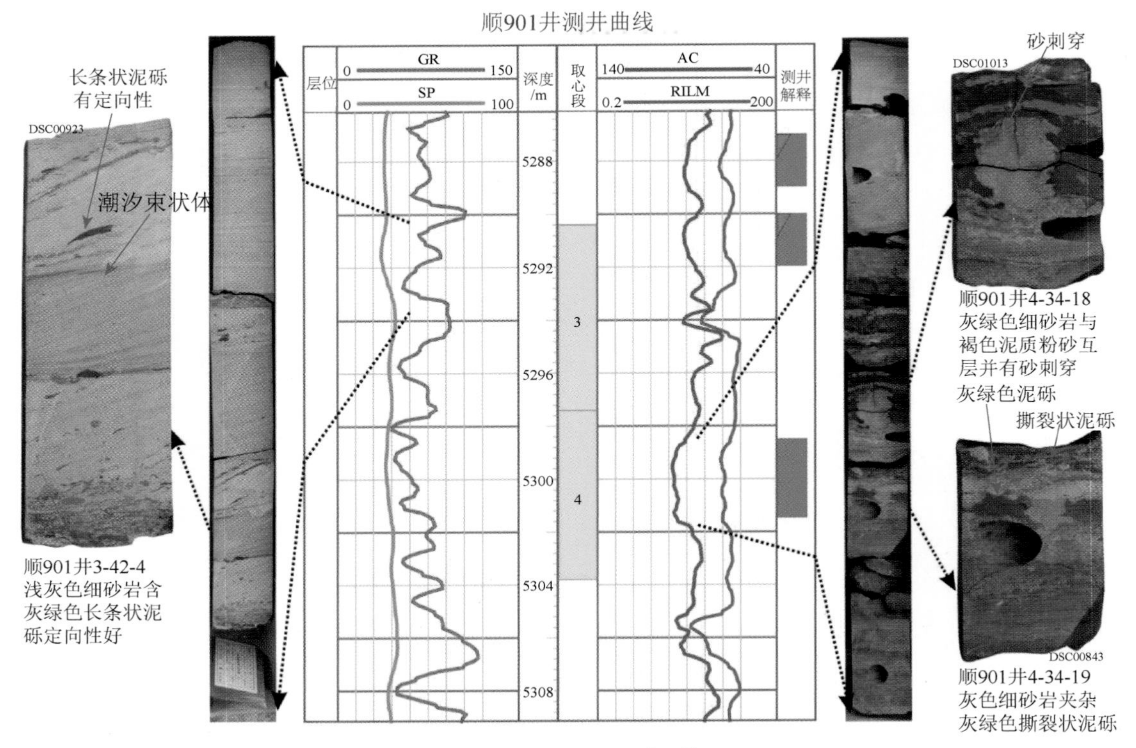

图 3-20　水下分流河道沉积微相岩心与测井特征

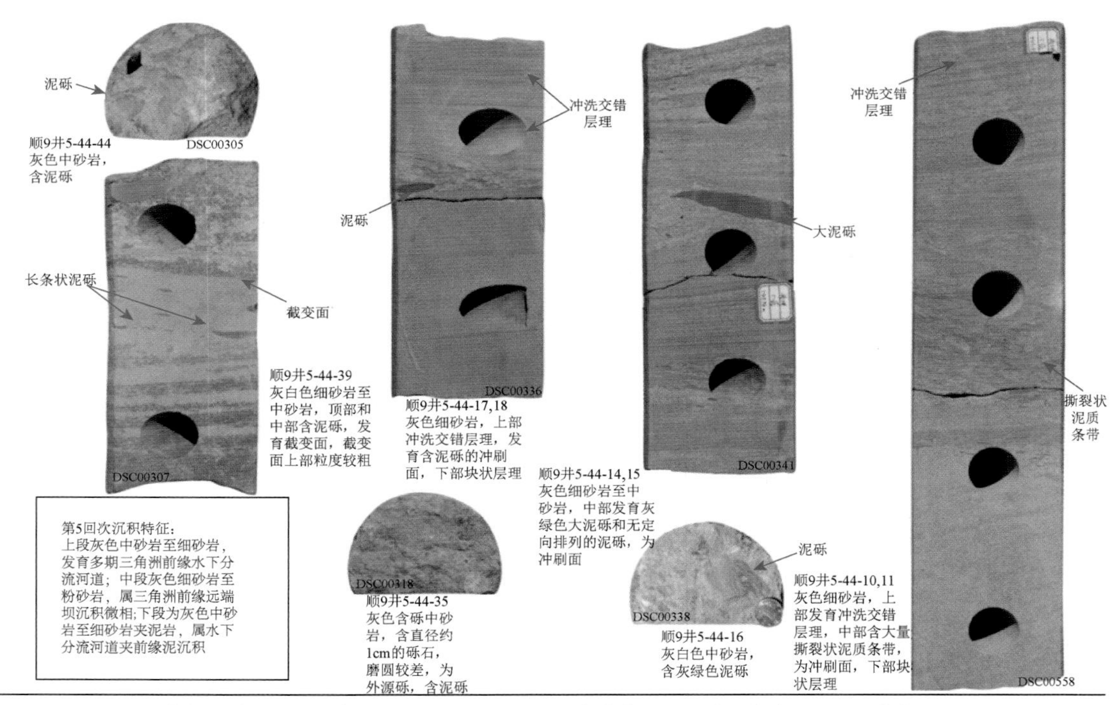

顺9井第5回次：取心段为5469.18～5477.01m；取心长度为7.83m；取心率为100%；层位为：S_1k

图 3-21　顺 9 井第 5 回次岩心沉积特征描述

河口坝微相岩性以中-厚层细砂岩、粉砂岩为主，砂体厚度一般为 3～8m。磨圆、分选性好，可发育冲刷面、板状斜层理、平行层理、交错层理等层理类型（图 3-22）。岩性主要为灰色、浅灰绿色细砂岩、中砂岩、杂色砂砾岩、灰色泥岩、粉砂岩。砂地比值较高。河口坝自然伽马曲线形态表现为漏斗形，表明其砂体向上变粗的反韵律层序，反映沉积环境能量由弱变强，然后突然变弱；自然电位曲线表现为平滑的倒漏斗状。漏斗状为顶截变、底渐变，曲线幅度下部最小，向上变大的反韵律特征，反映水流能量逐渐加强和物源供给充分。反映了前积或顺流加积的反粒序结构（图 3-23）。

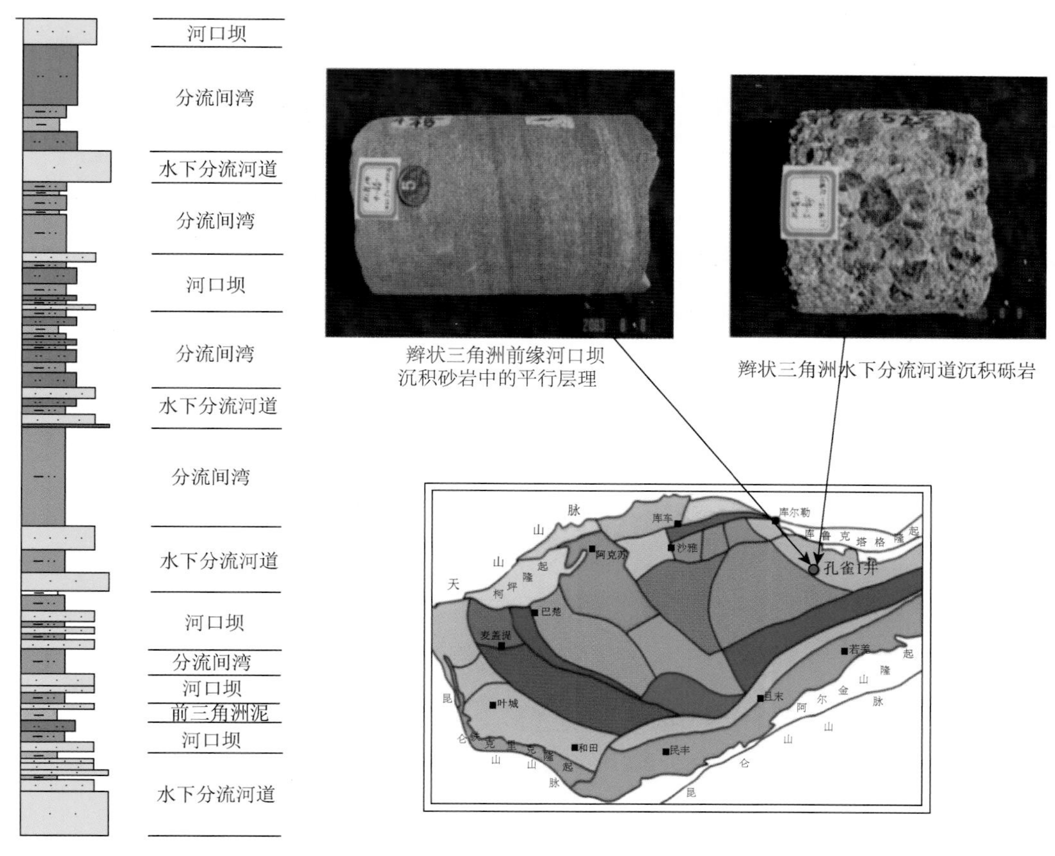

图 3-22　塔里木盆地孔雀 1 井柯坪塔格组三角洲前缘亚相沉积特征

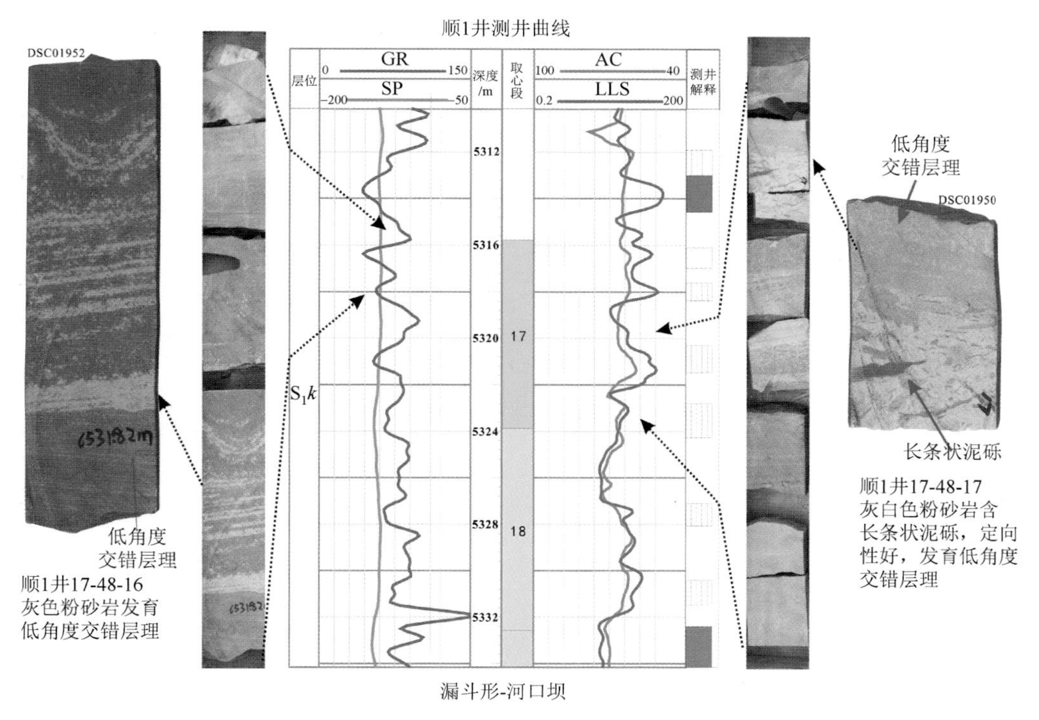

图 3-23　河口坝沉积微相岩心与测井特征

3）前三角洲

前三角洲一般位于三角洲前缘更靠海（湖）一侧浪基面以下、水深较大的区域，平面上与浅海（半深湖）相连。前三角洲沉积由前三角洲泥岩和重力流沉积构成。一般而言，前三角洲沉积以灰绿色、深灰色或者暗色泥岩、粉砂质泥岩为主，自然电位表现为相对高值平直-微齿状，自然伽马表现为中高值，井径出现扩径现象。重力流（包括浊流和碎屑流）沉积在三角洲前缘也较为常见，一般以厚度较为稳定的波层状砂岩、粉砂岩为主，发育有槽模和递变层理、平行层理等沉积构造。

2. 无障壁滨岸沉积体系

滨岸体系是指不包括三角洲在内的，有浪基面向上延伸至海岸平原、阶地、陡岸边缘的一个相对较狭窄的过渡环境。一般而言，滨岸带的发育特征主要取决于两个营力因素的影响——潮汐和波浪，两者与潮差均有直接的关系。在小潮差条件下（潮差为 0～2m）形成的砂质滨岸体系属于无障壁型滨岸体系，主要受到波浪作用的影响。塔里木盆地最典型的砂质滨岸体系为晚泥盆世晚期海平面上升背景下沉积的东河塘组。该时期形成的东河砂岩在盆地内分布非常广泛，但展布不均，主要位于塔里木盆地中西部地区，最厚可达 200m 以上。岩性主要以细粒石英砂岩为主，成分成熟度和结构成熟度高，平均孔隙度可达 13.8%，渗透率最高可达 $1000\times10^{-3}\mu m^2$，是一套品质非常优异的砂岩储层。

按照地貌特点、水动力状况和沉积物特征，砂质滨岸体系一般可分为 4 个亚相，由陆至海分别为海岸沙丘亚相、后滨亚相、前滨亚相和临滨亚相。这 4 个亚相中，后滨亚相和海岸沙丘亚相均位于平均高潮线以上，沉积范围相对较窄。同时，由于塔里木盆地在后期遭受广泛的抬升剥蚀，东河塘组大部分后滨亚相和海岸沙丘亚相均被剥蚀，目前残余地层中主要发育前滨亚相和临滨亚相砂岩。

1）前滨亚相

前滨亚相位于平均高潮线与平均低潮线之间的潮间带，地形平坦、起伏较小，并逐渐向海倾斜。前滨亚相的沉积以中砂岩为主，分选较好，典型的构造是冲洗交错层理。一般发育大型槽状、板状交错层理，亦见低角度交错层理和冲洗层理；结构、成分成熟度高，分选及磨圆度好。该沉积体系中为塔里木盆地志留系、中下泥盆统重要的储集岩发育沉积相带。该类沉积体系典型沉积露头剖面见于印干村剖面柯坪塔格组（图 3-24）。

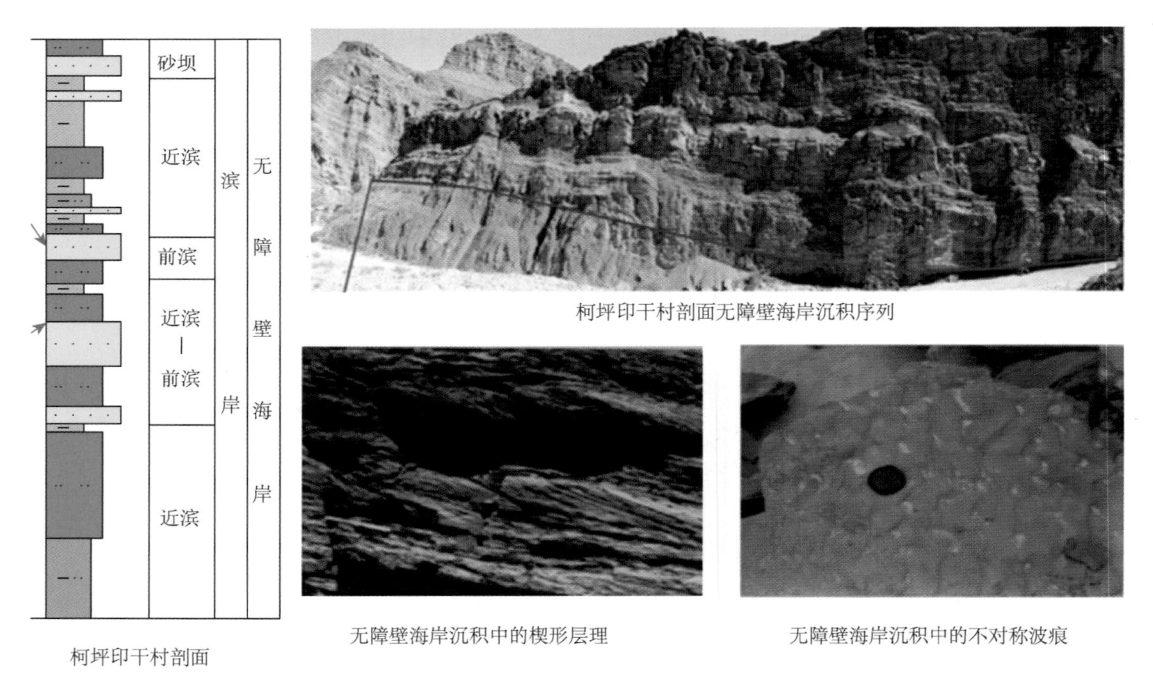

图 3-24　塔里木盆地克拉通内拗陷阶段无障壁海岸沉积特征

塔里木盆地除典型露头区可见滨岸沉积外，研究区众多钻井也钻遇前滨砂岩，主要由灰紫色、灰绿色细砂岩和砾状中细砂岩构成，砂岩单层厚度多为 0.5～0.9m。砂岩中砾石成分为石英岩、燧石和泥岩，砾石磨圆较好，粒径为 0.2～0.6cm，多顺层排列。前滨砂的粒度概率曲线均为由跳跃总体和悬浮总体构成的两段式，反映了前滨沉积环境具有中等至较强的水动力条件。前滨砂发育低角度交错层理、楔状层理、平行层理、波痕等，反映了前滨地区的波浪作用（图 3-25）。前滨沉积多是在高水位体系域时期形成的，海平面在相对稳定一段时期以后趋于下降，总体显示由多个向上变粗（含砾砂岩-砾状砂岩）的反韵律组成，韵律厚度可达 140m。自然伽马曲线为齿化箱形或齿化指形的组合。

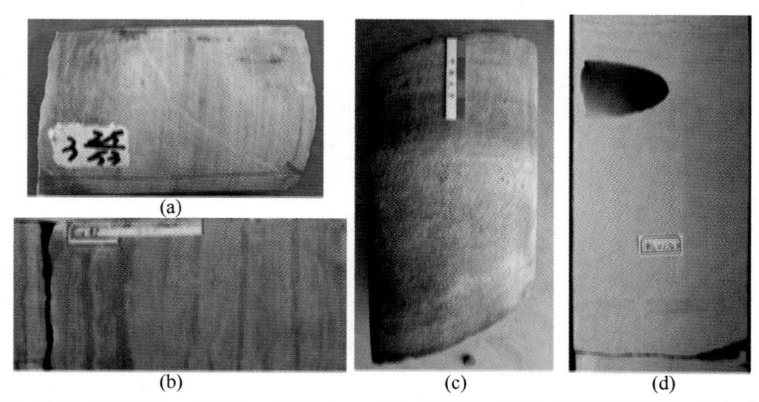

(a) 平行层理，灰色中-细砂岩，中13井，4536.91m；(b) 波状层理、沙纹层理及泥质条带，塔中4井，3697.3m；(c) 低角度交错层理，灰白色中-细砂岩，中11井，4375.2m；(d) 冲洗交错层理，中12井，4378.9m

图 3-25 塔中地区东河塘组前滨沉积构造特征

2）临滨亚相

临滨亚相位于平均低潮线至浪基面之间的潮下带，常年浸没于海水之下，为风暴作用和波浪作用共同改造的产物，能量较高，以砂质夹泥质沉积物发育为特征。根据此沉积特征，还可进一步将临滨沉积从上到下依次划分为上临滨、中临滨和下临滨。

塔里木盆地临滨亚相主要分布于巴楚及塔中西部地区。岩性主要为浅灰、灰色、灰白色细砂岩、中-细砂岩、泥质粉砂岩夹灰粉砂质泥岩、泥岩。砂岩粒度概率曲线多表现为多段式。常见波浪、流水和风暴作用形成的各种层理类型，尤其是具有与风暴作用有关的冲刷面、丘状交错层理和正粒序层理等沉积构造。垂向结构剖面多显示加积式的沉积序列，自然伽马曲线呈箱形和漏斗形（图 3-26、图 3-27）。塔里木盆地临滨砂岩分布广泛，如麦盖提斜坡、巴楚凸起、玛东冲断带、塔中凸起、塔北隆起等地区大部分砂岩均为临滨砂岩。其中，巴楚凸起地层厚度为 65～15m，以灰绿色细砂岩和含小砾细砂岩为主；麦盖提斜坡区厚度为 121～40m，以灰绿色细砂岩和含泥砾细砂岩为主；玛东冲断带厚度为 63～23m，以灰绿色细砂岩和砂质小砾岩为主；塔中凸起厚度为 105～14m，以灰绿色细砂岩和砂砾岩为主；塔北隆起厚度为 251～24m，以浅灰色细砂岩为主。

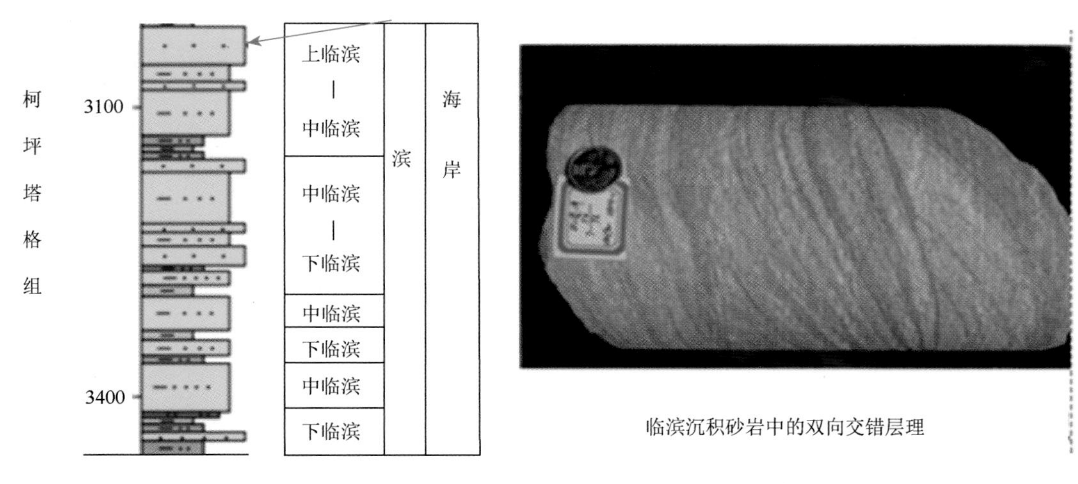

图 3-26 塔里木盆地孔雀 1 井柯坪塔格组临滨沉积特征

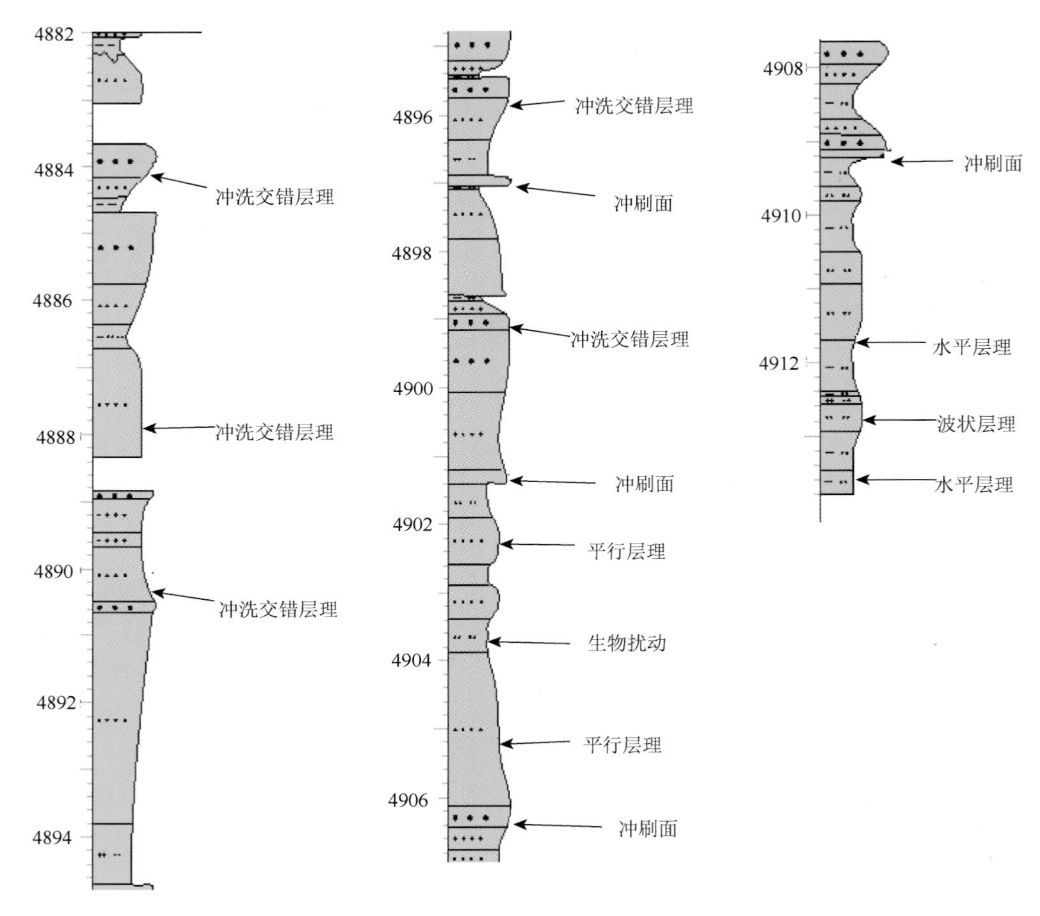

图 3-27　塔里木盆地 FT4 井东河塘组临滨沉积特征

3. 有障壁滨岸沉积体系

有障壁滨岸沉积体系是受障壁的遮挡作用在相对低能环境的海岸带发育起来的，以潮汐作用为主、波浪作用为辅的细粒碎屑滨岸体系，以广阔的潮坪沉积为特征。这种环境下，波浪能量较低，潮差中等或较大。广义的潮坪依据平均高潮面、平均低潮面和浪基面可分出潮上坪、潮间坪及潮下坪。狭义的潮坪特指潮间坪，可识别出高潮坪（泥坪）、中潮坪（混合坪）、低潮坪（砂坪）及潮道微相。塔里木盆地志留纪的柯坪塔格组、塔塔埃尔塔格组和依木干他乌组沉积期，早泥盆世克孜尔塔格组沉积期，石炭纪的巴楚组、卡拉沙依组和小海子组以及二叠纪的南闸组和库普库兹满组沉积期均在不同程度上发育有障壁滨岸沉积体系。

志留系的有障壁滨岸沉积体系主要由一套紫红色砂砾岩、砂岩、粉砂岩和泥岩组成，发育人字形交错层理、脉状潮汐层理、沙纹层理等沉积构造，可分为潮坪和潮道沉积组合，其中潮坪可进一步划分为潮上带、潮间带和潮下带 3 个相带（图 3-28）。

潮上带位于平均高潮线与最大高潮线之间，主要发育于盆地边缘的平坦地区，以沉积厚度大，分布相对稳定的红色泥岩段为特征；有时也会发育紫红色、灰绿色泥岩和泥质粉砂岩、粉砂质泥岩组合（如塔中 45 井 5100～5155m 井段和中 11 井 4240～4290m 井段），泥岩中具水平纹层，粉砂岩中具生物扰动构造、生物潜穴以及变形层理，在局部地区可见泥裂（塔中 10 井和满 2 井），自然伽马曲线则呈高频的锯齿状，值较高，自然电位为箱形，正异常（图 3-29）。

潮间带位于平均高潮线和平均低潮线之间，理论上可分为泥坪、混合坪和沙坪 3 个微相，但实际往往以沙泥频繁互层的混合沉积为特色。塔里木盆地志留系潮间混合坪主要以棕褐色粉砂质泥岩、浅灰色粉细砂岩与泥岩互层为特点，如塔中 10 井、塔中 45 井、满参 1 井等。泥岩中可见泥裂、生物扰动以及波纹层构造；粉细砂岩中可见波状层理、透镜状层理及小型浪成交错层理和板状交错层理（图 3-30）。粒度概率曲线以跳跃总体为主体，斜率较低，反映分选差；悬浮总体占有一定比例，两者结合点为突变。自然伽马为中高值锯齿状，自然电位为中高值齿状。

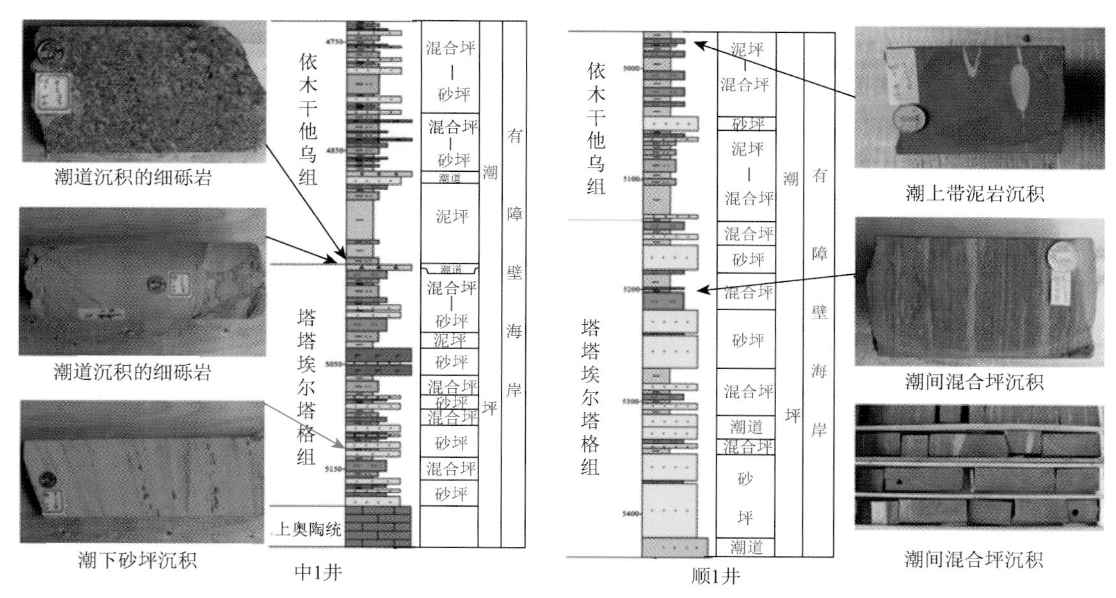

图 3-28　塔里木盆地志留系有障壁滨岸沉积特征

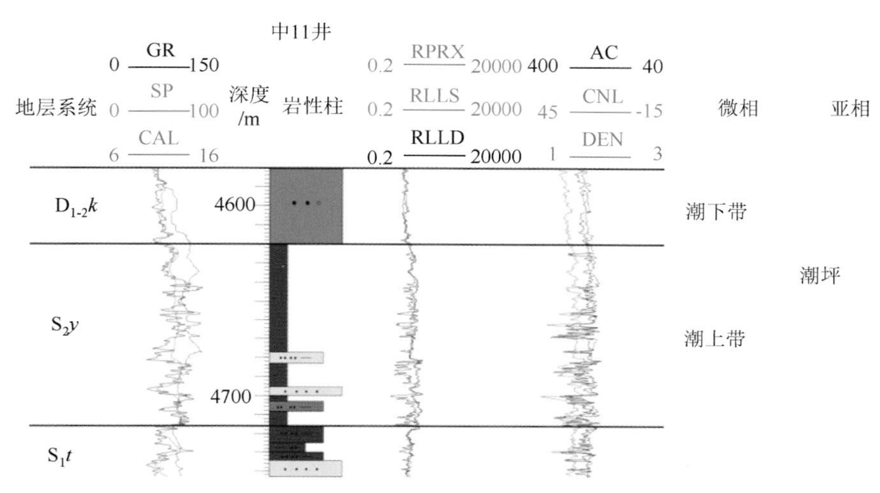

图 3-29　塔里木盆地志留系依木干他乌组潮上坪测井曲线特征

图 3-30　塔里木盆地志留系潮间带沉积构造和古生物化石特征

潮下带总体位于平均低潮线与浪基面之间，受潮汐和波浪双重作用影响，主要岩性为棕褐色或浅灰色细砂岩、沥青质细砂岩、棕褐色粉砂岩及浅灰绿色泥岩；常见冲洗交错层理、平行层理、浪成波痕及生物扰动和潜穴等构造（图 3-31）。粒度概率曲线以跳跃总体为主体，斜率较低；悬浮总体少，斜率低，两者结合点为突变。自然伽马曲线为中低值齿化箱形，自然电位曲线为齿化箱形及齿状，视电阻率曲线波动幅度大。

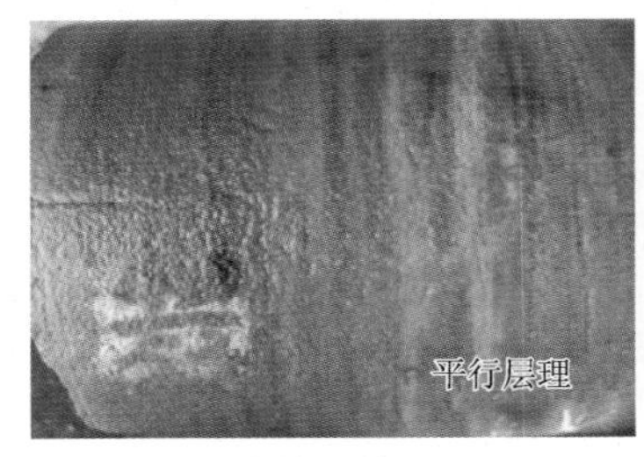

TP2 5355.06m

TP3 5471.58～5472.20m

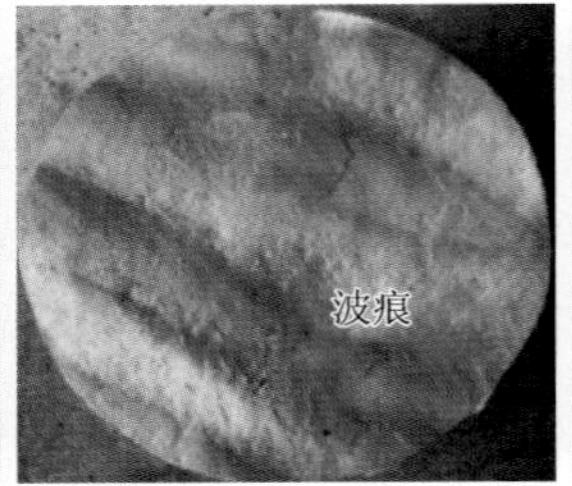

TP2 5383.01m

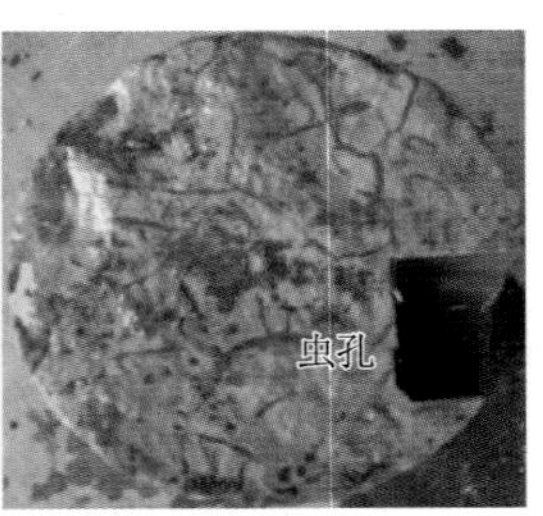

TP2 5353.20m

图 3-31　塔里木盆地志留系潮下带沉积构造和古生物化石特征

石炭系的有障壁滨岸沉积体系分布也比较广泛，且以潮坪和潮道体系最为发育。潮坪沉积又可进一步划分为砂坪、混合坪和泥坪等微相。泥坪沉积位于盆地周边地区，一般为薄-厚层泥岩，偶夹薄层粉砂或泥质粉砂。泥岩一般呈棕色、棕褐色，偶夹薄层灰绿或深灰色泥岩。泥岩中具有水平纹层，粉砂岩中具生物扰动构造、生物潜穴以及变形层理，在局部地区尚可见到泥裂，反映了处于潮上带的泥坪沉积特征（图 3-32）。自然电位曲线起伏很小，自然伽马曲线则呈高频的锯齿状，且值较高。砂泥坪沉积位于平均高潮线与平均低潮线之间。在塔里木盆地塔中 45 井、满参 1 井等钻遇了石炭系砂泥坪沉积，为不等厚互层的浅灰色粉、细砂岩与棕褐色、褐色泥岩、粉砂质泥岩的薄互层。沉积物中发育波状层理、韵律层理、透镜状层理及小型交错层理等。电测曲线呈锯齿状或指状。砂坪沉积位于平均低潮线以下，长期受海洋潮汐等水动力作用。在塔里木盆地塘北 2 井、满参 1 井等钻遇了砂坪沉积主要岩性为中-薄层浅灰色细粒砂岩、棕褐色粉砂岩及薄层浅灰绿色泥岩。砂岩具有较好的成分和结构成熟度。砂坪中常发育羽状交错层理、板状交错层理、块状层理、层面的浪成波痕沉积构造以及生物扰动和潜穴。测井相上表现为弱齿化漏斗形或呈指状。

潮道为典型的正韵律，潮道底部为冲刷面，含灰绿色撕裂状泥砾；主要为细砾岩或含砾粗砂岩，逐渐过渡为中砂岩或细砂岩；发育羽状交错层理、楔状交错层理以及平行层理等，顶部一般与紫红色泥岩接触。垂向上往往发育多个砂体的叠置，具多个冲刷面；砂层集中，砂层间泥岩夹层薄而少。单层潮道砂层厚 1~5m，累计厚度可超过 9m（图 3-32）。研究区潮道分布较为广泛，规模有大有小，大的为潮道，小规模的为潮沟，更小的是潮渠或潮溪。测井曲线上自然电位或自然伽马表现为钟形或箱形，有时由于夹有薄层泥而呈齿化。

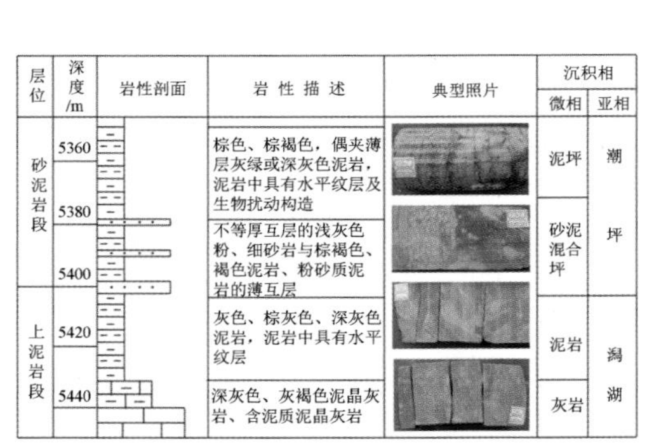

(a) 同707井石炭系卡拉沙依组潮坪沉积剖面序列

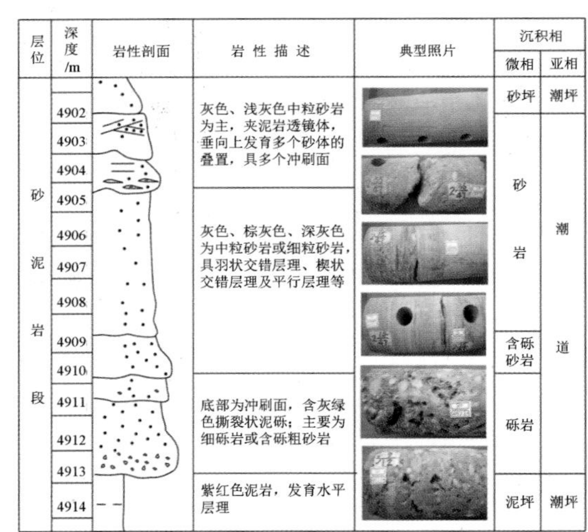

(b) 沙60井石炭系卡拉沙依组潮道沉积剖面序列

图 3-32　塔里木盆地石炭系有障壁滨岸沉积特征

4. 障壁坝-潟湖沉积体系

障壁坝-潟湖沉积体系主要由 3 部分组成：与海岸近于平行的一系列障壁坝、障壁坝后的潮坪和潟湖、切穿障壁坝并将潟湖与广海连通的入潮口及其两侧的潮汐三角洲。

障壁坝是平行海岸、高出水面的狭长形砂体，以其对海水的遮挡作用而构成潟湖的屏障。通常是细-中粒砂岩，具有近水平的纹理和小到中型的交错层理。在沉积区缓慢下沉的情况下，障壁坝沉积逐渐向海移动，形成自下而上粒度变粗的序列。

入潮口和潮汐三角洲沉积：入潮口为连接潟湖与外海的通道，故又称主潮道，是由与障壁坝呈垂直或斜交的潮流作用形成的。入潮口最底部通常为深切侵蚀面，其上不规则地分布着砾石和贝壳碎片。大部分入潮口在其下部以退潮流作用为主，形成大型面状交错层理，并受到涨潮流的改造而出现再作用面，中部以双向的底形和交错层为特征，而在入潮口边缘浅部则以涨潮方向的、较小规模的底形为特征，再往上通常出现的是海滩冲洗交错层理。潮水在入潮口两侧出口处因流速突然降低而形成潮汐三角洲，并在朝陆一侧形成涨潮三角洲，朝海一侧形成退潮三角洲。涨潮三角洲较少受到波浪和风力作用的影响，以单向的（涨潮或退潮方向）或双向的交错层理占优势。

潟湖沉积：潟湖是障壁坝后在低潮时还充满残留海水的浅水盆地，以泥和粉砂为主，通常含较多的钙质，时有透镜状或薄层石灰岩发育。以水平纹理为主，有时层理不明显，常见菱铁矿结核及星散黄铁矿，有保存程度不等的植物化石。动物群有明显的特化现象，与正常海比较显得非常单调，而且生物出现畸形，如个体变小、钙质外壳显著变薄。

5. 浅海（陆架）沉积体系

浅海环境是指在正常浪基面以下向外海与大陆斜坡相接的广阔浅海沉积地区，即大陆架。该类沉积体系明显受古陆分布位置的控制，亦常与碎屑滨海沉积体系共生。其上限位于波基面附近，下限水深一般在200m 左右的陆架坡折处。塔里木盆地早志留世柯坪塔格组和塔塔埃尔塔格组沉积期、泥盆纪克孜尔塔格组和东河塘组沉积期、早石炭世卡拉沙依组沉积期、中二叠世库普库兹满组沉积期均在不同程度上发育浅海（陆架）沉积体系。

志留纪浅海（陆架）体系在巴楚小海子麻扎尔塔格剖面及很多钻井中均有揭示，主要由不等厚互层的深灰色、灰绿色较厚层泥岩以及泥质粉砂岩、粉砂岩、灰白色细砂岩组成。泥岩具水平层理和小型波纹层，在泥岩层面上发育较多的生物扰动构造；粉砂岩中具有微细波状交错层理、透镜状层理等沉积构造；细砂岩中发育楔状层理、平行层理等（图 3-33）。

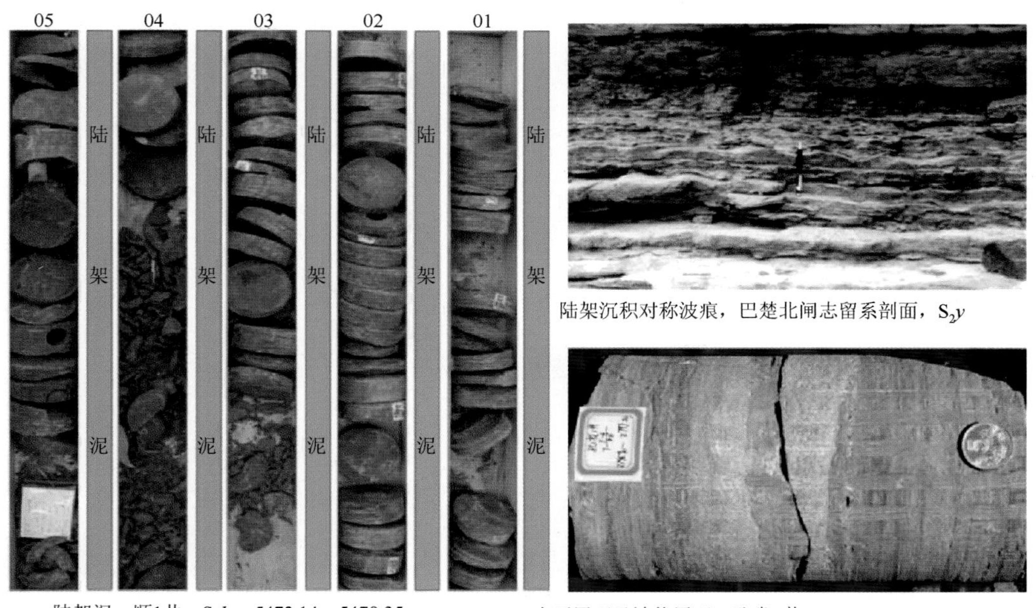

图 3-33　塔里木盆地志留系浅海（陆架）沉积特征

志留纪浅海（陆架）体系中除大量发育的细粒泥质沉积外，还发育一定数量的延伸方向与岸线大致平行的陆架砂脊亚相，并可进一步划分为核部、内缘和外缘等微相，每种微相都具有独特的测井响应和岩性组合特征。

托甫2井柯坪塔格组中段浅海（陆架）沉积主要为陆架泥微相，由灰、深灰色泥岩夹薄层粉砂质泥岩、泥质粉砂岩及粉砂岩组成，见笔石、小型腕足、小型角石及炭屑等较深水生物化石。自然伽马曲线为中高值齿化箱形，自然电位曲线为箱形，正异常（图3-34、图3-35）。

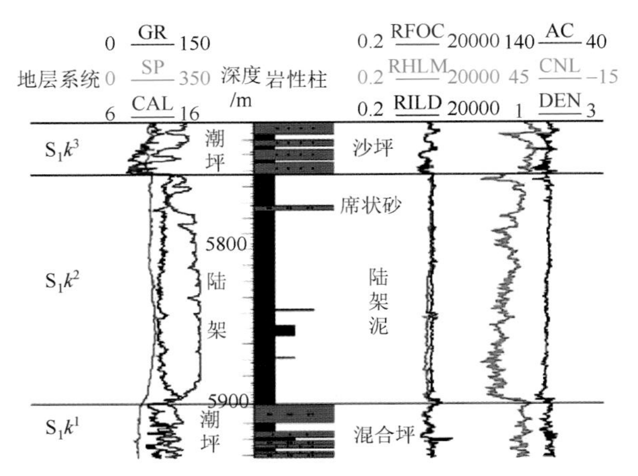

图3-34　塔里木盆地托甫2井志留系S_1k^2浅海陆架沉积特征

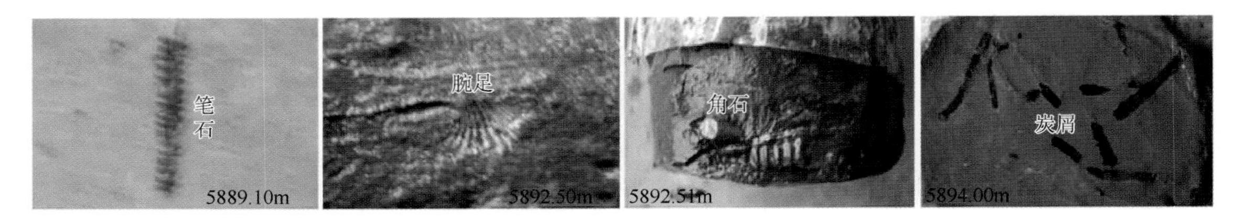

图3-35　塔里木盆地托甫2井志留系浅海陆架生物化石组合

石炭纪浅海（陆架）体系在盆地西部阿合奇、乌什、莎车及伽师一带均有揭露，可进一步细分为陆源碎屑浅海（陆架）体系和混积浅海（陆架）体系，局部发育生物礁和风暴沉积（图3-36）。

（三）陆相碎屑岩沉积体系特征

1. 冲积扇沉积体系

冲积扇是山区河流进入邻近低地或盆地时在山前迅速堆积而成的粗碎屑扇形堆积体，主要分布于地貌高差较大的山麓局部地区。冲积扇在塔里木盆地的白垩系揭露最多，包括库车拗陷克孜勒努尔沟剖面下白垩统亚格列木组与巴什基奇克组（图3-37）、拜城地区卡普沙良剖面下白垩统亚格列木组、喀什凹陷下白垩统克孜勒苏群第1～8层、克拉苏河剖面下白垩统巴西盖组和巴什基奇克组、乌什凹陷乌参1井巴西盖组和巴什基奇克组，以及古城墟隆起和塔东地区的亚格列木组和巴什基奇克组等。此外，三叠系（库车拗陷库车河剖面，图3-38），侏罗系（如喀什凹陷的上侏罗统孜贡苏组），以及新近系（如库车拗陷库车河剖面，图3-39）也见发育。可进一步划分出扇根、扇中、扇端3个亚相。

1）扇根亚相

位于山区河流的出口处，其特点是沉积坡角最大，以发育泥石流和辫状河道微相沉积为特征，岩性以杂色杂基支撑复成分中、粗砾岩及砂砾岩为主，亦见泥质和粉砂质，其中砾岩分选性差，无定向排列，多为次棱角状。单层厚度为2～10m，底部常见明显的冲刷充填构造（图3-37、图3-38）。

盆地的三叠系（如库车拗陷库车河剖面）的下三叠统俄霍布拉克组及中上三叠统克拉玛依组下段中识别出了大量的冲积扇沉积，其中扇根亚相紧邻造山带，以发育泥石流及碎屑流沉积为特征。主要由杂色、紫红色厚层杂基支撑复成分中、粗砾岩及砂砾岩为主，砾石成分主要以大量石英质及火山岩砾石为主。砾石磨圆多为次棱角状，分选极差，可见砾石呈直立状漂浮在杂基中（图3-38）。

2）扇中亚相

位于冲积扇中部，具有中到较低的沉积坡角，是冲积扇的主体。扇中主要发育辫状（分流）河道和漫

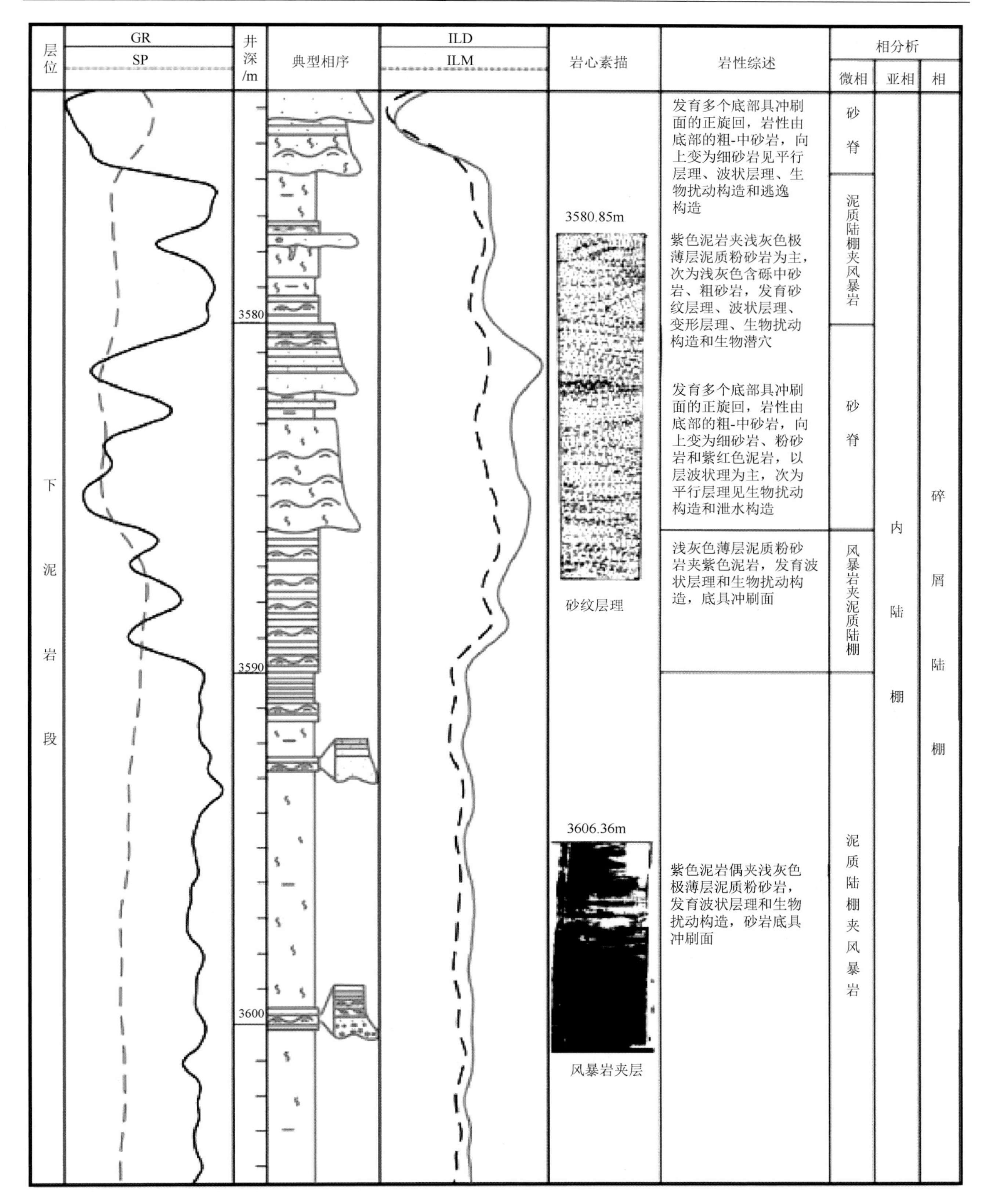

图 3-36　塔里木盆地巴东 2 井石炭纪碎屑浅海（陆架）体系沉积特征

流沉积两个微相。辫状河道沉积物以褐红色—棕红色砂砾岩、砾状砂岩、含砾砂岩为主，底部冲刷充填构造较发育，见块状或不清晰的平行和大型（槽状、板状）交错层理（图 3-37、图 3-38）。多期河道叠加则可形成多个向上变细的正旋回，厚度较大。漫流沉积以细粒悬浮负载沉积物为主，多为紫红色、灰绿色及杂色泥岩，含少量薄层砂岩，形成薄层透镜体组合，整体以席状或片状为特征，与辫状河道共生出现。

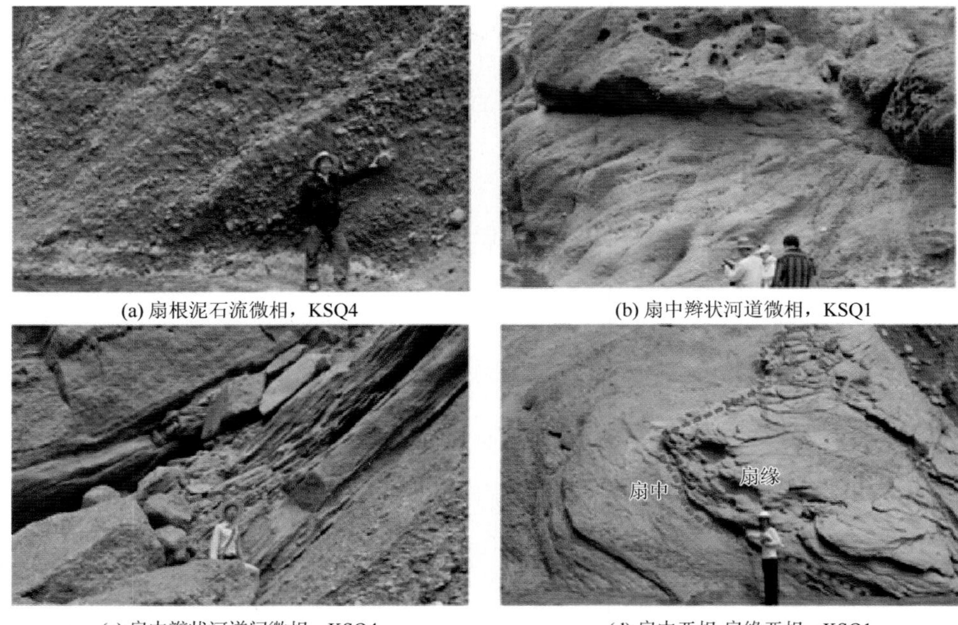

(a) 扇根泥石流微相，KSQ4　(b) 扇中辫状河道微相，KSQ1

(c) 扇中辫状河道间微相，KSQ4　(d) 扇中亚相-扇缘亚相，KSQ1

图 3-37　克孜勒努尔沟剖面下白垩统亚格列木组与巴什基奇克组冲积扇沉积特征

盆地的三叠系（如库车坳陷库车河剖面）的下三叠统俄霍布拉克组及中上三叠统克拉玛依组下段，其扇中亚相主要发育辫状河道及漫流沉积两个微相。辫状河道沉积物以砂砾岩为主，底部常见有明显的冲刷充填构造，多发育块状或不清晰的大型交错层理。多个正旋回形成多期河道叠加的巨厚层块状砂砾岩体。漫流沉积以细粒悬浮负载沉积物为主，多为紫红色、灰绿色及杂色泥岩，含少量薄层砂岩，与辫状河道常共生出现（图 3-38）。

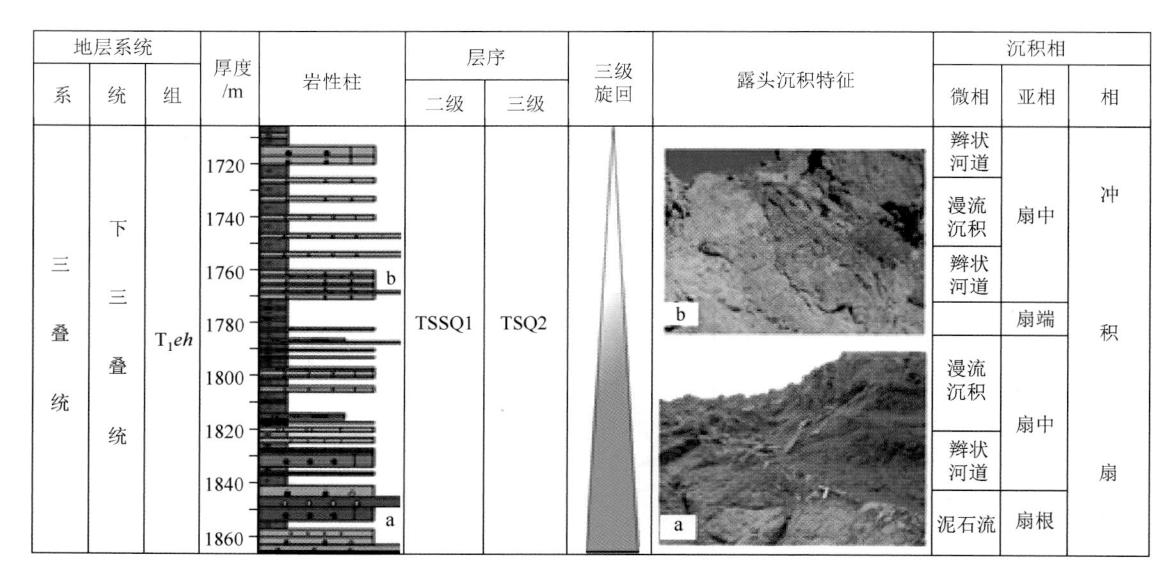

图 3-38　库车河剖面三叠系俄霍布拉克组冲积扇沉积相柱状图

3）扇端亚相

扇端亚相又叫扇缘，位于冲积扇的外边缘，其地貌特征是具有最低的沉积坡角，地形较平缓，分布在扇间或扇前洼地中。主要由间歇河道的薄-中层粉砂岩和少量细砂岩以及片泛沉积的泥岩、粉砂质泥岩构成。

盆地的三叠系（如库车坳陷库车河剖面）的下三叠统俄霍布拉克组及中上三叠统克拉玛依组下段，其扇端亚相主要发育浅水重力流沉积，分布在扇间或扇前洼地中，为扇面河道携带大量碎屑物质的高密重力流直接快速堆积而成。以发育灰色中薄层杂砂岩、泥质粉砂岩及粉砂岩沉积为主，砂体中常见变形层理发育（图 3-39）。

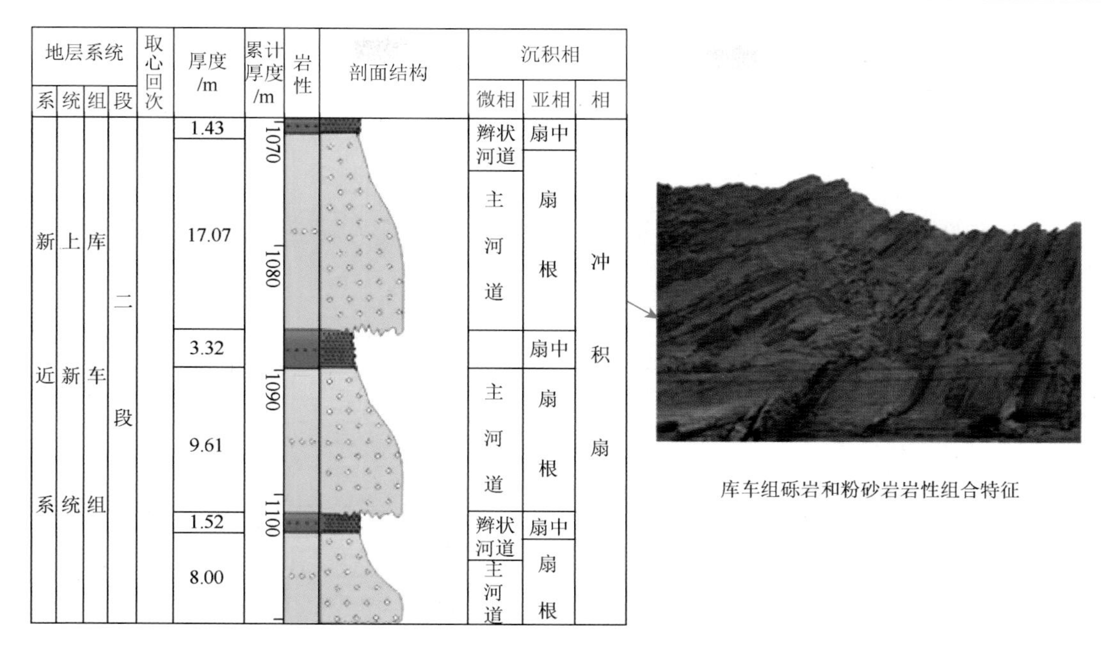

图 3-39　库车河剖面新近系上新统库车组冲积扇沉积特征

2. 辫状河沉积体系

辫状河以多河道、多次分叉和汇聚构成辫状为特征，多发育在山区或河流的上游河段及冲积扇上（图 3-40）。河道宽而浅，弯曲度小，其宽/深比值多大于 40，弯度指数常小于 15。河流坡降大，河道不固定，迁移迅速，经常改道，故又称为游荡性河流。辫状河沉积在塔里木盆地距离物源较近的各个地区均有发育，层位包括三叠系—新近系，如阿瓦提拗陷 A2 井中三叠统阿克库勒组、库车拗陷上三叠统塔里奇克组（等同于哈拉哈塘组上部）、库车河下侏罗统阿合组、喀什拗陷下白垩统克孜勒苏群 29～35 层中以及华英参 1 井下白垩统巴什基奇组等。辫状河可划分河床（道）和泛滥平原两个亚相。辫状河为宽而浅的河流，在卡普沙良群沉积时期主要分布在盆地南部，而在巴什基奇克组沉积时期全盆均有分布。据辫状河流相的形成环境及沉积物构成，可将其划分为河床（道）亚相和河漫亚相（图 3-41、图 3-42、图 3-43）。

图 3-40　克孜勒努尔沟剖面辫状河沉积序列

1）河床（道）亚相

可进一步划分为河床（道）滞留沉积和心滩两个微相。

（1）河床（道）滞留沉积。滞留沉积位于河床（道）最底部的冲刷面或冲蚀坑之上，通常由向上变细的砾岩（含泥砾）、砂砾岩、砂岩组成，常夹树干、木块等，可见块状或大-中型槽状交错层理（当有水下沙丘时）。砾石分选中等，多为次圆状，常呈叠瓦状排列（图 3-41、图 3-42）。A2 井中钻遇的紫红色泥砾表明其具有水上氧化沉积环境的特征。

（2）心滩。心滩发育于辫状河道内，又称河道砂坝，可细分为侧向坝、横向坝和纵向坝，是辫状河最典型的沉积体，岩性以偏粗的砂砾岩、含砾砂岩、粗砂岩、中砂岩为主，亦可见细砂岩和粉砂岩，多表现为向上变细的正旋回，下部多发育槽状交错层理，往上则一般变化为其他交错层理（或称斜层理）或平行层理或小型水流沙纹层理，测井曲线常呈微齿化箱形-钟形特征（图 3-41、图 3-42、图 3-43）。例如，草 2 井下侏罗统阳霞组内辫状河河道心滩沉积自然伽马测井曲线表现为低值，自下而上由箱形过渡为钟形，齿化-微齿化，中间自然伽马曲线又可细分为多个小的钟形，表示多次河道作用的叠加，各韵律层在界面为突变，向上过渡为渐变（图 3-44）。

2）泛滥平原亚相

可见河漫滩和河漫（泥炭）沼泽两个微相，以河漫滩为主，而天然堤、决口扇等微相少见（图 3-42、图 3-44）。

（1）河漫滩。洪水期河水从辫状河道的两岸漫出，在河道间的低洼地区聚集，此时水流携带的颗粒较细的沉积物便沉积下来形成河漫滩沉积。河漫滩沉积一般以泥质及粉、细砂质沉积为主，常表现为红色、棕红色泥岩夹薄层粉、细砂岩，发育水平层理（图 3-42）。有时河漫滩上生长一些植被，在岩心中可见到炭化的植物根系或叶片。由于辫状河道的频繁改道，导致河漫滩常遭受侵蚀而厚度较薄。

（2）河漫（或泥炭）沼泽。河漫（或泥炭）沼泽通常由河漫湖泊淤积而来，主要见于库车坳陷上三叠统塔里奇克组中，以发育深灰色中厚层炭质泥岩夹薄煤层为特征。

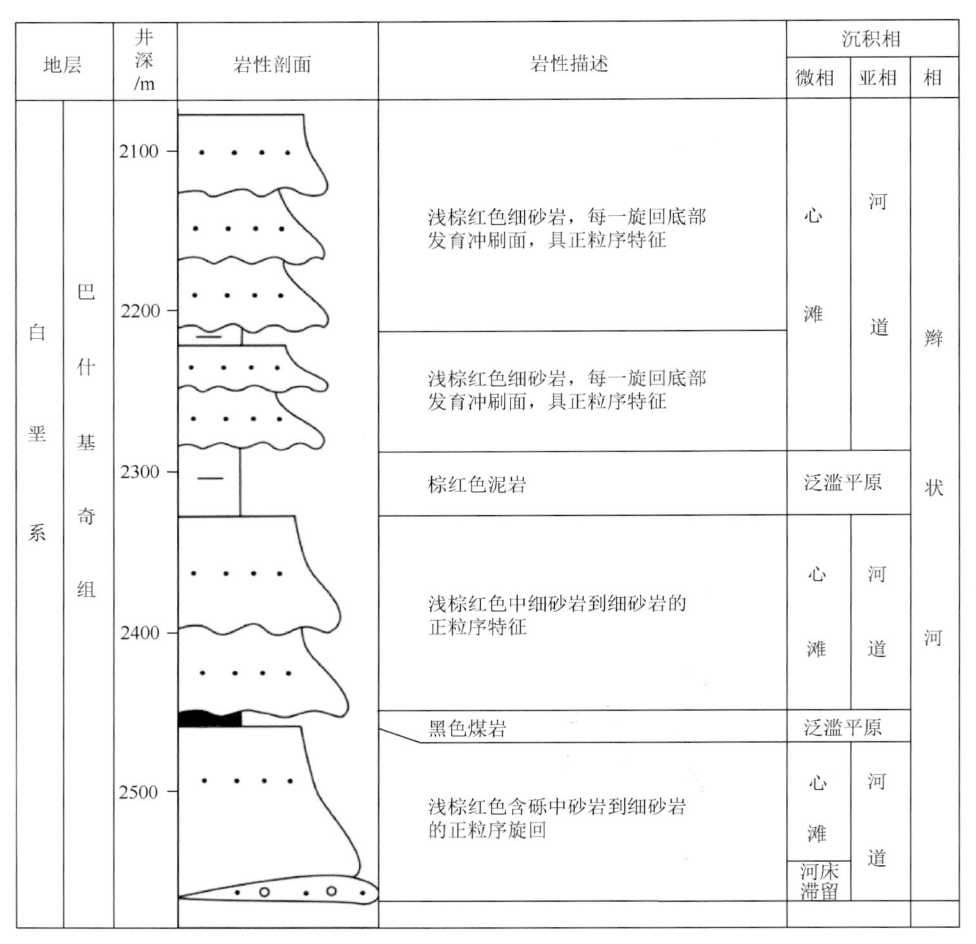

图 3-41　华英参 1 井下白垩统巴什基奇克组辫状河沉积剖面序列

3. 扇三角洲沉积体系

扇三角洲沉积体系是指由冲积扇从邻近高地推进到具稳定水体的受水盆地（湖或海）中形成的三角洲沉积。扇三角洲在塔里木盆地的三叠系-古近系均有发育，在库车坳陷、雅克拉断凸和塔西南坳陷最为典型，是冲积扇进入湖泊沉积体系的产物，其近端可过渡到冲积扇的粗碎屑沉积物，远端向盆地方向则可与湖相沉积呈指状交互，因此既存在水上部分，也包括水下部分，可区分出扇三角洲平原、扇三角洲前缘和前扇三角洲 3 个亚相，这 3 个亚相可以进一步细分为若干个微相。

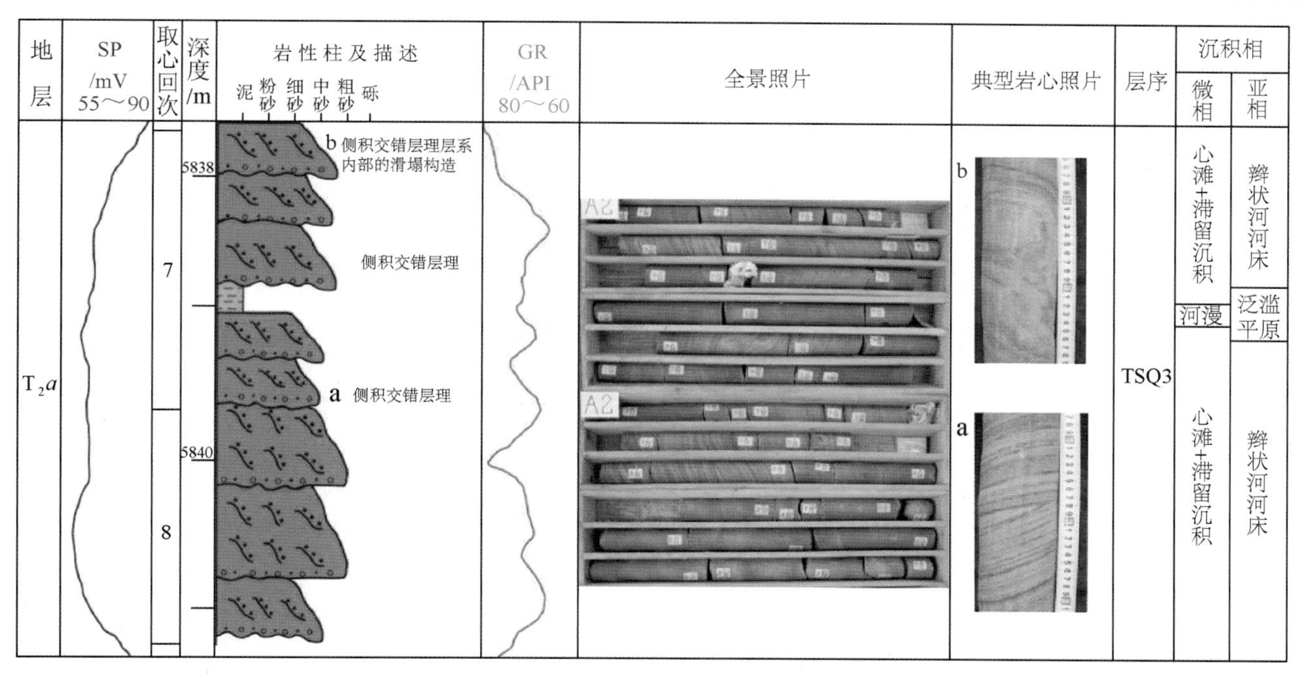

图 3-42　阿瓦提拗陷 AT2 井中三叠统阿克库勒组辫状河沉积相柱状图

(a) 辫状河中的（槽状）交错层理

(b) 河道中向上变细的沉积旋回

图 3-43　库车河剖面下侏罗统阿合组辫状河沉积体系局部沉积特征

地层系统			深度/m	SP 30—70	GR 120—20	RILM 0.1 100 / RILD 0.1 100 / RFOC 0.1 100	沉积微相	沉积亚相	相
系	统	组							
侏罗系	下统	阳霞组	4960				心滩	河床	辫状河
							河道间沼泽	泛滥平原	
							心滩	河床	
			4980				河沼	泛滥平原	
			5000				心滩	河床	

图 3-44　草 2 井下侏罗统阳霞组辫状河沉积柱状图

1）扇三角洲平原亚相

扇三角洲平原是扇三角洲的水上部分，相当于冲积扇的扇根和扇中上部，以突发性灾变事件产生的重力流沉积与间灾变期正常沉积交替进行，沉积物粒度普遍偏粗，岩相纵横方向变化大，延伸不远。主要沉积微相类型包括泥石流、辫状河道（或分流河道）及（分流）河道间，沉积物的成分成熟度和结构成熟度均较低。

（1）泥石流。岩性主要为褐红色块状粗-中砾岩、细砾岩以及含砾粗砂岩。砾岩单层厚度一般为 1.15～8m。砾石多以棱角状、次棱角状为主，成分复杂，大小混杂，分选极差，呈杂基支撑。局部见颗粒支撑的水道充填砾岩透镜体。常见重力流成因的块状层理和粒序（递变）层理。每一次泥石流事件沉积的底部皆发育有侵蚀面，其沉积物在单剖面上组成垂向加积式和向上变细式两种沉积序列。粒度概率曲线多呈弧形，表明水动力类型以重力流为主。当离物源的距离加大时，泥石流的沉积粒度有所变细，颗径可达 1～3cm，厚度也随之变小，一般可小于 2m。自然伽马曲线呈高值箱形。

（2）辫状河道（或分流河道）。岩石相类型以叠瓦状砾岩相和槽状交错层理砾岩相为主，所以也称为砾质辫状河道（或分流河道）。岩性粒度偏粗，主要由红褐色、灰白色细砾岩、砂砾岩、含砾粗砂岩、含砾中砂岩以及粗-细砂岩等组成（图 3-45）。砾岩中砾石成分较为复杂，呈叠瓦状排列，分选较差，大小一般为 2～4cm，最大可达 6cm，呈次棱角状-次圆状，以颗粒支撑为主。砂砾岩底部为侵蚀冲刷面，发育大-中型槽状交错层理、板状交错层理、块状层理、平行层理、粒序层理等。垂向剖面上常表现为多期砾质河道沉积的叠置，自下而上由多个下粗上细的正韵律旋回组成，单个河道充填砂体厚度一般为 1～5m。事实上，单期河道砂体内部的多旋回性和河道砂体多期叠置是扇三角洲平原辫状河道的标志性特征（图 3-46）。

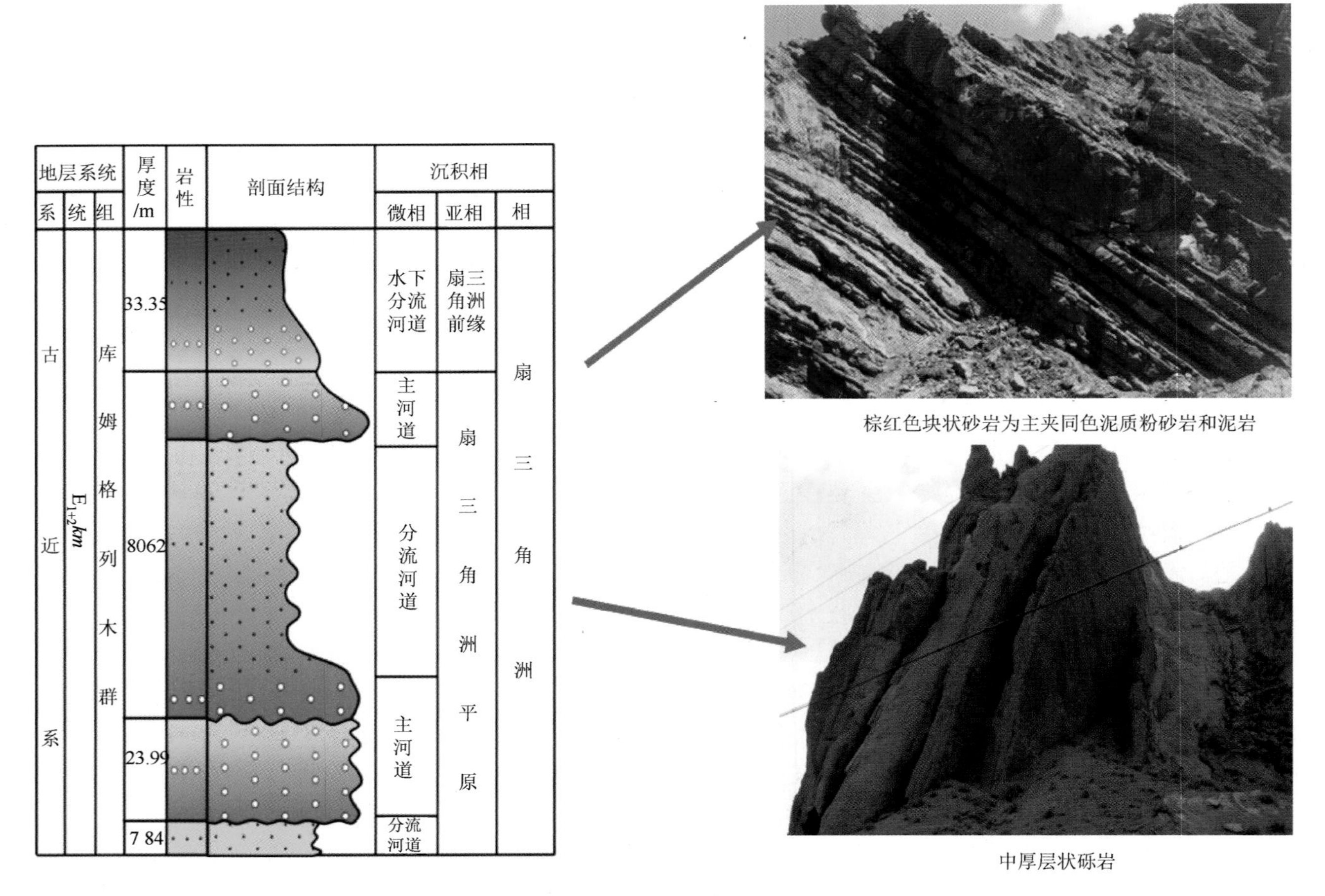

图 3-45　库车县克孜勒努尔沟剖面古近系库姆格列木群扇三角洲沉积特征

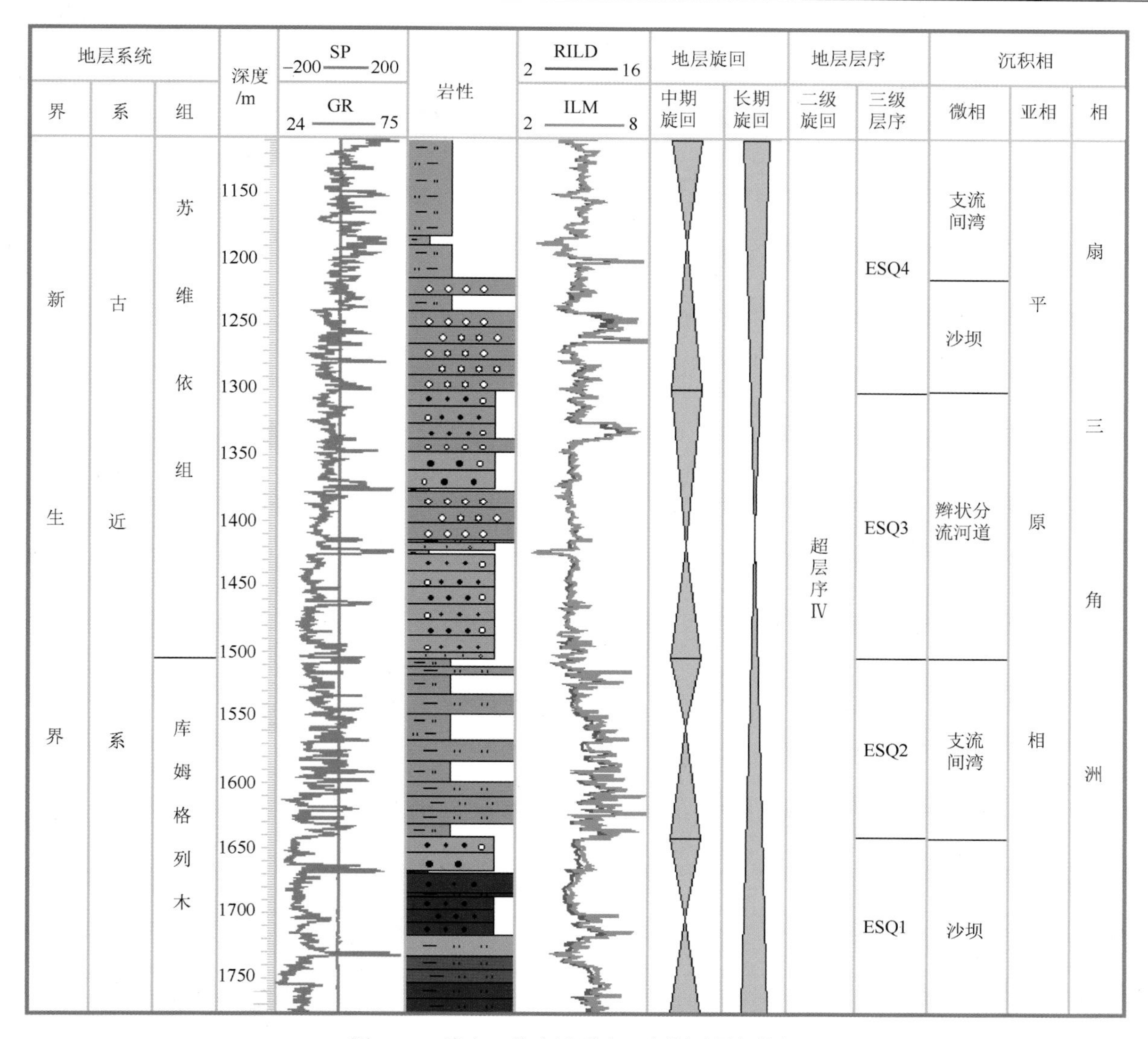

图 3-46　塘古 1 井古近系扇三角洲平原相特征

（3）（分流）河道间。河道间以细粒沉积为主，岩性主要为浅紫红色等杂色粉砂质泥岩、泥岩、泥质粉砂岩，局部夹薄层细砂岩，发育块状层理和水流沙纹层理，是沉积物溢出河道的产物，常常受后期河道的冲刷侵蚀而改造（图 3-46）。

2）扇三角洲前缘亚相

前缘是扇三角洲的水下部分，主要包括水下分流河道、河口坝、分流河道间（即分流或分支间湾）等沉积微相类型。扇三角洲前缘在垂向剖面上整体表现出一个或多个向上变粗的反粒序旋回。

（1）水下分流河道。水下分流河道是扇三角洲前缘沉积的主体，是水上辫状河道在水下的延伸，只是水动力稍弱，粒度略细。主要由细砾岩、砂砾岩、含砾砂岩、砂岩以及部分砂质泥岩和泥岩组成向上变细的正粒序，砂岩的分选性相对较好，砂体厚度可达 0.9～6.8m。水下分流河道底部往往有冲刷面，下部发育槽状交错层理、块状层理或不显层理，中上部发育平行层理、交错层理、粒序（递变）层理、沙纹层理，其顶部细-粉砂岩常夹纹层状泥岩，以及之上发育的薄层波状（交错）层理、透镜状层理、水平层理质纯泥岩（滨浅湖沉积），显示其水下沉积特征（图 3-45）。测井曲线以（齿化）钟形和箱形为主，或可细分为多个钟形-箱形，为多期水下分流道沉积作用的叠加。

都护 3 井 $E_{1\text{-}2}km$ 组扇三角洲沉积特征，岩性及测井曲线表明该地层底部以中-细砂岩夹薄泥岩层沉积为主，向上粒度变细，泥质含量增多。自然伽马曲线以中值微齿化的箱形、箱形-钟形组合为特征，反映了扇三角洲前缘水下分流河道沉积的特点，顶部自然伽马值增大，表明此段沉积以泥岩为主，即扇三角洲前缘水下分流河道间沉积；自然电位曲线亦表现出扇三角洲沉积环境下顶底突变的箱形的特点；声波时差曲线及中、深感应曲线相应证明了以上观点（图 3-47）。

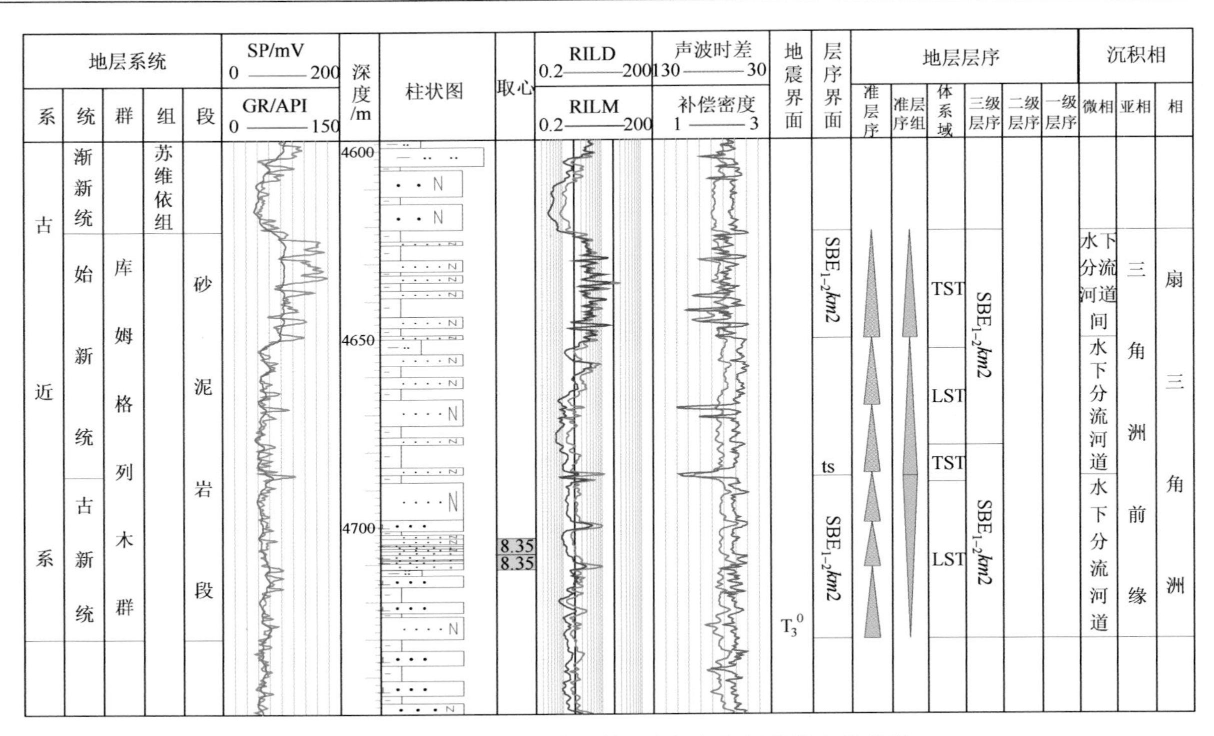

图 3-47　都护 3 井层序地层单元与沉积相划分综合柱状图

（2）河口坝（或砂坝）。河口坝可分为近端和远端及其过渡类型，其近端部分是指河流入湖（或海）的河口区，由于水流展宽和湖水（或海水）的顶托作用，使其所携带的碎屑物质沉积形成新月形的、下细上粗的反粒序砂体。随着沉积物的不断供给，可形成较大面积的厚层砂体，为数十厘米到数米不等。岩性以细砂岩和粉砂岩为主，少量粗砂岩，常见波状交错层理、平行层理及其他交错层理，测井曲线多为齿化的漏斗形，反映河道冲刷作用较弱，并有一定的波浪改造作用（图 3-48）。相比近端河口坝，远端河口坝的沉积物粒度更细，以粉砂岩为主，单砂体厚度更薄，为数厘米至数十厘米不等，常呈不连续的席状分布。河口坝往往与水下分流河道交替沉积。

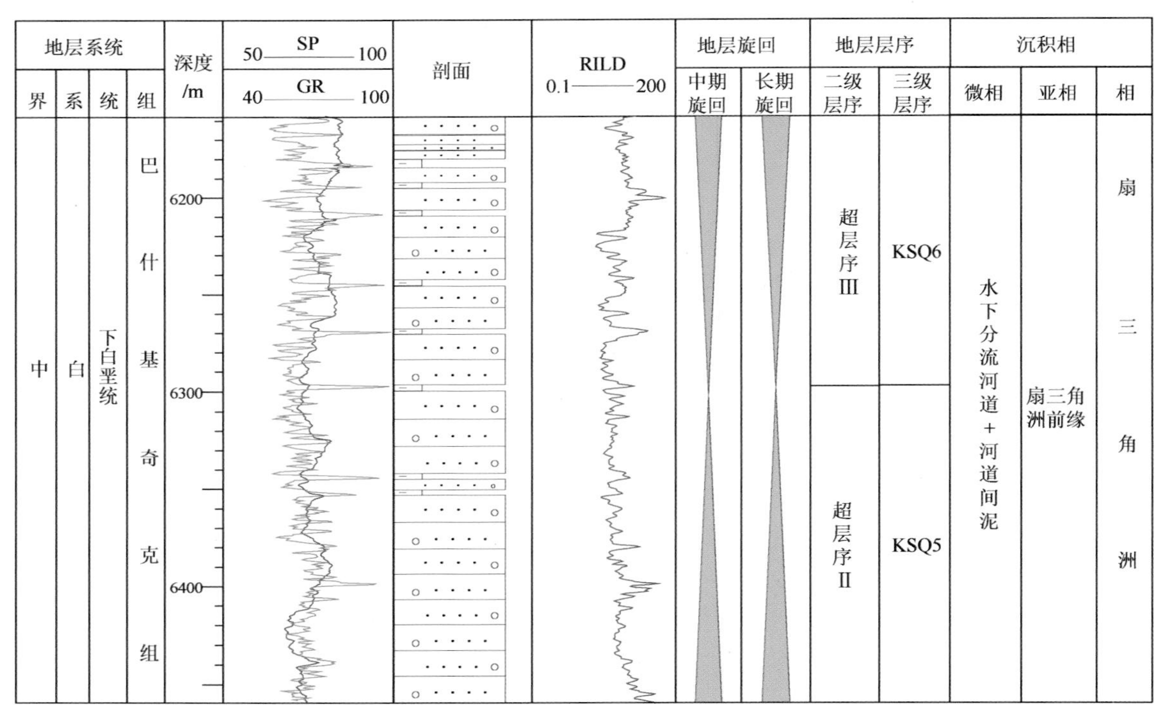

图 3-48　库 1 井下白垩统巴什基奇克组扇三角洲前缘测井曲线和岩性特征

（3）分流河道间（分流或分支间湾）。水下分流河道间常与水下分流河道相伴生，主要分布在其两侧。岩性偏细，多以泥岩、粉砂质泥岩为主，夹薄层泥质粉砂岩、粉砂岩-细砂岩。发育水平层理、透镜状层理、脉状层理、波状层理，可见少量虫孔（图 3-49）。单套泥岩厚度可达数米，横向分布不稳定。

露头上见库车河剖面亚格列木组发育的扇三角洲前缘水下分流河道及河口坝沉积（图 3-50），典型特征为灰绿色中-细砂岩，发育波纹交错层理，夹发育槽状交错层理的紫色含砾粗砂岩。

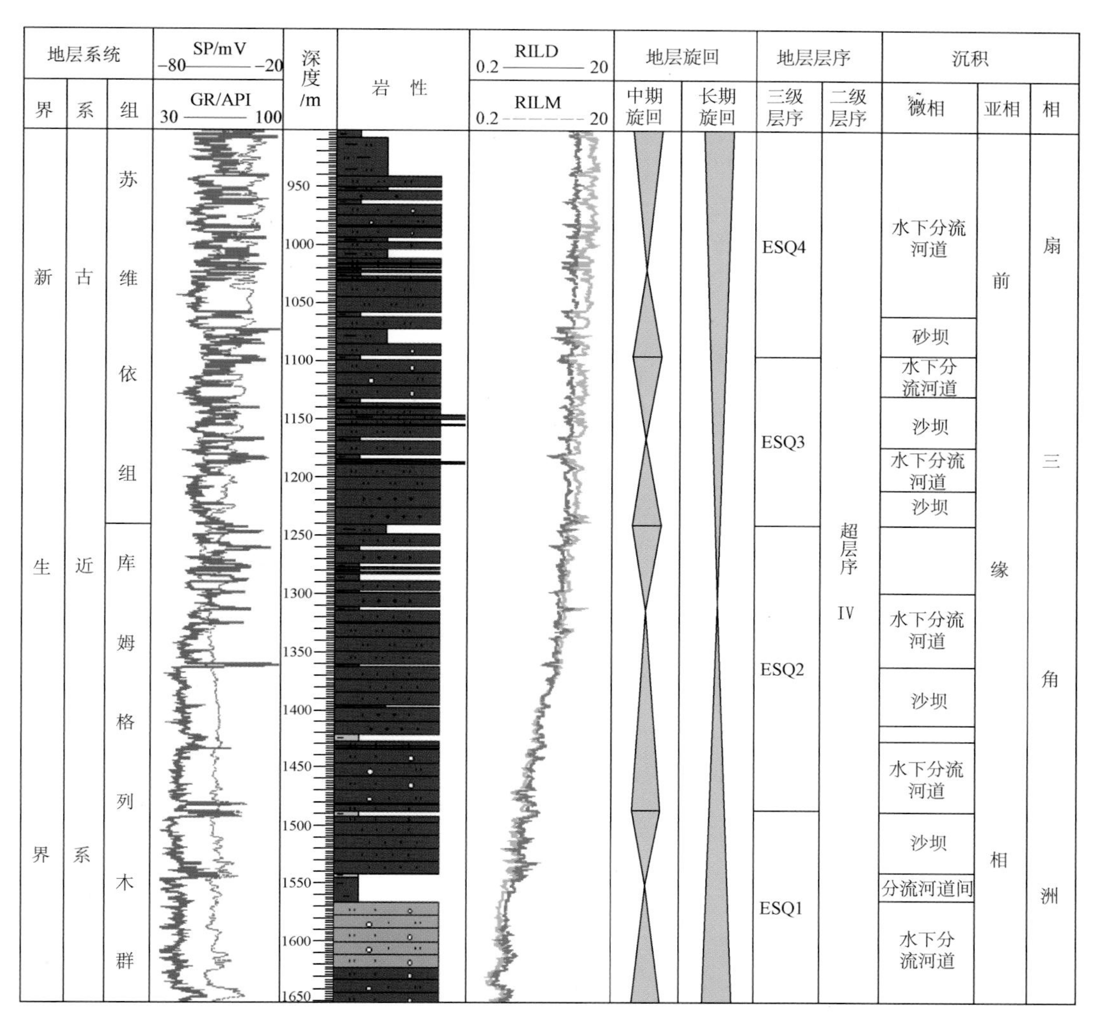

图 3-48　TZ34 井古近系扇三角洲前缘沉积特征

图 3-50　库车河露头亚格列木组扇三角洲沉积特征

3）前扇三角洲亚相

前扇三角洲位于向湖一侧最前方浪基面以下，为扇三角洲体系在湖盆中延伸最远的部分，与半深湖连成一体，向半深湖泥岩沉积过渡。可细分为前扇三角洲泥和席状砂两个微相，但前扇三角洲泥常与湖相泥岩难以区分。岩性以细粒的厚层泥岩、粉砂质泥岩夹薄层粉砂岩为特征，测井曲线整体呈低值齿状。条件适宜的情况下有湖底扇等水下重力流发育，可见滑塌和变形构造等。

4. 辫状河三角洲沉积体系

辫状河三角洲体系是指辫状河流推进到相对开阔和坡度较缓的湖泊水体中形成的富含砂和/或砾等粗碎屑物质的三角洲。辫状河三角洲在塔里木盆地的三叠系-新近系广泛发育，是盆地内湖盆周缘地带最主要的沉积体系类型，可区分出辫状河三角洲平原、辫状河三角洲前缘和前辫状河三角洲 3 个沉积亚相单元。

1）辫状三角洲平原亚相

辫状三角洲平原主要包括辫状（分流）河道、分流河道间（或分流间湾，部分学者或称为越岸、漫滩等）两个沉积微相，前者为主，为骨架充填，后者通常所占比例较少。此外，还可能出现决口水道（通常夹在分流河道间泥岩之间，由厚度不大的含砾砂岩和砂岩组成，具正旋回）等沉积微相，但盆地中基本没有发现。

（1）辫状（分流）河道。辫状分流河道沉积在辫状河三角洲平原中占主导地位，离物源区稍近，水动力强且具有强间歇性（阵发性洪水流），沉积物具有色杂、粒粗、分选和磨圆较差、不稳定矿物含量高的特征，底部发育冲刷充填构造，冲刷面上可见略具定向排列的砾石（含泥砾）滞留沉积。岩性主要为砾岩、含砾砂岩及砂岩组成，具有大-中型板状交错层理和槽状交错层理、平行层理。横向延伸数米即迅速变薄甚至尖灭；纵向上，可以是多个砂岩透镜体相互叠置成厚度巨大的砂体，单期和多期叠置河道砂体均呈现出粒度向上变细的正旋回特征，反映了河道充填沉积中水动力逐渐减弱的过程。测井曲线常呈高值箱形、齿化箱形、钟形、齿化钟形和圣诞树形。例如，YQ3 井 5243.02～5255.08m 段岩心揭示上三叠统哈拉哈塘组为近物源区的辫状（分流）河道沉积，由 6 个大尺度下粗上细的正旋回叠置组成。单个正旋回厚 2.5～3.5m，底部突变冲刷，之上明显包括两个部分：下部为砾岩、砂砾岩、少量含砾粗砂岩，块状，砾石砾径为 0.5～2cm，最大达 4cm。含砾粗砂岩常见砾石顺层排列显示大型交错层理；上部为细砂岩，发育板状交错层理、沙纹层理；测井曲线整体呈高幅齿化箱形-钟形（图 3-51）。又如孔雀 1 井 1785～1795.9m 岩心也揭示了下侏罗统阳霞组中的该微相类型，由灰白色含砾细砂岩、含砾中-粗砂岩、砂砾岩、砾岩组成的 10 个正旋回序列。单个正旋回厚 0.8～1.6m，底部突变冲刷，下部砾岩呈混杂块状，分选差，磨圆较好，呈次圆状，砾径最大达 5cm，杂基支撑；之上含砾中-粗砂岩中砾石顺层排列，显示大型楔状交错层理。总体表现为近山地物源、强间歇性辫状水流沉积特征，对应测井曲线呈高值箱形（图 3-52）。

都护 3 井第 1 回次取心井段 4703.07～4711.41m，心长 8.34m，收获率为 100%，属库姆格列木群。该段沉积以红棕色含砾中砂岩为主，向上粒度变细，泥质增多，层面上含有大量云母碎片，共发育三期河道冲刷面及底部滞留沉积，沿层面见定向排列的泥砾。底部发育块状层理、平行层理，顶部发育波纹交错层理，河道沉积特征显著（图 3-53）。

都护 1 井第 2 回次取心井段 5713.80～5722.40m，心长 8.60m，收获率为 100%，属于巴西盖组。沉积物以浅棕褐色细砂岩夹棕褐色泥岩为主。由四期河道叠置而成，底部见冲刷面及定向排列的泥砾。底部发育块状层理，向上见平行层理及板状交错层理（图 3-54、图 3-55）。

（2）分流河道间（或分流间湾）。分流河道间是由辫状（分流）河道的迁移摆动和洪水期越岸形成，岩性偏细，以泥岩、粉砂质泥岩、泥质粉砂岩、粉砂岩为主，局部夹极少薄层细砂岩，常见生物潜穴等扰动构造、植物根茎以及发育波状层理和水平层理。

2）辫状三角洲前缘亚相

辫状三角洲前缘亚相组合可进一步划分出水下分流河道、河口坝、远端坝和水下分流水道间（或分流间湾）等沉积微相。

（1）水下分流河道。水下分流河道是平原辫状（分流）河道入湖后的水下延伸部分，其河道水动力逐渐减弱，但河道及水流的稳定性增加。相比平原环境，其沉积物粒度有所变细，但渐变性、结构成熟度等都会变好，依旧显示清楚的下粗上细的正旋回特征。岩性以含砾砂岩、粗砂岩、中砂岩、细砂岩为主，越靠近物源其岩石粒度往往相对越粗，且岩石中杂基含量较少，多呈颗粒支撑，分选磨圆较好（图 3-52、图 3-56～图 3-60）。底部多发育强水流作用的冲刷面及泥砾等滞留沉积，略具定向排列，向上可见大-中型槽状交错层理、板状交错层理、平行层理等。垂向上，可由多个小的、厚数厘米至数米且向上变细的正旋回单砂体（心滩）叠置组成一个或多个大的、厚度可达数米至数十米的正旋回砂体（多期河道）。自然伽马等测井曲线具良好的钟形、箱形、圣诞树形响应。塔河油田 T903 井 4612.8～4626.8m 段岩心揭示了中三叠统阿克库勒组两期完整的水下分流河道沉积，分别厚 6.5m 和 7.4m。单期砂体自下而上由含砾粗砂岩→中砂岩→细砂岩构成正旋回，内部又包含 6～7 个小的正旋回（心滩沉积），小旋回向上粒度变细、厚度增加（图 3-56）。与三角洲平原辫状分流河道沉积相比，岩性渐变段长，上部为大段细-中砂岩，纯净、均匀、分选磨圆好。测井曲线呈高值箱形。T206 井中三叠统阿克库勒组 4612.84～4625.8m 段岩心揭示了两期外前缘水下分流河道沉积，单期砂体分别厚 4.2m 和 4.6m，呈长渐变的正旋回，旋回底部弱冲刷，下部为含少量泥砾的中砂岩；上部渐变为细砂岩，板状交错层理发育（图 3-57）。测井曲线呈中幅箱形-钟形-圣诞树形。露头上见巴西盖组发育的辫状河三角洲前缘水下分流河道（图 3-58）。

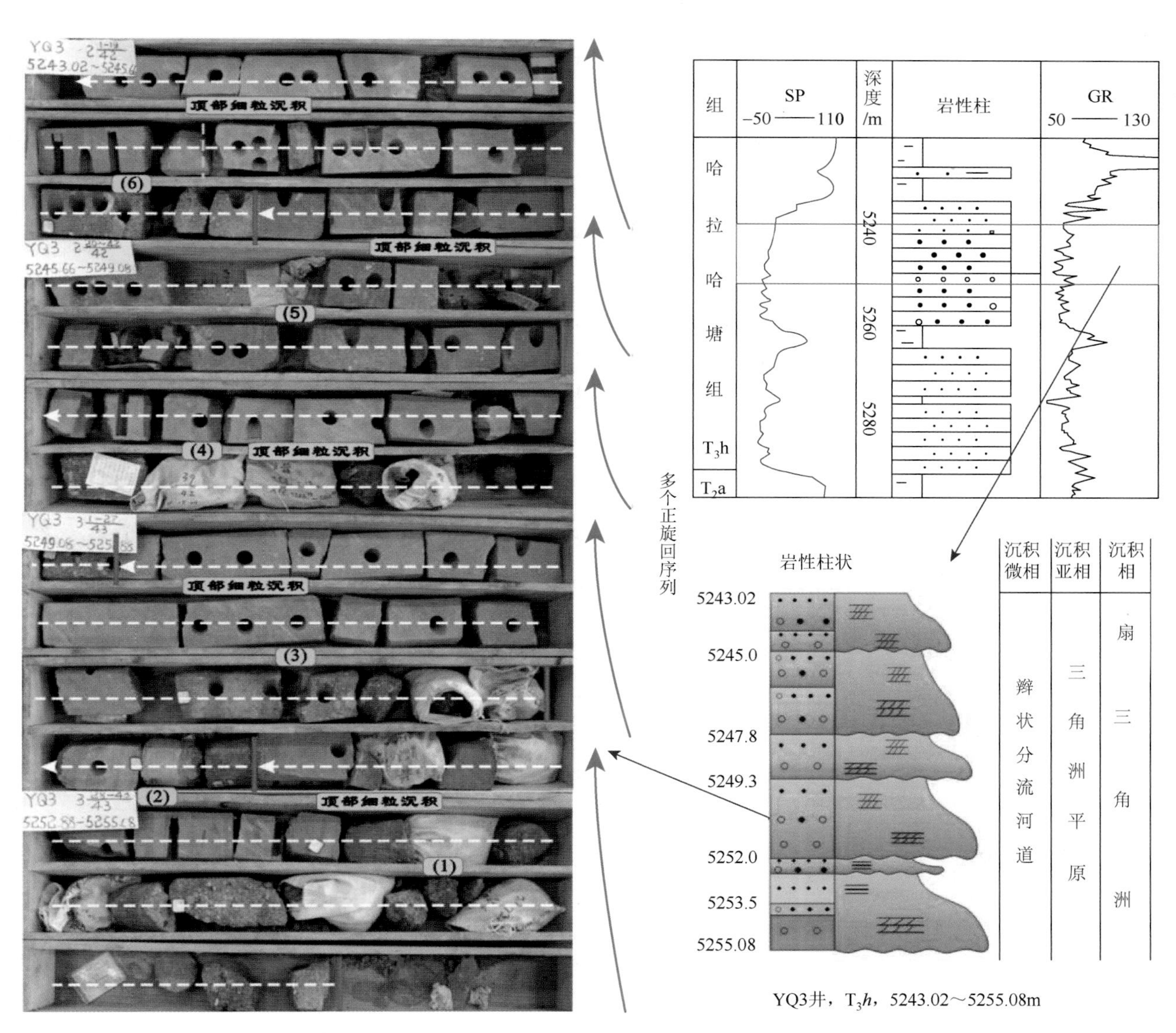

图 3-51　YQ3 井上三叠统哈拉哈塘组（T_3h）辫状河三角洲平原辫状分流河道岩心响应特征

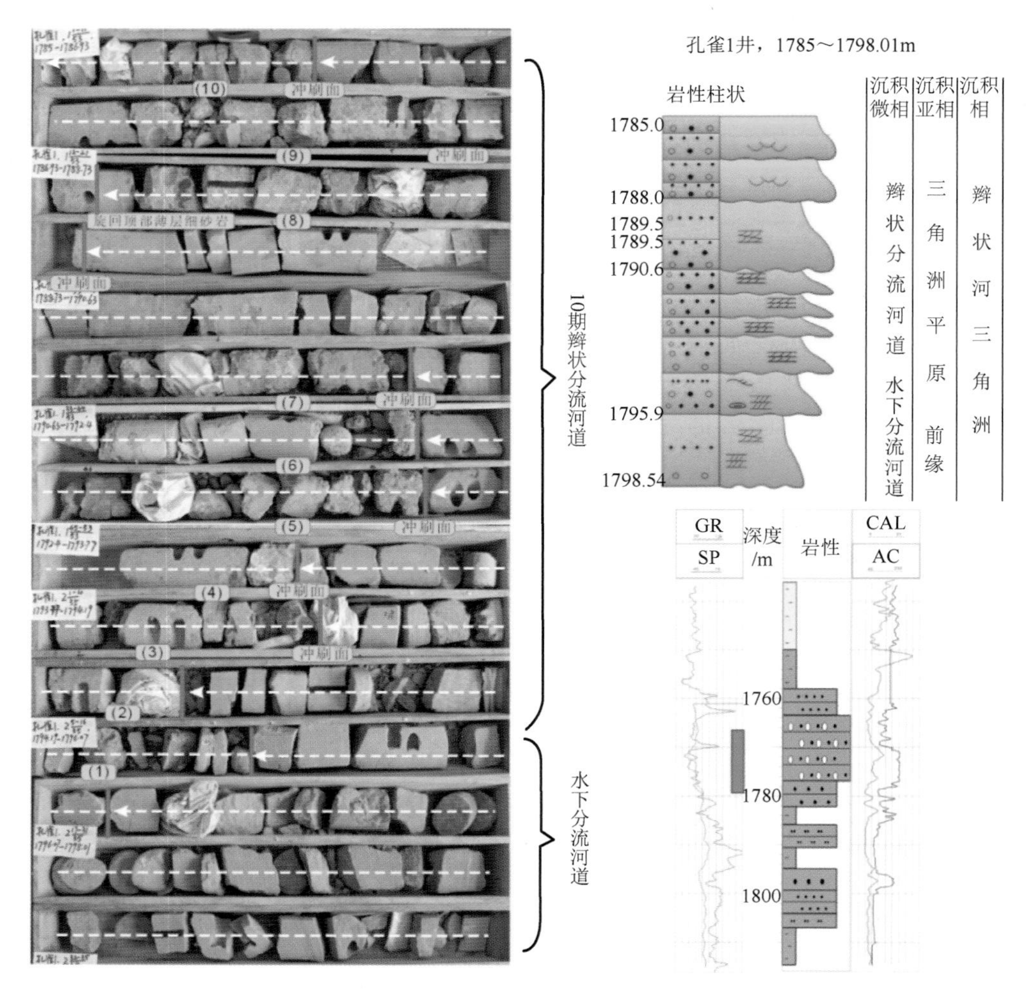

图 3-52　孔雀 1 井下侏罗统杨霞组辫状河三角洲岩心沉积和测井曲线特征分析

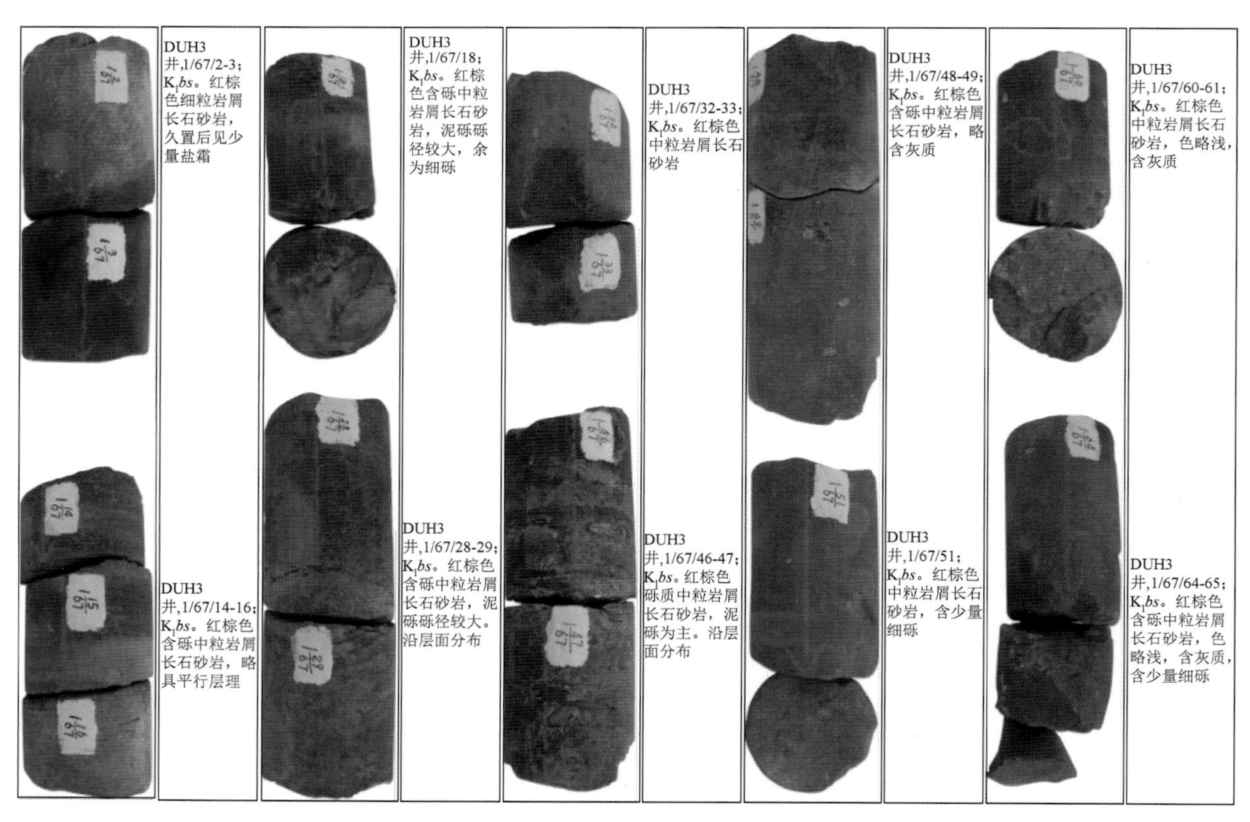

图 3-53　都护 3 井第 1 回次岩心特写

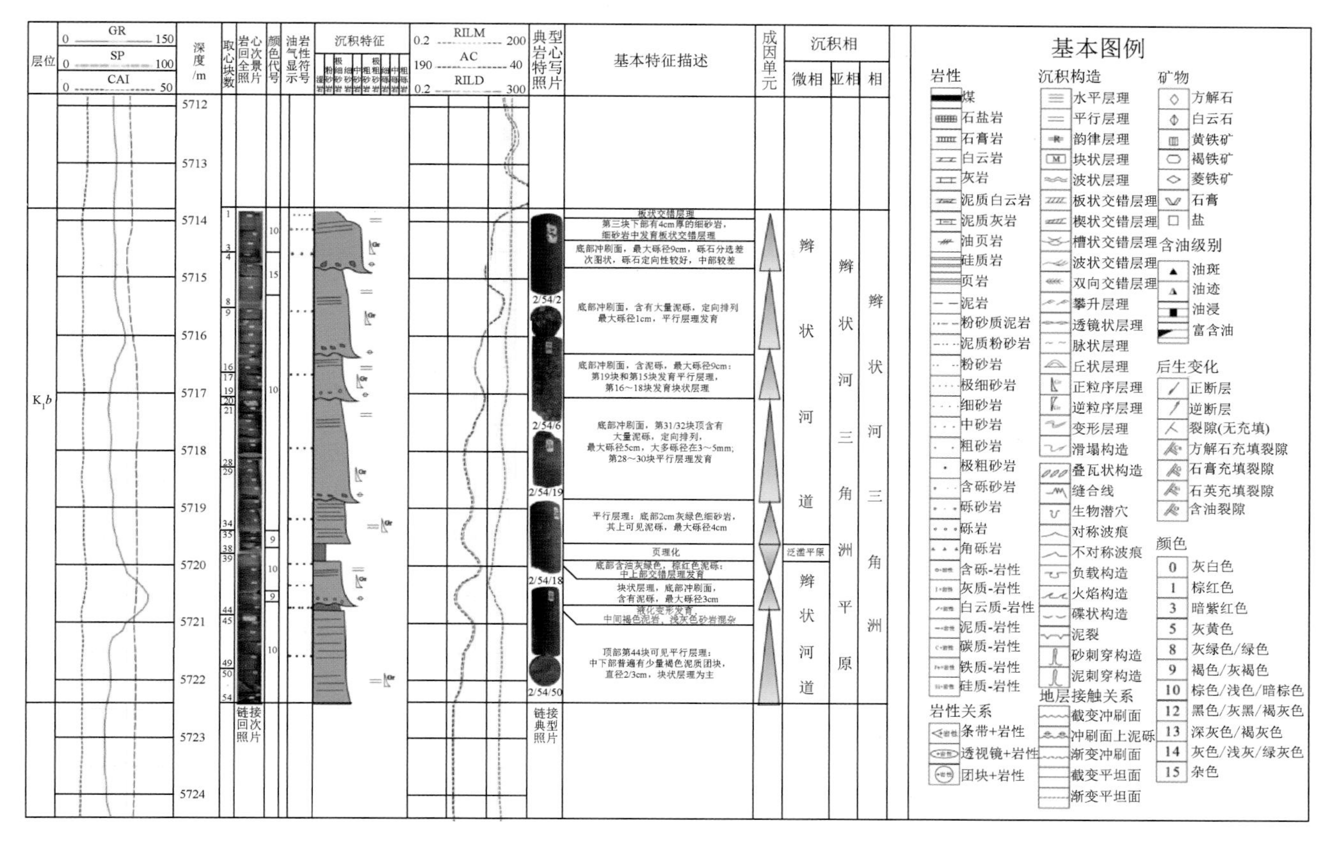

图 3-54　都护 1 井第 2 回次岩心综合柱状图

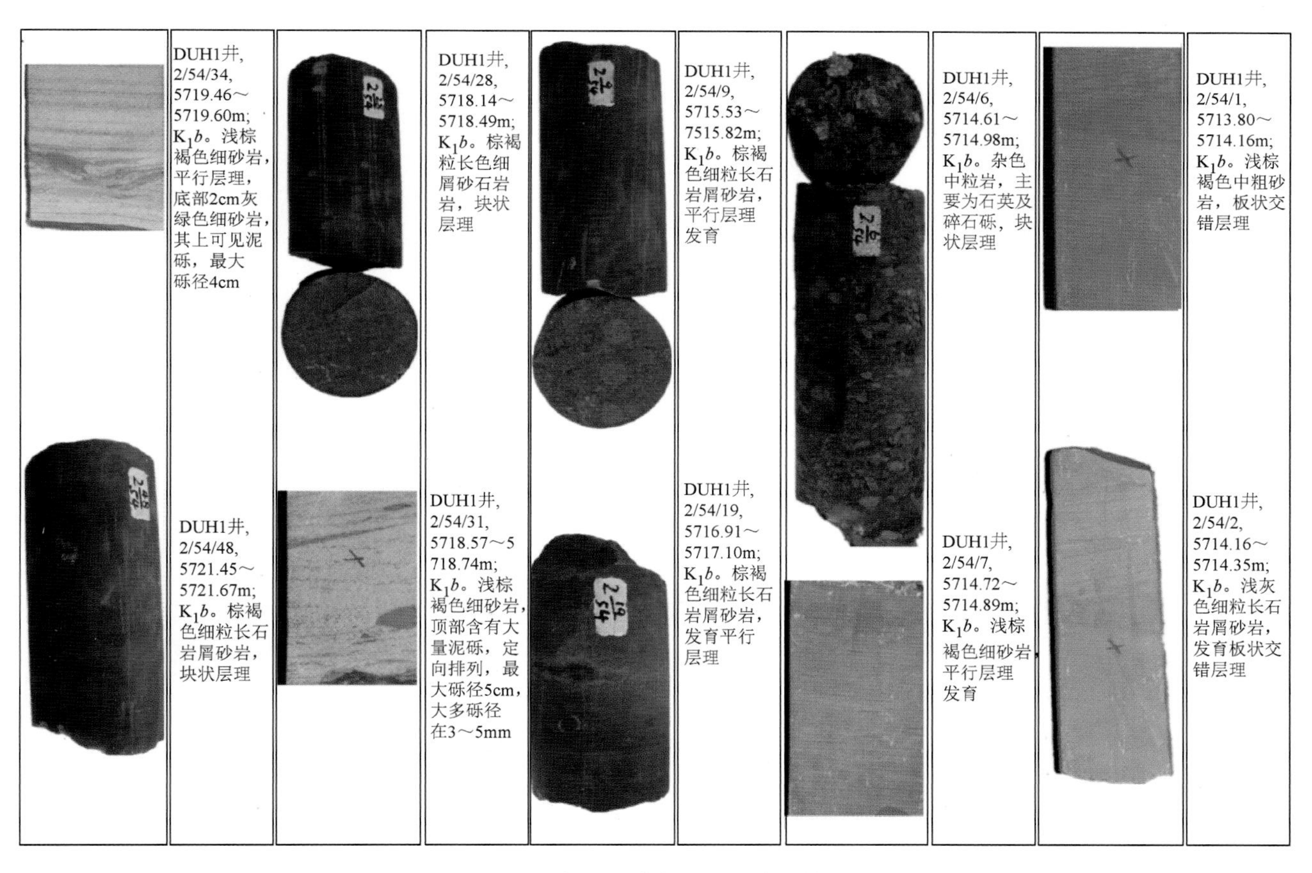

图 3-55　都护 1 井第 2 回次岩心特写

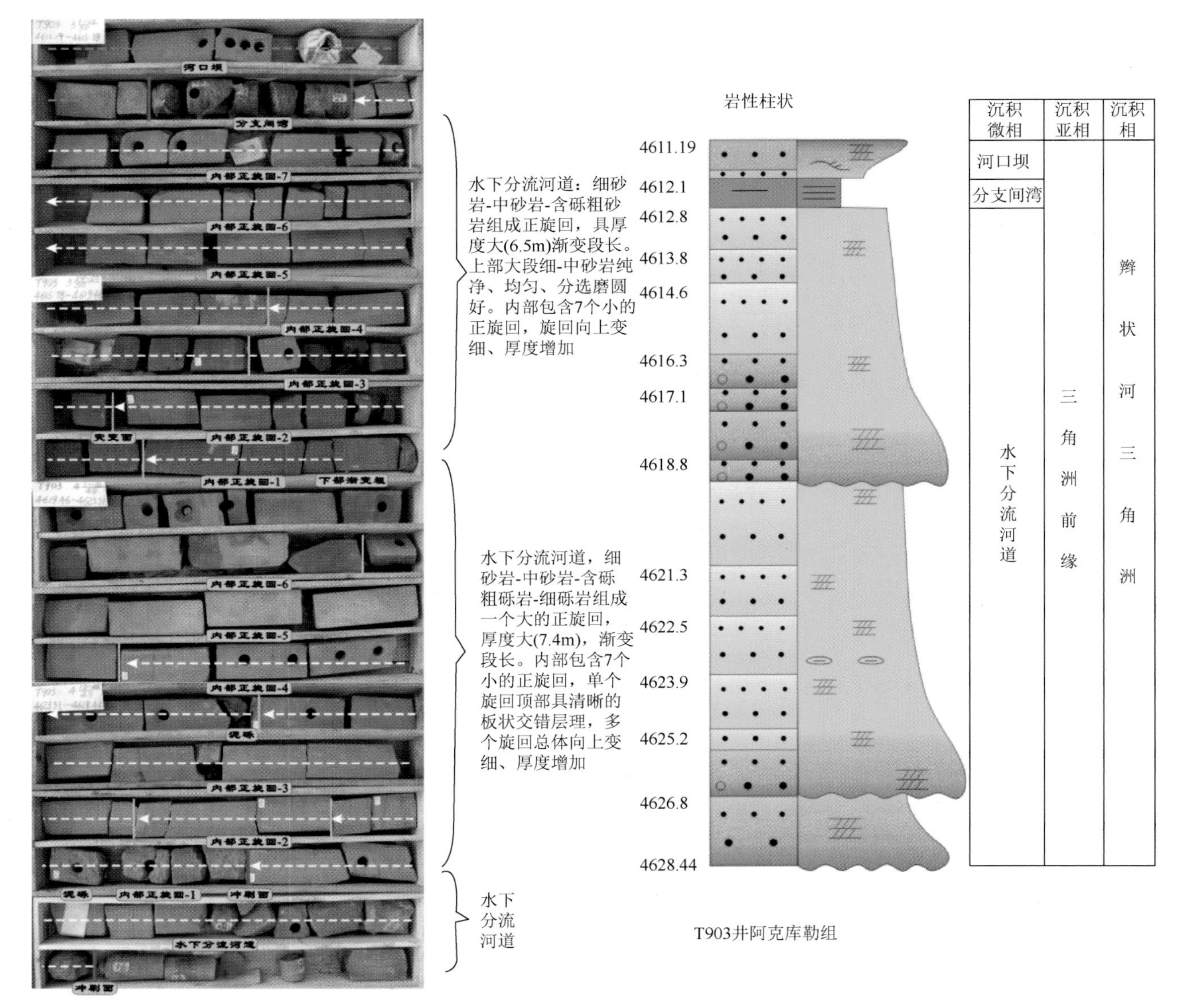

图 3-56　T903 井中三叠统阿克库勒组（4612.8～4626.8m）前缘水下分流河道岩心沉积特征

（2）河口坝。河口坝位于水下分流河道的前缘和侧缘。在河口附近，由于坡度变缓和湖水顶拖，河水水流速度减小，负载能力降低，大量的低负载迅速沉积形成一系列向上变粗的反旋回砂体。岩性主要为中砂岩、细砂岩及粉砂岩，通常质纯、变化幅度小、分选磨圆好，呈下细上粗，见平行层理、板状及槽状交错层理（图 3-59、图 3-60）。单个砂体厚度为 0.9～4.0m，横向展布较稳定，顶部可被分流河道切割。自然伽马等测井曲线呈典型的漏斗形。

（3）远砂坝。远砂坝位于辫状河三角洲前缘末端，是河口坝向盆地一侧较远的坝前地带。岩性较细，以粉砂质泥岩、粉砂岩为主，部分细砂岩，分选磨圆好，多呈反旋回，沙纹层理、波状（交错）层理、透镜状层理发育，单层厚度较小，为数厘米至数米，测井曲线呈低幅漏斗形-指形。例如，AT3 井中-上三叠统 4250.31～4253.51m 取心井段（图 3-60），由薄层粉砂岩、粉砂质泥岩、细粒砂岩组成，内部见浪成沙纹层理、波状层理。横向分布稳定、延伸远，纵向上相带窄、厚度薄，常和前辫状河三角洲泥沉积频繁交互出现。在剖面上发育下细上粗的垂向沉积序列。自然电位曲线呈低值齿型特征，常和上部的河口坝组成完整的漏斗形。

（4）水下分流河道间（或分流间湾）。分流间湾为前缘水下分流河道间的细粒沉积。主要岩性为细粒泥岩、粉砂质泥岩夹泥质粉砂岩、粉砂岩等，泥岩具小型沙纹层理、水平层理或块状层理，粉砂岩中可见波状交错层理、小型槽状交错层理。部分分流间湾沉积物往往遭到侵蚀、破坏或以大小不等的透镜状出现在河道砂体中，厚度一般小于 1m，显示出水下分流河道迁移频繁的现象（图 3-57、图 3-60）。测井曲线一般表现为低值指状。

塔河地区以 YT5 井为例（图 3-61）。巴西盖组底部发育一套厚的灰白色中砂岩，相应的自然伽马、自然电位等曲线表现为微齿化箱形结构，与下部曲线呈渐变接触。砂岩之上，沉积物粒度变小，以灰色泥岩夹少量棕黄色砂质泥岩为主，测井曲线呈圣诞树形、指形。圣诞树形曲线部分，曲线幅度下部最大，向上变小，呈正韵律特征，齿化较明显，与下部箱形砂岩沉积呈渐变接触；指形曲线即为图中泥岩所夹薄砂层，发育为小型河道砂，同时因该薄砂层的存在而使曲线幅度略有变化。总体来看，该套沉积为辫状河三角洲前缘沉积，发育一套完整的水下分流河道，早期河道水流能量较大、物源供给充足，沉积物快速堆积，发育稳定的河道砂体且沉积物粒度无明显变化；后期河道动力减弱、物源供给减少，沉积物以泥岩为主，发育小型河道砂。

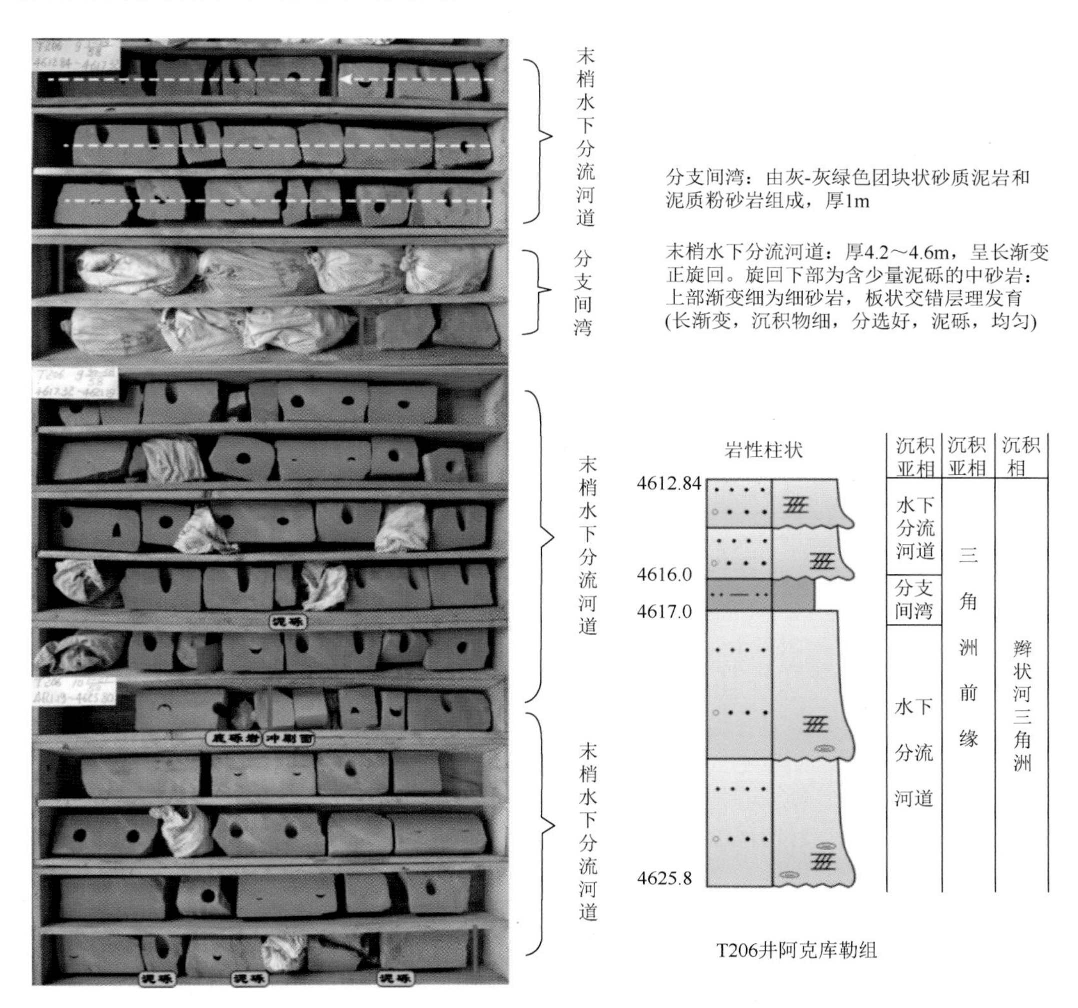

图 3-57　T206 井中三叠统阿克库勒组（4612.84～4625.8m）前缘水下分流河道岩心沉积特征

(a) 棕红色超大型槽状交错层理细砂岩

(b) 水下分流河道

图 3-58　巴西盖组水下分流河道微相

3）前辫状河三角洲亚相

前辫状河三角洲岩性主要为泥岩和粉细砂质泥岩，颜色较深，有时见水平层理，局部因前缘沉积体不稳定可发育重力流沉积（图 3-59）。

整体而言，辫状河三角洲既有扇三角洲的某些特征（如物源近、粒度粗），亦具有普通（曲流河）三角洲的三分特征（如牵引流作用占主导），但更具自身沉积作用的显著特点。辫状河三角洲的平原部分主要由众多的辫状河道所组成，与扇三角洲平原的冲积扇相比，辫状河沉积物以河流体系的高度河道化，更持续的水流和很好的侧向连续性为特征，沉积物中含丰富的交错层理，且砂砾岩显示清楚的正韵律。辫状河三角洲的水下部分亦具特色，其前缘以非常活跃的水下分流河道沉积为主，其发育规模很大，层理构造和向上变细的正旋回特征明显；河口坝虽没有普通三角洲稳定性强，但远较扇三角洲好，且分布普遍；水下重力流沉积远没有扇三角洲发育。

5. 湖泊沉积体系

湖泊是大陆上地形相对低洼和流水汇集的地区，也是沉积物堆积的重要场所，其沉积体系的划分主要是以湖泊水位的变化和湖泊水动力状况为依据。一般选用洪水面、枯水面和浪基面 3 个界面作为湖泊相带划分的界线，分别对应滨湖、浅湖和半深湖-深湖 3 个亚相（现今多将洪水面与枯水面之间的地带称之为扩张湖亚相；将枯水面与浪基面之间的地带称之为滨浅湖亚相；浪基面以下的地带为半深

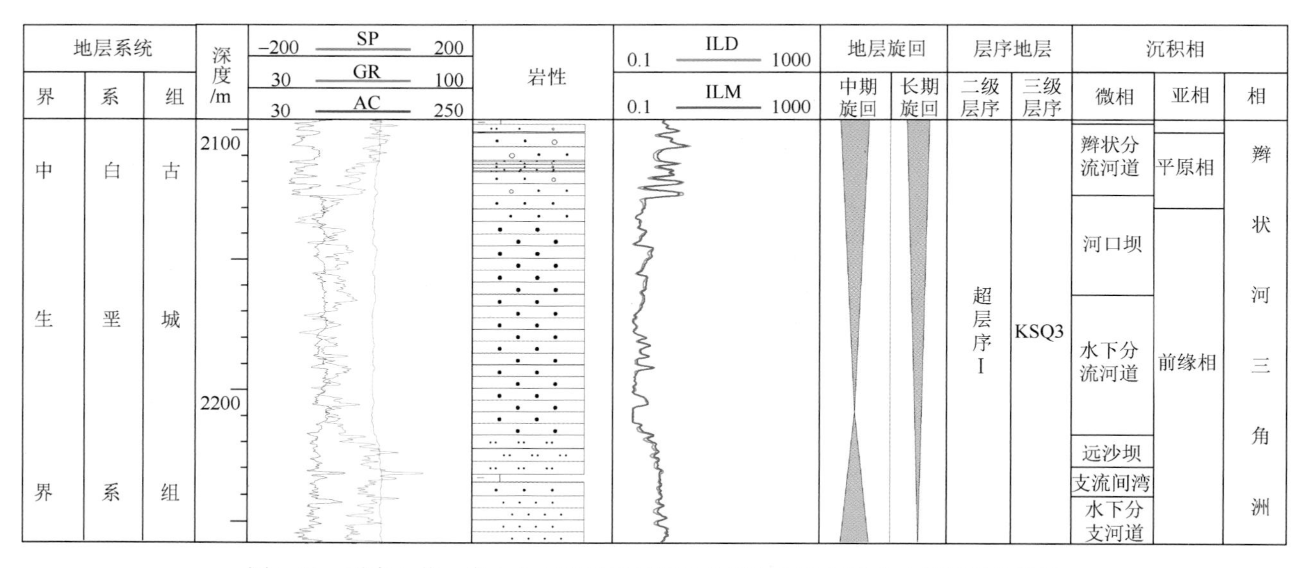

图 3-59　群克 1 井、满 1 井白垩系辫状河三角洲沉积体系测井曲线和岩性特征

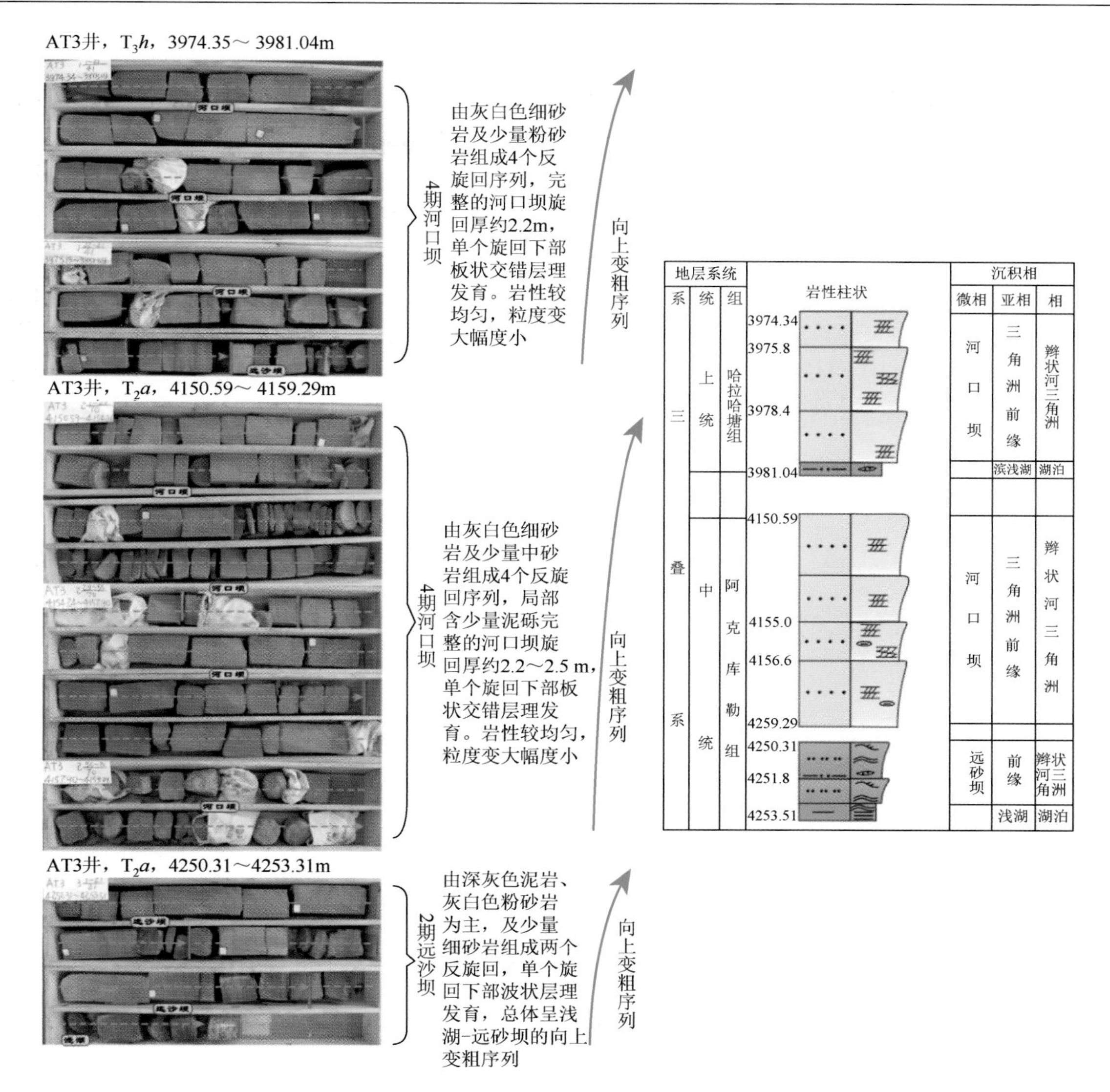

图 3-60　AT3 井中-上三叠统阿克库勒组和哈拉哈塘组河口坝、远砂坝岩心沉积特征

系	统	群	组	段	GR 0—150 / SP -50—100	深度/m	柱状图	取心	RILM 0.2—200 / RILD 0.2—200	AC 150—50 / DEM 0—5	地震界面	层序界面	准层序	准层序组	体系域	三级层序	二级层序	一级层序	微相	亚相	相
白垩系	下统		巴什基奇克组	底砂岩段		3650					T_3^2	SBK_1bs1									
			巴西盖组								T_3^3	SBK_1b			LST	SQK_1b			水下分流河道	三角洲前缘	辫状河三角洲
			舒善河组			3700															

图 3-61　YT5 井层序地层单元与沉积相划分综合柱状图

湖-深湖亚相)。湖泊沉积体系在塔里木盆地的三叠系-新近系地层中广泛发育，基本位于盆地内部，但其特征主要随气候有所变化，从三叠纪-侏罗纪的潮湿环境到白垩纪-新近纪的干热环境，湖泊具有发生咸化的趋势。白垩纪-新近纪，发育的湖泊属氧化宽浅湖泊。宽而浅的湖泊常因强烈蒸发和浓缩作用而变成咸化湖，尤以古近纪为最，其次为新近纪，其沉积物以发育蒸发岩为特征（主要为膏岩和盐岩，膏盐湖)，或呈厚层状产出，或夹于细粒陆源碎屑沉积物之中（图 3-63)。在湖盆边缘区，由于受地表径流的影响往往淡化，少见蒸发岩，表现为膏质泥岩、膏质砂岩。湖水总体显示出周期性咸化特征，自湖边向湖心，湖水盐度逐渐增大。根据实际情况（如考虑到中-新生代期间盆地的湖岸地形平缓，在湖盆边缘地带滨湖与浅湖界限难以确定，湖盆深水区中虽出现重力流沉积，但钻遇数量较少，咸化湖泊未做重点分析等)，将塔里木盆地的湖泊体系主要区分出滨浅湖、半深湖-深湖两个亚相。

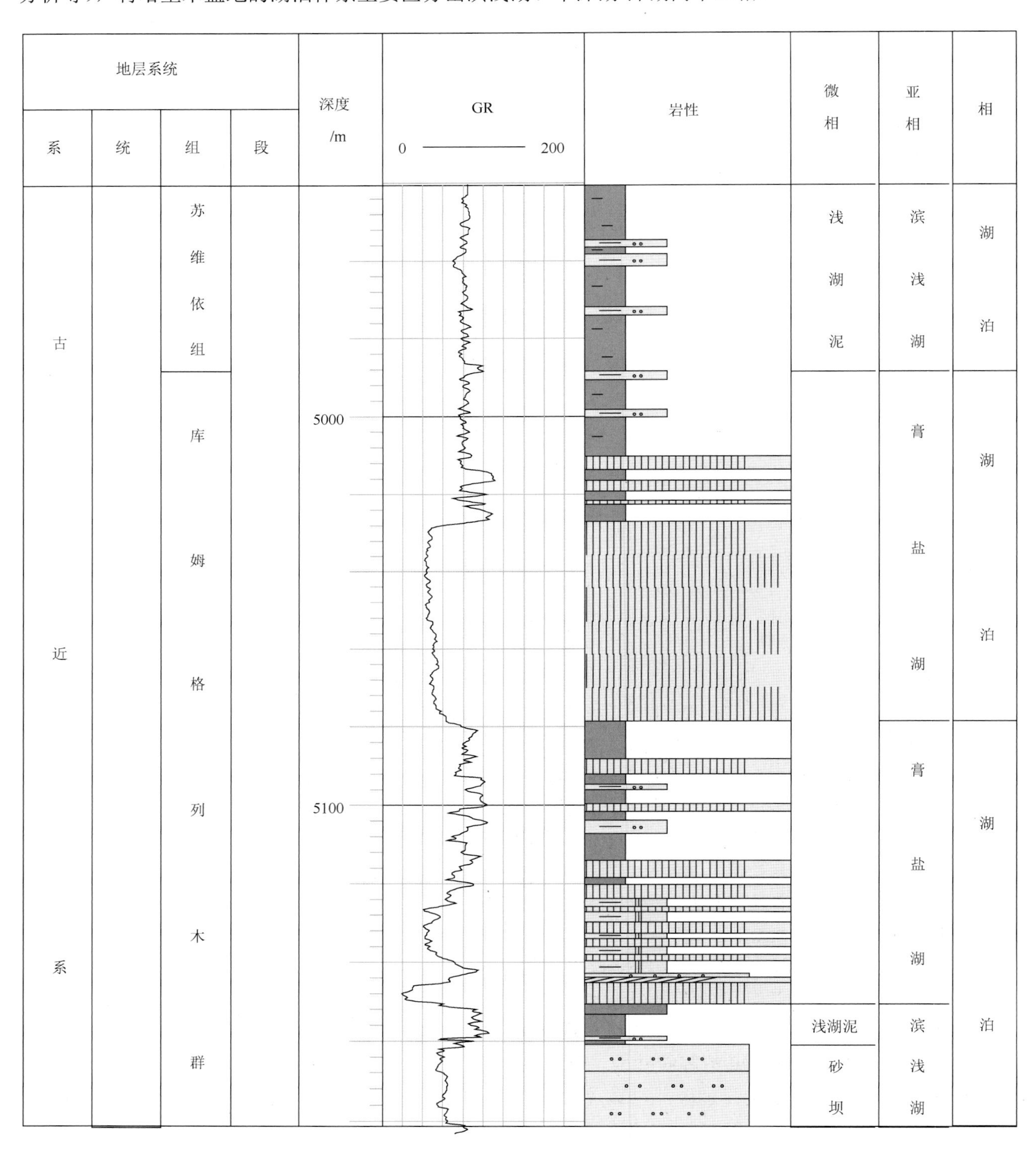

图 3-62　库车拗陷羊塔 6 井古近系咸化湖泊（膏盐湖）沉积序列

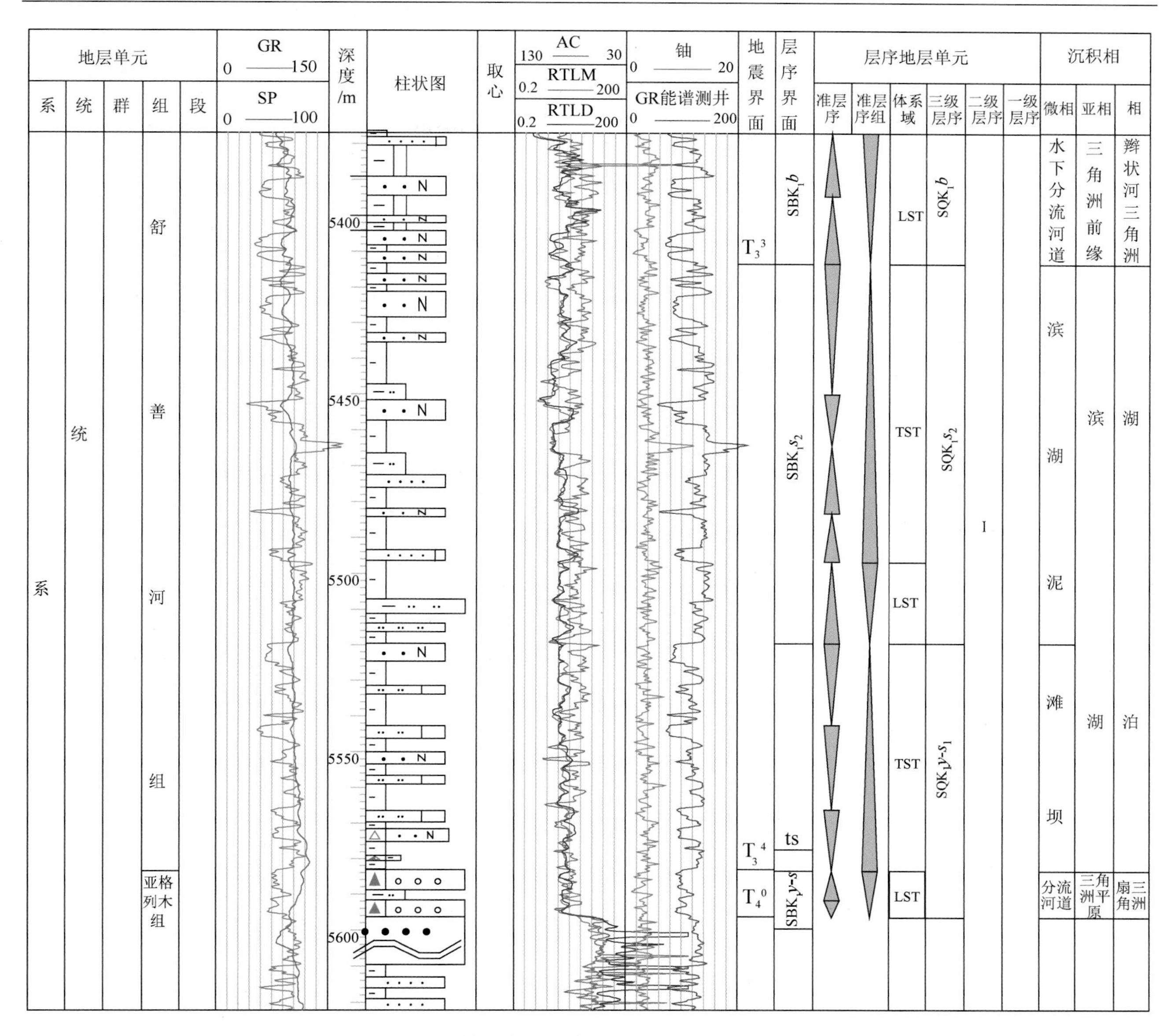

图 3-63　S54 井层序地层单元与沉积相划分综合柱状图

1）滨浅湖亚相

滨浅湖在盆地中-新生代皆有发育，其水动力条件比较复杂，受拍岸浪和回流的作用，湖水对沉积物的改造和冲洗都非常强烈。进一步可识别出滩坝（条件允许下还可分为滩砂和砂坝）、滨浅湖泥两个沉积微相。天山南地区以 S54 井为例，舒善河组主要沉积灰色长石砂岩、灰色灰质粉砂岩与褐色泥岩及绿色泥岩交替沉积，下部砂体较多，为滨湖滩坝沉积，向上泥质增多，为滨湖泥相。滩坝沉积中，测井曲线以中高幅指形-对称齿形组合为主；滨湖泥沉积中，以低平-低值齿形、斗形为主（图 3-64）岩性上，都护 2 井第 1 回次取心井段为 5282.07～5290.22m，心长 8.15m，收获率为 100%，属于舒善河组。沉积物以绿灰色细砂岩与灰绿色泥岩交替沉积为主。底部见块状层理、波纹交错层理，顶部为水平层理（图 3-64、图 3-65）。

（1）滩坝。滩坝是指沉积物质主要来自附近的（扇/辫状河/曲流河）三角洲和水下扇等近岸较大砂体，经水动力较强的湖浪和湖流再搬运和改造而形成的细碎屑砂体沉积。由于塔里木盆地中-新生代沉积物源丰富、古地形差异较小、波浪作用持续稳定，滩坝沉积十分发育。岩性主要薄-中层细砂岩，少量中砂岩和极细砂岩或不等粒砂岩，分选中等-好，磨圆次圆-圆，杂基含量低，发育水平层理、沙纹层理、波状层理及透镜状层理，厚数厘米至数米，自然伽马等曲线呈齿化指状特征（图 3-66、图 3-67）。

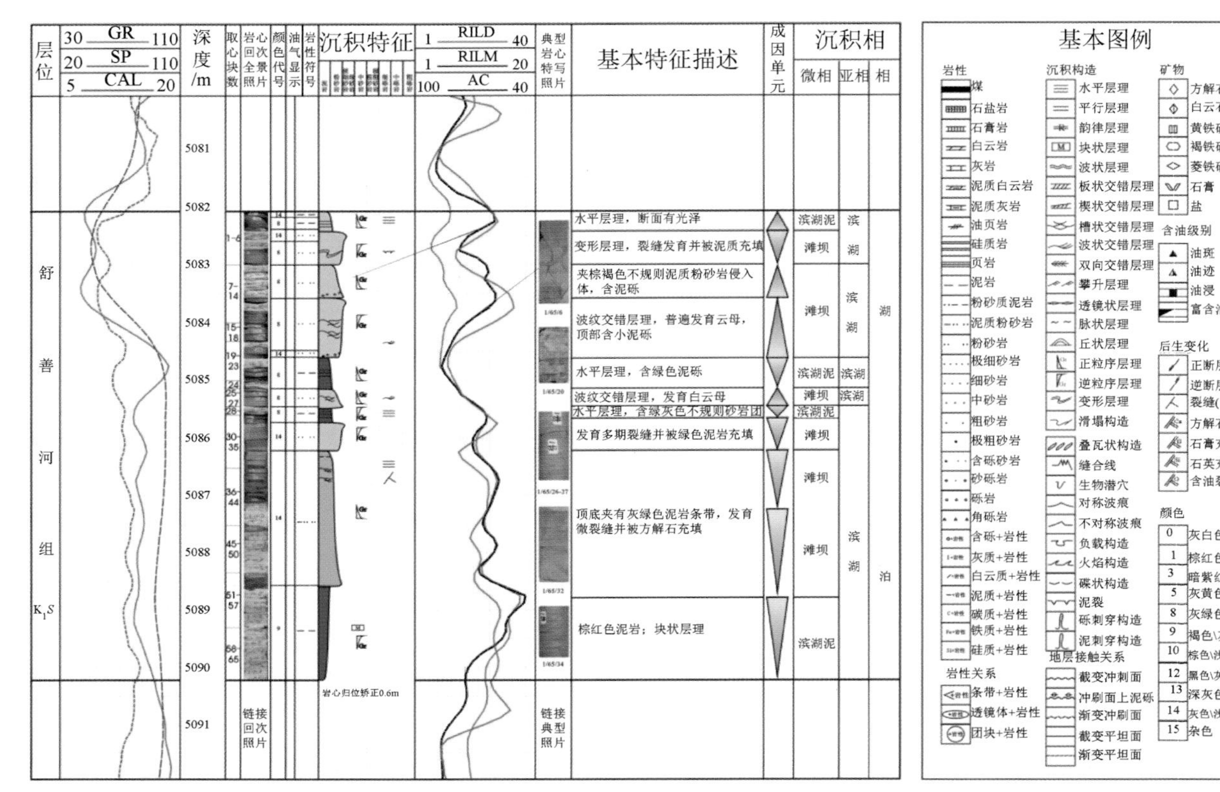

图 3-64　都护 2 井第 1 回次岩心综合柱状图

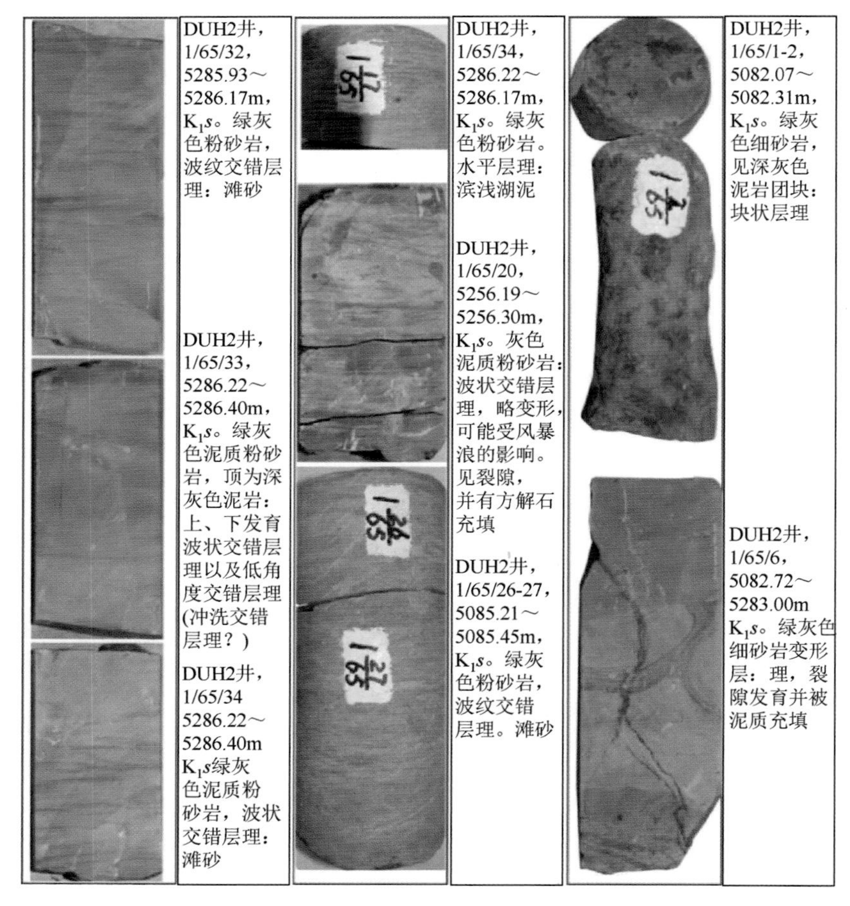

图 3-65　都护 2 井第 1 回次岩心特写

（2）滨浅湖泥。滨浅湖泥沉积水动力较弱，以杂色泥岩、粉砂质泥岩夹泥质粉砂岩为主，少量薄层粉砂岩或细砂岩（滨湖泥岩较浅湖泥岩更为不纯，颜色和岩性更杂），单层厚度相对较大，为数十厘米至数十米不等，一般为1～2m，横向分布相对稳定。发育水平层理、沙纹层理、波状层理、生物潜穴和扰动构造。自然电位曲线呈相对高值平直-微齿化特征（图3-66）。

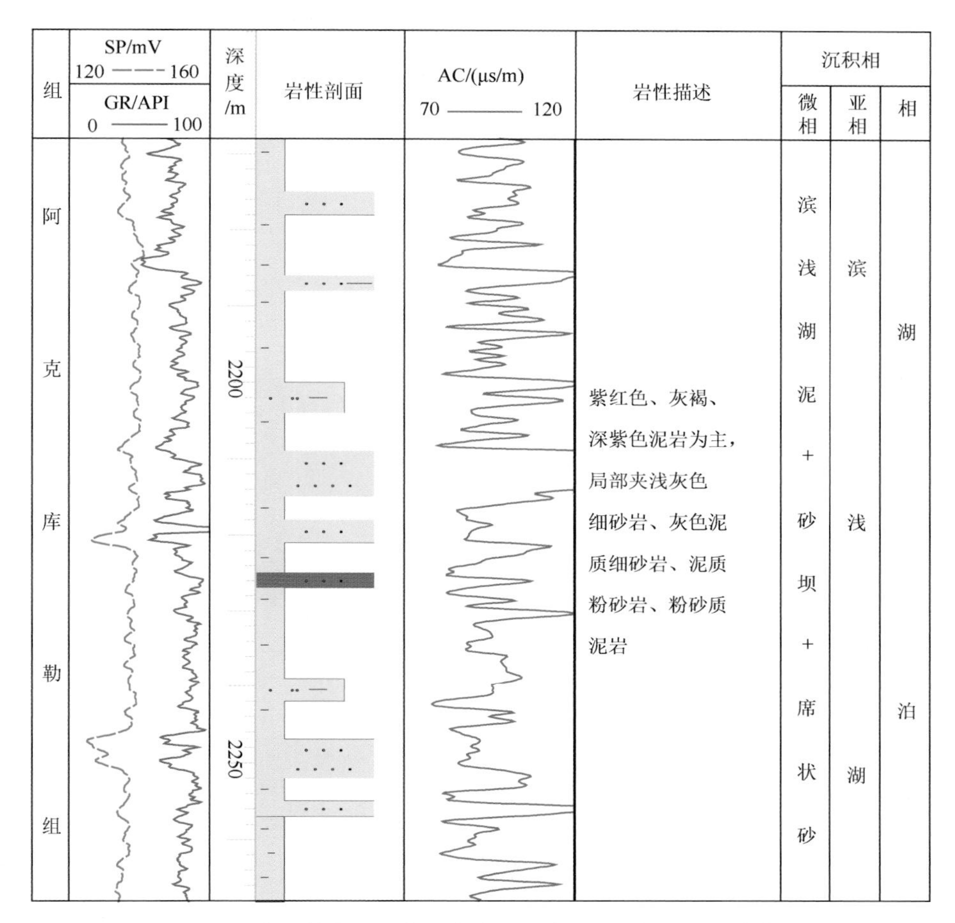

图3-66　中4井中三叠统阿克库勒组滨浅湖亚相测井响应特征

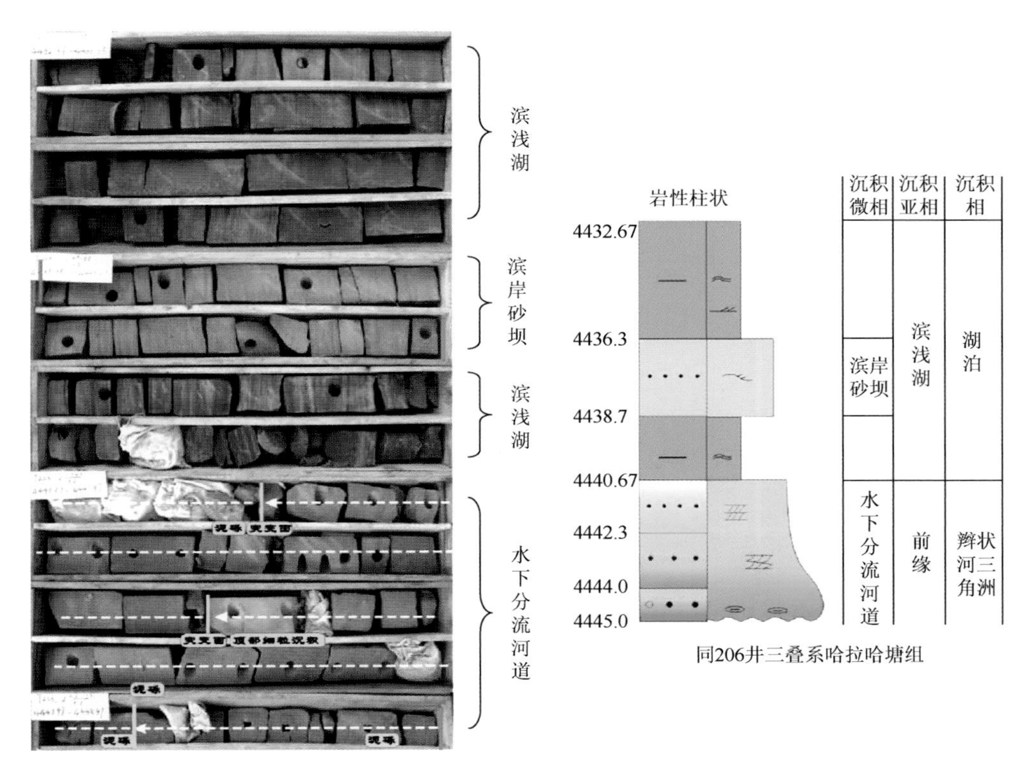

图3-67　T206井上三叠统哈拉哈塘组（4432.67～4440.67m）滨浅湖亚相岩心沉积特征

以 TP28X 井为例（图 3-68），在苏维依组时期，沉积物底部以棕色泥质粉砂岩夹棕色泥岩为主，向上粒度变粗至粉砂岩，即呈反粒序；顶部沉积物以棕色泥质粉砂岩夹棕色泥岩。在测井曲线上，自然伽马、自然电位及中深感应曲线对于沉积特征的变化表现得不太明显，总体特征如下：底部曲线反向齿化较明显，说明砂体为间歇性沉积叠置而成，与上部曲线呈渐变接触，说明沉积期水动力能量及物源供给的变化不大；上部曲线较平直，为滨湖细粒沉积物。声波时差曲线对该期沉积物变化较明显，在 $SQE_{1\text{-}2}s1$ 中，曲线底部正粒序，上部反粒序，齿化明显，是滨湖滩坝沉积特征，$SQE_{1\text{-}2}s2$ 中，整体粒度向上变细，为滨湖泥沉积。

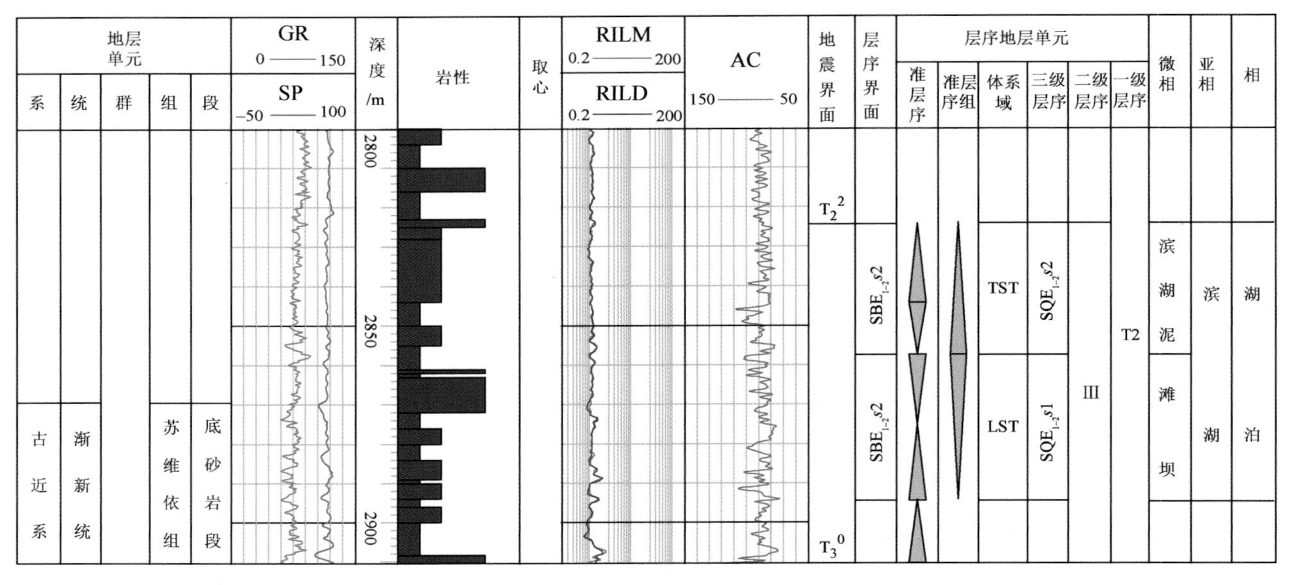

图 3-68　TP28X 井层序地层单元与沉积相划分综合柱状图

2）半深湖-深湖亚相

半深湖-深湖在三叠系地层中均有发育（主要在塔北、塔中地区），侏罗系-白垩系基本没有，古近系-新近系较少。

半深湖-深湖亚相主要位于浪基面以下，水动力条件弱，以弱还原-还原环境为主，细粒泥质沉积占其主导地位。岩性以暗色（灰色、深灰色、黑灰色、灰黑色、黑色）泥岩、页岩为主（如满参 1 井和顺 8 井下三叠统柯吐尔组，半深湖-深湖泥微相），可夹薄层粉砂岩-细砂岩（席状砂微相）（图 3-69）。有时还可见到厚度达数厘米至数米的重力流沉积（称湖底扇或浊积扇），多由砂岩、粉砂岩组成，偶见砾岩、砂砾岩、含砾砂岩，通常组成不完整的鲍马序列，重力流沉积底部可发育槽模、沟模等构造。

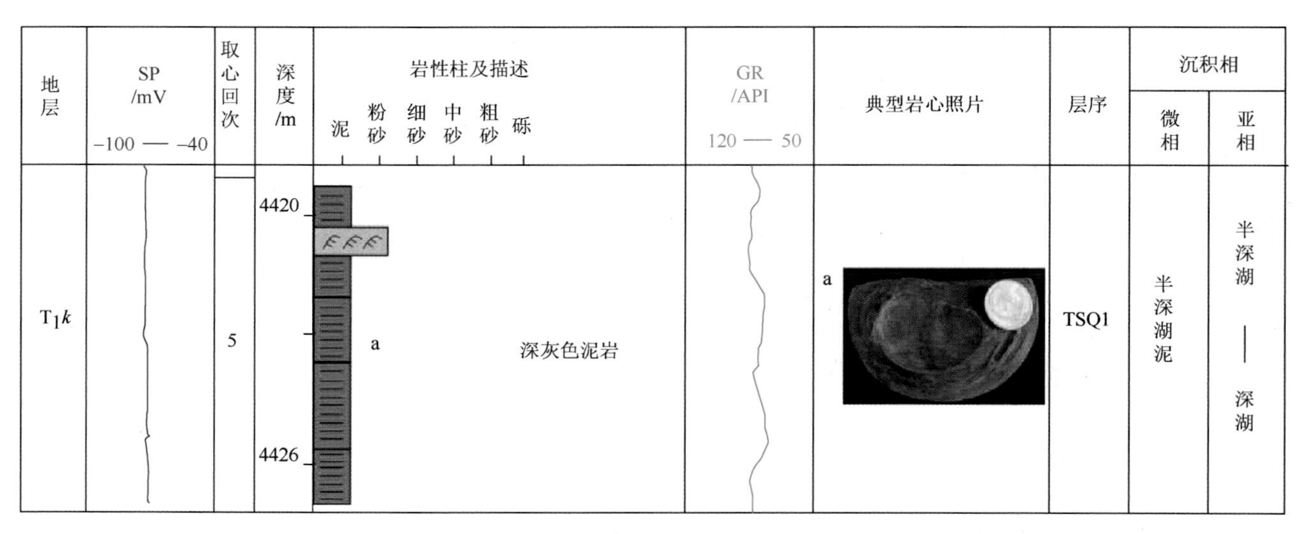

图 3-69　顺 8 井下三叠统柯吐尔组（4416～4429m）湖泊沉积相柱状图

第二节　岩相古地理编图思路及方法

一、岩相古地理编图历史及现状

岩相古地理研究历史悠久，成果丰硕。从国外来看，岩相古地理编图经历了两个发展阶段。

第一阶段为前板块构造理论期的古地理编图。该时期的代表性成果包括：Haug（1900）编制了标有非洲-巴西古大陆-澳大利亚-印度-马达加斯加古大陆的世界地图，引导了古地理重建，并在其后开始了大量的古地理编图；Wegener（1912）《海陆的起源》一书中大陆漂移说催化了全球第一张泛大陆古地理再造图的诞生；King（1962）综合了多类学科编制了更为完善的全球古地理图。这一时期编图体现了大陆漂移的思想，但缺乏定量化研究证据。

第二阶段是板块构造研究理论时期的古地理编图。该时期通过大量的板块重建以及定量分析方法，其中的古地磁约束方法为古地理重建提供了重要的定量约束，使得古地理的研究逐渐完善，且明显体现出活动论思想，因此，该时期所编绘的古地理图被认为是活动古地理图。在 IGCP321 计划的支持下，Scotese 和 Golonka 领导的古地理图集计划整合了近一个世纪的重要研究成果，采用多学科、多种定量化方法完成了寒武纪以来的全球编图计划。

中国岩相古地理研究与编图，也经历了十九世纪早中期以黄汲清和刘鸿允等为代表的固定论，以及王鸿桢、关士聪、冯增昭、刘宝珺、李思田等为代表的活动论研究阶段，并在多期的研究过程中形成了多个研究方向。主要包括：

（1）综合古地理研究与编图——以王鸿桢、刘本培为代表的综合古地理研究，其中重要著作是《中国古地理图集》，推动了古生物学和活动论在古地理重建中的作用。

（2）构造岩相古地理研究与编图——以刘宝珺、曾允孚、许效松等为代表的构造岩相古地理，出版了《岩相古地理学》教材及《中国南方岩相古地理系列丛书》等，强调了构造控盆、盆地控相理论。

（3）含煤盆地和海域岩相古地理研究与编图——以李思田团队为代表开展了含煤盆地和海域岩相古地理的编图工作，其代表专著为《断陷盆地分析与煤聚积规律》和《中国东部及邻区中、新生代盆地演化及地球动力学背景等》，强调了层序地层等时性以及盆地动力学的重要编图思想，推动了盆地动力学和能源地质学的发展。

（4）定量古地理研究与编图——以冯增昭为代表的定量古地理编图，代表专著为《中国南方早中三叠世岩相古地理》和《碳酸盐岩岩相古地理学》等，从单因素分析到多因素综合编图，体现了定量化编图的地质思维；以朱夏、张渝昌、何登发等为代表的古地理编图，体现了沉积学和构造地质学的交叉，恢复了原型盆地。

（5）造山带古地理研究与编图——以王成善等为代表形成了造山带古地理编图，为全球变化及青藏高原研究起到了重要推动作用。

（6）层序岩相古地理研究与编图——以王成善、马永生和陈洪德为代表开展了层序岩相古地理的编图工作，其代表成果为《中国南方构造-层序岩相古地理》。同时，以李思田等为代表的高精度层序地层学，以郑荣才和邓洪文为代表的高分辨率层序地层学都推动了沉积学和岩相古地理的精细编图工作。

总之，在我国已逐渐形成了多学科，多方法综合的活动论沉积学和岩相古地理研究理论方法体系。

二、本专著岩相古地理图编图思路及方法

众所周知，由于碳酸盐岩和碎屑岩沉积机理不同、形成的环境条件不同，因此，在开展古地理编图和古地理重建的过程、思路和方法有一定的差异，因此，本专著就塔里木盆地沉积演化过程中碳酸盐岩、碎屑岩沉积期的古地理编图思路和方法分别阐述。

（一）碳酸盐岩岩相古地理图编图思路、方法及编图单元

1. 碳酸盐岩岩相古地理图编图思路、方法

由于海相碳酸盐岩沉积为盆内岩，因此其沉积发育主要受沉积环境条件控制，诸如环境古水深条件、

环境的古地貌条件、环境所处的古气候条件等。所以，对于海相碳酸盐岩开展岩相古地理编图的思路主要是按照“构造控盆、地貌控缘、水深控界、气候控性”的思路开展古地理恢复和重建。

具体采用的方法是：充分利用野外剖面、钻井、测井、地震及相关测试分析等多种资料，按照“井点标定、井间对比、地震约束、平面展开、关注岩相、重视相序”方法进行编图。即首先，以典型钻井和典型地表露头剖面为重点，研究以组为单元岩性组合、沉积序列及电性特征代表的优势沉积相。第二，以钻井连井对比剖面为桥梁，确定以组为单元的沉积体类型、几何形态、分布范围及其在空间上的叠置关系。第三，以振幅、频率、相位变化、波阻组合等特征为依据，分析地震反射特征，识别地震反射同相轴的纵横变化，结合钻井沉积相划分地震相，确定地震相的平面展布特征，为确定相带边界提供依据。第四，在上述基础上，通过不同方向井间对比、地震剖面的解释和追踪，以组为单元编制沉积相图及相应的岩相古地理图。在此过程中，要关注岩相类型、叠置关系及最终形成的沉积序列。

在具体岩相古地理编图过程中涉及的关键图件包括：单井沉积相图、井间沉积相对比图、地震相图、沉积相平面图、古水深、古地貌图等。

其中古水深图编制的具体步骤如下：首先，在层序岩石地层组内地震相分析基础上，结合钻井识别典型沉积相，进而根据沉积相对水深数据赋值，绘制全区古水深图。具体水深赋值标准包括：台地 0～50m；缓坡 100m 以内；陆棚 200m 以内；盆地 500～1000m。选择 T_9^0、T_8^0、T_7^2 及 T_7^0 分别代表寒武系玉尔吐斯组陆棚-盆地泥岩（烃源岩）分布、奥陶系蓬莱坝组碳酸盐台地台缘或缓坡分布、中奥陶统一间房组碳酸盐台地分异及奥陶系上统良里塔格组碳酸盐台地分异。

2. 碳酸盐岩岩相古地理图编图单元

寒武纪、奥陶纪海相碳酸盐岩岩相古地理图编制是以钻井沉积优势相为依据，在地层对比及地震相分析基础上，以岩石地层单位（组）为单元进行编制的，编制了寒武系 6 个组及奥陶系 6 个组（共 12 个组）沉积相图（12 张）及相应的岩相古地理图（12 张）。

（二）碎屑岩系岩相古地理图思路、方法及编图单元

1、碎屑岩相古地理图编图思路、方法

本次研究中，碎屑岩系岩相古地理图编制方面，突出构造控制沉积的总体思想，采用“构造控盆、地貌控坡、坡折控带、源渠控砂”的四控法编图思路。首先借助古地貌恢复技术，充分考虑构造活动对盆地形成与演化的控制，恢复塔里木盆地不同构造演化阶段关键界面沉积期古地貌；古地貌格局控制了盆地古地理特征，决定了盆地坡折带类型及其空间分布；进而根据坡折带对沉积的控制划分塔里木盆地各沉积时期的沉积相带；在沉积体系类型识别和残留区沉积体系展布特征分析基础上，结合物源区和沉积物输运通道系统分析，以“源-汇系统”分析思路为指导，建立源渠与砂分散体系之间的成因联系；最终，概括不同沉积演化阶段独特的岩相古地理特征（图 3-70）。

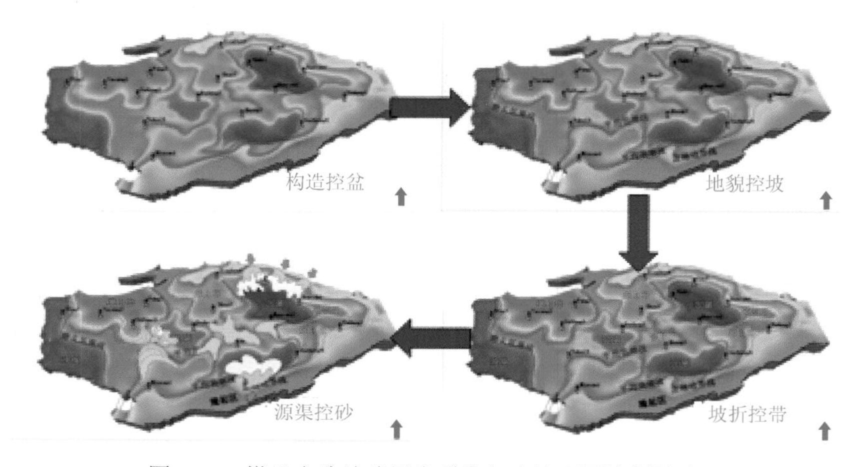

图 3-70　塔里木盆地碎屑岩系岩相古地理图编制思路

具体编图方法是：强调露头、钻井、地震、分析化验等多种资料综合运用，在理清盆地构造-地层格架基础上，以关键界面古地貌恢复为基础，通过残余地层沉积相和沉积环境分析，进而实现岩相古地理图编制和构造-沉积演化综合分析，最终为理清塔里木盆地构造-沉积和岩相古地理演化规律，以及指导油气勘探实践服务（图 3-71）。因此，碎屑岩系岩相古地理图编制采用的核心方法就是古地貌恢复和沉积相恢复两种方法。

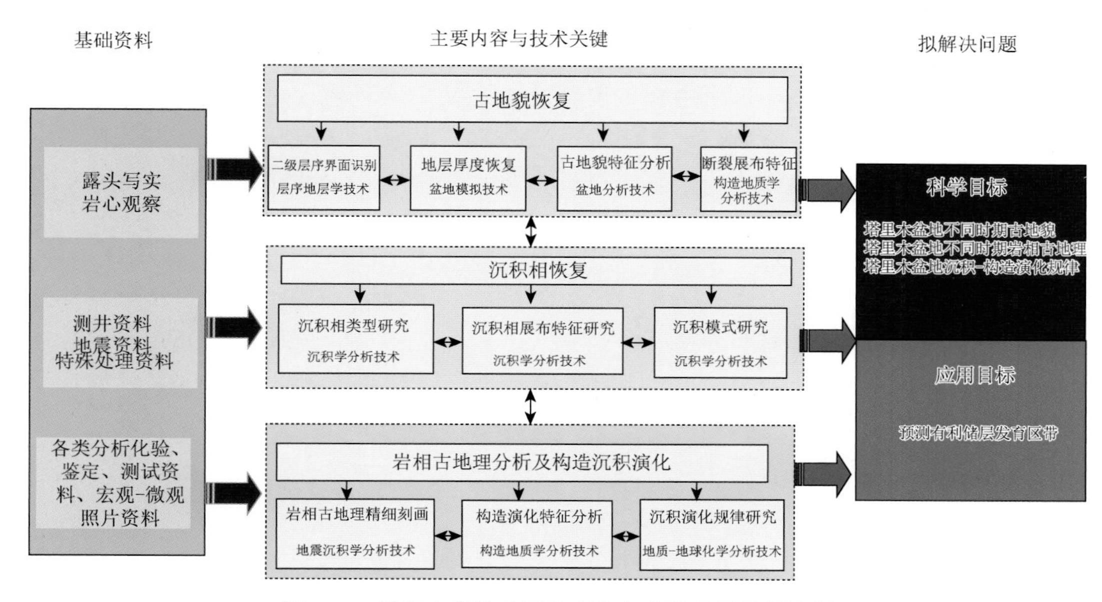

图 3-71 塔里木盆地碎屑岩系岩相古地理图编制流程

（一）古地貌恢复方法

利用现今盆地残余结构表征参数的选取（如关键界面高程图、残余底层厚度图、盆地结构表征等），通过压实量校正、湖（海）平面变化校正、剥蚀量计算和古物源与古环境分析建模，进行古地貌恢复，对不同沉积时期古地貌发育特征进行分析，在此基础上利用三位可视化技术对古地貌进行三位可视化表征，直观展示古地貌的演化过程及其对沉积的控制。

（二）沉积相恢复方法

在实际工作中强调地质解释和地球物理的紧密结合，采取从“点”到“线”再到“面”的研究步骤（图 3-72）。

1.“点”上工作——铁柱子建立规范

包括露头写实和钻井层序地层精细研究。骨干井（或铁柱子）的选择兼顾两个方面：一方面，代表所有的有钻井岩心、综合录井资料及一定的分析化验资料；另一方面，代表特定的构造和沉积相带部位，并保持与单井相分析工作一致。铁柱子分析工作原则：应用综合资料（岩心、录井、测井，分析化验资料、生物资料）；三级和四级界面井震约束，五级测井和录井约束；沉积微相，岩心约束和区域沉积体系分布图校验。此项工作的核心是界面的识别、界面的地质定性和定量，沉积微相的标准化。

1）露头写实及层序地层研究规范

露头写实可以提供丰富直观可靠的地质信息，是层序地层研究中非常重要的一环，目前针对野外露头开展的研究工作包括对野外露头的定点观察、取样和选取具有典型地质特征的露头进行记录、拍照，层序界面、层序单元、砂层和特殊层位追踪、素描和照相，并在室内对其进行详细的岩相、沉积环境、充填序列等的研究。

2）单井层序地层研究规范

单井层序地层分析主要是针对一维钻井资料开展工作，往往涉及岩心观察分析和钻井层序分析。岩心

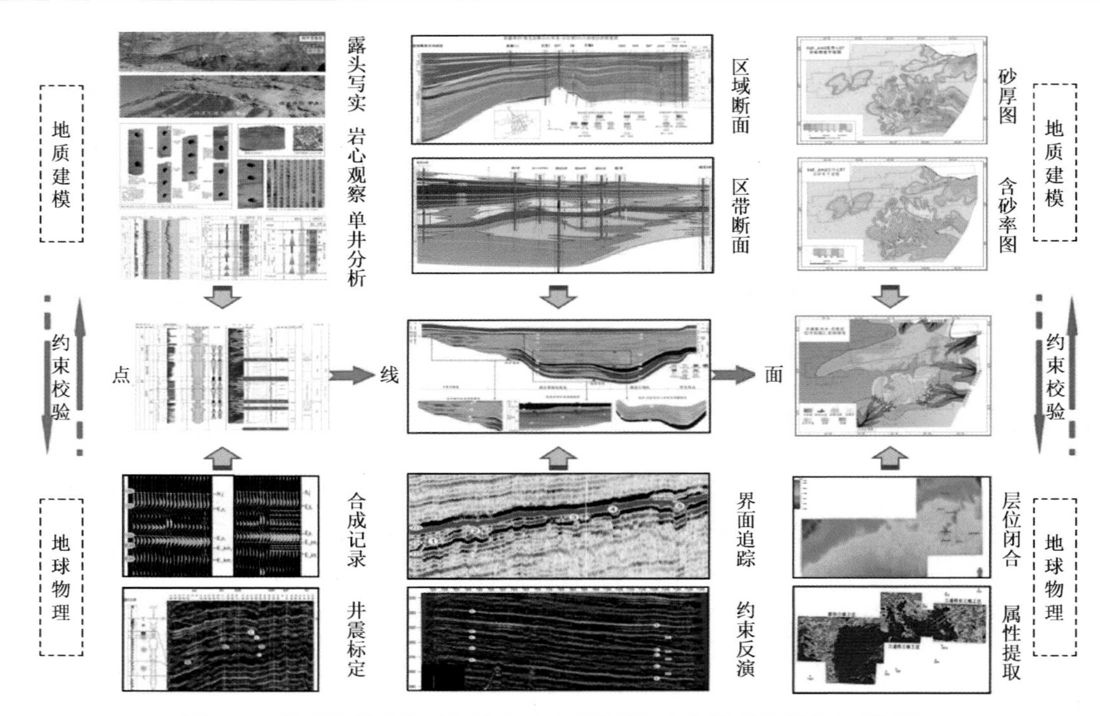

图 3-72　地质与地球物理相结合互动反馈的沉积相恢复流程和主要图件

观察分析主要包括岩心的沉积环境分析、沉积相分析、岩心照片、岩石学分析、高频层序单元（五级）分析等。目的主要是从微观上建立对沉积环境的认识，为宏观的层序地层研究提供直观的证据和精细的沉积环境分析。在具体的高分辨率层序分析中，还包括岩心照片分析、柱状图描绘、沉积旋回分析、沉积相识别（在大背景下的识别）岩心岩性的文字描述、对应的典型测井曲线分析、明显的沉积结构、构造的识别（层理的识别、虫孔、超微化石、生物扰动、植物碎片、不整合面识别、重矿物鉴定、滑塌变形构造、油气显示等）。作这种图需要做的主要工作是观察大量的岩心，并根据前人工作的成果确定沉积环境，分析岩心高频旋回，与测井曲线所显示的旋回特征做对比、印证。

在钻井层序分析中往往要考虑以下几点：①应用综合资料（岩心、录井、测井，分析化验资料、生物资料）对其进行分析；②三级和四级界面通过井震标定进行约束，五级界面通过测井和录井约束；③沉积微相，主要通过岩心约束和区域沉积体系分布图校验来进行沉积微相的分析工作。钻井层序地层分析的核心是界面的定性和定量，沉积微相的标准化，并最终建立适用于研究区域的标准铁柱子，并为后期的等时地层格架的建立提供基础。

钻井分析主要是根据测井曲线特征和岩性变化特征，并结合其他的物性分析资料，精细地划分三级甚至四级层序，并进行体系域分析。钻井层序地层分析图内一般包括地质层位、地质年代、典型测井曲线、岩性柱状图、高频旋回划分（准层序、准层序组）、层序地层划分、沉积相分析（相、亚相、微相）等。其中最重要的是根据测井曲线和岩性分析得到的层序地层和体系域划分，在高分辨率层序地层学中还要求高频旋回划分。有时根据生产要求，要配上岩心分析的资料，作为钻井测井层序、体系域划分、定沉积相、定沉积体系的证据。

2. “线”上工作——铁篱笆建立规范

井震结合的连井高精度层序地层对比和沉积断面的研究-铁篱笆的建立，对于揭示叠合盆地的层序地层格架、层序和沉积充填的演化历史、层序体系域构成及其侧向分布具有重要的作用。“线”上工作的主要原则如下：①等时界面标定，通过地震对三级和四级界面进行识别，同时利用井震约束精确对层位进行标定；②等时格架建立，即通过建立的单井铁柱子和地震剖面两者的结合约束并建立全区的等时格架，即铁篱笆，而连井剖面的选择应纵、横跨越盆地，并具良好井震资料约束，以及剖面线上应有尽可能多的铁柱子和翔实的钻孔资料；③沉积构成和砂体分布，通过单井铁柱子约束和反演剖面效验对等时格架内沉积体系域的构成和砂体分布进行研究，建立高精度等时地层格架下的层序体系域构成模式和砂体预测模型。

3.“面”上工作——等时格架中砂分散体系分析规范

在等时格架和层序体系域构成模型指导下开展钻井的精细统层、分层及统计，同时结合对各级层序界面二维和三维地震资料追踪闭合，编制各层序地层厚度图、砾岩厚度、砂岩厚度、含砂率图、沉积体系空间配置图。分析各层序充填沉积时的沉积和沉降中心及古地形地貌的变迁和演化，分析各层序形成机理及其主要控制因素。

1）砂岩厚度图、含砂率图编制

编制砂岩厚度图和含砂率图，首先对研究区全区的单井进行统层，通过严格的井震标定和对比，对单井进行层序划分，以体系域为单元对砂岩厚度和含砂率进行统计，得到每口井的砂岩厚度和含砂率，然后根据得出的砂岩厚度和含砂率进行编图。由于井的覆盖有限，因此在编制砂岩厚度图和含砂率图的过程中，一方面要根据地震综合信息如地震属性和地震相对其展布的边界进行控制，另一方面还要考虑同生隆凹、沟谷以及断裂等对砂厚和延伸的控制作用。

2）砂分散体系展布规律研究

在砂岩厚度图和含砂率图的基础上进行沉积体系展布图编制需要遵循以下5个原则：①地质标志，结合钻孔岩心、砂砾分散体系图对沉积相判定确定沉积体系在平面上的沉积相；②测井标志，测井相及其组合，通过测井相也可以对沉积体系及其微相进行判定；③地震标志，属性、反演和地震相，随着地震资料分辨率的不断提高，通过地震属性、反演等信息可以在平面上对沉积体系的展布和延伸进行分析；④其他标志，岩矿分析和地化分析等，这些信息也可以为我们提供对沉积相判定的进一步佐证；⑤构造古地理，地形地貌、同生隆凹等古构造背景对沉积体系具有控制作用，因此在进行沉积体系展布研究中，必不可少地需要考虑构造背景对沉积体系的控制。

三、碎屑岩相古地理图编图单元

碎屑岩系岩相古地理图编图单元选择方面，突出了塔里木叠合盆地性质，强调地质历史时期内不同原型盆地性质的差别，在同一原型盆地内以构造演化阶段或层序地层单元分析为基础，并注重与油田勘探实践所采用的地层单元相结合，最终确定了碎屑岩系岩相古地理图编图单元。具体的岩相古地理编图单元如下。

（1）晚奥陶世-早中泥盆世周缘前陆盆地-陆内拗陷原型盆地期编制了桑塔木组沉积期、柯坪塔格组沉积期、塔塔埃尔塔格组沉积期、依木干他乌组沉积期和卡兹尔塔格组沉积期等5幅岩相古地理图；

（2）晚泥盆世-早二叠世克拉通内拗陷原型盆地期编制了东河塘组沉积期、巴楚组沉积期、卡拉沙依组沉积期、小海子组沉积期和南闸组沉积期等5幅岩相古地理图；

（3）中晚二叠世大陆裂谷原型盆地期编制了库普库兹满组沉积期和沙井子组沉积期等2幅岩相古地理图；

（4）三叠纪周缘前陆盆地-陆内拗陷原型盆地期编制了柯吐尔组沉积期、阿克库勒组下段沉积期、阿克库勒组上段沉积期和哈拉哈塘组沉积期等4幅岩相古地理图；

（5）侏罗-白垩纪陆内断陷-拗陷原型盆地期编制了阿合-阳霞组沉积期、克孜勒努尔组沉积期、齐古-卡拉扎组沉积期、亚格列木组沉积期、舒善河组沉积期、巴西盖组沉积期、巴什基奇克组沉积期和于奇组沉积期等8幅岩相古地理图；

（6）古近纪-新近纪陆内前陆原型盆地期编制了库姆格列木群沉积期、苏维依组沉积期和吉迪克组沉积期等3幅岩相古地理图。

第三节　寒武纪-中奥陶世克拉通阶段岩相古地理特征

塔里木盆地寒武纪-中奥陶世克拉通阶段岩相古地理有3个显著特征。第一，塔里木盆地内部继承发育了西台东盆的沉积格局，寒武纪-中奥陶世碳酸盐台地厚2600～2800m（如中深1井寒武系-奥陶系中统碳酸盐岩共厚2826m，其中寒武系厚1386m，奥陶系厚1440m），东部台缘发育陡坡镶边陆棚，西南缘发育缓坡；第二，塔里木盆地寒武纪-中奥陶世碳酸盐台地被南北大洋环绕，南部为北昆仑洋和阿尔金洋，北部为南天山洋；第三，塔里木盆地寒武系-中奥陶世碳酸盐台地性质多变，蒸发台地（碳酸盐＋硫酸盐＋氯化物）、局限台地和开阔台地均不同程度发育，反映浅水碳酸盐台地受海平面变化和古气候变化的深刻影响。

一、下寒武统玉尔吐斯组（${\in}_1y$）沉积期岩相古地理特征

塔里木盆地寒武系底面（T_9^0）古水深图反映巴楚隆起（巴探5井、玛北1井、和田1井、和2井）及卡塔克隆起（塔参1井、中深1井、中4井）存在近东西向的古地貌高地，从高地向南向北水体逐渐加深，在满加尔拗陷北部水体最深（图3-73、图3-74）。

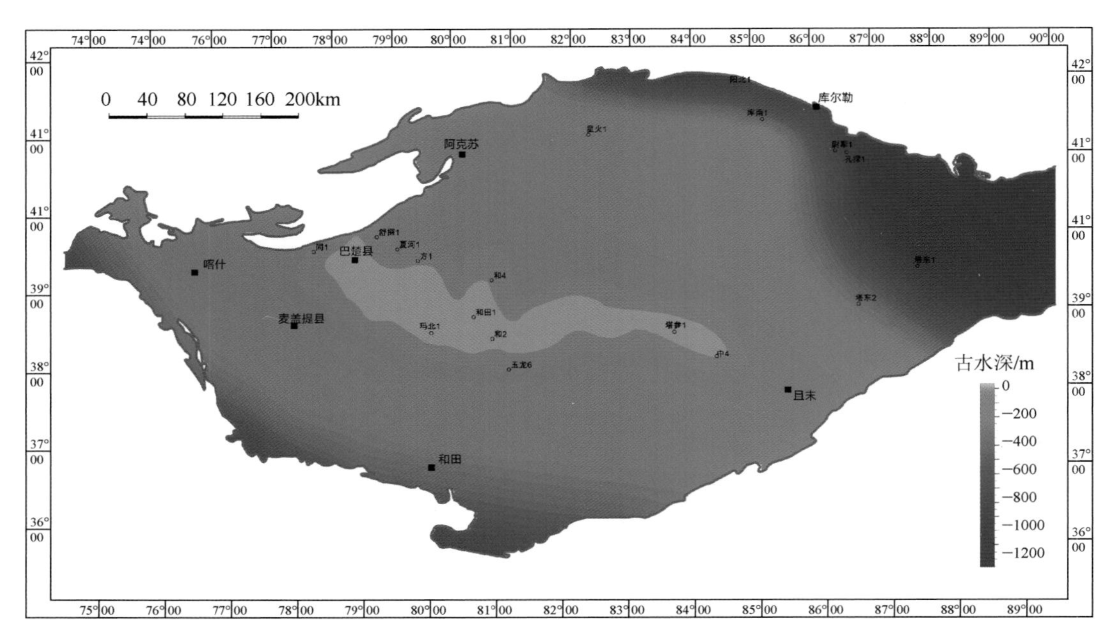

图3-73　塔里木盆地寒武系底面（T_9^0）古水深图

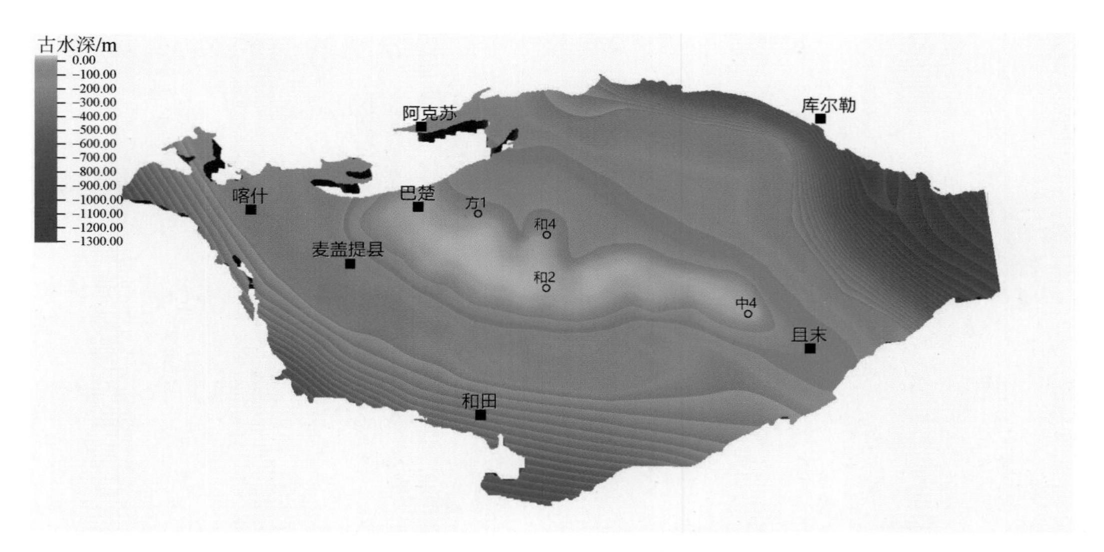

图3-74　塔里木盆地寒武系底面（T_9^0）三维古水深图

下寒武统玉尔吐斯组沉积期，塔里木板块北侧为南天山洋，南侧为北昆仑洋—阿尔金洋。塔里木板块内部西高东低，西部存在东西向分布的古陆。受古地貌及同期大规模海侵影响，古陆向南发育滨岸-浅水陆棚-深水陆棚沉积体系，并向北昆仑洋、阿尔金洋过渡；古陆向北东发育滨岸-浅水陆棚-深水陆棚-欠补偿盆地沉积体系，并向南天山洋过渡，是塔里木盆地烃源岩最重要的沉积时期（图3-75）。

关于玉尔吐斯组的沉积相展布，前人做过较多研究。赵明（2009）认为巴楚—塔中及其以南缺失玉尔吐斯组，向塔东北依次发育台缘斜坡-盆地边缘-广海陆棚-盆地。蔺军（2010）认为仅在阿克苏以西部分地区和塔参1井—塔中1井缺失玉尔吐斯组，几乎整个塔里木盆地都存在玉尔吐斯组，巴楚—塔中为局

限台地，向南为开阔台地-台地边缘-浅海陆棚，向北为开阔台地-台地边缘-浅海陆棚-次深海盆地-盆地。仅塔参 1 井附近缺失玉尔吐斯组，巴楚—塔中为滨岸，向南依次发育陆棚和斜坡，向北为陆棚-斜坡-盆地。巴麦—塔中在玉尔吐斯组沉积时期为古隆起，沉积缺失玉尔吐斯组，古隆起周围环带状分布的碎屑岩潮坪，和田一线及阿克苏—顺托果勒—古城墟西部为斜坡-陆棚，塔东为盆地。

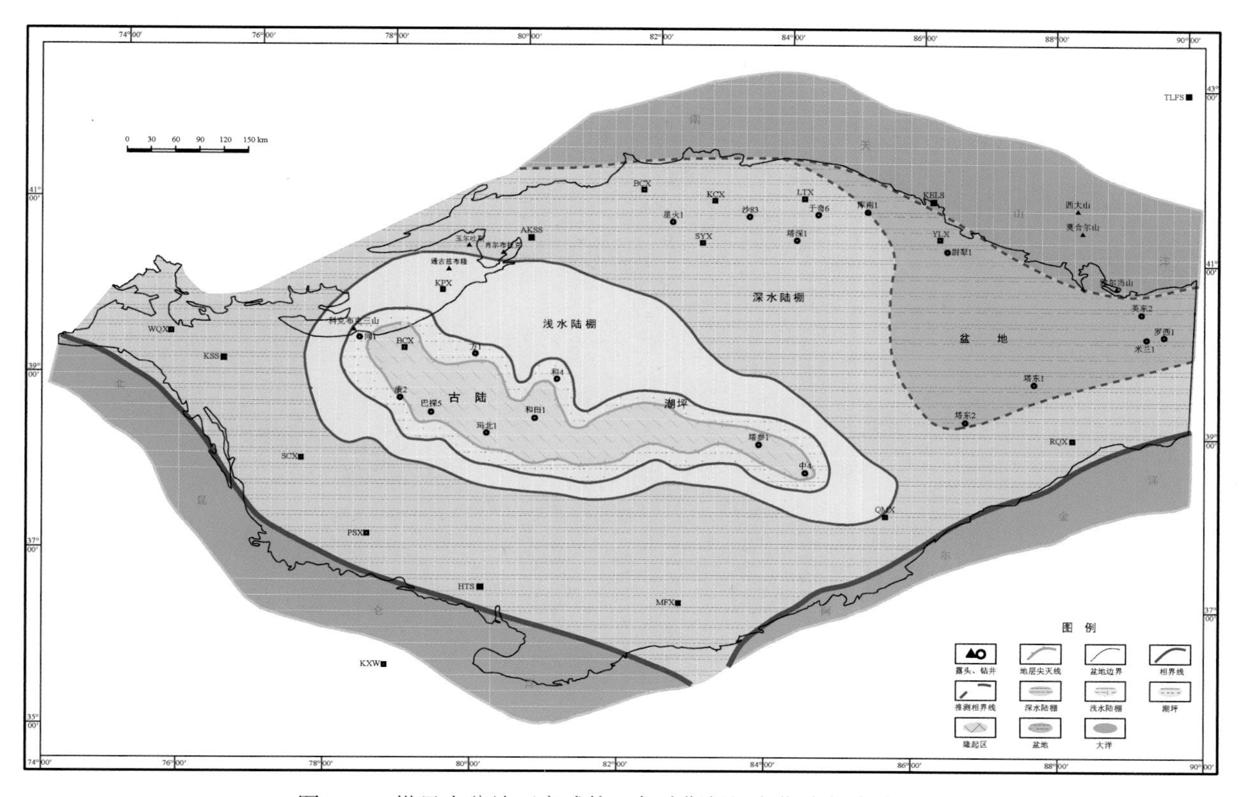

图 3-75　塔里木盆地下寒武统玉尔吐斯组沉积期岩相古地理图

巴楚隆起（巴探 5 井、玛北 1 井、和田 1 井、和 2 井）及卡塔克隆起（塔参 1 井、中深沉积 1 井、中 4 井）存在近东西向的古陆（古地貌高地），为沉积缺失区。从古陆向南向北东水体逐渐加深，围绕古陆主要在巴楚隆起、麦盖提斜坡和卡塔克隆起发育环带状分布的潮坪，厚 9～34m。同 1 井为深灰、灰色泥质白云岩夹灰色白云质泥岩、棕色泥岩，厚 34m；方 1 井为紫、褐红色泥岩、砂岩，厚 9m；和 4 井为泥晶云岩及硅质藻云岩，厚 29m。

潮坪向南向北之外发育陆棚，包括浅水陆棚和深水陆棚。其中，南部深水陆棚推测在麦盖提斜坡南部—塔西南拗陷，北部深水陆棚区从玉尔吐斯—星火 1 井—库南 1 井，岩性为灰黑色硅质页岩及泥岩，厚 14～34m，是烃源岩发育区。库南 1 井玉尔吐斯组为黑色页岩与灰色泥灰岩互层，厚 25.3m（未穿）。

满加尔拗陷东部—孔雀河斜坡—库鲁克塔格为欠补偿盆地，岩性为灰色泥岩、硅质页岩，厚 26m（尉犁 1 井）～32m（乌里格孜塔格），是烃源岩发育区。

二、下寒武统肖尔布拉克组（$\epsilon_1 x$）沉积期岩相古地理特征

下寒武统肖尔布拉克组沉积期，塔里木板块内部形成了西台东盆的沉积格局，台地性质为局限台地-开阔台地。台地向南发育局限台地-浅水缓坡-深水缓坡-陆棚沉积体系，并向北昆仑洋和阿尔金洋过渡；台地向北东发育局限台地-开阔台地-台缘-台缘斜坡-陆棚-欠补偿盆地沉积体系，并向南天山洋过渡。南天山洋东南部存在面积不大的阔克苏隆起，隆起外围为滨海-浅海陆棚过渡为深海（图 3-76）。

肖尔布拉克组在全盆地均有分布，仅在沙雅隆起北部和塔东 2 井因后期构造剥蚀缺失。

肖尔布拉克组沉积期，巴楚隆起—卡塔克隆起发育大面积的局限台地，为云坪-灰坪沉积的灰色白云岩及白云岩与灰岩互层，在方 1 井、同 1 井、巴探 5 井厚 5～250m。在塔参 1 井为深灰色白云岩夹有薄层状针孔状白云岩，厚 50～85m。

局限台地向南至麦盖提斜坡北部发育浅水缓坡（性质同开阔台地），推测发育浅滩（类似台缘滩）。局限台地向北东至阿瓦提—顺托果勒—沙雅隆起发育大面积的开阔台地，反映巴楚—卡塔克局限台地向南、向北水体变深，水循环变好。在塔深 1 井未钻穿，为浅灰色泥-粉晶白云岩夹含泥灰岩薄层，钻厚大于 65m。星火 1 井为灰色泥质灰岩和泥晶灰岩，厚 60m。

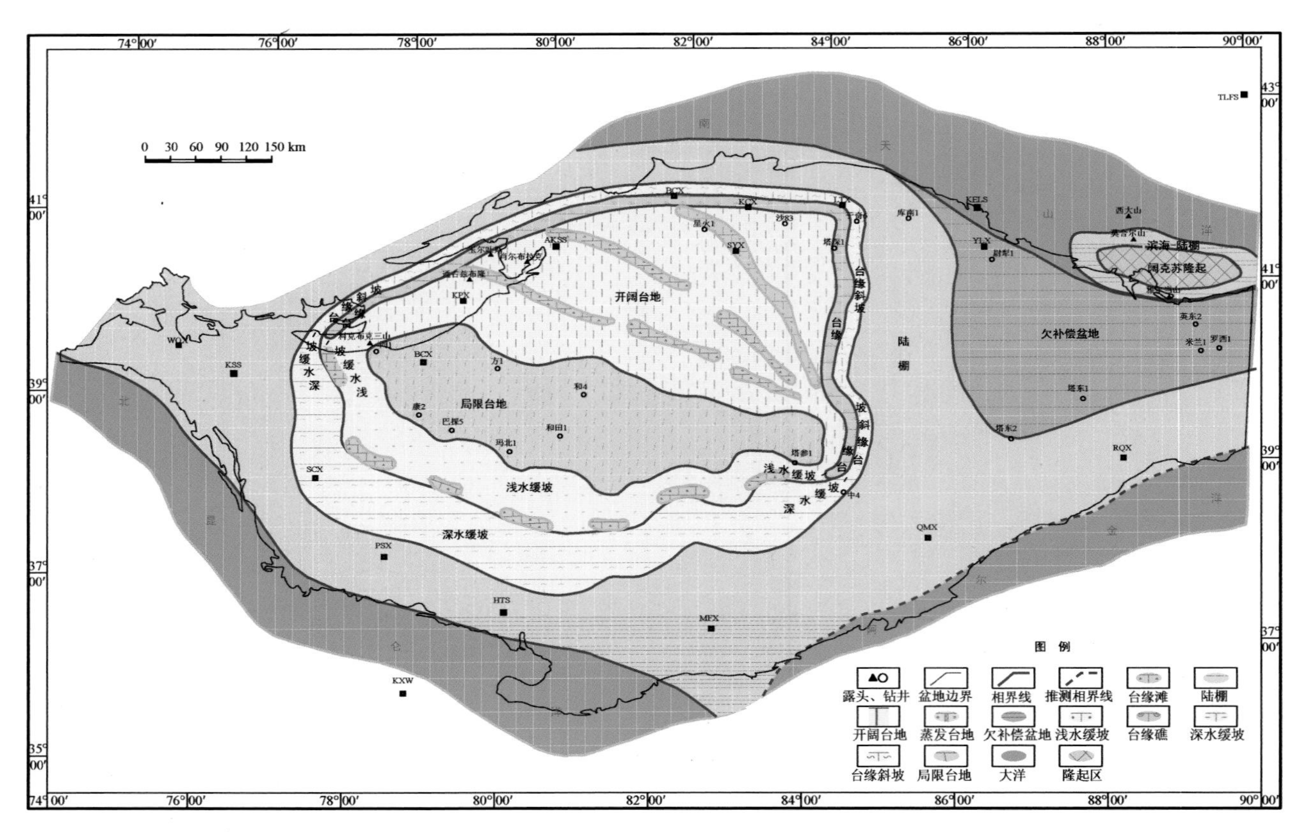

图 3-76　塔里木盆地下寒武统肖尔布拉克组沉积期岩相古地理图

麦盖提斜坡南部发育深水缓坡，向南西过渡为陆棚。东部台缘为镶边陆棚台缘（陡坡、窄相带、高能带）-台缘斜坡，位于塔深 1 井—顺南 2 井—中 4 井一线，向东至满加尔拗陷过渡为陆棚-欠补偿盆地。库南 1 井肖尔布拉克组为深灰色泥灰岩，厚 75m。尉犁 1 井肖尔布拉克组为深灰色硅质泥岩、灰绿色粉砂岩、灰色泥质粉砂岩，厚 78m。

肖尔布拉克组碳酸盐台地的生长是渐进的，与玉尔吐斯组陆棚沉积呈彼此消长的关系。从巴楚隆起向北肖尔布拉克组碳酸盐台地逐渐向北东推进形成 3 期缓坡，直至形成最终的镶边陆棚陡坡台缘。

三、下寒武统吾松格尔组（$\mathrm{Є}_1w$）沉积期岩相古地理特征

下寒武统吾松格尔组沉积期，受同期全球海平面下降及干旱古气候条件影响，塔里木板块内部台地性质为蒸发台地-局限台地-开阔台地。台地向南发育蒸发台地-局限台地-浅水缓坡-深水缓坡-陆棚沉积体系，并向北昆仑洋和阿尔金洋过渡；台地向北东发育蒸发台地-局限台地-开阔台地-台缘-台缘斜坡-陆棚-欠补偿盆地沉积体系，并向南天山洋过渡。阔克苏隆起外围为滨海-浅海陆棚过渡为深海（图 3-77）。

巴楚隆起西部发育蒸发台地，主要分布在同 1 井—康 2 井—方 1 井—巴探 5 井—玛北 1 井—和 4 井—方 1 井围限的范围，岩性为灰、灰白、褐色盐岩、石膏岩、膏质云岩、白云岩、泥质膏盐、泥质云岩、云质泥岩等略呈不等厚互层，厚 199～302m。其次分布在塔参 1 井—中 4 井，岩性为深灰、灰色膏岩、白云质膏岩、膏质白云岩夹黑色页岩，塔参 1 井厚 68m，中 4 井未穿。

蒸发台地外围，麦盖提斜坡北部、巴楚隆起北部（舒探 1 井）—巴楚隆起东部（巴东 4 井）—卡塔克隆起（中 4 井）发育局限台地。中深 1 井为灰色膏质、含泥、砾屑白云岩及藻云岩，厚 120m。

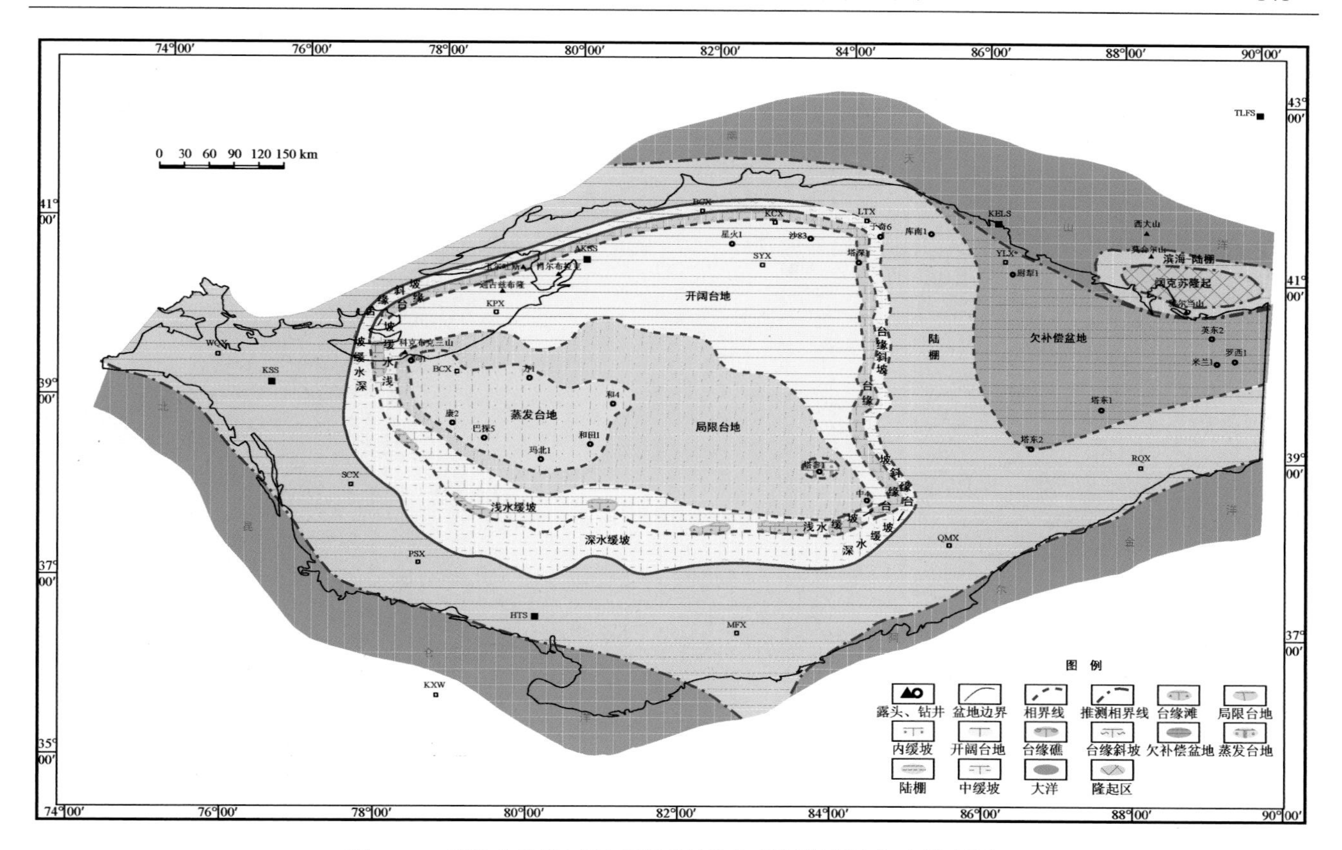

图 3-77　塔里木盆地下寒武统吾松格尔组沉积期岩相古地理图

局限台地外围，麦盖提斜坡中部及阿瓦提断陷北部—沙雅隆起中部—顺托果勒发育开阔台地。塔深 1 井岩性为灰色细晶白云岩、泥晶白云岩与粉晶白云岩呈不等厚互层（细-粉晶白云岩为后期白云石化形成），厚 103m。

麦盖提斜坡南部巴开 2 井—玉北 9 井一线过渡为浅水缓坡-深水缓坡过渡到陆棚。东部镶边陆棚台缘-台缘斜坡大致在塔深 1 井—顺南 2 井—古隆 2 井—中 4 井东一线，向东到满加尔拗陷为陆棚-欠补偿盆地。库南 1 井吾松格尔组为黑色页岩与深灰色泥灰岩互层，厚 123m。尉犁 1 井吾松格尔组为黄灰色泥质白云岩与浅灰色硅质泥岩不等厚互层，厚 43m。塔东 1 井吾松格尔组未钻穿，为灰质泥岩、泥灰岩，钻厚 91.3 m。

四、中寒武统沙依里克组（ϵ_2s）沉积期岩相古地理特征

中寒武统沙依里克组沉积期，受同期全球海平面上升影响，塔里木板块内部台地性质主要为开阔台地。台地向南发育开阔（或局限）台地-浅水缓坡-深水缓坡-陆棚沉积体系，并向北昆仑洋和阿尔金洋过渡；台地向北东发育开阔台地-台缘-台缘斜坡-陆棚-欠补偿盆地沉积体系，并向南天山洋过渡。阔克苏隆起外围为滨海-浅海陆棚过渡为深海（图 3-78）。

局限台地小面积分布于康 2 井—巴探 5 井—玛北 1 井区和塔参 1 井—中 4 井区。巴探 5 井为灰色泥晶白云岩、灰质白云岩夹褐色盐岩，塔参 1 井、中 4 井以灰、深灰色白云岩为主并夹石膏，中深 1 井主要是砂屑白云岩，厚 40～107m。

塔中巴楚隆起—卡塔克隆起，塔北阿瓦提拗陷—顺托果勒隆起—沙雅隆起发育大范围的开阔台地。和 4 井为浅灰色灰岩，厚 69m。塔深 1 井为浅灰色粉晶白云岩、细晶白云岩与泥晶白云岩不等厚互层夹砂屑白云岩（细-粉晶白云岩为后期白云石化形成），厚约 70m。

开阔台地南部向西南为浅水缓坡-深水缓坡-陆棚，并向北昆仑洋过渡。开阔台地西、北、东部边缘为镶边陆棚台缘-台缘斜坡，东部台缘斜坡以东到满加尔拗陷为陆棚-欠补偿盆地。库南 1 井沙依里克组为灰、黑色泥灰岩夹黑色页岩条带，厚 55m。尉犁 1 井沙依里克组为黑色泥岩与灰色泥灰岩不等厚互层夹黑色白云质泥岩，厚 81m。塔东 1 井、塔东 2 井沙依里克组为黑色硅质泥岩、黑色灰质泥岩，厚 60～62m。

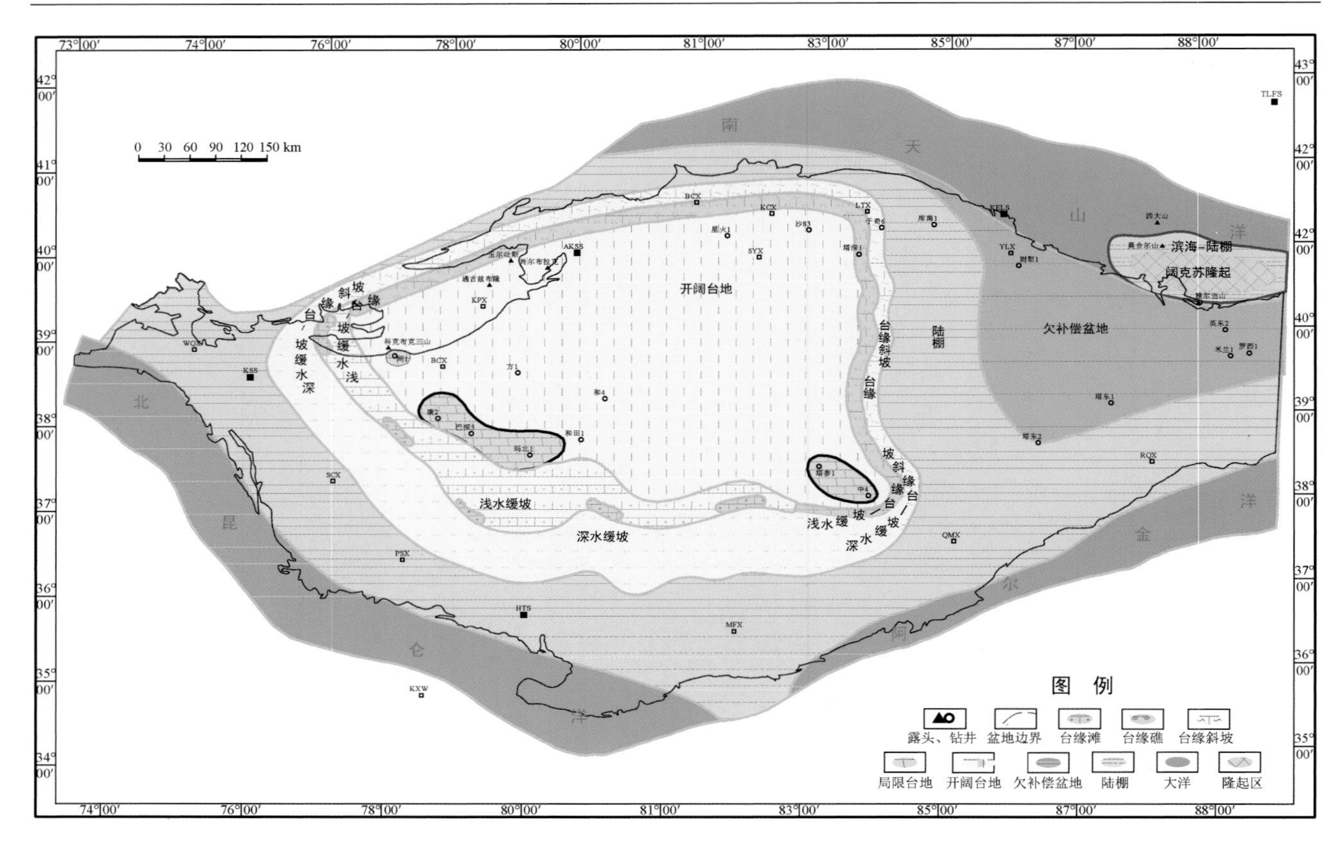

图 3-78　塔里木盆地中寒武统沙依里克组沉积期岩相古地理图

五、中寒武统阿瓦塔格组（ϵ_2a）沉积期岩相古地理特征

中寒武统阿瓦塔格组沉积期，受同期全球海平面下降及干旱古气候条件影响，塔里木板块内部台地性质主要为蒸发台地-局限台地。台地向南发育蒸发台地-局限台地-浅水缓坡-深水缓坡-陆棚沉积体系，并向北昆仑洋和阿尔金洋过渡；台地向北东发育蒸发台地-局限台地-开阔台地-台缘-台缘斜坡-陆棚-欠补偿盆地沉积体系，并向南天山洋过渡。阔克苏隆起外围为滨海-浅海陆棚过渡为深海（图 3-79）。

巴楚隆起—卡塔克隆起—阿瓦提拗陷—顺托果勒隆起西部发育大面积的蒸发台地，沙雅隆起发育小面积的蒸发台地。巴楚隆起阿瓦塔格组为膏岩、盐岩、膏质云岩、云质膏岩、泥质云岩夹紫红色含膏云岩、云质泥岩等，厚 242～382m。塔中阿瓦塔格组在塔参 1 井主要为深灰、褐色白云岩、膏质白云岩夹石膏层及黑色页岩，在中深 1 井为灰色膏质白云岩、膏岩、藻云岩、砂屑白云岩夹鲕粒白云岩，在中 4 井主要为灰白色膏岩、膏质云岩，厚 155～300m。

蒸发台地外围，向南到麦盖提斜坡—塔西南拗陷为带状分布的浅水缓坡-深水缓坡-陆棚。向北到阿瓦提拗陷北部—顺托果勒隆起东部—沙雅隆起西部为面积不大的局限台地。该局限台地东部外围发育开阔台地-镶边陆棚台缘-台缘斜坡，塔深 1 井阿瓦塔格组为浅灰、灰白色细晶白云岩、粉晶白云岩与泥晶白云岩不等厚互层夹鲕粒云岩及含泥灰岩，厚 571m。

台缘斜坡向东到满加尔拗陷过渡为陆棚-欠补偿盆地。库南 1 井阿瓦塔格组为黑色页岩夹黑色泥灰岩条带，厚 76m。尉犁 1 井阿瓦塔格组为灰、黑灰色白云质灰岩、白云质泥岩、泥质白云岩与灰质泥岩互层，厚 72m。塔东 1 井、塔东 2 井阿瓦塔格组为黑色灰质泥岩夹黑色泥灰岩，厚 62～90m。含泥灰岩厚。

六、上寒武统下丘里塔格组（群）（ϵ_3xq）沉积期岩相古地理特征

上寒武统下丘里塔格组沉积期，受同期全球海平面上升影响，塔里木板块内部台地性质相变为局限台地-开阔台地。台地面积明显扩大，台地范围向南扩展到麦盖提斜坡—古城墟隆起。台地向南发育局限台地-浅水缓坡-深水缓坡-陆棚沉积体系，并向北昆仑洋和阿尔金洋过渡；台地向北东发育局限台地-开

阔台地-台缘-台缘斜坡-混积陆棚沉积体系，并向南天山洋过渡。阔克苏隆起外围为滨海-浅海陆棚过渡为深海（图 3-80）。

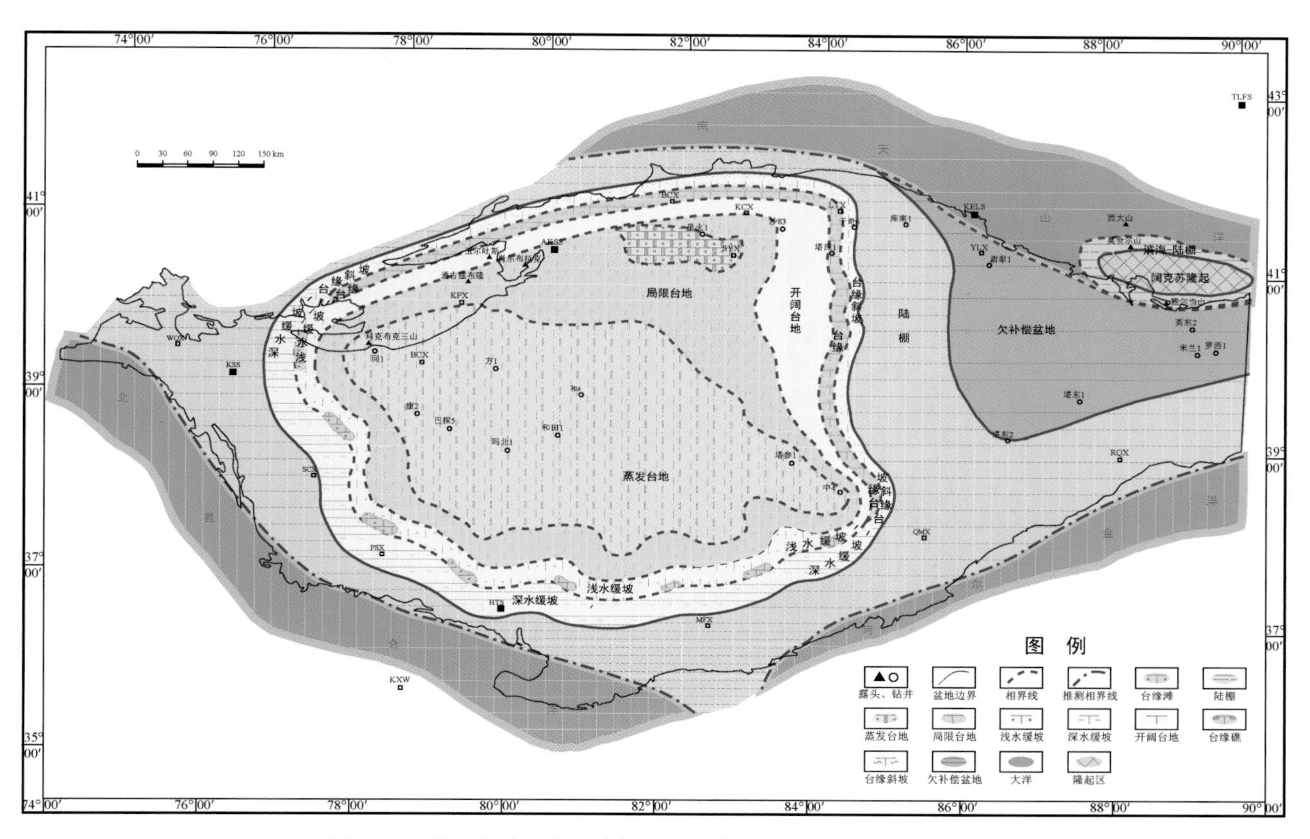

图 3-79 塔里木盆地中寒武统阿瓦塔格组沉积期岩相古地理图

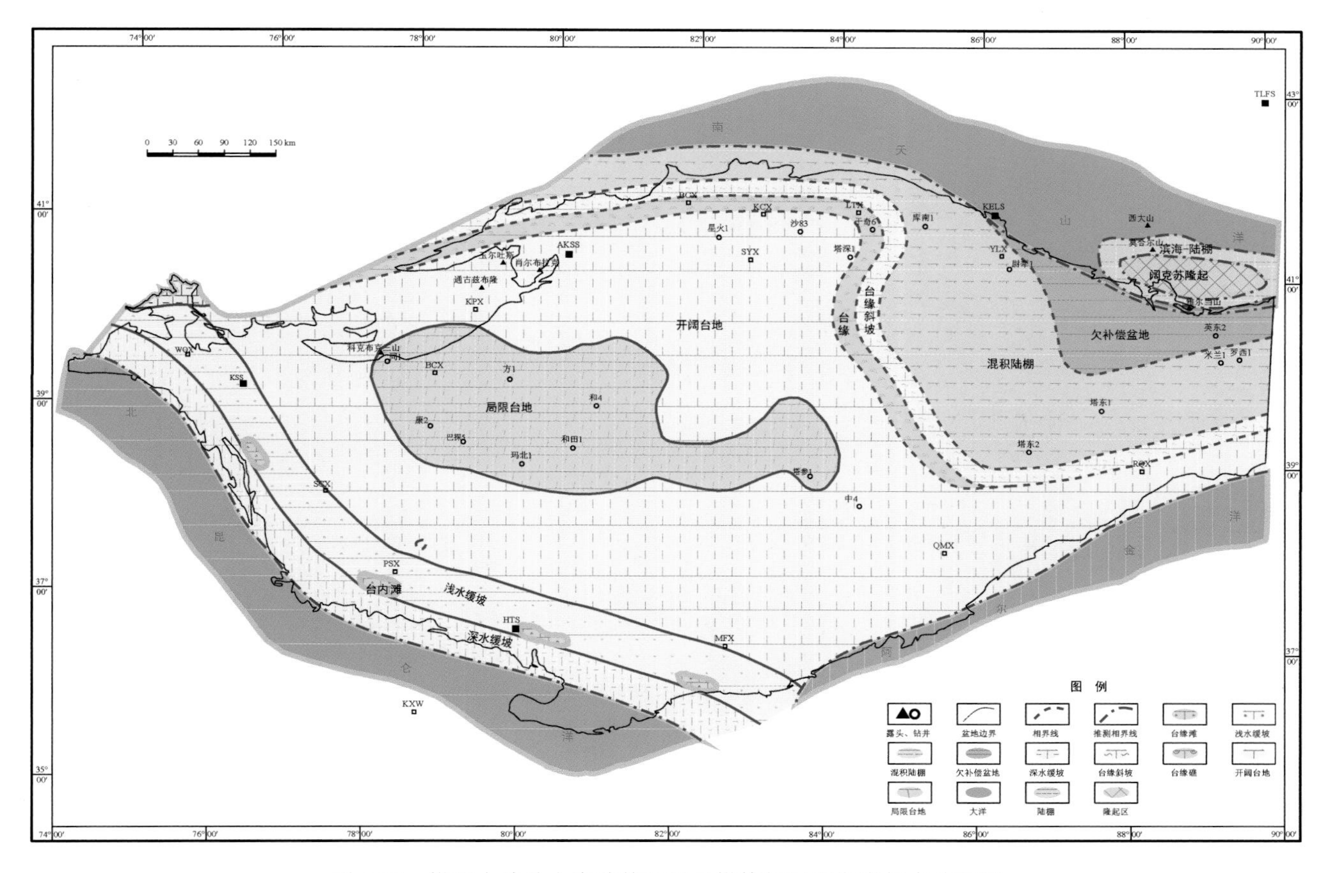

图 3-80 塔里木盆地上寒武统下丘里塔格组沉积期岩相古地理图

局限台地分布于巴楚隆起—卡塔克隆起。巴楚隆起下丘里塔格组为灰、深灰色（砂屑）白云岩、细晶白云岩及燧石结核白云岩，厚 433～983m。卡塔克隆起下丘里塔格组为灰色细晶-粗晶白云岩、泥晶云岩及砂屑白云岩，厚 791～1514m。

局限台地外围，发育大面积的开阔台地。向南到麦盖提斜坡—古城墟隆起为开阔台地，到塔西南拗陷北部位浅水缓坡，到塔西南拗陷南部为深水缓坡。

局限台地外围，向北到柯坪隆起—阿瓦提拗陷—顺托果勒隆起—沙雅隆起为开阔台地-镶边陆棚台缘-台缘斜坡。塔深 1 井下丘里塔格组为灰、浅灰、灰白色泥晶白云岩、粉晶白云岩、细晶白云岩与中晶白云岩不等厚互层夹砂屑云岩及含泥灰岩，厚 714m。于奇 6 井下丘里塔格组未钻穿，为灰色细晶-粉晶白云岩，中部夹浅黄灰色含泥灰岩，上部为浅灰色中晶白云岩。

由于同期碳酸钙补偿深度下降，满加尔拗陷由之前的欠补偿盆地相变为混积陆棚，尉犁 1 井下丘里塔格组主要为泥灰岩，厚 328m。

七、下奥陶统蓬莱坝组（O_1p）沉积期岩相古地理特征

塔里木盆地奥陶系底面（T_8^0）古水深图反映西浅东深的古地貌高地，在满加尔拗陷水体最深（图 3-81、图 3-82）。

下奥陶统蓬莱坝组沉积期，塔里木板块内部台地性质继承了下丘里塔格组沉积期的局限台地-开阔台地。台地向南发育局限台地-开阔台地-浅水缓坡-深水缓坡体系，并向北昆仑洋和阿尔金洋过渡；台地向北东发育蒸发台地-局限台地-开阔台地-台缘-台缘斜坡-混积陆棚沉积体系，并向南天山洋过渡。阔克苏隆起发育开阔台地（图 3-83）。

局限台地分布在巴楚隆起东部和麦盖提斜坡东部。巴楚隆起蓬莱坝组为灰、浅灰、深灰色结晶云岩，含灰云岩、云质灰岩，局部夹薄层含泥灰岩、含泥云岩，见少量灰色硅质白云岩，厚 405～556m。玉北 5 井区蓬莱坝组以灰、浅灰、黄灰色灰质白云岩、白云质泥晶灰岩、细晶及中-粗晶白云岩为主夹灰色硅质白云岩、砂屑白云岩，钻厚 211～387m（均未钻穿）。

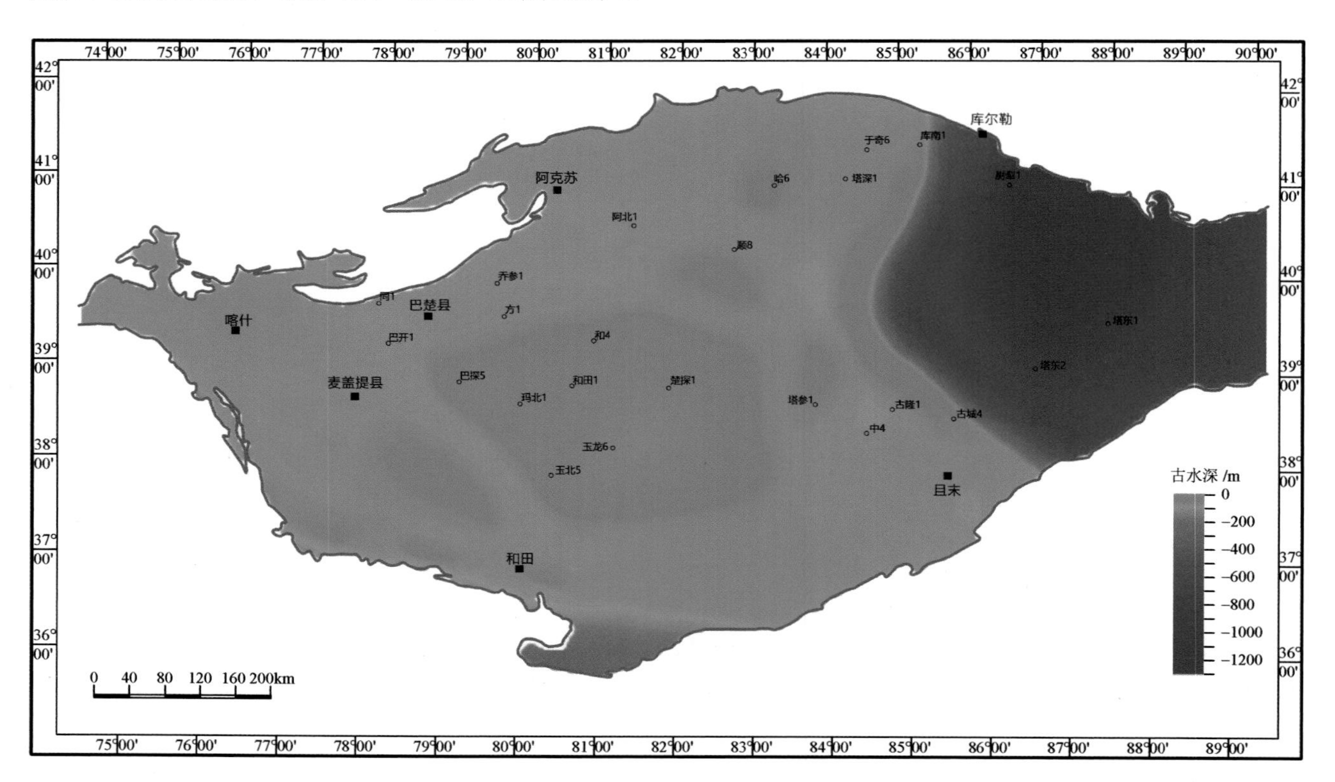

图 3-81　塔里木盆地奥陶系底面（T_8^0）古水深图

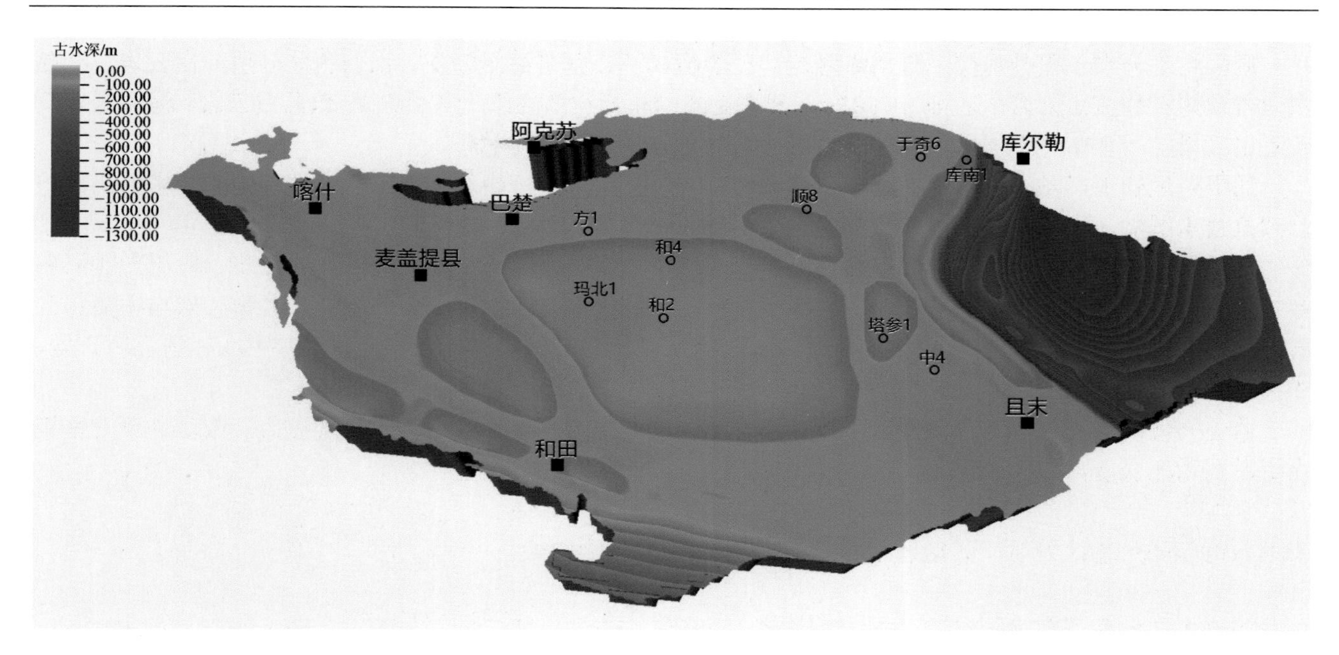

图 3-82 塔里木盆地奥陶系底面（T_8^0）三维古水深图

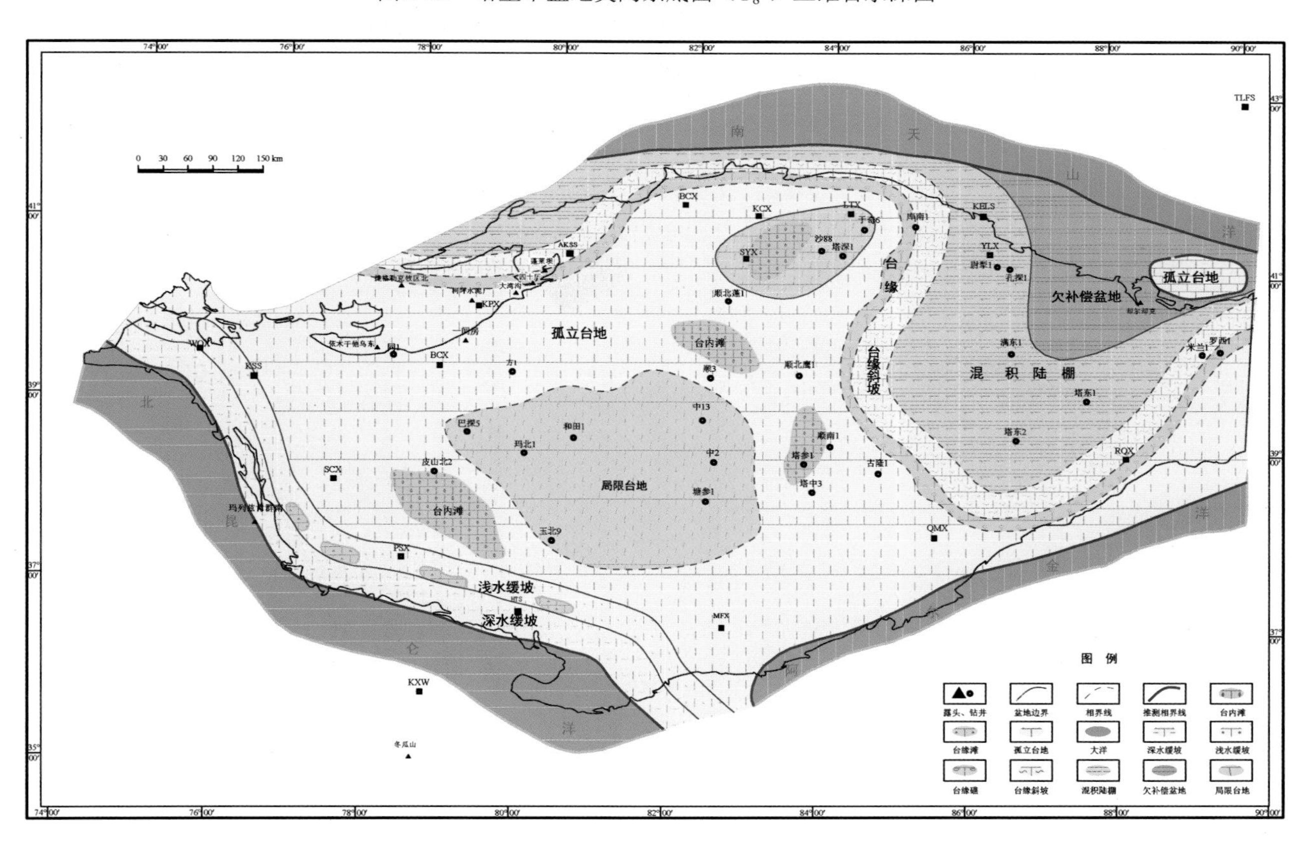

图 3-83 塔里木盆地下奥陶统蓬莱坝组沉积期岩相古地理图

局限台地外围发育大面积开阔台地，在皮山北新 1 井区、塔参 1 井区、顺西、哈 6 井—沙 82 井区发育台内滩。沙雅隆起蓬莱坝组下部为褐灰色灰岩夹浅灰色云质灰岩、灰质云岩、云岩，中部为灰、褐灰色灰岩局部夹浅灰色云岩，上部为灰、褐灰色云质灰岩局部夹灰岩、砂屑灰岩，塔深 1 井厚 313m，于奇 6 井厚 599m。

塔西南浅水缓坡-深水缓坡-陆棚发育在昆仑山山前一线。北部、东部开阔台地边缘为镶边陆棚台缘，东部台缘-台缘斜坡发育在库南 1 南—古城 4 一线，台缘及斜坡呈窄条带状分布。向东到满加尔拗陷为混积陆棚，尉犁 1 井蓬莱坝组泥灰岩厚约 100m。

八、中-下奥陶统鹰山组（$O_{1-2}y$）沉积期岩相古地理特征

中-下奥陶统鹰山组沉积期，塔里木板块内部沉积格局、台地性质甚至相带分布都与蓬莱坝组沉积期相似，继承性明显。台地性质仍为局限台地-开阔台地。台地向南发育局限台地-开阔台地-浅水缓坡-深水缓坡沉积体系，并向北昆仑洋和阿尔金洋过渡；台地向北东发育蒸发台地-局限台地-开阔台地-台缘-台缘斜坡-陆棚（图中缺）-欠补偿盆地沉积体系，并向南天山洋过渡。阔克苏隆起发育开阔台地（图 3-84）。

局限台地分布在巴楚隆起东部和麦盖提斜坡东部。巴楚隆起鹰山组云灰岩段（下段）以浅灰色中-粗晶灰质白云岩、粉-细晶白云岩为主，上部见薄层白云质灰岩；灰岩段（上段）主要为灰、浅灰、黄灰色微晶灰岩、亮晶藻砾砂屑灰岩、云质藻砂屑及生屑灰岩，厚 331～809m。麦盖提斜坡鹰山组云灰岩段中下部为灰色中-粗晶灰质白云岩、细-中粗晶白云岩，上部见薄层白云质灰岩；灰岩段为灰、浅灰、黄灰色灰质云岩渐变为生屑微晶灰岩、微晶灰岩、亮晶藻砾砂屑灰岩，厚 383～478m。

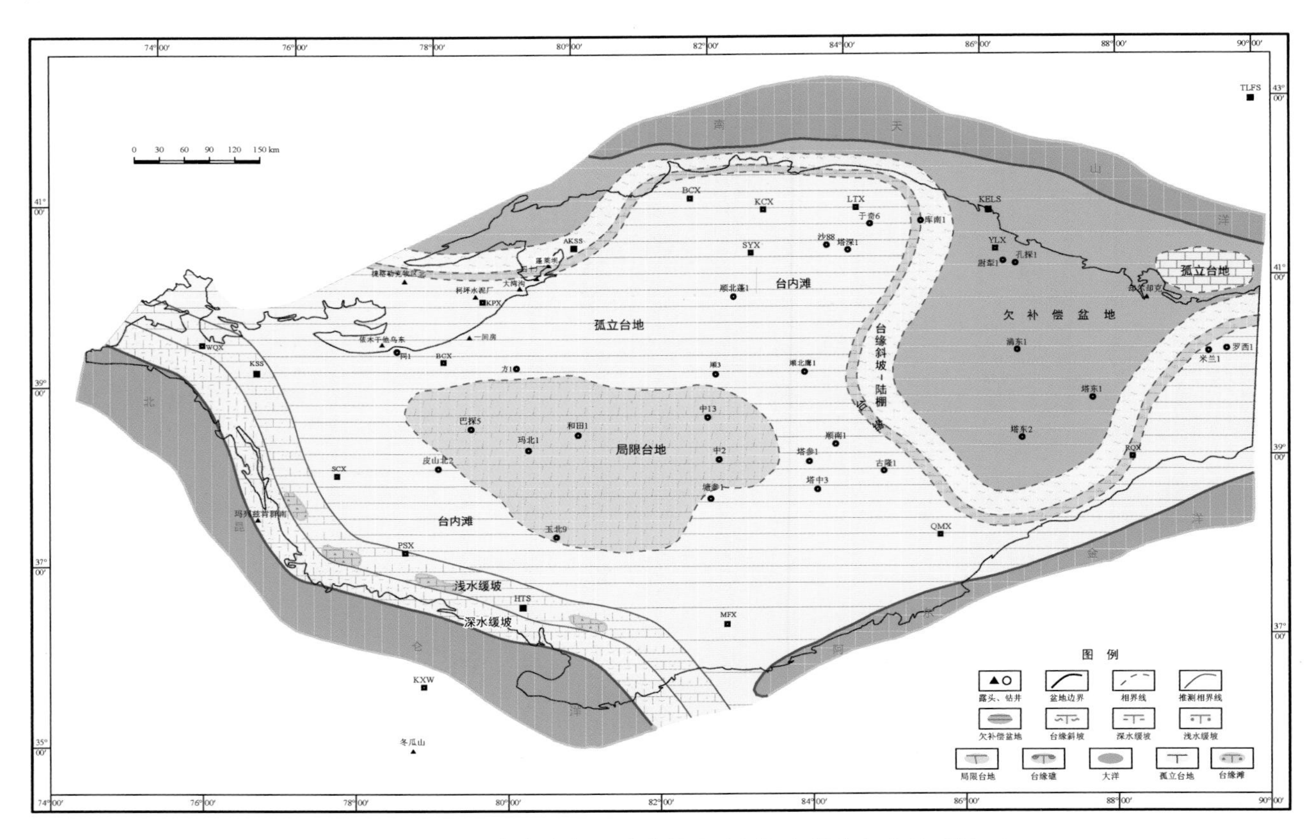

图 3-84　塔里木盆地中-下奥陶统鹰山组沉积期岩相古地理图

局限台地外围发育大面积开阔台地，在皮山北新 1 井区、古隆 1 井区东、顺西—顺南、哈 6 井区等发育台内滩。卡塔克隆起—塘古巴斯拗陷—顺托果勒隆起南部—古城墟隆起鹰山组云灰岩段为灰色结晶云岩、灰质白云岩、泥微晶灰岩、颗粒灰岩不等厚互层；灰岩段为灰褐色厚层泥-粉晶灰岩、浅-深灰色厚层微晶灰岩夹含泥灰岩、灰质云岩、砂屑灰岩，厚 418～453m。沙雅隆起鹰山组云灰岩段为灰色灰质云岩、云质灰岩、微晶灰岩、含砂屑微晶灰岩夹微晶砂屑灰岩。灰岩段为亮晶或微晶砂屑灰岩，厚 600～800m。

塔西南浅水缓坡-深水缓坡发育在昆仑山山前一线。北部、东部开阔台地边缘为镶边陆棚台缘，东部台缘-台缘斜坡发育在库南 1 井—古城 4 井一线。受同期碳酸钙补偿深度上升影响，向东到满加尔拗陷相变为欠补偿盆地，深水面积向南扩大。库鲁克塔格鹰山组下部为黑色页岩和凝灰质页岩主，上部为黑色硅质岩和硅质泥岩，厚 270m。

九、中奥陶统一间房组（O_2yj）沉积期岩相古地理特征

塔里木盆地中奥陶统顶面（T_7^4）古水深图反映西部浅水区出现分异，东部深水区大致在顺托果勒东部出现深水湾区（图3-85、图3-86）。

中奥陶统一间房组沉积期，塔里木板块内部台地性质相变为开阔台地。台地向南发育开阔台地-浅水缓坡-深水缓坡（图中缺）-陆棚沉积体系，并向北昆仑洋和阿尔金洋过渡；台地向北东发育开阔台地-台缘-台缘斜坡-陆棚-欠补偿盆地沉积体系，并向南天山洋过渡。阔克苏隆起发育开阔台地（图3-87）。

塔西南拗陷—麦盖提斜坡，塔中巴楚隆起—卡塔克隆起—塘古巴斯拗陷，塔北阿瓦提拗陷—顺托果勒隆起—沙雅隆起发育大面积的开阔台地，顺南1井—塔中43井区、顺北井区、哈6井—沙88井区发育台内滩，塔北沙109井、沙102井—沙91井、沙87井及塔深1井区见台内礁（海绵礁）。在顺南—古隆及塘古巴斯拗陷岩性以藻球粒、藻砂屑灰岩为主，厚68～155m；在沙雅隆起主要为灰、黄灰色亮晶砂屑灰岩、砂屑微晶灰岩、微晶灰岩，夹鲕粒灰岩、藻黏结灰岩和海绵礁灰岩，厚50～112m。

塔西南浅水缓坡-深水缓坡-陆棚发育在昆仑山山前一线。北部、东部开阔台地边缘为镶边陆棚台缘，东部台缘-台缘斜坡与鹰山组相比在塔中、塔北之间向台内收缩明显，发育在沙32井—托普2井—哈德5井—古城4井一线。向东到满加尔拗陷为陆棚-欠补偿盆地。

受后期加里东运动中期Ⅰ幕构造抬升剥蚀影响，巴楚隆起—麦盖提斜—塔西南拗陷及卡塔克隆起一间房组被剥蚀。受后期加里东运动中期和海西早期构造抬升剥蚀影响，沙雅隆起北部一间房组被剥蚀。

第四节　晚奥陶世前陆-拗陷盆地古地理特征

晚奥陶世开始，塔里木板块南缘北昆仑洋和阿尔金洋俯冲-消减-关闭，相应形成中昆仑隆起和阿尔金隆起雏形，为加里东中期Ⅰ幕构造运动。受此影响，塔里木板块内部出现了南北向分异、东西向延伸的隆拗格局。

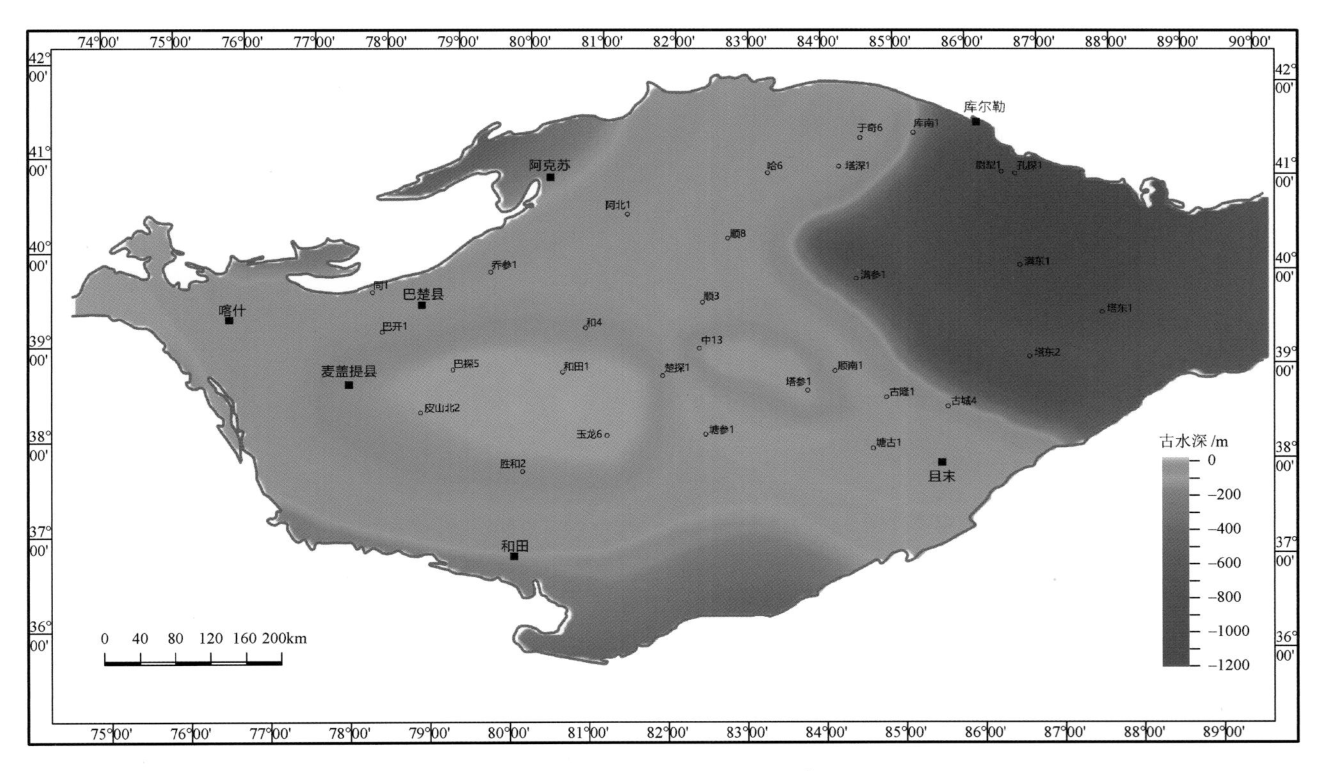

图3-85　塔里木盆地中奥陶统顶面（T_7^4）古水深图

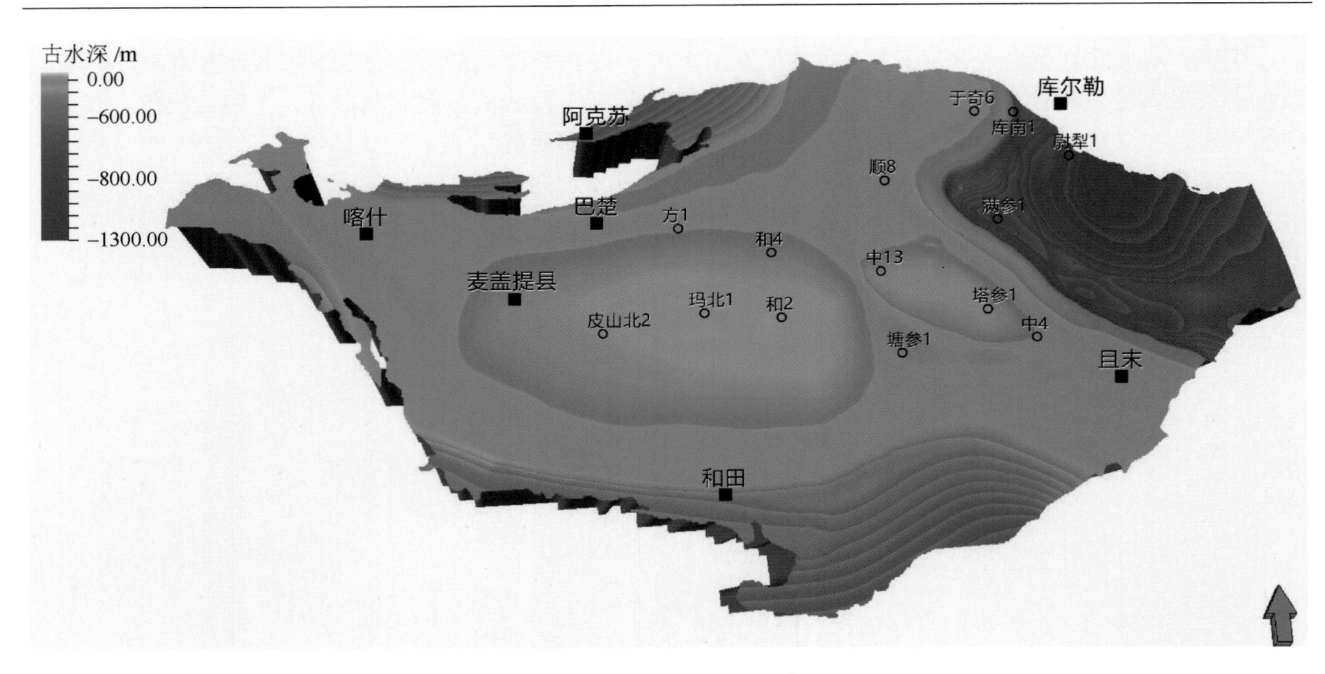

图 3-86　塔里木盆地中奥陶统顶面（T_7^4）三维古水深图

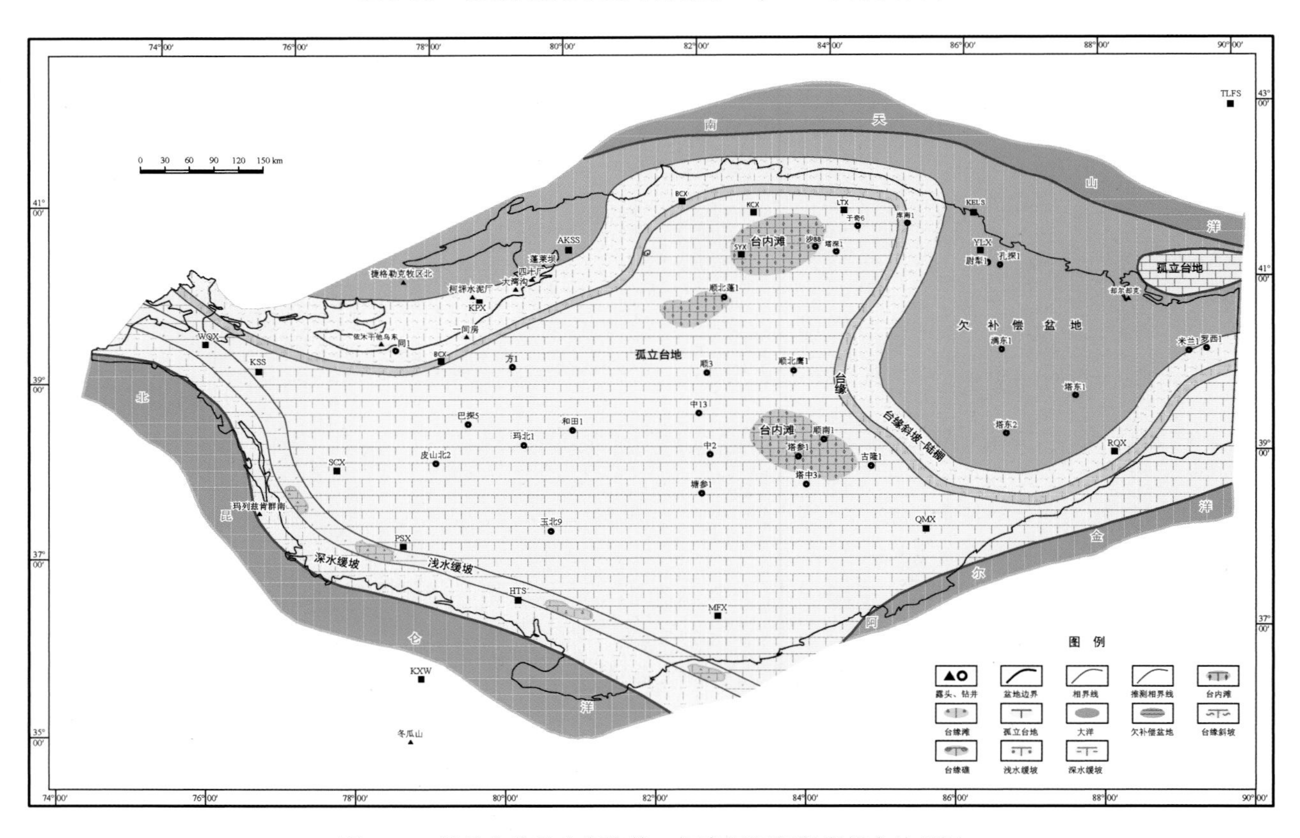

图 3-87　塔里木盆地中奥陶统一间房组沉积期岩相古地理图

一、上奥陶统恰尔巴克组（O_3q）沉积期岩相古地理特征

上奥陶统恰尔巴克组沉积期，塔里木板块内部出现了南北向分异、东西向延伸的隆拗格局，其中塔南、塔中低隆起缺失恰尔巴克组沉积。此外，受同期全球海平面大规模上升影响，塔里木板块内部台地被淹没。从巴楚低隆起向南发育淹没台地-混积陆棚沉积体系，隔中昆仑隆起和阿尔金隆起与南昆仑洋相连；从巴楚低隆起向北东发育淹没台地-混积陆棚-欠补偿盆地沉积体系，并向南天山洋过渡。阔克苏隆起仍发育开阔台地（图 3-88）。

塔中、塔北发育两个东西向延伸的淹没台地。塔中恰尔巴克组为紫红色、灰色瘤状泥晶灰岩、泥灰岩夹含生屑泥质泥晶灰岩，厚 13～20m。沙雅隆起恰尔巴克组下段为灰色泥微晶灰岩，上段为灰色、红棕色瘤状灰岩、泥灰岩，厚 20～30m。恰尔巴克组为全盆奥陶系对比的重要标志层。

淹没台地之间，即塘古巴斯坳陷和顺托果勒低隆为混积陆棚。

阿瓦提断陷和满加尔坳陷为欠补偿盆地。

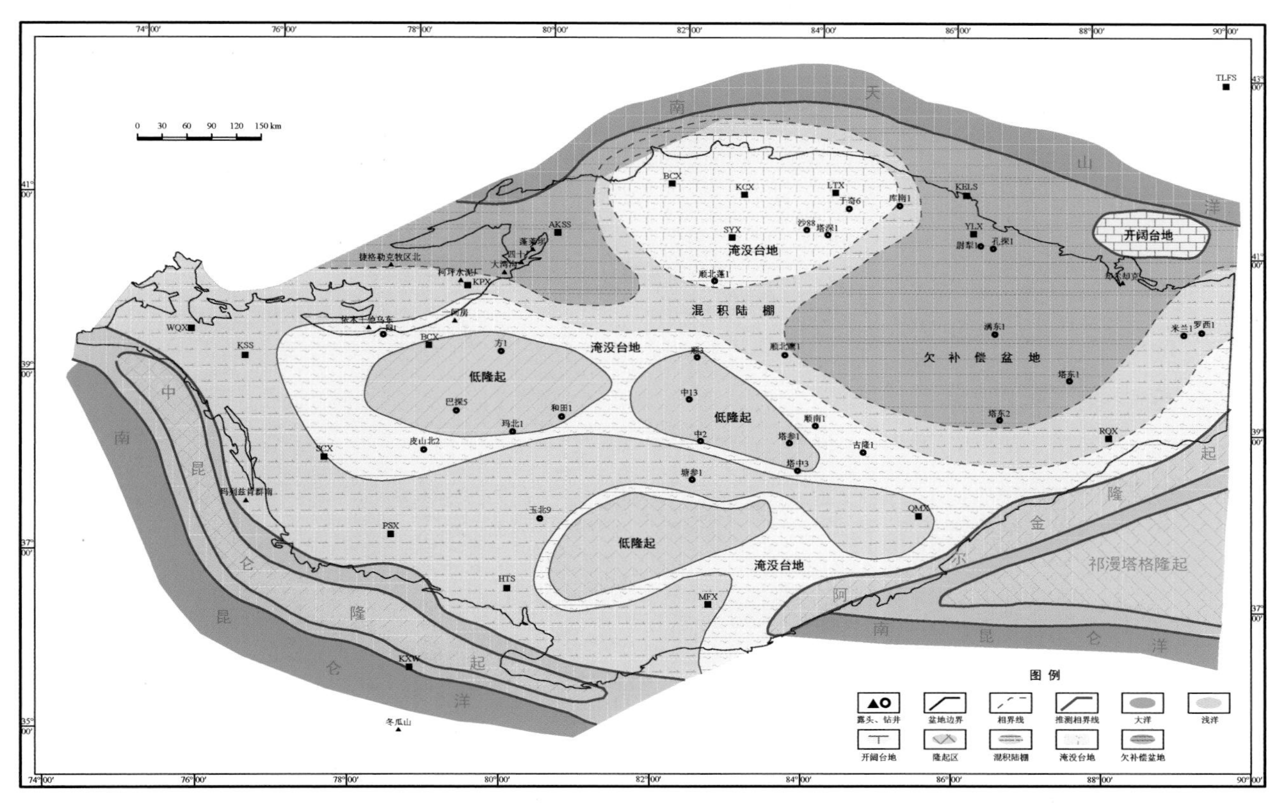

图 3-88　塔里木盆地下奥陶统恰尔巴克组沉积期岩相古地理图

二、上奥陶统良里塔格组（O_3l）沉积期岩相古地理特征

塔里木盆地上奥陶统良里塔格组顶面（T_7^2）古水深图反映西部浅水区出现分异，顺托果勒东部出现东西向延伸的深水区（图 3-89、图 3-90）。

上奥陶统良里塔格组沉积期，塔里木板块南缘北昆仑洋和阿尔金洋俯冲-消减-关闭，相应形成中昆仑隆起和阿尔金隆起的雏形，为加里东中期Ⅰ幕构造运动。受此影响，塔里木板块内部出现了南北向分异、东西向延伸的隆坳格局，其中塔南、塔中低隆起缺失良里塔格组沉积。此外，受同期全球海平面大规模上升影响，塔里木板块内部台地被淹没。从巴楚低隆起向南发育淹没台地-混积陆棚沉积体系，隔中昆仑隆起和阿尔金隆起与南昆仑洋相连；从巴楚低隆起向北东发育淹没台地-混积陆棚-欠补偿盆地沉积体系，并向南天山洋过渡。阔克苏隆起仍发育开阔台地（图 3-91）。

塔中、塔北发育两个东西向延伸的淹没台地。塔中良里塔格组为紫红色、灰色瘤状泥晶灰岩、泥灰岩夹含生屑泥质泥晶灰岩，厚 13～20m。沙雅隆起良里塔格组下段为灰色泥微晶灰岩，上段为灰色、红棕色瘤状灰岩、泥灰岩，厚 20～30m。良里塔格组为全盆奥陶系对比的重要标志层。

淹没台地之间，即塘古巴斯坳陷和顺托果勒低隆为混积陆棚。阿瓦提断陷和满加尔坳陷为欠补偿盆地。

三、上奥陶统桑塔木组（O_3s）沉积期岩相古地理特征

上奥陶统桑塔木组沉积期，受同期全球海平面再次大规模上升影响，塔里木板块内部碳酸盐台地淹没消亡。此外，由于阿尔金隆起提供了充足的物源，塘古巴斯坳陷、古城墟隆起及满加尔坳陷发育沉积巨厚的浊积盆地。只在阔克苏隆起发育开阔台地（图 3-92）。

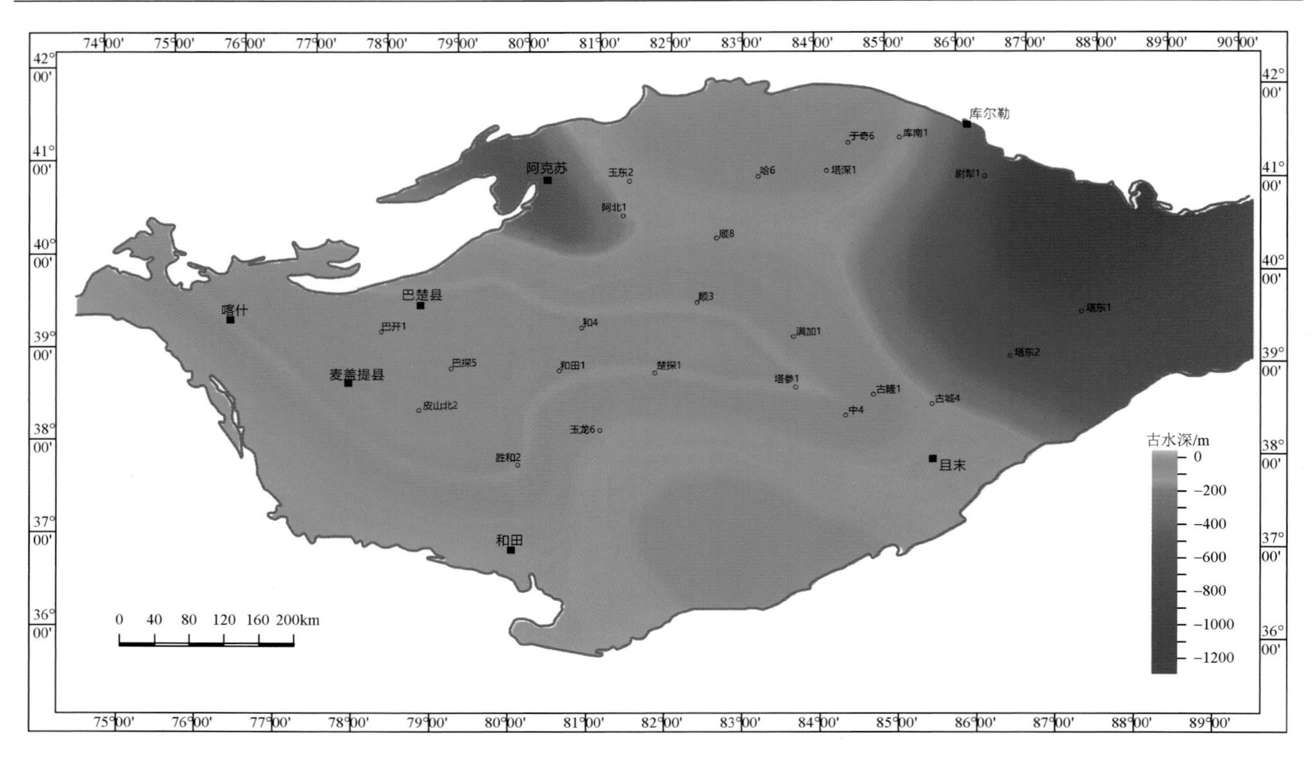

图 3-89　塔里木盆地上奥陶统良里塔格组顶面（T_7^2）古水深图

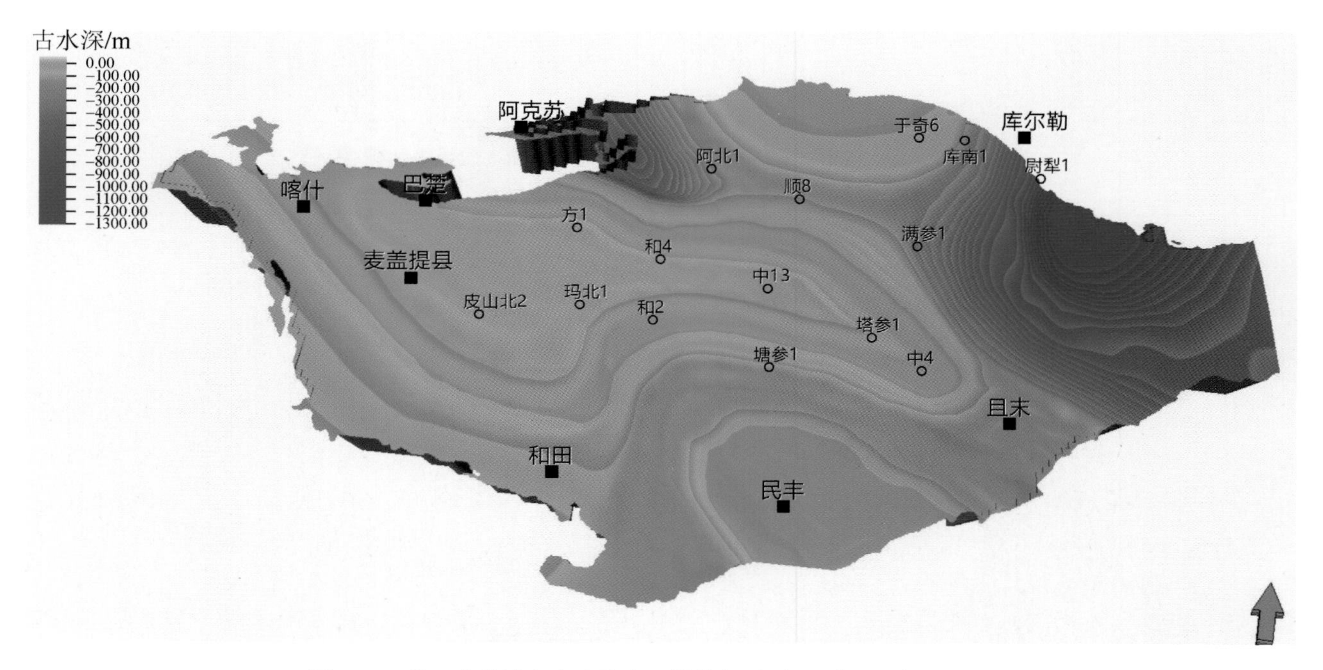

图 3-90　塔里木盆地上奥陶统良里塔格组顶面（T_7^2）三维古水深图

塔中、塔北良里塔格组开阔台地被淹没相变为混积陆棚。麦盖提斜坡桑塔木组岩性下部为红棕、灰、绿灰色泥岩、灰质泥岩夹粉砂质泥岩，厚约 200m。巴楚隆起桑塔木组为红褐、灰褐色泥岩与灰色粉砂质泥岩、灰质泥岩、粉砂质泥岩互层，厚 108～399m。沙雅隆起桑塔木组为灰、绿灰色泥岩、灰质泥岩夹灰色泥晶灰岩、泥质灰岩，厚 31m～189m。

塘古巴斯拗陷、古城墟隆起及满加尔拗陷发育浊积盆地，为一套巨厚的陆源碎屑浊积岩。尉犁 1 井为深灰色薄-中厚层状泥岩、粉砂质泥岩、泥质粉砂岩频繁互层，厚 2000～3000m。塔东 1 井主要由灰绿、黄绿、紫红、黑或灰色砂岩、粉砂岩、页岩及砂屑灰岩形成韵律层，钻厚 1377m。

塔西南拗陷、顺托果勒隆起为盆地，为深灰色泥岩、泥灰岩夹泥质粉砂岩，残厚 300～800m。

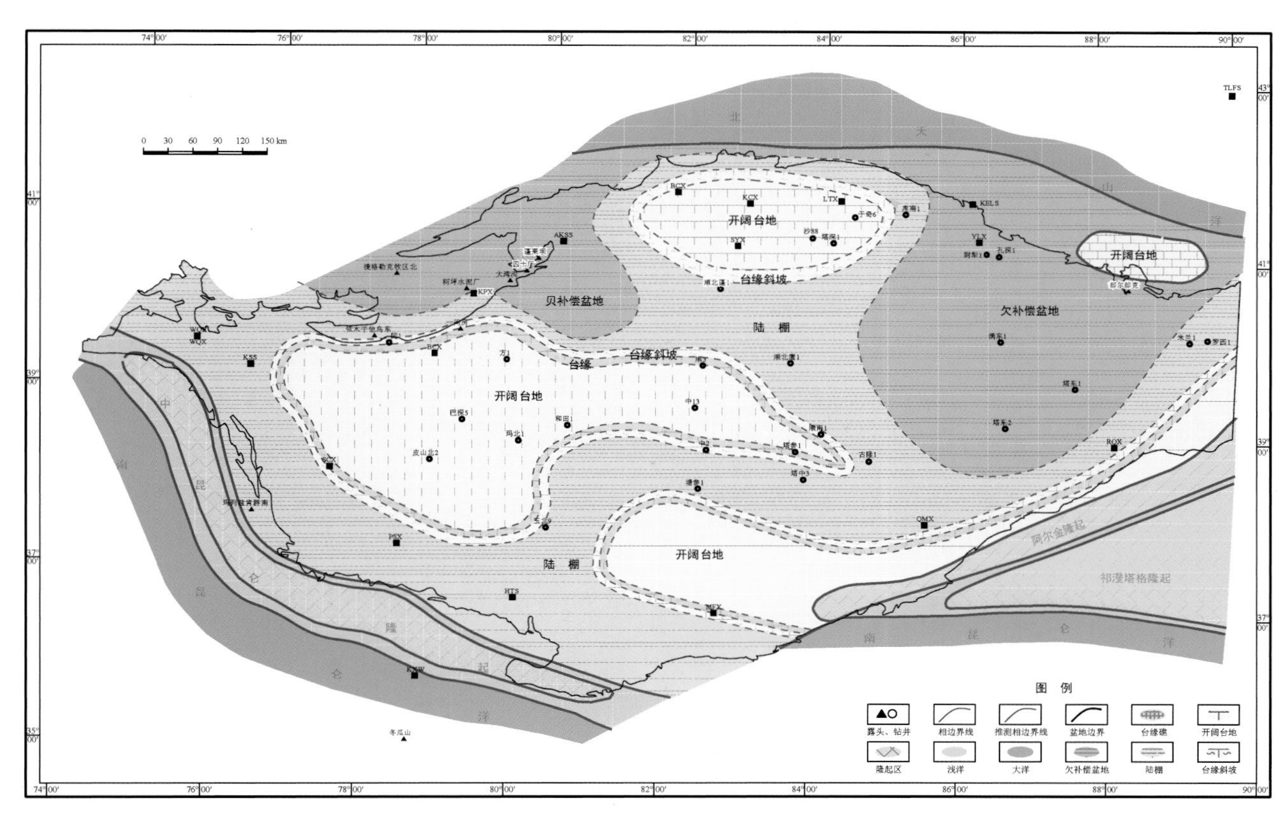

图 3-91　塔里木盆地上奥陶统良里塔格组沉积期岩相古地理图

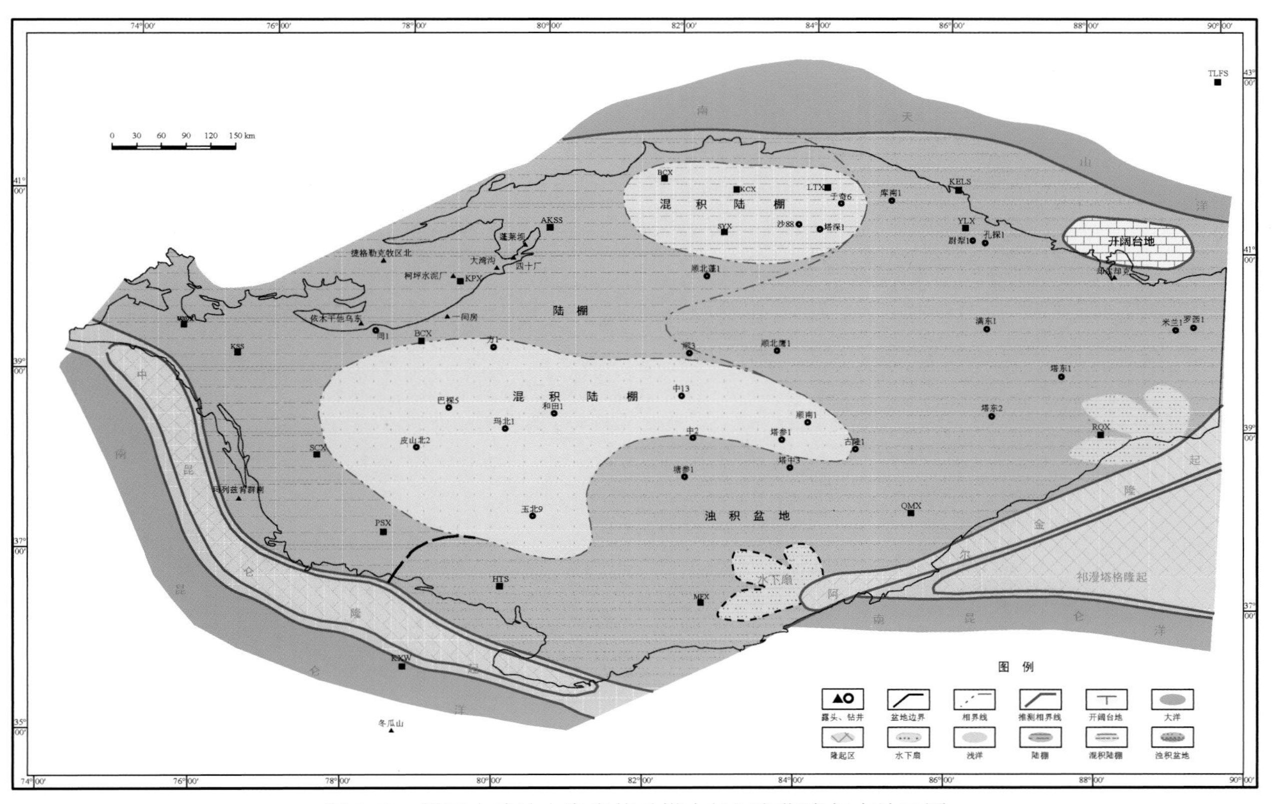

图 3-92　塔里木盆地上奥陶统桑塔木组沉积期岩相古地理图

第五节 晚奥陶世-早中泥盆世前陆-拗陷盆地古地理特征

一、桑塔木组沉积期岩相古地理特征

中晚奥陶世，随着海平面的上升，塔里木盆地的古地理面貌有了很大的变化。盆地断块差异活动加强，上升断块形成水下隆起，而断裂下陷断块沦为半深海-深海盆地，因受到大洋环流的影响堆积了较厚的深水等积岩，揭开了奥陶纪大规模海侵的序幕。奥陶纪桑塔木组沉积时期，沉积区东侧西北侧与南天山洋连通，海水由东、西北方向向盆地侵入。在沉积区形成了陆架沉积体系。沉积相带表现为南北向展布、东西向分带的格局，其中，内陆架主要分布于盆地中部罗斯 1 井—方 1 井—顺西 1 井—塔中 43 井—玉北 9 井—罗南 1 井所围限的地区以及盆地北部英买 1 井—哈 4 井—草 3 井一线，沉积物主要为灰质白云岩，范围较为局限。外陆架分布较为广泛，主要在民参 1 井—中 2 井—古隆 3 井—顺 1 井—草 6 井一线，沉积物主要为泥晶灰岩、泥晶砂屑灰岩和砂屑泥晶灰岩，其东部为呈窄条带状分布的陆坡。陆坡外为广泛分布的深水等积岩约占盆地面积的三分之一（图 3-93）。

桑塔木组在整体西高东低的背景下，盆地东部整体水深相对较大，且存在两个次一级汇水中心：其一位于盆地东部北侧，满加尔拗陷及其与沙雅隆起、孔雀河斜坡三者交汇区域，第二个位于盆地的中南部塘古凹陷附近。此外，在盆地东南部也存在地势较高的区域，但是整体而言，盆地由东向西，水深逐渐变浅（图 3-94）。

二、柯坪塔格组沉积期岩相古地理特征

志留纪沉积期，塔里木地台整体抬升，中期伴随有弱的伸展作用，导致整个塔里木盆地该时期为一克拉通内的伸展拗陷盆地。早志留世早期柯坪塔格组沉积时期，塔里木海盆主要残存于柯坪一满加尔凹陷的北部地区，局部发育于塔西南地区。盆地北部为塔北隆起和库鲁克塔格隆起剥蚀区，中南部为莎车-塔中-阿尔金-罗布庄隆起剥蚀区。其间的沉积区东、西两侧均与南天山洋连通，海水由西、北、东北方向向盆地侵入。在沉积区形成了北部的浪控三角洲沉积体系、东部的河控三角洲沉积体系、东南部的潮控三

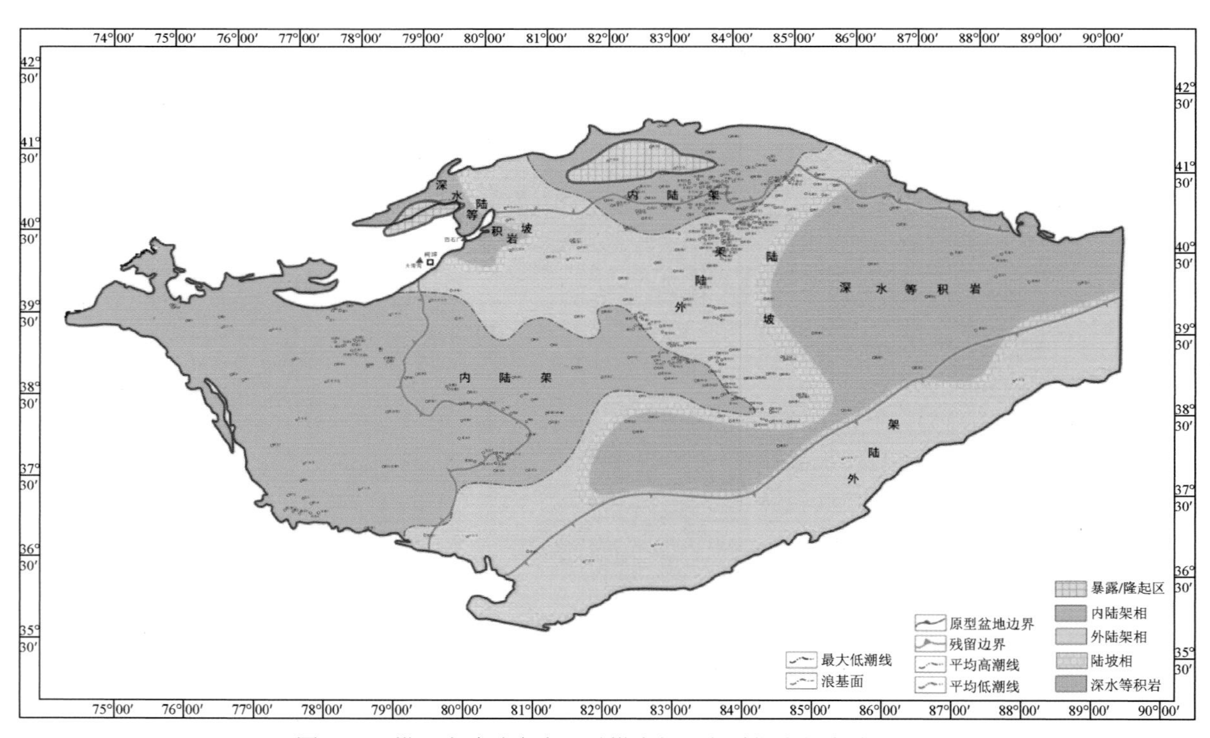

图 3-93 塔里木盆地奥陶纪桑塔木组沉积时期岩相古地理图

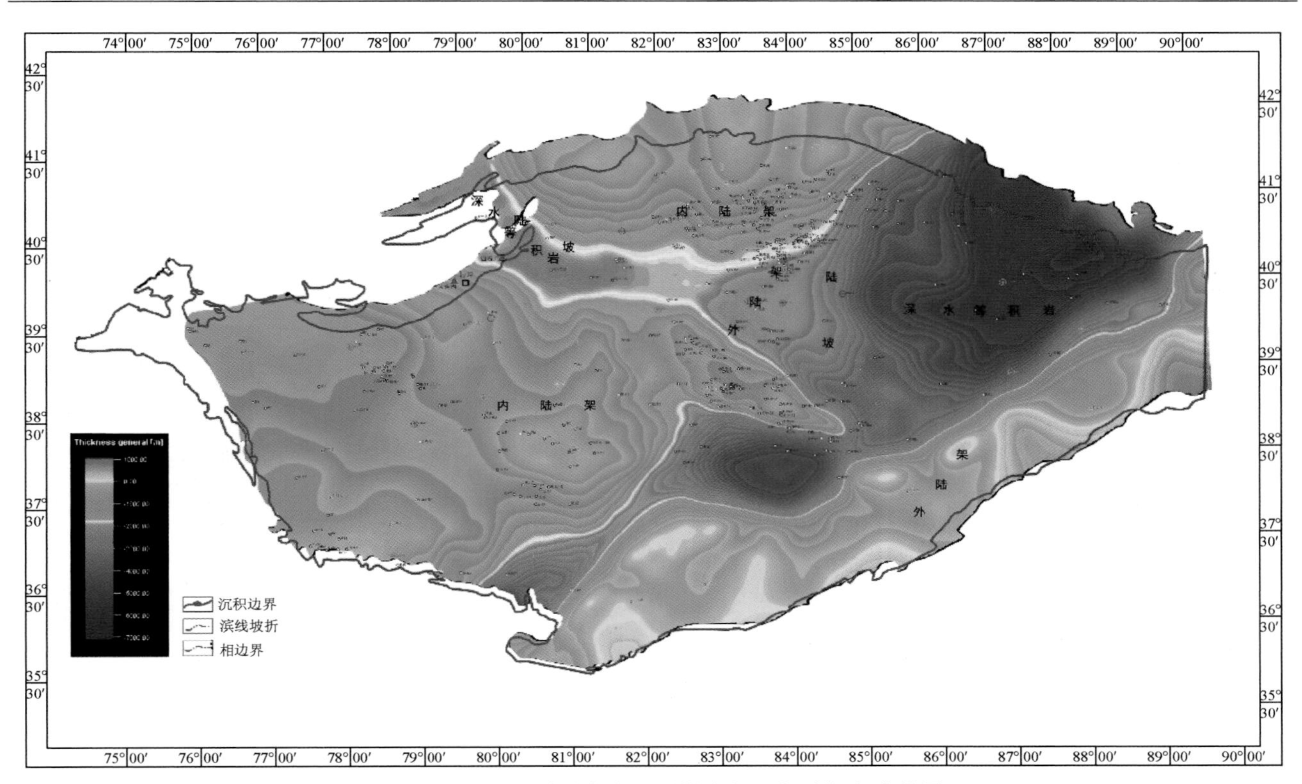

图 3-94　塔里木盆地奥陶纪桑塔木组沉积时期古地貌图

角洲沉积体系和西南部的潮坪沉积体系及中部地区的陆架沉积体系（图 3-95）。沉积相带表现为南北向分带、东西向展布的格局，其中，浪控三角洲沉积体系主要分布于阿参 1 井—英买 3 井—顺 8 井—羊屋 4 井—草 1 井一线以北的较宽地区及盆地西北部柯坪地区也有分布。塔北英买力地区英买 2、英买 3 及胜利 1 井钻遇本组中段，钻厚 433.5～700m，为巨厚层状的灰色、深灰色泥岩，产几丁虫、笔石、双壳类化石，与下伏奥陶系假整合接触。在轮南低凸起南部的桑塔木断垒及草湖凹陷岩性为巨厚层状灰绿、深灰色泥岩。夹灰色粉砂岩，细砂岩。钻厚 347～475m。

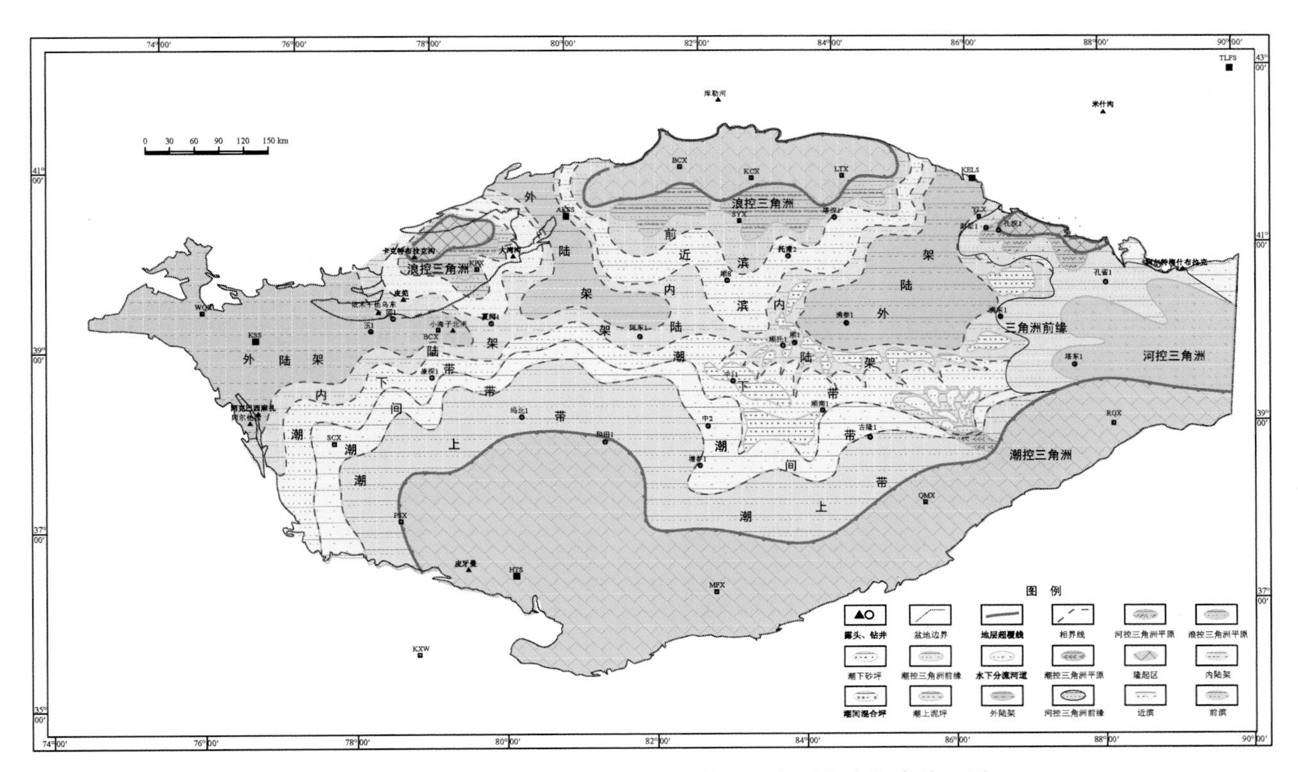

图 3-95　塔里木盆地早志留世柯坪塔格组沉积时期岩相古地理图

盆地中部为广大的陆架沉积体系所占据，其中可分为内陆架和外陆架沉积。内陆架分布较为局限，沿着内陆架分布有一系列的横向砂坝，主要为灰、绿灰、灰绿色泥岩夹泥质粉砂岩、粉砂岩，偶含砾，与下伏奥陶系桑塔木组(O_3s)呈不整合接触，见少量微古植物化石。外陆架占据了盆地中部较大的区域，在盆地西部、中部以及中东部均有发育，其沉积物主要为灰黑色泥页岩。

河控三角洲沉积体系主要分布于满东2井—满东1井—孔雀3井—群克1井一线以东的三角区域，分布较为局限。潮控三角洲沉积体系主要分布于盆地的东南角，范围较小，在分布于潮下带的三角洲前缘可见一系列纵向砂坝，而潮坪沉积体系则呈带状宽缓的东西向分布。

柯坪塔格组在整体东南高西北低的背景下，还存在着中部水深相对较浅，而东部和西部水深相对较大的特点。盆地东部整体水深相对较大，且存在次一级汇水中心：其一位于盆地东部北侧，满加尔拗陷及其与沙雅隆起、孔雀河斜坡三者交汇区域。在盆地中部，相对而言整体水深相对较浅，但是其内部还存在着东浅西深的特点。具体表现为：中部东侧从盆地北部盆地边界向南沿顺托果勒低隆起和卡塔克隆起、塘古巴斯拗陷发育一近南北向且南段向西南偏转的水下低隆起；中部西侧在巴楚隆起北部水深相对较大，而巴楚隆起南段区域水深相对较浅。在盆地西部，由东至西，水深逐渐变大（图3-96）。

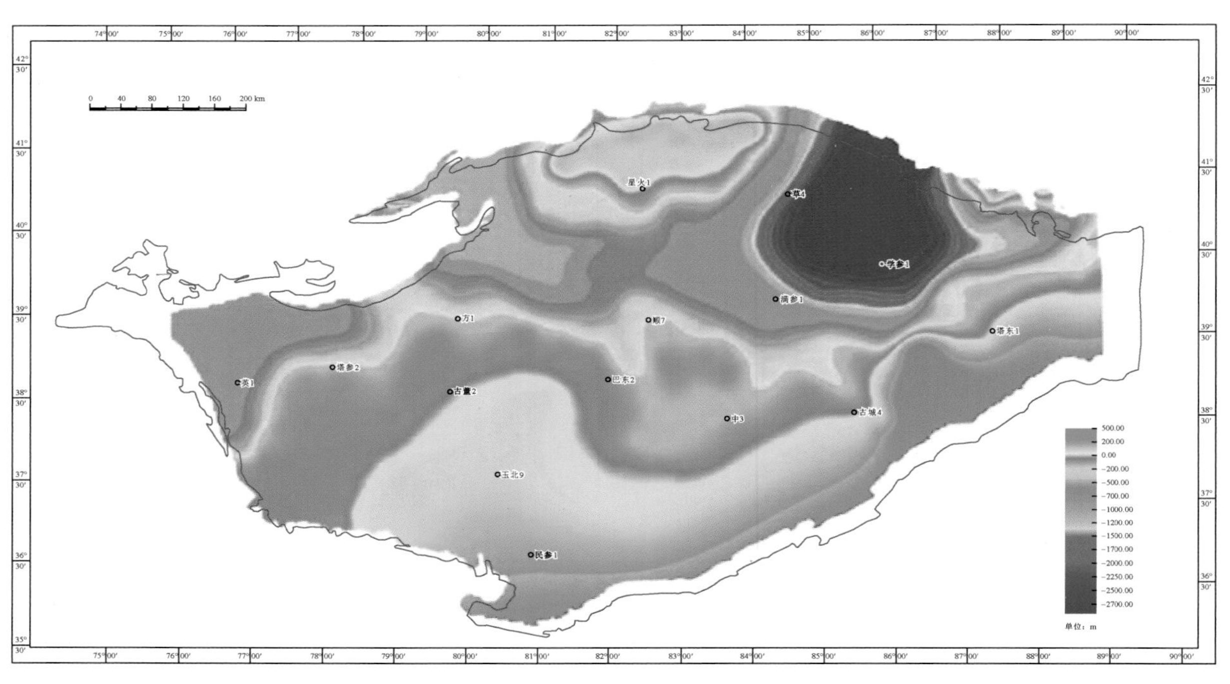

图3-96　塔里木盆地早志留世柯坪塔格组沉积时期古地貌图

三、塔塔埃尔塔格组沉积期岩相古地理特征

早志留世晚期塔塔埃尔塔格组时期，南天山洋裂陷加剧，库尔干向北南天山洋更为开阔，形成浅海环境，海水自东北和西北方向迅速向盆地的广大地区侵入，淹没了塔里木盆地的广大地区，形成了广泛分布的海侵沉积，厚度一般50～250m，在沉降中心厚达500余米。塔塔埃尔塔格期海侵来自于盆地东部和西部，总体沉积格局与柯坪塔格期基本一致仍表现为南北向分带、东西向展布的特点（图3-97）。

在南北向分带、东西向展布的格局下，还存在着整体东南高西北低的特点，对柯坪塔格组具有一定继承性，早志留世晚期开始了志留纪第二次海侵，海水达到塔北低凸起、巴楚凸起北坡及塔西南地区，但海水较浅，还存在着从东向西水深逐渐变深的特点。早志留世晚期塔塔埃尔塔格组与下伏柯坪塔格组呈整合接触，构成了以东部和北部为主要物源的三角洲—潮坪—陆架（浅海）沉积体系组合（图3-98）。

塔塔埃尔塔格期沉积时期，其上部主要为浅灰色、杂色的巨厚层细砂岩，含砾不等粒砂岩间夹灰紫、棕褐色泥岩及灰绿色薄层中粗砂岩。中部为紫褐色巨厚层细砂岩、不等粒砂岩及棕褐色泥岩。下部为厚层硅质砂岩。该段又称之为“沥青砂岩段”，分布很广。塔塔埃尔塔格期，塔里木盆地范围内整体水深加深，主要发育潮坪沉积体系，以潮间带为主，局部发育内陆架及三角洲沉积体系。在塔北隆起南缘、巴楚—塔中隆起发育带状潮坪沉积，和2井—塔中10井—塔参1井—塔河1井一线以东地区为潮坪沉积，发育在该相带内的塔中地区下砂岩段（属于塔塔埃尔塔格组），不整合或假整合于奥陶系不同层位之上，主要分布于北部斜坡，中央断垒带部分井钻遇，东部缺失，分布范围较依木干他乌组广；岩性以潮坪相灰色细砂岩为主，偶夹灰绿色泥岩及粉砂岩，下部还可见沥青质细砂岩夹层，厚约为9～291m，西部、北部加厚。塘古孜巴斯地区东部缺失该组，西部仅保留上部地层，为褐灰、浅灰、绿灰色粉砂岩、细砂岩、含砾细砂岩夹褐色泥岩。

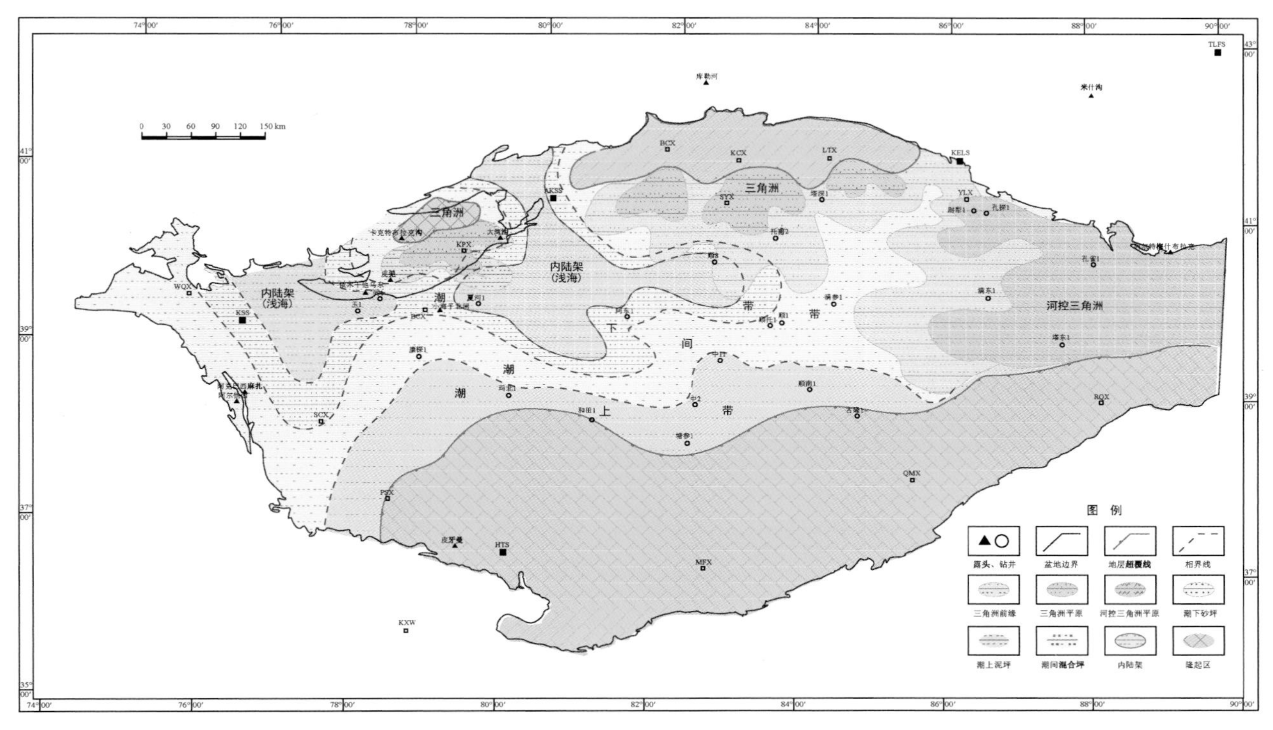

图3-97　塔里木盆地下志留统塔塔埃尔塔格组沉积时期岩相古地理图

在塔中东南部及孔雀河等地区发育一个规模相对较大的由东至西的河控三角洲沉积，其典型代表为塔中34井，另外孔雀1井和英南2井也有钻遇，主要发育一套含砾砂岩、细砂岩及粉砂岩沉积。北部也可见从北至南陡坡三角洲沉积。

塔里木南天山前发育有内陆架沉积，主要岩性为浅褐色、灰色泥岩或粉砂质泥岩夹薄层粉砂岩或泥质粉砂岩。自然电位曲线正异常，表现出箱形特征，自然伽马曲线呈中-高值齿化箱形。总体上，塔塔埃尔塔格组沉积期，研究区在阿瓦提断陷-顺托果勒低隆发育内陆架泥质沉积，古董1井－巴东2井－塔中10－阿满2井所围区域及向西地区为内陆架沉积。在巴楚露头区，该相带见于小海子水库东岸和木库勒克村，为灰白-灰绿色厚层－块状细粒石英砂岩夹凝灰岩，有双壳类和鱼化石，厚99m，整合于下伏地层之上。该区北部、海米罗斯断裂构造带、鸟山及古董山北端钻遇，也称下砂岩段，以方1井及和4井厚度最大，分别为417m及511m，在该区南部的海米罗斯断裂构造带、鸟山及古董山北端钻井厚度为148～279m，未见化石。与下伏地层假整合接触。

四、依木干他乌组沉积期岩相古地理特征

依木干他乌组沉积期，南天山洋裂陷在中西段达到鼎盛时期，哈拉奇—库尔干以北南天山洋最为开阔；黑英山－辛格尔以北为浅海环境。该时期东昆仑隆起依然存在，祁漫塔格海槽水体变浅，为浅海沉积环境。盆地内部沉积的古地理格局与前期相比明显的差异是东部地区上升成为隆起剥蚀区，南部古隆起区有所扩大，塔北隆起－塔东隆起－南部隆起连为一体。北山地区较浅的滨海水体与塔里木盆地之间被分割，海水主要来自西北方向，这和南天山洋在中西段的强烈拉张相对应。

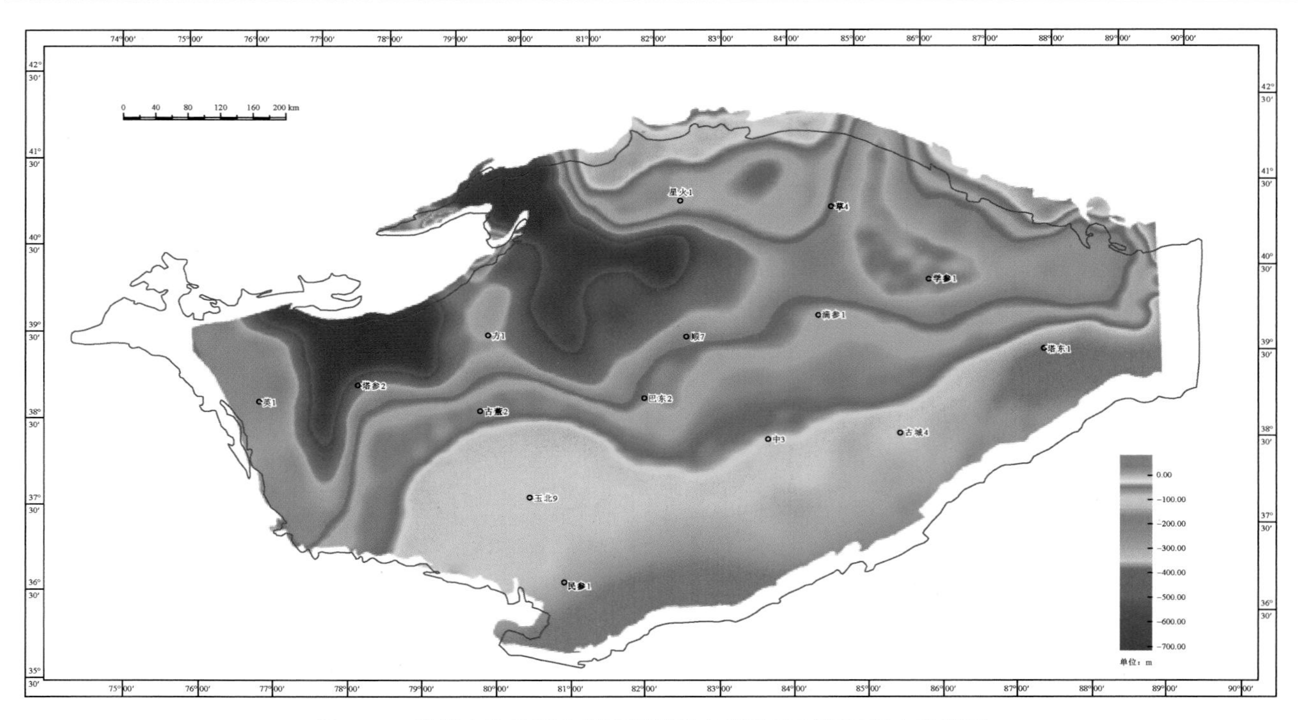

图 3-98　塔里木盆地下志留统塔塔埃尔塔格组沉积时期古地貌图

沉积格局在南北向分带，东西向明显差异的基础上，还存在着整体东南高西北低的特点，对塔塔埃尔塔格组具有一定继承性，物源方向一致，砂体展布范围相对减小，塔中地区发育一套南北向的带状滩坝砂沉积，对塔里木盆地东部起到障壁阻隔作用，使塔里木东部满加尔地区发育潟湖沉积。水深从东向西明显加深，但整体水深较浅。在盆地中西部，可见南北向分带发育的潮坪沉积环境，以潮间带为主（图 3-99，3-100）。

依木干他乌组沉积时期，依木干他乌组上段上部为棕色中厚层粉砂岩夹浅灰色薄层粉砂岩，中下部为浅灰色中厚层粉砂岩、泥质粉砂岩，偶夹棕色薄层泥质粉砂岩，具志留纪典型几丁虫化石。依木干他乌组下段红色泥岩段主要为棕色、褐灰色泥岩，偶夹暗紫色中厚层粉砂岩、灰绿色泥质粉砂岩，是志留系划分对比的一个重要区域标志层。

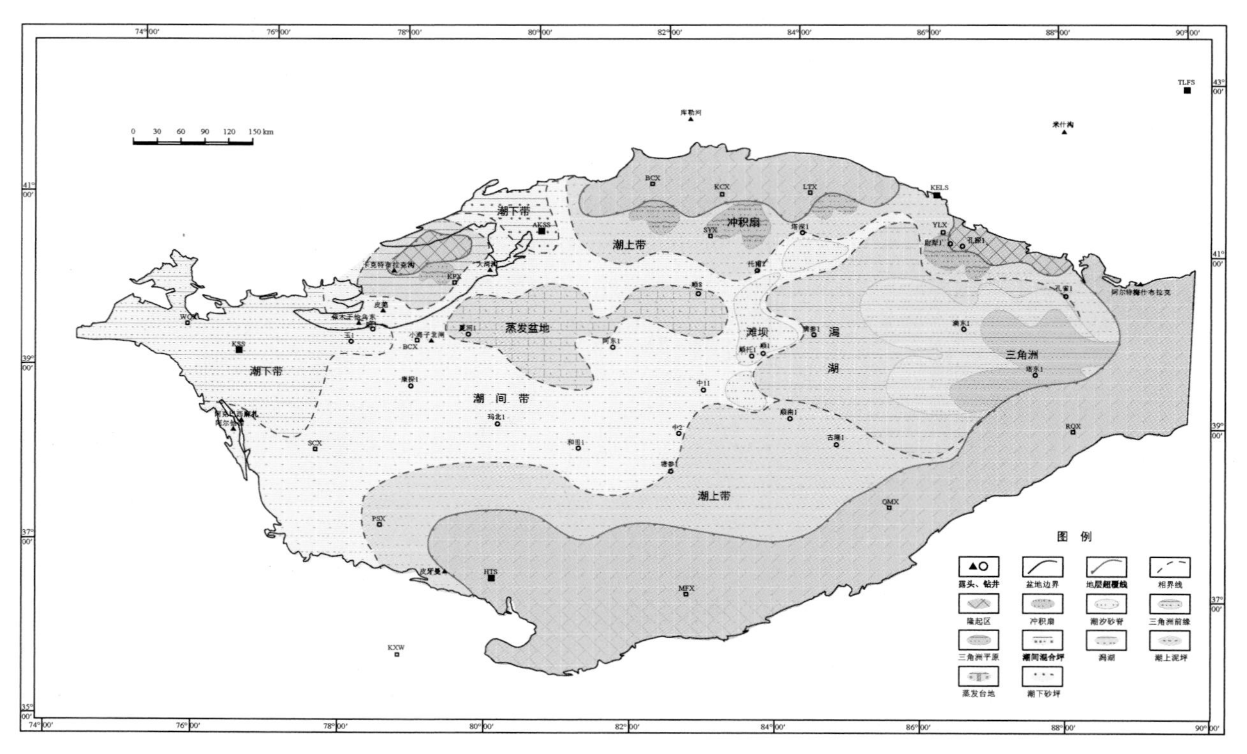

图 3-99　塔里木盆地上志留统依木干他乌组沉积时期岩相古地理图

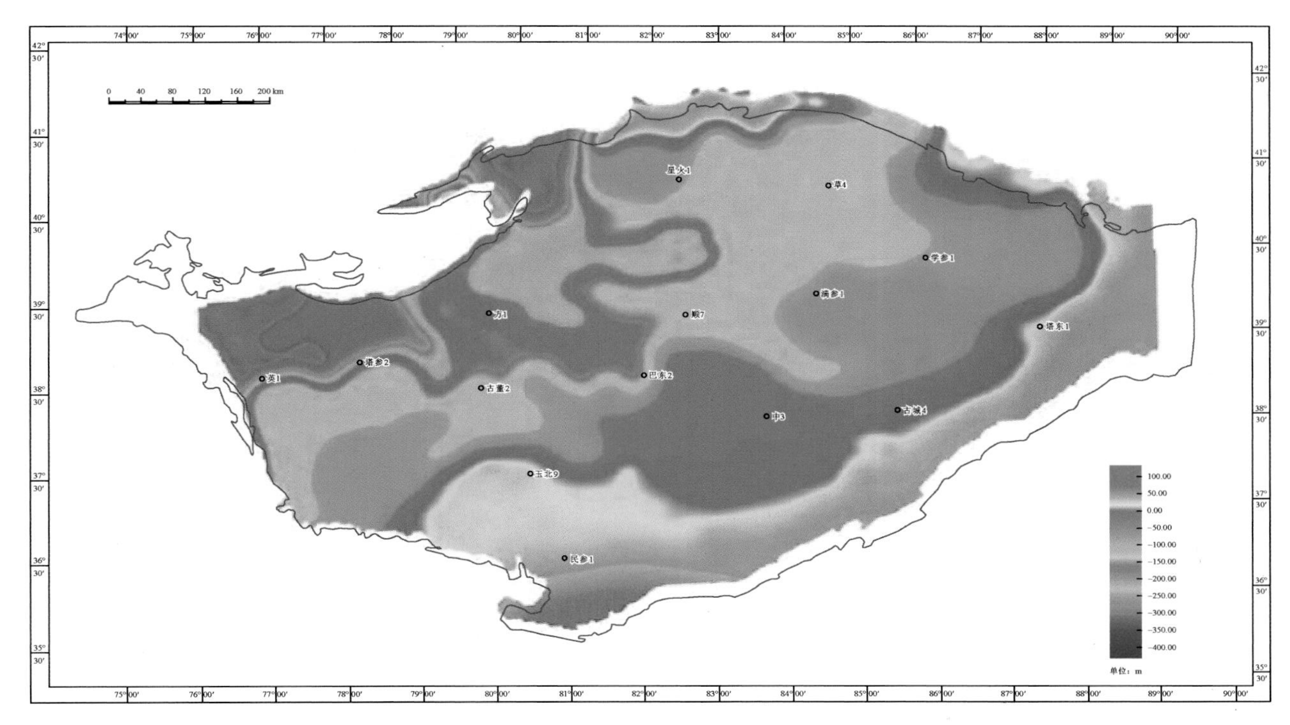

图 3-100　塔里木盆地上志留统依木干他乌组沉积时期古地貌图

该时期盆地的大部分地区沉积环境主要为潮坪环境。井中观察到向上变粗的反韵律特征，和部分砂岩段因潮流活动期和平静期交替而呈砂泥互层的特点，反映了潮汐作用较强以及陆源碎屑供给不足的潮间带沉积特征。岩性为紫红色泥岩、粉砂质泥岩、中-厚层泥质粉砂岩夹灰绿色薄层粉砂岩、细砂岩。在中部夹极少量褐灰色薄层砂质灰岩，鲕状灰岩或泥晶灰岩透镜体，具交错层理、波纹和泥裂等，化石主要产于本组中下部，有少量双壳类、腹足类、无铰纲腕足、无颌类、棘鱼、牙形石和介形类。依木干他乌组厚度约为 150～600m，最厚达 2000m 以上，与上覆克兹尔塔格组、下伏塔塔埃尔塔格组均为过渡关系。

该时期以柯坪县铁热克阿瓦提剖面及巴楚小海子剖面出露最齐，发育有障壁海岸的潮坪沉积，沉积物为紫红色细粉砂质泥岩、泥质粉砂岩和泥岩，发育典型的波状层理、脉状层理和透镜状层理。该期的古地理格局与前期相比发生了明显的变化，表现为东部地区上升成为古隆起（剥蚀区），海侵方向主要来自盆地的西北方向。沉积格局不仅表现为南北向分带,同时东西向分带的特点更为明显。

五、克孜尔塔格组沉积期岩相古地理特征

早泥盆世克孜尔塔格组沉积期，塔里木东南的阿尔金构造系持续向 NW 方向挤压，导致塔东南隆起范围进一步扩大，塔里木东北部原来彼此孤立的隆起已经连成一片，塔西北柯坪隆起范围也在扩大。总之，在周边进一步挤压汇聚的区域构造背景下，塔里木盆地沉积范围进一步缩小，以柯坪隆起和巴楚隆起一线为界，东部形成了一个相对封闭的海湾，西部过渡为开阔海（图 3-101）。

早泥盆世克孜尔塔格组沉积期，现今塔里木盆地范围总体以柯坪和巴楚隆起一线为界，分为两大环境体系（图 3-102）。由于柯坪和巴楚隆起的封闭、隔档以及物源供给，碎屑物质在海洋水动力（波浪、潮汐）作用下发育了滩坝砂脊群，构成了将塔里木台盆区封闭起来形成局限海湾的障壁。砂脊群以东的塔里木盆地台盆地区形成了以潮汐左右为主的有障壁海岸-潟湖环境。盆地东部由于塔东南-阿尔金隆起和塔东北天山隆起物源的充足供给，发育了规模较大的河控三角洲沉积体系，基本覆盖了满加尔拗陷中南部大部分地区，向西延伸至顺托果勒低隆附近。盆地北部在天山隆起带的碎屑供给下，发育了一系列推进范围较小的冲积扇体系，仅仅局限在潮上带范围。顺西和塔中地区以相对封闭的潟湖环境为特色，钻井揭示有一定厚度的蒸发岩沉积。潮砂脊群以西属于开阔浅海环境，南部巴楚隆起西侧发育一个总体向 NW 推进的三角洲沉积体。该三角洲前缘部分砂体在海洋水动力的改造下，沿柯坪和巴楚隆起一线形成了近 SN 向分布的潮砂脊群。

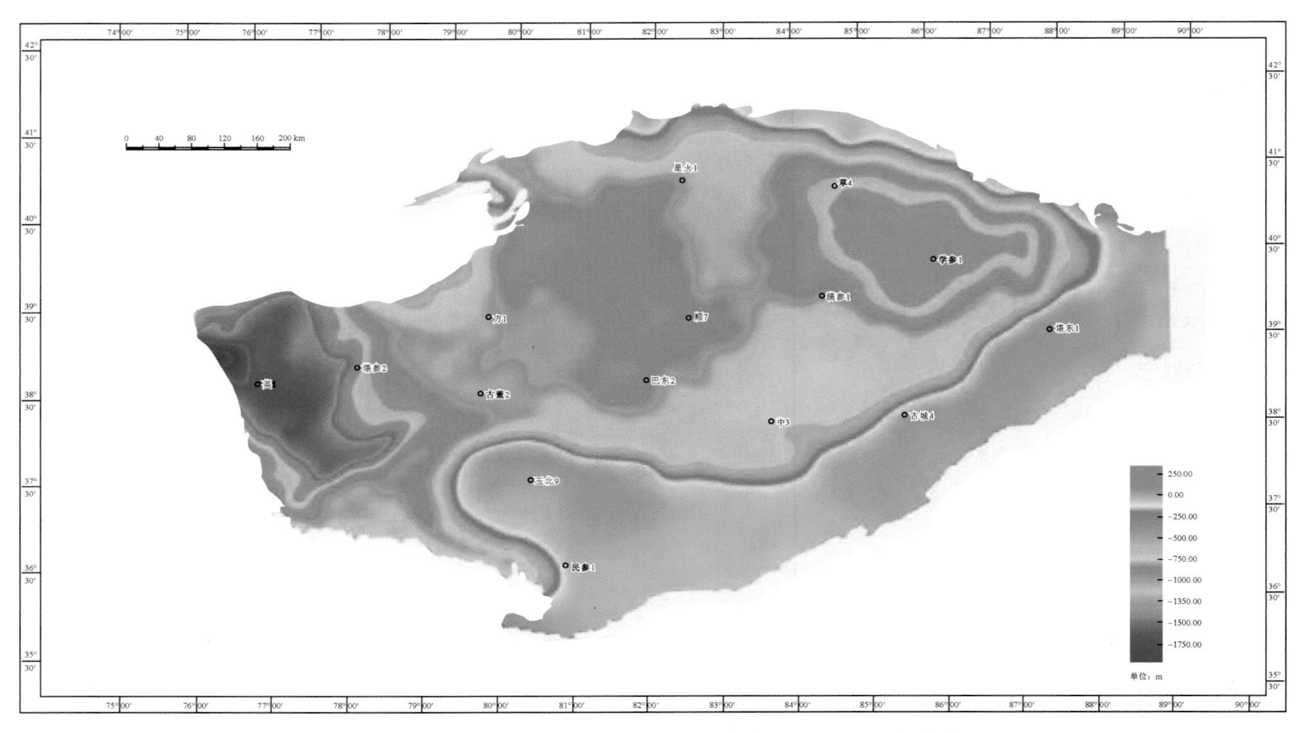

图 3-101　塔里木盆地下泥盆统克孜尔塔格组沉积时期古地貌图

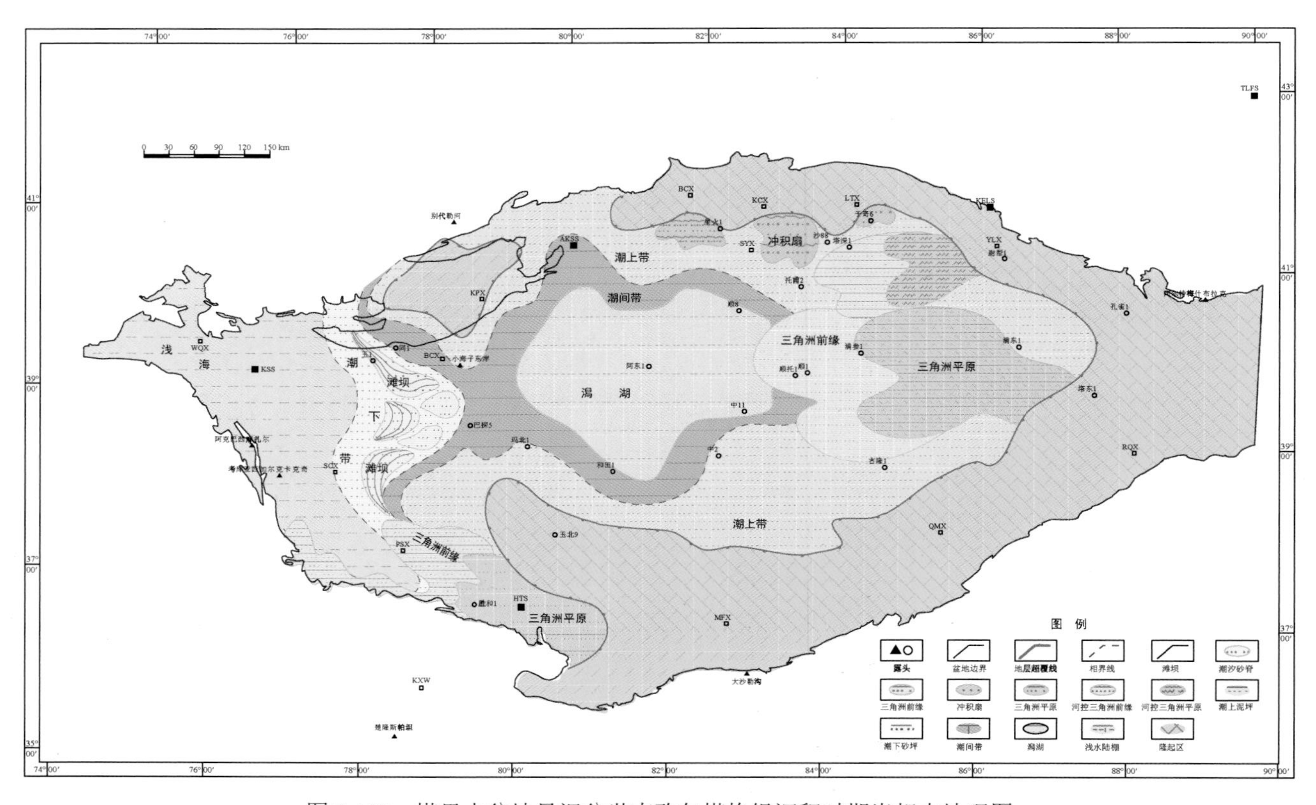

图 3-102　塔里木盆地早泥盆世克孜尔塔格组沉积时期岩相古地理图

第六节　晚泥盆世-早二叠世被动大陆边缘盆地古地理特征

与志留纪-中泥盆世塔里木板块南压北张的构造体制截然相反，晚泥盆世-二叠纪其构造格局发生了根本的变化，出现了北压南张的构造环境。塔里木板块北部，从中、晚泥盆世开始，南天山洋由扩张阶段转为收缩阶段，南天山洋向北俯冲，形成中天山岛弧。在塔里木盆地东部，晚石炭至早二叠世中天山古岛弧开始与塔里木大陆开始碰撞，二者间的碰撞先从东端（当时为最北端）开始，呈向西开口的剪刀状逐渐闭合，并伴随着左行走滑作用。在塔里木板块南缘在早二叠世时期开始向塔里木板块发生俯冲，形成了塔西南弧后盆地。早中二叠世开始，塔里木盆地海水就已可能开始退出，海相环境出现逐渐萎缩的趋势。整体而言，在晚泥盆-早二叠世时期，塔里木盆地内东部、北部和南部由于碰撞隆升过程整体连成一片，构成陆缘剥蚀区；塔里木盆地西部整体表现为被动大陆边缘的构造背景，是本阶段沉积物主要的沉积/汇聚区。

晚泥盆-早二叠时期，塔里木盆地主要经历了两期比较明显的海侵过程。第一期发生于泥盆纪与石炭纪之交，由于海侵作用，盆地内沉积环境由晚泥盆东河塘组时期；陆源碎屑主导的滨岸沉积为主的环境变为巴楚组沉积时期碳酸盐台地、混积坪为主的沉积环境；第二期海侵发生于晚石炭小海子组沉积时期的早期，此次海侵导致盆地内沉积环境由卡拉沙依组时期潮坪主导的沉积环境变为小海子组之后碳酸盐岩沉积为主的台地环境。

一、东河塘组沉积期岩相古地理特征

晚泥盆东河塘组时期整个塔里木构造环境与此前的构造古地理环境相比发生了比较明显的变化。该时期发生的早海西运动，导致了塔里木盆地东部整体隆升成陆，并遭受不同程度的剥蚀和夷平作用，形成了全盆性质的造山角度不整合。具体表现为：南部西昆仑洋板块向塔里木盆地俯冲，导致塔里木盆地由东向西逐渐开始隆升，现今塔里木盆地范围内整体表现出“东高西低””的特征。盆地南部沉积边界为近东西向，塘古巴斯凹陷南侧，东南断隆亦处于隆起区。盆地中部边界走向发生几乎近 90 度偏转，整体表现为近南北向，其中顺托果勒低隆东部，满加尔凹陷、孔雀河斜坡等区域均隆起遭受剥蚀。在盆地北部，库车凹陷整体位于水下接受沉积，而沙雅隆起中阿克库勒凸起中部发育一南北向凸起，向北深入库车凹陷，与东侧库尔勒鼻凸形成以草湖凹陷为中心的海湾。盆地北部在沙西凸起和柯坪断隆等区域发育走向近北东南西、相互孤立的隆起区。

由于受到后期盆地抬升剥蚀作用影响较大，东河塘组残余地层分布比较局限。整个盆地内，残余地层主要分布与两个区域，其一为盆地中部的巴楚隆起、卡塔克隆起，阿瓦提凹陷和顺托果勒隆起区；其二为麦盖提斜坡中西部以及塔西南拗陷中西部地区。盆地北部的库车凹陷，沙雅隆起大部，盆地东部的满加尔凹陷，古城墟隆起，盆地南部的塘古巴斯拗陷和东南断隆等广大区域的东河塘组地层，均在后期的盆地隆升过程中被剥蚀。从地层剥蚀厚度而言，盆地北部库车凹陷剥蚀厚度较大，其他地区相对较小。

东河塘组沉积时期的古地貌特征整体上呈现出东高西低，南高北低的特征（图 3-103，图 3-104）。从古地貌而言，盆地主要可以分为三个带。第一带为水深相对较大的区域，也是主要的沉积物汇聚区，主要分为两个区域：其一位于盆地西部的塔西南拗陷带及其以西水深相对较大的被动大陆边缘区域；其二为盆地北部库车凹陷大部和阿瓦提凹陷带等水深较大区域。第二带在平面上呈“L”型展布，南部呈东西向，主要位于巴楚隆起中部，至卡塔克隆起折向北，覆盖卡塔克隆起中部，顺托果勒低隆起中西部和沙雅隆起中部等区域，这些区域水深次之。第三带水深最小，主要位于塔西南凹陷东南部，塘古巴斯凹陷和顺东缓坡等广大盆地边缘地区。

东河塘组时期，塔里木盆地范围内整体水深相对较浅，主要发育滨岸沉积体系，局部发育浅水陆架和三角洲体系在塔里木盆地范围内，滨岸沉积体系主导了盆地内大部分区域沉积（图 3-103，3-104）。目前残余地层中发育的砂岩主要以临滨-前滨亚相的石英砂岩和长石砂岩为主。东河塘组可作为优质储层的大部分石英砂岩（如托甫 25，艾丁 15，巴探 4 井）均为临滨亚相砂岩，其单层厚度一般不超过 8m，自然伽马测井曲线上表现为齿化箱形的特征。相对而言，盆地内后滨砂岩发育范围较小。在盆地东侧塔中 85 等井钻遇的灰色含砾砂岩，自然伽马测井曲线上显示为齿化程度不高的箱形，可能为残余的后滨砂岩。盆地范围内沉积的大部分后滨亚相沉积均在盆地后期演化过程中遭受剥蚀，未能保存于残留地层中。这套滨岸砂体砂体主要分布于盆地中西部地区，并以东河 1 井地区和塔中 4 井区沉积厚度最大。塔中 4 井区东河砂岩厚达 120m 以上。东河 1 井区东河砂岩沉积最厚，厚达 200m 以上。方 1 井到满西 1 井区东河砂岩厚度较薄，厚度一般 20～60m。盆地东部的大部分地区为东河砂岩沉积尖灭区，而在草 1 井区有小范围的东河砂岩分布，其砂体厚度一般为 15～70m。从岩石物性上讲，东河砂岩岩性以细粒石英砂岩为主；储集岩孔隙类型以粒间孔为主；储集层以中孔、中高渗为主:孔隙度分布区间主要为 12.5%～20%，平均为 13.8%；渗透率分布区间为（50～1000）$\times10^{-3}\mu m^2$，平均为 $222\times10\mu m^2$。平面上，以滨岸海滩砂体物性最好。塔中、塔北—满西地区的东河砂岩物性相对较好，平均孔隙度为 11.4%～15.5%；巴楚地区的群苦恰克构造带东河砂岩物性相对较差，平均孔隙度为 3.6%～9.2%。

此外，在盆地南部塘古巴斯凹陷南侧，发育一个规模相对较大的由南至北的潮控三角洲。三角洲平原亚相的塘参 1 井取芯井段见砾岩，浅灰色为主，次为褐红色、灰色，成份以石英为主，少量泥砾岩，砾间为灰褐色粉-细砂质充填，泥质胶结，平行层理较发育，层面不清晰，与下伏地层呈突变接触。盆地西侧喀什凹陷一带主要发育浅海相沉积体系，而水深更大的外陆架、陆坡及深水盆地区应发育于现今塔里木盆地的更西侧。

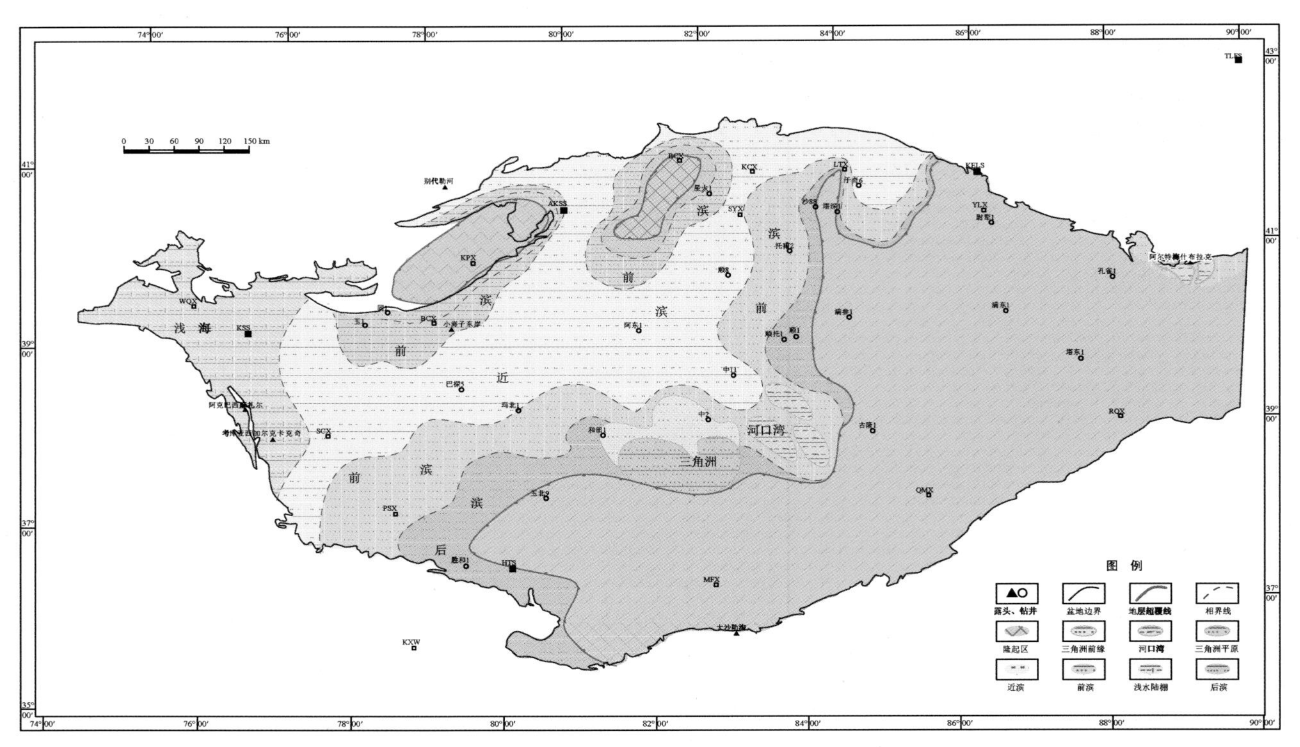

图 3-103　塔里木盆地下泥盆统东河塘组沉积时期岩相古地理图

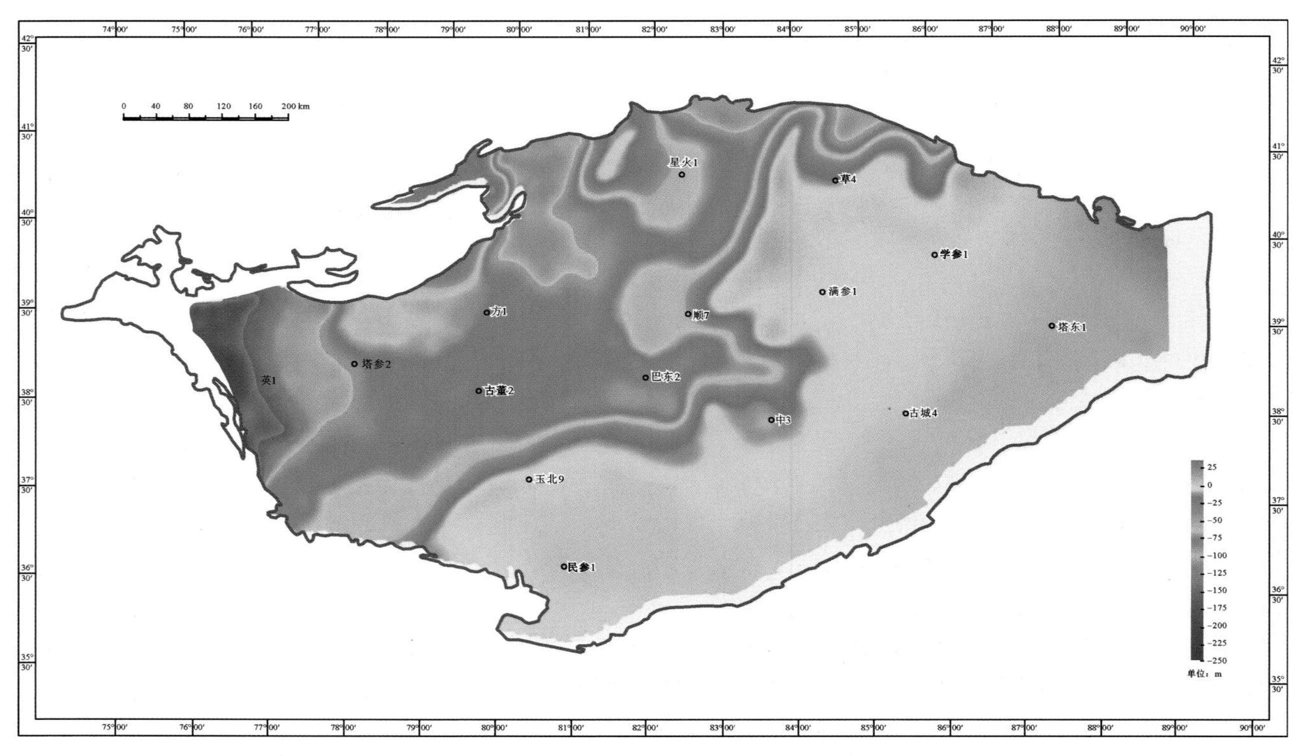

图 3-104　塔里木盆地下泥盆统东河塘组沉积时期古地貌图

二、巴楚组沉积期岩相古地理特征

泥盆纪晚期，受早海西运动的影响，塔里木板块南缘前陆盆地发生强烈的冲断褶皱作用，北缘的南天山洋向其北的中天山地块俯冲消减，形成南天山残余洋盆，从而结束了塔里木周缘前陆盆地演化阶段，其构造变形以盆地内大面积的差异隆升和地层剥蚀为特征。早石炭世巴楚组时期，盆地构造格局基本与晚泥盆世东河塘组时期一致，塔东以抬升隆起为主，塔西以拗陷沉降为主。盆地北部柯坪地区仍然发育一个范围相对较小的局限低隆起。在塔北地区，由于南天山洋的南向俯冲作用，隆起发育的范围相对于东河塘组时期有所扩大。具体表现为：库车凹陷东部和沙雅隆起中北部在此阶段已经隆起，与盆地东北部的隆起连为一体。此外，塔北西侧隆起可能与塔北隆起并未连接，而表现为孤立隆起。此阶段盆地沉积边界在塔里木内基本表现出向东突出的弧形特征，盆地东部沉积边界最远可能达到满加尔凹陷的东部。盆地南部，沉积范围相对于东河塘组时期有所扩大，沉积边界可能向南，向东推进（图 3-105）。

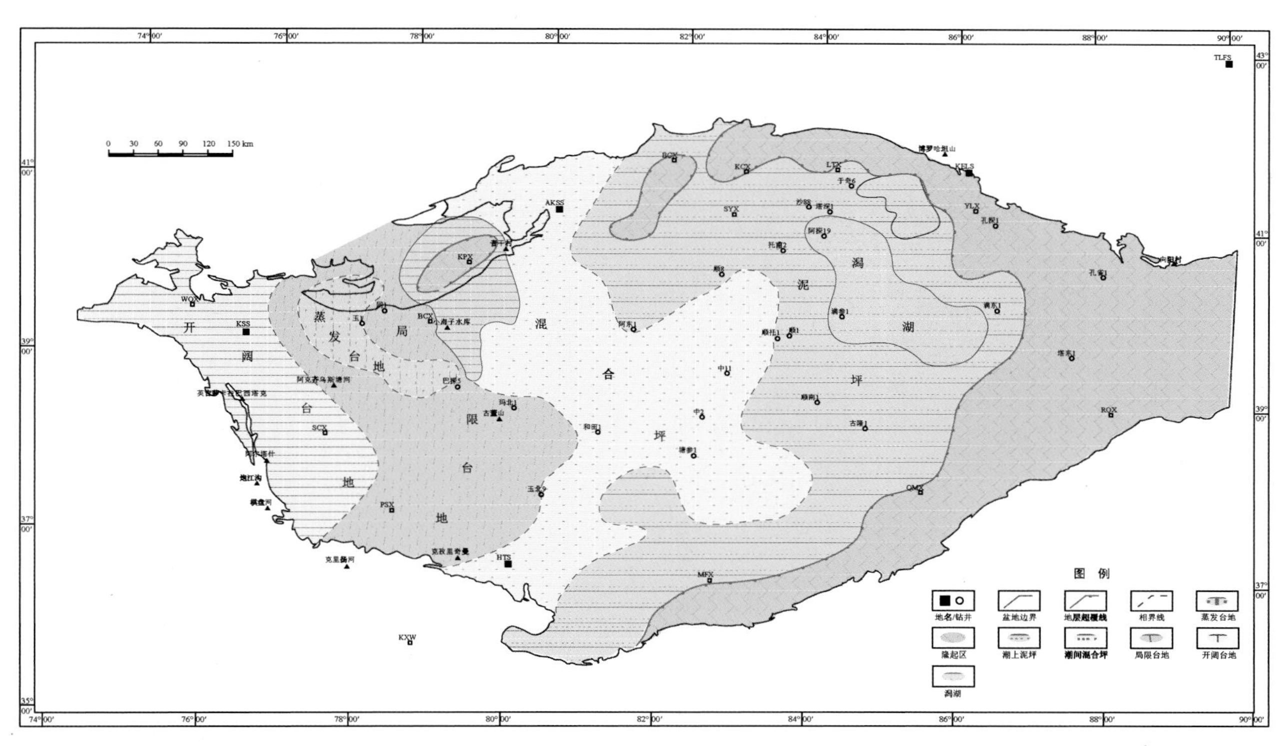

图 3-105　塔里木盆地下石炭统巴楚组沉积时期岩相古地理图

巴楚组受到后期盆地构造抬升剥蚀作用影响相对较小，残余地层分布相对较广。整个盆地内，剥蚀区主要发育于盆地西北部和东部。盆地西北部，与柯坪断隆紧密相连的巴楚隆起区由于后期构造抬升作用，剥蚀范围呈北西南东向的锥状，最远可深入至巴楚隆起的中段南部。盆地北部剥蚀区范围相对较大，剥蚀区范围相对较大，整个库车凹陷，阿瓦提凹陷东部，顺托果勒低隆起西北部，沙雅隆起西部的巴楚组地层大部分遭受剥蚀。相对于原始沉积范围而言，盆地东部和南部的剥蚀区范围相对较小。剥蚀区范围形态上表现为与原型盆地边界形态基本上一致的、东窄西宽条带状。从巴楚组地层剥蚀厚度而言，根据盆地剥蚀厚度恢复成果，整个塔里木盆地内，塔东满加尔凹陷东部和孔雀河斜坡南部以及古城墟隆起西南部等地区的剥蚀厚度相对较大，塔北沙雅隆起与库车凹陷交界处中段次之，柯坪隆起和库车凹陷西部，孔雀河斜坡北部及沙雅隆起东部的剥蚀厚度相对最小。

巴楚组沉积时期的古地貌特征整体上呈现东高西低的特征（图 3-106）。整体而言，此阶段巴楚组古地貌整体上由西至东可以分为三个带，西部塔西南凹陷中北部、麦盖提斜坡中北部等区域为第一带，水深相对最大。由西部巴楚隆起至，顺托果勒低隆起西侧等区域为第二带，地势整体相对较平缓。在第二带内部，巴楚隆起中部及阿瓦提凹陷水深相对较大，而塘古巴斯拗陷和卡塔克隆起水深相对较浅，特别是在塘古巴斯拗陷西部，可能发育有规模相对局限的水下隆起。顺托果勒隆起以东为地貌单元上的第三带，这部分水深相对最浅。第三带内部，西部顺托果勒隆起以及北部沙雅隆起西侧水深相对较浅，整体呈低幅度的水下隆起；中部沿满加尔凹陷西部，向南延伸至古城墟隆起西部水深相对较大；东部延伸至盆地边界，水深逐渐变大。因此，第三带地貌表现为东西部水深相对较小，中部水深相对较大的特征。

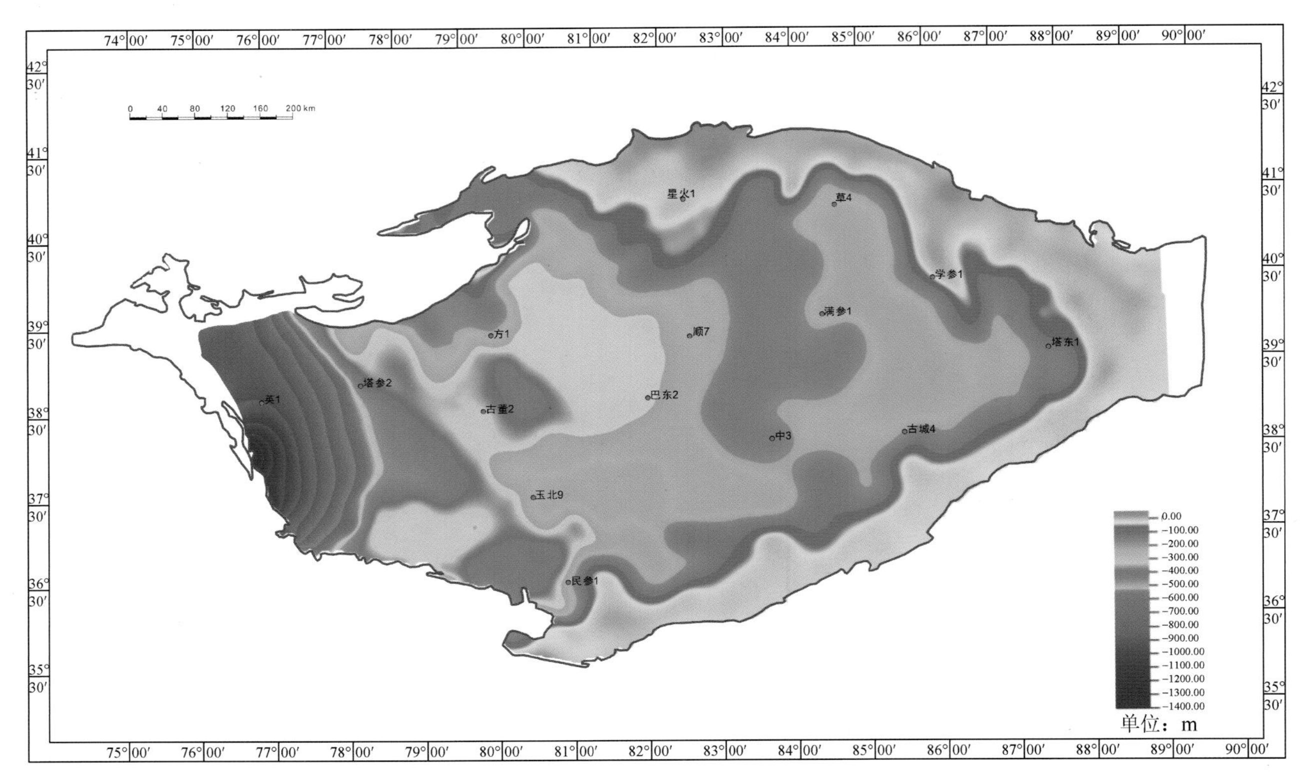

图 3-106　塔里木盆地下石炭统巴楚组沉积时期古地貌图

巴楚组沉积时期，盆地整体处于海侵背景下，盆地西部以自生碳酸盐岩沉积为主，中部以碳酸盐岩和陆源碎屑的混合沉积为主，东部以碎屑岩沉积为主。整体而言，巴楚组沉积时期陆源碎屑物源相对不发育，仅仅在盆地东北部的沙雅隆起东部和孔雀河斜坡北侧发育一规模相对比较大的物源，沉积一套以冲积扇为主的粗粒陆源碎屑沉积。除此冲积扇之外，盆地东部地区主要发育以泥岩为主的泥坪沉积，覆盖库车凹陷东部，沙雅隆起、顺托果勒低隆起东部，满加尔凹陷大部和古城墟隆起西南部。泥坪西侧边界整体走向与盆地边界一致，局部起伏。例如，在顺托果勒低隆起和古城墟隆起西南部地区，泥坪沉积边界往岸线收缩。在泥坪沉积中，主要以红色和灰色泥岩，粒度较细的砂岩为主，局部夹薄层灰岩。例如，塔中 33 井巴楚组整体厚度约 150m，底部发育一套厚超过 30m 的生屑灰岩，自然伽马曲线以低伽马箱形曲线为特征，之上沉积的红色泥岩和灰色粉砂岩厚度超过 100m。此外，在此区带内，沿满加尔凹陷西侧一带水深相对较大的区域发育一走向呈北西南东向，宽度 80km 左右，长度超过 200km 的潟湖沉积。盆地中部库车凹陷西部，阿瓦提凹陷，巴楚隆起，卡塔克隆起以及塘古巴斯拗陷大部主要发育混合坪沉积。混合坪沉积发育范围内，单井钻遇岩性以细粒陆源碎屑和碳酸盐交替沉积为特征。例如，顺 5 井巴楚组沉积即为生屑灰岩、泥质灰岩层和灰色、灰绿色泥岩或者灰色灰泥岩交替沉积为主。

盆地西部麦盖提斜坡以西主要以台地沉积为主，并进一步可分为局限台地，蒸发台地和开阔台地。蒸发台地主要发育于麦盖提斜坡北部，整体呈北西南东向的长条状，岩石类型有泥晶白云岩、粉晶白云岩、藻白云岩、膏岩、褐红色云灰质泥岩、膏质藻粘结云灰岩和云质膏灰岩，它们多以中-薄层状、透镜状产出，或单独组成灰云坪、云灰坪沉积。局限台地发育于麦盖提斜坡和塔西南拗陷东部，局限台地沉积界面处于平均海平面与平均低潮面之间。受地势和沉积物的局部阻隔，海水循环受到一定的限制，与外海交换不畅通，水体能量弱，盐度较高，生物种类及丰度较低，但藻类和蠕虫类生物相对发育。沉积物以中－厚层状褐灰色泥晶白云岩、灰质云岩、泥晶灰岩、生屑质泥晶灰岩和球粒泥晶灰岩为主，夹薄层状、透镜状的石膏、石膏团块粉砂质、泥质以及生屑砾屑灰岩。开阔台地主要发育于塔西南拗陷中西部，主要岩性以大套灰岩，生屑灰岩为主。

三、卡拉沙依组沉积期岩相古地理特征

石炭系下统卡拉沙依沉积时期，盆地基本继承了早起巴楚组的构造格局，但是局部也有差异。在塔北地区，由于塔北地区的持续隆升过程，导致塔北隆起联通。整个塔北地区隆起形成统一的盆地边缘隆起，遭受剥蚀，提供陆源碎屑物源。同时，柯坪隆起仍然表现为一孤立隆起，但是其隆起范围相对巴楚时期有所扩大。盆地东北部的盆地边界相对巴楚组时期进一步向东北方向后撤，此时沙雅隆起和孔雀河斜坡等地区仅有靠盆地边缘的区域仍为隆起区，其他大部分均已开始接受沉积。盆地东部边界出现一个明显的变化，即为满加尔拗陷的最东端开始沉入水底，成为盆地一部分而开始接受沉积。盆地南部，沉积范围相对巴楚组时期有所扩大，此时盆地边界可能位于东南断隆北部边界附近（图 3-107）。

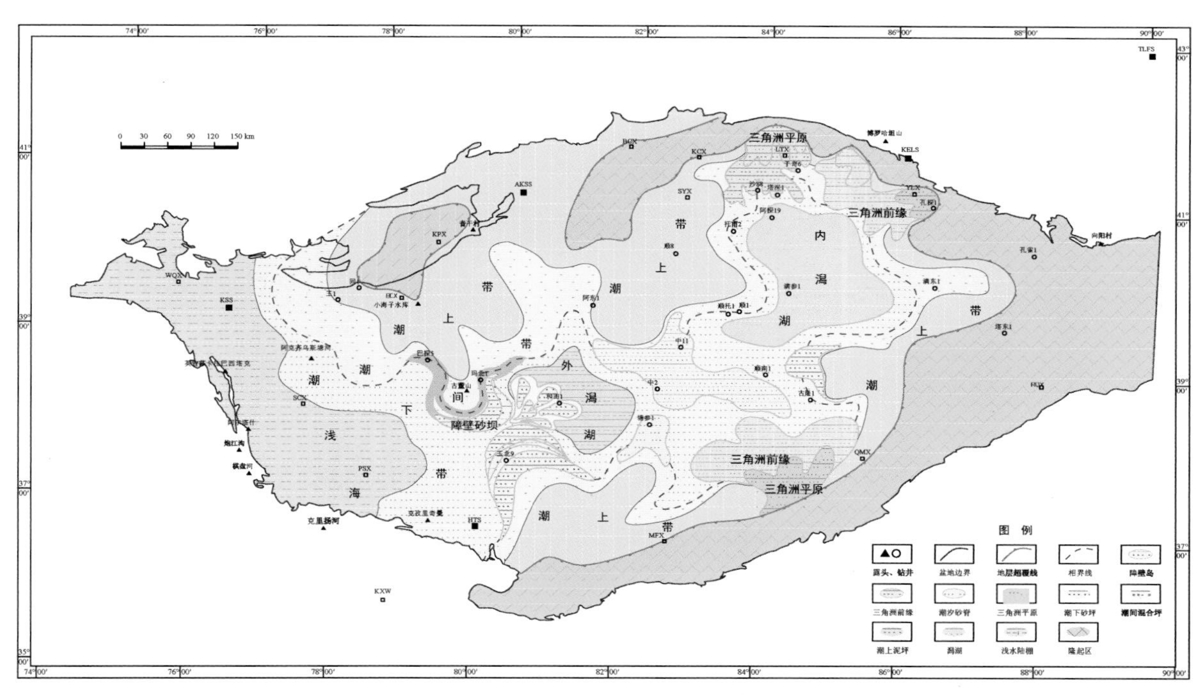

图 3-107　塔里木盆地下石炭统卡拉沙依组沉积时期岩相古地理图

整体而言，卡拉沙依组剥蚀区主要发育于盆地西北部柯坪断隆，塔北库车拗陷，沙雅隆起西南部，满加尔拗陷东侧和南部近东南断隆一带。卡拉沙依残余地层范围与巴楚组时期残余地层范围相差无几，整体受到后期抬升剥蚀作用影响较小。不同之处在于柯坪地区和盆地南部：①卡拉沙依组地层剥蚀区在柯坪隆起西南侧相对巴楚组而言向西南方扩大约 30km 左右；②卡拉沙依组在盆地南部东南断隆向北凸出与塘古巴斯拗陷相交一带，发育一个近似椭圆的走向近东西向，长 80km 左右，宽 10～20km 的剥蚀区。此外，从卡拉沙依组剥蚀厚度来看，整个塔里木盆地卡拉沙依组地层剥蚀厚度最大的应当在满加尔拗陷东段和孔雀河斜坡最东段。沙雅隆起中北部的地层剥蚀厚度次之，其他区域的地层剥蚀厚度均较小。

相对于巴楚组而言，卡拉沙依组沉积时期古地貌与前者有异有同（图 3-108）。相同之处在于，卡拉沙依沉积时期古地貌特征整体上仍然体现了东高西低的整体趋势，这与巴楚组沉积时期古地貌一致，亦与盆地被动大陆边缘的构造背景保持一致。不同之处在于，卡拉沙依在整体东高西低的背景下，还存在着中部水深相对较浅，而东部和西部水深相对较大的特点。盆地东部整体水深相对较大，且存在两个次一级汇水中心：其一位于盆地东部北侧，满加尔拗陷及其与沙雅隆起、孔雀河斜坡三者交汇区域；其二位于盆地东部南侧，塘古巴斯拗陷东部及其与卡塔克隆起、古城墟隆起交汇区域。在盆地中部，相对而言整体水深相对较浅，但是其内部还存在着东浅西深的特点。具体表现为：中部东侧从盆

地北部盆地边界向南沿顺托果勒低隆起和卡塔克隆起、塘古巴斯拗陷发育一近南北向，南段向西南偏转的水下低隆起；中部西侧在巴楚隆起东南部，塘古巴斯中段北部水深相对较大，而麦盖提斜坡及其相邻的巴楚隆起北段以及塘古巴斯西部及其与麦盖提斜坡交接区域水深相对较浅。在盆地西部，由东至西，水深逐渐变大。

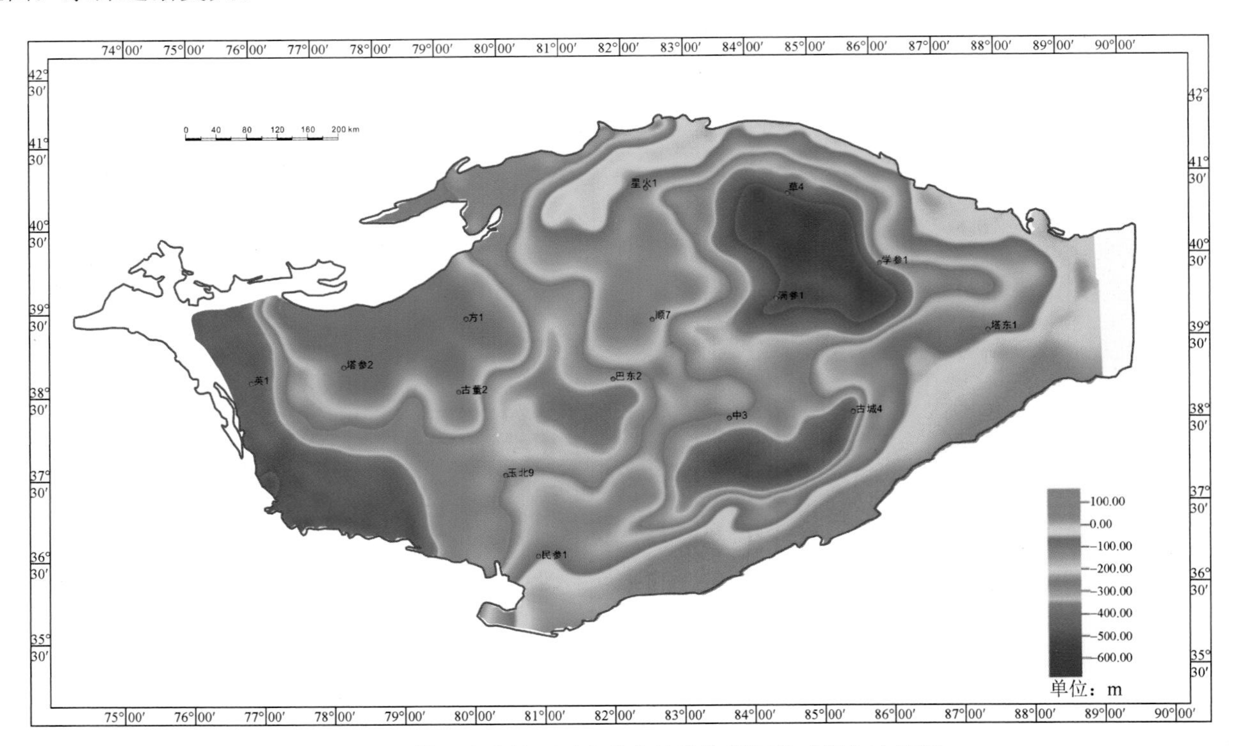

图 3-108　塔里木盆地下石炭统卡拉沙依组沉积时期古地貌图

卡拉沙依组沉积时期，主要发育以潮坪和三角洲为主的海陆交互相沉积。此阶段，陆源碎屑供给相对巴楚组有所增强，具体表现为潮控三角洲体系的发育。在盆地东部区域，主要存在两个大的沉积物汇聚区，盆地东部北侧和盆地东部南侧，这与卡拉沙依组沉积时期古地貌特征保持一致。盆地东部北侧的沉积物汇聚区，主要有盆地北部由东至西排列的三个南北走向的三角洲提供物源。这三个三角洲中，东部起源于孔雀河斜坡西侧和沙雅隆起东侧的两个相对较小，北部源自库车凹陷的三角洲规模相对较大。盆地东部南侧的沉积物汇聚区，主要由发育于塘古巴斯拗陷东南端的三角洲提供物源。对比而言，盆地东部南侧三角洲规模相对较大。盆地中钻遇卡拉沙依组三角洲相的典型钻井如塔中 28 井，钻遇的三角洲平原上的分流河道，其砂体厚度一般为 5～20m，每个旋回底部发育有冲刷面，剖面上岩性由含砾粗砂岩逐渐变化到中砂岩、细砂岩、粉砂岩，出现正韵律变化，砂体下部具槽状、楔状或板状交错层理。

此外，卡拉沙依组沉积时期还广泛发育砂坝，主要发育与两个区域：①卡塔克隆起中部，发育三个主要的滩坝砂体。规模较大的走向近北西南东，位于盆地东部南侧三角洲中间朵体前段；规模较小的两个此三角洲两侧朵体的前段，沿等深线发育。这个区域的砂坝从成因上来讲应为为三角洲前缘和侧方的滩坝砂体。②麦盖提斜坡东段的玉北地区，规模较大，沿着古地貌上的盆地中部西侧水深相对较浅的区域发育，从成因上讲应为障壁岛体系相关的障壁砂坝。盆地多口钻井钻遇这种类型的障壁砂坝，典型的如玉北 9 井，岩性上主要为成分成熟度很高的石英砂岩，测井曲线上表现为低伽马的宽幅指状，一般单层厚度 8m 左右，累计厚度超过 60m。另外，在盆地中部麦巴楚隆起东南部，玉北地区北侧靠近障壁岛砂坝的区域，还发育有规模相对较小的潮汐三角洲。在和 2 井中，潮汐三角洲的岩芯主要以细砂岩，粉砂岩和泥岩为主，其中局部夹炭质泥岩。

卡拉沙依组沉积时期潮坪发育的范围相对较大。潮上带主要沿着盆地边界和隆起发育，其中西北部柯坪隆起潮上带发育范围可向东南延伸至巴麦地区中部；盆地北侧潮上带发育可沿沙雅隆起西部，顺托果勒低隆起西侧一直延伸至卡塔克隆起西北部。潮间带分布趋势与潮上带基本一致，呈沿潮上带发育的窄条状。潮下带发育范围相对较广，从盆地东部满加尔拗陷向西一直延伸至盆地西部麦盖提斜坡西侧。在潮下带，还发育两个潟湖，分别于古地貌上东部北侧汇水中心和盆地中部水深相对较大区域一致。盆地西南侧塔西南拗陷主要发育浅海相沉积。

四、小海子组沉积期岩相古地理特征

石炭系上统小海子组沉积时期，盆地基本延续了石炭纪以来的构造格局。然而，小海子组沉积期以来的海平面快速上升，导致塔里木盆地在小海子组沉积时期的古地理格局发生了一定的变化，从而使盆地北部柯坪隆起与塔北隆起的西段均沉入水下，变为水下隆起，原型盆地范围也发生了明显的变化。在小海子组沉积时期，盆地北部孔雀河斜坡以西的广大区域均已没入水下，开始接受沉积。盆地东部的原型盆地盆地边界变为近南北向的平直边界，从孔雀河斜坡最西端开始，向南穿过满加尔拗陷，一直到古城墟隆起。大概在古城墟隆起南侧与东南断隆交界区域，边界转向西南，基本与东南断隆走向平行的方向延伸至塔里木盆地南部（图 3-109）。

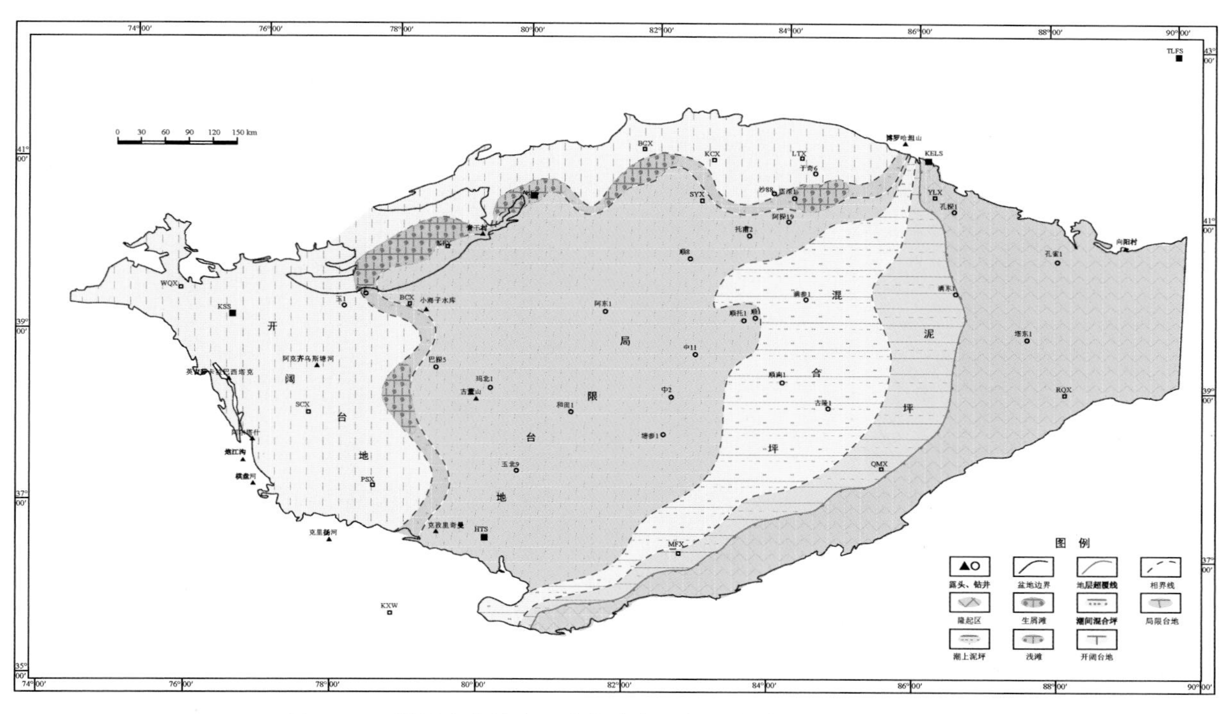

图 3-109　塔里木盆地上石炭统小海子组沉积时期岩相古地理图

小海子组沉积地层受到盆地后期抬升剥蚀作用影响比较大，剥蚀区分布范围相对石炭系早期沉积地层而言较广。整体而言，盆地西北部剥蚀范围基本与早起卡拉沙依组和巴楚组相差无几，但是塔里木盆地北部的剥蚀范围要向南扩大至阿瓦提凹陷中部，顺托果勒低隆起西北部和沙雅隆起、库车拗陷。盆地东部满加尔拗陷东部大部分沉积地层均已被剥蚀，南部剥蚀边界区呈与盆地走向基本一致的窄条状。另外，从恢复的剥蚀厚度而言，小海子组沉积地层剥蚀厚度最大的区域位于塔里木盆地北部的库车凹陷和柯坪隆起附近，这与之前剥蚀区主要位于塔里木盆地东部相异。

小海子组早期的构造活动和海侵过程，对于小海子组沉积时期原型盆地内局部的古地貌也造成了比较大的影响。整体而言，小海子组沉积时期，整个塔里木盆地仍然保持东高西低的整体地貌。在原型盆地内部，塔里木盆地北部库车凹陷和沙雅隆起、柯坪隆起均沉入水下，相对水深较大的区域位于库车拗陷西侧。往南沙雅隆起水深相对较浅，表现为一北东走向的水下隆起。同时，塔里木盆地中部的顺托果勒低隆起西侧，卡塔克隆起和巴楚隆起东段共同组成的水下低隆起将塔里木盆地中部分为东西分割，东部满加尔拗陷及古城墟隆起西侧发育一个走向近南北的长条状水深较大区域，往东至盆地边界水深逐渐变浅；南部塘古巴斯拗陷西段、西部麦盖提斜坡和塔西南拗陷带等水深由东至西逐渐增大（图 3-110）。

石炭系上统小海子组沉积主要以自生碳酸盐岩沉积为主，陆源碎屑岩沉积分布范围不大，且其沉积主要受到潮汐作用影响。在盆地东部，根据残余地层沉积体系分析，推测在剥蚀线与原型盆地边界之间沿原型盆地边界发育一走向基本与之平行的窄条状泥坪沉积，且泥坪宽度在盆地东部相对较宽，在盆地南部相对较窄。混合坪沉积发育于泥坪沉积的西侧，呈北东南西走向的条带状，其宽度在古城墟隆起和满加尔拗陷内较大，向西局部可延伸至顺托果勒低隆起。小海子组沉积时期混合坪主要发育泥岩和灰岩。例如塔中33井，小海子组钻遇岩性以红色泥岩和灰色灰岩为主，二者呈互层状发育。灰岩单层厚度相对较大，单层最厚可超过5m，而泥岩层厚相对较薄。

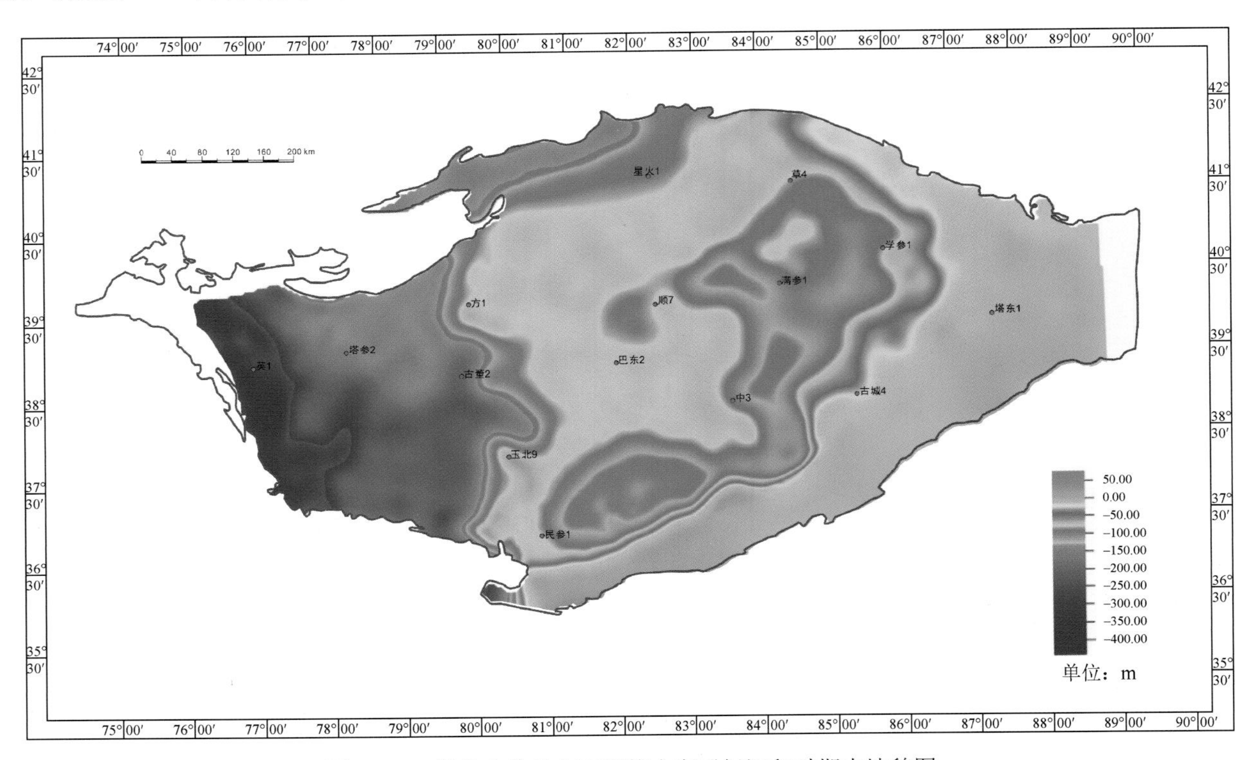

图3-110　塔里木盆地上石炭统小海子组沉积时期古地貌图

在小海子组沉积时期，分布范围最大的为局限台地相，其占据了顺托果勒低隆起，沙雅隆起南侧，阿瓦提拗陷，巴楚隆起，麦盖提斜坡东段塘古巴斯拗陷西段等塔里木盆地中部大部分区域。局限台地相岩性主要以灰色薄层泥岩和中厚层状灰岩为主，局部发育泥质灰岩。局限台地外侧，与开阔台地之间为一宽度不稳定的带状台内高能带，其走向从盆地西南部东南段阶与塔西南拗陷交界处开始，沿麦盖提斜坡与巴楚隆起交界处，往西北延伸至柯坪断隆，然后走向转为北东东向，沿阿瓦提拗陷北侧，经沙雅隆起起伏延伸至塔里木盆地东北缘。在高能带内主要发育台内滩，其岩性主要以生屑灰岩灰岩的发育为特征。台内高能带外侧，发育开阔台地相，其沉积主要以连续沉积的厚层灰（白云）岩为主，一般泥岩层不发育。例如在麦盖提斜坡西段，小海子组主要发育结晶白云岩与残余颗粒白云岩。结晶白云岩中，以微晶-细晶白云岩常见。岩心显示结晶白云岩的不多，且难以细分。巴探4井小海子组4301.87～4302.08m，为灰黑色微晶白云岩，岩石组分中，除白云石以外几乎没有别的矿物，为泥晶结构。此外，此区域小海子组亮晶生屑灰岩较发育，纵向上主要发育在小海子组下亚段，平面上受沉积相带控制，主要发育在台内（生屑）浅滩。BT6井小海子组4439.88～4443.1m，灰色生屑灰岩，蜓为主，少量棘屑、腕足、有孔虫类。

五、南闸组沉积期岩相古地理特征

早二叠世，塔里木盆地发生大规模海退，盆地东部主体成为隆起剥蚀区。在这种背景下，二叠系下统南闸组沉积时期，原型盆地范围发生了较大的变化。盆地北部包括库车拗陷东部，沙雅隆起大部分，满加尔拗陷，孔雀河斜坡以及南部古城墟隆起和塘古巴斯拗陷东南部均已由于海退作用，开始暴露遭受剥蚀。原型盆地边界形态表现为向东凸出的弧形，盆地沉积范围向东最远可达满加尔凹陷西缘。盆地边界北部到达沙雅隆起西部之后再往东折返至库车拗陷中东部，南部基本以南西向，沿且末凸起和民丰凹陷交界线延伸至现今塔里木盆地边缘，（图3-111）。

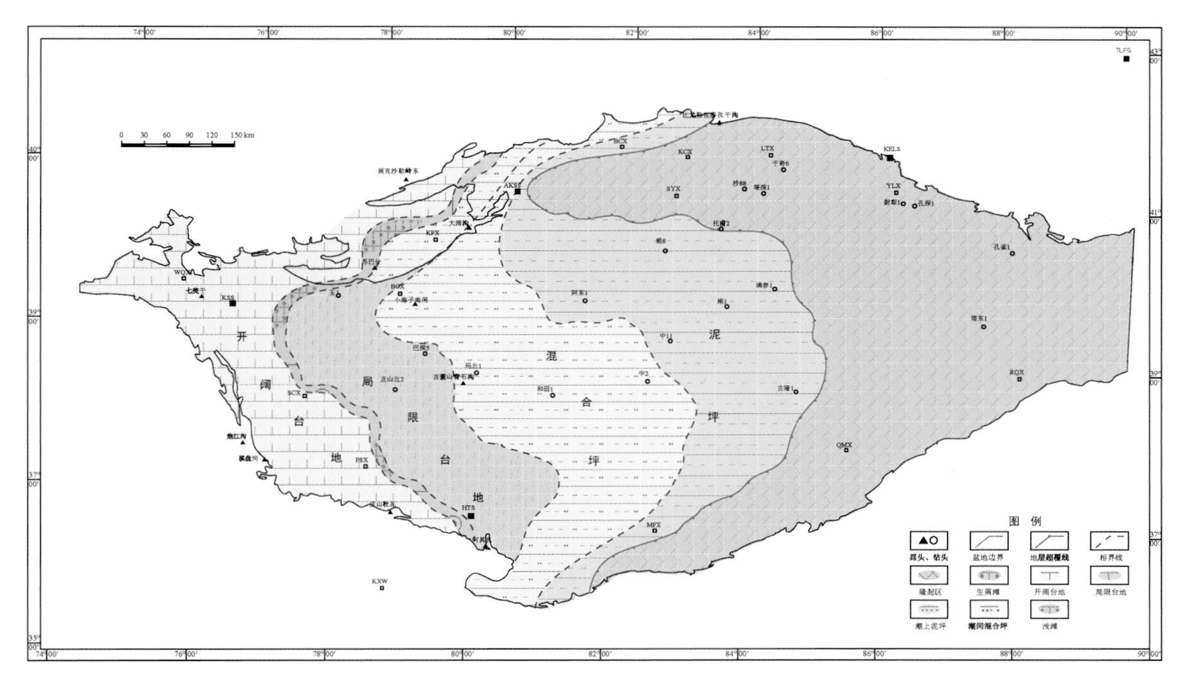

图 3-111　塔里木盆地下二叠统南闸组沉积时期岩相古地理图

南闸组沉积地层后期受到盆地抬升剥蚀作用的影响，盆地东部和北部的大部分沉积地层均已被剥蚀。具体表现为，在西北部柯坪断隆处，整个剥蚀区呈锥状由柯坪隆起深入至巴楚隆起中部。北部剥蚀区范围可向南扩大至阿瓦提凹陷拗陷大部，顺托果勒低隆起大部。东部顺托低凸以东沉积地层均被剥蚀，南部北明丰断凸东段和明丰凹陷以东的大部分均在后期抬升剥蚀。从剥蚀厚度而言，南闸组剥蚀厚度最大的位于柯坪断隆以南的锥状剥蚀区，其他相对较小。

南闸组沉积时期，古地貌由于海退作用，整个地貌特征变得相对简单：整体东高西低。整体水深等深线可能与原型盆地边界线保持一致，基本在柯坪断隆、塔北隆起、塔东隆起和东南断隆所围的盆地范围内呈向东凸出的圆弧形。在整体平缓的背景下，玛东冲断带以近东西走向的形态由盆地东部较浅部向西部较深处伸出，成为水下低隆起。此外，麦盖提斜坡西段在南闸组沉积时期也为水下低隆起（图 3-112）。

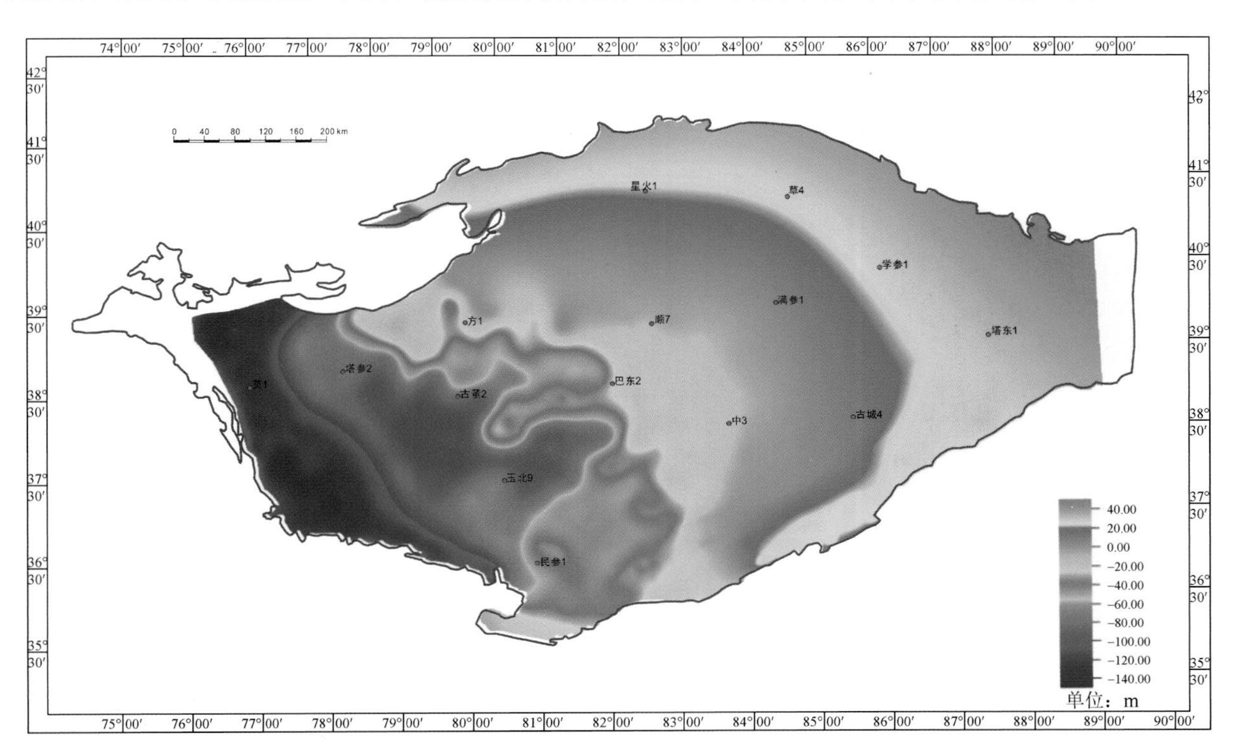

图 3-112　塔里木盆地下二叠统南闸组沉积时期古地貌图

南闸组时期沉积环境与小海子组沉积环境基本类似：陆源碎屑物源相对不充分，主要以自生碳酸盐岩和陆源碎屑混积为特征。盆地东部，主要发育受潮汐作用影响的泥坪沉积，其沉积范围呈北宽南窄的条带状，走向基本与盆地边界一致。泥坪沉积主要以细粒的陆源碎屑沉积为主，例如塔中 19 钻遇的南闸组泥坪沉积，主要以灰色的粉砂岩和红色\紫色的粉砂质泥岩、泥岩互层为主，累计厚度超过 150m。在塔里木盆地中部，主要发育混合坪沉积。混合坪沉积发育范围呈南宽北窄的带状，包括塔西南拗陷东部和麦盖提斜坡东段、巴楚凹陷中部以东的广大区域，南部向东可延伸至塘古凹陷东部。混合坪沉积以灰岩和泥岩互层为主，例如，玉北 1 井南闸组沉积时期主要以中薄层状泥灰岩、灰岩和薄层泥岩，灰泥岩互层为主，互层灰岩和泥岩累计厚度超过 100m。紧邻混合坪西侧，主要发育呈南宽北窄的带状局限台地相。局限台地南部包括叶城凹陷中西部，莎车凸起，麦盖提斜坡大部分以及巴楚隆起中西部区域。局限台地主要为泥晶灰岩夹泥岩、石英砂岩等。有腕足、有孔虫、蜓、介形虫等生物屑。与小海子组类似，南闸组局限台地外侧发育开阔台地，二者之间为一窄条状的台内高能带，发育台内滩沉积。开阔台地相主要为泥晶生屑灰岩沉积，部分地区及层段夹鲕粒灰岩、白云岩、砂泥岩。海相台地生物极为丰富。有蜓、有孔虫、珊瑚、腕足类、头足类、介形虫等。

第七节　中晚二叠世活动大陆边缘-残留海盆地古地理特征

随着南、北天山等一系列洋盆的关闭，到早二叠世末期，塔里木和其北侧的哈萨克斯坦－准噶尔，华北－柴达木以及西伯利亚等板块已拼合成一个完整的古欧亚大陆。中晚二叠世盆地内最重要的现象是：海水退出与陆相盆地开始发育；北山裂陷达到最高潮，其东侧可能有初始洋壳生成；盆地内部大规模基性火山岩喷发；古特提斯洋向北侧的西昆仑岛弧下俯冲；南天山前陆冲断带开始活动。这些现象发生于共同的地球动力学环境，其成因也是相互联系的。整体而言，中晚二叠世的塔里木盆地是一个向西倾斜的盆地，东部主要为隆起剥蚀区。康西瓦断裂以南的古特提斯洋板块向塔里木板块开始俯冲，西南缘形成了塔西南弧后盆地。塔北地区，晚二叠世南天山山前可能发育范围较小的前陆盆地。

从沉积环境上来讲，盆地在中晚二叠世发生了很大的变化。中二叠世时期，由于盆地北部的持续碰撞与隆升，塔北库车凹陷和沙雅隆起等区域均已有早二叠时期的碳酸盐台地隆升成陆，开始遭受剥蚀，成为陆源碎屑物源区，在盆地东南部，主要发育残留海沉积；另外由于北天山洋盆的持续俯冲，导致在盆地内发育了大规模的中基性火山岩活动，覆盖了盆地北部和塔西南东南部的大部分区域。晚二叠世时期，塔西南由于南部昆仑山的持续隆升，沉积范围也在逐渐缩小，导致盆内海水退出，并在塔里木盆地形成二叠纪甚至是显生宙以来最大的、以滨浅湖为主的沉积环境，在盆地北侧形成一系列的湖相三角洲沉积。此外，晚二叠世，由于天山的碰撞隆升过程，在库车凹陷西部南天山山前发育一套范围局限、以洪－冲积扇磨拉石为主的沉积。

一、库普库兹满组-开派兹雷克组沉积期岩相古地理特征

中二叠世开始盆地西南侧康西瓦断裂以南的古特提斯洋板块向塔里木板块开始俯冲，西南缘形成了塔西南弧后盆地，而盆地内部主体表现为克拉通盆地内拗陷。盆地北部由于北侧北天山洋盆俯冲作用的影响，东部和北部开始隆升，并出现大规模的中酸性火山岩浆活动。在这种构造背景下，库普库兹满-开派兹雷克组时期原型盆地发生较大变化。盆地西北部柯坪断隆北侧，往东至塔北库车拗陷大部，沙雅隆起东段等区域均隆升暴露地表，遭受剥蚀塔东满加尔凹陷中部以东，古城墟隆起中部和东南断隆以东大部均隆起，遭受剥蚀。整体而言，整个塔西北，塔北和塔东，塔东南隆起区组成一个半封闭的隆起区，结合塔里木盆地西南侧发育的弧后岛弧带将塔里木盆地围绕成一个可能在西南部存在开口的残留陆表海。

受到盆地后期抬升剥蚀作用的影响，库普库兹满组-开派兹雷克组时期地层亦遭受了较大范围的剥蚀。盆地西北部，剥蚀范围与南闸组类似，整个剥蚀区范围以柯坪断隆为界呈锥状深入至巴楚隆起南部与麦盖提斜坡交界区域。塔里木盆地北部剥蚀边界走向基本与沙雅隆起南部边界相一致，往东延伸至满加尔拗陷中部地区（图 3-113，图 3-114）。盆地南部剥蚀区呈条带状，走向基本与原型盆地一致。从根据地震资料

外推的剥蚀量而言，库普库兹满组-开派兹雷克组沉积时期剥蚀量最大主要位于柯坪断隆，塔北的库车凹陷一带，其他地区剥蚀厚度相对较小。

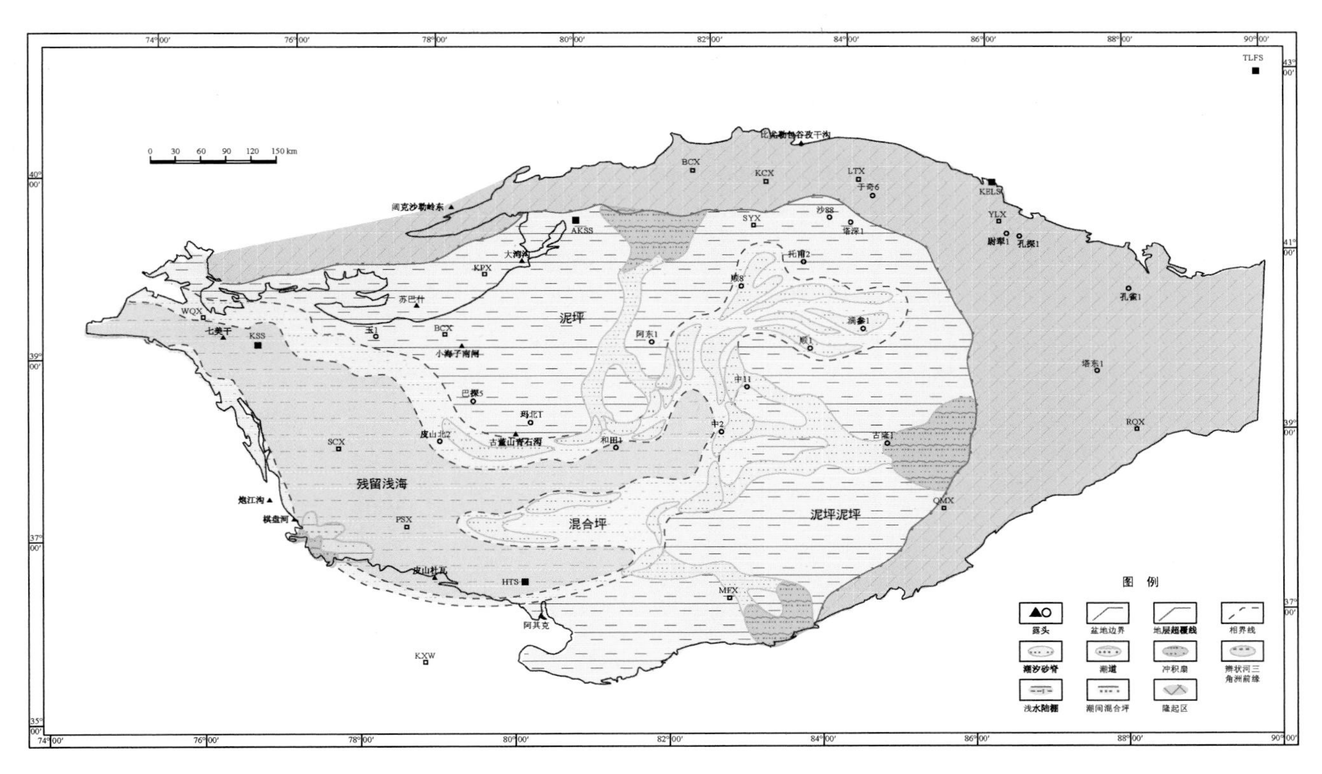

图 3-113　塔里木盆地中二叠统库普库兹满组沉积时期岩相古地理图

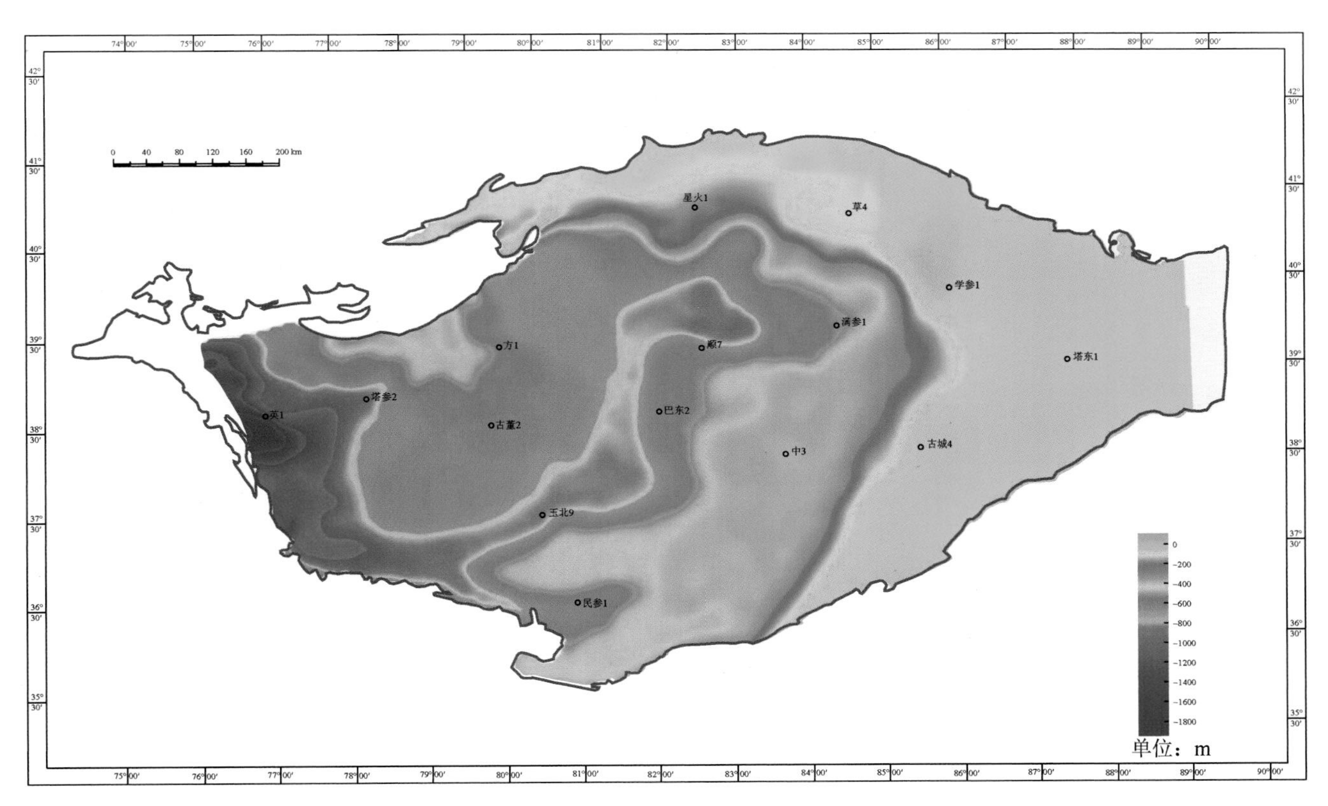

图 3-114　塔里木盆地中二叠统库普库兹满组沉积时期古地貌图

库普库兹满组-开派兹雷克组沉积时期古地貌特征整体表现出东南浅，西北深的特征，水深较大区域走向表现为北东东向，与二叠纪此前沉积时期存在较大区别。具体表现为，以塔西南拗陷东南部为起始位置，存在近北东向一致延伸至满加尔拗陷南部的水下低隆区，此区域水深相对较浅，局部如明丰凹陷中部往北至北明丰断凸西部水深相对较大。以塔西南喀什凹陷和莎车凸起区域为起点，发育近北东东向，经过麦盖提斜坡，巴楚隆起中南部，一直延伸至满加尔拗陷西北部区域的带状区域，水深相对较大；同时在此区带内，以柯坪断隆西侧为起点，在巴楚隆起内部发育一走向近南东东的水下低隆起。

由于塔里木盆地在中二叠世时期受到北侧北天山洋和塔西南西昆仑洋双向俯冲作用的影响，库普库兹满组-开派兹雷克组整体发育一套残留浅海和潮坪沉积。在盆地外围，主要发育近岸泥坪沉积。盆地北部的泥坪沉积相边界主要以麦盖提斜坡北部和巴楚隆起交界，向南凸出延伸至巴楚隆起南部，而后向北穿过卡塔克隆起北端沿顺北缓坡南部边界一直延伸至哈拉哈塘凹陷南部；北部边界主要沿哈拉哈塘凹陷往东，穿过顺东缓坡北部至满加尔拗陷西缘；东部泥坪沉积范围较广，其边界从满加尔拗陷北部向西穿过顺东缓坡南部，然后转向南，起伏穿过顺托低凸中南部，卡塔克隆起中部，随后转向西南，穿过塘古巴斯拗陷，于塔西南拗陷和东南断隆交界区域延伸至盆地范围以外。此外，在泥坪沉积范围内，还发育 5 个规模不一的冲积扇，其中东部 2 个，塔北地区西部 2 个，塔西南拗陷中部发育 1 个。其中东部和北部冲积扇前端均发育辫状河，将冲积扇和残留海及混合坪沉积相连，而塔西南发育的冲积扇在盆内规模较小，其前端以砂坝为主。混合泥坪沉积中典型钻井如顺南 5 井，其岩性主要以夹灰色和红褐色泥岩和粉砂质泥岩为主，夹中薄层棕色或灰色细砂岩和含砾细砂岩，自然伽马曲线一高幅指状为特征。

残留浅海主要发育于盆地西南部，包括塔西南拗陷、麦盖提斜坡大部，向东延伸分为两支，北侧一支向东北延伸至玛东冲断带东部，南侧一支向东延伸至东南断隆西部。通过典型钻井巴探 4 井可至，残留浅海相沉积主要以灰色、灰绿色泥岩和粉砂质泥岩为主，偶夹薄层状泥质粉砂岩，测井曲线以波动幅度不大的锯齿形为特征。残留浅海和泥坪之间发育带状的混合坪沉积，岩性以灰岩和泥岩，粉砂岩互层为主。同时，在混合坪中，特别是在辫状河前端区域，滩坝砂比较发育。典型如玉北 1 井，整体岩性以灰色，灰棕色泥岩和灰质泥岩为主，偶夹中薄层状灰质粉砂岩层，其单层厚度最大可超过 5m，测井曲线以高幅指状形态为特征。

除了沉积岩之外，库普库兹满组-开派兹雷克组在塔北隆起西部、巴楚隆起、塔中隆起、塔西南拗陷、阿瓦提拗陷和满加尔拗陷西部等地都发育大量的中二叠世的岩浆岩，岩石类型主要有基性的玄武岩、辉绿岩、辉长岩和碱性正长岩类。在这些岩浆岩中，玄武岩在盆地内分布最广，在野外露头（塔西南和柯坪地区及其巴楚地区）、地震剖面和钻井中广为揭示，其中以柯坪地区的库普库兹满组和开派兹雷克组玄武岩最为典型。柯坪东南部早二叠世的库普库兹满组和开派兹雷克组中发育有五层玄武岩，玄武岩都顺层产出。玄武岩为黑色、暗绿色，具杏仁、气孔构造。玄武岩的 K-Ar 同位素年代为 278.0Ma，39Ar-40Ar 年代的主坪年龄为 278.5±1.4Ma，均属于早二叠世。同时，在巴楚地区可以看到，近水平产出的石炭-二叠系被大量黑色基性岩墙所切割，岩墙主要是辉长岩，宽 5～100m 不等，密集分布，岩墙年龄值 275.6±0.89Ma(单颗粒云母，Ad-Ad 法)和 259Ma（Sm-Nd，全岩)。有学者根据玄武岩的化学成分及稀土元素和痕迹元素的分配模式提出，这些玄武岩的演化反映了地壳扩张状态下的上地幔局部熔融，玄武岩浆来源于上地幔浅部。

二、沙井子组沉积期岩相古地理特征

随着南、北天山等一系列洋盆的关闭，到早二叠世末期，塔里木和其北侧的哈萨克斯坦－准噶尔，华北－柴达木以及西伯利亚等板块已拼合成一个完整的古欧亚大陆。在这种构造背景下，二叠系上统沙井子组原型盆地范围相对库普库兹满组-开派兹雷克组而言，存在西南部沉积范围缩小，西北部沉积范围扩大的特征。具体表现为：盆地塔北西部地区，盆地隆起区向东后撤至乌什凹陷和温宿鼻凸东部，库车凹陷北部天山山前也开始接受沉积，另外塔北地区中部隆起区稍微往南推进至沙西凸起和哈拉哈塘凹陷中部一带；在盆地南部，原型盆地范围缩小，盆地边缘隆起范围向西推进，延伸至民丰凹陷一带。盆地东部原型盆地边界基本与库普库兹满组-开派兹雷克组保持一致，盆地边界主要呈南北向，位于满加尔凹陷中部地区（图 3-115，图 3-116）。

沙井子组沉积地层受到后期盆地抬升剥蚀作用影响范围相对扩大不少。整个残余地层主要呈向西南方向开口的半圆形分布与盆地中部和西南部。西部叶城凹陷、麦盖提斜坡中部和巴楚隆起中部以西的大部分沙井子组地层均被剥蚀；北部剥蚀区可向南推进至沙雅隆起南侧；东部剥蚀边界呈南北向，主要位于顺东缓坡、顺南缓坡和古城低凸中部区域；南部剥蚀边界走向基本与原型盆地边界走向一致，位于北民丰断凸和塔西南凹陷东南部一带。从剥蚀厚度而言，整个塔里木盆地沙井子组地层上部均遭受了不同程度的剥蚀，剥蚀厚度最大的区域主要位于沙雅隆起、顺托果勒低隆起和古城低凸起一带。西部喀什凹陷剥蚀厚度相对次之，其他地区剥蚀厚度相对较小。

由于塔里木盆地东南部昆仑洋的持续北向俯冲，致使中昆仑岛弧的持续隆起。这个过程导致二叠系上统沙井子组沉积时期，盆地相对此前晚古生代的隆坳格局发生了很大的变化。具体表现为：沙井子组沉积时期古地貌已经有此前的东高西低的海相、残留海相变为封闭的湖相。地貌特征也表现出盆地边缘高，中间低的典型湖盆地貌。整体而言，沙井子组沉积时期水深最大的区域呈北西南东向展布，主要位于阿瓦提凹陷和卡塔克隆起一带。顺托果勒低隆起与沙雅隆起交界区域，水深相对也比较大。在靠近柯坪断隆地区的麦盖提斜坡西部和巴楚隆起北缘，可能发育局部的水下低隆起。

沙井子组沉积时期主要发育湖相-湖泊三角洲-滨岸平原沉积，如图 3-115 所示。滨岸平原主要围绕盆地边缘呈向西北开口的半圆状条带分布。整个盆地内主要发育南部、东部和北部三个物源体系，以北部为主。在盆地北部，发育了一系列以北部盆地边缘隆起区似线状物源供给的湖泊三角洲沉积。不同三角洲朵体相互叠置，合成一个北部的大型三角洲体系，其三角洲前缘可向南推进至阿瓦提凹陷和南部和顺托果勒低隆起中部地区。另外，在盆地北部库车凹陷北端，发育有一套冲积扇沉积。在盆地东部，发育一个源自满加尔凹陷南部、点状物源供给的近东西向三角洲体系，三角洲前缘可向西推进至卡塔克隆起中部区域。典型钻遇此套三角洲沉积的如顺南 1 井和顺南 4 井，其岩性主要以灰棕色、灰绿色泥岩和灰色、灰棕色长石砂岩，细砂岩为主，长石砂岩和细砂岩单层厚度可超过 10m，特别是长石砂岩在自然电位测井曲线上表现出典型的箱状特征，显示其应为三角洲前缘发育的水下分流河道亚相。此外，在三角洲前缘外侧的滨浅湖中，塘古巴斯凹陷中部地区还发育有一规模相对较大的三角洲前缘滩坝砂体。在盆地南部，主要发育 4 个点状物源供给的扇三角洲沉积，其规模相对较小。

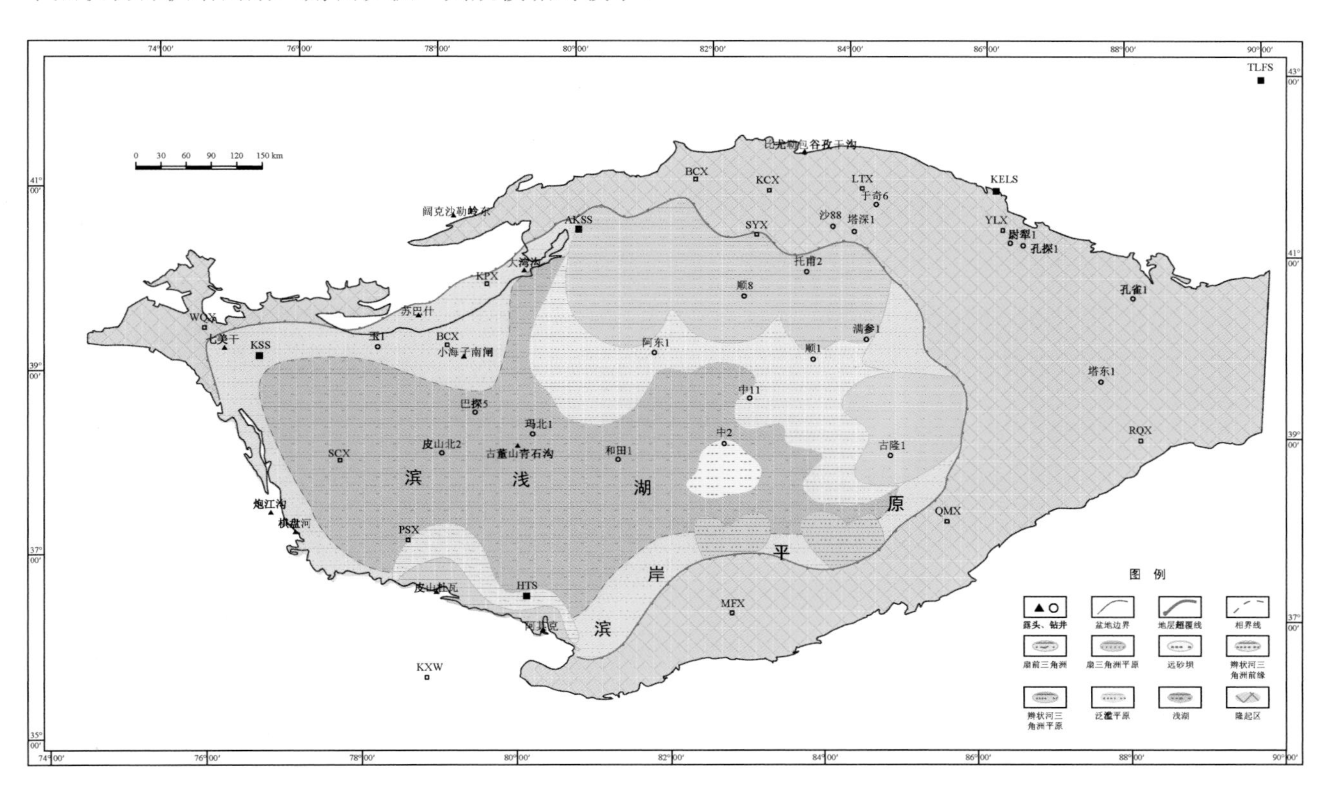

图 3-115　塔里木盆地上二叠统沙井子组沉积时期岩相古地理图

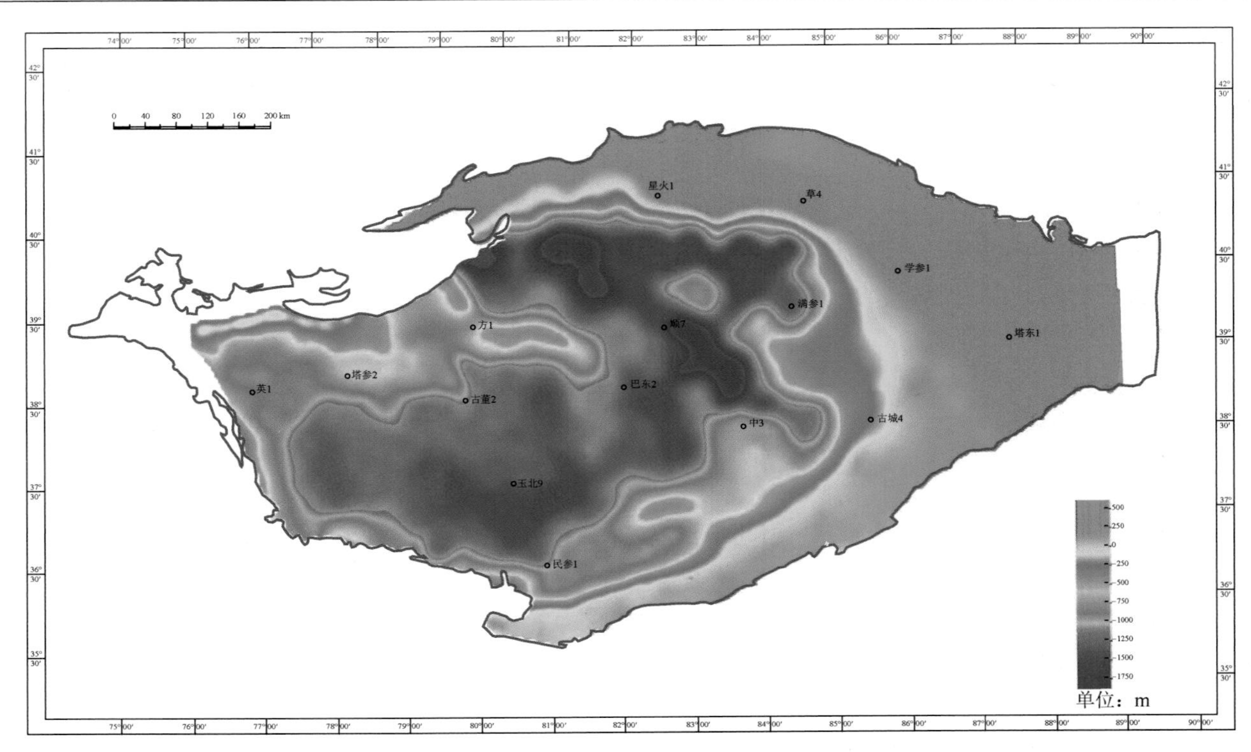

图 3-116　塔里木盆地上二叠统沙井子组沉积时期古地貌图

第八节　三叠纪前陆-陆内拗陷盆地古地理特征

晚二叠世末盆地构造发展发生了显著变化，海水自东向西完全退出塔里木盆地，逐渐结束海相沉积历史，进入陆内盆地沉积演化阶段。周缘和盆内隆起的隔挡作用，导致现今塔里木盆地范围内在三叠纪呈现为 3～4 个彼此分隔或短暂连通的盆地群特征。塔里木地区三叠纪的区域构造背景总体以塔西南冲断带和天山冲断带分别从西南、西北两侧向中央对冲挤压为特色，塔东南阿尔金构造系和塔东北北天山构造系持续隆升剥蚀，发育有塔西南和库车两个挤压挠曲前渊及塔北-塔中隆后拗陷，共同构成了南北对冲挤压的复合前陆盆地系统。两者的不同之处在于：一方面，塔西南-塔中前陆盆地系统以持续暴露的塔西南隆起作为前隆，而库车-塔北-塔中前陆盆地系统的前隆，经历了从早三叠世雅克拉水下隆起，到中-晚三叠世逐渐挤压抬升，直至完全暴露为雅克拉断凸的演化过程。另一方面，塔西南隆起持续提供碎屑物源，而雅克拉前隆早期不提供物源，主要充当水下分隔脊，中晚期提供少量物源，并以调整碎屑物质搬运路径作为主要职能的演化过程。塔里木地区的古气候在整个三叠纪经历了从早三叠世半干旱热带、亚热带型气候，到中三叠世半潮湿、潮湿型气候，再到晚三叠世温暖潮湿热带、亚热带型气候的演化过程，即总体从半干旱气候向温暖湿润气候转化的过程。

一、柯吐尔组沉积期岩相古地理特征

柯吐尔组（T_1k）沉积于早三叠世（251～245Ma），受塔西南和天山冲断带分别从西南、西北两侧向中央对冲挤压的区域构造背景控制，在塔西南和库车地区发生显著的挤压挠曲，造就了剖面上呈楔形形态，平面上呈 NW-SE 和近 EW 向延伸的前渊沉降带，塔里木中部的卡塔克和顺托果勒地区发生拗陷作用，接受大范围沉积，塔西南巴盖提地区表现为暴露剥蚀的斜坡形态。总体上，早三叠世柯吐尔组沉积期，塔里木地区呈现为被盆缘和盆内隆起分隔的塔西南和塔中—塔北—库车两个沉积盆地，前者呈 NW-SE 向的狭长形态，后者呈范围较大的椭圆形，总体表现为北深南浅的宽缓拗陷（图 3-117）。

受盆地构造演化和古地貌格局影响，早三叠世柯吐尔组沉积期，塔里木盆地腹部及库车地区总体呈自南向北沉降幅度逐渐增大的宽缓斜坡形态，只是在中北部雅克拉地区发育了水下隆起，导致盆底地形稍微复杂化。因而，塔里木盆地腹地拗陷南侧盆缘的冲洪积平原和滨岸平原相带较宽，沿东、西两侧向北逐渐变窄，在盆地南和东南部发育七个规模相对较大的沉积物供给输运体系，总体自南向北搬运碎屑物质，在盆地内部发育了规模不等的砂分散体系，盆地西北部发育了两个规模相对小的沉积物供给输运体系，在盆地内部产生了两个相对小且彼此独立的砂分散体系。塔里木盆地北部库车地区沿天山冲断带发育了一系列近距离快速堆积的源汇系统，共同控制了库车地区的沉积充填特征。塔西南地区总体表现为 NW-SE 向延伸带状分布，自东北向西南逐渐变深的相带展布特征。

库车拗陷以近 EW 向延伸，北厚南薄的楔形前渊形态为特征，主要以扇三角洲－湖泊相带展布为特征，各相带大致呈 EW 向展布，与拗陷伸方向一致，沉积沉降中心总体位于北侧，厚度变化较大，为 100～800m。靠近北部山麓一带物源丰富，沉积物直接入湖形成与半深湖暗色泥岩交互的大套扇三角洲沉积，呈裙带状展布，是一套灰色、褐灰色中-细砾岩。该时期雅克拉地区为水下隆起，不能提供物源，主要起阻挡和调节沉积物搬运路径的作用。库车地区柯吐尔组的现今残留范围总体位于雅克拉断凸以北，天山以南的狭长地区，总体表现为北厚南薄的楔形形态（图 3-117）。

盆地腹地主要的沉积环境为辫状河-辫状河三角洲-湖泊相。该时期湖泊为主要的沉积环境，碎屑物质与河水一起由南部、东南部和西北部注入湖盆，碎屑物质卸载形成规模较大，垂向上彼此叠覆、平面上相互连片的辫状河三角洲群，而在北部顺托果勒大部和沙雅地区南部发育半深湖沉积，呈近 EW 向条带状展布，厚度一般为 100～300m，沉积物以暗色泥岩为主。该时期塔里木地区南部抬升运动显著，塔东南地区隆升幅度和剥蚀量最大，成为最主要的物源供给区，丰富的碎屑物质向湖盆汇入，从而在湖盆南部、东南部发育七个 SE-NW 方向展布的粗粒辫状河－辫状河三角洲沉积体系，个别地方深入湖泊内部较远，如塔中 49 井区，反映了地形相对低平状态下的沉积态势，整个三角洲延伸长度近 400km，分布面积达数万平方公里。

此外，受晚二叠世海西运动的影响，海水全部退出，塔西南地区在挤压背景下发生挠曲下陷，形成前渊盆地。在叶城至英吉莎一线以南的山前地带，主要为紫红色和灰绿色泥岩、粉砂岩等；在杜瓦一带早三叠世沉积仅见于杜瓦 47 煤矿，为下三叠统乌尊萨依组，厚 122m，与下伏二叠系整合接触，为一套三角洲相一浅湖相的碎屑岩建造。因此，塔西南前陆盆地可能经历了晚二叠世-三叠纪的演化，随后在侏罗纪构造阶段中受挤压隆起，完全暴露。

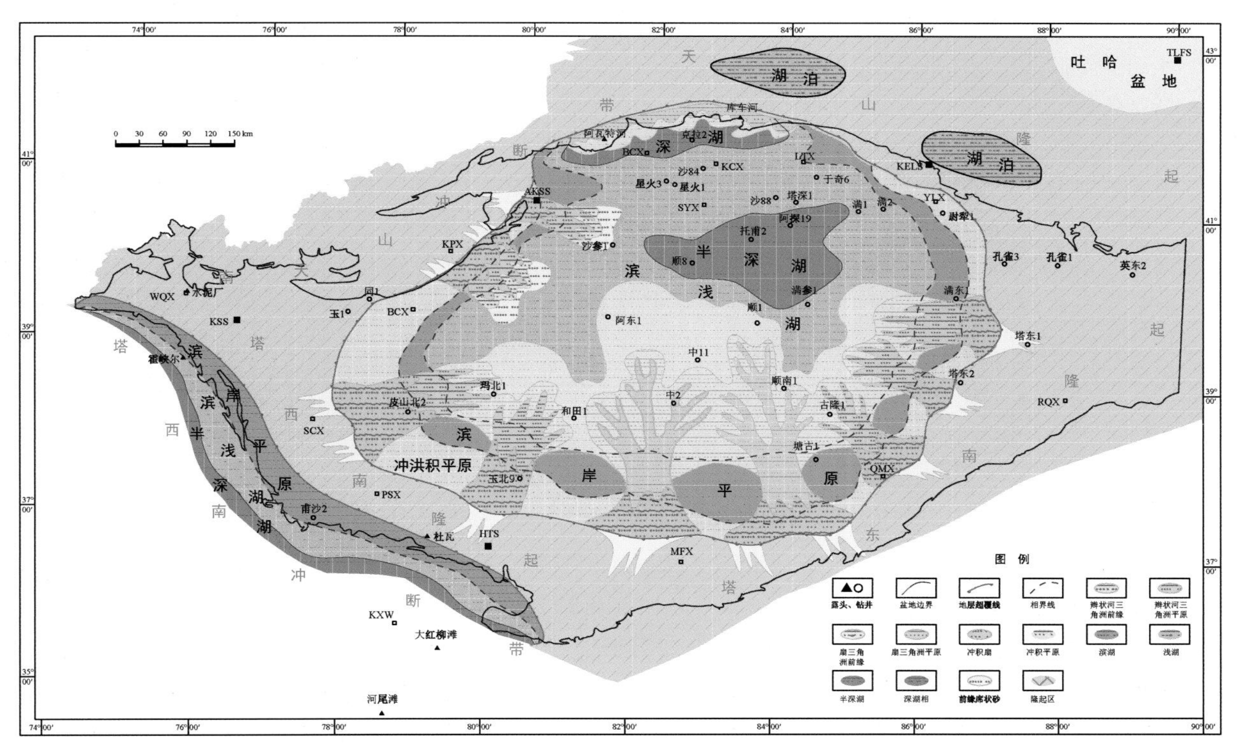

图 3-117　塔里木盆地及邻区早三叠世柯吐尔组沉积期岩相古地理图

二、阿克库勒组沉积期岩相古地理特征

阿克库勒组（T_2a）沉积于中三叠世（245～237Ma），该时期总体继承了早三叠世的构造动力背景，仍然受塔西南和天山冲断带分别从西南、西北两侧向中央对冲挤压的区域构造控制，在塔西南和库车地区发生显著的挤压挠曲，造就了剖面上呈楔形形态，平面上呈 NW-SE 和近 EW 向延伸的前渊沉降带，塔里木中部的卡塔克和顺托果勒地区发生拗陷作用，接受沉积，塔西南巴盖提地区和塔北雅克拉地区受挤压抬升并遭受剥蚀，视为前隆。总体上，中三叠世阿克库勒组沉积期，塔里木地区呈现为被盆缘和盆内隆起分隔的塔西南、塔中-塔北和库车等三个沉积盆地，塔西南盆地呈 NW-SE 向的狭长形态，塔中-塔北盆地呈椭圆形，总体仍表现为北深南浅的宽缓拗陷，但半深湖相范围有所扩大，库车盆地呈近 EW 向展布，范围较柯吐尔组沉积期有所缩小。研究表明，阿克库勒组中部发育一个特征明显的界面，该界面之下见顶超，之上见向南的下超反射；而且界面上下沉积格局发生了较大变化，因此，本次研究对阿克库勒组沉积期分为早期和晚期分别编图，阐释其岩相古地理特征（图 3-118，图 3-119）。

（一）阿克库勒组沉积早期岩相古地理特征

受盆地构造演化和古地貌格局影响，中三叠世阿克库勒组沉积早期，塔里木盆地腹部总体南缓北陡的宽缓形态，沉降中心位于中北部；库车盆地南部以雅克拉断凸为界与塔里木腹地盆地相望，北部以天山冲断带为界，呈近 EW 向延伸的横剖面北厚南薄楔形的狭长形态；塔西南地区总体表现为 NW-SE 向延伸带状分布盆地形态特征。盆地地形地貌明显控制了其内部的沉积相带展布特征，塔里木盆地腹部盆地南侧盆缘的冲洪积平原和滨岸平原相带较宽，沿东、西两侧向北逐渐变窄，在盆地南部、东部和西部周缘发育近十个规模不等的沉积物供给输运体系，在盆地内部发育了规模不等的砂分散体系；塔里木盆地北部库车地区沿天山冲断带发育了一系列近距离快速堆积的源汇系统，共同控制了库车地区的沉积充填特征，湖盆相带总体表现为南宽北窄特征；塔西南地区总体表现为 NW-SE 向延伸带状分布，自东北向西南逐渐变深的相带展布特征（图 3-118）。

库车拗陷湖盆南部因雅克拉断凸受挤压隆升暴露而与塔里木腹部盆地分隔，沉积中心略向南迁移；北部近山前地带发育冲积扇-扇三角洲沉积，远离山前地带可能发育辫状河-辫状河三角洲-湖泊相沉积，半深湖亚相暗色泥岩沉积自东向西呈窄条带发育，推测半深湖亚相延伸至拗陷西部阿克苏以北地带。纵向上，扇三角洲规模较柯吐尔组沉积期有所减小，说明控制沉积作用的断层活动有所减弱，拗陷地形逐渐变缓，拗陷不断加深，湖相沉积范围逐渐扩大。该时期物源为南北两个方向。拜城北边的卡普沙良及克拉苏等地，古流向为 SE 向，物源来自古天山；南部库车河地区可能存在一个规模较小的 NWW 向物源区。受湖平面上升达到最大值后的持续扩张影响，湖盆相带面积有所扩大。

塔里木盆地腹地主要的沉积环境为辫状河一辫状河三角洲一湖泊相。阿瓦提断陷南部地区发育半深湖泥质沉积，顺托果勒低隆、阿瓦提断陷及满加尔拗陷一线的西部地区发育滨浅湖沉积。与柯吐尔组沉积期相比，该时期暗色泥岩厚度及分布有所减小，顺 8 井揭示厚 98m、塔参 1 井揭示厚 92m、塔中 22 井揭示厚 57m、塔中 19 井揭示厚 92m、顺 94-1 井揭示厚 45.6m、塔中揭示厚 49 井 35m、哈得 5 井揭示厚 35.8m；另外，泥岩颜色多为褐色、浅褐色、棕红色、灰绿色，总体反映该时期湖盆水体相对较浅的宽浅型湖盆特色。该时期陆源碎屑物质供给显著增强，碎屑物质与河水一起由南部、东部和西部注入湖盆，形成规模较大，垂向上彼此叠覆、平面上相互连片的以舌状高砂带表征的辫状河三角洲群。该时期塔里木地区南部抬升运动显著，成为最主要的物源供给区，丰富的碎屑物质向湖盆汇入，从而在湖盆南部、东部和西部发育近十个粗粒辫状河一辫状河三角洲沉积体系，个别地方深入湖泊内部较远，三角洲前缘甚至达到阿瓦提拗陷中部。特别是南部物源供给的辫状河三角洲呈多级分支的大型朵叶状，沉积物粒度粗，单砂体厚，测井曲线厚-中厚箱型常见，（水下）分流河道发育，河口坝少量，反映沉积物供给丰富。其中，巴东 2 井、塔中 18 井、中 13 井地层含砂率高，粒度粗（中砂岩-砾岩含量高），测井曲线呈中-厚箱型，分流河道微相发育，属三角洲平原相。中 11 井、塔中 49 井、满西 1 井、顺 6 井、顺 2 井、阿满 2 井、阿满 1 井以中厚-厚箱型测井曲线为主，少量漏斗型曲线，以中-大型（水下）分支河道沉积为主，为三角洲内前缘的沉积特点。在顺 8、塔中 22、塔中 46、塔中 33、顺 1、顺 3、顺 4、满西 2 井，测井曲线呈薄箱型、薄-中厚钟型、圣诞树型和漏斗型曲线，反映为

小型水下分流河道、河口坝沉积，属外缘亚相沉积特色。值得一提的是，该时期因雅克拉断凸出露水面遭受剥蚀，因而沿断凸南侧断层调节带发育了两个近似 EW 向展布并向南帚状散开的辫状河三角洲体系，其中东部的三角洲前缘推进至哈拉哈塘凹陷腹部，甚至顺北缓坡地区（图 3-118）。

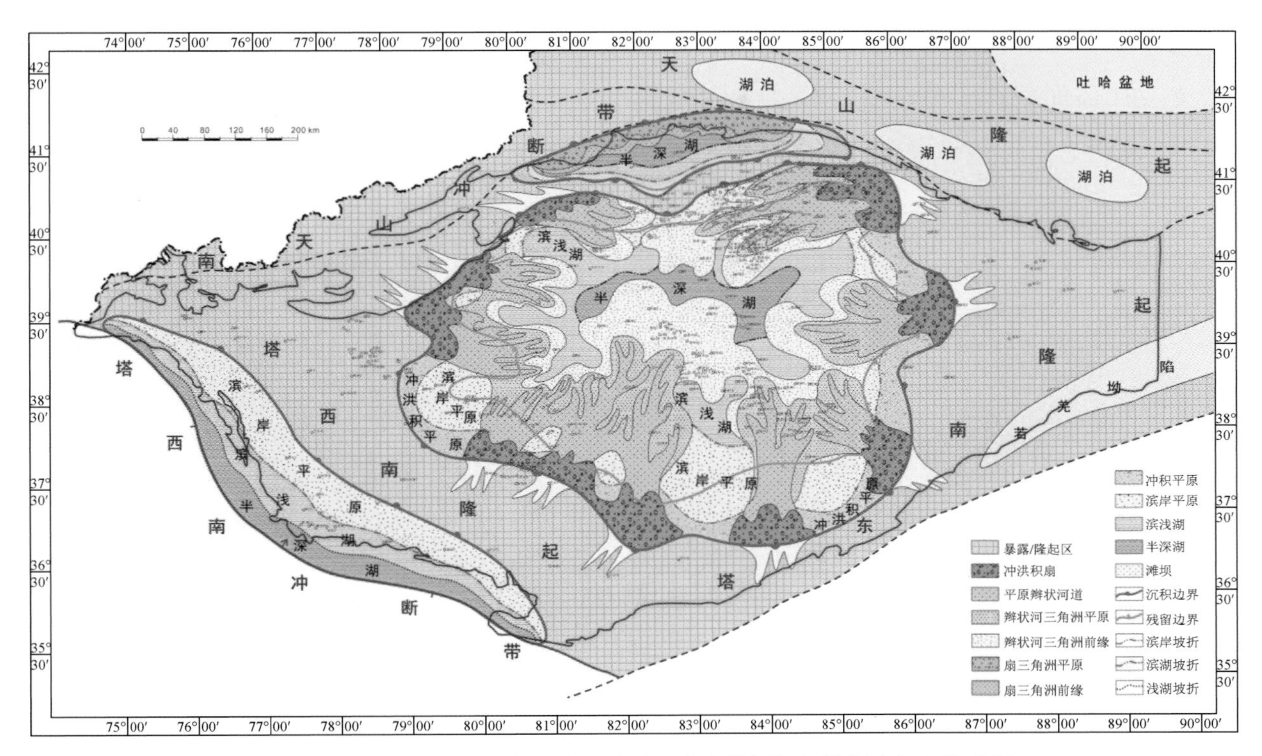

图 3-118　塔里木盆地及邻区中三叠世阿克库勒组沉积早期岩相古地理图

塔西南地区在挤压背景下持续发生挠曲下陷，形成前渊盆地，总体表现为 NW-SE 向延伸带状分布，自东北向西南逐渐变深的相带展布特征。

（二）阿克库勒组沉积晚期岩相古地理特征

中三叠世阿克库勒组沉积晚期，塔里木盆地腹部总体呈南部略缓，北部稍陡的宽缓形态，沉降中心位于中北部；库车盆地南部以雅克拉断凸为界与塔里木腹部盆地相隔，北部以天山冲断带为界，呈近 EW 向延伸的狭长形态；塔西南地区总体表现为 NW-SE 向延伸带状分布盆地形态特征。盆地地形地貌控制了其内部相带展布，塔里木盆地腹部盆地南侧盆缘的冲洪积平原和滨岸平原相带较宽，沿东、西两侧向北逐渐变窄，在盆地南部、东部和西部周缘发育七个规模不等的沉积物供给输运体系，在盆地内部发育了规模不等的砂分散体系；塔里木盆地北部库车地区沿天山冲断带发育了一系列近距离快速堆积的源汇系统，共同控制了库车地区的沉积充填特征，湖盆相带总体表现为南宽北窄特征；塔西南地区总体表现为 NW-SE 向延伸，自东北向西南逐渐变深的相带展布特征（图 3-119）。

中三叠世晚期，库车前渊湖盆在雅克拉断凸持续隆升的背景下，继续与塔里木腹部盆地分隔。库车前渊在南天山冲断带逆冲推覆和雅克拉断凸隆升挤压双重作用下，盆地范围缩小，沉积中心略向南移；北部天山山前地带发育冲积扇－扇三角洲沉积，向前过渡为小规模的辫状河－辫状河三角洲沉积，半深湖亚相暗色泥岩沉积呈窄条带状 EW 向发育。纵向上，扇三角洲规模较中三叠世早期有所减小，说明控制沉积的断层活动有所减弱，湖相沉积范围逐渐扩大。该时期物源总体仍为南北两个方向。拜城北边的卡普沙良及克拉苏等地，古流向为 SE 向，物源来自古天山；南部库车河地区可能存在一个规模较小的 NWW 向物源区。

塔里木腹地盆地主要的沉积环境为辫状河－辫状河三角洲－湖泊相，但湖泊体系沉积范围显著扩大，碎屑砂体向盆地推进程度明显减弱。钻井揭示塔里木腹部盆地厚层泥岩发育普遍，且多呈灰色、深灰色，反映该时期湖水变深。托甫 16 井主要由深灰色泥岩组成，泥岩累计厚达 192m；顺 8 井深灰色泥岩累计厚达 134m；阿满 1 井灰色泥岩厚达 110m；阿满 2 井灰色泥岩厚 155m；满西 1 井深灰色泥岩达 97m；托甫 2 灰-褐灰色泥岩累计厚达 209m；塔中 33 井泥岩达 151m。可见，中三叠世晚期半深湖相区分布范围明显较早三叠世柯吐尔组沉积期、中三叠世早期阿克库勒组下段沉积期广泛。另外，塔里木腹部盆地边缘塔中 3 井揭示为棕红色泥岩，累计厚达 169.5m，应为滨浅湖相带。该时期碎屑物源供给体系分布总体继承前期面貌，但碎屑砂体推进规模明显减弱，且多以孤立三角洲朵叶体形态出现。比较而言，塔西南和塔东南的物源供给能力较强，三角洲朵叶体向湖盆内部伸入较长，达 250km。碎屑物质自卡塔克隆起沿两个主要物源通道随流水输送至盆地内卸载、叠覆、推进，形成了规模较大的舌形伸长状三角洲砂体。该时期，雅克拉断凸南侧断层转换带对沉积物搬运仍具有调节作用，将盆地东北、西北两侧物源输送的碎屑物质，沿断层下降盘向南撒开，形成帚状三角洲朵叶体形态。规模上，东北物源发育的辫状河三角洲大于西北物源发育的辫状河三角洲，部分前缘朵体已延伸到哈拉哈塘凹陷中部（图 3-119）。

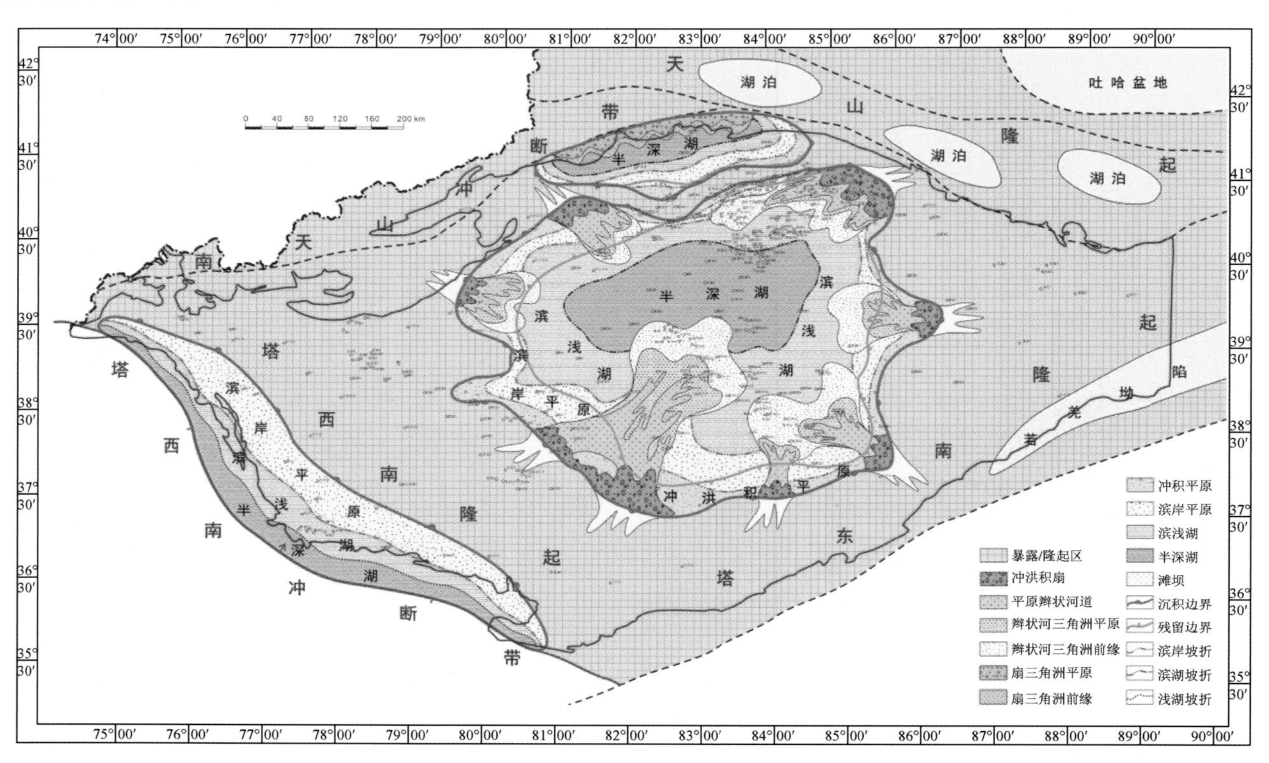

图 3-119　塔里木盆地及邻区中三叠世阿克库勒组沉积晚期岩相古地理图

塔西南地区在挤压背景下持续发生挠曲下陷，形成前渊盆地，总体表现为 NW-SE 向延伸带状分布，自东北向西南逐渐变深的相带展布特征。

三、哈拉哈塘组沉积期岩相古地理特征

哈拉哈塘组（T_3h）沉积于晚三叠世（237～201Ma），该时期总体继承早、中三叠世的构造动力背景，仍然受塔西南和天山冲断带分别从西南、西北两侧向中央对冲挤压控制，在塔西南和库车地区持续挤压挠曲，造就了剖面上呈楔形形态，平面上呈 NW-SE 和近 EW 向延伸的前渊沉降带。塔西南隆起剥蚀区范围扩大至麦盖提和巴楚-塘古巴斯大部地区，塔北雅克拉断凸范围略有增大，说明中-晚三叠世以来，西昆仑造山带碰撞挤压强烈，塔西南前隆带抬升逐步增强，塔里木腹部盆地范围逐渐缩小，沉降中心向北迁移的特点；也表明晚三叠世以来西昆仑造山带向塔里木腹部碰撞挤压强度明显大于南天山造山带。总体上，晚三叠世哈拉哈塘组沉积期，塔里木地区呈现为被盆缘和盆内隆起分隔的塔西南、塔中-塔北和库车等三个沉积盆地，盆地东南缘的塔东南隆起上发育了小型 NE 向延伸的若羌拗陷。塔西南盆地呈 NW-SE 向的狭长形态；塔中-塔北盆地呈近 EW 向伸长的椭圆形，总体仍表现为北深南浅的宽缓拗陷，半深湖相局限于北部边缘的较小范围内；库车盆地呈近 EW 向展布，范围较阿克库勒组沉积期缩小（图 3-120）。

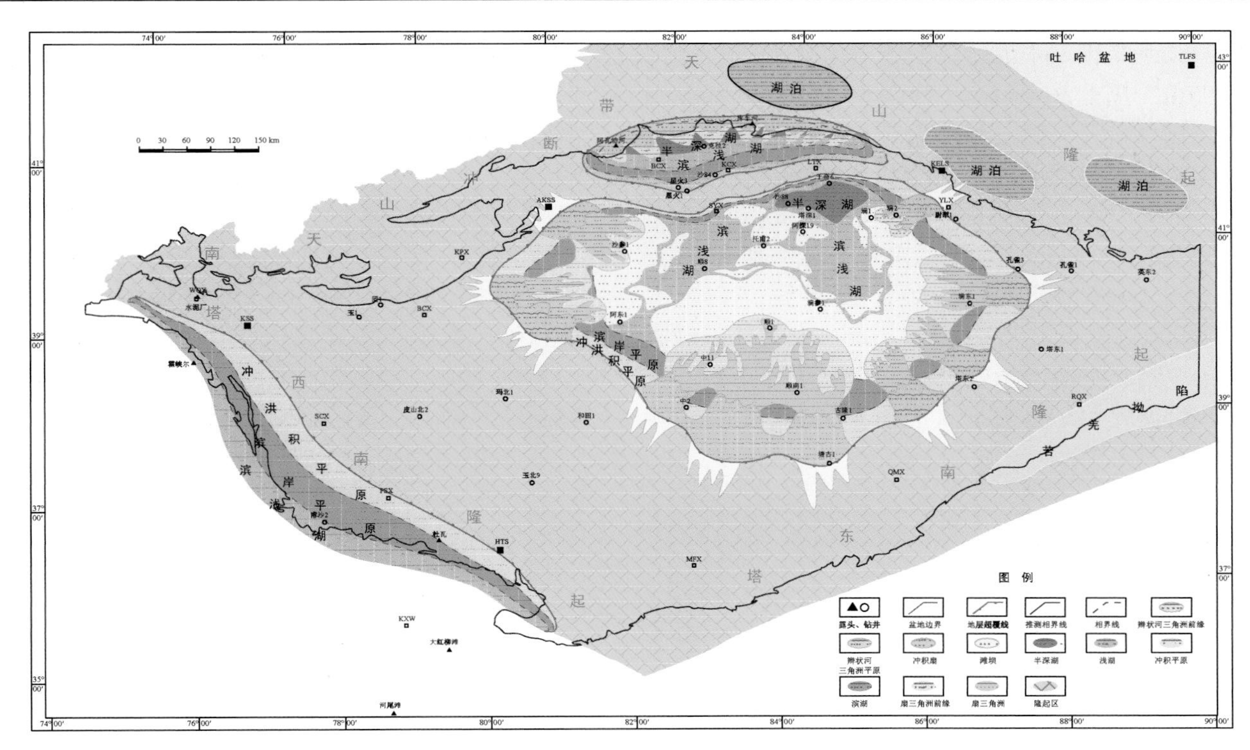

图 3-120　塔里木盆地及邻区晚三叠世哈拉哈塘组沉积期岩相古地理图

晚三叠世，库车拗陷面积进一步缩小，沉积中心位于拜城－库车一线。前隆南迁至塔里木河以北和沙雅以南地区，其北缘在库车县南部。连通天山和前隆的剥蚀高地西迁至轮台，邻近高地发育规模很小的扇三角洲。盆地东部可能发育少量源于东部隆起区的 EW 向河流注入盆地。扇三角洲在拗陷北部库车河、克拉苏河和卡普沙良河一带也有分布，规模都不大。

塔里木腹地盆地范围进一步向北迁移，面积较中三叠世沉积期明显减小，主要的沉积环境为辫状河-辫状河三角洲－湖泊相，但湖泊体系沉积范围明显缩小，碎屑砂体向盆地推进程度增强。盆地南部冲洪积平原和滨岸平原相带较宽，滨浅湖亚相总体北迁至哈拉哈塘南部－轮南凸起-草湖凹陷一带，半深湖亚相主要局限于草湖凹陷草 4-沙 94 井一带。与早-中三叠世沉积期相比，晚三叠世哈拉哈塘组沉积期，滨浅湖相带内滩坝砂体十分发育，哈拉哈塘凹陷和顺托低凸一带发育了规模较大的滩坝砂体，满加尔拗陷西部和阿瓦提拗陷东部也发育了一定数量的滩坝砂体。该时期碎屑物源体系总体以塔西南、塔东南为主，发育了多个规模较大的辫状河三角洲砂体，塔西北、塔东北也有一定量的物源供给，形成了两个相对孤立的辫状河三角洲朵叶体。与中三叠世阿克库勒组沉积晚期相比，物源供给有所增强，侧向连片叠置，但向湖盆内推进距离较短，反映了湖盆坡度变缓，物源推进不强的特点。盆地南侧物源形成的三个叠置辫状河三角洲岩性组成以细砂岩、含砾细砂岩、中砂岩为主，测井曲线大多呈薄-中厚箱型和漏斗型，以及少量厚箱型和圣诞树型，属中-小型（水下）分流河道、河口坝微相沉积。塔中 33 井测井曲线呈中厚箱型，中砂岩厚达 39.6m，为碎屑物源主通道部位；顺 3、顺 4、顺 8、顺 6、满西 2 井测井曲线呈漏斗型，以河口坝沉积为主，为三角洲前缘的典型特点。

塔西南地区以挤压背景下持续挠曲下陷 NW-SE 向延伸带状分布的前渊盆地为特征，沿昆仑山山麓展布呈条带状发育晚三叠世地层乔洛克萨依组，主要发育厚层砾岩，夹于泥岩、炭质泥岩中。厚层砾岩中砾石分选差、次圆-棱角状、颗粒支撑、砂基充填、铁质胶结，属远端扇沉积，泥岩和碳质泥岩属冲积平原沉积，乔洛克萨依组代表盆地沉降初期湖沼及盆缘扇体沉积。

第九节　侏罗纪陆内拗陷盆地古地理特征

晚三叠世末，塔里木盆地构造演化发生了显著变化，塔里木盆地在经历印支运动的区域挤压环境之后进入了区域拉张环境，断层活动强度较三叠世减弱。侏罗纪盆地北缘为古天山隆起，隆起之上发育有伊犁盆地和焉耆盆地；盆地南缘为西昆仑隆起和东昆仑－阿尔金山隆起，其上发育库木库里盆地；西南部为活动大陆边缘；塔里木地区可划分为库车断陷、塔西南断陷、塔东北断陷和塔西隆起等构造单元。其中，塔西隆起位于巴楚—民丰北一线，主要包括现今的巴楚断隆和麦盖提斜坡地区，分隔了塔西南断陷和塔东北断陷。从侏罗纪塔里木地区的构造演化序列看，早-中侏罗世，昆仑构造域在喀喇昆仑一带发生的俯冲作用，引起弧后拉张和断陷作用进一步加强。塔里木克拉通由北向南依次发育库车断陷、塔东拗陷、塔西南断陷、塔东南断陷等原型盆地，盆地范围内最大的隆起为塔西隆起，盆地边缘东南部发育东昆仑隆起，东北部发育天山隆起（图 3-121）。至晚侏罗世，羌塘地体已经靠近喀喇昆仑，新特提斯洋的北支转化为残留洋，挤压作用加强，塔里木克拉通的盆地基本格局没有大的改变，主要发育有：库车拗陷、塔东北拗陷、塔西南拗陷、塔东南拗陷等原型盆地；西部隆起仍是盆地范围内最大的剥蚀区，东昆仑隆起与天山隆起在盆地东部相互连接。

塔里木地区的古气候在整个侏罗纪经历了从早-中侏罗世温暖潮湿的亚热带暖温带型气候向晚侏罗世的亚热带半干旱-干旱型气候转化。在此古构造、古气候背景下，塔里木盆地台盆区侏罗纪主要发育了一套滨浅湖背景下的辫状河三角洲沉积。钻井资料揭示，塔里木地区侏罗系深灰-灰黑色厚层泥岩总体匮乏；沙15 井阳霞组岩芯揭示泥岩发育水平层理、波状层理和透镜状层理，常见植物茎化石；滨岸沙坝由粉-细砂岩与泥岩互层组成，波状层理发育。总体上，该时期水体始终较浅，且气候条件适宜，易于淤积成为广泛的滨岸沼泽环境。辫状河三角洲也表现为浅水三角洲特色，分流河道、水下分流河道是其主要的沉积微相类型，测井曲线呈厚箱型、薄箱型以及钟形等，少见河口坝漏斗型曲线，仅在艾丁 15 井、沙 88 井和满东 2 井发育河口坝，且砂体薄，所占比例小。

一、阿合-阳霞组沉积期岩相古地理特征

阿合-阳霞组（J_1a-y）沉积于早侏罗世（201～174Ma），受喀喇昆仑俯冲而引起弧后拉张和断陷的区域构造背景控制，塔里木盆地区自北向南发育了库车断陷、塔东拗陷、塔西南断陷、塔东南断陷等原型盆地。其中，库车断陷总体呈近 EW 向展布，并与 NW-SE 向展布的塔东拗陷基本连通；塔西南断陷和塔东南断陷总体长轴方向与盆地边界方向平行，呈略扁的椭圆形态（图 3-121）。

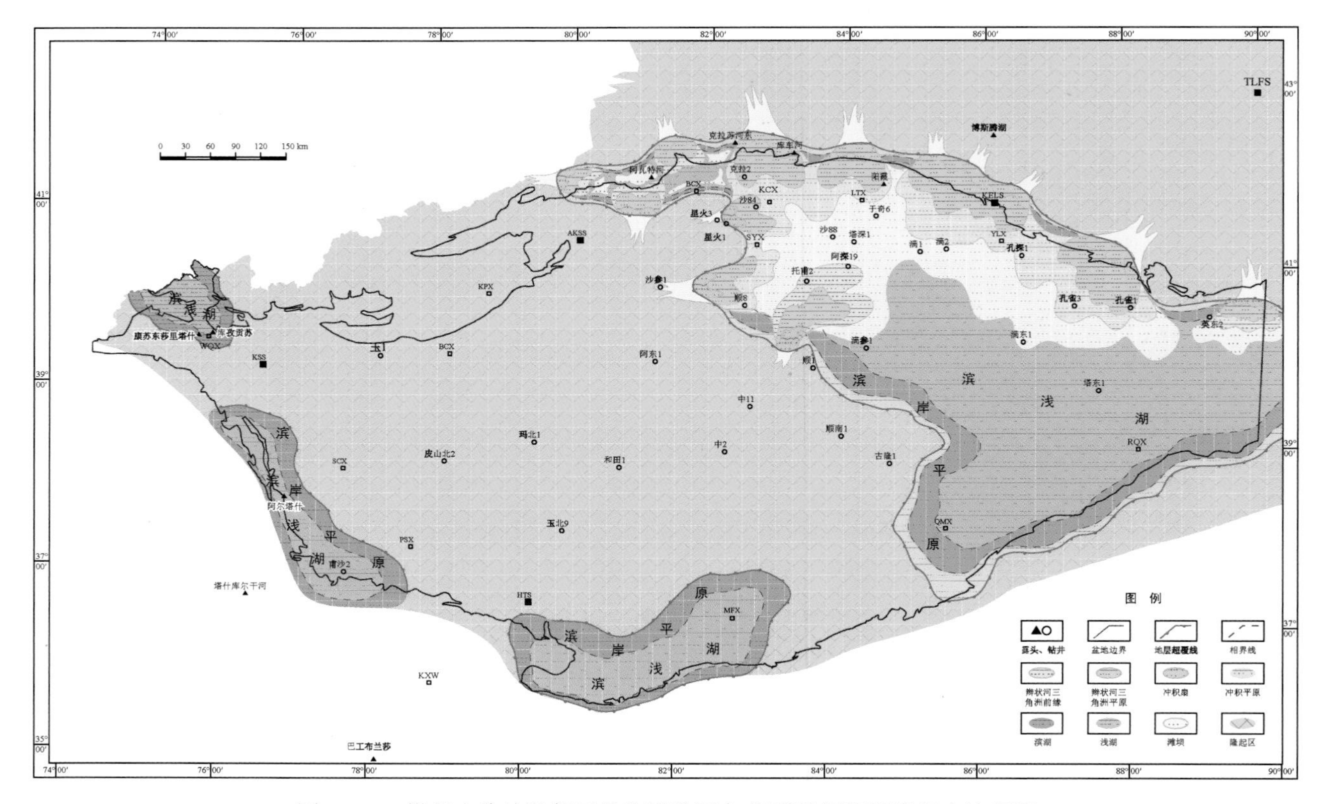

图 3-121　塔里木盆地及邻区早侏罗世阿合-阳霞组沉积期岩相古地理图

早侏罗世，库车拗陷地区构造运动相对平缓，南天山褶皱隆起带开始遭受强烈剥蚀，在造山期后的热

沉降和应力松弛以及重力均衡作用控制下，致使盆地基底反弹，湖盆变浅变宽，南部的隆起带逐渐被湖水淹没，并与塔东拗陷连通。库车盆地北缘大部分地区出现了准平原化的构造面貌，在盆地边缘发育了数个规模相对较小的辫状河三角洲朵叶体，南部原沙雅隆起带位置也发育了几个规模不大的辫状河三角洲。由于湖盆宽阔，水体较浅，砂体受湖浪改造明显，形成了几乎连片的滩坝砂沉积体（图 3-121）。

塔东地区，受南北高、中部高低相间的地形特征控制，湖盆碎屑物质主要来自北侧的库鲁克塔格断隆区（天山隆起带），在孔雀河-满东的广大地区发育了规模较大呈“裙边状”分布的辫状河三角洲沉积；西部的塔西隆起在沙雅隆起-顺托果勒低隆一带也提供了一定规模的碎屑物源，发育了规模总体较小的辫状河三角洲体系（图 3-121）。研究表明，受气候因素的影响，周围山地松柏成林，坡地植被生长繁茂，河流纵横，湖泊、池沼遍布。加之南北高、中带低的地形特征，最终形成了以辫状河三角洲相为主，其次为湖泊、湖沼相的岩相古地理环境。

塔东南地区沉积沿阿尔金山山前分布，主要为河流-三角洲-滨浅湖-半深湖相。很显然分别在阿尔金山前的且末县其格勒克一带和昆仑山前的于田普鲁－巴西康苏拉克一带存在两个沉积中心。塔西南地区从早侏罗世开始全面进入陆盆相沉积时期，沉积多分布于昆仑山前的分割性断陷和凹陷中，分布面积较小，主要为为陆相含煤碎屑岩沉积、滨浅湖相沉积，各类沉积多沿昆仑山山前呈条带状分布，这与沉积盆地的形态有关。在各自沉积区域内则呈环状分布，在中心部分为滨浅湖相，向外为河流和冲积扇相。

二、克孜勒努尔-恰克马克组沉积期岩相古地理特征

克孜勒努尔-恰克马克组（J_2k-q）沉积于中侏罗世（174～163Ma），受弧后拉张和断陷的区域构造控制，塔里木盆地区自北向南发育了库车断陷、塔东拗陷、塔西南断陷、塔东南断陷等原型盆地。其中，库车断陷总体呈近 EW 向展布，并与 NW-SE 向展布的塔东拗陷基本连通；塔西南断陷和塔东南断陷总体长轴方向与盆地边界方向平行，呈略扁的椭圆形态（图 3-122）。

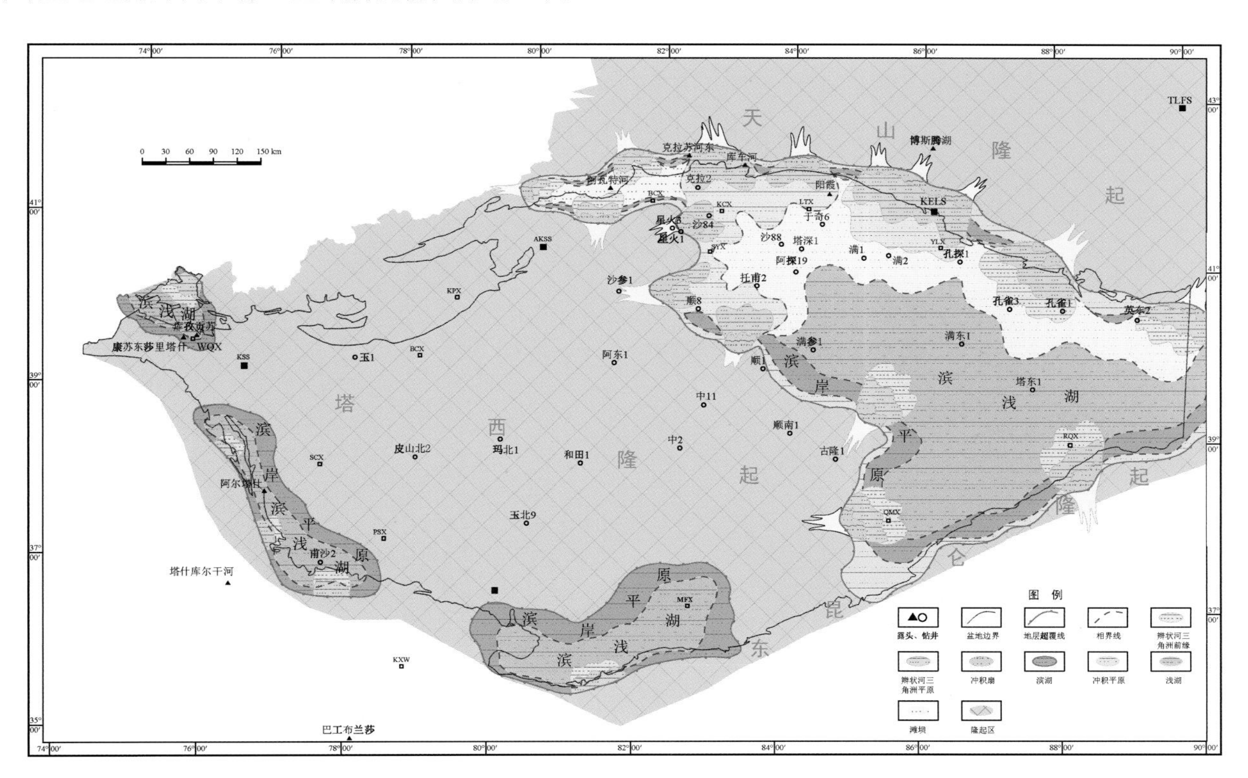

图 3-122　塔里木盆地及邻区中侏罗世克孜勒努尔-恰克马克组沉积期岩相古地理图

中侏罗世，塔里木盆地总体准平原化，隆坳高差缩小，地势平坦，物源供给降低，气候温暖湿润。库车河－克孜勒苏河露头最厚，可达 900 余米。沉积环境以湖泊环境为主，北部靠近山前为浅湖相；中部为浅-半深湖相；西南部推测为滨湖相。在塔北隆起和北部拗陷的东部地区已广泛分布沼泽、湖泊相沉积为主，沉积物中含较多的煤线和煤层。在孔雀河斜坡在库鲁克塔格隆起的方向有大量物源入盆，形成含砂率扇状

递减的辫状河三角洲朵叶体。塔东南水体面积和深度加大，发育浅湖相。钻井统计结果表明，塔里木地区中侏罗统地层相比下侏罗统含砂率较小，厚层泥岩和煤层较发育，砂岩测井曲线以薄-中厚箱型为主，少量厚箱型和漏斗型。

塔西南地区沉积物多分布于昆仑山前的分割性断陷和凹陷中，分布面积较小，主要为为陆相含煤碎屑岩沉积、滨浅湖相沉积，各类沉积多沿昆仑山山前呈条带状分布，沿盆缘断裂发育少量规模较小的扇三角洲沉积体系。

三、齐古-喀拉扎组沉积期岩相古地理特征

齐古-喀拉扎组（J_3q-k）沉积于晚侏罗世（163～145Ma），受弧后拉张和断陷的区域构造控制，塔里木盆地区自北向南发育了库车断陷、塔东拗陷、塔西南断陷、塔东南断陷等原型盆地。其中，库车断陷总体呈近 EW 向展布，并与 NW-SE 向展布的塔东拗陷基本连通；塔西南断陷和塔东南断陷总体长轴方向与盆地边界方向平行，呈略扁的椭圆形态（图 3-123）。该时期羌塘地体已经靠近喀喇昆仑，新特提斯洋的北支已经转化为残留洋，挤压作用加强，塔里木克拉通的盆地基本格局没有大的改变。

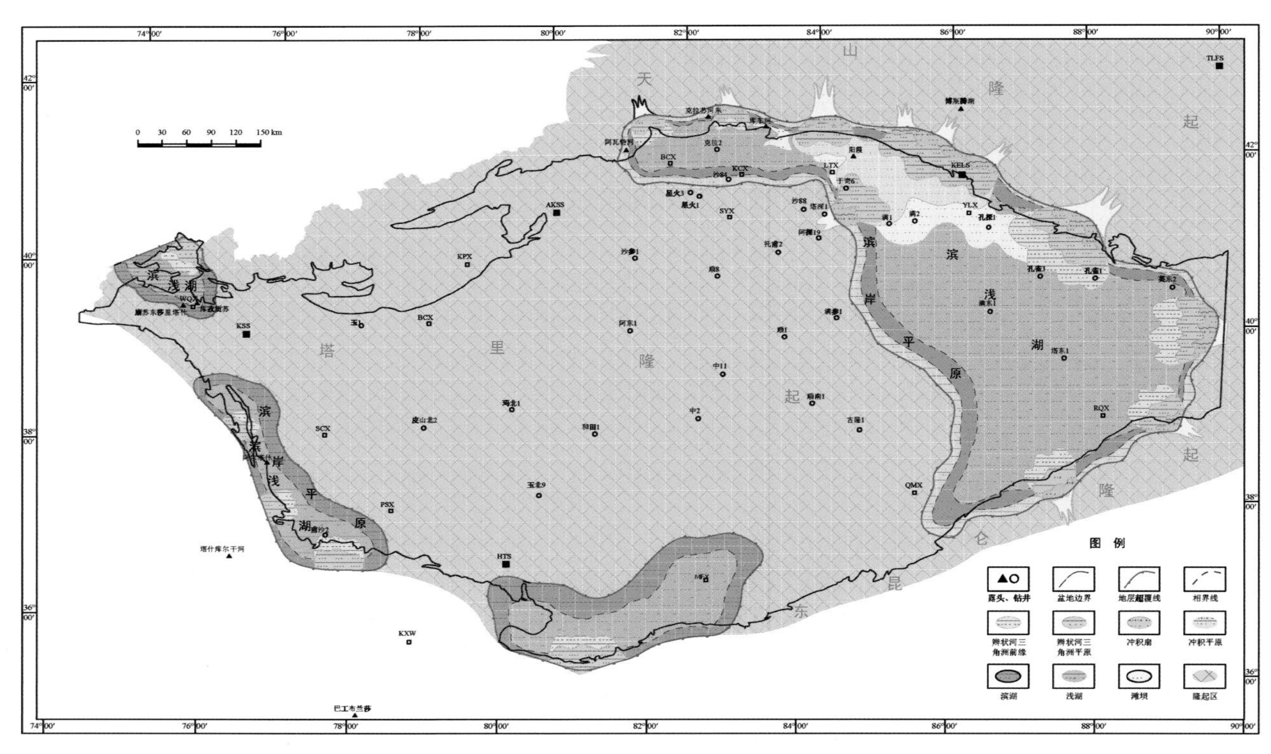

图 3-123　塔里木盆地及邻区晚侏罗世齐古-喀拉扎组沉积期岩相古地理图

库车拗陷，在该时期地形分化明显，南部隆起带完全消失，库车拗陷同塔盆连为一体，而拗陷北部地形差异仍然较大，仍有巨厚粗粒沉积物堆积。湖泊面积继续扩大，而水体变浅，形成氧化宽浅湖。此期气候干旱，其沉积物具有各种红色色调。除北部边缘部分地区沉积了一套扇三角洲及辫状河三角洲沉积物，偶见曲流河三角洲沉积外；其余皆为滨浅湖沉积物的频繁交替，没有出现深水湖泊沉积物。

塔东南构造发展亦进入了一个新的阶段。从该区的露头和地震剖面看出，在盆地边缘普遍存在中、上侏罗统之间明显的角度不整合，并向盆地过渡为平行不整合，表明在中、晚侏罗世该区曾发生过一次强烈的构造运动。另外，通过对该区的古气候环境分析看出，在早-中侏罗世，该区处于温暖潮湿的还原环境，古植物非常发育；在晚侏罗世，该区处于半干旱、干旱的氧化环境，植物群随之衰落，在露头和钻井岩心上从上侏罗统库孜贡苏组开始出现大量红色碎屑岩（主要为河流冲积相沉积，部分为滨浅湖相沉积）。区域地质分析揭示，在晚侏罗世-早白垩世，拉萨地体与羌塘板块碰撞，导致班公湖-怒江洋盆闭合，在这种区域构造背景下，阿尔金断裂在晚侏罗世具有压扭性质，造成侏罗纪晚期沉积范围减小，使部分地区上侏罗统缺失，标志着瓦石峡凹陷侏罗纪构造演化进入萎缩、衰亡阶段。

塔西南地区上侏罗统库孜贡苏组砾岩，含泥砾岩和砂岩互层，砾岩分选差，颗粒支撑，砂质充填，砾石呈次圆状，硅质成分为主，砾岩中夹有具水流波痕砂体。砾岩向上变薄，砂层变厚。砂层呈板状或席状，低角度至槽状交错层理。向上砂泥互层增多，砂层中具反粒序层理或低角度交错层理。库孜贡苏组属冲积扇沉积，属退积层序。

其他区域上侏罗统普遍未发育或被剥蚀。

第十节 白垩纪山前挠曲盆地古地理特征

侏罗纪末，发生了主要沿班公湖－怒江缝合带的藏北地体（或拉萨地体）向北拼贴羌塘地体、塔里木板块的拉萨碰撞事件，是燕山中期构造运动的表现。这一拼贴事件导致塔里木盆地由侏罗纪以来的伸展构造环境转为白垩纪的区域挤压构造环境，其远距离效应使盆地北缘为古天山隆起，南缘为西昆仑隆起和东昆仑－阿尔金山隆起，且造成盆地西南地区（即塔西南，阿瓦提－满西1－且末一线以西，喀什－和田一线以北）的平缓抬升和隆起剥蚀，产生白垩系与侏罗系地层区域性的角度不整合。同时，晚侏罗世－早白垩世塔里木盆地及相邻地区古气候发生了重要的转变，由原来的温暖湿润型变化为炎热干旱型，对应的沉积物以红色碎屑岩建造为主。

白垩纪，塔里木盆地基本承袭了晚侏罗世的盆地格局，其内部表现为分割性的断陷－拗陷性质，主要发育两大沉积区，二者以塔西南隆起分隔，其中西区为塔西南断陷，规模较小，应与北边费尔干纳盆地和西边塔吉克盆地相通，形成一个统一的塔吉克－塔西南盆地，主要发育冲积扇、河流沉积体系，晚期因由西向东的海侵可出现偏海相沉积；东区以拗陷湖盆为主，是盆内沉积的主体，包括库车拗陷、塔中－塔东拗陷等，它们基本连通（初期可能被雅克拉断凸或新和隆起局部隔开），从湖盆边缘至湖盆腹部，可大致划分出呈环带状分布的冲（洪）积平原区、滨岸平原区和滨浅湖区，依次发育冲积扇、河流、（扇）三角洲及湖泊等沉积体系。

早白垩世，根据其构造－沉积特点，可进一步划分为早期和晚期两个阶段（或两幕），每个阶段都经历了快速挤压隆升和缓慢松弛沉降，均对应一个二级层序单元（层序组），其中早期沉积了亚格列木组、舒善河组和巴西盖组地层，即卡普沙良群；晚期则沉积了巴什基奇克组地层。晚白垩世，受燕山晚期构造运动影响，盆地大范围隆升，导致上白垩统普遍缺失，塔里木盆地仅在其西南缘和东北部保留了相应沉积。

一、亚格列木组沉积期岩相古地理特征

早白垩世亚格列木期塔里木盆地的沉积范围和地层分布最为局限，主要发育在塔北雅克拉断凸北部的库车拗陷及其南部的沙雅隆起中东部以及塔西南局部地区。前两者主体分别呈NEE向和NE向展布，以雅克拉断凸分隔，其周缘全部为隆起剥蚀状态；后者呈NW向长条形展布，向西和西北部开口，其余方向亦全为隆起暴露剥蚀区。古地貌特征表明，这一时期古地势总体呈“南高北低、东高西低”，地层以向盆内隆起区超覆为主。

塔北沉积区主要发育北部和南部两个沉积-沉降中心，分别大致对应乌什凹陷－拜城凹陷以及哈拉哈塘凹陷，是沉积物主要汇聚的场所（图3-124）。乌什凹陷－拜城凹陷沉积－沉降中心的物源主要来自北部的天山隆起区和南部的雅克拉断凸，均为短距离输送，环带状分布的冲（洪）积平原区和滨岸平原区较窄，尤其是南部，其砂体展布呈朵叶状，以发育近岸的冲积扇、扇三角洲为特征。哈拉哈塘凹陷沉积-沉降中心的物源主要来自其北部的雅克拉断凸和天山隆起区以及南部的塔西南－塔中隆起区和东南部的东昆仑－阿尔金隆起区，其北部物源短距离输送，对应窄的冲（洪）积平原区和滨岸平原区，砂体呈朵叶状，为近岸的冲积扇、扇三角洲体系；南部和东南部物源远距离输送，相应环带状分布的滨岸平原区宽缓，砂体以蜿蜒线状分布为主，为远源的辫状河三角洲体系。

在库车拗陷北侧，分布着7个小-中型朵体，展布方向均以NE-SW向为主，大体呈裙状分布（图3-125）。其中，拗陷东北部的朵体规模最大，冲积扇和扇三角洲都延伸较远，最远可达都护3井区，含砂率也在85%以上，其次为西北部的3个朵体，而二者之间的3个朵体规模偏小，其扇三角洲前缘均进入拗陷中部的滨浅湖区。此外，盆外东北部和西北部也有规模不一的冲积扇发育。库车拗陷南侧，即雅克拉断凸北侧，在

断凸相对较窄的部位发育了 4 个小型朵体，砂体规模与拗陷北侧相比均较小，其展布以 SE-NW 向为主，最东一个朵体呈 SW-NE 向，规模最小。

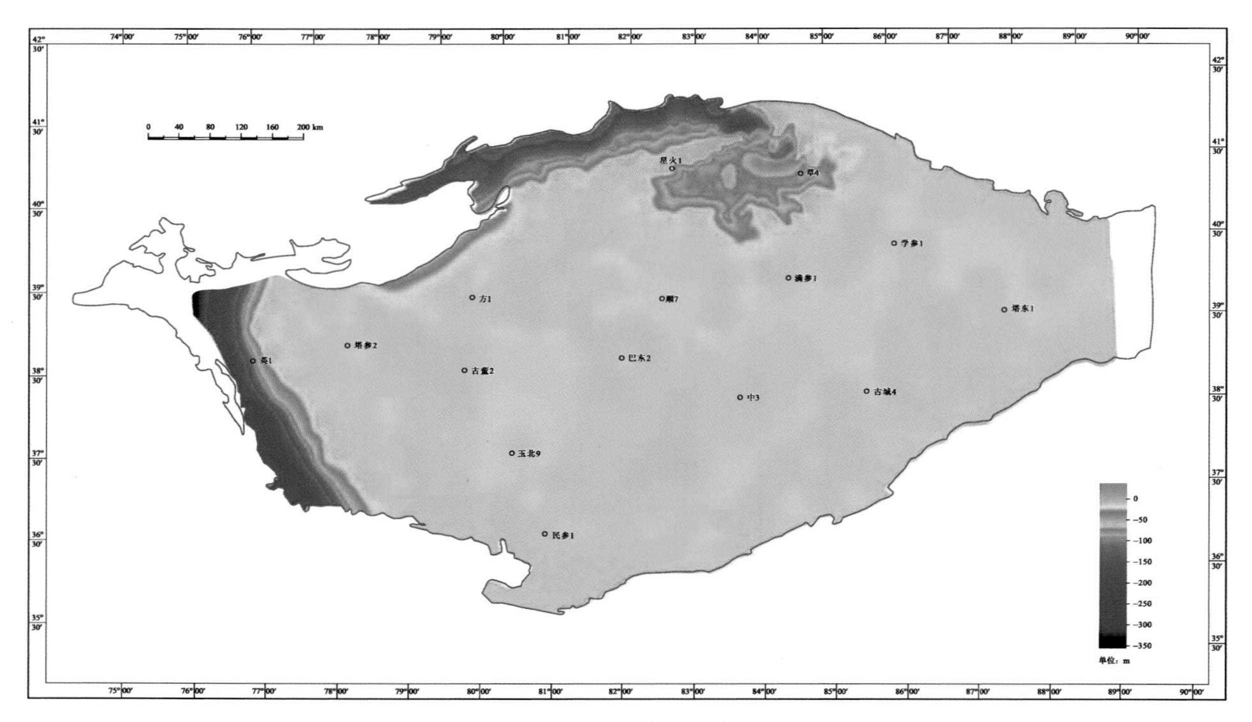

图 3-124　塔里木盆地及邻区早白垩世亚格列木组沉积期底面古地貌图

沙雅隆起哈拉哈塘凹陷北侧，即雅克拉断凸南侧，分布着 6 个小型朵体，具有近源、砂体厚度大、含砂率高、延伸较短的特征，朵体的轴向以 NW-SE 向为主，中部、东部朵体的轴向可变为近 NS 向和 NE-SE 向。在砂体厚度上，由断凸边缘顺轴向减小，变化范围从 50m 以上的厚砂到小于 10m 的薄砂体。在含砂率的变化上，亦有此特征，从大于 90%减小至 50%左右。典型代表如中部的朵体，沙 83 井的砂体厚度高达 55.3m，顺东南向至 S82 井，砂体厚度减小至 41m，含砂率为 97.5%，而到沙 5 井，厚度为 37.3m，含砂率减小至 72.7%。由此，根据砂体展布特征及分析来看，断凸两侧的砂体可能主要来自于雅克拉断凸本身，主要发育扇三角洲沉积。哈拉哈塘凹陷南侧，主要发育一个砂体（托甫台砂体），具有分布范围广泛、砂体厚度大、含砂率高、延伸远的特点。砂体主干为南北走向的、蜿蜒伸展的细长两支，向北又延伸出诸多分支。在砂体厚度的分布上，南部托甫台地区的厚度较大，含砂率高。砂体厚度最大近 60m，如南部的托甫 38 井，砂体厚度达 63m，托甫 41 井的厚度为 61.3m，含砂率最大近 98%，如托甫 27X 井及托甫 5 井，含砂率达到 98.2%。作为砂体向北的延伸部分的艾丁区，砂体主干的厚度相较于托甫台地区较低，如砂体厚度为 42.4m 的艾丁 7 井，且最远可达艾丁 17 和艾丁 16 井区。由此看来，南部砂体主要为辫状河三角洲展布区，砂体主要来自于托甫台以南地区。哈拉哈塘凹陷东南侧，发育多个砂体（主体为阿克亚苏砂体），也具有分布范围广泛、砂体厚度较大、含砂率高、延伸远的特点。砂体的轴向为 SE-NW 向，西侧与南部砂体的东侧相接，北侧与雅克拉断凸南侧的朵体相接。砂体的展布上同南部砂体相似，可分为三个主干分支，所不同的是东南砂体的主干分支分布范围较大，这使得砂体展布的范围加大，顺轴向并无太多细小分支。在主干分支上，即砂体最厚的部分，厚度约 50～60m，含砂率均大于 90%，如草 4 井厚度为 52m，含砂率为 92.5%，T115 井厚度为 65.7m，含砂率为 97.4%。在主干分支的外侧，砂体厚度相应减小，如于奇 15 井厚度为 45.9m，S40 井厚度为 38.2m，相应的含砂率减小至 77.4%与 82.8%。砂体外围的阿探 1 井厚度为 20.8m，含砂率减小至 57.2%。根据砂体如上的展布特征可推测，东南砂体可能来自与阿克亚苏以南地区，主要发育辫状河三角洲沉积（及滨浅湖薄层滩坝）。此外，哈拉哈塘凹陷－草湖凹陷东北部的于奇地区也可提供部分物源，其砂体与西部阿克亚苏砂体相接延伸进入到凹陷腹部，亦为辫状河三角洲沉积（及滨浅湖薄层滩坝）。

塔西南沉积区古地势呈“西高中低东缓”的特征，面积较小，向东南部逐渐超覆尖灭（图 3-125）。沉积物受西部西昆仑隆起和东部塔西南隆起两个物源区的控制，其沉积厚度自西向东减薄，说明西昆仑隆起的影响更大，沿山前发育冲（洪）积平原带，出现一系列裙状分布冲积扇-扇三角洲相的粗碎屑岩（库孜贡苏剖面和阿克 1 井为代表），在沉积区西北部规模较大，延伸较远，往东南部规模有所减小；往东至沉积区中部则为河流作用为主的滨岸平原带以及湖泊作用为主的滨浅湖区；靠近塔东南隆起的东部地势相对平缓，主要以滨岸平原带的河流作用为主。

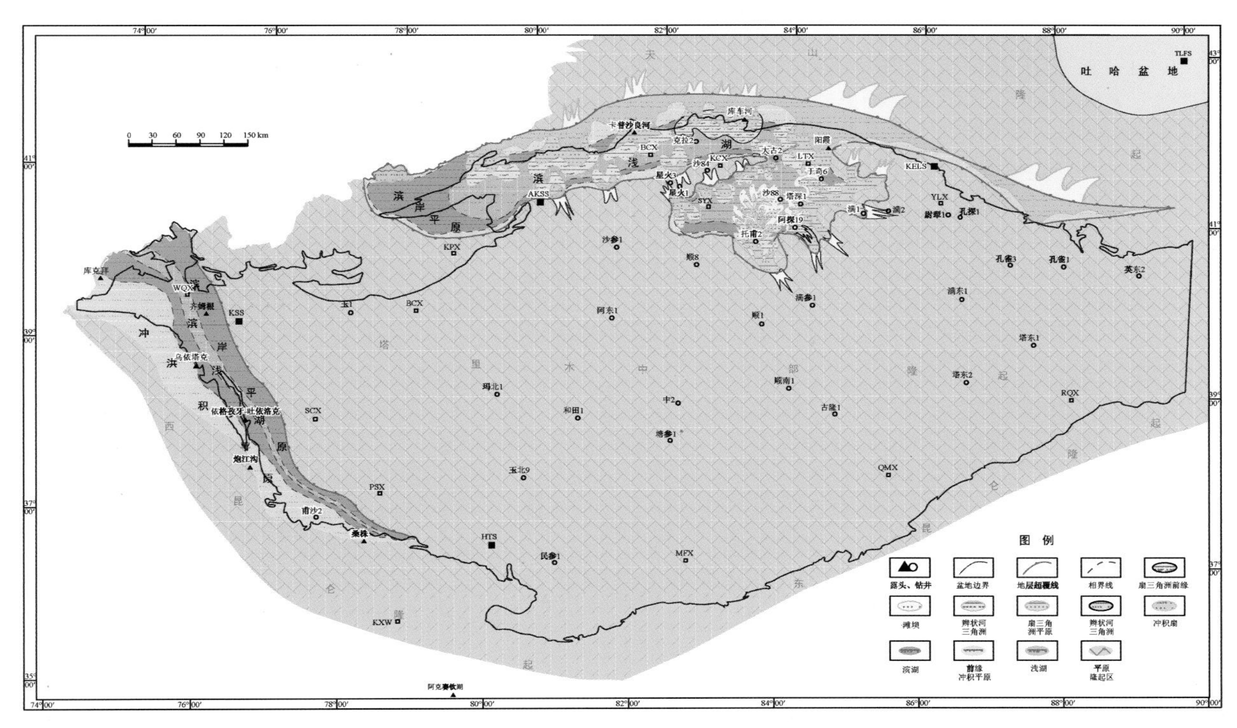

图 3-125　塔里木盆地及邻区早白垩世亚格列木组沉积期岩相古地理图

二、舒善河组沉积期岩相古地理特征

早白垩世舒善河期塔里木盆地的沉积范围较亚格列木期明显扩大，地层分布更加广泛，主要发育在现今盆地中东部全区和塔西南局部地区，二者以塔西南隆起分隔。前者主体呈 NWW 向或近 EW 向，后者仍呈 NW 向长条形，向西和西北部开口。古地貌显示，这一时期盆地古地势表现出“南高北低，中-西高东、西低”的特征。

盆地中东部沉积区包括塔北、塔中、塔东地区等，其相互连通（雅克拉断凸成为水下低隆），虽已构成一个统一的拗陷湖盆，但仍具三个次级的沉积-沉降中心，分别大致对应库车拗陷乌什凹陷－拜城凹陷－阳霞凹陷、沙雅隆起哈拉哈塘凹陷－顺托果勒低隆以及满加尔拗陷，其中满加尔拗陷是沉积物最主要的汇聚场所（图 3-126）。库车拗陷沉积－沉降中心的物源主要来自北部的天山隆起区，均为短距离输送，环带状分布的冲（洪）积平原区和滨岸平原区较窄，相应的砂体展布呈朵叶状，以发育近岸的冲积扇、扇三角洲为特征。哈拉哈塘凹陷沉积－沉降中心的物源主要来自其东北部的天山隆起区以及（西）南部的塔西南－塔中等隆起区，其东北部物源短距离输送，对应窄的冲（洪）积平原区和滨岸平原区，砂体呈朵叶状，为近岸的冲积扇、扇三角洲体系；（西）南部物源远距离输送，相应环带状分布的滨岸平原区宽缓，砂体以蜿蜒线状分布为主，为远源的辫状河三角洲体系；满加尔拗陷沉积－沉降中心的物源既包括北部短源的天山隆起，以近岸的冲积扇、扇三角洲体系为特征，也包括（西）南部和东南部远源的各隆起区（主要为东昆仑－阿尔金隆起），以辫状河三角洲体系为主，相带分布依然是北窄南宽。

在盆地中东部沉积区的北侧（天山隆起物源体系），共分布着 10 个小-中型朵体，具有近源、砂体厚度相对较大、含砂率相对较高、延伸较短的特征，以扇三角洲沉积为主（图 3-127）。其中，从西往东的七个朵体主要向库车拗陷供源，展布方向从最西边的 NW-SE 向（1 个）变为中部的近 SN 向（5 个）再至东部

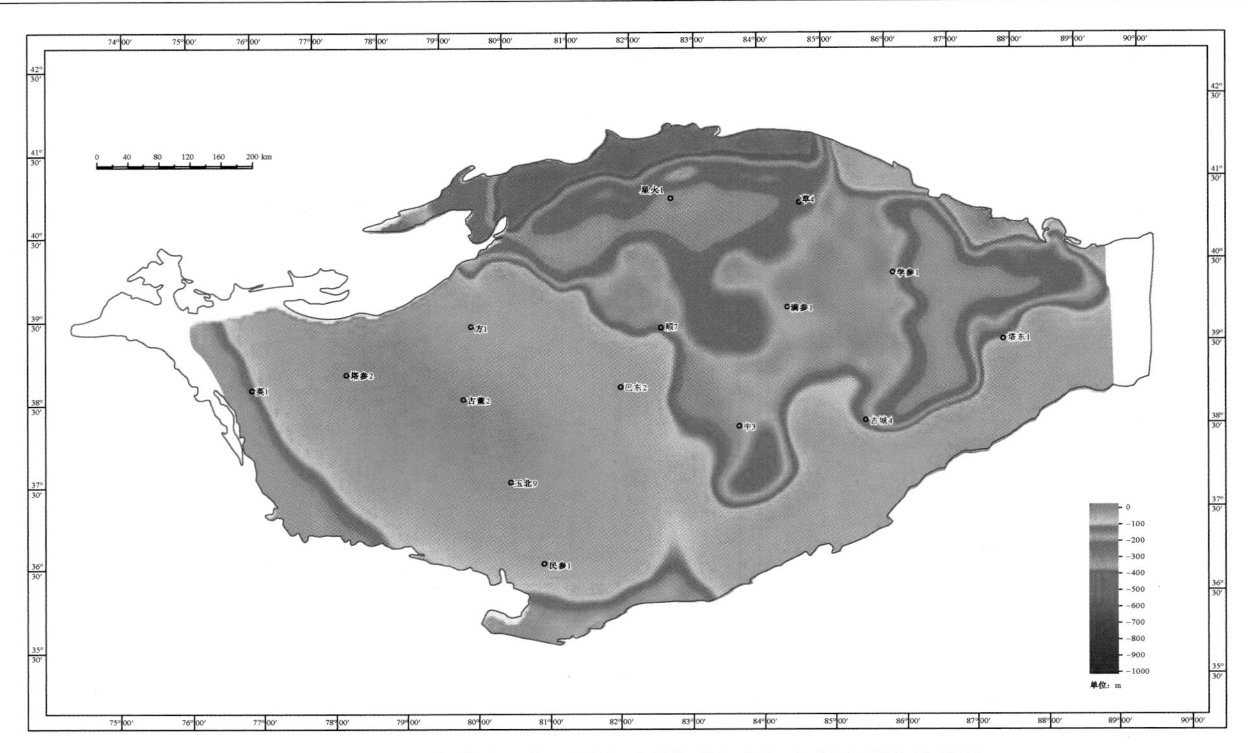

图 3-126　塔里木盆地及邻区早白垩世舒善河组沉积期底面古地貌图

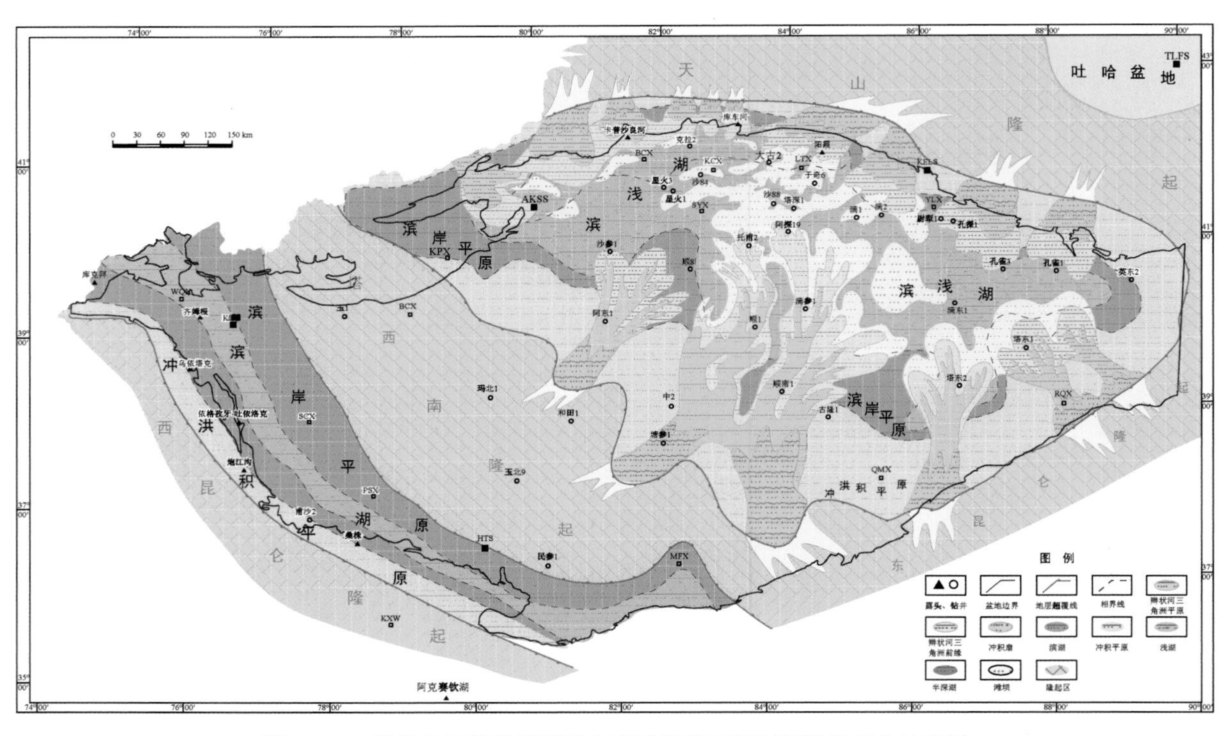

图 3-127　塔里木盆地及邻区早白垩世舒善河组沉积期岩相古地理图

的 NE-SW 向（1 个，靠近阳霞凹陷）；再往东的三个朵体轴向则均为 NE-SW 向，主要向满加尔拗陷供源。朵体规模相应的表现出中型（3 个）-小型（3 个）-中型（3 个）-小型（1 个）的变化，所有扇三角洲前缘均进入南部的滨浅湖区。同时，砂体厚度和含砂率顺朵体轴向逐渐减小。在盆地中东部沉积区的西南侧、南侧以及东南侧，发育六个砂分散体系，都具有远源、分布范围较广、砂体厚度大、含砂率高、延伸远的特点，主要发育辫状河三角洲沉积。其中，西南侧的砂体呈 SW-NE 向经和 8 井、阿东 1 井、满西 2 井可至阿满 1 井、沙参 1 井；南侧的两个砂体规模最大，呈 SSW-NNE 或近 SN 向从塘古巴斯地区由南向北推进，具有多个分支，横跨卡塔克（塔中）地区向顺托果勒和沙雅地区展布，延伸至哈拉哈塘凹陷，最远端可达托甫 3 井和沙 117 井；东南侧的三个砂体轴向从最西的近 SN 向往东变为 SE-NW 向，主干分支分布范围较大，顺轴向并无太多细小分支，分别经古城墟地区（塔东 2 井、塔东 1 井）延伸至满加尔拗陷（满南 1 井）。这些砂体在向盆地腹部滨浅湖区延伸的过程中，经湖浪和湖流再搬运和改造形成横向斑块成片状分布的滩坝砂体，砂层薄、中细粒砂为主。因此，北部物源由北往南从盆缘至盆地腹部表现出冲积扇-扇三角洲平原-扇三角洲前缘-滨浅湖滩坝-滨浅湖的沉积组合；而所有偏南部物源从盆缘至盆地腹部从南向北则表现出冲积扇-辫状河-辫状河三角洲平原-辫状河三角洲前缘-滨浅湖滩坝-滨浅湖的沉积组合（值得注意的是，西南侧冲积扇和冲洪积平原区不发育，南侧和东南侧具有一定的冲积扇及所在的冲洪积平原带）。

塔西南沉积区沉积范围较下伏地层有所扩大，古地势仍表现出“西高中低东缓”的特征（图 3-127）。沉积物受西部西昆仑隆起和东部塔西南隆起两个物源区的控制，且西昆仑隆起的影响更大，沿山前发育冲（洪）积平原带，出现一系列裙状分布冲积扇-扇三角洲相的粗碎屑岩（库孜贡苏剖面和阿克 1 井为代表）；中部则为河流作用为主的滨岸平原带以及湖泊作用为主的滨浅湖区；靠近塔东南隆起的东部地势相对平缓，主要以滨岸平原带的河流作用为主。该区沉积物遭受到后期构造运动的强烈挤压，现今表现为狭长的条带状。

三、巴西盖组沉积期岩相古地理特征

早白垩世巴西盖期塔里木盆地的沉积范围和地层分布比下伏的舒善河组略小，仍主要发育呈 NWW 向或近 EW 向的盆地中东部沉积区和呈 NW 向长条形展布的塔西南沉积区，二者以塔西南隆起分隔。古地貌揭示的古地势整体呈“南高北低，中－西高东、西低”的特征，但地势或盆地形态比下伏地层更为宽缓。

盆地中东部沉积区包括塔北、塔中、塔东地区等，其相互连通性加强，构成一个统一的拗陷湖盆，具有两至三个次级的沉积-沉降中心，以满加尔拗陷为主，其规模有所加强，其次为库车拗陷一线，它们是沉积物汇聚的主要场所，同时阿瓦提和沙雅隆地区也可接收部分沉积。满加尔拗陷沉积－沉降中心的物源主要来自北部的天山隆起区以及南部（含西南、东南）的塔西南（－塔中）－东昆仑－阿尔金隆起区，均为远距离输送，尤其是偏南部，具有相对宽缓呈环带状分布的冲（洪）积平原区和滨岸平原区，砂体展布以蜿蜒线状为主，为远源的辫状河三角洲体系（图 3-128）。库车拗陷沉积－沉降中心的物源主要来自北部的天山隆起区，均为短距离输送，环带状分布的冲（洪）积平原区和滨岸平原区较窄，相应的砂体展布呈朵

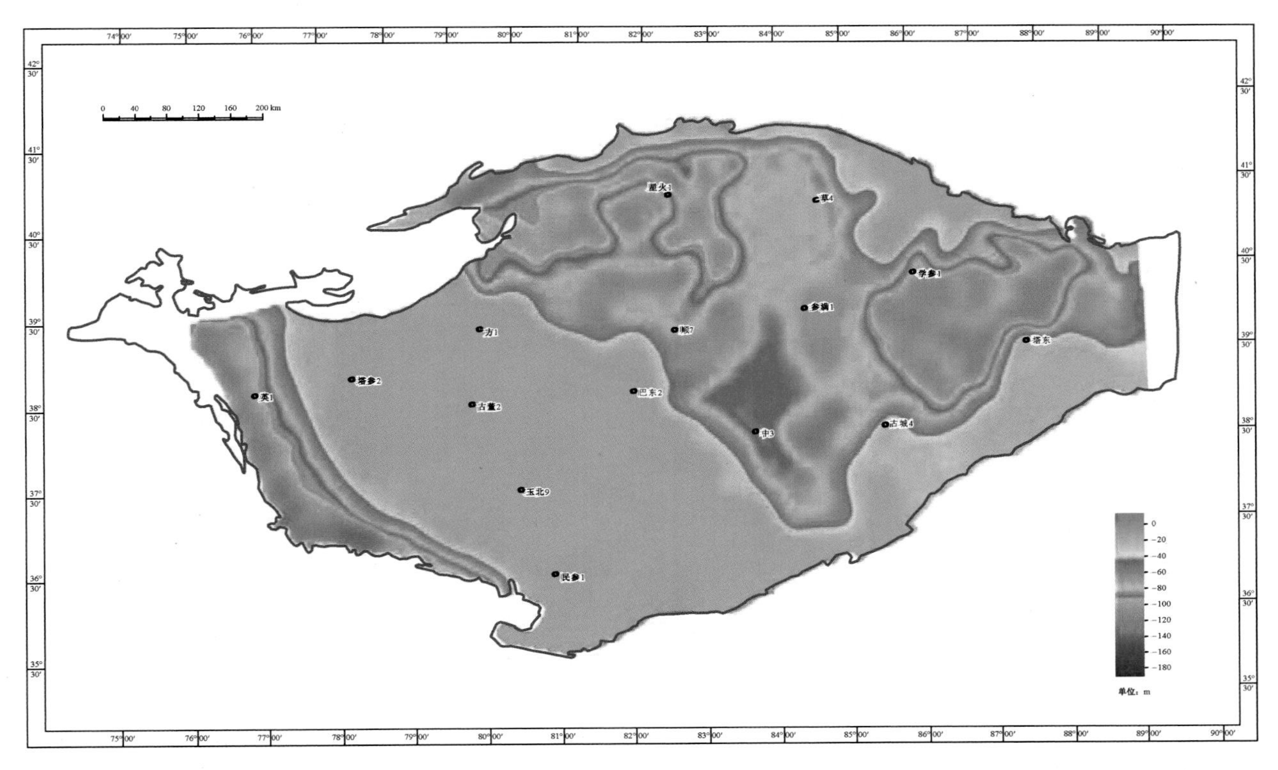

图 3-128　塔里木盆地及邻区早白垩世巴西盖组沉积期底面古地貌图

叶状，以发育近岸的冲积扇、扇三角洲为特征。阿瓦提和沙雅隆地区相对低洼处，既可以接受来自北部也可以接受来自南部的沉积物，主要是受湖浪、湖流搬运和改造的滨浅湖滩坝，亦有部分（扇或辫状河）三角洲前缘沉积。

在盆地中东部沉积区库车拗陷的北侧，发育 7 个小-中型朵体，具有近源、砂体厚度相对较大、含砂率相对较高、延伸较短的特征，以冲积扇、扇三角洲沉积为主（图 3-129）。其中，拗陷东北部的朵体规模最大，可到中型，呈 NE-SW 轴向，冲积扇和扇三角洲都延伸较远，最远可达秋南 1 井附近，往西的其余 6 个朵体均规模较小，尤其是中间 3 个，均为小型，其展布方向从中部的近 SN 向变为西部的 NW-SE 向，所有扇三角洲前缘均进入南部的滨浅湖区。在满加尔拗陷北侧（亦为天山隆起物源），发育三个砂体，具有远源、砂体厚度较大、含砂率较高、延伸较远的特点。尤其是中间的一个，总体规模最大，发育两个主干分支和更多细小的分支，其中西支呈 NE-SW 向，延伸很远，经孔雀河斜坡至拗陷腹部，可越过学参 1 井；东支近 SN 向，总体形态朵叶状，规模和延伸距离都略小，前缘仅达孔雀 3 井。其余两个砂体轴向 NE-SW，规模偏小，以主干分支为主，分别自库尔勒鼻凸处和孔雀河斜坡东北角进入汇聚区，前者延伸至草湖凹陷的于奇 13 井和孔雀 2 井区，后者可达龙口 1 井和英南 2 井区。在满加尔拗陷南侧（含西南、正南、东南），发育六个砂体，都具有远源、分布范围较广、砂体厚度大、含砂率高、延伸远的特点，主要发育辫状河三角洲沉积。其中，西南侧的三个砂体呈 SW-NE 向，最西边的一个自阿东 1 井进入到阿瓦提拗陷至阿北 1 井；另两个分别自中 13 井和中 2 井区进入然后相接呈多分支经顺托低凸延伸至顺东缓坡、阿克库勒地区，往北最远可达沙 98 井，其往东则和南侧砂体相接进入满加尔拗陷。南侧的两个砂体规模最大，具有多个分支，呈 SSW-NNE 或近 SN 向分别自塔中 3 井和塘古 1 井区进入然后部分相接从塘古巴斯地区东北部经顺南缓坡、古城低凸由南向北推进延伸至满加尔拗陷和顺东缓坡，最远端可达阿探 3 井和阿探 14 井区；东南侧仅发育一个砂体，呈 SE-NW 向，经古城墟地区延伸至满加尔拗陷（满南 1 井）。同时，上述辫状河三角洲砂体的前缘部分在向盆地腹部滨浅湖区推进过程中多数彼此相接呈连片分布（如偏南侧的四个砂体与东北侧的一个砂体），主要集中在满加尔拗陷地区，而在其远端发育薄层、中细粒斑块成片状的滩坝砂体，主要分布在沉积区的西北部。与下伏地层相比，其北部扇三角洲规模有所减小，但辫状河三角洲沉积有所增强，西南侧砂体增多，东南侧砂体减少，这些砂体的连片性呈增强趋势。对应的沉积组合依旧表现为从盆缘至盆内的冲积扇-扇三角洲平原-扇三角洲前缘（-滨浅湖滩坝）-滨浅湖以及冲积扇-辫状河-辫状河三角洲平原-辫状河三角洲前缘-滨浅湖滩坝-滨浅湖。同样，西南侧冲积扇和冲洪积平原区不发育，南侧和东南侧具有一定的冲积扇及所在的冲洪积平原带。

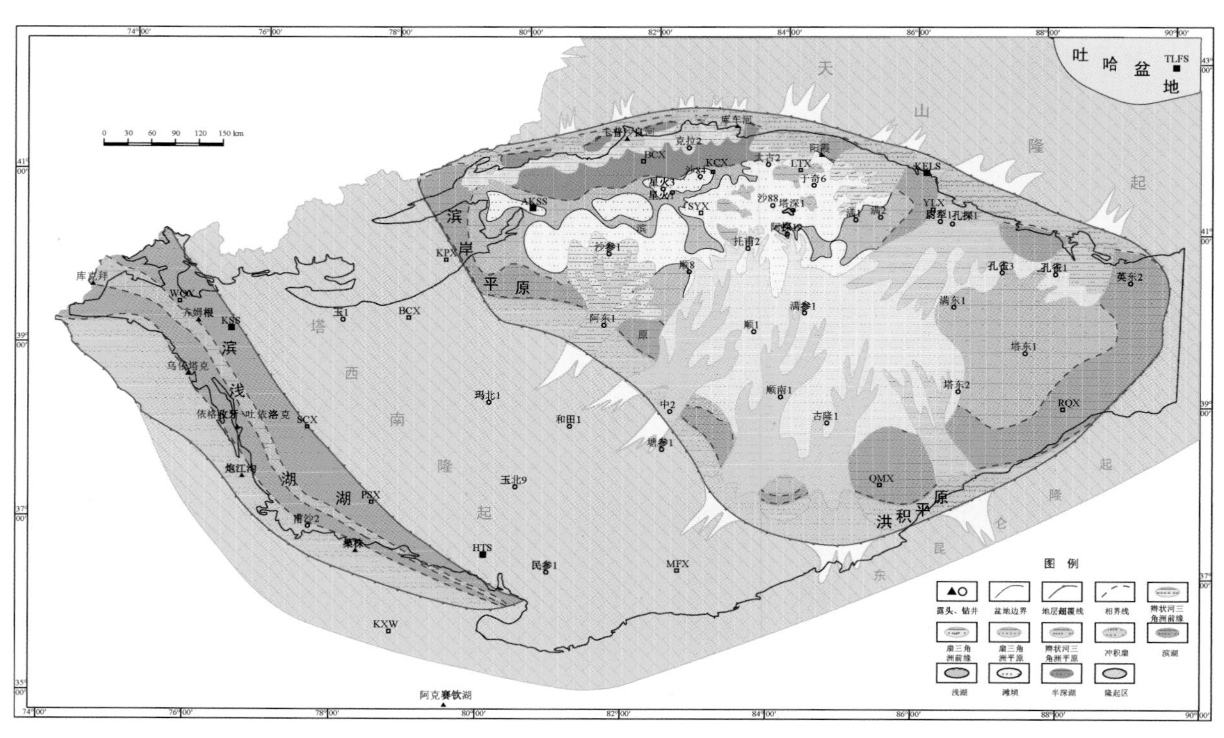

图 3-129　塔里木盆地及邻区早白垩世巴西盖组沉积期岩相古地理图

塔西南沉积区沉积范围较下伏地层稍有缩小，古地势仍表现出西高中低东缓的特征，沉积物主要受西部西昆仑隆起和东部塔西南隆起两个物源区的影响与控制，在西部沿山前发育冲（洪）积平原带，发育冲积扇－扇三角洲相的粗碎屑岩（库孜贡苏剖面和阿克 1 井为代表）；中部则为河流作用为主的滨岸平原带以及湖泊作用为主的滨浅湖区；靠近塔东南隆起的东部地势较为平缓，主要以滨岸平原带的河流作用为主。沉积区形态总体呈 NW-SE 向、西宽东窄的条带状。

四、巴什基奇克组沉积期岩相古地理特征

早白垩世巴什基奇克期对应着又一幕新的构造运动，古气候更加干旱炎热。沉积范围与下伏巴西盖组变化不大，但地层厚度明显明显增加，仍保持一大一小两个沉积区的格局不变，即以塔西南隆起分隔呈 NWW 向或近 EW 向的盆地中东部沉积区及呈 NW 向长条形展布的塔西南沉积区。古地貌表明其古地势相对高差有所增大，导致周缘隆起供源能力更强（图 3-130）。事实上，该组底砂岩段发育时期物源供给迅速增加，冲积扇十分发育，以冲（洪）积平原为主（或可能出现滨浅湖背景下的超大型扇三角洲沉积）。经过底砂岩段的填平补齐以及基底松弛回弹作用的减弱，盆地地形逐渐宽缓，沉积体系由底砂岩段的冲积扇-扇三角洲转变为河流作用为主的滨岸平原（或可能出现滨浅湖背景下的超大型辫状河三角洲沉积）。

盆地中东部沉积区面积较大，包括塔北、塔中、塔东等地区，其连通性进一步加强，拗陷湖盆形态更为清晰，沉积-沉降中心更趋统一，偏沉积区中东部，主体位于满加尔拗陷及邻近地区，规模很大，是沉积物汇聚的主要场所（图 3-130）。这一时期，沉积区被周缘各大古隆起区（即北部的天山隆起区、南部的塔西南－塔中隆起区以及东昆仑－阿尔金隆起区）所包围，物源十分丰富。巴什基奇克早期，各大物源区以近距离输送为主，具有相对狭窄、呈环带状分布的冲（洪）积平原区和滨岸平原区，发育近岸的冲积扇（-扇三角洲）朵叶体，且因物源充足，规模很大，彼此相接成裙带状；巴什基奇克中－晚期，由于地形变缓，环带分布的冲（洪）积平原区和滨岸平原区也随之变宽，尤其是南、北两侧，沉积体系以相对远源的河流（-辫状河三角洲）沉积为主。

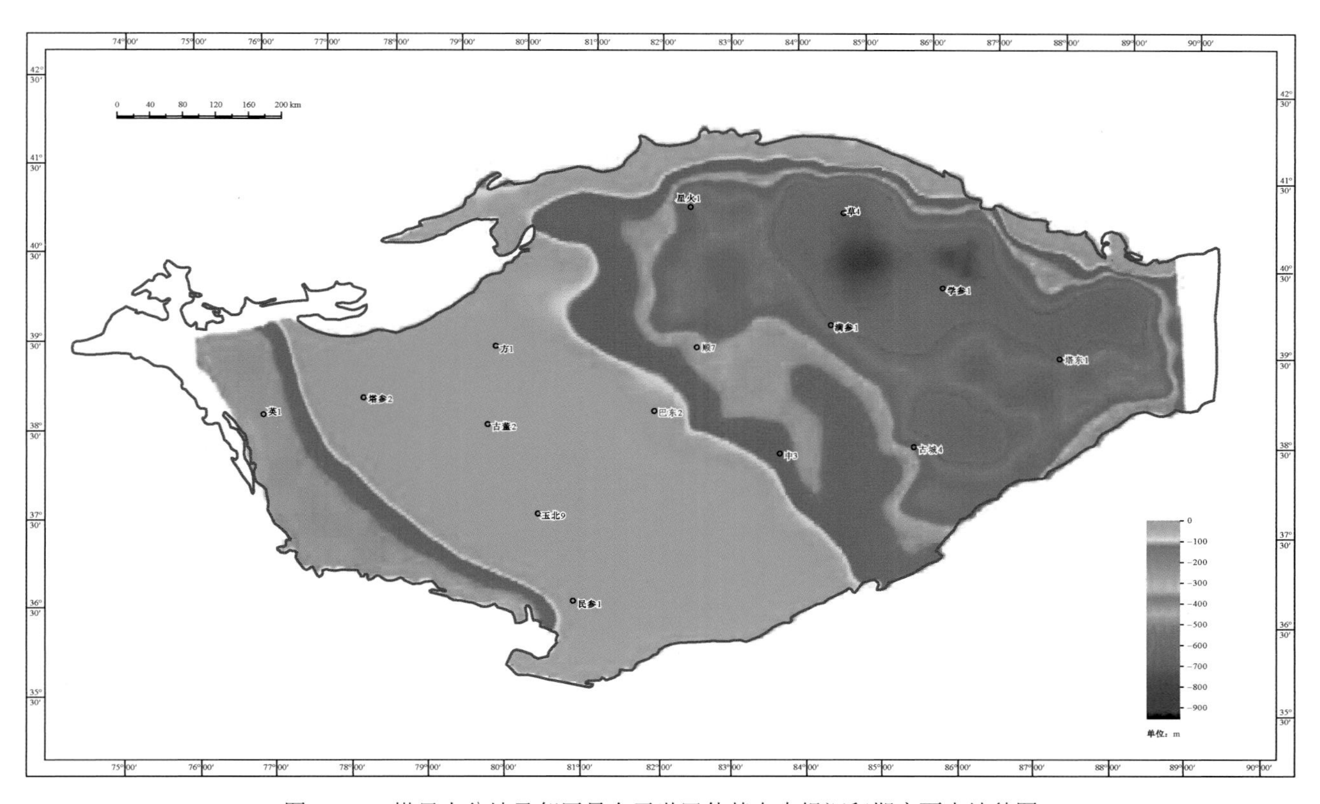

图 3-130　塔里木盆地及邻区早白垩世巴什基奇克组沉积期底面古地貌图

盆地中东部沉积区在巴什基奇克期以几乎满盆含砂为典型特征，砂层多、砂体厚、含砂率高（如塔中

29井和塔中48井可达100%，塔中地区塔中28等多口井、托甫23井、托甫8井、托甫3井、沙99、沙76井、沙67井等均大于90%)，成片成带分布，这些特征均已被盆内绝大多数钻遇该组地层的钻井所证实。这一时期，能提供物源的地方很多，其中六处规模较大，也存在很好的搬运通道。第一处规模最大，位于沉积区的南侧且末凸起、塘南凸起地区，多个大型冲积扇朵体连接成扇裙，呈SW-NE向由南向北推进，至塔中60井、塘古1井处，逐渐变为以冲（洪）积平原为主的沉积，可延伸至盆地腹部；第二处和第三处分别位于沉积区的东北侧孔雀河斜坡地区和北侧库尔勒鼻凸地区，规模比第一处略小，多个中－小型冲积扇朵体同样连接成扇裙，呈NE-SW向向盆内推进，约至孔雀3井、维马克1井处以及草6井、轮西2井处，逐渐变为以冲（洪）积平原为主的沉积并延伸至盆地腹部；第四处位于沉积区的西北侧库车地区，规模更小，以NW-SE向或近SN向呈朵叶状向盆地内部延伸；第五处位于沉积区西北侧阿瓦提地区，整体规模与第四处相似，但其冲积扇更为发育，面积更大，彼此相连构成扇裙，呈SW-NE向推进到阿瓦提县再逐渐变为以冲（洪）积平原为主的沉积直至盆地腹部；第六处位于沉积区西南侧巴斯地区，整体规模与第四处、第五处相似，但冲积扇面积较小，大致推进到中2井处开始出现以冲（洪）积平原为主的沉积。相比之下，以塔西南－塔中隆起区和东昆仑－阿尔金隆起区为物源的南侧各砂体向盆内的推进距离比以天山隆起区为物源的北侧各砂体相对更远，而东侧、东南侧的砂体发育规模和推进距离相对偏小和偏短。沉积区内部总体发现大面积的滨岸平原沉积，河流作用十分显著，滨浅湖区面积较小，多为砂质沉积物所充填，仅有两小片出现在盆地的腹部，对应着含砂率的低值区。推测这一时期盆地的沉积面貌类似于现今的塔里木盆地。

塔西南沉积区与早期具继承性，但沉积范围较下伏地层略有扩大，古地势“西高中低东缓”，沉积物发粗碎屑的冲积扇-河流相为主，物源受西部西昆仑隆起区和东部塔西南隆起区的影响与控制，以前者为主，在西部沿山前发育冲（洪）积平原带，发育冲积扇-扇三角洲相的粗碎屑岩（库孜贡苏剖面和阿克1井为代表)，且规模比下伏巴西盖组明显增强，尤其是沉积区的西北部；往东向盆内则相变为以河流作用为主的滨岸平原带以及湖泊作用为主的滨浅湖区；靠近塔东南隆起的东部地势较为平缓，主要以滨岸平原带的河流作用为主。沉积区形态总体呈NW-SE向、西宽东窄的狭长条带状。沉积厚度自西向东减薄（图3-131)。

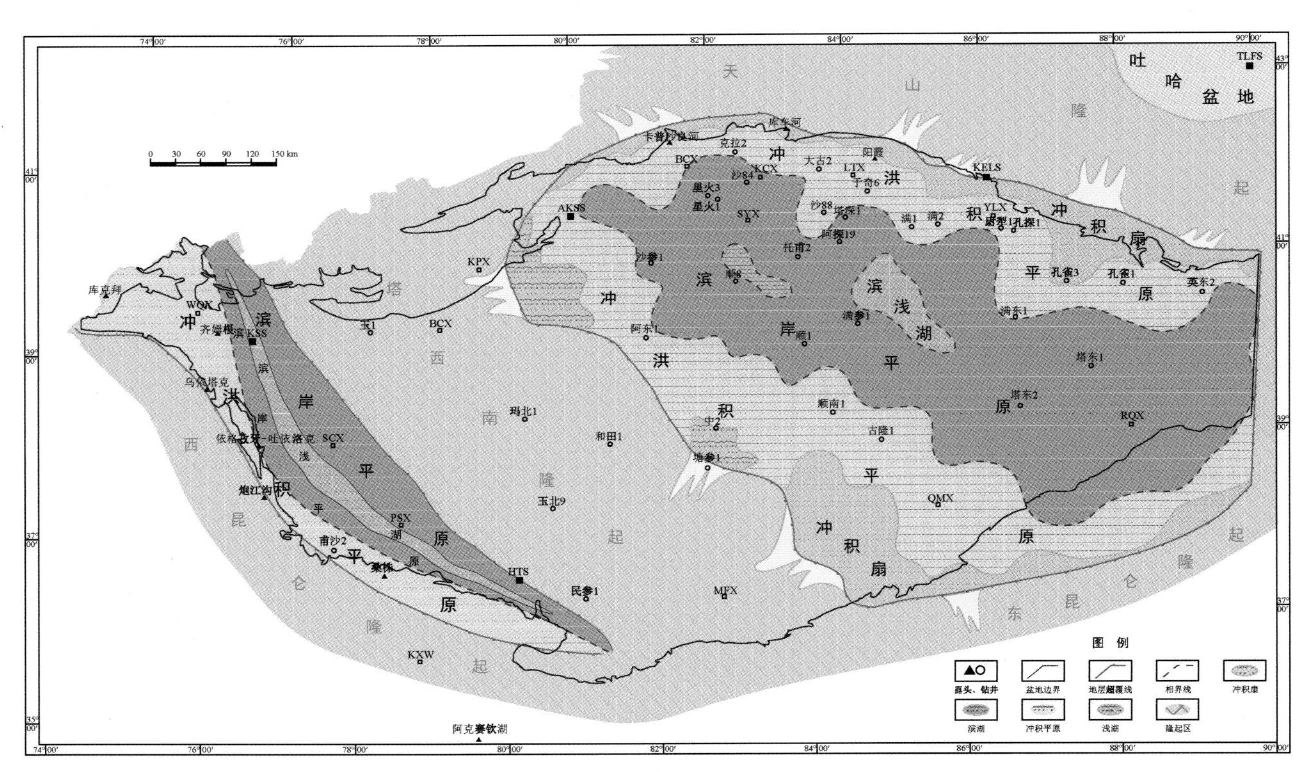

图3-131　塔里木盆地及邻区早白垩世巴什基奇克组沉积期岩相古地理图

五、于奇组沉积期岩相古地理特征

晚白垩世于奇期塔里木盆地的沉积范围和地层分布比下伏巴什基奇克组明显减小，且后期遭受了大面积的抬升剥蚀。沉积格局与早期具一定继承性，主要发育盆地中东部沉积区和塔西南沉积区，前者呈NWW向或近EW向，后者呈NW向长条形展布，二者以塔西南隆起分隔

盆地中东部沉积区以塔东地区为主，也包括塔北和塔中部分地区，相互连通，构成一个统一的拗陷湖盆，沉积-沉降中心偏沉积区中东部，主体位于满加尔拗陷及阿克库勒等邻近地区，规模较大，是沉积物汇聚的主要场所（图3-132）。这一时期，沉积区被北部的天山隆起区、西（南）部的塔西南－塔中隆起区和南部的东昆仑－阿尔金隆起区所环绕，物源供应十分充足，东部在盆地内呈开口状态，未见沉积边界。这一时期，由于地形相对宽缓，环带分布滨岸平原区也随之较宽，尤其是南侧，因此沉积物远距离输送，沉积体系以相对远源的辫状河三角洲为主。冲（洪）积平原区面积较小，主要分布在沉积区的南、北边缘（如塔中28井－且末、英南2井－塔东1井和库南1－赛克1井区），冲积扇成裙带状发育，但规模明显小于巴什基奇克组。

盆地中东部沉积区在于奇期砂岩分布依旧广泛，砂层较多、砂体较厚、含砂率较高（如跃南1井的90%，哈6井的84%，哈2井的86%等），成片成带分布，这些特征已被盆内钻井所证实。这一时期，多处供源，其中九个砂体规模相对较大，均为辫状河三角洲沉积。南侧塘古和古城墟地区发育三个砂体，两大一小，彼此相连成片状分布，整体规模最大。最西边近SN向的砂体自塔中48井－古隆1井区由南向北进入，发育三个主要分支和多个细小分支，呈蜿蜒线状或鸟足状，三角洲平原辫状河道可越过满参1井和顺9井，进入到满加尔拗陷和顺东缓坡地区；中间的砂体规模较小，其平原辫状河道呈多分支状SE-NW向自满南1井区进入延伸至满加尔拗陷，但推进距离稍短；最东边的砂体轴向SE-NW，自塔东1井区推进，其多分支状的平原辫状河道可越过满东1井（并靠近学参1井）进入满加尔拗陷。西南侧卡塔克隆起地区发育一个主要的砂体，具多个分支，规模较大，平原辫状河道以蜿蜒线状呈SW-NE向自阿东1井－满西2井－阿满2井一线推进至顺托果勒低隆，最远可达跃南1井。西侧或西北侧阿瓦提地区发育一个规模偏小近EW向展布的砂体，辫状河道呈鸟足状推进至沙西凸起地区。沉积区北侧库车拗陷地区发育一大一小两个砂体，轴向NNW-SSE或近SN向，西边的一个规模较大，其平原河道经克拉2井并越过沙84井延伸至雅克拉断凸和哈拉哈塘凹陷地区；东边的砂体规模较小，其平原河道经依南2井推进至雅克拉断凸和阿克库勒地区。沉积区东北侧孔雀河斜坡－罗布泊凸起地区发育两个呈NE-SW向规模较大的砂体，都具有多个分支，其平原部分可分别延伸至尉犁1井－群克1井和孔雀1井－英南2井附近。上述九个砂体的三角洲前缘部分彼此相连呈片状分布，面积宽广。相比之下，以塔西南－塔中隆起区和东昆仑－阿尔金隆起区为物源的南侧各砂体更为发育且向盆内的推进距离比以天山隆起区为物源的北侧各砂体相对更远，而西侧、东侧的砂体发育规模和推进距离相对偏小和偏短。沉积区内部的滨浅湖区多为辫状河三角洲前缘的砂质沉积物所充填，从而表现出面积较小的（假象）特征，仅有一小片在盆地西北部出现，对应着含砂率的相对低值区。从盆缘至盆内对应着冲积扇－辫状河-辫状河三角洲平原-辫状河三角洲前缘-滨浅湖的沉积组合。

塔西南沉积区沉积格局与下伏地层有了较大变化，古地势表现出“东高西低”的特征，与之前的“西高中低东缓”差异明显，沉积物东部塔西南隆起两个物源区的影响与控制，从东往西对应发育冲积扇相、河流-三角洲相和滨浅湖相的沉积产物，即靠近塔西南隆起的局部地区可能发育粗碎屑的冲积扇体系及相应窄的冲（洪）积平原带，往西主要发育河流作用为主的滨岸平原带以及细碎屑沉积为主的滨浅湖区，再往西可见潮坪沉积（如喀什拗陷的玉浅1井），继续往西未见到沉积边界（图3-132）。根据周边研究资料，上白垩统的主体分布在塔西南的西部和西北部，多为细粒沉积物，同时出现碳酸盐岩和蒸发岩层，碳酸盐岩中含有广海生物化石，说明沉积环境已开始由陆地逐渐转为浅海。海侵由西向东发生，在早白垩世末期－晚白垩世初期海水已侵至喀什地区。与塔里木地块相邻的西边卡拉库姆地块上，同期地层都由浅海沉积物构成，这反映塔西南地区在当时位于一个大型海盆的东端，因此总体沉积环境应为河口湾。

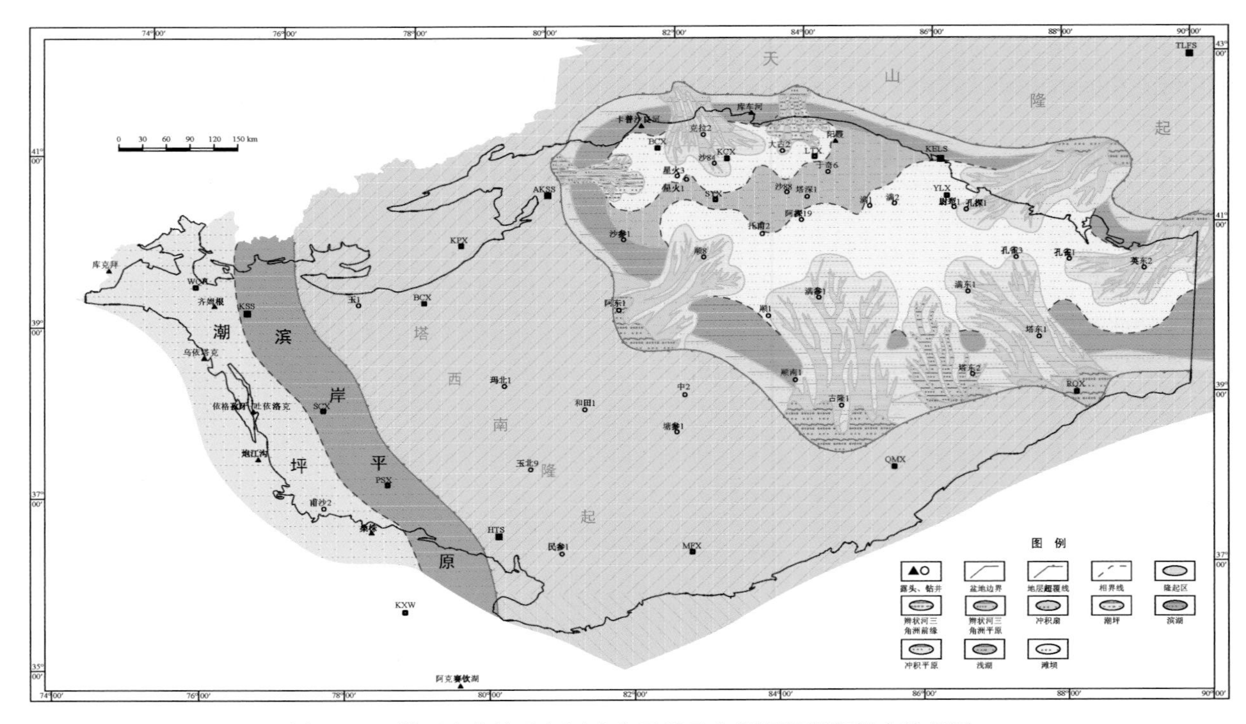

图 3-132　塔里木盆地及邻区晚白垩世于奇组沉积期岩相古地理图

第十一节　新生代山前挠曲盆地古地理特征

自晚白垩世到古近纪时期，中亚大陆的南部大陆边缘已向南移至雅鲁藏布江一线，新特提斯洋向北俯冲于拉萨地体之下，造成大量岩浆侵入活动。塔里木盆地北部古近纪沉积了红色碎屑岩，底部夹有海相碳酸盐，并与下伏下白垩统呈假整合到角度不整合接触关系。在塔里木盆地西部边缘和甜水海、阿富汗—塔吉克地区上白垩统和古近系发育海相沉积，反映该地区可能毗邻新特提斯洋。

古近纪喀喇昆仑地区仍有新特提斯洋拉张作用的影响和挤压应力松弛，塔里木克拉通内部已经由原来分隔的盆地原型统一为全盆范围的原型盆地的组合。古近纪早中期（古新世-始新世）盆地沉积宽广，为裂陷-拗陷发育期，发育库车—阿瓦提拗陷、塔东拗陷与塔西南断陷等沉积主要场所以及塔北隆起、塔南西部隆起等水下隆起。即出现了三种新趋势：一是打破侏罗-白垩纪的格局，库车拗陷越过塔北隆起直接与阿瓦提拗陷相连，并成为一个统一沉降拗陷，这种趋势在后期（N-Q）的演化过程中得到加强，逐渐成为库车—阿瓦提前陆拗陷；二是塔北隆起不再局限在古生代隆起的位置，向 SE 迁移至满西—库尔勒一带，转呈 NE 向；三是塔东大面积拗陷，并与民丰凹陷相连，由于沉降幅度小，仅仅发育冲积平原相。塔西南断陷持续发育，且逐步向拗陷转化。古新世的沉积出现大量膏岩，但自始新世开始整个塔西南（西部）地区广泛发育碳酸盐岩、介壳层以及细粒硅质碎屑岩。古近纪晚期（渐新世），孔雀河斜坡见雏形，此时巴楚隆起已经出露水面，成为剥蚀性隆起，且整个盆地范围有东延趋势。从原型盆地的几何走向看，多呈北东东向，显然与阿尔金右旋走滑断裂的活动有关。

总体上，古近纪早中期在新特提斯洋拉张作用的影响和挤压应力松弛作用下，继承了白垩纪沉积格局，新特提斯洋不断侵入西部，亦波及到库车地区。塔里木盆地持续下沉，古近系分布范围不断扩大，向统一的拗陷盆地转化。除塔西南（尤其是其西部）出现滨海—潟湖相沉积外，其它地区为河流-滨浅湖相红色碎屑岩，库车拗陷内夹有少量海相层。从古新世到始新世，盆地主要表现为水体由西向东的扩大，但总体环境基本保持不变，即向西开口的塔西南断陷、阿瓦提—库车拗陷主要发育盐湖相（和潟湖相），向东水体逐渐变浅，对应的沉积环境也主要是冲（洪）积平原和滨岸平原环境；至渐新世，海水再次逐渐退出盆地西部，以陆相沉积为主。

塔里木盆地及周缘发生的古近纪末构造事件，是盆地演化过程中发生的最重要的构造事件之一，主要与盆地南缘始新世末印度板块与欧亚大陆板块开始碰撞拼贴事件有关。该期构造事件结束了盆地海相沉积的历史；使盆地地处于强烈挤压构造环境，周边山系开始褶皱隆起，差异性升降运动显著加强，盆地进入新近纪再生（复合）前陆盆地演化阶段；造成盆地内新近系与古近系及下伏地层间的削蚀不整合和假整合接触关系。盆地内地震资料表明，巴楚断隆、麦盖提斜坡地区新近系与古近系及下伏地层间不整合关系十分明显，盆地内其它地区则主要为平行不整合或假整合接触关系。

中新世开始，南部远端强烈的碰撞挤压作用明显影响到塔里木周缘造山带。天山隆升并向盆地冲断；西昆仑发生强烈的褶皱和断裂，铁克里克推覆体开始向北逆冲和抬升；阿尔金断裂带和阿合奇断裂带构成塔里木盆地的东南与西北边界，都发生冲断-走滑作用，从而使塔里木盆地处于强转换挤压环境。即新近纪早期（中新世）由于源自喜山拉萨地块向北碰撞，昆仑造山带、阿尔金造山带的崛起，导致塔里木盆地遭受最显著的碰撞后汇聚、形成西南的挤压和东南的左旋走滑压扭作用，北部天山构造域承受南部挤压，周缘隆起带普遍隆升、逆冲，因此导致这一时期塔里木克拉通发育了阿瓦提－库车前陆拗陷盆地、塔西南前陆拗陷盆地、塔东南前陆拗陷盆地和若羌前陆拗陷盆地；由于盆地边界断裂的作用及盆地边界的不规则性，阿瓦提－库车前陆盆地与塔东南前陆盆地呈 NEE 或 NE 向，二者共拥的塔中隆起呈一弧形带展布，西接巴楚隆起（为剥蚀型隆起）。向东则为被沉积物覆盖的库车拗陷和若羌拗陷共同的复合前陆隆起。新近纪晚期（上新世）由于喜山运动的加强，印度板块向欧亚板块的碰撞导致塔里木克拉通遭受汇聚后挤压的远程效应明显，天山、昆仑山、阿尔金山造山带强烈造山，塔里木克拉通周缘隆升、逆冲、走滑、推覆强烈，塔里木盆地在四周褶皱山系不断上升中，逐渐下沉，结束其断陷-拗陷分隔局面，形成一个统一的大型陆内拗陷。周缘山系大量陆缘物质堆积到盆地中来，产生巨厚的内陆沉积盆地，沉积一套滨、浅湖、河流三角洲相红色碎屑岩夹泥膏岩。上新世末-更新世时盆地开始萎缩，在盆地周缘沉积了巨厚的磨拉石-西域砾岩及戈壁砾岩，向盆地内部逐渐变为河流三角洲平原相沉积。由于周围褶皱山系的不断隆升，逐渐造成盆地的强烈封闭，并随着气候干燥而逐渐沙漠化，最终形成塔克拉玛干大沙漠及现今地貌景观。

一、库姆格列木群沉积期岩相古地理特征

古新世-始新世库姆格列木期塔里木盆地的沉积格局发生了显著的改变，由分隔转为统一的断陷－拗陷全盆原型，且具有西部相对开阔、东部相对狭窄的盆地形态特征，其沉积范围和地层分布比晚白垩纪时期更为宽广，面积明显扩大。古地貌特征表明，这一时期塔西南断陷、塔东－塔东南拗陷与库车－阿瓦提拗陷处的地层厚度相对较大，大致出现“西厚东薄”或古地势“西低东高”的趋势（图 3-133）。

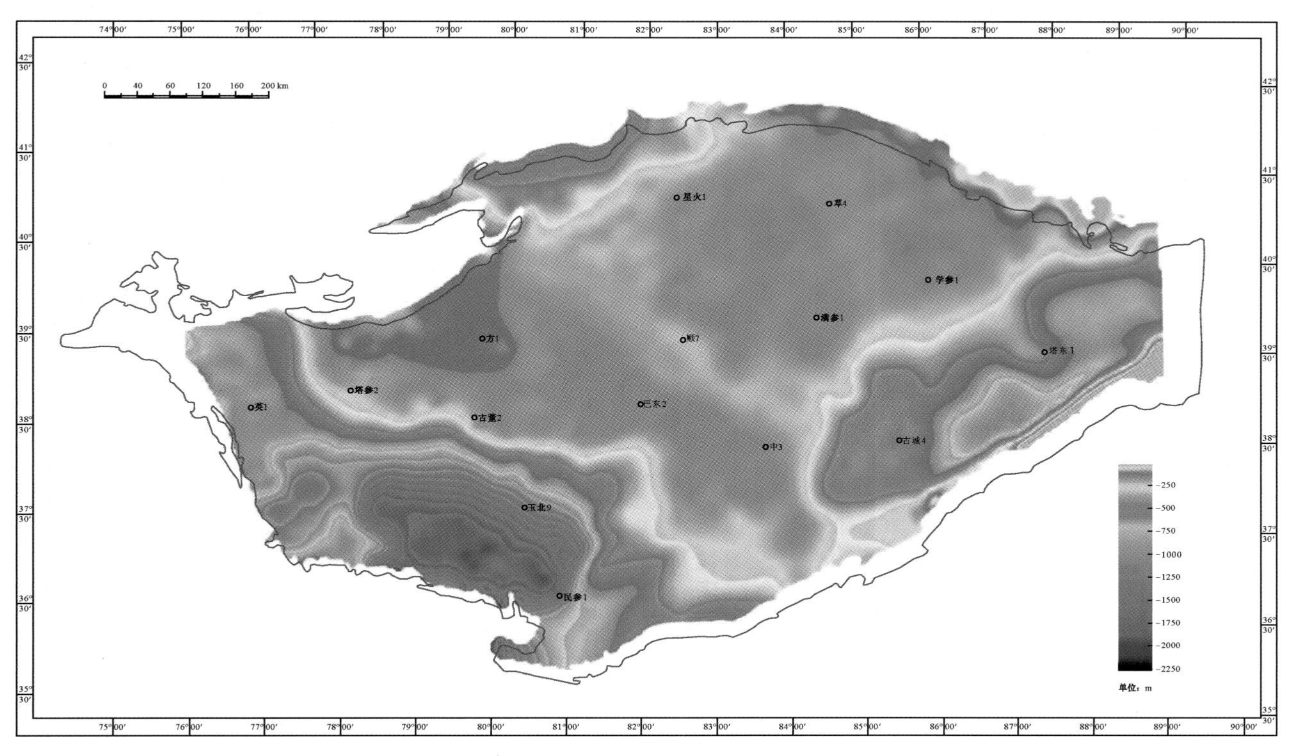

图 3-133 塔里木盆地及邻区古新世-始新世库姆格列木群沉积期底面古地貌图

晚白垩纪的海侵，至古近纪规模有所扩大，主要影响盆地塔西南及库车—阿瓦提局部地区，推测其海水主体由 SW 向 NE 逐步推进。同时，古近纪古气候仍为干旱炎热，早期宽而浅的湖泊因这种更趋强烈的蒸发和浓缩作用而出现明显的咸化特征（局部称膏盐湖），相应的膏盐和盐岩或呈厚层状产出，或夹于细粒陆源碎屑沉积物之中，或互层出现。因此，这一时期的沉积类型多样，既包括盆地西部的海相沉积，又包括盆地中部的海陆混合沉积，还包括盆地东部的陆相沉积。从海至陆，相应相带大致呈凸弧形或新月形近平行于岸线展布，且西宽东窄。

受古近纪初全球海平面上升的影响，塔西南遭受大规模海侵，因此古新世—始新世塔西南断陷沉积范围广泛，沉积厚度在东、西部地区差异明显，西部地区厚度明显大于东部地区，向 NE 方向逐渐变薄，发育喀什凹陷和叶城凹陷两个沉积中心，叶城凹陷最厚，沉积格局的总体走向为 NW-SE 方向（图 3-134）。沉积环境在西部以局限台地相为主，其中浅水碳酸盐岩广布（盆地内包括杨 1 井、克 42 井、明 1 井、喀 1 井、喀什市、英 3 井、英 1 井、棋北 1、叶城县、固 3 井、柯 13 井、乌 1 井、柯 14 井、甫 1 井、甫 2 井、甫沙 2 井、柯东 2 井、玉参 1 井以及皮山县附近区域），在西部塔吉克盆地和喀什西南部地区发育厚层状碳酸盐岩，主要岩性为泥灰岩、灰泥岩以及生物灰岩等，同时夹有泥岩和少量泥质粉砂岩。往东至盆地中部地区，主要发育潮坪-潟湖-咸化湖泊相，即以碳酸盐岩-膏盐和盐岩-砂、泥等硅质碎屑岩混合沉积为主，根据沉积物组成可进一步划分出膏盐坪、混合坪和砂坪，西边的膏盐坪在地理位置上包括伽师县、麦盖提县、莎车县等，其东边界在玉 1 井—皮山北 2 井—玉北 6 井—玉北 9 井—胜和 1 北部一线，岩性除少量碳酸盐岩外，膏盐岩较多，主要为白色、灰白色膏岩、膏泥岩以及部分棕红色、褐色泥岩、泥质粉砂岩等；混合坪以膏盐岩与砂、泥岩的不等厚互层为特征，分布面积较广，其西北及东部边界为阿 2 井—克拉 2 井—英买 19 井—伊敏 4 井—阿满 2 井—满西 2 井—和 8 井—和田 1 井等所围限，包括库车拗陷部分地区，阿瓦提拗陷、巴楚隆起及塔西南部分地区；混合坪以北、以东、以南的砂坪地区以砂岩沉积为主，也含泥岩和少量呈薄夹层产出的膏盐岩，实际上与外侧辫状河三角洲的前缘砂体重叠。这一时期，巴楚隆起对塔西南和库车—阿瓦提地区有所隔挡，后者以 NE 向展布为主，局部地区见间歇性的海水漫入（潮坪-潟湖相），主体（尤其是始新世）以较大面积咸化湖泊为主。

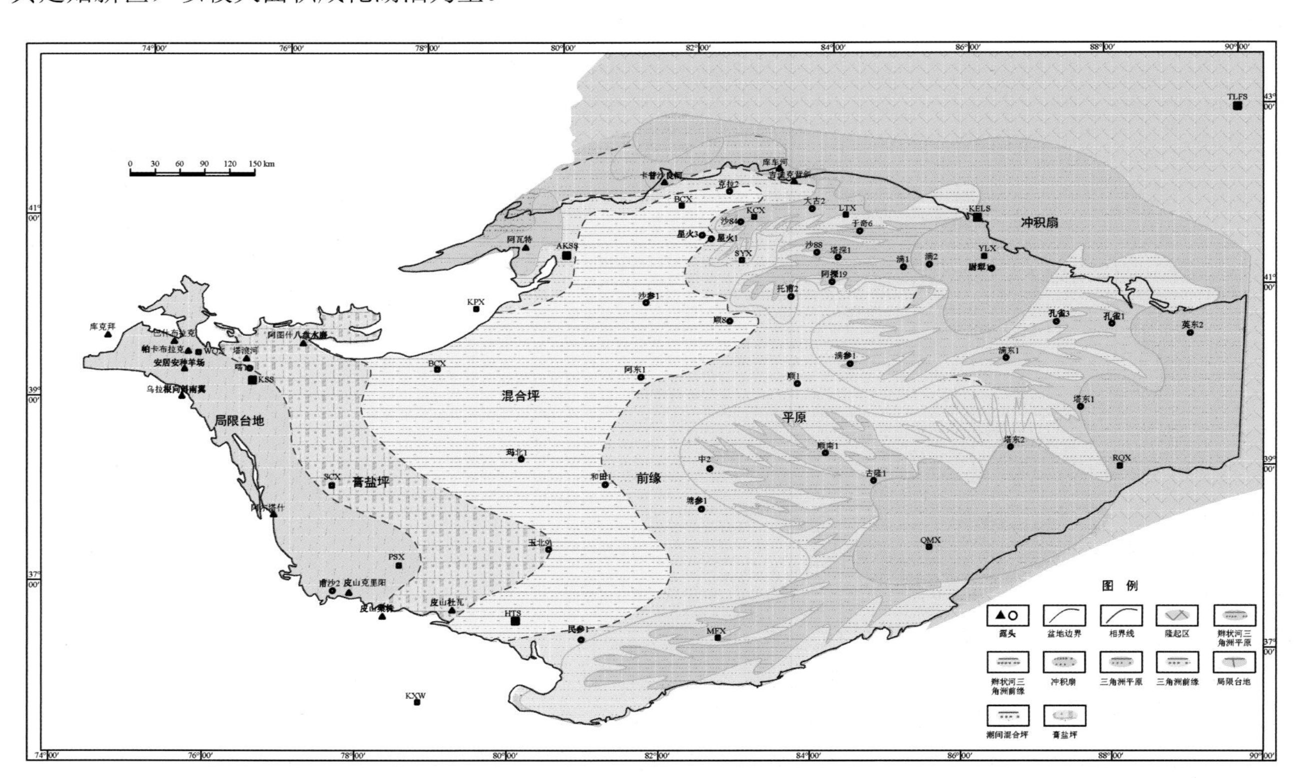

图 3-134　塔里木盆地及邻区古新世-始新世库姆格列木群沉积期岩相古地理图

库姆格列木期，塔北（含塔西北、塔东北等）、塔东、塔东南地区从盆缘至盆内发育冲积扇-辫状河三角洲平原-辫状河三角洲前缘的陆相沉积组合，具有相对较宽、带状分布的冲（洪）积平原区、滨岸平原区（图 3-134）。物源体系主要来自北部的天山隆起区和南部的阿尔金隆起区，多处供源，砂体发育，具有远源、砂体厚度较大、含砂率较高、延伸较远的特点，均为辫状河三角洲为主的沉积，沉积物主要为棕红色、灰褐色砾岩、砂砾岩、含砾砂岩、砂岩等。在库车拗陷乌什凹陷北部和拜城凹陷北部分别发育一个轴向 NW-SE 向和近 SN 向呈朵叶状分布的砂体，规模较小，近端具冲积扇，往盆内逐渐相变为辫状河三角洲平原及前缘，西部的一个其平原延伸至乌什县附近，前缘则可达阿克苏市和阿 2 井区；东部的一个其平原和前缘延伸距离更短，最远未进入现今拜城拗陷内部。盆地东北侧阳霞凹陷、库尔勒鼻凸和孔雀河斜坡地区发育连片砂体，规模很大，分布范围广泛，轴向 NE-SW，其近端冲积扇相连成扇裙，推进至依南 2 井－提 3 井－草 7 井－草 1 井－学参 1 井附近，再往 SW 方向，则相变为辫状河三角洲平原，多分支的辫状河道向盆内延伸，大致构成一小两大三个朵叶体，其中北朵叶体规模稍小，经雅克拉断凸（如沙 84 井、桥古 4 井）进入哈拉哈塘凹陷（如东河 8 井）和沙西凸起（如沙 13 井）地区；中间朵体经草湖凹陷（如草 6 井、于奇 8 井等）和满加尔拗陷（如满 1 井、波斯 1 井等）、阿克库勒凸起（如草 3 井、艾丁 16 井、沙 94 井等）和顺东缓坡北缘（如阿探 11 井等）由东往西进入哈拉哈塘凹陷（托甫井区，如托甫 38 井、托甫 43 井），最远可达跃参 1 井和哈得 14 井区；南朵叶体经孔雀河斜坡（如尉犁 1 井、群克 1 井）进入满加尔拗陷（如学参 1 井）和顺东缓坡（如满参 1 井）。这一成片三角洲砂体的前缘部分延伸更远，与东侧、东南侧三角洲砂体的前缘亦能相接，最远端与可达混合坪的外边界。盆地东部和东南部砂体的发育亦基本连片，规模大，面积广，从东部的近 EW 向到东南部的 SE-NW 向及其最西侧的 NEE-SWW 向，其近端冲积扇相同样以扇裙形式出现，大约可至英南 2 井东部－塔东 1 井－塔东 2 井－古隆 1 井－塔中 48 井－塘古 1 井一线附近，再往 W、NW 或 SWW 方向，则逐渐相变为辫状河三角洲平原，多分支的辫状河道向盆内延伸，大致构成五个朵叶体，其中东部的两个朵叶体规模较小，分别自罗布泊凸起和塔东凸起进入满加尔拗陷（如孔雀 1 井－孔雀 3 井、满东 2 井－满东 1 井），远端并入东北侧砂体的南朵体，随之一起向西、向盆地内部推进；东南部的三个朵叶体规模不一，其中东朵叶体最小，自罗布庄断凸经塔东 2 井、满南 1 井 NW 向进入满加尔拗陷，辫状河三角洲平原区最远接近满参 2 井附近；中朵叶体面积较大，平原辫状河道表现为三个主要分支和多个细小分支，北支呈 SE-NW 向经古城低凸（如古隆 2 井、古隆 3 井）至顺南缓坡（如塔中 32 井、塔中 34 井）、顺托低凸（接近顺 1 井），中支呈 SEE-NWW 向经古城低起（如古隆 1 井）、塘古凹陷东缘并主要沿卡塔克隆起向盆内延伸，最远可达中 16 井附近，南支呈 NE-SW 向或近 EW 向，从东向西延伸，主要分布在塘古凹陷，最远靠近塘北 1 井东南部；西朵叶体规模较大，向 SWW 延伸很远，经民丰县、于田县直至民丰凹陷西侧的盆地边界。同样的，东部和东南部成片三角洲砂体的前缘部分继续向盆地内部推进，与东北侧三角洲砂体的前缘彼此相接，最远端与可达混合坪的外边界。整体上，这一时期塔东北、塔东、塔东南的陆源碎屑岩供应都较充足，砂体十分发育。

二、苏维依组沉积期岩相古地理特征

渐新世苏维依期塔里木盆地的沉积格局与古新世－始新世虽具一定继承性，但变化较大，主要表现为海侵结束，其沉积范围和地层分布广泛，具全盆断陷-拗陷的原型性质，古地势“西低东高”，盆地整体形态表现出西部相对开阔、东部相对狭窄的特征。

渐新世苏维依期，干旱炎热的古气候加上西部海盆的逐渐闭塞和海水的退出使得盆地中、西部地区咸化湖泊的特征极为明显。盆地东部地区则以冲（洪）积平原（冲积扇）-滨岸平原（河流）-辫状三角洲等陆相沉积为主，相应相带近平行于岸线展布，且西宽东窄。因此，这一时期以陆相沉积为主（图 3-135）。

渐新世时期，海侵结束，塔西南和盆地中部地区滨浅湖相发育，岩性以膏盐岩与砂、泥岩的不等厚互层为主，在盆地中北部明显向东延伸较远，可至满加尔拗陷学参 1 井区，湖盆边界大致为拜城县－克拉 2 井北部－秋南 1 井－星火 2 井－哈 6 井－跃参 1 井西部－哈得 3 井－哈得 10 井－学参 1 井－满东 1 井西部－满参 2 井北部－满西 1 井－中古 19 井－塔中 49 井－中 2 井－于田县南部等所围限，跨越了盆内很多构造单元（包括库车拗陷、沙雅隆起、顺托果勒低隆、满加尔拗陷、卡塔克隆起、塘古巴斯拗陷、东南断隆）的部分地区。

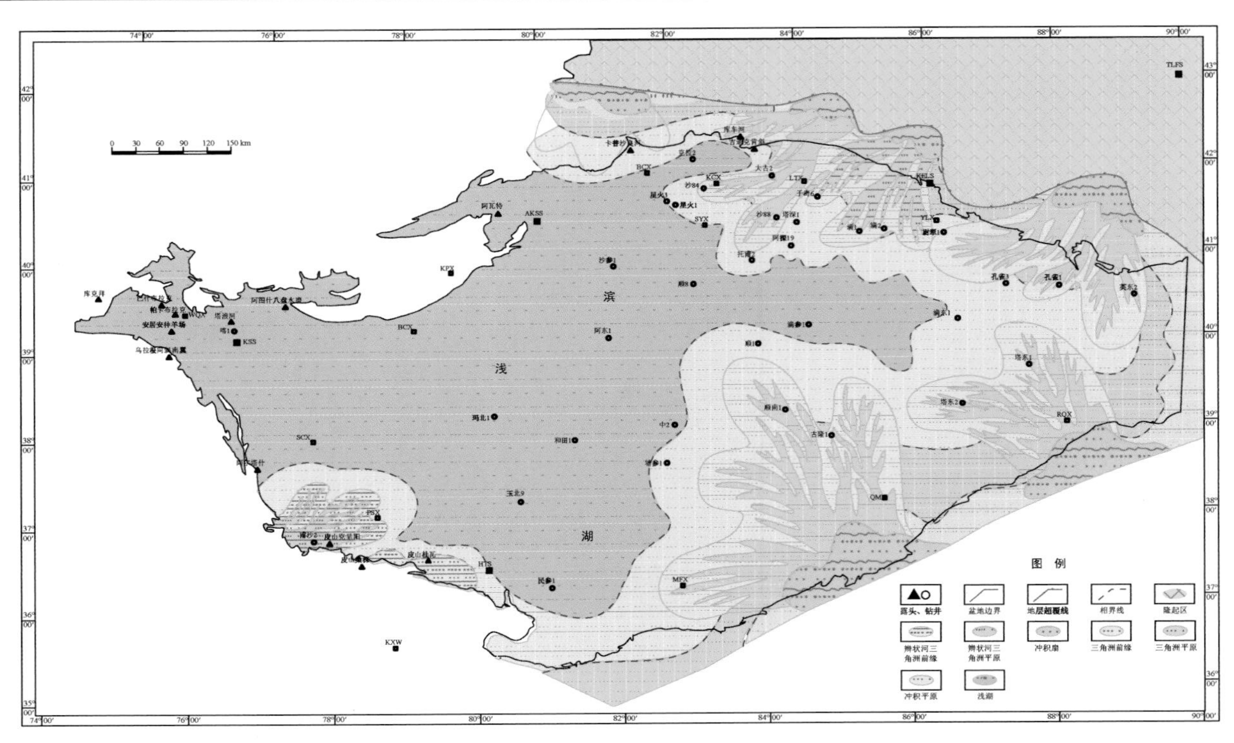

图 3-135　塔里木盆地及邻区渐新世苏维依组沉积期岩相古地理图

苏维依期，塔西南、塔北（含塔西北、塔东北等）、塔东、塔东南地区从盆缘至盆内发育冲积扇-辫状河三角洲平原-辫状河三角洲前缘的陆相沉积组合，具有相对较宽、带状分布的滨岸平原区，冲（洪）积平原区规模明显减小，相带表现出较窄的特征。物源体系主要来自北部的天山隆起区以及南部的昆仑隆起区和阿尔金隆起区，多处供源，砂体较发育，具有远源、砂体厚度较大、含砂率较高、延伸较远的特点，以辫状河三角洲沉积为主，其整体规模比下伏地层有所减弱。沉积物主要为棕红色、灰褐色砾岩、砂砾岩、含砾砂岩、砂岩等，局部泥岩夹层较多。这一时期，8 个砂体最为显著。塔西南拗陷叶城凹陷西南部发育两个 SW-NE 向呈朵叶状分布的砂体，基本连片，规模西大东小，盆内未见其近端冲积扇部分，推测其物源来自盆外更南部，其中西部辫状河三角洲砂体延伸较远，具多分支的辫状河道，沿西昆仑山前冲断带向叶城凹陷推进，平原区可达叶城县和皮山县一带（包括甫沙 2 井、乌 1 井、固 3 井等），前缘最远可至棋北 1 井及皮山北新 1 井区北侧；东部辫状河三角洲砂体面积较小，延伸较短，主要分布在桑株 1 井和胜和 1 井区。塔北库车拗陷拜城凹陷北部发育一个近 SN 向呈朵叶状分布的砂体，规模较小，近端具小型冲积扇，往盆内逐渐相变为辫状河三角洲平原及前缘，其延伸距离较短，最远未进入现今拜城拗陷内部。盆地东北侧阳霞凹陷、库尔勒鼻凸和孔雀河斜坡地区分别发育一个砂体，规模整体较大，均呈 NE-SW 向，其近端冲积扇面积不大，仅分布在盆缘的出山口，多呈孤立扇形，往 SW 盆内方向很快相变为辫状河三角洲平原，多分支的辫状河道向盆内延伸，大致构成三个大的朵叶体。其中前两个砂体基本连片，后一个砂体相对独立，其平原辫状河道均表现为三个主要分支和多个细小分支，各自对应形成三个次级朵体。阳霞地区砂体平原辫状河道北侧主分支规模稍小，NEE-SWW 向，主体分布在现今盆地范围以外；中间主分支和南侧主分支规模较大，分别沿雅克拉断凸（如大古 1 井）和阿克库勒凸起（如轮西 1 井）向盆内推进，最远可达沙 84 井区和托甫 28X 井区。库尔勒地区砂体的中间主分支延伸距离相对较远，其余两支延伸距离略短，北侧主分支向阿克库勒凸起推进，最远可达于奇 1 井－草 3 井附近；中间主分支经草湖凹陷（如草 6 井）进入到满加尔凹陷，最达可越过波斯 1 井；南侧主分支主要经普惠 1 井进入到满加尔拗陷。孔雀河地区砂体主要向满加尔拗陷延伸，其北侧主分支最远可越过群克 1 井与库尔勒地区砂体南侧主分支相接；中间主分支分布在孔雀 1 井和维马克 1 井地区；南侧主分支近 SN 向，越过英南 2 井－米兰 1 井一线向拗陷内推进。盆地东南侧阿尔金断隆分别经塔东凸起和古城低凸地区各发育一个砂体，整体呈 SE-NW 向，其中塔东地区砂体发育两个主要分支和多个细小分支，东侧主分支对应塔东 1 井地区，西侧主分支对应塔东 2 井－满南 1 井区，最远刚达现今满加尔拗陷东南缘；古城地区砂体发育四个主要分支和多个细小分支，其主要分支从东往西轴向有所变化，从最东侧的近 SN 向变为SSE-NNW向和SE-NW再到最西侧的近EW向，最东侧主分支主要向顺南缓坡延伸，平原辫状河道最远可靠近塔中34井区，中间两主分支主要向卡塔克隆起和塘古凹陷延伸，最达可达塔中85井附近，最西侧主分支主要向民丰凹陷延伸，最远可越过民丰县。

渐新世初沉积环境发生很大的变化，海水最终退出塔里木盆地西南地区，结束了海相盆地沉积演化历史，盆地进入了活跃的构造环境。

三、新近纪岩相古地理特征

新近纪塔里木盆地进入到再生前陆盆地演化阶段，因喜山（或喜马拉雅）运动的强烈挤压，其周缘天山、昆仑山、阿尔金山剧烈造山、隆升、逆冲、走滑、推覆，使盆地逐渐沉降，盆山耦合的结果于中新世分别在天山山前形成了库车一阿瓦提前陆拗陷盆地，在昆仑山前发育了塔西南前陆拗陷盆地，在阿尔金山前发育了塔东南前陆拗陷盆地，对应三个沉积中心，进而于上新世完全形成一个统一的大型陆内拗陷。

这一时期，塔里木盆地发育多个物源体系，供源十分充足，因此相应的洪积、冲积、河流、扇三角洲等粗碎屑陆源沉积分布极为广泛（砂、砾岩为主），且多呈裙带状出现。沿各造山带的山前地带地势较陡，以冲积扇、扇三角洲的集中分布为主，然后向盆地内部的地势逐渐变缓，河流作用十分显著，盆地腹部出现较小范围的咸化滨浅湖区，上述沉积整体呈环带分布特点（图3-136）。中新世具有“北高南低”的古地势，盆内气候趋于炎热，大量物源不断向盆地内堆积，因而在山前沉积了冲积扇及扇三角洲相，厚度巨大，并分别向南、向北急剧减薄，含砂率也是“南、北高中间低”，从盆缘至盆地腹部出现冲积扇-河流-咸化湖泊和扇三角洲-咸化湖泊的沉积组合。上新世沉积时，周边山系急剧隆升,盆地与周边山系的高差悬殊，使大量的粗碎屑注入盆地，由于此时气候干旱、风化增强，开始出现沙漠沉积。上新世末的喜山运动使周边山系继续隆升，形成广泛分布的山麓冲积扇、冲（洪）积平原。

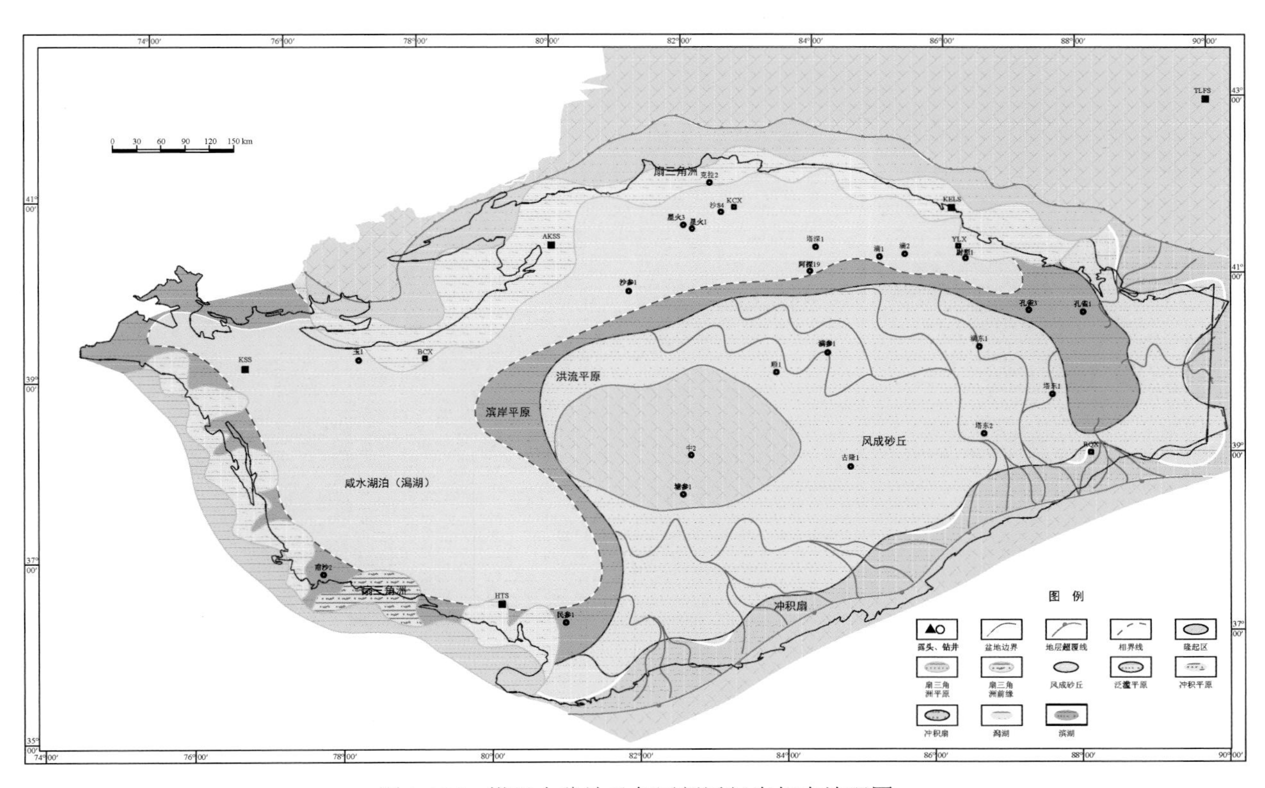

图3-136　塔里木盆地及邻区新近纪岩相古地理图

盆地西北侧、北侧以天山隆起区为物源，主要为短距离输送，环带状分布的滨岸平原区较窄，相应的砂体展布呈朵叶状，以发育近岸的扇三角洲为特征，其中八个规模较大，多数彼此相连成裙带状延伸至盆内滨浅湖区，最西边的两个砂体规模最大，呈NW-SE向，其前缘可延伸至巴楚县一图木舒克市—阿瓦提县北部附近，其余砂体规模相差不大，从中部的近 SN 向变化为东部的 NE-SW 向向盆内沉积区推进，其前缘大约可达拜城县—克拉 2 井—依南 2 井—尉犁县一线。盆地西南侧以昆仑山为物源，与西北侧、北侧相似，山前发育较窄的滨岸平原区，其地理位置与西昆仑山前冲断带基本一致，以短距离输送的扇三角洲沉积为主，砂体呈 SW-NE 向展布的朵叶状，相邻朵体相连成裙带状分布，逐渐向盆内咸化湖泊推进，其中 7 个朵体规模较大。盆地东南侧、东侧以阿尔金山为主要物源，其隆升幅度很大，在其山前发育众多近源的冲积扇群，轴向 SE-NW 以及近 EW 向，往盆内方向，为广阔的洪流平原区以及环带分布的滨岸平原区，河流等推进距离很远，分布范围较大，深入至盆地腹部滨浅湖区。此外，塔中局部地区（为和田 1 井—玛东 1 井—塘参 1 井南部—中 3 井—塔中 43 井—顺南 1 井—塔中 33 井—顺 2 井—和 8 井北部所围限）在新近纪抬升隆起为暴露剥蚀区，晚期在其东侧发育风成砂丘沉积，沉积物分选、磨圆较好。

第十二节　沉积演化及充填模式

一、海相碳酸盐岩沉积演化及充填模式

沉积模式是沉积相的概括和总结，塔里木盆地海相碳酸盐岩发育在寒武系-奥陶系。

根据塔里木盆地寒武纪沉积相发育分布规律及西部碳酸盐台地性质的差异性，沉积模式可归纳为 3 种：①下寒武统玉尔吐斯组古陆-潮坪-陆棚-欠补偿盆地—肖尔布拉克组台地-台缘-斜坡-陆棚-欠补偿盆地沉积模式；②下寒武统吾松格尔组—下-中奥陶统鹰山组台地-台缘-斜坡-陆棚-欠补偿盆地沉积模式；③中奥陶统一间房组台地-台缘—上奥陶统恰尔巴克组淹没台地—良里塔格组台地-台缘-斜坡-陆棚-欠补偿盆地—桑塔木组混积陆棚-（浊积）盆地沉积模式。

1. 下寒武统玉尔吐斯组古陆-潮坪-陆棚-欠补偿盆地—肖尔布拉克组台地-台缘-斜坡-陆棚-欠补偿盆地沉积模式

玉尔吐斯组沉积期为海侵期，巴楚隆起中部、东南部和卡塔克隆起为古陆，玉尔吐斯组沉积缺失，沉积间断最大达 12Ma 以上。围绕该古陆主要在巴楚隆起、麦盖提斜坡和卡塔克隆起发育环带状分布的潮坪，潮坪向西南、东北相变为陆棚-欠补偿盆地。西南方向过渡到北昆仑洋，东北方向过渡到南天山洋（图 3-137）。

肖尔布拉克组沉积期，塔里木盆地展现了西台东盆的沉积格局，巴楚隆起—卡塔克隆起发育局限台地，局限台地向南至麦盖提斜坡北部，向北至阿瓦提—顺托果勒—沙雅隆起发育大面积开阔台地，反映台地向南、向北水体变深、水循环变好。肖尔布拉克组碳酸盐台地的生长是渐进的，与玉尔吐斯组陆棚沉积呈彼此消长的关系。从巴楚隆起向北肖尔布拉克组碳酸盐台地逐渐向北东推进形成 3 期缓坡，直至形成最终的镶边陆棚台地边缘（图 3-137）。

2. 下寒武统吾松格尔组—下-中奥陶统鹰山组台地-台缘-斜坡-陆棚-欠补偿盆地沉积模式

下寒武统吾松格尔组—下-中奥陶统鹰山组沉积期，塔里木盆发育地台地-台缘-斜坡-陆棚-欠补偿盆地，塔里木陆块北缘是南天山洋，南缘为北昆仑洋和阿尔金洋。陆块内部呈现西台东盆的沉积格局，西部为塔中—塔北统一的碳酸盐或硫酸盐台地，东部为满加尔欠补偿盆地（图 3-138）。

台地性质具差异性，蒸发台地（碳酸盐 + 硫酸盐 + 氯化物）、局限台地和开阔台地均不同程度发育，反映了浅水台地受海平面变化和古气候变化的影响。

3. 中奥陶统一间房组台地-台缘—上奥陶统恰尔巴克组淹没台地—良里塔格组台地-台缘-斜坡-陆棚-欠补偿盆地—桑塔木组混积陆棚-（浊积）盆地沉积模式

一间房组—恰尔巴克组—良里塔格组-桑塔本组沉积期有两个显著的特点：一是南部的北昆仑洋和阿尔金洋关闭；二是陆块西台东盆的沉积格局没有改变，但西部台地出现了南北向分异、东西向延伸的隆拗格局（图 3-139）。

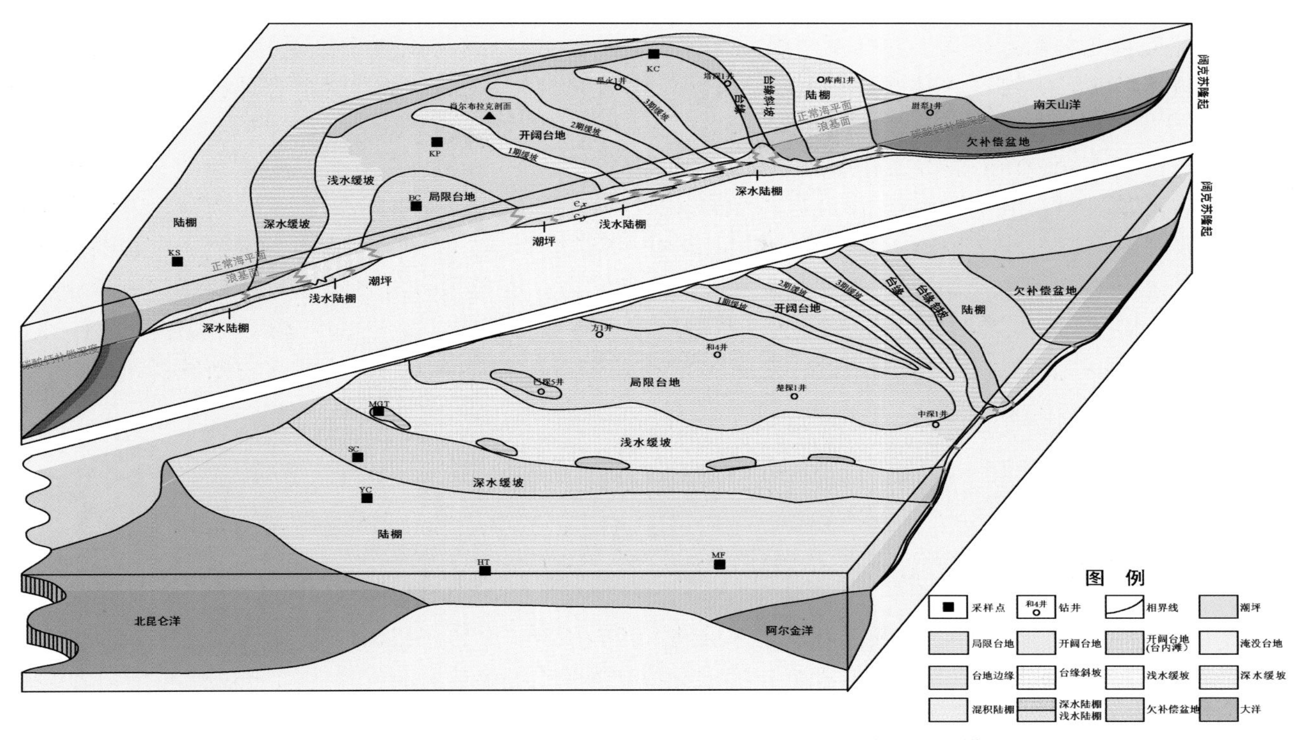

图 3-137　塔里木盆地下寒武统玉尔吐斯组—肖尔布拉克组沉积模式

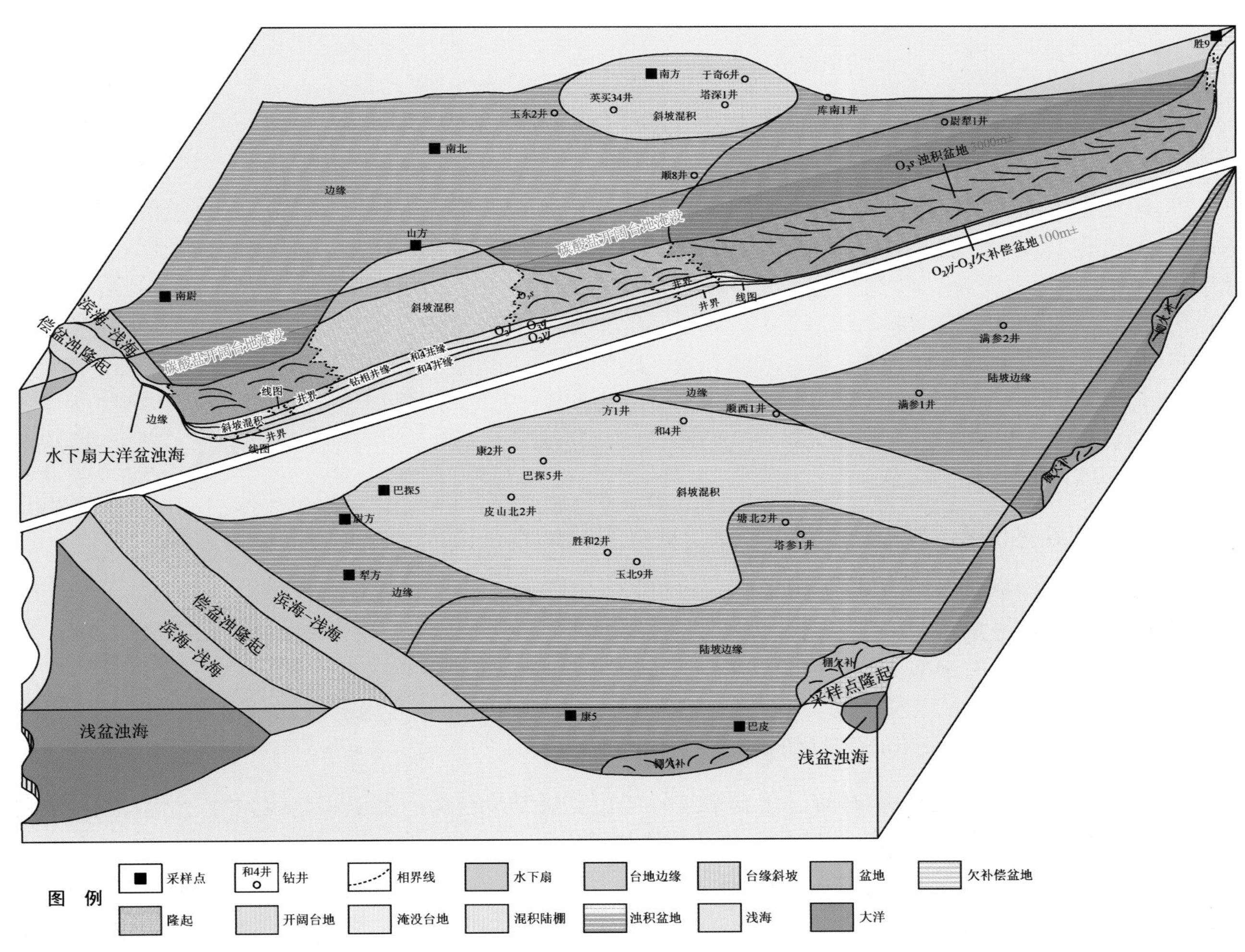

图 3-138　塔里木盆地下寒武统吾松格尔组—中下奥陶统鹰山组沉积模式

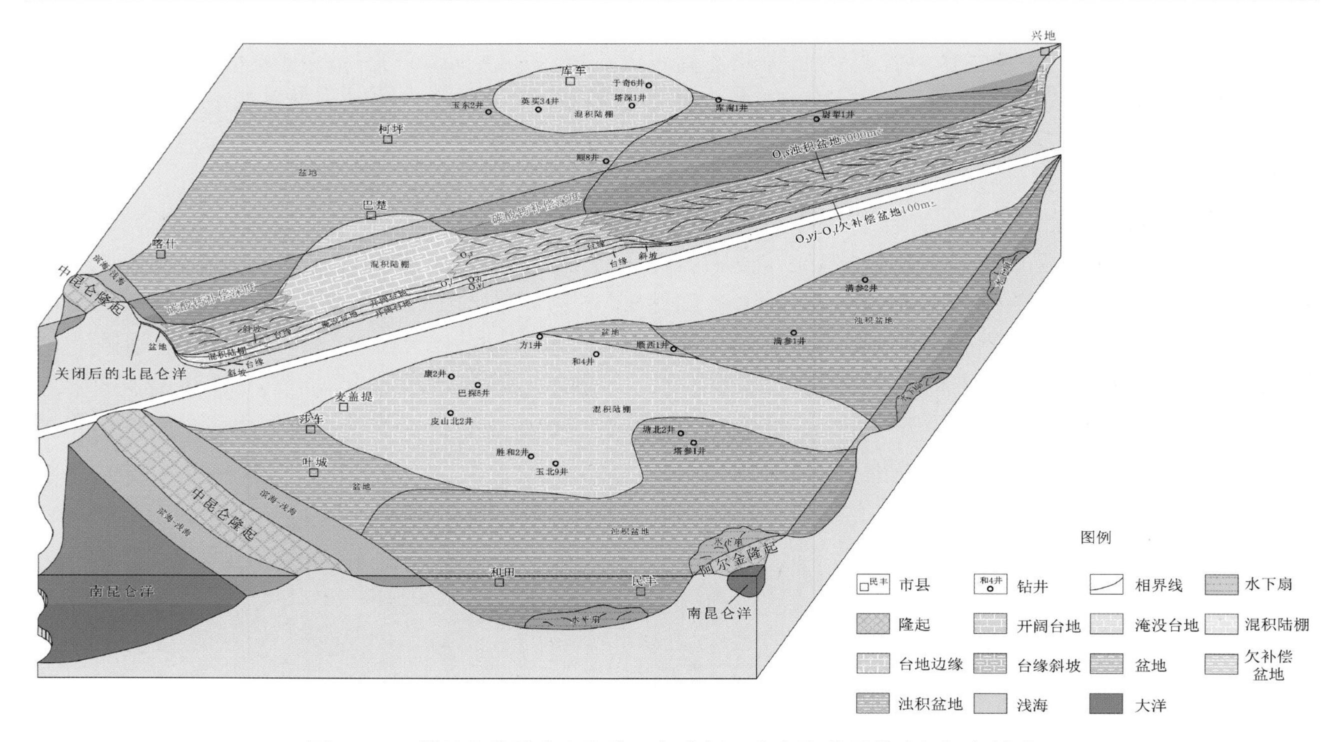

图 3-139　塔里木盆地中奥陶统一间房组—上奥陶统桑塔木组沉积模式

一间房组沉积期，陆块内部呈现西台东盆的沉积格局，西部发育塔中—塔北统一的开阔台地，但在顺托果勒东部出现深水湾区，东部满加尔为欠补偿盆地。

恰尔巴克组沉积期，受同期全球海平面上升影响，此前的开阔台地遭受淹没，形成淹没台地。南部的北昆仑洋和阿尔金洋基本关闭，受此影响淹没台地出现了南北向分异、东西向延伸的隆拗格局，塔北、塔中、塔南发育 3 个东西向延伸的淹没台地，尤以塔中淹没台地最为明显。东部满加尔为欠补偿盆地。

良里塔格组沉积期，西部塔北、塔中和塔南发育 3 个开阔台地，其间被台间陆棚分隔。东部满加尔为欠补偿盆地。

桑塔木组沉积期，明显受北昆仑洋和阿尔金洋关闭完成的构造控制和同期全球海平面上升影响。北昆仑洋和阿尔金洋关闭完成形成造山带（陆源剥蚀区），为陆块内部提供了充足的物源。受同期全球大规模海平面上升影响，西部发育混积陆棚-盆地，东部盆地性质由欠补偿盆地变为浊积盆地，物源来自南部造山带，沉积巨厚（最厚超过 3000m）。桑塔木组下部，满加尔浊积盆地物源明显来自盆地南部，浊积发育由南向北的“泥质”前积。桑塔木组上部，塔中古地貌高部位阻挡了来自南部的物源，浊积主要物源方向从西部绕过塔中古地貌高部位，从顺托果勒方向注入满加尔浊积盆地，形成了由西向东大规模的“泥质”前积。

二、海相碎屑岩沉积演化及充填模式

1. 晚奥陶-早中泥盆世前陆-拗陷盆地阶段沉积演化特征

中奥陶世桑塔木期，塔里木盆地全面接受海侵，水深增大，主体为浅海陆棚和深水盆地相环境，清水碳酸盐岩沉积终结。至晚奥陶世，伴随着东南部阿尔金构造系的持续隆升挤压，以及北部天山构造系向 SW 方向隆升，陆源碎屑开始成为塔里木盆地主要的沉积物类型，进入海相碎屑岩沉积演化阶段。整个晚奥陶-早中泥盆世塔里木盆地属于前陆-拗陷盆地性质（图 3-140）。

（1）隆拗格局演化。整个志留纪-早中泥盆世，塔里木盆地隆起区具有南北分带特点，塔里木东南部隆起区持续暴露隆升，范围总体比较稳定；塔里木东北部隆起区经历了孤立、分割，到自东向西逐渐拼合的演化过程，最终成为一个统一的塔里木东北部隆起区，但面积明显小于南部隆起区。整个塔里木台盆地区为比较稳定的拗陷区，地势总体东高西低，北部早期开口，晚期封闭。

（2）沉降中心迁移。塔里木盆地志留纪-早中泥盆世的沉降中心总体位于盆地西部偏北区域。柯坪塔格组沉积期，沉降中心分隔性明显；至塔塔埃尔塔格和依木干他乌组沉积期，伴随着北部隆起带的拼合，沉降中心向西偏移，主要局限在柯坪隆起的东南和西南部地区；至早中泥盆世克孜尔塔格组沉积期，沉降中心继续西迁，总体位于麦盖提—莎车—叶城以西一带。

（3）沉积充填演化。塔里木盆地志留纪-早中泥盆世主要的碎屑物源区为东南、东北、北部的古隆起区。早期北部隆起孤立发育，物源供给能力有限，发育的三角洲（扇三角洲）沉积体规模总体偏小，而东南部物源区比较稳定，持续发育规模较大的三角洲体系。总体的沉积环境背景是早期开阔陆表海-中期半开放陆表海-晚期局限陆表海（有障壁）的演化过程。值得注意的是，局限陆表海演化阶段，早期依木干他乌组沉积期的潮间障壁砂脊总体位于现今满加尔拗陷西侧一带，满加尔拗陷总体显示为潟湖环境；晚期克孜尔塔格组沉积期由于南北两侧隆起向盆内扩大，在现今巴楚—麦盖提一带，受沿岸流和碎屑物源的影响，形成了潮间障壁砂坝，塔里木台盆区总体成为一个大的潟湖环境。

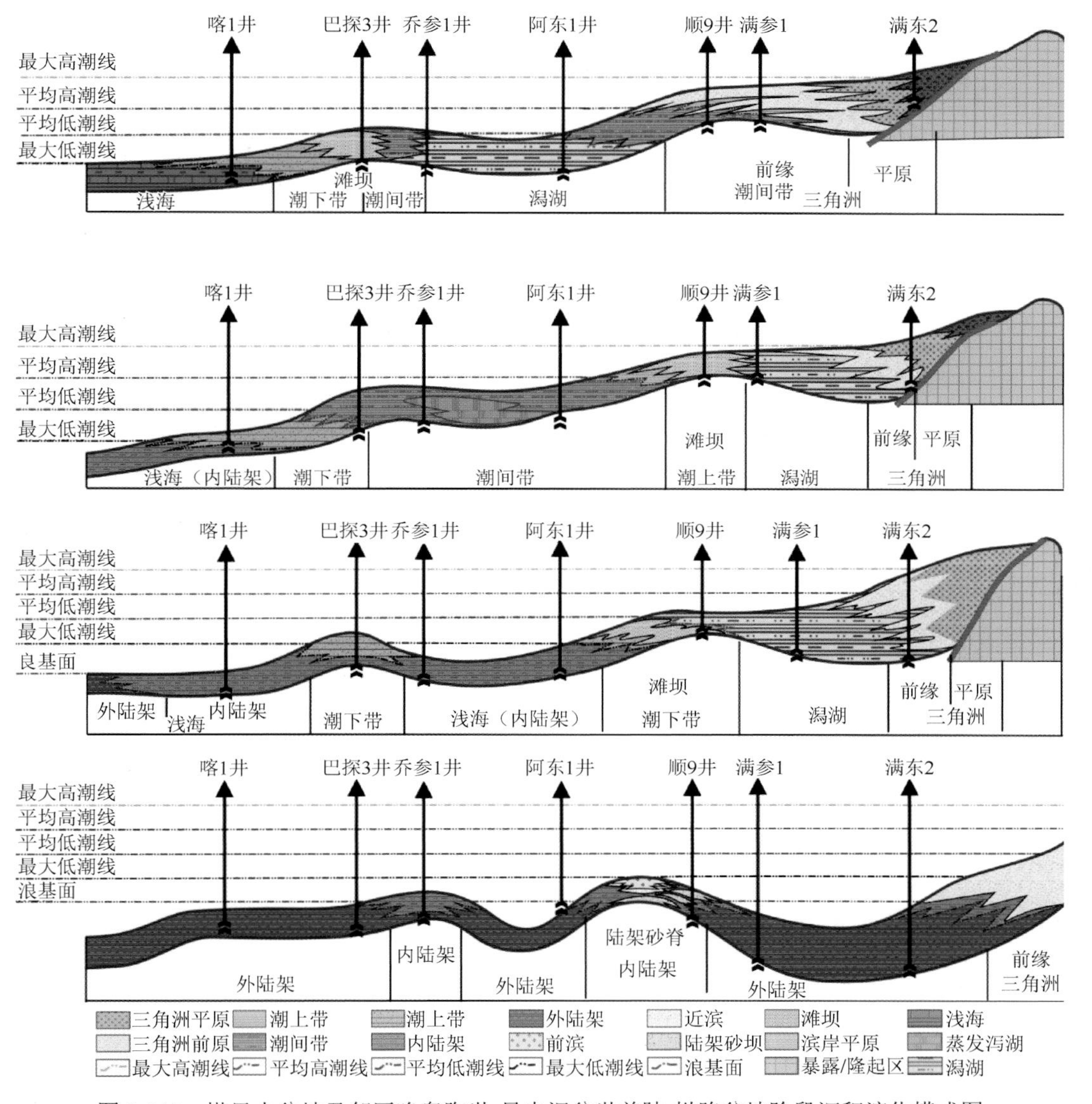

图 3-140　塔里木盆地及邻区晚奥陶世-早中泥盆世前陆-拗陷盆地阶段沉积演化模式图

2. 晚泥盆世-早二叠世被动陆缘盆地阶段沉积演化特征

晚泥盆世-二叠纪构造格局与塔里木此前的构造格局发生了很大的变化，整体上处于南压北张的构造环境：塔里木盆地西南缘古特提斯洋向塔里木盆地的俯冲造成了塔里木西南弧后盆地的形成；塔里木盆地中心及其以西的大部，均表现为稳定克拉通内的拗陷环境，被动大陆边缘环境主要位于塔里木盆地以西的广大区域；塔里木盆地北部及东部，南天山洋由扩张转为收缩，伴随的由东至西的剪刀式拼合过程，导致塔北、塔东和塔南隆起逐渐合为一体，成为本阶段塔里木盆地的陆源剥蚀区。

（1）隆拗格局演化。塔里木盆地此阶段南压北张的构造环境和多次海侵过程，导致盆地各部分表现出不同的沉降和隆升过程。塔里木盆地北部区域，暴露和隆起范围在早期隆起由孤立逐渐与塔东隆起相联通为一体，范围扩大，中期海侵作用导致塔北地区隆起整体沉入水下，晚期再次隆升而遭受剥蚀；塔东地区由于剪刀式的拼合作用，导致塔东隆起的范围逐渐西扩；塔里木盆地南部隆起的范围由老至新呈逐渐缩小的态势；塔里木盆地西部是盆地的主要拗陷区，其范围早期向东扩，晚期有向西缩小的趋势（图 3-141、3-142、3-143）。

（2）沉降中心迁移。塔里木盆地此阶段主要表现出被动大陆边缘盆地的沉积特征，沉降中心整体位于盆地西部，但由于局部构造应力环境的差异性，在整体东高西低的背景下，局部还发育两个次级沉降中心。塔东次级沉降中心主要位于满加尔凹陷西部及其相邻区域，整体平面形态呈不规则次圆状，并具有先扩大再逐渐缩小直至消逝的发育过程；塔中南次级沉降中心主要呈东西向的长条状发育于塘古巴斯拗陷，并伴随着自东而西的构造拼合过程而逐渐消逝；塔里木盆地西部特别是塔西南地区的盆地主体沉降区，由老至新，范围逐渐由塔西南东扩，最远至塔中地区。

（3）沉积充填演化：塔里木盆地晚泥盆-早二叠世时期，塔里木盆地沉积物物源区，主要位于塔里木盆地东部的广大隆起区；主要沉积区，位于塔里木盆地中西部及其更西侧的广大被动大陆边缘沉积物汇聚区（图 3-141、3-142、3-143）。整体而言，本时期沉积物供给相对较弱，沉积体系发育演化受到两次海侵作用影响较大：第一期发生于泥盆纪与石炭纪之交，由于海侵作用，盆地内沉积环境由晚泥盆世东河塘组时期陆源碎屑主导、无障壁岛的滨岸沉积为主的环境变为巴楚组沉积时期碳酸盐台地、混积坪为主的沉积环境；第二期海侵发生于晚石炭世小海子组沉积时期的早期，此次海侵导致盆地内沉积环境由卡拉沙依组时期潮

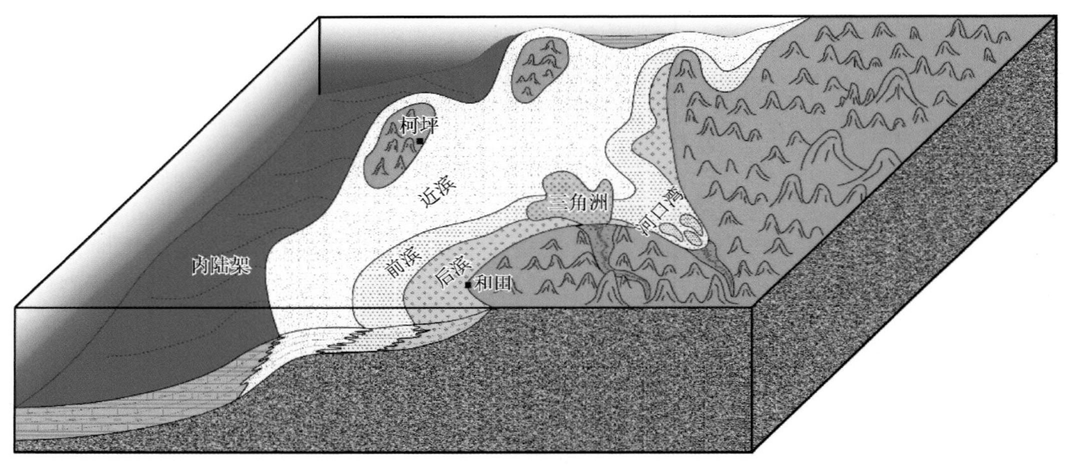

图 3-141　塔里木盆地及邻区上泥盆统东河塘组沉积时期沉积演化模式图

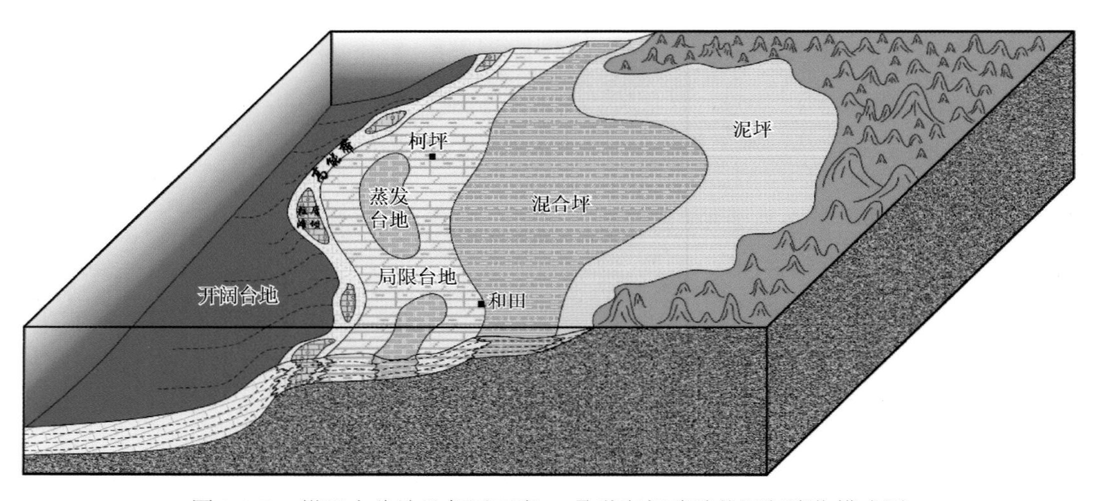

图 3-142　塔里木盆地及邻区石炭-二叠世海相碳酸盐沉积演化模式图

坪主导的沉积环境变为小海子组之后碳酸盐岩沉积为主的台地环境（图 3-142、3-143）。此外，由于此时偏干旱的气候环境条件，导致三角洲体系相对不发育，而沉积地层中多发育红色泥岩、粉砂岩和蒸发膏盐沉积。

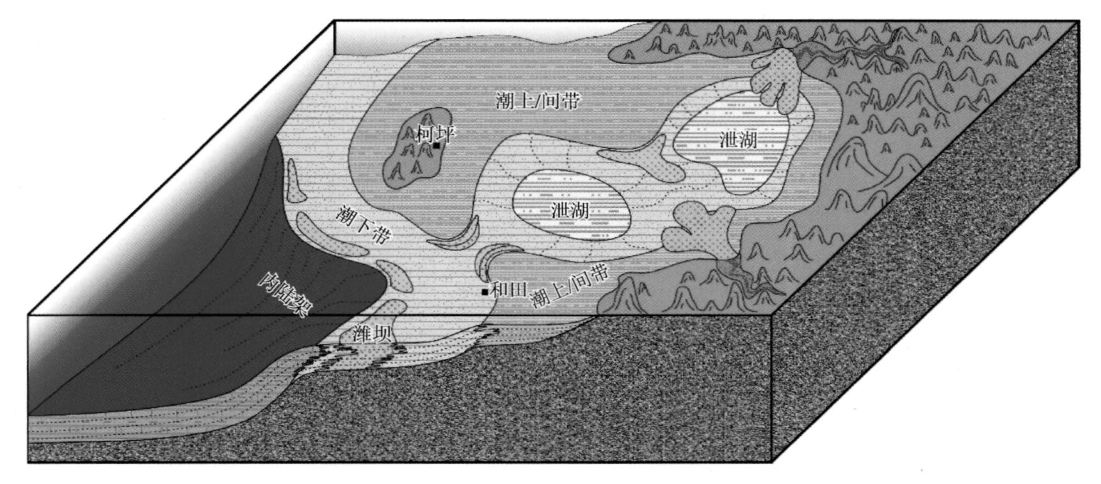

图 3-143　塔里木盆地及邻区石炭-早二叠世海相碎屑岩沉积演化模式图

3. 中-晚二叠世大陆裂谷盆地阶段沉积演化特征

在中-晚二叠世，塔里木盆地周缘的南天山洋和北天山洋逐渐关闭。在早二叠世末期-中二叠世早期，塔里木盆地及其北侧的准噶尔和华北—柴达木板块已经拼合为一完整的大陆，成为古欧亚大陆的一部分。同时，古特提斯洋板块向塔里木板块的俯冲，在塔里木盆地西南缘形成了塔西南弧后盆地；塔里木盆地北部由于北侧北天山洋盆俯冲作用的影响，东部和北部开始隆升，最终导致塔里木盆地东部、北部和南部的广大区域均已隆升暴露出地表，遭受剥蚀，并在塔里木盆地内部导致了大规模的中酸性火山岩浆活动。在这种构造体制下，塔里木盆地开始在塔西北，塔北和塔东，塔东南隆起区组成的半封闭隆起区的合围下，由早期的残留海向晚期的陆相湖盆逐渐过渡。

（1）隆坳格局演化。塔里木盆地北部，由于其北侧北天山洋盆俯冲作用的影响，塔北隆起呈近东西走向的连续隆起分布于塔里木盆地北缘。塔东地区隆起发育继承了早二叠世的演化特征，在构造拼贴作用下，隆起范围继续西扩。塔里木盆地南部特别是塔西南地区，由于古特提斯洋北向俯冲的影响，塔里木盆地西南部逐渐开始隆升，二叠末期隆起已经阻断海水联通，盆地由残留海变为陆相湖盆（图 3-144）。

（2）沉降中心迁移。塔里木盆地在中-晚二叠世受到南部古特提斯洋和北部北天山洋双向对冲的影响，沉降中心发生了比较大的迁移。早期库普库兹满组沉积时期，主沉降中心仍然位于塔里木盆地西南缘，在塔东满加尔凹陷发育次级沉降中心；晚期沙井子组沉积时期，由于南部古特提斯洋俯冲的影响，其沉降中心呈北东南西向分布于盆地中部，其中主沉降中心位于阿瓦提凹陷-满加尔凹陷一带，而此前的塔西南成为次级沉降中心。

（3）沉积充填演化。沉积物源区由此前的东部为主，转变为东部和北部物源并重；沉积物汇聚区由此前的被动大陆边缘开阔沉积区转变为半封闭和封闭的残留海和湖盆沉积区，沉积中心亦由塔里木盆地西部逐渐向东迁移。从沉积环境上来讲，盆地在中-晚二叠世发生很大的变化。在中二叠世时期，盆地主要发育了一套具有宽缓泥坪的残留海沉积。此外，由于此时北天山洋盆闭合过程中的持续俯冲，导致在塔里木盆地北部和塔西南东南部发育了大规模的中基性火山岩活动，局部火山碎屑岩发育。晚二叠世时期，塔里木盆地南部昆仑山的持续隆升，最终导致盆内海水退出，进而在塔里木盆地形成以滨浅湖为主的湖泊沉积环境。此时，在塔里木湖盆的北部和东部，发育了一系列的湖相三角洲沉积（图 3-144）。另外，由于南天山的碰撞，塔里木盆地北部在库车拗陷西部南天山山前发育一套范围局限的洪—冲积扇沉积。

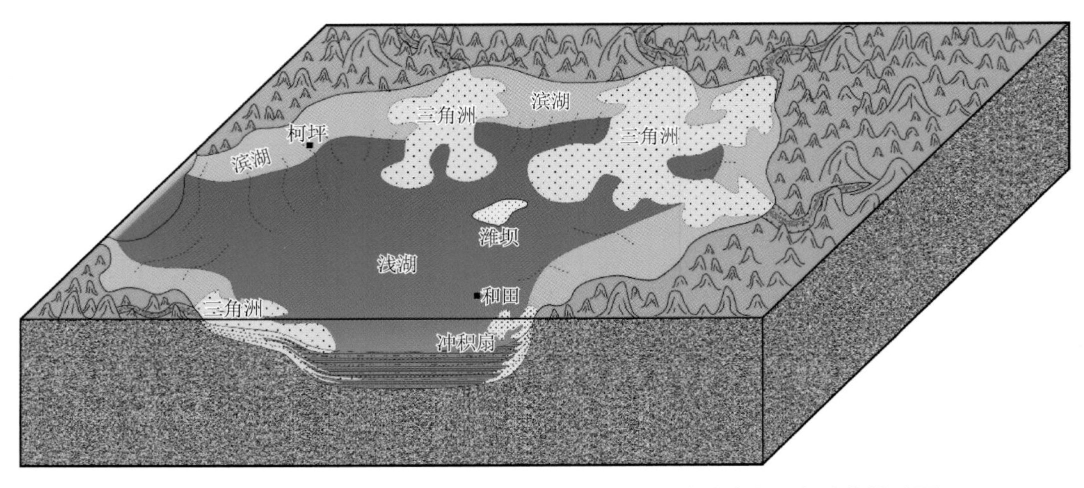

图 3-144　塔里木盆地及邻区中-晚二叠世大陆裂谷盆地阶段沉积演化模式图

三、陆相碎屑岩沉积演化及充填模式

1. 三叠纪前陆-陆内拗陷盆地阶段沉积演化特征

晚二叠世末，塔里木盆地进入陆内盆地沉积演化阶段。三叠纪，塔里木的区域构造背景总体以塔西南冲断带和天山冲断带分别从西南、西北两侧向中央对冲挤压为特色，塔东南阿尔金构造系和塔东北北天山构造系持续隆升剥蚀，发育有塔西南和库车两个挤压挠曲前渊及塔北—塔中隆后拗陷，共同构成了南北对冲挤压的复合前陆盆地系统。

（1）隆拗格局演化。塔西南—塔中前陆盆地系统中，塔西南前隆持续暴露，且呈暴露面积逐渐增大趋势，与之相伴，塔中—塔北拗陷区南部边界逐渐北迁，面积逐渐减小，塔西南前渊总体也呈向北迁移趋势；库车—塔北前陆盆地系统中，雅克拉前隆经历了从早期水下隆起到中-晚期暴露剥蚀的演化过程，但总体隆起面积较塔西南前隆小得多，塔北—塔中拗陷区北部边界因雅克拉断凸暴露而向南迁移，但迁移幅度没有南部边界大，库车前渊随着南天山冲断带的 NW-SE 向推覆，向 SE 方向迁移，且盆地范围呈缩小趋势。

（2）沉降中心迁移：塔里木盆地三叠纪总体表现为三个沉降中心，塔西南前渊和库车前渊的沉降中心总体位于冲断带一侧，呈狭窄的长条形态，并因冲断带推覆而分别呈向 NW 和 SE 迁移的趋势；塔中—塔北拗陷的沉降中心受南北两个冲断带不对称挤压控制明显，呈 EW 向延伸椭圆形，总体表现早-中期自南向北迁移，半深湖范围扩大，中-晚期自南向北迁移但半深湖范围缩小的演化趋势（图 3-145）。

（3）沉积充填演化：塔里木盆地三叠纪主要发育三大物源区，塔西南冲断带和天山冲断带的盆缘隆起物源区，以及盆内隆起物源区。盆缘物源的供给控制了两个前渊带短距离粗碎屑扇三角洲沉积体系的沿冲断带前端呈裙带状的发育，随着挤压挠曲减弱，扇体规模逐渐缩小。塔里木台盆区内，总体南部物源起主

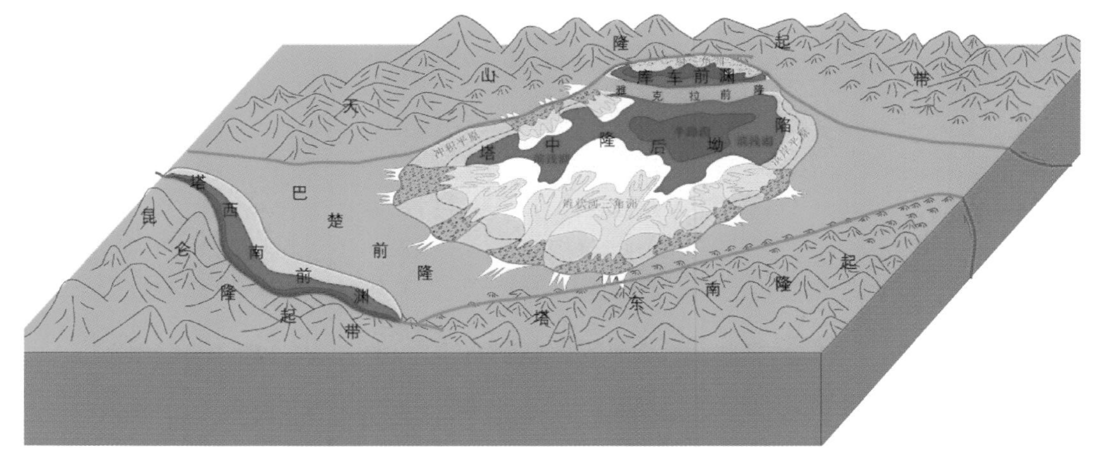

图 3-145　塔里木盆地及邻区三叠纪前陆-陆内拗陷盆地阶段沉积演化模式图

导作用，东、西两侧物源次之，北侧物源最弱。碎屑沉积体规模总体经历了两个由小到大的演化过程，早三叠世至中三叠世早期，物源供给增强，发育了多个规模较大，平面上相互叠置的辫状河三角洲沉积体；中三叠世晚期，物源供给减弱，砂体规模缩小，且呈孤立分布，至晚三叠世物源供给增强，砂体规模扩大，湖盆因碎屑物质充填，大面积淤浅，半深湖仅局限于塔北哈拉哈塘的小范围内。

2. 侏罗纪陆内拗陷盆地阶段沉积演化特征

晚三叠世末，塔里木盆地进入区域拉张环境，断层活动强度较三叠世减弱。区域构造背景总体表现为西南缘的早-中侏罗世昆仑构造域和晚侏罗世新特提斯构造域向北俯冲，引起弧后塔里木地区发生拉张、断陷的特点。因此，侏罗纪塔里木地区总体表现为弧后拉张背景的陆内断陷盆地特征。

（1）隆拗格局演化。侏罗纪塔里木地区的隆拗格局总体表现为 SW-NE 的分带特征，塔西南和塔东北—库车为断陷发育区，现今巴楚隆起和麦盖提斜坡区为大面积暴露的隆起剥蚀区。隆起带和断陷区总体均呈 NW-SE 向展布。整个侏罗纪，塔西南断陷区的沉积范围总体变化不大，而塔东北—库车断陷区的沉积范围在晚侏罗世显著缩小，可能是塔西隆起后期抬升增强，造成塔东北-库车断陷区掀斜的结果（图 3-146）。

（2）沉降中心迁移。塔里木盆地侏罗纪总体表现为两大沉降带：塔西南沉降带和塔东北—库车沉降带，但因断层活动总体较弱，以滨浅湖环境为特色，不发育半深湖相带（图 3-146）。塔西南沉降带总体表现为多个孤立小断陷特征，沉降中心受断层控制明显，总体偏离塔西隆起。塔东北—库车沉降带的相对深水区总体位于现今满加尔中南部至古城—塔东低凸一带，显示为面积微弱增大的趋势，地势总体宽缓，沉降中心不明显。

（3）沉积充填演化。塔里木盆地侏罗纪主要发育四大物源区，塔西南、塔东南和天山隆起的盆缘物源区，以及塔西隆起的盆内物源区。其中，天山隆起是塔里木盆地侏罗纪规模最大、持续最久的物源供给区，大量碎屑砂体源自天山隆起，从 NE 向 SW 推进到塔东北—库车断陷区，随时间推移，物源供给由强变弱，碎屑砂体由叠置连片到孤立分布。塔西南物源区主要向塔西南断陷带提供物源，发育了一些规模较小的扇三角洲砂体。塔西隆起主要在现今沙西凸起-顺北缓坡一带明显提供物源，早期较强，中-晚期逐渐减弱，萎缩。塔东南隆起提供的物源，发育了零星的规模较小的三角洲沉积体。整体上看，塔里木盆地侏罗纪早-中期物源供给较强，碎屑砂体发育；晚期物源萎缩，碎屑沉积体规模减小，滨浅湖泥质沉积广泛发育。

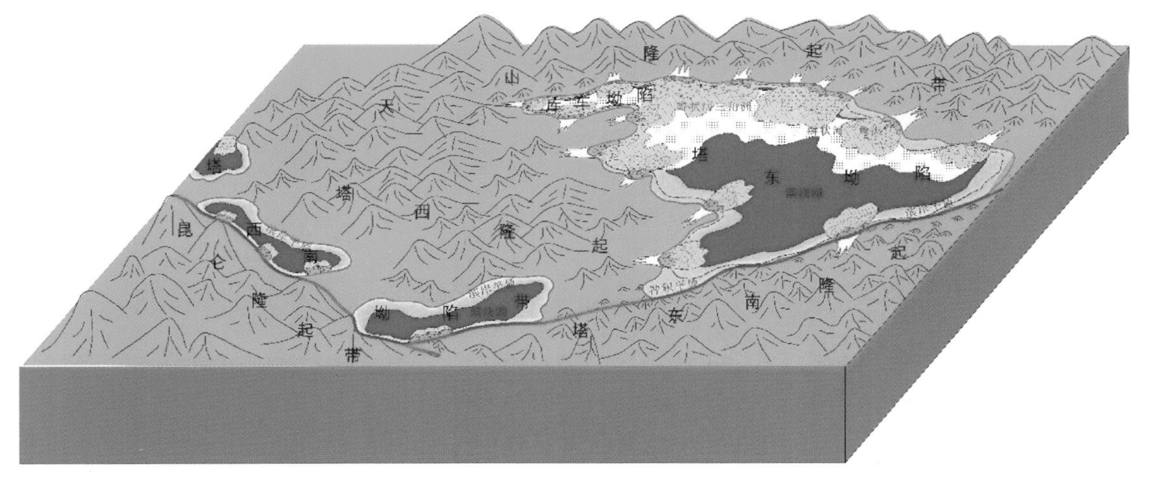

图 3-146　塔里木盆地及邻区侏罗纪陆内拗陷盆地阶段沉积演化模式图

3. 白垩纪陆内拗陷-山前挠曲盆地阶段沉积演化特征

侏罗纪末，发生了藏北地体（或拉萨地体）向北拼贴羌塘地体、塔里木板块的拉萨碰撞事件。这一事件导致塔里木盆地由侏罗纪以来的伸展构造环境转为白垩纪的区域挤压构造环境，其远距离效应使盆地整体进入到陆内拗陷－山前挠曲演化阶段，且古地貌格局南高北低。同时，晚侏罗世-早白垩世塔里木盆地及相邻地区古气候发生了重要的转变，由原来的温暖湿润型变化为炎热干旱型，对应的沉积物以红色碎屑岩建造为主。

（1）隆拗格局演化。塔西南为断陷发育区，塔北－塔中－塔东地区为拗陷发育区，二者为大面积暴露剥蚀的塔西南隆起（包括现今巴楚隆起和麦盖提斜坡区等）所分隔。隆起区和断陷区、拗陷区总体均呈NW-SE向展布。整个白垩纪，塔西南断陷区的沉积范围稍有变化，从早白垩世亚格列木组沉积期到晚白垩世于奇组沉积期经历了两次由小变大的旋回，其中亚格列木组沉积期的沉积范围最小，舒善河组沉积期较大，巴西盖组沉积期和巴什基奇克组沉积期稍小，于奇组沉积期又有所变大。塔北－塔中－塔东拗陷区的沉积范围变化较大，亚格列木组沉积期最为局限，仅分布在天山南库车－阿克库勒地区，沉积轴向以SWW-NEE为主；舒善河组沉积期显著变大，地层覆盖盆地整个中东部；巴西盖组沉积期和巴什基奇克组沉积期稍有变小；于奇组沉积期明显减小，沉积轴向变为NWW-SEE，剥蚀也最为强烈，应与后期构造运动造成盆地抬升有关。同时，从早到晚，拗陷区的沉积范围略有东移趋势。

（2）沉降-沉积中心迁移。塔里木盆地白垩纪总体表现为两大沉降带：塔西南沉降带和塔北－塔中－塔东沉降带，断层等构造活动总体较弱，与侏罗纪相比，具有盆大、水浅、坡缓的特点，以滨浅湖环境为主，不发育半深湖相带。塔西南沉降带总体表现为断陷特征，沉降-沉积中心受断层控制明显，总体位于西昆仑山前，造成西陡东缓的地形特征。塔北－塔中－塔东沉降带的沉降－沉积中心表现出由早期多个中心到晚期趋于一个中心的变化特征，亚格列木组沉积期位于库车拗陷中部和沙雅隆起哈拉哈塘凹陷地区；舒善河组沉积期位于库车拗陷中部、沙雅隆起哈拉哈塘凹陷－顺托果勒低隆以及满加尔拗陷；巴西盖组沉积期以满加尔拗陷为主，其规模有所加强，其次为库车拗陷一线，再次为阿瓦提和沙雅隆起部分低地；巴什基奇克组和于奇组沉积期，塔北、塔中、塔东地区连通性进一步加强，沉积-沉降中心更趋统一，偏盆地中东部，主体位于满加尔拗陷及邻近地区，规模较大，是沉积物汇聚的主要场所（图3-147）。

（3）沉积充填演化。与侏罗纪时期相比，白垩纪的沉积范围更为广泛。这一时期，塔里木盆地主要发育四大稳定物源区，即西昆仑隆起区、东昆仑－阿尔金隆起区和天山隆起区等盆地周缘物源区，以及塔西南隆起的盆内物源区（图 3-147。此外，早期盆内低幅隆起区（如雅克拉断凸）也可局部供源。西昆仑隆起区主要向塔西南断陷提供物源，主体呈SW-NE向，早白垩世沿山前发育冲积扇-扇三角洲相的粗碎屑沉积物，亚格列木组期和舒善河组沉积期规模较小，巴西盖组有所增加，巴什基奇克组沉积期供源更强，晚白垩世于奇组发生海侵，物源区退至更南。东昆仑－阿尔金隆起区主要向塔东南拗陷地带提供物源，轴向近SN和SE-NW，发育冲积扇以及远源的辫状河三角洲相，其与盆内塔东南隆起物源区相接的盆地南部地区供源最为强烈和持续，砂体最为发育，且延伸很远至盆地腹部滨浅湖区，盆地东南侧在舒善河组沉积期规模较大，巴西盖组沉积期有所减弱，巴什基奇克组和于奇组规模明显增强。天山隆起区在白垩纪持续供源，从N、NE向S、SW推进至库车－塔东北拗陷地带，在亚格列木组、舒善河组和巴西盖组沉积期以近源的冲积扇、扇三角洲相发育为主，规模整体较小，在巴什基奇克组和于奇组沉积期则主要发育冲积扇和远源的辫状河三角洲，规模很大，而且多数时期东部物源供给明显强于西部。塔西南隆起分别向塔西南断陷区和塔中拗陷区提供物源，均以远源的辫状河三角洲沉积为主，在亚格列木组、舒善河组和巴西盖组沉积期冲积扇不发育，巴什基奇克组和于奇期组沉积期局部发育冲积扇。雅克拉断凸，仅在白垩纪早期亚格列木组沉积期局部供源，之后成为水下低隆，在其两侧发育扇三角洲相。整体上看，白垩纪，塔里木台盆区在亚格列木组因小范围的填平补齐物源供给相对较弱，砂体规模相对较小，盆地北部主要发育扇三角洲

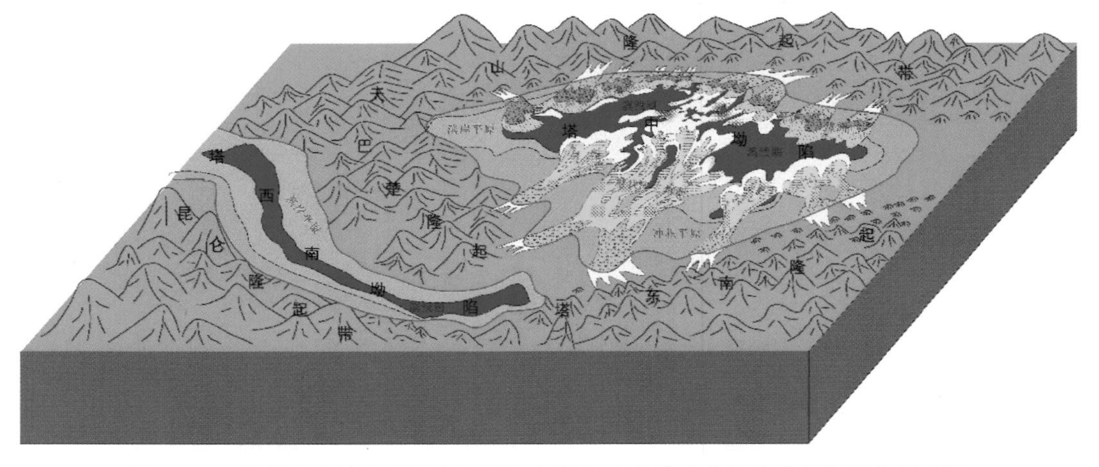

图3-147　塔里木盆地及邻区白垩纪陆内拗陷-山前挠曲盆地阶段沉积演化模式图

沉积，盆地南部主要发育辫状河三角洲沉积；舒善河组、巴西盖组沉积期物源供给较强，砂体较为发育，仍保持盆北扇三角洲沉积、盆南辫状河三角洲沉积为主的格局；巴什基奇克组和于奇组沉积期物源供给更强，盆内砂体广布，以近乎满盆含砂为特征，主要发育辫状河三角洲沉积。同时，总体南部物源起主导作用，北部物源次之，东、西两侧物源较弱。可见，塔里木盆地白垩纪沉积体系类型多样，主要发育冲积扇、扇三角洲、辫状河三角洲、湖泊等陆相沉积体系，晚白垩世塔西南地区发生海侵，出现部分海相沉积，以潮坪沉积体系为主。

4. 新生代山前挠曲盆地阶段沉积演化特征

自晚白垩世到古近纪时期，新特提斯洋向北俯冲于拉萨地体之下，古近纪在新特提斯洋拉张作用的影响和挤压应力松弛作用下，继承了白垩纪沉积格局，新特提斯洋不断侵入西部，亦波及库车地区。古近纪末发生了印度板块与欧亚大陆板块开始碰撞拼贴的构造事件。该事件结束了盆地海相沉积的历史，使盆地处于强烈挤压构造环境，周边山系开始褶皱隆起，差异性升降运动显著加强，盆地整体上以再生前陆，山前挠曲为特征。同时，新生代古气候仍为干旱炎热，早期宽而浅的湖泊因这种更趋强烈的蒸发和浓缩作用而出现明显的咸化特征，因此除红色碎屑岩和碳酸盐岩以外，膏盐岩常见。

（1）隆拗格局演化。新生代隆拗格局发生了显著的改变，由白垩纪塔里木盆地东、西相对分隔逐渐转为统一的拗陷原型，在其东北部和东南部分别发育天山隆起区和东昆仑－阿尔金隆起区，而西南部的西昆仑隆起区则退至更南部，三面隆起所围限的区域即为盆地拗陷区，其向西开口，沉积范围比晚白垩纪时期更为宽广，面积明显扩大。从古近纪至新近纪，盆地沉积范围整体变化不大，盆内巴楚隆起、塔东北隆起等地势较高，尤其是古近纪期间（图 3-148）。古近纪具有西部相对开阔、东部相对狭窄的盆地形态，新近纪盆地形态则呈现出东、西部相对狭窄，中部相对宽广的纺锤形特征（图 3-149）。

（2）沉降-沉积中心迁移。塔里木盆地新生代总体表现相对统一的沉降－沉积，其古地貌格局西低东高、南低北高，发育三个次级的沉降-沉积中心，分别对应塔西南拗陷、库车－阿瓦提拗陷和塔东南拗陷，其中塔西南拗陷规模最大，呈 NW-SE 向，地势变化较快；库车－阿瓦提拗陷规模最小，以 SWW-NEE 向为主；塔东南拗陷规模较大，呈 SW-NE 向，地形更为宽缓。整个新生代，这一格局不变，但至新近纪，均一化或统一程度更高。

（3）沉积充填演化。塔里木盆地新生代主要发育三大稳定的盆缘型物源区，即西昆仑隆起区、东昆仑-阿尔金隆起区和天山隆起区。此外，新近纪期间，在盆地内部塔中地区还发育一个面积较小的相对低隆，可局部供源。晚白垩世由 SW 向 NE 的海侵，至古近纪规模有所扩大，主要影响盆地塔西南及库车-阿瓦提局部地区，这一期间在盆地西部发育局限台地的海相沉积；在盆地中部以海陆混合沉积为主，发育潮坪-潟湖-咸化湖泊相，可进一步划分出膏盐坪、混合坪和砂坪；在盆地东部则主要发育由天山隆起区和东昆仑-阿尔金隆起区供源的陆相沉积，以冲积扇、辫状河三角洲相为主，规模较大。从海至陆，相应相带大致呈凸弧形或新月形近平行于岸线展布。从古新世－渐新世库姆格列木群沉积期至渐新世苏维依组沉积期，海侵方向有所北迁，局限台地和膏盐坪范围有所增加，混合坪东移，砂坪退缩，冲积扇和辫状河三角洲沉积规模有所减弱，代表东昆仑－阿尔金隆起区和天山隆起区供源减少。渐新世末，海水退出盆地，陆相沉积占据

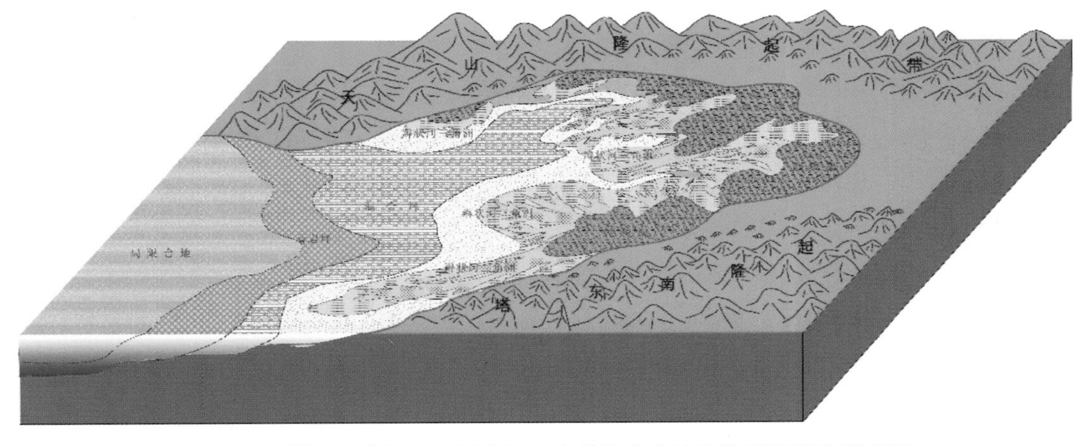

图 3-148　塔里木盆地及邻区古近纪山前挠曲盆地阶段沉积演化模式图

绝对优势。新近纪，西昆仑隆起区、东昆仑－阿尔金隆起区和天山隆起区供源再一次增加，相应的洪积、冲积、河流、扇三角洲等粗碎屑陆源沉积分布极为广泛，多以裙带状出现。在盆地北侧和西南侧山前以扇三角洲的集中分布为主，在盆地东南侧山前冲积扇发育。至上新世，周边山系更加隆升，气候干旱、风化增强，在盆内低隆东部出现风成砂丘的沙漠沉积。

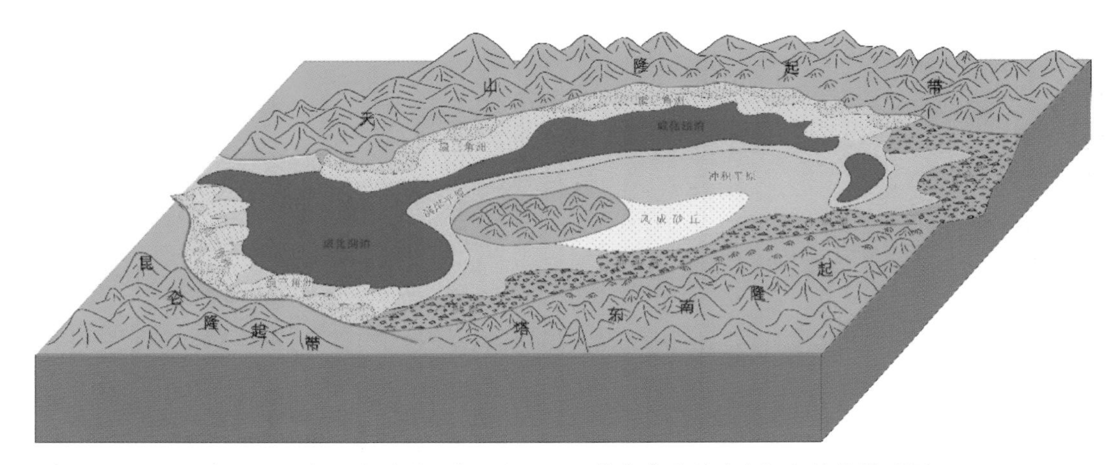

图 3-149　塔里木盆地及邻区新近纪山前挠曲盆地阶段沉积演化模式图

第四章　油气地质条件

塔里木盆地作为我国最大的含油气沉积盆地，自沙雅隆起区沙参2井发现古生界海相油气以来，中石化在塔里木盆地雅克拉、巴士托—亚松迪、塔河、玉北、跃进、顺南、顺北等地区取得了一系列海相油气勘探的重大突破。多年的勘探实践与科学研究表明塔里木盆地油气资源丰富，总资源量在 200×10^{8}t 油当量以上，如此巨大的油气资源规模和海相油气藏的发现与塔里木盆地独特的油气地质条件是分不开的。其中，最为关键和基础的是与烃源岩、储集岩发育关系密切，而烃源岩、储集岩的发育与盆地构造演化、沉积格局关系密切。

第一节　海相烃源岩

众所周知，烃源岩的发育是油气成藏的物质基础。对于塔里木盆地海相碳酸盐岩油气成藏的主力烃源岩的认识一直存在不同的观点，但对其认识又往往对勘探方向产生举足轻重的影响。例如，最早按以海相石炭系为主力烃源岩认识，勘探方向就要西移至巴楚—麦盖提地区；按以上奥陶统良里塔格组为主力烃源岩的认识，勘探方向就要远离满加尔等拗陷区；而按寒武系-中下奥陶统为主力烃源岩的认识，满加尔拗陷围斜及其周缘隆起斜坡区就是勘探的重点区带。因此，系统、深入研究烃源岩的特征、演化对于进一步深化塔里木盆地海相碳酸盐岩油气成藏特征意义重大。

目前，关于塔里木盆地台盆区工业油气来源的认识已达成了基本共识，即处于加里东构造旋回的寒武系-奥陶系海相烃源岩为供烃源岩。但现在还存在争议，争议的焦点转移到主力烃源岩认识的差异上，是以上奥陶统烃源岩供烃为主，还是以寒武系-下奥陶统烃源岩供烃为主，也就是主力烃源岩与局部烃源岩之间的争议，这又与沉积相带关系密切。

一、烃源岩评价标准

有机质丰度、有机质类型、有机质成熟度及烃源岩规模等是评价烃源岩的主要指标。塔里木盆地海相烃源岩埋藏深度大，前期受勘探程度及取芯资料影响，研究对象以上奥陶统碳酸盐岩生油岩为主，而碳酸盐岩生油岩具有相对较低的有机质丰度、较高的成熟度等特点，漫长的演化、改造、调整史又区别于国外以中新生界海相烃源岩的高丰度、适中成熟度及后生改造较小的特点，这也决定了塔里木盆地海相烃源岩在评价标准上也应有所差异。

国内外大量油气勘探实践及已知油气区大量的统计数据表明，烃源岩有机质丰度都存在一个共同的下限值。Jones（1978）根据油源对比表明“世界上大多数重要油藏都产自总有机碳大于等于 2.5%的母岩，而且其范围经常超过 10%”，但同时提醒“使一个潜在的母岩变为有效母岩所必需的有机碳最低含量并非一个常数或固定值，它常常取决于许多其他变数”。

实际上，目前无论在理论上或实践上均不能准确回答有效烃源岩的有机质丰度下限，油气勘探实践中也表明不同地区、不同成熟度的烃源岩能形成的工业性油气流的有机质丰度下限并不是唯一的一个数值。从前期研究来看，确定烃源岩有机质丰度下限的困难主要来自以下 3 个方面：一是目前对海相地层的排烃机理尚未有明确认识；二是对高过成熟海相源岩，难以获得同一源岩层不同成熟度下的残烃量；三是以理论分析探讨有机质丰度理论性下限并不能直接用于生产勘探，而工业性下限值明显高于理论的下限值。

国内外不同研究者和单位提出了碳酸盐岩烃源岩有机质丰度下限值评价标准（表 4-1），其下限值也各不相同。虽然目前不能准确回答具有普遍意义的工业性有效烃源岩的有机质丰度下限标准，但通过烃源岩有机碳下限值的划分为突出重点层位、聚集主要研究对象提供了评价方法。

表 4-1　国内外不同研究者和单位提出的碳酸盐岩有机碳下限值评价标准

国外	有机碳含量/%	国内	有机碳含量/%
美国地化公司	0.12	大港石油管理局研究院	0.07，0.12
法国石油研究所	0.24	杭州石油地质研究所	0.1
挪威大陆架研究所	0.2	四川石油管理局	0.08
庞加实验室	0.25	陈丕济等（1985）	0.1
苏联罗诺夫等（1958）	0.2	傅家谟等	0.08，0.10
Hunt（1967，1969）	0.29，0.33	郝石生（1989）	0.30
Tissot 和 Welte（1984）	0.3	黄汉良	0.10
田口一雄（1980）	0.20	梁狄刚	0.5
Placas（1983）	0.3～0.5	黄第藩	0.1，0.3
日本	0.12	夏新宇、戴金星	0.4，0.5

塔里木盆地碳酸盐岩烃源岩有机质丰度评价标准长期以来难以统一。通过长期的研究与实践，尽管多个方面认识上的各种分歧仍未完全统一，如不同类型源岩生烃效率对烃源岩有机质丰度的影响、不同成熟度由于降解损失导致的有机质丰度下降等，但总的认识趋近一致，就是前期研究中海相碳酸盐岩沉积有机质丰度下限偏低，有一定泥质含量的沉积岩如泥质灰岩、泥灰岩、灰质泥岩等相对富集有机质，可以成为烃源岩，但总体规模不如泥质岩类大，有机质丰度的评价可不考虑岩性因素。本书采用表 4-2 作为碳酸盐岩烃源岩有机质丰度评价标准。

表 4-2　烃源岩有机质丰度评价标准

烃源岩级别	有机质丰度参数				
	有机碳含量/%	氯仿沥青“A”/%	总烃 HC/（μg/g）	产油潜量 PG/（mg 烃/g 岩）	总烃转化率（HC/C）/%
好烃源岩	＞1.0	＞0.1	＞500	＞6.0	＞8
较好烃源岩	1.0～0.6	0.1～0.05	500～200	6.0～2.0	8～3
一般烃源岩	0.6～0.5	0.05～0.01	200～100	2.0～0.5	3～1
非烃源岩	＜0.5	＜0.01	＜100	＜0.5	＜1

二、寒武系-奥陶系烃源岩特征

从历年来对塔里木盆地腹地及露头区潜在烃源岩的研究成果上看，塔里木盆地主要发育中下寒武统-中下奥陶统和上奥陶统两套烃源岩。寒武系烃源岩主要发育于玉尔吐斯组、西山布拉克组、西大山组、莫合尔山组，奥陶系烃源岩主要发育于黑土凹组、萨尔干组、印干组及良里塔格组。由于不同地区、不同层位烃源岩发育时所处的沉积环境不同，导致不同地区、不同层位烃源岩的有机质丰度、有机质类型及发育程度也大不相同。

（一）有机质丰度

1. 寒武系烃源岩

塔里木盆地寒武系烃源岩在盆地西部柯坪肖尔布拉克等剖面及盆地东部的库鲁克塔格提黄布拉塔克剖面、恰克马克铁什剖面有出露。地层对比及沉积相研究表明盆地相区的西山布拉克组下亚段相当于台地区的玉尔吐斯组。玉尔吐斯组沉积期，塔里木盆地处于弱伸展的构造背景，也是早寒武世全球海平面上升期，这就导致以灰黑色泥（页）岩为主的缺氧事件沉积记录在塔里木盆地大面积发育。玉尔吐斯组的沉积经历了一个填平补齐的过程，地势较低的地区较早接受沉积、沉积厚度较大，而地势较高的地区较晚接受沉积、沉积厚度较小。

在库鲁克塔格地区南雅尔当山地表露头剖面中西大山组（$\epsilon_1 xd$），有机碳含量为 0.11%～0.92%，平均为0.46%，样品达标率为40%，达标样品平均有机碳含量为0.90%，属较好的烃源岩。莫合尔山组（$\epsilon_2 m$）有机碳含量为0.06%～1.28%，平均为0.46%，达标率为33.3%，达标样品平均有机碳含量为0.92%，属较好的烃源岩。突尔沙克塔克群（$\epsilon_3 t$）实测地层厚84.71m，为灰岩、白云岩、泥灰岩夹灰岩组合，有机碳含量普遍较低，属非烃源岩层段。

却尔却克山剖面上寒武统突尔沙克塔格群（$\epsilon_3 t$）地层厚168.67m（不全），为浅海陆棚-陆棚内缘斜坡相沉积，有机碳含量为0.02%～0.30%，平均为0.12%，属非烃源岩层段。

提黄布拉达板剖面下寒武统未见底，下统西大山组（$\epsilon_1 xd$）地层厚47.75m，地层厚度小，有机碳含量为0.64%～1.90%。

恰克马克铁什剖面的寒武系地层较全，下寒武统西山布拉克组地层厚度为96.28m，以底部厚40cm的黑色、褐灰色磷矿层为特征，并见有磷质结核，中上部为浅灰黄色硅质泥岩，顶部灰绿色含磷灰石、硅质、泥质磷矿层，有机质丰度较高，有机碳含量为0.3%～5.52%，属于较好的烃源岩。

塔里木盆地台盆区寒武系在井下钻遇较少，中石化在沙雅隆起星火1井钻遇下寒武统玉尔吐斯组烃源岩；在孔雀河斜坡的尉犁1井及孔探1井揭露全部寒武系烃源岩。

中石化和田1井位于巴楚隆起上，完钻层位为寒武系中统沙依里克组。中寒武统阿瓦塔格组分含膏云岩段及上膏岩段，含膏云岩段厚283.0m，岩性主要为褐灰色、灰色膏质白云岩、白云岩，底部发育褐色、灰色膏质泥岩。29个寒武系样品有机碳含量为0.02%～0.3%，平均仅为0.09%，有机质丰度极低，为非烃源岩。

尉犁1井寒武系有机质丰度相对较高，中-下寒武统的有效烃源岩有机碳含量为0.53%～7.87%，平均达到3.00%，烃源岩累计厚度为240m。上寒武统的有效烃源岩有机质丰度相对较低，有机碳含量平均为0.69%，烃源岩累计厚度为45m。下寒武统有机碳含量大于等于0.50%的平均值为1.56%，最高可达3.52%，烃源岩总厚度可达265m。

孔探1井中寒武统莫合尔山组有机碳含量为0.56%～6.5%，平均为2.95%；西大山组有机碳含量为1.37%～33.1%，平均为5.56%；西山布拉克组有机碳含量为0.06%～1.04%，平均为0.47%。

沙雅隆起沙西凸起星火1井完钻于前震旦系，完钻井深6147m，在5825～5856m井段揭露了一套厚约31m的下寒武统玉尔吐斯组（$\epsilon_1 y$）黑色碳质页岩。7件灰黑色碳质页岩有机碳含量为1.00%～9.43%，平均为5.5%。肖尔布拉克组（$\epsilon_1 x$）有机质丰度很低，5件样品有机碳含量为0.10%～0.26%，平均不到0.15%，但氯仿沥青"A"/C转化率有3件样品超过了14%，是具储层性质的表现，为非烃源岩。从纵向有机碳含量看玉尔吐斯组烃源岩有机碳有下高上低的特征，与肖尔布拉克地表剖面玉尔吐斯组烃源岩类似，从样品控制的烃源岩厚度来看，肖尔布拉克地区玉尔吐斯组地层厚度仅9.2m，星火1井烃源岩厚约31m，表明盆内厚度要大于地表剖面（图4-1）。

总体来看，塔里木盆地台盆区寒武系烃源岩具以下特点：①寒武系主要发育以下寒武统玉尔吐斯组为代表的斜坡-盆地相沉积的烃源岩，而开阔-局限台地相寒武系有机质丰度低，基本不发育烃源岩；②从不同地区寒武系烃源岩发育的层段来看，西部柯坪至星火1井以下寒武统玉尔吐斯组为主，盆地中部塔中隆起寒武系烃源岩不发育，而盆地东部则较复杂，不仅中-下寒武统烃源岩均发育，而且在尉犁1井及塔东1井在前寒武地层中也发育高有机质丰度的烃源岩层段，值得进一步研究和重点关注。

2. 奥陶系烃源岩

通过对柯坪隆起大湾沟中上奥陶统标准剖面观测，奥陶系烃源岩主要发育于萨尔干组，厚度为13.8m，大湾沟（南）剖面实测萨尔干组厚度为18.8m。岩性为黑色页岩夹薄层灰岩及灰岩透镜体，厚度横向变化不大，分布稳定。大湾沟剖面萨尔干组烃源岩有机碳含量为0.74%～4.03%，平均为2.15%；四石厂剖面萨尔干组烃源岩有机碳含量为0.70%～1.25%，平均为0.94%。这是由于四石厂剖面萨尔干组烃源岩风化较大湾沟剖面更为严重，因此相对有机质丰度也较低。其中泥岩样品有机质丰度明显较灰岩样品要高，萨尔干组烃源岩主要应为黑色页岩，达好烃源岩标准，其灰岩夹层透镜体仅达烃源岩标准。

上奥陶统印干组在大湾沟剖面实测地层厚39.70m。岩性为灰黑色泥岩夹泥灰岩，据野外多条剖面观察，本层段岩性及厚度横向变化均不大，分布稳定。有机质丰度较萨尔干组黑色泥页岩低得多，有机碳含量为0.41%～0.90%，平均为0.60%，仅达烃源岩标准，属较差烃源岩。

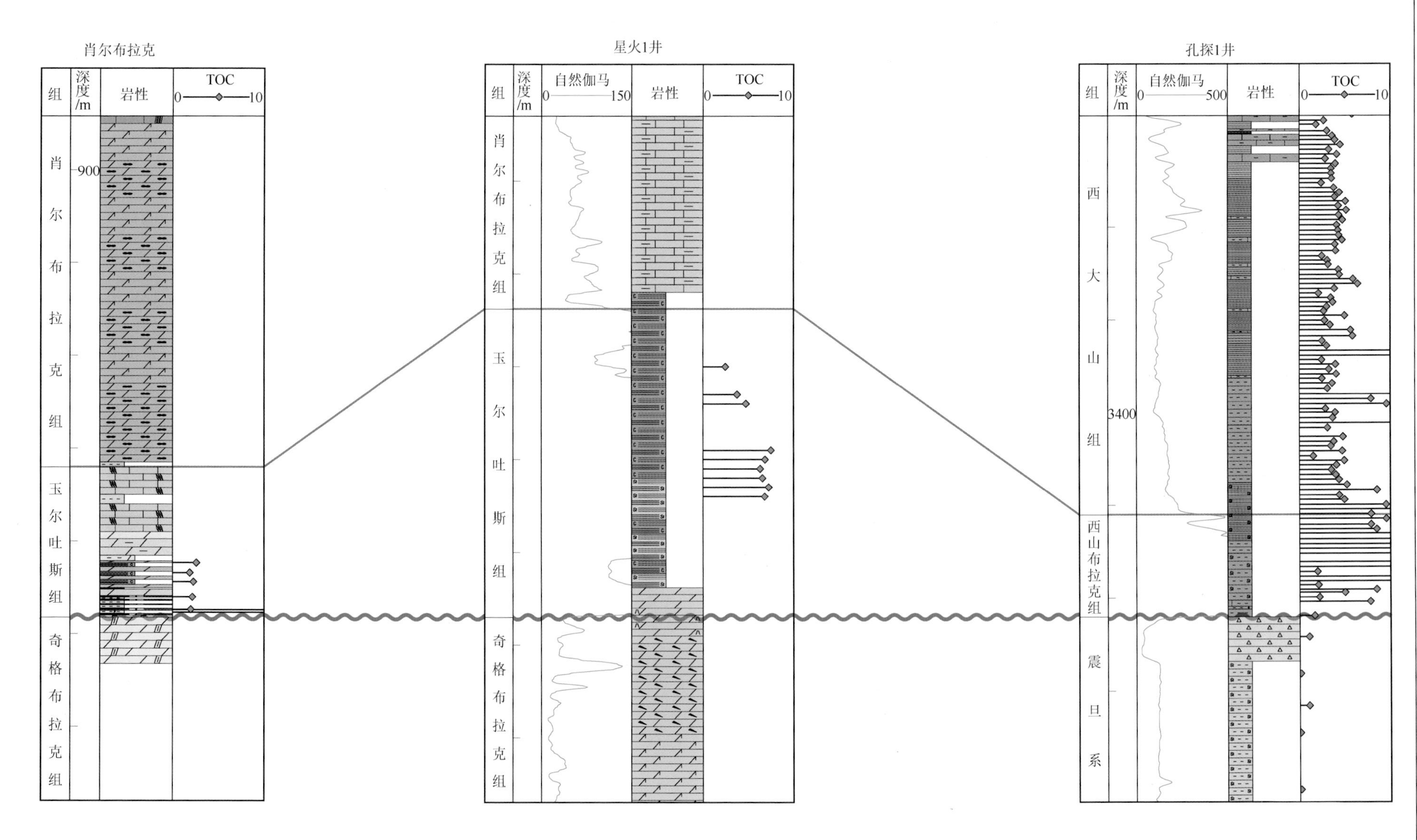

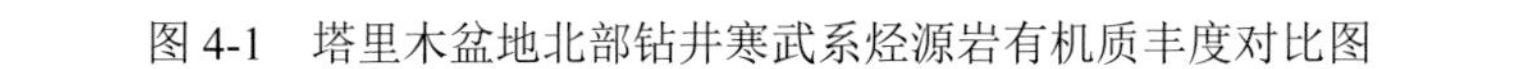
图 4-1　塔里木盆地北部钻井寒武系烃源岩有机质丰度对比图

却尔却克山剖面的中-下奥陶统黑土凹组（$O_{1\text{-}2}h$）实测厚度为 18.26m，其岩性组合特征明显与南雅尔当山剖面黑土凹组不同，下部为页岩夹灰岩，中部为黑色碳质页岩，上部为黑色硅质岩，属欠补偿盆地相沉积。中部黑色碳质页岩有机质丰度最高，达 2.12%，为优质烃源岩，硅质岩因性硬而脆，易破裂，风化氧化作用导致有机质损失严重，有机质丰度相对较低，有机碳含量为 0.45%，属较差的烃源岩。

库鲁克塔格地区南雅尔当山剖面的中-下奥陶统黑土凹组（$O_{1\text{-}2}h$）实测地层厚约 30m，下部为灰色泥岩，中部黑色页岩，上部为灰色粉砂质泥岩夹极薄层砂岩。有机质丰度较低，有机碳含量为 0.06%～0.36%，平均仅为 0.2%，属非烃源岩。

综合塔河油田奥陶系 44 口钻井 267 个样品有机质丰度分析表明：①塔北上奥陶统有机质丰度低，不具备烃源岩发育的有机质物质基础；②沙西凸起和草湖凹陷的沙 11 井及沙 32 井有机质丰度很低，有机碳含量基本上小于 0.1%，不具备生油条件；③塔河地区有机质丰度整体上也达不到烃源岩的有机碳下限标准。东部沙 111 井、同 205 井、同 904 井局部地区有机质丰度稍高，但也仅有个别样品的有机碳含量略大于 0.4%，在纵向上控制的厚度很小。结合沉积相分布来看，主要是由局部藻礁相所控制；④在上奥陶统 3 个组中良里塔格组有机质丰度高于桑塔木组；⑤较纯的碳酸盐岩类有机质丰度普遍很低，过渡性岩类（泥质灰岩，灰质泥岩）的有机质丰度略高（图 4-2）。

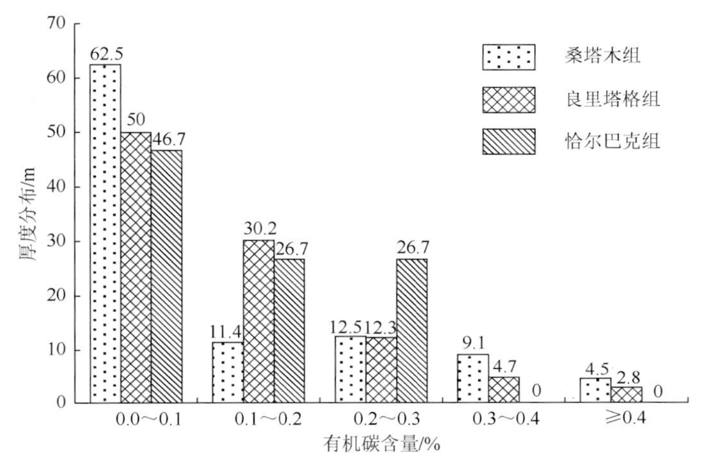

图 4-2　塔河油田上奥陶统有机碳含量直方图

尉犁 1 井奥陶系黑土凹组岩性表现为灰色、深灰色的泥岩及泥质灰岩，有机碳含量一般为 0.12%～2.78%，有机碳含量大于等于 0.50%的平均值为 1.11%，源岩厚 46.5m。

孔探 1 井中下奥陶统黑土凹组地层为黑色泥岩，有机碳含量为 0.06%～5.23%，平均位 2.16%，为一套较好的烃源岩，但厚度较薄，高有机质丰度段厚约 20m。

卡塔克隆起主垒带及北斜区上奥陶统良里塔格组台缘斜坡灰泥丘亚相的泥质泥晶灰岩与宏观藻灰质泥岩烃源岩发育。灰泥丘是指由微生物（蓝藻及其他微观藻类、菌类等）建造的，或者以微生物为主，并有其他多类生物参与建造的，主要由灰泥（粒径小于 0.01mm 或 0.005mm 的碳酸盐质点）组成的，具有穹形特征的碳酸盐岩建隆。灰泥丘与狭义生物礁的区别在于：灰泥丘均为低能环境，特别是静海环境，台地内部、台缘斜坡皆可发育。尽管其单个样品有机碳含量变化范围较大，但从各井平均值看，均小于 1.0%，平均值分布于 0.49%～0.84%，属较差—较好的烃源岩。烃源岩厚度（有机碳含量大于等于 0.5%为标准）一般为 20～80m，横向变化较大，这可能与台缘斜坡灰泥丘发育模式相关，横向连续性差，平面上呈条带状分布。

通过系统分析顺 1 井、顺 2 井等良里塔格组生油岩有机质丰度，顺 1 井良里塔格组有机碳含量为 0.17%～0.31%，平均为 0.21%；顺 2 井良里塔格组有机碳含量为 0.05%～0.23%，平均为 0.14%；顺 3 井良里塔格组有机碳含量为 0.04%～0.18%，平均为 0.09%；顺 4 井良里塔格组有机碳含量为 0.04%～0.31%，平均为 0.11%；顺 5 井良里塔格组有机碳含量为 0.01%～0.12%，平均为 0.07%；顺 6 井良里塔格组有机碳含量为 0.02%～0.21%，平均为 0.12%；顺 7 井良里塔格组有机碳含量为 0.04%～0.24%，平均为 0.10%；中石化和田 1 井良里塔格组有机碳含量为 0.05%～0.44%，平均为 0.13%；古隆 1 井良里塔格组有机碳含量为 0.09%～0.20%，平均为 0.15%；有机质丰度均较低，达不到烃源岩标准，表明卡塔克隆起区上奥陶统良里塔格组灰泥丘相泥质灰岩和灰质泥岩烃源岩，有机质丰度上具有变化大且总体较低的特点；烃源岩厚度一般为20～80m，横向变化快、呈带状分布，总体上属较差-较好的烃源岩。

顺托果勒低隆起烃源岩主要发育于上奥陶统，属混积陆棚相沉积，烃源岩岩性为泥质岩和泥灰岩，有机质丰度较低，属较差-较好的烃源岩，烃源岩累计厚度约为60m。

通过对塔里木盆地地表露头及钻井有机质丰度的垂向分布特征进行研究（表4-3），可得出以下几点认识：

表4-3　塔里木盆地寒武系-奥陶系烃源岩特征表

位置	构造单元	层位	主要岩性	沉积相	有机碳含量/%	丰度级别	厚度/m	代表剖面（井）	备注
西部	柯坪隆起	O_3y	泥岩	斜坡相	$\frac{0.42\sim1.06}{0.68(4)}$	较好	34.4	大湾沟	
		$O_{2\text{-}3}s$	泥岩	斜坡相	$\frac{1.41\sim4.65}{2.86(5)}$	好	14.1	大湾沟	
		ϵ_1y	碳质页岩	斜坡相	$\frac{1.87\sim3.12}{2.42(6)}$	好	8.1	肖尔布拉克	上部
					$\frac{13.89\sim22.39}{17.99(4)}$	好	1.0		底部
					$\frac{0.21\sim2.14}{0.81}$		173	方1井	
中部	沙雅隆起	O_3s	泥岩	混积陆棚相	$\frac{0.41\sim0.82}{0.60(4)}$	差	0～25	35口井191件样品	
		O_3l	泥岩、泥灰岩	台地相	$\frac{0.41\sim0.44}{0.42(3)}$	差	＜10	26口井106件样品	
		O_2yj	灰岩	台地相	$\frac{0.02\sim0.49}{0.10(28)}$	非			
		$O_{1\text{-}2}y$	灰岩	台地相	$\frac{0.05\sim0.25}{(8)}$	非			
			含云灰岩	台地相	$\frac{0.5\sim1.55}{0.74(12)}$	较好	130	哈6井	据中石油
		$O_{1\text{-}2}$	灰岩	台地相	$\frac{0.02\sim0.59}{0.26(3)}$	非		乡1井	据中石油
		$O_{1\text{-}2}$	泥岩、泥灰岩	台缘斜坡	$\frac{0.21\sim0.78}{0.47(3)}$	一般		库南1井	据中石油
		$\epsilon_{1\text{-}2}$	泥岩	斜坡-盆地相	$\frac{0.87\sim5.25}{1.98(7)}$	好	337	库南1井	据中石油
		ϵ_1y	碳质页岩	斜坡相	$\frac{1.0\sim9.43}{5.5(7)}$	好	31	星火1井	
	卡塔克隆起	O_3l	泥灰岩、泥岩	台缘斜坡相	平均为0.49～0.84	一般-较好	20～80	塔中12、101等26口钻井	据中石油
		$\epsilon_{1\text{-}2}$	膏质云岩	潟湖相	$\frac{0.40\sim0.85}{0.60(7)}$	一般	265	中4井	
					$\frac{0.40\sim0.66}{0.54(6)}$	一般	106	塔参1井	据中石油
	顺托果勒	O_3	泥岩、泥灰岩	混积陆棚相	$\frac{0.43\sim1.31}{0.73(9)}$	较好	50～60	顺1井、顺2井	
东部	库鲁克塔格	$O_{1\text{-}2}h$	泥岩、页岩	台缘斜坡相	$\frac{0.06\sim0.36}{0.2(4)}$	非		南雅当山	
			硅质岩、碳质页岩	斜坡-盆地相	$\frac{0.49\sim2.12}{1.20(3)}$	好	12.2	却尔却克	
		$\epsilon_{1\text{-}2}$	碳质页岩、泥灰岩	斜坡-盆地相	$\frac{0.69\sim1.28}{0.91(6)}$	较好	25	南雅当山	
	古城墟隆起	$O_{1\text{-}2}h$	页岩	斜坡-盆地相	$\frac{1.33\sim>4.0}{>2.56}$	好	63	塔东2井	据中石油
			泥岩	斜坡-盆地相	$\frac{0.84\sim2.67}{1.80(4)}$	好	48	塔东1井	据中石油
		$\epsilon_{1\text{-}2}$	泥岩、泥灰岩	台缘斜坡相	$\frac{0.42\sim>4.0}{>1.76(44)}$	好	376	塔东2井	据中石油
			泥页岩、泥岩	斜坡相	$\frac{0.70\sim5.52}{3.57(7)}$	好	150	塔东1井	据中石油

（1）从区域上看，塔里木盆地西部寒武系-奥陶系烃源岩主要发育于中下寒武统（玉尔吐斯组、肖尔布拉克组及吾松格尔组）、中下奥陶统萨尔干组、上奥陶统印干组 3 个层系；而盆地东部则较复杂，烃源岩主要发育于中下寒武统，上寒武统局部发育，奥陶系烃源岩主要发育于中下奥陶统黑土凹组，近年来的研究表明却尔却克组也存在烃源岩发育段；在盆地中部寒武系烃源岩不发育，主要发育良里塔格组烃源岩，在顺托果勒低隆区存在局部烃源岩发育区。

（2）高有机质丰度烃源岩的发育与沉积相带密切相关，优质烃源岩发育于次深海欠补偿盆地相和陆棚斜坡相，较好-较差的烃源岩则主要发育于台缘斜坡灰泥丘亚相，而开阔台地相、台地边缘礁滩相等相带烃源岩发育极差或不发育烃源岩。

（3）根据目前已揭露的塔里木盆地台盆区烃源岩有机质丰度、厚度、横向变化特征等表明的烃源岩规模来看，中下寒武统烃源岩最为重要。

（二）有机质类型

有机质类型是决定烃源岩生烃潜力和油气资源结构的主要因素之一，是评价烃源岩的重要质量指标。沉积有机质的主要元素组成是有机碳，但仅仅高碳并不能生油，还必须有氢，这也是煤有 60%～80%或更高的有机碳，但并不是好的生油岩的原因。

1. 干酪根有机元素组成

烃源岩干酪根有机元素中碳含量为 2.7%～81.3%，平均为 30.6%，氢含量为 0.2%～5.7%，平均为 1.8%，氧含量为 2.3%～13.4%，平均为 7.5%，氢碳原子比含量为 0.3～4.8，平均为 1.0，氧碳原子比含量为 0.02～1.1，平均为 0.3。在范氏图（图 4-3）上无论是下寒武统还是中寒武统烃源岩，干酪根类型主要分布于腐殖型（III型），表明有机质类型较差，生烃效率较低。对于缺少高等植物的早古生代，生源除浮游生物外主要是低等菌藻类植物，原始有机质类型主要是腐泥型（Ⅰ型），少数属混合型中的腐殖-腐泥型（II_1 型）。综合认为这是成熟度较高的反映。另外，样品为地表样品，受风化作用影响也是重要原因。

从奥陶系的干酪根元素分布来看，干酪根类型主要分布于II型，有少量的III型及Ⅰ型，有机质类型较差的主要原因，一方面是较浅水台地相碳酸盐岩有机质在沉积、成岩过程中遭受了一定程度的氧化改造，致使原本富氢贫氧的沉积有机质被改造成相对富氧贫氢的有机质，另一方面是沉积后抬升剥蚀造成的后生氧化改造的影响。有研究者认为“上奥陶统良里塔格组源岩生源一方面与浮游、底栖植物的双重来源有关，另一方面与晚奥陶世出现的早期陆生植物的可能输入有关”。但中等成熟度的奥陶系不受成熟度的影响，实测干酪根有机元素基本代表了上奥陶统进入生油阶段后的有机质类型，也基本反映了其生油潜力。

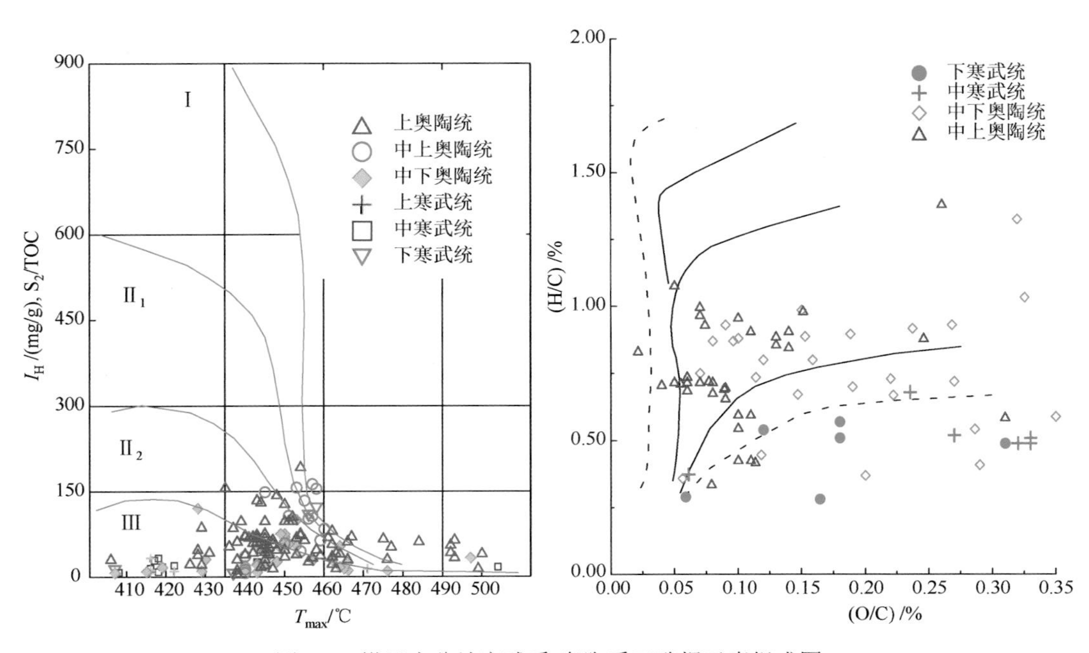

图 4-3　塔里木盆地寒武系-奥陶系干酪根元素组成图

2. 热解参数特征

从烃源岩热解资料表明氢指数（I_H）为7～280，氢指数较低，氧指数（I_O）为4～280。对于寒武系烃源岩来说，受成熟度较高影响，有机质类型有向腐殖型过渡的特点，但对于中等成熟度的上奥陶统生油潜力来说都是不利的，至少也表明上奥陶统烃源岩有机质偏腐殖型（图4-4）。

另外，从各层的有机质类型氢氧指数分布来看，柯坪地区下寒武统玉尔吐斯组烃源岩及中上奥陶统萨尔干组有机质类型较好，塔东地区中寒武统莫合尔山组及上寒武统-下奥陶统突尔沙克塔格组烃源岩以高氧指数为特征，与其高成熟度有关，上丘里塔格群及上奥陶统烃源岩类型相差不大，有机质类型应偏腐殖型。

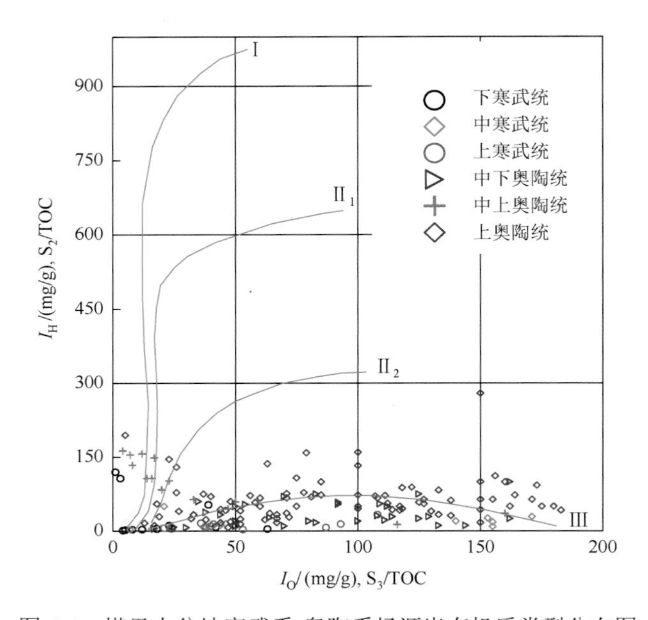

图4-4　塔里木盆地寒武系-奥陶系烃源岩有机质类型分布图

3. 干酪根碳同位素特征

综合已有的分析成果认为，塔里木盆地下古生界干酪根碳同位素的有机质类型划分 $\delta^{13}C$ 小于−30‰的为Ⅰ型，大于−30‰的为Ⅱ型。从塔里木盆地东、西部烃源岩干酪根碳同位素值分布表明，随着地层层位由老变新，干酪根碳同位素值由轻变重的趋势非常明显（图4-5）。

下寒武统烃源岩干酪根碳同位素值最轻，且东、西部烃源岩 $\delta^{13}C$ 非常相近，如西部的柯坪玉尔吐斯组 $\delta^{13}C$ 为−34.63‰～−33.83‰，星火1井下寒武统玉尔吐斯组 $\delta^{13}C$ 为−32.53‰～−33.03‰，东部的尉犁1井西山布拉克组 $\delta^{13}C$ 为−33.80‰。

向上至中、上奥陶统的萨尔干组和印干组 $\delta^{13}C$ 分别为30.05‰和29.53‰，明显增重4‰。

对比东、西部中下寒武统干酪根碳同位素，总体具有柯坪轻、库鲁克塔格重，剖面由底部往顶部，干酪根碳同位素增加趋势，并且泥岩、页岩干酪根碳同位素轻于碳酸盐岩，总体表现出烃源岩有机质类型以Ⅰ型为主，下部优于上部，寒武系优于奥陶系。

综合上述有机质类型指标分析成果，由于塔里木盆地台盆区寒武系-奥陶系烃源岩演化程度普遍较高，虽然一些用于有机质类型划分的方法已失效，但多方法手段相结合表明，中下寒武统烃源岩干酪根为Ⅰ型，中上奥陶统泥灰岩烃源岩干酪根为Ⅱ～Ⅲ型。

（三）烃源岩发育模式

从全球烃源岩发育的层系表明烃源岩发育具有区域性，其可能原因是生物的大爆发及全球性气候的影响。而对于一个大型的沉积盆地，其烃源岩发育主要受沉积环境和环境条件的控制，不同沉积环境具有的不同水介质条件，这导致具有不同的生物群落组成和繁殖程度，只有在那些有利于生物繁殖、富集并保存的水介质和沉积环境中，才能形成高有机质丰度的烃源岩。

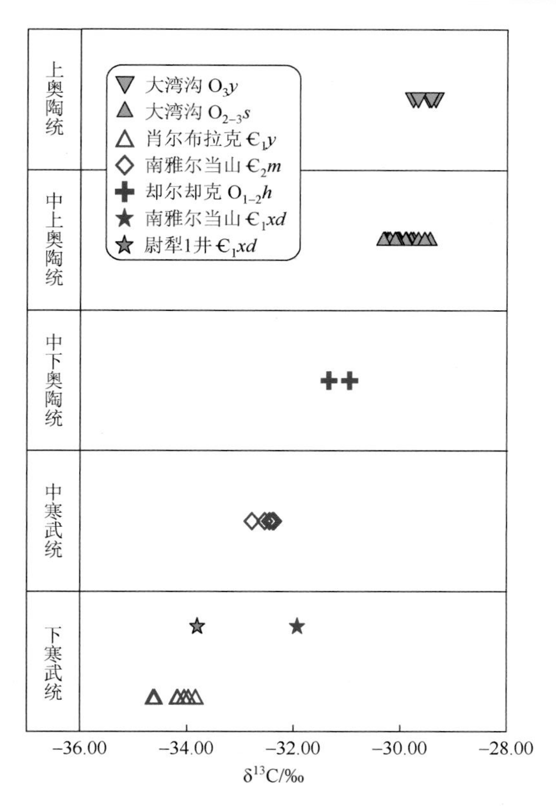

图 4-5 塔里木盆地东、西部寒武系-奥陶系烃源岩干酪根碳同位素分布图

海相烃源岩的发育强烈地受沉积环境的控制。现代海洋考察发现，富有机质泥质沉积物的分布与环境之间存在着密切的关系，有利于富有机质泥质沉积物堆积的环境主要有以下几种：①缺氧的滞流盆地相，沉积物中有机质含量达 1%～15%；②具上升洋流的大陆边缘陆棚环境，缺氧沉积物中有机质含量达 3%～26%；③咸化的潟湖环境；④局限海湾陆棚环境；⑤正常的陆棚环境。

研究表明，塔里木盆地台盆区海相烃源岩主要发育在两种沉积相（图 4-6），寒武系烃源岩主要发育于欠补偿盆地相和台缘斜坡-盆地边缘相，中上奥陶统烃源岩的台缘斜坡灰泥丘相和陆源海湾相。

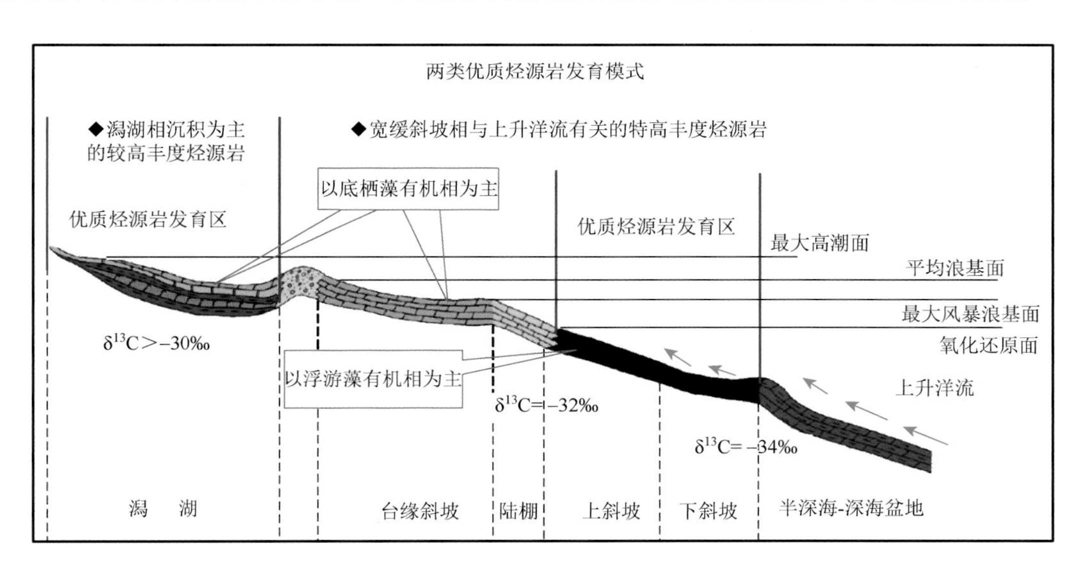

图 4-6 塔里木盆地烃源岩形成古海洋环境模式图

1. 盆地相-陆棚斜坡相

根据塔里木盆地构造演化及沉积相研究表明，南华纪塔里木陆块逐步从罗迪尼亚超大陆裂解出来，塔里木盆地以裂谷盆地为特征，这一裂谷作用持续到震旦纪早期，裂谷作用主要发生于塔里木地块的周缘，

盆地内部的裂解很弱，甚至不发育裂谷盆地，塔里木盆地内部可能仍然属于克拉通盆地。在寒武纪-中奥陶世沉积期，整个塔里木陆块长期处于弱伸展的构造背景，陆块之上发育克拉通盆地，接受了大套碳酸盐岩占主导地位的稳定的克拉通盆地沉积。

寒武纪塔里木盆地古地理环境表现为盆地中央存在近东西向的古地貌高地，从高地向南向北水体逐渐加深，在满加尔拗陷北部水体最深。盆地中央主古地貌高地沉积缺失玉尔吐斯组，四周发育环带状分布的潮坪沉积，如同 1 井、方 1 井潮坪沉积的紫、褐红色泥岩、砂岩，巴探 5 井、和 4 井潮坪沉积的泥晶云岩及硅质藻云岩，潮坪相区外为大面积的陆棚-盆地相沉积。南部浅水陆棚分布在叶城—和田一带，北部陆棚分布在柯坪隆起北部—阿瓦提断陷，发育如柯坪肖尔布拉克剖面底部黑色硅质岩、磷块岩、灰岩过渡为中部黄绿、红色页岩夹云岩及上部瘤状灰岩夹云岩；陆棚斜坡分布在沙雅隆起—顺托果勒隆起北部—满加尔拗陷西部，主要发育如星火 1 井灰黑色硅质页岩及泥岩，陆棚相区以东满加尔拗陷东部—孔雀河斜坡—库鲁克塔格发育欠补偿盆地相沉积，以灰黑色泥岩、硅质页岩为主。深水陆相斜坡-欠补偿盆地相区由于生物链短，水体清澈温暖且沉积速率缓慢，海水透光性好，主要有利于浮游生物勃发，水体分层而使海底缺氧并富集硫化氢和甲烷，从而使表层海水中的浮游生物呈“海雪”式降落而完好地保存下来，该环境水体较深而对小型的海平面升降变化不敏感，故形成的源岩厚度分布稳定、有机质丰度均一，是高有机质丰度源岩发育的最佳场所。例如，孔探 1 井、星火 1 井及柯坪肖尔布拉克露头所揭露的寒武系玉尔吐斯组烃源岩就是受这种沉积环境沉积控制的产物，也是塔里木盆地最好的一套烃源岩。

在海平面处于相对稳定的晚寒武世-早奥陶世，中西部主要发育碳酸盐台地，由于地势缓坦、水体浅、海平面上升与沉积作用基本上保持同步，典型的垂向加积作用而发育厚度较大的浅水碳酸盐岩建造，虽有生物的发育，却无良好的保存条件，因此无高有机质丰度的源岩发育。

2. 台缘斜坡灰泥丘相

发育于台缘斜坡灰泥丘相的这套烃源岩也是塔里木盆地台盆区争议比较大的一套烃源岩。张水昌（2014）研究认为，台缘斜坡灰泥丘相发育在塔中低隆、巴楚断隆、满参 1 井以西的满加尔拗陷及塔北轮南上奥陶统沉积的下部层序建造中，有机质丰度较高的生油岩一是赋存在丘间洼地中，二是呈纹层状、条带状赋存在层状、层状-生物灰泥丘中，而丘顶叠层石或藻席灰岩及丘核的微晶凝块灰岩有机质丰度低，源岩厚度及有机质丰度均具有很强的非均质性，在垂向上甚至在厘米级尺度上有机质丰度可相差 1 个数量级。

另外，有研究认为碳酸盐岩地层中存在广泛的压溶作用，使得有机质在压溶层和缝合线相对富集，压溶层和缝合线在碳酸盐含量较高的层段较发育，Leythaeuser 等提出碳酸盐地层中压溶作用对石油生成和运移起到了重要的控制作用，他们的统计分析表明压溶层和缝合线在碳酸盐地层中可占总厚度的 5.3%。对塔中 12 井、塔中 6 井和塔中 161 井统计分析表明压溶层和缝合线在碳酸盐地层中占总厚度的 2.7%～4.5%，因此要明确的是，该类源岩的单层厚度和总厚度不一定很大，但必须有高有机质丰度的层段。然而要充分注意缝合线对油气运移的作用造成的高有机质丰度。另外，近年来卡塔克隆起周缘钻井中均未发现该层系的烃源岩，表明这套烃源岩横向上厚度变化大，分布局限。

3. 蒸发台地-局限台地

岩相古地理研究表明，中寒武世塔里木盆地保持东盆西台的沉积格局，但碳酸盐台地由沙依里克组的开阔台地相变为蒸发-局限台地，古气候以干旱为主导及中、后期持续的海平面下降。巴楚—塔中—阿瓦提—顺托果勒西部主要为蒸发台地，在蒸发台地中央发育盐岩为主的盐湖，海水蒸发量大、水体循环差、水体盐度高；蒸发台地外侧发育膏岩为主的膏湖，水体盐度变小。沙雅隆起中西部—顺托果勒东部—古城墟隆起西部发育局限台地，局限台地东缘依次发育开阔台地—台地边缘—台缘斜坡—欠补偿盆地，水体由浅到深、台地逐渐垂向加积和侧向增生的演变，烃源岩主要发育在蒸发潟湖相地层中（张水昌等，2014）。

夹于蒸发膏盐岩中的高有机质丰度烃源岩的形成原因，主要与干热气候条件下高温、高盐海水对营养盐的富集作用有关，由此导致短的生物链，特别是适应高盐环境的菌、藻类繁盛，并沉降至盐层之下的强还原水底，得以完好保存，生烃母质以藻球状甲藻生物相为特征。蒸发潟湖中源岩的岩石类型多为深灰、灰黑色含盐、含膏的泥质泥晶云岩与泥质泥晶灰岩，赋存在厚达几百至一千余米的蒸发盐岩建造中，表明其形成于相对闭塞、较深水的蒸发潟湖环境。

（四）烃源岩分布特征

烃源岩的发育、分布受沉积环境和沉积相的控制，优质烃源岩一般发育于深水环境。大量研究表明，高丰度烃源岩与沉积速率关系密切，海水中的有机质主要以微颗粒状或被黏土矿物表面吸附等形式沉降，沉积速率太大会造成大量无机颗粒的稀释，也会使沉积岩中的有机碳含量降低。因此欠补偿的盆地相-陆棚斜坡相是烃源岩发育的最有利相带。

1. 烃源岩分布图编制思路及方法

烃源岩分布图编制思路及方法如下：以不同钻井和露头剖面的有机碳资料为基础，计算不同层位的有机碳含量评价值。在确定了不同层位的沉积速率和有机碳含量平均值之后，建立沉积速率和有机碳含量平均值之间的拟合关系。运用测井资料建立烃源岩发育段的测井响应特征，进而合成地震记录，将地震和测井解释结果相联系，在地震剖面上建立烃源岩发育的地震相特征。在上述基础上进行结合区域地质和钻井资料，再根据地震相的识别和沉积相带划分烃源岩发育区，在盆地区根据地层厚度与相应的地层年代学关系计算不同相带的地层沉积速率，拟合不同剖面烃源岩平均有机碳含量与沉积速率的关系，确定有效烃源岩（有机碳含量大于等于 0.5%）发育的边界沉积速率，以边界沉积速率与地层厚度确定有效烃源岩展布的边界线，在隆起及斜坡区根据已知钻井资料进行约束，用插值法编制烃源岩厚度分布图（图 4-7）。

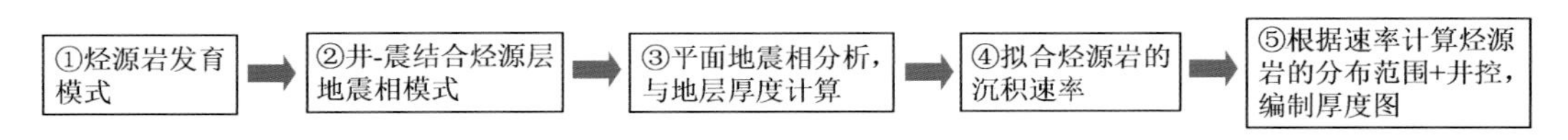

图 4-7　塔里木盆地烃源岩分布图编制思路及方法

综合第三章沉积环境、沉积相分析及岩相古地理研究成果和塔里木盆地周缘露头区研究实际，可以看出塔里木盆地台盆区烃源岩主要分布于寒武系及奥陶系两大层系。其中，以寒武系，尤其是分布较广的下寒武统玉尔吐斯组烃源岩优质烃源岩，以发育于陆棚斜坡相-盆地相的泥质岩为主，主要分布于除盆地中央隆起带的周缘地区。而奥陶系烃源岩为局部发育的烃源岩，以发育于台地间的灰泥丘相泥灰岩及盆地相的泥质岩为主，灰泥丘相泥灰岩仅分布于塔中Ⅰ号断裂带一线，而泥质烃源岩则仅分布于盆地的阿瓦提凹陷及满加尔凹陷。

2. 主要烃源岩分布特征

1）玉尔吐斯组

众所周知，早寒武世初期存在一次全球性的大海侵事件，导致梅树村阶的碳-磷-硅质-泥质岩沉积的形成。这一大海侵事件在塔里木地块（表现在柯坪、库鲁克塔格地区）、哈萨克斯坦地块、伊犁地块、扬子-江南地区乃至澳大利亚大陆和北美大陆均有明显的响应，主要表现为富有机质黑色泥页岩的发育。

其中，在塔里木盆地的具体表现为柯坪露头区、塔北星火 1 井区寒武系底部玉尔吐斯组对应于该期的海侵沉积，岩性组合为含磷硅质岩夹黑色薄层碳质泥岩，向上变为薄层状薄板状灰岩泥灰岩，再向上变为薄板状灰岩-厚层状灰岩。与其相对应的是盆地东部出露于库鲁克塔格地区及尉犁 1 井和孔探 1 井钻揭的西山布拉克组含硅质岩的黑色岩系，与玉尔吐斯组具有同时异相的沉积背景。根据岩性分布特点认为，塔里木地区下寒武统下部的硅质岩及与之共生的黑色页岩应形成于浅海陆架的外缘，但其底部的含磷层沉积应属于深水的环境。由于当时塔里木盆地处于强烈拉张环境，所以海底火山及与之伴随的海底热水流体活动强烈，从而形成大量的热水沉积型硅质岩。海底热水流体活动一方面为海底嗜热生物活动带来了大量的营养物质，使生物繁盛，还带来大量的金属及非金属元素，导致沉积层中与热水流体活动有关的元素大量富集；另一方面，海底热水流体导致水体缺氧，有利于底栖生物及海洋表面生物死亡沉积后的保存。

从全盆的沉积岩相古地理分析，在阿瓦提—塔北—顺托果勒—古城墟西部地区一带，应主要是一套浅水-深水斜坡相沉积，满加尔中东部地区主要是深海盆地相沉积。塔西南—塘古巴斯地区推测具有浅水-深水斜坡-陆棚相的沉积环境。处于塔里木台地的克拉通内拗陷的巴楚—塔中广大地区，据同1井、方1井、和4井、巴探5井、玛北1井、塔参1井等钻井揭示，前寒武系基底都是一套基性喷发的火成岩及变质岩系列，巴探5井、玛北1井、塔参1井揭示寒武系底部缺失与玉尔吐斯组同期的沉积，而同1井、方1井、和4井揭示寒武系底部主要是一套以紫红色、褐色为主的杂色碎屑岩，岩性变化较大，主要有砂岩、泥岩、云质泥岩或硅藻岩，不整合于前寒武系火成岩之上，厚8～34m，显示主要是半咸化的局限-开阔台地相碎屑岩、硅藻岩沉积，并不发育如玉尔吐斯组含磷的黑色页岩的深水陆棚-斜坡相环境，它们是同期异相的沉积。

由于该期具有广泛的浅水-深水斜坡陆棚相、深水盆地相沉积，烃源岩发育，岩性主要是泥灰岩、碳质泥岩、硅质页岩，有机质丰度较高。据野外露头及钻井揭示，柯坪肖尔布拉克剖面玉尔吐斯组烃源岩厚8～35m，平均有机碳含量为2.42%～17.99%，星火1井钻揭玉尔吐斯组烃源岩，厚26m，平均有机碳含量为5.50%，尉犁1井钻遇西山布拉克组烃源岩，厚22.5m，平均有机碳含量为0.93%。因此，推测全盆下寒武统玉尔吐斯组同期发育的烃源岩厚度并不大，以深水斜坡陆棚相的烃源岩最为发育，最大厚度可达30～35m，浅水斜坡相的烃源岩厚度为10～20m，深水盆地相的烃源岩发育较差，厚度一般为10～20m。

2）中下寒武统

早寒武世中晚期，塔里木台地继承了初期的玉尔吐斯组沉积期的沉积格局，总体表现为退积型的宽缓台地结构。但伴随着相对海平面的下降，海水逐渐退缩，中西部的碳酸盐岩台地分布范围扩大。整个阿瓦提地区、塔北隆起中西部、顺托果勒低隆西部、塔中北坡—古城墟西部地区，由初期的浅水斜坡相沉积相变为局限台地相的沉积，推测南部的塔西南西部也由初期的浅水斜坡相沉积相变为局限台地相的沉积，塔西南东南部—塘古巴斯地区仍保持浅水斜坡-深水斜坡陆棚相的沉积环境。台地克拉通内拗陷内部，由于发育张性断裂，形成多个半地堑式台内凹陷，主要为台内凹陷潟湖相的沉积。

从下寒武统中上部烃源岩的发育与分布来看，斜坡陆棚相、深水盆地相烃源岩主要发育于满加尔地区及其周缘地区，在库鲁克塔格的南雅尔当和却尔却克剖面、满加尔拗陷区的库南1井、塔东1井、塔东2井、尉犁1井、英东2井、米兰1井等井所见。南雅尔当和却尔却克剖面主要发育西大山组盆地相的黑色泥岩、泥晶灰岩等烃源岩，其中南雅尔当烃源岩厚度达53m，尉犁1井下寒武统西大山组岩性主要为黑色泥岩、灰色泥质灰岩，为深水斜坡陆棚相的沉积，烃源岩累计厚度达93m。库南1井岩性主要为泥质泥晶灰岩夹暗色灰质泥岩，为浅水斜坡相的沉积，有机碳含量平均为1.22%，烃源岩厚度可达206m。总体上，满加尔凹陷区烃源岩厚度一般在50～200m。以斜坡陆棚相烃源岩最为发育，可达100～200m。塔西南东南部—塘古巴斯地区主要为斜坡陆棚相烃源岩，依据满加尔地区斜坡相烃源岩发育程度，推测该地区的烃源岩厚度一般可达50～100m。

3）奥陶系

塔里木盆地在奥陶系沉积演化过程中，台盆区局部发育烃源岩，中石油前期研究认为奥陶系烃源岩在塔中卡塔克隆起及其周缘区最为发育，是塔中地区主力烃源层系。

从塔里木盆地台盆区整体来看，奥陶系烃源岩具有多层系发育、分片区分布的特点。烃源岩的分布范围受控于不同时期沉积环境的变迁，同一时期不同沉积相带发育于不同层段，形成不同类型的烃源岩，主要有中下奥陶统黑土凹组、中奥陶统萨尔干组、上奥陶统良里塔格组—印干组烃源岩之分。

早奥陶世晚期—中奥陶世，是塔里木盆地构造-沉积古地理格局处于被动大陆边缘向活动大陆边缘转化时期，也是碳酸盐台地与欠补偿深水盆地的分异向碳酸盐台地与超补偿盆地分异的转化时期；而且该时段又适逢全球相对海平面上升时期，由此形成分异性较强的三大构造-沉积古地理格局：①早奥陶世晚期—中奥陶世的满东地区为欠补偿深水盆地相沉积（黑土凹组）、塔西南—塘古巴斯地区为台间斜坡相沉积（相当于鹰山组下部）；②中奥陶世中南部（塔北、阿满过渡带、塔中）为碳酸盐台地相、塔西南—塘古巴斯地区为台间斜坡相沉积（一间房组）；③中奥陶世东部满东地区为超补偿盆地早期沉积（却尔却克组下部）；西部（阿瓦提断陷—柯坪）为闭塞-半闭塞陆源海湾盆地相沉积（萨尔干组）。3个构造-沉积单元中都有可能有高有机质丰度源岩发育，且黑土凹组、萨尔干组已经被露头、钻井所揭露。

晚奥陶世早中期的塔里木盆地，却进入了一个全新的构造-沉积演化阶段，出现了海相复理式沉积建造，沉积格局主要表现如下：①东部满加尔地区、中部阿满过渡带、南部塘古巴斯地区为超补偿盆地相沉积（却尔却克组、桑塔木组）；②中部塔中—巴楚、北部塔北地区为碳酸盐台地相沉积（良里塔格组）；③西部柯坪—阿瓦提断陷西部区半闭塞陆源海湾盆地相沉积（印干组）。上述沉积格局中，在台地的台内凹陷（良里塔格组）、半闭塞陆源海湾相（印干组）等沉积环境中具有较高丰度烃源岩发育。

总体上，奥陶系烃源岩分布于不同层位、不同沉积环境中，中下奥陶统黑土凹组烃源岩主要发育于东部满加尔地区，代表井有尉犁1井、塔东1井、塔东2井。尉犁1井源岩厚46.5m，塔东1井源岩厚48m，塔东2井源岩厚54m；从沉积相与烃源岩关系认为满东地区中下奥陶统黑土凹组烃源岩厚度一般为50～100m。

中奥陶统烃源岩仅于柯坪大湾沟剖面、水泥厂剖面证实有萨尔干组烃源岩的存在，塔中北坡、玉北地区多口钻遇一间房组的钻井（如古隆1井、顺南1井、玉北9井）证实无烃源岩发育，从中奥陶世的沉积格局来看，在阿瓦提地区具有与柯坪地区相似的闭塞-半闭塞陆源海湾盆地相的沉积特征，大湾沟剖面萨尔干组黑色页岩、泥质泥晶灰岩，源岩厚度为12～13.6m，水泥厂剖面萨尔干组源岩厚4m。由此阿瓦提地区萨尔干组烃源岩也可能发育，厚度在25～50m，满东地区可能发育中奥陶世早期静水期的盆地相泥岩烃源岩，主要分布于却尔却克组的下部，厚度一般在50～100m。

据中石油多口钻井证实，塔中隆起的塔中1号坡折带内侧的台内凹陷内发育上奥陶统良里塔格组烃源岩，在塔中北坡及塔中隆起西北端，多口钻井均未发现良里塔格组烃源岩，台内凹陷内的多口钻井的有机质丰度核查也显示，良里塔格组烃源岩的有机质丰度中等，烃源岩厚度及分布面积较前期研究认识大大缩小，仅发育于中部地区，厚度为 50～100m。柯坪地区大湾沟、印干剖面印干组页岩为半闭塞陆源海湾相的黑色泥岩夹页岩，有机碳含量平均为0.75%，源岩厚度达97m，阿瓦提地区同样发育半闭塞陆源海湾相的印干组烃源岩，厚度为50～100m。

（五）烃源岩热演化史

不同研究者从不同角度研究表明，塔里木盆地台盆区应是一个富气盆地，主要有两个方面的原因：第一，塔里木克拉通及其周边盆地主要发育古生界烃源岩，特别是下古生界生油岩，巨大的沉积厚度，长期的演化史，源岩成熟度高，主要以生气为主；第二，中新生界前陆盆地，尤其是库车凹陷及西南凹陷，有巨厚的中生界煤系地层及丰富的煤炭资源，它们都是重要的生气母岩。然而从实际勘探的油气成果来看，塔里木盆地台盆区依然以油为主，油气并存，因此需从系统的角度、动态的观点来研究分析塔里木盆地台盆区烃源岩的热演化。

长期以来，塔里木盆地下古生界海相源岩有机质的成熟度评价问题尚未得到较好解决，主要有如下几个方面的原因（梁狄刚，2004）：①下古生界缺乏高等植物来源的镜质体，无法采用镜质体反射率作为成熟度的标尺；②下古生界烃源岩处于高过成熟阶段，分子有机地球化学等技术方面的有机成熟度参数失去了有效性；③等效镜质体反射率的换算公式不统一。周中毅等（1994）汇编对比多家测试的塔里木盆地烃源岩反射率数据表明，相同探井或相似深度的烃源岩反射率测定值相差可达 0.5%VR^E 以上，有机质成熟度数据混乱现象突出。主要原因有以下几个方面：①反射率的测试对象存在差异；②塔里木盆地存在多期沥青，各期次沥青反射率相差大；③后期沥青并不反映烃源岩成熟度；④沥青的非均质性影响数据的可靠性，更为突出的问题是长期采用的沥青反射率数据以测点数据最大值为该地层的等效镜质体反射率，极大地高估了烃源岩成熟度。

另外，Pusey（1973）根据开采油气田的经验数据及实验结果指出 65.6～149.0℃为液态烃窗口，而对液态烃大量生成并保存的温度区间（液态窗）的认识还需深入研究。程克明（1995）根据热压模拟实验表明腐泥型干酪根热演化镜质体反射率达 1.7%时气态烃产率才超过液态烃，镜质体反射率达 2.7%时液态烃才完全消失，也就是液态烃持续时间要比传统认识的长得多。

因此，要想全面搞清塔里木盆地下古生界海相源岩热演化的历史和过程，需要运用新的研究思路、新的技术方法开展综合编图和分析，才能获得正确的结论，才能更好地指导油气勘探。

1. 热演化编图思路与方法

本书采用盆地模拟方法进行烃源岩热演化研究，以盆地模拟软件（PetroMod）为平台来实施，通过地层沉积埋藏史模拟、热史模拟（热流史、地温史、有机质演化史等）模块，重点分析台盆区主要烃源岩不同地质时期的热演化过程，其研究的关键是地层埋藏史的恢复和热史模拟参数的确定。

以西北油田分公司近年来系统编制的塔里木盆地台盆区各层系的现今残留厚度图和主要埋深图为基础，从目前盆地分层现状出发，以现今地层界面为主，按地质年代建立不同地质时间的地层格架。主要界面的剥蚀量采用了西北油田分公司研究成果，碎屑岩压实校正以沉积骨架体积不变为前提的回剥法来实现，砂、泥岩地层原始孔隙度分别取40%和60%；对于灰岩、白云岩、膏盐岩等地层因成岩快，压实量小未而不需要原始厚度恢复。

热史模拟中以等效镜质体为约束来标识，国际上用于热史恢复已有多种有关镜质体反射率的动力学模型，主要是基于有机质热降解的一级反应动力学模型进行的模拟计算，本书采用国外较为成熟的化学动力学模型（Easy%R_o），古水深数据采用本书第二章沉积相编制的古水深图成果数据。古地表温度数据根据第一章构造演化特征及 PetroMod 软件中定制的 Wygrala（1988）模型约束。

大地热流值数据以塔里木盆地不同地质时期的沉积盆地类型和构造演化特点，以及 Lee 和 Uyeda（1965）发表的成果中全球统计的背景数据为依据，以单井的测试数据及现今测井温度为约束条件进行模拟计算。在单井及人工虚拟井模拟的基础上进行一维、二维、三维正演与反演盆地模拟拟合烃源岩动态演化。

2. 单井热演化分析

塔里木盆地受构造演化背景的控制，地层沉积埋藏史与地质热历史表现出多旋回叠合盆地的复杂特征。前期开展的大量研究不仅涉及盆地现今的地温、大地热流以及地温梯度的分布状况，还涉及对石油地质研究与油气勘探实践更为重要的盆地古地温、大地热流以及地温梯度的演化。

统计塔里木盆地野外寒武系-奥陶系烃源岩样品成熟度数据表明，塔里木盆地西部的肖尔布拉克剖面玉尔吐斯组（Є_1y）烃源岩等效镜质体反射率 R_o^E 分布于 1.48%～1.54%，平均为 1.5%，大湾沟剖面萨尔干组（$O_{2\text{-}3}s$）烃源岩 R_o^E 分布于 1.37%～1.55%，平均为 1.48%，印干组（O_3y）烃源岩 R_o^E 分布于 1.39%～1.47%，平均为 1.44%。塔里木盆地东部南雅尔当山剖面西大山组（Є_1xd）烃源岩 R_o^E 分布于 1.49%～1.70%，平均为 1.58%，莫合尔山组（Є_2m）烃源岩 R_o^E 分布于 1.37%～1.43%，平均为 1.41%；突尔沙克塔格组（$\text{Є}_3\text{-}O_1$）烃源岩 R_o^E 分布于 1.34%～1.37%，平均为 1.35%，黑土凹组（$O_{1\text{-}2}h$）烃源岩 R_o^E 分布于 1.32%～1.34%，平均为 1.33%，却尔却克组（$O_{2\text{-}3}q$）烃源岩 R_o^E 分布于 1.27%～1.34%，平均为 1.31%。从盆地东西部露头区的烃源岩等效镜质体反射率来看，其成熟度也仅达高成熟阶段，作为一种埋深大、演化时间长的古老烃源岩，成熟度也并不如想象中的那样高。另外，东部与西部烃源岩成熟度也相差不多，表明塔里木盆地在该地史时期全盆地温梯度较低；从寒武系底部地层至上奥陶统顶部地层等效镜质体反射率也仅相差 0.3%左右，也反映寒武纪-奥陶纪较低的地温背景，同时也表明烃源岩热演化受到抑制作用。

统计塔里木盆地台盆区钻井热演化数据（图 4-8）表明，奥陶系现今 R_o^E 主要分布于 0.8%～1.8%，其主峰分布于 1.0%～1.2%，处于烃源岩生烃高峰期；而寒武系现今 R_o^E 主要分布于 1.6%～2.4%，主峰分布于 1.6%～1.8%，处于高成熟阶段。当然在盆地东部古隆地区及塔东 1 井、塔东 2 井表现出较高的成熟度，这与东部地区存在异常热事件对成熟度的影响有关。但寒武系及奥陶系烃源岩成熟度统计数据表明，其成熟度主峰反映的烃源岩演化阶段符合勘探实际，而东部部分钻井异常热事件的成熟度演化数据不具代表性。

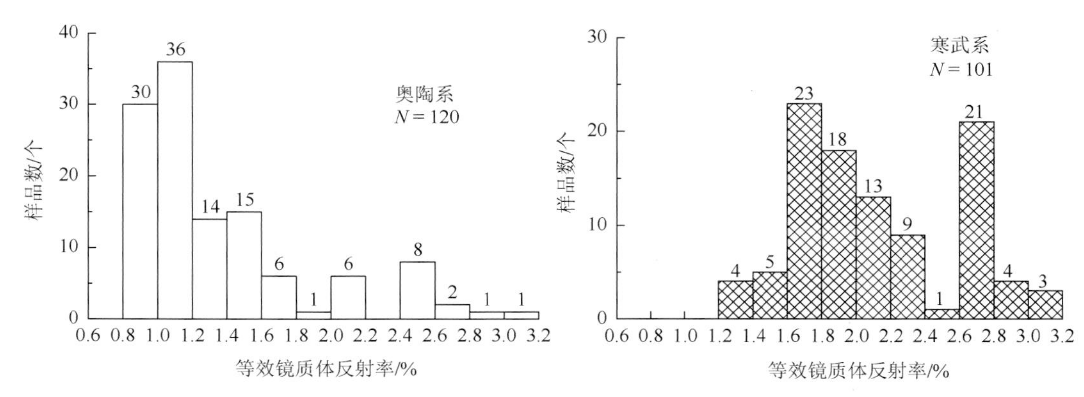

图 4-8　塔里木盆地寒武系-奥陶系烃源岩等效镜质体反射率分布频率图

前人用不同的方法对塔里木盆地单井热演化史分析开展了大量工作，因为剥蚀量的恢复也是一个较大的难题，极大地影响了热演化模拟的准确度，因此本次模拟计算中在单井选取过程中除考虑单井的代表意义外，尽量选取剥蚀层系少、剥蚀量较小的单井进行模拟计算，对于未能钻揭的地层从全盆编图数据补全虚拟井深数据。

以不同地区钻井单井塔深 1 井、阿东 1 井等井进行一维热演化史进行模拟分析（图 4-9），塔深 1 井寒武系底界在加里东中期晚开始进入成熟阶段，加里东晚期处于生油高峰期，海西早期地层抬升受剥蚀，演化停止，后期成熟度变化不大。阿东 1 井寒武系底界演化呈持续型，在晚奥陶世开始进入成熟阶段，志留纪末处于生油高峰期，石炭纪末进入成熟度高演化阶段，中生界处于过成熟阶段，变化不大，喜马拉雅期成熟度略有增长，处于干气生成阶段。托甫 2 井寒武系底界在晚奥陶世开始进入成熟阶段，晚石炭世处于生油高峰期，印支期进入成熟度高演化阶段，随中新生界三叠系-侏罗系埋藏持续演化，处于过高成熟阶段，喜马拉雅期成熟度变化不大。顺北 1 井寒武系底界在中-晚奥陶世开始进入成熟阶段，志留纪末处于生油高峰期，海西期成熟度变化不大，海西晚期-印支期进入成熟度高演化阶段，喜马拉雅期成熟度进一步增长，处于高成熟-过成熟阶段。顺南 2 井寒武系底界由于晚奥陶世的快速埋藏，前期演化较快，在晚奥陶世-晚志留世由成熟阶段演化到高成熟阶段，海西期-印支期成熟度演化慢，由高成熟阶段逐渐进入过成熟度演化阶段，喜马拉雅期成熟度进一步增长，处于干气生成阶段。巴探 5 井寒武系底界具有早期演化慢、中间演化快、晚期不演化的特点，在晚志留世才进入生烃门限，二叠纪演化较快，到印支期演化到高成熟阶段，此后寒武系底界到喜马拉雅晚期演化一直处于停滞状态。而玉北 9 井寒武系底界具有早期演化慢、中间演化缓慢、晚期演化快的特点，在晚志留世才进入生烃门限，到二叠纪末期演化到生烃高峰阶段，印支期-燕山期演化缓慢，喜马拉雅期，南部塔西南前陆形成，到喜马拉雅晚期寒武系底界演化至高成熟-过成熟阶段。中 1 井处于隆起区，寒武系底界进入成熟阶段早，但演化进展慢，至海西晚期处于生烃高峰阶段；燕山期进入高成熟阶段，喜马拉雅晚期变化不大，处于凝析油气生成阶段。

综上所述，塔里木盆地烃源岩热演化分析具有如下特点：①寒武系与奥陶系之间等效镜质体反射率连续性好，两者的演化具有一致性；②下古生界烃源岩具有生烃时间早、液态窗持续时间长的特点；③盆地东部古隆地区等效镜质体随埋深变化的梯度较大，结合该地区存在局部热异常事件，表明该区较高的成熟度与之相关，不代表整体的热演化程度；④从不同地区等效镜质体反射率与深度看，虽然各地区相同的井深对应的等效镜质体反射率各不相同，但总体偏低，如顺 4 井在现今埋深达 7000m，其等效镜质体反射率 R_o^E 也仅为 1.2%左右，反映全盆较低的地温场及早期快速埋深时热演化进程慢；⑤随埋藏深度增加，奥陶系以下地层等效镜质体反射率变化梯度小，如盆地东部从寒武系底部地层至上奥陶统顶部地层等效镜质体反射率也仅相差 0.3%左右，这是受碳酸盐岩热导率、较低的地温场及高温高压下抑制作用的综合影响的结果，也是塔里木盆地长期生烃，持续排烃的原因。

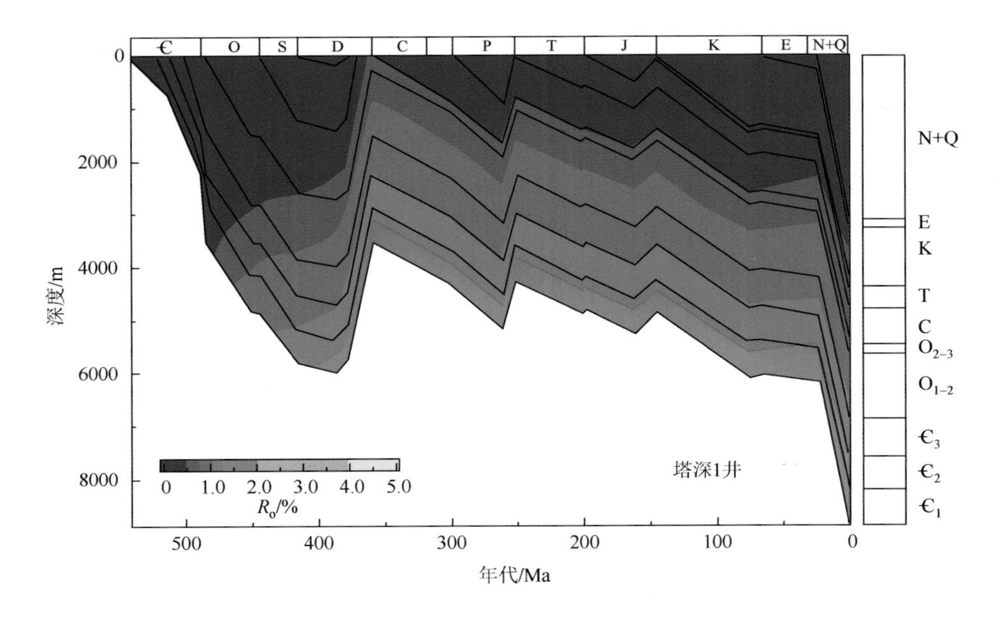

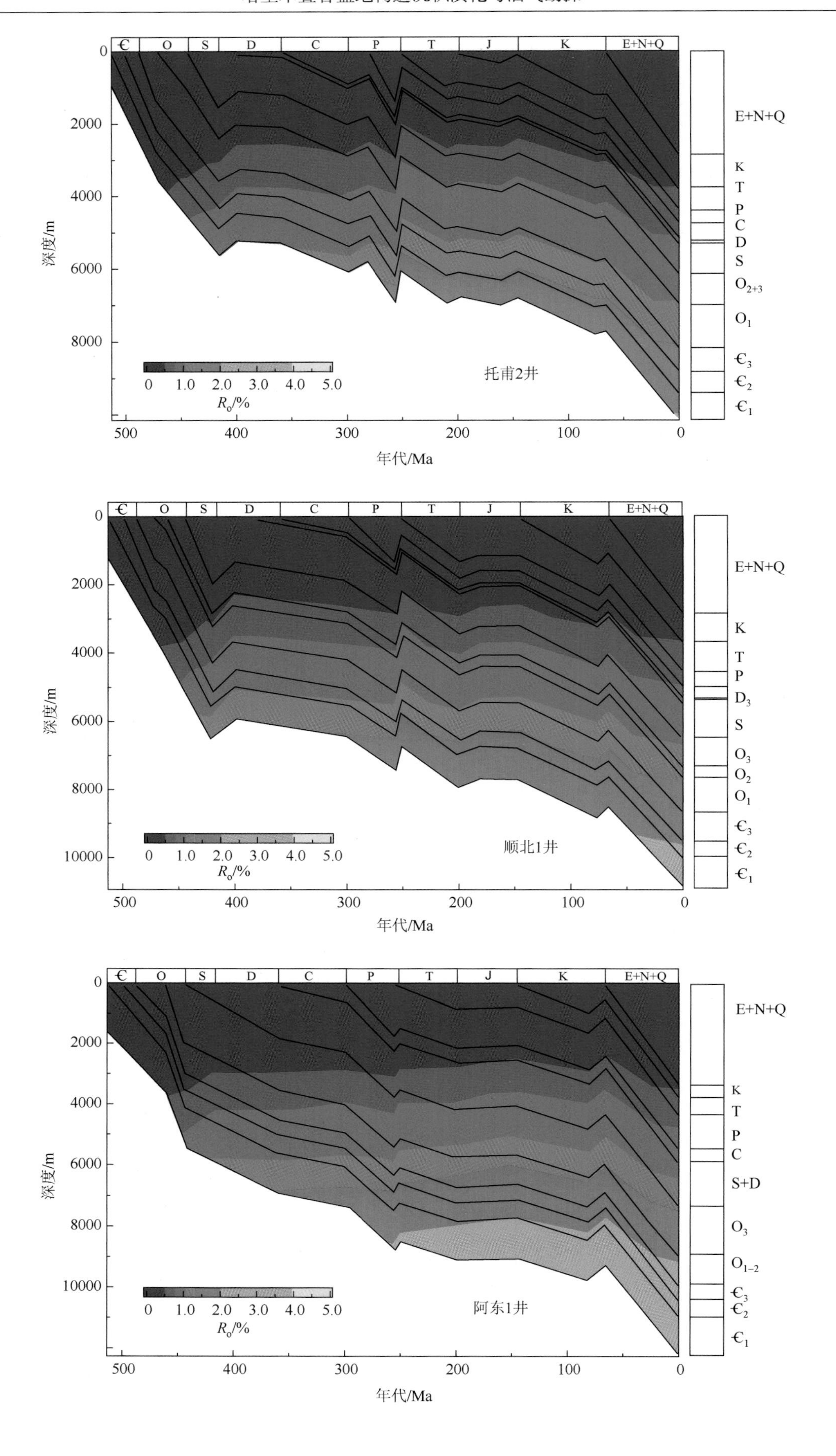
€
O
S
D
C
P
T
J
K
E+N+Q
深度/m
年代/Ma
托甫2井
顺北1井
阿东1井
R_o/%
0 1.0 2.0 3.0 4.0 5.0
500 400 300 200 100 0
0 2000 4000 6000 8000 10000
E+N+Q
K
T
P
C
D
D_3
S
S+D
O_{2+3}
O_3
O_2
O_1
O_{1-2}
$€_3$
$€_2$
$€_1$

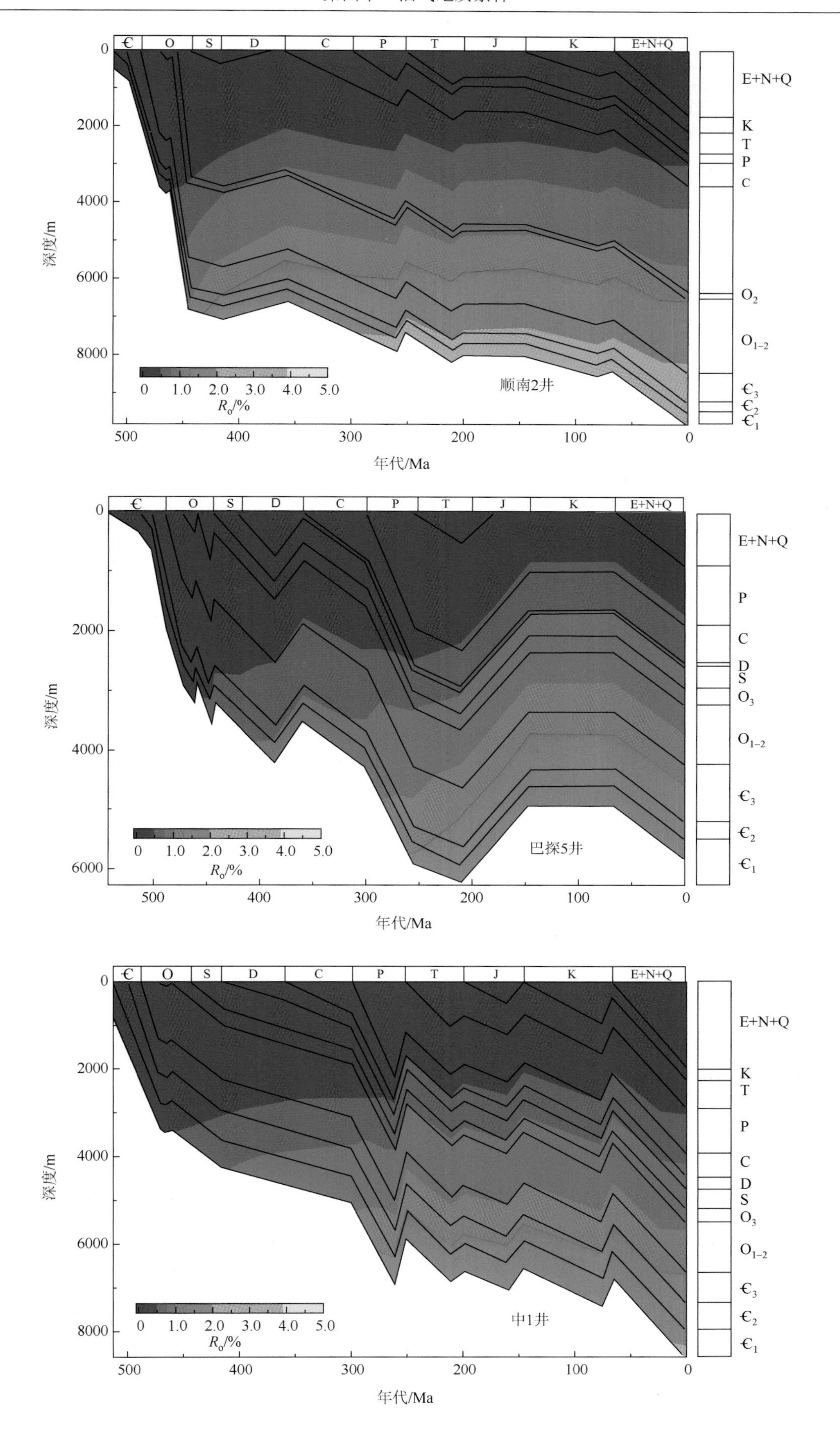
€
O
S
D
C
P
T
J
K
E+N+Q
深度/m
年代/Ma
R_o/%
顺南2井
巴探5井
中1井
K
T
P
C
D
S
O_3
O_2
O_{1-2}
$€_3$
$€_2$
$€_1$

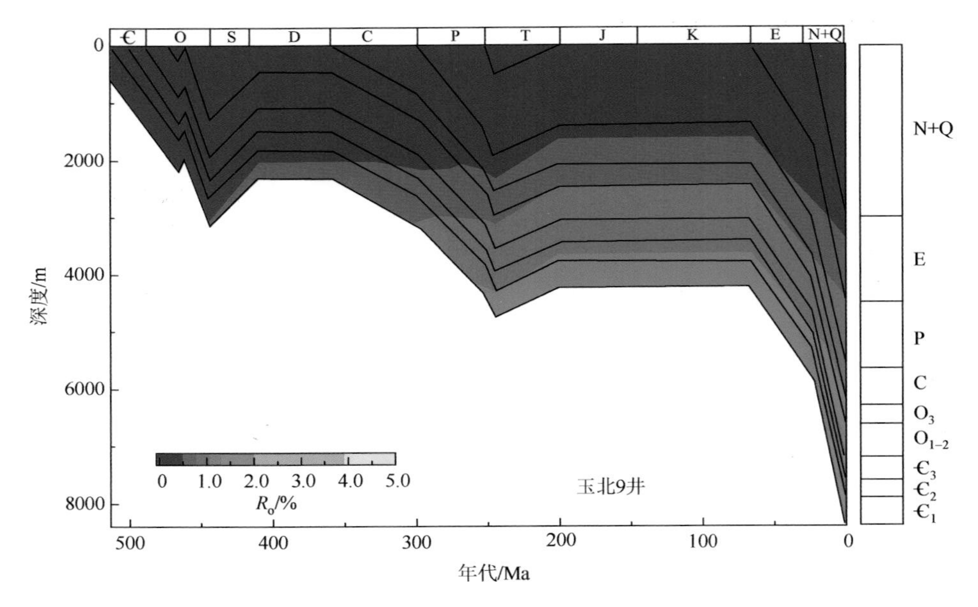

图 4-9　塔里木盆地钻井一维热史模拟及地层成熟度演化剖面图

3. 烃源岩热演化特征

根据盆地模拟编制的塔里木盆地寒武系底界与中上奥陶系顶面两个界面在加里东晚期（385Ma）、海西晚期（251Ma）、喜马拉雅期早期（65Ma）及现今 4 个时期的等效镜质体反射率 R_o^E 等值线图，盆地烃源岩热演化具有以下特征。

1）寒武系烃源岩演化特征

随着晚奥陶世一套巨厚混积陆棚地层的快速沉积及志留纪巨厚碎屑岩的沉积覆盖，满加尔凹陷区及塘古巴斯凹陷区加里东晚期寒武系底界经历快速深埋的过程，烃源岩演化进入生烃高峰期，有机质成熟度镜质体反射率 R_o 分布于 0.6%～1.2%，总体表现出东高西低的特征。东部满加尔拗陷区因快速深埋，烃源岩生烃受到一定程度的抑制，由于上奥陶统却尔却克群与志留系沉积中心存在差异，在东部形成两个油气生烃中心，其中上奥陶统却尔却克群沉积中心位于满东 1 井，志留系沉积中心处于满参 1 井以东，东部沉积中心成熟度早于并高于西部；塘古巴斯拗陷区在寒武纪处于台地相区，为沉积厚度较大的碳酸盐岩沉积，在晚奥陶世也是一个沉积中心，并与满加尔拗陷区一并进入生烃高峰期；西部玉北至巴楚地区整体成熟度较低，刚进入生烃门限。海西旋回受沉积地层厚度小且海西早期的剥蚀，地层演化主要受时间补偿效应使得烃源岩进一步成熟，满加尔拗陷区及塘古巴斯拗陷区进入高成熟阶段，围斜地区及顺托果勒低隆区 R_o 值为 1.2%，处于成熟阶段；演化格局上表现为由东高西低变化为南北向的两低两高。喜马拉雅期盆地表现为南北前陆盆地特征，盆地中心沉积较稳定，山前地带活动强烈，前陆拗陷快速充填补齐，使得烃源岩成熟度快速变高。满加尔拗陷-阿瓦提拗陷已处于过成熟阶段，塔北隆起及塔中隆起主体区受前期剥蚀影响，成熟度未变化或增加较少，外围区顺托果勒地区处于高成熟-过成熟阶段，以生成凝析油气为主；塔西南拗陷地区，受前陆盆地沉积影响明显，玉尔吐斯组烃源岩快速埋深，热演化也快速达到过成熟阶段。

2）中上奥陶统烃源岩演化特征

中上奥陶统由于埋深较中下寒武统浅，具有成熟度低、生烃晚的特点。中上奥陶统主体在海西晚期-燕山期开始进入生烃门限并大量生油。燕山期 R_o 分布于 0.7%～1.4%，呈现由深凹向四周 R_o 逐渐降低的趋势，深凹内 R_o 最高可达 1.4%，已接近大量生气阶段。拗陷大部地区均为主生油高峰期，可以提供大量成熟油气资源。演化到喜马拉雅晚期，阿瓦提与满加尔拗陷中上奥陶统呈现出高成熟演化特征，拗陷斜坡部位已进入大量生气阶段。因此，中上奥陶统烃源岩主要生烃期应为燕山期，主要产物为正常原油-高成熟油气。

第二节　下古生界碳酸盐岩储层

一、概况

（一）海相碳酸盐岩储层研究的重大意义

海相碳酸盐岩是全球油气勘探的主要类型。据统计，全球油气总资源为8777×10^8t油当量，其中碳酸盐岩为6320×10^8t，占比为72%（中石油，2011）；全球探明储量为4074×10^8t油当量，其中碳酸盐岩为2037×10^8t，占比为50%（BP，2012）；全球剩余油气可采储量为3261×10^8t油当量，其中碳酸盐岩为1695×10^8t，占比为52%（中石油，2011）；全球油气产量为69.5×10^8t，其中碳酸盐岩为43.8×10^8t，占比为63%（BP，2012）。

全球碳酸盐岩勘探主要发现在20世纪50～70年代，但近期仍有大发现，其中深层-超深层、岩性地层等类型碳酸盐岩油气田比例上升，深层海相碳酸盐岩成为近年全球尤其是中国重要的油气勘探领域。据统计，2011～2014年中国油气勘探在碳酸盐岩、岩性、前陆、海域、致密油气、页岩气等领域共取得“16油16气”规模储量区，其中深层海相碳酸盐岩领域石油勘探取得两项成果（塔里木盆地），探明储量占全国的12%，天然气勘探取得4项成果（四川盆地3项，鄂尔多斯盆地1项），探明储量占全国的34%（赵政樟，2015）。

传统理论认为，碳酸盐岩储层类型主要有4类：生物礁、颗粒滩、白云岩、岩溶风化壳。但近年来，碳酸盐岩储层研究出现了一些新的变化，主要表现在微生物碳酸盐岩储层、断控岩溶储层、热液白云岩储层等。比如，近年在巴西桑托斯盆地、阿曼盐盆、哈萨克斯坦滨里海盆地微生物碳酸盐岩储层中也有重大油气发现，储层地质时代跨越中元古代至侏罗纪，尤其在震旦系-寒武系、侏罗系微生物碳酸盐岩中发现油气最多（罗平等，2008）；岩溶储层的研究也不断完善和扩大，岩溶形成机理进一步深入，如混合水岩溶机理、热水成因岩溶、海岸带淡水-海水混合水岩溶、生物岩溶（Viles et al.，2010）、断控深缓流岩溶（刘永立等，2009）、深埋断溶型岩溶（焦方正，2018）；埋藏溶蚀与热液溶蚀作用相关的储层越来越引起重视，深埋溶蚀作用近来成为国际地学界研究的热点和有争议的问题，如有机质演化产生的酸性水和各种热流体引起的溶蚀作用、中深环境中流体相对碱性-酸性流体侵入（指示矿物、高岭石、地开石等）、与断层有关的流体的流动（低温下更易溶解），构造抬升及其与碳酸盐饱和状态的改变（流体的混合、金属矿化物的迁移、富氧流体的介入改变pH）等流体的溶蚀作用及其对储层的研究成为研究的热点。

在断裂-裂缝对碳酸盐岩储层发育的控制研究方面，国内学者普遍认为断裂活动可以通过多种作用方式对碳酸盐岩储层进行改造，主要体现在断裂活动导致次一级断裂及裂缝发育、断裂-裂缝活动控制岩溶深度及范围、控制火成岩分布并进一步通过火成岩对碳酸盐岩储层进行改造方面（吕修祥等，2008，2009，2011；）。构造和走滑断裂是构成岩溶作用的必要条件，改善了储集层的储集性能，增大了岩溶储层发育的深度。拉分段是碳酸盐岩被改造较强的部位，断裂开启性较好，促进对碳酸盐岩的溶蚀，是主力生烃期油气优先充注、聚集的部位（苏劲等，2010；乔占峰等，2011；周新源等，2013；张仲培等，2014）。

对于断裂-裂缝体系与碳酸盐岩储层的关系，AAPG、JSG等分别以专刊形式进行过讨论。在构造热液对碳酸盐岩储层的改造方面，目前国外学者重点关注热液白云岩的成因、石灰岩的溶解和热液白云岩储集层与以碳酸盐岩为主岩的硫化物矿床之间的关系等方面，热点仍是热液白云岩，但交代作用受到断层及其伴生裂缝的控制（Davies，2006）。在断裂与碳酸盐岩储层及裂缝发育分布的关系方面，普遍认为走滑断层的桥接部位是流体渗流、储层发育的有利部位。裂缝系统内流体渗流能力同时受裂缝密度及开度影响，但裂缝开度对流体渗流的影响更大，是流体渗流的主控因素。沿断裂带核部连续发育的岩石破碎带可能会阻挡流体的横向运移，而在断裂附近发育的断层的角砾带及裂缝发育区有时会成为良好的流体运移通道，因此在研究断裂-裂缝控制下的流体运移规律过程中要考虑渗流系统的耦合性。

近年来，碳酸盐岩储层研究已经由定性向半定量、定量转变，由单一学科向多学科复合转变。目前，在碳酸盐岩储层识别、表征与描述方面，除传统的储层物性、孔隙结构描述外，更加重视综合运用测井、地震、储层建模等技术，尽量使用多方法对储集体进行综合预测。随着储层评价定量化要求的不断提高，数学方法（从常规的统计学到非线性理论）在描述中的地位越来越重要。在储层控制因素和分布评价方面，强调在更宏观、更高的层次上认识成岩反应、物质输运与配置特征及其驱动机理，因此已具有明显的过程研究或动力学研究的色彩，并为成烃-成岩作用、储层形成分布的深入研究提供了契机，同时更加重视不同相带、层序地层及成岩过程对碳酸盐岩孔隙演化的影响，更加注重不整合面、断裂系统（性质、样式、期次）对碳酸盐岩储层发育的控制研究。在多种地质因素约束下评价优质储层的时空分布，代表性的工作如ExxonMobil公司通过对比分析构造演化、地层单元、海洋环流、古气候、海平面变化、生产力水平、古水温、古地理、岩性矿物组合、优势孔隙类型、裂缝性质以及成岩作用来综合评价碳酸盐岩储集层的时空分布。

（二）塔里木盆地海相碳酸盐岩储层研究现状和存在的问题

塔里木盆地在加里东构造旋回克拉通盆地发育阶段，台盆区海相碳酸盐岩层系发育良好，从震旦系至石炭系均有，其中以震旦系至上奥陶统发育最好。已有研究表明，塔里木盆地台盆区海相碳酸盐岩储层属多层位（主要分布在震旦系至下奥陶统）、多类型（礁滩型、古岩溶型、白云岩型）发育，具有良好的油气储集性能。

随着塔里木盆地台盆区油气勘探逐渐由塔北、塔中两大隆起走向斜坡区，奥陶系碳酸盐岩层系储层特征发生了变化，其中由表层喀斯特缝洞型储层变化为内幕多成因、多类型储层，以顺托果勒地区奥陶系最为典型。

顺北地区奥陶系发育受层序界面、准同生沉积间断控制的准层状分布的储集体影响，后期断裂带对早期岩溶储层改造而在断裂带内形成断控规模储集体。顺托—顺南地区主要发育3类储层，即白云岩储层、断控热液型储层及改造型微生物岩相关储层。白云岩储层主要发育于鹰山组下段，孔隙以晶间孔、晶间溶孔、晶内溶孔为主，局部具有较高的包裹体均一温度和较低的氧同位素值，显示可能受热液改造。断控热液型储层以顺南4井鹰山组为例，自形-半自形的石英颗粒间发育大量晶间孔，孔隙度高、物性好。改造型微生物岩相关储层见于顺托1井、顺南7井等井，微生物粒内孔、体腔孔、微孔隙等是主要的储集空间。

塔里木盆地埋藏、热液活动及其对储层的改造作用近年研究较多。前期总结了3类热液流体的识别标志：矿物习性及共生组合序列标志、流体包裹体标志、同位素及元素地球化学标志，5种热液流体类型，以及3类热液流体来源：深部地层热卤水（碎屑岩/碳酸盐岩/寒武系膏盐岩）、岩浆期后及混合热液。

塔里木盆地海相碳酸盐岩储层研究中存在的主要问题可以总结为以下4个方面：一是储集空间类型多样，主要储集空间、关键储层类型仍不明确；二是隆起区之外低部位的断控储层的成因机制不清；三是不同地区、层系规模储集体发育模式与分布规律尚不明确；四是寒武系规模储集体类型及成因机制不清。

因此，本节在众多前人研究成果的基础上，以海相碳酸盐岩储层储集空间、储层成因机制与模式、分布规律为重点进行阐述。

二、碳酸盐岩储层主要储集空间类型

（一）洞穴

洞穴是下古生界重要的储集空间类型，主要发育在奥陶系灰岩段内，以一间房组和鹰山组上段最为发育，白云岩层系欠发育。按照其成因类型，洞穴可以分为以下两类。

一是受断裂与岩溶作用（喀斯特）改造为主形成的洞穴，以塔河主体区最为典型。洞穴实钻过程中常见数米至数十米放空，或见砂泥岩、岩溶角砾半充填-全充填等现象，表明其横向规模可能较大。洞穴分布主要受不整合面、岩溶地貌、岩溶水系和断裂的共同控制，其中不整合面与岩溶作用是主要的控制因素，岩溶缝洞体平面沿不整合面总体呈层状分布，纵向受多期潜水面影响缝洞可呈现层状叠置（表 4-4）。

表 4-4 塔河中西部中下奥陶统内幕钻遇放空、漏失钻井情况统计表

序号	井号	层位	放空漏失段/m	距中下奥陶统顶面/m	漏失量/m^3
1	塔深 4 井	$O_{1\text{-}2}y$	6134.88～6166.85 七段放空（共 20.4m）	602	591.62
2	塔深 3 井		6115.13～6168.24	277	1713.7
3	塔深 3-1 井		6233.24～6287.04	253	737.4
4	塔深 302X 井		6653.68～6692.66	273	1347.7
5	塔深 3-2X 井		6189.05～6220.73	287	595
6	TH12374CX 井		6285.17～6286.20	274	617.11
7	TH12315CH 井		6441～6443	196	1029.66
8	TH12395 井		6297.5～6335	262	461.45
9	托鹰 1X 井		6823.68	335.7	1021
10	TP193 井		6935～7438	424-927	2392.5

二是表生岩溶作用欠发育，以走滑断裂活动形成的“构造破裂空腔”为主，叠加断控大气水或深部热液溶蚀改造形成的洞穴。与第一类洞穴相比，其洞穴横向宽度不大，从斜井估算其洞穴宽度一般小于 3m，多数在数十厘米至两米，此类储集体部署直井一般难以直接钻遇放空或规模漏失，取心主要期次的裂缝多呈高角度-近垂直状，延伸远，缝壁较平直，溶蚀现象不明显，缝壁常被沥青直接充填，并伴随泥质条带或硅质、黄铁矿、角闪石、长石等次生矿物。洞穴的分布主要受断裂带内的断裂面控制，其中主断面更为发育，实钻多井在主断面钻遇放空或规模漏失。表 4-5 为顺托果勒地区放空、漏失统计表。

表 4-5 顺托果勒地区放空、漏失统计表

井号	完钻层位	放空漏失井段/m	漏失量/m^3	放空、漏失井段距 T_7^4 距离/m
顺北 1-1H 井	O_2yj	斜 7613.05/垂 7557.66 失返	1891	138.05 斜 82.66 垂
顺北 1-2H 井	O_2yj	7777.70～7778.11 斜（放空 0.41m/7569.06～7569.47 垂）	616	296.7～297.11 斜/88.06～88.47 垂
顺北 1-3H 井	O_2yj	7388.67～7389.51（放空 0.84m）斜深	629.4	101.48
顺北 1-4H 井	$O_{1\text{-}2}y$	8049.09～8049.50（放空 0.41m）斜深	562	93.96
顺北 1-5H 井	O_2yj	7745.52（斜）/7576.19（垂）井漏	528	95.2
顺北 1-6H 井	O_2yj	斜 7765.12/垂 7399.51 漏 斜 7789.07/垂 7399.70 失返	763.02	100.5/100.74
顺北 1-7H 井	O_2yj	斜 7899.10/垂 7448.40 漏 斜 7900.61/垂 7448.40 失返 斜 7947.21/垂 7456.00 失返	1333	97.71/97.80/105.32
顺北 1CX 井	O_2yj	斜 7524.06/垂 7405.7	660	115

（二）溶蚀孔洞

溶蚀孔洞在下古生界石灰岩与白云岩中均有发育，按岩相与成因类型可划分为以下 3 类。

一是一间房组-鹰山组上段以大气水溶蚀形成的溶蚀孔洞，包括塔河主体区多期表生岩溶与断控深缓流大气水溶蚀作用形成的溶蚀孔洞，以塔河主体—托普台—跃进地区最为典型（图 4-10）。

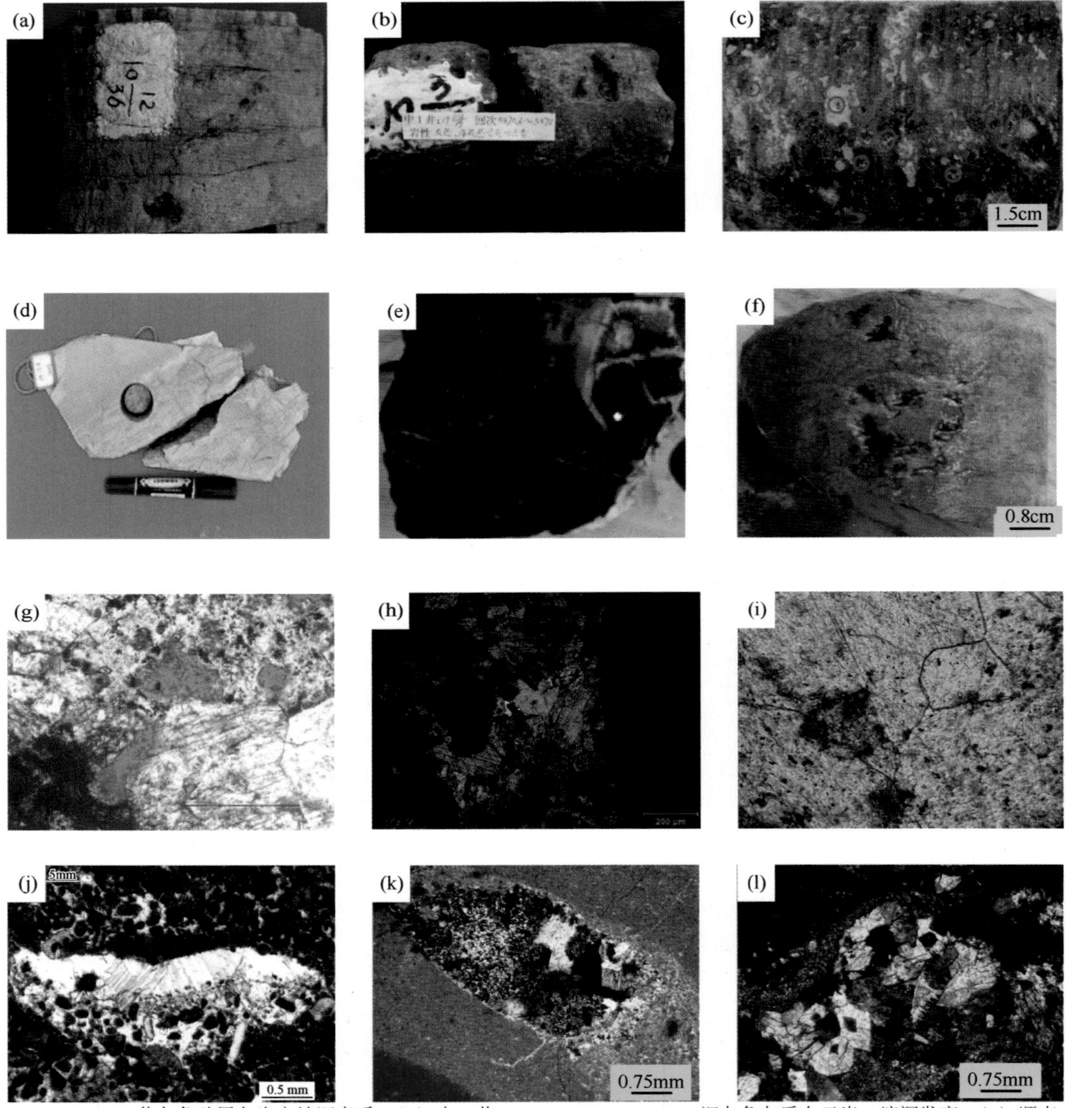

（a）中 4 井 10 12/36 5968m 黄灰色砂屑灰岩充填沥青质；（b）中 1 井 19 3-4/195370.6-5371m 深灰色灰质白云岩，溶洞发育；（c）顺南 7 井第 2 回次 6486.2m，灰黑色颗粒灰岩，见溶蚀孔洞发育；（d）沙 15 井 32 10/27 灰白色竹叶状白云岩，见溶蚀空隙；（e）顺南 4 井 3 1/20 高角度裂缝，粒状方解石、碳酸盐岩角砾及碳酸盐泥填积，受到硅化石英交代改造；（f）中 101 井 5552.4m，见溶蚀孔洞和岩溶角砾岩；（g）顺北 2 井 7442.8m，含灰质硅质岩，见溶孔发育；（h）顺北 1-3 井，7454m，正交偏光，淡水方解石和交代方解石的白云石晶体中的溶蚀；（i）顺北 2 井，7442.58m，粗大淡水方解石中残余砂屑和细颗粒方解石中形成溶孔；（j）顺南 3 井 3-27/39 7559.6m 亮晶砂屑-泥晶砂屑灰岩，具渗流结构；（k）古隆 3 井 6147.37m，粗晶方解石充填孔洞；（l）顺南 1 井 6531.1m，渗流黏土和粗晶方解石充填溶孔，示底构造

图 4-10　水溶溶蚀孔洞的岩心图

二是下古生界碳酸盐岩地层中，以热液流体沿缝溶蚀形成的孔洞，往往伴随着石英、鞍形白云石等热液矿物的半充填-全充填，在白云岩和灰岩地层中均有发育，前者如塔北地区的轮深 2 井，后者如顺南地区的顺南 4 井（图 4-11）。

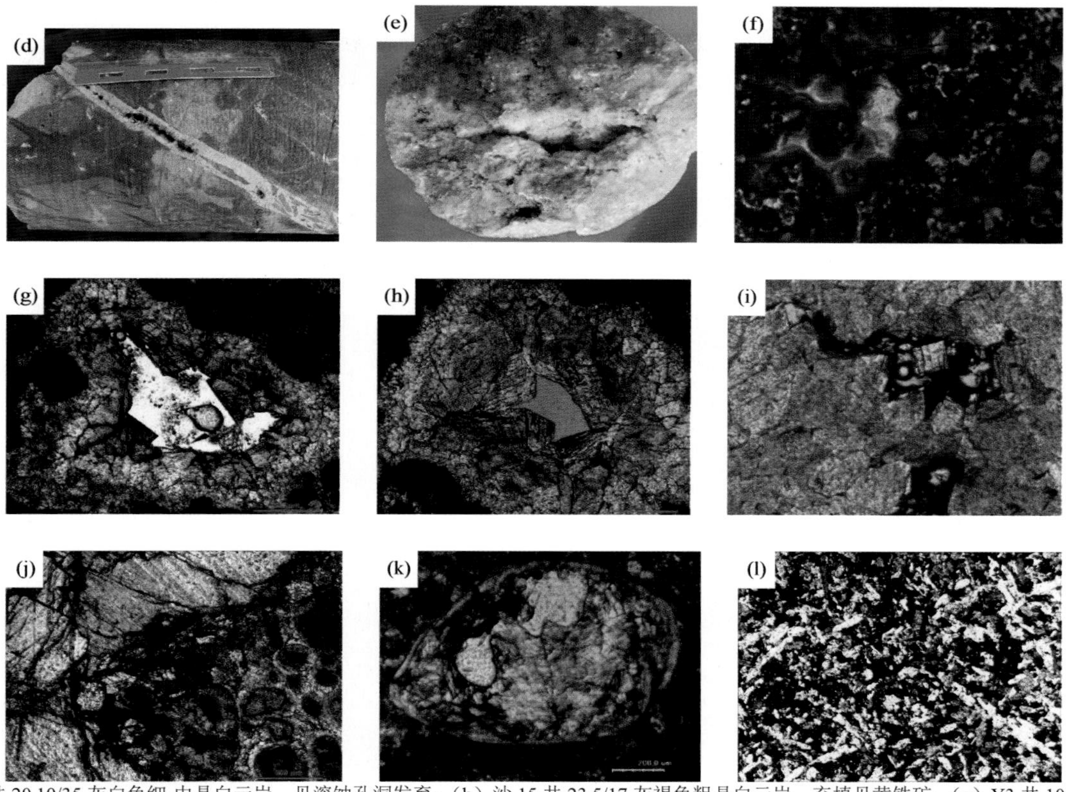

（a）沙 15 井 20 10/35 灰白色细-中晶白云岩，见溶蚀孔洞发育；（b）沙 15 井 23 5/17 灰褐色粗晶白云岩，充填见黄铁矿；（c）Y3 井 10 4/10 青灰色硅化微晶白云岩，见黄铁矿，孔洞边缘见鞍状白云岩；（d）中 1 井 3 15/48 3970m 浅灰色油迹粉砂岩，灰泥质胶结，粉砂岩受热液侵染；（e）轮深 2 井 2 24/29 灰白色细-中晶白云岩，溶孔边缘见鞍状白云岩；（f）顺北 2 井，7443.44m，见硅化晶洞；（g）顺南 7 井 2 16/48 中-粗晶白云岩，见鞍状白云岩；（h）顺南 7 井；（i）古城 7 井 6643.2m，中-粗晶白云岩；（j）顺南 2 井 2 27/47 白云石化球粒灰岩，见热液成因中-粗晶白云石，见硅化石英晶体；（k）顺南 5-1 井 6380m 泥晶化藻砂屑灰岩，见萤石或天青石；（l）顺南 4 井 6669m，硅化长柱状石英交代改造强烈，交代浅埋藏白云石

图 4-11　热液溶蚀孔洞的岩心图

三是准同生溶蚀形成的生物格架孔洞（图 4-12）。

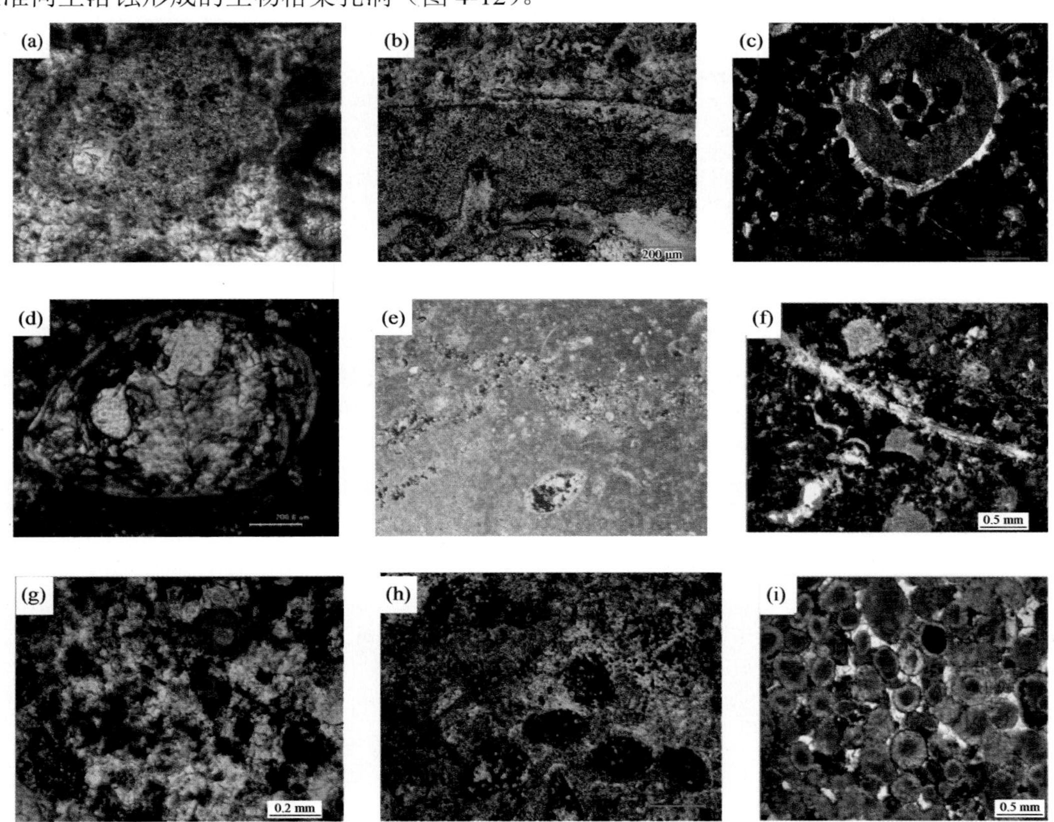

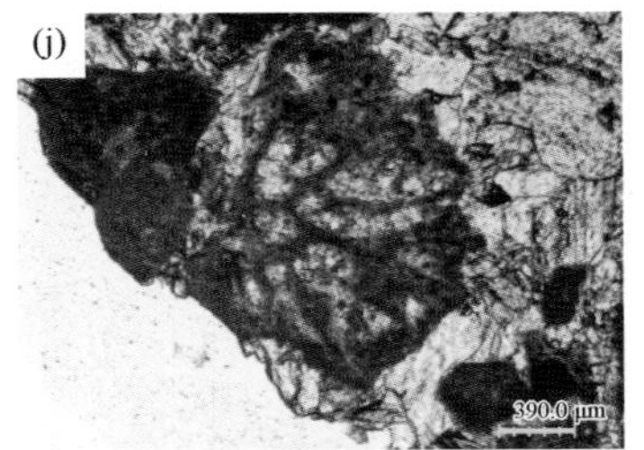

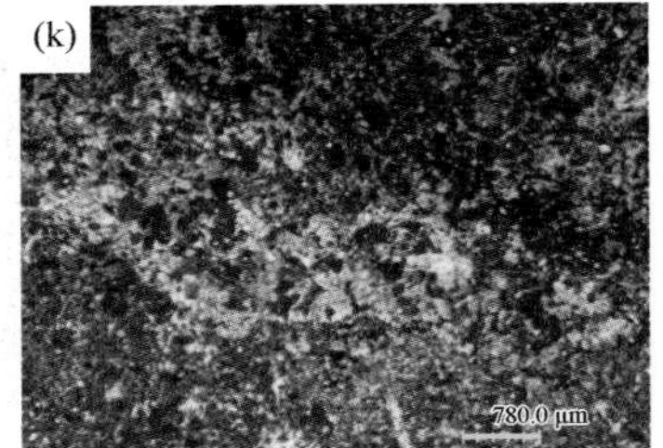

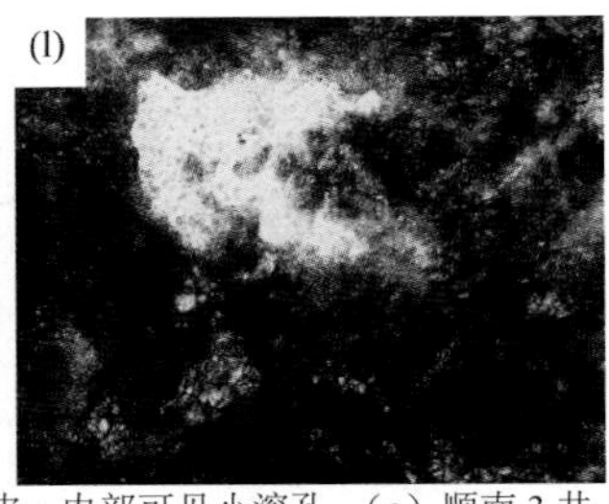

（a）跃进 2-3x 井 7090.6m 亮晶颗粒灰岩，棘屑内溶孔；（b）顺北 1-7H 井，7355.9m，边缘硅化棘皮，内部可见小溶孔；（c）顺南 3 井，2 24/53，钙球内胶结；（d）顺南 5-1 井 6380m 泥晶化藻砂屑灰岩，介形虫内部见萤石充填；（e）中 1 井 5797.74m 浅灰色泥晶灰岩，介形虫内部溶蚀孔；（f）顺托 1 井 7705.55m 灰色藻黏结灰岩，腹足壳体部分硅化，藻类以葛万藻为主，具少量介形虫壳，自形石英选择性分布与颗粒组分；（g）顺托 12-20/38 7707.39m 藻黏结灰岩，发育海百合、腕足、葛万藻、介形虫等，生物壳体普遍具有微孔隙；（h）顺北 2 井 7363.36m，硅质灰质岩，硅化有孔虫，见溶孔；（i）顺南 2 井 2-22/47 6454.4 亮晶藻鲕灰岩，具自形石英，部分藻鲕沥青化；（j）顺南 4 井 6462m，亮晶生屑砂屑灰岩，苔藓虫体腔充填亮晶方解石；（k）顺南 5 井 6377.88m，亮晶砂屑灰岩，见生物钻孔；（l）顺南 5-2 井 6634m，亮晶藻黏结砂屑含云质灰岩，见孔隙

图 4-12　生物格架孔洞的岩心图

（三）孔隙

塔里木盆地下古生界碳酸盐岩储层中发育多种类型的孔隙，包括粒内孔（藻孔、铸模孔）、粒间孔（遮蔽孔、格架孔、溶孔）、晶内孔、晶间孔等。其中，晶间孔主要在白云岩储层中发育，以玉北 8 井蓬莱坝组及卡塔克隆起中 15 井、中 19 井最为典型，在顺南 4 井的硅化岩中也发育少量柱状石英的晶间孔隙。其余孔隙类型主要发育在灰岩中，如粒内孔、粒间孔以顺南 7 井一间房组、顺托 1 井较为发育（图 4-13）。

（四）裂缝

按照裂缝尺度的大小，可以将其分为两类。一类是在 FMI 成像或岩心尺度上可见的裂缝，尺度相对较大，既有高角度立缝，也有低角度缝，多数被泥质、方解石、沥青、石英或硅质等半充填-全充填，以顺北 2CH 井、顺北 1-3 井、顺南 2 井、桥古 1 井等井最为典型。另一类是在薄片尺度上可见的微裂隙或微裂缝，在薄片中较为常见，多数为半充填-未充填（图 4-14）。

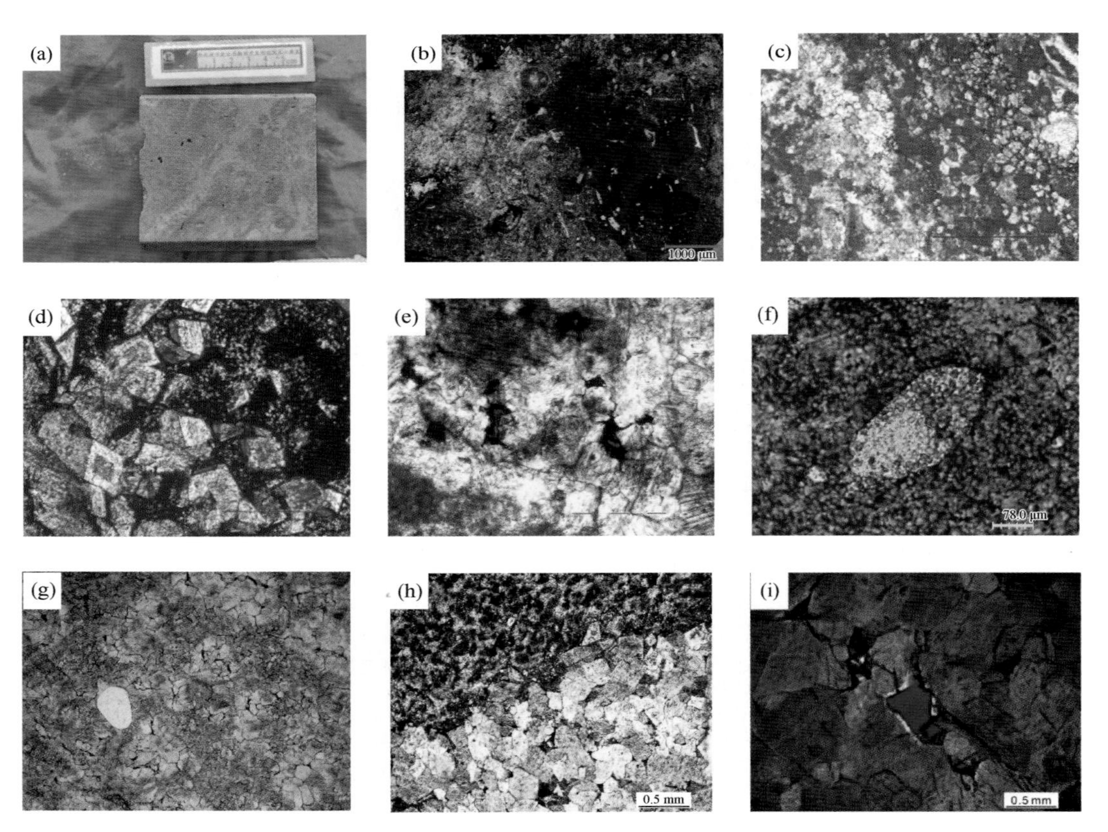

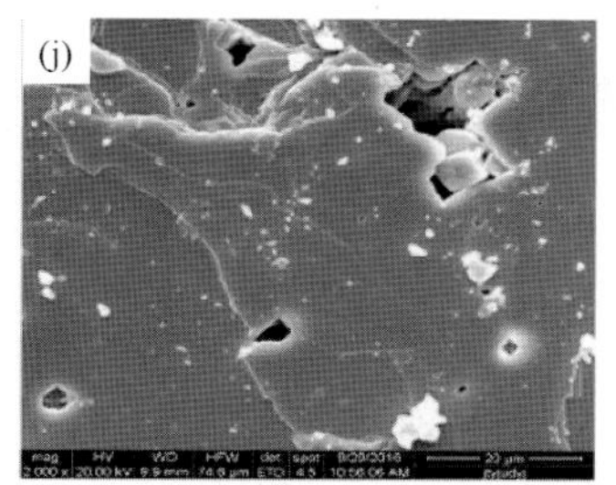

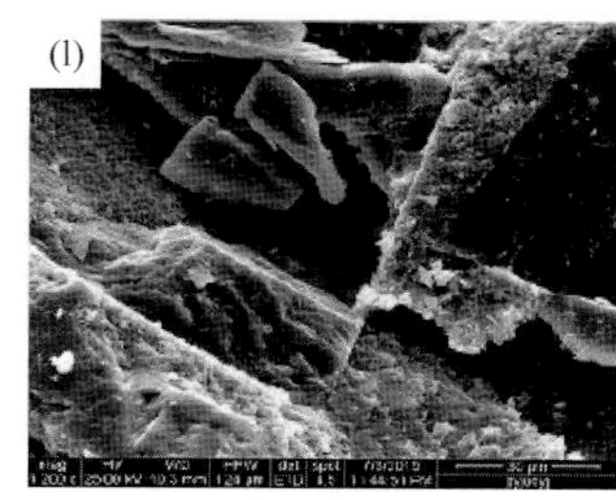

（a）沙15井22 2/31灰白色砾屑化白云岩，多发育晶间孔；（b）顺北2井，7364.11m，灰质硅化岩，见残余和被交代的棘屑，灰岩与硅质部分无缝合线，灰岩部分发生重结晶；（c）顺北2井7442.45m泥晶砂屑灰岩，局部泥晶重结晶形成晶间溶孔；（d）顺北1-7井，7355.85m，灰质硅质岩，硅质部分见白云石化形成孔隙；（e）跃进2-3x井7079.77m黏结岩，见方解石晶间孔；（f）顺南4井，6669.01m，自生石英内见方解石残晶；（g）顺南5井7069.6m，粉-细晶白云岩，见晶间孔；（h）古城9井3-5/6中晶白云岩，晶间溶孔发育，部分晶间溶孔被方解石充填；（i）于奇6井7314.86m残余鲕粒、细晶白云岩，残余鲕外壳特征明显，内由细晶白云石组成，其晶间缝见泥质（吸附沥青）充填；（j）顺北1-3井7273.64m灰色硅质藻屑灰岩，重结晶方解石晶内溶蚀孔；（k）玉北5井5907.46～5907.61m，层位：$O_{1\text{-}2}y$，灰色含泥质泥晶灰岩白云石，见晶内溶蚀孔；（l）顺南15-1井7008.81m白云石晶间孔

图4-13　孔隙的薄片与电镜图

（a）玉北1井5607～5610m，浅灰色油迹泥晶灰岩，见裂缝长24cm，宽1.5～2mm；（b）顺南501井5 42/45粉屑灰岩，见雁列式高角度裂缝发育；（c）大古3井4 3/19浅灰色细晶白云岩，见裂缝边缘充填沥青质，中间充填硅质；（d）沙7井 8 9/63褐色白云质泥岩变为灰白质泥质白云岩；（e）中1井19 8/14 5370.6～5372.98m，褐灰色、灰色细晶白云岩微裂缝发育，方解石充填70%；（f）顺北1-3井2 6/19灰色硅质藻屑灰岩，见裂缝发育；（g）顺北1-3井7278.58m一间房组，泥晶粉屑灰岩见裂缝充填黑色沥青质；（h）顺北1-3井7268.23m，黏结岩见4条裂缝充填黑褐色沥青质，棘屑见硅化；（i）玛北1井6214.5m寒武系泥岩，不规则状裂缝充填铁质；（j）跃进2-3x井7085.54m黏结岩，见微裂缝发育，其中一条缝宽0.01mm，边缘见黑色沥青质；（k）顺北1-7井7355.85m，灰质硅质岩，见一条微裂缝，缝宽0.01mm；（l）顺北2井7441.8m泥晶细砂屑灰岩，两条微裂缝发育，缝宽0.01mm

图4-14　裂缝薄片与电镜图

三、海相碳酸盐岩储层类型、成因机制与成因模式

塔里木盆地下古生界发育多套碳酸盐岩储层，储集层成因类型多样，其中与大气水有关的岩溶作用、构造与断裂活动、白云石化、深部及热液流体改造是储层发育的主控因素。不同地区、不同层系的储层受上述因素的控制程度不同，成岩演化过程也有差异。

（一）表生岩溶缝洞型储层与喀斯特（含断溶深缓流作用）发育模式

塔河地区主体区（喀斯特型）岩溶作用发育，在加里东中期Ⅰ幕同生期性质岩溶改造的基础上，伴随古隆起继承性发育，抬升幅度和地形高差变大，发育了加里东中期Ⅱ幕、加里东中期Ⅲ幕、加里东晚期-海西早期、海西晚期多期表生岩溶作用，北部塔河主体周缘处于岩溶斜坡相对高部位，发育了一些规模较大的缝洞系统，局部断裂带发育深度较大，可达 300m 以上，南部处于岩溶斜坡低部位，岩溶发育程度相对减弱，多发育于不整合面以下 0～50m，岩溶作用持续时间较短，缝洞体总体规模较小，非均质性较强，缝洞系统仅发育于断裂带附近，断裂带间欠发育。

运用相干属性，对一间房组、良里塔格组和桑塔木组顶面的水系进行分析，实现了塔河西北部加里东中期-海西早期奥陶系古水系期次划分。一间房组顶面不存在明显的地表水系，良里塔格组顶面、桑塔木组顶面地表水系较发育，海西早期古水系最为发育。如图 4-15 所示，黑色为加里东中期Ⅱ幕古水系，以 SN 走向为主，蓝色为加里东中期Ⅲ幕古水系，以 SN 走向为主，紫色为海西早期古水系，主体为 NE-SW 走向，反映相应构造期均为北高南低的构造格局。

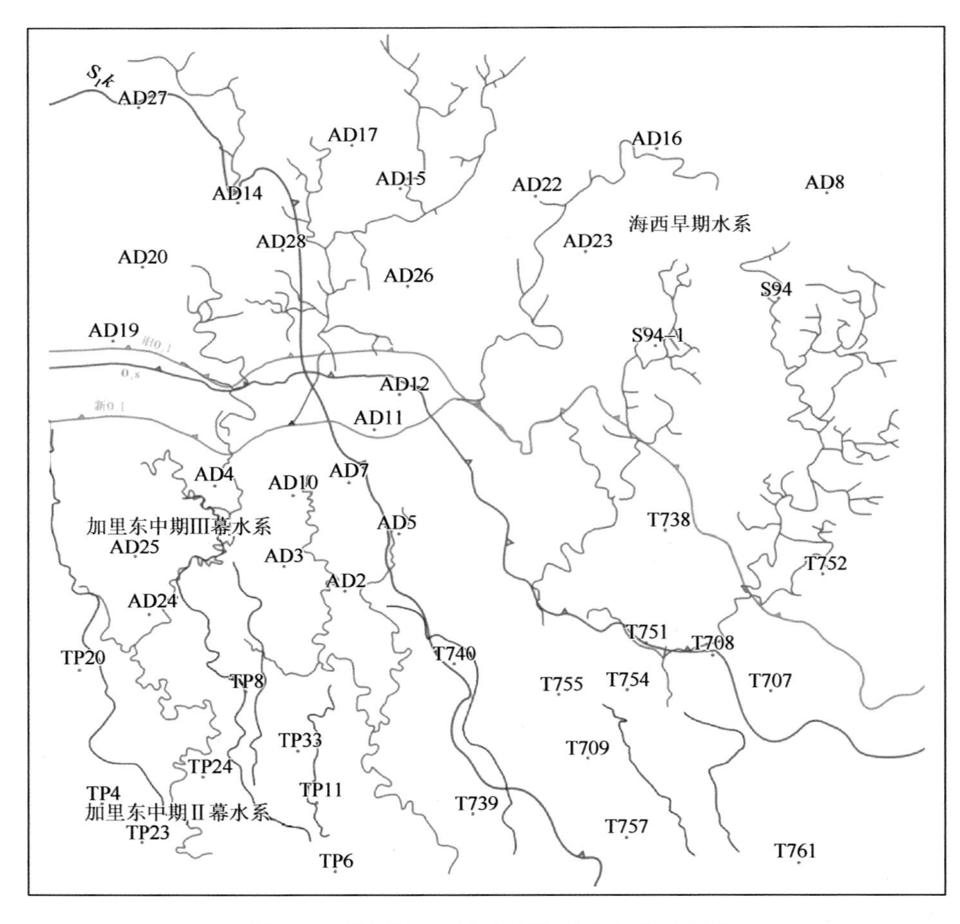

图 4-15　塔河油田西北部奥陶系古永系示意图

在暴露剥蚀区表层岩溶作用发生的同时，一部分岩溶水在紧邻低部位顺断裂带沿层下渗，逐步进入缓流带，沿地层和走滑断裂向南缓慢汇流及溶蚀，在断裂带薄弱部位以上升泉的形式向地表排泄，形成深缓流岩溶作用(图 4-16)。其中，加里东中期Ⅱ幕地层产状缓，上覆的恰尔巴克组和良里塔格组厚度小于 200m，尤其是在良里塔格组相变带以南，上覆地层厚度为 30m 左右，最有利于地下缓流带水体流动，推测自塔深 3 井区到顺北地区和中石油富源地区，均广泛发育。

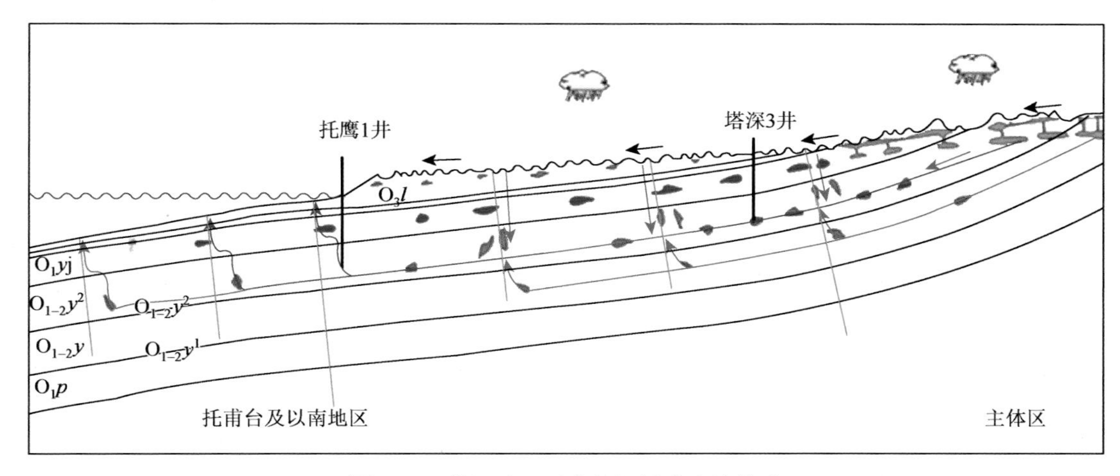

图 4-16　塔河油田西南部深缓流岩溶模式

（二）内幕断控缝洞型储层与热液溶蚀作用发育模式

塔里木盆地下古生界存在广泛的热液活动，在卡塔克隆起、雅克拉断凸、顺托果勒低隆、西北缘柯坪—巴楚露头区均揭示了热液蚀变和改造特征，如卡塔克隆起塔中 45 井萤石，塔北隆起塔深 1 井、轮深 2 井等井见鞍形白云石，顺托果勒地区顺南 4 井、顺托 1 井与麦盖提斜坡玉北 5 井见大量柱状石英或隐晶硅质。深部热液流体的改造作用越来越受到重视，但总体研究和认识程度较低。

1. 富硅热液流体

矿物共生组合为（微晶）石英-方解石组合最为常见，以顺南 4/401 井、玉北 5 井为代表。成岩矿物形成温度比围岩至少高 5～10℃，如顺南 4 井石英包裹体最高温度为 202.8℃，明显高于正常地温演化的最高温度（即现今的 191.81℃）；玉北 5 井缝洞壁充填序列为白云石-石英-方解石，其中石英包裹体温度明显高于白云石和方解石，且根据不同深度岩心中石英包裹体均一温度折算地温梯度高达 20℃/100m，与正常地温梯度（约 3℃/100m）存在明显差异。

顺南 4 井硅氧同位素显示其来源于非高温岩浆热液而可能与低温热水交代有关，其石英 Fe_2O_3 含量与 SiO_2 含量呈一定的正相关关系，Al_2O_3 含量偏高但与 SiO_2 含量不相关，具备放射性锶同位素特征，指示硅质流体更可能与深部热液且受到碎屑岩地层的明显影响，石英稀土元素总量低且较明显 Eu 正异常，晚期方解石脉碳、氧、锶同位素也显示流体受到了温度和深部碎屑岩的影响，指示富硅热液可能来源于深部碎屑岩地层热卤水（图 4-17）。

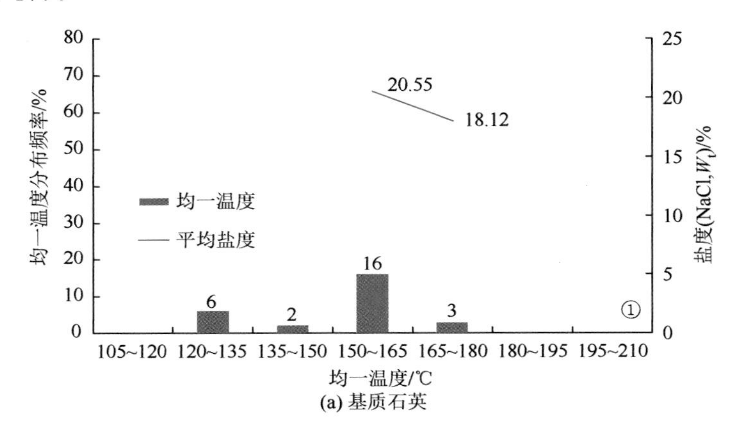

(a) 基质石英

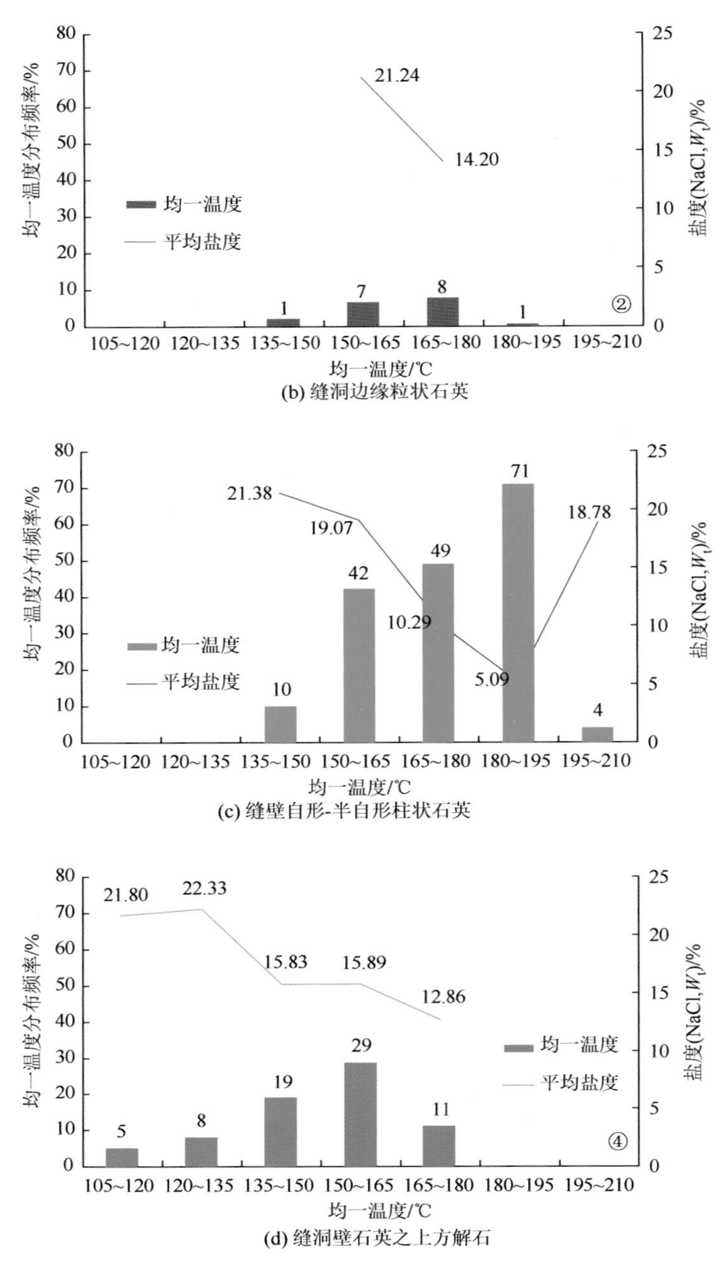

(b) 缝洞边缘粒状石英

(c) 缝壁自形-半自形柱状石英

(d) 缝洞壁石英之上方解石

图 4-17　顺南 4 井硅化岩不同宿主矿物包裹体均一温度和盐度分布图

富硅热液对碳酸盐岩的改造作用表现在酸性组分对灰岩的溶蚀-交代-胶结。以顺南 4 井为例，基于精细的包裹体数据分析了流体改造机制及温度、盐度、pH 的动态变化，建立了深部低温富硅热液流体向上运移改造储层的宏观模式，明确指出其纵向存在受温度、压力和岩性结构控制的溶蚀带（图 4-18）。

2. 富镁热液

矿物共生组合为鞍形白云石-方解石-（微晶）石英组合最为常见，以柯坪水泥厂、肖尔布拉克、塔河—塔中深层构造-热液白云岩为代表。对塔河地区塔深 1 井、塔深 2 井、沙 88 井和于奇 6 井以鞍形白云石为代表的成岩矿物（还包括石英、自形白云石胶结物、基质白云石）包裹体显微测温，鞍形白云石包裹体均一温度明显高于石英和白云石胶结物，更高于基质白云石（图 4-19），说明鞍形白云石的形成与富镁热段有关。通过对塔河地区 117 个样品 O-C 同位素测试发现，尽管不同类型的成岩矿物间的 O-C 同位素值之间常常有重叠，但反映一些总的变化趋势（图 4-20）：泥微晶白云岩-各类型基质白云石-鞍形白云石-方解石 O-C 同位素值总体趋向于变轻，特别是方解石 O-C 同位素值负向漂移比较明显；鞍形白云石 O-C 同位素值尽管与基质白云石的值有部分重叠，但还是有明显变轻的趋势，后期孔-缝充填方解石胶结物的 O-C 同位素与白云石（岩）分异很明显，O-C 同位素值变轻比较明显。部分方解石样品的 $\delta^{13}C$ 显著低于−3‰，可能指示有有机碳的混入。

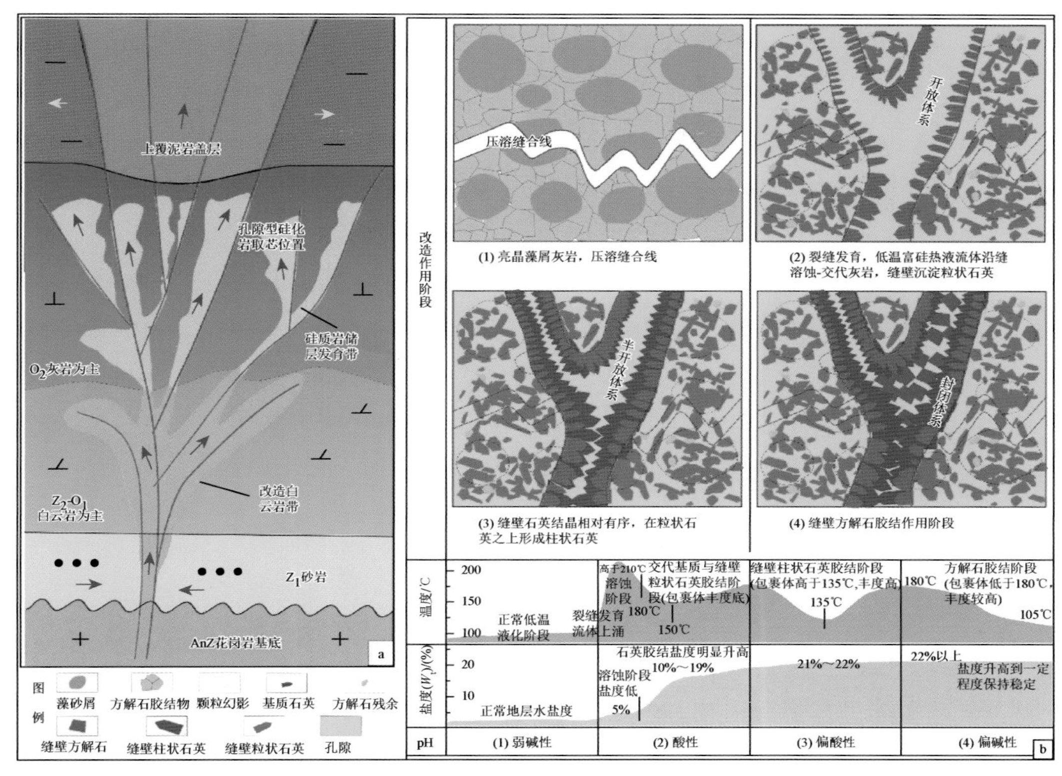

图 4-18　顺南 4 井区硅质岩成因及硅质流体来源模式

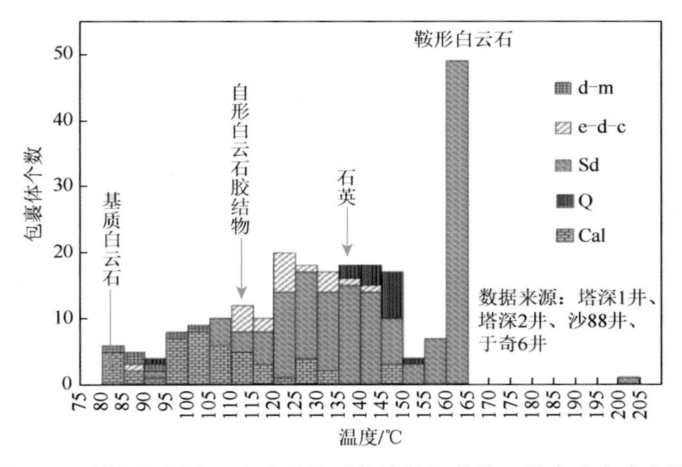

图 4-19　塔河深层白云岩中成岩矿物流体包体均一温度分布直方图

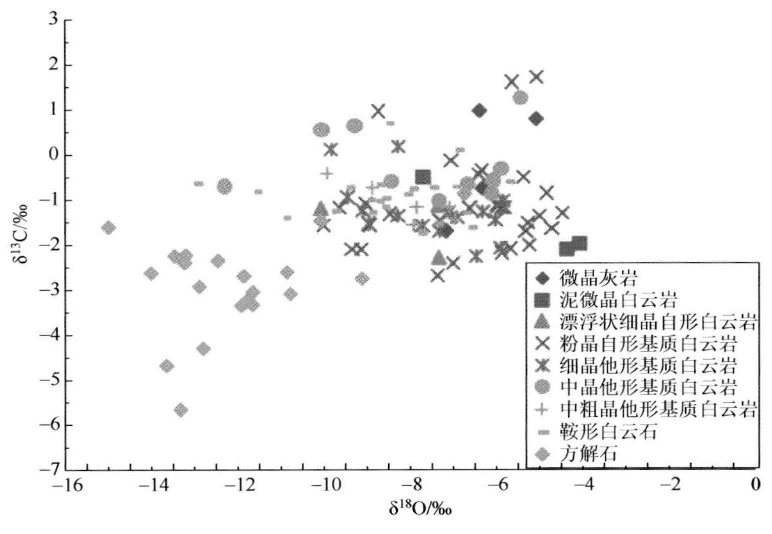

图 4-20　塔河不同类型碳酸盐岩 O-C 同位素值交汇图

受深部热液流体影响的成岩矿物的 Sr 同位素应该具有偏低的 $^{87}Sr/^{86}Sr$ 值，高 $^{87}Sr/^{86}Sr$ 值可能与淋滤上覆碎屑岩地层的表生大气水或来自底部碎屑岩地层的深部热液流体有关。由塔河—顺托果勒地区 Sr 同位素分布特征可以看出，顺托果勒南部缝洞充填方解石的 Sr 同位素较北部明显偏低，可能与热液流体影响有关（图 4-21）。

无论是野外露头还是覆盖区，鞍形白云石 O-Sr 同位素地球化学习性具有明显亲源性但不重叠，而大部分基质白云石 O-C 同位素值几乎全部分布在中晚寒武世-早奥陶世原始海水范围内，说明流体具有较强继承性和亲源性，表明富 Mg 热液可能来源于深部碳酸盐岩封存热卤水，但受后期构造演化差异影响，其孔-缝充填方解石同位素特征存在明显分异。

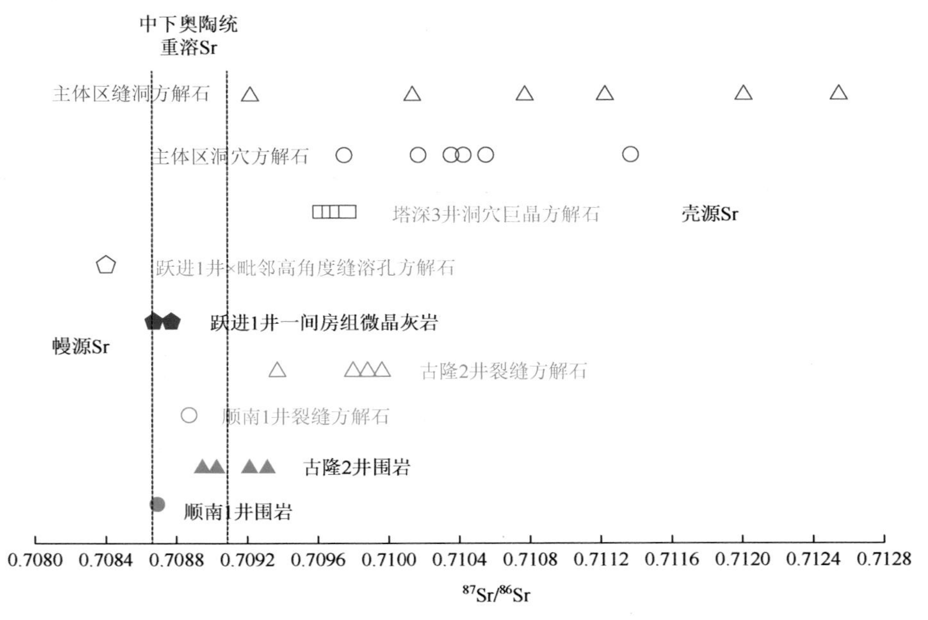

图 4-21　塔河—顺托果勒地区碳酸盐岩和方解石的 Sr 同位素分布图

白云岩溶孔和裂缝的不规则边缘说明富 Mg 热液溶蚀作用的存在，塔深 1 井岩心和露头观察及物性测试表明热液改造对储层有建设性，但并非所有的鞍型白云岩的物性都有改善，初步建立了顺托果勒地区深层热液白云岩储层的发育模式（图 4-22）。

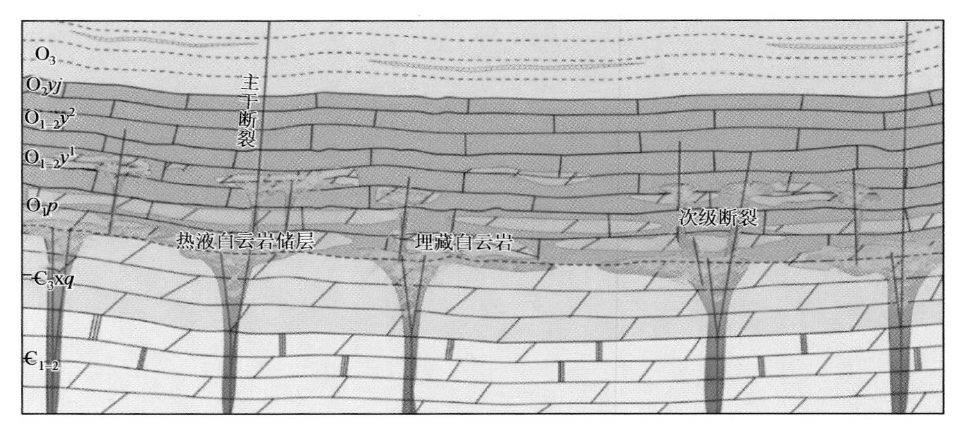

图 4-22　顺托果勒地区深层白云岩储层的发育模式

3. 富硫热液

矿物共生组合为硫黄-硬石膏-闪锌矿-方解石组合最为常见，以托普郎、硫黄沟、鹰山北坡剖面为代表，卡塔克隆起也有发育。对不同地区含硫矿物（单质硫、方铅矿、闪锌矿、石膏）进行了硫同位素测试分析，不同含硫矿物硫同位素值变化范围较宽，富硫热液矿物具有明显的硫同位素分馏（图 4-23）。

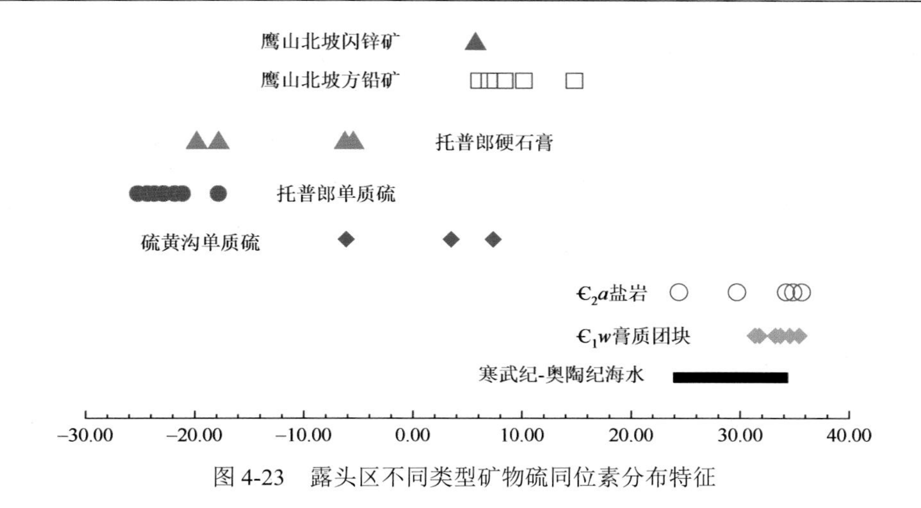

图 4-23　露头区不同类型矿物硫同位素分布特征

富硫热液来源于寒武系膏盐岩地层热卤水。单质硫和硫化物硫同位素具有不同程度的分馏，不同取心段、深度盐岩和膏质团块硫同位素 $\delta^{34}S$ 值为 24.43‰～35.44‰，平均为 32.56‰，分异不明显，具有很大重叠性，完全落在寒武纪-奥陶纪海水硫同位素值范围内。

4. 富氟热液

矿物共生组合为萤石-重晶石（硬石膏/闪锌矿/方铅矿）-方解石/石英组合，以西克尔—三岔口西萤石矿、塔中 45 井等井为代表。西克尔-三岔口西萤石矿成岩矿物包裹体中重晶石流体包裹体均一温度为 188.9～266.8℃，平均为 215.0℃，明显高于与其共生的萤石和方解石（图 2-24）。

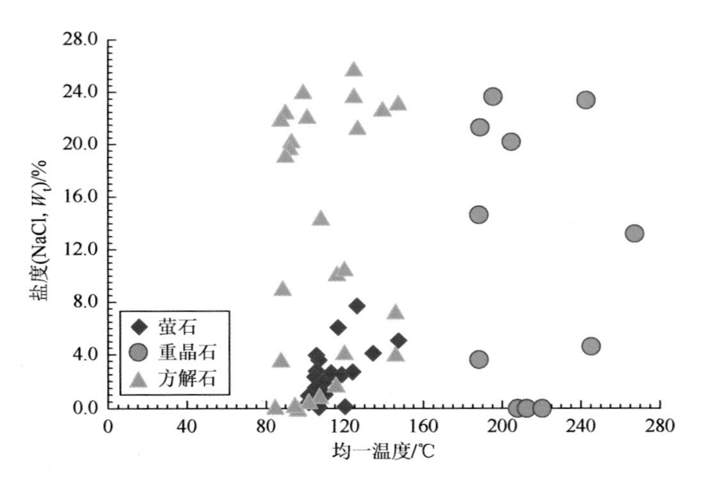

图 4-24　西克尔地区各类型成岩矿物流体包体均一温度和盐度交汇图

富氟热液改造流体是由残余海源型地层卤水混合岩浆期后酸性组分（H_2S、CH_4、HF、SO_2、CO_2 等）在热驱动作用下，沿台地边缘高孔渗的生物礁和（或）断裂、裂缝运移，并与围岩发生强烈的水-岩反应，萃取其中的 Ca^{2+}，从而形成大量的萤石，萤石化作用对碳酸盐岩储集空间的改善明显，但伴生矿物沉淀也对储层造成一定程度的破坏。

5. 火成岩侵入体接触烘烤蚀变

以碳酸盐岩大理岩化-绿泥石化为特征，侵入体蚀变与岩浆期后热液有关：岩浆活动对围岩挤压、烘烤、交代改造都会对储层产生巨大影响，如中酸性-中基性侵入岩类与碳酸盐岩接触发生夕卡岩化、基性岩浆的热烘烤白化带等。

与侵入体相关的蚀变改造引起围岩碳酸盐岩发生强烈的接触变质（大理岩化），蚀变程度随离侵入岩体距离的增加逐渐减弱，影响范围大致为岩体宽度的 1/3；接触变质导致碳酸盐岩氧同位素发生明显分馏；同时，大理岩化对接触变质带的中外代大理岩的储集性能具有一定的建设性改造，但规模有限。

（三）断溶体型储层与深埋断溶成储发育模式

传统理论认为，碳酸盐岩层系断裂带内必须要有溶蚀改造才能形成规模储集体。断裂活动相关的构造破裂作用可形成大量裂缝，沿缝发育的各类溶蚀作用形成优质储集体。

通过近年对顺北油田的研究认识与勘探实践，作者认识到顺北油田奥陶系岩溶储层发育条件差，基质物性差，但实钻及动态资料反映储集体对油藏纵向深度大、发育规模大，储集体与油气富聚于受较大规模的断裂所控制的裂缝-洞穴系统中。通过对湘西寒武系泥质白云岩与克拉玛依乌尔禾砂岩断控沥青矿进行对比，作者认为构造破裂作用也能形成规模储集体，并提出了断溶储集体的概念。它是指巨厚致密碳酸盐岩内部主要由走滑断裂作用形成的、由裂缝带及空腔型洞穴所构成的规模裂缝-洞穴型储集体，宽度一般较小，但深度大，发育主要受断裂带控制，各类溶蚀作用对储集体贡献极为有限。该认识打破了传统碳酸盐岩规模储集体必须要有溶蚀改造的认识禁锢，必将极大地拓展勘探者的视野，对低隆、斜坡区的油气勘探与开发具有重要的意义。

在区域斜向挤压背景下，走滑断裂发生斜向走滑运动，走滑断层根据位移矢量方向可分解为走滑分量和倾滑分量，前者促使地层发生水平运动，后者促使地层发生垂向变形（图 4-25）。主断层和破碎盘预测基于倾滑分量造成的垂向变形，当走滑断裂一侧发生相对走滑位移时，倾滑分量会导致本侧地层发生构造变形或形成倾向断层。以张扭走滑断裂为例，假设走滑断层左侧发生相对走滑位移时，本侧在倾滑分量作用下会形成局部伸展构造或正断层组，正断层倾向指向走滑断裂另一侧。以此来判断走滑断裂发生相对走滑运动的一侧，本侧地层在倾滑分量作用下破碎程度较高，可作为破碎盘或主断面识别标志。此外，主断层一侧相对位移盘地层破碎程度相对较高或岩溶参与程度相对较高，在碳酸盐岩层系地震波场一般呈杂乱散射和强反射特征，也可以作为主断面和破碎盘的判别依据。此外，错列或线列式走滑断层端部的分支小断层形成于张性破裂，也可以作为主断面和破碎盘的判断依据。

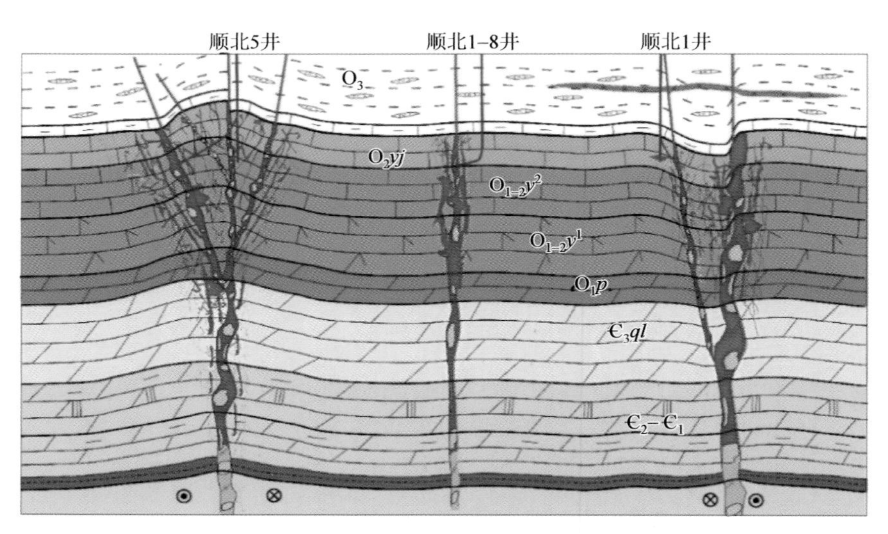

图 4-25　顺北油气田走滑断裂带油气成藏模式图

对塔河南—顺托果勒地区奥陶系深大走滑断裂带的精细解析，提出该区走滑断裂具有“纵向分层、平面分段、多期叠加”的特征。中下奥陶统顶面至基底的主滑移带横向均有分段性，且总滑移距有自顺北到顺南逐渐增加的趋势，滑移距越大，断裂规模越大。主滑移带上部发育雁列正断层，主要切割上奥陶统-中下泥盆统。根据垂向活动类型和幅度大小，顺北 1 号断裂带分为 3 种类型应变分段，即平移走滑段（垂向活动幅度小于 10ms）、叠接拉分段（下凹幅度最大超过–25ms）、叠接压隆段（隆升幅度最大可超过 30ms）。3 种分段变形在横切断裂带地震剖面上表现为隆升幅度不一的正花状和负花状构造。据断裂断入或断穿层位、地层接触关系、地层变形差异等特征，顺北 1 号断裂多期活动，加里东中晚期、海西晚期活动强。针对典型的走滑断层进行了期次分析，从图 4-26 可以看出，研究区主干Ⅰ级断裂带普遍存在加里东中晚期-海西早期的主要活动期、海西晚期的再活动期；新生代以来选择性再活动，差异明显。总体上，加里东中晚期-海西早期、顺托—顺南地区活动较强，有向北减弱的趋势。海西晚期，全区均有明显再活动，北部体系活动较强。中新生代以来，断层再活动有北强南弱的趋势。

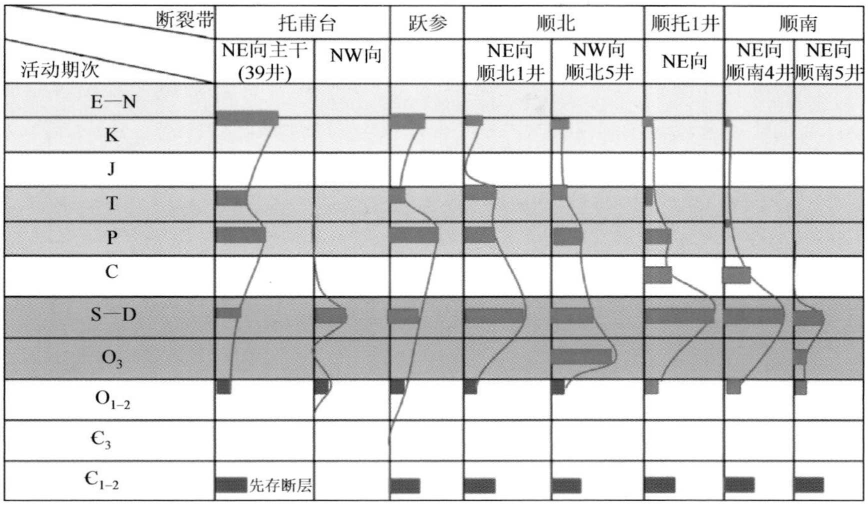

断裂带 活动期次	托甫台		跃参	顺北		顺托1井	顺南	
	NE向主干(39井)	NW向		NE向顺北1井	NW向顺北5井	NE向	NE向顺南4井	NE向顺南5井
E—N								
K								
J								
T								
P								
C								
S—D								
O_3								
O_{1-2}								
$Є_3$								
$Є_{1-2}$	先存断层							

图 4-26 顺托果勒及邻区主要走滑断裂带活动期次与定性强度对比表

盆内断裂带解析和钻井裂缝统计表明，顺北及邻区主要发育受走滑断裂控制的高角度-近垂直裂缝，不同构造部位裂缝发育程度不同。应力-应变数值模拟表明，派生裂缝发育受断层性质、断层核宽度、断层分段组合样式及活动强度等因素控制：压扭断层较纯走滑断层派生裂缝发育范围更大，随断层核宽度增加，派生裂缝发育范围与断层核宽度比逐渐减小，在断裂端部、交汇部位及叠接拉分段派生裂缝发育程度更高，且裂缝发育强度与断层垂向断距之间呈正相关关系。以顺北 1 号断裂带为例，根据三维区裂缝密度分布（图 4-27），沿顺北 1 号断裂裂缝密度明显高于其他次级断裂，在顺北 1 号断裂分支断裂交汇部位及断裂拉分段内裂缝密度呈明显高值区分布，压隆段内部裂缝无明显集中发育特征，平移段裂缝密度高值区及派生裂缝发育范围高值区呈断续展布特征。总体沿顺北 1 号断裂带拉分段裂缝密度明显高于压隆段及平移段。沿顺北 1-8 号断裂，裂缝密度平面分布类似于顺北 1 号断裂平移段，但垂向裂缝发育区范围明显低于主干断裂。浅层顺北 2 号及顺北 3 号断裂附近裂缝发育密度小，但顺北 2 号断裂深部裂缝发育程度亦较高。

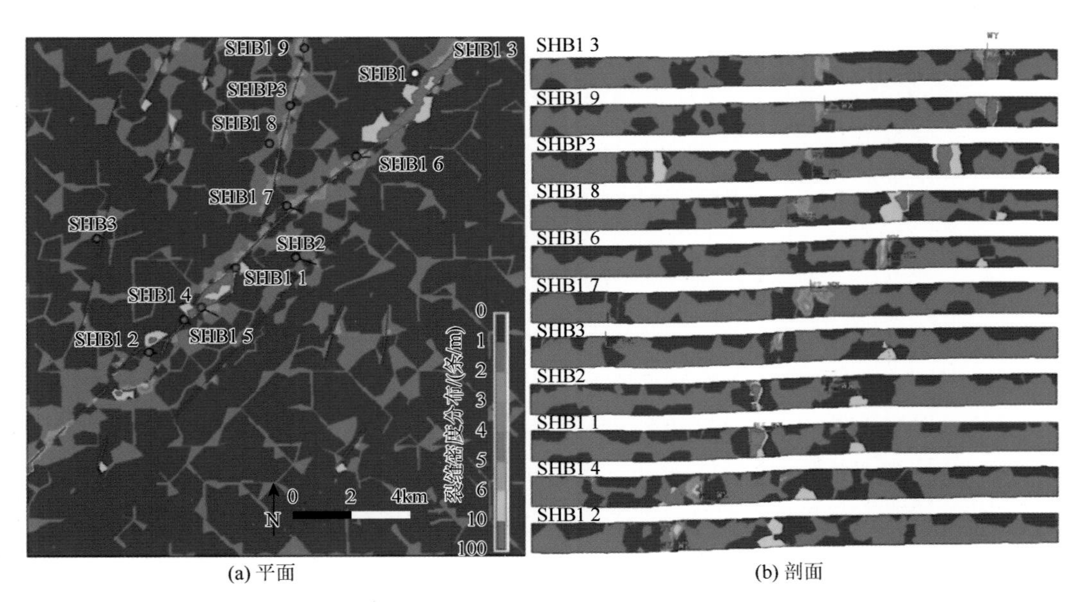

图 4-27 顺北 1 三维区裂缝密度分布

注：SHB 表示顺北。

四、塔里木盆地海相碳酸盐岩储层发育分布规律

（一）岩溶缝洞型储集体：结合不整合面、古隆起等分布范围预测

塔河主体区表生岩溶作用发育，储集体受海西期不整合控制，呈平面分布特征。而上奥陶统覆盖区储层发育主要受断裂带控制，依据断裂与地震剖面串珠分布、表生及断控深缓流岩溶作用发育强度等因素，中奥陶统覆盖区内幕储层分为3个储层评价区（图4-28）。

Ⅰ区（浅绿色）位于塔河地区中北部，艾丁地区南部和主体区南缘，一间房组尖灭线和上奥陶统尖灭线以南，上奥陶统厚度小于 200m，叠加了加里东中期Ⅱ幕和Ⅲ幕，及海西早期岩溶作用，受海西期裸露区岩溶古水系影响较大，NE向和NW向走滑断裂带密度较大，尤其是次级断裂密度大，内幕缝洞体密度大、规模大，断裂带上和断裂带间均有发育，以塔深3井-塔深302X井区最为典型，钻遇缝洞体成功率高，为塔河鹰山组内幕最有利的储层发育区。

Ⅱ区（浅黄色）位于塔河地区中部，托甫台地区和盐下地区，上奥陶统厚度相对较大，NE向和NW向走滑断裂带密度相对较小，以加里东中期Ⅱ幕岩溶作用为主，良里塔格组顶面发育较为完整的岩溶古水系，海西早期岩溶作用影响相对较弱，缝洞体的发育主要沿断裂带，断裂带间发育程度低、缝洞体规模一般，以托鹰1井为典型代表。

Ⅲ区（浅蓝色）位于塔河地区南部、托甫台地区南部、盐下地区南部、跃参地区等，上奥陶统厚度大、NE向和NW向走滑断裂带密度小，以加里东中期Ⅰ幕岩溶作用为主，缝洞体的发育沿断裂带，断裂带间不发育，缝洞体规模相对较小，以富源1井区为典型代表。

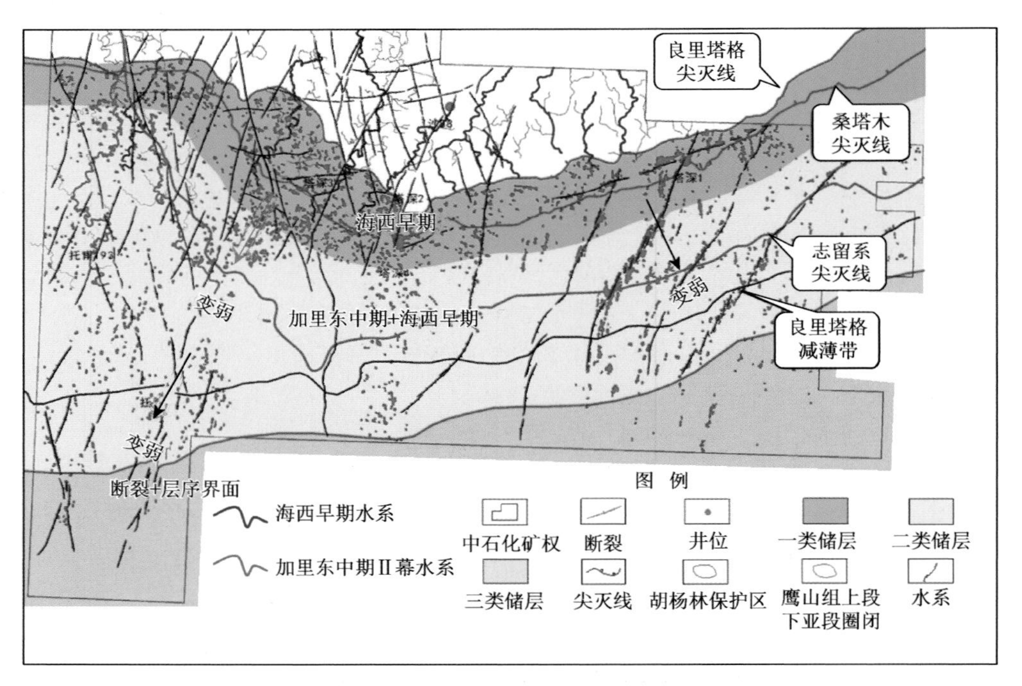

图4-28　塔河地区奥陶系储层综合评价图

（二）断控缝洞型储集体：结合断裂分布预测

断控缝洞型储层以顺托果勒地区最为典型。顺北地区发育共轭走滑断裂体系和排列式单剪走滑断裂体系。北部地区断裂体系基本以两组断裂为主，走向分别为NE15°～20°和NW345°～340°，两组断裂间的锐夹角大致为30°～40°。主要分布于哈拉哈塘、阿克库勒凸起和顺北等构造单元，对塔河及邻区奥陶系缝洞油藏分布具有明显的控制作用。两组断裂基本构成上述地区断裂系统的主体，受两组断裂小位移走滑活动的影响，在断裂两边还形成一系列呈小角度相交的次级小断裂，它们有的分布在断裂的尾部，有的成为连接两条同向断层的连接断层，最终构成了中下奥陶统顶部密集分布的断裂系统。受轮台断裂东段走向变化

和阿克库勒凸起向草湖凹陷过渡的影响，推测构造应力场更加复杂。两组断裂的走向在阿克库勒凸起的于奇和于奇东地区发生偏转，出现 NEE 向和近 SN 向两组断层。同时，还叠加了近 EW 向的南向逆冲断背斜构造，如阿克库木与阿克库勒构造带。两组共轭断裂虽为同时期发育，但因受后期变化的应力场控制和再活动的差异，目前从地震剖面上看到的现象，两者表现并不相同。有些断裂，尤其是 NE 向居多，断入基底，后期多期次活动现象明显。而有些断裂并没有断入基底，只从中下奥陶统顶面断入寒武系顶面或者内部。基底卷入程度明显有差异，且后期活动较弱。

顺北南部地区发育 NE 向排列式走滑断裂带，从平面组合上看，塔中北坡一系列 NE 向走滑断层（顺南 2 井断裂以西为左行滑动，以东地区的古城凸起以右行滑动为主）将下古生界切割成一系列条块，NE 向走滑断层成为条块的边界。多个块体在构造运动的影响下同时活动，形成多米诺骨式断层组合。这一点与塔北隆起的南坡形成了鲜明的对比。

两地断层组合样式的差异反映了在加里东中晚期-海西早期这段时间，两者局部构造应力场的差异。在加里东中晚期-海西早期，在盆地南压北张的大地构造背景下，在近 SN 向区域应力场的控制下，在台地内形成了塔中与塔北两大隆起，两大隆起大型断裂、褶皱的发育和演化，释放了大量的构造应力，也吸收了最多的构造应变。而在塔北南坡—顺托低隆—塔中北坡这一范围内，应变相对隆起区大幅度减小，但所受构造应力因为边界断层的不同出现差异。塔中北坡更多地受塔中Ⅰ号断裂带的影响，斜向挤压导致应力场旋转；在顺托低隆、塔河南坡地区，远离应力释放带，局部构造应力受扰动较小，与区域 SN 向应力场比较接近。到塔河北部的于奇地区，因受到亚南断裂的影响，应力扰动增强、断层走向开始向 NE 向弯转。

通过计算断层上、下两盘的断距是目前研究断裂活动强度的一种常用方法。走滑断裂活动强度不同于伸展和挤压断裂，受到海豚效应和丝带效应的影响，视断距不能直接反映走滑断裂活动强度。鉴于塔中地区存在古斜坡宽缓，下古生界碳酸盐岩地层连续且岩相类型单一，走滑断裂近直立且水平滑移距小（普遍小于 2km）等客观地质条件，可以剔除海豚效应和丝带效应的影响，利用视地层断距半定量评价走滑断裂活动强度，在没有明显地层断距的部位，地层隆升（下拗）幅度也可作为衡量断裂活动强度的标尺。

作者在地震资料观测的基础上，通过统计走滑断层在奥陶系碳酸盐岩顶面隆升幅度（h）、中泥盆统顶面的视地层断距（H）和寒武系膏盐岩层变形程度，进行了走滑断层活动强度评价。统计表明，不同走滑断裂、同一走滑断裂不同段的构造变形强度存在明显差异，大型走滑断层调节带活动强度最大，地层变形幅度和视地层断距明显大于低序级断层。以 8 号和 6 号走滑断裂为例，8 号断裂作为大型走滑断层调节带，断层活动强度大，碳酸盐岩顶面隆升/下拗幅度多在 20～110m，局部视地层断距高达 280m，T_6^0 界面视地层断距多在 20～120m；6 号断裂作为低序级断层，活动强度一般，碳酸盐岩顶面隆升（下拗）幅度多在 24m 左右，T_6^0 界面视地层断距为 40m 左右。

综上所述，本书对走滑断裂进行了初步的断裂分级和分类评价，划分为 3 个序级。Ⅰ级断裂为协调古隆起主体部位挤压、旋转应变的大型走滑断层调节带，断裂线性延伸至古斜坡，切割塔中Ⅰ号、Ⅱ号和南缘断裂。Ⅱ级断裂位于 1 号和 2 号断裂之间，切割卡塔克隆起北翼，促使中小块体发生旋转、剪切应变。Ⅲ级断裂为前两者的分支断裂、并行低序级或隐伏断层。

（三）相控缝洞型储集体：结合沉积相和成岩改造程度预测

相控缝洞型储集体以塔中地区良里塔格组最为典型。储集体发育严格受相带控制。塔中地区上奥陶统良里塔格组沉积期，塔里木板块处于赤道附近，塔中Ⅰ号断裂带的活动抬升与海平面上升相叠合，发育了高能的生物礁、灰泥丘以及与之伴生的高能砂屑滩、砾屑滩。台地边缘水体能量高，台缘礁滩体快速生长，围绕近 NW-SE 展布的断裂坡折带，沉积了厚达 200～800m 的礁滩复合体。台缘礁滩叠置体由东向西呈现差异建造过程，台地沉积模式东西有别，东部有以塔中 261 井区为代表的断控型窄陡镶边台地，以塔中 62 井区为代表的断控型陡镶边台地，以塔中 82 井区、塔中南坡中 2 井区为代表的沉积型宽陡镶边台地；西部有以塔中 45 井区—顺 6 井区为代表的沉积型宽缓镶边台地。断控型台地边缘能量相对较高，有利于高能礁滩体的发育，沉积型台地边缘能量相对较低，礁滩体相对欠发育。

台地内部水体相对较深，能量较低，水动力作用较强的古地貌高部位发育了中-低能的丘滩体。实钻结果证明，中 1 井构造带、塔中 10 号构造带和中古 21 井断裂带等沉积古地貌高部位丘滩体广泛发育，塔中 10 号构造带丘滩体规模最大，呈带状分布，台内滩之间以滩间海及台内凹地发育为主，良二段是台内丘滩体发育的有利层位。顺西南部到卡 1 井地区主要为开阔台地相，以滩间海为主，但在台地内部高地貌处中-低能粒屑滩和丘滩复合体发育，为有利储集体发育奠定了物质基础。

从相带分布来看，储层分布基本呈现“似层状、准层状发育，具有层位性和旋回性”。从台缘礁滩区和台内丘滩体连井对比来看，储层分布与高位域暴露溶蚀改造关系密切。颗粒灰岩段顶面仍是塔中地区良里塔格组最重要的三级层序界面，界面之下浅埋藏淡水溶蚀改造普遍，是优质储层纵向集中分布层段。对于台缘镶边台地、塔中 10 号构造带东段台内礁滩复合体而言，长期处于沉积微地貌高部位，含泥灰岩段顶面较重要的三级层序界面，影响着界面之下部分储层的分布，部分已钻井在含泥灰岩段测试已获得不错的油气成果。NE 向断裂呈现多期活动，NE 向和 NW 向断裂交汇，有利于区域微裂缝系统发育（图 4-29）。

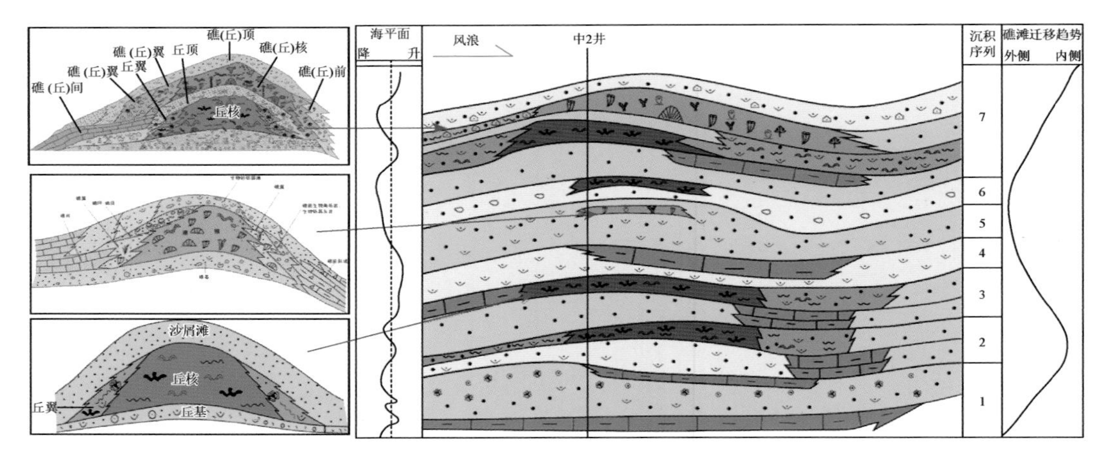

图 4-29　塔中地区奥陶系良里塔格组台缘礁滩相结构剖面图

按照储层分布主要受相带基础上的岩溶作用与断裂控制，把塔中地区良里塔格组储层综合评价为两类（图 4-30）。

Ⅰ类区：①塔中南坡、阿东台缘相带具备大型礁滩群发育条件，是中石化矿区良里塔格组台缘领域储层发育最有利地区，其中中 2 井、中探 1 井钻探均证实发育较好储层，综合评价以上两个地区断裂活动强烈区为储层发育Ⅰ类区；②顺西地区处于碳酸盐岩台地边缘，岩相基础略好，该区岩溶期断裂（NW 向）较发育，NE 向次级断裂发育，有利于储层发育，顺 2 井、顺 6 井、顺西 1 井近 NW 向和 NE 向断裂的井在良里塔格组均钻遇良好储层，因此，顺西断裂活动区是储层发育Ⅰ类区。

Ⅱ类区：塔中西北部广大台内滩间区域岩相基础较差，岩溶背景差于台缘和台内礁（丘）滩相带，大型 NE 向走滑断裂和活动较强的 NE 向次级走滑断裂对储层发育的贡献更明显。据此推测，中 21 井走滑断裂带和活动较强的次级走滑断裂是储层较发育地区，综合评价为储层发育Ⅱ类区。

（四）白云岩储集层：结合沉积相带和后期改造作用预测

白云岩储集层在塔里木盆地以下寒武统肖尔布拉克组最为典型。大量钻井取心证实下寒武统肖尔布拉克组发育多种岩石类型和储集空间类型。岩石类型肖尔布拉克组以藻架云岩、泥晶白云岩、粉细晶白云岩为主，沙依里克组以灰岩、白云质灰岩为主。储集空间类型均主要有孔隙型、裂缝型和孔洞型。储层厚度分布较稳定，储层钻遇率高，以细-粗晶白云岩为主。

肖尔布拉克组发育与不整合相关台内藻丘、（膏）云坪相控制的储集体，早期溶蚀作用是储层形成的重要机制。此外，还叠加晚期断裂-深部热液流体的改造。储层有利区带为礁滩相优势相带叠加溶蚀作用改造强烈及晚期断裂-深部热流体改造的部位。储层有利区带主要为巴楚北部、巴探 5 井区和玛扎塔格构造带附近。

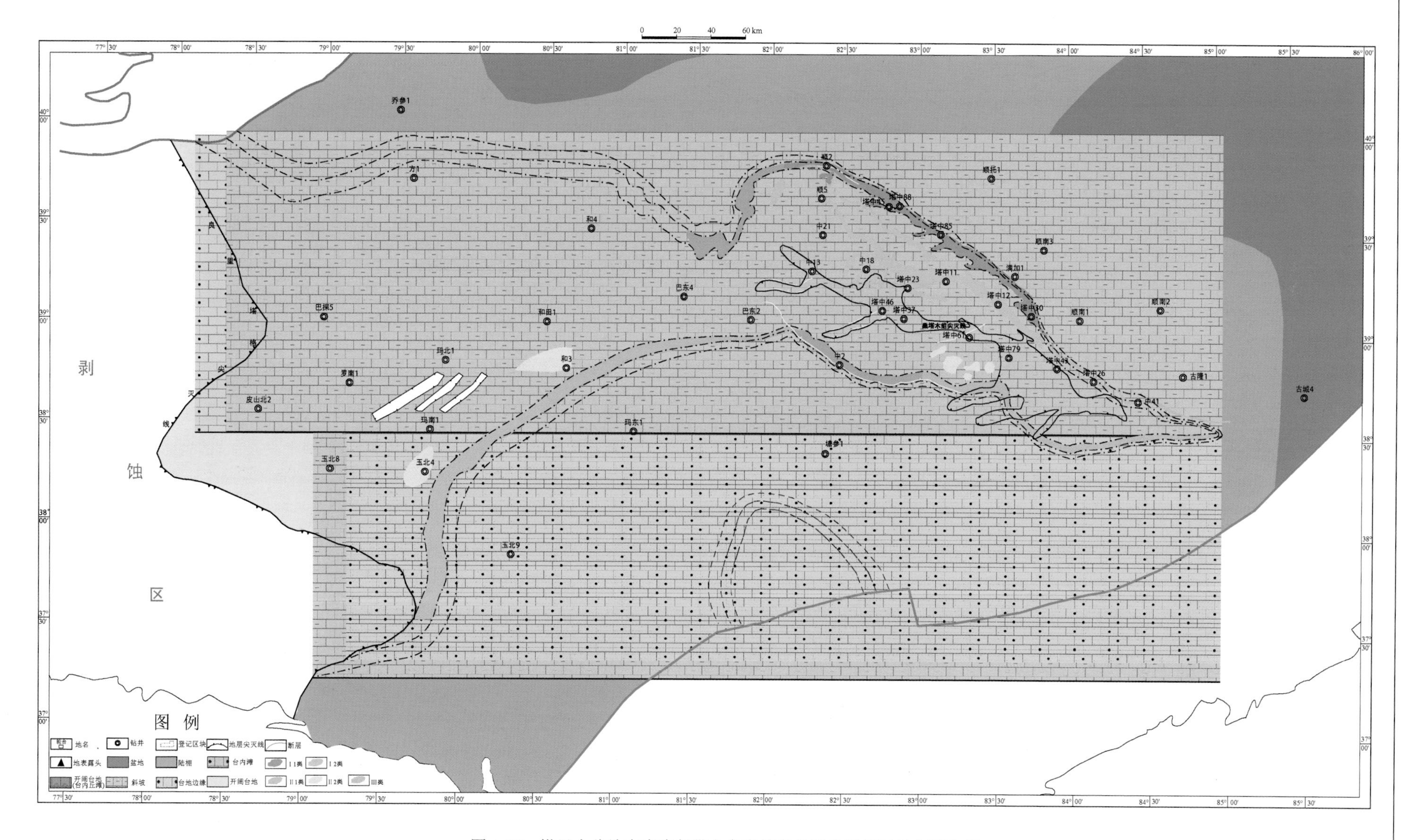

图 4-30　塔里木盆地中央隆起带上奥陶统良里塔格组储层综合评价图

第三节　碎屑岩储层

一、概况

随着国民经济对油气资源的需求量与日俱增，碎屑岩储层作为优质高效产层，其可采性好、油气产量贡献大，在国家油气资源战略构成中占据越来越重要的地位。近年来，我国在四川盆地、鄂尔多斯盆地和塔里木盆地等陆相碎屑岩领域和海相碎屑岩领域中均获得了油气突破，发现了多个油气田（金之钧等，2018；侯启军等，2018；谢玉洪，2018；王香增等，2018），证明了该领域具有广阔的油气勘探开发前景。从塔里木盆地的石油天然气产量来看，碎屑岩仍是油气产量的主体。

随着油气勘探工作的不断推进，塔里木盆地碎屑岩储层研究不断向深层-超深层领域拓展（潘荣等，2014；冯佳睿等，2018；王珂等，2002），勘探开发面对的对象越来越复杂，储层研究的难度也逐渐增强，因此明确储层发育特征及优质储层形成机制，进而预测优质储层的分布规律，对碎屑岩油气藏的勘探开发具有重要的指导意义。

塔里木盆地从海西构造旋回-喜马拉雅构造旋回，经历了从海相碎屑岩到陆相碎屑岩的沉积演化，从而在志留系—古近系发育多套海相和陆相碎屑岩储层，目前在志留系、泥盆系、石炭系、侏罗系、白垩系和三叠系等层系均已获得工业油气流（贾进华等，2012）。碎屑岩储层发育厚度大、分布面积广泛、储盖组合良好、油气产量贡献大，勘探前景十分广阔，是塔里木盆地油气勘探寻找大中型油气田的主要勘探领域。但是，塔里木盆地碎屑岩储层具有以下几个特点，为储层预测造成了极大的困难，制约了油气勘探进展的步伐：①储集体形成时代跨度长、埋藏深度大，目前钻井揭露最深的储层埋深大于7000m；②砂体类型多样，储层成因复杂，既有陆相碎屑岩储层，也有海相碎屑岩储层，导致有效储层厚度分布范围大；③储层物性差异明显，既有高孔高渗的砂岩储层，也有低孔低渗-致密的砂岩储层，储层非均质性强；④深层-超深层碎屑岩储层普遍致密化，储层“甜点”形成和保持机理复杂，地球物理预测难度大。

二、塔里木盆地碎屑岩储层特征

（一）海相碎屑岩储层特征

海相碎屑岩储层主要发育在志留系、泥盆系和石炭系。

1. 储层宏观特征

1）志留系储集层

塔里木盆地志留系目前已获得油气发现的储集体主要集中在下志留统柯坪塔格组。柯坪塔格组主要发育滨浅海相沉积，可识别出潮坪、三角洲、滨岸和浅海陆棚相沉积。从原始厚度恢复的结果来看，柯坪塔格组以满加尔凹陷沉积厚度最大，可达3000m以上，阿瓦提凹陷及阿满过渡地区在500～1000m，仅阿瓦提凹陷中部及西北部小范围地区大于1000m，盆地南北厚度小于500m。盆地东南部、麦盖提斜坡塔西南地区沉积缺失。

塔北地区柯坪塔格组为一套潮坪相沉积。岩性主要为长石石英砂岩、岩屑石英砂岩、岩屑长石石英砂岩、长石岩屑石英砂岩以及岩屑砂岩，兼有少量长石岩屑砂岩。石英占碎屑总量的30%～90%，平均含量为68.56%；岩屑占碎屑总量的3%～55%，平均含量为20.61%；长石占碎屑总量的2%～25%，平均含量为10.82%。柯坪塔格组孔隙度、渗透率分布范围较广，553个孔隙度样品数值范围为0.4%～22%，平均值为9.03%；549个渗透率样品数值范围为（0～786）$\times10^{-3}\mu m^2$，平均值为$14.52\times10^{-3}\mu m^2$。柯坪塔格组上段砂岩的物性相对好于下段砂岩。

塔中—巴楚地区志留系柯坪塔格组主要发育一套滨岸-潮坪相致密砂岩储层。岩性为石英砂岩、岩屑石英砂岩、岩屑长石石英砂岩以及岩屑砂岩，兼有少量长石石英砂岩与长石岩屑砂岩。具粗砂结构、中砂结构、细砂结构，少量粉砂结构。石英占碎屑总量的 35%～98%，平均含量为 72.88%；岩屑占碎屑总量的 1%～56%，平均含量为 19.8%；长石占碎屑总量的 0～25%，平均含量为 7.33%。433 个孔隙度样品数值范围为 0.2%～20.49%，平均值为 5.53%；319 个渗透率样品数值范围为（0.01～37.7）$\times10^{-3}\mu m^2$，平均值为 $0.5\times10^{-3}\mu m^2$。

2）泥盆系储集层

泥盆系储集层以上泥盆统东河塘组最为发育。东河塘组沉积期塔里木盆地以塔西克拉通内拗陷的发育为特征，沉积了一套滨岸-浅海陆棚相的砂岩、泥质粉砂岩。由于塔东地区的隆升、盆地向西倾斜，水体西深东浅。

东河塘组厚度为 0～200m，盆内存在 3 个厚度大于 200m 的高值区，分别位于哈拉哈塘凹陷、阿瓦提凹陷及塔西南地区。哈拉哈塘地区呈 NE 向展布，阿瓦提凹陷及塔西南地区呈 NW 向展布。塔中、塔北隆起大部地区都在 100m 以下。

塔河地区东河塘组主要发育无障壁滨岸相，可识别出前滨、近（临）滨带。东河塘组砂岩储集砂体类型与中央隆起带相似：以石英砂岩、长石石英砂岩和岩屑石英砂岩为主，并有少量岩屑砂岩、长石岩屑石英砂岩。其中，石英占碎屑总量的 40～97%，平均含量为 77.36%；岩屑占碎屑总量的 1%～53%，平均含量为 16.38%；长石占碎屑总量的 0～40%，平均含量为 6.23%。砂岩物性总体较差，多为低孔低渗储层，孔隙度最大值为 22.9%，最小值为 1.1%，平均值为 6.3%～12.6%；渗透率最大值为 $251\times10^{-3}\mu m^2$，最小值为 $0.02\times10^{-3}\mu m^2$，平均值为（0.6～64.1）$\times10^{-3}\mu m^2$。

塔中地区东河塘组主要为滨岸-河口湾沉积，以石英砂岩为主，储层物性较好。孔隙度分布在 3.5%～21.6%，平均值为 13.37%，大于 16%的样品占 17.85%；渗透率值一般，分布在（0.09～766）$\times10^{-3}\mu m^2$，平均为 $263.76\times10^{-3}\mu m^2$，为中孔中渗储层。

巴楚东河塘组为临滨-前滨沉积的特低孔超低渗致密储层。东河塘组储集砂体以石英砂岩、长石石英砂岩和岩屑石英砂岩为主，并有少量岩屑砂岩、长石岩屑石英砂岩。其中，石英占碎屑总量的 53%～97%，平均含量为 86.35%；岩屑占碎屑总量的 1%～32%，平均含量为 8.03%；长石占碎屑总量的 1%～24%，平均含量为 5.6%，岩石的成分成熟度相对较高。孔隙度分布在 0.5%～16.7%，平均值为 5.56%，大于 6%的样品占 41.2%；渗透率值偏低，分布在（0.003～174）$\times10^{-3}\mu m^2$，平均值为 $2.96\times10^{-3}\mu m^2$。

3）石炭系储集层

石炭系地层在盆地内广泛分布，自下而上划分为巴楚组、卡拉沙依组和小海子组，碎屑岩储集层主要分布在塔河地区下石炭统卡拉沙依组。

塔河石炭系卡拉沙依组储层岩石以岩屑石英砂岩、长石石英砂岩、长石岩屑砂岩以及岩屑砂岩为主，其次为岩屑长石砂岩，另外含少量长石砂岩和石英砂岩等。泥质杂基一般小于 5%，多为 1%～3%，主要为高岭石和伊蒙混层矿物。胶结物主要为方解石，少量白云石、高岭石及绿泥石等。方解石含量为 0～25%，平均为 7.23%。胶结类型以孔隙式胶结为主。颗粒分选差-中等，磨圆度以次棱角-次圆状为主。

塔河石炭系卡拉沙依组为海陆过渡相，受河流和潮汐两种作用的控制，发育了潮控滨岸体系、浪控滨岸体系及辫状河三角洲体系。卡拉沙依组储层岩心孔隙度、渗透率分布范围均较宽，孔隙度分布范围为 0.5%～21.8%，平均值为 9.92%；峰值区间为 3%～15%，主峰位于 12%～15%之间。渗透率分布区间为（0.01～4346）$\times10^{-3}\mu m^2$，平均值为 $109.7\times10^{-3}\mu m^2$，峰值区间为（0.1～1000）$\times10^{-3}\mu m^2$之间，主峰位于（1～10）$\times10^{-3}\mu m^2$。总体上属中低孔中低渗储层。

2. 储集空间发育特征

塔里木盆地古生界碎屑岩层系储集空间类型丰富（图 4-31），主要有以下几种。

（1）原生粒间孔：位于颗粒之间未被充填或半充填的孔隙，它们绝大多数是经压实和胶结作用缩小而形成的残余粒间孔隙，由于本区埋深较大，原生粒间孔残存较少，发育较差。

（2）粒间溶孔：粒间溶孔是颗粒之间的填隙物被溶解或碎屑颗粒边缘被溶蚀而形成的孔隙，其形状不规则，孔径较大，是本区主要孔隙类型。被溶物主要是溶蚀粒间黏土矿物、粒间钙质胶结物及碎屑颗粒石英与长石所致，局部见超大孔隙。

（3）粒内溶孔：是本区发育的第二类重要储集空间。长石、岩屑、钙质胶结物内部等不稳定组分颗粒内部发生溶解而形成蜂窝状粒内溶孔，局部见颗粒内部几乎完全被溶蚀，形成铸模孔。

（4）裂缝：在岩石内部发育，界面较平直，是沟通孔隙的桥梁，分布具有局限性，还有未被充填的解理缝。

塔里木盆地古生界以东河塘组孔隙发育类型较多，孔隙发育好，超大孔隙多见；其次为卡拉沙依组，柯枰塔格组孔隙发育最差。

图 4-31　塔里木盆地古生界碎屑岩层系主要储集空间类型

（a）粒间孔、粒间溶孔为主，面孔率为 15%，胡杨 1 井，5249m，卡拉沙依组，单偏光，×60；（b）港湾状溶蚀粒间孔和溶蚀粒内孔，浅灰色油迹中砂岩，同 749 井，5419.74m，东河塘组，单偏光，10×10；（c）溶蚀裂缝孔隙、溶蚀粒内孔和溶蚀填隙物内孔，褐色油斑细砂岩，沙 119 井，5346.6m，柯坪塔格组，单偏光，10×20；（d）粒间孔，石英砂岩，中 11 井，4337.91m，东河塘组，单偏光，10×10；（e）泥质条带中的收缩缝，顺西 2 井，5674.9m，柯坪塔格组，单偏光，10×10；（f）粒间溶孔，BT6 井，6097.7m，柯坪塔格组，单偏光，10×20

（二）陆相碎屑岩储层特征

陆相碎屑岩储层主要发育在三叠系、白垩系和古近系。

1. 储层宏观特征

1）三叠系储集层

三叠系储层在塔北地区最为发育，在塔河油田取心众多，资料丰富。本区三叠系上油组储层岩石类型主要为岩屑长石砂岩，其他见长石岩屑砂岩、长石石英砂岩、岩屑石英砂岩以及长石砂岩。石英含量一般为 35%～70%，长石含量一般为 10%～25%，岩屑含量为 10%～45%。粒级一般为细砂和中砂，次圆、次棱、分选中-好。上油组孔隙度主要分布在 17%～26%，渗透率分布在（5～1000）$\times10^{-3}\mu m^2$。

中油组储层岩石类型主要为岩屑长石砂岩，其他见长石岩屑砂岩、长石砂岩。石英含量一般为 30%～60%，长石含量一般为 15%～30%，岩屑含量为 15%～55%。粒级一般为细砂和中砂，次圆、次棱角状、分选中-好。孔隙度主要分布在 15%～21%；渗透率分布在（5～1200）$\times10^{-3}\mu m^2$。

下油组储层岩石类型主要为岩屑长石砂岩，其次为长石岩屑砂岩。石英含量一般为 30%～65%，长石含量含量一般为 15%～45%，岩屑含量为 15%～30%。粒级一般为细砂和中砂，次圆、次棱角状、分选中-好。孔隙度主要分布在 21%～26%；渗透率分布在（30～900）$\times10^{-3}\mu m^2$。

2）白垩系储集层

白垩系储层自下而上主要发育下白垩统亚格列木组、舒善河组、巴西盖组和巴什基奇克组。

亚格列木组岩性以长石石英砂岩、长石岩屑质石英砂岩为主，少量石英砂岩、长石砂岩以及长石岩屑砂岩。石英含量为 45%～92%，平均为 69%；长石含量为 4%～35%，平均为 18.37%；岩屑含量为 1%～81%，平均为 14.63%。填隙物平均 6.87%。泥质杂基含量一般小于 5%，个别样品含量较高，大于 20%，成分为灰泥质。胶结物以方解石为主，少量方沸石、白云石，微量绿泥石、硅质。据储层物性统计，多数样品孔隙度为5%～15%，最小孔隙度为2.6%，最大孔隙度为22.4%，平均孔隙度为11%；样品渗透率大多为（1～100）$\times10^{-3}\mu m^2$，最小渗透率为$0.1\times10^{-3}\mu m^2$，最大渗透率为$869\times10^{-3}\mu m^2$，平均渗透率为$42.9\times10^{-3}\mu m^2$，总体属于低孔高渗储层。

舒善河组岩性以长石石英砂岩、长石岩屑质石英砂岩为主，少量石英砂岩、长石砂岩、长石岩屑砂岩。石英含量为40%～91%，平均为66.92%；长石含量为2%～45%，平均为18.38%；岩屑含量为3%～71%，平均为16.89%。填隙物平均为10.24%，最高为41%。胶结物以方解石为主，少量方沸石、白云石，微量绿泥石、硅质。多数样品孔隙度为5%～15%，最小孔隙度为2%，最大孔隙度为19.4%，平均孔隙度为8.2%；样品渗透率大多为（0.1～10）$\times10^{-3}\mu m^2$，最小渗透率为$0.01\times10^{-3}\mu m^2$，最大渗透率为$450\times10^{-3}\mu m^2$，平均渗透率为$3.5\times10^{-3}\mu m^2$，总体属于低孔、特低孔特低渗储层。

巴西盖组岩性以长石石英砂岩、长石岩屑质石英砂岩为主。石英含量为58%～85%，平均为73.63%；长石含量为8%～30%，平均为16.73%；岩屑含量为5%～30%，平均为9.63%。填隙物平均为10.44%。泥质杂基含量一般低于5%，成分以水云母为主。胶结物以方解石为主，次为白云石。多数样品孔隙度为5%～20%，最小孔隙度为1%，最大孔隙度为21%，平均孔隙度为13.5%；样品渗透率大多大于$0.1\times10^{-3}\mu m^2$，最小渗透率为$0.07\times10^{-3}\mu m^2$，最大渗透率为$1520\times10^{-3}\mu m^2$，平均渗透率为$139.2\times10^{-3}\mu m^2$，总体属于低孔高渗储层。

巴什基奇克组以长石石英砂岩、长石岩屑质石英砂岩为主。石英含量为35%～90%，平均为70.08%；长石含量为5%～45%，平均为19.13%；岩屑含量为1%～55%，平均为10.81%。填隙物含量不高，平均为9.76%，最高达57%。泥质杂基含量一般低于5%，最高可达40%。胶结物以方解石为主，次为硬石膏，少量方沸石。据巴什基奇克组储层物性统计结果分析，孔隙度大多分布在10%～20%，最小孔隙度为2.6%，最大孔隙度为22.6%，平均孔隙度为12.5%；渗透率大多大于$100\times10^{-3}\mu m^2$，最小渗透率为$0.17\times10^{-3}\mu m^2$，最大渗透率为$786\times10^{-3}\mu m^2$，平均渗透率为$160.9\times10^{-3}\mu m^2$，总体属于中低孔高渗储层。

3）古近系储集层

古近系储集层以天山南地区为代表，自下而上可分为古新统-始新统库姆格列木群和渐新统苏维依组，总体为一套陆相沉积。天山南地区古近系储层岩性主要为棕褐色含砾砂岩、粗砂岩、中砂岩、细砂岩、粉砂岩、泥质粉砂岩与泥岩呈不等厚互层，其中中西部地区发育膏盐岩和碳酸盐岩。岩石类型以长石石英砂岩以及岩屑长石砂岩为主，其次为长石岩屑砂岩。碎屑岩石组分中，石英含量较高，主要为50%～85%，平均为68%；长石含量一般为10%～35%，平均为16%；岩屑含量为1%～30%，平均为10%。碎屑颗粒呈次圆-次棱状，分选中等，呈点-线接触，孔隙式胶结和接触式胶结，总体上岩石成分成熟度较高，结构成熟度中等。

据库姆格列木群孔隙度大多小于10%，最小孔隙度为2%，最大孔隙度为9.8%，平均孔隙度为9.2%；渗透率一般为（0.1～100）$\times10^{-3}\mu m^2$，最小渗透率为$0.04\times10^{-3}\mu m^2$，最大渗透率为$216\times10^{-3}\mu m^2$，平均渗透率为$21.3\times10^{-3}\mu m^2$，总体属于特低孔低渗储层。苏维依组储层孔隙度多为5%～20%，最小孔隙度为0.9%，最大孔隙度为24.6%，平均孔隙度为12.3%；渗透率一般为（0.1～100）$\times10^{-3}\mu m^2$，最小渗透率0，最大渗透率为$335\times10^{-3}\mu m^2$，平均渗透率为$2.3\times10^{-3}\mu m^2$，总体属于低孔特低孔中低渗储层。

2. 储集空间发育特征

区内中新生界储层储集岩的孔隙类型及孔隙发育和分布等都与砂岩的成岩作用及其演化过程有密切的关系。铸体薄片显示储集岩的孔隙发育，分布较均匀。孔隙类型以粒间孔隙为主，其他见粒内孔隙及填隙物内孔隙和微裂缝。粒间充填物主要为方沸石、高岭石、方解石以及绿泥石（图4-32）。

（1）粒间孔隙：包括原生粒间孔、粒间溶孔和粒间溶蚀扩大孔、铸模孔，见长石岩屑的颗粒被溶蚀。

（2）粒内孔隙：包括长石、岩屑等颗粒内溶孔。

（3）填隙物内孔隙：主要为高岭石晶间孔和泥质杂基内微孔。

（4）裂缝：见于个别薄片中，切穿整个岩石同时也切穿颗粒。

图 4-32　塔里木盆地中新生界碎屑岩层系主要储集空间类型

（a）粒间孔、粒溶孔为主，少量铸模孔、超大孔及微量粒内溶孔、粒内微孔、颗粒上的微裂缝、解理缝高岭石晶间孔，单偏光，10×10；（b）粒间孔、粒间溶孔为主，少量铸模孔、超大孔，面孔率为 25%，单偏光，10×10；（c）粒间孔、粒间溶孔为主，少量铸模孔、超大孔；微量粒内溶孔、粒内微孔、颗粒上的微裂缝、解理缝、高岭石晶间孔，单偏光，10×10；（d）以粒间孔、粒间溶孔为主，少量铸模孔、超大溶孔，单偏光，10×10

（三）主要成岩作用类型

成岩作用类型主要有压实（溶）作用、胶结作用、交代作用、溶蚀作用、构造破裂作用、烃类充注作用。

1. 压实（溶）作用

压实（溶）作用主要表现在以下几个方面：①黑云母及塑性岩屑发生变形；②长石及石英等刚性颗粒被压裂；③颗粒之间接触比较紧密，线状接触和少量凹凸状接触比较明显，可见颗粒之间呈缝线合接触。砂岩中刚性颗粒的含量和早期胶结作用的发育程度影响压实作用的强度，岩屑砂岩类压实较强，早期胶结作用较发育的岩石压实较弱。东河塘组和卡拉沙依组砂岩虽然最大埋深超过 6000m，但压实程度中等，而且主要为机械压实，化学压实很弱。

2. 胶结作用

储层的胶结作用总体较强。通过薄片鉴定、扫描电镜及电子探针资料分析，储层中主要发育碳酸盐（方解石、白云石、铁白云石类）胶结、硅质胶结及黏土矿物胶结等。

（1）硅质胶结。硅质胶结在本区砂岩中普遍发育，硅质胶结物结构有石英次生加大边和自生石英颗粒两种类型。长石发育有不同程度的次生加大，次生加大边同颗粒本身相比，较干净明亮。长石的次生加大是在较高的成岩温度和弱碱性的孔隙溶液中发生的。长石次生加大、石英次生加大及晚期碳酸盐胶结的先后顺序是石英次生加大，长石次生加大，晚期碳酸盐胶结。

（2）碳酸盐胶结。碳酸盐胶结较发育，是研究区最主要的胶结物，以方解石胶结为主，其次为白云石胶结，铸体薄片、电子探针及扫描电镜等资料表明，碳酸盐胶结物分为早、晚两期。

（3）黏土矿物胶结。黏土胶结物主要为伊利石、伊蒙混层及少量的高岭石和绿泥石，其中以伊利石、伊蒙混层最为普遍，但绝对含量较低。高岭石以充填于粒间孔隙中或以其他自生矿物的包裹体产出。绿泥石主要为绿泥石环边胶结，在扫描电镜下单体形态多呈针叶状、片状，常与伊蒙混层、自生石英共生。绿泥石相较于其他黏土矿物含量较少。

（4）其他胶结作用。柯坪塔格组和东河塘组储层中也发育少量的黄铁矿、硬石膏等胶结物，其中黄铁矿分布不均，镜下多呈网格状充填粒间，堵塞孔隙，对孔隙减少有一定影响。

3. 交代作用

交代作用是指一种矿物替代另一种矿物的现象，其实质是体系的化学平衡及平衡转移问题。本区主要有以下两种类型：①碳酸盐矿物交代长石、石英、岩屑等碎屑颗粒；②黏土矿物交代碎屑颗粒。

4. 溶蚀作用

溶蚀作用是产生次生溶蚀孔隙使储集层孔隙结构得到改善的一种重要作用。广泛发育粒内溶孔、粒间溶孔和铸模孔都是溶蚀作用的结果。主要表现为格架颗粒的溶蚀及少量填隙物的溶蚀。溶蚀对象包括碎屑颗粒（石英、长石、岩屑）、碳酸盐胶结物等。石英颗粒的溶蚀十分微弱，主要沿颗粒边缘形成微弱的港湾状特征，扫描电镜下石英表面存在一些大小不一的溶蚀坑，是后期水介质碱性化的产物。长石的溶蚀主要沿颗粒边缘和解理、双晶面进行，以粒间溶孔、粒内溶孔为主，有的溶蚀成蜂窝状，甚至形成铸模孔；岩屑的溶蚀则主要为岩屑中的易溶矿物遭受选择性溶蚀形成粒内溶孔。部分溶蚀作用沿剩余粒间孔或微细裂缝边缘溶蚀形成粒间溶蚀扩大孔或微溶缝。粒间胶结物的溶蚀主要是方解石胶结物的溶蚀。

5. 构造破裂作用

根据岩心、岩石薄片等资料分析，储层中发育的裂缝分两种类型。一类是与构造活动有关的微裂缝，与构造活动相关的有剪切裂缝和张裂缝。剪切裂缝为在剪切应力作用下产生的裂缝。岩心上观察到的裂缝多为剪切裂缝，缝面平直延伸，切穿岩心，并有擦痕现象。张裂缝为在张应力的作用下形成的裂缝，在岩心上表现为裂缝面粗糙不平整、延伸不远，尾端多呈树枝状分叉消失；倾角较大，裂缝宽度也大。另一类是与成岩作用有关的裂缝。成岩缝主要为差异压实作用形成的裂缝，宽度小，延伸短。以成岩缝为常见，构造缝发育较少。

6. 烃类充注作用

镜下志留系和泥盆系储层沥青主要有以下两种赋存形式（说明存在两期的油气充注）：①沥青充填在颗粒的磨蚀边，该期沥青充填的孔隙主要是原生粒间孔，油气充注的时间较早，同时有部分沥青被带走，在石英颗粒与次生加大边之间残余有沥青，说明该期油气充注早于石英次生加大；②沥青充填于石英颗粒加大边外的粒间溶孔中，该期油气充注发生在石英次生加大之后。

（四）储层发育主控因素及成因机制分析

1. 有利的沉积微相为储层的发育奠定基础

沉积环境是影响储层物性的地质基础，决定了碎屑颗粒成分、粒度、分选、磨圆和颗粒间杂基含量，不同沉积微相储层储集性能之间存在明显差异。

通过对塔里木盆地碎屑岩层系沉积微相与物性之间的关系分析发现：三角洲水下分流河道、前滨-临滨亚相沿岸砂坝、潮下带潮汐砂脊、潮间带砂坪、潮汐水道等微相沉积水体能量较高，水动力较强，砂岩含泥少，碎屑颗粒分选和磨圆好，储层物性相对较好；而潮上带泥坪、潮间带砂泥坪、河道间以及下临滨等微相能量相对较低，沉积物粒度较细，泥质含量高，物性相对较差。

2. 建设性成岩作用是形成优质储层的关键

建设性成岩作用主要包括溶蚀作用、构造破裂作用和油气充注。

1）溶蚀作用

溶蚀作用是形成和扩大储集空间的重要成岩作用，是形成优质储层的主要原因，碎屑岩层系中，主要表现为格架颗粒的溶蚀及少量填隙物的溶蚀。溶蚀对象包括长石碎屑、岩屑内铝硅酸矿物、早期碳酸盐胶结物、石英。长石的溶蚀较为普遍，从储层岩石铸体薄片显微镜下观察可见，颗粒溶蚀以长石、岩屑溶蚀为主。长石常沿边缘或其解理面溶蚀，溶蚀强烈时，整个长石矿物被溶蚀而留下边缘形状形成铸膜孔。岩屑颗粒和碳酸盐胶结物溶蚀对次生孔隙的贡献较大。石英颗粒的溶蚀轻微，对次生孔隙的贡献很小。

2）构造破裂作用

岩心上常见构造裂缝，镜下薄片中可见构造微裂缝和因成岩作用而形成的成岩缝。以塔中北坡柯坪塔格组裂缝发育最为典型，裂缝产状普遍陡倾，裂缝倾角多大于 75°，以垂直裂缝和高角度裂缝为主，同时伴生一定规模的中低角度裂缝，水平缝少见。裂缝对孔隙度的影响不大，但对渗透率的影响非常显著，由于微裂缝的存在，把单个的孔隙连接在了一起，也在一定程度上提高了砂岩储集岩的渗滤能力，可大幅度提高渗透率，能有效弥补致密砂岩储层物性差的不足。

3）油气充注

油气充注在志留系和泥盆系较为显著，对储层的影响主要有以下 3 个方面。

一是对长石、岩屑的影响。随着埋深的加大，长石含量明显降低，相同深度样品中长石矿物的相对含量受到岩石中原始含量和溶蚀作用强弱的影响。有机质在成岩过程的热演化中释放出有机酸和二氧化碳溶液，使成岩环境的 pH 降低，长石及部分岩屑中的铝硅酸盐以复杂的有机络合物形成发生迁移，以此提高有机酸对长石的溶解力。增加了次生孔隙的发育，提高了储层的储集能力。

二是对黏土矿物的影响。黏土矿物的形成与转化都是在水介质的参与下进行的，但是由于烃类进入引起孔隙流体性质的改变，使成岩环境发生改变，并且烃类的进入也容易形成（孔隙）超压，异常高的压力阻滞了蒙脱石脱水，抑制了蒙脱石转化为伊利石。塔中地区志留系受海西晚期的油气充注影响较大，本区的柯坪塔格组储层中黏土矿物以伊利石、伊蒙混层为主，随着油气充注逐渐变强，孔隙水中蒙脱石向伊利石转化所需的 K^+ 被排除流失，使伊利石的生长受到抑制。伊利石呈衬垫式或搭桥式充填粒间，使得储层的储集性能降低。

三是对碳酸盐矿物的影响。成岩阶段早期，随着残余有机质与生物甲烷在非平衡化作用下，发生早期碳酸盐胶结。在海西晚期，油气充注带来的有机酸进入储层系统，使孔隙水中的 H^+ 浓度增加，pH 降低，使得早期的碳酸盐溶解，形成次生孔隙，提高储层物性。

3. 储层分类评价

主要根据钻井资料和野外地质调查资料，在前人研究的基础上，对塔里木盆地重点地区主要碎屑岩层系储集岩进行评价。

本次储层评价标准主要以国家能源局发布的《中华人民共和国石油天然气行业标准—油气储层评价方法》（SY/T 6285—2011）中的沉积岩储层分类评价标准为依据，结合本地区储层的实际物性特征——储层非均质性强、物性普遍偏低的特点，提出碎屑岩储层分类参考方案，将其分为Ⅰ～Ⅴ类，Ⅵ类储层标准定在储层下限值以下，储层虽有一定的孔隙度的数值，但对于油层来说基本上把它作为相当致密的非储层考虑，很难真正有效地储集和产出油气（表 4-6）。

表 4-6　塔里木盆地古生界碎屑岩储层分类标准

项目	储层类型					
	Ⅰ	Ⅱ	Ⅲ	Ⅳ	Ⅴ	Ⅵ（非储层）
孔隙度/%	$\varphi \geqslant 30$	$25 \leqslant \varphi < 30$	$15 \leqslant \varphi < 25$	$10 \leqslant \varphi < 15$	$5 \leqslant \varphi < 10$	$\varphi < 5$
渗透率/($10^{-3}\mu m^2$)	$K \geqslant 200$	$500 \leqslant K < 2000$	$50 \leqslant K < 500$	$10 \leqslant K < 50$	$1 \leqslant K < 10$	$K < 1$
物性评价	特高	高	中	低	特低	超低
孔隙类型	粒间溶孔、粒内溶孔和铸模孔	粒间溶孔、粒内溶孔和铸模孔	粒间孔隙、粒间溶蚀孔隙	粒间溶孔、残余粒间孔、不规则溶孔	粒内溶孔、粒间溶孔、微孔隙	微孔隙、溶孔
岩性	长石岩屑砂岩、岩屑长石砂岩，石英砂岩	长石岩屑砂岩、岩屑长石砂岩，石英砂岩	细粒岩屑石英砂岩、长石石英砂岩，长石岩屑砂岩、岩屑长石砂岩	极细-细粒岩屑石英砂岩、长石石英砂岩、含砾砂岩	极细-细粒岩屑长石砂岩及长石岩屑砂岩	极细-细粒岩屑长石砂岩，胶结致密。多泥质杂基
相	分流河道、水下分流河道	三角洲平原辫状河道、水下分流河道	三角洲平原辫状河道、水下分流河道、临滨-前滨沙坝	三角洲平原辫状河道、水下分流河道、临滨-前滨沙坝	滨浅湖沙坝、河口坝、扇三角洲分流河道、潮汐砂脊、潮汐水道	河道间、潮间-潮下带
主要分布层系	E、K	E、K、T	E、K、T、C、D、S	E、K、T、C、D、S	E、K、T、C、D、S	E、K、C、D、S

塔里木盆地志留系-古近系储层主要分布在Ⅱ～Ⅴ四类，Ⅰ类储层所占比例非常少，可忽略。这几套重点层系中，中新生界三叠系、白垩系和古近系储层物性较古生界志留系、泥盆系和石炭系要好。志留系绝大多数以Ⅳ～Ⅴ类储层为主；泥盆系主要为Ⅲ～Ⅳ类储层，少部分为Ⅴ类储层；石炭系和泥盆系类似，Ⅲ～Ⅳ类储层发育普遍；三叠系主要为Ⅲ类储层，少数为Ⅱ类和Ⅳ类储层；白垩系以Ⅲ～Ⅳ类储层为主，少量Ⅴ类储层；古近系发育Ⅲ～Ⅳ类储层，少量Ⅱ类和Ⅴ类储层。

4. 主要层系储层分区评价

从孔隙度-深度散点图来看，纵向上孔隙度整体表现为随着埋深的增加呈现出减小的趋势，说明压实作用的影响较强。在5000m左右还发育有效储层，而且孔隙度与渗透率有一定的相关性，表明储层物性主要受沉积环境和成岩作用的控制。因此，本书综合沉积相和镜质体反射率 R_o 等值线对塔里木盆地重点层系碎屑岩储层进行了分区评价研究及有利区带预测。

1）志留系

志留系储层主要发育在下统柯坪塔格组中，为一套滨浅海相浪控滨岸、潮坪和三角洲沉积。总体而言，储层普遍埋深大、储集物性较差，绝大多数以Ⅳ类和Ⅴ类储层为主，致密砂岩储层所占比例较大。纵向上，柯坪塔格组上段砂岩物性相对好于下段，高能砂质滨岸相临滨-前滨砂体物性优于潮坪相砂岩。塔北隆起托甫台、艾丁地区和塔中10号构造带-中央主垒带附近物性较好，以Ⅳ类储层为主，如跃进2-1井—托甫156井区、塔中11井—塔中31井区，局部呈星点状分布少量Ⅲ类储层。其余地区大面积分布Ⅴ类储层，岩性主要为三角洲平原-前缘、临滨、潮间带-潮上带砂岩-粉砂岩。巴楚西部地区、阿瓦提、满加尔—草湖地区主要为浅海陆棚，砂岩物性较差，基本为非储层。

2）泥盆系

泥盆系储层以东河塘组为代表，自东向西发育高能砂质滨岸-浅海陆棚相沉积，局部发育河口湾。砂岩储层物性相对于下部的志留系要好一些，Ⅲ类、Ⅳ类储层所占比重相对较大。但是储集性能在盆地内的不同地区有较大差异，纵向上各井也存在非均质性，储层物性特征极为复杂。沉积相对储层控制作用较为明显，从平面分布来看，塔中、塔北和满西地区大面积分布的前滨-临滨砂岩以及河口湾相砂岩储层物性较好，以卡塔克隆起中1井区、塔中4井区以及东河塘油田和哈得逊油田为代表，大面积分布Ⅳ类储层，局部地区发育Ⅲ类储层。塘北地区和西部的巴楚绝大部分地区为三角洲和临滨砂岩，储层物性相对较差，主要为Ⅴ类储层，仅在夏河1井区发育小面积的Ⅳ类储层。巴楚以西为浅海陆棚相，以泥岩和粉砂岩为主，基本为非储层。

3）石炭系

石炭系碎屑岩储层主要发育在下石炭统卡拉沙依组砂泥岩段中，为一套潮坪-三角洲沉积，潮下带砂体和三角洲前缘砂岩储集物性相对较好。Ⅲ类储层主要分布于卡塔克隆起中19井—中1井区、塔中4井区、顺南—古隆地区及中41井区潮下带砂岩中。塔北地区主要分布于跃进1井—沙112井—托甫115井一线的潮坪-三角洲前缘砂体中。Ⅳ类储层分布比较广泛，基本覆盖了塔北和塔中大部分地区，巴楚地区的夏河1井区、巴探5井—玛北1井区也分布有Ⅳ类储层。其余地区主要分布Ⅴ类储层。满加尔地区和玉北地区东南部为潟湖相，巴楚西部的浅海陆棚相砂岩不发育，为非储层分布区。

4）三叠系

三叠系主要包括辫状河、辫状河三角洲、扇三角洲、湖底扇和湖泊沉积体系。相比古生界碎屑岩层系，三叠系砂岩储层具有很大的差异性，一直处于浅埋藏阶段，因此压实作用不太强烈，砂岩物性普遍较好，为优质储集体。尤其是在塔河和塔中广大地区为三角洲平原-前缘亚相，分流河道及水下分流河道砂岩物性较好，受多起河道迁移的影响形成了垂向叠置、横向连片的大面积分布的砂体。以阿克库勒组为例，Ⅲ类储层占据绝对优势，Ⅱ类储层主要发育在三角洲前缘，以顺北5井区、塔河地区托甫37井—沙114井—阿探11井一线以及卡塔克隆起中1井—中20井区、顺南4井—顺南6井区为代表。前三角洲-滨浅湖发育Ⅳ类储层，在半深湖-深湖相，砂岩欠发育，以非储层为主。

5）白垩系

白垩系发育冲积扇相、扇三角洲相、湖泊相和正常三角洲相等沉积相类型，总体而言，砂岩物性比三叠系要差一些，不同地区和不同层段储集性差异明显。储层物性与沉积相带及岩石相关系密切，储层主要发育于扇三角洲或辫状河三角洲的辫状河道、水下分流河道及分流河口砂坝中，砂体的沉积厚度大，以Ⅲ～

Ⅳ类储层为主，较好的储集层位于塔北轮南、东河塘地区的苏维依组，英买力、羊塔克、玉东、东河塘的库姆格列木群、巴什基奇克组，英买力巴西盖组、雅克拉凸起区及塔河地区 YQ14 井区和 T904 井区。其余地区以Ⅳ类储层为主，半深湖及山前带为Ⅴ类及非储层分布区。

6）古近系

古近系储层以天山南地区最为典型，为一套扇三角洲-辫状河三角洲-湖泊相沉积。古近系储层非均质性强，发育Ⅲ～Ⅳ类储层，以及少量Ⅱ类和Ⅴ储层，苏维依组相对库姆格列木群略好一些。

第四节　区 域 盖 层

一、概况

良好有效的区域盖层是大型油气田最终成藏保存的关键条件。塔里木盆地盖层研究最早开始于“八五”期间，研究认识到塔里木盆地寒武系膏盐岩、奥陶系泥岩、石炭系泥岩和膏盐岩是重要的区域盖层，控制了油气的分布（郑朝阳等，1996；周兴熙，1990；赵孟军等，2001；赵靖舟等，2001；吕延防等，2005），研究者利用地质、地震、测井等资料研究了盖层的特征与分布（付广等，19951996；叶德胜等，1998；朱筱敏等，2003；焦翠华等，2004），并对盖层的封盖能力进行了评价（王显东等，2004；孙丽丹等，2004；陈章明等，2003；付广等，1997）。

目前台盆区发现的油气田主要分布在 5 个油气区：沙雅隆起油气区、卡塔克隆起油气区和巴楚—麦盖提油气区、顺托果勒油气区及塔东油气区。台盆区油气直接盖层具有多岩性类型、多层系的特征，盖层有三大类岩性：泥质岩类、碳酸盐岩类和膏盐岩类。区域上看，台盆区区域盖层主要发育在寒武系、奥陶系、志留系、石炭系、三叠系和古近系，库车拗陷主要发育古近系膏盐岩盖层，这些区域盖层分布对油气分布有着显著的控制作用。本书利用大量地震和钻井资料，根据测井岩电特征盖层识别进行厚度统计、横向连井对比、井间地球物理预测与前人沉积相划分，同时考虑盖层沉积期的沉积相变化与后期构造剥蚀情况，多种手段相结合编制了台盆区主要盖层的平面分布图，在此基础上绘制了图 4-33 和图 4-34。

塔里木盆地长期处于克拉通沉积区，泥岩、膏盐岩原始沉积厚度大且空间上连续分布，盖层性能好。前人对塔里木盆地盖层的研究侧重从盖层厚度及封盖性能进行评价，但对于一个长期演化的多旋回叠合盆地而言，构造隆升及断裂多期次活动对盖层及油气分布的影响不容忽视，但前人涉及构造演化及断裂活动的评价较少，这些不足均会使盖层封盖油气能力的综合评价结果与实际情况产生偏差，给油气勘探带来一定的风险。

在地质演化过程中，盖层要经历沉降埋藏和抬升两个最基本的阶段。沉降埋藏阶段，是泥岩盖层不断压实、微观封盖能力不断形成并增大的阶段，也是盖层温压不断升高、力学性质由脆性逐渐转换为韧性（不一定发生，视升埋藏深度的大小）的阶段；抬升阶段为盖层围压不断减小、差应力增大导致岩石可能产生裂缝化（不一定发生，视升抬幅度）的阶段。抬升阶段盖层本身微观封盖能力并不会发生大的变化，但受裂缝化的影响，盖层封盖效能将会大大降低。在多期构造变动的地区，埋藏-抬升的地质过程会发生多次，盖层的这种封盖性能变化会更加复杂。但无论是哪个阶段，盖层的埋藏深度变化是导致盖层封盖性能变化的关键因素。

盖层动态评价，就是重建盖层在地质演化历史过程中随着其埋深的变化，评价其封盖能力的变化过程。因此，本书正是基于盖层在埋藏阶段封盖能力的形成、力学性质的变化、抬升阶段裂缝化的出现均与盖层的埋深有密切关系的认识，确定了评价盖层的 3 个重要参数：盖层封盖能力形成的临界深度（D_{PO}）、脆韧转换的临界深度（$D_{B\text{-}P}$）、隆升阶段开始裂缝化的深度（D_F），并用盖层埋深来量化盖层在埋藏-抬升旋回过程中的上述评价参数，以达到分级、定量评价的目的（图 4-35）。

据张仲培等（2014）研究表明，泥岩或者膏盐岩，在低温低围压下脆性较明显，而在高温高围压下多表现为塑性。随着盖层埋深的增加，盖层在应力作用下，逐渐由脆性变形向韧性变形过渡。因此，围压状态的变化决定盖层脆韧性。盖层由脆性向韧性转换，意味着抵御裂缝化风险能力的提高，是决定其提高有效性的重要因素。当盖层埋深处于在脆韧转换的临界深度（$D_{B\text{-}P}$）之下，相对于浅埋深盖层，除具备较强的物性封盖能力外，裂缝化的风险更小，封盖能力最好，可以评价为Ⅰ类。此时除考虑盖层的物性封盖能力外，要更多地参考其岩石力学性质的特征。盖层到达最大埋深以后（D_{max}）经历抬升，由于成岩作用不可逆，此时物性封盖能力并不会随着埋深的减小而变小。但当其被抬升至埋深小于脆韧转换的临界深度

（D_{B-P}）时，盖层脆韧性又开始反向变化，封盖能力由Ⅰ类降低为Ⅱ类。随着盖层继续抬升，因为应力状态的变化，差应力不断增加，盖层裂缝化，有效性不断降低。岩石出现裂缝化已被理论研究和野外观察所证实。当达到大量产生裂缝的深度（D_F）之上时，认为盖层也是无效的，评价为Ⅲ类。

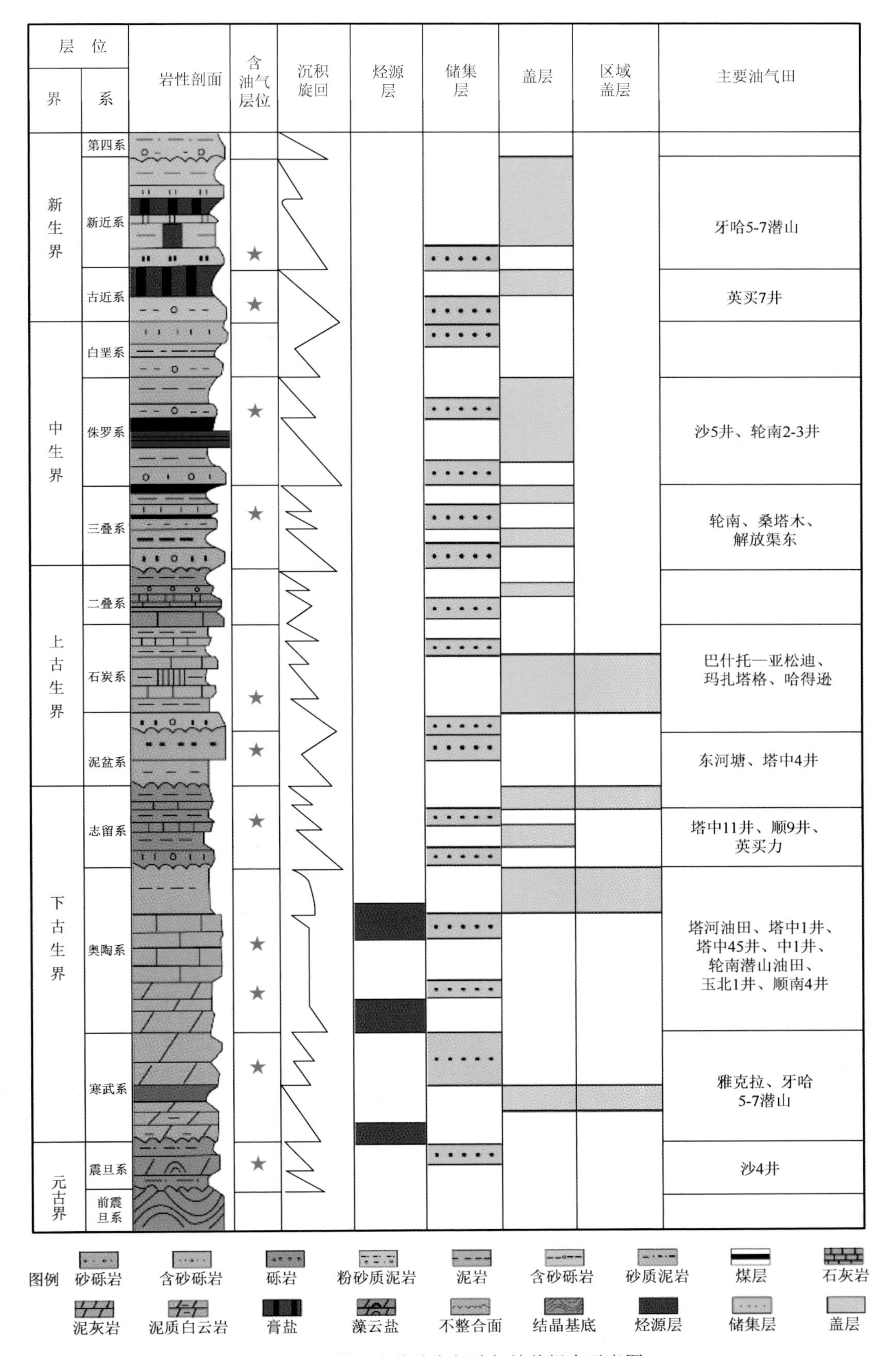

图4-33　塔里木盆地海相油气储盖组合示意图

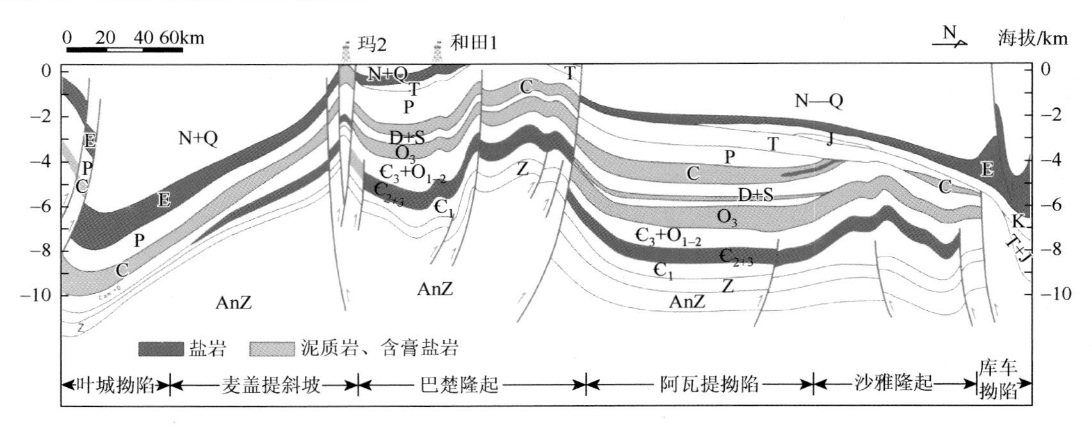

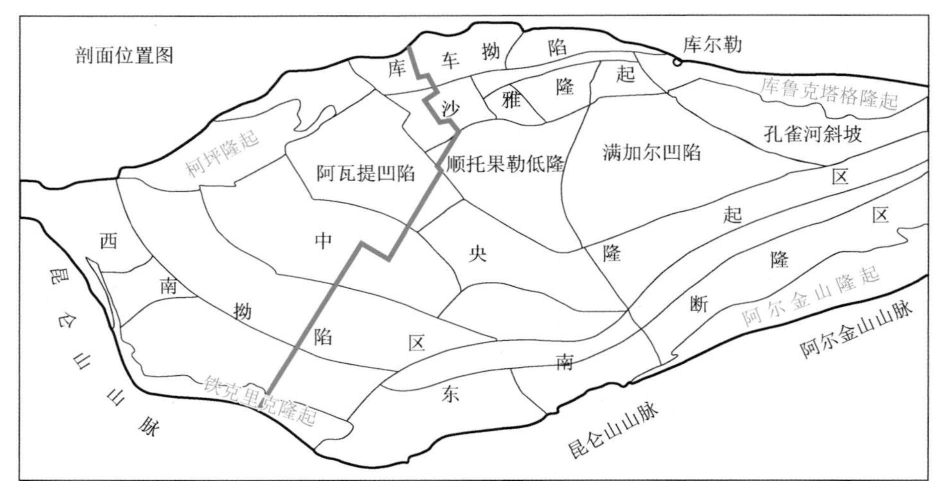

图 4-34　塔里木盆地过叶城凹陷—巴楚隆起—阿瓦提拗陷—沙雅隆起—库车拗陷盖层剖面图

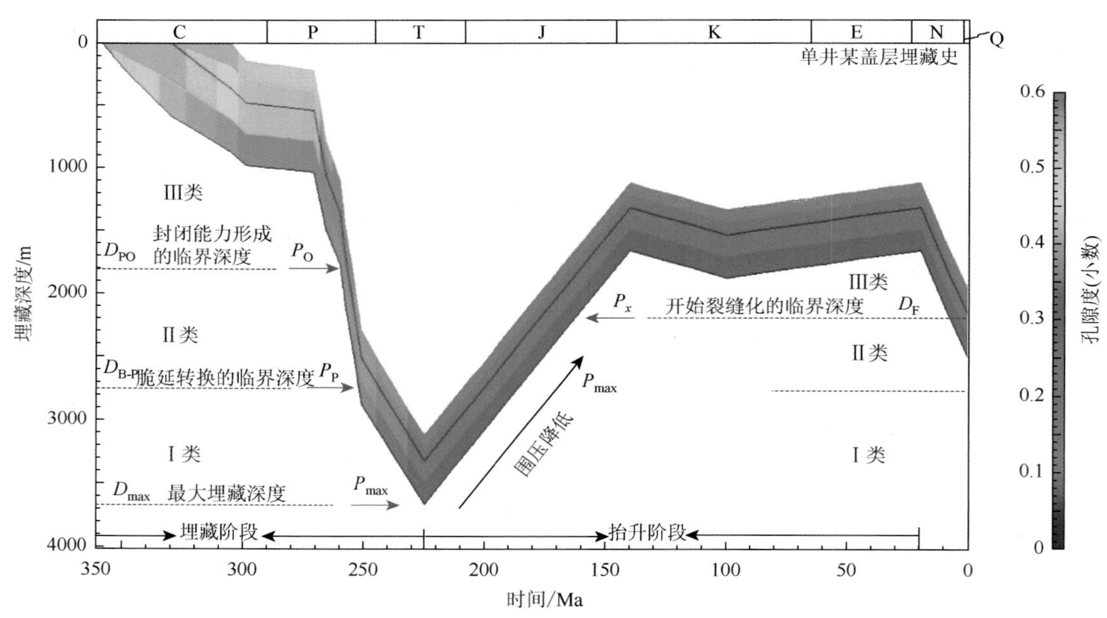

符号说明：D_{PO}—封盖能力形成的临界深度；$D_{B\text{-}P}$—脆韧转换的临界深度；D_{max}—最大埋藏深度；D_F—盖层开始裂缝化的临界深度；P_O—能够封盖油的盖层突破压力；P_P—盖层开始具有塑性时的突破压力；P_{max}—盖层具有最大埋深时的突破压力；P_x—盖层裂缝化时的突破压力

图 4-35　盖层动态演化与评价的参数与等级划分（据张仲培等，2015）

根据上述评价思路及 3 个关键参数的求取，就可以对盖层进行评价和分级，结合区域上古构造演化历史和地层剥蚀厚度恢复结果，恢复盖层在不同历史时期的埋深，根据上述 3 个临界深度参数进行分级定性评价，从而满足区带评价的需要。

二、主要盖层分布及评价

（一）寒武系区域盖层

寒武系区域盖层分布广泛，但厚度变化较大，受相带控制明显。纵向上主要发育在阿瓦塔格组和吾松格尔组，横向对比性较好，厚度变化较大。代表着蒸发台地-局限台地沉积环境。台盆区膏盐岩主要分布于盆地的中央隆起带及沙西凸起，厚度一般为100～300m，最大厚度分布于阿瓦提断陷，中部可达400m。

有研究表明，膏岩封盖能力强，具有较高的突破压力，通常比普通泥岩高出几个数量级（金之钧等，2010），由于膏盐岩的突破压力较高，蓬莱坝剖面野外含泥膏质云岩实测封盖能力为15.7MPa，因此较小的厚度也可以具有较大的封盖能力，且抗压抗剪能力随着埋深的增加有规律地提高，埋深条件下断裂也很难将膏盐完全破坏，从而可作为优质的盖层。

对于中寒武统盐膏岩盖层，前面求取的封盖能力形成的临界深度1230m和脆韧转换的临界深度2550m是评价盖层封盖能力的关键依据（表4-7）。

表4-7　中、下寒武统膏盐岩盖层封盖性分级评价标准（张仲培，2015）

因素	评价参数	泥岩盖层封盖性分级标准				
		好（Ⅰ）		中等（Ⅱ）		差（Ⅲ）
		I_1	I_2	II_1	II_2	Ⅲ
力学性质	脆韧性	韧性		脆性		或被裂缝化
	埋深/m	≥2550		2550～1230		或≤1230
宏观特征	平面分布	大面积连片		较大面积连片		或小面积零星分布
	厚度	大于等于平均厚度	小于等于平均厚度	大于等于平均厚度	小于等于平均厚度	不考虑

构造演化表明，塔里木盆地除巴楚隆起及麦盖提斜坡发生较大的构造反转以外，其余沙雅、卡塔克隆起、顺托果勒低隆起等主体均属于持续埋藏类型沉降阶段，其盖层封盖性能总体向好。因此巴楚—麦盖提地区的盖层脆韧转换的动态评价尤为重要。

在海西早期，巴麦地区西南部，由于膏盐埋深较浅，没有达到能具有封盖能力的1230m的深度范围，所以划为Ⅲ类区，认为当时该地区有盖无效；在Ⅲ类区的北部，膏盐盖层埋深超过1230m，但是埋深未达到膏盐发生韧性变形的深度范围，考虑盖层岩性的塑性，将其划分为Ⅱ类，为有效盖层区；在现今巴楚隆起区的大部分地区，膏盐埋深大，超过了膏盐发生韧性变形的深度2550m，因为此时的盖层性质是最好的，在构造活动中表现为韧性，盖层塑性好，因为认为盖层处在较好的演化阶段上，划为Ⅰ类，并且依据其厚度变化，可以划为I_1类或者I_2类区。I_1类区厚度大，盖层的封盖能力最好。

海西晚期，玉北地区膏盐埋深早超过了盖层具有封盖能力的最小埋深，盖层是有效的。但是西南部小范围地区埋深并没有到膏盐发生脆韧转换的埋深（2550m），因此评价为Ⅱ类；巴楚隆起区在此时总体上都归为Ⅰ类。

喜马拉雅晚期，受巴麦地区南北向隆拗反转的影响，大部分地区寒武系的埋深进一步增大，超过了盖层脆韧转换的临界深度，因此寒武系膏盐盖层被认为是达到了能够封盖油甚至高压气藏的条件，评价为Ⅰ类区；只在西北部局部隆升较强的古董山构造带及以北地区较差，评价为Ⅱ～Ⅲ类区。

（二）奥陶系区域盖层

中下奥陶统主要发育碳酸盐岩，上奥陶统以桑塔木组-却尔却克组泥岩在台盆区分布广泛，主要为较深水混积陆棚相沉积，除隆起高部位被剥蚀以外，其残余厚度在数百米到2000m，在满加尔凹陷最厚可达8000m以上，是一套很好的区域性盖层。在塔北地区，厚度仅为50～200m的上奥陶统泥岩作为直接盖层，有效地封盖了下部的油气藏，该套盖层分布广泛、厚度大、岩性致密，是盆地最重要的区域盖层之一。

此外，中奥陶统的泥灰岩段也是比较好的局部盖层。中16井泥灰岩突破压力均值为14.3MPa，泥质条带微晶灰岩突破压力均值为 5.41MPa，灰云岩最低为 2.15MPa，盖层性能受储层发育及断裂影响较大，一般可以作为中上奥陶统灰岩段内幕型含油气储层的局部盖层。

塔河南部—顺托果勒地区以桑塔木组为直接盖层，从塔河南部 TP2 井沉积-埋藏史分析，桑塔木组志留纪末-泥盆纪埋深达到 1500～2000m，成岩温度为 60～70℃，处于中成岩早期，根据泥质岩封盖演化模式，具有较好的封盖性能和泥岩可塑性。桑塔木组泥岩＋志留系泥岩可对加里东中期奥陶系岩溶储层形成较好的封盖。结合构造演化分析认为，塔北、卡塔克隆起、巴楚隆起区盖层分布较薄（一般小于 200m），虽然晚加里东期以来埋深一般大于 3500m，基本处于塑性阶段，但考虑到断裂多期次活动，盖层连续性遭受一定程度破坏，综合评价为 $Ⅰ_2$型盖层分布区，局部由于海西早期断裂构造隆升遭受剥蚀综合评价为Ⅱ～Ⅲ类盖层；顺托果勒低隆起、满加尔拗陷、塘古巴斯拗陷厚度巨大（达 2000m），且埋深大于 5000m，断裂活动相对较弱，盖层连续性基本保持良好，综合评价为 $Ⅰ_1$型盖层。

从油气显示来看：①顺托果勒低隆起油气显示主要集中在奥陶系、志留系柯坪塔格组，表明桑塔木组盖层封盖性极其良好；②卡塔克隆起及沙雅隆起古生界油气显示丰富，表明这些地区断裂虽然封盖了绝大多数油气，但仍有大量油气沿断裂带向上发生二次运移；③玉北地区奥陶系油气显示丰富，但上覆碎屑岩层系油气显示较差，至今尚未有工业油气发现，表明该区上奥陶统盖层性能较为良好；④巴楚地区由于西段缺失上奥陶统，仅在巴楚东段发育较薄桑塔木组，由于该区印支期-喜马拉雅期构造隆升且构造活动强烈，奥陶系油气显示不活跃，分析认为盖层保存的条件差是其中的主要原因之一。

（三）志留系区域盖层

志留系盖层岩类主要为泥岩，纵向上发育两套重要的盖层：一是塔塔埃尔塔格组下段红色泥岩，分布广、厚度大，具有很强的连续性和稳定性，可以作为塔中隆起和顺托果勒低隆等地区的区域盖层，主要为潮上-潮间带沉积，岩相在平面上变化较快，封盖能力不佳，且具有地区差异性，阿克苏地区野外露头样品实际测试突破压力最大为 12MPa；二是柯坪塔格组中段浅海陆棚沉积的暗色泥岩，主要分布在满加尔凹陷、阿瓦提拗陷、沙雅隆起南部和顺托果勒低隆等地区，是柯坪塔格组下段砂岩的区域盖层，厚度稳定、质纯，为陆棚相沉积，封盖能力强；在顺 9 井区实测 6 件样品，突破压力为 17～26MPa，平均为 21MPa。

从盆地志留系油气显示来看，绝大多数油气显示均集中在柯坪塔格组上下段砂岩中，常见沥青，结合构造演化分析认为，在加里东中晚期，桑塔木组盖层尚未达到塑性封盖，此时寒武系烃源岩已进入大量生排烃阶段。刘洛夫等（2000）认为，塔里木盆地志留系沥青砂岩经历三期充注，即晚加里东期、海西晚期—印支期和喜马拉雅期，油气沿断裂可以运移至志留系，由于志留系泥岩尚未成岩，造成油气直接运移至地表，并形成大面积分布的沥青。随着后续持续埋藏奥陶系及志留系泥岩逐步具备封盖能力，最终在塔河—顺托果勒—塔中等地区油气显示主要集中在奥陶系和志留系柯坪塔格组，依木干他乌组及上古生界油气显示概率明显小于下伏地层。

（四）石炭系区域盖层

石炭系潮坪-潟湖-浅海环境的 3 套（含膏）泥岩盖层厚度稳定，主要发育层位巴楚组下泥岩段、中泥岩段以及卡拉沙依组上泥岩段，分布广泛。巴楚组下泥岩段厚度从塔北隆起南缘的零线向塔中、巴楚、麦盖提斜坡逐渐过渡到 100 多米，在塔北隆起区缺失。岩石类型主要为泥质岩（包括粉砂质泥岩），其次为泥岩和碳质泥岩，主要是一套潮坪相沉积。巴楚组中泥岩段是生屑灰岩储层的直接盖层，其岩石类型有蒸发岩（包括石膏、岩盐）、泥质岩、泥质粉砂岩，其中泥质岩盖层分布甚广。巴楚隆起、麦盖提斜坡北部等均有分布，巴麦西部地区最大厚度在 300m 以上，盆地腹部的塔中东部最大厚度为 120 多米。卡拉沙依组上泥岩段厚度分布在 0～160m，巴楚东部及塔中东部及阿克库勒凸起中、南部区域厚度较大，均在 60m 以上。围绕着这一厚度分布中心，泥岩厚度向外围逐渐减小并尖灭。在巴楚隆起西部，受后期构造抬升剥蚀的影响，上泥岩段明显较巴楚中东部地区薄，并在古董山构造带以西于同 1 井一带剥蚀殆尽。总体上在巴麦地区呈中部厚度大，向西北剥蚀减薄、向南沉积减薄的变化趋势（图 4-36）。

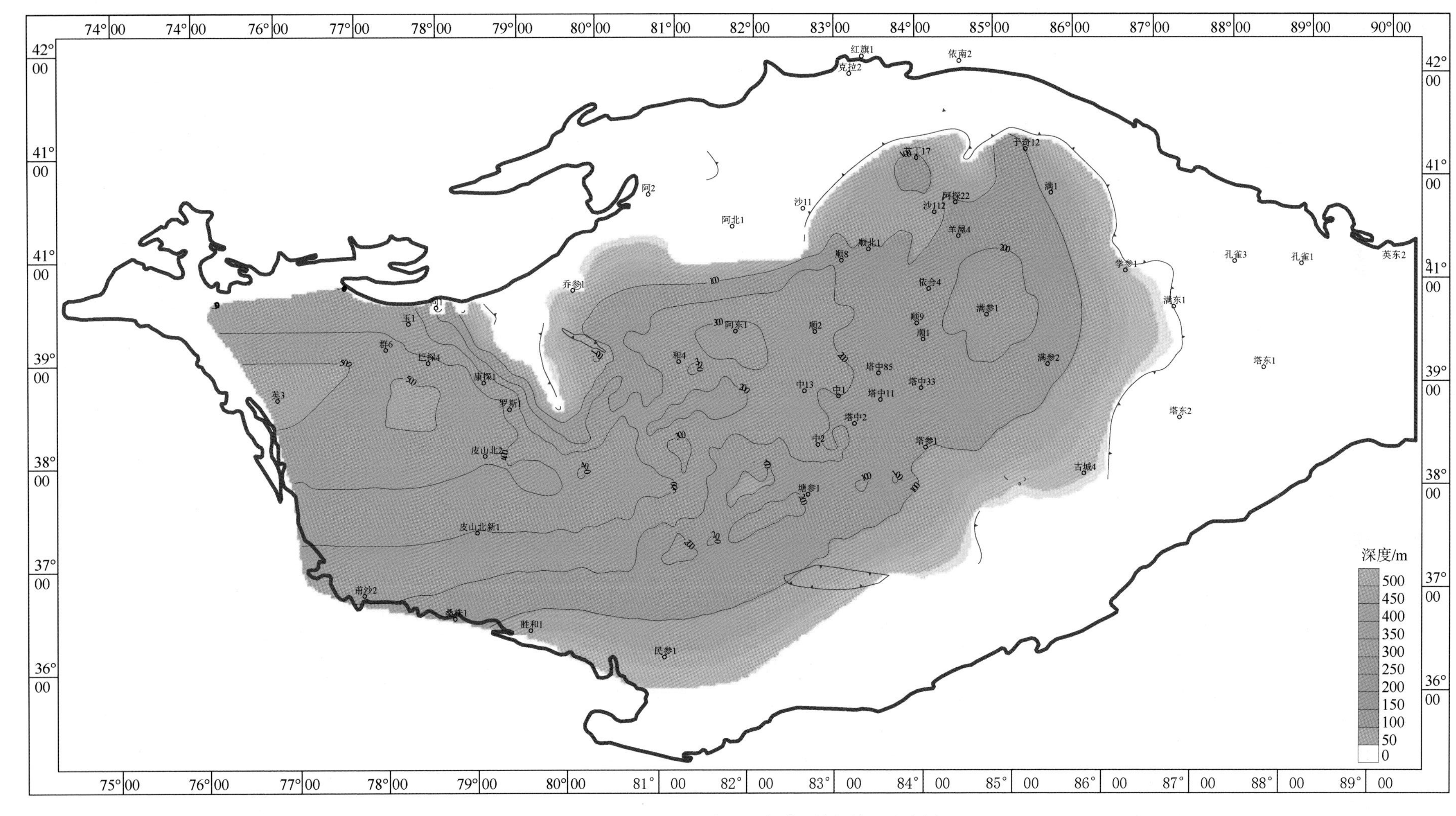

图4-36　塔里木盆地石炭系巴楚组盖层分布图

石炭系盖层厚度稳定、封盖性能好，奥陶系岩溶储层解剖表明岩溶形成期主要在加里东晚期与海西早期，石炭系沉积是在其储层形成以后最大规模的海侵沉积，全面覆盖了碳酸盐岩储层，从而成为台盆区古生界非连续型油气储盖组中的优质盖层，对台盆区下古生界的油气资源具有重要控制作用。石炭系泥岩多处于中成岩作用阶段（付广等，1994；皇甫红英等，2001），通过对现今盖层封盖能力进行参数实测及声波时差计算等都表明，盖层封盖性能较好。巴麦地区 7 口典型钻井实测 20 个样品，膏泥岩突破压力较大，含石膏白云岩突破压力最高为 64MPa，泥岩突破压力最大为 29MPa，是区域上的优质盖层。石炭系泥盖层封盖性分级评价标准见表 4-8。

表 4-8　石炭系泥岩盖层封盖性分级评价标准（张仲培，2014）

因素	评价参数	泥岩盖层封盖性分级标准				
		好（I）		中等II类		差（III）
		I_1	I_2	II_1	II_2	III
力学性质	脆韧性	韧性		脆性		或被裂缝化
	超固结比（OCR）	＜2.5				或≥2.5
	埋深/m	≥4780		4780～2100		或≤2100
微观物性	突破压力/MPa	≥5		5～1		或≤1
宏观特征	平面分布	大面积连片		较大面积连片		或小面积零星分布
	厚度	大于等于平均厚度	小于等于平均厚度	大于等于平均厚度	小于等于平均厚度	不考虑

塔河地区石炭系盖层动态评价。从塔河地区 AD4 井沉积-埋藏史分析，二叠纪末的海西晚期运动，整体抬升，上二叠统遭受剥蚀，下石炭统埋藏不超过 500m。随着三叠系沉积，埋藏逐渐加大，约 230Ma 时埋深达到 1400m，成岩温度为 60～70℃，进入中成岩早期，石炭系泥岩具有良好的封盖性和可塑性，应当指出的是石炭系泥岩中普遍含膏岩，可塑性、膨胀性大大增加，对裂隙具有极好的封盖性。因此进入印支期以来，石炭系盖层具备了对海西早期岩溶储层的完全封盖，而塔河南部地区下石炭统的膏盐岩在海西晚期已结晶成岩，封盖性优越。总体上，下石炭统盖层纵向上多层覆盖，横向连续稳定，封盖区域大，从海西晚期以来构成了塔河油田区域盖层。

巴楚地区石炭系盖层动态评价。海西晚期—喜马拉雅晚期，石炭系巴楚组泥岩盖层在巴楚隆起区西北部的差封盖区（III类区）在不断扩大，而在麦盖提斜坡封盖性能在不断增强，由II类区变为I类区。海西晚期大幅抬升之前，在巴楚隆起区西北部，因埋深小于 2100m，尚未进入封油的临界深度，为无效盖层，评价为III类区。在中、南部，盖层埋深较大，但未达到能封盖气的深度，也未达到泥岩发生脆延转换的深度，所以评价为II类区。

达到最大埋深后在海西末期经历抬升，盖层的裂缝化是影响封盖能力的关键因素。用超固结比（OCR）也可对该阶段盖层裂缝化程度进行初步评价。计算得出不同构造分区 7 口代表井（玉 2、康探 1、巴开 8、巴探 5、和田 1、和 4、玉北 1）抬升幅度和 OCR 值，结果表明，位于和靠近西北部的井，OCR 值较大，玉 2 井为 2.46，接近裂缝化的临界值 2.5。而在南部的玉北 1 井区，只有 1.34，属于无裂缝化区域。这一计算结果与上述的评价结果具有较好的一致性。

喜马拉雅晚期石炭系下泥岩段埋深加大，部分盖层达到脆延转换的深度，在南部的麦盖提斜坡上，埋深较大，超过 4780m，因此评价为I类区。但在北部地区，III类区进一步扩大。有盖无效可能是制约该地区没有成藏的重要原因。

在巴麦地区的中部，根据埋深的差异，划为II_1类和II_2类，其划分的界线是 4200m 等深线。埋深超过 4200m 时，是气的有效盖层，所以埋深在 4200～4780m 时盖层评价为II_1类，其余评价为II_2类。

油气勘探结果表明，石炭系（含膏）泥岩封盖了台盆区大部分油气。塔里木盆地古生界碳酸盐岩层系特别是下古生界碳酸盐岩层系油气资源丰富，塔河油田奥陶系储层中，以石炭系为区域盖层的油气资源占总资源量的 93%。根据 2011 年全国油气矿产储量通报的数据，对塔里木盆地油气藏的盖层进行了统计。结果表明，台盆区黑油、凝析油探明储量以石炭系为盖层的资源量占 80.1%，而天然气资源探明储量石炭系盖层占 31.6%。

（五）新生界区域盖层

库车古近系库姆格列木组（$E_{1-2}km$）是一大套膏盐岩层，向南则变为泥岩与膏盐岩层间互分布（王启宇和文华国，2013），目前已发现的油气藏如克拉 2 井、大北 1 井均位于这套盖层之下；侏罗系克孜勒努尔组（J_2k）下部至阳霞组（J_1y），上部泥岩夹煤层也是一套良好的盖层（贾承造等，2002）；吉迪克组（N_1j）和苏维依组（E_3s）的泥岩、膏盐岩等也是良好的区域性盖层。

塔西南山前带膏盐岩类盖层主要分布于上白垩统和古近系—新近系，其中古近系阿尔塔什组石膏为优质区域性盖层（邢厚松等，2012）。巴什布拉克组（$E_{2-3}b$）、齐姆根组（$E_{1-2}q$）、帕卡布拉克组（N_1p）也是较好的泥岩盖层。上二叠统杜瓦组（P_2d）泥岩也可以作为该区的直接盖层。

塔东南中侏罗统康苏组（J_1k）、扬叶组（J_2y）沉积了较厚的泥页岩、碳质泥岩及煤层，可以作为很好的盖层。古近系底部为厚层泥岩、石膏，是塔东南拗陷发育最广泛的盖层。二叠系以厚层状泥岩为主，仅作为民丰凹陷的区域性盖层。

三、盖层研究新进展

通过研究初步建立主要区域盖层脆延转换深度，并结合构造演化进行了动态评价。塔里木盆地巴麦地区石炭系巴楚组泥岩盖层初始封盖石油对应的临界埋深平均为 2100m。中下寒武统膏盐岩盖层具备初始封盖能力的临界深度是 1230m，脆延转换的临界深度为 2550m。结合盖层封盖能力形成的临界深度（D_{P0}）、脆延转换的临界深度（$D_{B\text{-}P}$）、隆升阶段开始裂缝化深度（D_F）3 个参数可以用来作为分级、定量评价的依据，实现由井点到平面上的盖层动态分级评价。

这对于以寒武系—奥陶系主力烃源岩为主复式油气成藏理论体系极为重要，盖层封盖性及时油气保存的关键因素，同时也是深部烃源油气运移的负相关评价，尽管现阶段难以针对油气的运移开展量化研究工作，但通过对盖层的脆延转换临界深度，我们也能进一步定性地判断油气运移的条件，进而为油气成藏综合评价提供新的思路与方法。

第五章　重点油气富集区带特征

油气富集区带是指成因联系紧密、演化相近、气源基本相同、横向上彼此毗邻、受相似地质因素控制的若干油气田的组合体（戴金星等，1997）。系统总结含油气盆地油气富集区带特征对于全面认识盆地内油气富集规律、预测未来油气勘探方向具有重要的理论意义和重大的实际价值。因此，本章在众多前人研究成果的基础上，对塔里木盆地重点含油气区带特征、分布规律及油气富集主控因素进行分析。

第一节　塔河—哈拉哈塘油气富集区

一、概况

塔河－哈拉哈塘油气富集区是塔里木盆地油气最富集的油气产区之一，位于塔里木盆地北部的沙雅隆起上。目前，在塔河－哈拉哈塘油气富集区已发现了塔河油气田、轮古油气田、轮南油气田和哈拉哈塘油气田等多个以海相为主的亿吨级油气田（藏），集中分布于阿克库勒凸起和哈拉哈塘凹陷（图 5-1、表 5-1）。

沙雅隆起是在一个古生界海相残余古隆起上叠加了晚期前陆盆地前缘隆起发展而来的，具有海相、陆相多源供烃特征。海相油气主要来源于沙雅隆起本地玉尔吐斯组和北顺托果勒低隆、西满加尔拗陷区的寒武系-中下奥陶统烃源岩，部分来源于阿瓦提拗陷下寒武统-中上奥陶统烃源岩；陆相油气则来源于北部库车拗陷三叠系-侏罗系湖相以及煤系地层烃源岩。

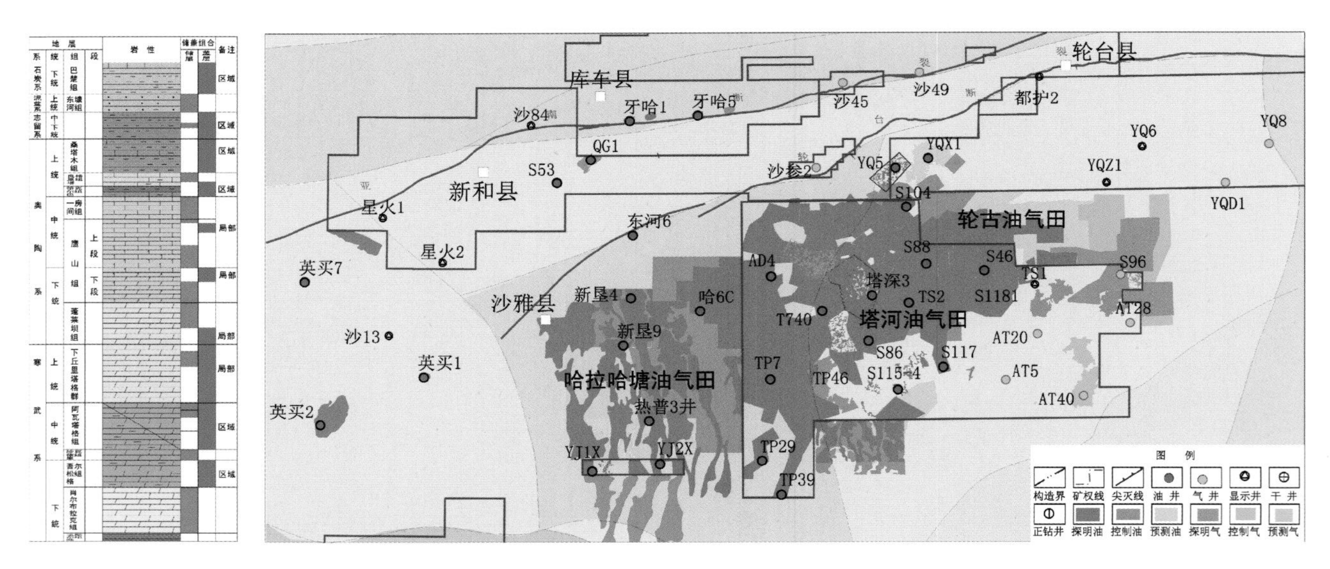

图 5-1　塔河—哈拉哈塘油气富集区油气田概况图（截至 2017 年底）

塔河－哈拉哈塘油气富集区以中下奥陶统顶部的碳酸盐岩岩溶缝洞型油气藏为主，受加里东中期、加里东晚期、海西早期多期构造运动影响，遭受不同程度的剥蚀和岩溶作用，形成了大量的岩溶缝洞型储集体，桑塔木组及石炭系稳定分布的泥质岩为其提供了良好区域盖层条件。志留系-古近纪沉积了潮坪相、滨岸相、三角洲相以及湖泊相等砂泥岩地层，受多期构造活动和沉积相带变化控制，形成了碎屑岩构造、岩性以及复合型圈闭，发育多个油气田（藏）。

表 5-1　塔河油气富集区主要油气田一览表

油气田（藏）	代表井/层位	探明储量			控制储量			预测储量		
		面积/km^2	油/万 t	气/亿 m^3	面积/km^2	油/万 t	气/亿 m^3	面积/km^2	油/万 t	气/亿 m^3
塔河油气田	沙 105-1 井（E）	4.54	79.27	1.64	/	/	/	/	/	/
	T759 井（K）	6.22	162.62	5.70	/	/	/	/	/	/
	沙 9 井、沙 23 井（T）	76.6、61.95	4492.75	207.07	/	/	/	/	/	/
	沙 23 井（C）	7.10	1111	无	/	/	/	/	/	/
	S112-2 井（S）	1.50	57.50	无	/	/	/	/	/	/
	沙 46 井、沙 48 井、艾丁 4 井（O）	2470.25	132885.07	186.42	/	/	/	/	/	/
	塔深 3、塔深 301（$O_{1-2}y$）	114.8	3605.96	无	74.68	2556.67	无	81	3047.63	无
轮南、轮古油气田	轮南 1 井、轮南 8 井（O）	*	13800	687.92	*	*	*	*	*	*
	轮南 2 井、轮南 10 井（碎屑岩）	*	4191	*	*	*	*	*	*	*
哈拉哈塘油气田	哈 6C 井、哈 7 井（O）	*	5916	*	*	*	*	*	*	*

注：*表示无资料数据；/表示已核销。

这些油气田多以奥陶系碳酸盐岩缝洞型油气藏为主，并与上覆多个层系、多种类型碎屑岩次生油气藏构成大型复式油气田群，在多个二、三级构造单元连片分布，在寒武系-古近系多套层系复式聚集成藏（图 5-2）。

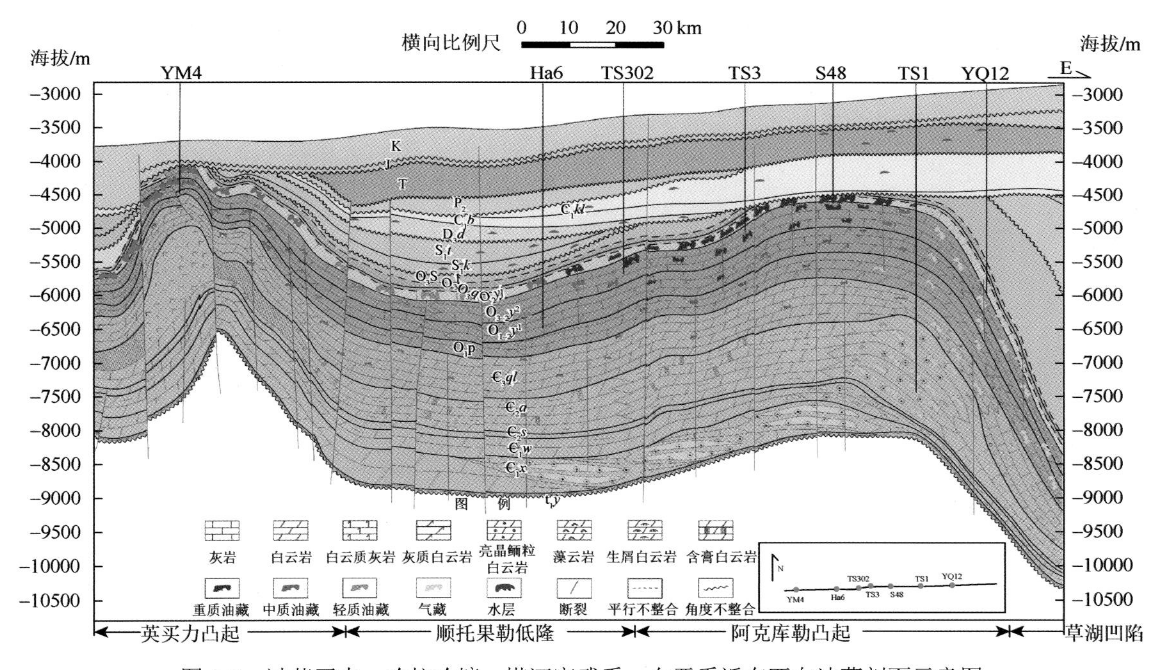

图 5-2　过英买力—哈拉哈塘—塔河寒武系—白垩系近东西向油藏剖面示意图

二、塔河奥陶系碳酸盐岩油气藏

（一）基本地质特征

塔河油田奥陶系碳酸盐岩油气藏是迄今为止在塔里木盆地发现的最大油气藏群，以一间房组-鹰山组碳酸盐岩岩溶缝洞型储层为显著特征。截至 2017 年底，已经探明石油地质储量 12.69 亿 t，天然气 186.42 亿 m^3，累计生产原油 7600 万 t。塔河油田奥陶系油气藏基本情况见表 5-2。

表 5-2　塔河油田奥陶系油气藏基础地质特征一览表

分区	典型井	层位	烃源岩	主要储层类型	盖层	原油密度/（g/cm³）	气油比/（m³/m³）	主成藏期	油气藏类型
塔河 2 区	沙 77 井、沙 79 井	一间房组	中下寒武统斜坡-陆棚相、下奥陶统斜坡盆地相	洞穴、孔洞、裂缝	巴楚组泥岩、上奥陶统泥岩	0.88～0.94	25～275	海西晚期	中质-重质油藏
塔河 3 区	沙 46 井、沙 47 井	鹰山组顶部			巴楚组泥岩	0.84～0.86	125～248	喜马拉雅晚期	轻质油藏
塔河 4 区	沙 48 井、沙 65 井	鹰山组顶部			上奥陶统泥岩、石炭系泥岩	0.95～0.98	27	海西晚期	重质油藏
塔河 5 区	沙 61 井、沙 62 井	鹰山组顶部			巴楚组泥岩	0.86～0.92	210～309	海西晚期、喜马拉雅晚期	轻质-中质油藏
塔河 6 区	沙 66 井、沙 71 井	鹰山组顶部			巴楚组泥岩	0.96～0.98	22	海西晚期	重质油藏
塔河 7 区	沙 75 井、同 615 井	一间房组-鹰山组顶部			巴楚组泥岩、上奥陶统泥岩	0.94～0.97	20	海西晚期	重质油藏
塔河 8 区	沙 76 井、沙 86 井	一间房组			上奥陶统泥岩	0.90～0.95	30～328	海西晚期	中质-重质油藏
塔河 9 区	沙 96 井、沙 101 井	一间房组			上奥陶统泥岩	—	1200～3000	喜马拉雅晚期	凝析气藏
塔河 10 区	沙 99 井、同 738 井	一间房组-鹰山组顶部			巴楚组泥岩，上奥陶统泥岩	0.88～1.03	15～30	加里东晚期-海西早期、海西晚期	中质-重质-超重质油藏
塔河 11 区（盐下地区）	沙 106 井、沙 112 井	一间房组			上奥陶统泥岩	0.84～0.87	109～289	喜马拉雅晚期	轻质油藏
塔河 12 区（艾丁地区）	沙 94 井、艾丁 4 井	一间房组-鹰山组顶部			巴楚组泥岩、志留系、上奥陶统泥岩	0.94～1.03	15～30	加里东晚期-海西早期	重质-超重质油藏）
托甫台地区	托甫 7 井、托甫 39 井	一间房组			上奥陶统泥岩	0.84～0.91	100～300	海西晚期、喜马拉雅晚期	轻质-中质油藏
于奇西地区	于奇 5 井、于奇西 1 井	鹰山组顶部			巴楚组泥岩	1.0～1.03	12～18	加里东晚期-海西早期	超重质油藏
于奇东地区	于奇 8 井、于奇东 1 井	一间房组			上奥陶统泥岩	—	1000～2500	喜马拉雅晚期	凝析气藏
塔深 3 井区	塔深 3 井	鹰山组上段下亚段			内部局部致密碳酸盐岩盖层	1.0～1.03	15～20	加里东晚期-海西早期	超重质油藏
塔深 6 井区	塔深 6 井	蓬莱坝组			内部局部致密碳酸盐岩盖层	0.86	100～200	喜马拉雅晚期	轻质油藏

（二）油气分布规律与富集主控因素

1. 油气分布不受构造位置的高低控制，具有整体含油气、似层状分布的特征

塔河油田奥陶系油气藏主要发育于一间房组-鹰山组岩溶古风化壳缝洞型储集系统中，不受构造高低的控制。塔河主体区油藏顶面埋深一般在 5500～5600m，最大油层厚度一般在 200～300m；塔河南部托甫台地区油藏顶面埋深一般在 7000～7200m（图 5-3），显示了构造高部位仅是油气富集的背景，并不控制油气的分布，更无统一的油水界面。

2. “北重南轻、西油东气”的分布格局是多期成藏、差异改造的结果

奥陶系碳酸盐岩具有整体含油气的特点，并在平面上呈现规律性变化（图 5-4）。从塔河东南部向西北部，依次出现凝析气藏→挥发性油藏→轻质油藏→中质油藏→重质油藏→超重质油藏。

这种油气分布格局，主要是受烃源岩多期供烃、油藏多期差异成藏控制。塔河奥陶系油气主要来源于本地寒武系玉尔吐斯组和西满加尔拗陷的中下寒武统。原地烃源岩是早期烃类的主要供给者，如艾丁地区的超重质油。海西晚期-喜马拉雅期，除原地烃源岩持续供烃外，东阿瓦提拗陷—北顺托果勒低隆区玉尔吐斯组烃源岩可能对塔河南部成藏具有一定的贡献，如托甫台地区。另外，西满加尔拗陷的中下寒武统烃源岩，可能是塔河东南斜坡带喜马拉雅期凝析油和天然气成藏的主要贡献者。

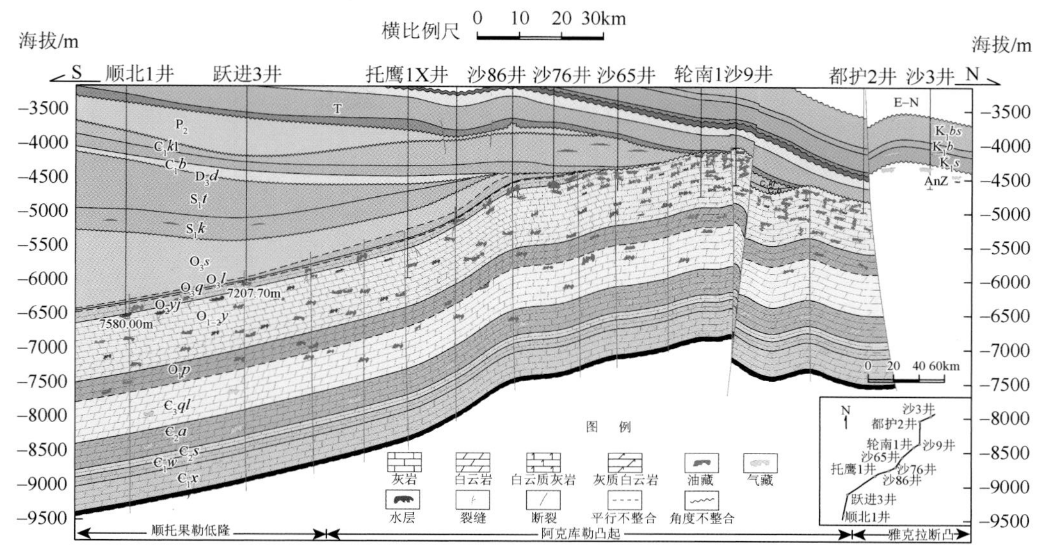

图 5-3 过塔河油田奥陶系-白垩系近南北向油藏剖面示意图

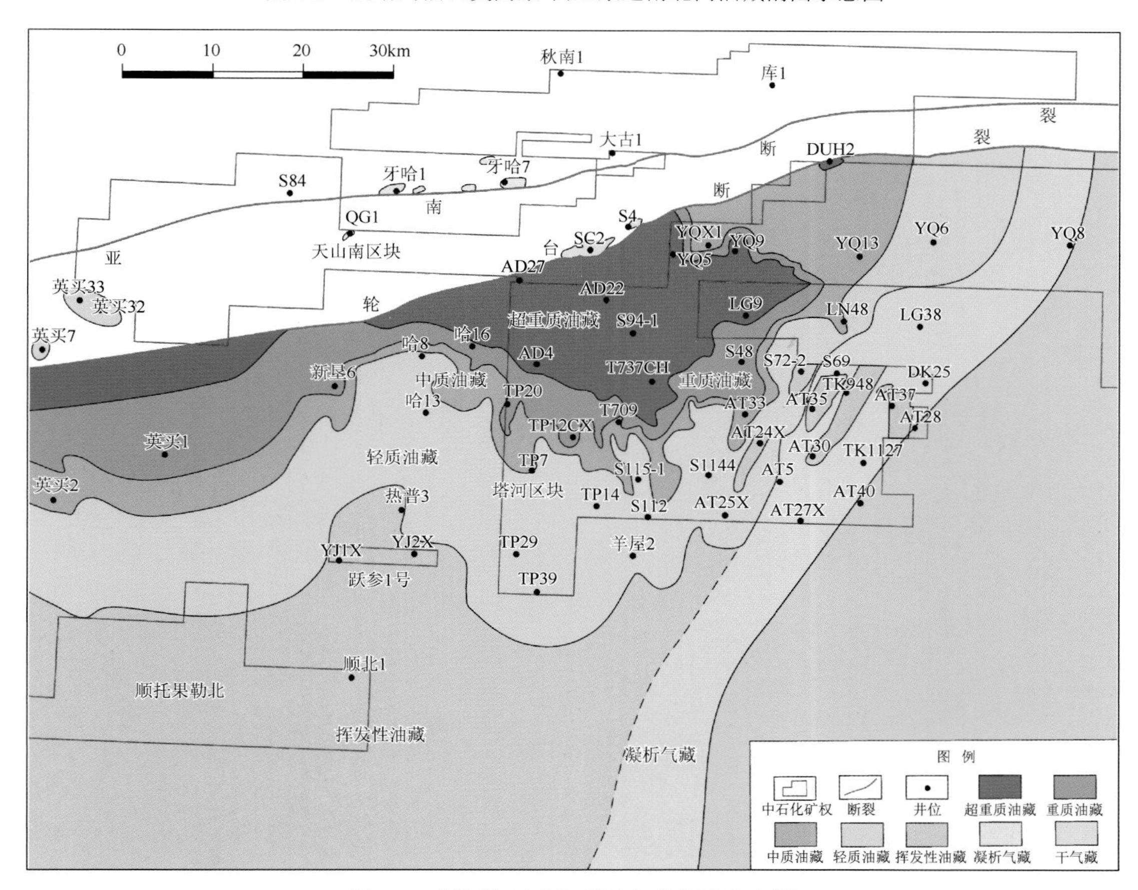

图 5-4 塔河油田奥陶系油气藏类型分布图

不同成藏期油气主要富集区存在差异。加里东晚期-海西早期成藏的油气主要富集在以艾丁地区为代表的当期古隆起高部位，但油藏经历了海西早期构造运动的破坏，表现为重质、超重质稠油。海西晚期是塔河油气主体区的主要成藏期，该期充注的油气，主要富集在海西早期古隆起高部位，并对前期被破坏的超重质-重质油藏进行再充注改造，形成密度逐渐变轻的重质-中质-轻质油藏，并呈裙边状分布。喜马拉雅期是凝析油、天然气的主要成藏期，主要沿 NE 向、NW 向断裂带向由南向北充注，并改造前期的油藏，呈现指状分布的特征。

3. 储层发育程度是控制油气富集的主要因素

碳酸盐岩岩溶缝洞型储层是塔河奥陶系碳酸盐岩油气藏的主要储集空间。海西早期岩溶斜坡区的岩溶缝洞型储层具有叠合连片分布的特征，加里东中期岩溶缝洞型储层主要沿断裂带分布。受岩溶作用发育背景条件的控制，加里东中期岩溶作用虽然分布广泛，但岩溶发育程度较低，岩溶作用期的活动断裂带是储层发育的主要部位。另外，以艾丁地区为代表的古构造高部位储层发育程度高于其他地区。海西早期岩溶作用是塔河主体区碳酸盐岩岩溶缝洞型储层发育的主要控制因素，因处于构造斜坡区，加上断裂活动强烈，发育了 3 个典型的岩溶旋回，形成了叠合连片分布的岩溶缝洞系统，构成了规模巨大的缝洞型储集体。从勘探开发实践结果来看，储集体规模越大，油气富集程度越高，塔河主体区海西早期岩溶区大规模岩溶缝洞型储层是油气产量的主要贡献者。

4. 区域性盖层分布是控制油气分布的重要因素

控制奥陶系碳酸盐岩油气成藏的区域性盖层有两套：一套是上奥陶统桑塔木组，在加里东晚期-海西早期成藏期时，广泛分布于中下奥陶统碳酸盐岩之上，但随着构造演化，到海西早期运动时，北部高部位上的盖层被剥蚀殆尽，中下奥陶统碳酸盐岩直接暴露，油藏被水洗氧化成重质稠油；另一套是石炭系巴楚组泥岩段，是塔河主体区最主要的区域性盖层，为海西早期岩溶缝洞型储层提供了良好的封盖条件（图 5-5）。

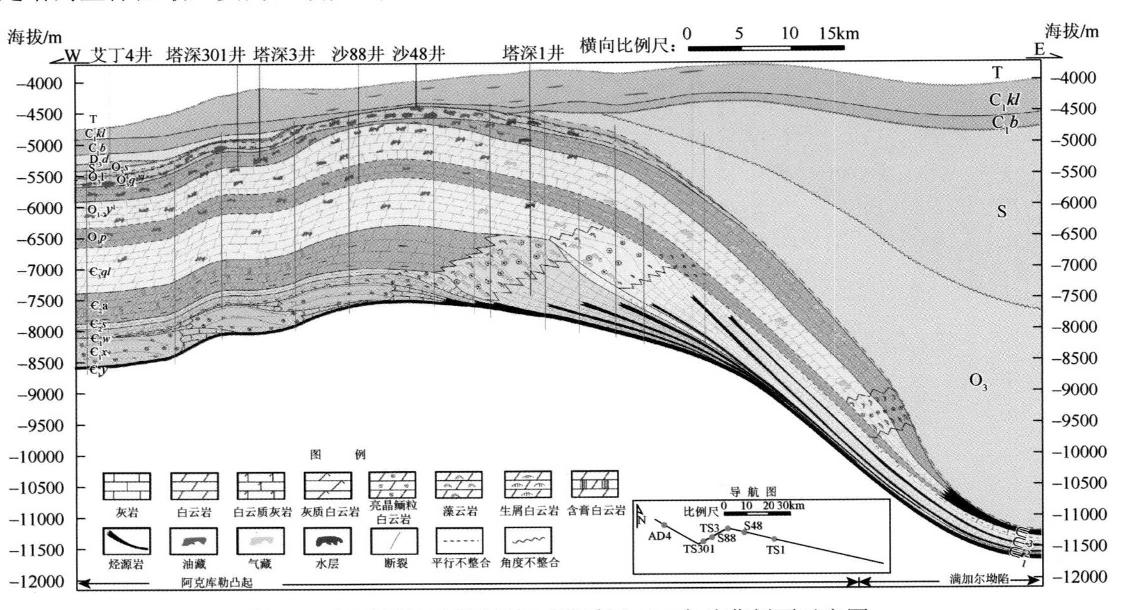

图 5-5　过塔河油田奥陶系-石炭系近 EW 向油藏剖面示意图

5. 油气成藏具有垂向充注特征

在碳酸盐岩层系内部致密碳酸盐岩盖层发育区，鹰山组内部、蓬莱坝组储集体具有成藏条件，是下一步勘探的重要目标领域（图 5-6）。

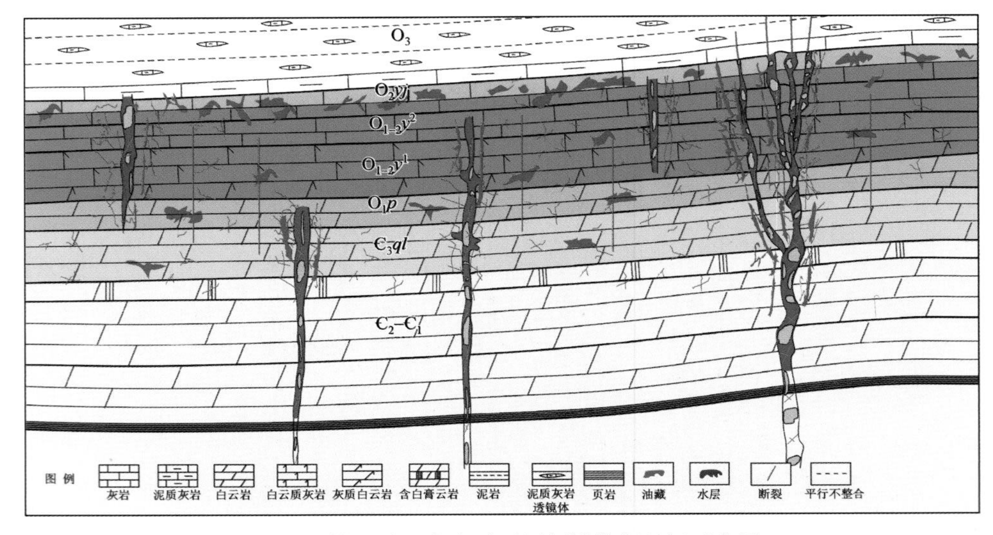

图 5-6　塔河油田奥陶系不同领域勘探目标示意图

三、塔河三叠系油气藏

（一）基本地质特征

塔河油田三叠系是发现油气藏比较早的重要含油气层位，以发育上、中、下3套油组为主要特征。截至2017年底，已经探明石油地质储量4492.75万t，天然气地质储量207.07亿m^3（图5-7），油气藏基础地质特征见表5-3。

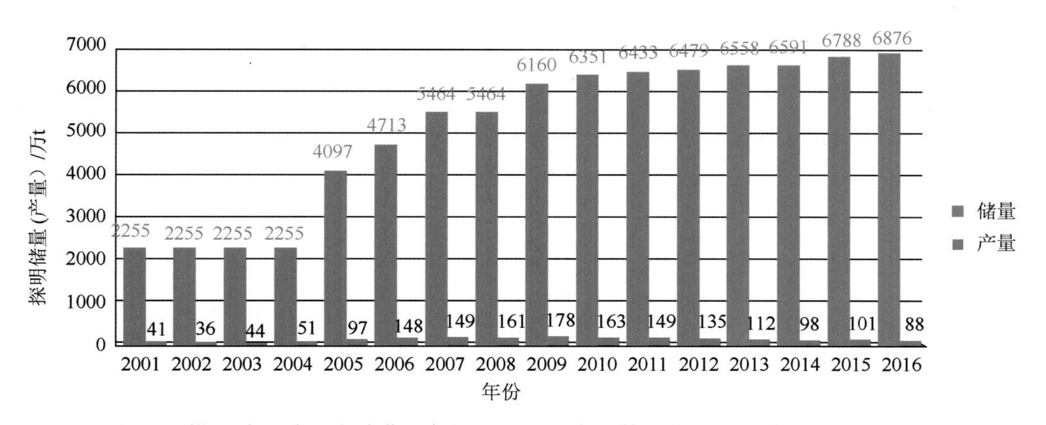

图5-7　塔河油田碎屑岩油藏历年探明储量和产量数据统计图（截至2017年底）

表5-3　塔河油田三叠系油气藏基础地质特征一览表

分带/分区	典型井	层位	烃源岩	主要储层类型	盖层	圈闭类型	原油密度/（g/cm^3）	气油比m^3/m^3	主成藏期	油气藏类型
塔河1区	沙29井、沙40井、沙41井	阿克库勒组三段（中油组）	中下寒武统斜坡-陆棚相、下奥陶统斜坡盆地相	中高孔、中高渗砂岩储层	组内泥岩段	构造圈闭	—	2000	喜马拉雅晚期	凝析气
	沙41井、沙41-1井、沙51井	阿克库勒组一段（下油组）		中高孔、中高渗砂岩储层	组内泥岩段	构造圈闭	0.90～0.92	190～540	喜马拉雅晚期	中质油
塔河2区	沙56井、同204井	哈拉哈塘组下段（上油组）		中孔、高渗砂岩储层	组内泥岩段	构造圈闭	0.82～0.84	30～140	喜马拉雅晚期	轻质油
	AT1井、同201井	阿克库勒组三段（中油组）		中孔、中高渗砂岩储层	组内泥岩段	构造圈闭	0.82～0.84	75～100	喜马拉雅晚期	轻质油
塔河5区	沙17井、沙73井	哈拉哈塘组下段（上油组）		中孔、中高渗砂岩储层	组内泥岩段	构造圈闭	0.81～0.83	400～800	喜马拉雅晚期	轻质油
塔河9区	TK906井	哈拉哈塘组下段（上油组）		中孔、中高渗砂岩储层	组内泥岩段	构造圈闭	0.82～0.84	400～500	喜马拉雅晚期	轻质油
	沙95井、沙96井、沙100井	阿克库勒组一段（下油组）		中孔、中高渗砂岩储层	组内泥岩段	构造圈闭	0.90～0.92	80～300	喜马拉雅晚期	中质油
盐上区	AT2井	哈拉哈塘组下段（上油组）		中孔、中渗砂岩储层	组内泥岩段	构造-岩性复合圈闭	0.80～0.82	120～150	喜马拉雅晚期	轻质油
	THN1井、AT1井、KZ1井、YT2井	阿克库勒组三段（中油组）		中孔、中高渗砂岩储层	组内泥岩段	构造圈闭	0.87～0.88	2600	喜马拉雅晚期	凝析气、中质油
	AT9井、TK1115井	阿克库勒组四段（阿四段）		中孔、中渗砂岩储层	组内泥岩段	构造-岩性圈闭	0.84～0.85	400～770	喜马拉雅晚期	轻质油

（二）油气分布规律与富集主控因素

（1）油气藏主要分布在塔河东南部地区，具有区块性、条带性特征。东部油气显示比西部活跃，油气藏主要分布在东南部（图 5-8），呈现出区块性、条带性分布的特点。最早发现油气藏的是阿克库木、阿克库勒和盐边构造带，其次是盐上地区，以低幅度构造和中油组岩性圈闭为主，目前主要勘探目标类型是阿二段、阿四段泥岩中薄层砂岩岩性圈闭。

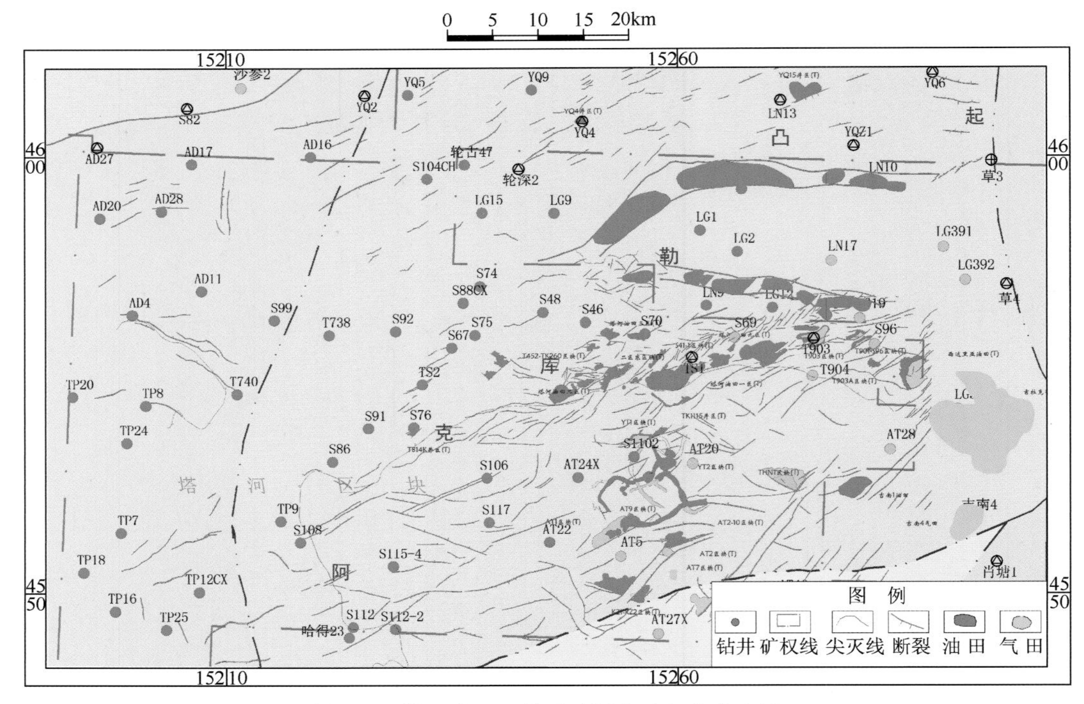

图 5-8　塔河油田三叠系碎屑岩油气藏分布图

（2）纵向分布具有一定的规律性，不同油组间油气性质存在明显差异。塔河油田三叠系各油组均发育多种类型的油气藏，不同油组间油气藏的油气性质差异较大。在塔河 1、2、9 区，下油组以油藏为主，中、上油组以凝析气藏为主，纵向上具有上轻下重的特征，反映了垂向油气分异作用。而在塔河油田南部，油气主要分布于中、上油组，且以凝析气藏为主，可能与塔河地区喜马拉雅期掀斜调整的构造运动背景相关。

（3）油气来源于寒武系烃源岩直接成藏和下伏油气藏次生调整成藏，通源断裂是控制油气富集的主要因素。综合研究表明，塔河油田三叠系油气成因类型与下伏奥陶系、石炭系等油气藏一致，均来自寒武系。深部油气只有通过断裂进行垂向运移，才能在三叠系等浅部层位成藏（图 5-9）。已经发现的阿克库勒凝析气藏和西达里亚油藏均位于切穿寒武系-三叠系的断裂构造带上或断裂构造带旁，这些断裂带为寒武系烃源岩生成的油气在三叠系成藏提供了必要条件。塔河 1、2、9 区三叠系油气主要与盐边断裂带活动相关，这些盐边断裂带既是圈闭形成的主要控制因素，又是沟通下伏奥陶系油气藏，油气进行次生调整成藏的主要通道条件。而盐上地区的三叠系，因石炭系盐盖层的阻隔，油气只能在储集层内部由北向南运移，在合适的圈闭聚集成藏。

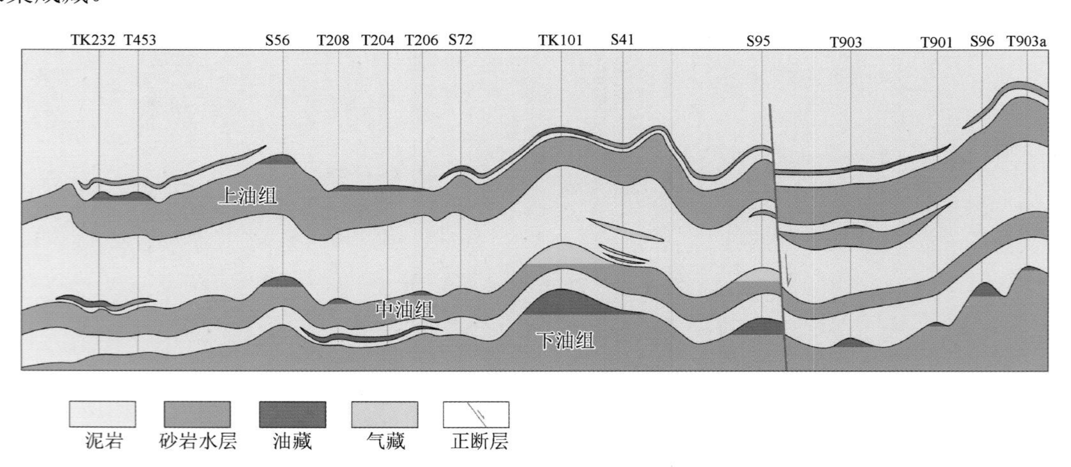

图 5-9　塔河油田三叠系近东西向油气藏剖面示意图

四、塔河石炭系油气藏

（一）基本地质特征

塔河地区石炭系油气藏主要赋存于下统卡拉沙依组，平面上含油气性比较普遍，但富集程度差异大，主产区位于塔河油田中部的3、7、8油区，其他地区则呈点状分布（图5-10），油气藏基本情况见表5-4。

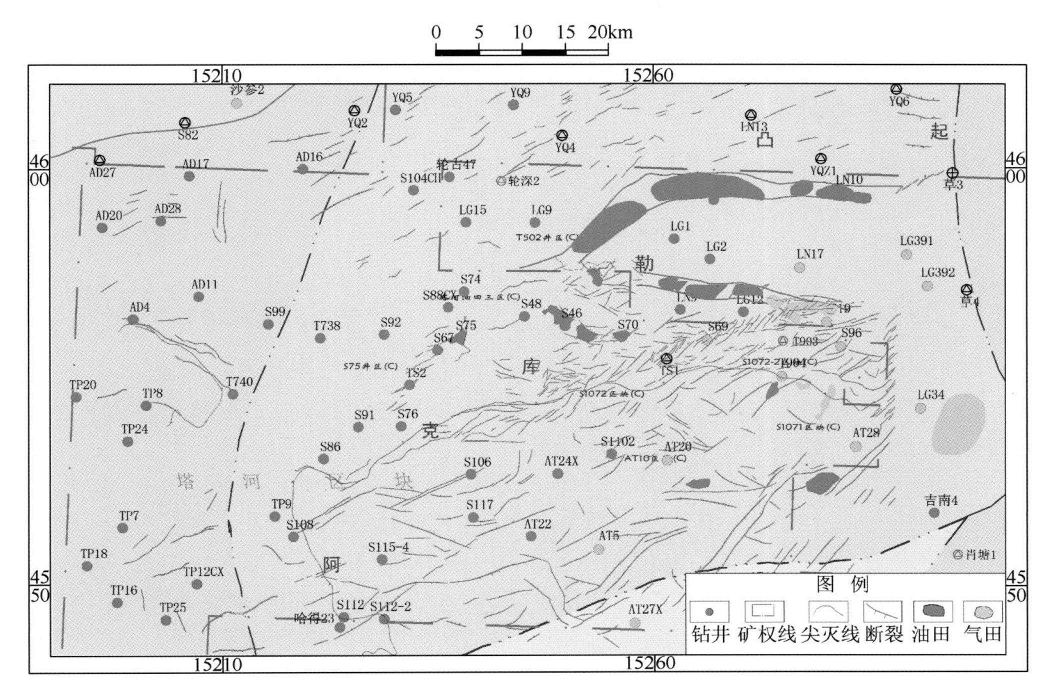

图5-10　塔河油田石炭系油气藏分布图

表5-4　塔河油田石炭系油气藏基础地质特征一览表

分带/分区	典型井	层位	烃源岩	主要储层类型	盖层	圈闭类型	原油密度/(g/cm^3)	气油比/(m^3/m^3)	主成藏期	油气藏类型
塔河3区	沙46井、沙23井、TK303井	卡拉沙依组	玉尔吐斯组烃源岩	中高孔、中高渗砂岩	组内泥岩段	构造+岩性	0.83～0.84	83～300	喜马拉雅晚期	轻质油
塔河1区	沙60井	卡拉沙依组		中孔中渗砂岩	组内泥岩段	构造+岩性	0.82～0.85	400～500	喜马拉雅晚期	轻质油
S72井区	沙72井	卡拉沙依组		中低孔中低渗砂岩	组内泥岩段	构造+岩性	0.82～0.85	240～420	喜马拉雅晚期	轻质油
S75井区	沙75井	卡拉沙依组		中高孔中高渗砂岩	组内泥岩段	构造+岩性	0.87～0.88	10～120	喜马拉雅晚期	轻质油

（二）油气分布规律与富集主控因素

（1）塔河石炭系油气藏发育多个油水系统，主要分为4个砂组（CK1、CK2、CK3、CK4），砂体单层厚度小（一般3～5m），平面展布范围小，油藏规模较小，油气层与水层常间互出现（图5-11）。

（2）石炭系卡拉沙依组油气分布与沉积相、岩性、物性的关系明显。由于受本区沉积环境的影响，储集砂砾岩的发育程度及物性特征在纵向上和横向上均变化较大，中上部三角洲砂体含油气性明显优于下部潮坪相沉积。例如，TK303井主产层CK1-3砂体，厚14m，试采效果好，但往西南仅约500m的TK317井，CK1-3砂体厚15m，测试证实为干层。

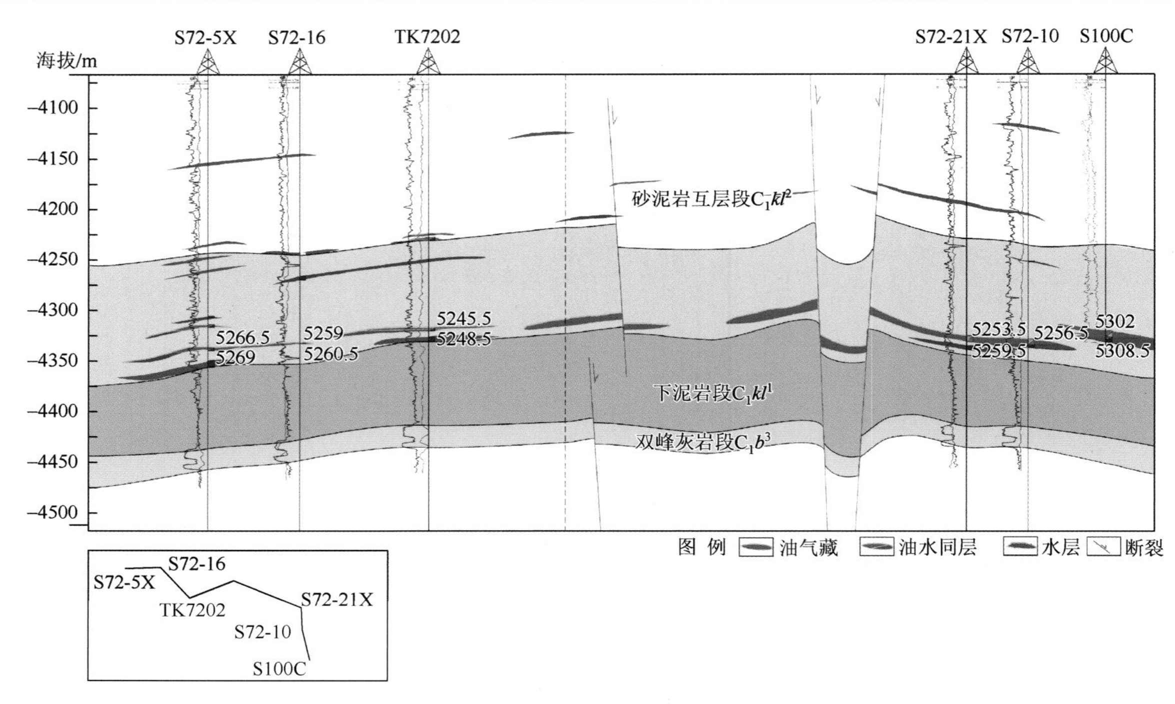

图 5-11　塔河油田石炭系卡拉沙依组近 EW 向油气藏剖面示意图

（3）石炭系卡拉沙依组油气分布与构造、断裂的关系密切。油气层主要分布在局部构造高部位，如塔河油田 3 区位于艾协克 1 号构造内的钻井均不同程度地钻遇油气层，而构造之外的 S61、S62 井虽也见到油气显示，但测井解释均为水层和干层。储层顶面构造图显示油气层往往分布于微幅度构造圈闭的高部位，低部位往往为水。纵向上，局部构造高部位也并非全是油气层，往往是油水层相间出现。分析发现位于主干断层两侧圈闭中的砂体油气最富集，说明断层是油气运移与聚集的重要通道。

（4）石炭系卡拉沙依组具有含油气砂体分布面积小，能量供给不足的特点。试采结果显示，各油砂体普遍有能量十分有限的边水或底水，呈现产量下降快、压降快、见水早、含水上升速度快、总液量下降快、停喷时含水率低的特征，如 S46 井 5218～5222m 及 TK303 井 5044.5～5050m 井段。但也有少量含油气砂体分布范围较大，能量较为充足，如 TK303 井及 S75 井主产层 CK13 及 CK15 砂体，自喷采油达（5～6）万 t，认为与含油气砂体厚度较大、物性条件较好、展布范围较大有关。

（5）油藏、气藏交互出现，分布规律性不强。石炭系油气藏主要分布于盐边，具有“西油东气”的特点，主要为轻质油，西部有重质油藏。其油气性质与下伏奥陶系油气性质相关性好，为奥陶系油气沿断裂向上调整形成。东部地区天然气气油比高，液烃含量低，凝析油含量为 53.30～69.00g/m^3，为低含液烃的凝析气藏。

（6）油气来源于寒武系烃源岩直接成藏和下伏油气藏次生调整成藏，断裂通源性是控制油气富集的主要因素。石炭系天然气为典型的油型气，处于高成熟阶段，为晚期生成的产物。卡拉沙依组单个砂体薄、展布范围小，油气侧向运聚调整条件差。因此，砂体与沟通深部烃源岩或油气藏的断裂相关是控制石炭系卡拉沙依组岩性圈闭成藏的关键要素。

五、复式成藏模式

总结前述典型油气藏成藏特征，塔河—哈拉哈塘地区具有“寒武供烃，断砂输导，多期充注，次生调整，立体成藏”的复式成藏特征，成藏演化过程主要受构造演化控制（图 5-12）。

（一）加里东期

从塔北构造演化来看，在加里东中期就呈现古隆起雏形，一直持续到加里东晚期，阿克库勒凸起与哈拉哈塘凹陷在当时同为沙雅隆起的南部斜坡，总的构造格局是北高西低。

加里东中期发生了三幕构造运动，塔北地区表现为整体隆升，在此背景下，在中下奥陶统一间房组和鹰山组碳酸盐岩地层中发育了加里东中期岩溶，为艾丁地区等提供了岩溶缝洞型油气储集空间。

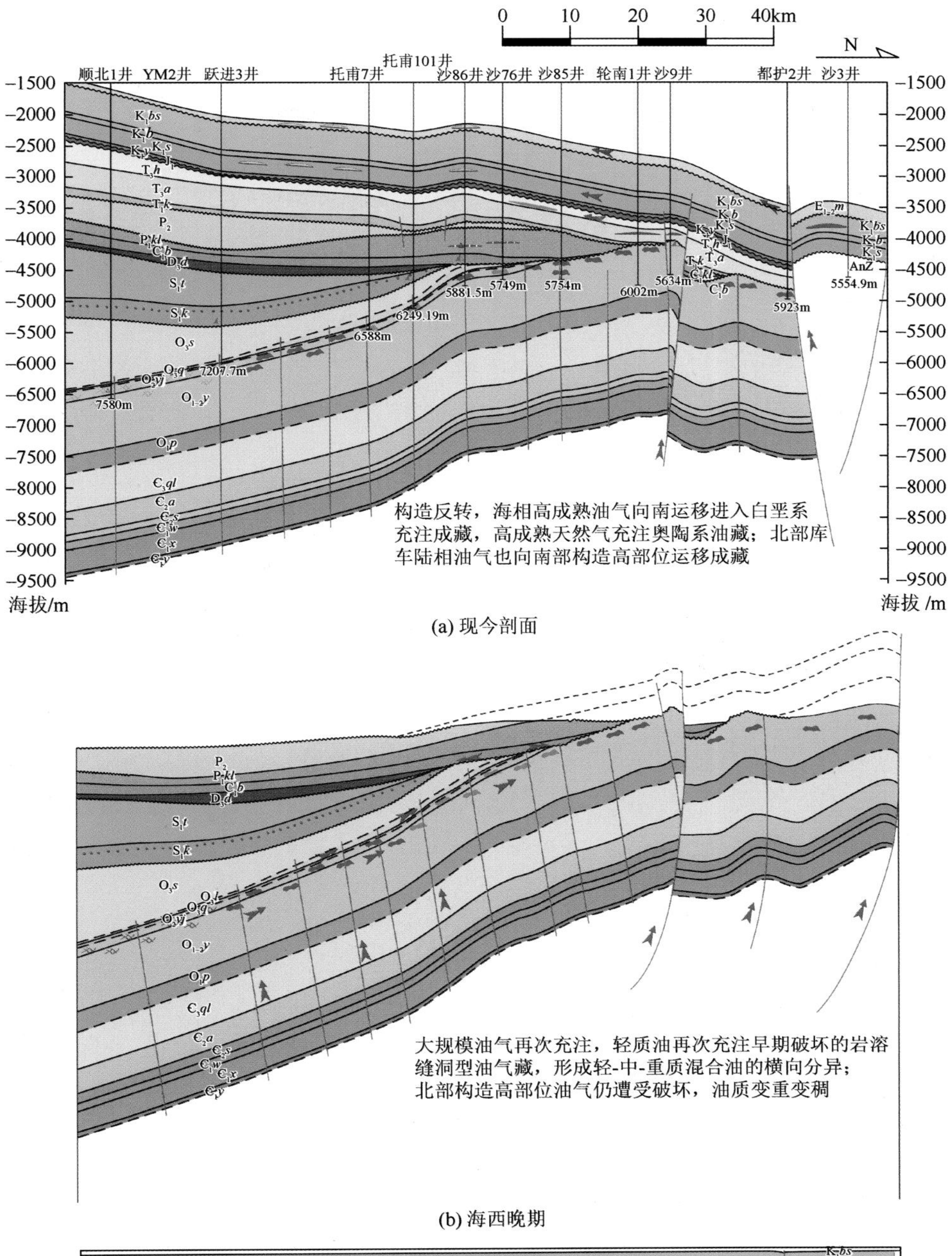

(a) 现今剖面

(b) 海西晚期

油气的运移分异作用下，南部油藏变轻，三叠系油气藏
大量充注，部分重质油藏充注变成中-重质油藏

(c) 喜马拉雅早期

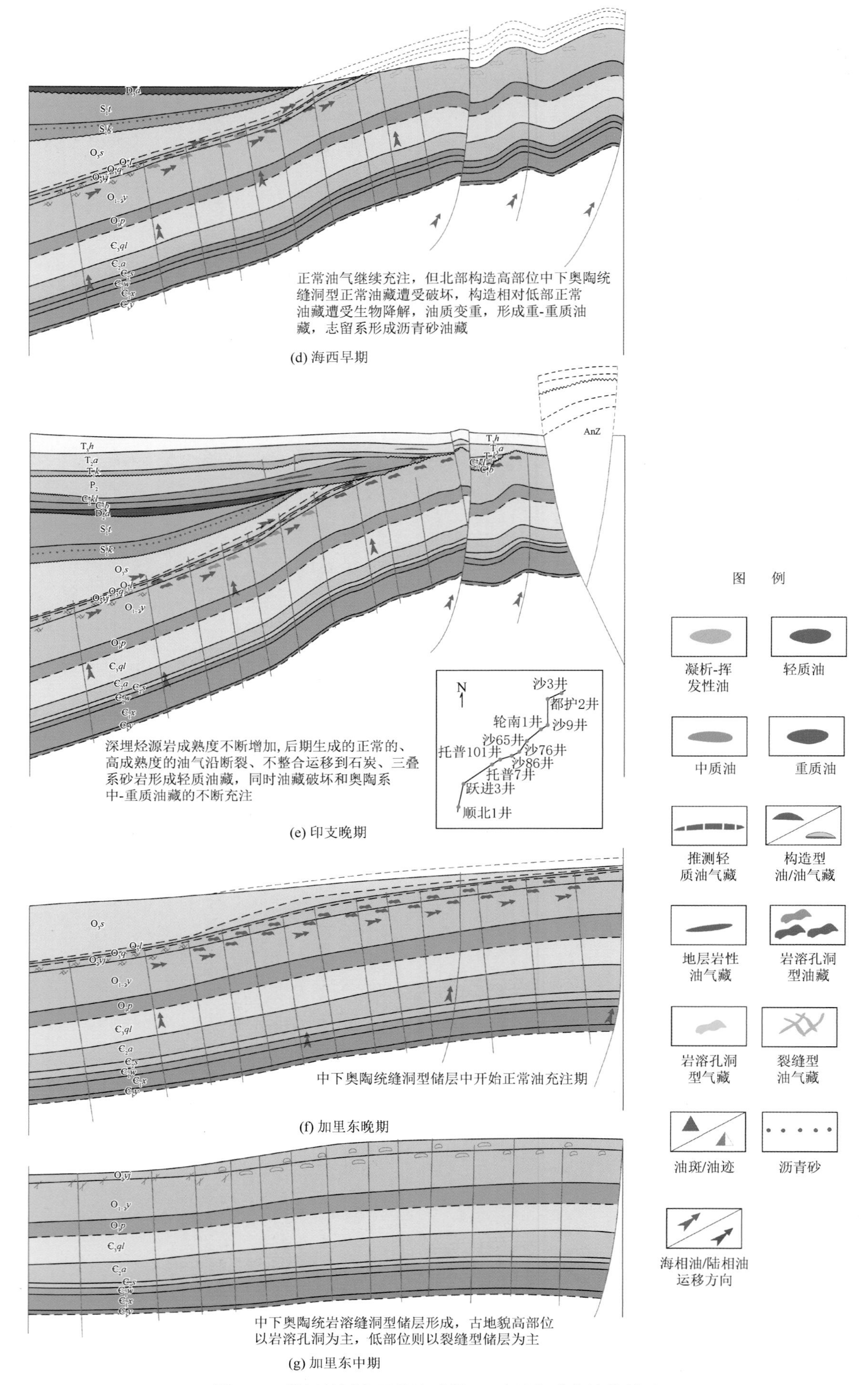

图 5-12　塔河地区主要构造时期 SN 向油气成藏演化剖面

加里东晚期开始，志留纪—中泥盆世为持续时间较长的稳定沉积阶段，志留系柯坪塔格组向北超覆沉积，反映志留系沉积时期，奥陶系整体为南低北高的构造格局。随着寒武系-中下奥陶统烃源岩埋藏加深，逐步进入第一次生油高峰期，大量的原油自下而上、由南向北运移到沙雅隆起北部的构造高部位聚集成藏[图 5-12（f）]。英买力—哈拉哈塘—艾丁—于奇西地区是早期油气聚集的主要部位。这一时期，不但奥陶系碳酸盐岩富集成藏，其上的志留系同样富集成藏，而且规模巨大，如哈拉哈塘凹陷中的哈 1 井，在志留系见厚达 200m 的沥青砂岩。

（二）海西早期

中泥盆世末的海西早期运动，是沙雅隆起最重要的一次构造运动。在 NW-SE 方向区域压扭应力作用下，沙雅隆起形成“东西分块、凸凹相间”的格局，构造轴向由 NW 向转为 SE 向，呈现出北高南低、东高西低的构造格局。雅克拉断凸持续高凸，库尔勒鼻凸、阿克库勒凸起以及沙西凸起进一步强化，哈拉哈塘凹陷初步沉降。

海西早期构造运动使沙雅隆起大部分地区长期处于抬升暴露过程，风化剥蚀强烈，凸起大部分地区普遍缺失志留系及上奥陶统，中下奥陶统也遭受了不同程度的剥蚀，严重破坏了早期形成的古油藏。北哈拉哈塘—艾丁地区原油遭受了水洗氧化、生物降解作用，形成了规模巨大的重质-超重质油。

海西早期由于构造隆升强烈，构造高部位的志留系-泥盆系及中、上奥陶统都遭受了强烈剥蚀，阿克勒凸起上发生了最重要的一次古岩溶作用，为塔河油田主体区碳酸盐岩提供了规模巨大的岩溶缝洞型储集体。

（三）海西晚期

海西晚期，寒武系烃源岩全面进入生油高峰期，生成的油气沿断裂进行垂向、侧向运移，聚集于海西早期形成的中下奥陶统岩溶储集体中［图 5-12（b）］。在阿克库勒凸起，沉积有下石炭统巴楚组泥岩，一般厚 40～60m，可以作为盖层。

（四）印支期-燕山期

阿克库勒凸起印支期-燕山期运动为海西晚期的继承发展，以稳定的升降为特征。印支期，阿克库勒凸起受到 NE-SW 向挤压应力场作用，鼻凸整体依然体现北高南低的斜坡形态。燕山期，开始了整体南升北降的翘倾运动，阿克库勒凸起则主要表现为夷平作用。轮台断裂由北向南逆冲逐渐停止，且表现出东强西弱的特点。另外，在南部和中西部膏盐发育地区，受差异压实盐体上供的影响，发育盐边、盐丘正断裂，控制着局部构造的发育，对后期三叠系、侏罗系的油气运移具有重要的垂向通道作用。

此时，西满加尔拗陷烃源岩进入高成熟演化阶段，大量的高成熟油气由东向西，由南向北往阿克库勒凸起运移，并与海西晚期成藏的原油叠加、混合，即高成熟原油的再次充注［图 5-12（e）］。

（五）喜马拉雅期

至喜马拉雅期，随着库车拗陷开始强烈沉降，阿克库勒凸起上覆三叠系及以上地层的构造面貌已开始发生根本改变，由北高南低转变为南高北低的单斜构造格局，但石炭系及以下的海相地层仍保持原先的北高南低的构造面貌，断裂作用对奥陶系上覆碎屑岩次生油藏的运移和调整产生了重要影响［图 5-12（c）］。

喜马拉雅晚期，原地及西满加尔拗陷寒武系烃源岩热演化程度达到高-过成熟热演化阶段，生成的油气以凝析油和天然气为主，除原地烃源岩生成的油气垂向充注外，其他运移方向主要是由南向北、从东向西。

喜马拉雅晚期是塔北地区碎屑岩油气藏的主要成藏期。塔河三叠系盐边油气藏主要通过断裂以垂向运移成藏，而塔河南部发育有巨厚的石炭系盐体，塔河南盐上地区三叠系油气主要以侧向向南运移而聚集成藏。

石炭系和三叠系油气藏成藏研究表明，多期次油气充注、多期改造和多期成藏，使得石炭系卡拉沙依组油气藏与下伏中下奥陶统油气藏及上覆三叠系油气藏一起构成一个典型的复式成藏系统，具有“多期充注、晚期成藏、断砂输导”油气成藏特征。

塔河地区白垩系地层总体上表现为北倾的单斜形态，油气藏具有西部主要为海相凝析气藏，东部为掺混有陆相油气的海相油，西部白垩系成藏模式为构造背景下的“断砂阶梯式”复式输导网络，“垂向调整、侧向运移、断裂控藏”的油气成藏特点。东部白垩系油气藏油气主要为奥陶系高成熟油气通过阿克库木断裂等垂向运移到白垩系后，再向南侧向运移到塔河南部聚集成藏。由于由北向南白垩系处于单斜形态，部分陆相烃源岩生产的油气侧向运移至塔河地区而掺混进油气藏。

综上，加里东期、海西早期和海西晚期三期主要构造运动控制了油气储集空间的发育、油气运移的通道和方向，印支期-燕山期及喜马拉雅晚期则是油气再次充注、调整、定型的重要时间。

第二节　顺北—顺南油气富集区

一、概况

顺北—顺南油气富集区位于塔里木盆地中部顺托果勒隆起，属于两隆（沙雅隆起、卡塔克隆起）、两拗（阿瓦提拗陷、满加尔拗陷）夹持的似马鞍形低隆起上。油气分布于奥陶系碳酸盐岩和志留系碎屑岩两大层系中，以奥陶系碳酸盐岩断溶体油气藏为主（图 5-13），志留系油气藏局部分布。

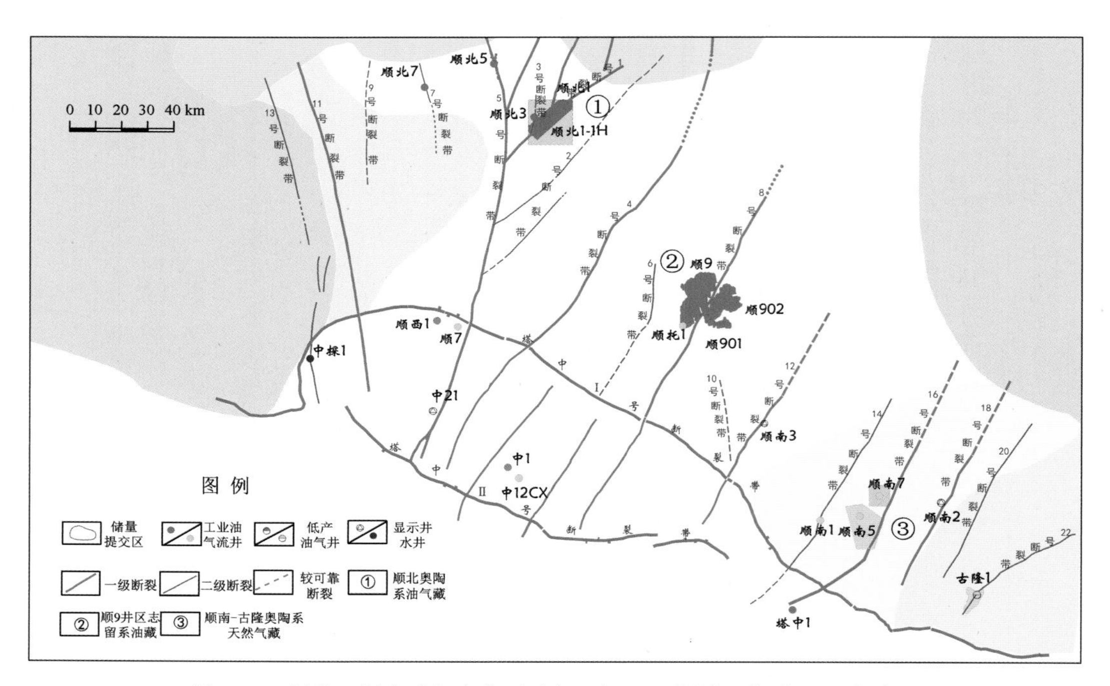

图 5-13　顺北—顺南油气富集区油气田概况及位置（截至 2017 年底）

目前，在顺北—顺南油气富集区已发现了顺北奥陶系油气田、顺 9 井区志留系油田以及顺南-古隆奥陶系气田（表 5-5），其中顺北奥陶系油田及顺南奥陶系气田以碳酸盐岩裂缝洞穴型和孔洞-裂缝型油气藏为主，顺 9 井区志留系油田为海相滨岸相砂岩构造-岩性复合型油藏，主要分布于顺托果勒低隆和顺南缓坡构造带。受走滑断裂多期活动、上奥陶统泥质岩封盖能力以及碎屑岩构造-岩性圈闭分布控制，碳酸盐岩油气藏表现为沿断裂带连片分布，碎屑岩油藏呈现点状式分布。

顺托果勒隆起—满加尔拗陷在早寒武世早期发育玉尔吐斯组斜坡-陆棚相烃源岩。早寒武世-中奥陶世沉积了厚达 3000m 的碳酸盐岩，加里东期-海西期发育多期活动的走滑断裂，有利于裂缝发育和流体改造，形成沿断裂带分布的裂缝-洞穴型、断裂带之外的孔洞-裂缝型储层，志留系柯坪塔格组发育特低孔特低渗滨岸相砂岩，圈闭类型为构造-岩性圈闭。晚奥陶世沉积的巨厚泥岩以及柯坪塔格组中泥岩段可以作为奥陶系、志留系油藏的区域盖层。顺北—顺南油气富集区下古生界发育完整的生储盖组合（图 5-14），在垂向通源断裂作用下，经历了海西早期-喜马拉雅期多期成藏过程，是油气成藏有利区。

表 5-5　顺北—顺南油气富集区油气田储量提交表（截至 2017 年底）

油气田（藏）	代表井	探明储量			控制储量			预测储量		
		面/km^2	油/万 t	气/亿 m^3	面/km^2	油/万 t	气/亿 m^3	面/km^2	油/万 t	气/亿 m^3
顺北奥陶系	顺北 1 井、顺北 5 井	33.19	1386	73.8	157.8	9466	304.4	281.3	14738	763.4
顺南-古隆奥陶系	顺南 5 井、顺南 7 井	/	/	/	64	/	386.7	181.6	/	578.64
顺 9 井区志留系	顺 9CH 井	/	/	/	/	/	/	329	12139	/

注：/表示未提交，后同。

顺北—顺南油气富集区的油气藏类型多样，中质油藏、轻质油藏、挥发性油藏、凝析气藏和干气藏均存在，流体性质复杂，具有由东向西依次为干气藏-凝析气藏-挥发性油藏-轻质油藏-中质油藏的半环带的规律，表现为西油东气的展布特征，东西油气性质存在很大差异。

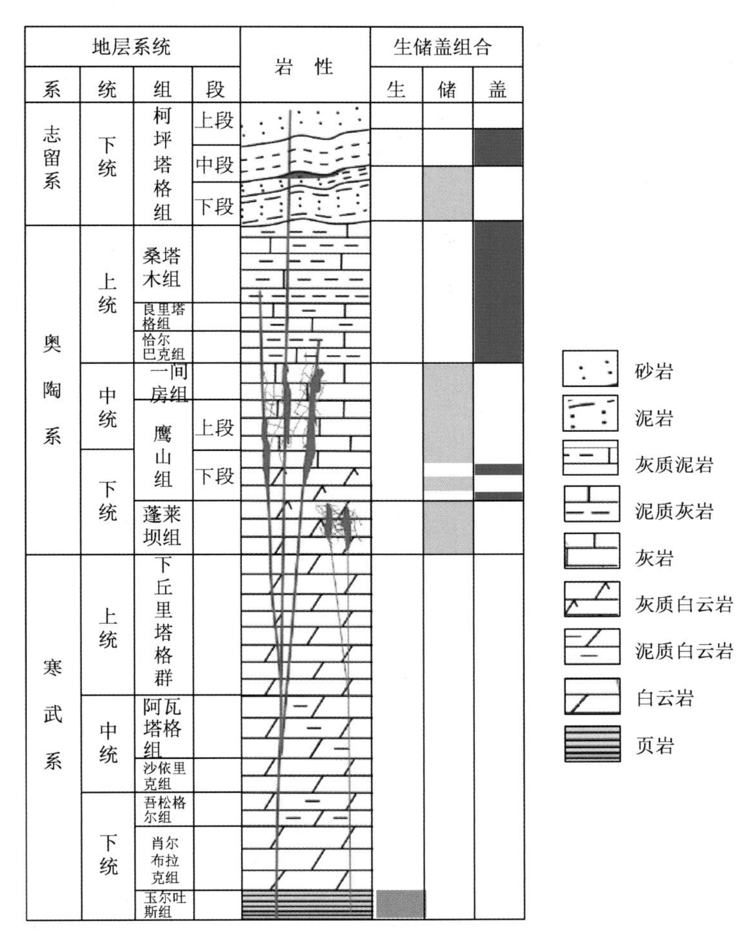

图 5-14　顺北—顺南地区综合柱状图

二、顺北奥陶系油气藏

（一）简要地质特征

顺北油田的发现是塔里木盆地继沙参 2 井、塔河油田之后，在海相碳酸盐岩领域取得的最重要的发现，是中石化西北分公司走出塔河，在新地区、新领域、新类型获得的重大油气突破。顺北油田奥陶系油气藏以沿断裂带展布、纵向发育深度大为典型特征。截至 2017 年底，已经探明石油地质储量 1380 万 t，天然气 73.8 亿 m^3，控制石油地质储量 9466 万 t，天然气 304.4 亿 m^3，自 2016 年发现以来，已累计生产原油 45 万 t。顺北油田奥陶系油气藏基本情况见表 5-6。

表 5-6　顺北油田奥陶系油气藏基础地质特征一览表

分带	典型井	层位	烃源岩	主要储层类型	盖层	原油密度/(g/cm³)	气油比/(m³/m³)	主成藏期	油气藏类型
1 号带	顺北 1 井	一间房组—鹰山组上段	中下寒武统玉尔吐斯组斜坡-陆棚相泥质岩	裂缝-洞穴型	上奥陶统桑塔木组泥岩	0.795	430	喜马拉雅期	挥发性油藏
5 号带	顺北 5 井	一间房组—鹰山组上段				0.829	57		轻质油藏
7 号带	顺北 7 井	一间房组—鹰山组上段				0.855	11		
8 号带	顺托 1 井	一间房组		裂缝-孔洞型		0.797	＞10000		凝析气藏

顺北油田主干断裂带的规模储集体最为发育，油藏厚度大（大于 400m），实钻表现为钻遇大规模的放空与漏失，油气井产能高、稳产时间长。次级断裂带储层发育程度相对较差，实钻基本无放空、漏失现象，成像测井见大量高角度裂缝以及沿缝溶蚀扩大的孔洞，油气井产能相对较低。

顺北地区奥陶系碳酸盐岩上覆地层发育巨厚的上奥陶统灰质泥岩及泥岩，封盖条件好，与下伏碳酸盐岩裂缝-洞穴型储层形成良好的储盖组合，为顺北奥陶系油气的聚集保存提供了良好条件。

（二）油气分布规律与富集主控因素

（1）顺北奥陶系油气藏具有多期成藏、晚期为主的特点，主力烃源岩差异演化是控制资源类型平面分布的主要因素。顺北油田油气藏类型多样，轻质油藏、挥发性油藏、凝析气藏和干气藏均存在，流体性质复杂，具有由东向西依次为干气藏-凝析气藏-挥发性油藏-轻质油藏的半环带变化规律，表现为“西油东气”的展布特征。根据碳酸盐岩储层中与油、气伴生的盐水包裹体的均一化温度统计，结合各区埋藏史分析，顺北、顺南地区具有加里东晚期-海西早期、海西晚期、燕山期-喜马拉雅期多期成藏特征（图 5-15）。目前顺北地区主力产层的油气成熟度均为高成熟阶段，主成藏期为喜马拉雅晚期。

塔里木盆地为早期热盆、晚期冷盆。通过实测奥陶系现今地温梯度和烃源岩埋深，推算出顺北地区寒武系烃源岩现今温度约为 220～230℃，表现为从西向东温度逐渐升高的趋势。在低地温背景下，顺北地区烃源岩晚期快速深埋，短期高温高压，延缓了烃源岩的热演化速率，造就了塔里木盆地独特的烃源岩晚期大量生烃特征。在喜马拉雅期，顺北地区中西部仍处于生高熟轻质油-凝析油阶段，而东部地区处于生干气阶段。

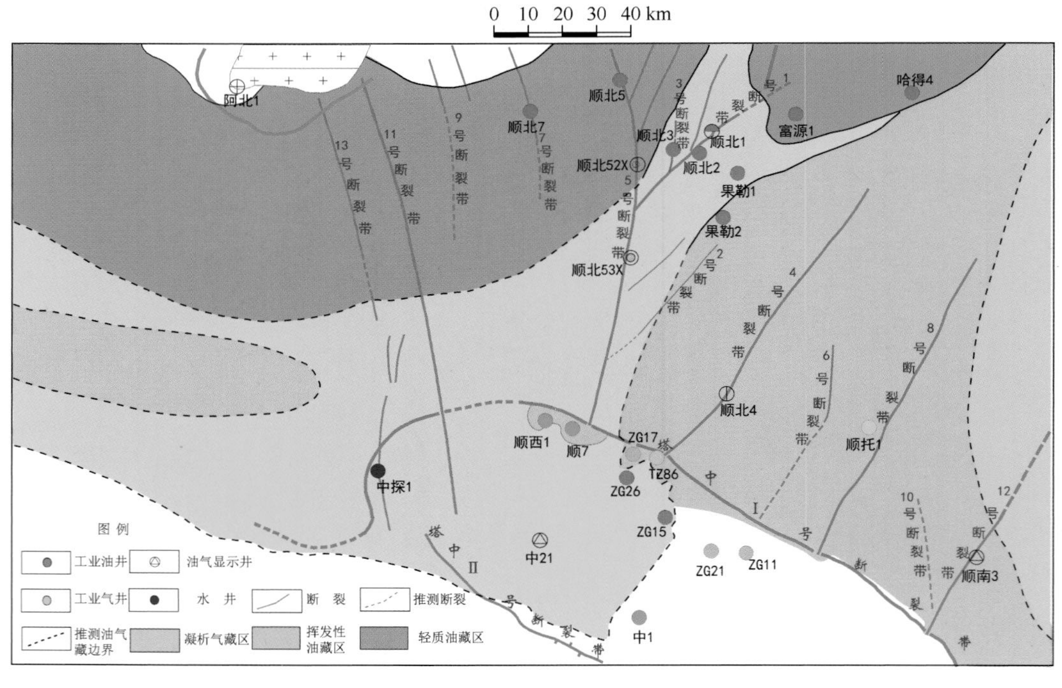

图 5-15　顺北油田奥陶系油气藏类型预测图

（2）顺北奥陶系油气具有整体含油、差异富集的特征，断裂带通源程度是控制油气成藏的关键因素。顺北地区奥陶系碳酸盐岩不同断裂带均已成藏（图 5-16）。从目前顺北地区钻井揭示的油气成果来看，不同级别断裂带的所有钻井均钻遇油气。位于次级断裂的顺北 2 井、顺评 1 井、顺评 2 井、顺北 3 井均在奥陶系碳酸盐岩钻获油气或良好显示，位于主干断裂的顺北 1～10 井证实顺北地区油气柱高度至少达 400m。

影响不同断裂带成藏规模的主要因素是通源程度。钻井实钻情况表明，多期活动且活动强度烈的通源断裂带，储集体规模大、油气最为富集，油气井多表现为高产稳产特征；次级断裂带通源性一般，储集体规模相对偏小、单井累产偏低，部分井生产压降明显。总体上油气具有差异富集的特征。

通源的走滑断裂带沟通油源能力强，具有控储、控运、控藏、控富的特征。顺北 1 区高产井均位于断穿基底的主干断裂带，主断面是裂缝-洞穴型储层发育的最有利部位。通过油气地化特征分析对比，顺北 1 号主干断裂带原油相对附近的次级断裂带上的成熟度更高，表明通源的主干断裂带具有更强的晚期高成熟度油气充注，有利于油气富集。

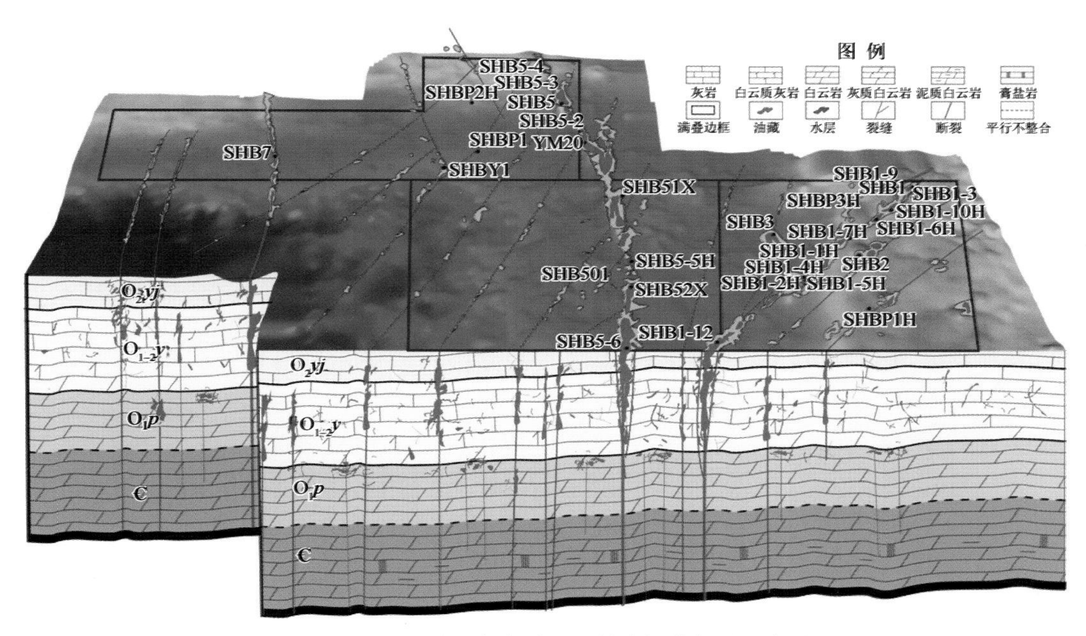

图 5-16　顺北油田奥陶系断溶体油气藏剖面示意图

（3）顺北奥陶系油气具有纵向充注，横向分割的特点，储集体连通程度是控制油藏分段的主要因素。走滑断裂带储集体具有横向分段、段内分隔、非均质性强的特点，因内部储集体不连通，使得断裂带内部油藏呈现分段性（图 5-17）。由于走滑断裂具有多期活动的特点，在承接应变过程中会因为局部应变分异和断层核发育等因素，导致内部结构复杂多变，增加了储集体的非均质性，造成油气存在差异富集或油藏具有局部分隔性。以顺北 1 号断裂带为例，断裂带分段主要分为 4 段，其中 2 拉分、1 平移、1 压扭，但油井干扰试井至少能分 5 个独立井组，拉分段表现为连通性较好，压扭段表现为分割性强的特点。此外，顺北 5 井直井、斜井轨迹钻探放空、漏失情况也表明，由断裂内部向断面侧钻的过程中，并非是相对均质的裂缝-缝洞系统，断层内部岩体存在致密基岩隔层。由此看来，断裂内部结构的复杂性在于其非均质性，断层内部油气差异富集的关键也在于其非均质性。

顺北地区多期活动的走滑断裂表现有级次差异。主干走滑断裂带的纵向结构表现为基底-中下寒武统有明显的断层响应、主滑移带纵向结构清晰、奥陶系-寒武系主要界面有明显的断错现象、主滑移带顶部发育雁列正断层。主干Ⅰ级断裂表现为深部主滑移带明显断入基底、主滑移带顶部有派生雁列构造、晚期有明显继承性再活动、纵向结构具一定宽度规模、平面带状延伸远。主干Ⅱ级断裂表现为能看见深部主滑移带断入基底、寒武系-奥陶系主要界面见明显变化（凸起、下凹）、断裂带宽度小或局部呈带状、平面连续性较好、中新生代活动弱。次级断裂表现为断层似断入基底或层间发育、纵向呈细线状或对应串珠，浅层活动不明显、平面延伸距离短或不连续展布。

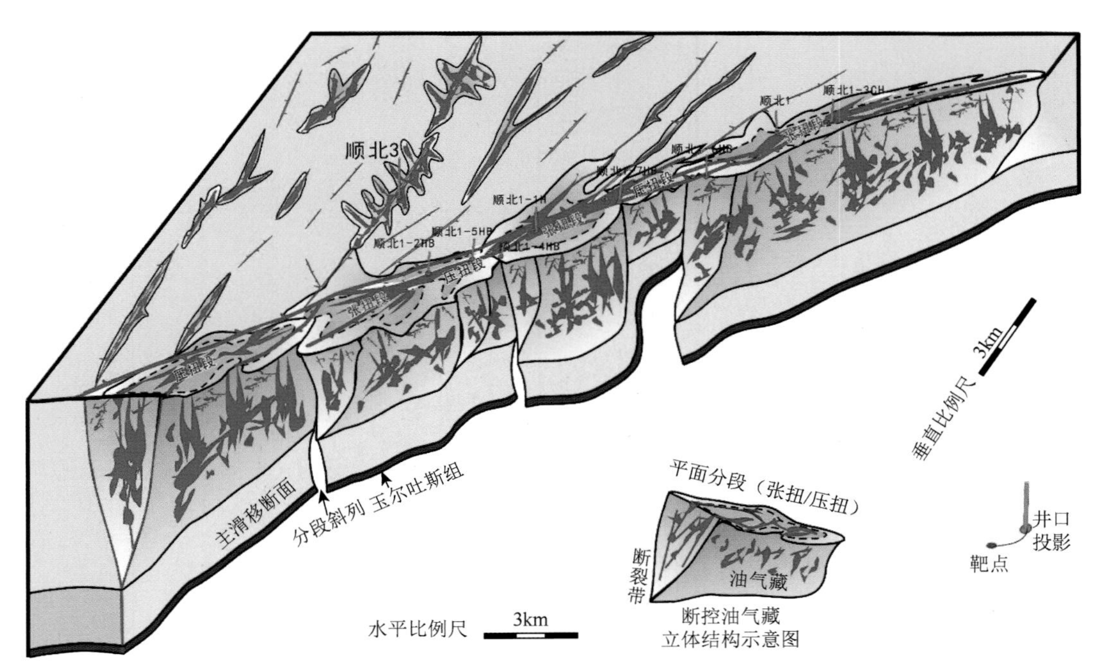

图 5-17　顺北油田走滑断裂不同分段内部结构与油藏发育模式

顺北地区主干断裂带走滑样式从分段类型上分为叠接隆起段（正花状）、叠接拉分段（负花状）与平移走滑段。叠接隆起段和叠接拉分段的形成及分段展布阶式均与滑移方向密切相关。根据走滑断裂运动学原理，叠接隆起发育在分段排列阶式与行向相反的分段叠接区域，即左阶右行或右阶左行。叠接拉分发育在分段排列阶式与行向相同的分段叠接区域，即左阶左行或右阶右行。模拟结果认为，拉分段具有更好的连通性，而压隆段具有更强的分割性，储集体连通性控制着油藏的分段性。

三、顺南-古隆奥陶系气藏

（一）简要地质特征

顺南—古隆奥陶系气藏主要含油气层位有奥陶系一间房组、鹰山组上段和鹰山组下段，平面上含油气范围广，断裂带及断裂带之外均见一定规模的油气，气藏基本情况见表 5-7。

表 5-7　顺南-古隆奥陶系气藏基础地质特征一览表

分带/分区	典型井	层位	烃源岩	主要储层类型	盖层	原油密度/（g/cm^3）	气油比/（m^3/m^3）	主成藏期	油气藏类型
14 号带	顺南 1 井	鹰山组上段	玉尔吐斯组斜坡-陆棚相泥质岩	孔洞-裂缝型	上奥陶统泥岩、碳酸盐岩内幕致密层	0.794	8844	喜山期	凝析气藏
16 号带	顺南 7 井	鹰山组下段		孔洞-裂缝型		/	/		干气藏
22 号带	古隆 1 井	鹰山组下段		孔洞-裂缝型		/	/		干气藏

（二）油气分布规律与富集主控因素

（1）天然气成藏具有纵向深度大、平面分布广的特点，储集体发育程度控制气藏规模。从实钻资料及测试情况了解分析，顺南—古隆地区奥陶系碳酸盐岩气藏可能是一个叠合连片含气聚集区（图 5-18）。气藏的富集受储层发育程度控制，具有气柱高度大的特点。目前测试获得气藏的钻井在顺南—古隆地区均未见到明显水体，尤其是本区顺南 5 井钻揭奥陶系碳酸盐岩 873m 没有见到水层，充分说明本区高成熟天然气充注成藏强度大，气藏气柱高度大（图 5-19）。

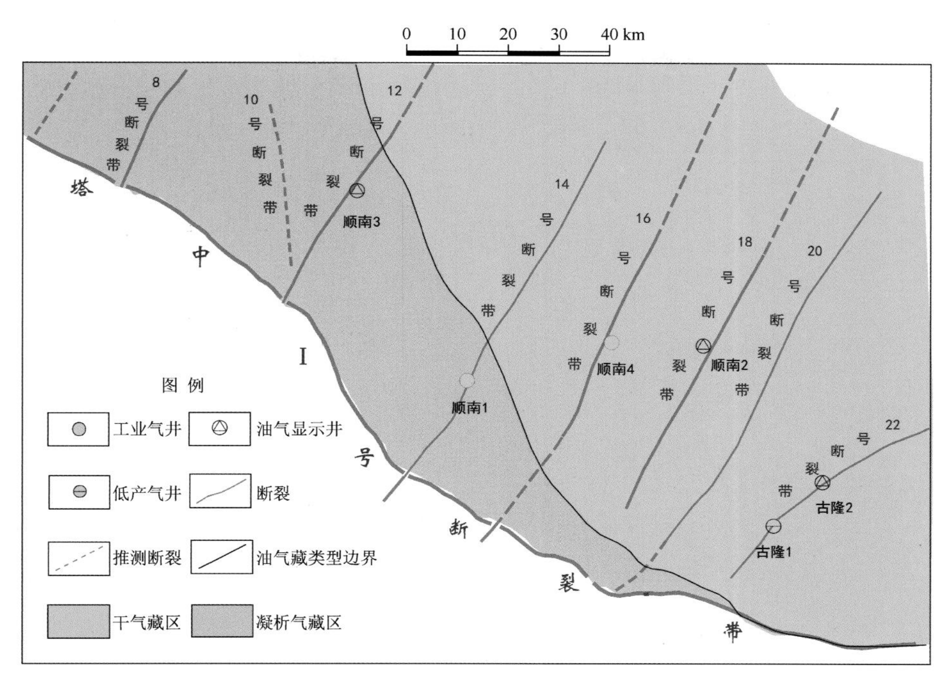

图 5-18 顺南-古隆地区奥陶系油气藏类型平面分布图

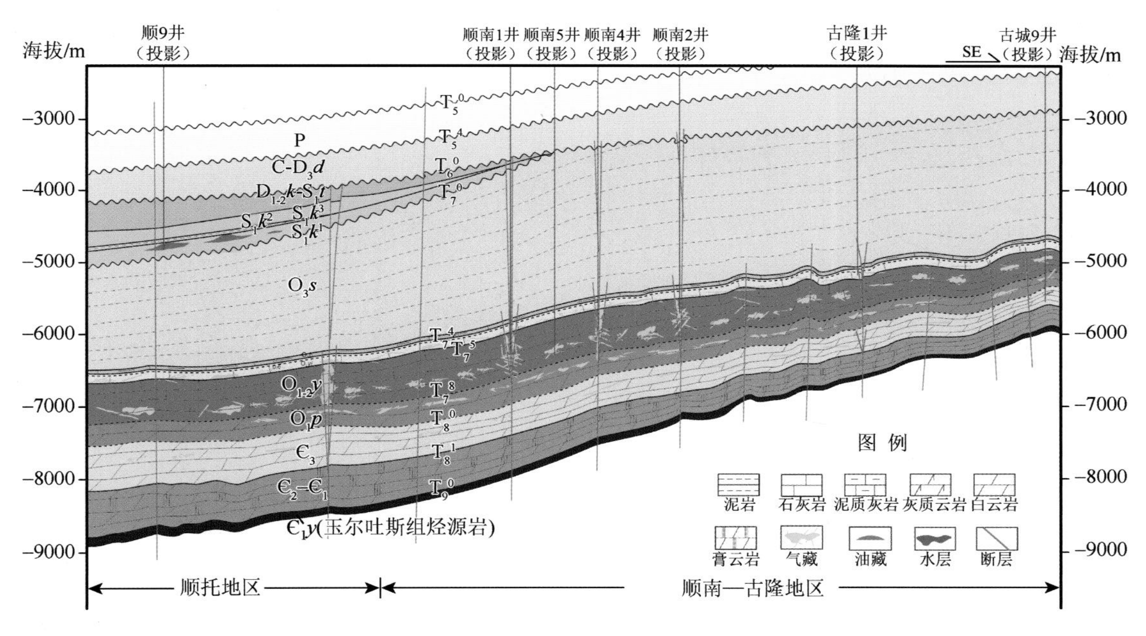

图 5-19 顺南—古隆地区奥陶系油气藏剖面图

（2）本地及西满加尔拗陷寒武系烃源岩晚期的持续供给是本区天然气富集的关键因素。顺南—古隆地区油气主要来源于满加尔拗陷的寒武系烃源岩和本地玉尔吐斯组烃源岩，天然气为腐泥型裂解气。根据 ln（C_2/C_3）-ln（C_1/C_2）关系图，顺南—古隆地区天然气组分 ln（C_1/C_2）值为 4～6，变化较大，而 ln（C_2/C_3）值为 2～3，变化不大，明显区别于原油裂解成因的普光大气田，其 ln（C_1/C_2）为 6.35～7.85，ln（C_2/C_3）为 3.12～4.69。另外，（$\delta^{13}C_2$-$\delta^{13}C_3$）与 ln（C_2/C_3）呈负相关关系，干燥系数高，且利用 C_1/C_2、C_2/C_3 和 $100\times C_1/(C_1–C_5)$ –C_2/C_3 的关系判定天然气成因，均表现出干酪根裂解气的特征（图 5-20）。来自流体包裹体的证据表明，顺南—古隆地区多井包裹体以甲烷气包裹体为主，少见含沥青气相包裹体和沥青包裹体，同样表明本区奥陶系天然气以干酪根裂解气为主。

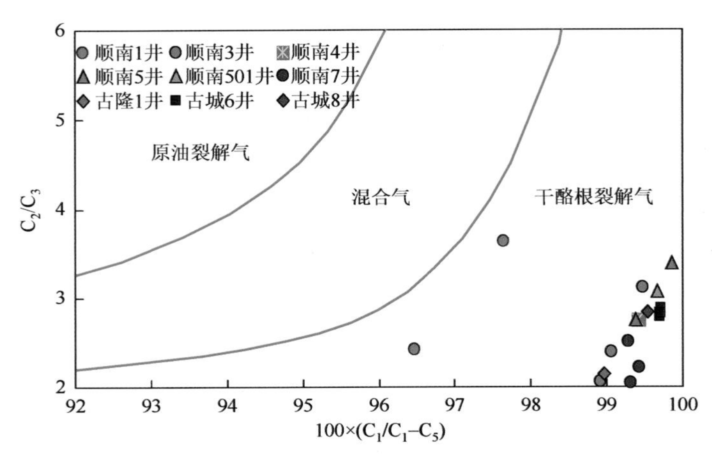

图 5-20　顺南—古隆地区奥陶系天然气组分、碳同位素及组分与干燥系数关系

四、顺 9 井区志留系油藏

（一）简要地质特征

顺 9 井区志留系油藏主要含油气层位为柯坪塔格组，为一套低能滨岸相沉积、块状为主的细粒岩屑砂岩。受卡塔克隆起控制，柯坪塔格组以近似环带状展布，优质砂体呈点状-局部片状分布，并受区内走滑断裂多期活动控制，形成了顺 9 井区柯坪塔格组下段低幅度背斜圈闭及岩性圈闭勘探目标（图 5-21）。油藏基本情况见表 5-8。

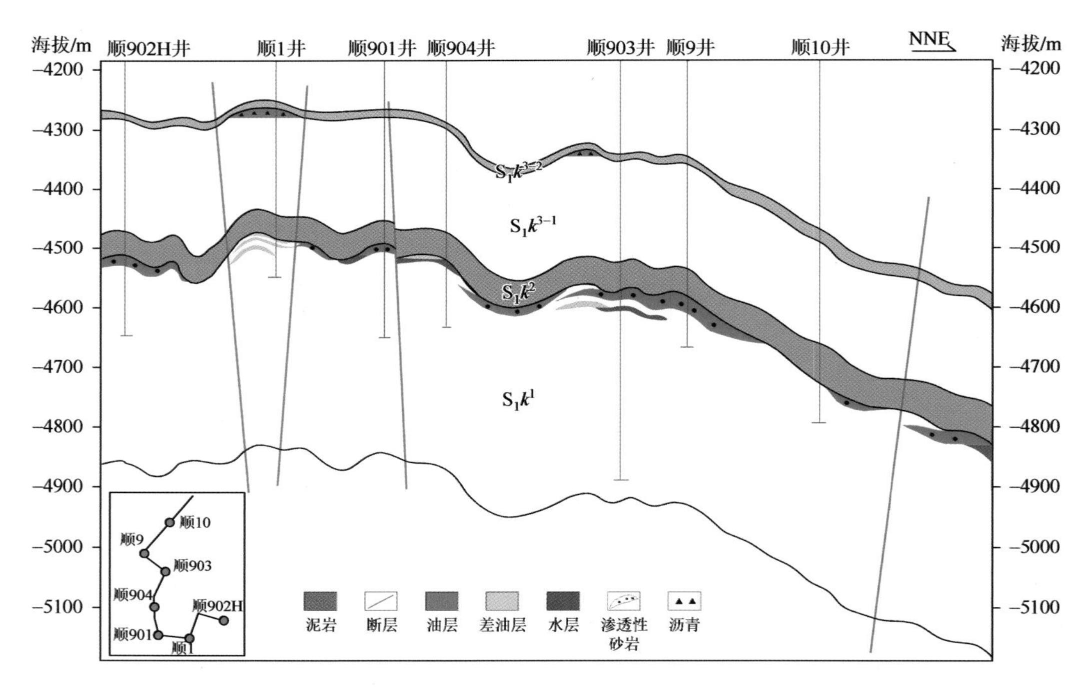

图 5-21　顺 9 井区志留系油藏剖面图

表 5-8　顺 9 井区油藏基础地质特征一览表

分区	典型井	层位	烃源岩	主要储层类型	盖层	圈闭类型	原油密度/(g/cm^3)	主成藏期	油藏类型
顺 9 井区	顺 9 井	柯坪塔格组下段	玉尔吐斯组斜坡-陆棚相泥质岩	特低孔特低渗滨岸相砂岩	柯坪塔格组中段泥岩	构造-岩性复合型圈闭	0.862	海西晚期	轻质油藏
	顺 901 井						0.925		中质油藏

（二）油气分布特征与富集主控因素

1. 油藏内部次生变化是影响油气性质差异的主要因素

顺托果勒地区顺 9 井区志留系原油总体显示以轻质油-中质油为主，含硫量低，凝固点低，较高-高黏度，含蜡量变化较大，以含蜡-高蜡油为主，但各单井间原油物性差异较大，明显地反映油藏中原油次生变化差异（表 5-9）。

表 5-9　顺 9 井区志留系流体性质及油藏类型统计表

烃源岩	储层特征	井号	密度(20℃)/(g/cm^3)	黏度/(mPa·s)	凝固点/℃	含硫量/%	含蜡量/%	成藏期	油藏类型
本地—满加尔拗陷下寒武统玉尔吐斯组	低能滨岸相细砂岩特低孔特低渗储层	顺 9 井	0.8622	17.37	−32	0.5	8.57	海西晚期	低硫、高蜡轻质油
		顺 9CH 井	0.8597～0.8792	17.36～39.28	−32～−18	0.46～0.51	1.93～15.17		低硫、含蜡-高蜡
			0.8663（11）	23.16（11）		0.49（10）	5.97（11）		轻质油
		顺 9-1H 井	0.8571～0.8774	32.87～6.87	−32～−24	0.13～0.5	16.41～0.27		低硫、高蜡轻质油
			0.8662（8）	20.155（8）		0.42（8）	6.775（8）		
		顺 901 井	0.8736～0.876	25.24～22.82	−34	0.51～0.46	2.97～2.34		低硫、含蜡中质油
			0.8748（2）	24.03（2）		0.485（2）	2.655（2）		
		顺 902H 井	0.9251	871.86	−2	0.75	6.05		含硫、高蜡中质油

2. 早期成藏原油经历了严重的生物降解作用

顺 9 井区志留系原油及油砂饱和烃色谱呈前峰单峰态分布，主峰碳 $n\mathrm{C}_{14}$～$n\mathrm{C}_{15}$，轻烃组分保留完整，色谱图中都具有明显的基线 UCM 鼓包，且鼓包之上具有不同程度的但都完整的正构烷烃的分布，由此显示砂岩中的可动油是由两期油充注的混合而形成的。早期充注的油，遭受了较强烈的调整破坏而残留，并可检测到 25-降藿烷系列化合物。包裹体岩相学分析认为在第一期石英加大发育时期或近后期，而根据石英加大边中原生盐水包裹体均一温度（70～80℃）埋藏史投影确定，这一期石英加大边发育在海西早期。晚期充注正常油，但由于充注程度的不同，导致不同钻井志留系不同层段的可动油的饱和烃鼓包鼓起程度和其上正构烷烃的分布形态有所差异。

五、油气成藏模式

总结顺北—顺南油气富集区的典型油气藏成藏特征，顺北—顺南地区具有“本地烃源、垂向输导、晚期成藏、断裂控富”的油气成藏特征（图 5-22）。

加里东晚期-海西早期，台地区下寒武统和满加尔拗陷寒武系-中下奥陶统烃源岩已达到生油高峰期，烃源岩成熟生排烃，大量成熟油（第一期油气充注）顺着 NE 向走滑断裂垂向运聚，中下奥陶统碳酸盐岩缝洞型储层与上奥陶统却尔却克组巨厚泥岩、柯坪塔格组下段砂岩与柯坪塔格组中段泥岩、柯坪塔格组上段下亚段砂岩与柯坪塔格组上段中亚段暗色泥岩、塔塔埃尔塔格组下段红色泥岩构成良好的储盖组合，此时断裂带活动强度大，垂向和侧向输导能力较强，在奥陶系碳酸盐岩缝洞型圈闭及志留系柯坪塔格组下段、上段下亚段内聚集形成早期的油气藏，之后遭受大范围抬升剥蚀，由于经受氧化、水洗和降解而被破坏成稠油或沥青，导致古油藏基本被破坏。

海西晚期，石炭系-二叠系持续埋藏，此时下寒武统和满加尔拗陷寒武系-中下奥陶统烃源岩处于生高成熟油阶段（轻质油、湿气），生成的油气通过不整合面、断裂和裂缝输导体系运移至南部高部位的顺南—古隆地区，奥陶系及志留系经历了第二期油气充注。同时桑塔木组巨厚泥岩和柯中段泥岩封盖能力已建立，由于走滑断裂活动强度减弱，断距减小，油气则可以在柯坪塔格组下段砂体中聚集成藏，形成顺9井区志留系油藏。

燕山期-喜马拉雅期，巨厚的中、新生代地层沉积覆盖之下，地温不断升高，但顺北油区地温梯度相对较顺南气区低。此时，顺北油区由于喜马拉雅晚期快速深埋，短期高温高压，延缓了烃源岩的热演化速率，顺托果勒隆起下寒武统玉尔吐斯组烃源岩处于持续大规模生轻质油-凝析油阶段，在上覆巨厚上奥陶统泥岩盖层之下，晚期生成的油气沿着深大断裂带在中下奥陶统碳酸盐岩缝洞型圈闭中聚集形成油气藏。而顺南地区的下寒武统和满加尔拗陷寒武系-中下奥陶统烃源岩由于地温高，处于凝析油气和干气阶段，油气沿走滑断裂向上垂向运移，此时走滑断裂活动弱，由于桑塔木组巨厚泥岩和志留系多套泥岩盖层都达到最大封盖能力，早期轻质油发生局部调整，而凝析油气和干气仅在中下奥陶统聚集成藏形成高气油比的凝析气藏。

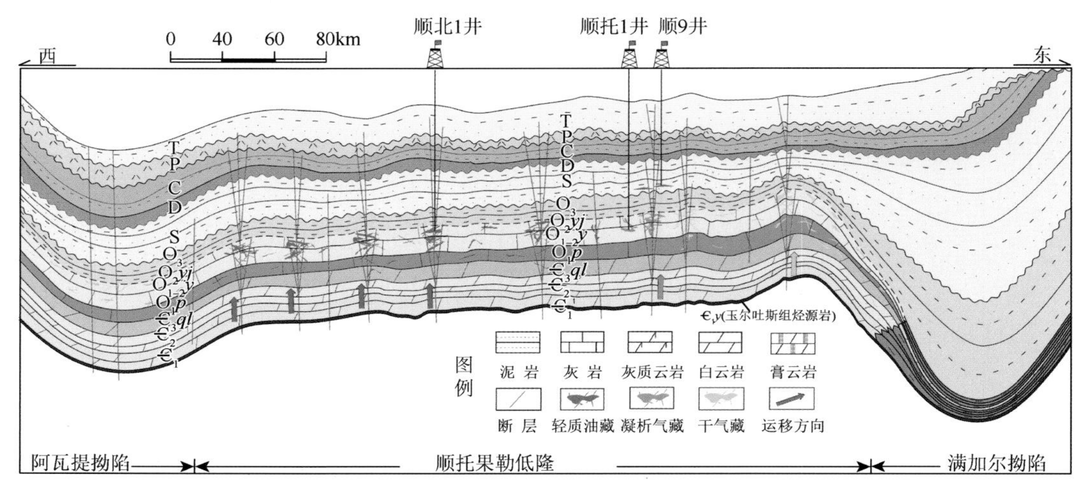

图 5-22　顺北—顺南油气富集区油气成藏模式图

第三节　卡塔克隆起油气富集区

一、概况

卡塔克隆起油气富集区是指以中石油塔中Ⅰ号油田为主，并包含了塔中4井（志留系）、中1井、顺西1井、顺7井等油藏的卡塔克隆起中东部地区。北部以塔中Ⅰ号断裂带为界，与顺北—顺南油气富集区相邻，南部基本上以塔中Ⅱ号断裂带为界。主要含油气层位有中下奥陶统一间房组-鹰山组、奥陶系上统良里塔格组、志留系柯坪塔格组和泥盆系东河塘组（表5-10）。

表 5-10　卡塔克隆起区主要层系储量分布表

油气田（藏）	代表井	探明储量			控制储量			预测储量		
		面积/km²	油/万 t	气/亿 m³	面积/km²	油/万 t	气/亿 m³	面积/km²	油/万 t	气/亿 m³
泥盆系东河塘组	塔中4井、塔中6井	189	7393	166	/	/	/	/	/	/
志留系柯坪塔格组	塔中11井、塔中16井	40.1	2171	5	49.8	428	6	8.2	525	/
良里塔格组	塔中62井、塔中26井	271.03	8513.69	1133	175.9	4236	273	/	/	/
一间房组-鹰山组	中古15井	179	4526	239	/	/	/	/	/	/
	中古8井、中古43井	617	14099	2997	/	/	/	68	155	209
	顺7井	/	/	/	/	/	/	50.4	215.5	147.3

卡塔克隆起是在寒武系-奥陶系巨型褶皱背斜的基础上长期发育的继承性古隆起，形成于早奥陶世末，泥盆系沉积前基本定型。卡塔克隆起台地建造过程中经历了多期海平面升降、大地构造运动与多期次的断裂活动，发育了大型不整合、遭受了数次抬升剥蚀。长期的暴露溶蚀及构造应力作用，形成了多期次、多成因叠加改造的大型碳酸盐岩缝洞系统，与不同层系泥岩或致密碳酸盐岩组成多套储盖组合，为油气的富集提供了有利场所。此外，下寒武统玉尔吐斯组深水斜坡-陆棚相泥岩是卡塔克隆起的主力烃源岩，经过早期成油、晚期气侵，并经断裂带调整形成了卡塔克隆起寒武系-奥陶系碳酸盐岩、志留系-泥盆系-石炭系碎屑岩多层系立体成藏的油气富集区（图 5-23 和图 5-24）。

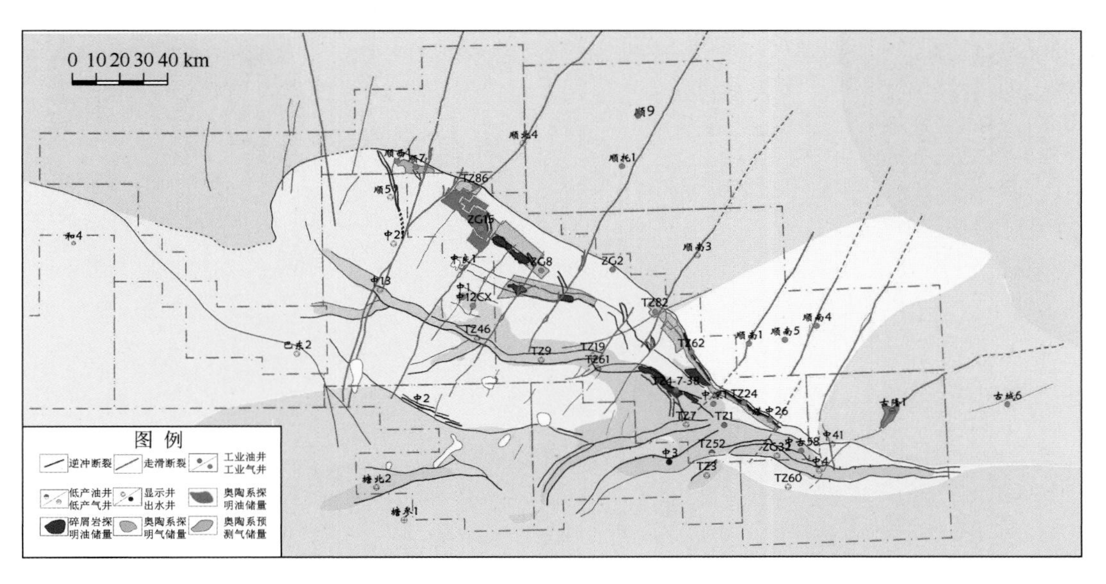

图 5-23　卡塔克隆起油气田（藏）分布图

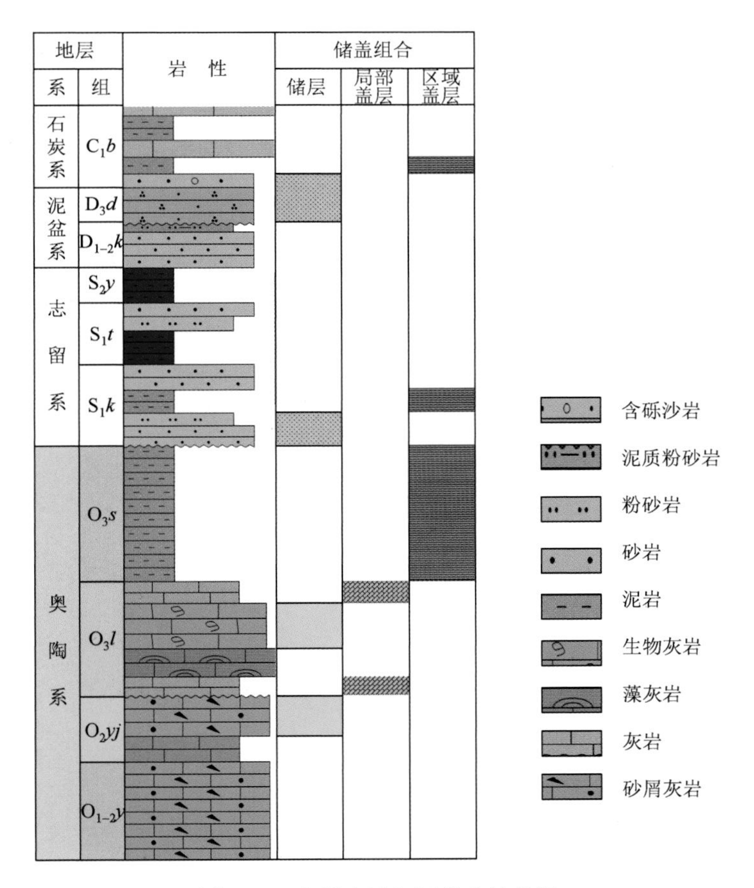

图 5-24　卡塔克油气区综合柱状图

二、一间房组-鹰山组油气藏

（一）简要地质特征

一间房组-鹰山组是卡塔克隆起区油气的主要产层（图 5-25），油气藏分布在塔中 I 号断裂带和塔中 II 号断裂带至 10 号断裂带之间，也发现了点状的油气藏和油气显示井，油气性质以轻质油藏、凝析气藏为主，油气藏基础地质特征见表 5-11。

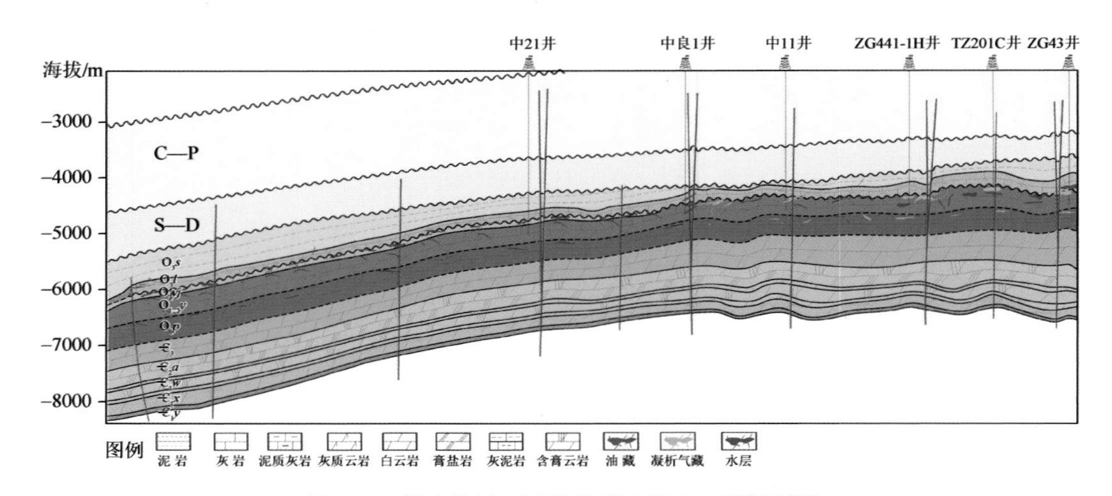

图 5-25　塔中地区一间房组-鹰山组油气藏剖面图

表 5-11　卡塔克隆起一间房组-鹰山组油气藏基础地质特征一览表

<table>
<tr><th>分区</th><th>典型井</th><th>层位</th><th>烃源岩</th><th>主要储层类型</th><th>盖层</th><th>原油密度/(g/cm³)</th><th>气油比/(m³/m³)</th><th>主成藏期</th><th>油气藏类型</th></tr>
<tr><td>顺西东部邻区</td><td>中古 15 井</td><td>一间房组</td><td rowspan="5">下寒武统玉尔吐斯组</td><td>裂缝-孔洞型</td><td>良里塔格组底部致密灰岩</td><td>0.7992～0.81</td><td>72～650</td><td rowspan="5">海西晚期、喜马拉雅期</td><td>挥发性油藏</td></tr>
<tr><td>顺西地区</td><td>顺 7 井</td><td>鹰山组</td><td>裂缝-孔洞型</td><td>鹰山组上部致密灰岩</td><td>0.787</td><td>6270</td><td rowspan="4">凝析气藏</td></tr>
<tr><td>卡 1 地区</td><td>中 1 井、中 12CX 井</td><td>鹰山组</td><td>裂缝-孔洞型</td><td rowspan="3">良里塔格组底部致密灰岩</td><td>0.796</td><td>3180</td></tr>
<tr><td>卡 1 北部邻区</td><td>中古 11 井</td><td>鹰山组</td><td rowspan="2">裂缝-孔洞型、洞穴型</td><td>0.802</td><td>2263</td></tr>
<tr><td>卡 1 东部邻区</td><td>中古 441 井</td><td>鹰山组</td><td>0.79</td><td>3826</td></tr>
</table>

（二）油气分布规律与富集主控因素

1. 沿北东向断裂带晚期气侵是控制油气性质平面分布的主要因素

卡塔克隆起区一间房组-鹰山组油气藏分布具有沿 NE 向断裂分区分带的特征（图 5-26）。以中良 1 井 NE 向断裂带为界，西区以轻质油藏为主，东区以凝析气藏为主。西区的北部在 NE 向走滑断裂带与塔中 I 号断裂带交汇处则表现为凝析气藏。例如，顺西 1 井（气油比为 1048m³/m³）、顺 7 井（气油比为 4935m³/m³）、中古 17 井（气油比为 4946m³/m³）和塔中 86 井（气油比为 2071m³/m³）均为凝析气藏。西区南部的中古 15 井区以油藏和挥发性油藏为主，气油比低，普遍为 100～500m³/m³，顺 4 井、顺 5 井也普遍见油斑、油迹和荧光显示、气测异常，气测 3H 图版显示为油藏；位于 NE 向断裂带之间的顺 2 井和顺 6 井也为油藏，天然气为成熟油伴生气特征。

图5-26　塔中地区西北部一间房组-鹰山组油气藏类型平面分布图

中良 1 井断裂带以东的地区整体以凝析气藏为主，气油比为 2000～4000m^3/m^3，局部井点较高，如中古 441 井区的中古 44-3 井气油比为 6356m^3/m^3，中古 46 井气油比 9233m^3/m^3；而断裂带之间或者活动弱的断裂带上及最南部中古 43 井-中古 434 井区的钻井则气油比较低，以油藏为主，如断裂带之间的中古 13 井—中古 22-2H、中古 105H 井、中古 501 井、中古 503 井及断裂活动弱的钻井中古 441-H5 井，最南部的中古 45 井气油比 614m^3/m^3，中古 431 井气油比为 480m^3/m^3，中古 431-H3 气油比为 649m^3/m^3，中古 433-H2 井、中古 518 井、中古 434 井则为轻质油藏。

西区总体上以沿通源断裂垂向输导为主。顺托果勒-西满加尔拗陷寒武系高成熟凝析气向南输导距离较短，仅在塔中Ⅰ号断裂带附近形成凝析气藏。在塔中Ⅰ号断裂带以南地区，则以垂向较低成熟度油气输导为主，形成挥发性油藏或轻质油藏。

东区总体上以沿断裂带由北往南以侧向疏导为主。顺托果勒—西满加尔拗陷生成的油气除在塔中Ⅰ号断裂带形成凝析气藏外，沿 NE 向断裂带向南输导距离较远，如中 12CX 井区。

2. 侧源供给是影响油气富集在断裂带和储层上部的主要原因

油气藏具有上部油气富集、中下部水体活跃，近走滑断裂带富集的特征。多口钻井测试情况分析表明，油气多分布在一间房组-鹰山组碳酸盐岩上部储集体，如卡塔 1 区块内中 1 井分层段测试证实，鹰山组顶部为低产油层，中部为气层，下部测试为含气水层。综合钻录井及测试资料，塔中地区已钻井油气柱高度普遍距一间房组-鹰山组顶面 150m 左右。

综合获得油气井产能情况分析，一间房组-鹰山组上部油气富集受储层发育程度及 NE 向走滑断裂控制，近通源走滑断裂，断堑-张扭破碎带是油气富集的有利区带。中高产井主要分布在断堑或 NE 向走滑断裂张扭-高陡平移破碎部位。

3. 断裂、岩溶作用是控制储层发育与展布的关键因素

卡塔克隆起在加里东中期整体强烈隆升，缺失上奥陶统下部恰尔巴克组和一间房组与鹰山组上部部分地层。碳酸盐岩地层经大气淡水长期淋滤溶蚀形成广泛展布的岩溶缝洞系统。

目前塔中地区广泛发育的强度较大的 NE 向走滑断裂体系主要是在加里东中期Ⅲ幕、加里东晚期-海西早期构造运动中形成，构造破裂作用产生的裂缝系统改善了本区早期岩溶储层的孔渗条件，并形成规模较大的缝洞系统。

三、良里塔格组气藏

（一）简要地质特征

目前已发现的良里塔格组油气藏主要集中分布在台缘区塔中Ⅰ号断裂带和台内区塔中 10 号断裂带（图 5-27），其储层主要集中分布在良里塔格组中上部颗粒灰岩段，储层类型以裂缝孔洞型、孔洞型为主。油气藏基本特征见表 5-12。

表 5-12　塔中地区良里塔格组油气藏基本特征一览表

分区	典型井	层位	烃源岩	主要储层类型	盖层	原油密度/(g/cm^3)	气油比/(m^3/m^3)	主成藏期	油气藏类型
顺西地区	顺西 1 井	良里塔格组	下寒武统玉尔吐斯组	裂缝-孔洞型、裂缝型	桑塔木组泥岩	0.798	1316	海西晚期、喜马拉雅期	凝析气藏
	顺西 101 井			裂缝-孔洞型		0.8076	/		轻质油藏
卡 1 地区	中良 1 井			裂缝型		0.8662	/		轻质油藏
塔中Ⅰ号断裂带	塔中 86 井			裂缝型		0.8053	1893		凝析气藏
	塔中 82 井			裂缝-孔洞型		0.8	2936		凝析气藏
	塔中 62 井			裂缝-孔洞型		0.81	1647		凝析气藏
	塔中 26 井			裂缝-孔洞型		0.79	4427		凝析气藏

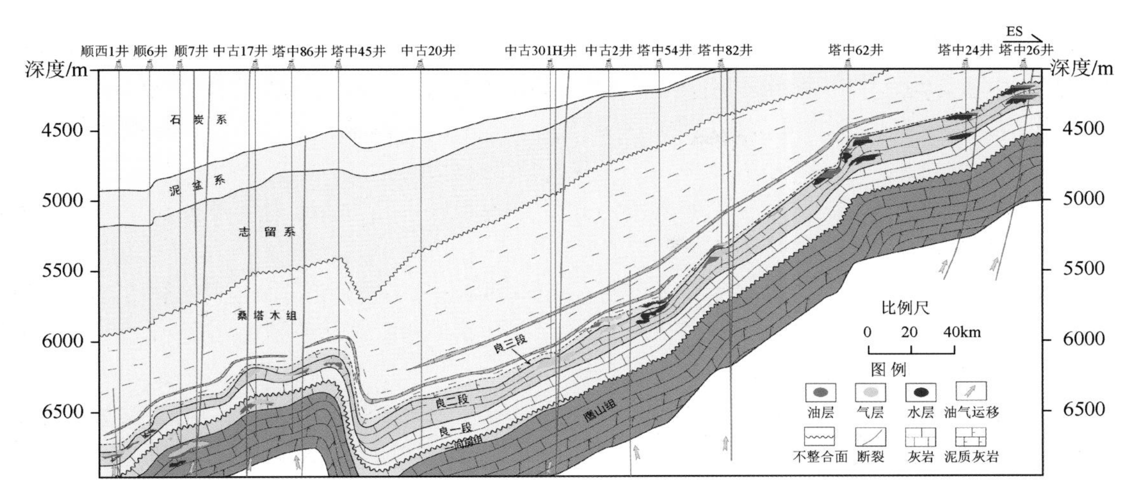

图 5-27　塔中地区沿塔中Ⅰ号断裂带良里塔格组油气藏剖面图

（二）油气分布规律与富集主控因素

1. 礁滩复合体相对高部位控制储层发育和油气富集成藏

塔中Ⅰ号断裂带台缘构造相对高部位是良里塔格组油气富集的有利部位。目前塔中Ⅰ号断裂带东段已发现油气藏多分布在台缘带构造相对高部位，与油气产能具有一定的相关性。高产稳产井均位于台缘带高部位，而低产或出水井多分布在台缘内带的低部位。主要是加里东中期Ⅲ幕构造活动控制了台缘相带良里塔格组储层的发育程度，有利于改造早期岩溶储层形成规模发育的缝洞型储层。海西晚期、喜马拉雅期的油气充注更易于在台缘构造高部位富集。

2. 侧源供给，近源近断裂有利于喜马拉雅期天然气富集成藏

塔中Ⅰ号断裂带和 NE 向走滑断裂带是喜马拉雅期天然气充注的重要通道。塔中Ⅰ号断裂带良里塔格组油气藏主要以凝析气藏为主，原油属于低密度、中高含蜡、低含硫、低含胶质沥青质的轻质油，平面分布上各井差别不大，紧贴Ⅰ号坡折带原油的密度偏轻，这与喜马拉雅晚期天然气充注气侵有一定的关系。越靠近塔中Ⅰ号断裂带以及 NE 向走滑断裂带，气油比越高，如顺西 1 井距走滑断裂较近（1.3km），气油比为 $1316m^3/m^3$，为凝析气藏，而顺西 101 井距走滑断裂较远（4.3km），测试为油藏，仅有微量天然气产出。

3. NE 向断裂带为油气向 SW 方向运聚成藏提供了条件

卡塔克隆起缺少本地烃源岩，油气成藏需要顺托果勒—西满加尔拗陷烃源岩侧向运移供给，NE 向通源断裂对油气运移起到关键性作用。塔中 10 号断裂带位于塔中Ⅰ号断裂带以南，良里塔格组油气藏主要是下部油气沿断裂破碎带侧向、垂向运移聚集而成。

四、东南部寒武系-奥陶系潜山油气藏

（一）简要地质特征

寒武系-奥陶系潜山油气藏主要分布在卡塔克隆起东南部冲断断裂带上，表现为寒武系—奥陶系碳酸盐岩沿逆冲断裂大幅度抬升，出露地层为上寒武统下丘里塔格组和下奥陶统蓬莱坝组、鹰山组，在遭受大规模剥蚀的同时，形成多期岩溶叠加的规模储集体，之上覆盖多为石炭系巴楚组下泥岩段或中泥岩段，部分地区覆盖为志留系砂泥岩或石炭系含砾砂岩段（图 5-28）。

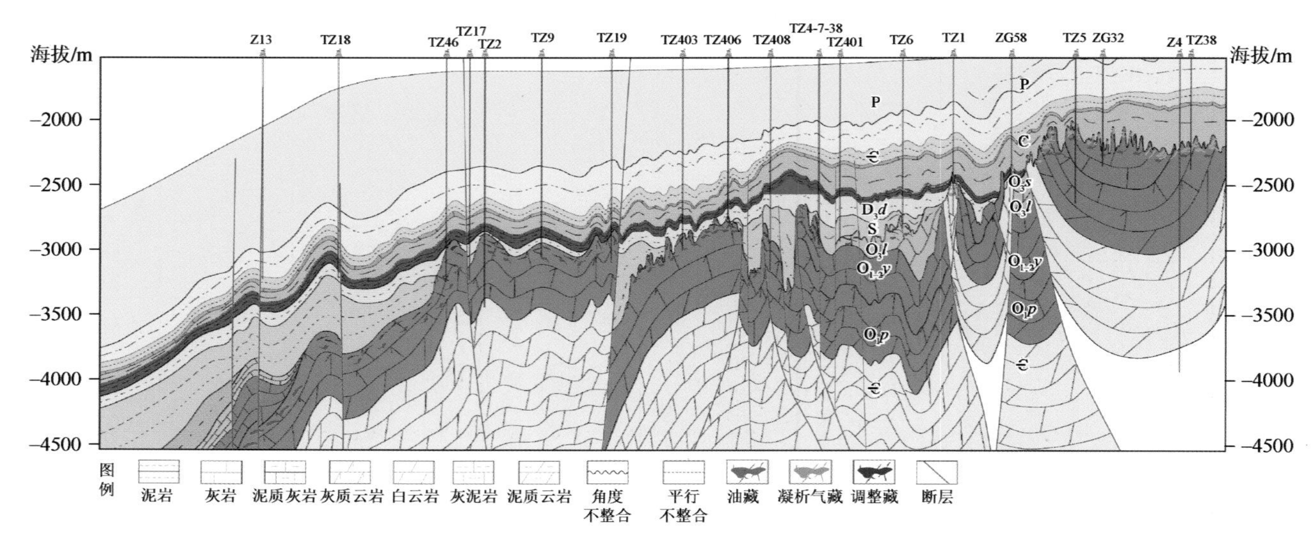

图 5-28　塔中地区沿Ⅱ号断裂带油气藏剖面图

（二）油气分布规律与富集主控因素

目前，塔中地区多期活动断裂带共完钻探评井 39 口，其中获油气流井 4 口（塔中 1 井、中古 58 井、中古 582 井和塔中 4-7-38 井），低产油气井 3 口；其余钻井虽然见不同程度油气显示，但多因未钻遇规模储层而失利（表 5-13）。

根据已钻井分析其油气藏特点如下。

（1）储层厚度较大，储层类型以裂缝-孔洞型、裂缝型为主。储层类型以裂缝-孔洞型、裂缝型为主，岩心及成藏资料可见溶蚀孔洞，多伴生有裂缝发育。目前钻井揭示其储层发育厚度均大于圈闭幅度，储层自碳酸盐岩顶面至井底均有发育。

（2）钻井揭示以凝析气藏为主，气油比多为 3000～5000m^3/m^3（塔中 1 井气油比为 3135m^3/m^3，中古 58 井气油比为 5150m^3/m^3），主要成藏期为海西晚期轻质原油充注，喜马拉雅期高成熟凝析气-干气充注成藏。

（3）为构造背景控制下的岩溶缝洞型油气藏，主要有两个方面的依据：一是已钻井储层类型均以缝洞型为主，受控于多期岩溶作用和断裂破碎改造作用；二是油气层厚度均大于构造幅度，各井之间均无统一的油水界面。

（4）油气多在碳酸盐岩顶部储集体中富集，中下部多为水层。多口井分段测试及钻录井资料表明，碳酸盐岩顶面见较好油气显示测试多表现为油气层，而下部多为水层。

（5）上部碳酸盐岩储集体发育程度和石炭系泥岩盖层条件是油气成藏的主控因素。目前该领域钻探获油气井均位于碳酸盐岩上部储层发育层段，而上覆石炭系泥岩则是油气保存的重要保证。早期钻井失利的主要原因是上部储层较差。

五、寒武系盐下油气藏

（一）简要地质特征

中石油在卡塔克隆起东部地区寒武系盐下获得重要油气突破（图 5-29），证实了塔里木盆地深层寒武系发育规模性油气藏。

目前该区针对寒武系盐下领域钻探了中 4 井、塔参 1 井、中深 1 井（包括侧钻井-中深 1C 井）、中深 5 井，其中中深 1 井（中深 1C 井）和中深 5 井获得油气突破。邻区巴楚隆起区钻探同 1 井、方 1 井、和 4 井、巴探 5 井、玛北 1 井等，各井油藏地质特征见表 5-14。

表 5-13　塔中东南部断裂带重点钻井分析表

项目			井号																	
			TZ1 井	ZG58 井	TZ75 井	TZ52 井	TZ8 井	TZ5 井	塘北 2 井	TZ61 井	TZ9 井	TZ46 井	TZ7 井	TZ3 井	中 3 井	中 4 井	TZ38 井	TZ2 井	ZG32 井	ZG68 井
钻探年份			1989	2016	2005	1997	1992	1990	1994	1998	1993	1997	1996	1990	2004	2003	1996	1993	2008	2015
地层及显示	石炭系巴楚组	标准灰岩段																		
		中泥岩段																		
		生屑灰岩段										油斑	油斑荧光							
		下泥岩段																		
		含砾砂岩段			油气流							油浸						见稠油		
	泥盆系东河塘组																			
	志留系																			
	奥陶系-上寒武统	岩性	白云岩	白云岩	灰岩	灰岩	灰云岩	灰岩	灰岩	灰岩	灰云岩	灰云岩	灰云岩	灰岩	灰云岩	灰云岩	灰云岩	灰云岩	灰岩	灰岩
		显示	油斑气测	气测	油斑气测	油斑气测	无	荧光	无	沥青	无	无	弱气测	油斑气测	气测	油斑气测	气测	稠油沥青	气测	气测
碳酸盐岩测试情况	测试情况	长井段测试					干层		干层	干层	干层	未测试			水层		低产水层		水层	水层
		分段测试 上部	油气流	油气流	低产油	低产油		干层						干层				干层		
		分段测试 下部	水层			干层		干层					水层	水层		低产水层		水层		
	出水段距碳酸盐岩顶面距离/m		103										387	303	193	180		67		86
钻后分析	构造圈闭落实程度	是否构造圈闭	落实	落实	非构造	非构造	落实	落实	落实	落实	非构造	落实	落实	落实	落实	非构造	非构造	落实	非构造	落实
		圈闭幅度/m	90	50			40	70	80	50			50					90		70
		井点构造幅度/m	90	50			35	40	40	50			30					50		60
		油气柱高度/m	103																	86
	直接盖层		C_1b 中泥	C_1b 中泥	S	含砾砂岩	含砾砂岩	含砾砂岩	含砾砂岩	S	C_1b 下泥	含砾砂岩	C_1b 下泥	C_1b 中泥	C_1b 中泥	C_1b 中泥	C_1b 中泥	含砾砂岩	C_1b 中泥	
	侧向封挡		泥岩灰岩	泥岩灰岩	砂泥岩	砂泥岩	砂泥岩	砂泥岩	砂泥岩	砂泥岩	砂泥岩	砂泥岩	砂泥岩	泥岩灰岩	泥岩灰岩	泥岩灰岩	泥岩灰岩	砂泥岩	泥岩灰岩	
	储层发育程度		发育	发育	一般	一般	差	差	差	差	差	差	发育	发育	发育	发育	发育	一般	发育	发育
失利主要原因			油气井		低产油流								上部储层差，下部为水层							

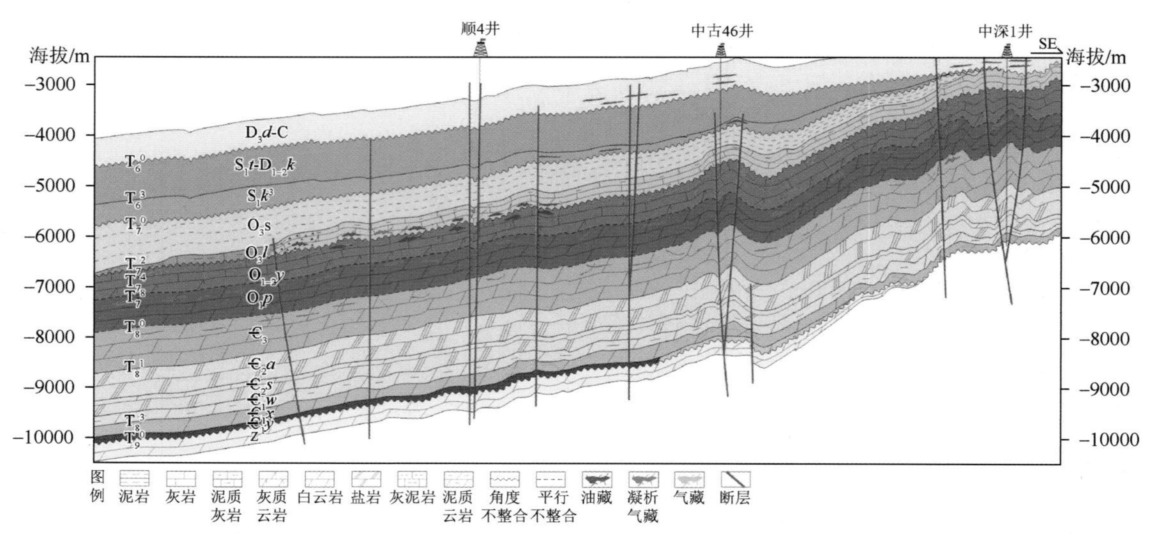

图 5-29　卡塔克隆起东部 NW-SE 向油气藏剖面图

表 5-14　塔中—巴楚隆起寒武系重点钻井特征表

钻井	构造位置	完钻层位/深度/m	T_9^0 上下地层	放空、漏失情况	油气显示	测试情况
同 1 井	巴楚隆起同岗构造带	Z_1s/4860	$€_1y/Z_1s$	$€_3ql$ 漏失	$€_3ql$、$€_2a$ 气测	$€_3ql$ 干层
方 1 井	巴楚隆起吐木休克断裂带	Z_1s/4859	$€_1y/Z_1s$	$€_1x$ 漏失	$€_3ql$ 气测	$€_1$ 产水
和 4 井	巴楚隆起吐木休克断裂带	Z_1s/5973	$€_1y/Z_1s$	$€_3ql$、$€_2a$、$€_2s$、$€_1x$ 漏失	$€_3ql$、$€_2a$、$€_2s$、$€_1w$ 气测	$€_3$ 产水，$€_{1+2}$ 干层
玛北 1 井	巴楚隆起稳定区	AnZ/7806.5	$€_1x$/AnZ	$€_3ql$、$€_1w$、$€_1x$ 漏失	$€_3ql$ 气测，$€_1w$ 气测、荧光、油迹	$€_1w$ 干层
巴探 5 井	巴楚隆起海东构造带	AnZ/5822	$€_1x$/AnZ	$€_3ql$ 漏失	$€_1w$ 气测	$€_1$ 水层、$€_1w$ 干层、$€_3ql$ 干层
楚探 1 井	巴楚隆起吐木休克断裂带	AnZ/6476.89	$€_1x$/AnZ	?	$€_3ql$、$€_2a$、$€_1x$ 气测	$€_1x$ 水层
舒探 1 井	巴楚隆起柯坪断裂带	Z/2103	$€_1y$/Z	/	$€_3ql$、$€_2s$、$€_1x$ 气测	/
夏河 1 井	巴楚隆起夏河 1 号构造带	Z_1s/5671	$€_1y$/Z	$€_1w$ 漏失	$€_3ql$ 气测	/
和田 1 井	巴楚隆起和田河 5 号断裂	$€_2s$/6813.5	/	$€_2a$ 漏失	$€_3ql$、$€_2a$、$€_2s$ 气测	$€_2a$ 水层
玉龙 6 井	塘古巴斯拗陷玛东断裂带	$€_1x$/7426	/	/	/	/
塔参 1 井	塔中 II 号断裂带	Z/7200	$€_1x$/Z	/	$€_3ql$、$€_2a$、$€_1w$、$€_1x$ 气测	$€_2s$ 产水
中深 1 井	塔中 II 号断裂带	AnZ/6841.95	$€_1x$/AnZ	/	$€_3ql$、$€_2a$、$€_2s$、$€_1w$、$€_1x$ 气测	$€_2a$ 油层共获得原油 110m^3；$€_1x$ 气层折日产气 3 万 m^3
中深 1C 井	原直井中深 1 井侧钻井，针对下寒武统肖尔布拉克组侧钻，初期日产气 15 万 m^3，目前日产气 4.7 万 m^3，累计产气 3633 万 m^3					
中深 5 井	塔中 II 号断裂带	AnZ/6805	$€_1x$/AnZ	/	$€_3ql$、$€_2a$、$€_2s$、$€_1w$、$€_1x$ 气测	$€_1w$ 射孔酸压累产油 75m^3，累计产气 33516m^3
中 4 井	塔中 II 号断裂带	$€_1w$/7220	/	/	/	/

（二）油气分布规律与富集主控因素

1. 中下寒武统资源类型存在差异，总体以天然气为主

中深 1 井下寒武统天然气以烃类气体为主，甲烷气占 78.3%，非烃气体中 CO_2 含量较高，达 14.4%，

N_2含量占2.55%。烃类气体干燥系数为99.0%，属于干气气藏。

中寒武统既有油又有气，为挥发油藏。原油密度为0.787g/cm^3，黏度为1.213mPa·s，含蜡量为4.5%，沥青质为0.49%，胶质为1.04%，属低凝、低黏度、低含蜡原油。天然气以烃类气体为主，甲烷占68.6%，烃类气体干燥系数平均为77.8%，属于湿气。非烃气体中CO_2含量较高，达10.9%，N_2含量平均为0.795%。

2. 优质储层是油气富集成藏的基础

寒武系发育中寒武统沙依里克组储集层和下寒武统肖尔布拉克组储集层。沙依里克组岩性主要为白云岩，该层段储层横向连续性较差，储层横向变化大。肖尔布拉克组岩性主要为鲕粒白云岩、砂屑白云岩，成像测井可见大量裂缝与溶蚀孔洞，纵向上表现为中厚层连续储集层，物性相对较好、横向分布相对稳定，是主要的储集层。

3. 构造圈闭是最有利的勘探目标类型

构造圈闭仍是当前寒武系盐下勘探最为有利的目标类型。这是由储层类型所决定的，肖尔布拉克组储层横向分布较为稳定，构造背景可形成较好的圈闭侧向封挡条件。

4. 下寒武统斜坡-盆地相烃源岩是资源的主要供给者

特殊的地层组合序列，决定了中深1井、中深5井油气只能来源于下寒武统。从区域地质研究结果来看，卡塔克隆起本地烃源岩发育程度较差，油气来源于南顺托果勒低隆—西满加尔拗陷下寒武统斜坡-盆地相烃源岩。

六、志留系-东河塘组油藏

（一）简要地质特征

塔中隆起区碎屑岩层系油气藏主要分布在志留系柯坪塔格组和泥盆系东河塘组，主要为构造型油藏（图5-30），油藏基本特征见表5-15。

表5-15　塔中地区志留系-泥盆系东河塘组油藏特征简表

<table>
<tr><th rowspan="2">分区</th><th rowspan="2">典型井</th><th rowspan="2">层位</th><th rowspan="2">烃源岩</th><th rowspan="2">储层</th><th colspan="2">储集体物性特征</th><th rowspan="2">盖层</th><th rowspan="2">原油密度/(g/cm^3)</th><th rowspan="2">气油比/(m^3/m^3)</th><th rowspan="2">主成藏期</th><th rowspan="2">油气藏类型</th></tr>
<tr><th>平均孔隙度/%</th><th>平均渗透率/$10^{-3}\mu m^2$</th></tr>
<tr><td>卡1地区构造带</td><td>中1井</td><td rowspan="4">泥盆系东河塘组</td><td rowspan="6">下寒武统玉尔吐斯组</td><td rowspan="4">东河砂岩+含砾砂岩</td><td rowspan="4">14.5</td><td rowspan="4">165.3</td><td rowspan="4">石炭系巴楚组下泥岩段</td><td>0.867</td><td>/</td><td rowspan="6">海西晚期</td><td>轻质油藏</td></tr>
<tr><td>卡1北部构造带</td><td>塔中40井</td><td>0.82</td><td>/</td><td>轻质油藏</td></tr>
<tr><td>塔中10号断裂带</td><td>塔中10井</td><td>0.85</td><td>/</td><td>轻质油藏</td></tr>
<tr><td>塔中Ⅱ号断裂带</td><td>塔中4井</td><td>0.87</td><td>140</td><td>轻-中质油藏</td></tr>
<tr><td rowspan="2">塔中10号断裂带</td><td>塔中11井</td><td rowspan="2">志留系柯坪塔格组</td><td rowspan="2">柯坪塔格组上段下亚段砂岩</td><td rowspan="2">7.9</td><td rowspan="2">/</td><td rowspan="2">柯坪塔格组上段中亚段泥岩</td><td>0.965</td><td>/</td><td>重质油藏</td></tr>
<tr><td>塔中16井</td><td>0.92</td><td>/</td><td>中质油藏</td></tr>
</table>

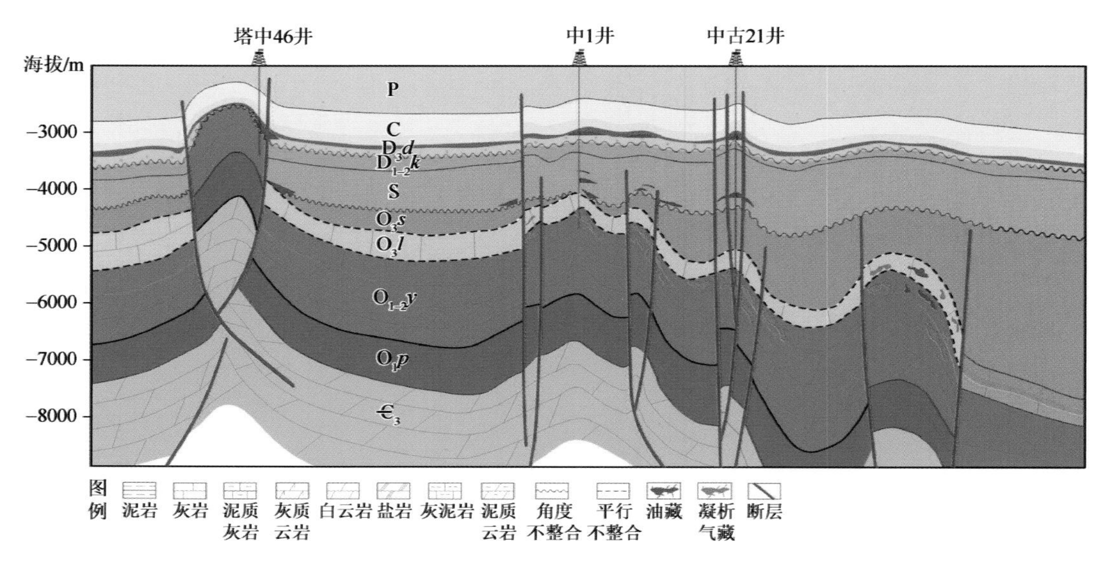

图 5-30　塔中地区志留系-石炭系油气藏剖面图

（二）油气分布规律与富集主控因素

卡塔克隆起志留系-石炭系油藏分布与富集主要受圈闭形成期与成藏期次的匹配，断裂活动对成藏期后的保存有一定的影响。

1. 构造形成期与成藏期匹配是控制成藏的主要因素

海西晚期是碎屑岩油藏的主要成藏期，该时期柯坪塔格组和东河塘组圈闭均已定型，储盖组合好。塔中地区海西晚期走滑断裂活动强度较大，油气在下部碳酸盐岩储层和志留系-泥盆系碎屑岩圈闭均充注富集，立体成藏。而在喜马拉雅期油气断裂活动弱，凝析油气-干气主要在下部碳酸盐岩储层中充注富集，上部碎屑岩层系气侵程度弱，以油藏为主。

2. 成藏期后的保存条件是影响油气富集的重要因素

塔中志留系-石炭系已发现油藏多为轻质-重质油藏，其中重质油藏遭受一定的破坏作用，主要受成藏后断裂强烈活动的影响。塔中已发现碎屑岩油气藏均分布在海西早期拉张-海西晚期继承性活动的断裂带旁或二叠系火山口附近，如塔中 1 井、塔中 10 井、塔中 11 井等油气藏，碎屑岩油气藏成藏期主要为海西晚期和喜马拉雅期（局部）。海西晚期及之后活动的断裂带，奥陶系油气藏会沿 NE 向断裂带垂向调整至上覆碎屑岩层位，碎屑岩圈闭和储盖组合发育好的地区聚集形成碎屑岩油气藏，而圈闭和储盖组合不发育的地区油气则调整扩散破坏。

七、成藏模式

综合典型油气藏的成藏过程，卡塔克隆起区油气主要来自顺托果勒低隆和西满加尔拗陷下寒武统烃源岩，油气成藏具有寒武供烃、侧源供给、断裂疏导、近断富集的特征（图 5-31）。

卡塔克隆起存在三期主要油气充注成藏过程。第一期为加里东晚期成藏，但海西早期的构造运动对该期油气破坏严重，造成大范围油藏破坏，现今多表现为干沥青或氧化沥青。第二期成藏期是海西晚期，以轻质原油充注为主，该成藏期断裂活动强度较大，轻质原油普遍充注成藏；在走滑断裂破碎带和拉张破碎带强度大的地区，充注的油气沿断裂自下而上垂向疏导，在寒武系-奥陶系碳酸盐岩缝洞发育区，志留系、泥盆系及石炭系有构造圈闭发育的地区均充注成藏。第三期成藏期为喜马拉雅期，该期下寒武统烃源岩达到生高过成熟凝析气-干气阶段，在烃源岩发育区沿断裂垂向充注，而塔中南部等烃源岩不发育区，油气主要由北往南侧向运移。

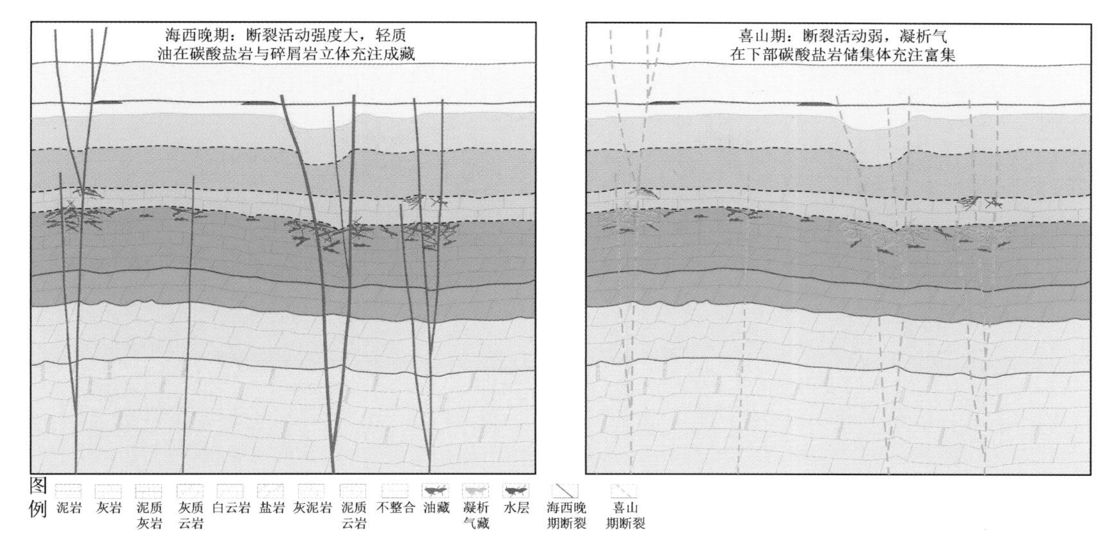

图 5-31　卡塔克隆起油气成藏模式图

第四节　巴楚—麦盖提斜坡油气富集区

一、概况

巴楚—麦盖提斜坡油气富集区是塔里木盆地克拉通海相油气勘探的重要组成部分。目前发现的主要油气田（藏）有巴什托油田、亚松迪气田、和田河气田、鸟山气田、巴探 5 井奥陶系气藏、玉北奥陶系油田以及皮山北新 1 白垩系油藏（图 5-32）。

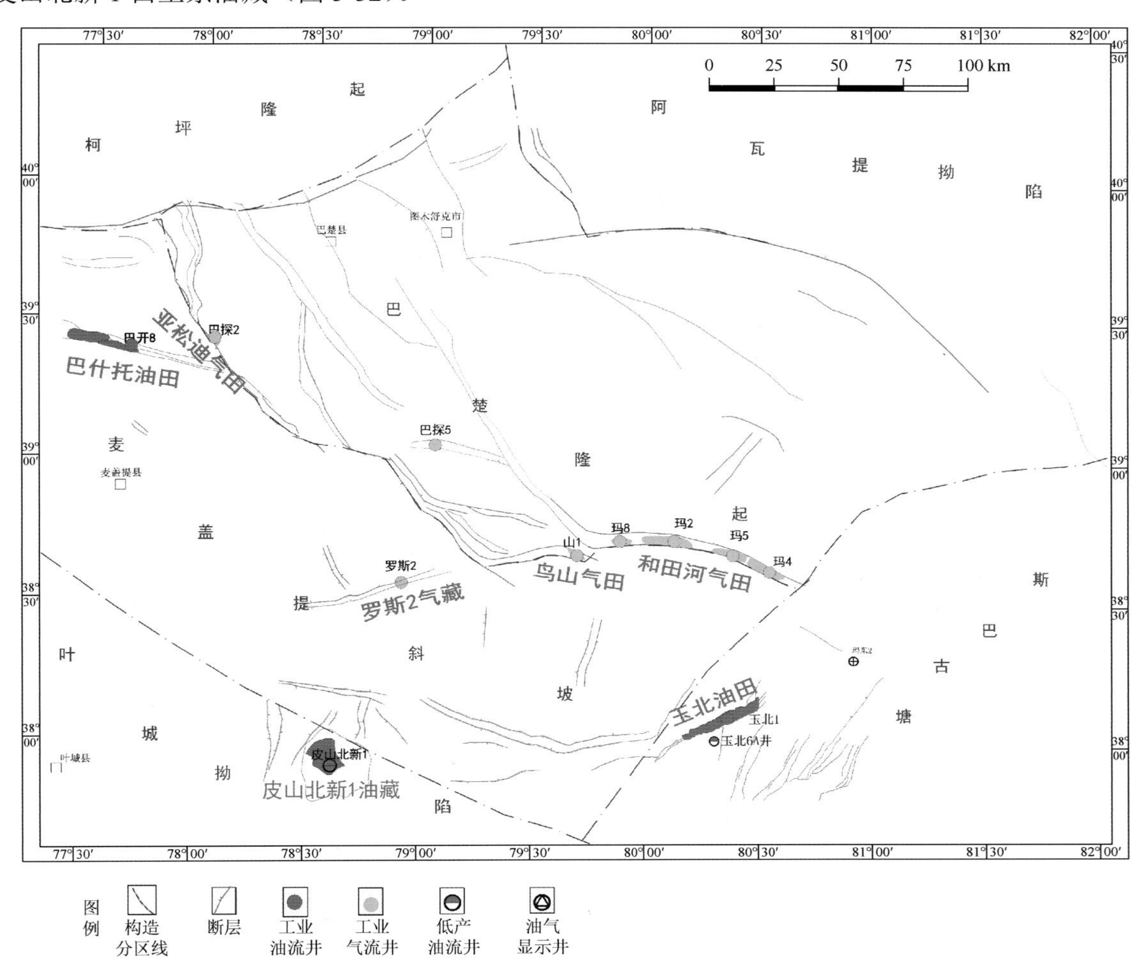

图 5-32　塔里木盆地巴楚隆起—麦盖提地区油藏分布图

油气藏分布具有南油北气、下油上气的分布特点。麦盖提斜坡油气藏主要有东部玉北 1 油藏，中西部皮山北新 1 油藏、罗斯 2 气藏和巴什托油气田。巴楚隆起以和田河气田、鸟山气藏为主（表 5-16）。

表 5-16　巴楚—麦盖提斜坡主要油气田一览表

油气田（藏）	代表井/层位	探明储量			控制储量			预测储量		
		面积/km^2	油/万 t	气/亿 m^3	面积/km^2	油/万 t	气/亿 m^3	面积/km^2	油/万 t	气/亿 m^3
皮山北新 1 油藏	皮山北新 1 井（K）	/	/	/	/	/	/	125.56	6158.14	/
巴什托油气田	麦 3 井（C_2x）	8.8	/	6.49	/	/	/	/	/	/
	麦 3 井（C_1b）	6.47	131	/	/	/	/	/	/	/
和田河气田	玛 4 井（C、O）	145	/	620	/	/	/	/	/	/
玉北奥陶系油藏	玉北 1 井（$O_{1-2}y$）	/	/	/	125.56	2835.99	/	/	/	/
	罗斯 2 井（$O_{1-2}y^1$-O_1p）	/	/	/	/	/	/	/	/	291.37

纵向上，深部奥陶系、泥盆系以油藏为主，而浅部的石炭系巴楚组、二叠系南闸组以气藏为主（图 5-33）。

巴楚—麦盖提地区勘探目标类型多样，包括奥陶系碳酸盐岩溶缝洞型，石炭系潜山背斜、断背斜圈闭，东河塘组、巴楚组、南闸组以及白垩系依格孜牙组的构造-岩性圈闭等，油气来源于下寒武统玉尔吐斯组，经历了多期成藏，以海西晚期、喜马拉雅晚期为主。具体油气田（藏）情况见表 5-16。

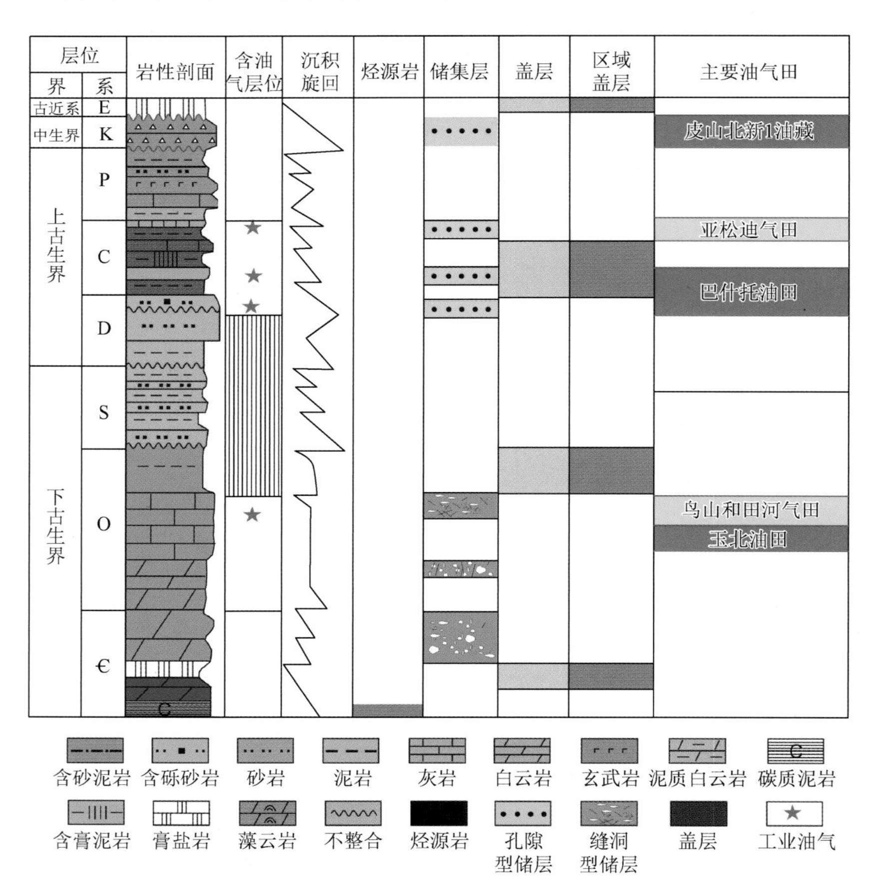

图 5-33　巴楚—麦盖提地区综合柱状图

二、玉北 1 油藏

（一）简要地质特征

玉北 1 油藏奥陶系油藏位于麦盖提斜坡东部与塘古巴斯拗陷交会处。玉北 1 号构造带为 NE 走向，以奥陶系潜山为主的冲断褶皱带，具有东西分段、南北分块特征。

玉北 1 油藏的有效储集空间为岩溶缝洞，非均质性极强，油气富集受岩溶缝洞储集带控制。玉北 1 油藏奥陶系油藏的基本特征见表 5-17，玉北奥陶系流体性质统计见表 5-18。

表 5-17　玉北 1 油藏基础地质特征一览表

分区	典型井	层位	烃源岩	主要储层类型	盖层	原油密度/(g/cm^3)	气油比/(m^3/m^3)	主成藏期	油气藏类型
玉北 1 井区	玉北 1 井	鹰山组	玉尔吐斯组	灰岩岩溶缝洞型	巴楚组泥岩	0.9145～0.9881/0.9265	21	海西晚期	中-重质油藏

表 5-18　玉北 1 井区奥陶系流体性质统计表（原油）

井号	密度/(g/cm^3)	动力黏度/(mPa·s)	凝固点/℃	含硫量/%	含蜡量/%	初馏点/℃	备注
玉北 1 井	0.9188	112.31	＜-34	0.72	21.26	136.1	中测 MFE 取样器
	0.9163	99.17	＜-34	0.69	6.63	90.8	中测地面
	0.9242	158.34	＜-34	0.70	16.80	123.04	完井测试井口
	0.9176	111.42	＜-34	0.69	16.52	84.65	
	0.9169	108.13	＜-34	0.69	18.89	81.68	
	0.9198	118.07	＜-34	0.72	19.06	/	酸压改造井口
	0.9201	117.88	＜-34	0.71	20.12	/	
玉北 1-2X 井	0.9203	128.21	＜-34	0.72	21.79	86.3	酸压改造井口
	0.9209	153.04	＜-34	0.73	19.28	87.2	
	0.9210	150.07	＜-34	0.74	5.92	90.6	
	0.9346	393.33	＜-34	0.82	15.15	131.1	
玉北 1-1 井	0.9238	206.22	-26	0.57	15.28	118.8	酸压改造气举井口
	0.9318	260.11	-32	0.68	4.41	149.10	
玉北 1-3H 井	0.9259	151.58	-28	0.72	2.73	139.3	酸压改造井口
	0.93	180.12	＜-34	0.74	2.03	117	
玉北 1-4 井	0.9285	232.7	＜-34	0.78	4.01	142.4	酸压改造井口
	0.9288	230.29	＜-34	0.75	1.36	156.4	
玉北 1-5 井	0.9176	95.57	＜-34	0.77	5.94	125.6	油管测试、井口

（二）油气分布规律与富集主控因素

1. 油气层分布不完全受构造高低位置控制，致密碳酸盐岩为储集体提供一定的侧向遮挡条件

玉北 1 井奥陶系油气显示段累计厚度为 46.06m，顶底跨度长 132.32m，而构造解释玉北 1 井潜山型构

造圈闭幅度仅为 15m。油区构造最高部位玉北 1-2 井奥陶系油气显示累计厚度为 26.43m，顶底跨度长 152m，构造解释玉北 1-2 井潜山型圈闭幅度最大仅为 25m；油区构造最低玉北 1-1X 井油气显示累计厚度为 45.62m，顶底跨度长 328.72m。玉北 1-2 井和玉北 1-1X 井油气显示高差为 1100 余米。表明玉北 1 井奥陶系鹰山组油气藏的规模不受构造控制，油藏的范围主要受分布不均一的岩溶缝洞储集体控制。

2. 石炭系泥质岩盖层对油气成藏与保存具有重要控制作用

玉北 1 井奥陶系油藏主要盖层是石炭系泥岩。石炭系泥岩段压力实测数据为 3.5～64.12MPa，含纯度较好的膏盐，盖层突破压力均大于 50MPa，具有较大的突破压力。玉北 1 号构造带以东的玉北 2 号、3 号、4 号构造带，均因缺少泥岩直接盖层而失利（图 5-35）。

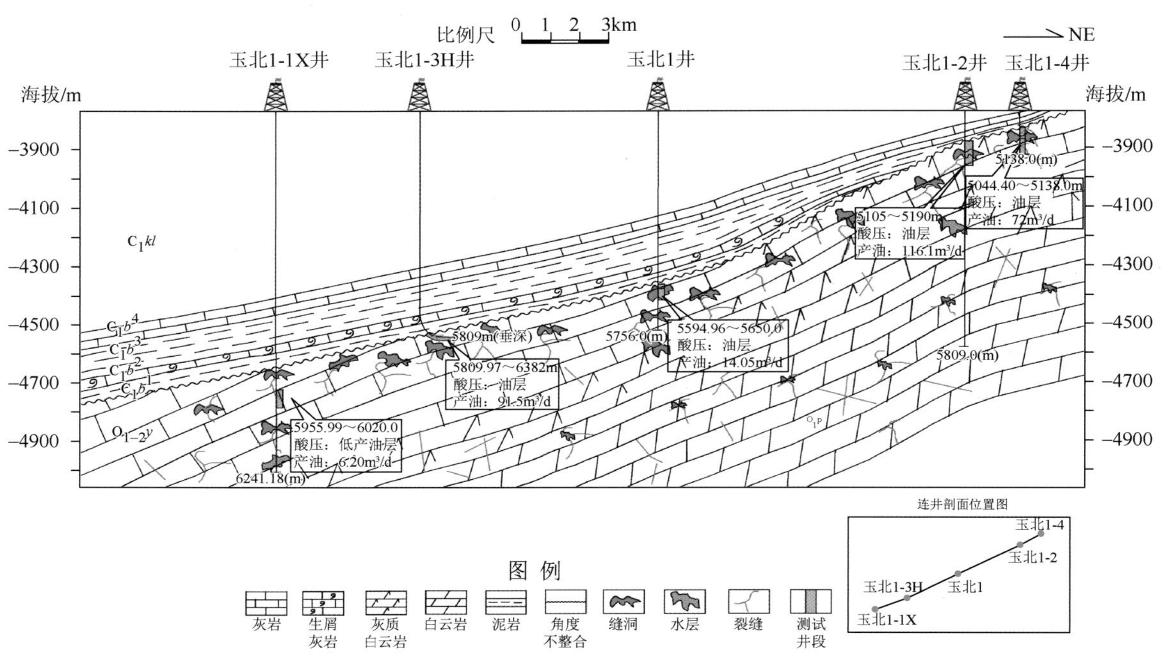

图 5-34　玉北 1 井油藏剖面示意图

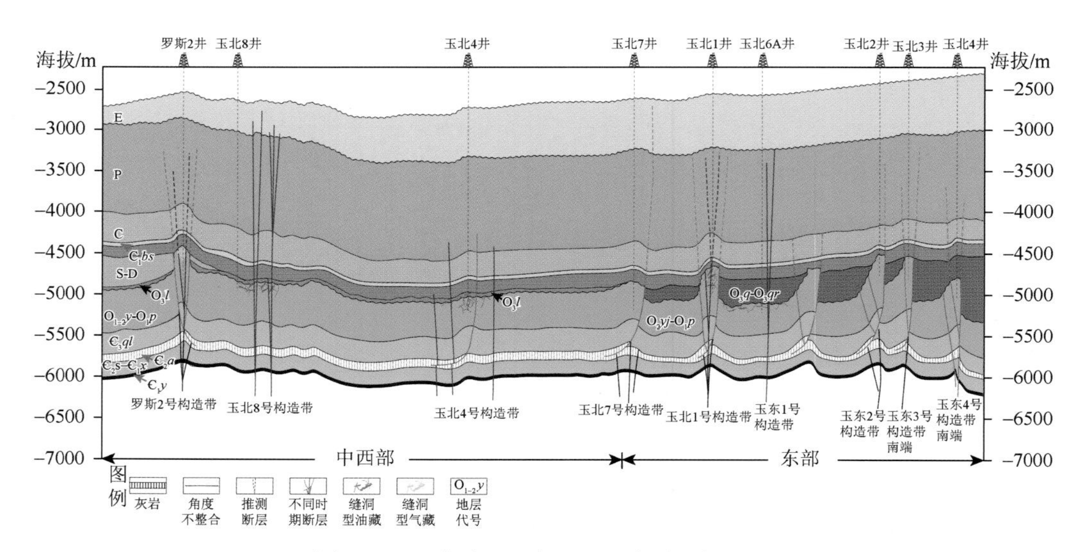

图 5-35　玉北地区及邻区 EW 向地层剖面图

3. 通源断裂对油气成藏具有重要控制作用

玉北 1 油气来源于中下寒武统，油气只有通过断裂才能穿过中寒武统膏岩盐地层，到达奥陶系碳酸盐岩成藏（图 5-36）。

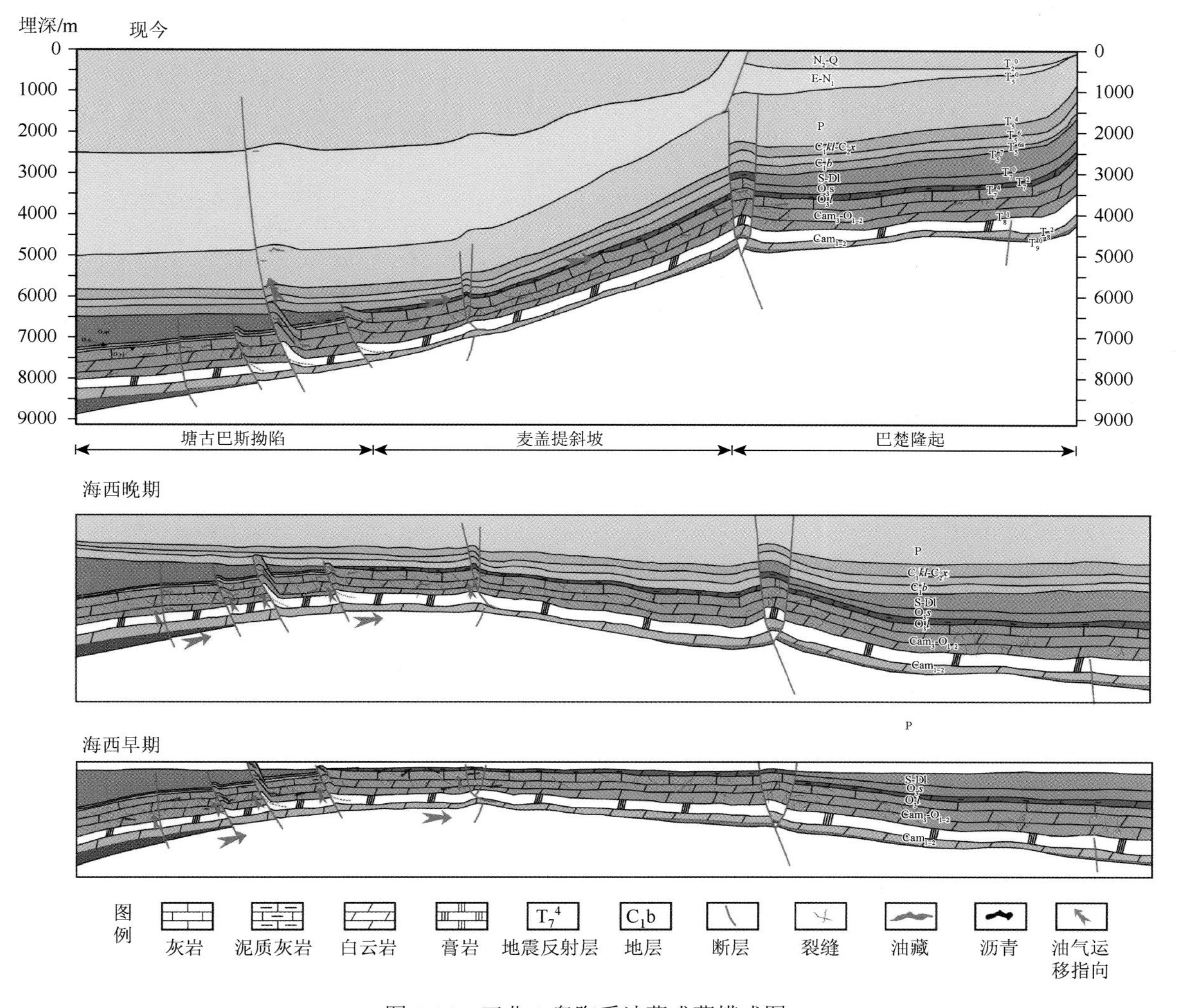

图 5-36　玉北 1 奥陶系油藏成藏模式图

（三）成藏过程

根据构造发育史，玉北 1 油藏具有早期充注、晚期调整的特点。

晚加里东中期-早海西期，塔西南地区寒武系烃源岩大部分处于低成熟状态，局部达到成熟阶段，玉北 1 井断裂带发育“穿盐深大”断裂，有利于油气向上运移。海西早期是奥陶系古岩溶储层主要发育时期，此时缺乏有效的盖层，油气以破坏、散失为主，局部形成了早期的重质油藏。

海西晚期，受全盆热事件影响，塔西南地区寒武系斜坡相烃源岩达到大规模生烃阶段，石炭系巴楚组下泥岩段直接覆盖于奥陶系之上，奥陶系圈闭（构造、岩性圈闭）就此形成。此时，早期断裂的再次活动及新生断裂的形成，为油气沿断裂向上运移提供了条件，碳酸盐岩圈闭开始大规模聚集成藏。

喜马拉雅期，受麦盖提地区区域构造反转作用，玉北 1 井构造带发生构造掀斜，高点北移，油气自南向北调整，同时由于断裂活动弱，晚期轻质油气充注少，奥陶系总体表现为残留油藏特征。

三、罗斯 2 气藏

（一）简要地质特征

罗斯 2 井是近年来中石油在罗南构造上取得的一口重要发现探井。该井完钻井深 6080m，井底层位为奥陶系蓬莱坝组（未穿），钻揭蓬莱坝组 339m。共见气测显示 266.5m/28 层，测井解释气层共 128.2m/81 层。通过对奥陶系蓬莱坝组 5741～5830m 井段进行完井酸化测试，6mm 工作制度测试定产，油压为 39.364MPa，折日产气 214476m^3，折日产油 3.02m^3。基本地质特征见表 5-19。

表 5-19　罗斯 2 气藏基础地质特征一览表

分区	典型井	层位	烃源岩	主要储层类型	盖层	原油密度/(g/cm^3)	气油/(m^3/m^3)	主成藏期	油气藏类型
罗斯 2 井区	罗斯 2 井	蓬莱坝组	玉尔吐斯组	白云岩缝洞型	C_1b 泥岩	0.8257	70000	喜马拉雅晚期	干气藏

（二）油气分布规律与富集主控因素

1. 凝析油-天然气来源于寒武系烃源岩，喜马拉雅期断裂通源是成藏的关键要素

罗斯 2 井完井测试井段天然气平均分子量为 23.54，相对密度为 0.813，甲烷含量为 67.59%～68.67%，乙烷含量为 0.45%～0.68%，丙烷含量为 0.163%～0.164%，非烃气体含量偏高，氮气含量为 6.58%～6.83%，CO_2 含量为 20.05%～20.24%，H_2S 含量为 3.27%～4.05%；干燥系数（C_1/C_1^+）为 0.984，表现为典型干气特征，与和田河相似。

罗斯 2 井在产层段共取得 4 个原油样品，原油密度为 0.8238～0.8278g/cm^3，平均为 0.8257g/cm^3（20℃）。原油黏度为 0.8685～0.9116mPa·s，平均为 0.8913mPa·s；凝固点<–30℃；含硫量 1.2%～1.41%，平均为 1.31%；含蜡量 2.1%～3.2%，平均为 2.5%；胶质 + 沥青质含量 0.38%～1.63%，平均为 0.83%。属低密度、低黏度、低含蜡量、低含硫量轻质原油。

2. 常温常压块状凝析气藏，鹰山组致密灰岩和石炭系泥岩构成复合盖层条件

罗斯 2 号构造高点海拔为–4500m，气藏幅度为 750m，原始地层压力为 64.23MPa，压力系数为 1.14，压力梯度为 0.31MPa/100m，为常温常压气藏（图 5-37）。

（三）成藏模式

罗斯 2 井所获岩心中发育裂缝、溶孔，但其中未见沥青及包裹体，且测试仅见少量轻质油，属干气藏，说明该气藏成藏期很晚。

喜马拉雅期晚期，塔西南地区快速沉降，麦盖提斜坡区域构造反转，巴楚前缘隆起形成，使得塔西南地区寒武系烃源岩快速演化至过成熟阶段，受寒武系膏盐岩盖层控制，由南向北运移，罗斯 2 井区断裂活动开启，成为天然气向浅部优势运移的通道，天然气在圈闭中充注成藏（图 5-38）。

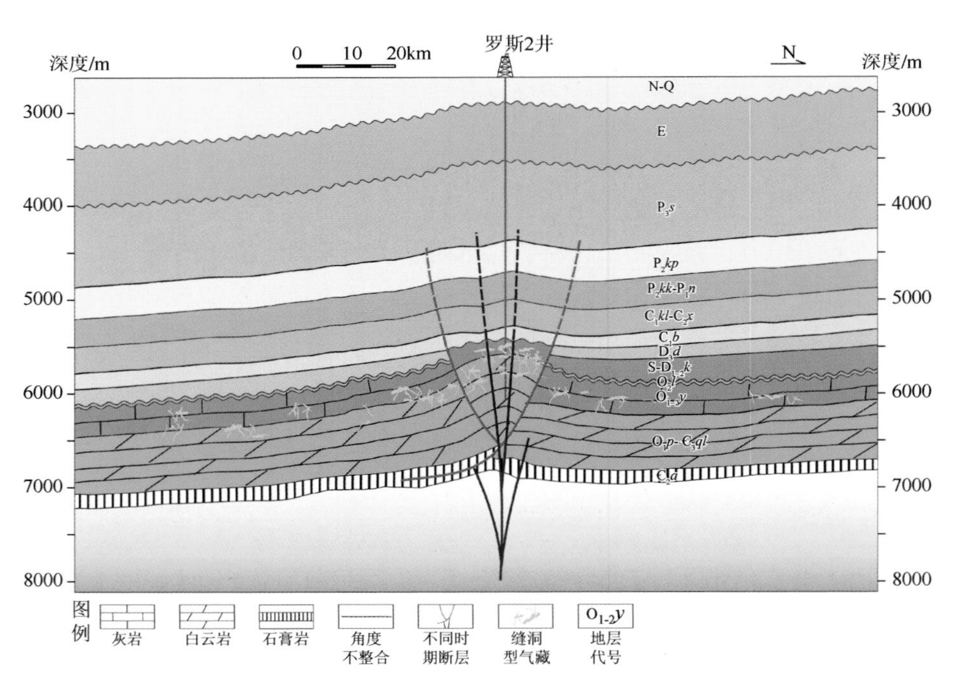

图 5-37　罗斯 2 气藏过罗斯 2 井南北向气藏剖面图（据中石油修改）

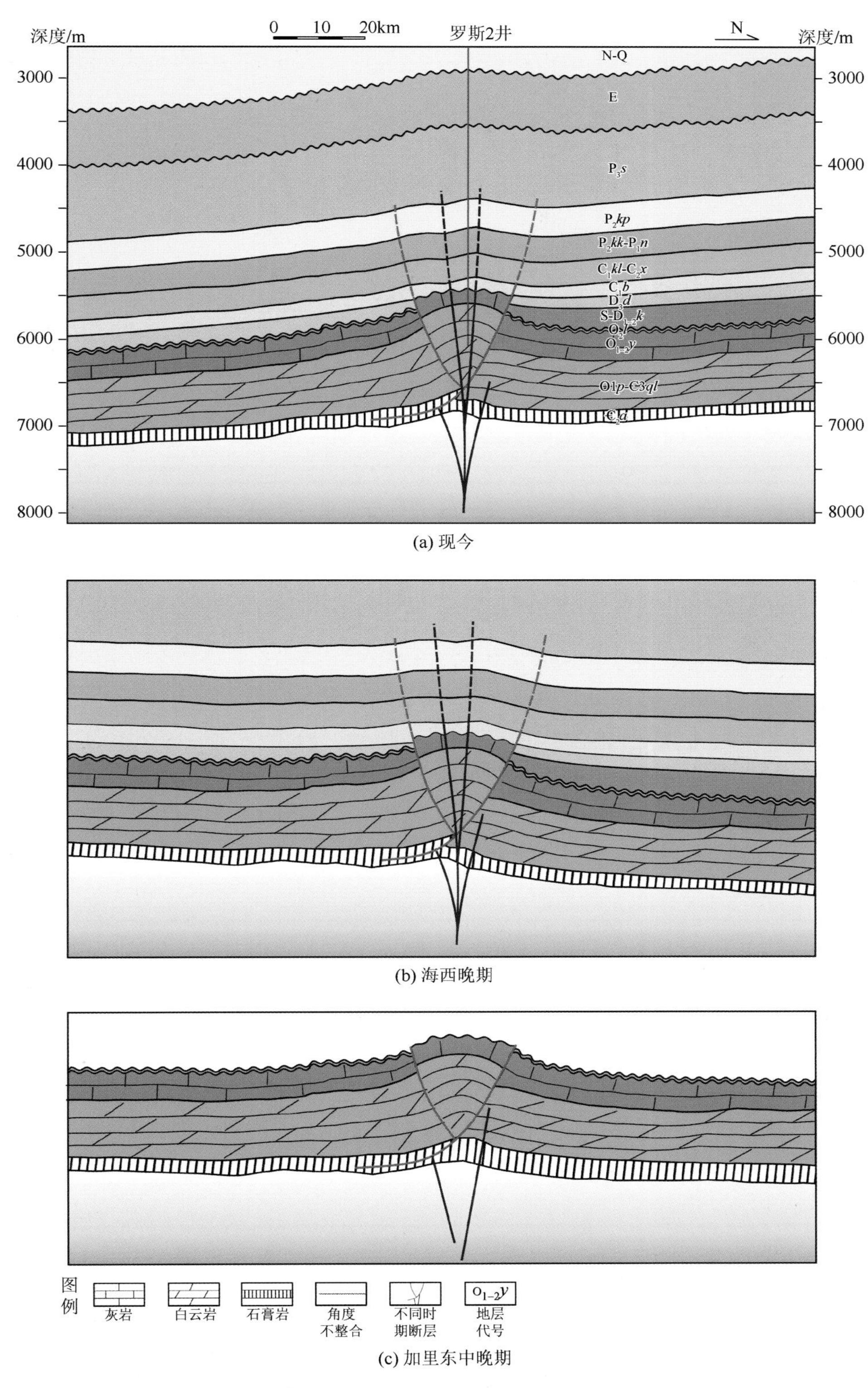

图 5-38　罗斯 2 气藏成藏演化模式图（据中石油修改）

四、和田河气田

（一）简要地质特征

和田河气田位于巴楚隆起玛扎塔构造带，是迄今为止在塔里木盆地发现的最大的海相气田。气田面积达 145km^2，探明天然气地质储量为 620×10^{8}m^3，其中烃类天然气储量为 532.35×10^{8}m^3，N_2 储量为 87.65×10^{8}m^3。和田河气田油气层主要在石炭系和奥陶系。石炭系气藏主要是边水层状背斜气藏；

奥陶系气藏主要是碳酸盐岩溶缝洞型气藏。主要储集层为石炭系砂泥岩段、生屑灰岩段、砂砾岩段和奥陶系碳酸盐岩。玛扎塔格断裂构造带总体上呈东西向长条状展布，发育一系列构造高点，东西相对高差为 100～300m。目前和田河气田已发现 7 个天然气藏，自西向东分别是玛 8 号石炭系生屑灰岩和奥陶系潜山气藏；玛 2 号、4 号石炭系生屑灰岩和玛 4 号砂砾岩段—奥陶系潜山气藏；玛 5 号石炭系砂泥岩段 1 号、2 号气藏。基本情况见表 5-20。

表 5-20　和田河气田基础地质特征一览表

<table>
<tr><th>典型井</th><th>层位</th><th>烃源岩</th><th>主要储层类型</th><th>盖层</th><th>圈闭类型</th><th>干燥系数</th><th>主成藏期</th><th>油气藏类型</th></tr>
<tr><td>玛 4 井</td><td>C_1b 底砾岩段、O</td><td rowspan="3">$€_1$ 干酪根裂解气、原油裂解气</td><td>砾岩、灰岩，孔隙型、岩溶缝洞型</td><td>C_1b 下泥岩段，泥岩</td><td>潜山背斜</td><td rowspan="3">0.95</td><td rowspan="3">喜马拉雅期</td><td>潜山底水块状背斜干气藏</td></tr>
<tr><td>玛 2 井、玛 3 井、玛 4 井</td><td>C_1b 生屑灰岩段</td><td>生屑灰岩孔隙型-孔洞型</td><td>C_1b 中泥岩段，泥岩</td><td>断背斜、背斜</td><td>边水层状背斜干气藏</td></tr>
<tr><td>玛 5 井</td><td>C_1kl 砂泥岩段</td><td>细沙岩，孔隙型</td><td>C_1b 沙泥岩段，泥岩</td><td>背斜</td><td>边水层状背斜干气藏</td></tr>
</table>

（二）油气分布规律与富集主控因素

1. 以天然气为主，具有原油裂解和干酪根热解两种天然气成因

和田河气田以产天然气为主，少量有凝析油产出，经过 PVT 分析及试油资料确定，均属干气气藏，为成熟度较高的裂解干气。天然气组分具有甲烷含量高、氮气含量高的特点，甲烷含量为 75%～85%，干燥系数大于 0.95；非烃气体含量主要为 N_2 和 CO_2，N_2 含量一般为 10%～18%，CO_2 含量变化较大，为 0.16%～14.3%。和田河气田还产少量的凝析油，且具有低密度、低凝固点、低含硫量、低含蜡量和低胶质 + 沥青质的特点。原油密度为 0.75～0.82g/cm^3，一般为 0.8g/cm^3，凝固点一般低于−30℃，硫含量一般低于 0.2%。

2. 北东向走滑断裂带可能是控制成藏的重要因素

根据和田河气田气藏特征及其物理、地球化学特征分析，认为和田河气田油气充注以沿北东向走滑断裂带的侧向充注为主，不同局部构造之间可能存在不同的充注点，主要证据有两点。一是不同局部构造之间油气层的地层压力系数、气水界面等存在差异（图 5-39）；压力系数也具有随深度增加数值变小的规律，在玛 4 号构造较明显，随深度从生屑灰岩段的 1943m 升至奥陶系的 2332m，压力系数从 1.17 降到 1.00，气水界面以下则小于 1.00，玛 8 号构造压力系数从生屑灰岩段的 1.15 降到奥陶系的 1.07，差别较大的是玛 5 号砂泥岩段气藏，压力系数仅有 0.91。且同一油气层不同局部构造压力系数也存在差异，如生屑灰岩段西部玛 8 井为 1.15，玛 3 井—玛 2 井为 1.109，玛 5 井为 1.165，压力系数的差异也反映了油气成藏过程中可能存在差异充注。二是西部井区主要为干酪根裂解气或与原油裂解气的混合气、东部井区主要以原油裂解气为主，表明东西部的油气充注存在差异。根据地震剖面解释，玛扎塔格断裂带被多条北东向走滑断裂切割，这些北东向走滑断裂带主要形成于加里东晚期-海西早期，且在海西晚期、喜马拉雅期还存在持续的活动。和田河气田的主要成藏期为喜马拉雅晚期，研究认为其油气主要来自塔西南坳陷—麦盖提斜坡的中下寒武统斜坡-盆地相烃源岩，喜马拉雅晚期油气由南向北充注的过程中，北东向走滑断裂可能是油气运移的主要输导体系，从而控制和田河气田不同局部构造的充注差异。因此，这些北东向走滑断裂可能是控制和田河气田不同构造之间差异成藏的关键。

（三）成藏模式

和田河气田是在古生界克拉通地区的新构造运动背景下形成的大气田。气田中的天然气主要源自寒武系烃源岩，具有多期成藏过程，主要经历了加里东晚期-海西早期油藏的破坏、海西晚期天然气的运聚与散失及喜马拉雅期次生天然气藏 3 个阶段（图 5-40）。

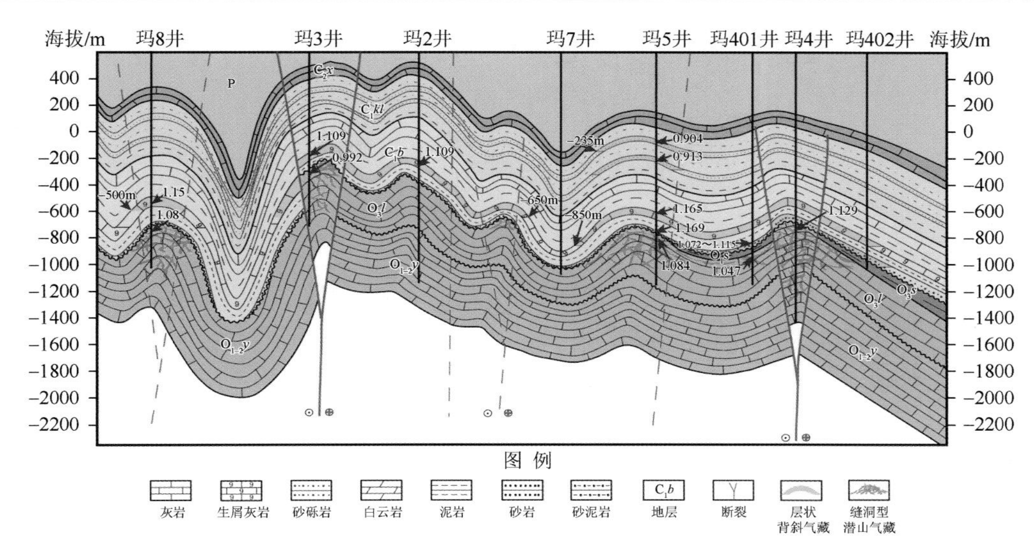

图 5-39　和田河气田气藏剖面图（据中石油修改）

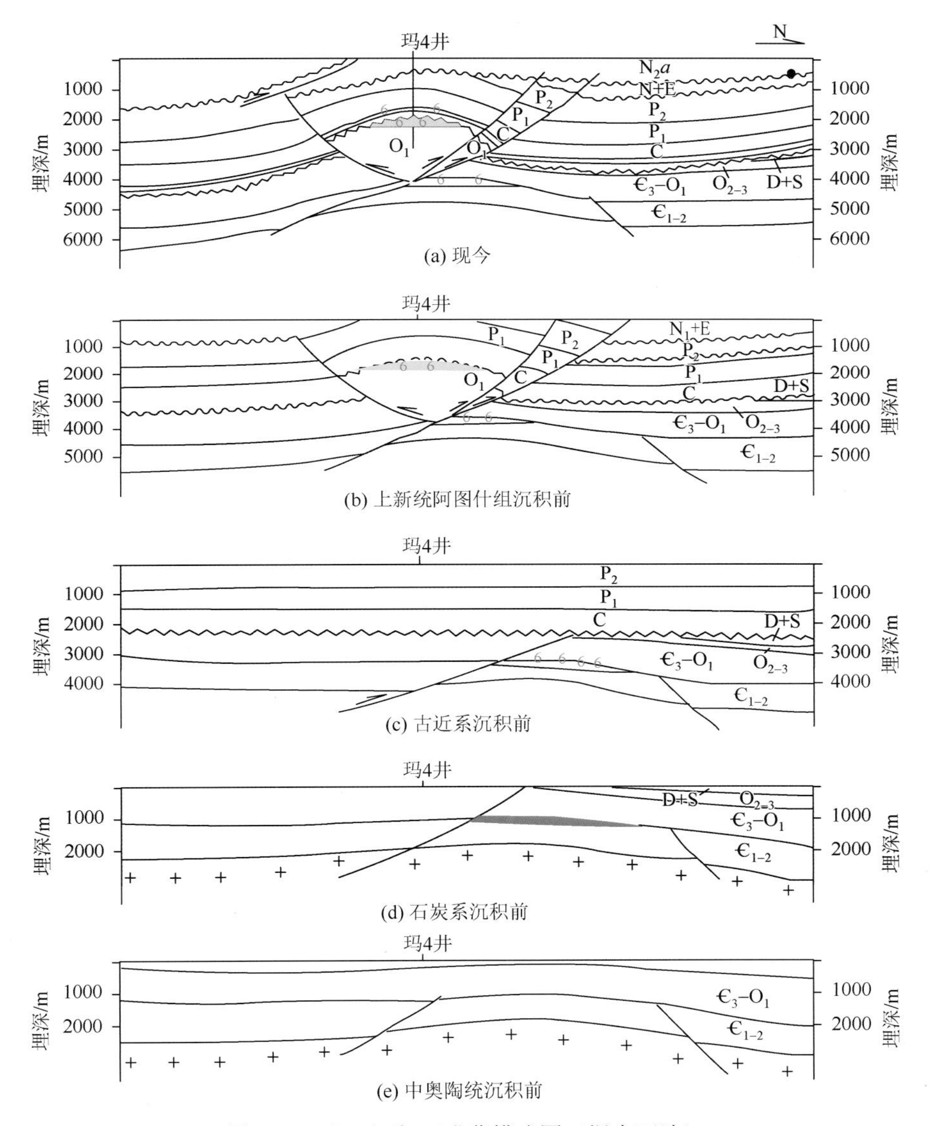

图 5-40　和田河气田成藏模式图（据中石油）

加里东晚期-海西早期是古油藏形成与破坏阶段。寒武系烃源岩成熟度已达生油门限，已经大面积进入生排烃高峰期，生成的油气运移至斜坡上倾方向断垒带的圈闭中聚集，但由于和田河气田范围内继承了加里东晚期的构造格局，不仅未接受沉积，而且遭受了严重的风化剥蚀，大气淡水的淋滤和生物降解作用破坏了奥陶系古油藏，形成了大量的降解沥青。

海西晚期是天然气的运聚与散失阶段。塔里木盆地发生大面积的火山活动，促进了寒武系、石炭系烃源岩的迅速熟化。塔西南地区下寒武统烃源岩已进入干气阶段，早期形成的下寒武统古油藏已裂解成了干气，而中寒武统的烃源岩仍处于凝析油及湿气阶段。由于玛扎塔格海西晚期的强烈火山活动，导致了和田河气田两侧的断裂活动切穿二叠系，使天然气发生垂向运移而逸散，这一点已为前人研究所证实。

喜马拉雅晚期是次生天然气藏形成阶段。和田河气田两侧断裂剧烈运动，形成现今的断垒型构造带，石炭系则形成了较好的构造圈闭，为油气的聚集提供了有利的场所。麦盖提斜坡寒武系烃源岩已进入生成干气阶段，该地区的寒武系古油藏也已演化成了干气，由南向北，通过气田两侧的断裂向上运移形成了和田河气田的次生气藏，东部以原油裂解气聚集为主，西部有原地聚集的干酪根裂解气混入。

五、巴什托油气田

（一）基本地质特征

巴什托油气田位于麦盖提斜坡西北部色力布亚断裂下盘巴什托背斜构造上。巴什托油气田形成上气下油的赋存状态，主要的产油气层为石炭系小海子组、巴楚组生屑灰岩段和泥盆系东河塘组。巴什托石炭系小海子组产层段为浅海台地相碳酸盐岩沉积，岩性为粉晶云岩、鲕粒灰岩，储层类型为孔隙型；石炭系巴楚组生屑灰岩段储层岩石类型为泥晶、粉晶和生物碎屑云岩，储集空间为裂缝-微晶间孔，并与巴楚组中泥岩段的膏泥岩自成储盖组合。泥盆系东河砂岩油藏是近年来新发现的，其上、下砂岩段是主要产层。巴什托油气田的基本特征见表 5-21。

表 5-21　巴什托油气田基础地质特征一览表

分区	典型井	层位	烃源岩	主要储层类型	盖层	原油密度/(g/cm³)	气油比/(m³/m³)	主成藏期	油气藏类型
麦盖提斜坡	巴开 8 井、巴探 4 井	D_3d	ϵ_1	孔隙	C_1b 下泥岩段、泥岩	0.805	/	喜马拉雅期	岩性-构造挥发油-轻质油
	麦 4 井、麦 6 井、麦 10 井	C_1b		裂缝-孔隙	C_1b 中泥岩段、泥岩，膏质泥岩	0.807	172		岩性-构造轻质油
	麦 3 井、麦 4 井	C_2x		裂缝-孔隙	P_1n 致密泥灰岩	0.782	5442		构造凝析气

（二）油气分布规律与富集主控因素

1. 原油物性具上部轻、下部重的特点

上部小海子组凝析气藏的原油密度范围为 0.7631～0.782g/cm³，平均为 0.7774g/cm³，为低黏、低硫、低蜡挥发油。中部巴楚组生屑灰岩段原油密度范围为 0.7893～0.8430g/cm³，平均为 0.807g/cm³，为挥发油-轻质油；但含蜡量变化较大，既有低蜡油，又有含蜡油，个别为高蜡油。中上泥盆统东河砂岩段原油密度范围为 0.7844～0.8328g/cm³，平均为 0.7972g/cm³，表现为轻质油-挥发油。

2. 天然气主要为原油伴生气，上部层系可能有裂解凝析气混合

小海子组凝析气藏的天然气干燥系数中等，属于湿气，为原油伴生气-裂解凝析气；巴楚组生屑灰岩段油藏的天然气干燥系数中等，属于湿气，为原油伴生气。泥盆系东河砂岩油藏的天然气组分干燥系数中等，属于湿气，为原油伴生气，但甲烷含量较低，$C_1/(C_2+C_3)$比值仅为 1.99～6.13，平均为 3.71。

3. 纵向上，油气藏圈闭类型存在差异

根据圈闭形态、流体性质与油气层压力分析，小海子组为构造圈闭凝析气藏；巴楚组生屑灰岩段为岩性-构造轻质油藏；东河塘组东河砂岩下亚段为岩性-构造挥发油-轻质油藏（图 5-41）。

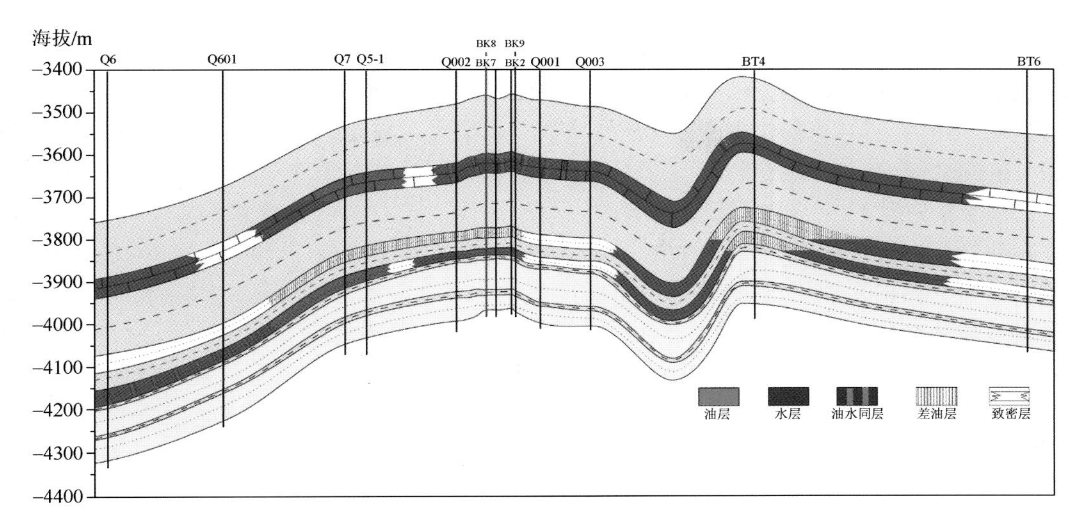

图 5-41　巴什托油气田油气藏剖面图

4. 泥盆系裂缝-孔隙型储层，具有构造控藏、物性控富的特点

泥盆系东河塘组砂岩段主要为粒间孔、粒间溶孔和粒内溶孔，还含有少量铸模孔和裂缝，属致密砂岩裂缝-孔隙型储层。巴什托构造形成于海西晚期，与寒武系主力烃源岩的生排烃高峰期匹配，油气显示程度明显较构造之外好，具有构造控聚的特征，砂岩段岩心物性与含油性呈正相关关系，物性好的砂岩含油性好，岩心物性差的砂岩含油相性差，储层物性控制油气富集。

（三）成藏模式

油气成藏大体划分为海西早中期的早期成藏破坏、海西晚期—燕山期的中期成藏保存、喜马拉雅晚期的晚期成藏调整 3 个阶段（图 5-42）。

（1）海西早中期，塔西南地区寒武系烃源岩达到成熟阶段，生成的油气沿巴什托断裂向上运移至泥盆系东河砂岩、巴楚组生屑灰岩储层中，但由于上覆封盖条件相对较差，油藏以破坏、散失为主。至早二叠世末，岩浆侵入储层，使已形成的油藏沥青化。

（2）海西晚期-燕山期，是巴什托—先巴扎构造带的主要形成期。构造带呈现西高东低的格局。深部寒武系烃源岩处于生烃高峰-高成熟阶段，油气沿沟通烃源的巴什托—先巴扎断裂向上运移，此时烃源充足，使巴什托构造带泥盆系东河塘、巴楚组生屑灰岩段、小海子组和南闸组均充注成藏。

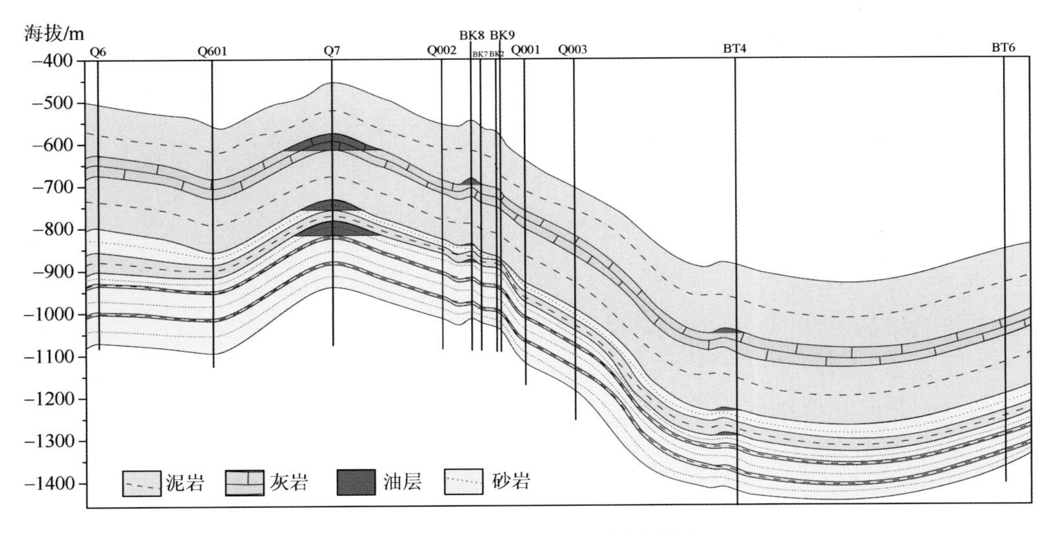

图 5-42　巴什托油气成藏模式图

（3）喜马拉雅晚期，伴随西南前陆与巴楚断隆形成，巴什托—先巴扎构造带发生缩短、西侧强烈沉降，高点向东侧转移，造成圈闭溢出点的翘倾变化，油气沿构造带自西向东、自下而上发生调整与再分配，并在浅部的南闸组形成次生的凝析气藏。同时，深部的寒武系烃源岩快速演化至干气，沿活动的巴什托—先巴扎等断裂向上运移，受巴楚组中泥岩段膏质云岩、膏岩优质盖层的封堵，充注于巴楚组生屑灰岩段，形成高压、超高压的油气藏。

六、皮山北新 1 油藏

（一）基本地质特征

皮山北新 1 油藏位于麦盖提西南部皮山北 1 号背斜构造。该构造呈近似 NW-SE 向的短轴状，下部二叠系泥岩之下发育疑似火山热底劈，上部沿古近系含膏泥岩滑脱形成滑脱背斜，其间发育白垩系并局限分布。白垩系依格孜牙组主要为近源堆积杂色碳酸盐角砾岩，角砾发育裂缝型、孔洞、晶间孔、晶间溶孔、砾间孔等多种储集空间类型。由于角砾岩超覆沉积于二叠系沙井子组非渗透性泥岩地层之上，上覆古近系阿尔塔什组膏盐岩，从而形成地层圈闭（表 5-22）。

表 5-22　皮山北新 1 井油藏基础地质特征一览表

典型井	层位	烃源岩	主要储层类型	盖层	圈闭类型	原油密度/(g/cm³)	气油比/(m³/m³)	主成藏期	油气藏类型
皮山北新 1	K_2y	$Є_1$	角砾岩、裂缝-孔隙	E_1a，膏盐岩	构造-地层圈闭	0.839	167	喜马拉雅期	块状底水地层轻质油藏

皮山北新 1 井在完井时对白垩系依格孜牙组 6916～6932m 进行射孔酸压测试获油气，日产油 2.34～2.37t，折算日产气 1991m³，气油比为 167m³/m³。温压测试显示为常温常压油藏，油层中部压力为 76.68MPa/6924m，压力系数为 1.13。油层中部温度为 165.88℃/6924m，温度梯度为 2.396℃/100m。油藏总体表现为具块状底水地层油气藏（图 5-43）。

皮山北新 1 井原油密度为 0.8284～0.8473g/cm³，平均为 0.839g/cm³；原油黏度为 3.49～5.39mPa·s，平均为 4.55mPa·s；含硫量为 0.22%～0.29%，平均为 0.25%；含蜡量为 0.47%～0.81%，平均为 0.60%，总体上原油为低硫、低蜡的轻质油。

皮山北新 1 井天然气组成烃类气体组分中，甲烷含量中等，平均为 76.75%，重烃（C_2^+）含量中等，平均为 12.10%，干燥系数平均为 0.863，$C_1/(C_2+C_3)$比值平均为 8.70，属于湿气，为原油伴生气。

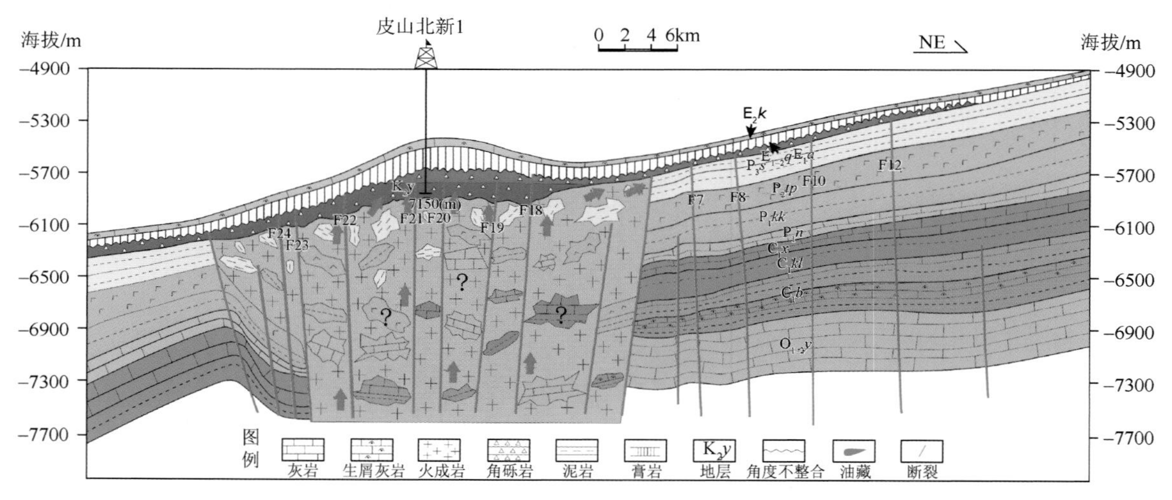

图 5-43　皮山北新 1 井白垩系油气成藏模式图

（二）成藏过程

由于构造新，并以古近系膏盐岩为盖层，皮山北新 1 井圈闭形成期为喜马拉雅中晚期。寒武系烃源岩和寒武系-奥陶系碳酸盐岩古油藏，在喜马拉雅晚期快速埋深过程中受地热升高影响，在热蚀变作用下发生油气分馏，油气沿岩浆墙和断裂通道向上运移聚集形成白垩系油藏（图 5-43）。

第五节　雅克拉—新和油气富集区

一、概况

雅克拉－新和油气富集区位于沙雅隆起北部，是塔里木盆地最重要的油气富集区之一。中石化探区已发现雅克拉、轮台凝析气田、大涝坝 1 号和 2 号油气田、丘里油田、三道桥气田等共 9 个油气田（藏）（图 5-44），共提交探明油气储量 4359.66×10^4t 油当量（石油为 1006.86×10^4t，天然气为 $334.68\times10^8m^3$）。中石油在周边地区已发现牙哈、英买力、提尔根等多个油气田（藏）（表 5-23）。

表 5-23　雅克拉—新和地区油气藏统计表

矿区	油（气）田名称	三维工区	发现年份	储层层位	探明储量		代表井
					原油/10^4t	天然气/10^8m^3	
中石化油气藏	雅克拉	雅克拉三维	1984	K_1y	507.2	264.4	SC2 井、S7 井、S15 井
	桥古	三道桥三维	2010	$∈_1x$	43.6	14.3	QG1 井、QG101 井
	大涝坝	大涝坝三维	1993	$E_3s—K_1bs$	444.2	48.2	S45 井
	轮台 S3-1 区块	轮台三维	1989	K_1bs	64.8	22.1	S3 井、S3-1 井
	轮台 YL2 区块	轮台三维	2008	K_1bs	15.4	3.9	YL2 井
中石油油气藏	牙哈	牙哈三维	1992	$E_3s—K_1bs$	4445.4	407.15	YH2 井、YH3 井
	羊塔克	羊塔克三维	1993	$E_3s—K_1bs$	567.5	274.29	YT1 井、YT5 井
	英买力	英买力三维	1989	S、O、∈	2500	2000	YM1 井、YM32 井、YM34 井
	玉东	玉东三维	2010	K_1bs、K_1b	400	60	YuD1 井、YuD7 井
	提尔根	提尔根三维	1988	$E_3s—K$	*	*	*

注：*表示无资料数据。

雅克拉断凸是一个受断裂夹持的继承性断块凸起，历经多期构造运动的叠加改造，其古生界已被大幅剥蚀，缺失中上奥陶统-二叠系；三叠系-侏罗系分布于雅克拉断凸西南部及轮台断裂以南的局部地区，大部分地区的白垩系直接覆盖于下奥陶统-前震旦系之上，至古近纪转变为北侧库车拗陷南斜坡。勘探目标类型涵盖了震旦系-奥陶系潜山、中新生界碎屑岩低幅度构造、构造-岩性复合圈闭（图 5-45）。

该区是南部海相油源油气和北部库车拗陷陆相油气长期运移的指向区，通过多年的勘探研究工作，对雅克拉地区油气成藏条件形成了如下认识：①丰富的油气资源为本区油气聚集提供了物质基础；②发育多套优质储层，储盖组合有利；③通源断裂和大型不整合面构成油气运移的良好通道，圈闭形成期与油气运移期匹配良好；④发育多种圈闭类型，油气藏具有多层系及多类型的发育特征。

二、雅克拉凝析气藏

（一）基本地质特征

1984 年沙参 2 井在奥陶系古潜山获得重大油气突破，发现了雅克拉潜山凝析气藏，揭开了塔里木盆地海相油气大发现的序幕。雅克拉凝析气田为一个多层系含油、多类型的复合型气田，是中石化西北油田分公司发现的第一个油气田。该气田分别在白垩系亚格列木组、下侏罗统、潜山（奥陶系、寒武系及震旦系）等层位试获工业油气，并在古近系见油气显示，且测井解释为油气层，其基本情况见表 5-24。

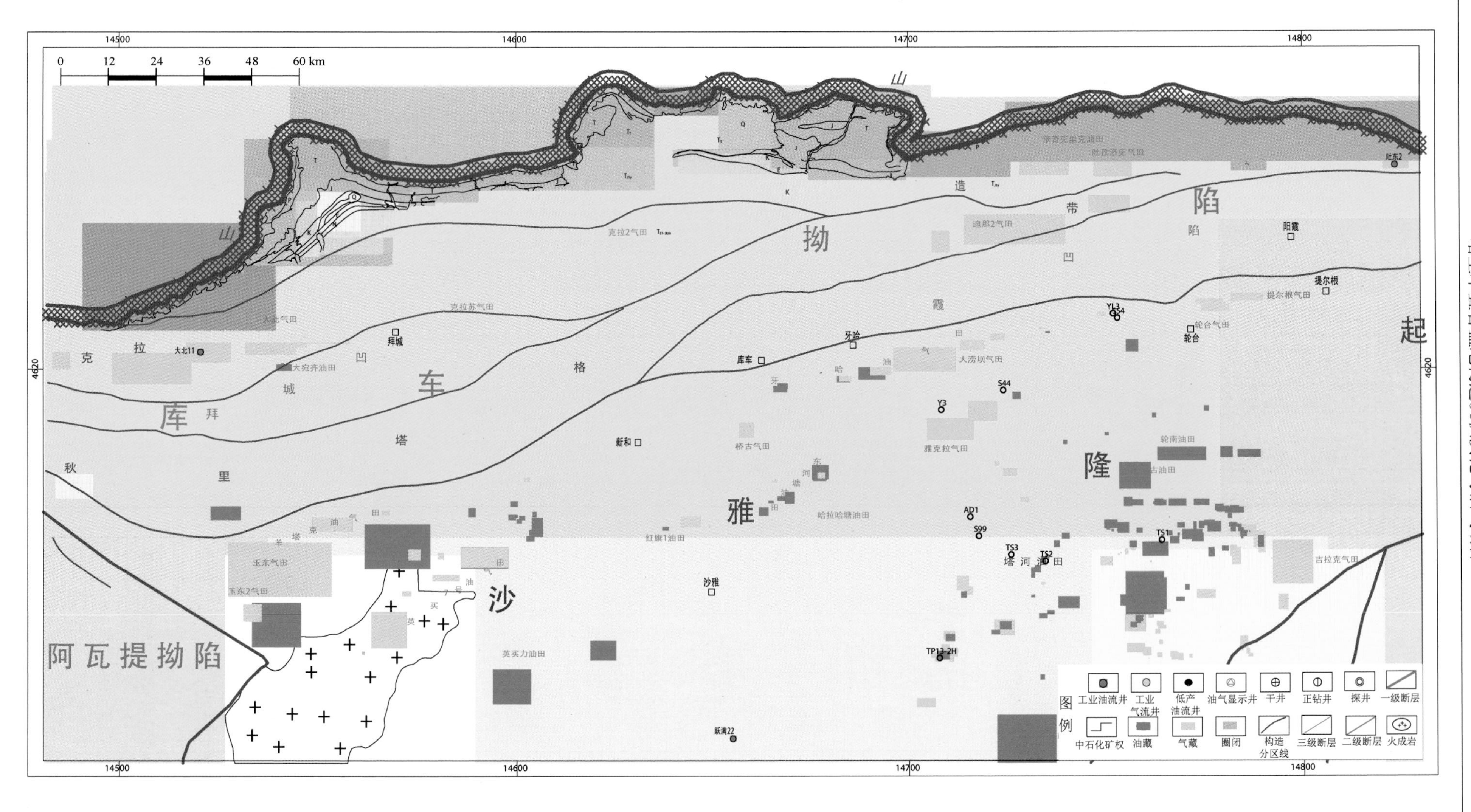

图 5-44　雅克拉—新和地区油气田（藏）分布图

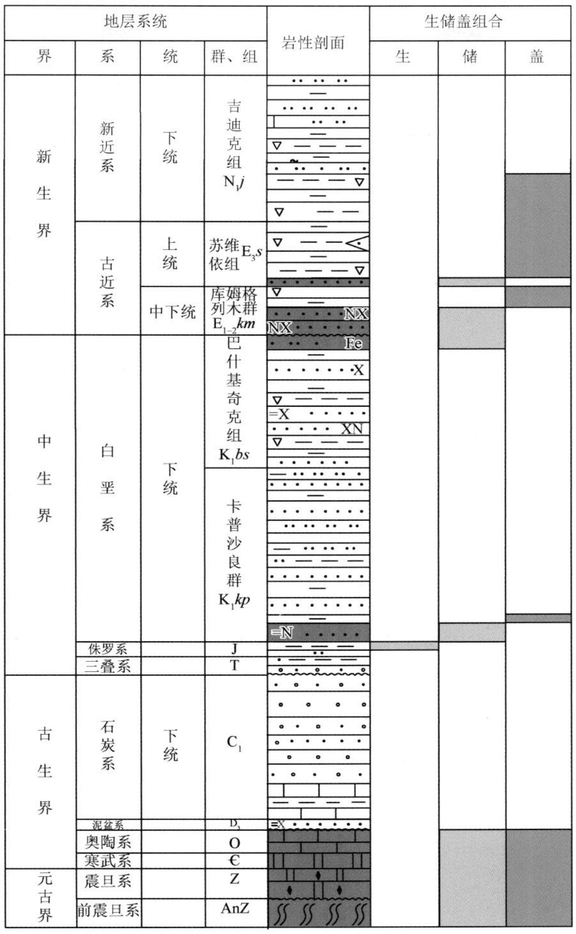

图 5-45 雅克拉-新和综合柱状示意图

表 5-24 雅克拉凝析气藏基础地质特征一览表

典型井	层位	烃源岩	主要储层类型	盖层	圈闭类型	原油密度/(g/cm³)	气油比/(m³/m³)	主成藏期	油气藏类型
SC2 井、S7 井、S15 井	前中生界	寒武系玉尔吐斯组烃源岩	低孔低渗	舒善河组泥岩和上三叠统-下侏罗统中的泥岩、湖沼相泥质岩	构造复合潜山	0.8223	1600	喜马拉雅晚期	凝析气藏
	侏罗统下统		中-低孔、中低渗	侏罗系泥岩	背斜型圈闭	0.8034	4881		凝析气藏
	白垩系亚格列木组		低孔、中渗储层	舒善河组泥岩	背斜型圈闭	0.8045	4036		凝析气藏
YD1 井	下侏罗统		中-低孔、中低渗	侏罗系泥岩	背斜型圈闭	0.8533	210		凝析气藏
	白垩系亚格列木组		低孔、中渗储层	舒善河组泥岩	背斜型圈闭	0.8048	724		凝析气藏
QG1 井	前震旦系		白云岩	舒善河组泥岩	潜山复合型	0.8113	2759		凝析气藏

（二）油气分布规律与富集主控因素

1. 构造背景控制油气分布与富集

雅克拉前中生界凝析气藏受控于前中生界潜山构造背景，内部被泥岩、泥质灰岩等不渗透地层所分隔，在奥陶系、寒武系、震旦系内部白云岩地层中所形成的具有各自独立油水界面的地层-构造复合潜山油气藏（图 5-46）。沙参 2 井—YK1 井奥陶系-寒武系潜山油气藏面积最大，为一独立的潜山构造油气藏，气藏油水界面为–4440m；S7 井区寒武系潜山油气藏，在潜山顶面构造上为鼻状构造，为通过东南方向侧向致密地层封挡形成的地层油气藏，气藏油水界面为–4475m；S4 井区震旦系油气藏，在潜山顶面具有完整的构造形态，在东南方向为下寒武统玉尔吐斯组泥页岩侧向形成岩性遮挡，为构造岩性复合油气藏，气藏油水界面为–4485m。

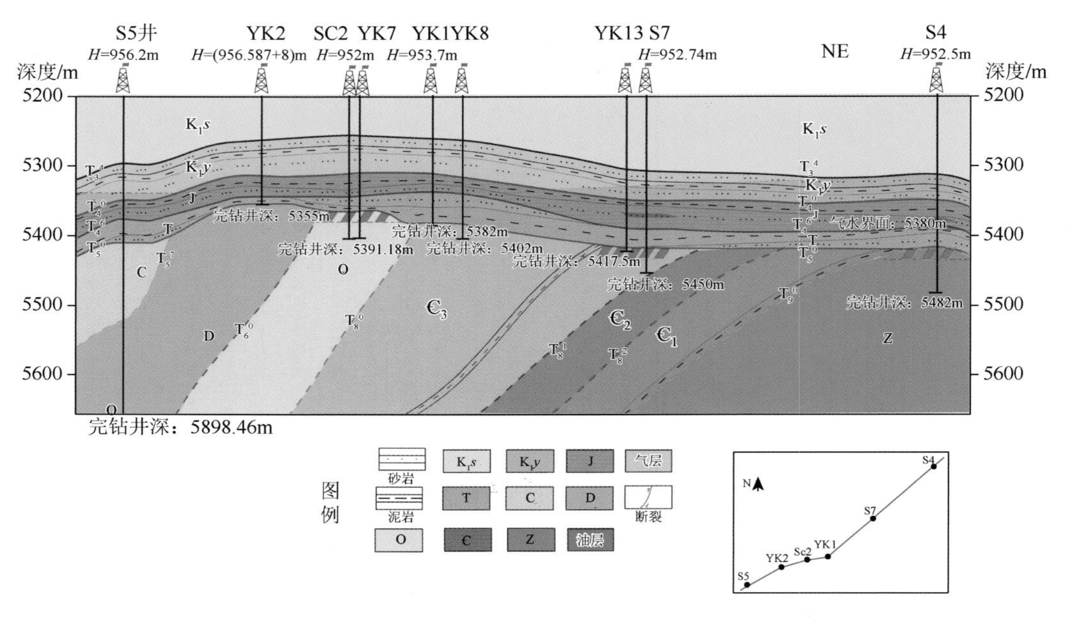

图 5-46　雅克拉油气藏剖面图

雅克拉侏罗系凝析气藏主要分布于 YK8 井、S7 井、S4 井等井区（图 5-46），侏罗系砂体主要为背斜型圈闭，沿轮台断裂由西到东分布 YK15H 井、YK1 井、YK13 井、YK11 井 4 处高点，受南北方向区域挤压，拉张应力场作用，断裂多呈 NE—NEE 向展布，断裂较发育。侏罗系下统砂岩储层岩性以长石石英砂岩为主，其次为不等粒岩屑长石砂岩。储集岩属成分成熟度和结构成熟度均较低的浅棕、棕褐色油斑-油迹粗、中-细砂岩。侏罗系储层孔隙较发育，以原生孔、粒间孔为主，局部溶蚀扩大。储层物性分析表明，主要为中低孔中低渗的砂岩储层。从侏罗系气藏盖层主要有侏罗系内部的泥岩。

雅克拉白垩系油气藏是在前中生界背冲断块的基础上发展起来的中生界背斜构造（图 5-46）。白垩系卡普沙良群第一段亚格列木组各气层顶面构造形态相似，背斜走向与轮台断裂基本平行，两翼倾角平缓，南翼稍陡，构造较完整。白垩系亚格列木组气水界面海拔为–4387m。白垩系亚格列木组储层段岩石类型多为长石岩屑石英砂岩、岩屑长石石英砂岩、长石石英砂岩、岩屑石英砂岩等，少量长石砂岩和岩屑砂岩，岩石基本上为颗粒支撑，以接触式和孔隙式胶结类型为主。储层主要孔隙类型为粒间孔，其次为粒内溶孔、晶间孔、石英加大后残余粒间角孔，少量微裂缝和压溶缝。储层孔隙度分布范围为 7.2%～13.8%，平均为 10.56%；渗透率分布范围为 2.4～59mD，平均为 30.7mD，为中低孔、中低渗的砂岩储层。白垩系油气藏的盖层为下白垩统舒善河组部泥岩段，卡普沙良群舒善河组泥岩与其下的亚格列木组砂岩储层构成的储盖组合。

2. 高成熟凝析油气来源于雅克拉断凸之南的玉尔吐斯组海相烃源岩

雅克拉凝析气藏原油密度为 0.7929～0.83g/cm^3，具有低凝固点（–24～–16℃）、低黏度（2.21～11.4mPa·s）、含蜡量较低、含硫量较高的特点。天然气 C_1 为 86.68%，$C_2/(C_2+C_3)$为 12，C_5 为 0.31%，C_2/C_5 为 280，$\delta^{13}C_1$ 为 40.3‰，$\delta^{13}C_2$ 为–32.25‰。各层系的天然气碳同位素值均在–39.58‰～41.89‰之间，反映它们是同源的。$\delta^{13}C$ 均在 40‰左右，反映其处于成熟-高成熟期的湿气-干气阶段，其母质应为腐泥型。

雅克拉海相凝析气藏油气来源于断凸南部寒武系烃源岩。由于塔里木盆地海相原油具有相对较高的成熟度，盆地内钻遇海相烃源岩的钻井较少，经过对寒武系-奥陶系多个层系生油岩进行地化分析，仅寒武系玉尔吐斯组泥质烃源岩满足生烃条件。雅克拉断凸星火 1 井、雅开 21 井钻遇下寒武统玉尔吐斯组海相泥质烃源岩，其地化指标与塔北原油具有较好的集群性。

（三）成藏模式

雅克拉地区海相油气存在海西晚期和喜马拉雅晚期两期油气运聚过程，凝析气藏主要形成于喜马拉雅晚期。海西晚期，雅克拉地区储集层因缺乏有效盖层，导致该期的油气藏遭受破坏，该区钻井及邻区 S84 井、S11 井、S13 井及星火 1 井等井前中生界碳酸盐岩中普遍见沥青和采出重质原油。

雅克拉地区已发现的气藏成藏期为喜马拉雅晚期，现今地质结构可近似代表成藏期的地质格局。塔北地区海相油气藏从南往北呈干气-轻质油-中质油-稠油-凝析气藏的分布规律，最北部凝析气藏显然与其南部的油气系统不协调，说明雅克拉凝析气藏油气来源与塔河南部不同。轮台断裂是雅克拉地区海相凝析气藏的油源断裂，轮台断裂在喜马拉雅晚期持续活动为寒武系烃源岩所生油气提供了重要垂向运移通道。寒武系玉尔吐斯组泥质岩“烃源灶”所生凝析气，顺加里东早期（T_9^0）不整合面向高部位运移，再沿轮台断裂向高部位调整，遇到圈闭成藏。同时，海相油气会沿前中生界不整合、T_4^0 不整合向两侧高部位运移，同时沿中新生界正断层向上垂向运移。

三、大涝坝（牙哈）凝析气藏

（一）简要地质特征

大涝坝（牙哈）凝析气田区位于库车拗陷最南端的一排构造带。大涝坝油气区带是一个大型多层系、多类型复式油气田（表 5-25）。它由一系列受亚南断裂所控制的背斜或断鼻构造组成（即牙哈 1～6 号），呈串珠状分布，构造轴向为 EW 向或 NEE 向，由西向东构造高点不断抬升，整个构造带长约 60km，宽约 10km。油气田主力产层为古近系苏维依组（E_3s）底砂体、库姆格列木群（$E_{1\text{-}2}km$）底部砂体（图 5-47），其次是寒武系-奥陶系潜山白云岩。此外，下白垩统及库车组也见到良好油气显示。

表 5-25　大涝坝（牙哈）凝析气藏基础地质特征一览表

分区	典型井	层位	烃源岩	主要储层类型	盖层	圈闭类型	原油密度/（g/cm³）	气油比/（m³/m³）	主成藏期	油气藏类型
牙哈 1 油藏	YH1 井	$E_{1\text{-}2}km$、Є潜山	库车拗陷三叠-侏罗系	中-低孔、中低渗、白云岩	吉迪克组膏泥岩-古近系泥岩	断背斜圈闭	*	*	喜马拉雅期	块状油藏、层状凝析气藏
牙哈 5 油藏	YH5 井	E_3s、Є	三叠系-侏罗系、寒武系烃源岩	中-低孔、中低渗	吉迪克组膏泥岩-古近系泥岩、白垩系泥岩	断背斜圈闭、潜山-地层复合型圈闭	0.829	*	喜马拉雅期、加里东期	块状油藏、层状凝析气藏
牙哈 7 油藏	YH7 井	E_3s、Є潜山	三叠系-侏罗系、寒武系烃源岩	中孔、中渗白云岩	吉迪克组膏泥岩-古近系泥岩、白垩系泥岩	断背斜圈闭、潜山-地层复合型圈闭	*	*	喜马拉雅期、加里东期	块状油藏、层状凝析气藏
牙哈 2-3 凝析气田	YH2 井	E_3s、$E_{1\text{-}2}km$、K_1bs	三叠系-侏罗系	中孔、中渗	吉迪克组膏泥岩-古近系泥岩	断背斜圈闭	0.832	*	喜马拉雅期	块状油藏、层状凝析气藏
牙哈 6 凝析气田（大涝坝 2 号）	YH6 井	E_3s、$E_{1\text{-}2}km$	三叠系-侏罗系	中孔、中渗	吉迪克组膏泥岩-古近系泥岩	断背斜圈闭	0.7967	983	喜马拉雅期	凝析气藏
牙哈 4 凝析气田（大涝坝 1 号）	YH4 井	E_3s、$E_{1\text{-}2}km$	三叠系-侏罗系	中孔、中渗	吉迪克组膏泥岩-古近系泥岩	断背斜圈闭	0.7931	1101	喜马拉雅期	凝析气藏

注：*表示无资料数据。

（二）油气分布规律与富集主控因素

油气藏沿断裂带分布于构造高部位。已获高产工业油气流的探井，都分布在断层附近，离断层的位置仅有几十至几百米，并且都位于局部构造高部位。断距控制了构造的规模，也控制了油气藏的规模。亚南断裂（大涝坝）构造带主干断裂断距从西向东逐渐变小，如古近系苏维依组砂岩顶面 T_2^3 层在大涝坝构造带断裂断距为 60～100m，而 S49 井向东断距变为 30m 以内，油气藏面积也随着断裂的变化从西向东逐渐变小。

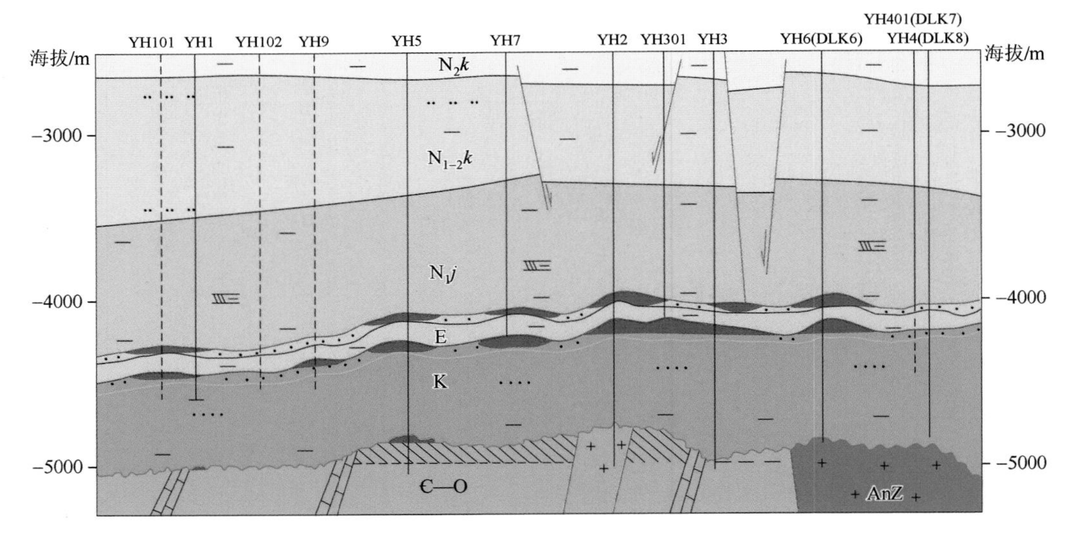

图 5-47　大涝坝油气田剖面图

（三）成藏模式

大涝坝地区所产的原油和天然气，均来源于库车坳陷湖相沉积的三叠系-侏罗系泥质岩和煤系地层烃源，在古近系末开始成熟。库车坳陷陆相油气沿前中生界顶面不整合面向南侧向运移，再沿运移途中的纵向断裂垂向运移，并在有利圈闭中聚集成藏。

四、轮台凝析气藏区

（一）基本地质特征

轮台凝析气藏区位于雅克拉断凸的中东部，经过多年精细勘探，已发现了轮台含油气构造、雅轮 2 井和雅轮 4 井等中小油气藏（图 5-48）。中石油提尔根油气藏与雅轮 2 井气藏属于同一构造断裂带，是该断裂构造带向东的延伸。提尔根气藏的含油气层系也为白垩系-古近系。油气藏基本情况见表 5-26。

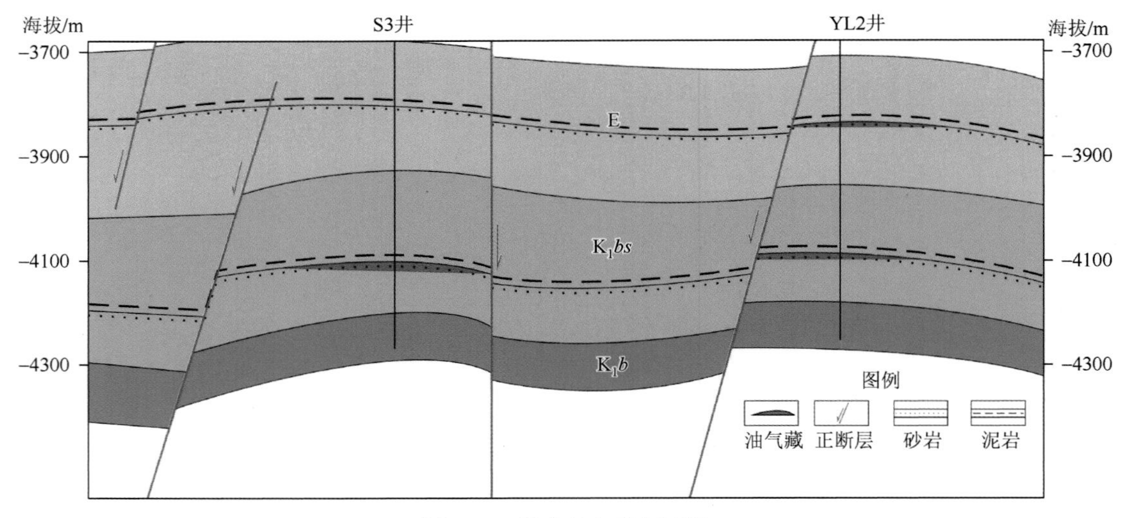

图 5-48　轮台油气藏剖面图

表 5-26　轮台凝析气藏基础地质特征一览表

分区	典型井	层位	烃源岩	储层类型	盖层	圈闭类型	原油密度/(g/cm^3)	气油比/(m^3/m^3)	主成藏期	油气藏类型
轮台气田	S3 井	白垩系巴什基奇克组	库车拗陷三叠系—侏罗系煤系烃源岩	中孔高渗	白垩系巴什基奇克组上泥岩盖层	断背斜圈闭	0.795	2700	喜马拉雅期	凝析气藏
雅轮 2 井气藏	YL2 井	古近系、白垩系 K_1bs		中孔高渗	古近系泥岩、白垩系泥岩	断背斜圈闭	0.777	1900	喜马拉雅期	凝析气藏
雅轮 4 井气藏	YL4 井	白垩系巴什基奇克组		中孔高渗	白垩系巴什基奇克组上泥岩	断背斜圈闭	0.7978	2717	喜马拉雅期	凝析气藏
提尔根	Ti1 井	古近系、白垩系巴什基奇克组		中孔高渗	古近系泥岩、白垩系泥岩	断背斜圈闭	/	/	喜马拉雅期	凝析气藏

（二）油气分布规律与富集主控因素

1. 中新生界断裂带控制了构造圈闭的形成及油气富集

与大涝坝地区相似，轮台地区中新生界断裂控制了圈闭的形成及油气的富集。中新生界发育 3 组 NE—近 EW 的张性和张扭性正断层，形成以牵引背斜、断背斜等构造为主的圈闭类型，从北往南依次为亚南断裂、吐斯断裂及轮台断裂。其中已获高产工业油气流的探井，都分布在断层附近，断距控制了构造的规模，也控制了油气藏的规模。断裂是油气向上运移的主要通道，本区断裂向上断至吉迪克组底部，油气就主要富集层位是白垩系-古近系。

2. 储盖组合的横向变化控制了圈闭的有效性，从而控制油气富集

该区油气受局部储层组合变化控制。轮台地区的储盖层条件总体上较好，但由于受到多期构造活动的改造，以及沉积相带、成岩作用等因素的影响，主要储盖组合在研究区横向变差造成油气勘探失败。具体表现为巴什基奇克组中部泥岩盖层由东向西逐渐减薄，至雅轮 1 井区已经相变为砂岩，导致雅轮 1 井勘探失利。

（三）成藏模式

对沙 3 井区钻井原油地球化学特征进行分析表明，其油气来源于库车拗陷阳霞凹陷，其油气的原油母质为侏罗系煤系烃源岩，与拜城凹陷湖相烃源岩所生油气差异明显。S3 井原油中三环萜烷以低碳数三环萜烷为主，以 C_{19} 三环萜烷为主峰，C_{19}～C_{24} 三环萜烷的相对含量逐渐下降，C_{24} 四环萜烷的相对含量较高，$C_{24}Te$ 和 $C_{26}TT$ 比值为 1.09。富含重排萜烷系列化合物，如 Ts 和 Tm 之间具有较高丰度的未知化合物（A）、C_{30} 重排藿烷含量较高，其丰度与 C_{29} 藿烷相当。甾烷组成中具有 C_{29} 20R ≫ C_{27} 20R＞C_{28} 20R，同时 C_{29} 重排甾烷含量高。结合 S3 井原油具有较重的碳同位素组成，该原油体现了煤成油的特征。

阳霞凹陷陆相煤系烃源岩也是在喜马拉雅晚期被深埋，加速了油气生成过程。油气沿不整合面、储集体和断裂组成的疏导体系，向南运移到中新生界圈闭中成藏。该油气藏的显著特点是油气藏均与断裂伴生，断裂断到哪个层位，只要有圈闭条件，油气就聚集在那个层位。该模式是雅克拉断凸东段碎屑岩油气成藏的主要类型。

五、英买力—羊塔克油气藏区

（一）基本地质特征

英买力—羊塔克油气藏位于塔北隆起西段沙西凸起，中石油自 20 世纪 90 年代发现英买力和羊塔克油气藏以来，又在该区陆续发现了英买 32 潜山油气藏、玉东 1 古近系岩性油气藏、英买 46 白垩系巴西盖组油气藏、英买 35 志留系油气藏等（图 5-49）。英买力—羊塔克地区碎屑岩圈闭类型为低幅度背斜、断块、断鼻、岩性-构造复合圈闭及潜山圈闭。油气藏基本情况见表 5-27。

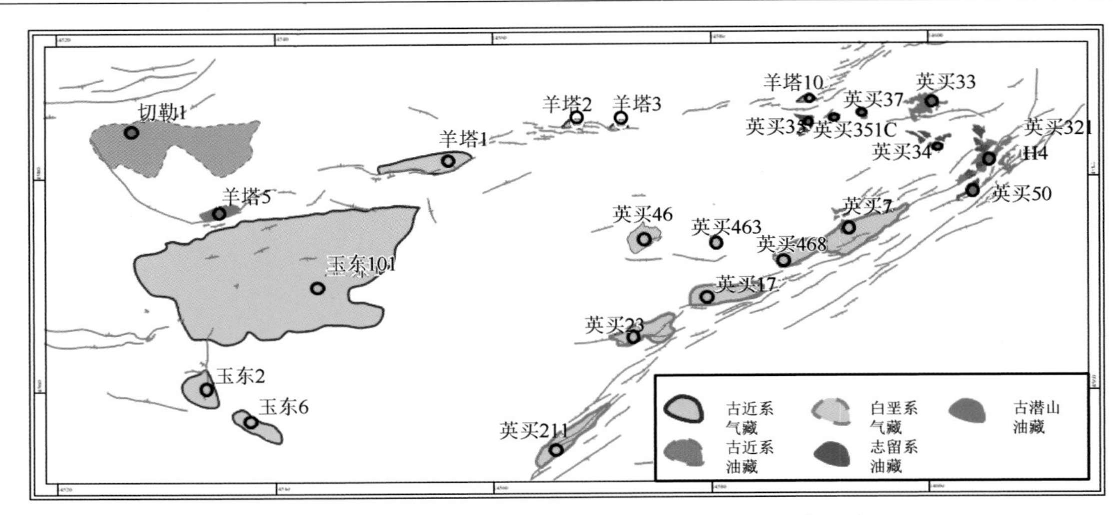

图 5-49　英买力—羊塔克地区油气藏平面展布图（据中石油）

表 5-27　英买力—羊塔克凝析气藏基础地质特征一览表

分区	典型井	层位	烃源岩	储层	盖层	圈闭类型	主成藏期	油气藏类型
羊塔克	羊塔 5 井	白垩系-古近系	库车拗陷三叠系-侏罗系湖相泥质烃源岩	砂岩	古近系泥岩、白垩系泥岩	断背斜圈闭	喜马拉雅期	凝析气藏
英买力	英买 32 井	白垩系-古近系、潜山		砂岩、白云岩	古近系泥岩、白垩系泥岩	断背斜圈闭		
玉东 2、6	玉东 2 井	白垩系-古近系		砂岩	古近系泥岩、白垩系泥岩	断背斜圈闭		
玉东 1	玉东 1 井	古近系		砂岩	白垩系巴什基奇克组上泥岩盖层	岩性圈闭		
英买 46	英买 46 井	白垩系巴西盖组		砂岩	白垩系巴西盖组泥岩	断背斜圈闭		
英买 32、33	英买 32 井	寒武系潜山		白云岩	白垩系舒善河组泥岩	潜山圈闭		
英买 35	英买 35 井	志留系		砂岩	白垩系舒善河组泥岩	断背斜圈闭		

（二）油气分布规律与富集主控因素

1. 库车拗陷中新生界优质烃源岩为油气富集提供物质基础

库车拗陷发育三叠系黄山街组（T_3h）湖相和中侏罗统恰克马克组（J_2q）煤系两套陆相烃源岩。其中，西部拜城凹陷侏罗系深湖相泥岩发育，东部阳霞凹陷则煤岩较发育。由地表露头地质资料与钻井资料的岩性岩相分析，中西部生油生气的潜力较东部强，而拗陷东部主力源岩为侏罗系。三叠系源岩在康村早中期达到生油窗口，侏罗系煤岩有低成熟油生成，塔北隆起区低成熟是该期聚集的。康村晚期-库车早期，三叠系-侏罗系烃源岩普遍达到成熟阶段，库车拗陷北部山前沉陷带和西部拜城凹陷可达到高成熟期，为湿气、凝析油气产出的高峰阶段，是依奇克里克油田及隆起区凝析油气藏主要的主要形成时期。库车晚期-第四纪西域期，库车拗陷烃源岩普遍达到高成熟-过成熟阶段，因而以形成高成熟凝析气藏（东部）和过成熟干气藏（中西部）为主，库车拗陷区克拉 2、克拉 3、大北 1、依南 2、吐孜 1 气藏等均是在这一时期形成的。

2. 不整合面构成油气向南运移的良好通道

喜马拉雅期以后，塔北地区中新生界地层长期处于向南抬升的单斜形态，使得油气从低势区向南高部位运移成为可能。来自库车拗陷丰富的湖相烃源岩油气，经大范围分布的古生界与中生界之间的不整合面提供的运移通道和古近系与白垩系之间或侏罗系、三叠系砂岩疏导层向南运移。由于前中生界长期或多次出露地表遭受淋滤剥蚀和近地表岩溶作用，使碳酸盐岩中裂缝、溶蚀孔和溶蚀洞发育，形成了良好的古风化壳储层且主要分布在潜山顶面以下的风化壳带内。来自北部的油气到达英买力地区碳酸盐岩古风化壳储层后，受到上覆白垩系卡普沙良群泥岩的封盖而聚集成藏。

3. 中新生界断裂带控制了油气的富集

本区断裂构造带在燕山末期-喜马拉雅早期发育。该时期塔北隆起开始接受巨厚的新生界沉积，并发育了一系列NE—EW向的张扭性正断层及沿断层发育了一系列的局部构造，从北往南依次为羊塔克、英买46、英买力7等构造带。圈闭的形成期与油气成藏期匹配较好，断裂具有油源断裂的特征，即断裂具有沟通源岩或区域输导层连接储集层序的功能。断裂活动的时期与油气运聚充注的时代有很好的对应性。断裂活动的强度制约油气运聚的规模，断裂活动强度越大圈闭的面积幅度亦越大，资源量也越丰富。断裂切割的层位也是油气运聚的最高层位。

（三）成藏模式

该区油气主成藏期为喜马拉雅晚期，为库车拗陷（拜城凹陷）油气沿不整合及断裂向南高部位运移，不整合面＋断裂＋砂体是优势输导体系，古隆起及断裂带及周缘为油气聚集的有利区。

第六节　库车拗陷油气富集区

一、概况

库车拗陷位于塔里木盆地北部，东起库尔楚，西到乌什，南以羊塔克断裂至亚南断裂一线，与塔北隆起（沙雅隆起）相邻，北与南天山断裂褶皱带以逆冲断层或不整合相接。整体呈NEE向展布，东端及西端狭窄，中间宽阔，为一菱形拗陷。东西长550km，南北宽30～80km，勘探面积为$2.697\times10^4km^2$。拗陷内地形总体呈北高南低之势，海拔为300～1000m。库车拗陷是中新生代山前拗陷，亦称中新生代前陆盆地。该区三叠系-侏罗系优质烃源岩广泛分布，处于成熟-高成熟阶段，以生气为主。资源潜力巨大，石油资源量为4.29×10^8t，天然气资源量为23.6×10^8t，总资源量为27.89×10^8t油当量。库车前陆盆地受天山褶皱系的强烈挤压，形成复杂的前陆逆冲褶皱构造带。平面上由北向南可区划为北部单斜带、克拉苏—依奇里克冲断褶皱带、拜城凹陷带、秋里塔克褶皱带、前缘平缓构造带。沿着上述各构造带成排成带地分布大型构造圈闭，有长轴状大背斜、断背斜、断块背斜、驼背背斜、断鼻、鼻隆、短轴状盐丘背斜等圈闭类型。自上而下有5套储盖组合：①新近系吉迪克组泥膏岩盖层与其下砂岩储层；②古近系膏盐岩盖层与其下砂岩或碳酸盐岩储层和白垩系砂岩储层；③上侏罗统七克台组和中侏罗统恰克马克组泥页岩盖层与其下的中侏罗统克孜勒努尔组砂岩储层；④下侏罗统阳霞组上部煤层和碳质泥岩盖层与其下阳霞组中部砂岩储层；⑤下侏罗统阳霞组下部煤层和泥质岩盖层与其下的下侏罗统阿合组砂岩储层。

20世纪90年代至今，持续获得油气发现，已发现大北、克拉2、大北1和3、克深2等大型油气藏，该地区是实施西气东输战略天然气勘探、开发的主要基地之一。从目前的勘探结果看，库车前陆盆地油气主要分布在三大区带：后缘冲断区、前缘冲断区及前缘斜坡区。目前库车拗陷南缘三排构造带均有油气发现，其中以秋里塔格前缘冲断带油气成果较为突出，纵向上主要分布于白垩系与古近系碎屑岩储层中。库车拗陷富集区主要油气田见表5-28。

表5-28　库车拗陷富集区主要油气田一览表

油田名	油气藏	构造部位	主产层系	代表井	油田地质储量
克拉2	克拉2	克拉苏构造	K		天然气$2840\times10^8m^3$
克拉3	克拉3		K		
大北	大北		K	大北1井、大北3井	油613×10^4t、$3.86\times10^8m^3$
大宛齐	大宛齐		N		油651×10^4t

续表

油田名	油气藏	构造部位	主产层系	代表井	油田地质储量
迪那气藏	迪那 1	东秋里塔格	E、K	迪那 2 井、迪那 11 井、迪那 3 井	凝析油 996.7×10⁴t、气 1401.72×10⁸m³
	迪那 2				
依奇克里克气藏	依南 2	依奇克里克	J	依南 2 井、依南 4 井	气 1635.24×10⁸m³
	依奇克里克		J	依 1 井	油 346×10⁴t
吐孜洛克		依奇克里克	E	吐孜 1 井	气 221.27×10⁸m³

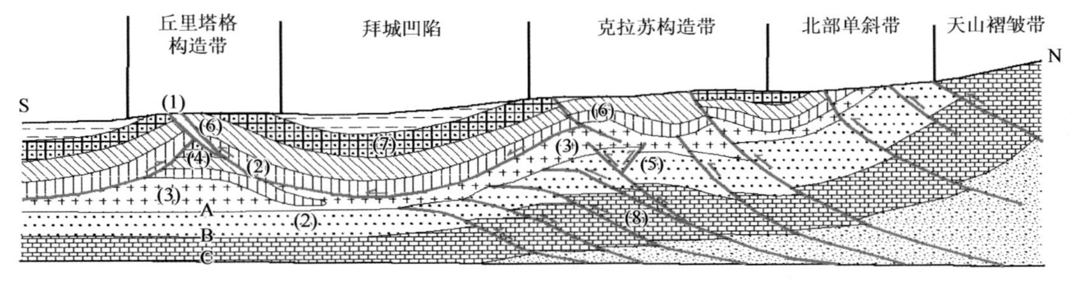

图 5-50　库车坳陷油气富集区主要油气田（藏）地质结构（据中石油）

二、克拉苏气田（含克深）

（一）基本地质特征

1. 构造特征

克拉苏—依奇克里克构造带位于库车坳陷北部，拜城凹陷北面，从前称直线背斜构造带，1998 年中石油将其改称克拉苏—依奇克里克构造带，简称克—依构造带。克—依构造带西段称克拉节构造带，东段称依奇克里克构造带。克拉苏构造带为逆冲断裂构造带，纵向上以古近系厚盐岩层顶面分界，划分为盐上与盐下两个构造层。在喜马拉雅早期构造运动作用下，盐下构造层被由北向南逆冲推覆断层切割成若干断块，并挤压推覆相互叠置形成叠瓦状构造，有的呈断块体叠置，有的呈断背斜叠置。在喜马拉雅晚期构造运动作用下，盐上构造层沿先存推覆断面和新的冲断层形成滑脱传播褶皱，并且改造了盐下构造，因此现今的构造极其复杂。

克拉 2 号、3 号、4 号构造位于同一构造带，构造类型相似。受由北向南逆冲断层沿侏罗系-三叠系煤系和古近系膏盐岩层顶部两个柔弱界面推覆滑脱，燕山晚期-喜马拉雅早期运动将第三系盐下地层切割成若干断块，并挤压推覆形成叠瓦状构造，有的呈断块体叠置，有的呈断背斜（驼背背斜）相互叠置。克深构造带为克拉 2 号构造带深层沿侏罗系-三叠系煤系的叠瓦状构造。

2. 储层特征

主力产层有两套：一套是古近系膏盐岩下部的白云岩（砂质云岩），厚 7.5～9m，溶洞十分发育，有少量裂缝，孔隙度为 6.15%～21.8%，平均为 13.8%，渗透率为（0.057～61.8）$\times10^{-3}\mu m^2$，平均为 $7.8\times10^{-3}\mu m^2$；另一套是古近系底砂岩和白垩系巴什基奇克组砂岩。白垩系为厚层中-细粒岩屑砂岩夹泥质条带，储集类型为孔隙型，有效储集空间为残余粒间孔、扩大的粒间孔和少量裂缝，孔隙度为 4.4%～22.2%，平均为 14%，渗透率（0.13～500）$\times10^{-3}\mu m^2$，平均为 $63\times10^{-3}\mu m^2$，属中孔中渗储层，下段 3840～3969m，以含砾砂岩、粗砂岩为主，储集类型为孔隙型，但粒间孔填隙物铁质、泥质、白云质较上段明显增多，物性变差，孔隙度为 4.35%～15.12%，平均为 9.85%，渗透率为（0.003～3.8）$\times10^{-3}\mu m^2$，平均为 $2.8\times10^{-3}\mu m^2$。为中孔低渗储层。

克深构造带钻井岩心分析孔隙度平均为 5.8%，渗透率平均为 $0.16\times10^{-3}\mu m^2$，测井解释孔隙度平均为 6.9%，渗透率平均为 $0.09\times10^{-3}\mu m^2$，储层基质为特低孔特低渗储层。试井解释渗透率为（0.65～38.6）$\times10^{-3}\mu m^2$，平均为 $14.82\times10^{-3}\mu m^2$，储层中发育的裂缝对改善储层渗流能力起到了重要作用

盖层是古近系巨厚层膏盐岩和泥岩，呈区域性分布。

3. 气藏特征

克一依构造带气藏为特大型、特高丰度、高-特高产能、规模大、常温、超高压、背斜型的边水层状气藏与底水块状气藏叠置复合的干气气藏（表 5-29）。以克拉 2 气藏为例，气藏压力为 73.16～75.26MPa，压力系数为 1.94～2.2，地层温度为 101℃。单井产能日可达 $200\times10^4m^3$ 以上，储量丰度大于 $50\times10^8m^3/km^2$。图 5-51 所示为克拉 2 井北单斜带地质剖面图。图 5-52 所示为克拉 9 井-克深 8 井-克深 3 井中油气藏地质剖面图。

表 5-29　克拉苏油气藏地质特征一览表

分区	典型井	层位	烃源岩	主要储层类型	盖层	原油密度/(g/cm^3)	气油比/(m^3/m^3)	主成藏期	油气藏类型
克拉 2 号构造	克拉 2 井	$E_{1-2}km$、K_1bs	三叠系-侏罗系湖相泥质烃源岩	砂岩	古近系巨厚层膏盐岩和泥岩	0.569	接近 1	喜马拉雅期	边水层状气藏与底水块状气藏叠置复合的干气气藏
克拉 3 号构造	克拉 3 井	E_3s、$E_{1-2}km$、K_1bs	三叠系-侏罗系湖相泥质烃源岩	砂岩	古近系巨厚层膏盐岩和泥岩	0.569	接近 1	喜马拉雅期	常温高压层状气藏

（二）油气分布规律与富集主控因素

区带内已发现克拉 2、克深 2 等大型油气藏，证实克拉苏区带是库车前陆区油气聚集最丰富的断裂构造带。但该区带古近系、白垩系目的层埋藏深，储集性能横向预测难度大；区带内断裂至今仍处在活动状态，虽然对油气输运有利，但也影响油气聚集与保存，特别是区带内发育的多条横向调节断裂或变换断裂带对圈闭定型及油气聚集成藏影响很大，依西 1 井、东秋 6 井、吐北 2 井等井的失利及克拉 3 号背斜的不理想与横向调节断裂或变换断裂有一定的关联；局部地震资料依然存在多解性，影响构造圈闭空间几何形态的精细描述，故在横向调节断裂或变换断裂带附近的油气勘探部署应谨慎。

（三）成藏模式

克拉苏构造带位于拜城凹陷北翼，具有如下特征：①处于三叠系、侏罗系强生烃凹陷区，源岩于古近纪末期进入生烃门限，库车期进入过成熟-干气阶段；②发育不同样式的断层相关褶皱，呈 NE-NEE 带状展布；③断裂及断层相关褶皱于库车期基本定型，但目前仍处于调整状态；④盐下断裂上端收敛于古近系盐膏层，一般不切穿古近系盐膏岩区域盖层，下端延入基岩，断裂既是形成圈闭的重要条件，又是沟通源岩与圈闭、不整合面的油气垂向运移的通道；⑤构造圈闭以背斜构造为主，空间几何形态比较完整；⑥古

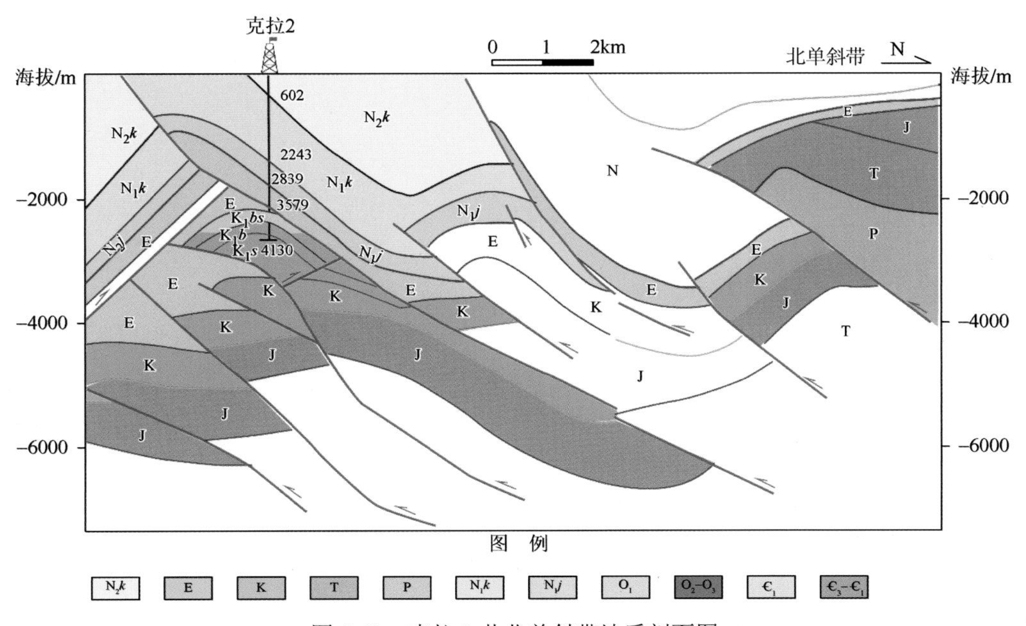

图 5-51　克拉 2 井北单斜带地质剖面图

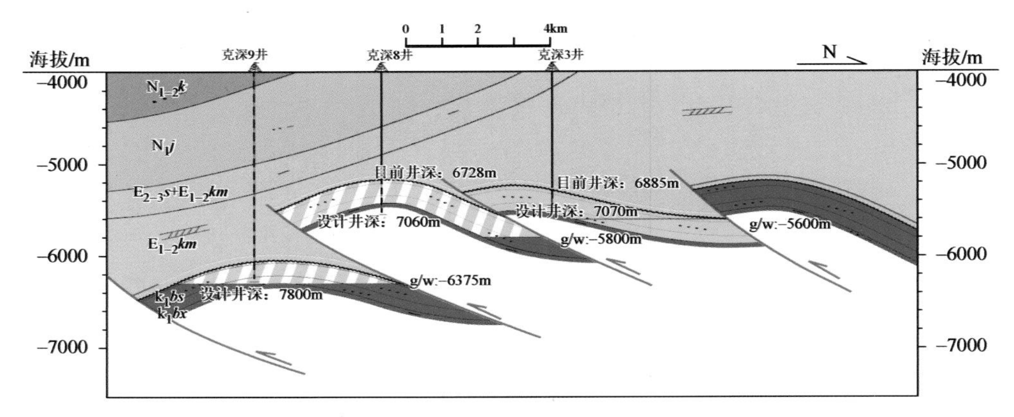

图 5-52　克拉 9 井-克深 8 井-克深 3 井油气藏地质剖面图

近系盐膏层厚度大、分布范围广，为优质区域性盖层；⑦盐膏岩区域盖层之下发育古近系云灰岩段、底部砂砾岩段和白垩系砂岩等多套好-较好的储集层；⑧区域挤压作用既是断裂与断层相关褶皱发育的应力环境，也是油气运移聚集的动力机制；⑨区带油气运聚以垂向为主、侧向为辅，断裂、各类裂缝、不整合面与输导岩体构成纵、横畅通的运移通道；⑩断裂与烃源岩、断裂与盖层、断裂与储层和断裂与圈闭的合理配置及有效组合是该区带油气运聚成藏的关键。

三、迪那气田

（一）基本地质特征

丘里塔格构造带是库车拗陷拜城凹陷南面的逆冲构造带，整体呈 NEE 走向，并向南凸出呈不对称的弧形展布。西起乌什凹陷，东到阳霞凹陷，北接拜城凹陷，南邻库车拗陷南部平缓构造带，可分为西丘里塔格构造带和东秋立塔格构造带。在东丘里塔格构造带已发现迪那 2 号、迪那 1 号及迪那 3 号构造气藏。

1. 构造特征

迪那构造带纵向上有两个构造层：以吉迪克组盐膏层顶部分开，上构造层包括西域组（Q_1x）和上第三系吉迪克组膏泥岩段以上的地层，其构造形态为北倾的单斜并向北部的狭长向斜核部弯转。下构造层包括吉迪克组泥膏岩段及以下的古近系、白垩系和侏罗系一部分地层，被两条北倾的逆断层由北向南逆冲挤压推覆，形成迪那断背斜构造。断背斜平面上呈 NEE 走向，为中部宽向东西两头伸长的鸭蛋圆形，剖面上背斜高部位为椭圆形，南翼稍陡、北翼稍缓、东翼陡、西翼波状缓倾。迪那断背斜构造带南北两翼的两条断层是区域性大断层，呈 NEE 走向，延伸较长，为断距 200～2000m，各处不等，断层北倾，上陡下缓呈犁式，深部在侏罗系煤系柔弱层内滑动，向上断开下构造层，消失在吉迪克组巨厚的盐膏泥岩中，两条大断层控制着迪那 2 号断背斜的形成演化和展布（图 5-53）。

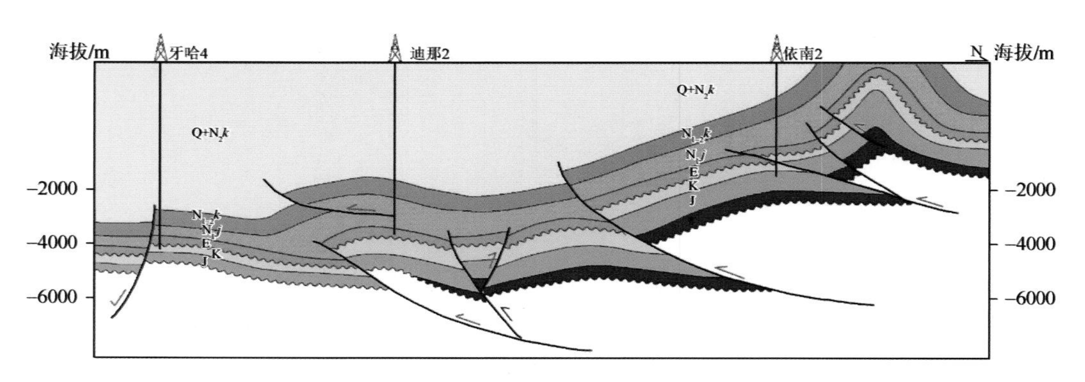

图 5-53　过迪那 2 油气藏南北向地质剖面图

2. 储层产层与盖层

迪那构造带储层主要为新近系吉迪克组底砂岩，古近系和白垩系砂岩储层，迪那 11 井新近系吉迪克组底砂岩孔隙度一般为 1.2%～3%，渗透率一般为（0.178～1.05）$\times10^{-3}\mu m^2$，属低孔低渗储层。古近系储层测井有效孔隙度最大为 15%，最小为 0.6%，一般为 3%～14.4%，渗透率最大为 $1.86\times10^{-3}\mu m^2$，最小为 $0.12\times10^{-3}\mu m^2$，一般为（0.21～1.59）$\times10^{-3}\mu m^2$。物性中等-差，评价为中低孔低渗型储集层。白垩系储集层厚度为 145m，单层厚度最大为 17m，最小为 1.5m，一般为 2.5～10m。岩性以含砾中砂岩、中砂岩为主。测井有效孔隙度最大为 9.6%，最小为 1.0%，一般为 3%～9%，渗透率最大为 $0.46\times10^{-3}\mu m^2$，最小为 $0.12\times10^{-3}\mu m^2$。

盖层为上第三系吉迪克组盐岩、石膏岩、泥膏岩和膏泥岩，属封盖遮挡好的盖层。

3. 气藏特征与气藏类型

迪那气藏产层为古近系底部砂岩及白垩系砂岩，气藏类型为超高压、高丰度、特高产凝析气藏（达 100MPa）。天然气中甲烷含量为 86.7%～88.9%，属于湿气；有机地球化学研究证实该构造气源主要为侏罗系煤系地层。迪那油气藏地质特征见表 5-30。

表 5-30 迪那油气藏地质特征一览表

分区	典型井	层位	烃源岩	主要储层类型	盖层	主成藏期	油气藏类型
迪那 2 号构造	迪那 11 井	E	侏罗系煤系烃源岩	低孔低渗砂岩	泥岩、膏泥岩	喜马拉雅晚期	构造
	迪那 2 井	E	侏罗系煤系烃源岩	低孔低渗砂岩	泥岩、膏泥岩	喜马拉雅晚期	构造
	迪那 3 井	E	侏罗系煤系烃源岩	低孔低渗砂岩	泥岩、膏泥岩	喜马拉雅晚期	构造

（二）成藏模式

迪那 2 超高压大气田形成的主控因素如下：①库车坳陷三叠系-侏罗系暗色泥岩及煤系烃源岩丰度高、厚度大，具有以生气为主的母质类型，这种充足有效的气源为库车整个系统含气提供了物质基础，东部阳霞凹陷侏罗系烃源岩整体成熟度较高，对于腐殖型有机质来说，主要降裂解产物同样以天然气为主；②喜马拉雅运动西域期强烈的构造挤压作用，是形成异常高压的动力，上覆吉迪克组发育的巨厚膏盐岩、膏泥岩的区域性优质盖层是超高压大气田形成与保存的关键因素；③迪那 2 号构造为一完整的长轴背斜，自身闭合幅度大、面积大，完整的背斜圈闭南北是迪那 2 气田形成的关键构造因素；④两条大断裂切穿白垩系、侏罗系，为油气运移提供了重要的通道。

四、大北气田

（一）基本地质特征

大宛齐北构造（也称大北 1 号构造）距拜城县城西 33.2km。构造位置在拜城向斜北翼，克拉苏构造带西段。该区先后发现大宛齐油气田（图 5-54）、大北油气田（图 5-55、表 5-31）。

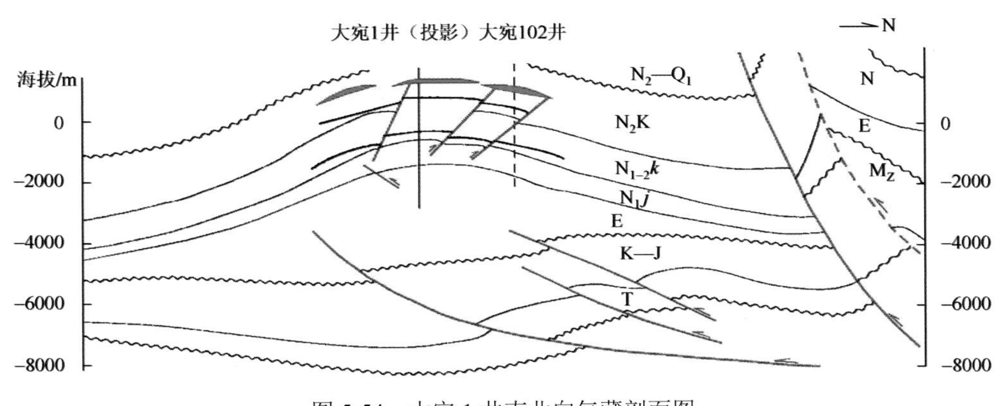

图 5-54 大宛 1 井南北向气藏剖面图

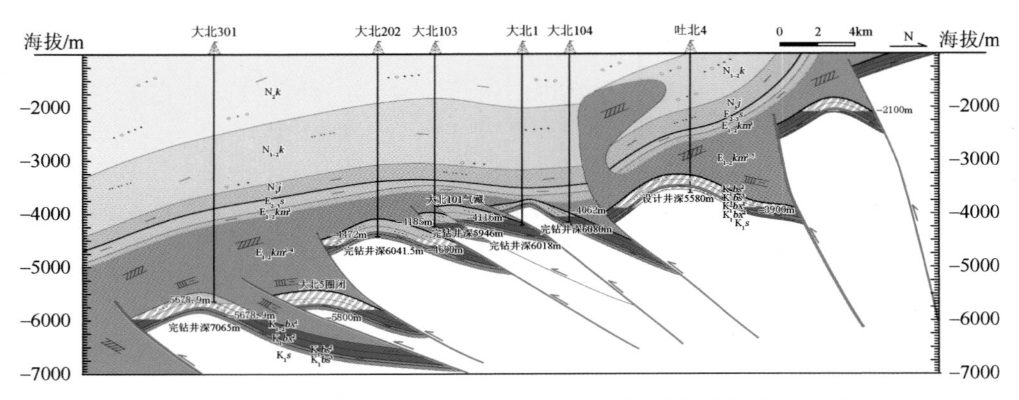

图 5-55　大北 3 井-大北 1 井-吐北 4 井油气藏地质剖面图（据中石油）

表 5-31　大北油气藏地质特征一览表

分区	典型井	层位	烃源岩	主要储层类型	盖层	原油密度/(g/cm^3)	气油比/(m^3/m^3)	主成藏期	油气藏类型
大北构造	大北 1 井	$E_{1\text{-}2}km$、K_1bs	三叠系-侏罗系湖相泥质烃源岩	砂岩	古近系巨厚层膏盐岩和泥岩	0.786～0.828	40321～101112	喜马拉雅期	常温高压、层状边水背斜型气藏
大宛齐构造	大宛 1 井	N_2k	三叠系-侏罗系湖相泥质烃源岩	砂岩	古近系康村组-库车组泥岩	0.78～0.80	*	喜马拉雅晚期	凝析气藏

注：*表示无数据。

1. 构造特征

大北构造纵向上以古近系盐岩层顶面划开上、下两个构造层：下部构造层被两条北倾的由北向南逆冲断层挤压推覆形成大宛齐北断背斜，上部盐上构造层沿先存断层面和柔弱盐岩层顶面滑脱，形成向斜褶皱。在上构造层向斜之下，反扣着穹隆状的大北断背斜。向斜与背斜的南翼夹持着眼球状的盐丘体，北翼的盐丘体被多条断层切割而复杂化，大北断背斜隐伏在两侧盐丘体之下。大宛齐北构造，是受南侧大宛齐北断层和北侧吐孜玛扎大断层由北向南逆冲推覆挤压，以及由构造北翼和南翼两个古近系眼球形盐丘体挤压形成的。

2. 储层与盖层

大北气藏储层是古近系底砂岩和白垩系巴什基奇克组砂岩，如大北 1 井 5550～5570m 和 5570～5596.5m 井段，累厚 46.5m。岩性以细-中粒岩屑砂岩、砂砾岩为主，夹薄层泥岩。砂岩颗粒分选好-中等，磨圆度为次棱角-次圆状，为孔隙式胶结。填隙物主要为铁泥质，含量为 2%～5%，胶结物为方解石，含量为 10%～15%。储集空间类型以粒内溶孔和微孔隙为主，有少量裂缝。孔隙度平均为 12.9%，属中等孔隙储层。

盖层为古近系膏盐岩和泥岩，呈区域性分布。

大宛齐浅层油气藏产层为康村组，岩性为中-细粒砂岩及含砾砂岩。特点如下：单层厚度薄（1～3m）、埋深浅（360～2820m）、延伸短（小于 1km）、变化快、含钙量高（方解石胶结含量为 35%～38%）、粒度大小不均、分选磨圆度差、成岩弱、孔渗性好（φ 平均为 23.58%，K 平均 $432.86\times10^{-3}\mu m^2$）。

3. 气藏特征

大北气藏为面积大、含气规模大、常温高压、层状边水背斜型气藏。天然气相对密度低，为 0.61，甲烷含量高，为 91.44%，接近干气。气藏压力为 87.31MPa，压力系数为 1.61，地层温度为 117.17℃。大宛齐浅层油气藏是次生的。大宛 1 井轻质原油，密度为 0.78～0.80，黏度为 0.8～1mPa·s，凝固点为–5～5℃，具高蜡（4%～7%）。

（二）成藏模式

大宛齐浅层油气藏是次生的。其饱和烃色谱分析如下：碳数范围为 C10～C35，主峰碳为 C14，OEP

值为 1.08，原油成熟度高，姥/植比为 1.81，具有明显的陆相原油特征。应为深部侏罗系-三叠系烃源岩生成的油气，沿大宛齐构造北侧北倾的吐孜玛扎大断裂由深部向上运移到大宛齐背斜圈闭中聚集成藏。由于构造形成晚（喜马拉雅晚期），导致油气聚集规模较小，油气水分异性较差。又因为埋藏浅，封盖条件不完善，使油气受到降解和破坏，如大北 1 井深部储层孔隙中残留大量沥青。

大宛齐北构造是克拉构造带向北西延伸而形成的，成藏条件与克拉 2、克深等构造带相似（图 5-55）。

五、依奇克里克

（一）基本地质特征

依奇克里克构造带地表出露 5 个背斜构造，分别为吐格尔明背斜、吐孜洛克背斜、依奇克里克背斜、坎亚肯背斜、吉迪克背斜。1958 年发现依奇克里克油田，产层为中侏罗统克孜勒努尔组。该油田共钻探 286 口井，其中探井 14 口，生产井 272 口。探明中侏罗统含油面积 $1.9km^2$，提交探明石油地质储量 346×10^4t，共采出原油 107×10^4t，于 1987 年因枯竭而被废弃。20 世纪 90 年代中石油又在依奇克里克构造带落实依深背斜构造，部署了依深 4 井，发现依南气藏。2000 年钻探吐孜 2 井、3 井，均见良好油气显示，并在上第三系吉迪克组试获工业气流，从而落实了吐孜洛克气田。2000 年 12 月提交探明地质储量，天然气为 $221.7\times10^8m^3$。

1. 构造特征

依奇克里克构造带是高陡逆冲构造带，其中段的依奇克里克背斜是被一组北倾的由北向南逆冲推覆断层将中生界切割成若干断块，并挤压叠覆形成了高陡大背斜。大背斜呈长轴状，近 EW 走向，背斜核部地表出露侏罗系和白垩系，地腹有东、西两个高点。受大背斜南翼两条近 EW 走向的北倾逆冲断层由北向南推覆挤压，在高点部位纵向上形成两个高陡的狭窄背斜上下偏斜叠置。上面的出露地表，为浅层的依奇克里克背斜，中石油于 1958 年发现了中侏罗统克孜勒努尔组油田；下面的在地腹深层，称依深背斜。

2. 储集层特征

依奇克里克构造以下侏罗统阳霞组和阿合组为主要目的层、中侏罗统克孜勒努尔组为辅助目的层。储层类型为裂缝-孔隙型。以阿合组物性稍好，孔隙度平均为 7.8%，渗透率平均为 $11.33\times10^{-3}\mu m^2$，为低孔低渗储集层。吐孜洛克背斜储层为吉迪克组下部粉-细砂岩、砾岩与库姆格列木群砂岩和灰岩，横向稳定，侧向连续性好，垂向连续性差。孔隙度为 8%～16%，最大可达 18.3%，平均为 11.1%。渗透率主要分布范围为（0.1～10）$\times10^{-3}\mu m^2$，最大可达 $209\times10^{-3}\mu m^2$，平均为 $3.79\times10^{-3}\mu m^2$，以中孔中渗和中孔低渗储层为主，次为低孔低渗储层。

3. 气藏特征

吐孜洛克气藏天然气相对密度较低，为 0.604，甲烷含量高达 90.73%，接近干气。地层压力为 22.96MPa，折算气藏中部压力为 24.87MPa，压力系数为 1.4，地层温度为 66.6℃/1676.6m，折算气藏中部温度为 64℃，地温梯度为 2.42℃/100m。为常温超压气藏。依奇克里克气藏天然气相对密度平均为 0.6376，甲烷含量平均为 88.4%。实测地层温度为 116～152℃，地层压力为 68.59～83.47MPa，压力系数为 1.84～1.87。由于储层物性较差，因此产能相对较低。气藏类型为低孔低渗、常温高压、层状边水气藏（表 5-32）。

表 5-32　依奇克里克油气藏地质特征一览表

分区	典型井	层位	烃源岩	主要储层类型	盖层	原油密度/(g/cm^3)	气油比	主成藏期	油气藏类型
吐孜洛克	吐孜 2 井、吐孜 3 井	N_1j、E、J	侏罗系煤系烃源岩	砂岩储层	泥岩	0.604	接近干气	喜马拉雅晚期	构造
依南 2	依深 4 井、依南 2c 井	侏罗系	侏罗系煤系烃源岩	砂岩储层	泥岩	0.6376	*	喜马拉雅晚期	常温高压构造
依奇克里克	依 1 井	侏罗系	侏罗系煤系烃源岩	砂岩储层	泥岩	*	*	喜马拉雅晚期	构造

注：*表示无数据。

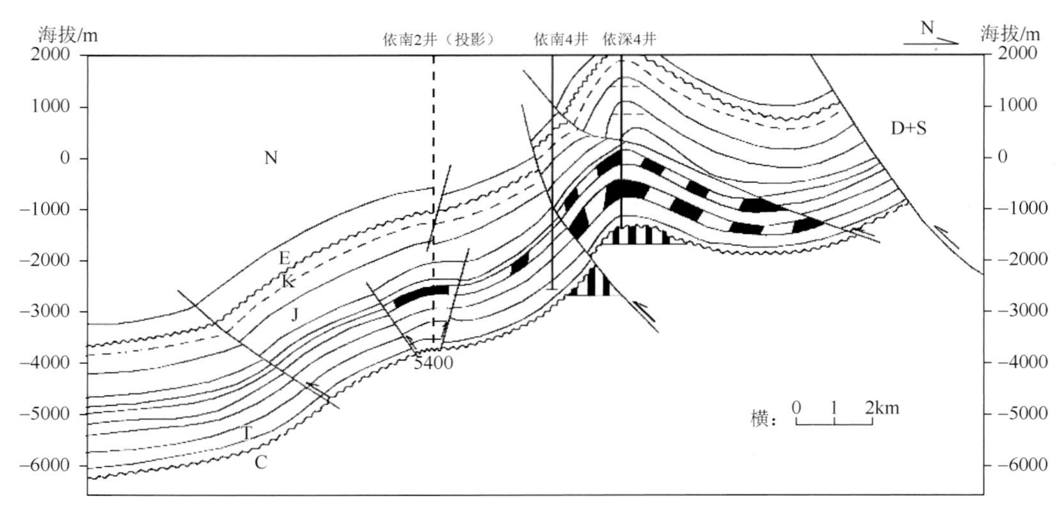

图 5-56　依南 2 井-依南 4 井-依深 4 井油气藏地质剖面图

（二）成藏模式

依奇克里克—依南构造带属于库车前陆拗陷克—依构造带的东段部分，包括呈 EW 走向的依奇克里克背斜带和其南部的依南—吐孜构造带。依奇克里克背斜带于白垩纪晚期开始发育，此后长期处于不断的调整状态。依奇克里克油藏属于近源原生型油气藏，早期生成的油储集在前期的圈闭中，现今的油藏范围仅是初期依奇克里克油藏的残留部分。依南 2、吐孜气藏源于侏罗系煤系源岩，初始天然气注入发生于吉迪克期-康村期，库车期—现今是依南 2、吐孜气藏的主要形成期。侏罗系煤系气源岩通过直接排气进入储集层，最终形成原生天然气藏。区带内已发现两个气田：依南 2（侏罗系）、吐孜洛克（吉迪克组），存在构造圈闭、地层圈闭等构造或显示 8 个，油气资源量：气为 $2454\times10^8m^3$，油为 6433×10^4t。

依奇克里克—依南构造带具有如下特征：①处于三叠系、侏罗系强生烃区，均进入过成熟-干气阶段；②断层相关构造相对发育，构造圈闭以背斜、断背斜、断块等构造样式为主；③断裂及断层相关构造于古近纪已具雏形，库车期基本定型，但目前仍处于微调状态；④深部断裂主要在侏罗系-三叠系煤系岩层之下发育，煤系滑脱层之上侏罗系-新近系显示被动变形特性；⑤区域性断裂控制圈闭的形成演化，是沟通源岩与圈闭、不整合面的油气垂向运移的通道；⑥区带内存在侏罗系上部泥岩与下部砂岩、古近系上部泥岩于底部砂砾岩和白垩系砂岩、新近系上部泥岩与下部砂岩 3 套区域性储盖组合；⑦依南、吐孜洛克既发育构造＋岩性复合圈闭，也存在构造＋地层尖灭型圈闭；⑧区域挤压作用既是断裂与断层相关褶皱发育的应力环境，也是油气运移聚集的动力机制；⑨区带油气运聚以垂向为主、侧向运移为辅，油气自源岩可直接输入圈闭聚集成藏（依南 2、吐孜型），或经断裂输导运聚成藏（依矿型）。

该区带紧邻天山褶皱系，断裂与褶皱作用非常强烈，对于油气藏的保存十分不利，依奇克里克断背斜的油气得以保存得益于背斜圈闭的空间形态相对完整。所以，依奇克里克背斜带应主要寻找背斜和断背斜构造型凝析油、黑油油藏。南部依南区带应侧重于探寻岩性或地层型圈闭及构造＋地层（岩性）复合型圈闭。但依奇克里克断背斜带近邻造山带，构造变形强烈，地震资料的采集、处理成像比较困难，圈闭的空间几何形态精细描述与刻画难度大；南部依南区带储气层属于低孔低渗型储集岩层，对其储集性能的横向预测难度较大，这是制约区带油气勘探再突破的主要因素。

第七节　勘探新进展

塔里木盆地是大型叠合含油气盆地，蕴含着丰富的油气资源，但复杂的地质结构，制约了油气勘探的发现。一代一代的石油人，不懈思索，坚持实践，发现了多个油气田藏，为我国油气事业贡献了巨大的力量。总结近 10 年来的勘探新进展，概括起来有以下 7 个方面。

（1）沙雅隆起奥陶系岩溶缝洞型油气藏勘探取得重大新进展。自 1997 年塔河油田被发现以来，岩溶缝洞型油气藏就向人们展现了神奇的魅力。近年来，以岩溶理论、成藏理论创新和储层预测技术进步为推动力，基本完成了对沙雅隆起奥陶系一间房组—鹰山组上段的勘探评价，累计发现了超过 13.4 亿 t 油气资源，控制含油面积达 2506km^2，已经建成年产原油 500×10^{4}t，年产天然气 1.6×10^{8}m^3 的大油气产区。目前，该区勘探工作正向深层拓展，随着认识的创新、技术的进步，预计会有更大的油气呈现在世人眼前。

（2）顺托果勒低隆起碳酸盐岩断溶体油气勘探取得重大新进展。顺托果勒低隆起位于沙雅隆起与卡塔克隆起、满加尔拗陷与阿瓦提拗陷的过渡部位，油气资源丰富。近年来，先后发现了古隆－古城天然气藏、顺南天然气藏，但受认识和技术的制约，均未能实现由发现到建产的跨越。2017 年，顺北油气取得发现，以断裂带为主要富集区的断溶体型油气藏，促进了油气勘探理论的创新和技术的进步。顺北油气田的发现，对塔里木盆地油气勘探具有里程碑式的意义。基于当前的认识，预测顺北油气田资源量达 17×10^{8}t，初步建成年产原油 50×10^{4}t，年产天然气 2×10^8 m^3 的生产区。

（3）库车拗陷深处天然气勘探取得重大进展。库车拗陷是塔里木盆地天然气最富集的产区。近年来，随着新理论、新技术的不断进步，深层天然气勘探呈现出新局面，发现了克深、大北等一批深层油气藏。库车拗陷已经发现天然气资源 1.068×10^{12}m^3，为西气东输建立了稳固的气源地。

（4）卡塔克隆起奥陶系碳酸盐岩滚动勘探取得新进展。卡塔克隆起区位于顺托果勒低隆起区南部，油气资源较为丰富。目前邻区在中下奥陶统一间房组-鹰山组、上奥陶统良里塔格组均已获油气突破建成产能。顺西-卡 1 地区前期虽获中 12CX 井、顺西 1 井等小规模油气发现，但均未能获得稳定产能。近期在卡塔克隆起区围绕北东向走滑断裂控制的岩溶缝洞体进行钻探均获得较好的油气成果，基于对断裂带控储控藏的认识，认为卡塔克隆起区顺西-卡 1 地区奥陶系碳酸盐岩具备规模油气成藏地质条件，围绕相关断裂带进行部署钻探预计会获得较好的油气成果。

（5）沙雅隆起碎屑岩油气藏滚动勘探取得新进展。沙雅隆起碎屑岩已取得了较为丰富的油气成果，发现了一批以三叠系、石炭系、白垩系以及古近系为主力层系的油气藏。近几年在塔河地区石炭系卡拉沙依组深入开展以地震沉积学技术为核心的隐蔽圈闭落实与评价技术系列，精确预测薄层砂体，卡拉沙依组滚动勘探部署了一批钻井获得了油气新发现，拓展了老区勘探潜力。在天山南白垩系-古近系持续强化低幅度构造与断裂精细刻画，重新落实了一批低幅度构造，老区勘探力争打开新局面。

（6）深层寒武系勘探取得新进展。塔里木盆地深层寒武系经历了多年的油气勘探，多口井见良好油气显示和油气发现，展现了深层寒武系良好的勘探前景。塔河地区前期针对台地相、台缘带先后钻探了多口钻井，在烃源岩、沉积相、储集体、盖层以及油气成藏方面取得了重要的认识，认识到塔河地区寒武系具备较好生储盖配置组合，具备形成大型油气田的地质条件。近期卡塔克隆起区东部的中深 1 井在寒武系盐下获得了工业油气流，证实了塔里木盆地深层发育规模性油气藏，目前塔河地区、卡塔克隆起地区正加强深层寒武系的勘探探索力度，有望获得油气突破。

（7）塔西南地区油气勘探取得新进展。塔西南地区包含麦盖提斜坡、喀什、叶城凹陷等盆地二级构造单元，塔西南地区勘探历程长、油气成果丰富。20 世纪 90 年代以构造圈闭为主要勘探目标，先后发现巴什托油气田、亚松迪气田、和田河-乌山气田，此后，塔西南地区油气勘探经历了十多年低谷，期间虽有多口探井钻遇油气显示，但均未获油气突破。2010 年中石化在麦盖提斜坡玉北 1 号构造带玉北 1 井奥陶系获油气突破，打开了麦盖提斜坡油气勘探的新局面，随后在玉北 1 号构造带先后钻探多口开发井，其中 5 口井获工业油流，但此后以奥陶系风化壳为目的层，岩溶缝洞型油藏为目标的多轮勘探均未获得突破，未能扩大油气成果。近些年持续强化麦盖提斜坡断裂体系系统研究，提出了逆冲断裂与 NE 向走滑断裂叠加的控藏理论，2016 年中石油罗斯 2 井获天然气突破进一步证实了该成藏理论。麦盖提斜坡东段进行了重新评价，加强勘探部署，预期能获得较好的油气成果。

第六章　富集规律与勘探方向

作为大型叠合盆地，塔里木盆地经历了多期构造旋回和多期油气成藏、调整改造，成藏条件和富集规律复杂。目前，塔里木盆地已经发现了大量油气田（藏），赋存在盆地不同构造演化阶段、不同沉积环境所形成的海相碳酸盐岩、海相碎屑岩、陆相碎屑岩层系（即古生界、中生界、新生界）的不同岩性之中。油气成藏和富集受烃源岩、储盖组合、断裂体系、古构造等多种地质条件控制，不仅具有常规的成藏模式，还有其特殊性，特别是下古生界海相碳酸盐岩走滑断裂的控储控藏作用，形成了特殊的油藏类型和富集规律。本章节基于目前已发现油气田（藏）的精细解剖，进一步阐明塔里木盆地大中型油气田（藏）的分布特征、明确油气成藏主控因素、指出塔里木盆地未来油气勘探方向。

第一节　大中型油气田（藏）分布特征

根据我国油气田划分标准（表 6-1），通过几十年的勘探，塔里木盆地共发现 47 个大中型油气田（表 6-2）。区域上，已发现的油气藏主要分布在台盆区的沙雅隆起、顺托果勒低隆、卡塔克隆起、巴楚隆起、麦盖提斜坡以及前陆区西南凹陷和库车拗陷等。

表 6-1　中国油气田的储量分类（金之钧，2008）

油气田规模	油田/10^8t		气田/10^8m^3	
	地质储量	可采储量	地质储量	可采储量
巨型	＞15	＞4.5	＞10000	＞6000
超大型	5～15	1.5～4.5	3000～10000	180～6000
大型	1～5	0.3～1.5	500～3000	300～1800
中型	0.1～1	0.03～0.3	100～500	50～300
小型	＜0.1	＜0.03	＜100	＜50

表 6-2　塔里木盆地已发现大中型油气田统计

地区		油气田名称	含油气层位	油气藏类型
库车拗陷		克拉 2	K—E	气藏
		克拉苏	K—E	气藏
		依奇克里克	J	油藏
		迪那 2	E	凝析气藏
		吐孜洛克	N_1	气藏
		提尔根	N_1	气藏
		大北 1	K_1、$E_{1\text{-}2}km$	气藏
		大宛齐	Q、N_1k	油气藏
		依拉克	K	油气藏
沙雅隆起	雅克拉断凸	雅克拉	Z—O_1、T—K_1	凝析气藏
		牙哈	N_1	油气藏
		大涝坝	N_1	油气藏
		三道桥	N_1	气藏
		红旗	E	气藏
		轮台	K	气藏

续表

地区		油气田名称	含油气层位	油气藏类型
	阿克库勒凸起	轮南	T	油藏
		轮古	O	油藏
		吉拉克	T	气藏
		阿克库勒	O_1、C_1、T	油藏
		解放渠东	T	油藏
		西达里亚	T	油藏
		东达里亚	C_1、T	凝析气藏
		塔河	O_1、C_1、T	油藏
	哈拉哈塘凹陷	东河塘	C_1	油藏
		哈拉哈塘	O	油藏
	沙西凸起	英买 7	O_1、K—N_1	油气藏
		英买 2	O_1	油藏
		却勒	K	油藏
		羊塔克	K	油气藏
顺托果勒隆起		顺北 1	O	油气藏
		哈德逊	C_1、D	油藏
卡塔克隆起		中古 15 井区	O	油藏
		中古 11 井区	O	凝析气藏
		中古 441 井区	O	凝析气藏
		塔中 62 井区	O	凝析气藏
		塔中 24-26 井区	O	凝析气藏
		塔中 4	D—C	油藏
		塔中 6	C	气藏
		塔中 10	C	油藏
		塔中 16	D	油藏
		塔中 40	C	油藏
麦盖提斜坡		巴什托	C、D	油藏
玛东冲断带		玉北	O	油藏
巴楚隆起		亚松迪	P、C	气藏
		和田河	O_1、C_1	气藏
西南凹陷		柯克亚	N_1	油气藏
		阿克莫木	K	气藏

塔里木盆地油气藏流体相态齐全，包括重质油、中质油、轻质油、挥发油、凝析气、天然气、干气等。按烃类的产物类型，已发现的油气以油藏为主，占油气藏总数的 40.4%，其次为气藏和油气藏，分别占 27.7% 和 17%，凝析气藏也有分布，占 14.9%（图 6-1）。

含油气层系分布广泛，震旦系-新近系均发现了油气藏。按数量和规模统计，油气藏集中分布在奥陶系、泥盆系、石炭系、三叠系和古近系。结合油气产出层位及油气藏类型，将油气田（藏）分为 3 种类型：古生界寒武系-奥陶系碳酸盐岩油气田（藏）、古生界志留系-泥盆系碎屑岩油气田（藏）、中生界-新生界碎屑岩油气田（藏）。

塔里木盆地碳酸盐岩油气田主要分布在沙雅隆起（塔河油田、轮古油田、哈拉哈塘油田）、顺托果勒低隆（顺北油田）、卡塔克隆起（塔中油田）和麦盖提斜坡（玉北油田）4 个构造带上（图 6-2）。

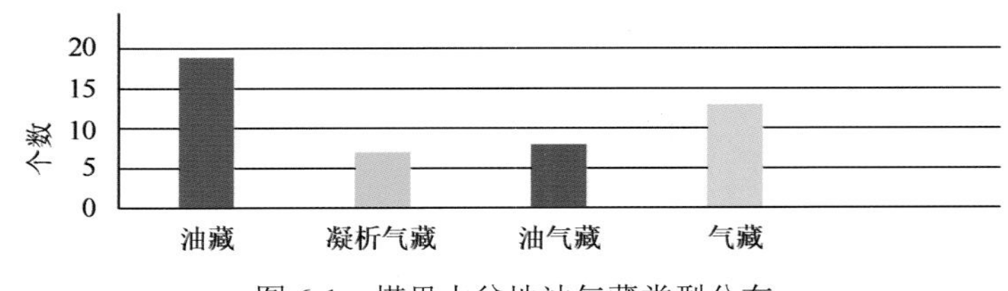

图 6-1　塔里木盆地油气藏类型分布

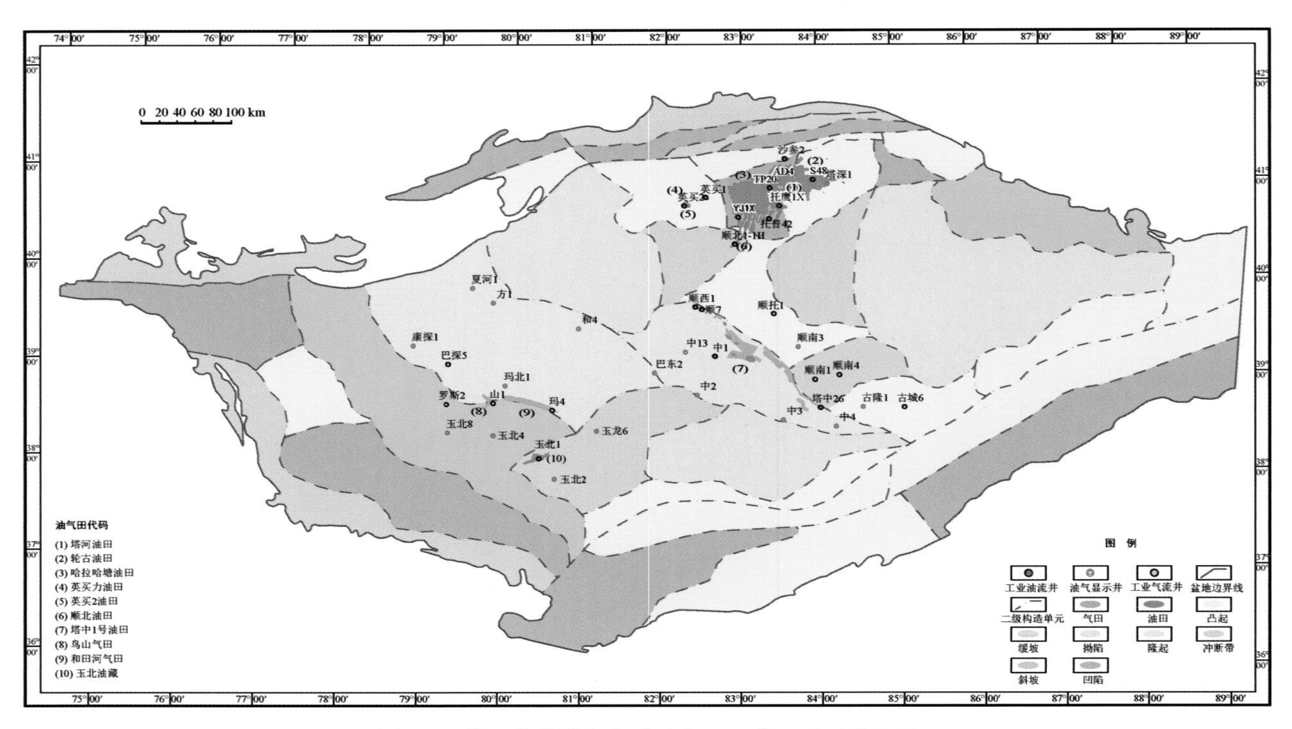

图 6-2　塔里木盆地奥陶系油气田（藏）平面分布图

塔里木盆地古生界碎屑岩油气藏主要分布在沙雅隆起、卡塔克隆起和巴楚隆起。中生界-新生界碎屑岩油气藏主要分布在库车拗陷、沙雅隆起和西南凹陷（图 6-3）。

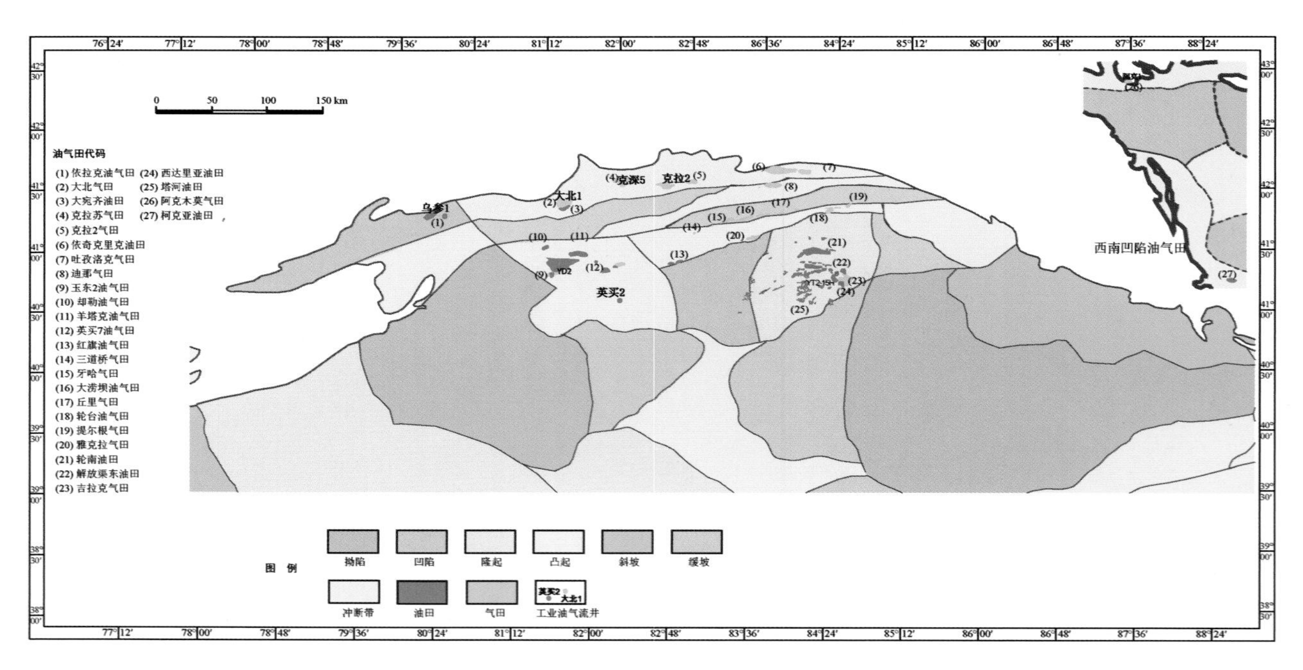

图 6-3　塔里木盆地中新生界碎屑岩油气田（藏）平面分布图

第二节　优质烃源岩与油气田分布

在一个大型盆地中往往存在多套烃源岩，而主力烃源岩一般具备有机质类型好、丰度高、分布广、生烃强度大的特点，即优质烃源岩具有规模的生烃潜力才能为大中型油气田的形成奠定物质基础。一个沉积盆地的油气勘探一般从烃源岩品质及规模评价开始，这也是决定油气勘探方向的重要依据。

一、烃源灶及其演化

（一）主力烃源岩类型及分布

从烃源岩特征分析可以看出，塔里木盆地台盆区烃源岩具有如下特征：①烃源层位多，有机质类型好；②分布面积广，生烃强度大；③成烃过程受抑制有利于生排烃期与圈闭形成期匹配；④生烃持续时间长，多次生排烃。

（1）根据源岩的形成时代和形成环境特征，将塔里木盆地早古生代烃源岩分为3套，即中下寒武统烃源岩、中下-中上奥陶统烃源岩和上奥陶统烃源岩。

（2）寒武系底部玉尔吐斯组及对应的西山布拉克组烃源岩形成于寒武系初期的快速海侵环境，硅、磷质和黑色页岩发育与海侵期伴随的火山和上涌洋流活动有关，源岩在盆地西北缘和西南缘形成于陆棚-斜坡环境，但向台地内部延伸有限，而在塔东地区主要以盆地和斜坡环境为主，因此分布范围较大。

（3）中下寒武统烃源岩受东盆西台构造格局的影响形成了两个区域不同环境下的不同特征的烃源岩。其中，塔东盆地和斜坡相的烃源岩有机质丰度高、厚度大，是最有利的烃源岩分布区；而塔西台地区烃源岩处于蒸发及局限台地区的局部较深水区域和层位，因此平面上和纵向上分布都不连续，有机质含量不高，但分布厚度较大，仍具有较高的生烃潜力。

（4）中下奥陶统烃源岩主要为分布于满加尔拗陷及相邻斜坡区的黑土凹组烃源岩，虽然厚度不大，但有机质丰度高；中上奥陶统烃源岩主要是指阿克苏—柯坪露头区的萨尔干组及同时代的烃源岩，通过地震和岩相古地理分析，该套烃源岩可能在阿瓦提拗陷和阿满过渡带广泛分布。

（5）中上奥陶统烃源岩指的是高生产率背景下的台地相区灰泥丘-丘间洼地相区良里塔格组烃源岩和凹陷-滞留环境与全球性缺氧事件有关的印干组烃源岩（表6-3）。

表6-3　烃源岩类型和分布

<table>
<tr><th colspan="3">发育层段</th><th rowspan="2">烃源岩类型</th><th rowspan="2">沉积相</th><th rowspan="2">代表井、剖面</th></tr>
<tr><th>系</th><th>统</th><th>组</th></tr>
<tr><td rowspan="5">奥陶系</td><td rowspan="3">上统</td><td rowspan="3">良里塔格组和印干组</td><td>泥质岩</td><td>陆棚、滞留盆地相</td><td>柯坪大湾沟剖面</td></tr>
<tr><td>瘤状灰岩、灰泥丘</td><td>台地边缘斜坡</td><td>LN46井、LN48井、LN14井等</td></tr>
<tr><td>灰泥丘烃源岩</td><td>台地边缘</td><td>TZ10井、TZ12井、TZ37井、TZ6井等</td></tr>
<tr><td>中上统</td><td>萨尔干组</td><td>泥质岩</td><td>陆棚、滞留盆地相</td><td>柯坪大湾沟剖面</td></tr>
<tr><td>中下统</td><td>黑土凹组</td><td>泥页岩</td><td>盆地相</td><td>TD1井、TD2井、雅尔当山露头剖面</td></tr>
<tr><td rowspan="2">寒武系</td><td>中下统-台地区</td><td>肖尔布拉克组—阿瓦塔格组</td><td>泥质白云岩、灰岩</td><td>局限台地相</td><td>和4井、方1井</td></tr>
<tr><td>中下统-盆地和斜坡区</td><td>玉尔吐斯组、
西山布拉克组—莫合尔山组</td><td>泥质岩、灰岩</td><td>陆架斜坡、盆地相</td><td>肖尔布拉克、星火1井、TD1井、TD2井</td></tr>
</table>

（二）烃源岩演化

加里东晚期，塔里木盆地台盆区中下寒武统烃源岩等效镜质体反射率 R_o^E 分布于 0.5%～0.7%，总体表现出低成熟度特征，由北向南成熟度呈逐渐增加的趋势。海西早期，中下寒武统烃源岩成熟高峰门限北移，特别是拗陷深凹部位已达生油高峰期，南部大部分地区处于成熟-生油高峰阶段。海西晚期，中下寒武统全线进入生油高峰期-高成熟期，深凹地区已达过成熟阶段（图 6-4）。燕山期，中下寒武统等效镜质体反射率 R_o^E 分布于 1.0%～3.4%，全线进入高成熟-过成熟阶段，除北部地区可以形成高成熟油气及天然气资源以外，深凹部位已生烃枯竭（图 6-5）。现今，由于中新生界持续深埋，成熟度继续增加，中下寒武统已全线进入生烃枯竭阶段。因此，中下寒武统烃源岩主要生烃期应为海西期-燕山期。海西晚期主要产物以成熟油气为主，燕山期则以高成熟油气-天然气为主。

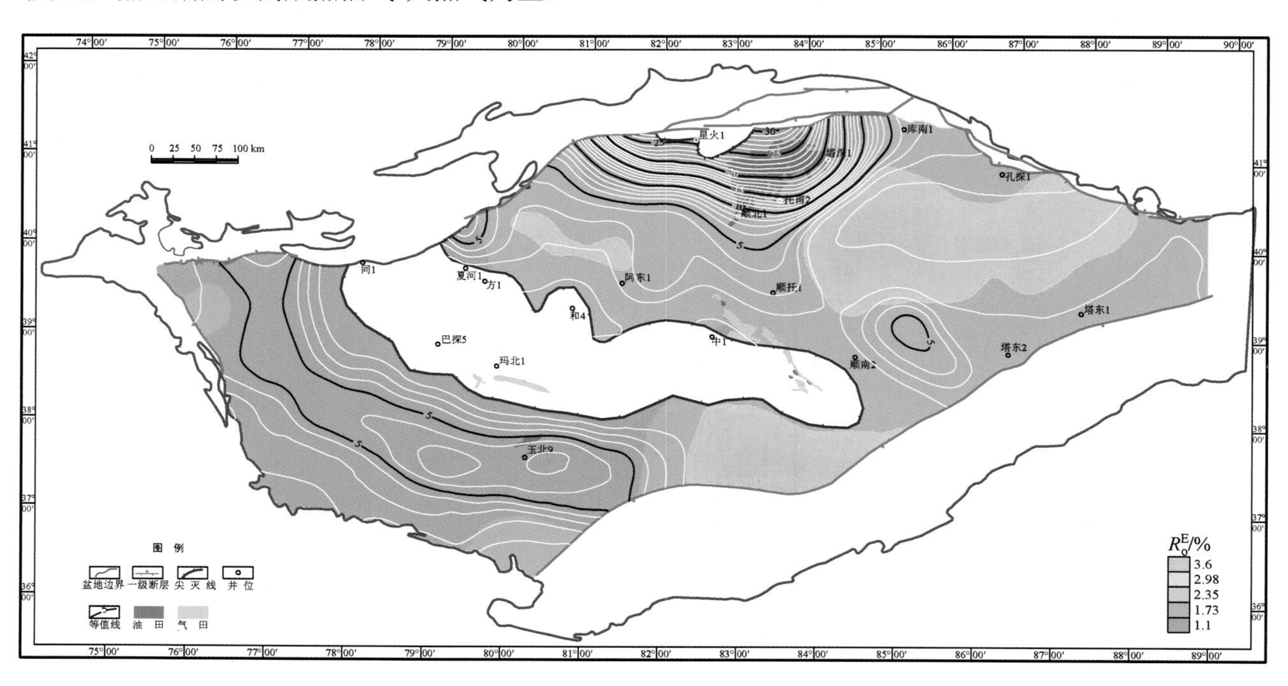

图 6-4　二叠纪末塔里木盆地寒武系玉尔吐斯组烃源岩顶界成熟度分布图

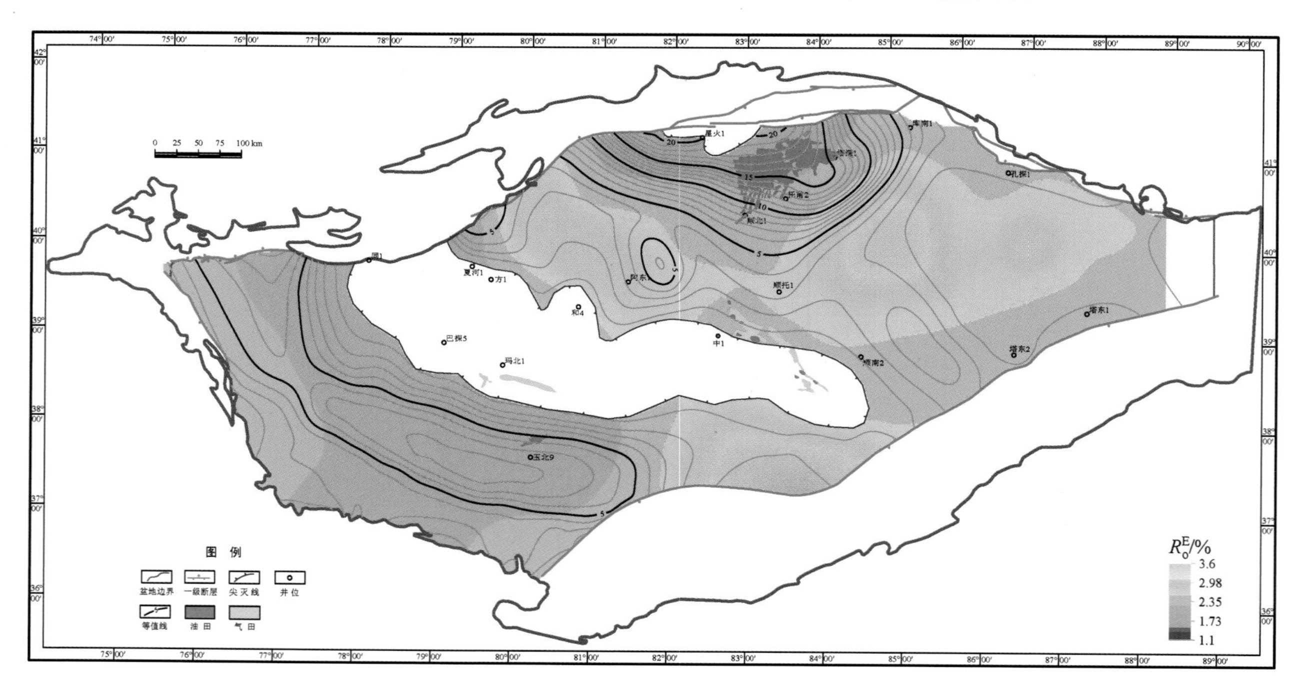

图 6-5　白垩纪末塔里木盆地寒武系玉尔吐斯组烃源岩顶界成熟度分布图

中上奥陶统由于埋深较中下寒武统浅，因此具有成熟度低、生烃晚的特点。燕山期等效镜质体反射率 R_o^E 分布于 0.7%～1.4%，拗陷大部地区均处于生油高峰期，可以排出大量成熟油气，呈现由深凹向四周逐渐降低的趋势，深凹内最高可达 1.4%，已接近大量生气阶段。现今，阿瓦提拗陷中上奥陶统呈现出高成熟演化特征，等效镜质体反射率 R_o^E 分布于 1.2%～2.4%，拗陷斜坡部位已进入大量生气阶段，深凹部位生烃已近枯竭。因此，中上奥陶统烃源岩主要生烃期应为燕山期，主要产物为正常原油-高成熟油气。

二、烃源岩与大中型油气田分布

塔里木盆地作为一个大型海相含油气盆地，与其丰富而优质的古生界海相烃源岩存在必然的联系。

（一）油气分布受有效烃源岩空间展布及其热演化的控制

台盆区有效烃源岩尤其是下寒武统玉尔吐斯组烃源岩的空间展布，控制着油气的平面分布。沙雅隆起及其南斜坡、顺托果勒低隆区、卡塔克隆起及其北斜坡是目前油气最为富集的地区，而这一区域正好位于玉尔吐斯组主力烃源岩多期生烃的有效供烃区，又紧邻中下奥陶统烃源岩分布区的南北两侧，还是上奥陶统烃源岩的部分分布区。烃源岩与相邻隆起区之间良好的空间配置关系决定了这些地区捕获油气的优越性。

（二）主力烃源岩热演化特征宏观上控制了原生油气田（藏）的流体性质及油气平面分布

烃源岩热演化史及其差异性控制了油气的区域分布和相态差异。玉尔吐斯组烃源岩和中下奥陶统烃源岩的成熟度总体上东高西低，因此台盆区的油气分布具有西油东气的特点，以满加尔油气系统最为典型，已发现的气藏主要分布于沙雅隆起和卡塔克隆起的东部（如塔河 9 区、顺南—古城地区等），而沙雅隆起、卡塔克隆起及顺托果勒低隆起的西部以油藏为主。

从玉尔吐斯组烃源岩的热演化史来看，加里东晚期-海西早期满加尔拗陷、阿瓦提拗陷及围斜部位处于大规模生油阶段，海西晚期为生成正常油、凝析油、天然气阶段，喜马拉雅期阿满过渡带仍以生成凝析油-天然气为主，与此相对应，成藏期分析表明塔北隆起、塔中隆起总体上都经历了多期油气充注，但顺北地区主要表现为晚期成藏。巴楚古隆起可能并不在玉尔吐斯组烃源岩的有效供烃区，运移示踪参数所指示的玉北地区原油充注方向趋势也表明（图 6-6），其油源可能来自塔西南地区，而非玉尔吐斯组烃源岩分布区。但是，油-油对比研究表明，玉北地区奥陶系原油和皮山北新 1 井白垩系原油的地化特征与塔河地区原油基本相似，暗示玉北地区的油气源岩与我们认定的塔河地区主力烃源岩（即玉尔吐斯组烃源岩）的有机相相似，从而具有相似的生标特征。

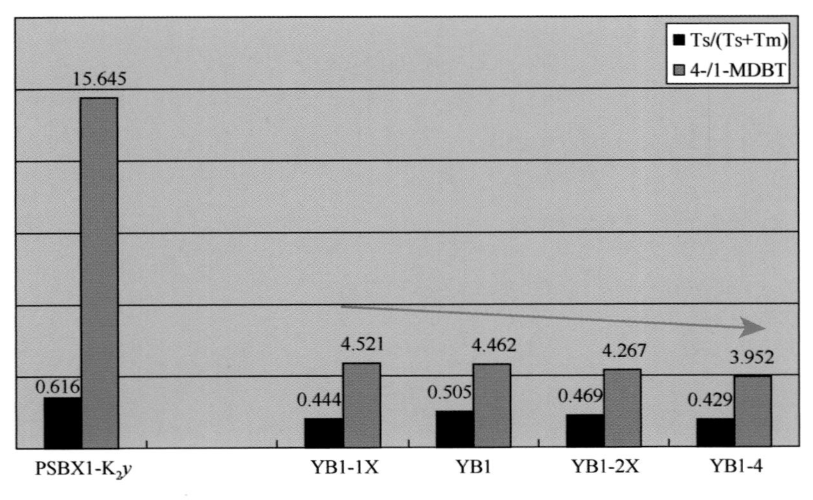

图 6-6　运移示踪参数指示的皮山北新 1 井—玉北地区原油充注方向趋势

第三节　优质储盖组合与油气田（藏）分布

一、区域性盖层与油气分布

（一）区域盖层分布

塔里木盆地台盆区已发现油气主要赋存在古生界碳酸盐岩和碎屑岩层系中。塔里木台盆区古生界主要发育中下寒武统膏盐岩、中上奥陶统泥质岩、志留系泥质岩及石炭系膏泥岩4套分布广泛的区域盖层（或盖层组合）（图6-7）。

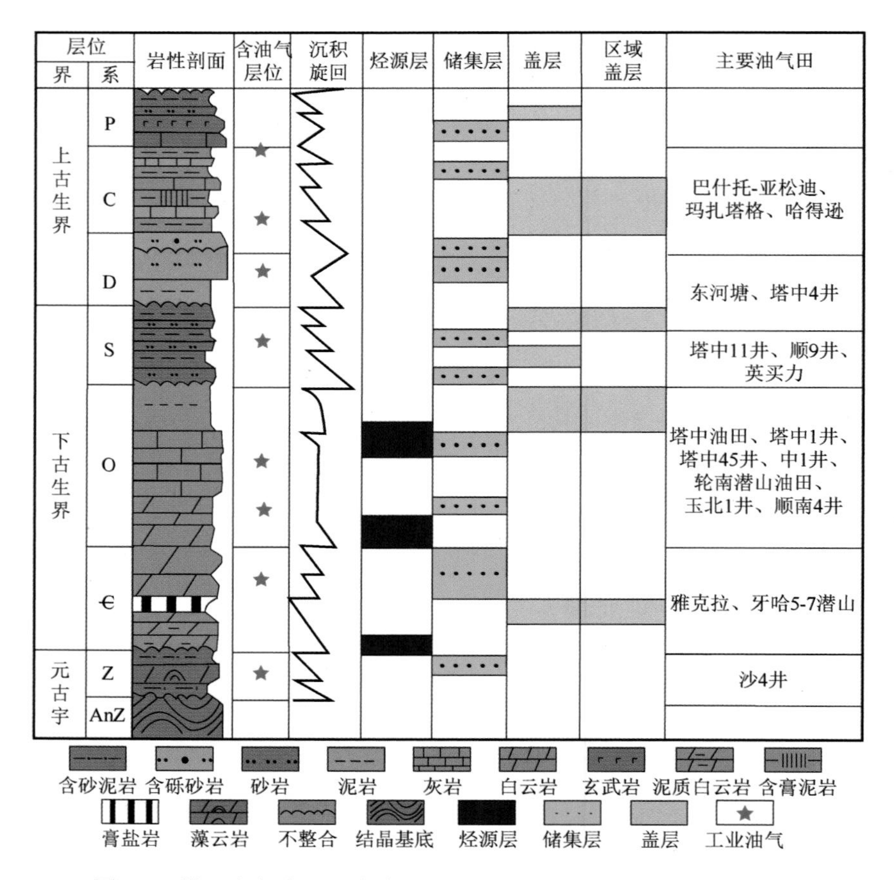

图6-7　塔里木台盆区区域盖层与储盖组合示意图（金之钧，2014）

中下寒武统区域盖层岩性主要为膏岩、盐岩、含膏白云岩及含膏泥岩，纵向上发育于吾松格尔组和阿瓦塔格组中；平面上，受沉积期蒸发台地相控制，主要分布于盆地中、西部地区。研究表明，膏岩封盖能力强，具有较高的突破压力，通常比泥岩高出几个数量级。巴楚地区典型钻井针对该套盖层封盖能力的动态评价研究认为，自早奥陶世以来台盆区该套盖层即具备了封盖能力（张仲培等，2014）。巴楚隆起区尽管后期遭受过较大的抬升剥蚀，但并未造成盖层封盖能力的普遍丧失，仅后期活动强烈的断裂构造带保存条件不佳。

中上奥陶统泥质岩区域盖层在台盆区不同地层分区分属于桑塔木组和却尔却克组，在台盆区中、东部分布广泛。塔北古隆起主体部位及塔中古隆起Ⅱ号构造带、塘古巴斯拗陷北东向潜山构造带缺失该套盖层。该套区域盖层在海西晚期已普遍具备封油能力。塔中、塔北两大古隆起斜坡区在加里东晚期-海西早期即已具备封油能力，至喜马拉雅期已具备封盖天然气藏能力。

志留系泥质岩区域盖层纵向上主要分布于塔塔埃尔塔格组下段红色泥岩段与柯坪塔格组中段灰色泥岩段中（王显东等，2004）。两套泥岩盖层主要分布于满加尔-阿瓦提拗陷区以及塔中、塔北加里东晚期-

海西早期古隆起的斜坡区。从志留系上段广泛分布的沥青砂岩看，红色泥岩段盖层在加里东晚期-海西早期尚不具备良好的油气封盖能力，海西晚期以来才具备封盖能力。而柯坪塔格组下段少见储层沥青，顺9井和TP18井已有加里东晚期-海西早期油气成藏得以保存的证据，表明柯坪塔格组灰色泥岩段该期已具备油气封盖能力。

石炭系膏泥岩盖层主要发育于巴楚组下泥岩段、卡拉沙依组中泥岩段及上泥岩段中，岩性主要为泥岩与膏质泥岩。石炭系膏泥岩区域盖层分布广泛，除雅克拉断凸外，台盆区基本全区覆盖。巴楚地区石炭系盖层封盖能力形成较晚，为印支期以来；玉北地区、塔中及塔北古隆起区海西晚期均已具备油气封盖能力。

（二）区域盖层分布与油气的关系

塔里木台盆区古生界经历了复杂的成藏演化历史，油气分布与区域盖层关系密切。塔里木台盆区已发现的具有一定储、产量规模的油气田（藏），油气赋存在纵向上明显受区域盖层的控制（图6-8），具有层状分布特征。区域盖层作为直接盖层之下的中下奥陶统碳酸盐岩风化壳及上奥陶统良里塔格组、志留系柯坪塔格组下段及上段砂岩和泥盆系-石炭系含砾砂岩段+东河砂岩段是已发现油气田储、产量最为集中的层段，也是台盆区最主要的含油气层系。此外，中下寒武统区域盖层之下的盐间和盐下白云岩层系，尽管钻井数量少，但也见到了良好的油气显示，如塔中地区的ZS1井和巴楚地区的MB1井。

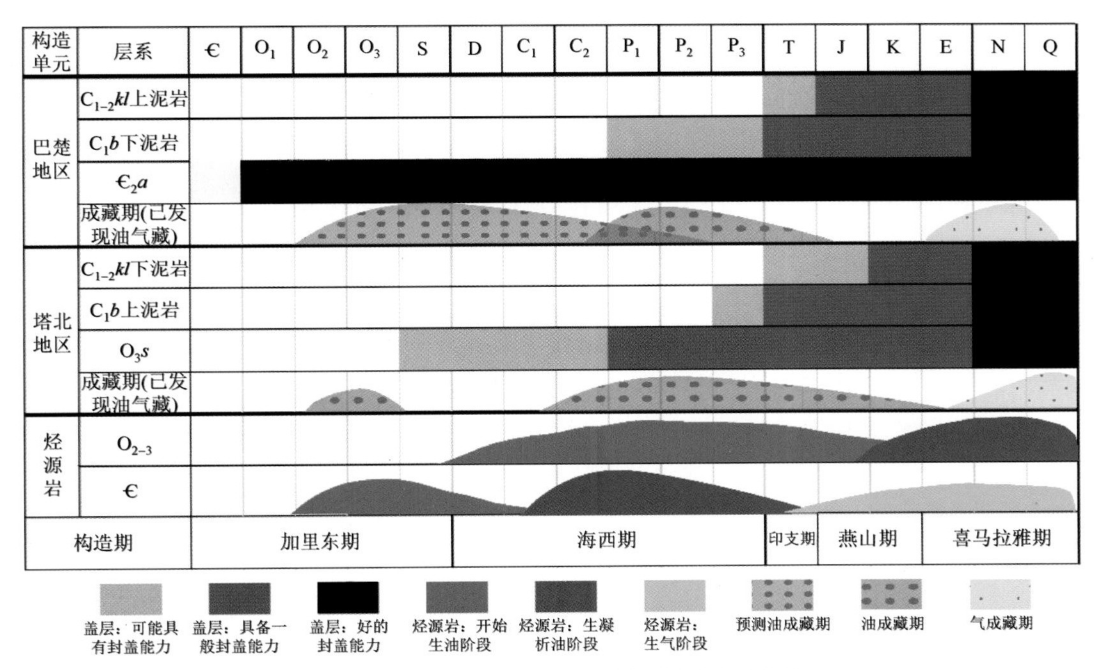

图6-8　塔北、巴楚地区源-藏-盖配置关系示意图

二、优质储盖组合与油气分布

储盖组合是指在地层剖面中储集层和盖层的有规律组合形式。有利的储盖组合则是指不仅两者本身具有良好的性能，而且在时空上有良好的配置，有利于油气高效输导、富集、保存并形成大型油气藏。

塔里木盆地在复杂构造演化背景下，不同地区区域盖层与主要含油层系的纵向叠置关系不尽相同（表6-4）。在塔中古隆起区主体部位（塔中Ⅰ号断裂带以南—塔中南缘断裂以北），上奥陶统泥质岩盖层覆盖于上奥陶统良里塔格组与中下奥陶统鹰山组储层之上；在塔北古隆起主体部位，则是石炭系区域盖层覆盖于中下奥陶统储层之上；顺托果勒低隆区则是上奥陶统桑塔木组区域盖层覆盖在中下奥陶统储层之上。储盖组合不同，对油气的控制作用、油藏类型和规模也不同。应当充分重视这种区域盖层与主要含油层系纵向叠置关系的地区性差异，选择主要含油气层系展开探索。

表 6-4　塔里木台盆区古生界区域盖层与主要含油层系纵向叠置关系

区域盖层 含油层系	寒武系 膏泥岩	上奥陶 统泥岩	志留系 灰泥岩	志留系 红泥岩	石炭系 膏泥岩
石炭系					√
泥盆系东河砂岩					√
志留系柯坪塔格组上段				√	
志留系柯坪塔格组下段			√		
上奥陶统良里塔格组		√			
中下奥陶统鹰山组-一间房组		√			√
中、下寒武系盐间、盐下	√				

（一）下古生界碳酸盐岩层系储盖组合与油气分布

塔里木盆地下古生界碳酸盐岩储层分布于中西部碳酸盐岩台地相区，纵向上分布于寒武系-中下奥陶统。根据平面和纵向上沉积层序和沉积相带演化特征，塔里木盆地下古生界碳酸盐岩存在下、中、上 3 套优质储盖组合，分别是中下寒武统盐间、盐下内幕储盖组合，奥陶系内幕储盖组合，以及寒武系-中下奥陶统潜山储盖组合。

（1）中下寒武统盐间、盐下内幕储盖组合。以中下寒武统肖尔布拉克组、沙依里克组白云岩为储层，以寒武系吾松格尔组和阿瓦塔格组膏盐岩为主夹泥岩和薄层硅质云岩、泥晶云岩为盖层，分布于塔里木盆地中西部中下寒武统蒸发台地相区，平面上主要分布于塔中、巴楚隆起及其邻区，在柯坪隆起发育相似储盖组合。

肖尔布拉克组、沙依里克组受埋藏白云岩化作用、构造热液作用和准同生岩溶作用，使得晶间孔、粒间孔发育（图 6-10），与构造裂缝组合形成了优质白云岩储层，具有厚度大、分布广的特点。

(a) 玛北1井，6004.41m，3-15/43，C_2s，灰色白云质灰岩

(b) 巴探5井，5785.08m，20-43/78，C_1x，灰色粉晶云岩

图 6-10　玛北 1 井和巴探 5 井中下寒武统白云岩孔洞

寒武系阿瓦塔格组和吾松格尔组的膏盐岩厚度大、分布广，是优质的盖层。阿瓦塔格组膏盐岩覆盖了塔中—巴楚隆起，如巴探 5 井阿瓦塔格组膏盐岩段钻遇纯净的盐层，盐岩晶体中的流体包裹体测温揭示其在早奥陶世就具备封盖能力。

该组合广泛分布在塔里木盆地中、南部地区，并在塔中隆起和巴楚隆起普遍钻遇良好的油气显示。例如，在巴楚隆起和田 1 井、玛北 1 井、和 4 井、和 6 井等见到气测异常、荧光和油迹显示；在塔中隆起塔参 1 井钻与良好油气显示，中深 1 井、中深 5 井等在盐间和盐下分别获得油气流和气流。该组合是塔里木盆地主力烃源岩-玉尔吐斯组烃源岩之上的第一套储盖组合，其有利储盖区控制盐下领域的油气分布，主要分布在巴楚隆起、塔中隆起。

（2）奥陶系储盖组合。以奥陶系鹰山组、一间房组和良里塔格组白云岩和灰岩等碳酸盐岩为储层，以上奥陶统恰尔巴克组-桑塔木组（却尔却克组）泥灰岩和泥岩夹薄层砂岩为盖层，形成了几乎覆盖整个台盆区的优质储盖组合，仅在几个隆起区构造高部位上缺失。

该组合下部储层段由奥陶系蓬莱坝组和鹰山组中下部的局限-半局限台地相白云岩组成，发育埋藏-热液成因的孔隙型储层和断控缝洞型储层；上部鹰山组上部、一间房组和良里塔格组发育开阔台地相灰岩储层，表现为加里东中期岩溶型储层、断控缝洞型储层、礁滩型灰岩储层及热液成因等多类型储层。

该组合最好的区域盖层是桑塔木组（却尔却克组）泥岩，其厚度可达2300m以上，向隆起高部位逐渐变薄。

该储盖组合是目前塔里木盆地分布最广的一套碳酸盐岩储盖组合。在塔中北坡、顺托果勒、沙雅隆起南部等地区发现了塔中1号带、顺北、跃进、哈拉哈塘等大型油气田，在良里塔格组、一间房组、鹰山组和蓬莱坝组都获得了工业油气流，其中鹰山组上段-一间房组是塔里木盆地最重要的勘探层系。

（3）寒武系-中下奥陶统潜山储盖组合。以受构造控制的海西早期-印支期-燕山期古生界碳酸盐岩潜山喀斯特岩溶-缝洞为储层，以石炭系巴楚组泥岩为盖层。分布相对较为局限，主要分布于塔中、巴楚和塔北隆起的高部位潜山带上。在巴楚隆起区发现了和田河气田及玉北油田；在塔北隆起发现二道桥、英买力、牙哈、轮南等油气田。该组合油气田发现时间早、持续时间长、勘探潜力大，塔中、巴楚东部、塘古巴斯等地区是重要的潜山带勘探有利区带。

（二）古生界碎屑岩层系储盖组合与油气分布

古生界碎屑岩层系油气分布主要集中在台盆区的沙雅隆起、中央隆起带及顺托果勒低隆；含油层系主要为志留系柯坪塔格组、泥盆系东河塘组、石炭系巴楚组和卡拉沙依组。

1. 志留系储盖组合与油气分布

志留系主要发育两套储盖组合。

第一套储盖组合：以柯坪塔格组下段的滨岸、潮坪成因及三角洲成因的砂体为主要储层，以柯坪塔格组中段浅海陆棚沉积的暗色泥岩为盖层。该套储盖组合主要分布在满加尔坳陷、阿瓦提坳陷、沙雅隆起南部和顺托果勒低隆等地区。已发现顺9井油藏及塔河南部的TP18井柯下段油气藏。

第二套储盖组合：以柯坪塔格组上段的滨岸、三角洲成因的砂体为主要储层，以塔塔埃尔塔格组下段的红色泥岩为区域盖层。另外，柯坪塔格组上段的上亚段泥岩，厚度为十几米，也可作为良好的局部盖层，但其分布范围和规模比塔塔埃尔塔格组下段红色泥岩要小，是控制塔中隆起现今志留系可动油成藏的重要局部盖层。该套储盖组合主要分布在塔中—塔北地区。

油气主要分布在塔中、顺托果勒低隆、沙雅隆起等地区，如已发现的S112-2油气藏等。

2. 泥盆系-石炭系储盖组合与油气分布

该套储盖组合以泥盆系的东河塘组的滨岸砂体为主要储层，以石炭系下、中、上3套泥岩段为盖层，该套泥岩厚度稳定、范围广，是东河塘组砂岩储层油气富集成藏的区域性盖层。该套储盖组合分布较广，在沙雅隆起、中央隆起区都有分布（图6-11）。

油气在沙雅隆起和中央隆起带、顺托果勒低隆都有发现，如已发现的东河塘油田、哈德逊油田及塔中4和BT4等油气藏。

3. 石炭系储盖组合与油气分布

该套组合是以石炭系卡拉沙依组砂泥岩段为储层、三叠系底部柯吐尔组泥岩为盖层的组合。

三叠系下统柯吐尔组岩性以泥岩为主，厚度一般在60m左右，泥岩的突破压力均大于10MPa，是石炭系卡拉沙依组砂泥岩段良好的区域盖层。此外，卡拉沙依组砂泥岩段中亦发育岩性纯、相对致密的泥岩，但单层厚度一般较小（1～10m），可作为该段砂岩储层的直接盖层。石炭系卡拉沙依组砂泥岩段的三角洲成因的分流河道、潮坪成因的砂坪等砂体为主要储层。该套储盖组合主要发育在塔河及邻区。

目前发现油气主要分布在塔河的主体区，如S1072、胡杨1、胡杨2等油气藏。

（三）中新生界碎屑岩层系储盖组合与油气分布

中新生界碎屑岩主要发育5套储盖组合。

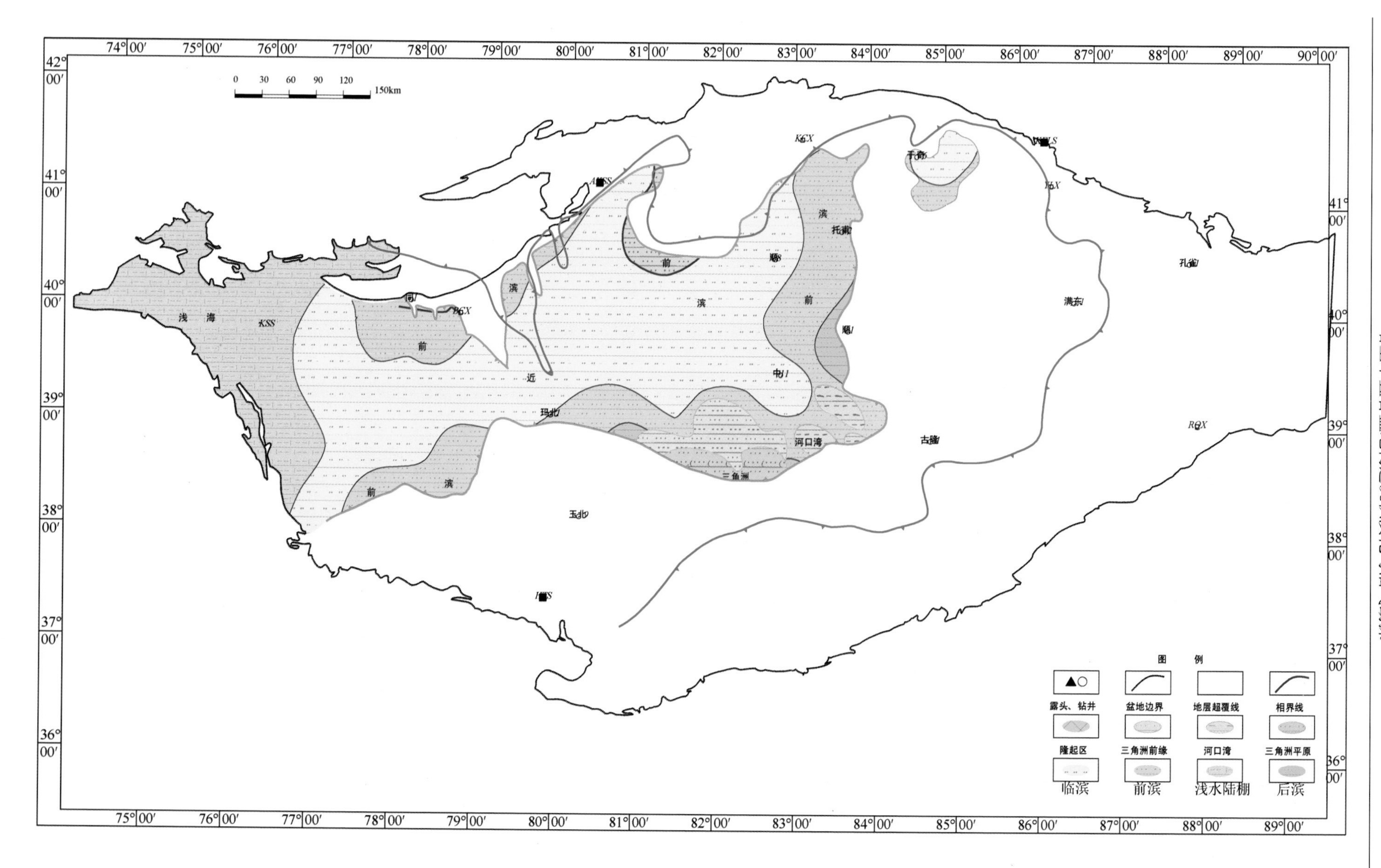

图 6-11　塔里木盆地东河塘组与巴楚组储盖组合评价图

三叠系发育3套储盖组合，主要以辫状河三角洲成因的砂体为主要储层，以湖相泥岩为直接盖层，该套储盖组合主要发育在塔北的塔河及邻区。

第四套为以白垩系亚格列木组的扇三角洲/辫状河三角洲成因的砂体为储层、以舒善河组湖相泥岩为盖层的储盖组合。该套组合主要分布在沙雅隆起。

第五套为以古近系的库姆格列姆组的扇三角洲成因的砂体为储层，以苏维依组的湖相泥岩为直接盖层、以膏泥岩为区域盖层的储盖组合。该套储盖组合主要分布在塔河的西部。

中、新生界的油气主要分布在沙雅隆起和库车拗陷，包括雅克拉断凸和阿克库勒凸起上。

（四）主要储盖组合与油气成藏

塔里木盆地台盆区在奥陶纪末发育塔西南、卡塔克和沙雅三大古隆起，由于加里东中期Ⅰ幕、Ⅱ幕、Ⅲ幕构造活动，三大古隆起经历了三期岩溶作用，形成了中下奥陶统岩溶储层。由于古构造运动强度不同，不同地区岩溶作用强度亦存在差异。同时，伴随的断裂活动和沿断裂带的溶蚀作用也强烈，形成的缝、洞连通性较好，对油气运聚非常有利。

加里东晚期满加尔拗陷、阿瓦提拗陷及围斜部位的玉尔吐斯组烃源岩已具备大规模供烃的能力，加里东中晚期岩溶作用形成的碳酸盐岩储层与志留系砂岩一起为油气成藏提供了储集空间；上奥陶统和志留系泥质岩等则提供了油气成藏的封盖条件。

海西早期构造运动对塔里木盆地进行了一次全面改造。塔北和塔中古隆起高部位的地层遭受严重剥蚀，塔北古隆起的改造最为强烈，隆起轴部泥盆系-志留系被剥蚀殆尽，部分地区出露下奥陶统；卡塔克古隆起中央断垒带也多出露下奥陶统。早期油气藏遭受强烈改造和破坏，形成目前奥陶系浅部沥青灰岩和志留系沥青砂岩。但是，在隆起的围斜低部位，巨厚的中上奥陶统泥岩盖层之下内幕油气聚集在深部可能保存较好，可能发现完好的早期原生油气藏。

海西早期的岩溶作用，增强了奥陶系碳酸盐岩的储集性能；海西中晚期，石炭系-二叠系的沉积使得塔北、塔中地区前期遭受破坏的成藏封盖系统得以重建，并形成新的储盖组合（如东河砂岩与巴楚组泥岩）；巴楚隆起初步形成，发育泥盆系砂岩与石炭系泥岩、石炭系内部生屑灰岩与泥岩等储盖组合。

由于石炭系-二叠系的沉积厚度较小，在沙雅隆起和卡塔克隆起的高部位，海西晚期形成的油藏埋深较浅；更由于海西晚期运动的影响，石炭系-二叠系遭受剥蚀，油藏中原油受生物降解作用，油质变稠变重而成为稠油甚至软沥青等。部分地区（如阿克库木构造带）石炭系-二叠系被剥蚀殆尽，古油藏裸露地表，自然破坏非常严重，但在远离背斜轴部的地区，地壳抬升幅度较小，下石炭统仍有部分残留，尤其是巴楚组区域性盖层若保存良好，前期油气藏则可能得以保存。

印支期-燕山期，巴楚隆起由于加速隆升而未接受沉积，其储盖组合基本继承了海西晚期的格局；而塔北、塔中地区在海西晚期储盖组合的基础上，又形成了多套新的储盖组合，如三叠系下、中、上油组各自的储盖组合。并且，随着三叠系-白垩系陆相砂泥岩的沉积，区域性泥质岩盖层不断增多增厚，使得海西晚期运动破坏的成藏封盖系统得以重建，前期残存的油气藏将可能得以长期保存。

喜马拉雅期，巴楚隆起的储盖组合格局依然没有大的改变；而塔北、塔中地区又新增了多套白垩系、古近系等的储盖组合（如白垩系碎屑岩与古近系膏盐岩），古近系膏盐岩又为晚期油气成藏提供了优质的区域性盖层。

第四节　古隆起、古斜坡与大中型油气田分布

塔里木盆地台盆区经历了多期构造运动，形成了多期分布的古隆起。它们既有继承性，又由于不同地质历史时期的构造动力学差异，而具有迁移、变化的特点。从目前的勘探实践来看，古隆起的形成对储盖组合的发育、油气聚集具有明显控制作用。

一、古隆起对岩溶储层形成的控制作用

中奥陶世中晚期，随着盆地周缘区域动力转换及其在盆地内部的响应，原来的台地相区开始分化，形

成隆坳相间的格局，随着构造进一步抬升，古隆起开始形成，主要分布在塔北、塔中、塔西南—和田河地区。古隆起区出露水面，遭受风化、淋滤，为区域性表生岩溶作用的形成奠定了基础。主要表现为良里塔格组、桑塔木组覆盖区的表生岩溶储层。在塔河外围艾丁—托普台地区、塔河南盐下、哈拉哈塘地区、沙西英买地区、塔中Ⅰ号带南、巴楚—麦盖提地区都有明显的岩溶作用，具有区域性层状分布特征。

加里东晚期-海西早期构造运动使早期古隆起进一步抬升，造成的隆升剥蚀主要发育于塔北隆起、塔中高垒带和和田河隆起，即石炭系覆盖区。该期岩溶是塔里木盆地台盆区发育最好的碳酸盐岩岩溶储层。在塔河主体区，该期岩溶对早期岩溶进行叠加改造，形成塔河油田主体及其北部于奇地区的大型缝洞型储层。塔中隆起仅在高垒带发育，并对早期岩溶进行改造。和田河隆起的东部可能有该期岩溶储层发育。图 6-12 所示为塔北地区岩溶储层发育模式图。

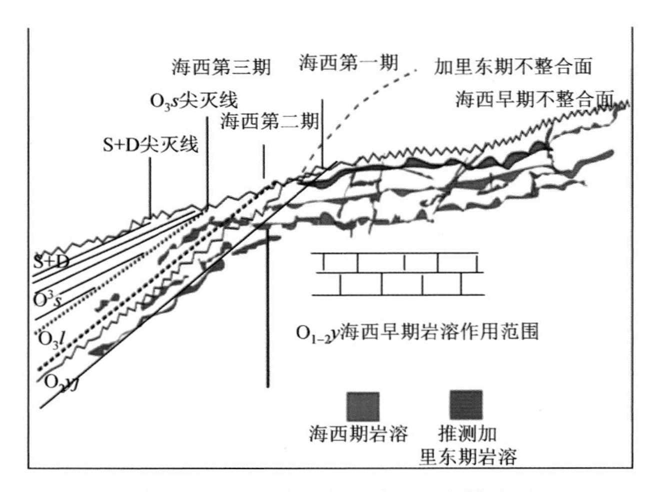

图 6-12　塔北地区岩溶储层发育模式图

海西晚期构造运动造成的隆升剥蚀主要分布于塔北隆起的高部位，如阿克库勒凸起北部、雅克拉断凸和沙西凸起。上部分别为三叠系、侏罗系和白垩系地层覆盖。该期岩溶作用主要是对早海西期岩溶的改造破坏过程。

通过上述分析，晚期残余古隆起经历多起岩溶叠加，最有利于碳酸盐岩岩溶储层的发育，也是最有利于油气富集的重要原因之一。

二、古斜坡对油气成藏条件的控制作用

斜坡带是指地层形成过程中倾斜的构造或地貌特征。斜坡带是油气富集的有利区带，主要是斜坡沉积过程是烃源岩和盖层发育的有利区带，是碳酸盐岩高能相带发育的有利区带，也是潜在储层发育的有利区带。斜坡也是构造改造相对较弱、有利于储层发育的区域。故斜坡带是生储盖组合匹配最为有利的区域。

台缘下斜坡位于台地与盆地相过渡区，是非补偿沉积和上升洋流活跃区，对优质烃源岩发育十分有利。野外露头于柯坪上奥陶统萨尔干组、井下星火 1 井寒武系都发现了优质的泥质烃源岩，根据麦盖提地区的钻井原油地化及构造-岩相古地理背景的分析也可推断塔西南也发育泥质烃源岩。

台缘上斜坡带是碳酸盐岩高能相带储层发育区。该斜坡带位置不仅是高能相带的发育区，也是后期构造隆升易于遭受剥蚀风化，且改造程度相对隆起弱的区域，所以是碳酸盐岩储层易于发育与保存的地方。由于海水进退和隆起相对隆升的原因，形成进积和退积两种沉积层序，进积型表现为向盆地推进的缓斜坡，高能相带易于遭受准同生作用的改造既利于储层发育，又利于储层的保存，如塔北南斜坡、满西斜坡北部寒武纪-中奥陶世斜坡。

三、古隆起、古斜坡与大中型油气田分布

古隆起及斜坡构造对塔里木台盆区古生界的油气聚集具有重要的控制作用，目前已发现的古生界油气藏主要分布于沙雅、卡塔克、巴楚三大古隆起及斜坡构造上（图 6-13）。

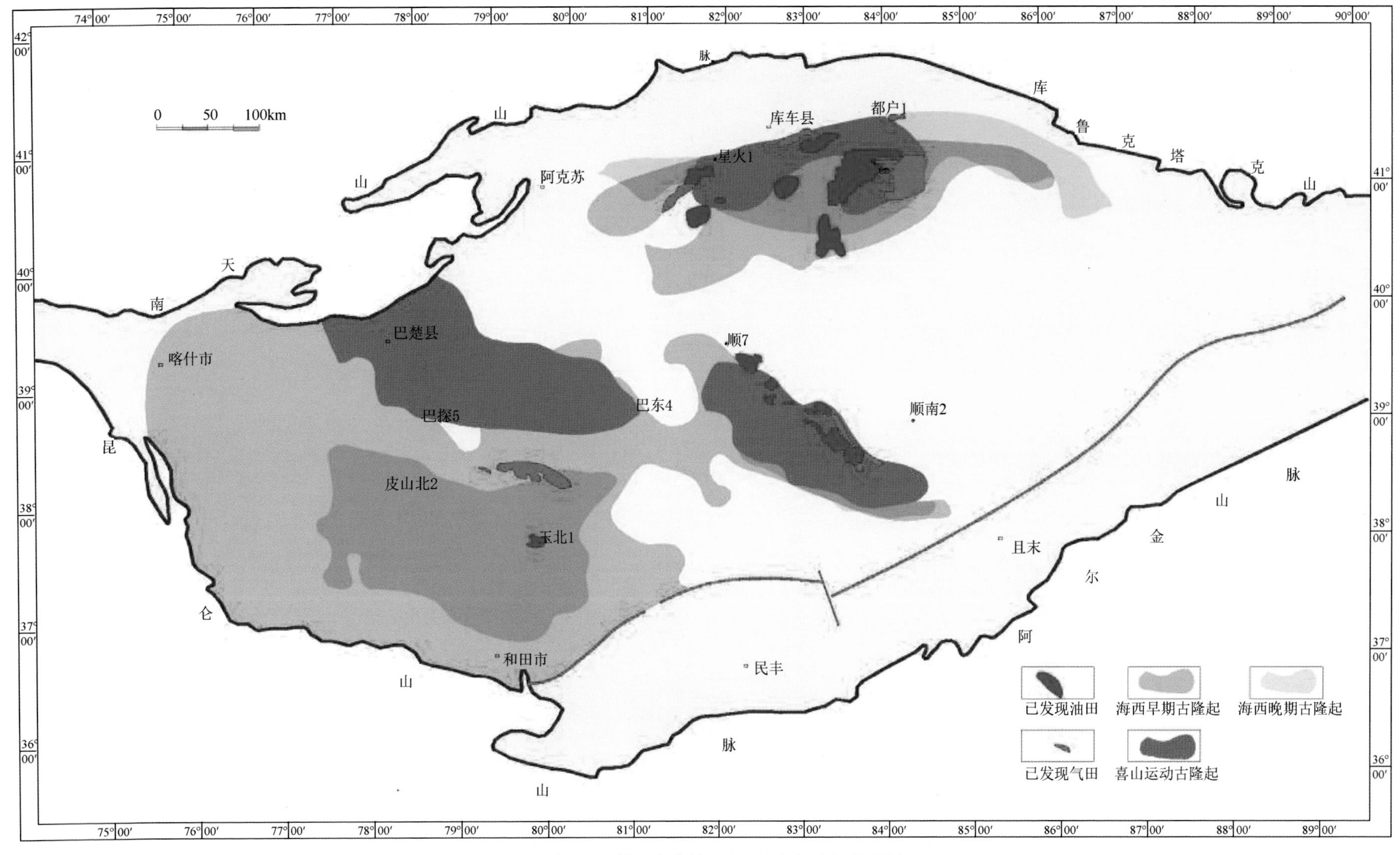

图6-13　塔里木盆地（古）隆起与油气分布图

这些以古生界为主体的古隆起及斜坡构造往往继承性发育，既是圈闭和储层的有利发育区，又是油气运移的长期指向和汇聚区，有利于油气藏的形成（图 6-14）。虽然古隆起高部位受到后期比较强烈的构造变动影响，油气会发生调整性运聚，但仍可于后期圈闭中形成次生油气藏；而隆起低部位尤其是斜坡部位因受构造运动的改造程度相对较弱，有利于油气藏的形成与保存，是原生油气分布的主要部位。因此，隆起低部位与斜坡区是大中型油气田（藏）形成的最有利区，如沙雅隆起的塔河—轮南油气田、卡塔克隆起的塔中油气田、巴楚隆起的和田河气田、顺托果勒低隆起的顺北油气田。

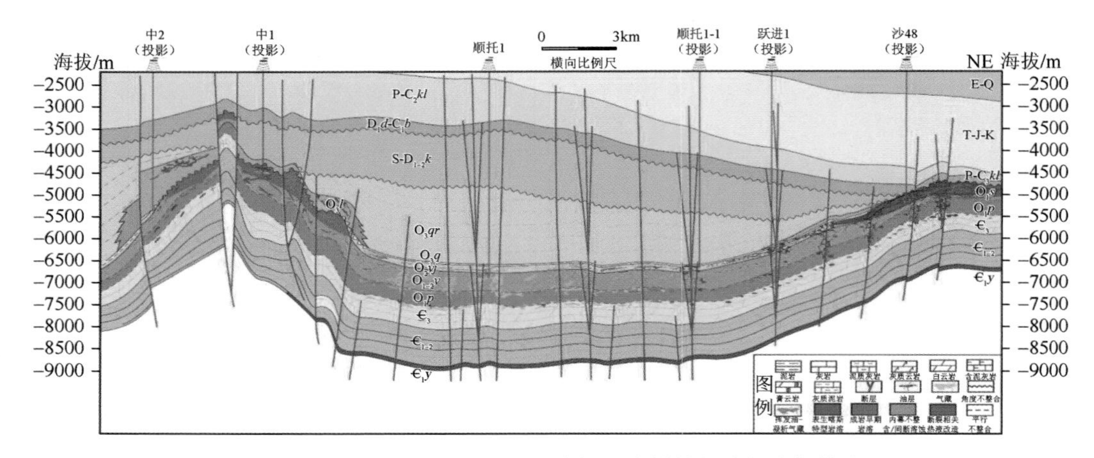

图 6-14　塔里木台盆区海西期古隆起、古斜坡与油气聚集模式图

油气聚集与调整受后期构造变动和气侵作用控制，继承性发育的后期稳定的古隆起及其斜坡构造以原生油气藏为主，而多次抬升且后期变动较为强烈的隆起区既有次生油气藏，又有原生油气藏。

第五节　断裂-不整合面与油气田（藏）分布

一、断裂与油气分布

断裂在油气成藏过程中，往往起着油气疏导的作用。控制盆地构造带边界的断裂是油气垂向运移的通道已形成共识，如塔北地区的轮台断裂、塔中地区的 I 号断裂等。塔里木盆地下古生界海相碳酸盐岩层系油气勘探实践证明，走滑断裂不仅作为疏导体系沟通了寒武系底部玉尔吐斯组烃源岩，同时也对储层空间的形成和分布、油气富集等起着重要作用。断裂体系对上覆碎屑岩层系油气聚集也起着控制作用，中新生界油气主要是沿深部断裂调整形成。

（一）下古生界走滑断裂与油气分布

走滑断裂是在区域应力场背景下在水平主应力条件下形成的。塔里木盆地 NW 向、NE 向及近 EW 向逆冲断裂都具有走滑特征。同时还发育 NE 向、NW 向等几组走滑断裂，其特征是滑移距小、断入基底、成排分布、分层、分段。勘探实践证明，该类断裂在塔里木盆地油气聚集成藏过程中具有控制性作用，并形成了一系列新的油藏类型。

1. 走滑断裂控制着油气的运移

走滑断裂沟通油源和储集层，具有垂向运移和横向运移的双重作用。在构造活动中地层保持平稳的地区，油气以垂向运移为主。顺托果勒地区发育的多条 NE 向主干走滑断裂带向下切穿寒武系，沟通中下寒武统烃源层，形成油气垂向运移的地质条件，其油气成藏呈“本地烃源、垂向输导、晚期成藏、断裂控富”的主要特征。在构造活动中地层具有一定倾角的地区，断裂既是垂向运移的通道，也是横向运移的通道。塔河油田目前发现的油气藏几乎均与断裂有关，平面上油气藏多沿断裂成串分布（图 6-15）。

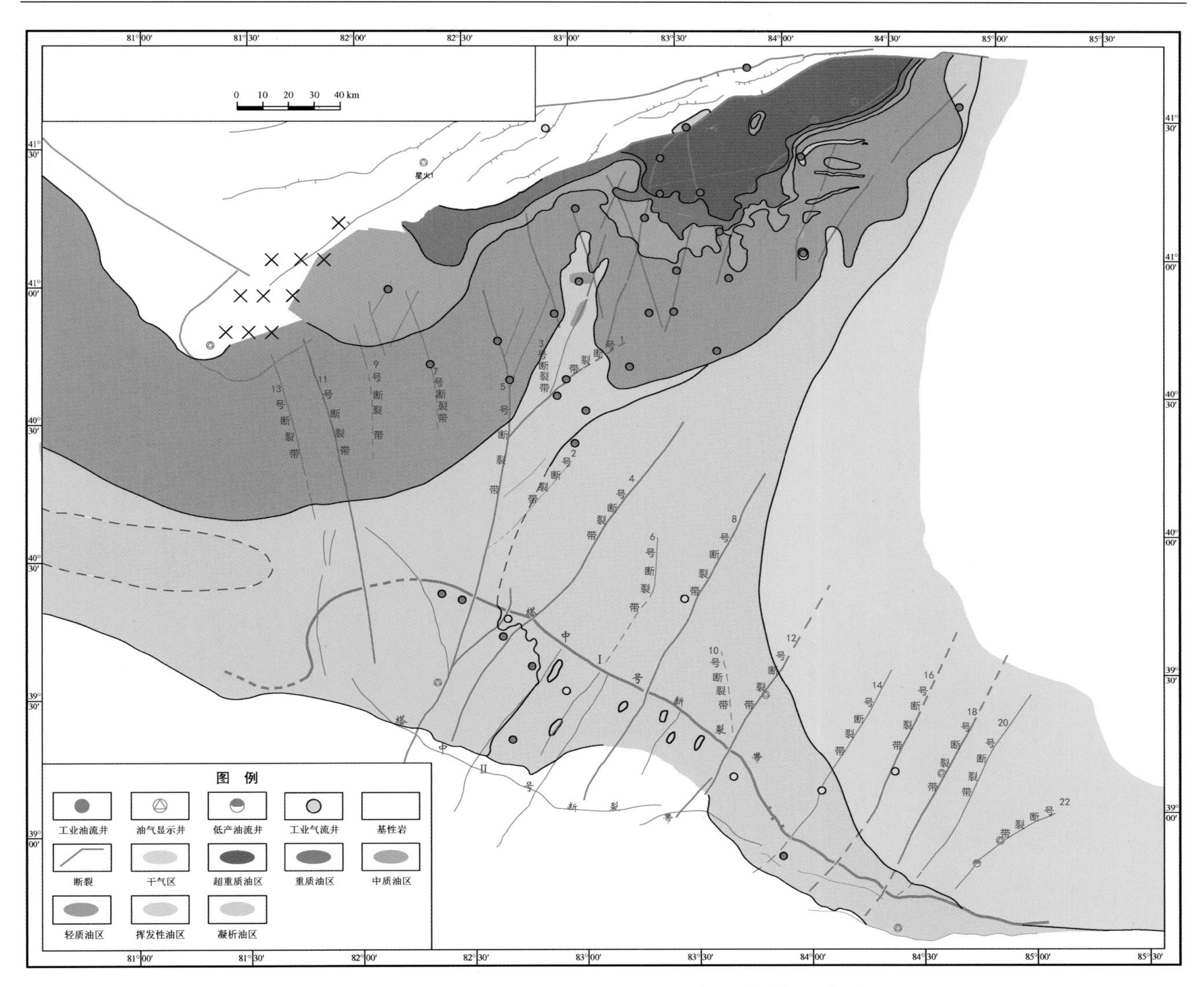

图 6-15　塔中—塔北下古生界断裂与奥陶系油气分布图

2. 走滑断裂控制着储集空间的形成和分布

走滑断裂不仅为油气提供了良好的垂向、侧向运移通道，也是一种重要的储集空间。走滑断裂发育过程中，不断派生次级断裂-裂缝，形成具有高孔高渗特性的破碎带，为流体提供运移通道与储集空间，发育规模裂缝型储层（图 6-16）。同时，断裂及其伴生裂缝是岩溶作用的先期通道，增加了大气淡水与碳酸盐岩的接触面积，增大了地表水及地下水的溶蚀范围，改善了碳酸盐岩的渗流性能，加快溶蚀速度，增强溶蚀作用。在碳酸盐岩内部形成一个通畅的淡水溶蚀系统，从根本上为空间范围内大规模的溶蚀作用提供了条件。

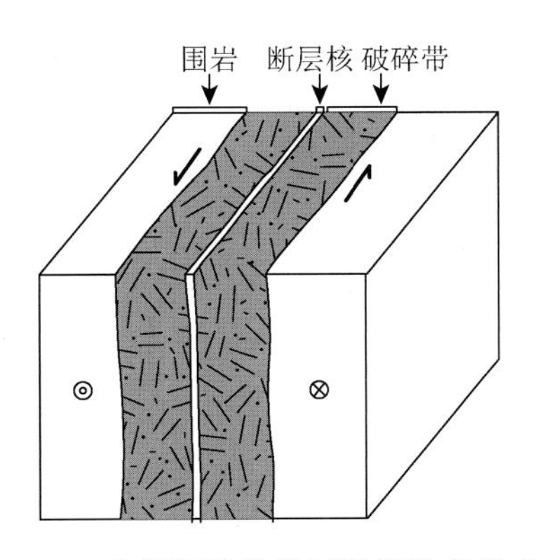

图 6-16　走滑断裂带控制裂缝发育模式图

顺托果勒地区奥陶系碳酸盐岩主要储集空间为高陡断层相关洞穴、高角度缝和沿缝洞发育的多类型溶蚀孔洞（图 6-17），储层形成最主要的控制因素为构造破裂作用与流体溶蚀改造。根据地层层序、构造演化及已钻井资料分析，顺托果勒地区不具备发育大规模的加里东中晚期及海西早期淡水岩溶作用的地质条件，但短期暴露可能对断裂带有溶蚀改造。下古生界碳酸盐岩属于刚性地层，受外力作用，断裂带岩石破碎程度高，洞穴（钻井放空）主要发育在断裂带附近，顺北 1 号、5 号、7 号走滑断裂带上的钻井在钻进过程中均钻遇放空、漏失，表明钻遇了缝洞型储层。深大走滑断裂带沟通深部流体，也为后期埋藏溶蚀改造提供了有利通道。

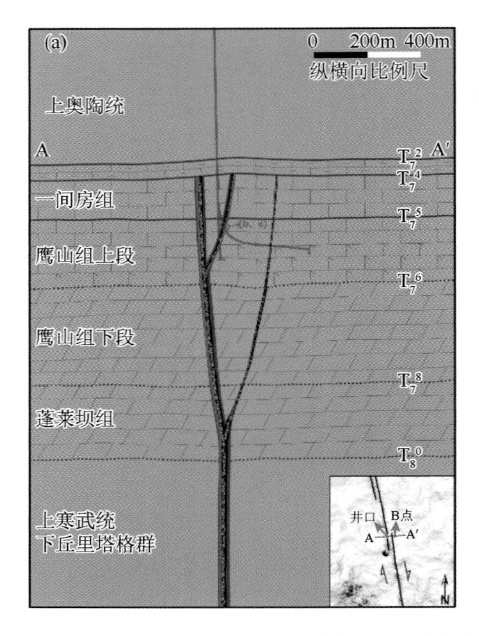

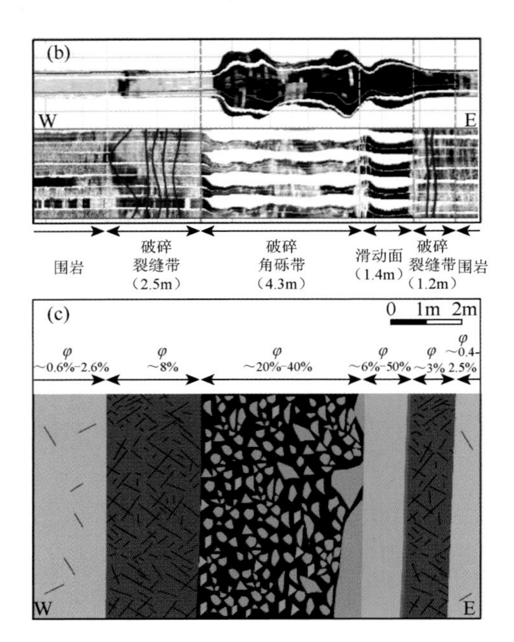

图 6-17　走滑断裂带控制储层发育特征

3. 走滑断裂带控制了油气富集

走滑断裂带控制了断控缝洞型储层的发育、油气的运移和富集，并形成了一种特殊的油藏类型-断溶体油气藏。根据托普台地区和顺北地区钻井产能数据的统计，高产井主要沿断裂带分布，特别是沿多期活动的 NE 向断裂带分布。在顺北地区，沿主干断裂和与之相交的次级断裂，钻井都见到了高产工业油流。根据生产动态数据和储集体空间雕刻认识到该类型油气藏为垂向分布油气藏，横向宽度分布局限，而垂向深度可达数百米。不同规模的走滑断裂带控制油气富集具有明显的差异性。已钻井揭示离主干断裂带越近奥陶系碳酸盐岩缝洞型储层越发育，且缝洞型储层与深大断裂的连通性越好，油气充注越充足（图 6-18）；反之，离主干断裂带越远或次级断裂带活动强度越小，碳酸盐岩缝洞型储层发育程度越弱，储集空间多以孤立洞穴或溶蚀孔洞为主，储层与通源断裂的连通性越差，油气充注程度越弱。

同一条走滑断裂带，在形成过程中具有分段、叠合的过程（图 6-19），形成不同的局部应力特征，包括拉分段、挤压段和平移段，油气藏亦具有明显的分段特征。顺北 1 号断裂带拉分段最利于储层发育，能量、产能高，平移段产能次之，压隆段相对最差，且沿同一几何分段井组相互连通，不同几何分段井组之间不连通。托甫台地区托甫 39 号断裂附近钻井产能数据也揭示，位于叠接拉分段井组单井产能明显高于压隆段，因此拉分段是更有利的油气富集部位。

（二）古生界-新生界碎屑岩断裂与油气分布

塔里木盆地台盆区碎屑岩层系断裂具有控圈控藏的作用，其中下古生界 X 形直立走滑断裂可以有效沟通下部油气源，而上古生界-中新生界碎屑岩层系花状走滑断裂、雁列式正断裂有利于发育低幅度断背斜、背斜及断块等构造型圈闭，并起着调整油气次生成藏的输导运聚作用。其中，沙雅隆起—顺托果勒低隆断裂多期活动，疏导作用较强，且活动期次结束较晚，与碎屑岩层系晚期成藏期次相匹配，具有明显的控圈控藏作用。

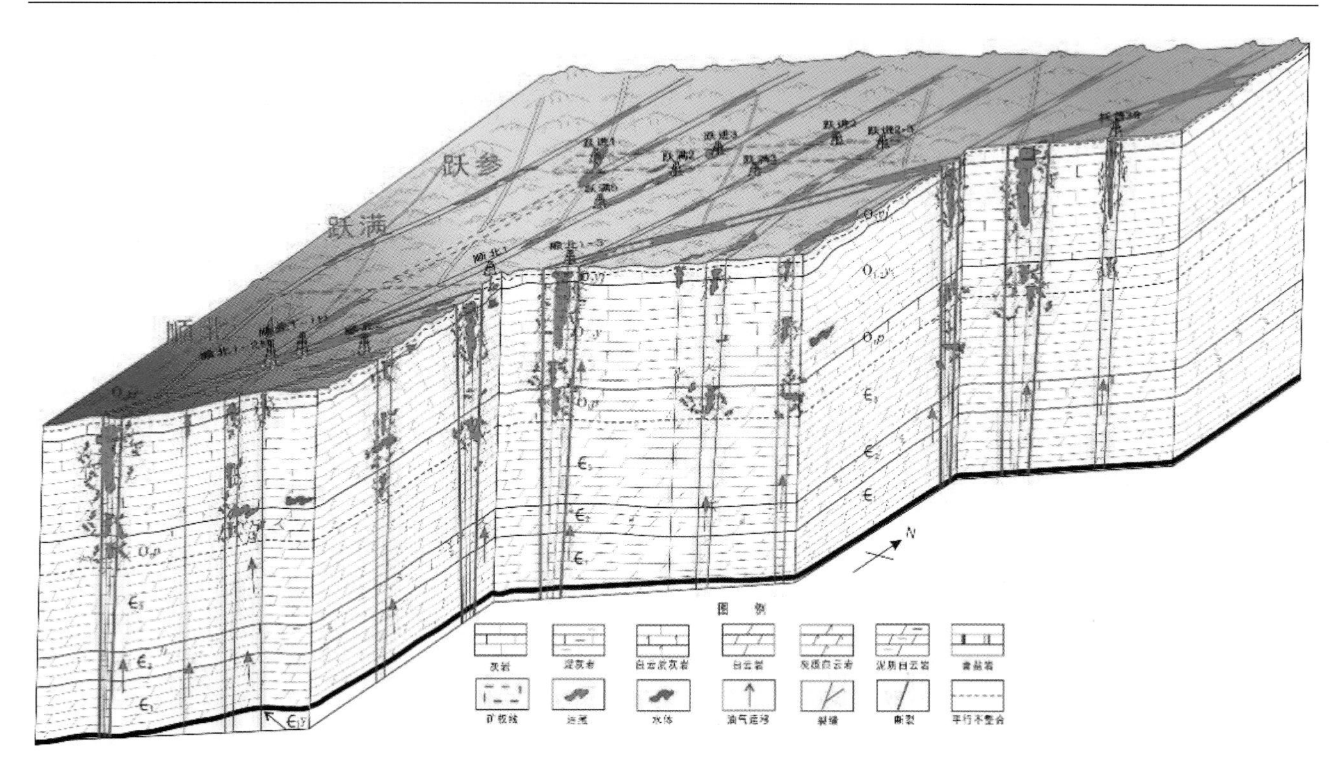

图 6-18　顺托地区奥陶系碳酸盐岩成藏模式

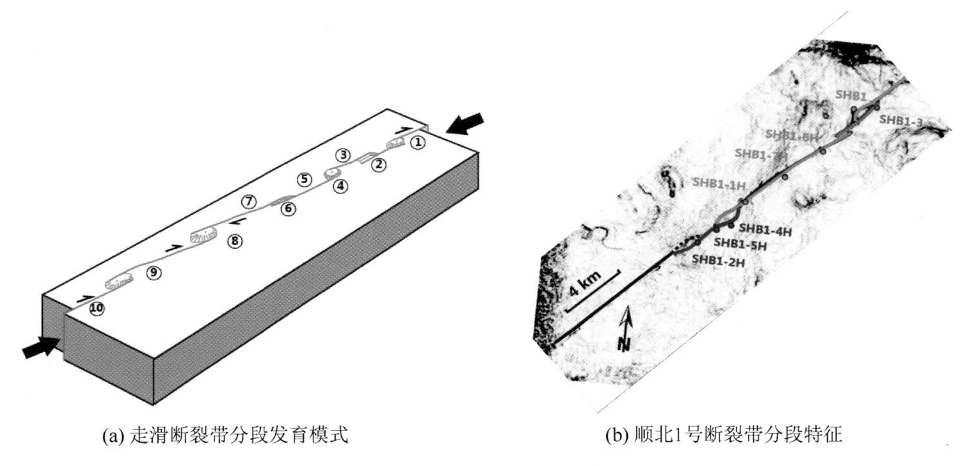

(a) 走滑断裂带分段发育模式　　(b) 顺北1号断裂带分段特征

图 6-19　走滑断裂带的分段性

1. 通源断裂主导油气的垂向运移

对于塔中北坡志留系柯下段的油气成藏，断裂控制油气的运移和成藏。顺 9 井志留系油气来源于下部及邻区深层烃源岩。NE 向走滑通源断裂主活动期为加里东晚期-海西早期（志留纪晚期-泥盆纪早期），将下部烃源岩与上部柯坪塔格组储层沟通，为油气运移和聚集提供垂向运移通道，为油气运移聚集成藏创造良好条件。

塔河地区石炭系油气主要分布于主体区，油气藏均沿断裂分布（图 6-20），充分表明断裂对石炭系油气藏形成的控制作用。石炭系油气主要分布于奥陶系正常油-轻质油区，两者的原油密度、天然气干燥系数等趋势一致，并且流体性质横向变化与断裂相关，如 T914 井奥陶系原油密度较邻井偏高，S1072 井石炭系原油密度也出现高值。钻井证实，石炭系卡拉沙依组砂岩储层之下发育有封盖性能良好的巴楚组下泥岩段区域性盖层，下部油气向石炭系卡拉沙依组运移主要依靠断层作为通道。

塔河地区中新生界油气藏主要分布于与断裂相关的低幅度圈闭内。断层封堵性与油气运移路径示踪研究表明，中新生界碎屑岩油气藏主要是通过阿克库木断裂带、阿克库勒断裂带、部分盐边断裂及轮台断裂等连通深部奥陶系油气藏次生调整形成（图 6-21）。三叠系油气藏主要分布于阿克库木断裂带、阿克库勒断裂带及盐边构造带，这是通源断裂控制浅部碎屑岩层系油气成藏的直观表现。盐上构造带等三叠系油气藏则主要是深部油气顺沿断裂向上运移到各油组砂体后，在单斜背景下，沿连通砂体侧向运移而成藏。

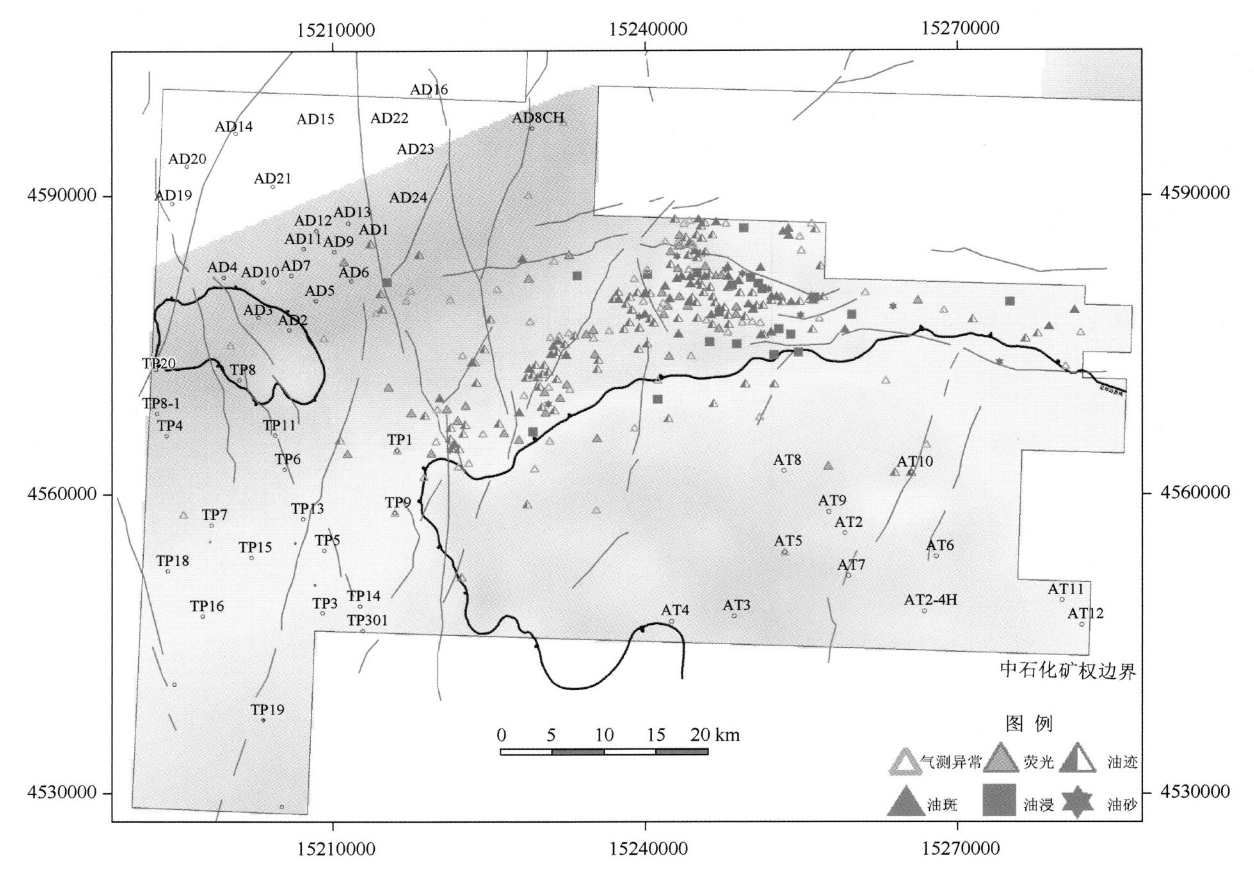

图 6-20　塔河地区石炭系油气（藏）分布图

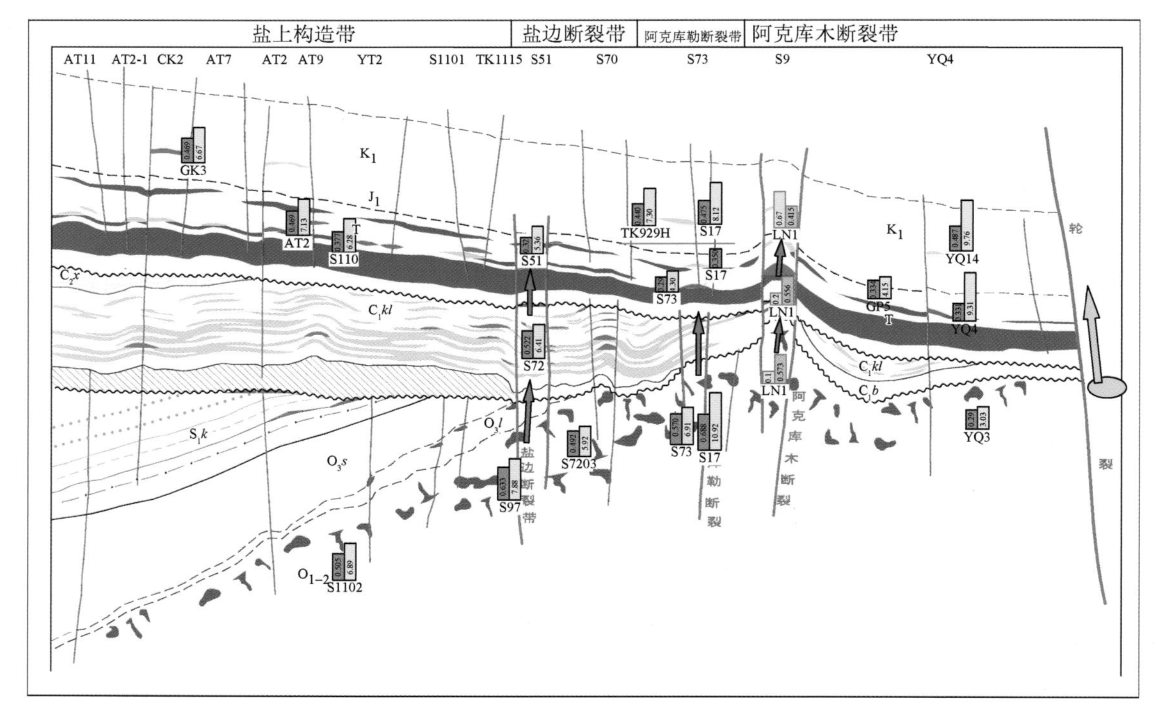

图 6-21　塔河地区中东部油气成藏模式

2. 雁列式断裂带控制低幅度圈闭的形成

印支-燕山构造运动及喜马拉雅构造运动产生的区域挤压应力，是形成断裂、导致盐体塑性流动的重要因素，产生了大量的挤压断背斜，形成一系列背斜及沿盐边分布的大量低幅度圈闭。塔河地区三叠系、白垩系低幅度构造圈闭的发育受深部 NE 向断裂控制，形成 NW 向雁列状圈闭系列。雁列式断裂带中的断层侧向封堵，为油气聚集提供了场所。

塔河地区中新生界的油气成藏模式为，深部油气顺沿通源断裂向上运移到中新生界砂体后，在总体东南高、西北低的区域单斜背景下，在连通砂体内侧向运移，遇有合适圈闭聚集成藏。

二、不整合与油气分布

不整合面通常是油气运移的通道和油气富集的重要部位。对于碳酸盐岩层系而言，不整合面遭受风化剥蚀和淡水淋滤作用，形成风化壳岩溶，可以作为油气输导层及储集层，油气往往富集；对于碎屑岩层系而言，不整合面与断裂、砂体一起构成输导网络格架，在不整合面附近可以形成多种类型的油气藏。

奥陶系碳酸盐岩油气主要富集在 T_7^4 不整合面下的中下奥陶统鹰山组-一间房组中，是塔北地区、塔中地区、巴楚地区和麦盖提地区油气富集的主要场所。勘探实践证实，油气主要储集空间是以岩溶洞穴系统为特色的岩溶缝洞群（图 6-20），多期叠加不整合发育区油气尤其富集。塔河主体区缺失中上奥陶统，下奥陶统鹰山组碳酸盐岩历经加里东期、海西早期等多幕次岩溶作用的叠加改造，岩溶储层发育，油气富集；而在上奥陶统覆盖区，岩溶储层和油气受不整合和断裂共同作用更明显。统计结果显示，T_7^4 不整合面下 100m 内油气较为富集，说明 T_7^4 不整合面对于塔河地区奥陶系油气储集空间的形成具有重要作用。

塔里木盆地，不整合面对碎屑岩层系油气的富集作用不如对下古生界碳酸盐岩层系油气富集作用明显。根据对塔河地区 T_5^0 不整合面上、下 20m、40m、60m、80m、100m 内油气显示情况统计结果，不整合面可能并非碎屑岩层系油气运移的主要通道，而断裂和砂体可能起着主要作用。

三、断裂-不整合与大中型油气田分布

断裂与不整合面附近是油气富集的主要部位。受烃源岩分布及供烃的影响，不同地区断裂和不整合对大中型油气田的控制作用不同。在台盆区玉尔吐斯组主力烃源岩分布区，油气通过断裂垂向运移或侧向运移进入储集层中，在不整合面附近沿岩溶缝洞侧向运移并富集。构造平缓区油气沿断裂带垂向运移的方式决定了断裂带是油气富集的重要地带，构造斜坡部位叠加走滑断裂带油气易于富集，构造高部位长期暴露的不整合面附近油气比较富集。在台盆区玉尔吐斯组主力烃源岩远离区，油气沿断裂横向运移和垂向运移，在不整合面形成的岩溶储集空间聚集。

台盆区大中型油气田（藏）分布明显受断裂和不整合面控制，已发现的塔河油田、顺北油气田、塔中 4 油田、和田河气田等大中型海相油气田，均主要沿断裂与 T_7^4 不整合面附近分布，且断裂带与不整合面共同作用的部位最富集，如托甫台地区 TP39 井断裂带上的钻井相较远离主干断裂带钻井累产明显要高，证实油气富集受断裂带和不整合双重控制。

在碎屑岩层系，断裂既可以形成构造圈闭，同时又是油气运移的通道。

台盆区油气沿断裂和不整合面运聚成藏可分为以下 5 种基本方式：①油气通过断穿烃源层的断裂垂向运移，受上覆地层的封盖，在岩溶不发育地区，油气在断裂带富集，如顺北油气田；②油气通过断穿烃源层的断裂垂向、侧向运移，结合不整合面的侧向运移，在不整合面形成的岩溶聚集，且在断裂带与不整合岩溶交汇处富集，如塔河油田；③油气通过切穿烃源层的断裂垂向或侧向运移，在断垒带聚集形成油气藏，如轮南、桑塔木断裂带和玛扎塔格断裂带（和田河气田）；④油气通过通源断裂运移到浅层后，再通过不整合面及输导层侧向运移成藏，如塔中、哈德逊地区的泥盆系东河砂岩油气藏；⑤油气聚集成藏后，通过切割储层的断裂向上覆地层再运移，如轮南断垒带顶部与正断裂相关的三叠系油气藏等。

第六节　重点突破方向

总之，塔里木盆地作为大型叠合盆地油气资源丰富、勘探潜力巨大，在明确盆地不同构造演化阶段、不同沉积环境相带油气成藏类型、特征及分布规律的基础上，进一步指出塔里木盆地海相碳酸盐岩、海相

碎屑岩、陆相碎屑岩未来油气勘探方向，对指导未来油气勘探具有重大的实践价值。

一、碳酸盐岩断控储集体勘探领域

断裂在油气成藏中的作用，传统认识是作为油气运移的通道，是油气从油源到藏或者从藏到藏的路径，油气过路不留。顺北油田的发现转变了这种思路，在海相碳酸盐岩层系，沟通油源的走滑断裂具有控储控藏作用，是油气富集的重要空间。深化顺北地区断控成藏规律的认识，“断裂成储、主断裂面控制裂缝-洞穴型储集体发育规模”指导了顺北 1 号、5 号、7 号等断裂带的勘探部署，并获得工业油气流。因此，以上覆直接盖层，纵向或者横向沟通油源的走滑断裂寻找新区带是扩大断控储集体勘探的重要方向。

从塔里木盆地下古生界海相碳酸盐岩层系断裂体系及其烃源岩分布分析（图 6-22），北塔里木地区发育广泛玉尔吐斯组主力烃源岩和中下寒武统、奥陶系烃源岩，顺北地区、顺南地区、塔河地区广泛发育 NE 向、NW 向近于直立的小滑移距走滑断裂，延伸距离长，断入基底，是断控储层发育的有利区带。巴楚—麦盖提地区发育 NW 向逆冲-走滑断裂体系、近 EW 向逆冲断裂体系和 NE 向走滑断裂体系，根据岩相古地理推测塔西南也具有发育烃源岩的有利环境。NE 向走滑断裂断穿基底，沟通油源，且地层向南具有一定的倾角，因此，NE 向断裂体系可以作为油气运移的通道和油气聚集的有利场所。

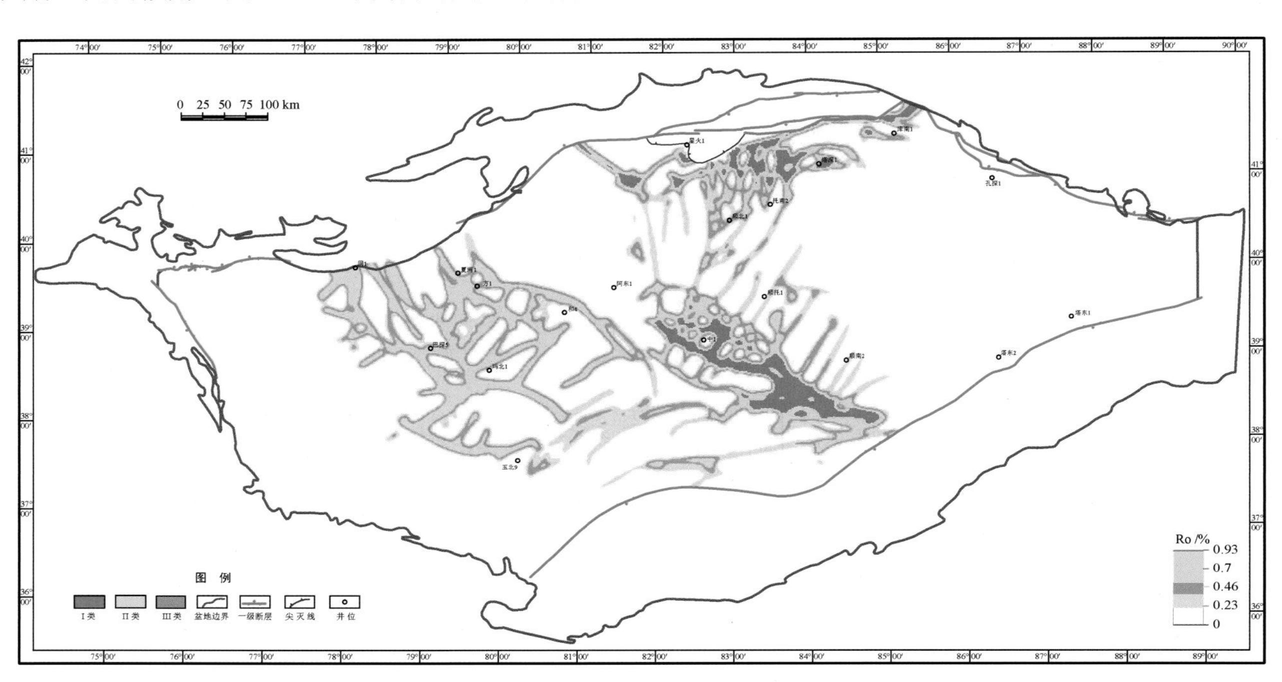

图 6-22　塔里木盆地中下奥陶统综合评价图

二、寒武系碳酸盐岩台地边缘领域

古隆起、古斜坡及烃源岩分布控制了油气富集的范围。台地边缘位于沉积斜坡顶缘，临近或位于烃源岩之上，是油气富集的有利区带。

沉积相编图认为，在满加尔拗陷西缘发育明显的寒武系台缘，且呈进积模式。近年来，在寒武系中发现了较好的白云岩储层，且有油气显示。尤其是塔深 1 井在 7500m 以下的油迹显示，大大超过了目前一般认识的“液态窗下限”深度。而在台地沉积体系中，优质储层常位于台地边缘、上斜坡以及台地内部受淡水淋滤作用影响的高地，其中又以台缘斜坡带的礁滩体储层最为优质。

在满加尔拗陷西缘，下部发育玉尔吐斯组烃源岩、侧向满加尔拗陷发育中下寒武统烃源岩，具有充足的供烃条件。满加尔拗陷西缘是镶边台缘，发育明显的从下寒武统肖尔布拉克组到上寒武统下丘里塔格群的多期碳酸盐岩台缘礁滩体，台缘礁滩体呈南北向条带状展布，延伸长度约为 280km，储集层以台缘礁滩白云岩为主。其储盖组合表现为中寒武统泥云坪沉积的泥质云岩盖层与下寒武统肖尔布拉克组台缘礁滩体叠置。满加尔拗陷烃源岩从加里东晚期开始进入生烃门限，经历了海西晚期、喜马拉雅期多期生烃，且一直位于油气运移的优势区域。因此，于奇—塔河—顺托—顺南—古城一线的寒武系台缘是有利勘探区。该区带勘探潜力大。该台缘区带已经钻探了于奇6井、塔深1井和城探1井，见到良好的油气显示，勘探的关键因素是有效盖层和圈闭。

三、寒武系盐下白云岩领域

膏盐-碳酸盐岩组合是发现油气的重要领域。在全球334个大型油气田中，以盐岩和石膏为盖层的占33%，油气储量占碳酸盐岩总储量的65%，产量占72%。

寒武系盐下领域指中下寒武统肖尔布拉克组和沙依里克组被上覆膏岩盐覆盖的白云岩领域。塔里木盆地中下寒武统白云岩下伏或临近玉尔吐斯组烃源岩，上覆吾松格尔组、阿瓦塔格组两套膏盐盖层，受烃源岩和盖层双重控制，因此寒武系盐下白云岩领域具有巨大的勘探潜力。塔里木盆地寒武系盐下领域发育两套膏盐层和两套碳酸盐岩储层，主力烃源岩发育，塔里木盆地中西部在早寒武世发育局限-开阔台地沉积，台内滩相储层发育。在储层规模发育的前提下，寻找有利的源盖匹配区，即选区的关键。

塔里木盆地台盆区中下寒武统的两套膏盐层在平面上分布十分稳定，厚度普遍大于300m，可作为优质的盖层。中下寒武统白云岩储层非均质性强，受同生期岩溶、后期埋藏岩溶及热液改造形成孔洞-裂缝型储层。该组合在巴楚-塔中地区广泛存在。

自加里东期以来，中央隆起带长期继承性发育，晚期构造运动相对薄弱；该稳定古隆起为古老海相碳酸盐岩油气藏的保存奠定了良好的基础。巴楚隆起由于缺失玉尔吐斯组烃源岩及周缘存在大型隆升地表的边界断裂，输导条件及保存条件较差。卡塔克隆起靠近玉尔吐斯组生烃区，自主成藏期海西晚期及喜马拉雅期一直是一个埋藏型继承古隆起，是油气运聚成藏的长期有利指向区。中深1井、中深5井寒武系盐下的勘探突破证实靠近寒武系烃源岩寻找有利储盖组合是勘探的重要方向，特别是晚期断裂活动不强烈区域，有利于油气藏的保存。因此，卡塔克隆起盐下肖尔布拉克组白云岩领域是塔里木盆地碳酸盐岩油气勘探的重点战略接替层系，有利勘探面积较大，潜在资源量较为广阔。

四、奥陶系相控礁滩领域

奥陶系相控储集体勘探领域主要指奥陶系良里塔格组台缘带领域。奥陶系良里塔格组上覆桑塔木组区域性盖层，具有良好的封盖性能。因此，奥陶系相控领域良里塔格组评价的主控因素为储层和油气充注。

上奥陶统良里塔格组沉积时期，台盆区发育3个碳酸盐岩台地。其中，塔北台地南缘主要为缓坡台地，可能部分地层相变为桑塔木组碎屑岩，良里塔格组碳酸盐岩地层厚度小，主要以滩相为主。中央隆起区台地为镶边台地，台缘礁滩围绕台地均有发育。从巴楚隆起北缘向东延续到塔中1号带，再到塔中南坡、巴楚—麦盖提东缘，均为大型镶边台地。南部塘南台地也为镶边台地，其北缘发育台缘礁滩相带。塔中1号带油气勘探实践说明，良里塔格组台缘相带的礁滩体具有良好的储集性能。

巴楚地区—塔中地区北缘的上奥陶统良里塔格组台地边缘临近北塔里木烃源岩发育区。海西晚期，满加尔拗陷寒武系-中下奥陶统烃源岩和北塔里木下寒武统玉尔吐斯组烃源岩达到生油高峰阶段，NE向走滑断裂带及塔中古隆起区NW向逆冲断裂持续活动，高成熟油气沿NE向走滑断裂带由北往南由下往上输导，充注于塔中Ⅰ号构造带控制的良里塔格台缘带，油气富集。NE向走滑断裂带输导能力及碳酸盐岩储层非均质性影响油气充注规模。巴楚地区北缘玉尔吐斯组烃源岩和中上奥陶统烃源岩分布不够落实，加上后期断裂强烈活动和改造，该地区良里塔格组台缘带有待进一步评价。此时塔中南坡可能的烃源岩也同样达到成熟阶段，但由于距离较远，缺乏有效输导体系，充注规模有限。

喜马拉雅期，满加尔拗陷寒武系-中下奥陶统烃源岩和北塔里木下寒武统玉尔吐斯组烃源岩达到生高过成熟凝析气-干气阶段，天然气充注充足，塔中Ⅰ号台缘带之下北坡区对早期油藏往南、往西驱替，卡塔克隆起及塔中北坡地区所遭受的构造变动较弱，在塔中Ⅰ号台缘带附近形成较高气油比的凝析气藏。南部环塘古巴斯拗陷台缘带由于喜马拉雅期热演化程度较高，晚期高地温背景，生烃能力有限，因此塔中南坡—和田河台缘带以海西晚期油藏或喜马拉雅期调整油藏为主。

综合评价，奥陶系相控领域的良里塔格组台缘相带依然应该重点探索卡塔克隆起西缘和巴楚—麦盖提西缘礁滩相带（图6-23）。

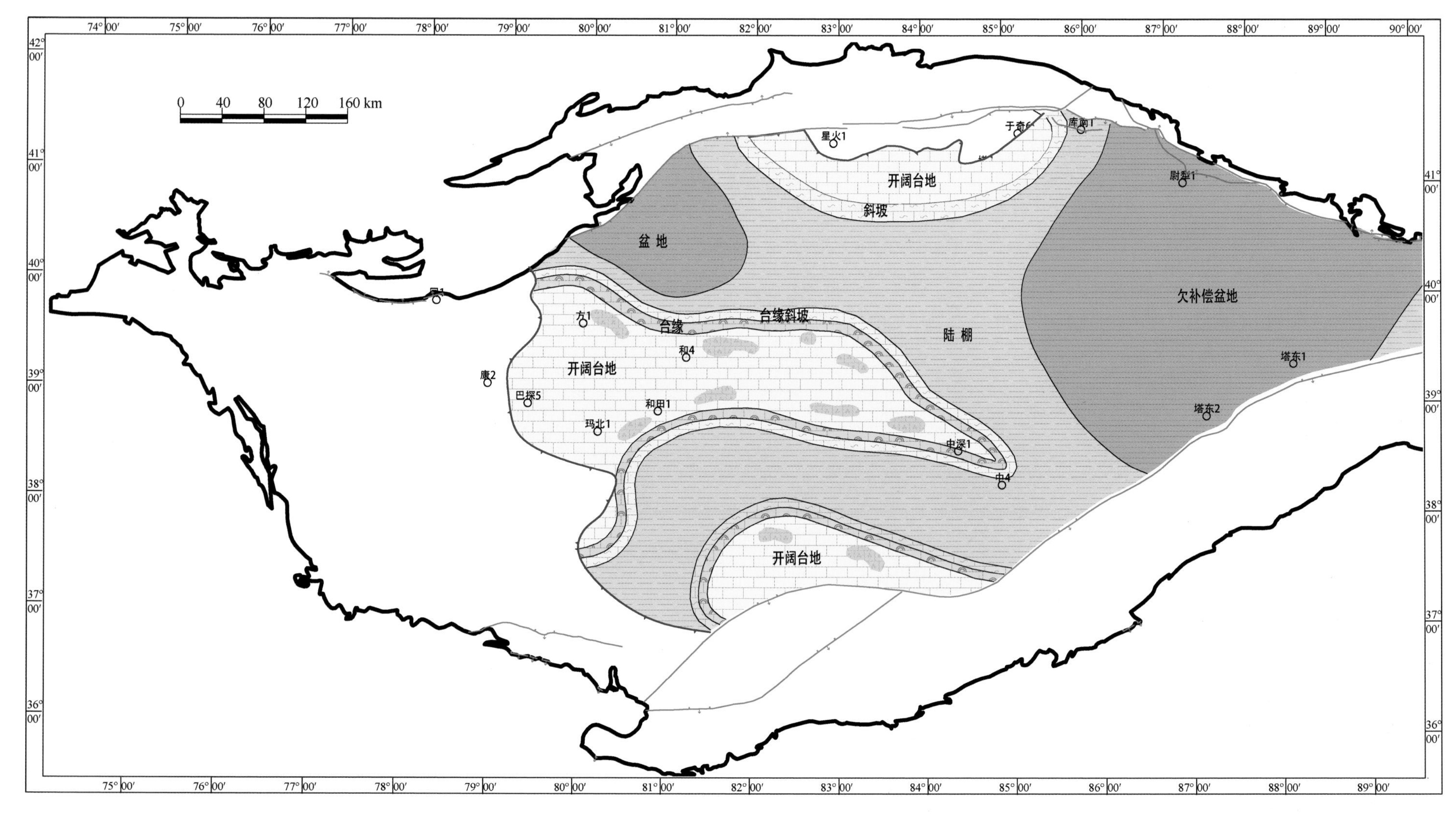

图 6-23　塔里木盆地奥陶系良里塔格组台缘领域有利区带图

五、古生界地层、岩性圈闭领域

塔里木盆地志留系柯坪塔格组下段与中泥岩段形成良好的储盖组合，同时紧邻满加尔凹陷的烃源岩分布区，是古生界勘探的重点层段。由于总体为潮坪沉积背景、埋深大，储层物性相对较差，岩性圈闭是下一步勘探的重点领域。因此下一步油气勘探的关键因素是储层“甜点”的预测和刻画。

从柯坪塔格组下段和中泥岩段的沉积演化上看，柯坪塔格组下段至中段的灰色泥岩段，总体表现为海侵背景，在塔中北坡可以形成良好的储盖组合。由于柯坪塔格组下段在塔中北坡主要发育潮坪沉积（图6-24），海侵背景，砂体逐期迁移、多期超覆，具备形成大型岩性圈闭群的条件，且柯下段由于埋深大、成分成熟度低，储层致密，也可以形成物性圈闭。

从构造位置上看，紧邻或位于寒武系-奥陶系成熟烃源岩之上，是多期油气运移聚集的有利古隆起和古斜坡，且该区发育NE向的断裂，可以作为沟通下部油源或者油藏的垂向运移通道。因此塔中北坡柯坪塔格组下段是志留系岩性圈闭的重点领域。

另外，位于顺托果勒低隆区西侧的阿东地区柯坪塔格组值得关注。该层段与塔中北坡与相似的沉积背景，具备相似的储盖组合和圈闭发育条件，制约勘探突破的关键因素是阿瓦提地区是否发育烃源岩的问题。

六、中新生界地层岩性圈闭领域

从构造背景和沉积演化上看，顺北中新生界地层-岩性圈闭是塔里木中新生界的重点勘探领域。

塔里木中、新生界总体为单斜背景，除在山前带发育大型的构造圈闭以及与EN向断裂相关的低幅度构造圈闭外，总体不具备发育大型构造圈闭的地质条件。顺北1工区主要位于三角洲-湖泊沉积体系的过渡区，该区是形成岩性圈闭的有利地区。

从油气成藏条件上看，顺北油田的1工区存在沟通下部油气的断裂条件，位于库车陆相油气运移的指向区，具有远距离运移的输导条件（图6-25）。目前在顺北的顺评2井、顺8井分别在白垩系的舒善河组、古近系的苏维依组都有好的油气显示，显示该地区良好的勘探潜力。

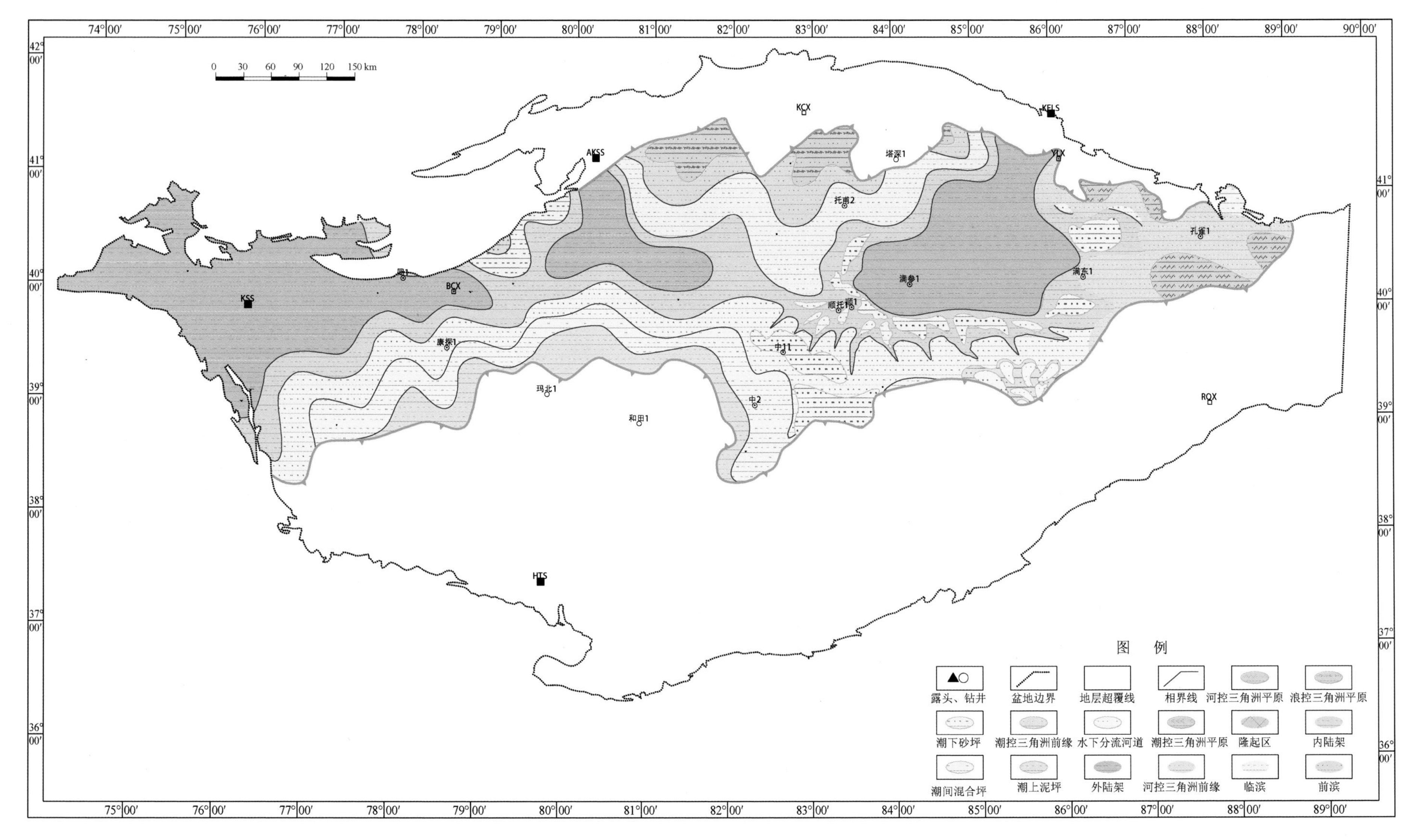

图 6-24　塔里木盆地志留系柯坪塔格组沉积相平面展布图

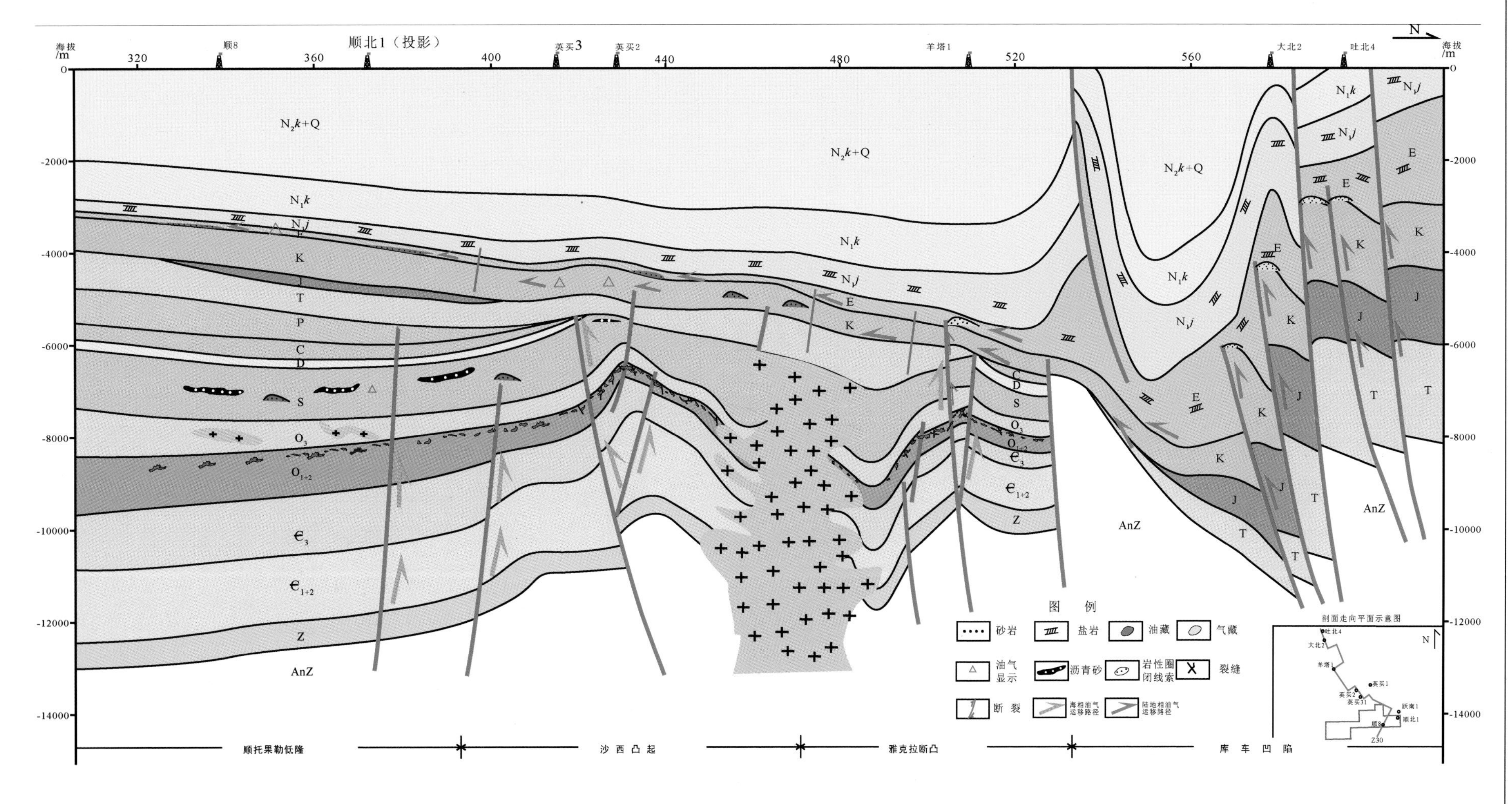

图 6-25　塔北中-新生界油气运聚成藏示意图

参考文献

毕思文，何国琦，李继亮，等.1997. 地球系统科学与可持续发展（Ⅳ）统一构造理论中的青藏高原大地构造特征与地质过程[J].系统工程理论与实践（9）：84-93.

陈汉林，杨树锋，董传万，等. 1997. 塔里木盆地地质热事件研究[J]. 科学通报（10）：1096-1099.

陈静. 2005. 塔里木盆地北部井下再现晚白垩世轮藻化石[J]. 中国西部油气地质（2）：184.

陈丕济. 1985. 碳酸盐岩生油地化中几个问题的评述[J]. 石油实验地质（1）：3-12.

陈强路，储呈林，胡广，等. 2017. 塔里木盆地柯坪地区寒武系玉尔吐斯组沉积环境分析[J].石油实验地质， 39（3）：311-317.

陈章明，吴元燕，吕延防.2003. 油气藏保存与破坏研究[M]. 北京：石油工业出版社.

程克明，熊英. 2005. 湖相碳酸盐岩中的优质烃源岩[Z]. 中国无锡：3.

戴金星. 1997. 中国气藏（田）的若干特征[J]. 石油勘探与开发（2）：6-9.

范春花，等. 2007. 塔河地区志留系的对比[J]. 地质论评（1）：1-5，145.

范善发，周中毅，解启来，等. 1996. 塔里木盆地下古生界高成熟干酪根生烃潜力的评估[J]. 地球化学（5）：503-511.

方世虎，徐怀民，郭召杰，等. 2004，辽河滩海地区西部凹陷成藏条件与成藏模式[J]. 石油实验地质（3）：223-228.

冯佳睿，高志勇，崔京钢，等. 2018. 深层、超深层碎屑岩储层勘探现状与研究进展[J]. 地球科学进展（7）.

付广，陈章明，万龙贵. 1996. 塔中地区石炭系泥岩盖层封盖性能研究[J]. 新疆石油地质（4）：380-384.

付广，姜振学. 1994. 影响盖层形成和发育的地质因素分析[J]. 天然气地球科学（5）：6-11.

付广，李玉喜，张云峰，等. 1997. 断层垂向封盖油气性研究方法及其应用[J]. 天然气工业（6）：31-34.

付广，张绍臣，陈章明. 1995. 盖层发育的有利地质因素分析[J]. 南方油气地质（4）：8-13.

刚文哲，高岗，郝石生，等. 1997. 塔里木盆地含气系统的划分及特征[J]. 沉积学报（2）：40-44.

高俊，等. 1995. 新疆南天山蛇绿岩的地质地球化学特征及形成环境初探[J]. 岩石学报（S1）：85-97.

高俊，汤耀庆，赵民，等.1995. 新疆南天山蛇绿岩的地质地球化学特征及形成环境初探[J].岩石学报（S1）：85-97.

高联达. 1983. 西藏聂拉木晚泥盆世孢子的发现及其地层意义[J]. 青藏高原地质文集（1）：183-218，255-262.

高长林，叶德燎，黄泽光，等. 2005. 中国晚古生代两大古海洋及其对盆地的控制[J]. 石油实验地质（2）：104-110.

高长林，叶德燎，黄泽光. 2004. 塔里木库鲁克塔格古原洋裂谷与地幔柱[J]. 石油实验地质（2）：161-168.

高振家，成守德. 1984. 塔里木地台区早古生代及古老碳酸盐岩层中含油气的可能性[J]. 新疆地质（1）：1-10.

高志勇，周川闽，冯佳睿，等. 2016. 库车坳陷白垩系巴什基奇克组泥砾的成因机制与厚层状砂体展布[J]. 石油学报，37（8）：996-1010.

顾芷娟，潘裕生，周勇，等. 2000. 青藏高原地壳低速层的物理性质[J]. 矿物岩石地球化学通报（1）：30-33.

郭宪璞，叶留生，丁孝忠，等. 2008. 库车坳陷晚白垩世地层存在的证据和沉积相分析[J].地质论评（5）：587-592，723.

郭召杰，张志诚，贾承造，等. 2001. Tectonics of precambrian basement of the Tarim craton[J]. Science in China（Series D：Earth Sciences）（3）：229-236.

郭召杰，张志诚，刘树文，等. 2003. 塔里木克拉通早前寒武纪基底层序与组合：颗粒锆石 U-Pb 年龄新证据[J]. 岩石学报（3）：537-542.

郝石生，柳广弟，黄志龙，等. 1994. 油气初次运移的模拟模型[J]. 石油学报（2）：21-31.

何发歧，刘清林.2002. 高分辨率多方位 VSP 方法在塔河油田奥陶系裂缝性储层研究中的应用[J].吉林大学学报（地球科学版）（4）：386-389.

何景文. 2012.塔里木库鲁克塔格地区新元古代冰期和前寒武纪地壳演化的初步探讨[D]. 南京：南京大学.

何圣策，欧阳舒. 1993. 浙西富阳西湖组泥盆-石炭系过渡层孢子组合[J].古生物学报（1）：31-48，133-136.

何治亮，毛洪斌，周晓芬，等. 2000. 塔里木多旋回盆地与复式油气系统[J]. 石油与天然气地质，21（03）：207-213.

侯启军，何海清，李建忠，等. 2018. 中国石油天然气股份有限

公司近期油气勘探进展及前景展望[J]. 中国石油勘探，23（01）：1-13.

胡霭琴，等. 2001. 新疆大陆基底分区模式和主要地质事件的划分[J]. 新疆地质（1）：12-19.

胡霭琴，格雷姆•罗杰斯. 1992. 新疆塔里木北缘首次发现 33 亿年的岩石[J]. 科学通报（7）：627-630.

皇甫红英，温爱琴，武涛. 2001. 塔里木盆地巴楚隆起石炭-二叠系碳酸盐岩成岩作用[J]. 新疆地质（4）：260-262.

黄健全，胡雪涛，周中毅，等. 1993. 油页岩有效生烃、排烃量的模拟实验研究[J]. 西南石油学院学报（S1）：67-69.

贾承造，王良书，魏国齐，等. 2004. 塔里木盆地板块构造演化与大陆动力学[M].北京：石油工业出版社：1-202.

贾承造，魏国齐. 2002. 塔里木盆地构造特征与含油气性[J]. 科学通报（S1）：1-8.

贾承造.1990. 塔里木盆地板块构造演化和主要构造单元地质构造特征[M].北京：石油工业出版社.

贾承造.1997. 中国塔里木盆地构造特征与油气[M]. 北京：石油工业出版社.

贾进华，邹才能. 2012. 中国古生代海相碎屑岩储层与油气藏特征[J]. 地球科学（中国地质大学学报），37（S2）：55-66.

姜常义，穆艳梅，赵晓宁，等. 2000. 南天山褶皱带北缘基性超基性杂岩带的地质学特征与大地构造意义[J]. 地球科学与环境学报（2）：1-6.

姜福杰，杨海军，沈卫兵，等. 2015. 塔中地区奥陶系碳酸盐岩油气输导格架及其控藏模式[J]. 石油学报，36（S2）：51-59.
焦翠华，谷云飞. 2004. 测井资料在盖层评价中的应用[J]. 测井技术（1）：45-47.
焦方正. 2018. 塔里木盆地顺北特深碳酸盐岩断溶体油气藏发现意义与前景[J]. 石油与天然气地质，39（2）：207-216.
金之钧，本刊编辑部. 2008. 中国大中型油气田的结构及分布规律[J]. 新疆石油地质（3）：385-388.
金之钧，蔡勋育，刘金连，等. 2018. 中国石油化工股份有限公司近期勘探进展与资源发展战略[J]. 中国石油勘探（1）.
金之钧，周雁，云金表，等. 2010. 我国海相地层膏盐岩盖层分布与近期油气勘探方向[J]. 石油与天然气地质，31（6）：715-724.
金之钧. 2014. 从源-盖控烃看塔里木台盆区油气分布规律[J]. 石油与天然气地质，35（6）：763-770.
李江海，杨静懿，马丽亚，等. 2013. 显生宙烃源岩分布的古板块再造研究[J]. 中国地质，40（6）：1683-1698.
李军，王怿. 1999. 塔里木盆地中、晚奥陶世疑源类组合[J]. 地层学杂志（2）：46-51.
李丕龙. 2010. 中化石油“走出去”与上游发展战略[J]. 大庆石油学院学报，34（5）：17-18.
李勇，陈才，冯晓军，等. 2016. 塔里木盆地西南部南华纪裂谷体系的发现及意义[J]. 岩石学报，32（3）：825-832.
李曰俊，陈从喜，买光荣，等. 2000. 陆-陆碰撞造山带双前陆盆地模式——来自大别山、喜马拉雅和乌拉尔造山带的证据[J].地球学报（1）：7-16.
李曰俊，李良辰，买光荣，等. 2002. 关于塔里木盆地基底的初步讨论[Z]. 中国北京.
李曰俊，宋文杰，买光荣，等. 2001. 库车和北塔里木前陆盆地与南天山造山带的耦合关系[J]. 新疆石油地质（5）：376-381.
李曰俊，宋文杰，吴根耀，等. 2005. 塔里木盆地中部隐伏的晋宁期花岗闪长岩和闪长岩[J]. 中国科学（D 辑：地球科学）（2）：97-104.
李曰俊，孙龙德，胡世玲，等. 2003. 塔里木盆地塔参 1 井底部花岗闪长岩的~（40）Ar-～（39）Ar 年代学研究[J]. 岩石学报（3）：530-536.
李曰俊，杨海军，张光亚，等. 2012. 重新划分塔里木盆地塔北隆起的次级构造单元[J]. 岩石学报，28（8）：2466-2478.
李曰俊，杨海军，张光亚，等. 2013. 重新划分塔里木盆地塔北隆起的次级构造单元[Z]. 中国北京：13.
李曰俊，杨海军，赵岩，等. 2009. 南天山区域大地构造与演化[J]. 大地构造与成矿学，33（1）：94-104.
李曰俊，张洪安，钱一雄，等. 2010. 关于南天山碰撞造山时代的讨论[J]. 地质科学，45（1）：57-65.
梁狄刚. 2004. 第九届全国有机地球化学学术会议总结[J]. 沉积学报（S1）：140-142.
林伟，黎乐，张仲培，等. 2015. 从西南天山超高压变质带多期构造变形看天山古生代构造演化[J]. 岩石学报，31（8）：2115-2128.
蔺军，周芳芳，袁国芬. 2010. 塔河地区寒武系储层深埋藏白云石化特征[J]. 石油与天然气地质，31（1）：13-21.
刘存革，徐明军，云露，等. 2015. 塔里木盆地阿克库勒凸起奥陶系海西晚期古岩溶特征[J]. 石油实验地质，37（03）：280-285.
刘洛夫，赵建章，张水昌，等. 2000. 塔里木盆地志留系沥青砂岩的成因类型及特征[J]. 石油学报（06）：12-17.
刘延哲，卢礼昌，丁致中. 1998. 孟加拉国巴拉普库利亚煤矿早二叠世孢粉组合的初步研究[J]. 古生物学报（01）：3-23.
刘雁婷，傅恒，陈骥，等. 2010. 塔里木盆地巴楚—塔中地区寒武系层序地层特征[J]. 岩性油气藏，22（02）：48-53.
刘永立，蔡忠贤. 2009. 塔河油田四区奥陶系古岩溶流域的倒淌河及其成因研究[J]. 现代地质，23（06）：1121-1125.
卢华复，贾东，陈楚铭，等. 1999. 库车新生代构造性质和变形时间[J]. 地学前缘（04）：215-221.
卢礼昌. 1994. 南京龙潭地区五通组孢子组合及其地质时代[J]. 微体古生物学报（02）：153-199.
卢礼昌.1988. 云南沾益史家坡中泥盆统海口组微体植物群[J]. 中国科学院南京地质古生物研究所集刊（24）：109-268.
卢双舫，赵孟军，付广，等. 2001. 塔里木盆地库车油气系统富气的主控因素分析[J]. 大庆石油学院学报（3）：10-13.
罗平，张静，刘伟，等. 2008. 中国海相碳酸盐岩油气储层基本特征[J]. 地学前缘（1）：36-50.
罗志立，李景明，李小军，等. 2004. 中国前陆盆地特征及含油气远景分析[J]. 中国石油勘探（2）：1-11.
吕海涛，顾忆，丁勇，等. 2016. 塔里木盆地西南部皮山北新 1 井白垩系油气成因[J]. 石油实验地质，38（1）：84-90.
吕修祥，白忠凯，赵风云，2008. 塔里木盆地塔中隆起志留系油气成藏及分布特点[J]. 地学前缘（2）：156-166.
吕修祥，李建交，汪伟光，2009. 海相碳酸盐岩储层对断裂活动的响应[J]. 地质科技情报，28（3）：1-5.
吕修祥，张艳萍，焦伟伟，等. 2011. 断裂活动对塔中地区鹰山组碳酸盐岩储集层的影响[J]. 新疆石油地质，32（3）：244-249.
吕延防，付广，于丹. 2005. 中国大中型气田盖层封盖能力综合评价及其对成藏的贡献[J]. 石油与天然气地质（6）：742-745.
马安来，金之钧，朱翠山. 2018. 塔里木盆地顺南 1 井原油硫代金刚烷系列的检出及意义[J]. 石油学报，39（1）：42-53.
孟祥豪，张哨楠，蔺军，等. 2011. 中国陆上最深井塔深 1 井寒武系优质储集空间主控因素分析[J]. 断块油气田，18（1）：1-5.
欧阳舒，陈永祥. 1987. 江苏中部宝应地区晚泥盆世——早石炭世孢子组合[J]. 微体古生物学报（2）：195-215，252-255.
潘荣，朱筱敏，刘芬，等. 2014. 克拉苏冲断带白垩系储层成岩作用及其对储层质量的影响[J]. 沉积学报，32（5）：973-980.
潘裕生，王毅，Ph. Matte，等. 1994. 青藏高原叶城-狮泉河路线地质特征及区域构造演化[J]. 地质学报（4）：295-307.
潘裕生，周伟明，许荣华，等. 1996. 昆仑山早古生代地质特征与演化[J]. 中国科学（D 辑：地球科学）（4）：302-307.
潘裕生. 1994. 青藏高原第五缝合带的发现与论证[J]. 地球物理学报（2）：184-192.
潘裕生. 1999. 青藏高原的形成与隆升[J]. 地学前缘（3）：153-160，162-163.
潘正中，郭群英，王步清，等. 2007. 塔东南地区构造单元划分新方案[J]. 新疆石油地质（6）：781-783.
乔占峰，沈安江，邹伟宏，等. 2011. 断裂控制的非暴露型大气水岩溶作用模式——以塔北英买 2 构造奥陶系碳酸盐岩储层为例[J]. 地质学报，85（12）：2070-2083.
宋金民，罗平，杨式升，等. 2012. 苏盖特布拉克地区下寒武统微生物礁演化特征[J]. 新疆石油地质 33（6）：668-671.
苏劲，张水昌，杨海军，等. 2010. 断裂系统对碳酸盐岩有效储层的控制及其成藏规律[J]. 石油学报 31（2）：196-203.
孙丽丹，常贵钊，阎树汶，2004. 盖层突破压力的计算方法及应用[J]. 测井技术（4）：296-298.

孙龙德，李曰俊，江同文，等. 2007. 塔里木盆地塔中低凸起：一个典型的复式油气聚集区[J]. 地质科学（3）：602-620.

孙龙德，李曰俊，宋文杰，等. 2002. 塔里木盆地北部构造与油气分布规律[J]. 地质科学（S1）：1-13.

孙龙德，王家宏，袁士义，等. 2006. 塔里木盆地高压凝析气田开发技术研究及应用[J]. 中国科技奖励（8）：51-54.

孙龙德. 2004. 塔里木盆地库车坳陷与塔西南坳陷早白垩世沉积相与油气勘探[J]. 古地理学报（2）：252-260.

汤良杰，金之钧. 1999. 负反转断裂主反转期和反转强度分析[J]. 石油大学学报（自然科学版）（6）：1-5.

王飞宇，张宝民，王毅，等. 2004. 塔里木盆地下古生界高有机质海相烃源岩沉积特征、形成模式和控制因素[Z]. 中国成都：2.

王珂，张荣虎，方晓刚，等. 2002. 超深层裂缝-孔隙型致密砂岩储层特征与属性建模——以库车坳陷克深 8 气藏为例[J]. 中国石油勘探（6）.

王启宇，文华国.2013. 英买力凝析气田群区巴什基奇克组-库姆格列木群层组划分与对比研究[J]. 地质与勘探（5）.

王显东，姜振学，庞雄奇，等. 2004. 塔里木盆地志留系盖层综合评价[J]. 西安石油大学学报（自然科学版）（4）：49-53.

王香增，乔向阳，米乃哲，等. 2018. 延安气田低渗透致密砂岩气藏效益开发配套技术[J]. 天然气工业，38（11）：43-51.

王怿. 2010. 中国奥陶纪晚期-志留纪早期孢型植物及古地理意义[J]. 古生物学报，49（1）：1-9.

王莹莹，傅恒. 2015. 塔里木盆地寒武纪各时期沉积相平面展布特征[J]. 西部探矿工程，27（7）：121-124.

王兆云，程克明，张柏生. 1995. 加水热模拟实验气态产物特征及演化规律研究[J]. 石油勘探与开发（3）：36-40.

魏国齐，贾承造，施央申，等. 2001. 塔北隆起北部中新生界张扭性断裂系统特征[J].石油学报，（1）：19-24+7.

文子才，卢礼昌. 1993. 江西全南小慕泥盆-石炭系孢子组合及其地层意义[J]. 古生物学报（3）：303-331，405-408.

邬光辉，琚岩，杨仓，等. 2010. 构造对塔中奥陶系礁滩型储集层的控制作用[J]. 新疆石油地质，31（5）：467-470.

邬光辉，李浩武，徐彦龙，等. 2012. 塔里木克拉通基底古隆起构造-热事件及其结构与演化[J].岩石学报，28（8）：2435-2452.

肖序常，格雷厄姆，A S. 1990. 中国西部元古代蓝片岩带——世界上保存最好的前寒武纪蓝片岩[J]. 新疆地质（1）：12-21.

谢晓安，卢华复，吴奇之，等. 1996. 塔里木盆地深部构造与震旦纪裂谷[J]. 南京大学学报（自然科学版）（4）：176-181.

谢玉洪. 2018. 中国海洋石油总公司油气勘探新进展及展望[J]. 中国石油勘探，23（1）：26-35.

邢厚松，李君，孙海云，等. 2012. 塔里木盆地塔西南与库车山前带油气成藏差异性研究及勘探建议[J]. 天然气地球科学，23（1）：36-45.

颜铁增，何圣策，尹磊明，等. 2011. 浙江早古生代孢粉型化石的研究[J]. 地层学杂志，35（1）：19-30.

杨国栋. 2001. 关于轮藻类祖先类型及其早期演化的讨论[A]. 中国古生物学会、中国科学院南京地质古生物研究所、现代古生物学和地层学开放研究实验室.中国古生物学会第 21 届学术年会论文摘要集[C].中国古生物学会、中国科学院南京地质古生物研究所、现代古生物学和地层学开放研究实验室：中国古生物学会，2.

杨宁，吕修祥，陈梅涛，等. 2008. 塔里木盆地轮南、塔河油田碳酸盐岩储层特征研究——以沙 107 井和轮古 40 井为例[J]. 石油实验地质(03)：247-251.

杨云坤，石开波，刘波，等. 2014. 塔里木盆地西北缘震旦纪构造——沉积演化特征[J]. 地质科学，49（1）：19-29.

叶德胜，王贵全，李桂卿，王辉.1998. 塔里木盆地北部储盖组合评价[J]. 新疆石油地质（1）.

袁选俊，薛良清，池英柳，等. 2003. 坳陷型湖盆层序地层特征与隐蔽油气藏勘探—以松辽盆地为例[J]. 石油学报（3）：11-15.

张传林，李怀坤，王洪燕. 2012. 塔里木地块前寒武纪地质研究进展评述[J]. 地质论评，58（05）：923-936.

张传林，叶海敏，王爱国，等. 2004. 塔里木西南缘新元古代辉绿岩及玄武岩的地球化学特征：新元古代超大陆（Rodinia）裂解的证据[J]. 岩石学报（03）：473-482.

张传林，叶现韬，李怀坤. 2014. 新疆塔里木北缘新元古代最晚期岩浆事件[J]. 地质通报，33（5）：606-613.

张光亚，刘伟，张磊，等. 2015. 塔里木克拉通寒武纪-奥陶纪原型盆地、岩相古地理与油气[J].地学前缘，22（3）：269-276.

张鹏德，黄太柱，丁勇. 1999. 塔里木盆地沙雅隆起北部主要负反转断裂及其控油作用[J]. 河南石油（6）：7-13.

张哨楠，刘家铎，田景春，等. 2004. 塔里木盆地东河塘组砂岩储层发育的影响因素[J]. 成都理工大学学报（自然科学版）（6）：658-662.

张水昌，王晓梅，王华建. 2014. 气候变化对海相富有机质页岩和硅质岩形成的控制作用[Z]. 中国北京.

张仲培，王毅，李建交，等. 2014. 塔里木盆地巴—麦地区古生界油气盖层动态演化评价[J]. 石油与天然气地质，35（6）：839-852.

赵靖舟，李启明. 2001. 塔里木盆地含油气系统特征与划分[J]. 新疆石油地质（5）：393-396.

赵孟军，曾强，张宝民.2001. 塔里木盆地石油地质条件与勘探方向[J]. 新疆石油地质（2）.

赵明，甘华军，岳勇，等. 2009. 塔里木盆地古城墟隆起西端奥陶系碳酸盐岩储层特征及预测[J]. 中国地质，36（1）：93-100.

赵岩，李曰俊，孙龙德，等. 2012. 塔里木盆地塔北隆起中-新生界伸展构造及其成因探讨[J]. 岩石学报，28（8）：2557-2568.

郑朝阳，张文达，朱盘良. 1996. 盖层类型及其对油气运移聚集的控制作用[J]. 石油与天然气地质（2）：96-101.

钟大康，朱筱敏，周新源，等. 2003. 塔里木盆地中部泥盆系东河砂岩成岩作用与储集性能控制因素[J]. 古地理学报（3）：378-390.

周新源，吕修祥，杨海军，等. 2013. 塔中北斜坡走滑断裂对碳酸盐岩油气差异富集的影响[J]. 石油学报，34（4）：628-637.

周兴熙. 1990. 一次国际油气地质界的盛会[J]. 天然气工业（06）：96.

朱光有，张水昌，张斌，等. 2010. 中国中西部地区海相碳酸盐岩油气藏类型与成藏模式[J]. 石油学报，31（6）：871-878.

朱怀诚，赵治信，刘静江，1999a. 塔里木盆地泥盆系-石炭系界线研究[J]. 地质论评（2）：125-128.

朱怀诚，赵治信.1999b. 塔里木盆地泥盆-石炭系孢粉研究新进展[J].新疆石油地质（3）：3-5.

朱怀诚. 1996. 塔里木盆地西南缘晚泥盆世孢子的发现及其意义[J]. 地层学杂志（4）：252-256，321.

朱怀诚. 1998. 塔里木盆地二叠系孢粉组合及生物地层学[J]. 古生物学报（S1）：40-61.

朱怀诚. 2000. 塔里木盆地东河砂岩的时代[A]. 中国科学技术协会.西部大开发科教先行与可持续发展——中国科协 2000 年学术年会文集[C]. 中国科学技术协会：中国土木工程学会，1.

朱筱敏，戴俊生，谢庆宾，等.2003. 辽河油田笔架岭地区油藏特征及控制因素[J]. 石油大学学报（自然科学版）（2）.

Alfred B. 1964. Corrosion par mélange des eaux[J]. IJS，1（1）：61-70.

Bill H. 1988. Syn-sedimentary structural controls on basin deformation in the Gulf of Corinth，Greece[J].Basin Research，1（3）：155-165.

Bull A T，Slater J H. 1982. Microbial interactions and communities[M].

Butcher P A，et al. 2010. Using biotelemetry to assess the mortality and behaviour of yellowfin bream（Acanthopagrus australis）released with ingested hooks[J]. Ices Journal of Marine Science，67（6）：1175-1184.

Davies R G. 2006. Trace Element and Sr-Pb-Nd-Hf Isotope Evidence for Ancient，Fluid-Dominated Enrichment of the Source of Aldan Shield Lamproites[J]. Journal of Petrology，47（6）：1119-1146.

Fritz H. 970. Cramer and María del Carmen R. Díez de Cramer.Acritarchs from the Lower Silurian Neahga Formation，Niagara Peninsula，North America[J].Canadian journal of earth sciences，7（4）：1077-1085.

Gray E，Bebout L，Marilyn L. 1992. Fogel 1.Nitrogen-isotope compositions of metasedimentary rocks in the Catalina Schist，California：Implications for metamorphic devolatilization history[J].Geochimica et Cosmochimica Acta，56（7）：2839-2849.

Hanshaw B B，Back W. 1980. Chemical mass-wasting of the northern Yucatan Peninsula by groundwater dissolution[J]. Geology，8（5）：222.

Helen T，Alfred R，Loeblich J. 1973. Evolution of the oceanic plankton[J].Earth-Science Reviews，9（3）：207-240.

Horbury. 1993. Review[J].Vetus Testamentum，3（1）：141-142.

Jones R W. 1978. Histone composition of a chromatin fraction containing ribosomal deoxyribonucleic acid isolated from the macronucleus of Tetrahymena pyriformis[J]. Biochemical Journal，173（1）：155-164.

Jones R W. 1997. Kerogen maturation and petroleum generation[M].

Leherisse A. 1984.organic-walled microplankton from the silurian of gotland（sweden）- electron-microscopical observations on excystment structures[J].review of palaeobotany and palynology，43（1-3）：217-236.

Li H Q，Chen F W. 2002.Chronology and origin of Au-Cu deposits related to Paleozoic intracontinental rifting in West Tianshan Mountains，NW China[J]. Science in China Series B-Chemistry，45：108-120.

Li X，et al. 2005. Kinetic Parameters of Methane Generated from Source Rocks and Its Application in the Kuqa Depression of the Tarim Basin[J]. Acta Geologica Sinica，79：133-142.

Li Z X，Metcalfe I，Powell C M. 1996. Breakup of Rodinia and Gondwanaland and assembly of Asia - Introduction[J]. Australian Journal of Earth Sciences，43（6）：591-592.

Li Z X，Powell C M. 2001. An outline of the palaeogeographic evolution of the Australasian region since the beginning of the Neoproterozoic[J]. Earth-Science Reviews，53（3-4）：237-277.

Li Z X，et al. 2008.Assembly，configuration，and break-up history of Rodinia：A synthesis[J]. Precambrian Research，160（1-2）：179-210.

Liu Y. 2001.Early Carboniferous radiolarian fauna from Heiyingshan south of the Tianshan Mountains and its geotectonic significance[J]. Acta Geologica Sinica-English Edition，75（1）：101-108.

Liu Y，Hao S. 2006. Evolutionary significance of pylentonemid radiolarians and their late Devonian species from southwestern Tianshan，China[J]. Acta Geologica Sinica-English Edition，80（5）：647-655.

Lonnee J，Machel H G. 2006.Pervasive dolomitization with subsequent hydrothermal alteration in the Clarke Lake gas field，Middle Devonian Slave Point Formation，British Columbia，Canada[J]. Aapg Bulletin，90（11）：1739-1761.

Nestor K E，Bacon W L，Renner P A. 1980.The influence of genetic changes in total egg production clutch length，broodiness，and body weight on ovarian follicular development in turkeys[J]. Poultry Science，59（8）：1694-9.

Papp L，Papp M，Jakucs P. 1979.2Caloric values and energy content of crop and oak forest plants[J].Novenytermeles，8（2）：155-161.

Pusey W C. 1973. How to evaluate potential gas and oil source rocks[J]. World Oil，176（5）：71-75.

Rasmussen P. 1996. Monitoring shallow groundwater quality in agricultural watersheds in Denmark[J]. Environmental Geology，27（4）：309-319.

Remington G M，Treadaway K，Frohman T，et al. 2010.A one-year prospective，randomized，placebo-controlled，quadruple-blinded，phase Ⅱ safety pilot trial of combination therapy with interferon beta-1a and mycophenolate mofetil in early relapsingâ remitting multiple sclerosis（TIME MS）[J]. Therapeutic Advances in Neurological Disorders，3（1）：3.

Viles H A，Trudgill S T. 2010. Long term remeasurements of micro-erosion meter rates，Aldabra Atoll，Indian Ocean[J]. Earth Surface Processes & Landforms，9（1）：89-94.

Wegener A. 1969. The origin of continents and oceans[J]. Nature，106（1）：104-236.

Wicander R. 1999. Stratigraphic and Paleogeographic Significance of an Upper Ordovician Acritarch Flora from the Maquoketa Shale，Northeastern Missouri，U.S.A.[J].Memoir（The Paleontological Society）：1-38.

Wygrala B P. 1988.Integrated computer-aided basin modeling applied to analysis of hydrocarbon generation history in a Northern Italian oil field[J]. Organic Geochemistry，13（1-3）：187-197.

Xiao W，Kusky T. 2009. Geodynamic processes and metallogenesis of the Central Asian and related orogenic belts：Introduction[J]. Gondwana Research，16（2）：167-169.

Xu Z，et al. 2013. Tectonic framework and crustal evolution of the Precambrian basement of the Tarim Block in NW China：New geochronological evidence from deep drilling samples[J]. Precambrian Research，235：150-162.

Zhu Y F. 2011. Zircon U－Pb and muscovite 40Ar/39Ar geochronology of the gold-bearing Tianger mylonitized granite，Xinjiang，northwest China：Implications for radiometric dating of mylonitized magmatic rocks[J]. Ore Geology Reviews，40（1）：108-121.